信息显示测量标准

Information Display Measurements Standard

国际显示计量委员会 编
International Committee for Display Metrology

李 伟 李子君 高 彬 等译
牟同升 李俊凯 审校

电子工业出版社
Publishing House of Electronics Industry
北京·BEIJING

内 容 简 介

显示测量技术涉及物理学、数学、生理学等学科，内容繁杂。本书系统介绍了各种显示测量方法，包括 18 章正文和 7 个附录，涵盖报告模板、显示屏和仪器设置、视觉评价、基本测量、灰阶与色阶测量、空间测量、均匀性测量、视角测量、时间特性测量、反射测量、运动图像伪像测量、物理尺寸和机械尺寸测量、电气测量、正向投影仪测量、正向投影仪屏幕测量、3D 和立体显示屏、触摸屏与表面显示屏、光度学测量等内容。

本书图文并茂、阐述详细，涵盖目前为止显示测量领域的大部分成果，可作为显示测量及相关专业学生的参考用书，也可作为该领域工程及研究人员的参考资料。

Original English language edition copyright © 2012 by Society for Information Display. Chinese language edition Copyright © 2024 by Publishing House of Electronics Industry. All rights reserved. No part of this book may be reproduced or transmitted in any form or by any means, electronic or mechanical, including photocopying, recording or by any information storage retrieval system, without permission in writing from the Society for Information Display.

本书中文简体字翻译版由 Society for Information Display 授权电子工业出版社。未经出版者预先书面许可，不得以任何方式复制或抄袭本书的任何部分。
版权贸易合同登记号 图字：01-2023-3483

图书在版编目（CIP）数据

信息显示测量标准 / 国际显示计量委员会编；李伟等译．—北京：电子工业出版社，2024.5
书名原文：Information Display Measurements Standard
ISBN 978-7-121-35751-0

Ⅰ．①信… Ⅱ．①国… ②李… Ⅲ．①显示器—测量标准 Ⅳ．①TN873-65

中国版本图书馆 CIP 数据核字（2018）第 269473 号

责任编辑：米俊萍　　　特约编辑：刘广钦
印　　刷：北京宝隆世纪印刷有限公司
装　　订：北京宝隆世纪印刷有限公司
出版发行：电子工业出版社
　　　　　北京市海淀区万寿路 173 信箱　　邮编：100036
开　　本：787×1092　1/16　印张：41.75　字数：1069 千字
版　　次：2024 年 5 月第 1 版
印　　次：2024 年 5 月第 1 次印刷
定　　价：368.00 元

凡所购买电子工业出版社图书有缺损问题，请向购买书店调换。若书店售缺，请与本社发行部联系，联系及邮购电话：(010) 88254888，88258888。
质量投诉请发邮件至 zlts@phei.com.cn，盗版侵权举报请发邮件至 dbqq@phei.com.cn。
本书咨询联系方式：mijp@phei.com.cn。

翻译委员会

组织翻译机构：

中航工业 苏州长风航空电子有限公司

主　任： 李　伟

成　员：（按姓氏笔画排名）

王　伟　　王　勇　　石　璐　　米俊萍

李子君　　肖　锋　　张　杰　　苗仲海

高　彬　　曹　峰　　程　群

译者序

最近 20 年，显示技术经历了极其显著的技术革新，从 CRT 发展到 LCD，再到最近的 AMOLED，新的显示技术不断涌现。如何对所采用的显示屏进行客观、全面的测量，以方便人们进一步评价显示屏？如何使显示屏制造商的测量方法和评价结果得到用户的一致认可？显示屏测量时对测量仪器的要求有哪些？如何计算测量结果的不确定度？这些问题往往会给刚进入显示屏测量领域的工作者带来困扰，因为国内外一些测量标准仅给出了测量方法，并未提供对使用相关仪器、测量方法、步骤合理性的解释。*Information Display Measurements Standard* 恰恰是显示屏测量方面信息的集成，能够较全面地解决上述问题。

2012 年 5 月，作为国内航空显示器的主要研制单位，苏州长风航空电子有限公司开始着手筹划建设显示屏光电测量试验室。在公司领导李伟的指导下，由李子君牵头，高彬、石璐等人开始查找相关国内外测量标准，发现 *Information Display Measurements Standard* 是一本系统的、内容翔实的关于显示屏测量方法论述的优秀著作。我们随即与 ICDM（International Committee for Display Metrology）进行沟通协商，并取得 ICDM 的译文授权许可，经过多轮次的翻译、讨论、校正和审核，终于完成了该书的翻译工作。希望中文版的 *Information Display Measurements Standard* 能够帮助科研工作者、工程师、学生了解各类显示屏的测量方法，并了解在测量过程中，测量仪器、测量方法、外界环境等因素对测量结果的影响，以及如何客观地执行测量。

本书的英文版是 ICDM 于 2012 年 6 月 1 日在其官方网站上发布的免费文件。本书的附录 A 和附录 B 写得非常详尽，几乎占了全书四分之一的篇幅，是很有价值的参考资料，强烈建议读者阅读。只有深入了解这部分内容，读者才能更加客观地执行正文中提到的测量方法。

我们将该书译成中文，希望它能够为我国显示测量技术的发展和知识普及做出贡献。本书的翻译工作得到了苏州长风航空电子有限公司董事长李伟的大力支持；公司成立了翻译委员会，历时数年，经过各位成员的努力奋斗和辛勤工作，终于成稿。本书由高彬进行统稿、校正，翻译和重新制作了书中全部插图和部分表格；浙江大学的牟同升教授和李俊凯老师对译稿给出了很多建设性的意见，非常感谢李俊凯老师对译稿中的错误进行仔细校对；特别感谢电子工业出版社的米俊萍编辑对译稿进行反复的修订。特别感谢以下各位专家审阅本书并给予建议：

姓氏	名字	工作单位
Cao	Frank	Apple
Chang	Jeff Hsin	Apple
Chang	Kai Chieh (Jay)	AU Optronics
Chen	Hanfeng	Apple
Chen	Chi	National Institue of Metrology, China
Dang	Peng-Le	Visionox
Fiske	Tom	Microsoft Corporation
Guo	Xiaojun	Shanghai Jiaotong University
Hou	Denko	Microsoft Corporation
Huang	Ericsson	BenQ
Ji	Honglei	TCL Electronic R&D Center
Kang	Yu	Apple
Li	Xiaohua	Southeast University (China)
Liu	Yan	Apple
Liu	Xiang	Chengdu Panda Electronics Co., Ltd.
Liu	Weidong	Hisense Visual Technology Co., Ltd.
Liu	Yifan	Microsoft Corporation
Lou	Xiaohua	Apple
Mou	Molly	Sensing Lab
Mou	Tongsheng	Zhejiang University
Pan	Chaohuang	Microsoft Corporation
Pong	Andy (Bao-Jen)	Industrial Technology Research Institute
Qiao	Mingsheng	Hisense Visual Technology Co., Ltd.
Qiao	Bo	Zhejiang Lab
Qin	Zong	Sun Yat-Sen University
Shen	Sikuan	Skyworth
Sun	Chih-Hsuan	Industrial Technology Research Institute
Wang	Rich	Microsoft Corporation
Wang	Xuan	Apple
Wang	Xidu	Guangzhou OED Technologies Inc.
Wang	Kai	Southern University of Science and Technology

Wen	Zhenhuan	Microsoft Corporation
Wu	Lingling	Apple
Xia	Daxue	TCL Electronic Holdings
Xu	Gang	Jingce Electronics
Yan	Frank	Fuzhou University
Yang	Jason	Microsoft Corporation
Yang	Paul	Sun Yat-Sen University
Zhang	Irene	Microsoft Corporation
Zhang	Yuning	Southeast University
Zhang	Paul (Bo)	UL (China)
Zhao	Lisa	Apple
Zheng	Jiabei	Apple
Zheng	Ying	Microsoft Corporation
Zhu	Xiangan (Michael)	Gamma Scientific

限于译者的水平，翻译不当或表述不清楚乃至错误之处，欢迎读者批评指正，我们将不胜感激。

我想说这并不是很空白！

噢，我失误！不！我们的错误！这是一个甚至开始我们还没有第一页。

> 为了纪念 *Dr. Louis D. Silverstein*。
> 众人的良师和楷模。
> 非常怀念 *Lou*。

这不是一个空白页。
有人把"这页……"
放置于顶部，
因此，它不是空白页。

在一份标准中，
我们是否可以称
一个非空白页为
空白页？

或许我们应该
用其他方式
标注它？

现在你知道为什么
这本书看起来这么
厚了吗？

瞧！一个页脚。
实际上，它不是
空白页。

目 录

第1章 简介 ... 001
  1.1 基本原理和结构 ... 001
    1.1.1 缩略语与定义 ... 004
    1.1.2 IDMS约束性 ... 004
    1.1.3 自选性 ... 004
    1.1.4 层次性 ... 005
    1.1.5 例外和偏离 ... 005
    1.1.6 范例、样本数据、配置例子 ... 005
  1.2 色度学、光度学及辐射度学 ... 006

第2章 报告模板 ... 008
  2.1 显示描述、识别及模式 ... 008
  2.2 发射型显示屏模板 ... 010
  2.3 立体3D显示模板 ... 012
  2.4 一组优势点测量数据 ... 014
  2.5 亮度和色度均匀性模板 ... 019
  2.6 屏幕中心基本测量模板 ... 020

第3章 显示屏和仪器设置 ... 021
  3.1 测量仪器 ... 021
  3.2 标准条件（测试图样）... 022
    3.2.1 电气条件 ... 023
    3.2.2 环境条件 ... 023
    3.2.3 预热时间 ... 023
    3.2.4 控制及模式恒定不变 ... 024
    3.2.5 暗室条件 ... 024
    3.2.6 标准观察方向 ... 024
    3.2.7 被测像素数量 ... 024
    3.2.8 测量视场、孔径角和距离 ... 024

	3.2.9 屏幕测量点	025
	3.2.10 足够的积分时间	025
	3.2.11 避免阵列式探测器重影现象	025
	3.2.12 阵列式探测器像素与显示屏像素 1:1 对应	026
3.3	显示屏设置和误导性宣传手法	026
	3.3.1 误导性宣传手法和回旋空间的消除	026
	3.3.2 不恰当的显示屏混合调节	027
3.4	图案	027
3.5	显示屏设置和调节	027
	3.5.1 理想暗室下的调节	028
	3.5.2 环境照明下的理想调节	028
	3.5.3 折中调节	029
3.6	坐标系和观察角	030
3.7	变量和术语	033

第 4 章 视觉评价 038

4.1	饱和色	039
4.2	外观缺陷	040
4.3	云纹	041
4.4	像素缺陷	041
4.5	闪烁的可见程度	041
4.6	缺陷与不规则	042
4.7	交替像素棋盘格	042
4.8	融合	043
4.9	色彩与灰阶反转	043
4.10	基于刚辨差的设置选择	044
4.11	运动图案的分辨率、视觉评价	045
4.12	伽马和灰阶等级失真	047
4.13	布里格斯漫游测试	049

第 5 章 基本测量 053

5.1	黑色和白色的描述	053
5.2	测量的重复性	055
5.3	全白场亮度	057
5.4	彩色信号白色亮度	058
5.5	峰值亮度	059
5.6	全黑场亮度	061
5.7	图像信号黑色亮度	062
5.8	自定义亮度、色度与对比度	063

5.9	信号对比度	064
5.10	连续对比度	065
5.11	峰值对比度	065
5.12	满天星对比度	065
5.13	角落矩形块对比度	070
5.14	全屏基色（R、G、B）	071
5.15	全屏合成色（C、M、Y）	072
5.16	全屏灰色（R=G=B=S）	072
5.17	全屏任意色（R、G、B）	073
5.18	色域	073
5.19	白平衡点精度	074
5.20	CCT 白平衡点确认	077
5.21	亮度调节范围	078
5.22	全屏中心位置大面积测量	079
5.23	晕光	082
5.24	加载	084
5.25	简单矩形块测量	085
	5.25.1 黑色背景上的白色矩形块	087
	5.25.2 黑色背景上的三基色矩形块（R 或 G 或 B）	087
	5.25.3 黑色背景上的合成色矩形块（C 或 M 或 Y）	087
	5.25.4 黑色背景上的灰色矩形块（R = G = B = S）	088
	5.25.5 背景色上的颜色矩形块：（R_b、G_b、B_b）上的（R、G、B）	088
	5.25.6 白色背景上的黑色矩形块	089
5.26	棋盘格亮度与对比度（$n \times m$）	089
5.27	矩形块连续对比度	091
5.28	中心矩形块对比度	092
5.29	中心矩形块的横向对比度	094
5.30	感知对比度	095
5.31	立体色彩重现能力	097

第 6 章 灰阶与色阶测量 — 101

6.1	灰阶	104
6.2	基色等级	105
6.3	用 log-log 模型拟合确定伽马值	107
6.4	用彩色 log-log 模型拟合确定伽马值	109
6.5	用 GOGO 模型拟合确定伽马值	110
6.6	伽马的标准差	113
6.7	方向性伽马	115
6.8	方向性伽马失真率	116

6.9	方向性伽马失真均方根	117
6.10	彩色伽马失真率	118
6.11	彩色伽马失真均方根	119
6.12	位置伽马失真率	121
6.13	位置伽马失真均方根	123
6.14	伽马曲线的单调性	124
6.15	灰阶色差	126
6.16	灰阶的顺序依赖性	127

第7章 空间测量 130

7.1	线亮度与对比度	130
7.2	格子亮度与对比度	133
7.3	内部字符的亮度与对比度	136
7.4	像素填充率	138
7.5	图像串扰	140
7.6	缺陷像素	142
	7.6.1 缺陷像素的特性和测量	143
	7.6.2 簇特性与测量	145
	7.6.3 最小缺陷间隔	149
7.7	等效分辨率	150
	7.7.1 空间频率响应的确定	151
	7.7.2 改进的小波去噪方法	152
7.8	对比度调制的分辨率	154
7.9	亮度阶跃响应	156

第8章 均匀性测量 159

8.1	采样点均匀性	163
	8.1.1 采样对比度均匀性	165
	8.1.2 优势点采样均匀性	166
	8.1.3 优势点采样对比度均匀性	167
8.2	面均匀性	168
	8.2.1 面对比度均匀性	171
	8.2.2 面均匀性统计分析	171
	8.2.3 云纹分析	172

第9章 视角测量 178

9.1	四点视角	180
9.2	基于阈值的视角	181
9.3	广义的基于阈值的视角	183
9.4	视角：亮度变化率	184

9.5	视角：视觉感知	185
9.6	视角：色差	186
9.7	灰阶反转	188
9.8	视角：相对色域覆盖率	190
9.9	视角：色彩反转	192
9.10	视角：相关色温	192
9.11	光通量	193
9.12	彩色信号白光的光通量	196
9.13	水平可视角对比度	197

第10章 时间特性测量 200

10.1	预热时间	200
10.2	响应时间测量	201
	10.2.1 瞬时阶跃响应	202
	10.2.2 响应时间	205
	10.2.3 灰阶响应时间	207
	10.2.4 响应时间拟合	209
10.3	视频延时	213
10.4	残影	214
10.5	闪烁	217
10.6	闪烁可视程度	219
10.7	空间抖动	222

第11章 反射测量 225

11.1	简介	225
	11.1.1 线性叠加和缩放	226
	11.1.2 光度测量和光谱测量	229
	11.1.3 光源测量和特性	230
	11.1.4 注意事项	234
	11.1.5 反射参数	235
11.2	包含镜面反射的半球面反射	237
	11.2.1 大角度测量的实现方法	238
	11.2.2 积分球测量的实现方法	239
	11.2.3 半球照明测量的实现方法	241
11.3	去除镜面反射的半球面反射	241
	11.3.1 大角度测量的实现方法（去除镜面反射）	244
	11.3.2 积分球装置（去除镜面反射）	245
	11.3.3 半球照明测量的实现方法（去除镜面反射）	246
11.4	包含镜面反射的圆锥状光源照射的反射	248
11.5	环形光源照射的反射	250

- 11.6 小尺寸光源照射的反射 252
  - 11.6.1 准直光源照射下的最大对比度 254
  - 11.6.2 小尺寸光源的镜面反射 255
- 11.7 大尺寸光源照射的反射 256
  - 11.7.1 大尺寸光源侧向照射的反射 258
  - 11.7.2 双大尺寸光源照射的反射 258
  - 11.7.3 大尺寸光源照射的镜面反射 259
  - 11.7.4 近光源照射的反射 260
- 11.8 出光孔径可变的光源的镜面反射 261
- 11.9 环境光照明条件下的对比度 262
- 11.10 环境光照明下的颜色 265
- 11.11 环境光照明下的字符对比度 268
- 11.12 半球均匀性评价 271
- 11.13 双向反射系统的验证 273

第 12 章 运动图像伪像测量 277

- 12.1 运动边缘模糊简介 280
- 12.2 运动边缘模糊测量的一般方法 286
- 12.3 运动边缘模糊测量 288
  - 12.3.1 用追踪相机测量运动边缘模糊 289
  - 12.3.2 用时间延迟积分相机测量运动边缘模糊 292
  - 12.3.3 用数码追踪相机测量运动边缘模糊 293
  - 12.3.4 用瞬时阶跃响应测量运动边缘模糊 296
  - 12.3.5 彩色运动边缘模糊 297
- 12.4 运动边缘模糊衡量指标 298
  - 12.4.1 模糊边缘时间 298
  - 12.4.2 高斯边缘时间 301
  - 12.4.3 可视的运动模糊 303
  - 12.4.4 组合模糊边缘时间 305
  - 12.4.5 由 METTP 积分获得 ΔE 306
- 12.5 动态分辨率测量 309
  - 12.5.1 动态图像分辨率 309
  - 12.5.2 动态调制传递函数 311
- 12.6 线帧闪烁测量 315

第 13 章 物理尺寸和机械尺寸测量 318

- 13.1 显示屏尺寸 318
  - 13.1.1 可视区域尺寸 320
  - 13.1.2 宽高比和显像格式 322
  - 13.1.3 图像尺寸校准 329

13.2 强度 ··· 330
13.2.1 抗扭强度 ··· 330
13.2.2 屏幕正面强度 ··· 332
13.2.3 摇摆度 ··· 334
13.3 几何形变 ··· 336
13.3.1 色收敛度 ··· 337
13.3.2 线性度 ··· 339
13.3.3 波纹 ··· 340
13.3.4 大面积形变 ··· 343

第 14 章 电气测量 ··· 347
14.1 供电和能耗测量 ··· 348
14.1.1 功耗 ··· 348
14.1.2 电源供电范围检验 ··· 353
14.2 效率 ··· 355
14.2.1 正面发光效率 ··· 355
14.2.2 光源能效 ··· 357
14.2.3 正面光强效率 ··· 357

第 15 章 前向投影仪测量 ··· 360
15.1 投影测量中的杂散光 ··· 360
15.1.1 暗室要求 ··· 360
15.1.2 投影仪放置 ··· 361
15.1.3 虚拟屏幕 ··· 361
15.1.4 投影遮光板 ··· 361
15.1.5 杂散光消除管 ··· 362
15.1.6 投影线遮光板 ··· 363
15.1.7 投影狭缝照度计 ··· 363
15.1.8 标准白板的照度 ··· 364
15.2 前向投影仪屏幕图像的面积 ··· 365
15.3 白色图案的抽样光通量 ··· 366
15.4 彩色信号白光的抽样光通量 ··· 368
15.5 序列对比率 ··· 370
15.6 棋盘格对比率 ··· 371
15.7 白平衡点和相关色温 ··· 372
15.8 RGB 三基色 ··· 372
15.9 灰阶照度与色度 ··· 373
15.10 分辨率与调制对比度 ··· 374
15.11 全白场的亮度均匀性 ··· 375
15.12 全屏暗灰色的亮度均匀性 ··· 376

第16章 前向投影仪屏幕测量 ... 378
16.1 屏幕颜色偏差 ... 379
16.2 屏幕颜色均匀性 ... 380
16.3 屏幕对比度增强 ... 381
16.4 屏幕增益 ... 382
16.5 屏幕增益方向性 ... 384
16.6 屏幕增益均匀性 ... 386

第17章 3D显示屏和立体显示屏 ... 388
17.1 3D亮度、对比度和系统衡量指标 ... 392
17.2 眼镜式立体显示屏 ... 396
17.2.1 眼镜镜片测试 ... 398
17.2.2 立体消光比和串扰 ... 401
17.2.3 立体对比度 ... 402
17.2.4 立体亮度和亮度差异 ... 403
17.2.5 立体亮度采样均匀性 ... 405
17.2.6 立体颜色均匀性 ... 406
17.2.7 立体灰阶平均串扰 ... 408
17.2.8 立体伽马偏差 ... 409
17.2.9 立体视角性能 ... 412
17.2.10 头部倾斜 ... 412
17.3 双视点自由立体显示屏 ... 414
17.3.1 双视点自由立体系统串扰 ... 417
17.3.2 双视点自由立体对比度 ... 418
17.3.3 双视点自由立体亮度 ... 419
17.3.4 双视点自由立体采样点的亮度均匀性 ... 420
17.3.5 双视点自由立体视角 ... 422
17.3.6 双视点自由立体最佳观看距离 ... 424
17.3.7 双视点自由立体观看范围 ... 425
17.4 多视点自由立体显示屏 ... 427
17.4.1 多视点自由立体串扰 ... 429
17.4.2 多视点自由立体亮度 ... 430
17.4.3 多视点自由立体亮度均匀性 ... 431
17.4.4 多视点自由立体对比度 ... 432
17.4.5 多视点自由立体最佳观看距离 ... 433
17.4.6 多视点自由立体视角 ... 434
17.5 自由立体光场显示屏 ... 436

17.5.1　角分辨率 439
　　　17.5.2　有效视区 440
　　　17.5.3　3D 几何失真 443
　　　17.5.4　光场自由立体图像分辨率 445
　17.6　测试图案 448
　　　17.6.1　立体显示屏图案 448
　　　17.6.2　用于测量的图案 453

第 18 章　触摸屏与表面显示屏 456
　18.1　触摸性能 457
　　　18.1.1　触摸位置准确性 458
　　　18.1.2　线性度 459
　18.2　响应时间 461
　　　18.2.1　响应时间：单次触摸的延迟 461
　　　18.2.2　响应时间：横向运动的延迟 462
　　　18.2.3　响应时间：可识别的快速运动 463
　18.3　环境光导致的性能下降 464
　18.4　表面污染物影响 466
　18.5　纹理表面和保护膜 469
　18.6　视觉观察 470

附录 A　光度测量 472
　A.1　光测量仪器（LMD） 472
　　　A.1.1　LMD 的一般不确定度要求 473
　　　A.1.2　LMD 的测量视场角和孔径角 474
　　　A.1.3　LMD 的类型 475
　A.2　杂散光管理和遮幕眩光 478
　　　A.2.1　避免大面积测量中的遮幕眩光 479
　　　A.2.2　小面积测量的遮幕眩光说明 487
　A.3　低亮度测量 491
　　　A.3.1　环境亮度补偿 491
　　　A.3.2　低亮度校准、分析和线性度 492
　　　A.3.3　探测器的线性度分析 498
　A.4　空间不变性与积分时间 500
　　　A.4.1　测量的像素数目 500
　　　A.4.2　测量时间间隔 504
　A.5　单次测量的充分性 505
　A.6　偏振影响分析 506
　A.7　颜色测量分析 506

- A.8 时间响应分析 ... 508
- A.9 阵列式探测器测量 ... 509
- A.10 不确定度评估 ... 512
  - A.10.1 亮度测量的不确定度 ... 514
  - A.10.2 色坐标测量的不确定度 ... 514
  - A.10.3 对比度测量的不确定度 ... 515
- A.11 信号、颜色和图像生成 ... 516
- A.12 测量步骤中使用的图像和图案 ... 517
  - A.12.1 图靶构建和命名 ... 517
  - A.12.2 图案集中的图案设置 ... 526
  - A.12.3 位图图案 ... 531
  - A.12.4 色阶反转和灰阶反转图案 ... 534
  - A.12.5 检测目标的视觉等概率性 ... 535
- A.13 实验室辅助仪器 ... 537
- A.14 恶劣环境测试 ... 541
- A.15 垂直线的确立 ... 542
  - A.15.1 有镜面反射的显示屏 ... 542
  - A.15.2 显示屏表面悬挂镜子或玻璃 ... 542
  - A.15.3 机械对准 ... 543
  - A.15.4 光学导轨对准 ... 543
  - A.15.5 无镜面反射的、坚固的显示屏 ... 544
  - A.15.6 无镜面反射的、易碎的显示屏 ... 544

附录 B 指南和讨论 ... 546
- B.1 辐射度学、光度学和色度学 ... 546
  - B.1.1 光度学 ... 547
  - B.1.2 色度学 ... 549
- B.2 点光源、坎德拉、立体角、$I(\theta, \phi)$ 和 $E(r)$ ... 556
- B.3 均匀区域的亮度 $L(z)$ ... 558
- B.4 聚光灯随角度的变化 ... 559
- B.5 萤火虫和探测器 ... 559
- B.6 朗伯反射表面的性质 ... 560
- B.7 均匀平行入射的手电筒 ... 562
- B.8 前照灯（均匀发散的手电筒） ... 563
- B.9 眼睛非线性响应 ... 564
- B.10 积分球光出射端口的 $E(z)$ ... 566
- B.11 光出射端口的墙面照度 ... 568
- B.12 积分球内部——L 和 E ... 569
- B.13 透镜的 $\cos^4\theta$ 晕影 ... 570

B.14	从亮度到照度	571
B.15	积分球内的照度	571
B.16	房屋墙壁在屏幕上的反射	572
B.17	反射模型和术语	574
	B.17.1　典型反射参数术语	574
	B.17.2　双向反射分布函数模型和反射类型	576
B.18	数字移动窗口平均滤波器	582
B.19	准直光学系统	584
B.20	对比度测量——栅格和调制传递函数	585
B.21	不确定度分析	590
B.22	LED 的亮度	593
B.23	朗伯发射型显示屏亮度	594
B.24	锥光测量设备	595
B.25	医学数字成像和通信灰阶	598
B.26	可分辨的等间隔灰阶	604
B.27	模糊、抖动和平滑眼睛追踪	605
B.28	透明扩散板——L 与 E	611
B.29	色域面积和色域的重叠指标	612
B.30	视觉健康警告	614
B.31	镜面反射比和光亮度因数	614
B.32	NEMA-DICOM 灰阶函数和 EPD 灰阶函数	615

附录 C　变量 … 617

附录 D　术语表（3D 显示术语请见第 17 章） … 621

附录 E　首字母缩写词 … 638

附录 F　致谢 … 640

附录 G　本书英文版参考文献 … 645

第 1 章

简介

本书是国际显示计量委员会依据国际信息显示学会相关定义和标准完成的成果。

本书详细规范了各种电子显示屏性能的测量方法，是世界范围内投稿者共同努力取得的成果。本书的目的是以一致的方式给出正确的显示屏测量方法，在出现问题时给出诊断和警告，给出清楚、全面的测量方法（以按需可挑选的形式给出）。本书还有一个重要目的是减轻其他标准组织撰写大量测量步骤（涵盖特定设备的所有合适的警告和需求条件）的负担。

本书并非合规性文件，并不给出应该取得什么样的结果，而是尽可能给出得到可信的、可重复的、稳定的结果的方法（如果测量结果容易重复，且对测量中所用仪器参数很小的变动不敏感，那么测量方法是稳定的）。

其他标准组织对特定值范围限制感兴趣。一般情况下，本书只提供适合显示屏的测试方法，在极少数情况下，可能会就如何从视觉科学或人类工效学的角度考虑测量结果提出建议，但本书主要关注的是测量方法。

1.1 基本原理和结构

有多种论点可帮助定义本书的基本原理和结构。我们通过一些图标设置来免去测量方法中的冗余，这些冗余对有经验的人来说非常明显。

| 信息显示测量标准

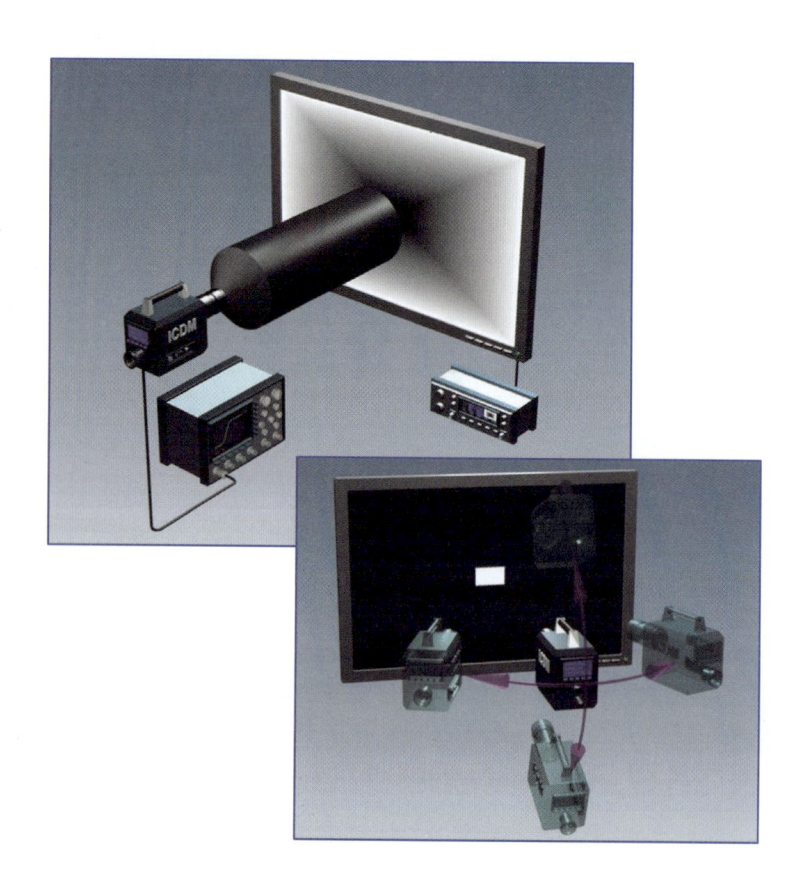

上面这些图片的用途是什么？

啊……我们也可以设置为空白或其他内容。

第 1 章 简介

关于本书哲学方面最深刻的评论见下面的漫画。

1.1.1 缩略语与定义

本书中"屏幕"一词是指产生视频信息的有效可视区域——经常被称为屏幕或显示屏的可视区域。屏幕对角线仅指屏幕可视区域对角线的测量尺寸（假设为矩形），不包括没有图像像素部分或进行显示屏操作的框架部分。本书中的大多数方法适用于直接观察显示，而非虚拟显示，如头盔式显示屏。本书中的发射型显示屏指发光的显示屏（在暗室中可见），液晶显示屏因其像素特征被称为透射式显示屏。现在已经有了真正的透射式显示屏，可以通过透射屏幕显示。那么"透射"一词的使用在后面会更加谨慎。反射式显示屏调制反射光，观看信息需要有环境光。半透射半反射式显示屏同时表现出发射（透射式像素）和反射特性。

以下定义本书中通篇使用的多个首字母缩略词。

CCT——相关色温
CRT——阴极射线管
DUT——待测显示屏
DVD——数字化视频光盘
FPD——平板显示屏
FPDM——平板显示屏测量方法（VESA）
HD——高分辨率
ICDM——国际显示计量委员会
IDMS——信息显示测量标准
IR——红外（辐射）
JND——刚辨差
LCD——液晶显示屏
LED——发光二极管
LMD——光测量仪器或探测器

MTF——调制传递函数
OLED——有机发光二极管
PLED——高分子发光二极管
PDP——等离子显示面板
RGB；CMY；WK——红色、绿色、蓝色（主色）；青色、洋红色、黄色；白色和黑色
RMS——均方根
SID——国际信息显示学会
SLET——杂散光消除管
TV——电视机
UV——紫外（辐射）
VESA——视频电子标准协会

1.1.2 IDMS 约束性

本书唯一的要求是遵守测量步骤、方法、报告要求等。本书对书中所述任何测量并不设定必须服从的数值，设定数值是其他标准的任务。任何声称测量结果遵守 ICDM IDMS 的报告文件（也就是规格书），必须给出测量结果的测量方法，且报告中的任何约束都要遵守本书指定的方法、步骤、文件。对于方法或仪器配置的任何例外或偏离（见 1.1.5 节）必须在报告中明确说明。

1.1.3 自选性

本书的观点很简单，主要想给显示行业提供多种用于量化显示屏性能和质量的测量方法，提供详细的测量步骤，并尝试预先给出任何关于测量方法或设备问题的警示。其形式如

同吃自助餐，你可挑选想吃的；这里，你可选需要的测量方法——并不是每个测量都需要做。本书中一些方法与另一些方法类似，但会产生不同的结果。

1.1.4 层次性

测量方法有多种分类方法。本书尝试为显示行业提供实用且熟悉的文件，分类主要试图强调目前对业内来说什么是重要的。本书同样尝试避免过多的层次分类，以便使本书易读。一些测量方法可用多个不同部分替代。因此，第 8 章包括视角均匀性测量方法，第 9 章类似地也包括同样的测量方法。

1.1.5 例外和偏离

测量的结果及计算将在本书中以某种形式报告。本书使用"报告"（或类似格式）一词来涵盖任何形式的报告，可以是口头的、印刷的、电子的等。为了满足需求，读者可能会遇到一些本书指定方法的例外或偏离。任何对本书的例外或偏离，必须在每个测量结果的报告中加以记录和注释。若不得不改变显示屏的设置以适当描述其特殊应用，那么设置或方法的改动必须在报告中明确陈述。例如，汽车制造商可能想知道显示屏的调光范围，这意味着显示屏设置将不得不改变，以便描述汽车用显示屏的特性。

1.1.6 范例、样本数据、配置例子

注意，本书测量部分经常提供一些范例或示例数据。这些并非预期的目标、建议等级或建议的测量结果。它们仅用来表示如何报告测量结果或为读者提供计算检验的例子。本书经常给出作为落实测量例子的各种测量仪器与显示屏。本书的图中给出了各种仪器。如图 1-1 所示为光谱辐射亮度计（或亮度计）、阵列式探测器、视频信号发生器、亮度计（或照度计）等。给出这些图，我们无意给出使用任何制造商、任何设备的任何偏好，任何与现有或未来设备的类似之处纯属偶然，并且我们绘制这些图并不意味着认可任何特殊设备。

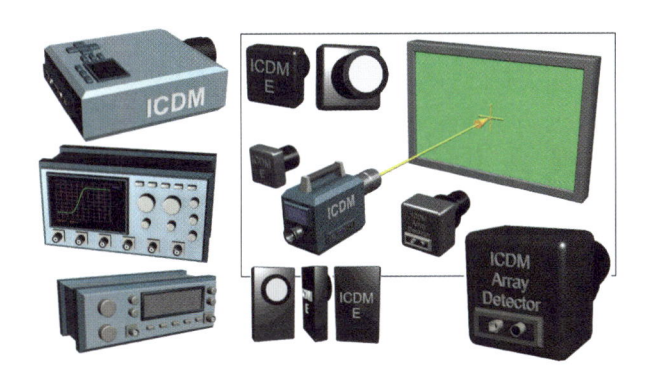

图 1-1 各种测量仪器示意

1.2 色度学、光度学及辐射度学

本书将讨论亮度和颜色测量。参考的色彩空间经常是指基于 X、Y、Z 三刺激值的 CIE 1931 色彩空间，且相应色坐标为 x、y 和 z。这是当前正在使用的其他色彩空间的基础。若现在或将来要求使用其他色彩空间，必要时，可考虑将本书中使用的 CIE 1931 色彩空间作为其他色彩空间的基础。我们更鼓励使用相对色彩空间，如 u'、v'、CIELAB、CIELUV 和其他更加完善的色彩空间。此外，本书中描述的测量步骤和方法一般应用于显示系统（输入信号遵守标准的 RGB 电压设置或数字值），任何偏离都须做完整的记录。

请注意，当我们说进行亮度测量或色度测量时，我们并不排除进行既能提供亮度测量又能提供色度测量的光谱辐射亮度测量。同理，对于照度测量，光谱辐射照度测量将比单独的照度测量提供更多的信息。辐射度测量被认为是更通用的测量，并对理解显示屏出射光线更加有用。

例如，在第 5 章中，我们规定了一个简单画面的亮度和色坐标的测量方法。与之等同的是，我们可以测量全屏模式的辐射度并计算亮度与色坐标，且我们可以获得任意色彩空间的色坐标。因此，可以这样理解，我们提及的亮度、照度、色坐标等的测量，在本书中都相当于进行光谱辐射测量。需要进行光谱辐射测量的方法，我们都会明确指出这个要求。但是，一般情况下，我们将进行亮度（光度学）或颜色（色度学）测量。为了加深理解，光谱辐射测量可包含这些结果且提供更多信息。

第2章

报告模板

本章提供了许多报告模板、多套测量方法、综合指标,这些只作为建议。

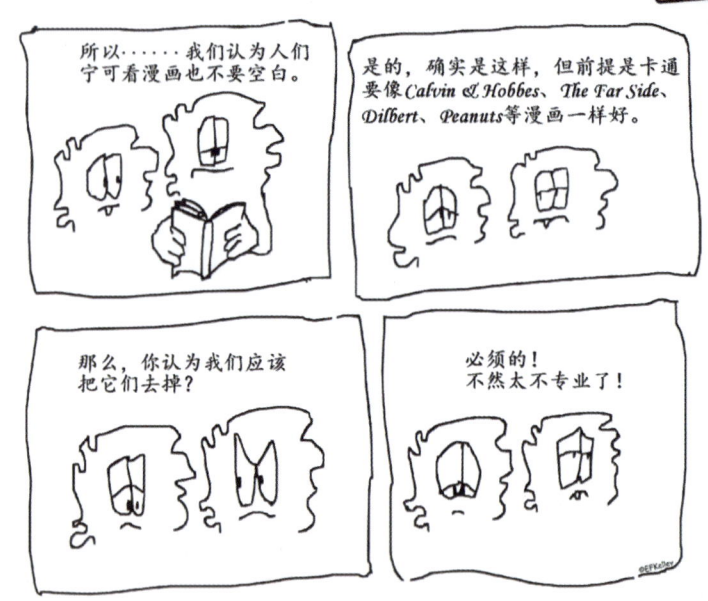

2.1 显示描述、识别及模式

表 2-1 列出了各种用于记录测量条件的信息,其中依次罗列了一些用来指定颜色的解释。"每种颜色的色深"是指每种基色可使用的位数。例如,在 RGB 系统中,针对红色、蓝色可能有 5 位可用,但绿色有 6 位可用,可记为"5、6、5/RGB"或"5R、6G、5B";

如果每种颜色都有 8 位可用，则可记为"RGB 各 8 位"或简写为"各 8 位"。"总色深"表示用于颜色表现（包括灰色）的全部可用位数。在上面的例子中，5、6、5/RGB 系统提供的总色深为 16 位，各 8 位系统提供的总色深为 24 位。"灰度等级"是指 DUT 能够产生的灰度的不同亮度等级的数量。例如，8 位灰度意味着有 2^8 或 256 个灰度等级。"总颜色数量"是指在任意时刻能够显示的不同颜色的数量。因此，尽管一个显示屏能为 R、G、B 分别提供 8 位以产生 $16.78×10^6$ 种颜色，若任意时刻只能显示 256 种颜色，则总颜色数量为 256。

表 2-1 典型的描述和检测信息

描述	检测信息	描述	检测信息
显示屏信息	DUT 生产商； 型号； 序列号； 修订版本	描述信息	水平像素数量； 垂直像素数量； DUT 使用技术； 子像素排列方式； 工作模式
颜色	基色（子像素）数； 基色颜色； 每种颜色的色深； 总色深； 灰度等级； 总颜色数量	间距	水平像素间距（米制单位）； 垂直像素间距（米制单位）； 水平子像素（点）间距（米制单位）； 垂直子像素（点）间距（米制单位）； 其他规格（例如，每英寸点数，可选）
信号与电压	信号源； 电压源	标准条件和模式	依据标准配置条件报告，并指明操作中可应用的每个模式
显示尺寸和机械要素	水平有效面积尺寸 H； 垂直有效面积尺寸 V； 对角线尺寸 D； 有效面积 $H×V$； 厚度； 质量； 设计观察方向	偏离必须记录下来	若不垂直，则提供使用的测量方向（必要时记录观察点）； 若非中心位置，则记录测量位置； 其他
探测器（LMD）属性	制造商； 型号； 序列号； 距离； 测量角； 孔径角	其他信息	测试人员姓名； 测试日期； 预热时间； 室温； 运行或数据设置数值（如果可行的话）

一些显示屏有不同的工作模式，可以进行调整，以便使颜色、亮度、对比度、锐度、调光或动态对比度、伽马、能耗等满足各种需求，我们称之为改良性能模式。当这些改良都关闭时，显示屏处于自然性能模式。自然性能模式经常被认为是量化显示屏性能的最佳模式。在某些情况下，为了分析和比较，可能会测量改良性能模式。在这种情况下，自然性能模式仅作为参考。为了使测量具有重复性，规定测量的所有模式及其设置非常重要。

表 2-2 提供了一种用于报告显示屏的工作模式及测量时使用的控制或设置的格式。制造商可能使用许多控制或设置，名称如"对比度""亮度""色温""锐度""单独的 RGB 控制""色彩""色调""动态的"等。在显示行业，没有必要使显示屏的设置名称、控制名称或设置数值的含义保持一致。记录时，将制造商使用的控制或设置名称放置于表格第一列，将对应的控制或设置数值放置于第二列，将控制或设置描述放置于第三列。例如，"亮度"通常指亮度等级控制，但实际上有可能指一个黑色等级设置，此时，可增加诸如"只控制黑色亮度等级"的描述；同理，"对比度"实际上可能仅为白色亮度等级设置，可描述为"控制白色亮度等级而不改变黑色亮度等级"。一些控制因采用的工作模式而无效，但记录无效的控制也可能有用。

表 2-2　工作模式记录格式

型号名称：		
控制或设置名称	控制或设置数值	控制或设置描述（如何控制或设置）

2.2　发射型显示屏模板

表 2-3 所示为发射型显示屏的基本测量。注意，发射型显示屏是指发射光线的显示屏，包括液晶显示屏。

表 2-3　发射型显示屏的基本测量

项目	测量内容	章节	数值	结果	
1a	全白场，亮度	5.3	255		cd/m^2
1b	全白场，色坐标	5.3			$= x, y$
1c	全白场，相关色温	5.3			K
2a	彩色信号白色，红色亮度	5.4	255		cd/m^2
2b	彩色信号白色，绿色亮度	5.4	255		cd/m^2
2c	彩色信号白色，蓝色亮度	5.4	255		cd/m^2
2d	彩色信号白色	5.4	—		cd/m^2

续表

项目	测量内容	章节	数值	结果	
3a	全黑场，亮度	5.6	0		cd/m²
3b	全黑场，色坐标	5.6			= x, y
3c	全黑场，相关色温	5.6			K
4a	图像信号黑色，亮度	5.7	0		cd/m²
4b	图像信号黑色，色坐标	5.7			= x, y
4c	图像信号黑色，色温	5.7			K
5a	全屏基色，红色亮度	5.14	255,0,0		cd/m²
5b	全屏基色，红色色坐标	5.14			= x, y
6a	全屏基色，绿色亮度	5.14	0,255,0		cd/m²
6b	全屏基色，绿色色坐标	5.14			= x, y
7a	全屏基色，蓝色亮度	5.14	0,0,255		cd/m²
7b	全屏基色，蓝色色坐标	5.14			= x, y
8	灰阶（"数值"一列为灰阶等级 V_i 的值）	6.1	0		
			31		
			63		
			95		
			127		
			159		
			191		
			223		
			255		
计算	连续对比度	5.10	?		
	相对色域 vs. sRGB	5.18	?		
	伽马值（log-log 模型）	6.3	?		
	a		?		
	伽马值（GOGO 模型）	6.5			

注：测量结果填写在表中对应的黄色单元格处；表中"？"表示暂不知该数值。

这是众多可用的示例表格中的一个。更多表格可从 ICDM 官网获取。

2.3　立体 3D 显示模板

图 2-1 所示为立体 3D 显示模板，此模板的电子文件可从 ICDM 官网获取。

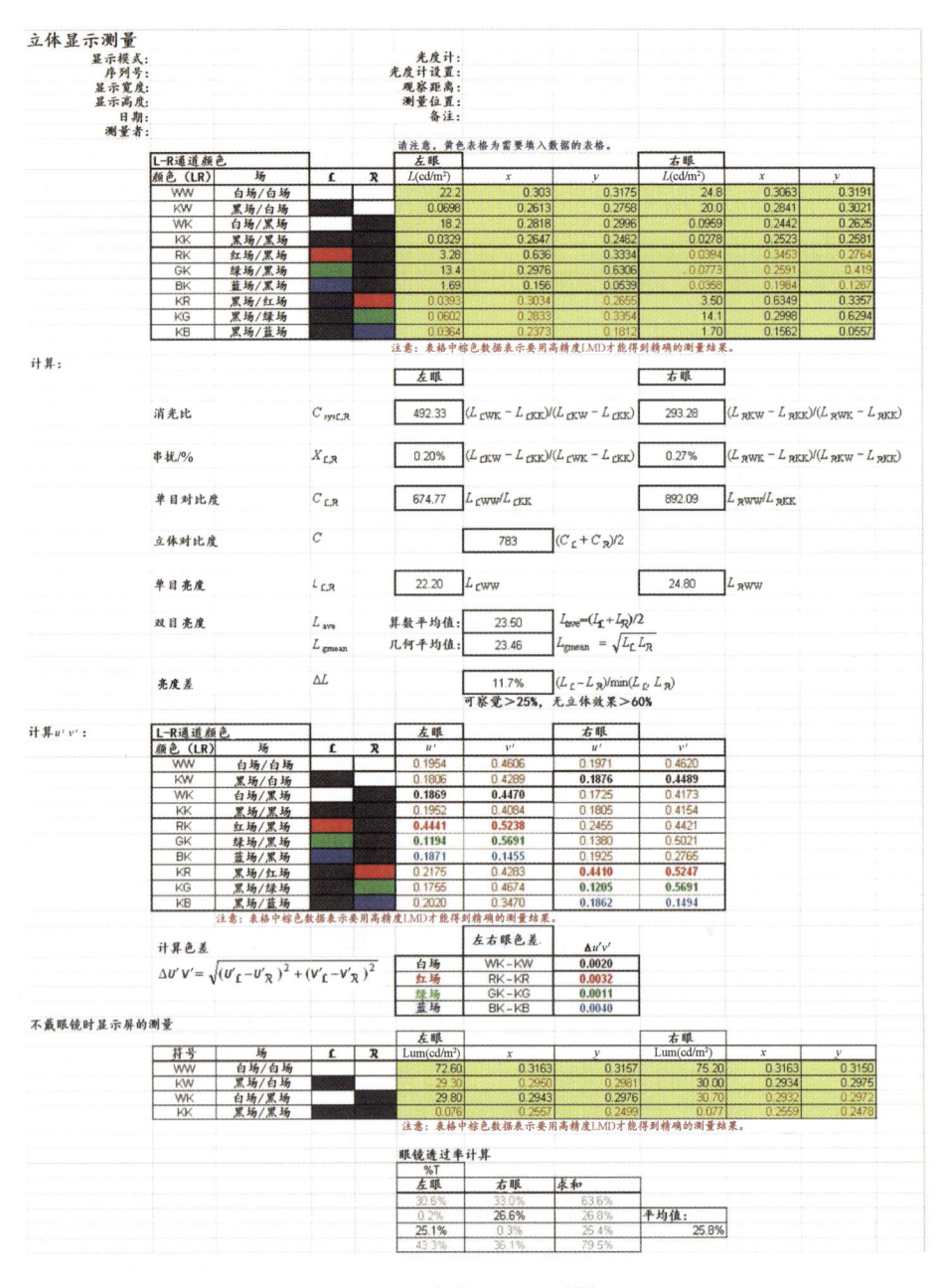

图 2-1　立体 3D 显示模板

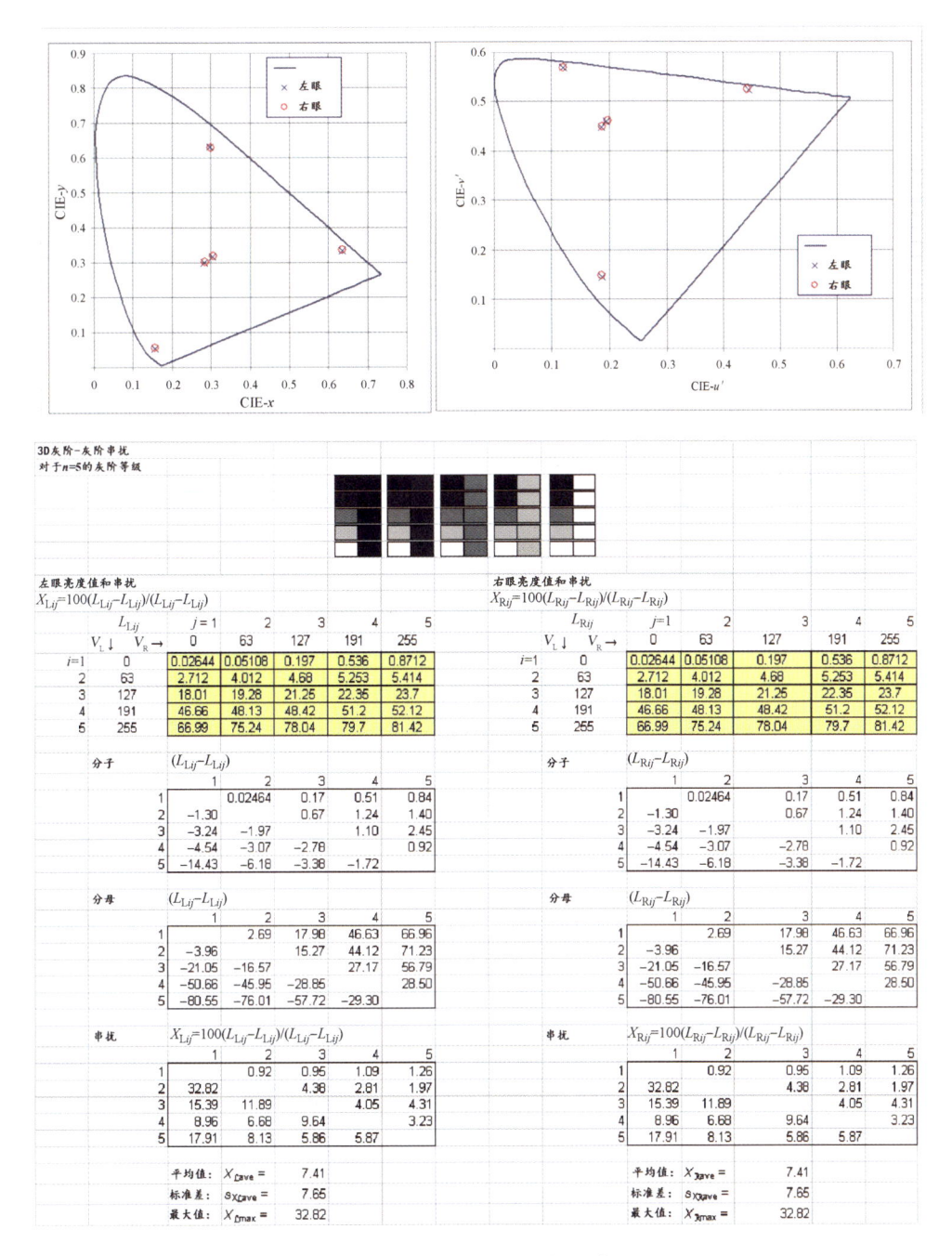

图 2-1　立体 3D 显示模板（续）

2.4 一组优势点测量数据

描述：以用户观察的方式测量显示屏的视角特性，从所观看的显示屏中心的优势点开始，朝向各边角调整视角。在测量中，采用与观看相同的方式。

本方法测量显示屏上的五个位置，并进行用于比较的计算，然后给出一套从用户角度或优势点出发能很好地描述显示屏视角特性的指标。本测量尽量从观察者的体验出发。

应用：本测量方法可用于任何显示屏，但主要针对有视角依赖性的显示屏，如液晶显示屏。对于在屏幕中心附近固定位置单个用户观察的监视器、笔记本电脑显示屏或其他显示屏，可选择性采用本测量方法。然而，即便对于不以本测量方法规定的方式进行观察的其他应用，本测量方法仍然不失为视角特性测量的好方法。

通过将测量距离调整为近似于距离屏幕最近的观察者距离，本方法也可应用于投影显示屏。注意，测量并不垂直于屏幕。相反，屏幕中心位于水平中心，但在垂直方向偏离中心（本测量方法中没有对此进行处理）。

设置：应用如图 2-2 所示的标准设置（见 3.2 节）。

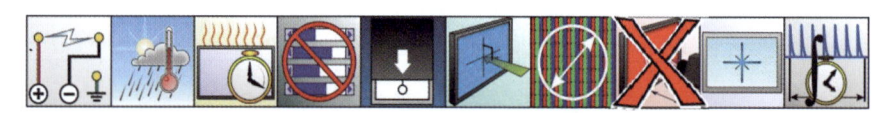

图 2-2 标准设置

中心点测量设置条件：使用亮度和色度点测量型光度计测量显示屏的重要参数。

- 整个测量过程中显示屏位置固定。
- 为了进行显示屏上其他点的观察测量，探测器应安装在允许围绕中心点垂直及水平方向旋转的三角架或其他装置上。
- 典型测量五个点，如图 2-3 所示，其中，中心点数字为 3，角落点从左上至右下为 1、2、4 和 5。
- 测量距离：距屏幕中心 30cm，与屏幕角落及其他点的距离各异。
- 测量视场角（孔径）典型值为 1°。

离轴点的设置条件如图 2-4 所示。

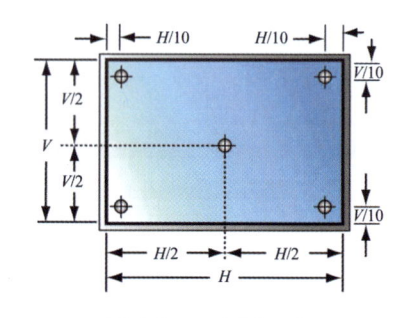

图 2-3 五点测量法

图 2-4 设置条件

步骤：（1）设置探测器测量屏幕中心，使其垂直（正交）于屏幕。

显示屏的中心点是测量参考点，其他点的测量位置将参考中心点，以确定最终指标。

（2）测量并报告屏幕中心优势点的所有参数，所有待测点将使用相同的测量方法。点与点之间只有角度变化；使用定位点确定测量位置；确保在测量角落位置的点时，探测器的测量孔径不超出显示屏边缘，且应该距离有效显示区边缘至少3cm。该测量方法可测量以下项目。

  a. 全白场——亮度、色坐标、CCT。

  b. 全黑场——亮度。

  c. 全屏红色——亮度、色坐标。

  d. 全屏绿色——亮度、色坐标。

  e. 全屏蓝色——亮度、色坐标。

  f. 所有点选择的测量项目：

- 伽马值；
- 用于颜色追踪的红色、绿色和蓝色伽马值；
- 响应时间；
- 环境光条件测量；
- 灰阶反转；
- 颜色反转。

（3）调节探测器至下一个测量点，围绕探测器的中心旋转点进行旋转。调整探测器的角度，使其对准测量点，以使探测器测量孔径的覆盖区域边缘距离有效显示区域边缘(3±1)cm，必要时可重新聚焦。

（4）按照中心点测量优势点的所有参数，并移动探测器至下一测量点，直至完成所有点的测量。

（5）按照表2-4的格式报告测量结果。

表 2-4 数据报告示例[1]

测量点	位置	全白场 L_W	u'	v'	CCT	全黑场 L_K	C.R.*	全屏红色 L_R	u'_R	v'_R	全屏绿色 L_G	u'_G	v'_G	全屏蓝色 L_B	u'_B	v'_B
1	U.L.[1]	100.80	0.2043	0.486	5287	0.421	239.5	25.65	0.3889	0.5289	68.55	0.1289	0.5621	8.55	0.154	0.2100
2	U.R.[2]	109.80	0.1936	0.5007	5308	0.3803	288.72	27.47	0.4107	0.5324	75.02	0.1214	0.5663	9.04	0.1462	0.2323
3	Center[3]	243.40	0.1958	0.4844	5806	0.37	657.84	58.22	0.4243	0.5323	164.40	0.1259	0.5630	20.72	0.1519	0.2028
4	L.L.[4]	111.90	0.1932	0.4998	5352	0.392	285.5	28.49	0.4086	0.5322	75.98	0.1203	0.5658	9.39	0.1463	0.2327
5	L.R.[5]	103.80	0.2033	0.4870	5318	0.403	257.56	25.99	0.4304	0.5290	71.20	0.1291	0.5625	8.66	0.1551	0.2082
最大值		243.4	0.2043	0.5007	5806	0.421	657.84	58.22	0.4304	0.5324	164.4	0.1291	0.5663	20.72	0.1551	0.2327
最小值		100.8	0.1932	0.4844	5287	0.37	239.5	25.65	0.3889	0.5289	68.55	0.1203	0.5621	8.55	0.1462	0.2028

*计算值：L_W/L_K。

[1] U.L. 表示左上测量点。

[2] U.R. 表示右上测量点。

[3] Center 表示屏幕中心点，正交于屏幕，作为其他倾斜点测量的参考。

[4] L.L. 表示左下测量点。

[5] L.R. 表示右下测量点。

---

[1] 注：表题为红色的表格中所示为示例数据，请勿使用表中数据作为你的预期测量结果。全书中都是这样规定的。

分析：根据表 2-4 所示的测量结果，计算并报告下面的参数。

$$离轴色偏 \Delta u'v' = \sqrt{(u'_{\text{ref}} - u'_x)^2 + (v'_{\text{ref}} - v'_x)^2} \tag{2-1}$$

式中，u'_x 和 v'_x 是测量点的 u' 和 v' 偏离参考 u'_{ref} 和 v'_{ref} 的最大值。u'_x 和 v'_x 必须针对每一个位置进行成对测量，不能选择其中一个。计算白色、红色、绿色和蓝色的离轴色偏。

$$\Delta u'v' \text{不均匀性} = 100\% \times \left(\frac{x_{\max} - x_{\min}}{x_{\max}}\right) \tag{2-2}$$

式中，$x_{\max}$ 和 $x_{\min}$ 为这些测量值中 $\Delta u'v'$ 的最大值与最小值。

$$离轴亮度变化不均匀性 = 100\% \times \left(\frac{x_{\max} - x_{\min}}{x_{\max}}\right) \tag{2-3}$$

式中，$x_{\max}$ 和 $x_{\min}$ 为测量的最大亮度值和最小亮度值。

计算白色、红色、绿色、蓝色及黑色的离轴亮度变化不均匀性。

$$离轴色域 = 5 \text{ 个测量点中色域的最小值} \tag{2-4}$$

$$色域不均匀性 = 100\% \times \left(\frac{x_{\max} - x_{\min}}{x_{\max}}\right) \tag{2-5}$$

式中，$x_{\max}$ 和 $x_{\min}$ 为色域测量的最大值和最小值。

$$离轴对比度 = 最小对比度 \tag{2-6}$$

$$离轴 CCT 漂移不均匀性 = 100\% \times \left(\frac{x_{\max} - x_{\min}}{x_{\max}}\right) \tag{2-7}$$

式中，$x_{\max}$ 和 $x_{\min}$ 为测量的 CCT 最大值及最小值。

对于非均匀性与均匀性的计算，$x_{\max}$ 和 $x_{\min}$ 为亮度、$\Delta u'v'$、色域或 CCT 测量值中的最大值和最小值。

无论是中心点还是其他点，都不能用 0 作为最小的 $\Delta u'v'$ 值。使用最小非 0 值作为 $\Delta u'v'$ 的最小值。

色域覆盖率根据有参考色域色坐标值的色域表格通过式（2-8）计算。[注意：色域假设被测设备具有亮度叠加特性（见 5.4 节）。如果被测设备不具有亮度叠加特性，请从 SID 官网下载 IDMS1.2 版本的英文版，并使用其中 5.32 节的方法来评估被测设备的色彩范围。]

$$色域覆盖率 = 100\% \times \frac{\left|(x_R - x_B)(y_G - y_B) - (x_G - x_B)(y_R - y_B)\right|}{\left|(x_{RN} - x_{BN})(y_{GN} - y_{BN}) - (x_{GN} - x_{BN})(y_{RN} - y_{BN})\right|} \tag{2-8}$$

可使用任何想用的色域覆盖率，也可使用 CIE 1931-x,y 或 CIE 1976-u',v' 色坐标。然而，报告表格中的值必须与参考色域的值相匹配，即如果使用 x,y 色坐标，那么表格中的色坐标也必须是 x,y。例如，对每个被测量点，用 RGB 的 x,y 或 u',v' 计算并确定离轴色域及色域不均匀性[1]。

式（2-8）中的"N"表示参考色域的 RGB 的 x,y 值或 u',v' 值，色域参考值如表 2-5 所示。其中，对于 u',v'，可用 u_{RN}, v_{RN} 替换 x_{RN}, y_{RN}，以此类推。

---

[1] 本书中式（2-8）经常重复出现。然而，我们强烈鼓励人们放弃使用 CIE 1931 色度图进行色域计算，因为它并非欧几里得几何空间。相反，应该使用 CIE 1976-u',v' 色度图。遗憾的是，许多人仍继续使用 x,y 色坐标值和 CIE 1931 色度图计算色域面积。详细信息请参考 5.18 节的内容。

表 2-5 色域参考值

变量名称	数值	变量名称	数值
x_{RN}	0.67	y_{RN}	0.33
x_{GN}	0.21	y_{GN}	0.71
x_{BN}	0.14	y_{BN}	0.08
色域信息	参考色域面积	色域信息	参考色域面积

补充信息：

用以宽度（cm）和高度（cm）表示的显示屏有效显示面积尺寸报告测量角度。为了简化，像素阵列（$N_H \times N_V$）与对角线尺寸（D）都以英寸（1 英寸=2.54 厘米）表示。

$$总像素数：N_T = N_H \times N_V \tag{2-9}$$

$$DUT\ 对角线尺寸（cm）：D_{cm} = D \times 2.54 \tag{2-10}$$

$$水平尺寸（cm）：H = \sqrt{\frac{D_{cm}^2 \times N_H^2}{N_H^2 + N_V^2}} \tag{2-11}$$

$$垂直尺寸（cm）：V = \sqrt{D_{cm}^2 - H^2} \tag{2-12}$$

$$D = \sqrt{H^2 + V^2} \tag{2-13}$$

$$宽高比 = N_H / N_V \tag{2-14}$$

设 d_v 为测量距离；Δ 为显示屏的倾斜角，对于竖直放置的显示屏，其值为 0，则有如下计算。

俯仰角偏离（θ）：

$$顶部：\theta_1 = \arctan\left(\frac{\sqrt{\left(\frac{H}{2} + \Delta\right)^2 + \left(\frac{V}{2}\right)^2}}{d_v}\right) \tag{2-15}$$

$$中部：\theta_2 = 0 \tag{2-16}$$

$$底部：\theta_3 = -\arctan\left(\frac{\sqrt{\left(\frac{H}{2} + \Delta\right)^2 + \left(\frac{V}{2}\right)^2}}{d_v}\right) \tag{2-17}$$

方位角偏离（ϕ）：

$$左侧：\phi_{left} = \arctan\frac{H + 2\Delta}{V} \tag{2-18}$$

$$中间：\phi_{center} = 0 \tag{2-19}$$

$$右侧：\phi_{right} = -\arctan\frac{H + 2\Delta}{V} \tag{2-20}$$

报告： 根据测量结果按照表格计算显示性能，如表 2-6 所示。

注释：（1）点数。本套测量的测量点可采用 5 点、9 点（3×3）或 25 点（5 点均匀分布于 5 行），由利益相关方确定。角落与边缘相对于屏幕中心参考点的角度偏离最大，因此，测量点没必要多于 25 点。

（2）测量距离。如果因为探测器最小聚焦距离的限制而无法达到30cm的测量距离，那么增大测量距离，直到探测器准确地聚焦于屏幕中心。尽可能使测量距离接近30cm。

（3）探测器安装的几何中心。探测器的安装机械装置（如三角架）及其附件的安装位置都是相对于镜头位置而言的，测量中，探测器的旋转点并不是几何中心。也就是说，探测器的旋转点可能与探测器镜头的旋转点并不重合，且镜头距离最高点和最低点的测量距离不可能相同。这是可接受的，因为本测量为了说明这种测量，通过引入最坏情况的点，为测量计算设置了一些对准问题。然而，在报告每个点的测量距离及观察方向时（以 θ 和 ϕ 表示），应特别注意说明非对称角度及距离。

（4）通常，在显示屏视角测量中，探测器固定且对准显示屏中心，而显示屏绕中心转动至待测量的倾斜角。这种方法沿着以显示屏中心点为顶点的圆锥方向进行测量，形成观察圆锥体。在本测量方法中，显示屏保持固定，改变探测器方向来寻找显示的边缘。这种测量方法的每个测量点的测量距离都在变化。这可视为对观察圆锥体的反转，其中，圆锥体的中心就是眼睛观察显示屏的观察点，且圆锥体越靠近显示屏，锥角越大。

表 2-6　报告示例

参数	颜色	测量数值	规格要求	判断项目	合格/不合格
到屏幕中心的测量距离	N/A	30 cm	30 cm		
测量的视场孔径角	N/A	1°	1°		
离轴色偏($\Delta u'v'$)	白色	0.01636		$\Delta u'v'$ 最大值	
	红色	0.01570			
	绿色	0.00623			
	蓝色	0.03043			

续表

参数	颜色	测量数值	规格要求	判断项目	合格/不合格
$\Delta u'v'$ 不均匀性/%	白色	51.3384		%最大值	
	红色	55.3240			
	绿色	50.2482			
	蓝色	79.4624			
离轴亮度变化不均匀性/%	白色	58.6037		% 最大值	
	红色	55.9430			
	绿色	58.3029			
	蓝色	58.7307			
	黑色	12.114			
离轴色域/%	色域计算	65.0538		最小色域值	
色域不均匀性/%	色域覆盖率	97.6		%最小值	
离轴对比度/%	L_W / L_B	265.0539		最小对比度	
离轴 CCT 漂移不均匀性/%	白场	8.9390		%最大值	
灰阶反转	N/A	是/否	不允许	N/A	
颜色反转	N/A	是/否	不允许	N/A	
补充报告示例					
水平像素数(N_H)	1280				
垂直像素数(N_V)	1024				
以英寸表示的对角线尺寸(D)/英寸	17				
显示宽度(H,有效显示)/cm	33.718				
显示高度(V,区域尺寸)/cm	26.974				
以厘米表示的对角线尺寸(D_{cm})/cm	43.18				
宽高比	1.25				
测量点数量和位置	点 1 U.L.	点 2 U.R.	点 3 Center	点 4 L.L.	点 5 L.R.
俯仰角(θ)/°	24.207	24.207	0.000	-24.207	-24.207
方位角($<$)/°	-29.334	29.334	0.000	-29.334	29.334
到测量点的距离/cm	35.741	35.741	30.000	24.207	24.207

注：对于表中紫色部分，使用者可根据自己企业的要求填写"规格要求"一列，然后判断"测量数值"一列的数值合格与否，并在"合格/不合格"一列填入相应的判断结果；表中灰色部分表示不需要填写此内容。

2.5 亮度和色度均匀性模板

ICDM 亮度和色度均匀性报告单如表 2-7 所示。

表 2-7 ICDM 亮度和色度均匀性报告单

点数 9点	点数 5点	白场 L_W/(cd/m²) (5.3节)	白场 x (5.14节)	白场 y (5.14节)	白场 CCT (B.1.2.1节)	白场 $\Delta u'v'$ (2.4节等)	黑场 L_K/(cd/m²) (5.6节)	计算值 C.R. (5.9节)
1	1							
2								
3	3							
4								
5	5							
6								
7	7							
8								
9	9							
平均值								
最小值								
最大值								
均匀性/% (8.1节)								

注：暗室测量。表中橙色和白色单元格表示测量结果，其中橙色还表示均匀性参考中心点；青色单元格表示计算值。

2.6 屏幕中心基本测量模板

ICDM 屏幕中心基本测量报告单如表 2-8 所示。

表 2-8 ICDM 屏幕中心基本测量报告单

主色	L/(cd/m²) (5.3节)	x (5.14节)	y (5.14节)	CCT (B.1.2.1节)	C.R. (5.9节)	色域 (2.4节等)
白色						
红色						
绿色						
蓝色						
黑色						

注：暗室测量。结果表中白色、红色、绿色、蓝色的单元格表示填入测量结果；青色单元格表示计算值；灰色单元格表示无须填入任何数值。

第 3 章

显示屏和仪器设置

图 3-1 中的箭头（黄色）和小坐标线给出了探测器指向的位置及其聚焦（假设它有一个镜头）的表面或被测量光线的大概区域。图 3-2 给出了仪器相对于坐标系的布局，详细信息参阅 3.5 节。我们经常给出一些虚拟的设备图例。我们不会有意代表任何制造商，任何相似之处纯属偶然。我们通常给出有光照和白色背景的图，以便看清楚设备的配置和布局。实际上，大多数情况下应该使用暗室条件（如果按照暗室条件描绘图像，那么设备将不易清晰可见）。

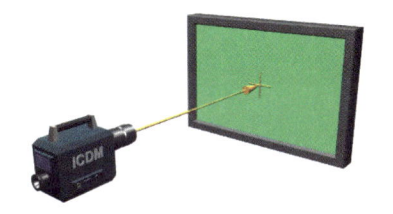

图 3-1　箭头给出探测器指向的位置及聚焦点（十字） 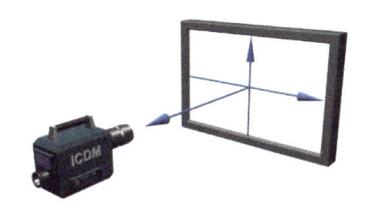　　图 3-2　箭头给出显示屏中心处的直角坐标 (x, y, z)

3.1　测量仪器

在光学测量中，可以选用各种各样的测量器具。通常，将这样的器具称为光测量仪器（LMD）。但是，本书也使用"探测器"一词作为替换词，或者将其与 LMD 一起使用。附录 A.1 讨论了各种类型的设备及其详细要求。下面给出对测量仪器的大致要求。

（1）亮度测量：对于 CIE A 类照明体，要求在 5 分钟内，其相对扩展不确定度必须为 $U_{LMD} \leqslant 4$（包含因子为 2），其重复精度为 $\sigma_{LMD} \leqslant 0.4\%$，且相对光谱响应曲线与 $V(\lambda)$ 曲线的偏差必须满足 $f_1' \leqslant 8\%$。

（2）照度测量：对于 CIE A 类照明体，要求在 5 分钟内，其相对扩展不确定度必须为 $U_{LMD} \leq 4$（包含因子为 2），其重复精度为 $\sigma_{LMD} \leq 0.4\%$，相对光谱响应曲线与 $V(\lambda)$ 曲线的偏差必须为 $f_1' \leq 8\%$，且方向性响应必须不大于 2%。

（3）颜色测量：对于 CIE A 类照明体，对于所有测量颜色的设备，在测量 (x,y) 色坐标时，其相对扩展不确定度必须为 $U_{col} \leq 0.005$（包含因子为 2），其重复精度为 $\sigma_{col} \leq 0.002$。

（4）辐射亮度测量：对于覆盖 380～780nm 的分光辐射亮度计，在 400～700 nm，其相对扩展不确定度必须不大于 2%（包含因子为 2），且在 380～400 nm 和 700～780 nm 必须不大于 5%。

（5）阵列式探测器测量：对于 CIE A 类照明体均匀光源上的亮度测量，要求在 5 分钟内，其相对扩展不确定度为 $U_{LMD} \leq 4\%$（包含因子为 2），其重复精度为 $\sigma_{LMD} \leq 0.4\%$，相对光谱响应曲线与 $V(\lambda)$ 曲线的偏差必须为 $f_1' \leq 8\%$，且在 50%±10%饱和度下，任意 10×10 探测器的像素测量区域的亮度平均值必须在整个阵列亮度平均值的 2%范围内。

3.2 标准条件（测试图样）

熟悉显示测量技术的人通常不需要被提醒测量应满足何种设置条件。在大多数测量描述中，我们把这些重复的要求转化成了本节定义的图标形式，如图 3-3 所示。最常用的十个图标以这样的形式给出。对于阵列式探测器，有时会用到如图 3-4 上行所示的两个额外图标。

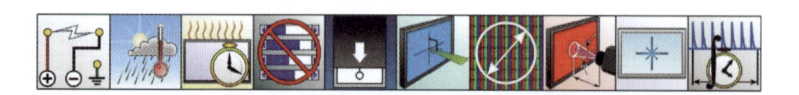

图 3-3 测量设置条件示意

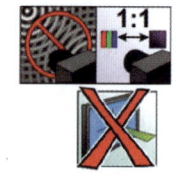

图 3-4 测量设置条件及条件删除示意

如果某种特殊方法中不需要某种设置条件，那么将看到对应图标被画交叉删除线（见图 3-4）。任何与这些设置条件的偏离必须在对应报告中说明。表 3-1 给出了各种设置图标表示的标准设置条件概要。

表 3-1 设置图标表示的标准（默认）设置条件概要

图标	说明	图标	说明
	确认合理的电气条件并记录		500 px 为默认待测像素数量（直径约 26 px）
	环境条件： 24℃ ±5℃； 84 ～106 kPa； 25 %～85 % RH （无凝结）		测量视场角为 2° 或更小(聚焦于无限远)。感光区域的孔径角（通常为透镜的对弦角或探测器探测区域对应的角度）不大于 2°。例外情况必须经核实。保持合理的距离

续表

图标	说明	图标	说明
	预热时间：名义上至少 20 min（我们倾向于充足的时间，以建立稳定的全白场画面亮度，每小时漂移少于 1%）		屏幕中心测量（或其他指定位置）的位置误差为屏幕对角线的 3%
	整个测量过程中不得改变控制，且如果有多种显示模式，那么必须指定操作用的显示模式		测量重复性要求探测器有足够的积分时间
	暗室条件：0.01 lx 或更小，从显示屏的观察点观看，无明显可见光光源，如设备光线及由墙壁反射的计算机显示屏光线		在使用阵列式探测器时，避免莫尔条纹和混乱现象
	垂直观察方向（或其他特殊用途指定方向）的目标角度误差不超过 0.3°		设置阵列式探测器以使显示屏像素与探测器像素之间形成一一对应探测

注：与这些设置条件的偏离和例外必须记录并报告给所有利益相关方；LMD 术语见 3.7 节。

3.2.1 电气条件

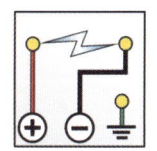

必须确定、记录（在显示屏上或在其手册中进行充分记录）并满足适当的（若制造商明确说明）电气条件；否则，必须对所有利益相关方报告偏离。若为电池驱动器件，则建议使用 AC 适配器以确保测量结果不依赖电池的条件。

3.2.2 环境条件

必须满足下面的环境条件：24℃ ±5℃，84~106 kPa，25%~85% RH（无凝结）。这些是比海平面低约 1609m 的气压，海平面气压为 101325 Pa（76 mm Hg）。若这些条件中的任何一个未满足，则必须报告给所有利益相关方。

3.2.3 预热时间

显示屏必须预热至少 20 min。鼓励使用更长的预热时间，直至显示屏每小时的漂移低于 1%。可能会出现要求更长或更短的预热时间的特殊情况。在此种情况下，必须对所有利益相关方报告偏离。

3.2.4 控制及模式恒定不变

在测量过程中,必须记录用于调节显示屏显示特性的操作、控制或设置,并保持这些操作、控制或设置恒定不变。一旦调节合适,它们对于所有测量必须保持恒定不变。一些特殊显示屏的特殊测量项目必须改变控制。在此种情况下,控制的任何改变都必须明确报告给所有利益相关方。

3.2.5 暗室条件

对于一般测量,暗室中落于屏幕上的照度必须不大于 0.01 lx,越小越好。此外,从被测显示屏观察点方向观看,不可有明显可见的光源光线(设备光线、墙壁或人身体反射计算机屏幕的反射光线)。可参阅第 12 章有关内容。

3.2.6 标准观察方向

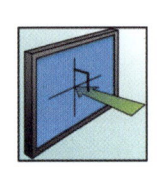

测量应沿垂直方向进行,即屏幕中心法线方向,如左侧图标所示,这是标准观察条件。在某些情况下,我们想知道显示屏前某处的眼睛位置、观察角度、设计观察方向等显示特性,则必须记录此种非垂直观察条件,且告知所有利益相关方。对于投影式测量,该图标意味着要求保持照度计的轴线与屏幕垂直;无论照度计在投影屏幕的哪个位置,照度计可能都不会指向投射仪。更多有关普遍使用的若干测量方法的详细信息,请参阅附录 A.15。

3.2.7 被测像素数量

除非另有规定,否则在规定的测量方法中,测量区域必须覆盖的像素数量为 500px,这个圆形区域的直径为 26px。这样,少数像素采集数据相对于平均值的微小偏离将不会严重改变测量结果。若所使用仪器的测量区域覆盖的像素数量少于 500px,且这个仪器经确认与测量区域覆盖像素数量为 500px 的仪器所得到的结果完全相同,则可使用这种仪器。

3.2.8 测量视场、孔径角和距离

本书中规定的典型测量距离为 500mm,这个典型距离依赖所使用的计算机显示器。须确保在任何亮度(辐射度)或颜色测量中,无穷远处的测量区域张角和 500mm 处的孔径角都是 2°或更小。一些 LMD 的聚焦距离不能小于 1m,且一些仪器仅能在几毫米的距离内使用,如锥状 LMD;如果此类 LMD

的测量结果与 500mm 的标准测量距离所获得的测量结果一致，则可使用此类 LMD。许多手持式显示屏必须在 250~400mm 的距离进行测量。许多电视机必须使用与前向投影显示屏类似的、更远的距离进行测量。因此，没有针对所有显示屏的、固定的测量距离。

注意：若未使用 500mm 的测量距离，则必须报告使用的距离，并得到所有利益相关方的同意。在所有情况下，测量距离必须适合所使用的 LMD。

选择一个不依赖显示屏类型的、恰当的测量距离的推荐方法是基于平均人眼视觉灵敏度极限，即 48px/°（视角）（对于具有非常好的视觉效果的明亮物体，还可用 60px/°，更多信息请参阅附录 A.4.1）。为将此分辨率限制转换为距离，使用公式 $D = 48P/\tan(1°) = 2750P$，其中，P 为像素尺寸（假定为方形像素）[对于 60 px/°，使用 $D = 60P/\tan(1°) = 3437P$]。例如，一个分辨率为 1920px×1080px 的全高清显示屏。使用 $D=2750P$ 这个公式意味着测量距离约为屏幕高度 V 的 2.54 倍，$D = (2750/1080)V$（使用 60 px/° 得到的测量距离约为屏幕高度的 3.18 倍）。[1]

对于娱乐用电视机，$2750P$ 是最佳观察距离。这样，将会看到电视机的所有像素。对于计算机显示器，500mm 的距离通常小于 $2570P$，因为通常情况下，我们可能想使用比像素分辨率距离观看效果更好的距离，以便更容易看清楚文字。

3.2.9 屏幕测量点

除非另有规定，否则在给定的测量方法中，屏幕上的标准测量点就是屏幕的中心。均匀性测量依据定义将不遵守此条件。任何其他偏离都必须报告给所有利益相关方。

3.2.10 足够的积分时间

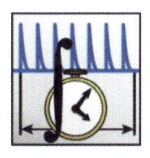

发射型显示屏会引起探测器积分问题，显著地增加测量不确定度。应确保发射型显示屏测量结果不受积分时间太短的影响；过短的积分时间将会使测量结果因较大的重复性不确定度而不可信。更多信息请参阅附录 A.4。

3.2.11 避免阵列式探测器重影现象

使用探测器时要注意如下两点：①对于大面积测量，探测器像素越近似于一个显示屏像素或显示屏子像素，则会遇到越多的重影和莫尔条纹问题，有时，离焦调整或使用扩散透镜（从摄影店购买）可改善该问题；②对于像素细节检查，显示屏每个像素所对应的探测器像素越多，所获得的显示屏像

---

[1] 此处原书参考资料如下。对于 48px/°，参见：Olzak, L. A., & Thomas, J. P.（1986）. Seeing spatial patterns. In K. R. Boff, L.Kaufman & J. P. Thomas（Eds.）, Handbook of perception and human performance（Vol. 1, pp. 7.1-7.56）. New York: Wiley. 对于 60 px/°，参见：The Encyclopaedia of Medical Imaging, H. Pettersson, Ed., p. 199. Taylor & Francis, UK, 1998。

素细节就越可靠。每个显示屏子像素可对应 10 个或更多的探测器像素，或者每个显示屏像素对应 30 个或更多的探测器像素。

■ 3.2.12 阵列式探测器像素与显示屏像素 1:1 对应

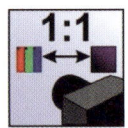

在某些情况下，当使用阵列式探测器时，可能会希望阵列式探测器像素和显示屏像素之间一一对应（1:1），即显示屏像素的尺寸与探测器像素的尺寸相同。

3.3 显示屏设置和误导性宣传手法

注意：如果经由经过训练的观察者判定，制造商的设置条件无论如何都无法使显示屏的性能满足要求，则不准许使用制造商的设置。当观察设置不符合实际应用的设置时，不允许出现扭曲显示控制以给出最佳观察设置的情况。再次声明，判定应由专业观察者执行，而非来自对应显示屏制造公司的人员。我们出于对努力追求制造高品质器件的制造商的利益考虑，采取此种立场来保护其免受损害。

设置一个显示屏的意思是调节显示屏的设置状态以获得最佳图像，这些图像将由一名专业检视人员或经过训练的观察者评判。存在两种常用的设置显示屏的方法，即在环境光照射环境中或在暗室中。使用环境光照射环境时必须谨慎地指定周围照明，并使其具有可重复性，但重复性往往很难达到。谨记，人的眼睛是非线性探测器，而测量设备是线性的。眼睛看到的一个微小变化，对测量设备来说会是一个不可忽略的变化。对于环境照明的微小变化，人眼可能观察不到，但它对测量结果可能会有很大的影响。具有重复性的环境照明的类型将在第 12 章讨论。届时我们将讨论什么是构成一个稳定的测量装置的要素，以及在测量装置无法轻松提供可重复测量结果的情况下如何提供适当的警告。

■ 3.3.1 误导性宣传手法和回旋空间的消除

误导性宣传手法通过提供正常使用情况下的、无法真实描述显示屏特性的规格书来故意误导人们。术语"回旋空间"（wiggle-room）来源于指定需求（这里使用者精确知晓需求的真正含义）所使用的不精确的语言描述，而因为语言描述的不精确，制造商就故意在需求中找出一个漏洞，或根据其优势故意曲解需求。这等同于一种误导性宣传手法。

如果制造商描述或指定了如何针对应用设置显示屏，以便给出符合使用者任务的最佳性能和最满意的、有用的画面，那么可使用制造商的设置说明来设置显示屏。如果其未提供设置说明，或设置说明不适用预期任务，那么必须使用本章给出的其他建议。然而，如果调节使显示屏不合适、不切实际、对预期任务不合理，或者驱动显示屏至超出预期生产和/或分配配置的极限状态，那么不允许调整显示屏至极限状态，避免获得极限测量结果。此种极限设置使制造商的设置说明失去被用于设置显示屏的资格。本章给出的制造商设置说明条款或其他想法不是（任何将显示屏调整至不切实际的状态以获得用于误导公众的测量结果的）借口，即显示屏对于其预期的显示应用的显示效果必须尽量好，而不能只使用使测量结果看上去有利于竞争或销售的、不切实际的设置。

3.3.2 不恰当的显示屏混合调节

存在一些有意调整显示屏以适应不同的周围条件，且显示屏可能因此种调整而有不同的操作模式的情况。例如，汽车上的显示屏在白天行驶时必须调亮，而在夜晚行驶时必须调暗。此时，它可通过调光比率描述，且可在不同的亮度模式下运行。在这种预期应用条件下，可改变显示屏的控制。然而，必须描述显示屏所使用的每种模式。不允许仅仅为了提高显示屏规格书的指标而使用不同模式混合描述，因为这种做法就是误导性宣传手法，在本书中不允许用这种做法。

3.4 图案

本书中使用了大量图案。关于图案的详细解释见附录 A.12。当使用模拟信号驱动显示屏时，检查计算机中的模拟图形卡的信号特征以确保信号电平正确非常重要；否则，可能会因为图形卡的错误而误认为显示屏不好。

3.5 显示屏设置和调节

理想情况下，我们可能想观察送至显示屏的所有灰阶等级。例如，对于一个黑色对应 0 灰阶且白色对应 255 灰阶的 8 位显示屏，在显示屏上显示全灰阶时，我们可能希望看到稍微高于黑色的 1 灰阶等级和稍微低于白色的 254 灰阶等级。当然，我们可能也希望完全区分 256 个灰阶等级。然而，一些显示屏由于各种原因无法达到此要求。图 3-5 所示的条状灰阶阴影图案对于视觉检测显示屏可产生的灰阶数量很有用。本书假设所测量的显示屏具有调节功能。此图案在附录 A.12 中有详细描述。

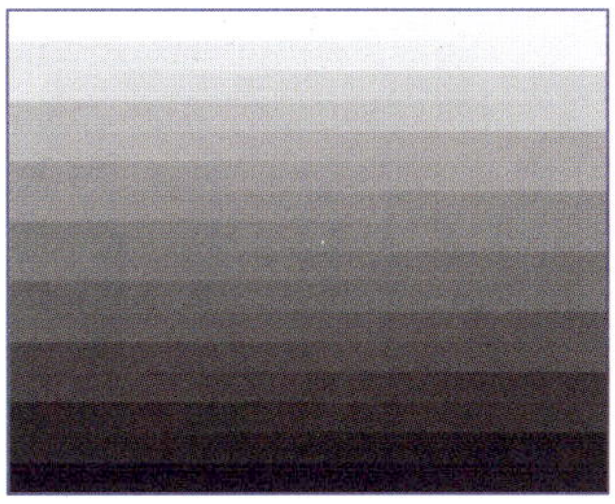

SSW256_####x####.png

图 3-5 条状灰阶阴影图案

仅看到黑色与白色之间所有或大部分的灰阶等级是不够的，了解这些灰阶等级是如何表现出来的也很重要。存在可以看清所有灰阶等级但它们在一个灰阶区域过于集中而在另一个灰阶区域过于分散的情况。一个视觉检测全灰阶是否呈现充分的好方法是看各种场景画面，特别是面部图像，如图 3-6 所示。第 6 章将详细介绍灰阶测量，也将介绍灰阶如何从一个阴影至另一个阴影轻微改变颜色。下面介绍三种调节方法。

信息显示测量标准

INS01_####x####.png　　IHF01_####x####.png　　FacesCS_####x####.png

图 3-6　静态场景图像，特别是面部图像适用于检查灰阶是否恰当显示。你可能会在一个面部图像上看到一个问题，此问题在灰阶图、色阶图或自然场景图中都分辨不出

3.5.1　理想暗室下的调节

使用一幅边缘或角落处是黑色但相邻区域和其他区域有边界（包括白色）的图案，如图 3-7 所示。如果可能，首先将灰阶阴影范围最大化，调节后，检查图像质量，步骤如下。

（1）如果可以调节黑色灰阶等级，那么可将其调节至最低等级或不可见，但不可调节至丢失白色灰度和丢失紧挨黑色的灰阶阴影（没有人愿意丢失紧挨黑色的灰阶阴影）。

（2）在不丢失明亮灰阶等级和不提高黑色亮度的前提下，白色灰阶等级调整得越亮越好。

（3）必要时，反复调整白色灰阶等级和黑色灰阶等级，直至灰阶尽可能完美。

（4）观察图 3-8 中的图案和面部图像，看它们是否正确。这对灰阶的快速测量可能有价值（见第 6 章）。使用图 3-7 中的条纹灰阶阴影图案进行检查，确保未将暗色灰阶等级变成黑色及未将白色灰阶等级变成白色。

SCPL17_####x####.png　　　　　SEB01_####x####.png

图 3-7　角落为黑色、其他位置均为　　图 3-8　以整数百分比表示的灰阶图案 SEB01
　　　　一定灰阶的图案

3.5.2　环境照明下的理想调节

能够产生可重复性测量结果的环境照明条件的设置非常少。仅仅将显示屏置于办公环境或其他描述不明确的房间中，将无法给出可重复的测量结果。在这种情况下，人眼观看可

能觉得显示屏的效果还可以，但线性测量仪器能测量到显示屏的轻微变化，而眼睛通常察觉不到这些变化。

由各标准委员会和组织制定的观察房间的条件能够很好地满足显示屏的视觉检测要求，但它们不一定能够很好地满足精准测量的要求，这取决于显示屏表面的反射特性。第 11 章详细描述了各种能够产生可重复测量结果的环境照明条件，并且提醒了由于环境照明配置不可靠而引起的一些问题。第 11 章中指定的所有环境照明都是简易配置的。显示屏放置的观察室并不是一个简易照明环境。

假设已经确定了一个能够产生可靠测量结果的环境照明，如一个均匀漫反射环境照明（见 11.1 节），那么调节步骤如下。

（1）如果黑色灰阶等级可调，那么使用一个在黑色附近能够看清楚各种灰阶等级的图案，如图 3-5 和图 3-6 所示的图案。你可能想改变（增加或减少）黑色灰阶等级以使其在可见环境反射亮度下不可见。但是，不要对黑色灰阶等级调节太过，以免丢失紧邻的灰阶等级。如果可能，尽量使紧邻的灰阶在环境反射下可见。暗灰阶等级应在环境反射下可见。

（2）在不丢失亮灰阶等级和不提高黑色灰阶等级亮度的前提下，将白色灰阶等级调节得越亮越好。

（3）必要时，反复调整白色灰阶等级和黑色灰阶等级，直至灰阶尽可能完美。

（4）观察图 3-6 所示的图像和面部图像，看它们是否正确，这对灰阶的快速测量可能有价值（见第 6 章）。使用图 3-5 中的条状灰阶阴影图案进行检查，确保未将暗灰阶等级变成黑色及未将白色灰阶等级变成白色。

（5）在暗室中测量显示屏。

（6）为了将环境照明的因素考虑在内，需要在严格控制的环境照明条件下测量显示屏的反射特性，然后根据这些反射测量结果并结合暗室测量结果计算严格控制环境照明条件下的显示屏性能。

3.5.3 折中调节

一些显示屏并不能产生整个灰阶范围内的所有灰阶阴影，甚至一些暗灰阶阴影呈现黑色或一些亮灰阶阴影呈现白色，或者两种情况都有，这就是灰阶的压缩。有时，需要通过测量来确定真实的灰阶，灰阶的具体测量方法参见第 6 章。在调整显示屏的设置时，要根据伽马曲线或灰阶变化曲线，使两端的灰阶能够呈现和显示。然而，在所有情况下，显示质量调整的最终检验标准应该是肖像图等视觉效果的好坏。尽管通过上面的方法，两端的灰阶都能够正常呈现和显示，但灰阶或色阶还可能存在扭曲或压缩，而且肖像图的显示效果可能并不好。这就是第 6 章所要阐述的问题。

如果一个显示屏无法呈现全部灰阶，那么如何才能将显示屏尽量设置到最佳状态呢？如果一个显示屏无法呈现黑色以上和白色以下某个百分比的灰阶，那么可以拒绝接受此显示屏。有些人要求显示屏可调节，以便可观察到黑色以上 5% 的灰阶（12/255）和白色以下 95% 的轻微灰阶（242/255）。在任何情况下，只要显示屏无法呈现全部灰阶，那么必须在报告中记录其可呈现的灰阶。黑色灰阶等级和白色灰阶等级必须按照 3.5.1 节和 3.5.2 节中的步骤确立。

3.6 坐标系和观察角

直角坐标和初始分布条件：本书采用了原点在屏幕中心的右手 x-y-z 直角坐标。z 轴垂直于（正交于）显示屏，x 轴是显示屏的水平轴，y 轴是显示屏的垂直轴。x 轴和 y 轴位于显示屏表面的平面内。将非主要的直角坐标系统（x, y, z）定义为附着在显示屏上，将主要的直角坐标系统（x', y', z'）定义为固定于实验室内。图 3-9 给出了实验室坐标系和平行的显示屏坐标系。显示屏坐标系与实验室坐标系之间通常的初始分布是 z'轴平行于显示屏的 z 轴，且轴线中心间距为一个既定的距离 c_0。在图 3-10 和图 3-11 中，实验室坐标系与 DUT 分开表示，以减少图形的复杂性。

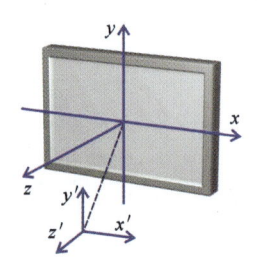

图 3-9 显示屏坐标（非主要的）和实验室坐标（主要的）。坐标轴不在同一条直线上

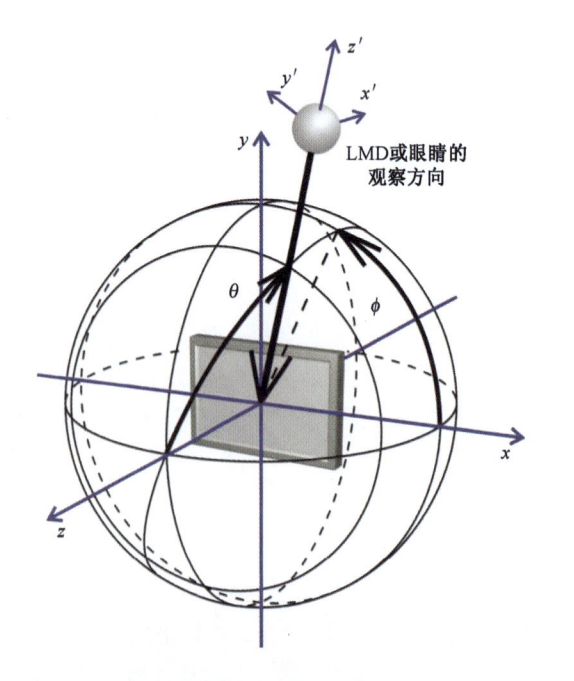

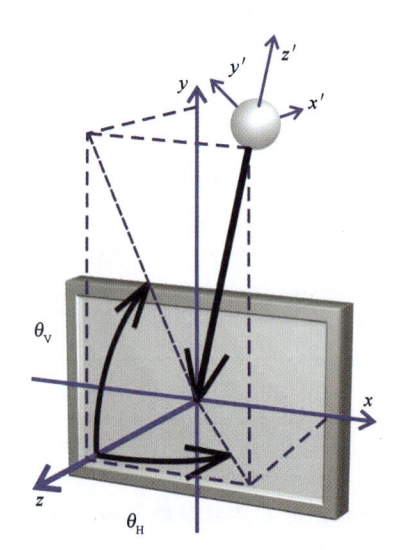

图 3-10 球面坐标系   图 3-11 本书中使用的水平及垂直观察角

球面坐标系：与直角坐标系相关的是球面坐标系 (r, θ, ϕ)，其中，r 是观察点距显示屏坐标系中心的距离，θ 是观察点相对于 z 轴（显示屏法线、球面坐标系的极轴）的倾斜角，ϕ 是从 z 轴观察、在 x-y 平面（显示屏表面）内沿 x 轴逆时针旋转的角度（是从 x 轴开始绕 z 轴右手旋转的角度），如图 3-10 所示。

有时，ϕ 被称为轴向角。我们用一个球形的无特色的眼睛（观察眼）代表观察者或 LMD 的位置。实验室坐标系在观察眼上。

观察角坐标系：将水平观察角 θ_H 和垂直观察角 θ_V 定义为观察方向倾角在水平 z-x 平面和垂直 z-y 平面内对应的分量。图 3-11 展示了观察角将观察方向分解为从 z 轴测量的、两个正交的角度。注意实验室坐标系（在观察眼上）相对于显示屏坐标系的旋转。

本观察角坐标系是用于指定观察角的最自然的坐标系。它就是我们从各种角度观察显示屏时所考虑的坐标系。然而，大部分文献使用的都是球面坐标系。同样，要注意这些观察角度与今天普遍使用的测角计系统角度的不同。

测角计的布局：测角计是一种使被研究物体相对于探测器旋转的仪器，测角计的某些点相对于被研究物体（如屏幕中心）在空间（通过相同点的旋转轴）上保持固定。也可以通过绕 DUT 旋转 LMD 来达到同样的效果，或者相反，即旋转 DUT 而保持 LMD 固定。当测角计有两个互相垂直的轴时，一个轴可绕另一个轴旋转（镜子的万向架就是一个例子）。保持固定的轴是独立轴，绕独立轴旋转的轴是从属轴。下面描述两种非常常见的测角计布局：绕垂直轴旋转（见图 3-12 和图 3-13）和绕水平轴旋转（见图 3-14 和图 3-15）。在这两种布局中，显示屏是倾斜的。这种系统假定重力方向和地球磁场方向对显示性能没有影响。这些并不是唯一可行的测角计布局。

绕垂直轴旋转的测角计坐标系（北极坐标系），水平轴不受约束：在这种情况下，测角计的独立轴是水平轴，与其正交的轴（从属轴）在一个垂直平面内绕水平轴旋转。图 3-12 给出了测角计坐标系与实验室坐标系的位置关系。注意显示屏表面的半球，当显示屏绕测角计的轴旋转时，实验室坐标系的 z' 轴就会在显示屏的半球面上绘出一个圆弧。如图 3-13 所示，任意观察角可绕 y 轴分解为一个水平旋转角 ε_H（沿竖直方向的 y 轴右手旋转）和一个在 x-z 平面内、相对于 y 轴的垂直旋转角 ε_V。这里所使用的旋转坐标系是相对于显示屏坐标系定义的，认识到这一点很重要。如果使用图 3-12 中的测角计来说明图 3-13 中显示屏的方位，那么显示屏（其法线）将会向左和向下旋转。图 3-12 中的角度 v_H 和 v_V 的旋转方向与图 3-13 中所画的旋转方向看起来相反，这是因为图 3-13 是从显示屏的观察点观察的，而图 3-12 是从实验室坐标系观察的。

绕水平轴旋转的测角计坐标系（东极坐标系），垂直轴不受约束：在这种情况下，测角计的独立轴是垂直轴，与其正交的轴（从属轴）在一个水平平面内围绕垂直轴旋转。图 3-14 给出了测角计坐标系与实验室坐标系的位置关系。当显示屏绕测角计的轴旋转时，实验室坐标系的 z' 轴就会在显示屏的半球面上绘出一个圆弧。如图 3-15 所示，任意观察角可绕 y 轴分解为水平旋转角 ε_H（关于竖直 y 轴右手旋转）和绕 x 轴垂直旋转的角 ε_V（关于 x 轴左手旋转）。同样，这些坐标是相对于显示屏坐标系而言的。使用图 3-14 中的测角计表示图 3-15 中的显示屏方位，显示屏（其法线）将会向左和向下旋转。图 3-14 中的角度 v_H 和 v_V 与图 3-15

中的角度旋转方向看起来相反，这是因为图 3-15 是从显示屏的观察点观察的，而图 3-14 是从实验室坐标系观察的。

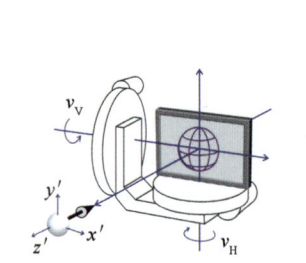

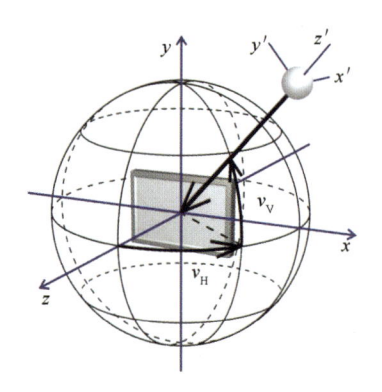

图 3-12　水平轴不受约束的、可绕垂直轴旋转的测角计　　图 3-13　垂直于显示屏表面的测角计坐标

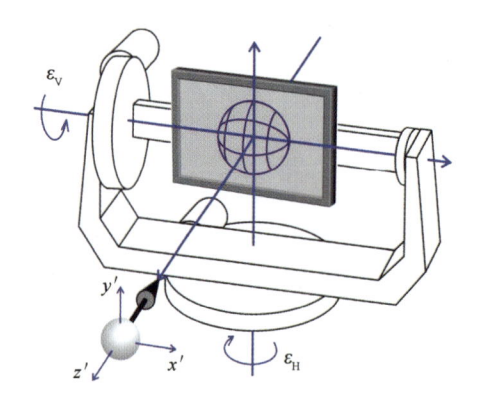

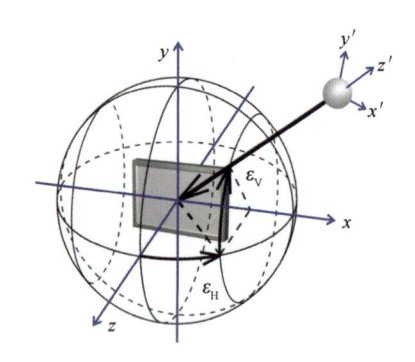

图 3-14　垂直轴不受约束的、可绕水平轴旋转的测角计　　图 3-15　平行于显示屏表面的测角计坐标

为了清楚说明三个坐标系的不同，注意观察图 3-16。图 3-16 中用到了水平-垂直观察角坐标系、北极坐标系和东极坐标系。这三种坐标系表示同一个观察方向。水平观察角与北极坐标系的水平旋转角是相同的，垂直观察角和东极坐标系的垂直旋转角是相同的。

$$\begin{cases} \theta_H = v_H \\ \theta_V = \varepsilon_V \end{cases} \quad (3\text{-}1)$$

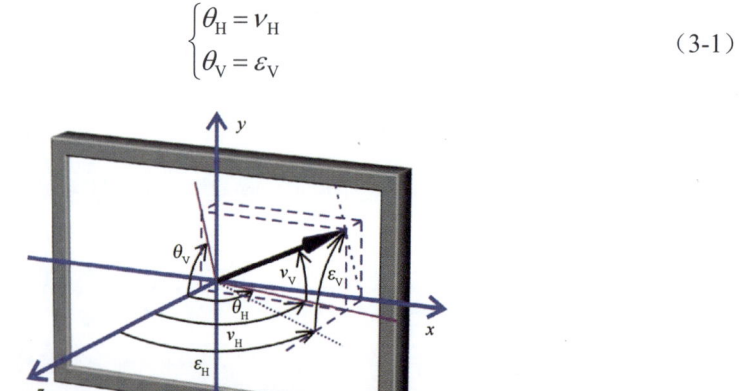

图 3-16　观察方向（粗黑色箭头）沿直角坐标系分解

式（3-1）解释了这些坐标系之间的关系，球面坐标系可对应分解至直角坐标系，一个任意向量可用这些坐标系表示，且要求对应的 x, y, z 成分各自相等。表 3-2 和表 3-3 给出了所使用的 5 种坐标系的所有转换关系。建议在最终的报告中使用球面坐标系，或至少使用观察角坐标系，以避免混乱。

表 3-2 坐标转换（$0 \leqslant \theta \leqslant \pi/2$）（一）

↓ = →	水平-垂直观察角坐标	北极坐标（绕垂直轴旋转）	东极坐标（绕水平轴旋转）
直角坐标 （图 3-9）x, y, z	$x = r\sin\theta\cos\phi$ $y = r\sin\theta\sin\phi$ $z = r\cos\theta$	$x = r\sin v_H \cos v_V$ $y = r\sin v_V$ $z = r\cos v_H \cos v_V$	$x = r\sin\varepsilon_H$ $y = r\cos\varepsilon_H \sin\varepsilon_V$ $z = r\cos\varepsilon_H \cos\varepsilon_V$
球面坐标 （图 3-10）θ, ϕ	$\theta = \arctan\sqrt{\tan^2\theta_H + \tan^2\theta_V}$ $\phi = \arctan(\tan\theta_V / \tan\theta_H)$	$\theta = \arccos(\cos v_V \cos v_H)$ $\phi = \arctan(\tan v_V / \sin v_H)$	$\theta = \arccos(\cos\varepsilon_V \cos\varepsilon_H)$ $\phi = \arctan(\sin\varepsilon_V / \tan\varepsilon_H)$
水平-垂直观察角坐标 （图 3-11）θ_H, θ_V	1	$\theta_H = v_H$ $\theta_V = \arctan(\tan v_V / \cos v_H)$	$\theta_H = \arctan(\tan\varepsilon_H / \cos\varepsilon_V)$ $\theta_V = \varepsilon_V$
北极坐标 （图 3-12）v_H, v_V	$v_H = \theta_H$ $v_V = \arctan(\tan\theta_V \cos\theta_H)$	1	$v_H = \arctan(\tan\varepsilon_H / \cos\varepsilon_V)$ $v_V = \arcsin(\cos\varepsilon_H / \sin\varepsilon_V)$
东极坐标 （图 3-14）$\varepsilon_H, \varepsilon_V$	$\varepsilon_H = \arctan(\tan\theta_H \cos\theta_V)$ $\varepsilon_V = \theta_V$	$\varepsilon_H = \arcsin(\cos v_V \sin v_H)$ $\varepsilon_V = \arctan(\tan v_V / \cos v_H)$	1

表 3-3 坐标转换（二）

↓ = →	直角坐标 x, y, z $r = \sqrt{x^2 + y^2 + z^2}$	球面坐标 θ, ϕ
直角坐标 （图 3-9）x, y, z	1	$x = r\sin\theta\cos\phi$ $y = r\sin\theta\sin\phi$ $z = r\cos\theta$
球面坐标 （图 3-10）θ, ϕ	$\theta = \arccos(z/r)$ $\phi = \arctan(y/x)$	1
水平-垂直观察角坐标 （图 3-11）θ_H, θ_V	$\theta_H = \arctan(x/z)$ $\theta_V = \arctan(y/z)$	$\theta_H = \arctan(\tan\theta \cos\phi)$ $\theta_V = \arctan(\tan\theta \sin\phi)$
北极坐标 （图 3-12）v_H, v_V	$v_H = \arctan(x/z)$ $v_V = \arcsin(y/r)$	$v_H = \arctan(\tan\theta \cos\phi)$ $v_V = \arcsin(\sin\theta \sin\phi)$
东极坐标 （图 3-14）$\varepsilon_H, \varepsilon_V$	$\varepsilon_H = \arcsin(x/r)$ $\varepsilon_V = \arctan(y/z)$	$\varepsilon_H = \arcsin(\sin\theta \cos\phi)$ $\varepsilon_V = \arctan(\tan\theta \sin\phi)$

3.7 变量和术语

亮度计术语：这里给出的是亮度计相关的术语，但任何使用取景器和透镜来测量光的仪器，如分光辐射亮度计、辐射亮度计等都有相同的术语。

接收区域面积（与孔径有关）不一定由聚焦透镜的直径决定，也不一定位于透镜前[1]，其位置可能由一个内部口径（入瞳）确定。

图 3-17 所示为与测量相关的术语。

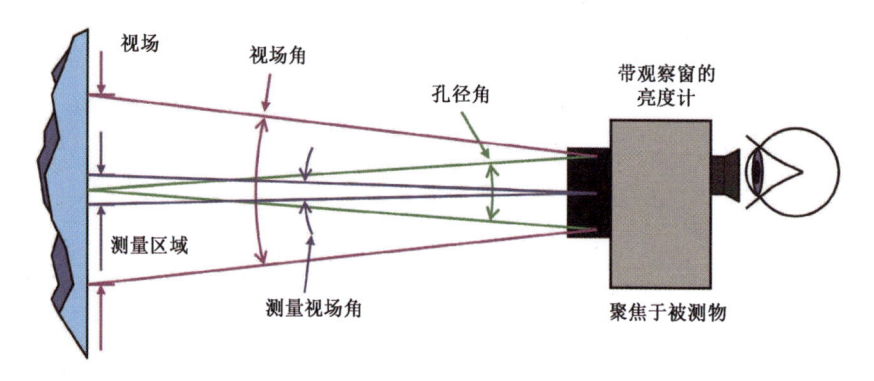

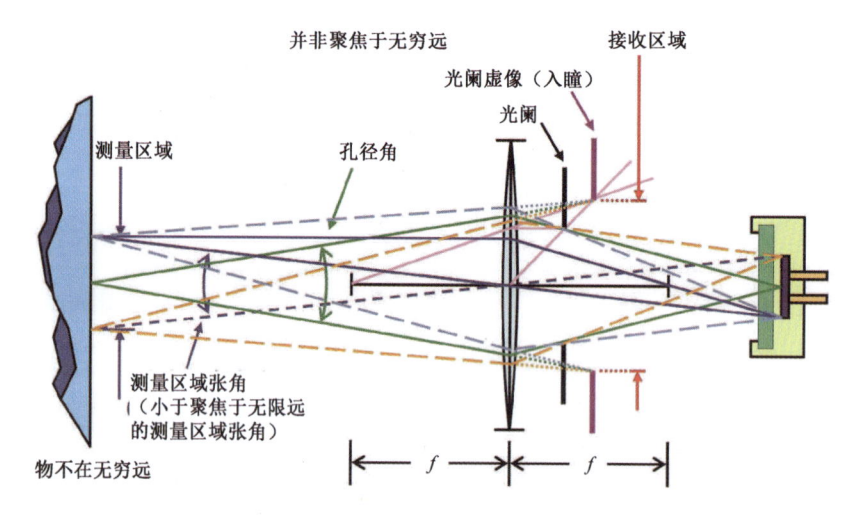

图 3-17 与测量相关的术语

变量： 我们尝试指定显示测量中使用的所有方面的变量。这需要的变量数量惊人，并且我们并不保证在本书中一直使用它们。

表 3-4 所示为本书使用的变量（部分列表）。

---

[1] 详细信息请参阅 CIE 第 69 期发行刊物：CIE Publication No. 69, *Methods of Characterizing Illuminance and Luminance Meters*, Commission Internationale de l'Eclairage（International Commission on Illumination），1987.

表3-4　本书使用的变量（部分列表）

变量	说明	变量	说明
α	宽高比（$\alpha=H/V$），测量视场角	m	整数，质量
a	小面积或屏幕上的小面积	N_T	像素总数（$N_T=N_H \times N_V$）
A	面积	N_H	水平方向的像素数量
B	双向反射分布函数（BRDF）	N_V	垂直方向的像素数量
c_d, c_s	屏幕中心到探测器、光源的距离	π	3.141592653…=4arctan(1)
C	对比度（C为对比率，C_m为迈克耳孙对比度，等等）	P	正方形像素间距（每像素间距），功率（W），压强
D	可视区用于信息显示的矩形的对角线尺寸，也可指密度、直径	P_H	水平像素间距
η_H, η_V; $\varepsilon_H, \varepsilon_V$	北极和东极测角计角度	P_V	垂直像素间距
η	发光效率（光源），北极坐标系	q	亮度系数
ε	正面发光效率，东极坐标系	Q	簇缺陷分散性（1/簇密度），也可为一种颜色，W=白，R=红，G=绿，B=蓝，C=青，M=洋红，Y=黄，K=黑，S=灰度阴影
$E, E(\lambda)$ 或 E_λ	照度（lx=lm/m²），辐射照度（W·m⁻²nm⁻¹）	R	刷新率，半径，反射系数
f	填充系数的分数或亮度阈值	r, r_a	半径，屏幕上圆形小区域的半径
f_a	显示屏上一小部分面积、测试目标或MF占整个屏幕面积的大小（或百分数）	s_i, s	子像素面积，小面积，距离，正方形边缘尺寸
$\Phi, \Phi(\lambda)$ 或 Φ_λ	发光光通量（lm），辐射通量（W）	S	表面积；信号等级，或者信号计数（和使用阵列式探测器一样）；正方形像素的空间频率（每单位距离的像素数，$S=1/P$）
H	屏幕有效面积的横向尺寸	S_H	水平像素空间频率
$\mathcal{H}$	晕光	S_V	垂直像素空间频率
h	雾面反射峰值	θ, ϕ	球面坐标系中的角度
γ	灰阶中"伽马"的指数	θ_H, θ_V	水平观察角、垂直观察角
$I, I(\lambda)$ 或 I_λ	发光强度（cd=lm/sr），辐射强度（W·sr⁻¹nm⁻¹）	θ_F	LMD或探测器的MFA
k	整数，或者单位光通量转换为探测器的电流值（A/lm 或 A·W⁻¹nm⁻¹）	t	消逝时间，时间
K_i, K	亮度（cd/m²），辐射亮度（W·sr⁻¹m⁻²nm⁻¹）	T_C	相关色温
λ	光波长	V, V_j	屏幕有效显示面积的垂直尺寸，电压，灰阶，体积
L^*	CIELUV和CIELAB色彩空间中的米制光亮度	W, W	重量，瓦特符号
$\mathcal{L}$	加载	Ω, ω	立体角

续表

变量	说明	变量	说明
$M, M(\lambda)$ 或 M_λ	光出射度（lx=lm/m²），辐射出射度（W·m²nm⁻¹）	x, y, z	z 轴垂直于屏幕的直角右手坐标系，x 为水平轴，y 为垂直轴；CIE 1931 色坐标；CIE 1931 颜色匹配函数
N_a	小区域 a 覆盖的像素数	u', v'	CIE 1976 色坐标
C_d	探测器前表面（或镜头）中心距离中心的距离（当探测器位于光学轴时记为 z_d）	u, v	CIE 1960 色坐标（用于确定 CCT）
θ_d	探测器相对于 z 轴的倾斜角	X, Y, Z	CIE 1931 三刺激值

注：LMD 表示光测量仪器或探测器；MF 表示测量区域；MFA 表示测量区域张角；像素角标 i 表示红、绿、蓝（R,G,B），角标 j 表示位或电压等级编号。

通过观察孔观察的探测器将会被置于观察孔的中心，并远离观察孔，以使探测器不会被明亮区域的杂光影响。探测器参数如表 3-5 所示，其中，并非所有参数都是独立的。

表 3-5 探测器参数

变量	说明	变量	说明
c_d	探测器前表面（或镜头）中心距离中心的距离（当探测器位于光学轴时记为 z_d）	F	探测器聚焦的点。当聚焦于光源或显示器时，它可以是一个离散变量，或者当聚焦于光径上某一点时，它可以是一个连续变量
θ_d	探测器相对于 z 轴的倾斜角	κ_d	探测器的入瞳或孔径角的弦[$\tan(\kappa_d/2) = R_d/c_d$]
ϕ_d	由 x 轴开始逆时针方向绕 z 轴的旋转角或轴向角	v_d, v_d, ψ_d	距离中心和水平面一定方向矢量的、理想位置的俯仰角（绕 x 轴）、滚转角（绕 z 轴）和偏航角（绕 y 轴）（由坐标轴的右手螺旋定则确定），这里定义的偏航角方向和飞机的偏航角方向相反，因为飞机的偏航轴指向下，而这里的 y 轴指向上。有时会用 ψ_d 表示探测器的张角
R_d	探测器前透光孔的半径	α	测量张角
x_t, y_t	探测器指向的位置或探测器指向 x-y 平面内的目标位置，也用于描述距离中心和水平面一定方向矢量的、理想位置的俯仰角、滚转角和偏航角（v_d, v_d, ψ_d）		

光源参数如表 3-6 所示，其中，并非所有参数都是独立的。

表 3-6 光源参数（可用下标对参数进行区分）

变量	说明	变量	说明
c_s	光源出光端口中心到坐标系中心的距离（当光源在 z 轴上时，距离通常为 z_s）	v_s, v_s, ψ_s	探测器的这些理想位置——俯仰角（绕 x 轴）、滚转角（绕 z 轴）和偏航角（绕 y 轴）——是相对于中心位置半径矢量和水平面而言的。这里定义的偏航角方向和飞机的偏航角方向相反，因为飞机的偏航轴是向下的，而这里的 y 轴是向上的。有时会用 ψ_s 表示探测器的张角

续表

变量	说明	变量	说明
θ_s	光源相对于 z 轴的倾斜角度	U_s	光源亮度在整个出光端口上的均匀性
ϕ_s	光源相对于 z 轴的旋转角或轴向角，从 x 轴开始沿逆时针方向旋转	R_v^*	观察端口的半径
R_s	光源出光端口的半径（环形光源的外径）	d_v^*	光源观察端口到出光端口的距离
w_s	环形光源的宽度	c_v^*	中心到观察端口的距离
θ_r	环形光源外径与法线的夹角，或者靠近显示屏放置的光源出光端口外边缘直径与法线的夹角（$\tan\theta_r = R_s/c_s$）	κ_v^*	观察端口对中心的张角 [$\tan(\kappa_v/2) = R_v/c_v$]
κ_s, ψ_s	光源所呈现的张角（当未指定滚转角时，有时会使用 ψ_s）[$\tan(\kappa_s/2) = R_s/c_s$]	θ^*, ϕ^*	漫反射照明测量中，观察端口对出光端口中心或显示屏法线所张的角度
x_s, y_s	在 x-y 平面内光源的照射位置，也是光源出光端口法线指向的位置。这些也可以用相对于中心和水平面的半径矢量的、理想位置的俯仰角、滚转角和偏航角（υ_s, v_s, ψ_s）来描述		

*这些参数适用于背面有观察端口（用于测量）的光源。

以下参数适用于显示屏的任意给定图案，或者适用于关闭的显示屏。

x_f, y_f, z_f ——屏幕中心位置（理想情况下，这些参数为 0）。

υ_f, v_f, ψ_f ——相对于 z 轴和水平面的显示屏法线的俯仰角、滚转角和偏航角（理想情况下，这些值都应为 0）。

第 4 章

视觉评价

显示屏预热期间，是视觉检查显示性能的良好时机。本章提供几种视觉评价显示质量的方法，且可使用多种图案进行评价。ICDM 提供了不同格式的图案用于视觉评价和其他目的，也有一些公司开发软件以提供完成这种视觉评价的图案，这些软件通过读取像素阵列来调整图案，以便使其适合显示屏。

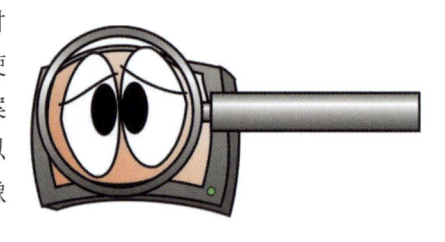

在 20 分钟的预热期间（或显示屏所要求的任何其他预热时间），可进行一些主观观察。另外，为了提供与显示屏的使用需求和任务（与制造商的规格书一致，如果规格书存在或适用）相匹配的最佳图像或图案，可任意调节 DUT 设置（对显示屏的设置见之前的章节）。

主观评价部分允许通过视觉检查确定某些显示状况或显示异常并给予指导，以确定问题的严重程度。除饱和色（见 4.1 节）之外，任何显示异常通常是不希望出现的，会降低显示视频质量或显示屏的外观质量。有些显示屏会有这些问题，有些则不会。

除非特别声明，所有检验均由人眼观察实现，不使用测量设备。在检验中可能会使用视觉增强工具，如辅助评估的放大镜或滤光片。注意，视觉检查意味着通过视觉检验寻找可能存在或不存在的视觉问题，而非如本书其他章节所要求的常规测量，这一点是很重要的，但饱和色检验除外。对于彩色显示屏，我们希望显示不同的颜色，如果在颜色显示过程中出现颜色缺失或视频缺陷，那么预示着出现了严重的问题。主观评价相当程度上因人而异，因为有的人对闪烁更敏感。然而，本章的评价仅着重于找出最明显的问题。

本章的所有检验项目如果未能在预热期间完成，均可在其后的任何时间段内进行后续检验。本章的所有检验均假设不受预热时间的影响，且在预热期间的检验顺序不对结果造成影响。如果有任何检验项目与预热有关，则该项目需要在适当预热之后进行。

4.1 饱和色

使用彩色条图案以确定呈现所有的饱和色与三基色。不做任何测量，只观察颜色的有无，而非评价颜色还原的好坏。全屏彩色条图案用于视觉评价显示屏的常规颜色性能。为了能在适当色域下简易地判别色彩的呈现及相对饱和度，彩色条内的颜色都是饱和色。全屏色域的测量见5.14节。

全屏彩色条图案（见图4-1）是按顺序排列的竖条，包含饱和的三基色、三种次生色、黑色和白色。颜色顺序由左至右依次为白、黄、青、绿、洋红、红、蓝、黑（采用 RGB 彩色配置）。颜色顺序表示视频内容的亮度是由左边最大至右边最小的。彩色条的高度为全屏高度，宽度为水平视频尺寸的1/8。

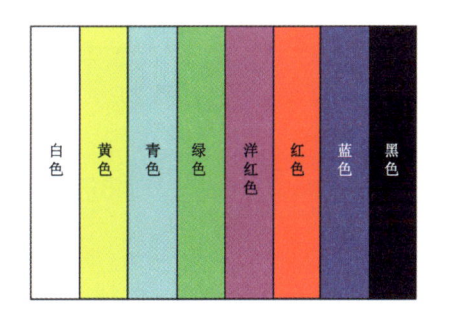

图 4-1　由 RGB 基色产生的彩色条图案

1. 彩色条图案的使用

彩色条图案有多种用途，可用于检查：
- DUT 的饱和色与黑、白色的性能；
- 所有基色与次生色显示的完整性；
- 所有颜色的顺序；
- 合适的信号传输途径，包括导线和线缆；
- 色彩纯度、饱和度和色调；
- 空间颜色分离；
- 用于产生足够颜色响应能力的信号路径的特性；
- 所有饱和色是否完好显示及无重叠或无空间上的品质降低；
- 所有颜色是否都不相同；

- DUT 从一种色差至另一种颜色时，无颜色依赖性或其他特性。

2. 报告

在报告模板的注释部分，报告正常显示彩色条图案时出现的每个问题，如颜色缺失、颜色错误、相邻颜色间的过渡点问题或颜色损坏，等等。

4.2 外观缺陷

交替显示黑、白全屏图案，检查 DUT 的外观缺陷。它们是显示屏表面或包装表面的缺陷，外部表面可见缺陷会降低显示屏的质量。这些缺陷如下所述（非全部）：
- 切痕；
- 凿槽；
- 脱落；
- 部件未对齐；
- 凹痕；
- 划痕；
- 裂缝；
- 组件有污点；
- 污点；
- 气泡；
- 凸起；
- 其他。

报告描述的不能接受的外观缺陷要与其他信息（如位置、缺陷类型、尺寸和形状等）一起记录在报告表格中。注意：该部分不包括像素缺陷（将在 4.4 节单独讨论），也不包括 4.3 节中讨论的云纹（显示屏表面的非均匀性）。

讨论：上述缺陷仅是举例，这些缺陷可能存在于显示屏表面或内部；这些缺陷源于制造过程中的污染，如切割、划痕、凿槽等，可能发生在产品制造或加工的每个过程中。对所有类型的外观缺陷进行分类并不容易，缺陷的类型、特征和状况几乎是无限多的。哪些可以接受，哪些不可接受，通常取决于显示屏制造商与将其集成为可用的产品的制造商之间的协议，如 OEM（原始设备制造商）。本书不提供显示屏表面缺陷的形成过程或列表。除了常规的指导方针，外观缺陷的评估需要按照制造商与用户之间的协议进行。

通常，外观缺陷可以是显示屏、外壳和屏幕上发现的任何类型的异常。可根据数量、尺寸、形状、可见程度、位置等对缺陷进行评价，但不能确定其是否会降低显示屏的性能和使用性，它们对显示屏性能的影响与缺陷的位置、相距边界的距离或两个缺陷之间的距离等因素有关。例如，显示屏表面高度可见的切痕、凿槽或永久性的污点，将严重降低显示屏的视觉性和使用性；而若在显示屏的背部存在一个更严重的切痕或划痕，则丝毫不会影响显示屏的可见性，是可以接受的。缺陷是否可接受取决于检测者对其关注项目检验标准的引用。

4.3 云纹

MuYa（云纹）是一个日语词汇，意思是缺陷，用于表示显示屏运行过程中可见的屏像素矩阵表面的缺陷。通过显示全白、全黑和暗灰屏，仔细检查显示屏表面，可查找妨碍显示屏亮度均匀性的任何缺陷，如杂色现象、亮点或暗点等。这里并非尝试检查显示屏大面积的不均匀性，而是试图寻找小范围（一般小于屏对角线长度的20%）的一些像素存在的缺陷。在报告表格的注释部分应报告发现的每个缺陷的尺寸、数量、位置等。

4.4 像素缺陷

像素缺陷容忍程度应该由所有利益相关方商议决定。像素缺陷容忍程度依赖于显示屏的应用，通常的分类方案不能覆盖所有特定应用场景。7.6节提供了一种像素缺陷表征和鉴定方法。显示屏预热期间是检查像素缺陷的最佳时机。

4.5 闪烁的可见程度

用全白屏（或能产生闪烁最差情况的任何图案）和被测样品，在典型的办公室照明环境中（或显示屏实际使用地点的环境照明情况下），先后用中央凹视力和周围视力查找显示屏表面的闪烁点。在报告表格中报告观察到的闪烁情况和观察条件，如显示的图案、选用的颜色、显示区域的尺寸、观察视角、是用中央凹视力还是用周围视力观察闪烁、环境光、观测距离等。

讨论：闪烁是可以察觉的、亮度随时间的快速变化，与产生静止画面的驱动方式有关。闪烁定义为恒定亮度测试画面上可察觉的亮度随时间快速变化的现象；闪烁可被分析测量（见第12章），除非闪烁的程度超过人眼最小可察觉的阈值，否则认为DUT不闪烁。很多因素会影响闪烁的可察觉性，如亮度等级、频率、调制、环境光、显示区域、观察方式。注意，不同的人对闪烁的敏感程度是不同的，对于某种程度的闪烁，某个人能观察到，而另一个人可能观察不到。这里不关注任何人眼观察不到的瞬时亮度变化。显示屏出现可见的闪烁一般是不合要求的，但有些程度的闪烁对于某些特定场合则是可以接受的。所有利益相关方应就可察觉闪烁的可接受程度和条件达成一致。

导致闪烁的原因会随不同技术而异。例如，有的技术在帧转换过程中的亮度持续性小，需要更高的垂直刷新频率（如76～85Hz而非60Hz）来减小闪烁的可察觉性，对于这种技术，更高的亮度等级会增加闪烁，而更高的垂直刷新频率会减少闪烁；对于另外一些显示屏，降低亮度等级或降低垂直刷新频率则会加重闪烁。本节的目的并非详细讨论闪烁的属性或可察觉的闪烁的不同，闪烁的测量请见第12章。

4.6　缺陷与不规则

通过显示一系列全屏饱和色、浅色、白色、灰色或黑色，以及其他图案，如棋盘格、格子图案等来检查视频损伤，如噪声、周期性空间不规则（莫尔条纹）、周期性异常等。在报告中记下所有问题。

讨论：显示屏的缺陷可以通过各种可能的方式进行表征和测量，然而仍然存在一些无法量化的可见缺陷。关于缺陷的产生方式及其特征，似乎还有大量不确定的可能性。它们可能与显示屏的异常有关，或者与用于 DUT 产生视频信号的电子器件有关，或者是由于其他信号源对产生视频信号的电子器存在干扰。DUT 系统之外的非电子机制或电子器件也可产生视频干扰，如磁耦合或射频干扰。需要注意的是，DUT 本身对于上述机制并不敏感，但 DUT 邻近的信号路径，如视频信号传输线可能会耦合外部干扰，然后直接传输至 DUT，从而使显示屏显示不希望出现的视频信号。

可察觉的视频缺陷可能是动态的，或者与视频信号不同步出现；也可能是静态的，或随视频信号或部分信号同步变化。这些视频缺陷可能发生在整个屏幕，也可能发生在局部区域，甚至有些视频缺陷的位置还会发生变化；有些可能对视频的内容敏感，只在某些特定视频变化时才发生。它们可能是任意尺寸、位置、形状的，有任意时间和空间特性，可能持续存在或随机间断出现。由于这些特征的潜在随机性，不可能在 DUT 上出现所有缺陷。可察觉的视频缺陷通常归类为视频噪声，即视频信号中不受欢迎的那部分。不论起因如何，本章允许记录任何 DUT 上的可视瑕疵。关于 DUT 更为复杂的是，对于某些微小的噪声，有些人可以观察到，另一些人却观察不到。

设置：不存在一个用于检查视频损伤的最好的视频图像或视频条件；唯一的指导原则是使用所有比较有用、典型、易于实践的视频和外部驱动。用于观测视频损伤的基本操作包括使用以下图案：全白色、全黑色、细条棋盘格（甚至细到像黑白交替的格点图）、竖线、横线、色差（饱和色与浅色）、灰阶内容与位置。

步骤：使用许多不同的图案，改变 DUT 的条件以观察视频缺陷，在系统风险尽量小的情况下改变外部驱动。外部刺激可能是移动视频线、在允许限度内改变电源、移动显示屏、轻推连接器、调节亮度或对比度设置，等等。

报告：报告每个产生、改变或消除视频损伤的图案、条件或外部驱动。报告每个可察觉的视频噪声的描述和相关特征。这些可能的特征包括尺寸、持续时间、位置或干扰的持续特征。在报告表格的注释部分报告每个观察到的损伤。

注释：云纹的具体测量示例见 8.2.3 节。

4.7　交替像素棋盘格

显示交替像素棋盘格图案（见图 4-2）并仔细检查黑像素与白像素的清晰度。如果黑像素显示为灰色，或者白像素显示为可察觉的灰色，则表示电路或视频信号出了问题。应在报告的注释部分报告这个问题。

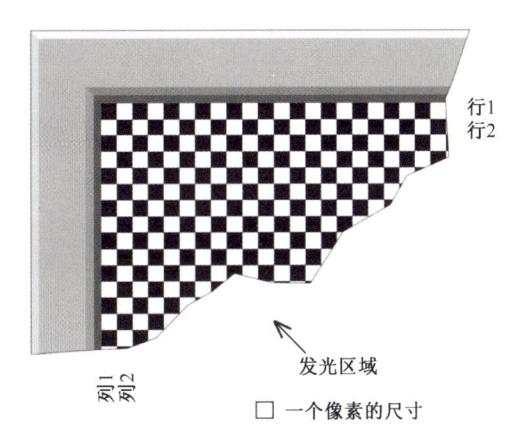

图 4-2 交替像素棋盘格图案

讨论：交替像素棋盘格图案为一系列通—断—通—断像素（如白—黑—白—黑……），每一行都是上一行的取反值。该图案与棋盘格图案相同，但每个格子的尺寸为一个像素。将交替像素棋盘格图案进行取反处理，即得到一个补充图案，可用于原图案的对比。

交替像素棋盘格图案产生了最高频率（为 1/2 像素时钟率）视频，DUT 的像素清晰度代表了产生最高频率视频信号的显示能力。该图案检测了 DUT 对信号升/降时间的敏感度和视频系统的频率性能（视频产生和传输路径）。有人也发现此图案可用于像素缺陷的检查，对于任何持续固定于某一亮度或颜色的有缺陷的像素，当周围全部是黑像素或白像素时，其更容易被突显出来。

4.8 融合

对于一些显示技术（CRT、投影显示等），颜色分量（如 R、G、B）可能没有显示在显示面上的同一位置。融合可用来表示在同一位置颜色分量合成的好坏程度。融合可以通过显示水平线与竖直线组成的单像素栅格进行视觉评价，水平方向和竖直方向的间隔分别为屏幕水平尺寸和竖直尺寸的 5%，如图 4-3 所示。若白线旁边能观察到彩色分量，甚至彩色分量完全互相分离，则为分离。13.3.1 节提供了分离的测量方法。

4.9 色彩与灰阶反转

CINVO1 图案（见图 4-4）用于显示色彩反转、灰阶反转、色彩旋转和混色。色彩反转和灰阶反转的测试图案参见附录 A.12。

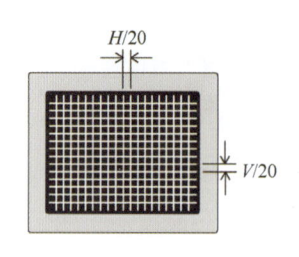

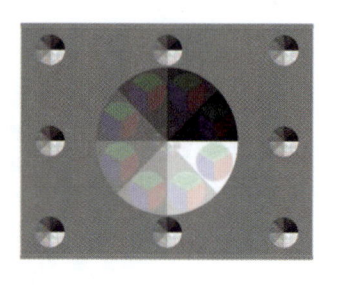

图 4-3　融合测试图　　　　　　　图 4-4　CINVO1 图案

4.10　基于刚辨差的设置选择

当需要进行基于客观能见度规范的观察时，可采用下述基于刚辨差（Just Noticeable Difference，JND）标准（如附录 B.32 描述的 NEMA-DICOM 灰阶）的步骤。该灰阶基于人眼对灰阶等级的可识别性，专门用来控制灰阶测试图案中相邻灰阶等级的亮度（对投影仪来说是照度）大小。可通过"亮度"和"对比度"调节两个特殊灰阶等级的大小（接近全白、全黑），直至测试图案中相邻区域的亮度处于特定的刚辨差范围。

首先，通过调整黑色灰阶的亮度使位于顶端代表 0 与 5% 的黑色灰阶方块清楚可辨，但差异又不过大。清楚可辨的标准是，测量所得的相邻灰阶方块的照度差异位于 2~20 JND（注意：为了将该测量法应用于投影设备，可以在假设屏幕增益为 1，且是理想的朗伯反射体的情况下将亮度转换为照度）。

其次，将视频增益（对比度控制）从最大降低至如图 4-5 所示的代表 95% 与 100% 的白色灰阶方块清楚可辨，但差异又不过大。同样，相邻方块之间的照度差异设置应为 2~20JND。

重复上述过程，直至上述每个过程都不影响另一个过程的正确进行；如果不能实现，应报告相邻灰阶方块之间的最佳 JND 值。在整个过程中，使用灰阶为 10%、15%、85% 和 90% 的可分辨的灰阶方块作为合理性复查图案（注意：接近白色与黑色灰阶等级的调整不能保证其他灰阶在 JND 上的均匀性）。图 4-5 所示的黑色、灰色（177/255）、白色背景的图案信息请见附录 A.12。

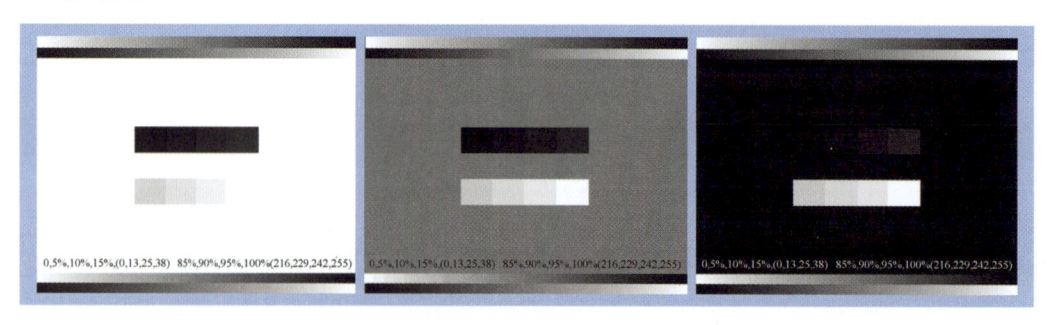

图 4-5　刚辨差测试图

4.11 运动图案的分辨率、视觉评价

别名：正弦脉冲运动信号的视觉分辨率、动态极限分辨率的视觉评价。

描述：通过在显示屏上观察一组含 4 个周期、空间频率逐渐变化的正弦脉冲图案来确定视觉分辨率。视觉分辨率应该是 4 条独立黑线清楚可辨时的最大空间频率，如图 4-6 所示。

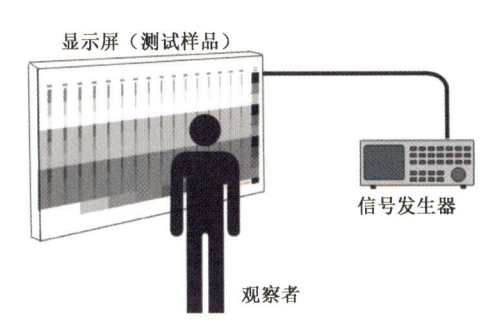

图 4-6 运动图案的分辨率、视觉评价测试

需要设置禁止过扫描或"点对点"等操作（这意味着输入信号的屏幕尺寸或高宽比应为 1:1，以便不会出现过扫描。例如，全屏 HDTV 信号显示的分辨率为 1920px×1080px，不会因为过扫描丢失任何像素）。测试图需要包含空间频率逐渐变化的、4 个周期的正弦脉冲信号，并且应具有不同的振幅和背景，如图 4-7 与图 4-8 所示。标号用来显示测试图中的每个空间频率，如图 4-8 所示。为了获得稳定的结果，信号发生器需要具有二通道缓存功能，这可通过以下方式实现：交替输出两个帧缓存器里的内容，并且每两帧就将像素位移一次。

步骤：使观察者处于一个距离屏幕舒适的、能清楚地观察到图像的观察位置，建议的距离为 30cm 至 H（屏幕高度）。

（1）以合适的刷新率显示如图 4-7 所示的测试图。通常采用 6.5ppf（像素/帧，约 5s/屏幕）作为典型速率。但是，这个速率可能会有点儿小，更大的速率或许会更好，如 8ppf 或更大的速率。

（2）检查每个带的最大空间频率，每个带包含一组具有相同振幅和相同背景的正弦脉冲信号，如图 4-8 所示。对于每个带，都应该从较小的空间频率到较大的空间频率进行观察。

（3）以不同的刷新率重复上述步骤。

分析：为了避免可能的错误分辨率导致的误判，应该从较小的空间频率到较大的空间频率进行观察。为了进行有效与可靠的视觉评估，建议步进宽度为整个屏幕高度所有像素数的 5%。例如，对于 1080i/p 格式，步进宽度为 50 线。

报告：报告每个带的视觉分辨率，计算所有带的均值，如表 4-1 所示。报告每个观察者的平均分辨率，计算每个刷新率的平均值，如表 4-2 和图 4-9 所示。

注释：阅读表 4-1 和表 4-2 中的数据。对于这种测量方式更定量的描述可在 12.2 节找到。由于本节的重点在于明确地确定 4 条线是否可辨识，所以大于屏幕高度 3 倍的观测距离太远了。

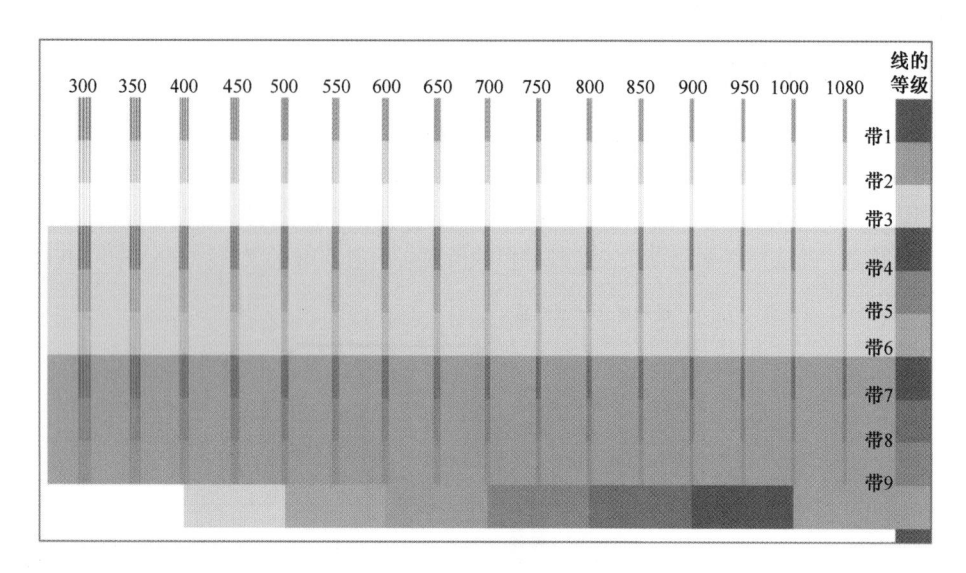

图 4-7 运动图案的分辨率测试图

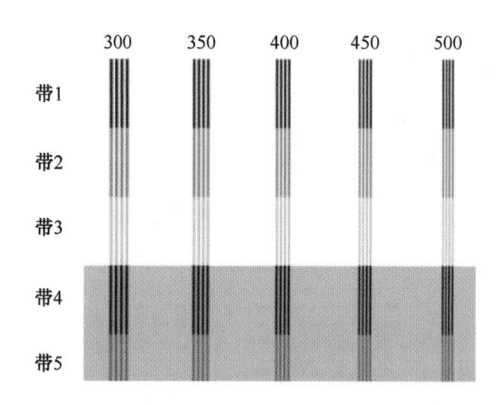

图 4-8 图 4-7 的局部放大

表 4-1 每个带的视觉分辨率测试数据示例

观察者	带 1	带 2	带 3	带 4	带 5	带 6	带 7	带 8	带 9	平均值
观察者 1	800	950	1000	800	850	900	950	1000	900	906
观察者 2	750	950	950	800	800	900	900	950	900	878
观察者 3	850	950	900	850	900	900	950	950	1000	917

表 4-2 每个观察者的平均分辨率测试数据示例

观察者	4.5ppf	5.5ppf	6.5ppf	7.5ppf	8.5ppf	9.5ppf	10.5ppf	11.5ppf	12.5ppf
观察者 1	950 线	950 线	905 线	850 线	772 线	677 线	600 线	572 线	544 线
观察者 2	900 线	900 线	877 线	833 线	750 线	650 线	577 线	550 线	544 线
观察者 3	1000 线	950 线	916 线	850 线	800 线	700 线	600 线	600 线	544 线
平均值	950 线	933 线	899 线	844 线	774 线	676 线	592 线	574 线	544 线

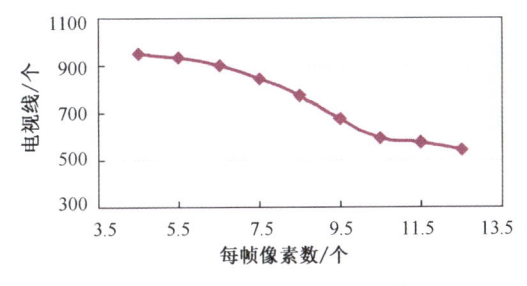

图 4-9　分辨率的视觉评估[1]

4.12　伽马和灰阶等级失真

别名：驱动级别评估、伽马曲线灰度图案失真。

描述：使用 ICDM 的由黑至白 256 级线性变化的固定图案（见图 4-10），通过视觉评价来确定驱动正确时显示屏是否工作正常，检验显示屏是工作于线性范围还是显示失真。

显示屏的工作范围可以由它的伽马曲线或光-电转换特性（对于驱动输入，为显示亮度输出的线性程度）定义。通过显示屏显示线性图像或它的负片图像，可以判断显示屏的光输出是否是非线性的，并且可确定显示的设置是否合适。这并不是要取代真实的伽马曲线测量，而是通过简单的视觉辅助来确认某些设置条件调整的是否合适。通过视觉观察，可以得出一些对显示屏的伽马曲线响应的判定。

图 4-10　伽马和灰阶等级失真测试图

显示的图案应该是一个边界为黑色、向中心白色连续变化的混合图案。如果我们看到混合图案发生失真，那么表明显示屏的调节控制可能出现失调。该评估在暗室条件下操作更佳，如有必要，也可在环境照明条件下进行。当设置方形多段的线性梯度图案用于视觉观测时，首选 225 级，以便包含所有的灰阶级别，详见附录 A.12。

分析：寻找图像中边界附近的黑色灰阶或中心白色可能出现的劣化现象。下面给出一些寻找变化的示例，还有许多其他的可能性并未包含在内；同时给出一些区域用于研究是否观察到非线性异常。

- 显示屏设置中可能有"对比度""增益""补偿"或其他指出显示屏驱动等级最佳设置的术语。这些设置可能是默认的出厂设置，或是通过专用的 OSD（On-Screen Display）菜单按钮进行调节。图 4-11 中的伽马曲线失真可能源于调节不当，相应的测量结果如图 4-12 和图 4-13 所示。

---

[1] 图题为红色的图中所示为示例数据，请勿使用图中数据作为你的预期测量结果，全书同。

信息显示测量标准

（a）白色切割图案：过度明亮的区域，可能突然变得全白　（b）驱动不足图案：增益补偿低，图案整体偏暗　（c）白色压缩图案：白色区域过度明亮　（d）黑色压缩图案：黑色区域过暗

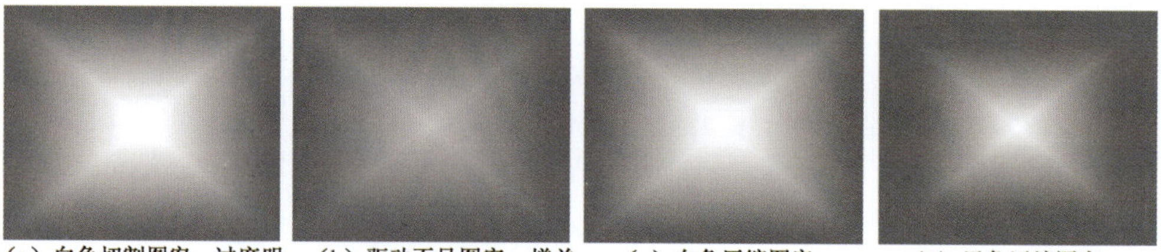

图 4-11　伽马曲线失真图

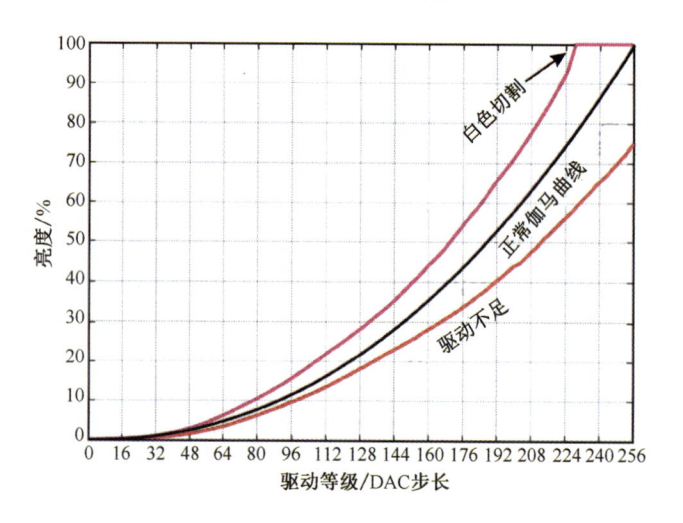

图 4-12　存在白色切割和驱动不足的伽马曲线

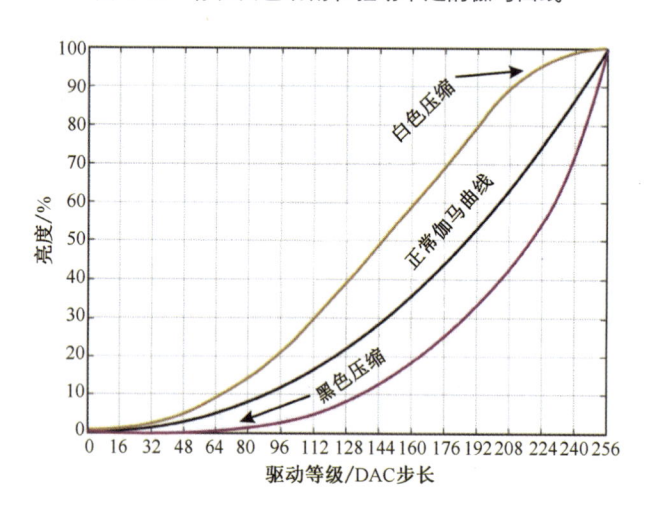

图 4-13　存在白色压缩和黑色压缩的伽马曲线

- 其他状况也会造成这种失真，我们不可能讨论所有可能产生失真的原因，只能建议一些探讨的范围。

如果上述任一失真情况存在，使用灰度等级测量（伽马曲线）是更为准确的测量方法。如果想得到更详细的灰阶线性响应，推荐进行灰阶等级测量。

注释：确认显示屏驱动正确，并且不能出现上述视觉异常的非线性驱动情况。图 4-11 (a) 所示为图案中心明亮区域夸大图，其可能由一系列显示特性引起，也可能是因为在给定输入级别上驱动级别过高而产生了过高的输出信号。有些显示屏的显示类型容易受观察角度影响，这种视觉假象也可能是由偏离轴线观察导致的，因此，垂直观察显示屏非常重要。有时也会发生与这些现象类似但是由其他方法造成的视觉缺陷，如视频源的伽马驱动补偿。对于如图 4-10 所示的图像，也能观察到颜色驱动等级的不平衡，这里给出两个例子，如图 4-14 所示。

(a) 颜色不平衡呈现红色

(b) 颜色不平衡呈现红、绿、蓝内伽马带异常。对于此图，绿色靠近暗区域，红色处于中间区域

图 4-14　颜色驱动等级不平衡图

由于不合适的驱动产生的间隔图像可以用于观察显示屏的非线性特性。

4.13　布里格斯漫游测试

描述：使用布里格斯漫游测试图案（见图 4-15），将量化视觉分辨率作为运动速率的函数。布里格斯漫游测试图案由一排排重复的布里格斯棋盘组成。亮、暗方格之间对比度的差异典型值为 1、3、7 或 15，如图 4-16 所示。周围的平均方格等级（0～255 预定等级）规定为 $S=127.5+0.7(A-127.5)$，其中，A 表示平均方格预定等级[1]。采用一个合适的图像查看应用程序，将测试图案设置为运动状态，该应用程序不能增强（也不降低）图案的质量，如用 MAPG（运动图案发生器）来显示测试图案，以便对运动图案假象进行客观评价与测量。布里格斯粗略评分由直观视觉确定，并转换为可设定寻址总数像素的百分数。漫游速率以每秒视角度数为单位（度/秒，符号为°/s），以便不考虑像素间距的显示比较。

---

[1] BRIGGS S J, HEAGY D, HOLMES R. Ten-year update:digital test target for display evaluation[J]. Proc. SPIE, 1990, 1341: 395.

信息显示测量标准

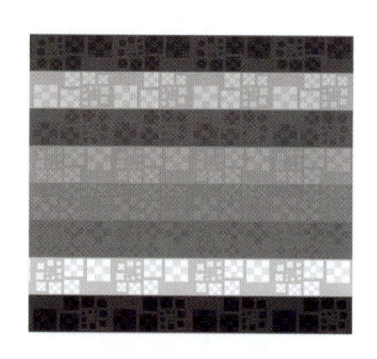

图 4-15 布里格斯漫游测试图案

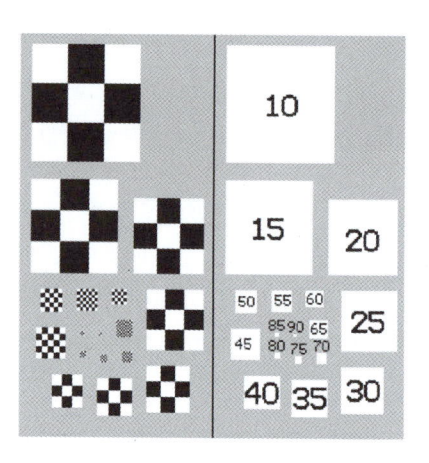

图 4-16 布里格斯目标和原始分数

设置： 应用如图 4-17 所示的标准设置（见 3.2 节）。

图 4-17 标准设置

其他设置条件： 为了获得最佳测试结果，应确保使用矩阵寻址的显示屏，如 LCD。优化应用程序的设置，如放大倍率设为 1X(100%)，以及优化图形卡驱动设置，如使用 OpenGL 或 DirectDraw。

步骤：

（1）安装并运行能够显示布里格斯漫游测试图案的图像观测应用。

（2）设置应用程序以提供一幅准确呈现的测试图像（如未应用增强设置）。

（3）观察布里格斯漫游测试图案。

（4）视觉上鉴别每个固定（静止）的布里格斯目标面板，确保其足够清晰，从而对所有亮、暗棋盘格子图形进行计数。格子图案可能会有模糊的情况，但这里只需要知道格子的个数即可。根据计分查表，记录适当的布里格斯原始分数。

（5）应用程序能够将测试图案设置为运动状态。随着布里格斯漫游测试图案的边界穿越一次显示屏，通过测量距离（px）与时间［采用秒表计数，单位为 s］，可确定图案的运动速度（px/s）。

（6）获取每个漫游速率下的视觉布里格斯分数。随着目标的移动，记录每行中最小可分辨的布里格斯棋盘格子。

理想情况下，静态和运动状态的分数应该不存在差别。

分析： 运用测量观测距离（典型值为 46cm）、像素间隔计算单个像素所呈现的观察角度，因为漫游速率与观察者视场范围（°/s）内的横越距离有关，因此，将单个像素对观察者所呈现的张角乘以每秒移动的像素，可得到漫游速率。原始的（未调整过的）布里格斯分数可直接转换为整个分辨率的百分数,如表 4-3 所示(假设显示屏工作于可寻址率状态,应用程序的放大倍率设置为 1X)。

表 4-3 布里格斯目标分辨率分析示例

每个方格内的像素数量	每个目标板的方格数量	布里格斯分数	整个分辨率的百分数
25×25	3×3	10	4%
20×20	3×3	15	5%
16×16	3×3	20	6%
13×13	3×3	25	8%
10×10	3×3	30	10%
8×8	3×3	35	13%
7×7	3×3	40	14%
4×4	5×5	45	25%
3×3	5×5	50	33%
2×2	7×7	55	50%
2×2	5×5	60	50%
1	11×11	65	100%
1	7×7	70	100%
1	5×5	75	100%
1	4×4	80	100%
1	3×3	85	100%
1	2×2	90	100%

报告:报告最快可接受的漫游速率与旋转速率。为使布里格斯分数在观察者角度每秒无损失发生,采用静态分数作为参考,如表 4-4 所示。

表 4-4 报告示例

布里格斯分数	分辨率/%	漫游等级最大值	
		每秒像素数	每秒旋转角度
90	100	0(静态)	0(静态)
90	100	60	1.910
60	50	180	5.730
50	33	300	9.549

注:像素间距为 0.254mm,观察距离为 457.2mm。

注释:建议评估一系列布里格斯漫游测试图案,从而使整个灰阶范围内的运动模糊可被取样。最差的情况和平均分数须作为典型汇报。如果布里格斯漫游测试图案的边沿清楚,那么可在方格图案的基本分数上加倾向值 2(若基本分数为 90,则可加 8)。布里格斯目标通过目测评分,因此对于不同的用户可能存在很大的差异。评估员需要进行培训,从而确保评分能有满意的重复率。为使视网膜上获得最好的图像,观察者的距离可以近至 4 英寸(1 英寸=2.54 厘米),也可远至 10 英尺(1 英尺=30.48 厘米),而且可以使用具有双焦点的眼镜或其他能提供帮助的方法。光学辅助是允许的，并且约为 4 英寸的观察距离可能是理想的。然而，只有当需要的时候，观察者才应该采用光学辅助方法，这些光学辅助方法必须只能补偿折射误差，而不能增加放大倍率。过大的放大倍率可能会影响结果，尤其是当评估高空间频率内容时。该测量的精确度可以通过对目标进行某种类似追踪相机的对比度调制测量，而不是凭视角打分。采用显示屏自身的亮度响应来评估一个显示屏，使得不同显示屏的对比测量变得困难。因此，推荐使用 EPD（Equal Probability of Detection）亮度响应（见附录 A.12.5）校准来提供视觉上更可分辨的灰阶等级，NEMA-DICOM 校准也能获得类似的结果；然而，在暗区域（见附录 B.32），可分辨的灰阶等级更少。

该方法已经成功应用于评价采用 CRT、LCD、OLED 或等离子体技术的桌面显示屏和大型显示屏的漫游速率。该方法不适合评估小显示屏上的高速运动，因为人眼视觉系统需要足够的暂留时间来感知穿过屏幕的移动的布里格斯目标。布里格斯面板是一个如图 4-16 左半侧图案所示的 256px×128px、包含 17 个棋盘格图案的目标，图片中的布里格斯目标已被放大以显示从最大到最小的棋盘格图案。真实的目标对比度可能会有差异，可能不包含最高对比度的目标。每个棋盘格图案被赋予一个随棋盘格图案频率增加、棋盘格尺寸减小而增大的数值。当选取一个目标图案并认为它完全可见时，这个数值即作为该目标和显示系统的分数。"完全可见"是指能够数清棋盘格中的所有方格。为了准确地给布里格斯目标评分，应遵从以下规则：棋盘格图案中的格子必须可数。评分的经验也会增加评分的把握。

第 5 章

基本测量

本章介绍的测量是对各种简单图案中心或中心附近位置的亮度（或光谱辐射）、颜色、相关色温（CCT）的最简单的测量。

5.1 黑色和白色的描述

现代显示屏出现了一些有趣的测量问题，特别是对白色和黑色的测量，下面列出部分问题。

1. 全白场

一些显示屏可能使用一些特殊技术或处理方法来将白色画面的亮度提高或降低至期望值。这些特殊技术或处理方式包含在全白场的测量中（见 5.3 节）。提高白色亮度或许对文字显示、特定图像高亮显示、创造图像的艺术效果有帮助，然而，这种提高在显示肖像画面时或许是不希望见到的，因为其扭曲了灰阶等级或色域体积，以至于饱和色看起来相对变暗。肖像用白色亮度的测量方法见 5.4 节。全白场亮度必须报告为"全白场亮度"，以避免与其他白色亮度，如峰值白色亮度混淆。

2. 峰值白色或高亮白色

一些显示技术会显示一个低亮度的全白场画面，即在黑色背景上显示一个白色小方块，这与屏幕加载有关（见 5.24 节）。这种性能可看作一种优点并进行记录。本书提供一种测量白色方块亮度（见 5.25.1 节）及峰值白色亮度或高亮白色亮度（见 5.5 节）的方法，此种方法是恰当描述这种显示技术的方法。然而，如果报告高亮白色或方块白色的亮度及对比度，那么必须用"方块"或"高亮"进行标识，如同全白场亮度必须报告为"全白场亮度"一样。通过这种方式，无论全白场有何不同，都不会让用户以为全白场亮度和高亮白色亮度相同。

3. 黑色

（1）全黑场：对于显示全黑场时亮度非零的显示屏，本书提供了全黑场的测量方法，见 5.6 节。然而，一些显示屏能够产生亮度为零的黑色，特别是全黑场。目前达到零亮度的技术能够完全关断像素（如一些 LED 或 OLED 显示屏）。一些显示屏具有全域调光或局部调光功能（如使用 LED 背光的 LCD 显示屏），其中背光中的 LED 可以被关断。在一些情况下，实际零亮度值可在显示黑色图像的区域获得，此时，不管白色亮度值多大，都将得到无限大的对比度。

（2）目的：全黑场测量经常用于确定显示屏的全屏或连续对比度，目的是在显示图像时，无论屏幕某一区域如何暗淡，都能使用与显示图像对应的黑色亮度等级。但是，全黑场往往不能代表黑色图像上的黑色，因此，我们不得不视情况而定。

（3）观察黑色亮度：注意，如果发现黑色屏幕无任何光线，且使用的是质量合格的暗室，那么请让您的眼睛适应暗室环境，然后看看是否能够看到全黑场的任何光线。采用中心有一个 25～50mm 大小的孔的黑色平板遮光罩，将其放置于屏幕中心（如果屏幕亮度容易受压力影响，那么遮光罩不能接触屏幕），这样有助于看清楚黑色屏幕发出的光线。如果您看到孔比眼睛在暗适应性下看到的遮光罩亮，那么就存在低灰阶等级的黑色亮度，当然，暗室要合格，遮光罩上无杂散光。只有已适应暗室环境的眼睛无法观察到亮度，才可以使用这种方法报告零亮度的黑色。

（4）低灰阶等级的黑色亮度测量：一些显示技术产生的黑色亮度很低，以至于使用仪器无法测量到。然而，眼睛却可以看到黑色屏幕中心的亮度。在这种情况下，需要使用更灵敏的测量仪器，而不是报告低亮度或零亮度的黑色。此外，所使用的仪器必须有足够高的灵敏度和精度，以便给出至少含两位有效数字的、精确的（±4%）黑色亮度测量。在附录 A.3 中将讨论如何确定低亮度等级测量的精确性。

（5）零亮度黑色：一些显示技术确实能够产生零亮度的全黑场。但是，如果屏幕上的暗图像改变了中心黑色，导致黑色有一定的亮度——即便这个暗图像在屏幕角落且远离中心测量区域，那么这种黑色仍然可能有误导性。为了提供一种确定低亮度或零亮度黑色是否可被用于图像显示的报告，5.7 节和 5.13 节给出了测量方法。如果图像信号黑色测量方法得到一个可见的非零亮度 L_{KCS}，那么 L_{KCS} 可用于确定图像的对比度，而非全黑场的对比度。

（6）全黑场、连续黑色或场景转换黑色：在显示全黑场时，确实存在可以产生零亮度等级的技术，但一旦屏幕上显示任何画面，即使是在屏幕角落且亮度很低，屏幕中心的黑色都会产生一个可见亮度。对于这种显示屏，全黑场测量并不能表示图像显示黑色的效果，也就是说，并不能够代表图像的黑色。但是，此种黑色屏幕或许对画面转变有用，因此值得关注。

（7）无限大对比度和不确定对比度：本书不允许报告无限大对比度，因为它无任何意义，只能表示获得了零亮度黑色。在这种情况下，无论白色亮度是多少，按照定义 L_W/L_K，对于任何非零亮度的白色，对比度仍然为无限大或不确定。为了避免无限大对比度问题，可以尝试使用有限亮度黑色，但在对此问题做更多研究之前，应基于零亮度黑色简单地将对比度报告为"不确定"。在这种情况下，最好分开报告白色亮度和黑色亮度（零或无法测量）。

4．眼睛暗适应性

在标准暗室中，眼睛需要约 45min 或更多时间才能逐渐适应暗环境。看亮光或计算机屏幕将会破坏眼睛的暗适应性。为了能够判断一个屏幕是否有绝对接近零亮度的黑色等级，需要使眼睛适应暗环境，或者需要精确测量那个范围的亮度，并将所有发光区域全部遮蔽。注意：当眼睛已经适应暗环境，且在一个标准暗室中未看仪器光线或显示屏时，此时并未使用亮视觉，因此，并未真正看到亮度。但是，很多设备在测量光学量时，按照本书的目的，将接受光学仪器的微光测量，并使用亮度衡量。谨记，显示屏在多数工作状态下显示具有一定亮度的信息，毕竟眼睛是在光适应模式下工作的。

5．遮幕眩光

使用遮光罩，特别是光滑黑色截锥体（顶部被截去的圆锥体）遮光罩，可以提供更加精确的测量结果，因其可以消除探测器中的遮幕眩光，甚至在观看白色屏幕、大面积的灰色或彩色时也是如此（见附录 A.2）。图 5-1 所示为一个底部为黑色磨砂管的光滑黑色截锥体遮光罩，用于对带聚焦透镜的探测器进行亮度测量。此装置称为截锥体管状遮光罩，是杂散光消光管的一种。截锥体顶部尽可能靠近屏幕位置放置，但不接触屏幕。这种遮光罩对亮环境中的黑色方块的测量尤其重要，具体请见附录 A.2。

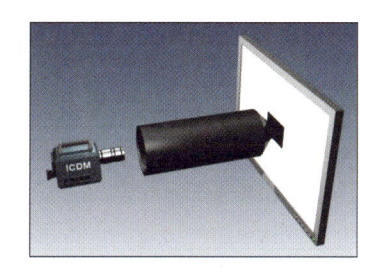

图 5-1　用于带聚焦透镜探测器亮度测量的截锥体管状遮光罩——杂散光消光管的一种

5.2 测量的重复性

描述：测量的重复性，如亮度测量的重复性。通过 10 次光源亮度的测量得到亮度测量的平均值和标准差，两者单位都为 cd/m^2，符号分别为 μ_L 与 σ_L。

设置：应用如图 5-2 所示的标准设置。

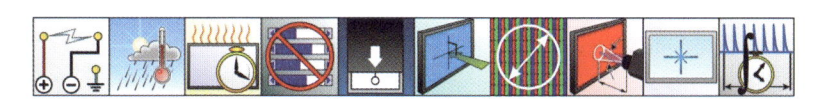

图 5-2　标准设置

其他设置条件：在对显示屏进行测量时，使用全白场图案（如 FW*和 PNG 格式），且预热超过一小时。确保在测量过程中亮度计与光源的位置不变。建议实验室的照明要稳定，以便确定显示屏是否存在亮度漂移。

步骤：快速测量 10 次光源亮度。按照测量次序绘制亮度图，次序从 1 到 10（这也近似给出了亮度随时间的变化）。

分析：计算亮度测量的平均值与标准差，并检验得到的图形，观察光源或 LMD 是否存在预热不充分引起的漂移。n 次测量的亮度平均值 μ_L 为

$$\mu_L = \frac{1}{n}\sum_{i=1}^{n} L_i$$

标准差为

$$\sigma_L = \sqrt{\frac{1}{n-1}\sum_{i=1}^{n}(L_i - \mu_L)^2}$$

如果所有数值都存在漂移（这也是造成标准差的主要原因），那么等预热完成后再次测量。标准差是表征光源及 LMD 短期重复性的一个量。

报告：无，除非利益相关方有要求。如果报告文档允许，可在注释中报告这 10 次测量的平均值与标准差，如图 5-3 和表 5-1 所示。

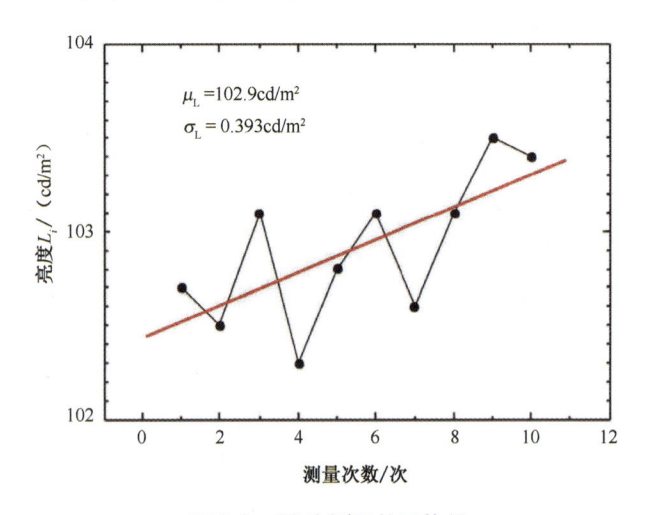

图 5-3 10 次测量的平均值

表 5-1 显示屏的亮度、μ_L 和 σ_L

L_1	102.7 cd/m²
L_2	102.5 cd/m²
L_3	103.1 cd/m²
L_4	102.3 cd/m²
L_5	102.8 cd/m²
L_6	103.1 cd/m²
L_7	102.6 cd/m²
L_8	103.1 cd/m²
L_9	103.5 cd/m²
L_{10}	103.4 cd/m²
μ_L	102.9 cd/m²
σ_L	0.393 cd/m²

注释：LMD、光源、DUT，或可能三者共同引起测量的不可重复性。使用此测量方法的多数测量依赖于测量结果的重复性，若重复性相对较差，则一般只需要一次测量——见附录 A.5。在图 5-3 中，可以看到亮度有一个向上的漂移过程（直线是数据线性拟合的结果）。但是，向上的漂移是干扰，如果长时间持续，会降低测量结果的准确性。如果观察到这种漂移（向上或向下），那么应长时间进行测量取样，直至确定光源与 LMD 已稳定，然后进行下一步。本测量方法可与附录 A.4 中的方法一同使用。使用每小时漂移不超过 0.1% 的稳定实验室光源，有助于诊断 LMD 的漂移。

尽管此例中指定了亮度测量方法，然而，任何测量结果都可用类似方法处理，如色坐标、照度、光谱辐射、CCT 及其他测量结果。

5.3　全白场亮度

别名：亮度[1]，白色屏幕，屏幕亮度，显示屏亮度，白色屏幕亮度。

描述：测量全白场中心位置的亮度，并选择性测量色坐标和 CCT，如图 5-4 所示。全白场亮度的单位为 cd/m^2，色坐标无单位，CCT 的单位为 K（开尔文）。全白场亮度的符号为 L_W，CIE 1931 色坐标的符号为 x、y，CCT 的符号为 T_C。

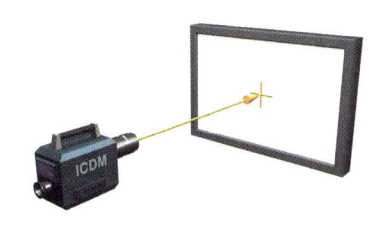

图 5-4　全白场亮度测量

此处，L_W 由同时输入的 R、G、B 最大信号产生。

应用：发光显示屏。一般来说，这种方法不适用于正向投影显示屏（调制型除外）。对于反射型显示屏，需要注意周围的环境照度。

设置：应用如图 5-5 所示的标准设置。

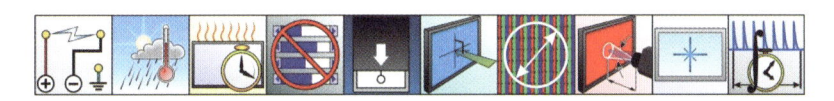

图 5-5　标准设置

其他设置条件：全白场图案（如 FW*和 PNG 格式）。

步骤：测量并记录亮度，以仪器所得的有效数字为准，如表 5-2 所示。

表 5-2　全白场亮度报告示例

$L_W/(cd/m^2)$	CCT/K	x	y
193	6070	0.3195	0.3544

---

[1] "明亮度"是一个定性描述术语，而"亮度"是一个定量描述术语。避免使用"明亮度"代替"亮度"，因其永远无法代替"亮度"——见附录 B.1。除非在定性描述时使用"明亮度"，否则可能会显得自己很无知。例如，我们或许会说"请将显示屏的明亮度调高"，但如果说"显示屏的明亮度是 $250cd/m^2$"，那么就犯了一个很尴尬的错误，显得我们很无知。明亮度是视觉感知属性，表示感知的一个区域发光的多少，此术语将在正在开发的 CIECAM02 色彩空间中有定量的定义。"明亮度"的定量讨论参见 5.30 节。

分析：无。

报告：报告所需的亮度、颜色（色坐标）及 CCT。除非精度要求很高，否则亮度的有效数字应限制在 3 位以内（特别是低亮度数值），色坐标的有效数字限制在 4 位以内，CCT 的有效数字限制在 3 位以内。

注释：①杂散光。对于更精确的亮度测量，建议使用截锥体遮光管，以消除来自测量区域以外的亮区域的杂散光和遮幕眩光，如图 5-6 所示。②显示模式。与本书中许多测量方法相同，显示屏的模式设置非常容易影响测量结果，关于模式设置与记录的详细信息，参见 2.1 节与 3.2 节。

图 5-6　带截锥体遮光管的全白场亮度测量

5.4　彩色信号白色亮度

描述：测量三种图案（瓷砖式三序列图案，见图 5-7）的中心亮度，并将这些亮度相加以给出彩色信号白色的亮度。彩色信号白色亮度的单位为 cd/m^2，符号为 L_{CSW}。

应用：对于输入信号符合标准 RGB 电压值或数字值的彩色显示屏，本方法用于确定和报告全白场亮度（L_W，见 5.3 节）是否近似等于各 R、G、B 基色亮度之和。此处，R、G、B 颜色由输入显示器 R、G、B 各自的最大信号产生。本测量可以验证三基色信号的可叠加性。如果以下情况属实：

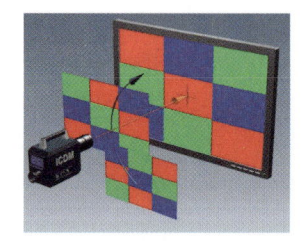

图 5-7　瓷砖式三序列图案的中心亮度测量

$$L_W \neq L_R + L_G + L_B \tag{5-1}$$

那么或许可使用一些特性或处理过程以增加或减小显示屏色域部分的亮度。这些显示屏可能会在色度再现和基于颜色信号的颜色表现上存在严重的缺陷。如果输入的三基色信号与白色信号的关系配比适当，如

$$L_W \approx L_R + L_G + L_B \tag{5-2}$$

那么任何因非叠加性引起的色度或颜色表现误差都应减小。式（5-2）可能对缺少独立颜色信道和电源供给限制的非常规系统不适用。

设置：应用如图 5-8 所示的标准设置。

图 5-8　标准设置

其他设置条件：使用瓷砖式三序列图案（如 NTSR*.PNG、NTSG*.PNG、NTSB*.PNG）。

步骤：测量并记录如图 5-9 所示的所有瓷砖式三序列图案中心矩形块的亮度。

分析和报告：使用式（5-3）计算彩色信号白色亮度。

$$L_{CSW} = L_R + L_G + L_B \tag{5-3}$$

图 5-9　瓷砖式三序列图案（从左至右分别为 NTSR、NTSG、NTSB），
RGB 矩形是最大亮度的饱和 RGB 颜色

如果全白场亮度不近似等于彩色信号白色亮度，即 $L_W \tilde{\neq} L_{CSW}$，那么报告彩色信号白色亮度 L_{CSW}，并保留 3 位有效数字。

注释：①低对比度显示屏。注意，如果黑色画面的亮度不可忽略，那么彩色信号白色亮度的更精确测量为

$$L_{CSW} = L_R + L_G + L_B - 2L_K \tag{5-4}$$

式中，L_K 为全黑场亮度。这个式子说明，当遇到类似显示连续对比度值小于 100∶1 的情况时，需要额外测量屏幕上的黑色子像素。②显示模式。同本书中许多测量方法一样，显示屏的模式设置非常容易影响测量结果，关于模式设置与记录的详细信息，参见 2.1 节与 3.2 节。

5.5　峰值亮度

别名：最大亮度。

描述：测量屏幕中心边长为 30px（±1 px）的白色小方块的峰值或最大亮度。色坐标及 CCT 也可选测。峰值亮度的单位为 cd/m²，符号为 L_P。

方块尺寸可选。如果更大的方块可产生更亮的白色，那么允许使用更大的方块。此处使用边长为 30px 的方块，以便在标准设置条件下覆盖必需的 500px。

设置：应用如图 5-10 所示的标准设置。

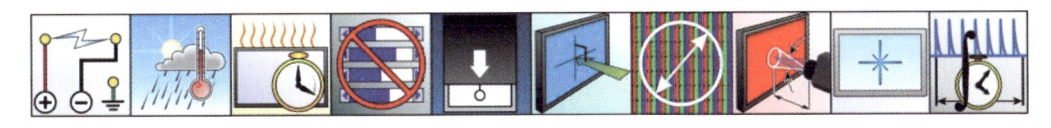

图 5-10　标准设置

其他设置条件：使用黑色背景下中心位置边长为 30px 的白色方块作为图案。

步骤：测量方块的亮度。

分析：无。

报告：报告所测量的峰值亮度的值 L_P，如表 5-3 所示。本书不允许在报告峰值亮度中只使用词语"亮度"或"白色亮度"。

注释：为了能够与其他显示屏进行比较，将全白场亮度与峰值亮度作为独立的测量很重要。因此，在任何报告文档中，本书不允许通过省略"峰值"一词而造成峰值亮度就是全白场亮度的印象。

表 5-3　报告示例——峰值亮度

L_P	257	cd/m²

下面介绍峰值亮度平均值。

别名：最大亮度平均值。

描述：测量屏幕中心位置及其他关于中心对称的至少 4 个位置的边长为 30px（±1 px）的白色小方块的峰值亮度。色坐标及 CCT 也可选测。峰值亮度平均值的单位为 cd/m²，符号为 L_{Pave}。

方块尺寸可选。如果更小的方块可产生更亮的亮度，那么允许使用更小的方块。此处使用边长为 30px 的方块是为了在标准测量条件下覆盖建议的 500px。这些方块可一次测量一个，所有方块没必要同时都为白色。

设置：应用如图 5-11 所示的标准设置。

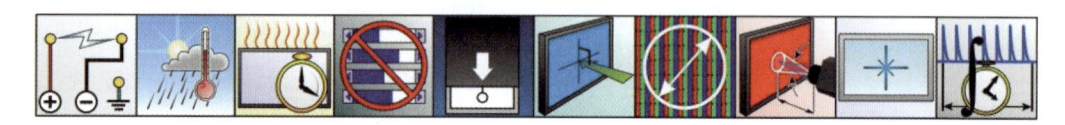

图 5-11　标准设置

其他设置条件：使用 5 个或更多位置的边长为 30px 的白色方块对黑色背景屏幕取样。其中一个位置必须位于屏幕中心。

步骤：测量从屏幕表面对称取样的 5 个或更多方块的亮度，确保包含中心方块。这些方块的推荐设置为白色且一次测量一个，所有方块没必要同时都为白色。

分析：依据在 M 个位置测量的峰值亮度 L_n（$n = 1, 2, \cdots, M$），用下式计算峰值亮度平均值。

$$L_{Pave} = \frac{1}{M}\sum_{n=1}^{M} L_n$$

报告：以"峰值亮度平均值"或"最大亮度平均值"报告峰值亮度平均值，如表 5-4 所示。在报告此亮度时，本书不允许仅使用"亮度"或"白色亮度"一词。

表 5-4　报告示例——峰值亮度平均值

L_{Pave}	249	cd/m²

注释：为了与其他显示屏进行对比，将全白场亮度与峰值亮度平均值作为独立的测量非常重要。因此，在任何报告文档中，本书不允许通过省略"峰值"或"最大"一词而造成峰值亮度就是全白场亮度的印象。

5.6 全黑场亮度

别名：黑色屏幕、黑色屏幕亮度。

描述：测量全黑场的中心亮度，色坐标及 CCT 可选测，如图 5-12 所示。全黑场亮度的单位为 cd/m^2，色坐标无单位，CCT 的单位为开尔文（K）。全黑场亮度的符号为 L_K，CIE 1931 色坐标符号为 x, y，CCT 符号为 T_C。

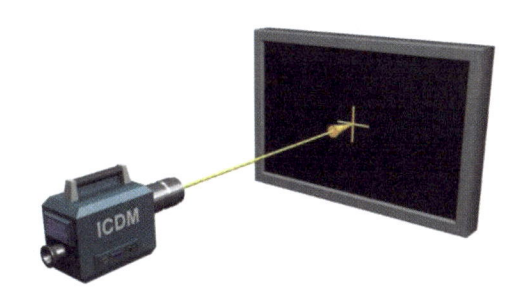

图 5-12　全黑场亮度测量

设置：应用如图 5-13 所示的标准设置。

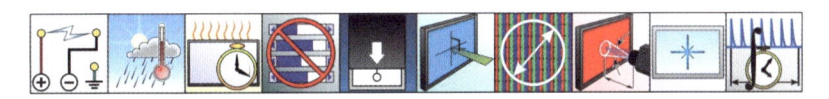

图 5-13　标准设置

其他设置条件：使用全黑场图案（如 FK*.PNG）。注意，因为显示屏由专业观察者评判，所以，设置条件要求显示屏必须调节至有用的操作模式。

报告：在报告本测量中 1 cd/m^2 或更低的亮度之前，测量设备必须能够测量 4%或更小相对不确定度的亮度，并提供至少 2 位有效数字，如表 5-5 所示。如果在一个标准暗室中，无论是否有遮光罩，正常适应暗环境的人眼都能够清楚看到屏幕亮度，那么不管 LMD 的探测能力如何，都不允许报告零亮度，因为其虽无法测量但可观察到，还是有亮度的。这可避免不合理地报告无限大对比度。

注释：①零亮度黑色。如果获得零亮度黑色，那么任何使用这种黑色的测量方法都不允许报告无限大对比度；相反，报告对比度为"不确定"，并且确保描述显示屏的白色要与零亮度黑色一起报告。关于零亮度黑色的更多信息请参考 5.1 节。②显示模式。与本书中许多测量方法类似，关于模式设置及报告的详细信息见 2.1 节与 3.2 节。

表 5-5　报告示例——全黑场亮度

L_K/（cd/m^2）	CCT/K	x	y
0.12	6070	0.3195	0.3544

纯朴的测量方法

5.7 图像信号黑色亮度

描述：测量图案 SCX32KX 中心黑色的亮度，选测色坐标及 CCT。SCX32KX 为具有 32（或可选 33）级灰阶、均匀分割的、同中心且由黑色至白色分布的、中心方块尺寸为屏幕线性尺寸 1/5（或可选 1/6）的图案，如图 5-14 所示。图像信号黑色亮度的单位为 cd/m^2，色坐标无单位，CCT 单位为 K（开尔文）。图像信号黑色亮度的符号为 L_{ISK}，CIE 1931 色坐标的符号为 x, y，CCT 的符号为 T_{IS}。

通过本测量方法可知当显示屏表面大部分为非零亮度时，显示屏是如何显示黑色的。

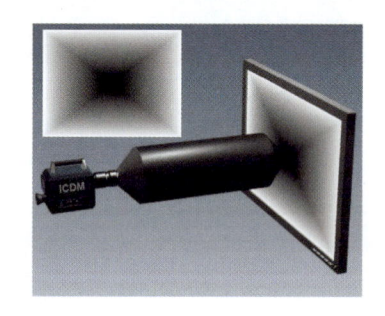

图 5-14 用图案 SCX32KX 测量图像信号黑色亮度 L_{ISK}

设置：应用如图 5-15 所示的标准设置。

图 5-15 标准设置

其他设置条件：①图案。用图案 SCX32KX［具有 32 个等间隔（±1）灰阶］填充屏幕，中心为黑色，左上角为中间灰阶（见附录 A.12）。如果使用其他图案，那么必须得到所有利益相关方的一致认可，并报告测量结果。②遮光罩。推荐使用截锥体遮光罩（或平面遮光罩——平面遮光罩有可能会加热屏幕），以便消除探测器内部的遮幕眩光。

步骤：

（1）显示图案 SCX32KX。

（2）安装截锥体（大截锥体或管状截锥体）遮光罩，使除了中心黑色区域的显示屏（包括背板）上其他位置发出的光线都无法到达 LMD 的镜头。

（3）测量亮度等。

报告：报告图像信号黑色亮度 L_{ISK}，不超过 3 位有效数字。可选择报告色坐标及 CCT。

注释：①使用的图案。如果对本测量选用的图案没有特别陈述，那么本测量必须使用 SCX32KX 图案。其他建议使用的图案，必须得到所有利益相关方的一致认可，并在每个报告文档中报告所使用的图案。②零亮度黑色。如果得到零亮度黑色，那么任何使用此黑色的测量方法都不应该报告无限大对比度；相反，报告对比度为"不确定"，并且确保描述显示屏的白色要与零亮度黑色一起报告。更多关于零亮度黑色的信息请参考 5.1 节。③杂散光。即便使用截锥体管状遮光罩，室内的杂散光也可能照射 LMD 的前表面，经屏幕反射而影响测量结果。在此种情况下，用黑色布或另一个截锥体包围截锥体管状遮光罩与 LMD 的间隙很有用。④无遮光罩测量。在特殊情况下，一些机构可能希望在无遮光罩的辅助下进行此测量。在这种情况下，使用的设备将会影响黑色测量中遮幕眩光的量。如果任意两个机构对选用的仪器无异议，且进行此测量的几何位置及测量条件足够精确，那么可得到对这些机构所测结果的有意义的比较。对于这种情况，使用"图像信号黑色"一词不太合适。因此，5.8 节介绍了针对这种情况的一种测量方法。⑤显示模式。与本书中许多测量方法类似，显示屏的模式设置非常容易影响测量结果，关于模式设置及报告的详细信息见 2.1 节与 3.2 节。

5.8 自定义亮度、色度与对比度

描述：按照由参与机构共同确定的特殊设置条件测量显示屏的亮度、色度、CCT 或对比度，涉及的符号分别为 L_{confW}、L_{confK}、u'_{conf}、v'_{conf} 与 C_{conf}。

这种类型的测量只有在所有设置条件完全指定且不使用遮光罩消除探测器中的遮幕眩光（见图 5-16）时使用。指定条件的测量经常在容易执行和快速测量时进行。这种测量结果在公开文档中从不报告，它无法替代更好的测量方法所得到的测量结果。

设置：使用任意两个或更多机构一致同意的、在显示屏特性测量中清楚陈述且明确的设置条件，包括使用的仪器、图案、设置的布局和其他确定测量方法的相关条件。

分析：必须清楚、明确地分析结果数据。

报告：报告必须清楚明确，并得到参与机构的一致认可。

注释：当参与机构不希望使用遮光罩（以避免探测器内部的遮幕眩光）和其他设置条件进行详细测量时，可能会出现不同情况。这可能是为了方便或为了考虑测量的进程。为了方便，各机构应提供相同的设置。本书中的其他测量方法，在设置、分析及报告完全指定且获得所有参与机构一致认可时，会以相同的方式处理。在这种情况下，如果"自定义"一词出现在任何公开文档中，那么它必须放在报告的结果之前。例如，"自定义观察角度""自定义不均匀性""自定义对比度"等。不可将其作为公开测量结果进行报告，这个结果仅用于参与机构之间的私下交流。

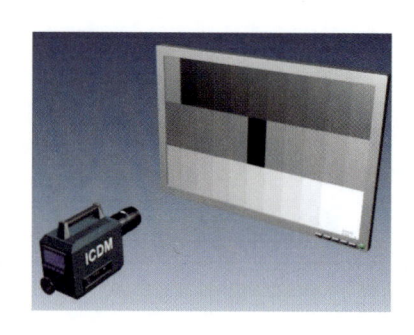

图 5-16　自定义测量黑色亮度，不使用遮光罩消除探测器内部的遮幕眩光。此种设定只有在参与机构指定特殊情况，且测量结果与更好的测量方法得到的结果无混淆的情况下使用

5.9　信号对比度

描述：基于前面测量的彩色信号白色亮度 L_{CSW} 与图像信号黑色亮度 L_{ISK} 计算信号对比度，其符号为 C_S。

设置：无。

分析：信号对比度是用彩色信号白色亮度除以图像信号黑色亮度所得的值。

$$C_S = \frac{L_{CSW}}{L_{ISK}} \tag{5-5}$$

在允许使用全白场的情况下（参阅 5.4 节），式（5-5）中的 $L_{CSW}=L_W$。

表 5-6　报告示例

L_{CSW}	213	cd/m²
L_{ISK}	0.12	cd/m²
C_S	1800	

报告：如表 5-6 所示。在黑色测量中，无论其数值多小，都以不超过 3 位的有效数字报告信号对比度。

注释：不确定对比度。如 5.1 节中所讨论的，如果确定图像信号黑色为零亮度黑色，那么在报告中最好报告"不确定对比度"，以及彩色信号白色亮度 L_{CSW} 和图像信号黑色亮度 L_{ISK}。在任何情况下都不允许报告信号对比度为无限大。

以下介绍全白场信号对比度。

描述：基于前面测量的全白场亮度 L_W 与图像信号黑色亮度 L_{ISK} 来计算全白场信号对比度，其符号为 C_{FWS}。

设置：无。

分析：全白场信号对比度是用全白场亮度除以图像信号黑色亮度所得的值。

$$C_{FWS} = \frac{L_W}{L_{ISK}} \tag{5-6}$$

报告：如表 5-7 所示。在黑色测量中，无论其数值多小，都以不超过 3 位的有效数字报告全白场信号对比度。

注释：不确定对比度。如 5.1 节中所讨论的，如果确定图像信号黑色为零亮度黑色，那

表 5-7　报告示例

L_W	244	cd/m²
L_{ISK}	0.121	cd/m²
C_{FWS}	2020	

么在报告中最好报告"不确定对比度",以及全白场亮度 L_W 和图像信号黑色亮度 L_{ISK}。在任何情况下都不允许报告全白场信号对比度为无限大。

5.10 连续对比度

别名：全屏暗室对比率、全屏对比度、动态对比度。

描述：基于全白场亮度 L_W 与全黑场亮度 L_K 计算连续对比度,其符号为 C_{seq}。

分析：采用下式计算连续对比度。

$$C_{seq} = \frac{L_W}{L_K}$$

报告：注意有效数字。最终报告的连续对比度的有效数字必须不多于测量的全黑场亮度的有效数字,如表 5-8 所示。

表 5-8 报告示例

L_W	257.2	cd/m²
L_K	0.142	cd/m²
C_{seq}	1810	

注释：①不确定对比度。如 5.1 节中所讨论的,如果确定图像信号黑色为零亮度黑色,那么最好报告"不确定对比度",以及全白场亮度 L_W 和全黑场亮度 L_K。在任何情况下都不允许将连续对比度报告为无限大。②对比度描述。只有当连续对比度与信号对比度相同时,连续对比度才可作为一个独立的对比度描述参数。③其他对比度。本书中其他对比度的测量方法比连续对比度的测量方法更有用,因为连续对比度对评价屏幕画面转变的作用很有限,有图像内容的屏幕对比度反而更加有用。

5.11 峰值对比度

别名：最大亮度对比度。

描述：由测量的白色峰值亮度 L_p（见 5.5 节）及全黑场亮度 L_K（见 5.6 节）和图像信号黑色亮度 L_{ISK}（见 5.7 节）中的最大值来计算峰值对比度,其符号为 C_p。

分析：按照下式确定峰值对比度。

$$C_p = \frac{L_p}{\max(L_K, L_{ISK})}$$

报告：报告峰值对比度数值,不超过 3 位有效数字。

注释：不确定对比度。如 5.1 节中所讨论的,如果确定图像信号黑色为零亮度黑色,那么最好报告为"不确定对比度",并且报告用到的白色峰值亮度和黑色亮度。在任何情况下都不允许将峰值对比度报告为无限大。

5.12 满天星对比度

描述：通过设置 ICDM 提供的测试模式（帮助建立实际低亮度的黑色并确定阈值处的

信息显示测量标准

对比度），在动态控制激活阈值处，确定满足既定要求控制（如动态对比度、全局调光、局部调光等）下的显示屏对比度。图 5-17 给出了满天星对比度的测量设置。满天星必须被遮盖掉以避免测量仪内部的遮幕眩光，尤其是测量黑色方块时。图中使用的 SLET（更多信息见附录 A.2.1）是测量区域遮光的方法之一。

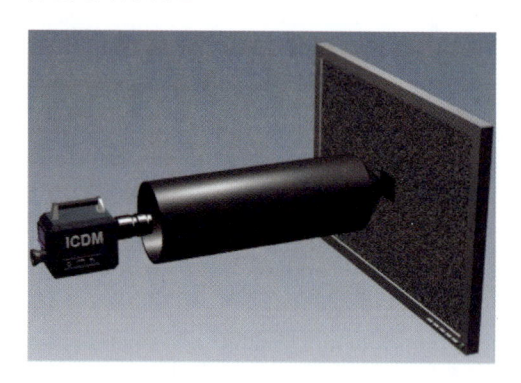

图 5-17 满天星对比度的测量设置。所有黑色测量都必须用遮光罩，以使图案周围的环境光不会在 LMD 上产生遮幕眩光

如图 5-18 所示为满天星对比度曲线，可用于描述具有动态对比度的显示屏对比度性能。随着显示内容接近黑色，动态对比度开始起作用，且迅速增大。寻找对比度迅速增大之前曲线的拐点来确定满天星动态对比度。

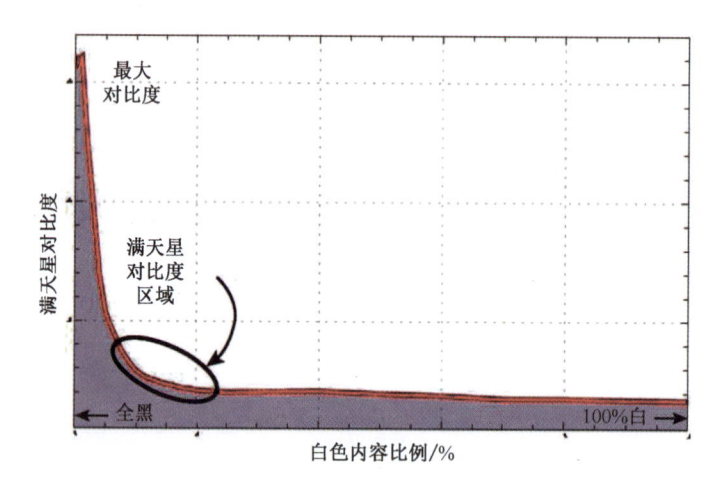

图 5-18 满天星对比度曲线

应用：主要用于背光调光为低亮度内容函数的显示屏。注意，它特别针对有动态对比度（局部调光或全域调光）的 LCD 显示屏。满天星图案提供亮度可控的内容（以白色亮度的百分比表示）来决定调光发生的阈值。在此阈值处，计算满天星对比度。它也可以用于检验画面载入时黑色等级是否固定不变。

设置：应用如图 5-19 所示的标准设置。

图 5-19　标准设置

其他设置条件：使用的图案为 ICDM 满天星图案集。它们是一组白色方块亮度从 100%（全白）至 0（全黑）可控的图案。它们成对出现，即相同的两个图案，一个用于测量白色中心方块，另一个用于测量黑色中心方块，如图 5-20 所示。

图 5-20　ICDM 满天星图案示例——一对对比度为 46.2% 的满天星图案。左边是满天
　　　　　星白色图案，右边是满天星黑色图案。满天星对比度为动态对比度分离点处
　　　　　满天星白色图案亮度与满天星黑色图案亮度的比值。给定这些图案一定范围的
　　　　　白色内容，以便确定动态对比度的范围和发现分离点

步骤：测量 ICDM 满天星图案集的黑色和白色中心目标。图案为一对，其中一个中心测量目标为白色（满天星白色图案），另一个中心测量目标为黑色（满天星黑色图案）。对每个满天星图案，测量其屏幕中心目标的白色亮度与黑色亮度，计算满天星对比度，并报告亮度。注意，必须使用遮光罩来避免遮幕眩光引起的严重测量误差。

（1）满天星白色：测量屏幕中心每个满天星图案的白色亮度，并在表格中报告。

（2）满天星黑色：测量屏幕中心每个满天星图案的黑色亮度，并在表格中报告。

（3）寻找白色亮度与黑色亮度在相同亮度等级下开始迅速减小的点。目视检查满天星白色图案数据。确定亮度等级开始下降的点，并向前推进一个位置。针对这个位置的亮度，将计算所得的对比度作为满天星对比度并报告。必须使用同一序号位置的数据。（注意，对于高百分比白色亮度的示例数据，每个满天星白色图案的白色亮度与黑色亮度完全恒定。）

分析：按照下列方式计算满天星对比度及其他参数。

（1）全动态对比度范围：$C_{DC} = L_{Wmax}/L_{Kmin}$。

（2）白色范围收缩率：L_{Wmin}/L_{Wmax}。

（3）黑色范围收缩率：L_{Kmin}/L_{Kmax}。

（4）满天星对比度 $C_S = L_{Wsf}/L_{Ksf}$。

（5）满天星收缩率：C_{DC}/C_S。

（6）满天星对比度由满天星报告表（见表 5-9）中连续变化的满天星白色亮度测量值（连续变化的满天星黑色亮度测量值及对比度计算值类似）迅速改变、白色与黑色亮度测量值连续下降，且对比度计算值连续增加的位置确定。

（7）寻找连续测量值之间差值最小，且白色亮度与黑色亮度在相同等级位置或附近位置迅速下降的位置点。目视检查满天星白色亮度数据，确定亮度开始下降的点，并向前推进一个位置。针对这个位置的亮度，将计算的对比度值作为满天星对比度（C_S）并报告。所使用的数值（L_{Wsf}和L_{Ksf}）必须位于同一序号位置处。（注意，对于高百分比白色亮度的示例数据，每个满天星白色图案的白色亮度与黑色亮度完全恒定。）

（8）也可以对满天星白色、满天星黑色及满天星对比度绘制连续变化的满天星白色亮度图（从100%白色亮度开始递减），并寻找连续测量值之间差值最小且在值增加之前始终为最小值的亮度。

报告表格中的测量数据，寻找转折点：①满天星白色亮度急剧减小；②满天星黑色亮度迅速减小；③满天星对比度增大。由于动态对比度引起的不稳定性及测量样品数量的有限性，这三个条件可能不会总是很明显或一起出现。

报告：报告下面的数值。

（1）最大白色亮度测量值 L_{Wmax} 及图案序号。

（2）最小白色亮度测量值 L_{Wmin} 及图案序号。

（3）最大黑色亮度测量值 L_{Kmax} 及图案序号。

（4）最小黑色亮度测量值 L_{Kmin} 及图案序号。

（5）满天星白色亮度 L_{Wsf} 及图案序号。

（6）满天星黑色亮度 L_{Ksf}（图案序号必须与满天星白色亮度的相同）。

（7）ICDM 满天星图案集数目（如果可用）。

注释：可通过多种方法确定发生亮度下降的图案序号及满天星对比度。

（1）观察亮度测量结果（从100%白色亮度开始，然后递减），特别是满天星白色亮度测量结果，寻找数值迅速下降的位置。

（2）绘制测量的满天星白色亮度及黑色亮度（从100%白色亮度开始，然后递减）和对比度计算值的图（图中以一个高峰表示亮度下降位置），尤其适用于处理满天星白色图案的测量结果。

（3）绘制满天星白色亮度及黑色亮度的偏离值（从100%白色亮度开始，然后递减）和对比度计算值的图（图中以一个高峰表示亮度下降位置），尤其适用于处理满天星白色图案的测量结果。

关于满天星图案：满天星图案中的每对图案的白色亮点的亮度都是中心白色方块亮度的百分数，所有点都是黑白色，用于产生一个满天星画面，类似天空中的星星。一对包含两个相同百分比白色亮度的图案，一个用于测量中心黑色方块，另一个用于测量中心白色方块。因此，通过测量两个图案，可以用白色方块亮度值除以黑色方块亮度值，从而得到显示大量白色亮点的显示屏的对比度。

每个图案的黑色图像和白色图像都有一部分误差。典型的方块为100px×100px，且在图案的中心。对于白色亮点，中心方块引起的亮度误差很小，因为它们是纯白色或纯黑色图案。此外，每个图案左下角用于标识图案的文字也会引入很小的误差。这些文字一般为中等灰色，以减小对图案中白色亮点亮度的干扰。

误差的多少依赖图案的像素布局。例如，一个包含100px×100px方块的1024px×768px阵列的满天星图案，在最差情况（全白图案上的黑色方块，或全黑图案上的白色方块）下的误差为1.277%。不同百分比白色图案及高分辨率显示屏的误差会有所减小。对于 1920px×

1080px 的图案，误差减小至 0.482%。这些误差是可接受的。不推荐在 1024px×768px 阵列的显示屏上使用满天星图案，其误差可能会大到令人难以接受。

表 5-9 给出了 21 种满天星图案。ICDM 满天星图案集的序号可能与一些测量中的满天星图案的序号不同。图案集中的所有图案往往需要全部测量。切忌在图案之间进行假设和篡改，分析示例可参考表 5-10。

显示屏的动态对比度各不相同，且满天星对比度集的数值个数有限，因此，对比度可能在满天星对比度阈值附近发生变化。如果这使寻找阈值变得困难，那么可用导数曲线来确定阈值。

表 5-9 报告示例

图案		亮 度/（cd/m²）		对 比 度
序号	百分比白色亮度	满天星白色	满天星黑色	满天星对比度
1	100（白色）	254.4	0.252	1010
2	90	254.6	0.241	1056
3	80	255.6	0.229	1116
4	70	255.4	0.239	1069
5	60	254.8	0.224	1138
6	50	254.2	0.222	1145
7	40	253.8	0.213	1192
8	30	252.6	0.211	1197
9	20	251.7	0.207	1216
10	10	242.5	0.194	1250
11	9	242.5	0.172	1410
12	8	242.4	0.163	1487
13	7	150.1	0.0921	1630
14	6	146.2	0.101	1448
15	5	145.3	0.102	1425
16	4	133.9	0.0933	1435
17	3	117.7	0.0615	1914
18	2	55.01	0.0322	1708
19	1	52.12	0.0212	2458
20	0.5	51.92	0.0198	2622
21	0（黑色）	51.68	0.0196	2637

注：在某些测量情况下，满天星图案的数目可能不同。

表 5-10 分析示例

描 述	值	图案序号
L_{Wmax}	255.6 cd/m²	3
L_{Wmin}	51.68 cd/m²	21
L_{Kmax}	0.252 cd/m²	1
L_{Kmin}	0.0196 cd/m²	21

续表

描　述	值	图案序号
全动态对比度范围（C_{DC} 或 L_{Wmax}/L_{Kmin}）	13040	—
白色范围收缩率（L_{Wmin}/L_{Wmax}）	0.2022	—
黑色范围收缩率（L_{Kmin}/L_{Kmax}）	0.08	—
满天星白色亮度（L_{Wsf}）	242.4 cd/m²	8
满天星黑色亮度（L_{Ksf}）	0.163 cd/m²	
满天星对比度（C_S 或 L_{Wsf}/L_{Ksf}）	1478	—
满天星收缩率（C_{DC}/C_S）	8.823	—
ICDM满天星图案集数目	1	—

5.13　角落矩形块对比度

描述：屏幕中心尺寸为对角线 1/5 的白色矩形块的对比度与 4 个角落位置尺寸为对角线 1/10 的白色矩形块的对比度之比，如图 5-21 所示。角落矩形块对比度的符号为 C_{CB}。

图 5-21　上图：测量尺寸为对角线 1/5（$H/5 \times V/5$）的中心白色矩形块的亮度 L_W。
　　　　下图：测量尺寸为对角线 1/10（$H/10 \times V/10$）的角落白色矩形块的中心亮度 L_K。

应用：本测量可应用于任何显示屏，且特别适用于局部调光显示屏。
设置：应用如图 5-22 所示的标准设置。
其他设置条件：使用两种图案，一种为黑色背景下尺寸为对角线 1/5 的中心白色矩形块（$H/5 \times V/5$），另一种为黑色背景下尺寸为对角线 1/10 的 4 个角落白色矩形块（$H/10 \times V/10$）。
步骤：使用一个不接触屏幕的遮光罩（平板或平截头体管），在测量中心白色矩形块时，确保没有来自角落白色矩形块的遮幕眩光。遮光罩必须不接触屏幕。

图 5-22 标准设置

（1）测量中心白色矩形块的亮度 L_W。
（2）测量角落白色矩形块的亮度 L_K。

分析：用如下式子计算角落矩形块对比度。

$$C_{CB} = L_W/L_K$$

报告：报告角落矩形块对比度（不超过 3 位有效数字）。

注释：不确定对比度。如 5.1 节中所讨论的，如果黑色画面为零亮度，那么最好报告为"不确定对比度"，并且报告白色亮度、确定的黑色亮度。在任何情况下，对比度都不可报告为无限大。

纯朴的测量方法

5.14 全屏基色（R、G、B）

别名：红色、绿色、蓝色屏幕亮度。

描述：分别测量全屏基色（R、G、B）的亮度和色坐标。使用 5.3 节全白场亮度的测量步骤。

其他设置条件：使用全屏基色图案，如图 5-23 所示。

注释：色域是上述测量的基色在二维颜色图（经常为 CIE 1976 或 CIE 1931）中的面积。色域将在 5.18 节确定。

图 5-23　全屏基色图案

5.15　全屏合成色（C、M、Y）

别名：青色、紫色、黄色屏幕亮度。
描述：分别测量全屏合成色（C、M、Y）的亮度和色坐标。使用 5.3 节全白场亮度的测量步骤。
其他设置条件：使用全屏合成色图案，如图 5-24 所示。

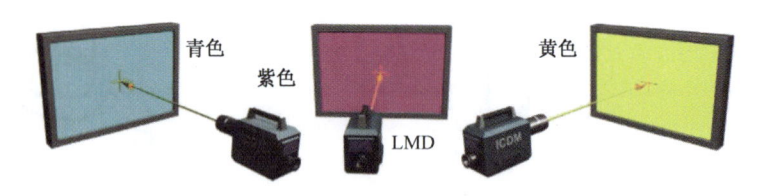

图 5-24　全屏合成色图案

5.16　全屏灰色（R=G=B=S）

别名：灰色屏幕、灰色屏幕亮度。
描述：测量选定灰阶图案（R=G=B=S）的亮度及色坐标。使用 5.3 节全白场亮度的测量步骤。
其他设置条件：使用全屏灰阶图案，如图 5-25 所示。其中，R、G、B 基色设置为相同的颜色等级 S。

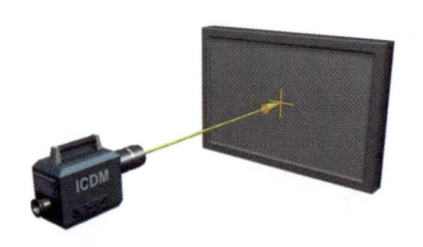

图 5-25　全屏灰阶图案

5.17 全屏任意色（R、G、B）

描述：测量指定颜色（R、G、B）的亮度及色坐标。使用 5.3 节全白场亮度的测量步骤。

其他设置条件：使用指定（R、G、B）的全屏颜色图案，如图 5-26 所示。这些颜色并不是 W、K、R、G、B、C、M、Y 或 S 的重复，而是它们的中间颜色。灰阶（R、G、B）是前面介绍过的某个特定案例。

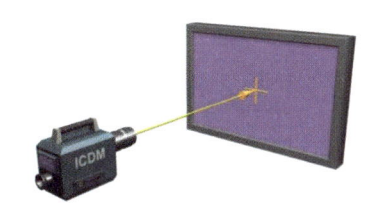

图 5-26　指定（R、G、B）的全屏颜色图案

5.18 色域

描述：在 CIE 1976 u', v' 色彩空间中，计算显示屏所能达到的色度面积百分比。色坐标测量已在 5.14 节描述。色域面积符号为 A。

设置：无。这是一个基于 5.14 节测量的色坐标的计算。

步骤：如果未曾测量，那么测量每个基色的色坐标，如图 5-27 所示。

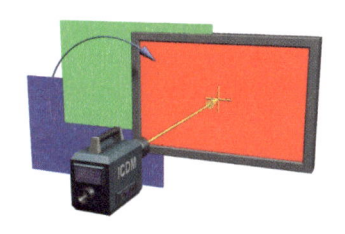

图 5-27　基色色坐标测试图案

分析：如果测量仪给出每个测量值 (x, y) 的 (u', v') 坐标，那么使用读数值；否则，使用下面方程组将每组 (x, y) 转换为 (u', v')。

$$\begin{cases} u' = 4x/(3+12y-2x) \\ v' = 9y/(3+12y-2x) \end{cases}$$

在 CIE 1976 u', v' 色彩空间中，RGB 三角形的面积为 $|(u'_R-u'_B)(v'_G-v'_B)-(u'_G-u'_B)(v'_R-v'_B)|/2$。用 380～700nm 的、以 1nm 为间隔的光谱轨迹内的面积（为 0.1952）除以这个三角形的面积，并乘以 100%，可得到归一化的色域面积为

$$A = 256.1\,|(u'_R-u'_B)(v'_G-v'_B)-(u'_G-u'_B)(v'_R-v'_B)|\,（以百分比表示）$$

报告：报告基色的色坐标 (x, y) 及 (u', v')（如果已测量），并计算色域面积 A，如表 5-11 所示。

表 5-11　报告示例

基色	x	y	u'	v'
红	0.644	0.342	0.443	0.529
绿	0.304	0.618	0.124	0.567
蓝	0.150	0.043	0.187	0.120
色域面积 A			36%	

注释：当未能严格控制白平衡点时，面色域远比体色域更合适。一个均匀的颜色空间 CIE LUV[1] 包含了一个 CIE 1976 u', v' 色彩空间，这个色彩空间广泛用于显示行业的屏幕均匀性等的测量[2,3]。同时，ANSI 标准指定以（u', v'）色坐标进行色度测量[4]。不仅如此，均匀色彩空间中的色域面积长久以来被认为是合理的色域品质因数[5]。因此，建议此处测量方法使用 CIE 1976 u', v' 色彩空间中三基色（R、G、B）对应的三角形面积。

色度范围多年来被不恰当地称为"色域"。此外，有合理的主张认为，由于 u', v' 色度图的均匀性，u', v' 色域比 x, y 色域更合适。然而，在 u', v' 色度图中，感知色彩差异依赖于亮度。色彩是三维的。此外，色度范围度量方法显著高估了不具有叠加性的显示系统的色彩能力。ICDM 现在推荐使用 CIE LAB 色域体积和色域环度量，如 IDMS 1.2 版本的 5.32 节所述。请从 SID 官网下载 IDMS 1.2 版本的英文版，并参考其中第 21 章中关于色彩计量学的教程。

下面介绍相对色域面积的相关知识。

在 CIE 1976 u', v' 色彩空间图中，DUT 的色域面积 A_{DUT} 与给定的色域面积 A_{ref} 之比 $G = A_{DUT}/A_{ref}$，称为相对色域面积，如表 5-12 所示。

表 5-12　sRGB（ITU-R BT.709-5）的相对色域面积示例

色彩空间	A_{ref} (%)	白平衡点			红		绿		蓝	
		x_W	y_W	其他	x_R	y_R	x_G	y_G	x_B	y_B
CIE 1931 x, y	33.24	0.3127	0.3290	D65	0.6400	0.3300	0.3000	0.6000	0.1500	0.0600
CIE 1976 u', v'					u'_R	v'_R	u'_G	v'_G	u'_B	v'_B
					0.4507	0.5229	0.1250	0.5625	0.1754	0.1579

5.19　白平衡点精度

描述：测量全白场的 CIE 色坐标，并计算其相对于参考白平衡点的（u', v'）偏离值。如果无参考白平衡点，那么计算全白场的 CCT，并计算具有相同 CCT 的 CIE 日光色温轨迹的

---

[1] Commission Internationale de l'Eclairage (CIE). Colorimetry [R]. Second Edition, Bureau Central de la CIE, 1986.

[2] Alessi P J. CIE guidelines for coordinated research evaluation of colour appearance models for reflection print and self-luminous display image comparisons[J]. Color Res. Appl, 1994(19): 48-58.

[3] ISO standards 9241-8（color requirements for CRTs）and 9241-300 series.

[4] ANSI Electronic Projection Standards IT7.227（Variable Resolution Projectors）and IT7.228（Fixed Resolution Projectors）.

[5] Thornton W A. Color-discrimination index[J]. J. Opt. Soc. Amer., 1972(62): 191-194.

CIE 色坐标（通过两个温度极限值限制），从而确定从全白场到指定日光色温轨迹的（u',v'）距离（如果这部分测量已经按 5.3 节或 5.4 节的方法完成，那么此处不必再测量）。**单位**：CIE 1976 u', v' 色彩空间。**符号**：CCT（T），$\Delta u'v'$。

设置：应用如图 5-28 所示的标准设置。

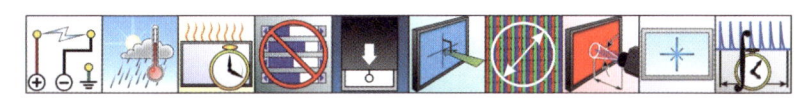

图 5-28 标准设置

其他设置条件：全白场测量图案。

步骤：如果 5.3 节没有测量，那么测量全白场中心位置的色坐标。

分析：如果有参考白平衡点，那么直接计算测量的色坐标与参考白平衡点的（u',v'）距离。在无参考白平衡点的情况下，计算过程如下。

（1）测量白平衡点的色坐标（x_W,y_W），并确定色温限制范围（T_1,T_2）。T_1 的典型值为 6500 K，T_2 的典型值为 9300 K。

（2）用 McCamy 公式（见附录 B.1.2.1）计算与（x_W,y_W）相关的 CCT：

$$T = 437n^3 + 3601n^2 + 6861n + 5517 \tag{5-7}$$

此处，$n=(x_W-0.3320)/(0.1858-y_W)$。也可以使用 LMD 测量的 CCT 值。

（3）确定与相关色温 T 最接近的 T_b 数值，T 介于 T_1 与 T_2 之间：如果 $T<T_1$，那么使 $T_b=T_1$；如果 $T>T_2$，那么使 $T_b=T_2$；否则，使 $T_b=T$。

（4）用 Wyszecki 和 Stiles 所著的 *Color Science* 一书（1982 年出版的第 2 版）中的公式 5 和公式 6（3.3.4 节）来计算在 CIE 日光色温轨迹上与 CCT T_b 对应的点（x_b,y_b）。首先，定义 $g=1000/T_b$。然后，如果 $T_b<7000$，那么

$$x_b=-4.6070 g^3+2.9678 g^2+ 0.09911 g+0.244063 \tag{5-8}$$

如果 $T_b>7000$，那么

$$x_b=-2.0064 g^3 +1.9018 g^2 + 0.24748 g + 0.237040 \tag{5-9}$$

（5）在任意情况下，都有 $y_b=-3.000 x_b^2+2.870 x_b-0.275$。在后续步骤中，色坐标（$x_b$,$y_b$）将与测量的全白场的色坐标（$x_W$,$y_W$）进行对比。

（6）将（x_W,y_W）与（x_b,y_b）转换为（u',v'）坐标：

$$(u'_W, v'_W) = (4 x_W, 9 y_W) / (3 + 12 y_W - 2 x_W) \tag{5-10}$$

$$(u'_b, v'_b) = (4 x_b, 9 y_b) / (3 + 12 y_b - 2 x_b) \tag{5-11}$$

（7）计算（u'_W,v'_W）与（u'_b,v'_b）之间的距离 $\Delta u'v'$：

$$\Delta u'v' = \sqrt{(u'_W - u'_b)^2 + (v'_W - v'_b)^2} \tag{5-12}$$

报告：报告色坐标（x_W,y_W）、CCT（T），以及其在日光色温轨迹上距指定点的距离 $\Delta u'v'$，如图 5-29 所示。例如，如果全白场色坐标为（x,y）=（0.39,0.31），T_1=6500K，T_2=9300K，那么，T=3054 K，T_b=6500 K，$\Delta u'v'$=0.0648。

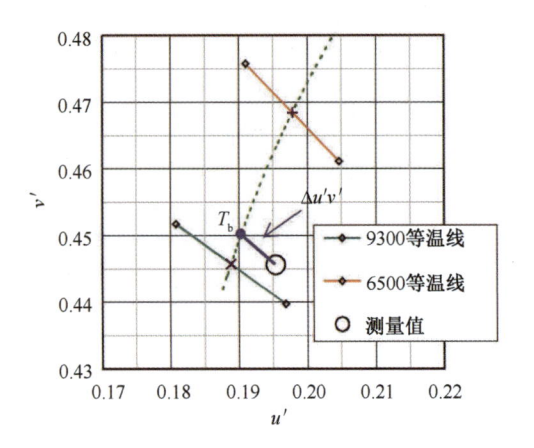

图 5-29　CIE 1976（u',v'）色彩空间中测量的白平衡点与具有相同 CCT 的 CIE 标准日光色温轨迹的距离。虚线为 CIE 日光色温轨迹

注释：在上面第（2）～（4）步的分析中，CCT 是在 CIE 1960 u,v 色彩空间中进行估算的，但在第（5）和（6）步中，它是在 CIE 1964 u',v' 色彩空间中进行估算的。在第（4）步中，注意公式为 *Color Science* 一书中的公式 5 与公式 6。同样还要注意第（4）～（7）步中使用的 CIE 日光色温轨迹与定义 CCT 的黑体色温轨迹［在第（3）步中默认使用］并不完全一致；实际上，本计算的目的是将参考白平衡点坐标由黑体色温轨迹（在 1964 年之前使用）转换为日光色温轨迹（当前使用）。最后，注意给出明确的色温限制范围（T_1, T_2），因超出此范围的色温（如黄色或红色）并不能准确代表全白场，即选择的色温限制范围反映了目标显示屏经常选择的白平衡点的范围。

5.20　CCT 白平衡点确认

别名：CCT 偏离普朗克轨迹。

描述：计算色坐标为 (u'_W, v'_W) 的被测白平衡点（见图 5-30）与普朗克（黑体）色温轨迹上具有相同 CCT（T_W）的点 (u'_P, v'_P) 的距离 $\Delta u'v'$。单位：CCT 为 K（开尔文），$\Delta u'v'$ 无。**符号**：被测白平衡点为 (u'_W, v'_W)，有相同 CCT 的普朗克色温轨迹上的点为 (u'_P, v'_P)。本计算与白平衡点精度计算（见 5.19 节）可二选一，白平衡点精度是在日光色温轨迹而非在普朗克色温轨迹中计算白平衡点的偏离程度。

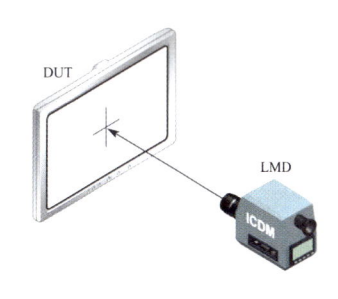

图 5-30　白色屏幕测量

设置：应用如图 5-31 所示的标准设置。

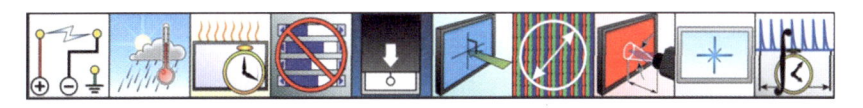

图 5-31　标准设置

步骤和分析：如果白平衡点的色坐标已测量，那么无须再次测量，直接转至第（2）步。

（1）测量全白场的色坐标 (u'_W, v'_W)，或者最大亮度等级不会减小的载入图片的亮度。

（2）按照下面的公式计算 T_W。

$$T_W = \frac{\left[\begin{array}{l}(146412u'_W + 59239.9)v'^2_W - 179737u'_W(u'_W + 0.0149665)v'_W + \\ 51869.926(u'_W - 0.1827208)u'_W(u'_W + 0.579256) - 92672.7v'^3_W - 21306.03v'_W + 3133.488\end{array}\right]}{(0.5574u'_W - 3.4864v'_W + 1.1148)^3}$$

(5-13)

（3）由 T_W 用以下式子在普朗克色温轨迹上找出具有相同 CCT 的色坐标 (u'_P, v'_P)。注意：仅在 1000 K $\leqslant T_W \leqslant$ 15000 K 范围才可计算 u'_P 和 v'_P。

$$u'_P = \frac{(128.641 \times 10^{-9})T_W^2 + (154.118 \times 10^{-6})T_W + 860.118 \times 10^{-3}}{(708.145 \times 10^{-9})T_W^2 + (842.42 \times 10^{-6})T_W + 1}$$

(5-14)

$$v'_P = \frac{(63.0723 \times 10^{-9})T_W^2 + (63.4209 \times 10^{-6})T_W + 476.098 \times 10^{-3}}{(161.456 \times 10^{-9})T_W^2 - (28.9742 \times 10^{-6})T_W + 1}$$

(5-15)

$$\Delta u'v' = \sqrt{(u'_P - u'_W)^2 + (v'_P - v'_W)^2}$$

(5-16)

报告：报告 (u'_W, v'_W)、CCT（T_W）与 $\Delta u'v'$。可指定 $\Delta u'v'$ 阈值，以确定计算值是否在许可范围内，并给出合格或不合格的报告，如表 5-13 所示。

表 5-13 分析示例

项　　目	数　　值	单　　位
u'_W（测量的 u'）	0.2056[a]	—
v'_W（测量的 v'）	0.5355[a]	—
CCT（T）	4090.7[b]	K
u'_P（u' 在轨迹上）	0.2236[b]	—
v'_P（v' 在轨迹上）	0.4998[b]	—
$\Delta u'v'$	0.0399[b]	—
指定阈值 $\Delta u'_t v'_t$（可选）	0.××××	—
$\Delta u'v'$ 在阈值范围内（$\Delta u'v' \leq \Delta u'_t v'_t$）？	合格/不合格	—

注：a 表示测量值，b 表示计算值。

注释：

（1）几何距离 $\Delta u'v'$ 表示测量值（u'_W, v'_W）偏离普朗克色温轨迹的距离，如图 5-32 所示。综合考虑 CCT 与 $\Delta u'v'$，即可确定这个 CCT 是否可用于定义白平衡点。

（2）式（5-14）和式（5-15）来源于文献 *An algorithm to calculate correlated colour temperature*（doi:10.1002/col.5080100109）。Krystek 方程用于 CIE 1960 u, v 色彩空间。在式（5-14）和式（5-15）中，Krystek 的 v 方程乘以 1.5 即可转换为 v'，u 方程同样也可转换为 u'。

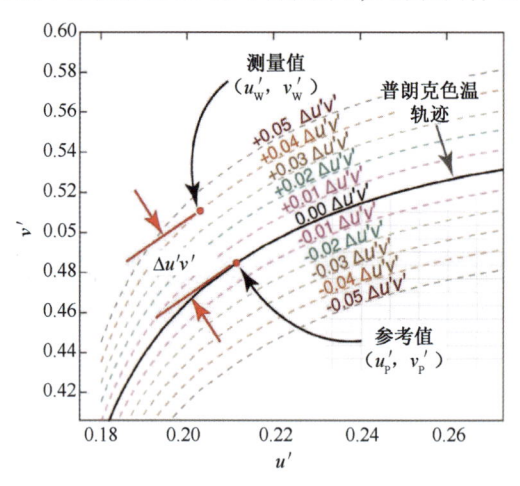

图 5-32 被测点（u'_W, v'_W）和参考点（u'_P, v'_P）在普朗克色温轨迹上的位置示例，$\Delta u'v'$ 显示被测点与普朗克色温轨迹上具有相同 CCT 的点的距离

（3）如果已测得（x_W, y_W），那么使用附录 B.1.2 中的转换方程获得（u', v'），如下：

$$u' = \frac{4x}{3+12y-2x}; \quad v' = \frac{9y}{3+12y-2x} \qquad (5-17)$$

5.21 亮度调节范围

别名：调光范围、亮度范围、调光比率。

描述：此处通过测量全白场画面中心点来测量从最大亮度至最小亮度的亮度调节范围（如果具备调节功能）。**单位**：无，以百分比表示。**符号**：无。

亮度调节范围是在每个设定的灰阶（33 或 32 灰阶，或者各方均认可的多灰阶）条件下，DUT 全白场亮度可达到的最大亮度和最小亮度形成的范围。

应用：注意，重新调整控制设置可能会使先前所有的测量无效。建议在设置时（预热后）进行此测量，或者最后进行此测量。如果要进行更多亮度（或色度）测量，那么须重新调整显示屏的标准条件。这部分仅应用于具有亮度调节功能的显示屏。亮度调节可以通过各种方式实现（通过软件或硬件控制），如通过电位计，或者使用数字接口（如敲击键盘）来实现。

设置：应用如图 5-33 所示的标准设置。

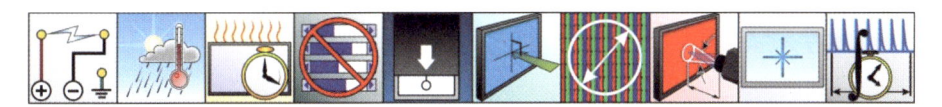

图 5-33 标准设置

其他设置条件：测量时，显示画面为全白场。对于可能影响亮度调节的其他调节，针对第 3 章中的每种设置，应当提前调整对比度，并且在此测量过程中不再调节。但是，在进行全白场亮度调节时，要保持显示屏的灰阶不变。如果要进行灰阶调节，那么在报告文档中必须详细描述。对于某些显示屏，控制器可关闭显示屏。对于指定测量任务，所有使用的亮度等级对应的灰阶必须保持不变。

注意，如果本测量结束后还要进行其他测量，那么在通过硬件或软件方式（与灰阶的亮度测量一样）调节之前应记录控制设置，以使 DUT 恢复至这个测量之前的亮度和灰阶状态。详细标准设置请参阅第 3 章。

步骤：在报告单上记录最大亮度（L_{max}）。将亮度调节至最小。经过 20min 标准预热，亮度稳定后，测量亮度，并将这个数据作为最小亮度（L_{min}）。

分析：亮度调节范围是最大亮度与最小亮度差的百分比。采用如下方式计算。

$$\%\text{Adjustment} = \frac{L_{max} - L_{min}}{L_{max}} \times 100\%$$

其中，%Adjustment 为亮度调节范围；L_{max} 为最大亮度；L_{min} 为最小亮度。

报告：报告最大亮度（L_{max}）、最小亮度（L_{min}），然后计算并报告亮度调节范围（%Adjustment）。例如，对于最大亮度为 200 cd/m² 且最小亮度为 20 cd/m² 的 DUT，其调节范围为 90%。

注释：在许多技术中，对于每个亮度等级的设置，在测量前使 DUT 有足够的预热时间非常重要，这和第一次开启 DUT 时一样。

5.22 全屏中心位置大面积测量

别名：全屏大面积测量。
描述：测量全屏白色、黑色、红色、绿色、蓝色的屏幕中心位置大面积的亮度和色坐标。

测量白画面的 CCT。**单位**：亮度为 cd/m², CCT 为 K，色坐标无。**符号**：L_i、x_i、y_i（i 可代表白色、黑色、红色、绿色、蓝色），T_C 代表 CCT。

应用：全屏显示画面无亮度等级变化（无亮度加载）的所有大尺寸显示屏。

设置：应用如图 5-34 所示的标准设置。

其他设置条件：这种测量的正常测量距离最小为 3m。向远离显示屏的方向移动 LMD，直至其捕捉到目标——显示屏大面积被测区域。传统的全屏测量推荐的测量孔径为 2°，测量距离为 500mm，测量区域的尺寸小于显示屏横向及纵向尺寸的 10%；与传统全屏测量不同，本测量中，只要屏幕宽度和高度允许，测量区域的尺寸可大于显示屏横向及纵向尺寸的 50%。可以增大测量距离，直至显示屏的被测量区域边缘到显示屏有效显示区域边缘的距离在显示屏尺寸的 5%以内，这仅受限于测量房间内可用于测量的空间范围，如图 5-35 所示。测量中显示屏可以纵向或横向放置。

步骤：

（1）用 LMD 测量屏幕的中心，两者相互垂直，且测量距离不小于 3m。用专用色域测量信号驱动显示屏，使其显示相应的颜色，并测量色坐标。

（2）测量下面这些全屏中心位置大面积测量涉及的参数，并填入数据表中（见表 5-14 和表 5-15）。

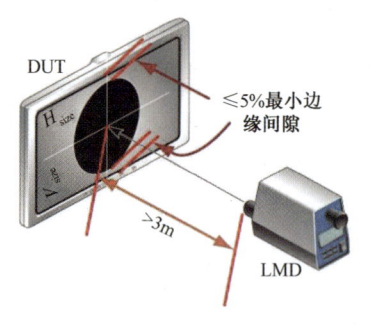

图 5-34 标准设置　　　　图 5-35 其他设置条件

①全白场的亮度、色坐标；

②全黑场的亮度；

③全屏红色的亮度、色坐标；

④全屏绿色的亮度、色坐标；

⑤全屏蓝色的亮度、色坐标；

⑥测量 LMD 透镜至屏幕中心的距离并写入报告。

注意：色坐标可以使用 (x, y) 或 (u', v')，但必须一致。切忌在测量中混用。

（3）报告显示屏的有效显示区域。

计算对比度并填入数据表中：$C = L_W / L_K$。

相对色域面积 G 按照下述方法计算。

使用任何想要的色彩空间，可使用 CIE 1976 u', v' 色彩空间或 CIE 1931 x, y 色彩空间。但是，表格中的数值必须与参考色彩空间匹配，即如果使用 (x, y) 色坐标，那么表格中的色坐标值也必须为 (x, y)。如表 5-14 所示，色域参考值以 (x, y) 坐标方式给出，表中测量数据也为 (x, y) 坐标数据。按照式（5-18）计算相对色域面积并填入数据表中，如表 5-15 所示。

$$G = \left| \frac{(x_R - x_B)(y_G - y_B) - (x_G - x_B)(y_R - y_B)}{(x_{RN} - x_{BN})(y_{GN} - y_{BN}) - (x_{GN} - x_{BN})(y_{RN} - y_{BN})} \right| \times 100\% \qquad (5\text{-}18)$$

表 5-14 参考信号色彩空间的色坐标

变量名字	值
x_{RN}	0.67
y_{RN}	0.33
x_{GN}	0.21
y_{GN}	0.71
x_{BN}	0.14
y_{BN}	0.08

表 5-15 分析示例

项目		结果	单位
白	L_W	243.7	cd/m²
	x_W	0.3362	
	y_W	0.3671	
	T_C	5360	K
黑	L_K	0.54	cd/m²
L_W/L_K	C	451.29	
红	L_R	56.35	cd/m²
	x_R	0.6493	
	y_R	0.3353	
绿	L_G	165.60	cd/m²
	x_G	0.3035	
	y_G	0.6124	
蓝	L_B	21.46	cd/m²
	x_B	0.1437	
	y_B	0.0939	
CIE 1931 x, y 色彩空间	G	70.66	%

分析：几何尺寸按照报告示例格式进行填写。

$$总像素数\ N_T = N_H N_V \qquad (5\text{-}19)$$

$$DUT\ 对角线\ D_{mm} = D \times 25.4\ (mm/inch) \qquad (5\text{-}20)$$

$$测量场直径\ d_{MF} = 2000z\tan(\theta_{MFA}/2)\ (mm)，z\ 的单位为\ m \qquad (5\text{-}21)$$

$$屏幕横向尺寸\ H = \sqrt{\frac{D_{mm}^2 N_H^2}{N_H^2 + N_V^2}}\ (mm) \qquad (5\text{-}22)$$

$$屏幕纵向尺寸\ V = \sqrt{D_{mm}^2 - H^2}\ (mm) \qquad (5\text{-}23)$$

$$显示屏总面积\ A = HV/(10mm/cm)^2\ (cm^2) \qquad (5\text{-}24)$$

$$测量场直径（像素数）\ d_{px} = d_{MF} N_H / H \qquad (5\text{-}25)$$

$$测量场总像素数\ N_{MF} = \pi d_{px}^2 / 4 \qquad (5\text{-}26)$$

测量场面积 $A_{MF} = \pi(d_{MF}/10)^2/4$ （cm²） (5-27)

测量场覆盖率 $A_{rel} = 100\% \, N_{MF}/N_T$ (5-28)

报告：将设置项输入报告表单，如表 5-16 所示。其中，对设置项的解释如下。

N_H——横向像素数。
N_V——纵向像素数。
D——屏幕对角线尺寸（inch）。
θ_{MFA}——测量视场角（°）。
z——LMD 与 DUT 的距离（m）。

计算表 5-16 中相应量的数值并填入报告表单。

注释：色度范围多年来被不恰当地称为"色域"。此外，有合理的主张认为，由于 u', v' 色度图的均匀性，u', v' 色域比 x, y 色域更合适。然而，在 u', v' 色度图中，感知色彩差异依赖于亮度。色彩是三维的。此外，色度范围度量方法显著高估了不具有叠加性的显示系统的色彩能力。ICDM 现在推荐使用 CIE LAB 色域体积和色域环度量，如 IDMS 1.2 版本的 5.32 节所述。请从 SID 官网下载 IDMS 1.2 版本的英文版，并参考其中第 21 章中关于色彩计量学的教程。

表 5-16 报告示例

项目		数值	单位
报告设置项	N_H	1280	px
	N_V	1024	px
	D	17	inch
	θ_{MFA}	2	°
	z	4.572	m
计算结果	N_T	1 310720	px
	D_{mm}	431.8	mm
	d_{MF}	159.61	mm
	H	337.179	mm
	V	269.743	mm
计算结果	A	909.517	cm²
	d_{px}	605.91	px
	N_{MF}	288339	px
	A_{MF}	200.1	cm²
	A_{rel}	22.0	%

5.23 晕光

描述：测量白色背景上黑色矩形块的亮度，黑色矩形块尺寸由屏幕上一小部分逐渐增大至全屏，如图 5-36 所示。

晕光是在周围白光侵蚀黑色区域时发生的现象。本测量可描述白色屏幕中心位置黑色矩形块的晕光程度。

图 5-36 扩大白色背景上黑色矩形块的尺寸以进行晕光测量

设置：应用如图 5-37 所示的标准设置。

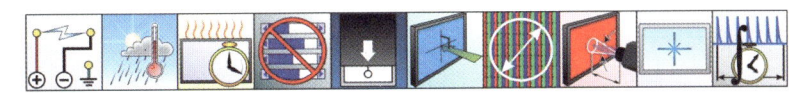

图 5-37　标准设置

其他设置条件：设置一个尺寸由屏幕对角线 5% 逐渐增大至全屏的变化的矩形块。使用截锥体遮光罩来消除 LMD 内部的遮幕眩光（见附录 A.2）。

步骤：使用在白色背景中心位置尺寸为 $kH \times kV$ 的逐渐变化的黑色矩形块，此处 $k = 0.05$，0.1, 0.2, ⋯, 0.9, 1.0。绘制矩形块亮度-面积（HVk^2）曲线或矩形块亮度-k 因子曲线［用百分比（对角线百分比）或小数表示］。

分析：计算矩形块亮度最大值 L_{max} 与全黑场亮度 L_K 之差，再除以全白场亮度 L_W 作为晕光 $\mathcal{H}$，以百分比表示，如表 5-17 所示。

$$\mathcal{H} = 100\%(L_{max} - L_K)/L_W$$

报告：报告全白场亮度与全黑场亮度、使用的最小矩形块尺寸、矩形块的最大亮度（通常为最小矩形块时）及晕光结果，如表 5-18 所示。

表 5-17　分析示例

项目		亮度/(cd/m²)	备注
黑色矩形块	矩形块尺寸		
	5 %	6.23	对应 L_{max}
	10 %	3.25	
	20 %	1.62	
	30 %	1.11	
	40 %	0.923	
	50 %	0.769	
	60 %	0.655	
	70 %	0.523	
	80 %	0.498	
	90 %	0.473	
	100 %	0.468	对应 L_K
白色背景		95.7	对应 L_W
晕光		6.0 %	
说明：黑色矩形块的尺寸用相对于显示屏对角线尺寸的百分比表示			

表 5-18　报告示例

L_W/(cd/m²)	95.7
L_K/(cd/m²)	0.468
最小矩形块尺寸	5 %
L_{max}/(cd/m²)	6.23
晕光 $\mathcal{H}$	6.0 %

注释：使用截锥体遮光罩或类似物体以消除遮幕眩光（见图 5-38），参见附录 A.2，图 5-39 所示为晕光数据示例。

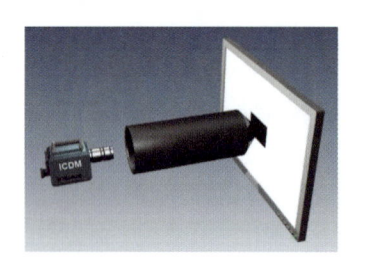

图 5-38　截锥体遮光罩示例，为了避免房间里的反光照射到 LMD 的前端，用黑布包裹 LMD 和管之间的间隙

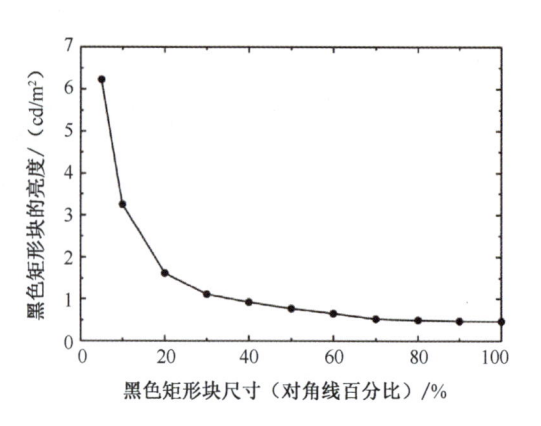

图 5-39　晕光数据示例

5.24　加载

别名：亮度加载、屏幕加载。

描述：测量黑色背景上白色矩形块的亮度，白色矩形块的尺寸由屏幕的一小部分逐渐增大至全屏，如图 5-40 所示。

当屏幕上白色区域的亮度随白色区域尺寸的改变而变化时，会产生亮度加载现象。在某些情况下，亮度加载是希望见到的现象，而在其他情况下，亮度加载则要不得。本测量可描述亮度加载效应。

设置：应用如图 5-41 所示的标准设置。

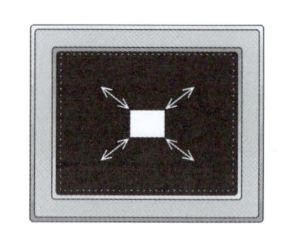

图 5-40　增大的白色矩形块用于加载测量

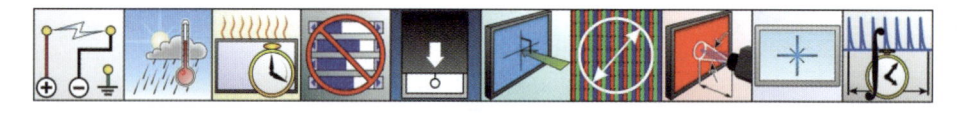

图 5-41　标准设置

其他设置条件：设置一个尺寸由屏幕对角线 5% 逐渐增大至全屏的矩形块。

步骤：使用一个黑色背景上的白色矩形块。其开始为全白场，然后尺寸如同晕光测量时一样逐渐减小至 $0.05H \times 0.05V$（见 5.23 节），测量变化过程中每个矩形块中心位置的亮度 L_{box}，并绘制如图 5-42 所示的图。注意使用遮光罩（建议使用截锥体遮光罩）以避免来自较大白色矩形块的遮幕眩光（见附录 A.2）。

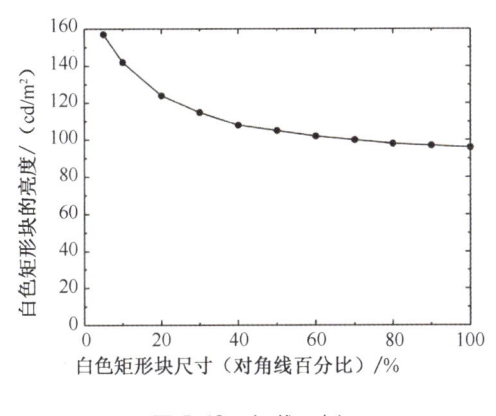

图 5-42　加载示例

分析：计算矩形块最大亮度 L_{ext} 和全白场亮度 L_W 的差值，再计算该差值与全白场亮度 L_W 的比值。加载 $\mathcal{L} = 100\%(L_{ext} - L_W)/L_W$，如表 5-19 所示。

报告：报告全白场亮度、使用的最小矩形块的尺寸、矩形块的最大亮度（一般为最小矩形块时）及最终加载，如表 5-20 所示。

表 5-19　分析示例

矩形块尺寸（对角线百分比）/%	L_{box}/（cd/m²）
5（L_{ext}）	157
10	142
20	124
30	115
40	108
50	105
60	102
70	100
80	98.1
90	97.3
100（L_W）	96.2
加载 $\mathcal{L}$	63%

表 5-20　报告示例

L_W/（cd/m²）	96.2
最小矩形块尺寸	5%
L_{ext}/（cd/m²）	157
加载 $\mathcal{L}$	63%

注释：使用截锥体遮光罩或类似物体来消除 LMD 内部随矩形块尺寸增大而发生的轻微遮幕眩光（见附录 A.2）。

5.25　简单矩形块测量

注意：以下部分描述了后续各小节使用的一般测量方法。所使用的详细图案将在各小节中进行罗列。

简要描述：测量中心位置处尺寸为屏幕尺寸 1/5（或 1/6）的矩形块的中心亮度 L，可选测色坐标和色温，如图 5-43 所示。（注：图示尺寸为 $V/5$ 和 $H/5$，$V/6$ 和 $H/6$ 也可接受。）

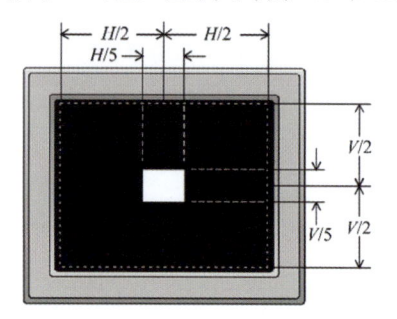

图 5-43　简单矩形块测量设置

设置：应用如图 5-44 所示的标准设置。

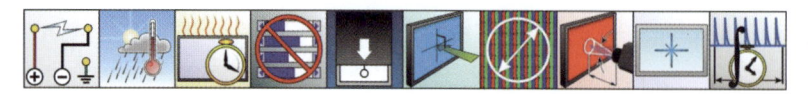

图 5-44　标准设置

其他设置条件：后续每个小节应使用合适的图案。注意，如果背景不是黑色，建议使用截锥体遮光罩或类似物体来消除来自背景区域光线引起的探测器（LMD）内部的遮幕眩光，如图 5-45 所示。

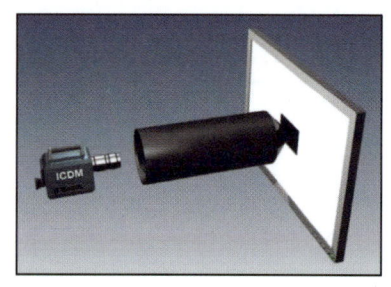

图 5-45　当背景不是黑色或暗灰色时，应使用截锥体遮光罩（或类似物体）来消除探测器（LMD）内部的遮幕眩光

步骤：测量想要的矩形块的特性。
分析：无。
报告：报告矩形块的颜色、背景颜色，以及其他合适的测量值，如表 5-21 所示。
注释：CCT 测量只适用于近乎白色的颜色。

表 5-21　报告示例

矩形块颜色	白色
背景颜色	黑色
L_{box}	182cd/m²
x_{box}	0.3195
y_{box}	0.3544
T_{Cbox}	6070K

5.25.1 黑色背景上的白色矩形块

别名：白色矩形块亮度、白色窗口亮度。

测量的简单描述见 5.25 节开头处。

其他设置条件：使用黑色背景上尺寸为屏幕对角线 20%的白色矩形块（面积为屏幕面积的 4%）图案（如 XW_####x####.PNG），如图 5-46 所示。

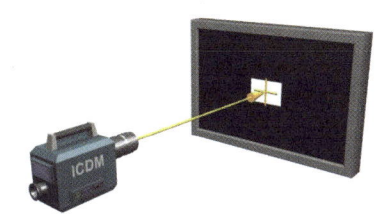

图 5-46　XW_####x####.PNG 图案

注释：白色矩形块亮度与白色峰值亮度的比较。为了处理白色峰值亮度比白色矩形块亮度更亮的情况，可采用峰值亮度（见 5.5 节）和对比度（见 5.11 节）描述这类显示屏。然而，如果已报告峰值亮度或矩形块亮度和对比度，那么必须用"矩形块"或"峰值"标记亮度和对比度，而且全白场也必须标记为"全白场亮度"。这样，用户才不会认为全白场就是白色峰值亮度。

5.25.2 黑色背景上的三基色矩形块（R 或 G 或 B）

测量的简单描述见 5.25 节开头处。

其他设置条件：使用黑色背景上尺寸为屏幕对角线 20%的基色矩形块图案（例如，XR/XG/XB_####x####.PNG），如图 5-47 所示。注意，因为显示屏将由经过培训的专业观察者评判，所以设置条件要求显示屏必须调节至可行的操作模式。

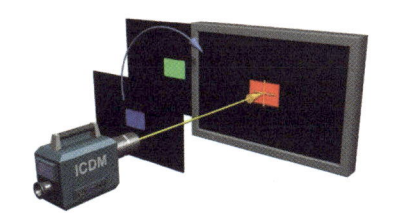

图 5-47　XR/XG/XB_####x####.PNG 图案

5.25.3 黑色背景上的合成色矩形块（C 或 M 或 Y）

测量的简单描述见 5.25 节开头处。

其他设置条件：使用黑色背景上尺寸为屏幕对角线 20%的合成色矩形块图案（例如，XC/XM/XY_####x####.PNG），如图 5-48 所示。注意，因为显示屏将由经过培训的专业观察者评判，所以设置条件要求显示屏必须调节至可行的操作模式。

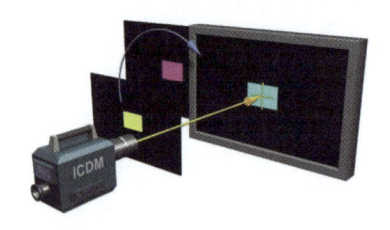

图 5-48　XC/XM/XY_####x####.PNG 图案

5.25.4　黑色背景上的灰色矩形块（R = G = B = S）

测量的简单描述见 5.25 节开头处。

其他设置条件： 使用黑色背景上尺寸为屏幕对角线 20%的灰色矩形块图案（例如，X20S#/X20S##/X20S###_####x####.PNG），如图 5-49 所示。此处 R、G、B 三基色设置为相同的亮度等级 S。

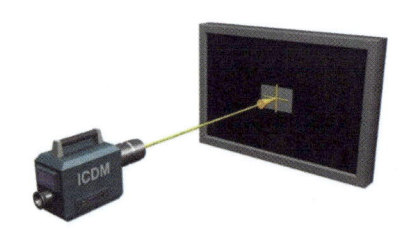

图 5-49　X20S#/X20S##/X20S###_####x####.PNG 图案

5.25.5　背景色上的颜色矩形块：（R_b、G_b、B_b）上的（R、G、B）

测量的简单描述见 5.25 节开头处。

其他设置条件： 使用指定背景色（R_b、G_b、B_b）上尺寸为屏幕对角线 20%的颜色（R、G、B）矩形块图案，如图 5-50 所示。这些矩形块的颜色既非重复的 W、K、R、G、B、C、M、Y，又非灰色（R = G = B），而是色域上的中间色。遮幕眩光可能会影响亮度和颜色。建议使用遮光罩。

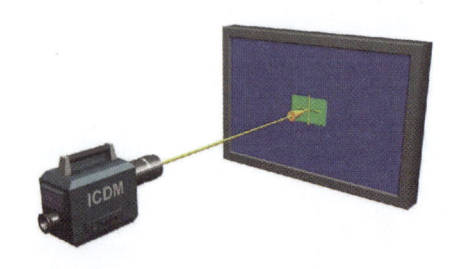

图 5-50　指定背景色上的颜色矩形块图案

5.25.6 白色背景上的黑色矩形块

测量的简单描述见 5.25 节开头处。

其他设置条件：使用白色背景上尺寸为屏幕对角线 20%的黑色矩形块图案，如图 5-51 所示。必须使用一个可防止显示屏（无论是矩形块附近或屏幕边缘）发出的任何光线到达探测器的光滑截锥体遮光罩（或类似物体），以防止遮幕眩光影响黑色矩形块的测量。也可使用一个带黑色磨砂管的小尺寸光滑的黑色截锥体遮光罩，更多详细信息见附录 A.2。

图 5-51 白色背景上的黑色矩形块图案

5.26 棋盘格亮度与对比度（n×m）

描述：测量棋盘格图案中心附近的黑色亮度与白色亮度并计算对比度。

规格 $n×m$ 为列数（n）乘以行数（m）。有多种棋盘格类型，如行数、列数都为偶数，或者行数、列数都为奇数。其大多数都使用偶数图案或奇数图案，偶数与奇数混合使用的图案很少见，但存在。各种棋盘格图案如图 5-52 所示，规格如表 5-22 所示。仅使用一种图案测量的棋盘格为偶数棋盘格。所有其他类型（包含奇数）的棋盘格都要求用正、负两种图案来进行测量。对比度 $C_C = L_W/L_K$，其中，L_W 与 L_K 为奇数棋盘格中心亮度测量值或其他情况下白色方块与黑色方块中心的亮度平均值。

表 5-22 棋盘格规格

棋盘格图案		需要的图案数	白色亮度 L_W	黑色亮度 L_K	对比度 $C_C = L_W/L_K$
列数	行数				
偶	偶	1	$L_{WL} + L_{WR}$	$L_{KL} + L_{KR}$	$C_C = \dfrac{L_{WL} + L_{WR}}{L_{KL} + L_{KR}}$
奇	奇	2	L_W	L_K	$C_C = \dfrac{L_W}{L_K}$
偶	奇	2	$L_{WL} + L_{WR}$	$L_{KL} + L_{KR}$	$C_C = \dfrac{L_{WL} + L_{WR}}{L_{KL} + L_{KR}}$
奇	偶	2	$L_{WT} + L_{WB}$	$L_{KT} + L_{KB}$	$C_C = \dfrac{L_{WT} + L_{WB}}{L_{KT} + L_{KB}}$

奇数：$C_C = \dfrac{L_W}{L_K}$；偶数与偶数/奇数：$C_C = \dfrac{L_{WL} + L_{WR}}{L_{KL} + L_{KR}}$；奇数/偶数：$C_C = \dfrac{L_{WT} + L_{WB}}{L_{KT} + L_{KB}}$

(5-29)

式中，等号右侧式子中下标的第一个字母指黑色（K）或白色（W）；下标第二个字母"L"指左侧，"R"指右侧，"T"指上方，"B"指下方（见图 5-52）。

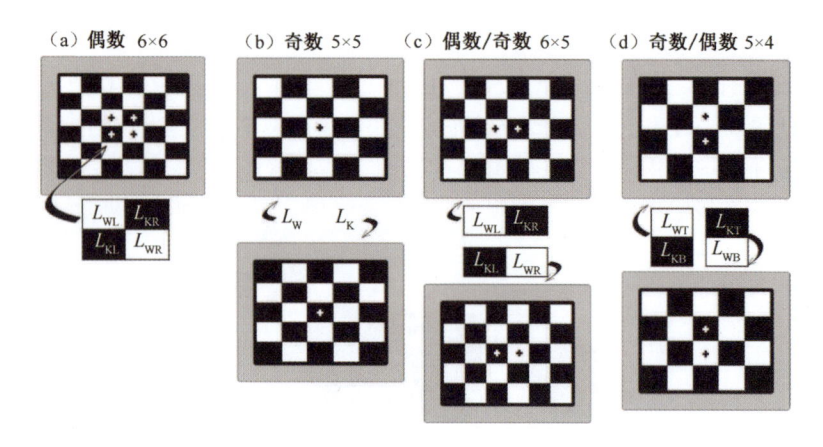

图 5-52　各种棋盘格图案

设置： 应用如图 5-53 所示的标准设置。

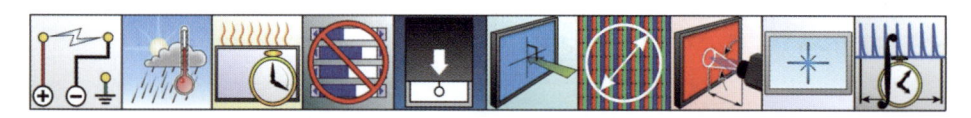

图 5-53　标准设置

其他设置条件： 测量棋盘格图案中心或附近的方块中心的黑色亮度与白色亮度。如果列数或行数为奇数，那么也必须测量相反的图案。

步骤： 显示需要的棋盘格图案。按照图 5-52 所示（"+"表示测量位置）测量最接近屏幕中心处方块（尺寸为屏幕对角线的±3%）中心的亮度。对于偶数棋盘格，测量 DUT 中心周围四个方块中心的亮度。对于奇数棋盘格，直接测量两种图案（负片与正片）屏幕中心的黑色亮度与白色亮度。对于偶数/奇数棋盘格，测量负片与正片图案屏幕中心左、右两侧黑、白方块中心的亮度。对于奇数/偶数棋盘格，测量负片与正片图案屏幕中心上、下两侧黑、白方块中心的亮度。

分析： 对于偶数、偶数/奇数及奇数/偶数棋盘格，得到黑色亮度与白色亮度的平均值，然后使用式（5-29）计算对比度（见表 5-23）。对于奇数棋盘格，按照两种图案所得到的黑色亮度与白色亮度计算对比度（见表 5-24）。

报告： 报告使用的 $n \times m$ 棋盘格、黑色亮

表 5-23　偶数棋盘格分析示例

棋盘格	6×6
L_{WL}	101
L_{WR}	105
L_W	103
L_{KL}	0.451
L_{KR}	0.477
L_K	0.464
C_C	245

表 5-24　奇数棋盘格分析示例

棋盘格	5×5
L_W	103
L_K	0.464
C_C	245

度、白色亮度及不多于 3 位有效数字的棋盘格对比度（见表 5-25）。对于偶数、偶数/奇数、奇数/偶数棋盘格，在报告黑色亮度与白色亮度时，使用平均值。

表 5-25　报告示例

棋盘格	5×5
L_W	103
L_K	0.464
C_C	245

注释：①不确定对比度。如 5.1 节中所讨论的，如果黑色亮度为零，那么最好报告为"不确定对比度"，以及报告白色亮度和黑色亮度。在任何情况下都不允许将对比度报告为无限大。②遮幕眩光。进行黑色测量时请特别小心。使用黑色光滑截锥体遮光罩以避免眩光干扰。更多关于存在白光干扰的黑色测量的详细信息见附录 A.2。③灰色等级。可能存在两种不同灰色（或均衡颜色）组成的棋盘格比黑白棋盘格更有用的情况。如果所有利益相关方一致同意，对此种修正无异议，那么在每个文档中都要明确说明此种修正。一些机构希望测量所有棋盘格方块，且基于整个屏幕的平均值 C_{Cave} 计算对比度。还有一些机构希望测量的方块更广泛或采用不同的取样点，而非仅测量中心位置，并报告其平均值。倘若所有利益相关方一致同意，且对此种修正有明确的说明和报告，那么可以进行这种修正。

5.27　矩形块连续对比度

本测量是 FPDM2 304-2 的延续。推荐用 5.11 节的峰值对比度来代替本节的矩形块连续对比度。

别名：中心矩形块开关亮度和对比度。

描述：测量全黑屏幕上尺寸为屏幕对角线 1/6 至 1/5 的中心白色矩形块的对比度（也可选用白色屏幕上的黑色矩形块），如图 5-54 所示。单位：无。符号：C_B。

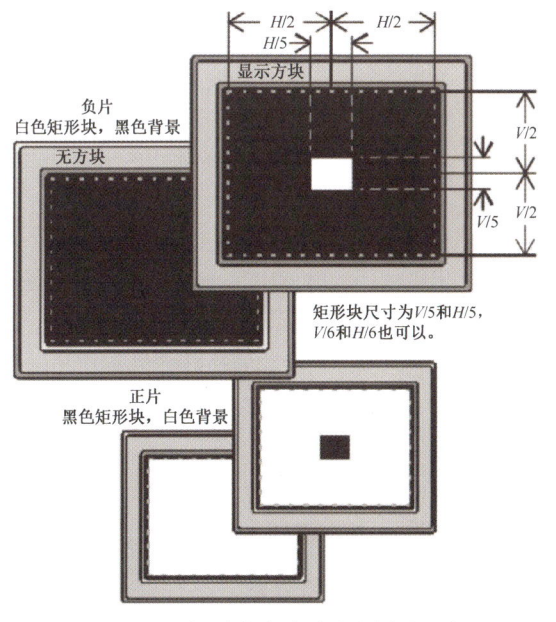

图 5-54　矩形块连续对比度测试图案

矩形块连续对比度与连续对比度因显示屏的加载效应或其他因素而不同。有时，人们希望知道测量画面由全屏减小至矩形块时显示屏性能的变化。矩形块连续对比度为白色矩形块亮度与黑色背景亮度之比，即 $C_B=L_W/L_K$。这针对的是负片（黑色背景上白色矩形块）。此外，可采用正片（白色背景上黑色矩形块）来确定矩形块连续对比度，$C'_B=L_W/L_K$。为了避免不合理对比度或无限大对比度，类似 5.11 节所示，使用 $\max(L_K, L_{KCS})$ 来代替 L_K 不失为明智之举。

设置：应用如图 5-55 所示的标准设置。

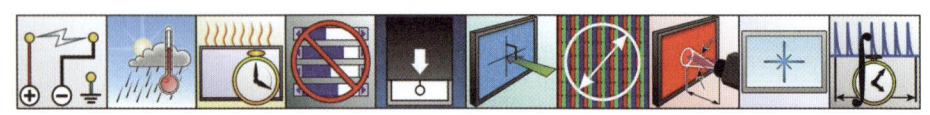

图 5-55　标准设置

其他设置条件：测量屏幕中心白色矩形块中心的亮度及无矩形块的黑色屏幕亮度。矩形块尺寸应为屏幕对角线尺寸的 1/6 至 1/5。

步骤：测量矩形块中心亮度 L_W。去除矩形块，并测量全黑场亮度 L_K。

分析：计算对比度 C_B（或 C'_B）。

报告：报告对比度为矩形块连续对比度，如表 5-26 所示。

表 5-26　报告示例

L_W	0.732
L_K	94.3
C_B	129

注释：①不确定对比度。如 5.1 节中所讨论的，如果黑色亮度为零，那么最好报告为"不确定对比度"及报告白色亮度和黑色亮度。在任何情况下都不允许报告对比度为无限大。②矩形块尺寸。如果所有利益相关方一致同意且在每个文档中都明确报告，也可使用其他尺寸的矩形块。

5.28　中心矩形块对比度

本测量是 FPDM2 304-1 的延续。推荐用 5.11 节的峰值对比度来代替本节的中心矩形块对比度。

别名：中心矩形块的亮度和对比度。

描述：测量黑色背景上中心位置尺寸为屏幕对角线 1/6 至 1/5 的白色矩形块中心的亮度（也可选择白色背景上相同尺寸的黑色矩形块），如图 5-56 所示。测量周围黑色背景上的 8 个位置，并计算平均、最大及最小对比度。**单位**：无。**符号**：C_B。

中心矩形块对比度与连续对比度因显示屏的加载效应或其他因素而不同。有时，人们希望知道测量画面由全屏减小至矩形块时显示屏显示性能的变化。为了避免不合理对比度或无限大对比度，类似 5.11 节所示，使用 $\max(L_K, L_{KCS})$ 来代替 L_K 不失为明智之举。

设置：应用如图 5-56 所示的标准设置。

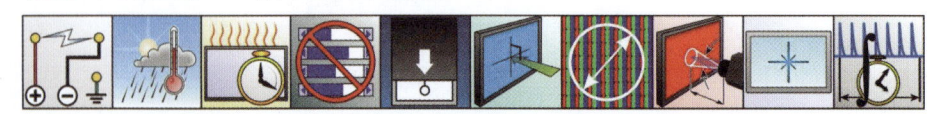

图 5-56　标准设置

其他设置条件：图案为黑色背景中心的白色矩形块（也可选白色背景中心的黑色矩形块）。测量屏幕中心白色矩形块（负片）中心的亮度及周围黑色区域的亮度（也可选正片，即白色背景上的黑色矩形块来进行额外的测量）。矩形块尺寸应为屏幕对角线尺寸的 1/6 至 1/5。测量白色矩形块周围黑色背景区域的 8 个位置，其与屏幕中心的距离为矩形块尺寸（见图 5-57）。

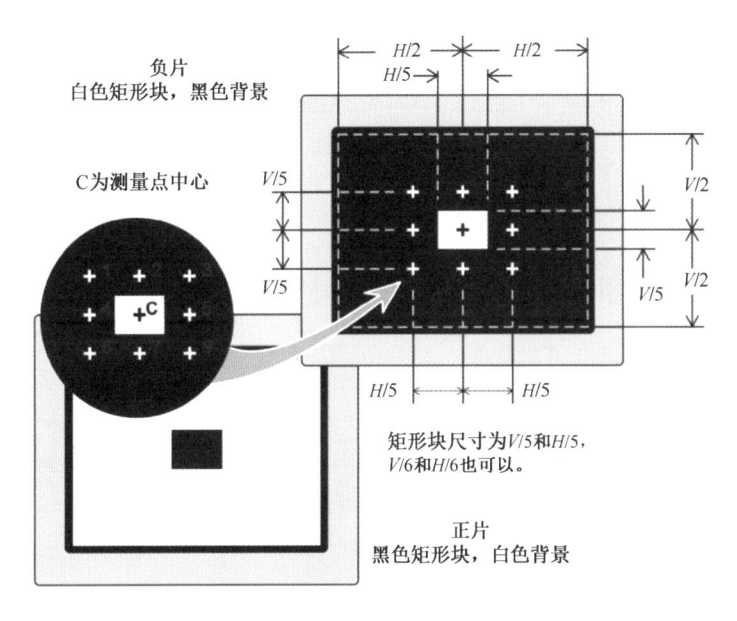

图 5-57 中心矩形块对比度测试图案

步骤：测量矩形块中心的亮度 L_C，此处定义 $L_C=L_5$。对于对比度测量，确定周围 8 个黑色测量位置的亮度 L_i（$i = 1, 2, 3, 4, 6, 7, 8, 9, i \neq 5$），黑色测量位置距矩形块边缘的距离为矩形块尺寸的一半（见图 5-57）。切记避免眩光干扰黑色测量。建议使用黑色光滑圆锥体遮光罩来防止眩光。更多关于存在白光干扰的黑色测量的详细信息见附录 A.2。

分析：用白色亮度除以黑色亮度来计算对比度，即 $C_B = L_W/L_K$。中心矩形块对比度是 8 个读数的平均值。同时，确定最大中心矩形块对比度 C_{Bmax} 与最小中心矩形块对比度 C_{Bmin}。

对于负片（黑色背景上白色矩形块）有：

$$C_B = \frac{8L_C}{\sum_{i \neq 5} L_i}, \quad C_{Bmin} = \frac{L_C}{L_{max}}, \quad C_{Bmax} = \frac{L_C}{L_{min}}$$

也可选正片（白色背景上黑色矩形块），此时有：

$$C'_B = \frac{1}{8L'_C} \sum_{i \neq 5} L'_i, \quad C'_{Bmin} = \frac{L'_{min}}{L'_C}, \quad C'_{Bmax} = \frac{L'_{max}}{L'_C}$$

式中，求和范围为 $i = 1, 2, 3, 4, 6, 7, 8, 9$（$i \neq 5$）；$L_{min}$ 与 L_{max} 分别为黑色背景上 8 个测量位置的最小亮度值与最大亮度值，$L_{min} = \min(L_i)$，$L_{max} = \max(L_i)$；L'_{min} 与 L'_{max} 为白色背景上 8 个测量位置的最小亮度值与最大亮度值。样本数据分析和报告示例如表 5-27 所示。

表 5-27 样本数据分析和报告示例

测量位置	黑色 1	黑色 2	黑色 3	黑色 4	白色	黑色 6	黑色 7	黑色 8	黑色 9
亮度/（cd/m²）	0.45	0.71	0.42	0.68	151	0.62	0.49	0.64	0.51
对比度	330∶1	210∶1	360∶1	220∶1	270∶1（C_B 平均值）	240∶1	310∶1	230∶1	290∶1

注：测试图案为负片，即黑色背景上白色矩形块。

报告：报告中心矩形块的亮度。对于对比度测量，报告 8 个黑色区域亮度的读数及各自的对比度。将这 8 个对比度的平均值报告为中心矩形块对比度 C_B。报告的所有对比度有效数字不超过 3 位。切记，中心矩形块对比度有效数字的位数不超过测量的黑色区域亮度有效数字的位数。

注释：①不确定对比度。如 5.1 节中所讨论的，如果确定黑色亮度为零，那么最好报告为"不确定对比度"，以及报告白色亮度和黑色亮度。在任何情况下都不允许报告对比度为无限大。②遮幕眩光。在进行存在白光干扰的黑色测量时请特别小心。更多详细信息见附录 A.2。使用遮光罩时也要特别小心，因为遮光罩的光反射能干扰黑色测量。建议使用黑色光滑截锥体遮光罩。

5.29 中心矩形块的横向对比度

本测量是 FPDM2 304-3 的延续，推荐用 5.11 节的峰值对比度来代替本节的中心矩形块的横向对比度。

别名：EIAJ 窗口对比度。

描述：测量中心位置处尺寸为屏幕对角线 1/6 至 1/5 的白色矩形块（矩形块开）中心的亮度 L_W，以及矩形块关后（或全黑场）相同位置的亮度 L_K，进而得到对比度。

注意：本测量为 5.28 节指定测量的一部分。

本测量有两种配置，负片（黑色背景上白色矩形块）及（可选）正片（白色背景上黑色矩形块），如图 5-58 所示。负片中心矩形块的横向对比度 C_B 及正片中心矩形块的横向对比度 C'_B 由式（5-30）给出。

$$C_B = \frac{2L_C}{L_L + L_R}, \quad C'_B = \frac{L_L + L_R}{2L_C} \tag{5-30}$$

式中，L_C 为中心位置的亮度；L_L 为左侧位置的亮度；L_R 为右侧位置的亮度；因子 2 来源于两次背景测量。为了避免不合理对比度或无限大对比度，类似 5.11 节所示，使用 $\max(L_K, L_{KCS})$ 来代替 L_K 不失为明智之举。

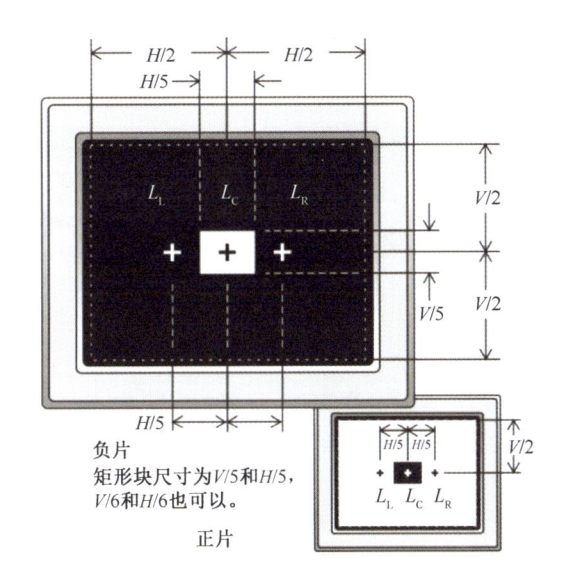

图 5-58 中心矩形块的横向对比度测试图案

设置：应用如图 5-59 所示的标准设置。

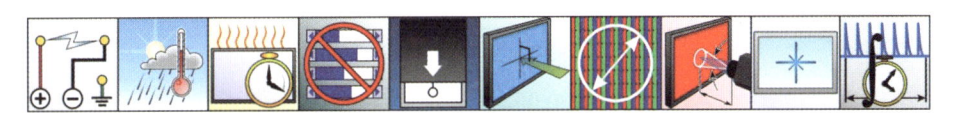

图 5-59 标准设置

其他设置条件：测量黑色屏幕中心位置处白色矩形块（负片）中心的亮度，也可选择正片进行测量。矩形块尺寸应为屏幕对角线的 1/6 至 1/5。

步骤：测量白色矩形块中心的亮度，然后在矩形块水平方向两侧分别距矩形块边缘距离为矩形块尺寸一半的位置测量黑色亮度。

分析与报告：按照式（5-30）计算中心矩形块的横向对比度 C_B（也可选择增加 C'_B）。

注释：①不确定对比度。如 5.1 节中所讨论的，如果确定黑色亮度为零，那么最好报告为"不确定对比度"，以及报告白色亮度和黑色亮度。在任何情况下都不允许报告对比度为无限大。②遮幕眩光。进行黑色测量时请特别小心，使用黑色光滑截锥体遮光罩来避免眩光干扰。更多关于存在白光干扰的黑色测量的详细信息见附录 A.2。

5.30 感知对比度

描述：感知对比度用于描述显示屏的刺激对比度能力（通过使用不同的黑色亮度与白色亮度）。测量中心窗口的黑色亮度与白色亮度，窗口面积为屏幕面积的 4%，且背景为最大亮度 40% 的灰色画面（如 0～255 灰阶中的 102 灰阶）。感知对比度是基于 Bartleson-Breneman 模型计算的。单位：无。符号：l_{PC}。

应用：因本测量包含了刺激对比度及宽范围的亮度等级，所以，它对评价显示屏显示视频与广播图像的性能很有用。

设置：应用如图 5-60 所示的标准设置。

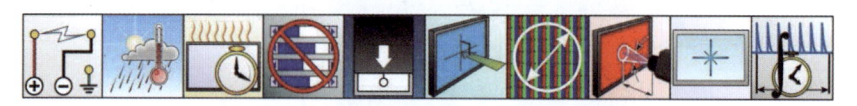

图 5-60　标准设置

步骤：

（1）在 40%最大亮度的灰色背景（例如，8 位显示屏的 0～225 灰阶中的 102 灰阶）上，分别测量屏幕中心处尺寸为屏幕有效显示区域尺寸 4%的黑色矩形块的亮度 L_K 及白色矩形块的亮度 L_W。注意，在测量黑色矩形块时，可能需要遮光罩或杂散光消除管以避免探测器的遮幕眩光。另外，表 5-28 给出了黑色与白色的测量数据，但下面的第（2）步适用于对任意颜色 Q 进行此种计算。

（2）所测量的黑色矩形块亮度与白色矩形块亮度须按照下面的式子转换为光亮度。

对于任意颜色 Q，应用 Bartleson-Breneman 模型，由亮度值 L_Q 计算相应的光亮度值 B_Q：

$$B_Q = \frac{10^{2.037} L_Q^{0.1401}}{\text{anti lg}\left[g \exp\left(f \lg L_Q \right) \right]}$$

式中，$g=0.99+0.124L_W^{0.312}$；$f=-0.1121-0.0827L_W^{0.093}$；$L_W$ 为白色矩形块的亮度；L_Q 为 Q 颜色矩形块的亮度，单位为 cd/m²。

注意：尽管计算中 Q 颜色用了黑色、白色，但 B_Q 也可用于其他颜色的计算。

（3）根据黑色光亮度与白色光亮度计算感知对比度。

分析：使用黑色光亮度与白色光亮度计算感知对比度，$l_{PC} = B_W - B_K$。

报告：如表 5-29 所示。

注释：与对比度的简单测量相比，Bartleson-Breneman 模型很好地描述了人眼在宽的环境照明条件下，包括较暗的环境条件（如低于 150 lx）下对光亮度的感知。光亮度是描述对一个区域发出光线多少的视觉感知的属性。Bartleson 与 Breneman 将复杂场中的光亮度感知实验结果应用于显示屏再现性分析[1]。关于环境对感知对比度影响的更多、更全面的阐述由 Color Appearance 模型提供[2]。

表 5-28　分析示例

颜色	$L/(\text{cd/m}^2)$	B
黑色	0.8575	1.23
白色	607.1	32.23

表 5-29　报告示例

感知对比度	
l_{PC}	31.0

---

[1] Bartleson C J, Breneman E J. Brightness perception in complex fields[J]. J.Opt. Soc. Am., 1967, 57: 953-957.

[2] Fairchild M D. Color Appearance Models[M]. 2nd Ed.. John Wiley & Sons, 2005: 125-127.

5.31 立体色彩重现能力

注意：已使用 IDMS 1.2 版本英文版中 5.32 节的方法来测量 CIE LAB 色域体积，此 5.31 节中的方法不再建议使用。IDMS 1.2 版本英文版中 5.32 节与其他标准组织对 CIE LAB 色域体积的定义兼容且一致，包括来自 CIE 的定义。其通过对单个参考体积进行适当的色彩调整，以及恰当地评估任意形状的颜色体积，克服了之前方法的缺点。其结果可用于不同类型显示屏的比较研究。此外，其提供了衍生的体积指标，特别是与参考体积和色域环的体积交集，这些对于评估和比较不同显示器的色彩能力非常有用。请从 SID 官网下载 IDMS 1.2 版本的英文版。

描述：在三维色彩空间中，用一个近似的色域体积来描述显示屏的色彩。测量 40%灰阶背景（如 0~255 灰阶中的 102 灰阶）上、尺寸为屏幕尺寸 4%的窗口中心各颜色的亮度与色坐标，如图 5-61 所示。注意：立体色域计算在 CIE LAB、CIE LUV 或其他色彩空间中进行。所选择的色彩空间须在报告中注明。**单位**：无。**符号**：V_{CRC}。

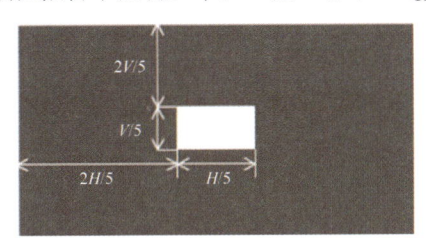

图 5-61 测试图案

应用：本测量对显示视频与广播图像特别重要，因为这些图像的亮度等级范围宽。
设置：应用如图 5-62 所示的标准设置。

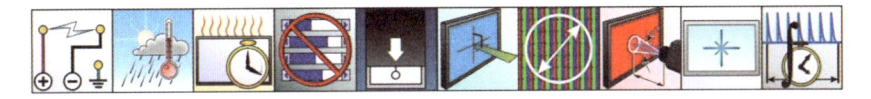

图 5-62 标准设置

步骤：

（1）在 40%最大亮度的灰色背景（如 8 位显示器的 0~255 灰阶中的 102 灰阶）上，测量屏幕中心位置、尺寸为屏幕有效显示区域尺寸 4%的 8 种颜色的矩形块（见表 5-30）：

红色（255, 0, 0）　　紫色（255, 0, 255）
绿色（0, 255, 0）　　黄色（255, 255, 0）
蓝色（0, 0, 255）　　青色（0, 255, 255）
白色（255, 255, 255）　黑色（0, 0, 0）

表 5-30 分析示例

颜色	a^*	b^*	L^*
红色	80.105	67.223	53.233
绿色	-86.188	83.186	87.737
蓝色	79.194	-107.854	32.303
黄色	-21.561	94.488	97.138
紫色	98.249	-60.833	60.320
青色	-48.084	-14.128	91.117
黑色	0.000	0.000	0.000
白色	0.000	0.000	100.000

注意，在测量黑色时，有必要使用某种遮光罩或杂散光消除管，以避免探测器中的遮幕眩光。

（2）测量每种颜色的亮度、色坐标或三刺激值。
（3）所有指定颜色的测量数据必须按照第（4）步所述方法转换至三维色彩空间（对

于转换，如果需要帮助，参考附录 B.1.2）。

（4）对于 CIE LAB 色彩空间，计算方法为
$$L^* = 116 \times f(Y/Y_n) - 16$$
$$a^* = 500 \times [f(X/X_n) - f(Y/Y_n)]$$
$$b^* = 200 \times [f(Y/Y_n) - f(Z/Z_n)]$$

式中，
$$f(t) = \begin{cases} t^{1/3}, & t > (6/29)^3 \\ \dfrac{1}{3} \times \left(\dfrac{29}{6}\right)^2 \times t + \dfrac{16}{116}, & \text{其他} \end{cases}$$

且 (X_n, Y_n, Z_n) 为 (475.228, 500, 544.529)，因为 RGB 白平衡点的 (x, y) 色坐标为 (0.3127, 0.3290)，白色亮度为 500 cd/m²。

对于 CIE LUV 色彩空间，计算方法为
$$L^* = \begin{cases} \left(\dfrac{29}{3}\right)^3 \dfrac{Y}{Y_n}, & \dfrac{Y}{Y_n} \leq (6/29)^3 \\ 116\left(\dfrac{Y}{Y_n}\right)^{\frac{1}{3}} - 16, & \dfrac{Y}{Y_n} > (6/29)^3 \end{cases}$$
$$u^* = 13L^* \times (u' - u_n')$$
$$v^* = 13L^* \times (v' - v_n')$$

式中，(u_n', v_n') 是 RGB 白平衡点的 (u', v') 色坐标，为 (0.1978, 0.4683)；Y_n 是白色亮度，为 500 cd/m²。

（5）在接下来的"分析"部分的给定色彩空间中，计算与显示屏可能显示的色彩范围相对应的色域体积。

分析：

（1）设伽马值为 2.2，计算黑色与其他几种基色及合成色（R、G、B、Y、M、C）之间的 17 个插入分级点。

$$L_{Qn} = (L_{Q\max} - L_{Q\min})\left(\dfrac{n}{255}\right)^{2.2} + L_{Q\min}$$

式中，$L_{Q\max}$ 为被测颜色 Q 的最大亮度；n = {0, 17, 33, 49, 65, 81, 97, 113, 129, 144, 160, 176, 192, 208, 224, 240, 255}。这样就创建了 102 个点（17 级×6 种颜色=102），再加上被测的白平衡点（W），一共 103 个点。

（2）将 103 个点的三刺激值 (X, Y, Z) 都转换至给定色彩空间。

（3）将三维空间中不包括白平衡点的其他 102 个点投影至 CIE LAB 色彩空间的 (a^*, b^*) 平面上，或投影至 CIE LUV 色彩空间的 (u^*, v^*) 平面上。

（4）使用 102 个投影点，执行 Delaunay 三角化法（使用 MATLAB®、Qhull、Mathematica®、Maple®、R 或其他计算工具）来获得投影在平面上的 102 个点的"三角形点集"[1]。此外，通过 Delaunay 三角化算法将被投影的白平衡点加入 6 种颜色（R、G、B、Y、M、C）的投影点中。

---

[1] Aurenhammer F. Voronoi diagrams——A survey of a fundamental geometric data structure[J]. ACM Comput. Surv, 1991, 23: 345-405.

（5）在三维色彩空间（如 CIE LAB 或 CIE LUV）中，将 8 个点（红、绿、蓝、黄、紫、青、黑、白）的平均值作为内部点。通过连接上一步中的三角形点集与内部点形成四面体。此步骤一共可创建 192 个四面体。这个总数是这样给出的：31 个四面体×6 区域（红-黄、黄-绿、绿-青、青-蓝、蓝-紫、紫-红）+白色四面体的 6 种颜色（基色与合成色）=186+6=192，如图 5-63 和图 5-64 所示。

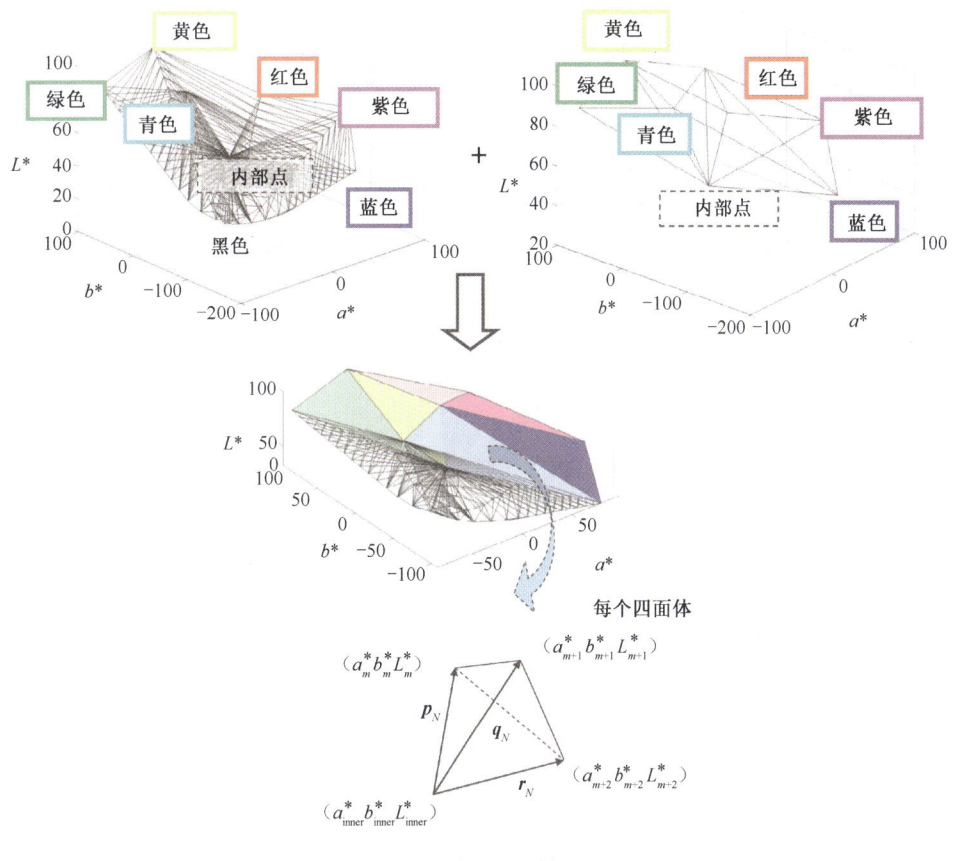

图 5-63 四面体

（6）每个四面体的体积为

$$V_N = \frac{1}{6}\left|(\boldsymbol{p}_N \times \boldsymbol{q}_N) \cdot \boldsymbol{r}_N\right|$$

式中，$N = \{1,2,3,\cdots,192\}$。

（7）色域体积是所有四面体体积的总和。

$$V_{\mathrm{CRC}} = \sum_N V_N$$

报告：V_{CRC} 和相对于 IEC sRGB 颜色标准（IEC 61966-2-1）的体色域百分比须按照表 5-31 所示格式报告。

表 5-31　报告示例

色域体积 V_{CRC}	$8.20×10^5$
相对于 CIE LAB 色彩空间中 sRGB 的体色域百分比	100 %

注释：①由于使用了类似 CIE LAB 或 CIE LUV 的三维模型，V_{CRC} 只能在三维空间中被适当描述，这基于非线性压缩的 CIE XYZ 色彩空间坐标。②也可使用其他色彩空间，如定义欧几里得测量法的 CIE LAB 与 CIE LUV，以及亮度影响色彩的空间，如 Hunt 色彩空间。但是，此种情况必须在所有报告文档中明确详细地说明，并得到所有利益相关方的一致认可。

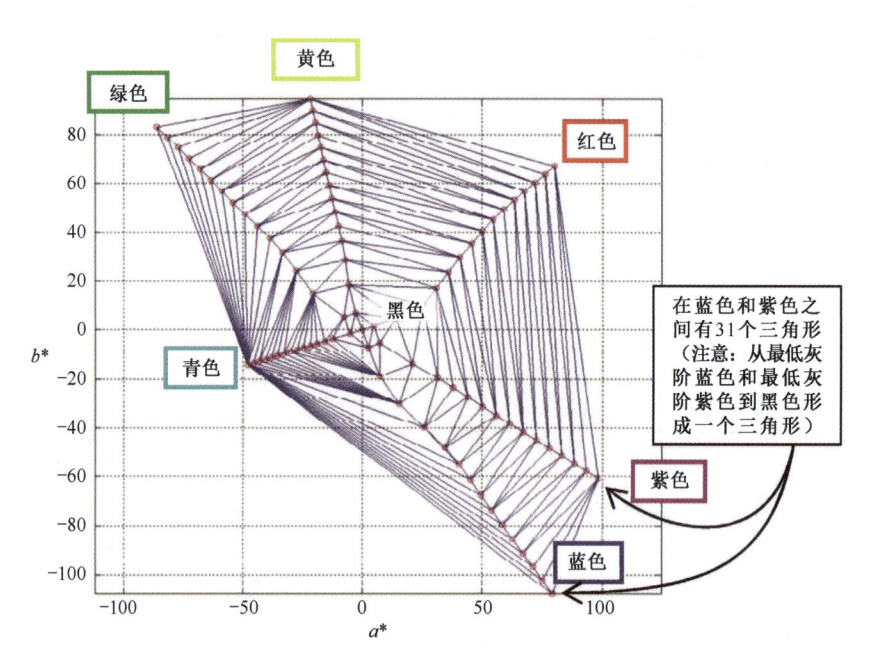

图 5-64　在蓝色和紫色（示例）之间共有 31 个三角形。因此，从黑色到峰值亮度的 6 个颜色（红色、绿色、蓝色、青色、紫色和黄色）点，共有 186 个三角形

第 6 章

灰阶与色阶测量

除了使用的图案、探测器的放置或计算方法不同，用于表征显示屏灰阶与色阶的许多测量方法都是相似的。本章测量显示屏的灰阶（驱动的灰阶等级与显示灰度间的关系）与色阶。电子数据表 Gray-and-Color-Scales.xls 用于 9 个灰阶等级的绘制和结果计算，可从 ICDM 官网下载。它也含有制作其他数目灰阶等级的详细内容。本章使用术语"伽马"指代 6.3 节中的简单模型。严格来说，或许应一直将"伽马"一词置于引号中，以便提醒读者它是一个简单的符号，而不是伽马函数。然而，大多数读者都习惯该术语的使用，因此，将不再做上面的提醒。

本章提供的示例都不是期望值，并且本书的其余部分也是如此。因为表示这些数值时仅采用 3 位有效数字，所以如果使用示例中提供的数据进行计算，得到的结果可能会与示例中显示的结果不完全相同。

9 级灰阶等、灰阶划分——等间距划分灰阶：本章将会介绍 9 级、17 级、33 级灰阶和色阶。很多人关注 8 级、16 级、32 级灰阶，然而，新的 9 级、17 级、33 级灰阶具有一些很好的特性，如在整个灰阶等级范围内间隔更均匀一致。要获得一致的 9 级、17 级、33 级等灰阶并选取灰阶子集，可参考附录 A.12.1。表 6-1 说明了基于下述数据的 9 级灰阶划分的均匀性情况。

数字灰阶等级：这里介绍如何从 N 个可用灰阶等级中选取包含 M 个灰阶等级的子集。

N 表示可用灰阶或色阶等级的数目。例如，对于 8 位灰阶，$N=2^8=256$；对于 10 位灰阶，$N=2^{10}=1024$；对于 12 位灰阶，$N=4096$。

$n=1,2,\cdots,N$，表示某个特定的灰阶或色阶；$n=N$ 对应白色或最大亮度基色；$n=1$ 对应黑色。因此，$L_1=L_K$，代表黑色亮度；$L_N=L_W$，代表白色亮度。

$w=N-1$ 表示与白色或最大亮度基色对应的灰阶等级。对于 8 位灰阶，$w=255$，黑色灰阶等级为 0。

M 代表从全部 N 个灰阶等级中提取出来的灰阶等级的数目。现在经常使用的是 9 级、17 级、33 级的灰阶，而以前经常使用的是 8 级、16 级、32 级的灰阶。

$j=1, 2, \cdots, M$，代表提取的灰阶等级序数，如灰阶1、灰阶6等。

ΔV代表提取等级的平均间隔，$\Delta V=(N-1)/(M-1)=w/(M-1)$，$\Delta V$可能不为整数。

$V_j=\text{int}[(j-1)\Delta V]=0$，$\text{int}(\Delta V)$，$\text{int}(2\Delta V)$，$\cdots$，$w$ 为提取的 M 个灰阶等级。对于 8 位灰阶，$V_M=255=w$，对应白色或最大亮度基色；$V_K=V_1=0$ 对应黑色。

$\Delta V_j=V_j-V_{j-1}$（$j=2, 3, \cdots, M$）表示相邻提取灰阶等级的步长，一般而言，所有的 M 不完全相同。

总结如下：

$V_1 \equiv V_K \equiv 0$（对于 8 位灰阶，通常为 0）产生黑色，$L_1 \equiv L_K$。

$V_M \equiv V_W \equiv w$（对于 8 位灰阶，为 255）产生白色，$L_M \equiv L_W$。

表 6-1　数字灰阶($M=9$)

灰阶等级序数	灰阶等级 V_j	灰阶等级之差ΔV_j	二进制码
1	0		00000000
2	31	31	00011111
3	63	32	00111111
4	95	32	01011111
5	127	32	01111111
6	159	32	10011111
7	191	32	10111111
8	223	32	11011111
9	255	32	11111111

模拟信号灰阶等级：对于模拟信号，如果 V_W 为白色或最大亮度基色的信号灰阶等级，V_K 为黑色信号灰阶等级，那么对于 M 个均匀间隔的等级，信号灰阶等级的步长为$\Delta V=(V_W-V_K)/M$，选取的信号灰阶等级表示为 $V_j=V_K+(j-1)\Delta V$，$j=1, 2, \cdots, M$。

各种技术的测试图案：不同的显示技术需要不同的测试图案，尤其是可以基于图像内容动态调节灰阶等级的图案。

全屏图案：对于多种显示技术，全屏图案可用于灰阶测量，如图 6-1 所示。这种测试图案在任何不依赖于白色区域尺寸而保持全白场亮度（无功率负载）的情况下都可用。

矩形格图案：对于有些技术因功率负载而不能获得全屏图案的全部灰阶等级的情况，可以采用小面积区域进行测量，推荐使用如图 6-2 所示的矩形格图案。

固定平均像素等级（APL）图案：建议将图 6-3～图 6-5 中的图案用于基于图像内容（如全局或局部暗的显示屏）动态调整灰阶等级的显示技术。图 6-3 中显示的数字表示矩形块的灰阶等级。尽可能使图 6-3 与图 6-5 中的图案保持恒定的 APL，测量时，矩形块在中心循环，其初始序列如图 6-6 和图 6-7 所示。作为替代方案，图 6-5 中的测试图案也可用于任意灰阶等级，周围亮度 L_S 可随中心测量的每个灰阶亮度 L_X 而调整，以便保持 APL 或显示屏亮度。对于基于可预测的功率、图像或亮度等级动态调节灰阶等级的显示屏，必须理解图像等级与功率或亮度的关系，因为它可能会因使用图案改变。在一些情况下，最好关掉全局或局部暗的图片，以测量显示屏的灰阶。因此，选择合适的测试图案是一项很重要的工作。

图 6-1　全屏图案

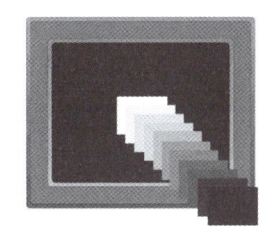

图 6-2　矩形格图案

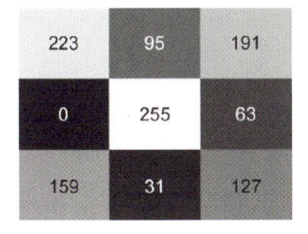

图 6-3　SCPL#图案

图 6-4　SCPL##图案

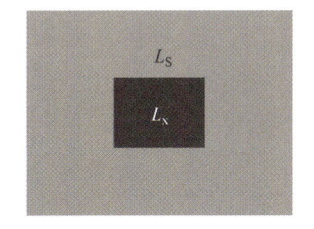

图 6-5　APL 图案

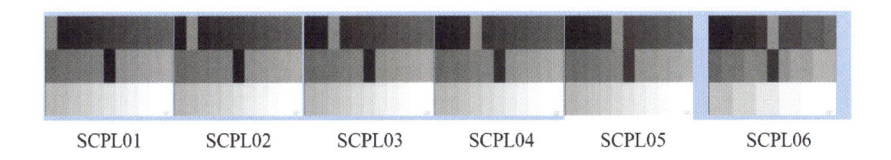

图 6-6　ICDMtp-HG01 中蛇形固定像素等级图案的初始序列，包含 33 个灰阶等级

图 6-7　ICDMtp-HG02 中蛇形固定像素等级图案的初始序列，包含 9 个灰阶等级

实现图 6-5 中图案的一种方法是通过等式 $L_S=(L_{APL}A - L_X A_X)/(A - A_X)$ 来使其面积等比例放大，其中，L_{APL} 是整个屏幕上选取的 APL 亮度的平均值；A 是显示屏的面积；A_X 是

中心矩形格的面积。另一种方法是根据驱动的灰阶等级 $V_\text{S}=\text{int}[0.5\times(0.7V_\text{X}+0.3N)]$ 测得的 L_S，其中，V_X 是 L_X 对应的矩形格灰阶等级，N 是灰阶等级的总数[1]。

6.1 灰阶

别名：伽马、电-光转换函数（Electro-Optical Transfer Function，EOTF）、色调等级。

描述：测量 9 个、17 个或更多灰阶等级的亮度来表征灰阶，即测量每个灰阶等级亮度 L 与灰阶等级 V 之间的函数关系 $L(V)$。也可以测量每个灰阶的颜色。**单位**：cd/m²。

设置：应用如图 6-8 所示的标准设置。

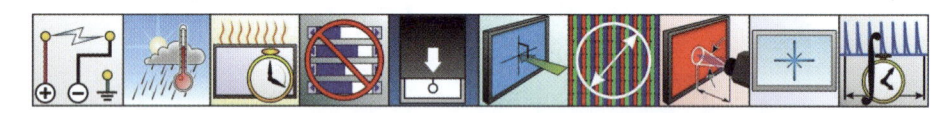

图 6-8　标准设置

其他设置条件：如前所述，不同图案适用于不同类型的显示屏。建议使用 9 个或 17 个均匀间隔的灰阶等级，详细请见附录 A.12。

步骤：显示并测量测试图案由黑到白过程中的 M 为 9、17 或更大值的灰阶等级。测试图案需要在屏幕中心区域显示由黑到白的 $j=1, 2,\cdots,M$ 对应的灰阶等级，如图 6-9 所示。

分析：此处不需要计算，上述数字将用于后续计算。绘制亮度数据图，如图 6-10 所示，确定测量的显示屏是否存在异常。测量数据可用于确定伽马值。

报告：汇报每个灰阶等级的亮度值，如表 6-2 所示。

注释：对于特定的应用，超过 9 个或 17 个等级的测量可能会更有用。可能需要测量由黑到白的所有灰阶等级或这些灰阶等级中的一部分。例如，也许测量由黑到白初始 10 个等级和最后 10 个等级更有用。这个过程很容易扩展为详细测量整个灰阶。

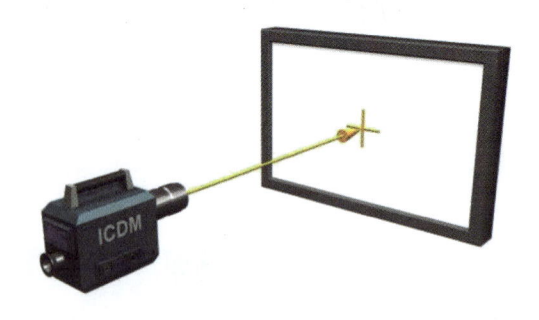

图 6-9　灰阶的中心测量

---

[1] Softcopy Exploitation Display Hardware Performance Standard Version 2.1, National-Geospatial Intelligence Agency（NGA）Image Quality and Utility（IQ&U）Program, 2006.

表 6-2　报告示例

等级索引 j	灰阶等级 V_j	亮度 L_j/（cd/m²）
9	白色（9级）	255	376.5
8	8级	223	276.9
7	7级	191	193.2
6	6级	159	130.8
5	5级	127	79.03
4	4级	95	42.95
3	3级	63	16.88
2	2级	31	3.542
1	黑色（1级）	0	0.352

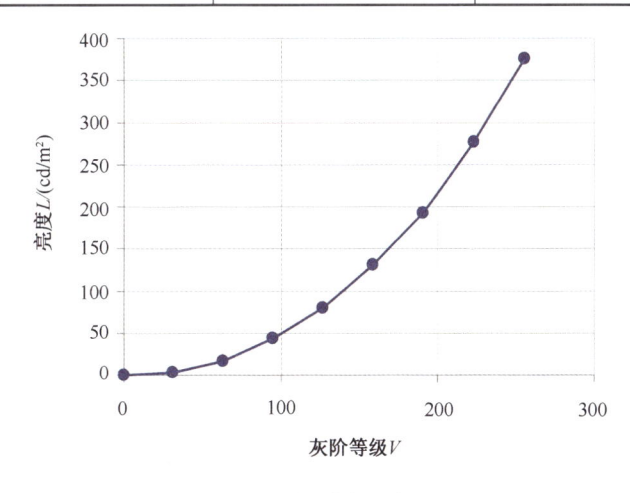

图 6-10　数据示例

6.2　基色等级

别名：颜色伽马、颜色电-光转换函数。

描述：测量每个基色的 9 个、17 个或更多灰阶等级对应的亮度，如图 6-11 所示。单位：cd/m²。

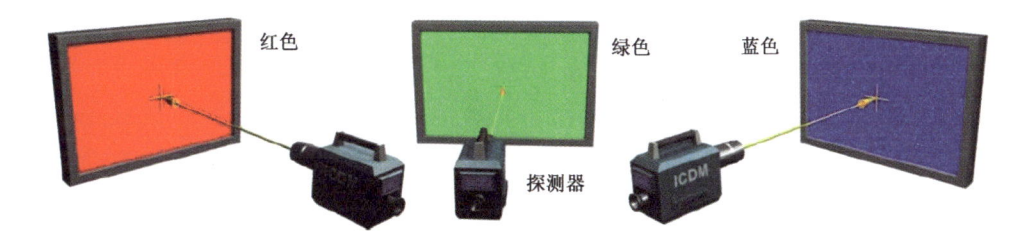

图 6-11　三基色的全屏图案，但基于某些显示技术，其他图案可能更适合

设置：应用如图 6-12 所示的标准设置。

信息显示测量标准

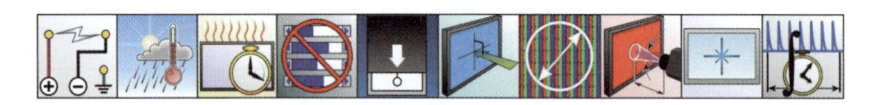

图 6-12 标准设置

其他设置条件：如前所述，不同图案适用于不同类型的显示屏。建议使用 9 个或 17 个均匀间隔的灰阶等级，详细请见附录 A.12。每个基色要分开测量。

步骤：显示并测量基色图案由黑至最大基色灰阶等级过程中的 9 个、17 个或更多灰阶等级对应的亮度（或色坐标）。测试图案应能提供均匀间隔的灰阶等级，如图 6-13 所示。

分析：此处不需要计算。绘制亮度数据图（见图 6-14），以确定测量的显示屏是否存在异常。测量数据可用于确定三基色的伽马值。

报告：报告每个基色灰阶等级的亮度值，不超过 3 位有效数字（见表 6-3）。

注释：①最少 9 个等级。基色灰阶等级的最小数目应该为 9。对于特殊目的，应多于 9 个等级。有时需要测量基色由黑至最大基色灰阶等级内的所有等级或这些等级中的一部分。
②非三基色。色域内的颜色是由基色混合而成的（合成色几乎位于色域边界线，且不被视为色域内的颜色）。除白色之外，所有色域内的颜色采用至少一种基色的中间灰阶等级。如果某种颜色需要的等级不止一个，为了使所有利益相关方满意，必须确定用于混合主色等级的模型，以便确定特定颜色的混合比例。本章开始处关于数字灰阶等级或模拟信号灰阶等级的详述不适用于除白色之外的色域内部颜色。很容易将上述测量步骤扩展以适应特殊需求。
③等级与图案。色阶等级可以按照本节的方法测量，测试图案也与本节相似。

图 6-13 固定像素等级图案，中心区域切换不同的基色灰阶等级：
前 3 个用于 33 个等级；后 3 个用于 9 个等级

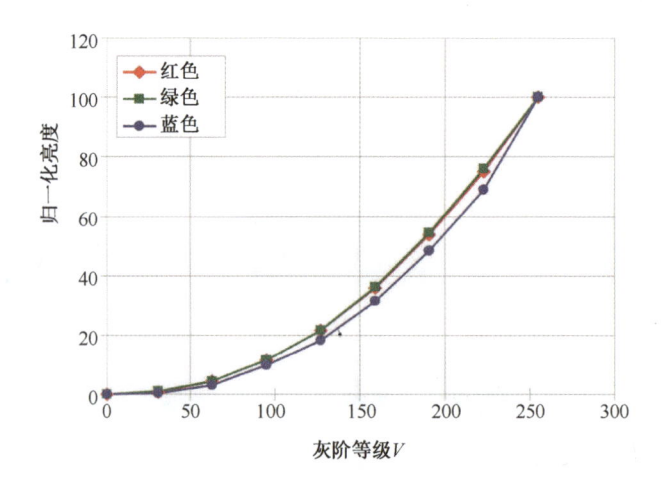

图 6-14 三基色伽马值对比

表 6-3 灰阶分析示例

灰阶等级序数（序号）	灰阶等级 V_j	红色亮度	绿色亮度	蓝色亮度	归一化红色亮度	归一化绿色亮度	归一化蓝色亮度
最大值（9级）	255	102.2	378	57.2	100	100	100
8级	223	76.6	287.6	39.4	75.0	76.1	68.9
7级	191	55.0	205.1	27.6	53.8	54.3	48.3
6级	159	36.5	136.8	17.9	35.7	36.2	31.3
5级	127	22.0	81.4	10.4	21.5	21.5	18.2
4级	95	11.74	43.09	5.65	11.49	11.40	9.88
3级	63	4.60	16.98	1.80	4.50	4.49	3.15
2级	31	0.801	3.371	0.29	0.784	0.892	0.507
黑色（1级）	0	0.031	0.031	0.031	0.0303	0.0082	0.0542

6.3 用 log-log 模型拟合确定伽马值

别名：伽马、电-光转换函数（EOTF）。

描述：对 6.1 节与 6.2 节的数据用对数（log-log）模型拟合并计算伽马值。单位：无。

符号：γ。

应用：对显示灰阶等级的所有显示屏可用输入信号的幂指数进行算术表征。注意，如果存在灰阶反转，如有些灰度比黑色灰度还暗，那么上述方法无效，即如果对于任意 $j>2$，有 $L_j<L_K$，那么不能使用该方法计算伽马，而应使用 6.5 节的方法。

设置：无，计算所需的数据已经在 6.1 节与 6.2 节获得。

步骤与分析：如表 6-4 所示（使用 "log" 表示 "$\log_{10}$"，"ln" 表示自然对数）。

（1）由 6.1 节或 6.2 节获得选取的 M 个等级对应的灰阶或色阶数据。

（2）如果还没完成，绘制灰阶等级亮度与灰阶等级的关系曲线，如图 6-15 所示。

（3）对于每一个灰阶等级序数 j（$j>1$），由亮度的增加确定净亮度，$\Delta L_j = L_j - L_K$（$j=2, 3, \cdots, M$），其中，$L_K = L_1$ 表示黑色亮度。

（4）对于每一个灰阶等级序数 $j>1$，计算 $\Delta V_j = V_j - V_1$（$j=2, 3, \cdots, M$），其中，V_j 是灰阶等级，$V_1 = V_K$ 是黑色灰阶等级，通常为 0。

（5）对每个 $j>1$ 的灰阶等级亮度计算 $\log(\Delta L_j)$。

（6）对每个 $j>1$ 的灰阶等级计算 $\log(\Delta V_j)$。

（7）绘制 $\log(\Delta L_j)$ 与 $\log(\Delta V_j)$ 的关系图，$j=2, 3, \cdots, M$，如图 6-16 所示。

（8）进行 $\log(\Delta L_j)$ 与 $\log(\Delta V_j)$（$j=2, 3, \cdots, M$）的线性回归拟合，记录相关系数斜率 γ、截距 b。简单数学模型为

$$L(V_j) = a(V_j - V_K)^\gamma + L_K \tag{6-1}$$

或表示为对数形式：

$$\log[L(V_j) - L_K] = \gamma \log(V_j - V_K) + \log(a) \tag{6-2}$$

式（6-2）具有线性函数形式：$y = mx + b$。其中，$m = \gamma$ 为斜率，$b = \log(a)$ 为截距，常数 a 为

$$a = 10^b \tag{6-3}$$

线性数据的拟合可通过多种软件自动完成。

报告：报告灰阶数据集、使用的拟合模型、γ 与参数 a。报告的 γ 与 a 不超过 3 位有效数字。

表 6-4　分析——灰阶（或色阶）的伽马值

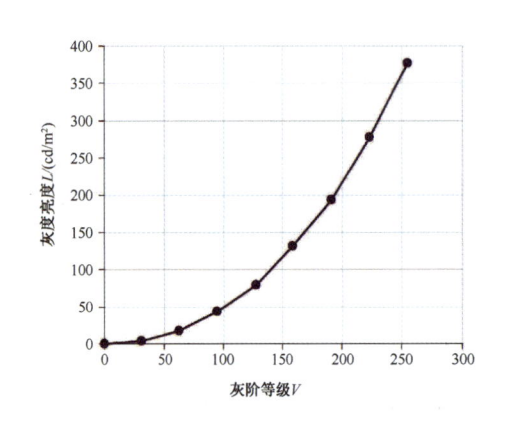

灰阶等级序数（序号）	灰阶等级 V_j	灰阶等级亮度 L_j/（cd/m²）	净亮度/（cd/m²）$\Delta L_j = L_j - L_K$	$\log(V_j - V_1)$	$\log(\Delta L_j)$
白色（9 级）	255	376.5	376.15	2.4065	2.5754
8 级	223	276.9	276.55	2.3483	2.4418
7 级	191	193.2	192.85	2.2810	2.2852
6 级	159	130.8	130.45	2.2014	2.1154
5 级	127	79.03	78.68	2.1038	1.8959
4 级	95	42.95	42.6	1.9777	1.6294
3 级	63	16.88	16.53	1.7993	1.2182
2 级	31	3.542	3.19	1.4914	0.5038
黑色（1 级），$V_1 = V_K$	0	0.352			
log-log 模型，γ			2.25		
$a = 10^b$			0.00144 cd/m²		
相关系数 r^2			0.9998		

图 6-15　亮度与灰阶等级关系示例　　图 6-16　亮度与灰阶等级关系的 log-log 图示例

注释：①为何用 log-log 模型拟合？或许有人认为对亮度数据做非线性拟合将会获得更好的结果（见 6.5 节），而本节则指定用 log-log 模型拟合。由于人眼对高亮度等级的微小变化相对不敏感，因此，以 log-log 模型拟合低亮度的数据能够给出更好的拟合结果。此外，许多人喜欢使用方便的 log-log 斜率拟合。

②拟合的吻合度。如果用于计算和报告伽马值的数据不能较好地拟合 log-log 模型，应该在报告表的注释中说明。如果并非所有的数据都用于计算伽马值，那么用于计算伽马值的数据需要报告。相关系数 r^2 应大于 0.98，否则应予以报告。

③数据采用顺序。有时包括伽马值的灰阶测量结果可以根据灰阶测量顺序进行调换，

比如升序或降序。

④数据表。在 ICDM 官网上有一个说明拟合过程的数据表 Gray-and-Color-Scales.xls。可以在此表的帮助信息中找到此类表格使用的详细信息。下面是两个数据表的简单例子。

Excel®: LINEST 公式[example：= LINEST(M6: M13, J6: J13, TRUE, TRUE)]必须以阵列的形式输入，选择 2 列 5 行的范围开始拟合，公式单元位于左上角。按下 F2 键，然后按 CTRL+SHIF+ENTER 组合键，将会获得如表 6-5 阴影部分所示的结果。

OpenOffice®: LINEST 公式的书写同上，简单按下 CTRL+SHIFT+ENTER 组合键，可建立 2×5 的阵列数据，如表 6-5 中阴影部分所示。

⑤更好的模型。FPDM2 304-2 中包含 log-log 测量法，通常用于工业测量。建议读者使用 6.5 节的模型代替 log-log 模型。

表 6-5　Excel®和 OpenOffice®数据表 LINEST 公式拟合结果

斜率 γ	2.2513	截距 $b=\log(a)$	−2.841
斜率不确定度 σ_γ	0.01276	截距不确定度 σ_b	0.026743
相关系数 r^2	0.9998	标准差 L_j	0.01044
F 统计	31140	自由度（9 个 L_j 值）	6
回归平方和	3.3955	平方和残差	0.000654

6.4　用彩色 log-log 模型拟合确定伽马值

本节是 6.3 节的延伸，将 6.3 节的方法应用于单个的 R、G、B 基色。每种基色都有伽马值（见表 6-6），且与组合的灰阶伽马值不同。通过绘图比较，易于将数据归一化，如图 6-17 所示。

表 6-6　基色伽马值

灰阶等级序数	灰阶等级 V	红色亮度 L_R /（cd/m²）	绿色亮度 L_G /（cd/m²）	蓝色亮度 L_B /（cd/m²）
白色（9 级）	255	102.2	378	57.2
8 级	223	76.6	287.6	39.4
7 级	191	55	205.1	27.6
6 级	159	36.5	136.8	17.9
5 级	127	22	81.4	10.4
4 级	95	11.74	43.09	5.65
3 级	63	4.6	16.98	1.8
2 级	31	0.801	3.371	0.29
黑色（1 级），V_1 且 $L_1=L_K$	0	0.031	0.031	0.031
γ		2.30	2.25	2.53
$b=\log(a)$		−3.52	−2.82	−4.32
r^2		0.9990	0.9999	0.99839
$a=10^b$		3.05E−04	1.51E−03	4.79E−05

注意：FPDM2 304-2 中包含 log-log 测量法，通常用于工业测量。建议读者使用 6.5 节的模型代替 log-log 模型。

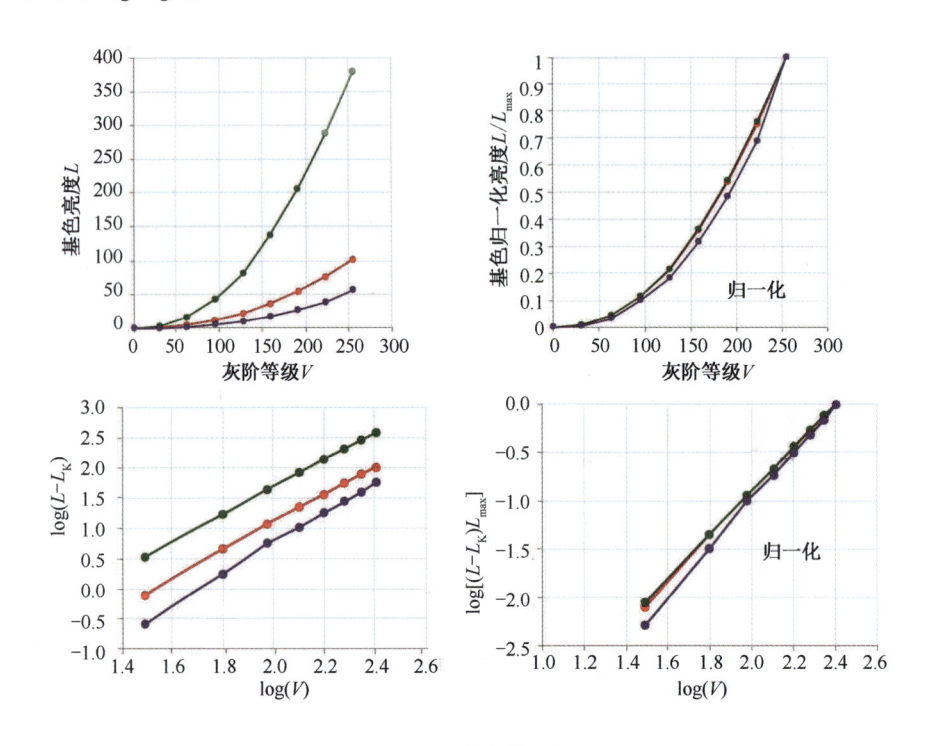

图 6-17 基色伽马值

6.5 用 GOGO 模型拟合确定伽马值

别名：伽马、电-光转换函数（EOTF）。

描述：使用带 4 个参数的拟合函数进行灰阶或色阶数据的非线性最小二乘法拟合，即采用 GOGO 模型拟合。单位：无。符号：γ。

设置与步骤：不需要设置或测量，只基于前述章节的数据进行计算。

分析：以图 6-18 为例说明如何对灰阶数据进行非线性最小二乘法拟合。用于拟合归一化亮度的拟合函数 $l(V_i)$ 采用归一化灰阶等级作为输入。

$$l(V_i) = l_0 + g\left(\frac{V_i}{V_W} + v_0\right)^\gamma \approx \frac{L_i(V_i)}{L_W} \tag{6-4}$$

式中，l_0 为第一补偿；g 为增益；v_0 为第二补偿；γ 为需要确定的伽马值。定义归一化亮度与模型函数值之间的偏差值，并定义偏差值的平方和：

$$\Delta_i = \frac{L_i(V_i)}{L_W} - l(V_i), \quad S = \sum_i \Delta_i^2 \tag{6-5}$$

寻找一组最佳拟合参数（l_0, v_0, g, γ），使式（6-5）中的 S 最小。有多种软件可完成这类拟合。在拟合过程中，需要对参数加以下述限制：$l_0 \geq 0$，$v_0 \geq 1$，$g \geq 0$，γ 可设为任意初值，

如设 $\gamma=2$。

（1）计算每个灰阶等级的归一化亮度 L_i/L_W 与归一化等级 V_i/V_W。
（2）根据式（6-4）计算预测亮度。
（3）计算偏差值 Δ_i 和偏差值的平方和 S。
（4）从非线性拟合程序中提取 γ 的最佳拟合值。

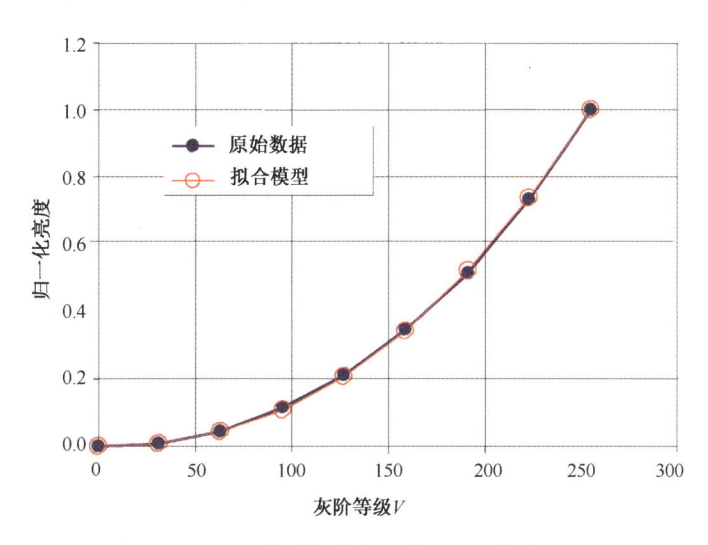

图 6-18 灰阶数据的最小二乘法拟合

报告：报告灰阶或色阶数据集、采用的拟合模型、拟合参数及获得的伽马值，如表 6-7 所示。

表 6-7 报告示例

灰阶等级序数	灰阶等级 V	亮度 L/（cd/m²）
白色（9 级）	255	376.5
8 级	223	276.9
7 级	191	193.2
6 级	159	130.8
5 级	127	79.03
4 级	95	42.95
3 级	63	16.88
2 级	31	3.542
黑色（1 级）	0	0.352
模型		GOGO
l_0		0.001045
g		1
v_0		0
γ		2.26

注释：①方法。本书使用了两种确定伽马值的方法，并获得了几乎相同的值。任何确定伽马值的方法都可由用户选择。如果选用与式（6-4）不同的其他拟合函数，那么必须明确陈

述在报告文件中。②拟合工具。任何统计工具，如 SAS®、Minitab®、Origin®、PSI-Plot®、Excel®、OpenOffice®都可用于数据拟合[通过式（6-4）]。下面举例说明如何采用 Excel®Solver 与 OpenOffice®Solver 进行拟合。

式（6-4）中采用的 4 参数非线性拟合可能有不同的表现形式。如果固定 l_0=0 或使其接近 0，那么含 3 个参数的模型称为 GOG 模型。无论采用哪种拟合模型——log-log、GOGO 或 GOG，所选用的模型必须随所有拟合参数及伽马值一起报告，这是基本的原则。仅报告伽马值而不说明得到该值的模型是不合理的。

（a）Excel®Solver 拟合示例。运行 Solver（Tools/Solver），图 6-19 展示了 Excel®一个版本的 Solver 窗口。如果 Solver 在 Tools 菜单中无法获取，那么单击 Tools 菜单，选择 Add-Ins 选项并选择 Solver 选项，这样 Solver 将会被加入 Tools 菜单中。在 Solver 参数窗口做如下操作。

Set Target Cell：填入 SUM 单元（偏差值平方和对应表 6-8 中的黄色单元）。
Equal to：选择 Value of 选项，输入 0（也许已经输入）。
By Changing Cells：选取模型中的 4 个参数值（对应表 6-8 中的青色单元）。
Subject to the Constraints：对相应参数填入约束值。

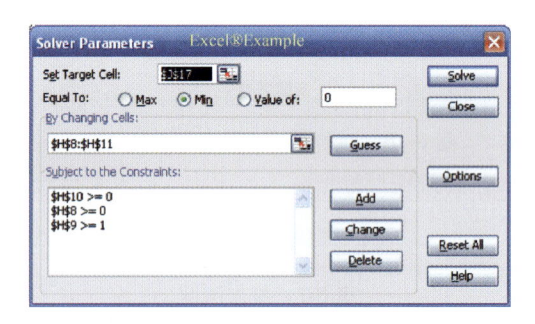

图 6-19　Excel®工具窗口示例

当单击"Solve"按钮时，参数值将会由初始估计值变为最适合数据拟合的新值。注意，如果选取的初始值不是很恰当，那么拟合可能不会进行。所选取的参数值要尽可能使拟合函数在相当程度上接近数据点。

表 6-8 可在 ICDM 官网下载。

表 6-8　示例数据

灰阶等级序数（序号 i）	等级 V_i	亮度 L_m/（cd/m²）	V_i/V_W	L_i/L_W	拟合参数		由参数得到的模型结果 $l(V)$	Δ^2
白色（9级）	255	376.5	1.0000	1.0000	l_0	0.00104541	1.0010	1.093E-06
8级	223	276.9	0.8745	0.7355	g	1	0.7393	1.472E-05
7级	191	193.2	0.7490	0.5131	v_0	0	0.5210	6.148E-05
6级	159	130.8	0.6235	0.3474	γ	2.2632	0.3444	9.148E-06

续表

灰阶等级序数（序号 i）	等级 V_i	亮度 $L_m/(cd/m^2)$	V_i/V_W	L_i/L_W	拟合参数		由参数得到的模型结果 $I(V)$	Δ^2
5级	127	79.03	0.4980	0.2099	限制	$I_0 \geqslant 0$	0.2075	5.728E-06
4级	95	42.95	0.3725	0.1141		$g \geqslant 1$	0.1081	3.600E-05
3级	63	16.88	0.2471	0.0448		$v_0 \geqslant 0$	0.0433	2.375E-06
2级	31	3.542	0.1216	0.0094			0.0095	1.572E-08
黑色（1级）	0	0.352	0.0000	0.0009			0.0010	1.221E-08
SUM(Δ^2)								1.31E-04

（b）OpenOffice®Solver 拟合示例。运行 Solver（Tools/Solver），如图 6-20 所示，类似于 Excel®。

参考：有很多拟合模型可用于拟合这些数据，但此处采用了 GOG 模型，它由 Berns 等人于 1993 年提出，Katoh 等人在 1997 年对其进行了改进，并将其称为 GOGO 模型[1-4]。

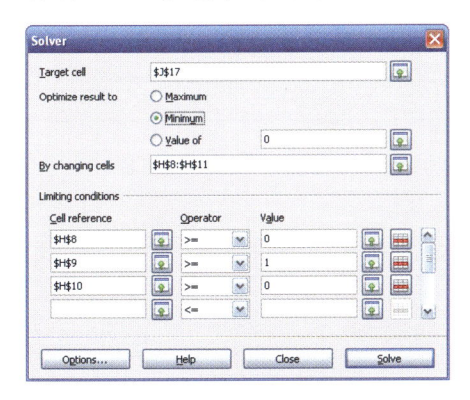

图 6-20　OpenOffice®Solver 窗口示例

6.6　伽马的标准差

描述：通过 log-log 模型拟合斜率的偏差来计算伽马标准差，以评估显示屏的伽马性能。此外，也可计算和对比相关系数及截距的偏差。数据可由 6.1 节和 6.2 节的测量获得，分析的方法 6.3 节已说明。

---

[1] Berns R S, Motta R J, Gorzynski M E. CRT colorimetry. Part I: Theory and Practice[J]. Color Res. Appl, 1993, 18: 299-314.
[2] Berns R S, Motta R J, Gorzynski M E. CRT colorimetry. Part II: Theory and Practice[J]. Color Res. Appl, 1993, 18: 315-325.
[3] Katoh N, Deguchi T. Reconsideration of CRT monitor characteristics[C]. Proc.IS&T/SIDFifth Color Imaging Conference, IS&T, Springfield, VA, 1997: 33-39.
[4] EBU Tech. 3273-E[EB/OL]. http://tech.ebu.ch/publications.

6.3 节的数据重复于此，如表 6-9 所示。

表 6-9　6.3 节拟合伽马值的灰阶数据

灰阶等级序数（序号）	灰阶等级 V_j	灰阶等级亮度 L_j/（cd/m^2）	净亮度/（cd/m^2）$\Delta L_j=L_j-L_K$	log（V_j-V_1）	log（ΔL_j）
白色（9 级）	255	376.5	376.15	2.4065	2.5754
8 级	223	276.9	276.55	2.3483	2.4418
7 级	191	193.2	192.85	2.2810	2.2852
6 级	159	130.8	130.45	2.2014	2.1154
5 级	127	79.03	78.68	2.1038	1.8959
4 级	95	42.95	42.6	1.9777	1.6294
3 级	63	16.88	16.53	1.7993	1.2182
2 级	31	3.542	3.19	1.4914	0.5038
黑色（1 级），$V_1=V_K$	0	0.352			
Log-log 模型，γ			2.25		
$a=10^b$			0.00144 cd/m^2		
相关系数 r^2			0.9998		

分析：由标准软件包提供分析，实例见 6.3 节的注释。表 6-10 所示为典型结果。

表 6-10　Excel® 和 OpenOffice® 电子数据表的 LINEST 公式拟合结果

斜率 γ	2.2384	截距 $b=\log(a)$	-2.8118
斜率不确定度 σ_γ	0.01026	截距不确定度 σ_b	0.02151
相关系数 r^2	0.99987	标准差 L_j	0.008398
F 统计	47596	自由度（9 个 L_j 值）	6
回归平方和	3.3566	平方和残差	0.0004231

报告：报告伽马值、截距、绝对标准差和相对标准差，如表 6-11 所示。

注释：可接受的伽马标准差、截距标准差与相关系数范围，可由制造商与用户协商确定。

表 6-11　报告示例

伽马值 γ	2.25
伽马值的绝对标准差 σ_γ	0.0103
伽马值的相对标准差（以%表示）	0.46 %
截距 b	-2.81
截距的绝对标准差 σ_b	0.0215
截距的相对标准差（以%表示）	0.76 %

6.7 方向性伽马

描述：根据需要测量屏幕中心的灰阶，以及与屏幕法线成 4 个角度——上、下、左、右处的灰阶（见图 6-21）。根据用户的需求选取角度，并经所有利益相关方一致同意。对于理想的显示设备，从任何方向观察，其伽马值都是常数。本测量可说明伽马值如何随通常的观察方向的变化而变化。**单位**：无。**符号**：γ。

注意：第 9 章将讨论观察角度的性能，观察角度测量法请参考第 9 章。

设置：应用如图 6-22 所示的标准设置。

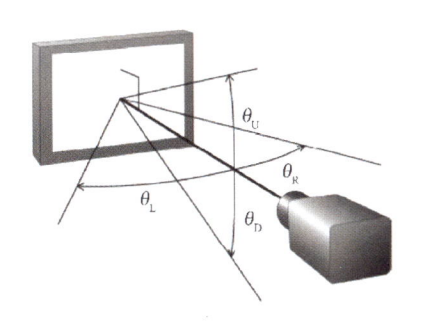

图 6-21 方向性伽马测量方法

图 6-22 标准设置

其他设置条件：不同图案适用于不同类型的显示屏，如本章开头所述。建议使用 9 个或 17 个均匀间隔的等级，详细信息请见附录 A.12。

步骤：显示并测量 9 个、17 个或更多等级的由黑至白（或最大亮度基色）的基色测试图案中每个等级的亮度（可选颜色）。测试图案应提供均匀间隔的灰度等级。

分析：使用 6.3 节中的方法分析每个角度的灰阶等级亮度，以获得每个观察角度对应的伽马值。这些伽马值可用于后续的计算。

报告：报告垂直方向和另外 4 个角度的灰阶等级亮度及伽马值，如表 6-12 和图 6-23 所示。

表 6-12 报告示例——不同观察角度的灰阶等级亮度和伽马值

灰阶等级序数	灰阶等级 V_j	不同角度 (θ)* 的灰阶等级亮度				
		法线	左 (θ_L)	右 (θ_R)	上 (θ_U)	下 (θ_D)
		0°	-20°	20°	20°	-20°
白色（9级）	255	555.7	181.2	180.3	160.8	164.7
8 级	223	415.5	131.9	133.8	117.6	125.3
7 级	191	293.6	102.7	105.8	93.9	101.3

续表

灰阶等级序数	灰阶等级 V_j	不同角度(θ)*的灰阶等级亮度					
			法线	左(θ_L)	右(θ_R)	上(θ_U)	下(θ_D)
			0°	-20°	20°	20°	-20°
6级	159	194.9	78.3	82.2	73.6	80
5级	127	115.1	54.7	58.7	53.8	58.2
4级	95	60.83	37.24	40.23	38.12	40.83
3级	63	23.53	22.47	24.14	24	25.06
2级	31	4.488	8.75	9.535	9.918	10.03
黑色（1级）	0	0.031	0.058	0.056	0.073	0.067
伽马值		γ=2.29	γ_L=1.41	γ_R=1.37	γ_U=1.28	γ_D=1.30

*注意，此处的角度是示例，非必须使用的角度。

注释：①观察方向。有些显示屏设计为从屏幕非法线方向观看，如座舱与汽车上的显示屏。可依据采用的观察角度坐标对该方法做适当的调整。②彩色伽马。该方法也可直接应用于三基色的伽马，参见6.10节。③延伸。以上通过与法线所成的4个观察角度进行测量。此方法可延伸至一个宽的观测区域内的很多角度，例如，以5°为步长，在0°～85°测量。④图表。通过绘制数据图来看灰阶如何随观察角度变化是很有用的。⑤夹角。有些技术将向上和向侧面的观察结合，比起仅仅通过上、下、左、右观察，这样可能会对伽马值产生更明显的影响。

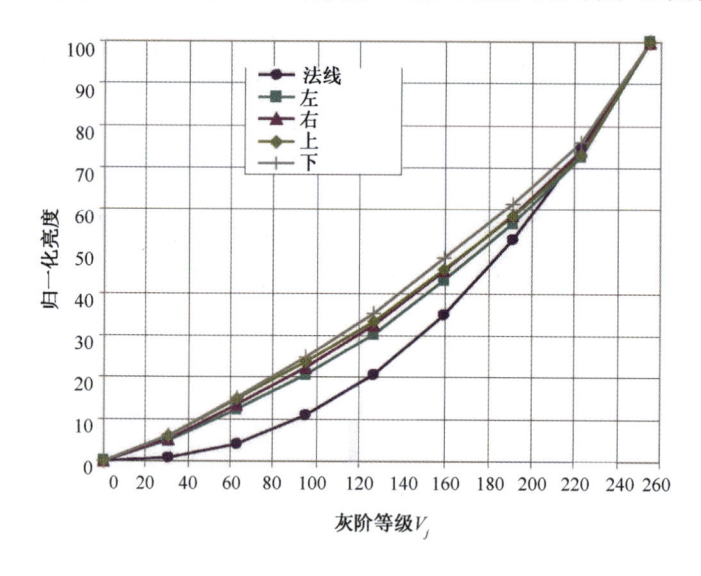

图6-23 不同方向上的伽马值示例

6.8 方向性伽马失真率

描述：基于6.7节获得的法线方向的伽马值来计算伽马的最大偏差比率。单位：%。

符号：g_{DR}。

步骤：在 6.7 节中获取了 5 个（或更多）方向的伽马值。

分析：方向性伽马失真的计算方法如下。

$$g_i = \frac{|\gamma - \gamma_i|}{\gamma} \times 100\%$$

式中，γ 为参考伽马值（通常取自屏幕中心法线方向）；γ_i 是从不同观察角度获得的伽马值，$\gamma_i = \gamma_L$、γ_R、γ_U、γ_D。方向性伽马失真率为一组值的最大值：

$$g_{DR} = \max(g_i)$$

式中，$\max(g_i) \equiv \max(g_L, g_R, g_U, g_D)$。其平均值为

$$g_{DRave} = \frac{1}{n}\sum_{i=1}^{n} g_i$$

式中，n 为除法线方向外的伽马值的数目，此处 $n=4$。最小偏差 $\min(g_i)$ 也可能需要关注。

报告：报告方向性伽马失真率。根据需要，在一些情况下，也可报告平均方向性伽马失真率或整个伽马失真率表格，如表 6-13 所示。

表 6-13 报告示例——方向性伽马失真分析

测量位置	中心（γ）	左（γ_L）	右（γ_R）	上（γ_U）	下（γ_D）
伽马值	2.29	1.41	1.37	1.28	1.30
g_i		38.6%	40.3%	44.0%	43.2%
$g_{DR}=\max(g_i)$	44.0%				
$\min(g_i)$	38.6%				
平均值 g_{DRave}	41.5%				

注释：其他观察角度的测量法可参考第 9 章。

6.9 方向性伽马失真均方根

描述：计算多种角度与法线方向归一化亮度的偏差的均方根（Root-Mean-Square，RMS）。
单位：无。**符号**：g_{RMS}。

步骤：由 6.7 节获得亮度数据与伽马值。

分析：方向性伽马失真均方根可通过每个方向的灰阶数据集计算获得，如表 6-14 所示。

表 6-14 方向性伽马失真均方根的计算示例

灰阶等级序数（序号）	灰阶数据						归一化灰阶数据				
	灰阶等级 V_j	参考亮度 L_j 法线（0°）	不同角度的亮度				参考归一化亮度 法线（0°）	不同角度归一化亮度			
			左 20°	右 20°	上 20°	下 20°		左 20°	右 20°	上 20°	下 20°
白色（9级）	255	555.7	181.2	180.3	160.8	164.7	1	1	1	1	1
8级	223	415.5	131.9	133.8	117.6	125.3	0.74771	0.72792	0.74210	0.73134	0.76078
7级	191	293.6	102.7	105.8	93.9	101.3	0.52834	0.56678	0.58680	0.58396	0.61506

续表

灰阶等级序数（序号）	灰阶数据					归一化灰阶数据				
^	灰阶等级 V_j	参考亮度 L_j 法线（0°）	不同角度的亮度				参考归一化亮度 法线（0°）	不同角度归一化亮度			
^	^	^	左 20°	右 20°	上 20°	下 20°	^	左 20°	右 20°	上 20°	下 20°
6级	159	194.9	78.3	82.2	73.6	80	0.35073	0.43212	0.45591	0.45771	0.48573
5级	127	115.1	54.7	58.7	53.8	58.2	0.20713	0.30188	0.32557	0.33458	0.35337
4级	95	60.83	37.24	40.23	38.12	40.83	0.10947	0.20552	0.22313	0.23706	0.24791
3级	63	23.53	22.47	24.14	24	25.06	0.042343	0.124007	0.133888	0.149254	0.15215
2级	31	4.488	8.75	9.535	9.918	10.03	0.008076	0.048289	0.052884	0.061679	0.06090
黑色（1级）	0	0.031	0.058	0.056	0.073	0.067	5.579E-05	0.0003201	0.0003106	0.000454	0.00041

对于每个方向 D（左、右、上、下），以及每个测量的黑色与白色之间的亮度值 L_{Dj}（$j = 1, 2, 3, \cdots, M-1$），定义一个量 Δx_{Dj}（$\Delta x_{Dj} = \Delta x_{Lj}, \Delta x_{Rj}, \Delta x_{Uj}, \Delta x_{Dj}$），用这个量来对比衡量亮度参考值 L_j（假定取自法线方向）与每个方向的亮度：

$$\Delta x_{Dj} = 100 \times \left(\frac{L_{Dj}}{L_{DW}} - \frac{L_j}{L_W} \right), \quad j = 1, 2, 3, \cdots, M-1$$

定义这些差值的算术均方根（RMS），以获得另一种评估不同方向上伽马曲线偏离程度的方法：

$$g_{RMSD} = \sqrt{\frac{1}{M-2} \sum_{j=1}^{M-1} \Delta x_{Dj}^2}$$

最大亮度不包含在该计算中，因为归一化最大亮度值都为1。

报告：根据需要，报告最大方向性伽马失真均方根。在某些情况下，也可报告平均方向性伽马失真均方根，或整个方向性伽马失真均方根表，如表6-15所示。

注释：在特殊情况下，研究多于4个参考角度方向上的方向性伽马失真可能比较有用。有可能需要研究步长为5°、0°~85°的所有角度。也可用绝对亮度差值代替归一化亮度差值来计算方向性伽马失真均方根。

表6-15 报告示例——方向性伽马失真均方根分析

测量位置	法线	左	右	上	下
伽马值	2.29	1.41	1.36	1.28	1.30
g_{RMS}		7.07	8.61	9.38	10.78
g_{RMSD} 最大值	10.78			
g_{RMSD} 最小值	7.07			
g_{RMSD} 平均值	8.96			

6.10 彩色伽马失真率

描述：用于描述三基色（R, G, B）的伽马值与灰阶伽马值差别的一种测量方法。理想显示屏的 R, G, B 伽马值恒定。为了测量一个显示屏的伽马值如何随不同三基色通道变化，测量并计算 R，G，B 伽马失真率。单位：%。符号：g_{DRcol}。

设置和步骤：无。使用 6.1 节和 6.2 节的数据、6.3 节与 6.4 节的伽马值，所有测量均基于同一个显示屏，如表 6-16 所示。注意，不同的数据可能在本节而不是前面的小节中说明。

表 6-16　R，G，B 伽马值测量数据示例

灰阶等级序数	灰阶等级 V_j	白色亮度 $L/(\text{cd/m}^2)$	红色亮度 $L/(\text{cd/m}^2)$	绿色亮度 $L/(\text{cd/m}^2)$	蓝色亮度 $L/(\text{cd/m}^2)$
白色(9级)	255	555.7	102.2	378	57.2
8 级	223	415.5	76.6	287.6	39.4
7 级	191	293.6	55	205.1	27.6
6 级	159	194.9	36.5	136.8	17.9
5 级	127	115.1	22	81.4	10.4
4 级	95	60.83	11.74	43.09	5.65
3 级	63	23.53	4.6	16.98	1.8
2 级	31	4.488	0.801	3.371	0.29
黑色(1级)，V_1，$L_1=L_K$	0	0.031	0.031	0.031	0.031

分析：R，G，B 伽马失真率由表 6-16 中的色阶数据集计算。
（1）使用伽马值确定方法计算灰阶和 R，G，B 基色色阶的 4 个伽马值。
（2）根据下面式子计算 R，G，B 伽马失真率：

$$g_{\text{DRcol}} = \frac{|\gamma - \gamma_Q|}{\gamma} \times 100\%$$

式中，g_{DRcol} 是 R，G，B 伽马失真率；γ 是由 6.3 节获得的灰阶参考伽马值；γ_Q 是彩色伽马值，Q = R, G, B。此处再次假定符号 $\max(x_i) \equiv \max(x_1, x_2, \cdots)$，即可获取一系列数字的最大值。

报告：根据需要，报告最大 R，G，B 伽马失真率。在一些情况下，也可报告平均 R，G，B 伽马失真率或整个 R，G，B 伽马失真率表。

注释：通常建议使用 g_{DRcol} 的最大值，也可使用 g_{DRcol} 的统计值，如平均值和最小值。使用每个归一化灰阶值来显示图表信息，以观察伽马失真在不同角度是如何发生的。

6.11　彩色伽马失真均方根

描述：计算灰阶与色阶差值的均方根。理想显示屏的所有 R，G，B 伽马值相同，灰阶的伽马值也相同。R，G，B 伽马失真率对于测量每个基色色阶伽马的差异很有用。然而，R，G，B 伽马失真不能用 EOTF 的斜率对比来完全说明。对于不同的色阶等级，可能伽马失真也不同，因此，需要其他类型的测量方法。可通过计算方向性伽马失真均方根来解释这些失真。**单位**：%。**符号**：g_{RMScol}。

设置和步骤：无。使用 6.1 节和 6.2 节的数据、6.3 节和 6.4 节的伽马值，所有测量均基

于同一个显示屏。注意，不同的数据可能在本节而不是在前面小节中说明。

分析：R, G, B 伽马失真均方根由表 6-17 中的色阶数据集计算。

（1）计算每种颜色的归一化亮度差 Δx_{Qj}。最大亮度不包含于该计算中，因为归一化的最大亮度是相同的。

$$\Delta x_{Qj} = 100 \left(\frac{L_{Qj}}{L_{QW}} - \frac{L_j}{L_W} \right)$$

表 6-17 R,G,B 伽马失真均方根分析

灰阶等级序数	彩色等级 V_i	白色亮度 L_i/(cd/m²)	红色亮度 L_{Ri}/(cd/m²)	绿色亮度 L_{Gi}/(cd/m²)	蓝色亮度 L_{Bi}/(cd/m²)	归一化白色亮度	归一化红色亮度	归一化绿色亮度	归一化蓝色亮度	Δx_{Ri}	Δx_{Gi}	Δx_{Bi}
白色(9级)	255	555.7	102.2	378	57.2	1	1	1	1			
8级	223	415.5	76.6	287.6	39.4	0.74771	0.74951	0.76085	0.68881	0.181	1.314	-5.889
7级	191	293.6	55	205.1	27.6	0.52834	0.53816	0.54259	0.48252	0.982	1.425	-4.583
6级	159	194.9	36.5	136.8	17.9	0.35073	0.35714	0.36190	0.31294	0.641	1.118	-3.779
5级	127	115.1	22	81.4	10.4	0.20713	0.21526	0.21534	0.18182	0.814	0.822	-2.531
4级	95	60.83	11.74	43.09	5.65	0.10947	0.11487	0.11399	0.09878	0.541	0.453	-1.069
3级	63	23.53	4.6	16.98	1.8	0.04234	0.04501	0.044921	0.031469	0.267	0.258	-1.087
2级	31	4.488	0.801	3.371	0.29	0.008076	0.007838	0.008918	0.005070	-0.024	0.084	-0.301
黑色(1级)	0	0.031	0.031	0.031	0.031	0.0000558	0.0003033	8.2011E-05	0.0005420	0.025	0.003	0.049

（2）根据下面的式子计算 R, G, B 伽马失真均方根：

$$g_{\text{RMScol}} = \sqrt{\frac{1}{M-2} \sum_{i=1}^{M-2} \Delta x_i^2}$$

式中，g_{RMScol} 是参照灰度的 R, G, B 伽马失真的均方根；M 是灰阶等级数，用于灰阶与色阶的测量。

报告：根据需要，报告最大 R, G, B 伽马失真均方根。在一些情况下，也可报告平均 R, G, B 伽马失真均方根或整个 R, G, B 伽马失真均方根表，如表 6-18 和图 6-24 所示。

注释：也可用绝对亮度差值代替归一化亮度差值来计算 R, G, B 伽马失真均方根。

表 6-18 R, G, B 伽马失真均方根报告示例

报告项	红色	绿色	蓝色
g_{RMScol}	0.59	0.92	3.35
g_{RMScol} 最大值	3.35		
g_{RMScol} 最小值	0.59		
g_{RMScol} 平均值	1.62		

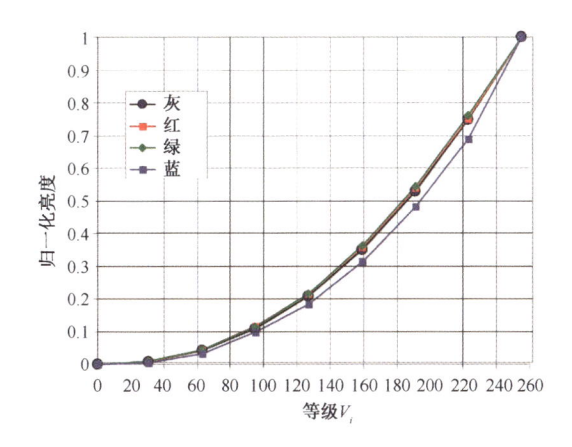

图 6-24　R，G，B 伽马失真均方根

6.12　位置伽马失真率

描述：测量屏幕中心（见图 6-25）和多个位置的灰阶，将每个位置的伽马值与屏幕中心位置的伽马值进行比较，以确定任意一个位置的灰阶失真。**单位**：%。**符号**：g_{DRpos}。

设置：应用如图 6-26 所示的标准设置。

图 6-25　灰阶的中心测量　　　　图 6-26　标准设置

其他设置条件：用亮度计测量如图 6-27 所示的 5（或 9）个位置的灰阶。也可选择通过一个优势点（在空间上通常沿着屏幕中心法线方向）来测量每个位置的灰阶。

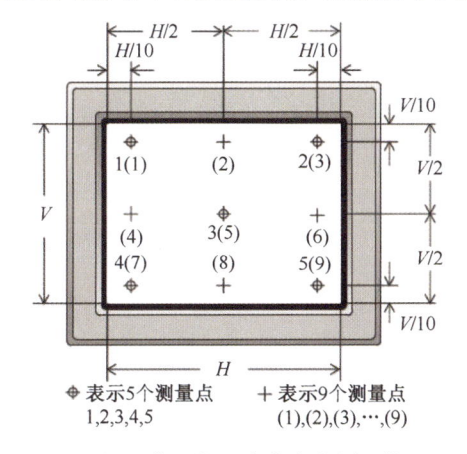

图 6-27　位置伽马失真率的测量位置

步骤： 测量如图 6-27 所示的 5（或 9）个位置的灰阶。

分析： 位置伽马失真率可用表 6-19 中每个位置的灰阶数据计算。

（1）使用伽马值的确定方法来计算 5 个不同位置灰阶的伽马值。

（2）根据下面式子计算伽马失真率：

$$g_{\text{DRpos}i} = \frac{|\gamma - \gamma_i|}{\gamma} \times 100\%$$

式中，$g_{\text{DRpos}i}$ 是基于参考伽马值 γ（通常为屏幕中心的伽马值）的伽马失真率；γ_i 为其他位置的伽马值。

报告： 根据需要，报告最大位置伽马失真率。在一些情况下，也可报告平均位置伽马失真率或整个位置伽马失真率表，如表 6-20 所示。

注释： 如图 6-25 所示为用一台亮度计做离散测量。然而，实际上可采用阵列式探测器从一个优势点来做这些测量，而不需要在法线方向进行所有的测量。

表 6-19 灰阶亮度与其伽马值分析示例

灰阶等级序数	灰阶等级 V_i	不同位置的亮度				
		L_3（中心）	L_1（左上）	L_2（右上）	L_4（左下）	L_5（右下）
白色（9 级）	255	555.7	493	474.2	498.6	520.8
8 级	223	415.5	359.9	344.7	371.1	389.9
7 级	191	293.6	253.4	242.5	262.9	276.4
6 级	159	194.9	168.9	162.5	175.9	184.4
5 级	127	115.1	100.2	97	104.8	109
4 级	95	60.83	53.95	52.85	56.44	58.1
3 级	63	23.53	21.53	21.54	22.64	22.65
2 级	31	4.488	4.309	4.438	4.598	4.351
黑色（1 级）	0	0.031	0.025	0.029	0.028	0.037
伽马值		2.29	2.24	2.21	2.22	2.27

表 6-20 位置伽马失真率报告示例

测量位置	L_3	L_1	L_2	L_4	L_5
γ	2.29	2.24	2.21	2.22	2.27
$g_{\text{DRpos}i}/\%$		2.012	3.55	2.87	0.717
g_{DRpos} 最大值/%	3.55				
g_{DRpos} 最小值/%	0.717				
g_{DRpos} 平均值/%	2.29				

图 6-28 所示为每个位置灰阶等级对应的亮度。

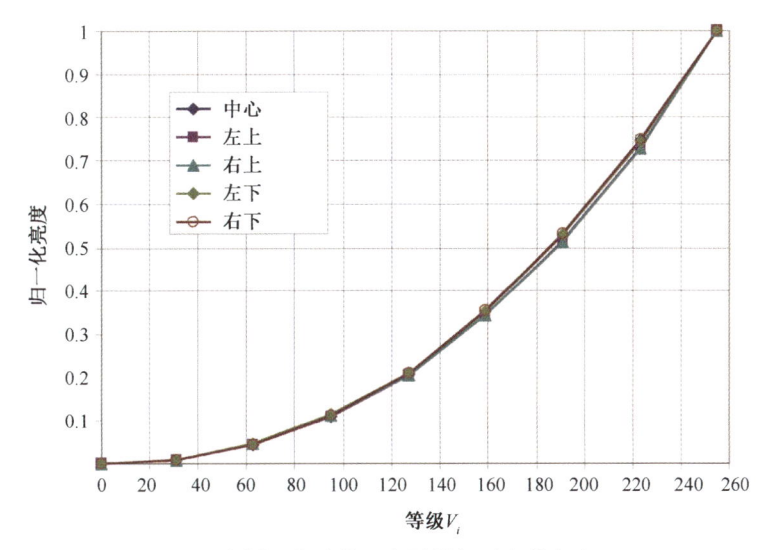

图 6-28　每个位置灰阶等级对应的亮度

6.13　位置伽马失真均方根

描述：使用前述测量方法所得的数据，计算中心位置归一化（×100）亮度值与显示屏四周亮度值差值的均方根。单位：%。符号：GD_R。

设置与步骤：使用 6.12 节测量方法获得的数据。

分析：令 Δx_{P_j} 为参考位置（屏幕中心）与四周位置 P 的归一化（×100）亮度差值，如表 6-21 所示。表中测量的灰阶等级 $j=1,2,\cdots,n$（此处以 $n=9$ 为例），且不包括最大的 Δx_{P_n}（它们都为相同的等级 100）。计算所有四周位置 P 的 Δx_{P_j}：

$$\Delta x_{P_j} = 100 \times \left(\frac{L_{P_j}}{L_{P_W}} - \frac{L_j}{L_W} \right) \tag{6-6}$$

表 6-21　灰阶的亮度与其伽马值分析示例

灰阶等级序数	等级 V_j	L_3（中心）	L_1（左上）	L_2（右上）	L_4（左下）	L_5（右下）	$100L_3/L_{3W}$（中心）	$100L_1/L_{1W}$（左上）	$100L_2/L_{2W}$（右上）	$100L_4/L_{4W}$（左下）	$100L_5/L_{5W}$（右下）
白色（9级）	255	555.7	493	474.2	498.6	520.8	100	100	100	100	100
8级	223	415.5	359.9	344.7	371.1	389.9	74.77	73	72.69	74.43	74.87
7级	191	293.6	253.4	242.5	262.9	276.4	52.73	51.4	51.14	52.73	53.07
6级	159	194.9	168.9	162.5	175.9	184.4	35.07	34.26	34.27	35.28	35.41
5级	127	115.1	100.2	97	104.8	109	20.71	20.32	20.46	21.02	20.93
4级	95	60.83	53.95	52.85	56.44	58.1	10.95	10.94	11.15	11.32	11.16
3级	63	23.53	21.53	21.54	22.64	22.65	4.234	4.367	4.542	4.541	4.349
2级	31	4.488	4.309	4.438	4.598	4.351	0.808	0.874	0.936	0.922	0.835
黑色（1级）	0	0.031	0.025	0.029	0.028	0.037	0.006	0.005	0.006	0.006	0.007

然后计算：

$$g_{\text{RMSpos}P} = \sqrt{\frac{1}{M-2}\sum_{j=1}^{n-1}\Delta x_{P_j}^2} \qquad (6\text{-}7)$$

式中，$g_{\text{RMSpos}P}$ 是位置 P 的伽马失真均方根；$n=9$ 为灰阶等级数，用于灰阶测量。最大亮度值不包含在该计算中，因为归一化的最大亮度是相同的。

报告：根据需要，报告最大位置伽马失真均方根。在一些情况下，也可报告平均位置伽马失真均方根或整个位置伽马失真均方根表。报告的任何数据不超过 3 位有效数字，如表 6-22 所示。

注释：无。

表 6-22 位置伽马失真均方根分析示例

参考位置 L_3	L_1	L_2	L_4	L_5
$g_{\text{RMSpos}P}$	0.927	1.07	0.270	0.201
g_{RMSpos} 最大值	1.07			
g_{RMSpos} 最小值	0.201			
g_{RMSpos} 平均值	0.618			

6.14 伽马曲线的单调性

描述：测量伽马曲线的单调性可确定某个位置的灰度是否完全随灰阶等级的增长而增加。该测量能回答这个问题：伽马曲线的斜率随灰阶等级的增长连续增加吗？如果是这样，那么伽马曲线上每个灰阶等级对应的亮度与灰阶等级之比（一阶导数）应单调递增，因此其二阶导数必须为正。**单位**：无。**符号**：无。

设置：应用如图 6-29 所示的标准设置。

步骤：测量 9 个或 17 个灰阶等级 V_i 的屏幕中心位置的亮度（见图 6-30 和图 6-31），或者使用 6.1 节的数据。

图 6-29 标准设置

图 6-30 灰阶等级 V_i 的中心位置亮度测量

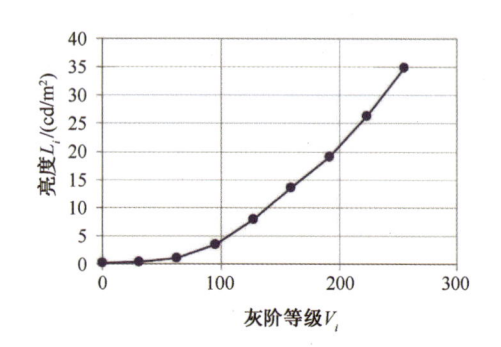

图 6-31 不同灰阶等级的亮度

分析：计算每个灰阶等级的归一化亮度。

$$\overline{L}_i = L_i / L_W，\quad i=1,2,\cdots,9$$

计算归一化灰阶等级：

$$\overline{V}_i = V_i / V_W，\quad i=1,2,\cdots,9$$

计算一阶近似导数（见图 6-32）：

$$\frac{\Delta L_i}{\Delta V_i} = \frac{\overline{L}_i - \overline{L}_{i-1}}{\overline{V}_i - \overline{V}_{i-1}}，\quad i=2,\cdots,9$$

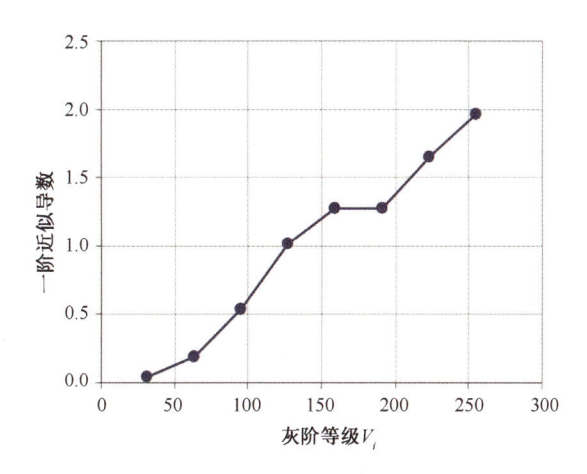

图 6-32 一阶近似导数示例

计算二阶近似导数（见图 6-33）：

$$\frac{\Delta^2 L_i}{\Delta V_i^2} = \frac{\dfrac{\overline{L}_i - \overline{L}_{i-1}}{\overline{V}_i - \overline{V}_{i-1}}}{\Delta V_i}，\quad i=3,\cdots,9$$

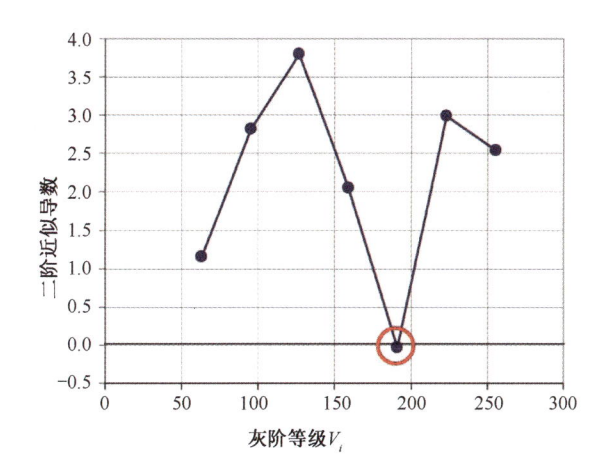

图 6-33 二阶近似导数示例

报告：如表 6-23 所示，报告伽马曲线的单调性，并将每个负的二阶导数突出显示。

表 6-23　伽马曲线的单调性分析与报告示例

灰阶等级序数	灰阶等级 V_i	L_i	$\overline{L}_i$	归一化灰阶等级 $\overline{V}_i$	一阶导数 $\Delta L_i/\Delta V_i$	二阶导数 $\Delta^2 L_i/\Delta V_i^2$
白色（9级）	255	34.90	1.000	1.000	1.9636	2.5291
8级	223	26.30	0.754	0.875	1.6463	2.9840
7级	191	19.09	0.547	0.749	1.2718	**−0.0364**
6级	159	13.52	0.387	0.624	1.2764	2.0560
5级	127	7.93	0.227	0.498	1.0184	3.8028
4级	95	3.47	0.099	0.373	0.5411	2.8275
3级	63	1.10	0.032	0.247	0.1863	1.1335
2级	31	0.28	0.008	0.122	0.0441	
黑色（1级）	0	0.1	0.003	0		

注释：灰阶等级数应大于 8。对于特定的应用，应研究多于 9 个或 17 个灰阶等级，甚至灰阶范围内的所有灰阶等级或部分灰阶等级。例如，测量由黑屏至白屏的初始 10 个等级与最后 10 个灰阶等级可能比较有用。该步骤很容易扩展至提供灰阶的详细覆盖范围。建议伽马曲线应单调递增。注意探测器内的噪声或不确定因素，它可能在亮度接近灰阶的边界时（白屏或黑屏）引入负的二阶导数。

6.15　灰阶色差

描述：测量由白屏至黑屏的过程中 9 个（或 17 个）灰阶对应的灰色的色差 $\Delta u'v'$（见图 6-34）。也可选择测量相关色温（CCT）。单位：CCT 的单位为 K，色差无。符号：无。
设置：应用如图 6-35 所示的标准设置。

图 6-34　灰阶颜色测量示意　　　　图 6-35　标准设置

步骤：测量屏幕中心选取的每个灰阶等级 V_i 的全屏灰色的亮度 L_i 和色坐标（x_i,y_i），也可选择测量 CCT。

分析：采用 $\Delta u'v'$，由白平衡点颜色来计算每个灰色的色差（色坐标计算公式见附录 B.1.2），如表 6-24 所示。

表 6-24　分析示例

灰阶等级序数	灰阶等级 V_i	L_i	x	y	u'	v'	$\Delta u'v'$	CCT
白色（9级）	255	555.7	0.3264	0.3467	0.0000	0.0000	0.0000	5759
8 级	223	415.5	0.325	0.3446	-0.1979	-1.4604	0.0013	5825
7 级	191	293.6	0.3239	0.3432	-0.4027	-2.1500	0.0022	5878
6 级	159	194.9	0.3233	0.3418	-0.2448	-2.5020	0.0029	5909
5 级	127	115.1	0.3224	0.342	-0.6663	-2.0225	0.0031	5951
4 级	95	60.83	0.3221	0.3407	-0.3569	-1.8801	0.0037	5968
3 级	63	23.53	0.3193	0.3378	-0.4863	-1.7675	0.0058	6113
2 级	31	4.488	0.3106	0.3236	-0.2109	-1.3652	0.0146	6666
黑色（1级）	0	0.031	0.2674	0.2689	-0.0083	-0.0356	0.0558	13210
最大色差和最大 CCT							0.0558	13210
平均色差和平均 CCT							0.0112	6809

报告：根据需要，建议报告最大色差值，也可报告平均色差值或整个色差表。

注释：通常，当灰阶等级接近黑色时，色差可以在很多显示屏中观察到。这通常不是大问题，尤其对于黑色。对于某些应用，这种色差能影响显示屏应用的有效性。也可测量其他灰阶等级范围或全部灰阶。

6.16　灰阶的顺序依赖性

描述：先按升序再按降序，分别测量全屏灰色中心区域的灰阶（见图 6-36），比较每个步骤的伽马值。

设置：应用如图 6-37 所示的标准设置。

其他设置条件：显示屏必须充分预热，并保持稳定，当显示全白场时，每小时的漂移小于 1%。准备在整个屏幕显示 M（$M=9$）或更多灰色。

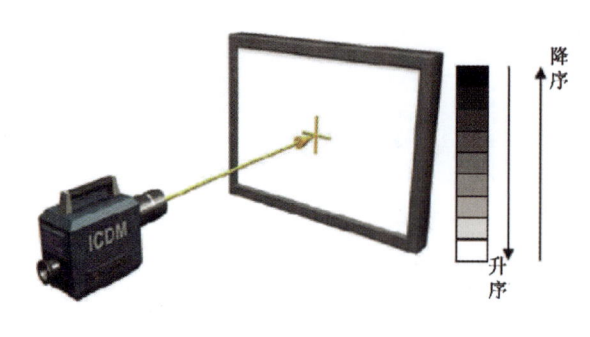

图 6-36　灰阶的顺序依赖性测试示意　　　　图 6-37　标准设置

步骤： 按降序（由白到黑）测量屏幕中心每个灰阶等级 V_i 对应的亮度 $L_{di}(i=1,2,\cdots,M)$；再按升序（由黑到白）测量屏幕中心每个灰阶等级 V_i 对应的亮度 L_{ai}。

分析：

（1）根据亮度数据绘图（见图 6-38），比较 2 个数据集是否存在异常现象。

（2）使用 6.3 节的方法，计算升序数据的伽马值 γ_a 和降序数据的伽马值 γ_d。注意伽马值的标准差 σ_a 与 σ_d 及截距 σ_b。

（3）计算伽马失真率：

$$g_{\mathrm{DRda}} = \frac{|\gamma_a - \gamma_d|}{\gamma_d} \times 100\%$$

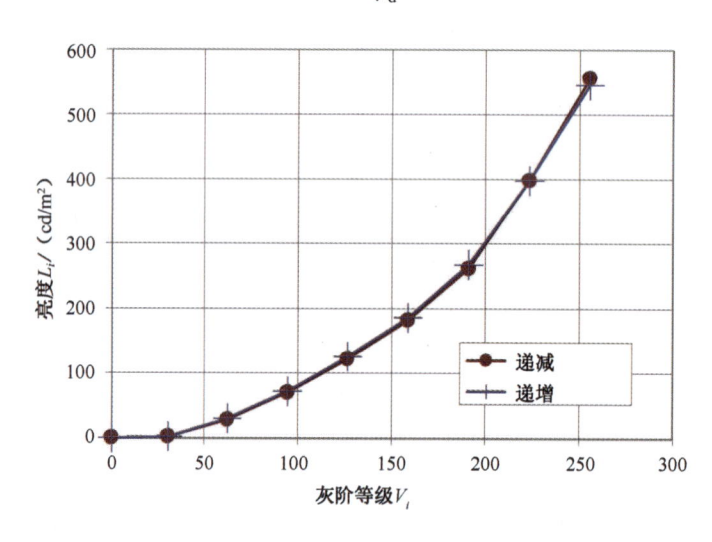

图 6-38　灰阶等级递减和递增时亮度的变化趋势

（4）计算伽马失真均方根：

$$g_{\mathrm{RMSda}} = \sqrt{\frac{1}{M-2}\sum_{i=1}^{M-1}\Delta x_{\mathrm{da}i}^2}$$

其中，

$$\Delta x_{\mathrm{da}i}^2 = 100 \times \left(\frac{L_{ai}}{L_{a\mathrm{W}}} - \frac{L_{di}}{L_{d\mathrm{W}}}\right)(i=1,2,\cdots,M-1)$$

分析示例如表 6-25 所示。

表 6-25 分析示例

灰阶等级序数	V_i	L_{di}/ (cd/m²)	L_{ai}/ (cd/m²)	$\log(V_i-V_K)$	$\log(L_{di}-L_{dK})$	$\log(L_{ai}-L_{aK})$	L_{ai}/L_{aK}	L_{di}/L_{dK}	Δx_{dai}	$(\Delta x_{dai})^2$
白色（9级）	255	555.3	545.1	2.4065	2.7445	2.7364	1	1		
8级	223	397.7	398.6	2.3483	2.5995	2.6004	0.7312	0.7162	1.5053	2.2658
7级	191	262.4	268.7	2.2810	2.4188	2.4291	0.4929	0.4725	2.0400	4.1615
6级	159	182.3	186.9	2.2014	2.2606	2.2714	0.3429	0.3283	1.4582	2.1263
5级	127	121.3	126.1	2.1038	2.0836	2.1004	0.2313	0.2184	1.2893	1.6624
4级	95	69.29	72.66	1.9777	1.8402	1.8608	0.1333	0.1248	0.8517	0.7254
3级	63	28	29.11	1.7993	1.4459	1.4627	0.0534	0.0504	0.2980	0.0888
2级	31	2.16	2.44	1.4914	0.3181	0.3711	0.00448	0.00389	0.0586	0.003439
黑色（1级）	0	0.08	0.09				1.651×10^{-4}	1.441×10^{-4}	0.002104	4.4×10^{-6}

报告：报告升序与降序灰阶数据中每个灰阶等级的亮度值。报告伽马值、伽马标准差、每组数据的截距标准差与伽马失真度量值，如表 6-26 所示。

注释：灰阶测试结果可能根据测量顺序（升序与降序）变化，尤其是在基于图像内容动态调节灰阶等级的显示技术中。因此在一些特殊应用中，升序与降序灰阶可能都需要测量。

表 6-26 报告示例

报告项	降序灰阶数据		升序灰阶数据	
伽马值	γ_d	2.511	γ_a	2.457
伽马标准差	0.149		0.143	
截距标准差	0.312		0.300	
伽马失真率	g_{DRda}		2.15%	
伽马失真均方根	g_{RMSda}		1.26	

第 7 章

空间测量

针对显示屏细节表现力的评价大多等同于测量小区域的高对比度，这类测量相对困难。如果不熟悉消除眩光的一些方法，请参阅附录 A，尤其要参阅附录 A.2。本章主要介绍一些用于亮度和对比度测量的具体方法。

这些测量方法大多需要采用高放大倍率的镜头，因此人们尝试将相机靠近测量区域，但效果不尽如人意，因为相机和镜头的反射光会回射在显示屏上，甚至镜头上减反射的涂层可能会改变需要测量的颜色。建议采用长焦距镜头（90~200mm 或更长），使相机与显示屏的距离加大，从而不会因反射光影响测量结果。

通常用阵列式探测器（相机）来记录所显示图像的细节，精度甚至可达到子像素级别。在使用阵列式探测器时，需要注意附录 A.9 中列出的一些注意事项。谨记，当显示屏的每个像素或子像素对应 10~30 个相机像素时，捕捉像素级别的细节效果比较好。

7.1 线亮度与对比度

描述：测量一条单像素的竖直（或水平）黑线的亮度及其亮背景的亮度（用于 LMD 中的

遮幕眩光校正），并计算对比度。**单位**：绝对亮度的单位为 cd/m², 对比度无单位。**符号**：C_L。

在白色屏幕上显示一个黑色字符可能是显示屏工作时最重要的功能之一。然而遗憾的是，测量黑色字符的亮度或对比度是非常困难的，而且通常是不准确的。建议用测量单条线代替测量字符，以便提供一个可重复的测量。这里采用的对比度测量方法是计算白色区域亮度 L_W 与黑线亮度 L_K 的比值：

$$C_L = L_W / L_K$$

该方法没有来自 LMD 的透镜系统或 LMD 与显示屏间的反射眩光的影响。如果有其他合理量化黑线可见度的方法并被所有利益相关方认同，那么也可以。

设置：应用如图 7-1 所示的标准设置。

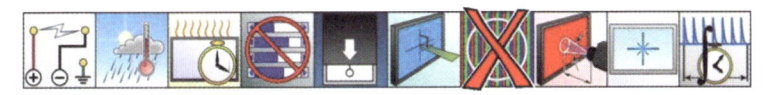

图 7-1 标准设置

其他设置条件：装置——扫描式或阵列式 LMD。测试图案——屏幕中心附近区域的竖线。在中心区域附近生成一条单像素宽的竖直黑线，其周围为白画面。扫描整数条水平线（最好是 3 条线或更多，即扫描区域竖直像素间距为整数，在图 7-2 中有 4 条线被扫描）。LMD 必须为光度计且是线性的，但单位不需要校准为 cd/m²，除非需要测量亮度而不是亮度比值。

步骤：采用阵列式或扫描式 LMD，得到竖直的黑线与白色区域的亮度剖面。扣除背景亮度（探测器的固有背景，没有光输入时存在一个非零信号），得到净信号 S，它是距离的函数。必须进行遮幕眩光修正（请见附录 A.2）。关于像素结构与数据的说明如图 7-2 所示。

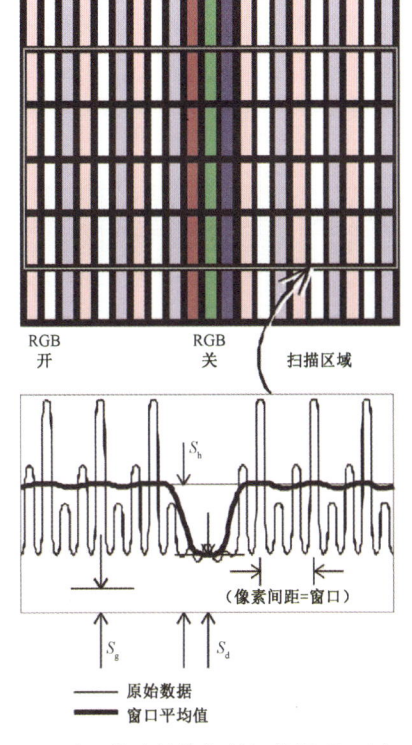

图 7-2 像素结构与数据的说明示例

注意：该测量可能不准确，除非将遮幕眩光的因素考虑在内，或者对其进行修正（请见附录 A.2）。

分析：对亮度轮廓进行动态窗口平均（详细请见附录 B.18），其中处理的平均窗口宽度应尽量接近 LMD 呈现的像素间距。对于一个阵列式探测器，需要用多个探测器像素来对应一个显示屏像素。如果可能，每个显示屏像素应该至少对应 10 个探测器像素。例如，如果采用具有成像放大功能的探测器，且 53 个探测器像素对应一个 DUT 像素间距，那么动态平均窗口宽度是 53 个探测器像素。根据得到的调制曲线可确定：①竖直黑线的净亮度值为 $S_K=S_d-S_g$，其中，S_d 是 DUT 产生的竖直黑线的最小亮度；②黑线周围白色区域的净亮度值为 $S_W=S_h-S_g$，其中，S_h 为白色区域的最大亮度（与人眼观察的全白场成正比）。计算小区域的线对比度（$C_L=S_W/S_K$）。总结如下：

$$S_K = S_d - S_g$$
$$S_W = S_h - S_g$$
$$C_L = S_W/S_K$$
$$C_m = \frac{S_W - S_K}{S_W + S_K}$$

式中，S_g 为眩光修正；S_h 为白色区域的最大亮度；S_d 为黑线的最小亮度；S_W 为白色区域的净亮度；S_K 为黑线的净亮度；C_L 为线对比度；C_m 为迈克耳孙对比度。

分析示例如表 7-1 所示。

报告：以不多于 3 位的有效数字报告线对比度，如表 7-2 所示。同时报告眩光修正、白色区域的净亮度与黑线净亮度。

表 7-1 分析示例

眩光修正 S_g	1772
白色区域的最大亮度 S_h	9331
黑线最小亮度 S_d	4239
$S_W=S_h-S_g$	7559
$S_K=S_d-S_g$	2467
$C_L=S_W/S_K$	3.1

表 7-2 报告示例

S_g	1772
S_W	7559
S_K	2467
C_L	3.1

注释：①在该测量中，也可使用一条水平直线。另外，使用竖直与水平两条线的测量效果更佳。水平直线的测量步骤与竖直直线的测量步骤相同。将步骤中的"竖直"换为"水平"即得到水平直线的测量步骤。此外，如果希望测量暗背景上的一条白色直线的亮度或对比度，也可使用上述相同的步骤，只要将"黑"与"白"调换。②黑色和白色背景在此都已讨论。如果所有利益相关方达成一致，并且所有报告文件清晰详细地描述变更，那么也可用不同亮度等级的灰色（或彩色）。

7.2 格子亮度与对比度

别名：$n×n$ 格子亮度与对比度。

描述：测量屏幕中心小区域测试图案的亮度，该测试图案由铺满整个屏幕的、交替的黑白水平或竖直线构成，如图 7-3 所示。用测量数据计算对比度。**单位**：绝对亮度的单位为 cd/m^2，对比度无单位。**符号**：C_G（或 C_m）。

注意，除非将遮幕眩光的因素考虑在内，对其进行修正（请见附录 A.2），否则这种测量结果的误差较大。

测量的困难在于，如何准确地确定白线（亮度 L_W）之间的黑线的亮度 L_K，白线与黑线宽度相同，需要避免来自 LMD 透镜系统或 LMD 与 FPD 之间反射的影响。这里使用对比度 $C_G=L_W/L_K$，也可采用其他对比度衡量方法，只要它合理且得到所有利益相关方的认可 [可选择迈克耳孙对比度：$C_m=(L_W-L_K)/(L_W+L_K)$]。一幅 $n×n$ 格子图案是由水平或竖直的黑白线交替构成的，每条线的宽度为 n 个像素。在这种测量中，应避免测量系统内的遮幕眩光导致的对比度降低。C_m 可用于 7.8 节中显示屏实际分辨率的确定。

注意，黑色背景和白色背景都会在这里讨论。如果所有利益相关方达成一致，并且会在所有报告文件中清晰地描述变化，那么也可使用不同亮度等级的灰色（或彩色）。

设置：应用如图 7-4 所示的标准设置。

其他设置条件：交替显示水平格子和竖直格子，并用一个具有空间分辨能力的 LMD 测量显示屏中心区域的亮度分布。从 1×1 格子图案开始。在显示 1×1 水平格子时，有些显示技术会出现显著的闪烁，此时可采用 2×2 水平格子代替。必须进行遮幕眩光修正（请见附录 A.2）。调整仪器，测量整数行或整数列的图案。

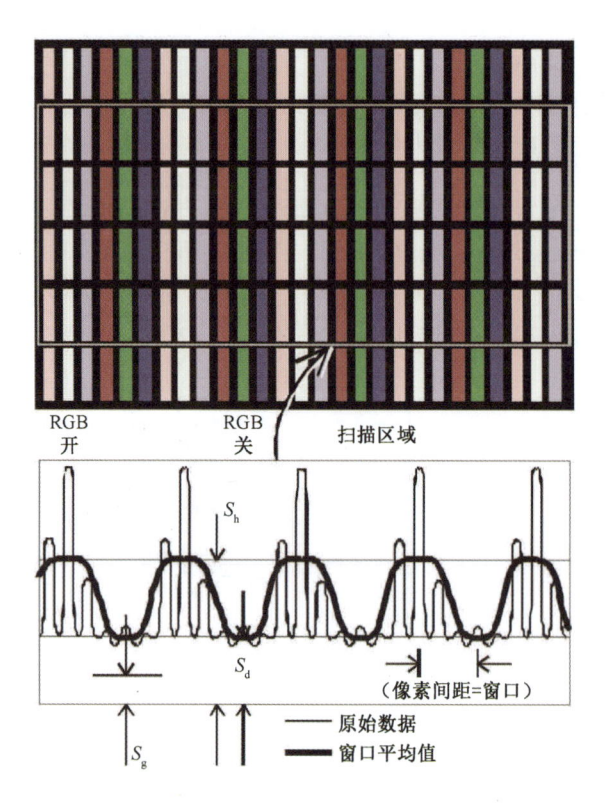

图 7-3 黑白交替线测试

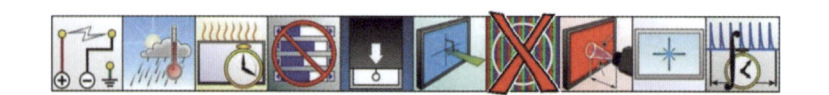

图 7-4 标准设置

步骤：采用一个阵列式 LMD，根据上述设置条件，测量水平和竖直格子图案的亮度分布。扣除背景亮度（探测器的固有背景信号，没有光输入时存在一个非零信号），获取净信号 S，它是距离的函数。必须进行遮幕眩光修正（请见附录 A.2）。关于像素结构与数据的说明可参考图 7-3。

分析：对亮度轮廓进行动态窗口平均（详细请见附录 B.18），其中处理的平均窗口宽度应尽量接近 LMD 呈现的像素间距。对于一个阵列式探测器，需要用多个探测器像素来对应一个显示屏像素。如果可能，每个显示屏像素应至少对应 10 个探测器像素。例如，如果采用具有成像放大功能的阵列式探测器，且 53 个探测器像素对应一个 DUT 像素间距，那么动态平均窗口宽度就是 53 个探测器像素。根据得到的调制曲线可确定：①竖直黑线的净亮度值为 $S_K = S_d - S_g$，其中，S_d 是 DUT 产生的竖直黑线的最小亮度；②黑线周围白线的净亮度值为 $S_W = S_h - S_g$，其中，S_h 为白线的最大亮度。计算格子对比度（$C_L = S_W/S_K$）。总结如下：

$$S_W = S_h - S_g$$

$$S_K = S_d - S_g$$

$$C_G = S_W / S_K$$

$$C_m = \frac{S_W - S_K}{S_W + S_K}$$

式中，S_g 为眩光修正；S_h 为白线的最大亮度；S_d 为黑线的最小亮度；S_W 为白线的净亮度；S_K 为黑线的净亮度；C_G 为格子对比度；C_m 为迈克耳孙对比度或调制对比度。

分析示例如表 7-3 所示。表 7-3 中，显示的示例数据是光度计相机的净 CCD 计数。CCD 计数 S 仅与亮度值成正比。

报告：以不超过 3 位的有效数字报告格子对比度 C_G，如表 7-4 所示，同时报告所采用的格子图案类型。建议给出眩光修正、白线与黑线的净亮度值。如果用于绝对亮度测量的设备已经校准，那么也可报告白线与黑线的亮度值。

表 7-3 分析示例

方向	垂直	方向	水平
格子	1×1	格子	2×2
眩光修正 S_g	1772	眩光修正 S_g	1342
白线最大亮度 S_h	7559	白线最大亮度 S_h	7623
黑线最小亮度 S_d	2467	黑线最小亮度 S_d	1983
$S_W = S_h - S_g$	5787	S_W	6281
$S_K = S_d - S_g$	695	S_K	641
$C_G = S_W / S_K$	8.3	C_G	9.8
C_m	0.786	C_m	0.814

表 7-4 格子对比度报告示例

项目	水平格子	竖直格子
$S_W / (cd/m^2)$	13.8	9.82
$S_K / (cd/m^2)$	4.45	4.41
$S_{ave} / (cd/m^2)$	9.13	7.12
C_G	3.1	2.3
注：格子类型为 2×2。		

注释：因为 DUT 的空间分辨能力不一定与寻址性能有关系，因此，需要测量格子对比度，以确定实际分辨率。黑场测量和遮幕眩光对显示屏的对比度影响很大。

7.3 内部字符的亮度与对比度

别名：m×n×q…格子对比度。

描述：测量屏幕中心小区域测试图案的亮度，该测试图案由铺满整个屏幕的交替的黑白水平线或竖直线构成。用测量数据计算对比度。**单位**：绝对亮度的单位为 cd/m²，对比度无单位。**符号**：C_G（或 C_m）。

本节是 7.2 节的延伸。m×n×m×q 格子是水平或竖直方向交替的白线与黑线，以下述方式排列：2 条 m 像素宽的黑线被 n 像素宽与 q 像素宽的白线隔开。被测量区域通常是靠 2 条线最近的区域，而不是白色画面区域（在上面所述情况下为 q 像素宽的直线）。对于只有 3 条直线的情况，m×n×q 格子表示 1 对 m 像素宽的黑线被 1 条 n 像素宽的白线分开，再被 1 条 q 像素宽的黑线隔开。一个 2×1×5 格子表示由 2 条黑线、1 条白线、2 条黑线、5 条白线按顺序重复交替形成，以此类推。类似地，可以规定 2×1×2×5 格子，这样可以清楚地描述重复图案中的每条直线。多组线格子通过添加直线很容易拓展成其他图案。例如，m×n×m×n×m×q 格子是 3 条 m 像素宽的直线被 2 条 n 像素宽与 1 条 q 像素宽的直线分开。如果参数 q 在 3 线的规定中被省略，那么可理解为 m×n 格子连续重复。在这类测量中，必须考虑使对比度降低的眩光（遮幕眩光）的影响。测量的目的在于提供一种更严谨的字符对比度测量方法。图 7-5 所示为 1×2×4 格子，如果规定每条线的宽度，那么也可表示为 1×2×1×4 格子。显然，用重复图案的像素数目来表示每条线，含义更加清楚。

注意，除非将遮幕眩光的因素考虑在内或对其进行修正，否则这种测量结果误差较大。

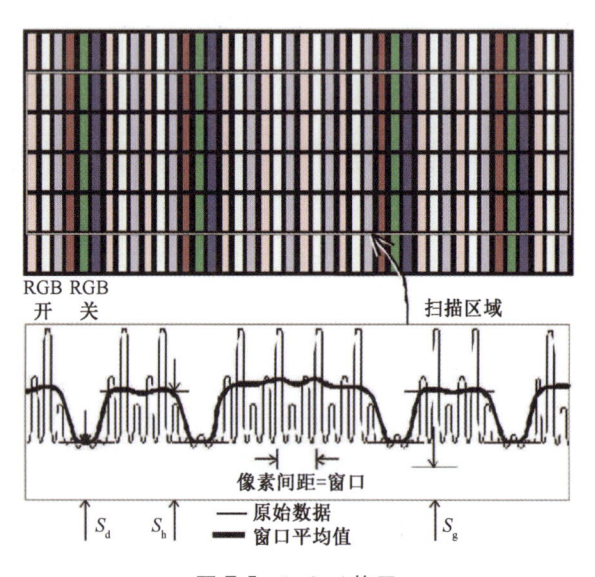

图 7-5 1×2×4 格子

注意，黑色和白色背景都会在这里讨论。假设所有利益相关方达成一致，并且所有报告文件清晰地描述了所有变化，那么也可使用灰色（或彩色）。

设置：应用如图 7-6 所示的标准设置。

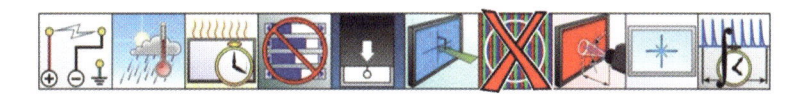

图 7-6 标准设置

其他设置条件：显示一个水平格子图案，然后显示竖直格子图案，用高分辨率的 LMD 测量屏幕中心的亮度分布。必须进行遮幕眩光修正（请见附录 A.2）。测量整数行（或列）的亮度。格子图案由使用人与利益相关方协商设定。设备为扫描式或阵列式 LMD。测试图案为水平格子和竖直格子（重复的亮暗间隔线图案）。

步骤：用一个阵列式 LMD，根据上述设置条件测量水平和竖直格子图案的亮度分布。扣除背景亮度（探测器的固有背景信号，无光输入时存在一个非零信号），获取的净信号 S 是距离的函数。必须进行遮幕眩光修正（请见附录 A.2）。

分析：对亮度测量轮廓进行动态窗口平均（详见附录 B.18 节），处理的平均窗口宽度应尽量接近 LMD 呈现的像素间距。对于一个阵列式探测器，需要用多个探测器像素对应一个显示屏像素。如果可能，每个显示屏像素至少对应 10 个探测器像素。例如，如果采用具有成像放大功能的阵列式探测器，且 53 个探测器像素对应 DUT 像素间距，那么动态平均窗口宽度就是 53 个探测器像素的宽度。由结果调制曲线可确定：①竖直黑线的净亮度值为 $S_K=S_d–S_g$，其中，S_d 是 DUT 产生的竖直黑线的最小亮度；②黑线周围白线的净亮度值为 $S_W=S_h–S_g$，其中，S_h 为白线的最大亮度。计算格子对比度（$C_G=S_W/S_K$）。总结如下：

$$S_W = S_h - S_g$$
$$S_K = S_d - S_g$$
$$C_G = S_W/S_K$$
$$C_m = \frac{S_W - S_K}{S_W + S_K}$$

式中，S_g 为眩光修正；S_h 为白线的最大亮度；S_d 为黑线的最小亮度；S_W 为白线的净亮度；S_K 为黑线的净亮度；C_G 为格子对比度；C_m 为迈克耳孙对比度或调制对比度。

分析示例见表 7-5。

报告：以不超过 3 位的有效数字报告格子对比度 C_G，如表 7-6 所示。也允许报告所采用的格子图案类型。建议给出眩光修正、白线与黑线的净亮度值。如果用于绝对亮度测量的设备已经完成校准，那么也可报告白线与黑线的亮度值。

表 7-5 分析示例

方向	竖直	方向	水平
格子图案类型	1×1	格子图案类型	2×2×5
眩光修正 S_g	1772	眩光修正 S_g	1653
白线最大亮度 S_h	7559	白线最大亮度 S_h	7489
黑线最小亮度 S_d	2467	黑线最小亮度 S_d	2217
S_W	5787	S_W	5836
S_K	695	S_K	546
C_G	3.8	C_G	10.3

表 7-6 报告示例

格子对比度	水平格子类型 2×3×5	竖直格子类型 1×2×4
C_G	10.3	3.8

注释：黑场测量对显示屏的对比度影响很大，请见附录 A.10。可能存在与小面积对比度测量相关联的复杂问题，请见附录 A.2。

测量 m×n×q…格子的目的是，近似测量字符的对比度。当测量字符对比度时，字符的高度会因为眩光的存在影响黑色区域的测量值。使用复制遮光板是一种方案，但制作一个尺寸及形状与字符相同的遮光板很困难。不过制作线状不透明的遮光板要比制作字符遮光板简单得多。字符上黑线的测量结果会因测量位置的不同而改变，而普通黑线的测量重复性更好。采用 m×n×q…格子是为了模拟像"m"这样的字符，"m"的 3 条竖线之间的距离为 2 个像素，而竖线宽度为 1 个像素，但实际上字符笔画之间的间隔宽度可能为 3 个或更多个像素。因此，在该例中，1×2×1×2×1×3 格子应该足够模拟字符"m"。

7.4 像素填充率

描述：用一个面阵 LMD 测量像素填充率或根据设计参数计算像素填充率。

像素填充率是有效发光面积与像素面积的比值。从人体工程学角度看，像素填充率不等于 100 %将会影响显示屏的显示质量。

注意，有些显示屏因为存在黑矩阵，所以有清晰的像素。在这种情况下，像素填充率可根据几何结构来计算。

图 7-7 所示为用一个 60H×50V 的阵列式探测器测量显示屏的单个像素。显示屏的一个像素对应 46×46 或 2116 个探测器像素；每个红、绿、蓝子像素都对应 420 个探测器像素。因此，像素填充率为

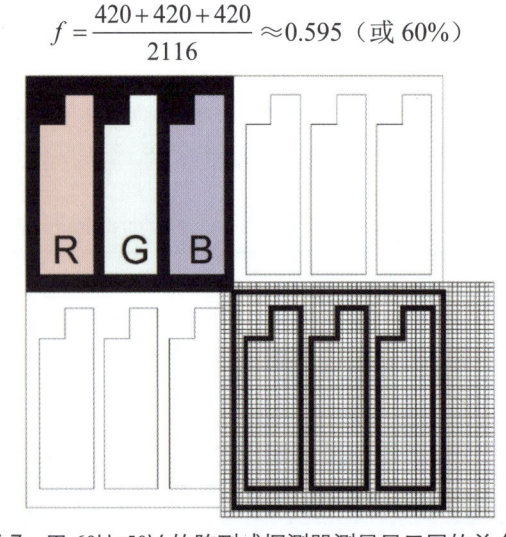

$$f = \frac{420+420+420}{2116} \approx 0.595 \text{（或 60\%）}$$

图 7-7 用 60H×50V 的阵列式探测器测量显示屏的单个像素

下面的讨论都是针对彩色显示屏子像素进行的。如果要测量单色显示屏，那么只需要将"子像素"换为"像素"即可。

设置：应用如图 7-8 所示的标准设置。

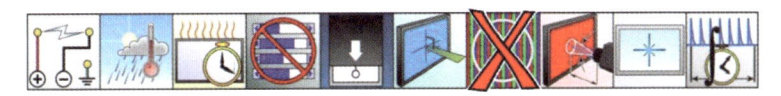

图 7-8 标准设置

其他设置条件：如果子像素相对均匀（发光区域的亮度不均匀性小于±20%）、定义明确（边缘清晰可见，即到子像素黑色边缘的距离在子像素长或宽的 10%范围内，这部分区域的亮度等于子像素的平均亮度），且像素设计参数已知或容易测量，那么可以计算像素填充率。如果像素发光区域内发光不均匀，那么用扫描式或阵列式 LMD 测量至少一个像素内所有子像素的亮度。测量设备为扫描式或阵列式 LMD、全屏白画面。

步骤和分析：

定义明确的子像素：对于很多显示技术，子像素掩模板与产生的像素定义明确且相对均匀（发光区域的亮度不均匀性小于±20%）。在这种情况下，如果设计参数已知或子像素尺寸可通过测量得到，那么像素填充率可根据几何尺寸计算：首先计算子像素的总面积 $s = s_R + s_G + s_B$，然后用像素面积 $a = P_H P_V$ 除以 s，就得到像素，填充率为 $f = s/a$。其中，s_i 为每个子像素的面积，P_H 为水平方向的像素间距，P_V 为竖直方向的像素间距。

不均匀的子像素：在其他技术中，从子像素的横截面方向观察，子像素不均匀，必须使用高分辨率的 LMD 测量每个子像素的亮度。LMD 不一定要以亮度为单位，但在亮度测量范围内应为线性。采用全屏白画面，在屏幕中心附近选取一个典型像素（这个像素的亮度与中心区域平均亮度的误差在±10%以内）。对于该像素内的每个子像素 i，测量子像素的峰值亮度 S_i。将探测器对准所选取像素的附近区域（如在用于分开子像素的黑色矩阵内或位于其他黑色结构内），然后确定黑色区域的最小亮度值 S_d。这个最小亮度值包含实际黑场的亮度值 S_K 和附加的眩光 S_g，因此 $S_d = S_K + S_g$。将显示屏子像素区域内、用探测器像素测量的亮度值记为 $S_i(x,y)$，其中，(x,y) 表示探测器像素的位置。任意显示屏子像素区域内的探测器像素的净亮度值可用所测量的黑色亮度值减去眩光得到，即 $K_i(x,y) = S_i(x,y) - S_g - S_K = S_i(x,y) - S_d$。最大净亮度值为 $S_i - S_g - S_K$。接下来确定以下条件的每个子像素区域的面积 s_i：子像素的净亮度 $K_i(x,y)$ 不小于最大净亮度值与阈值系数 τ 的乘积，即 $K_i(x,y) \geq \tau(S_i - S_g - S_K)$ 或 $K_i(x,y) \geq \tau(S_i - S_d)$。测量值可写为 $S_i(x,y) \geq S_d + \tau(S_i - S_d) = \tau S_i + (1-\tau) S_d$。应该在报告中记录所采用的阈值系数 τ，如表 7-7 所示，建议 $\tau = 0.05$ 或 $\tau = 0.1$。

表 7-7 分析示例（由阵列式探测器测量）

测量前准备的记录	
阈值系数 τ	0.1
探测器像素覆盖的显示像素	82×82
黑场区域亮度 S_d（计数）	7296
探测器的像素面积 a（探测器像素）	6724

续表

子像素填充率的测量				
颜色	最大亮度 S_i（计数）	阈值等级 $\tau S_i+(1-\tau)S_d$（计数）		阈值以上的区域（探测器像素）
红色	21757	8742		1239
绿色	27268	9293		1381
蓝色	20774	8644		1172
		探测器像素中阈值以上的总面积		3792
		像素填充率		0.564

像素填充率定义为 $f=A/A_W$，其中，A 表示亮度值高于阈值的所有子像素的面积（像素单位），A_W 表示整个像素区域的面积（在有些文献中，阈值采用 50%；然而人眼感知的阈值接近 5% 或 10%。实际上，用仪器测量的亮度 L_W 在人眼的感知中为 L^*，如果光亮度 L^* 减少为原来的 50%，那么此时的实际亮度减少为 $L=0.125L_W$，它们之间的关系为 $L^*=(L/L_W)^{(1/3)}$，这也说明了阈值为 5% 或 10% 的合理性）。注意，无法明确地测量遮幕眩光的值，因为它包含在 S_d 中。

建议光学系统的放大倍率要足够高，并且每个显示屏像素至少对应 10 个探测器像素（假设使用阵列式探测器），从而可分辨每个像素横向或纵向的最小尺寸。使用如测量放大镜或显微镜刻度尺的格线刻度确定每个像素对应的尺寸和面积。然后，只需要统计亮度大于或等于阈值 $S_d+\tau(S_i-S_d)$ 的阵列式探测器的像素数即可。

如果采用镜头视场张角相当大的光学系统，如显微镜或 LMD，那么测量中的不确定性会增加。在本书中，镜头的视场张角限制为不大于 2°，但很难产生高放大倍率的图像，除非使用长焦显微镜。为了确认大视场张角的镜头不会影响测量结果，需要做好相应的测试。在大多数情况下，镜头的视场张角会超过 2°。如果光学系统的视场张角超过 2°，那么需要报告光学系统参数。在任何情况下，都需要报告像素填充率和阈值系数。

报告：报告阈值系数（如果使用）、显示像素面积、高于阈值的子像素面积（如果使用）、像素填充率。以不超过 3 位的有效数字报告像素填充率，如表 7-8 所示。当以百分比报告像素填充率时，可将小数四舍五入取整。

注释：无。

表 7-8　报告示例

阈值系数	0.1
显示像素面积	6724 px
填充面积	3792 px
像素填充率	0.564
像素填充率（百分比）	56 %

7.5　图像串扰

别名：串扰、大面积串扰、交叉耦合、图像拖尾、曳尾。

描述： 在 8 个灰阶等级下，测量最坏情况的图像串扰。**单位：** 灰色图像亮度的干扰百分数。**符号：** 无。

图像串扰是指水平方向或竖直方向上屏幕的一部分影响另一部分的显示效果。人眼是一个很好的边界探测器，可以察觉很轻微的图像串扰现象，而这种图像串扰无法用仪器准确测量。串扰如图 7-9 所示。这里测量的是 8 级灰阶最差的亮度串扰现象。彩色也存在类似现象，其亮度可能受或不受影响，可用色差 $\Delta u'v'$ 或 ΔE 衡量。

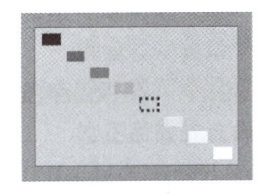

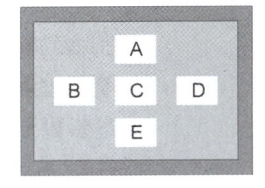

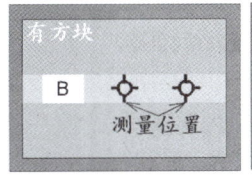

（a）测试图案　　　　　（b）测量区域　　　　　　（c）测量示例

图 7-9　测试图案、测量区域及测量区域位于 C 位置的测量示例

设置： 应用如图 7-10 所示的标准设置。

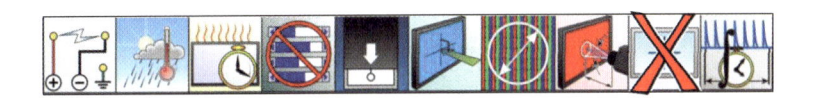

图 7-10　标准设置

其他设置条件：

注意，下述设置中所提及的所有图案可在 ICDM 官网找到。但是，为了测量最严重的图像串扰（需要用 560 帧包含所有可能性），5 个方块和背景的灰阶等级必须适当改变。

最严重图像串扰的设置： 用一系列沿对角线排列的 8 个不同灰阶等级的方块，在 8 级灰阶范围内改变背景的灰度（也可使用其他图案，只要 8 级灰阶方块的所有组合串扰通过检验）。找出最严重的图像串扰，如果 L_s 是背景有干扰时的亮度，L_{bkg} 是没有干扰时的亮度，那么图像串扰的测量值为 $|L_s-L_{bkg}|/L_{bkg}$。一旦确定了串扰最严重的灰阶图像，G_{bkg} 和 G_s 也就确定了，就可以进行下一步了。

图像串扰测试图案： 这项测量共有 10 个用于测量的图案，包括 5 个单独的方块图案和 5 个全屏灰色的图案，它们交替出现。5 个方块图案分别位于屏幕的上（A）、左（B）、右（D）、下（E）、中心（C），（这也是很多语言的文字阅读顺序：从左到右、从上到下），每个图案中只有 1 个方块。边缘方块紧贴屏幕侧边。方块的边长（宽度、高度）为屏幕宽度和高度的 1/6~1/5，并且每个方块距离屏幕边界大约方块宽度或高度的 1/2，如图 7-9 所示。方块的间隔应为屏幕尺寸的±5%。方块的灰阶等级为 G_s，背景的灰阶等级为 G_{bkg}。每个方块被灰阶等级为 G_{bkg} 的背景分隔开。

步骤： 在初始设置选择最严重的图像串扰后，从边界的方块开始，如 B 位置。测量 B 方块的中心亮度和与 B 方块位置相对的 D 方块的亮度。进入下一个没有方块的图案，测量中心位置 C 的亮度。对其他边界方块（A、D、E），重复上述过程。当方块出现在屏幕中心

C 时，测量 A、B、D、E 每个位置方块的亮度。测量位置并不需要非常精确，在显示屏尺寸的±5%以内即可。确定最严重的图像串扰（最严重的图像串扰出现在显示与未显示方块图案时，亮度变化最大的位置）。从所有的测量结果中选择图像串扰最严重的方块位置，确保 LMD 在这个位置，以便重复图像串扰最严重的 LMD 布置。保持 LMD 在对应位置，以便使其相对显示屏不发生移动，测量显示方块时的亮度 L_s 和不显示方块时的亮度 L_{bkg}。LMD 并不需要严格对准，但在测量结束时，一定要保持 LMD 相对于屏幕不发生移动。

分析： 图像串扰 S 表示为百分数，即 $S=100\%|L_s-L_{bkg}|/L_{bkg}$。

报告： ①报告全部测量中最严重的图像串扰（百分数表示）；②报告灰色背景亮度相对于全白场亮度的百分比（全白场为 100%，全黑场为 0，处于二者之间的为 $x\%$）或以等级数表示（7=白，0=黑）；③报告方块的等级（以与背景相同的数据格式表示）；④报告产生图像串扰所采用方块的位置（A～D），如表 7-9 所示。

表 7-9　图像串扰的报告示例

方块的位置	C
方块等级（0~7）	0
背景等级（0~7）	7
方块亮度	95
背景亮度	103
图像串扰 S	7.8%

注释： 不同显示技术的图像串扰可能随灰阶（本节"步骤"讨论的就是这种情况）或色阶（这里没有讨论这种情况）变化。也可使用 16 个灰阶等级的亮度。最严重的图像串扰通常与显示内容有关，这种情况下应该测量方块和背景的亮度。在亮度测量结束前，注意不要改变 LMD 的位置，因为显示屏的亮度可能存在一定的不均匀性。如果不能提供稳定的底座，如使用手持式测量仪，那么考虑使用一个对准遮光罩（一个不透明的卡片，在合适位置开一些孔，通过这些孔可对屏幕进行测量）。

图像串扰的表达式为 $S = 100\% | L_s-L_{bkg}| /L_{bkg}$，当背景亮度为 0（$L_{bkg}=0$）时，其数值为无穷大。因此通常不对显示屏进行这种测量。

本测量方法也可用于测量色彩串扰：在确定两种颜色组合产生最严重的图像串扰之后，执行上述测量步骤，但需要测量色坐标 (x, y)；然后计算颜色改变的指标而非亮度变化的百分数，如 $\Delta u'v'$（只用于颜色的变化）或 ΔE（包括颜色与亮度的变化）。

只要所有利益相关方同意，也可采用其他测试图案。例如，在以上测量步骤中规定的方块可能由于太小不能显示图像串扰现象，因此可能需要使用尺寸大于屏幕一半的方块（或其他图像）来显示图像串扰。对于这种尺寸扩大的方块，有可能无法对屏幕中心进行测量。此外，应该清楚地记录每个改变。

7.6　缺陷像素

缺陷像素分析需要解决 3 个问题：①如何确定、分类与测量缺陷像素；②如何确定、分类与测量缺陷像素簇密度；③如何确定最小缺陷像素间隔（如果需要对此进行说明）。因为簇密度——单位面积（或像素数目）的缺陷数——随显示屏质量的提高而减小，所以需要定义一种值随显示屏质量提高而增大的指标。簇质量或缺陷分布质量定义为正常像素数与缺陷像素数之比。因此，簇质量的值非常大，通常有好几千，并且随缺陷像素的减少而增加。簇质量与显示屏的尺寸无关，因为它基于像素的相对数量，而非面积。用于获得像素分析的规范，必须得到所有利益相关方的一致认可。

7.6.1 缺陷像素的特性和测量

描述：下面介绍一种描述像素缺陷的方法。

缺陷像素是进行视频信息寻址时不能正常工作的像素。例如，一个被寻址变黑的像素可能保持白状态。如果一个像素从不改变状态，那么就称它为不变像素。如果一个像素不随寻址信号改变状态，那么它可能是间歇性的。缺陷像素类型的详细分类见"分析"部分。

还有其他用于描述显示屏缺陷像素分类的方法。如使用ISO 13406标准中的方法。该标准是根据缺陷的数目对显示的缺陷像素进行分类的。下面会深入说明缺陷像素的类型。

注意，具有缺陷的显示列或行并不一定是实际的缺陷像素（如驱动相关的问题、寻址线问题等），但可能与本节定义的缺陷像素具有相同的特性。任何行与列像素的缺陷是否可被接受取决于用户。将它们以缺陷行或缺陷列进行报告。通常，行或列像素的缺陷是不可接受的。

观察阈值：下面根据像素的亮度是否一致，以及是高于某一白阈值还是低于某一黑阈值来讨论像素是常亮像素还是常暗像素。这里有两类阈值：亮度阈值和光亮度阈值。①线性亮度阈值。按照过去的习惯，白色亮度阈值为全白场亮度的75%，黑色亮度阈值是全白场亮度的25%。这种方法的问题是，亮度范围是线性范围，并且与眼睛观察像素的黑、白效果不能很好地对应。因此，在黑色背景上，亮度为全白场亮度25%的白色像素点在人眼看来，效果相当于亮度为全白场亮度57%的像素的光亮度。在黑色背景上，比这个亮度更低的像素很容易被发觉，而且难以接受。同样，在白色背景上，亮度为全白场最大亮度75%的白色像素点在人眼看来，效果相当于亮度为全白场亮度89%的像素的光亮度，但其可能很难与周边其他大量的白色像素区分开。②非线性亮度阈值。根据人眼的可视特性，为了确定黑色亮度阈值与白色亮度阈值，需要采用亮度缩放，并且采用公式 $L^* = (L/L_w)^{(1/3)}$（这可能是目前最合适的公式），请见附录B.1及B.9。如果确定亮度阈值为眼睛在黑、白之间所能感知的25%与75%的亮度，那么黑色亮度阈值为全白场亮度的4.415%，白色亮度阈值为全白场亮度的48.28%。这里更侧重于人眼观察的实际效果，因此，建议采用光亮度阈值，如表7-10所示。然而，亮度阈值具有很长的历史，因此，我们认为不得不在这里包括它。不管采用哪个阈值标准（或采用其他判别标准），都应该经所有利益相关方的认同，并且应该清楚地报告。

设置：像素缺陷的可见性取决于缺陷的类型与播放的视频。例如，常亮像素在白色画面中是不可见的，但在黑色画面中非常显眼。因此，用户必须恰当改变视频内容以发现缺陷像素。

步骤：缺陷像素通常是通过视觉观察进行评估的，因为要恰当地测量它们非常困难。详尽分析需要测量的每个像素，并且分析遇到的每个暗像素的眩光影响。即使缺陷像素可通过人眼鉴别，并通过测量来了解它们是否处于阈值范围内，仍然必须考虑遮幕眩光，从而获得白色背景上黑色像素的近似测量结果，见附录A.10.1。

表 7-10 可见性阈值

阈值标准	要求的亮度阈值 L_{WT}, L_{BT}	眼睛感知光亮度 L^*	不完整像素面积阈值 S_{UT}, S_{LT}
25 %亮度（L）	25 %：$L_{BT}=0.25L_w$	57 %	25 %：$S_{LT}=0.25S_p$
75 %亮度（L）	75 %：$L_{WT}=0.75L_w$	89 %	75 %：$S_{UT}=0.75S_p$
25 %光亮度（L^*）	4.415 %：$L_{BT}=0.04415L_w$	25 %	4.415 %：$S_{LT}=0.04415S_p$
75 %光亮度（L^*）	48.28 %：$L_{WT}=0.4828L_w$	75 %	48.28 %：$S_{UT}=0.4828S_p$

注：S_p 是像素发光区域的总面积，如多个子像素的组合面积。

观察像素缺陷的条件依赖供应商与用户之间的协定。指导方针如下：暗室条件为观察像素缺陷最好的条件；观察者可以从任意距离或角度来观察和评估缺陷，并且可采用放大设备对缺陷进行观察和归类。此外，可用任何视频图案辅助观察缺陷。在下述内容中，S 是相关像素面积。

分析：在最终报告的结果中，所有不完整的像素缺陷都作为一个完整的像素缺陷进行统计。5 种类型的缺陷像素如图 7-11 所示。类型 1、2、3 与亮度有关，类型 4 与位置有关，类型 5 与时间有关。白色亮度阈值为 L_{WT}，黑色亮度阈值为 L_{BT}，不完整像素面积的上阈值为 S_{UT}，不完整像素面积的下阈值为 S_{LT}。缺陷像素可分为如下 5 类。

（1）**常亮像素（常亮状态）**。其亮度一直高于白色亮度阈值，$L>L_{WT}$，且与视频内容无关。这种情况可通过黑色画面观察到，因为当以黑色画面为背景时，这样的像素显示为亮的像素。

（2）**灰色像素（常灰状态）**。其亮度一直位于白色亮度阈值与黑色亮度阈值之间，$L_{BT}<L<L_{WT}$，且与视频内容无关。可以先用白色画面，再用黑色画面来观察这类像素。这类像素显示为灰色像素，且与背景是白色画面还是黑色画面无关。

（3）**常暗像素（常暗状态）**。其亮度一直低于黑色亮度阈值，$L<L_{BT}$。可以使用白色画面来观察这类像素。这类像素在白色画面上显示为黑色像素。

（4）**不完整像素**。其指有缺陷子像素或面积缺陷的像素，如像素的部分区域处于常亮状态或常暗状态。如果 S_P 是一个正常像素的发光区域的面积（或多个子像素的组合面积），那么在一个像素里有 3 个发光区域：①像素的发光面积 S 小于下阈值（$S<S_{LT}$），在这种情况下，有的像素是无效的，处于常亮或常暗状态；②像素的发光面积大于上阈值（$S>S_{UT}$），在这种情况下，像素大多是有效的，不作为缺陷像素；③在不完整像素情况下，像素的发光面积介于两个阈值之间（$S_{LT}<S<S_{UT}$）。

（5）**瞬变像素**。其与稳定的视频输入无关，随时间变化。瞬变像素缺陷可能是断断续续的，显示为状态的突然改变或闪烁。可用白色画面或黑色画面观察这类像素。

注意：为了使缺陷像素类型与 ISO 13406 标准定义的类型等同，该标准中的类型 3 可作为上述定义的类型 3、4、5 的组合。

一个完整的像素缺陷规格标准包括每种类型像素的允许数目 n_i。缺陷的总数由式（7-1）给出。

$$n_T = \sum_{i=1}^{5} n_i \tag{7-1}$$

图 7-11 所示为一个理想 TFT LCD 子像素结构示例。

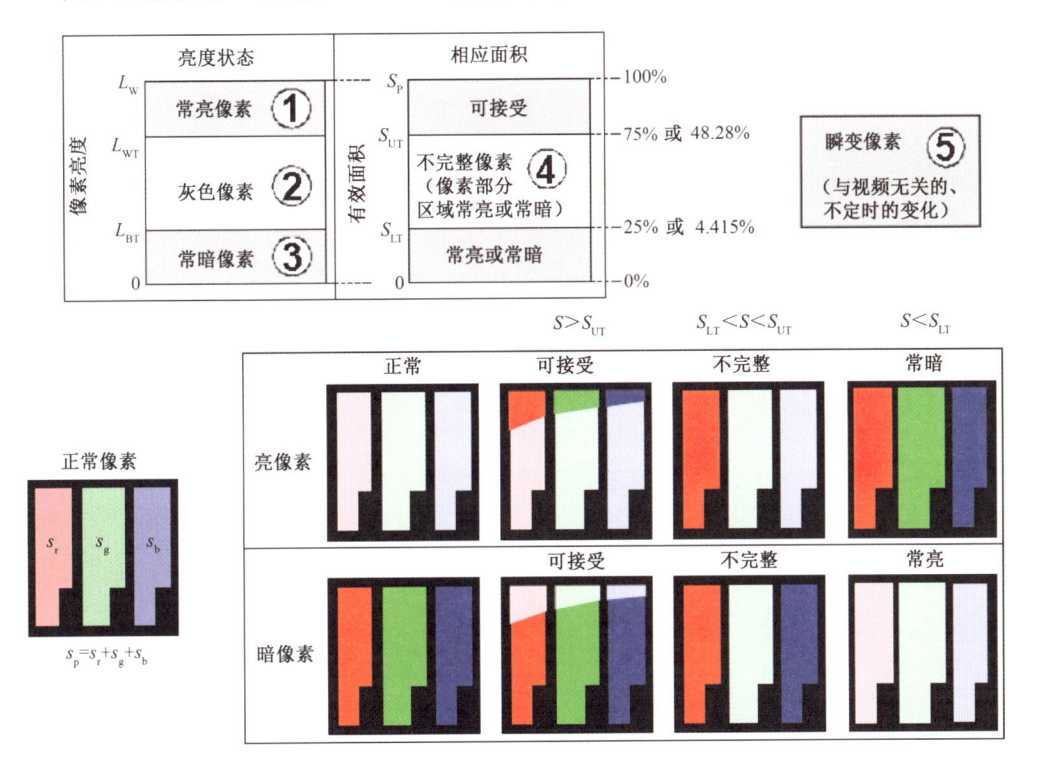

图 7-11　一个理想 TFT LCD 子像素结构示例

这些像素不可能均匀地分布于显示屏上,一些可能聚集成簇,这会引入簇规格与缺陷数目。

报告:报告缺陷的类型、允许数目和使用的图案(描述使用的屏幕与特定方法),如表 7-11 所示。

表 7-11　缺陷分析报告示例

评价指标	下阈值/% L_{BT}, S_{LT}		上阈值/% L_{WT}, S_{UT}		簇质量
缺陷类型	1	2	3	4	5	缺陷分布的质量
缺陷名称	常亮	灰色	常暗	不完整	瞬变	
允许数目	n_1	n_2	n_3	n_4	n_5	Q
图案	描述所采用的显示画面和方法					

7.6.2　簇特性与测量

缺陷簇:缺陷簇是一种描述临近或一组像素缺陷的方法。如果一个显示屏有 n 个缺陷像素,那么邻近像素会影响该缺陷及该显示屏的可用性。例如,20 个缺陷像素随机散布在一个 1024px×768px 的显示屏上，如果这些像素聚集或局限在显示屏上一个有限区域内（如显示屏显示区域的 10%以内），那么像素缺陷就不会那么难以接受了。将缺陷像素数与总像素数的比值定义为簇密度。如果总数为 n_T 的缺陷像素绝对均匀地分布在显示屏表面，那么最小簇密度是 n_T/N_T。注意，分母不是显示屏的面积，而是显示屏的总像素数。簇密度与显示屏的尺寸无关。例如，如果允许 $n_T=20$，显示屏总像素数为 1024×768，那么该密度是 $20÷（1024×768）≈2.54×10^{-5}$。然而，假设有 n_T 个缺陷像素，n_T/N_T 是可能获得的最小簇密度。显然，这不是普遍情况。因此，我们期望簇密度规范允许一个高于上述最小缺陷像素密度的像素密度（尽可能足够高）。密度并不总是非常直观的，因此，引入缺陷分布质量——密度的倒数作为衡量指标。

缺陷分布质量或簇质量：Q 为每个缺陷簇像素可接受像素的数目，称为簇质量，如图 7-12 所示。簇质量是簇密度的倒数。给定 N_T 为显示屏的总像素数，n_T 为缺陷像素数，则最大簇质量可表示为

$$Q_{max} = N_T/n_T \tag{7-2}$$

这要求缺陷绝对均匀地分布于显示屏的表面，然而实际上这种情况很少出现。

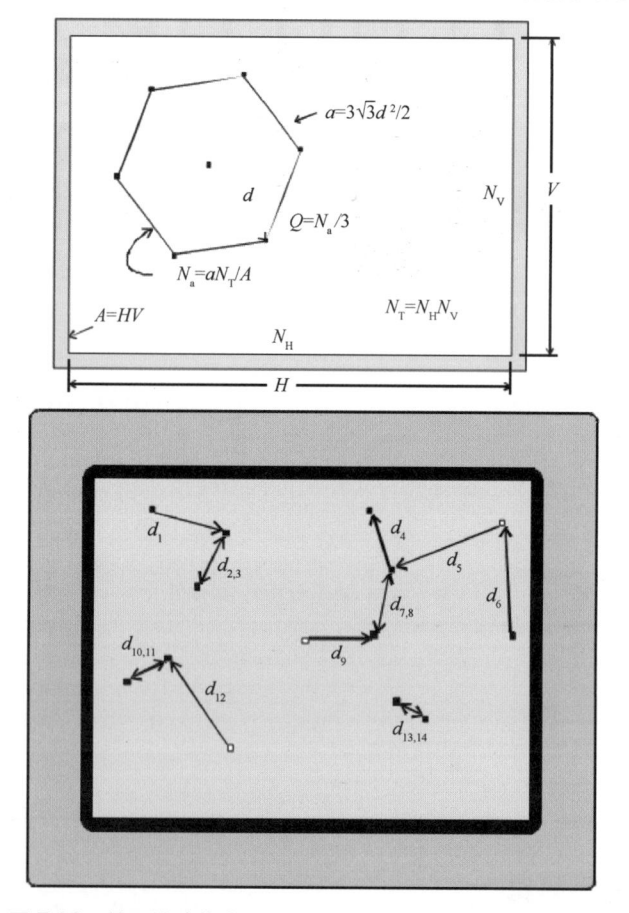

图 7-12 基于缺陷像素之间的最小距离定义的缺陷分布质量

假设有 2 个距离为 d 的缺陷像素，根据这个距离，可以得到一个最大簇密度的表达式。

将一个像素置于六边形中心并假设其他像素处于六边形剩余的顶点,每个像素之间的距离均为 d,该图案在整个屏幕上重复,通过这种方式可获得最大簇密度。在六边形区域内,有多少个像素?假设像素是圆的,并且中心正好位于顶点。每个顶点处像素的 1/3 位于六边形内部。因此,6 个顶点处像素的 1/3,加上中心像素,就得到了每个六边形等价的 3 个像素,其作为最坏情况的簇。显然,这是一种理想化的情况,但对于大量的像素,这应该是足够的。边长为 d 的六边形的面积为 $a=3\sqrt{3}d^2/2$,位于 a 内的像素数目为 $N_a=aN_T/A$。簇密度是 $3/N_a$,簇质量 $Q=N_a/3$。当然,像素并非聚集在如此规整的图案内。可以假设它们随机地分布于显示屏。我们需要延伸该假设,使得对于任意分布的像素具有意义。

假设一个显示屏的缺陷像素随机分布,像素是正方形的,每个缺陷像素与相邻最近像素的中心距离为 d_i。定义 d 为最邻近缺陷像素之间的平均距离,或为缺陷像素之间的平均最小距离。

$$d = \frac{1}{n_T}\sum_{i=1}^{n_T}(d_i - P) \tag{7-3}$$

从每个中心距离 d_i 中减去像素间距,从而使在行或列中的所有缺陷像素相互接触时,d 为 0。一般来说,P 项对于很多显示屏的影响很小。

确定缺陷像素之间的平均最小距离的步骤如下。

(1)用距离(mm)或像素坐标给出所有缺陷像素的位置(x,y)。

(2)对列表中的每个缺陷像素,计算其与此列表中其他像素的最小中心距离。通常,一对邻近缺陷具有相同的最小中心距离。

(3)计算最小中心距离的平均值。如果使用像素坐标代替像素距离,那么通过将平均值乘以像素间距 P,可将像素坐标转换为一个距离。

当 d_i 以距离单位测量时:

$$d = \frac{1}{n_T}\sum_{i=1}^{n_T}(d_i - P) \tag{7-4}$$

当 d_i 以像素坐标测量时:

$$d = \frac{P}{n_T}\sum_{i=1}^{n_T}(d_i - 1) \tag{7-5}$$

注意:如果想确认一个 DUT 是否满足规定的簇质量标准 Q,那么首先定位最近的两个缺陷像素并确定其间隔 d';如果簇质量因子 Q' [$Q'=\sqrt{3}d^2N_T/(2A)$] 基于该距离 d',大于或等于规格要求($Q' \geq Q$),那么就没有必要测量其余缺陷像素之间的距离。显示屏可满足或超过簇质量标准。可以在一张纸上裁剪一个具有以下直径的圆孔:

$$d = \sqrt{(2QA)/(\sqrt{3}N_T)} \tag{7-6}$$

寻找显示屏上可能处于圆内的两个缺陷像素。如果没有,那么显示屏确实满足或超过簇质量标准 Q。如果使用上述测试方法中的任意一种,两个像素之间的距离都小于 d,这也并不表示显示屏不满足簇质量标准,仅仅意味着需要进行更全面的分析以确定簇质量。

按照上面的解释,簇可以通过缺陷像素的平均距离 d 或簇质量 Q 来定义。如果是方形像素,那么还有两种表示簇的方式:缺陷像素之间距离与横向屏幕尺寸距离之比的最小值 f=d/H;水平方向上缺陷像素之间的最小像素数 $n_d=d/P$(P 为方形像素的像素间距)。如果使用的不是方形像素，那么在公式中将 P 替换成 $P'=\sqrt{P_H^2+P_V^2}$，假设 d 一直为正（所有像素都接触或接近接触，这不是常见的情况）。

步骤：有以下两种情况，一种是测量一个显示屏的簇质量，另一种是详细说明一个显示屏的簇质量。

簇质量的测量：按照前述三个步骤获得缺陷像素之间的平均最小距离 d，那么簇质量为

$$Q=\frac{\sqrt{3}d^2N_T}{2A} \tag{7-7}$$

式中，N_T 是显示屏的总像素数，A 是显示屏有效显示区域的面积。当 d 是由显示屏宽度的小部分或缺陷之间的像素数测得时，请参考表 7-12 中其他确定 d 和 Q 的方法。

表 7-12 涉及簇质量 Q 的计算

基于 d（缺陷像素之间的平均最小距离）		
$Q=\dfrac{N_a}{3}$	簇质量	对于均匀分布的三个理想缺陷像素可接受的像素数目，这是模型的基础
$Q=\dfrac{aN_T}{3A}$	簇质量	依据六边形面积 a、像素总数、显示屏面积计算的簇质量
$a=\dfrac{3\sqrt{3}d^2}{2}$	边长为 d 的六边形的面积	
$Q=\dfrac{\sqrt{3}d^2N_T}{2A}$	簇质量	以缺陷像素间平均最小距离表示的簇质量。测量 d，计算 Q
$d=\sqrt{\dfrac{2QA}{\sqrt{3}N_T}}$	缺陷像素间的平均最小距离	已知 Q，根据计算，想确定平均最小距离 d。给出 Q，确定 d
$d=\dfrac{1}{n_T}\sum_{i=1}^{n_T}(d_i-P)$	以距离单位测量的 d	
$d=\dfrac{P}{n_T}\sum_{i=1}^{n_T}(d_i-1)$	以像素坐标测量的 d	
基于 f（根据屏幕的部分距离描述的平均最小距离）		
$f=d/H$ 或 $d=fH$	根据横向屏幕的一部分描述 d	
$Q=\dfrac{\sqrt{3}f^2\alpha N_T}{2}$ 推导：$Q=\dfrac{\sqrt{3}d^2N_T}{2A}=\dfrac{\sqrt{3}f^2H^2N_T}{2HV}=\dfrac{\sqrt{3}f^2\alpha N_T}{2}$		
基于 n_d（根据屏幕的像素数描述的平均最小距离）		
$n_d=d/P$ 或 $d=n_dP$	根据像素数描述 d	
$Q=\dfrac{\sqrt{3}n_d^2}{2}$ 推导：$Q=\dfrac{\sqrt{3}d^2N_T}{2A}=\dfrac{\sqrt{3}n_d^2P^2N_T}{2HV}=\dfrac{\sqrt{3}n_d^2}{2}$		
使用过的定义		
$N_a=aN_T/A$	区域 a 中的像素数	
$A=HV$	显示屏面积（有效的、可见的、图像产生的区域）	
$N_T=N_HN_V$	根据水平和竖直像素数确定的显示屏像素数	
$H=N_HP_H$ $H=N_HP$（方格像素）	根据水平像素间隔确定的水平像素数	
$H=N_VP_V$ $H=N_VP$（方格像素）	根据竖直像素间隔确定的竖直像素数	

必要簇质量的确定：一种评估缺陷像素可容忍数量的方法如下。将显示屏分割为方块，再将每个方块对半分割，直至每个区域面积为显示屏的 1/16。一个小方块能容忍多少个缺陷像素？如果已经规定允许的缺陷总数为 n_T，那么可能会有 $n_T/16$ 个像素及一些额外的像素 n_e（必须确定 n_e 是什么）。此时簇质量为 $Q = N_T/(n_T + 16n_e)$，如图 7-13 所示。如果不知道 n_T 取什么值合理，那么可以规定在 1/16 方块内允许有 n 个缺陷像素，此时簇质量可定义为 $Q = N_T/(16n)$。

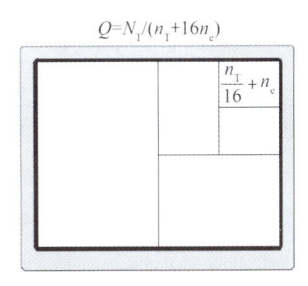

图 7-13 簇质量的确定

这里有一些确定允许的缺陷像素数的方法。已知 n_i（$i = 1,2,\cdots,5$）与 n_T 或在 1/16 格子内允许的缺陷像素数，你可能不敢采用 $Q_{max} = N_T/n_T$ 来要求缺陷分布绝对均匀，因此，需要合理地选择 Q 值。选择一个距离 d，然后计算 $Q = \sqrt{3}d^2 N_T/2A$，这可能更加合理。但这样处理可能不会产生想要的结果。例如，假设有一个 1024px×768px 的显示屏，其横向尺寸为 245mm，竖直尺寸为 184mm，希望 d=20mm 为缺陷之间的平均最小距离。此时得 Q=6043，并且对于该缺陷密度，整个面积 A 上有 130 个缺陷像素。在经过深思熟虑后，你也可以将缺陷总数限制为 n_T=20。然而，事实并非那样，因为所有缺陷像素可能聚集在显示屏的一个区域，它们的间距为 d，这可能与期望的结果不同。现在采用 1/16 格子：如果缺陷分布均匀，可发现每个 1/16 格子有 $n_T/16$=1.25 个缺陷像素。如果允许再多一个缺陷像素，即 n_e=1，那么 Q =21845；如果 n_e=2，那么 Q=15124。这在本质上不能完全解决允许的缺陷像素数量规格有不足之处的问题，因为即便采用 1/16 格子标准，仍然可能有两个像素成簇，并满足由 1/16 格子标准建立的簇质量标准。这就是为什么要在 7.6.3 节引入最小缺陷间隔。

扩展至更复杂的簇质量因素：显然，这个扩展是有必要的，如果要对簇进行更详细的描述，那么可以在簇质量的定义中包括每种类型的像素缺陷。另一种处理不同类型（如果它们具有不同的感知程度）像素缺陷的方式是在缺陷像素的平均最小距离表达式中加入一个权重系数 w_i，即 $d = \frac{1}{n_T}\sum_{i=1}^{n_T} w_i w_j (d_i - P)$，其中，$w_i$ 是第 i 个缺陷像素的权重系数，w_j 为其最邻近缺陷像素（第 j 个缺陷像素）的权重系数。例如，常亮像素或常暗像素的权重系数可能为 1，灰色像素的权重系数为 1/2，不完整像素的权重系数为 1/3，瞬变像素的权重系数为 1。

7.6.3 最小缺陷间隔

如果两个缺陷像素非常接近，并且与其他缺陷像素距离很远，那么这样可能会满足簇质量标准，且可能会满足缺陷像素类型所需的数量，但事实上两个挨得很近的缺陷像素可能令人无法接受。因此，如果有必要，可对缺陷像素之间允许的最小距离，即最小缺陷间隔 d_{min} 提出要求。此外，这个最小距离可以是屏幕上缺陷像素的距离，也可以是缺陷像素之间间隔的像素数目，还可以是屏幕横向尺寸的分数。

7.7 等效分辨率

别名：锐利度。

描述：用一个稍微倾斜的阵列式 LMD 测量显示屏上的竖直或水平的阶梯图案，如图 7-14 所示。根据斜边算法计算图像的空间频率响应（Spatial Frequency Response，SFR），得到 DUT 的 SFR 下降一定程度（如 50%）时的分辨率。**单位**：1/px。**符号**：f（50%）。

注意：该方法还在被研究和改进，以便更明确，目前不建议使用。

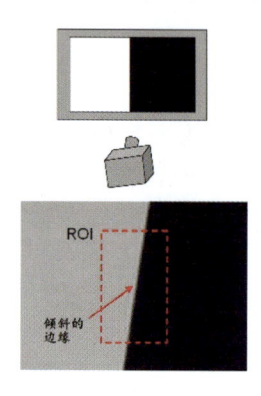

图 7-14 用倾斜阵列式 LMD 观察阶梯图案（ROI 指测量区域）

应用：所有发光的显示屏。

设置：应用如图 7-15 所示的标准设置。

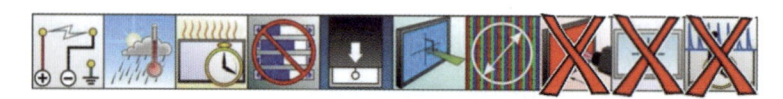

图 7-15 标准设置

其他设置条件：DUT 显示一个阶梯边界图案。根据进一步的研究，阶梯边界图案的数字化输入信号可以自行定义。LMD 必须为阵列类型，并且与阶梯图案边界成 5°角放置。LMD 可以是商用数码相机或输出已校准成与亮度成正比的数码相机。推荐校准步骤按照 ISO17321-1 标准执行[1]。LMD 的 SFR[$M_C(f)$]优于 LMD 与显示屏的组合 SFR[$M_T(f)$]。$M_C(f)$ 可根据 ISO12233 标准[2]测量。显示屏的一个像素应至少对应 2 个 LMD 像素。

步骤：

（1）对显示的图案拍照，并将输出数据转换为亮度。

（2）根据斜边算法（见 7.7.1 节）计算 ROI 的总 SFR $M_T(f)$。

（3）计算全局迈克耳孙对比度 C_M。

---

[1] ISO 17321-1. Graphic technology and photography color characterization of digital still cameras (DSCs) using color targets and spectral illumination[S]. International Organization for Standardization , 1999.

[2] ISO 12233. Photography electronicstillpicture cameras resolution measurements[S]. International Organization for Standardization, 2000.

（4）由 C_M、$M_T(f)$、$M_C(f)$ 计算 $M_D(f)$；由 SFR 曲线获得分辨率。

分析：显示屏的 SFR 可表示为

$$M_D(f)=C_M M_T(f)/M_C(f) \tag{7-8}$$

如果 $M_C(f)$ 的频率范围远比 $M_T(f)$ 大，那么 $M_D(f)$ 与 $C_M M_T(f)$ 近似成正比。分辨率 $f(n\%)$ 可通过寻找 $M_D(f)$ 曲线下降 $n\%$ 处的空间频率得到，如图 7-16 所示。

报告：用前面获得的数值，以不超过 3 位的有效数字报告分辨率。也应该报告测量条件，如 C_M 和平均亮度 L_A，如表 7-13 所示。

注释：分辨率大于 1 是合理的，因为大多数显示屏（如 LCD）是由子像素构成的，而且有时候还进行了数字锐化。SFR 也可与对比度灵敏度函数（CSF）结合，以获得视觉感知的分辨率。

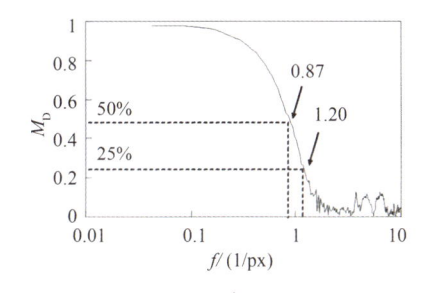

图 7-16　SFR 曲线示例

表 7-13　报告示例

水平		竖直	
L_A	187	L_A	189
C_M	0.98	C_M	0.97
$f(50\%)$	0.87	$f(50\%)$	0.86

7.7.1　空间频率响应的确定

描述：空间频率响应（SFR）是研究显示屏的锐利度、DMTF 等的基础。附录中 SFR 的计算方法是刀边法的改进，以便增强 SFR 计算的精确性。

步骤：图 7-17 中的各子图与以下用于确定 SFR 的各步骤对应。

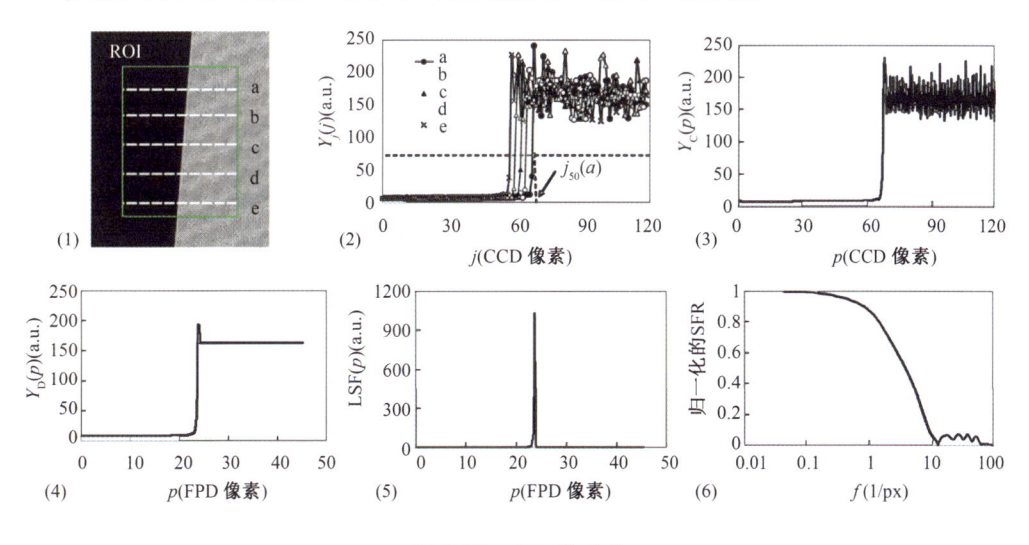

图 7-17　SFR 的确定

（1）从图像中选择 ROI，将输出单位转换成与亮度呈比例的单位。

①采用矩形 ROI 工具选择一个包含斜边的 ROI，建议 ROI 的最小尺寸大于 50 像素×50 像素。

②如果使用数码相机（DSC），将输出单位转换成与亮度呈比例的单位（Y）。由彩色 DSC 输出的 R、G、B 应该为一阶伽马转换，并与 Y 具有以下关系：

$$Y=a_1f_1(R)+a_2f_2(G)+a_3f_3(B) \tag{7-9}$$

式中，常数 a_1、a_2、a_3 与伽马函数 f_1、f_2、f_3 可从标准步骤[1]中找到。

（2）根据 ROI 中的 i 行 j 列得到 Y 分布 $Y_j(j)$。沿行方向提取亮度值，图 7-17 中 a、b、c、d、e 行的 $Y_j(j)$ 很容易得到。

（3）将以 δ_i 为自变量的 $Y_j(j)$ 转换为 $Y_j(j-\delta_i)$。将所有 $Y_j(j-\delta_i)$ 合并为一个函数 $Y_C(p)$。

① δ_i 通常为非整数，由式（7-10）计算。

$$\delta_i=mi+c \tag{7-10}$$

式中，斜率 m 和截距 c 由每个 $Y_j(j)$ 的 50%转变位置 $j_{50}(i)$ 的最佳拟合确定。

② $Y_C(p)$ 随非整数 CCD 像素 p 密集排列。

（4）根据 7.7.2 节的方法，从 $Y_C(p)$ 去除混淆现象和噪声以获得 $Y_D(p)$。将 p 由 CCD 像素转换为 FPD 像素。转换比例可根据已知 FPD 像素的线的 CCD 像素计算获得。

（5）通过对 $Y_D(p)$ 进行数值微分，计算线扩展函数 LSF(p)。

①为了进一步处理，对 $Y_D(p)$ 进行重新取样，得到间隔为 δ_p 的等间距函数 $Y'_D(p)$。

②数值微分的一个例子为

$$LSF(p)=[Y'_D(p) - Y'_D(p-p)]/\delta_p \tag{7-11}$$

（6）对 LSF(p)进行傅里叶变换，得到 SFR。

①典型的傅里叶变换为

$$F_k\left[\text{LSF}(p)\right] = \sum_{n=0}^{N-1} \text{LSF}(n\delta_p) e^{-j2\pi kn/N} \tag{7-12}$$

式中，N 是 LSF(p)的取样点数。

②取傅里叶变换数据的模，由式（7-13）获得归一化 SFR。

$$\text{SFR}_k = F_k[\text{LSF}(p)]/F_0[\text{LSF}(p)] \tag{7-13}$$

式中，$F_0[\text{LSF}(p)]$ 是直流分量。

7.7.2 改进的小波去噪方法

描述：这是一种从响应曲线中分离调制、失真和噪声的方法。例如，可用这种失真很小的方法处理显示屏的灰阶转换时间响应曲线。

步骤：

（1）具有寄生调制和噪声的测量曲线 $A_0(t)$（见图 7-18）去噪声后得到曲线 $B_1(t)$，但其仍有未去除的调制。

---

[1] ISO 17321-1. Graphic technology and photography colour characterization of digital still cameras (DSCs) using colour targets and spectral illumination[S]. International Organization for Standardization, 1999.

$$B_1(t)=D[A_0(t)] \tag{7-14}$$

式中，$D[f(t)]$表示对曲线 $f(t)$进行小波去噪处理。

（2）为进一步去除调制，在曲线 $B_1(t)$上叠加一个白噪声曲线 $n_1(t)$，得到曲线 $A_1(t)$。$A_1(t)$再次经过小波去噪处理，得到曲线 $B_2(t)$。

$$A_1(t)= B_1(t)+n_1(t) \tag{7-15}$$

$$B_2(t)= D[A_1(t)] \tag{7-16}$$

建议 $n_1(t)$的标准差要小于 $A_0(t)$幅度的 1%。

（3）重复步骤（2），直至调制信号几乎完全去除。

$$A_i(t)=B_i(t)+n_i(t) \tag{7-17}$$

$$B_{i+1}(t)=D[A_i(t)] \tag{7-18}$$

（4）上述示例中的曲线 $B_4(t)$是 $A_0(t)$的最终解调曲线。

（5）示例的测量曲线、调制、噪声与处理曲线如图 7-19 所示。

（6）小波去噪的理论方法可在很多文献和网站中找到[1]。小波去噪工具可由软件包 C++ shared library、MATLAB®toolbox、LabVIEW®function library 等开发。建议 Haar 小波的软阈值设置与级别设置不小于 10（见图 7-20）。

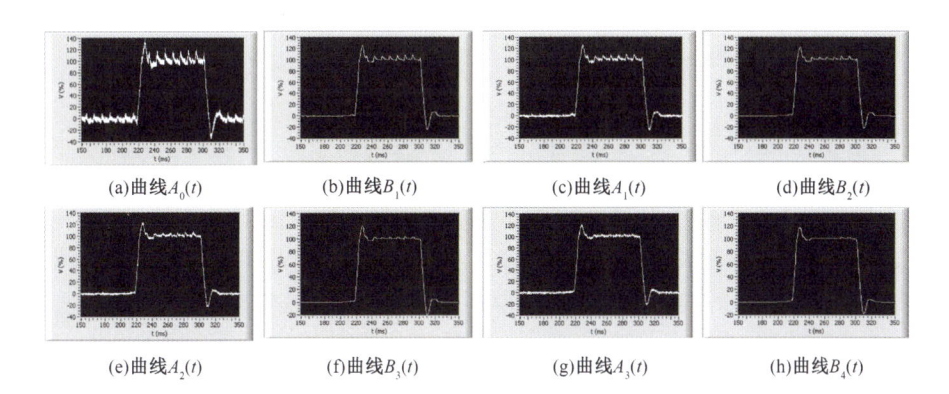

图 7-18　去噪方法示意

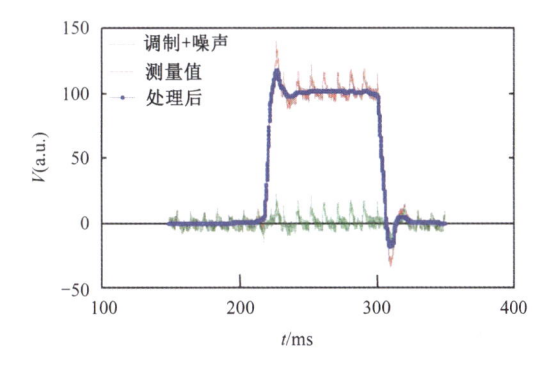

图 7-19　测量曲线、调制、噪声与处理曲线示例

---

[1] 此处原书参考资料：D. L. Donoho, IEEE Trans. Inform. Theory Vol.41, p.613 (1995).

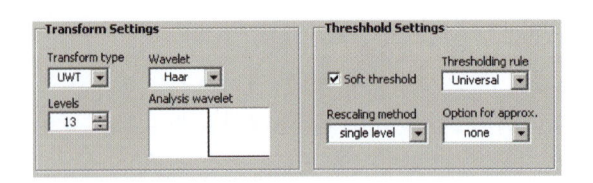

图 7-20　Haar 小波的软件阈值设置与级别设置不小于 10

7.8　对比度调制的分辨率

别名：有效分辨率（见前述部分）。

描述：基于条纹图案的调制对比度（迈克耳孙对比度）阈值测量显示屏相对于其寻址能力的分辨能力。寻址能力是指可独立且能充分控制的（完整）像素的数目。分辨率是指人眼能清楚分辨和识别像素的程度。用一个数字描述分辨率是对这一复杂问题的近似处理，如 1920px×1200px。这里将分辨率定义为具有规定的最小调制对比度的、可被显示的、黑白交替的线条数，此处的最小调制对比度即调制对比度阈值 C_T。如果对于特定的寻址能力，显示屏不能达到以上标准，那么在描述显示屏时，寻址能力与分辨率是不同的，即实际分辨率将会低于寻址能力。这里，调制对比度定义为

$$C_m = \frac{L_W - L_K}{L_W + L_K}$$

式中，L_W 为全白场的亮度，L_K 为全黑场的亮度。对于通常的应用，可根据两个标准给出有意义的、可实现的分辨率值。这里对水平和竖直方向的分辨率分别予以讨论。

文本（与图像）分辨率：需要清晰的黑白区域和锐利的边界。因此，定义分辨率为在调制对比度阈值 C_T 不小于 50% 的前提下，能够显示的黑白交替线条的最大数目。在这里，50% 的调制对比度可以显示清晰可辨的黑白交替线条。

图像分辨率：通常不需要亮度的急剧变化。对于显示非文字图像的显示屏，可以只使用 25% 的 C_T 来定义分辨率。一个具有 25% 的调制对比度的黑白交替线条图案仍然是可见的。

相对于显示图像，显示文字需要更高的调制对比度阈值。这意味着对于显示文字，在某些情况下，标称分辨率可能降低。上述两个阈值定义可按需采用。如果所有利益相关方达成一致，也可采用其他阈值。不同的任务可能需要用不同的阈值。

设置和步骤：无。$N×N$ 格子的调制对比度测量参见 7.2 节。

分析：以可分辨像素的数目计算分辨率，如下所示。

$$分辨率 = \frac{可寻址线数}{n_r}$$

式中，n_r 是以像素计数的格子线宽。当调制对比度 C_m 等于给定的调制对比度阈值 C_T（如图 7-21 中的 25%）时，用线性插值法即可给出其对应的格子线宽 n_r。$C_m(n)$ 对应 $N×N$ 格子的调制对比度。

如果 $C_m(1) > C_T$（如 25%），那么 $n_r = 1$ 且分辨率等于可寻址线数。对于 $C_m(1) < C_T$，使用线性插值法从与 C_T（如 25%）接近的 C_m 测量值中计算 n_r。通常，选择测量线宽分别为 n 个像素和（$n+1$）个像素的格子图案，使得 $C_m(n) < C_T < C_m(n+1)$。

$$n_{\mathrm{r}} = n + \frac{C_{\mathrm{T}} - C_{\mathrm{m}}(n)}{C_{\mathrm{m}}(n+1) - C_{\mathrm{m}}(n)}, \quad C_{\mathrm{m}}(n) < C_{\mathrm{T}} < C_{\mathrm{m}}(n+1)$$

示例：令调制对比度阈值为 $C_{\mathrm{T}}=25\%$，1 个像素宽的格子图案对应的调制对比度为 $C_{\mathrm{m}}=17\%$；2 个像素宽的格子图案对应的调制对比度为 $C_{\mathrm{m}}=68\%$。在这两组数据点之间插值，计算调制对比度为25%时的 n_{r}，即 $C_{\mathrm{T}}=25\%$，对于 $n=1$，$C_{\mathrm{m}}(1)=0.17$，$C_{\mathrm{m}}(2)=0.68$。对于这些值，n_{r} 与分辨率计算如下。

$$n_{\mathrm{r}} = n + \frac{C_{\mathrm{T}} - C_{\mathrm{m}}(n)}{C_{\mathrm{m}}(n+1) - C_{\mathrm{m}}(n)} = 1 + \frac{0.25 - 0.17}{0.68 - 0.17} \approx 1.1568$$

$$\text{分辨率} = \frac{\text{可寻址线数}}{n_{\mathrm{r}}} \approx \frac{1024}{1.1568} \approx 885 \text{线}$$

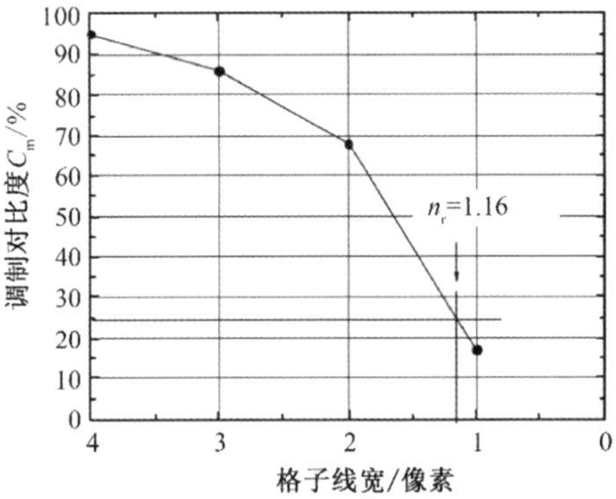

图 7-21 根据调制对比度测量结果，使用线性插值法确定 n_{r}

对测量的调制对比度 C_{m}，应用这一评价标准即可评价显示屏在水平与竖直方向以像素计数的分辨能力。

报告：使用上述 C_{m} 值给出可分辨的像素数（取整）。报告显示屏每个测量位置水平和竖直方向的 C_{m} 值（分别为 C_{mH} 和 C_{mV}）。

定义分辨率最差的位置为显示屏上水平和竖直方向的组合调制对比度最小的测试位置。组合调制对比度的幅度用均方根计算：

$$C_{\mathrm{m}} = \sqrt{(C_{\mathrm{mH}}^2 + C_{\mathrm{mV}}^2)/2}$$

式中，C_{mH} 是白线的水平调制对比度；C_{mV} 是白线的竖直调制对比度。报告示例见表 7-14。

注释：分辨率往往是显示屏的首要规格。有必要区分寻址能力与分辨率两个概念。

（1）寻址能力确定了显示屏上可显示像素点的位数。然而，这并不代表显示的一个发光点可精细到足以把它和相邻点位的发光点区分开。

（2）分辨率为显示屏上足以分辨的像素（或线）数。

（3）调制对比度 C_{m} 被一些学者认为是描述显

表 7-14 报告示例

水平		竖直	
$C_{\mathrm{mH}}1\times1$	0.17	$C_{\mathrm{mV}}1\times1$	0.34
$C_{\mathrm{mH}}2\times2$	0.68	$C_{\mathrm{mV}}2\times2$	0.88
$C_{\mathrm{mH}}3\times3$	0.86	$C_{\mathrm{mV}}3\times3$	0.94
$C_{\mathrm{mH}}4\times4$	0.95	$C_{\mathrm{mV}}4\times4$	0.98
n	1	n	—
n_{r}	1.157	n_{r}	1
寻址能力	1024	寻址能力	768
分辨率	885	分辨率	768

注：$C_{\mathrm{T}}=25\%$。

示屏显示信息能力的最佳且最完备的单一指标。

（4）注意：为了避免显示特定图案时出现频闪，有些显示屏（如用于电视机的显示屏）会有意将分辨率降低至低于（像素）寻址能力。这不意味着它们比高分辨率的显示屏差，而仅仅是为了特定目的进行特定的性能设置。

（5）如果显示屏非常理想，那么屏幕上将会显示一系列完整的白条纹，白条纹之间是理想的黑条纹，调制对比度 C_m 为 100%。然而，实际上有多种因素共同作用，使得光溢出白条纹区域，以至于图案是一组亮暗相间的灰色条纹，而不是黑白相间的条纹。这些因素包括：①显示屏显示一条窄线的能力，如是否存在图像串扰问题；②三基色光束混合的准确性；③晕光——由于显示屏覆盖材料、内部组件和像素表面的反射，图像亮区域的光泄漏至暗区域。

像素仅由 C_m 定义，仅与白条纹（峰值）与黑条纹（谷值）的相对亮度有关，而与绝对亮度无关。在 ANSI/NAPMIT7-215 中定义的 ANSI 像素限定了高频亮度衰减值，即要求显示屏在最高空间频率下的峰值亮度不低于低空间频率下（特别是对于 4×4 棋盘格图案）峰值亮度的 30%。ANSI 像素调制定义为明暗相间格子图案（1 个像素线宽）的（黑白）对比度与 ANSI 大面积 4×4 棋盘格测试图案的（黑白）对比度的比值。ANSI 像素的估值可使用 7.2 节和 5.26 节的结果通过线性插值法计算获得。

7.9 亮度阶跃响应

别名：空间阶跃响应。

描述：测量由于过冲、下冲、上升时间、下降时间引起的畸变，这些因素可能是由显示屏的视频电路（如 CRT 显示屏）、投影系统或近眼式显示屏的镜头造成的。这些特性决定了显示屏显示清晰图像边界的分辨率。差的阶跃响应会造成图像拖尾。**单位**：无。**符号**：无。

应用：点阵扫描显示屏。

设置：应用如图 7-22 所示的标准设置。

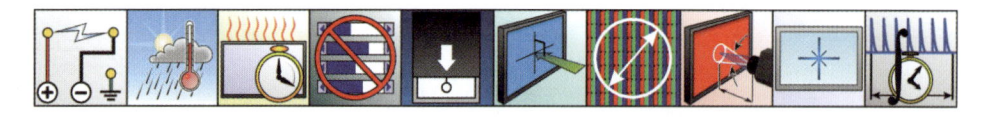

图 7-22　标准设置

其他设置条件：测试对象是屏幕上的一个方块，尺寸为 $0.15V$（显示屏竖直方向尺寸的 15%），灰阶等级设置为 $0.90n$（产生 90% L_W 的亮度，如 8 位灰阶的 229/255），其中 n 为最高灰阶等级；方块被 $0.1n$（产生 10% L_W 的亮度，如 8 位灰阶的 25/255）的灰阶背景包围。当然也可以测量反转图案。对于彩色显示屏，除了测量白色，还可选择测量单独的基色（如红、绿、蓝）方块。扫描式或阵列式 LMD 用于测试方块在水平方向上是否缺乏足够的锐度。注意，在亮背景上测量暗目标时，必须消除 LMD 的遮幕眩光，见附录 A.2。

步骤：显示测量目标，并用具备空间分辨能力的亮度计（如 CCD 阵列式探测器）在 3

个等间隔、穿过方块的水平线上（见图 7-23）测量正、负过渡。

分析：寻找明显的振荡、下冲、过冲或拖尾。使用 10% L_W 与 90% L_W 作为衡量上升与下降时间的参照。

报告：报告显著的振荡、下冲、过冲或拖尾现象。以屏幕上显示的方格边缘处亮度从 10% L_W 过渡到 90% L_W 的距离来计算上升时间与下降时间，如图 7-24 所示。也可报告以像素数计算的上升时间与下降时间。

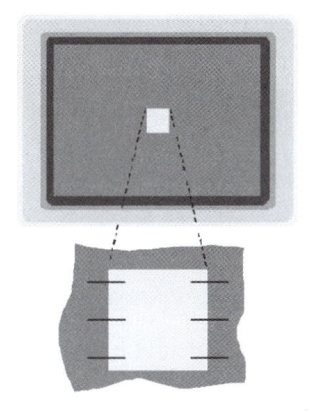

图 7-23 尺寸为屏幕竖直尺寸的 15% 的方格，亮度为 90% L_W，背景亮度为 10% L_W

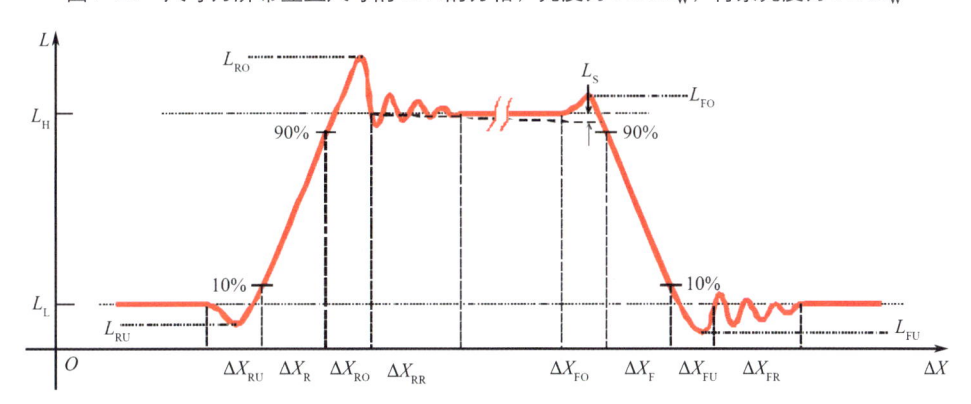

图 7-24 波形参数表示法

在图 7-24 中，各符号含义如下。

L_H 为高稳态亮度；L_L 为低稳态亮度；L_{RU} 为上升沿的亮度下冲；L_{RO} 为上升沿的亮度过冲；L_S 为从 L_H 看的亮度下跌；L_{FO} 为下降沿的亮度过冲；L_{FU} 为下降沿的亮度下冲；Δx_{RU} 为从下冲起至 10% L_W 的距离；Δx_R 为 10% L_W 与 90% L_W 之间的上升距离；Δx_{RO} 为上升沿从 90% L_W 至过冲结束（过冲后恢复到 L_H 处）的距离；Δx_{RR} 为从下冲结束至亮度振荡小于稳态亮度 L_H +/-5% 点的过冲振荡衰减距离；Δx_{FO} 为下降沿上从过冲开始至 90% L_W 的过冲距离；Δx_F 为 90% L_W 与 10% L_W 之间的下降距离；Δx_{FU} 为下降沿上从 10% L_W 至下冲结束（下冲后恢复到 L_L 处）的距离；Δx_{FR} 为从下冲结束至亮度振荡小于稳态亮度 L_L +/-5% 点的下冲振荡衰减距离。

注意：（1）下降沿测量应考虑亮度下跌问题。如果存在一个下跌（$L_S > 0$），那么应以下跌后的亮度为起点来测量 L_{FO}，如 90% L_W 和 10% L_W 的亮度也都应以下跌后的亮度为基准进行计量。

（2）L_H 测量问题。有时，如果无法获得明确的 L_H，那么就需要进行滤波处理，以便恰当测量 L_H。

（3）上升时间与下降时间的测量问题。由于信号质量差，有可能难以确定上升时间或下降时间上的 10% L_W 与 90% L_W 的点。在这种情况下，测量 20%～80%的过渡并将其乘以系数 1.333（等效于 10%～90%的过渡）或测量 30%～70%的过渡并乘以系数 2.000（等效于 10%～90%的过渡）。

注释：如果有可能且输入信号可以获得，那么拍下（或保存）视频信号发生器输出信号（显示屏输入信号）的示波器波形，以确定视频信号发生器可能引入的任何信号畸变（该测量需要适当的信号电缆与终端装置），如图 7-25 所示。对比视频信号发生器的输出信号与显示屏的发光亮度波形即可将显示屏引入的信号畸变与视频信号发生器带来的信号畸变区分开。应当注意测量中采用的 LMD 可能会因遮幕眩光问题而影响测量结果。关于视频电信号的更多信息，参见 VESA VSIS 标准。

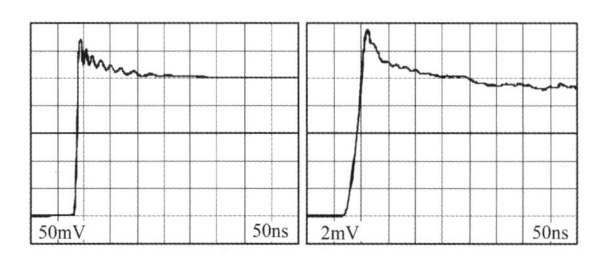

（a）视频信号发生器的输出信号　　　　（b）发光亮度波形

图 7-25　发光亮度波形显示了与视频信号发生器输出信号相似的过冲，但也显示了视频信号发生器电信号中不存在的下跌

第 8 章

均匀性测量

通常人们提到"均匀性"时，实际上指的是不均匀性。均匀性是衡量屏幕表面亮度或色差的参量。然而，重要的不仅是差异值，屏幕亮度的变化梯度也很重要。整个屏幕表面的亮度平缓变化 20%，并不容易被人眼察觉。但是，如果观察者在 1°视角范围内看到这么大的变化，他就会很容易注意到。本章从采样点均匀性入手，因为它比较简单。

亮度均匀性 $\mathcal{U}$ 可衡量屏幕表面亮度保持不变（或变化）的程度。100%的均匀性表明屏幕亮度均匀性非常好；90%的均匀性表明屏幕距离理想均匀性稍有偏差。我们也讨论不均匀性 $\mathcal{N}$，10%的不均匀性意味着屏幕近乎完美。有时，人们在谈及均匀性时指的却是不均匀性。鉴于这个原因，这里对二者都进行定义。本章多数标题都会遵循习惯称"均匀性"。但是，不均匀性往往才是所需要的度量。假设测量屏幕上多个点的亮度，并找出采样点的亮度最小值 $L_{\min}$ 和最大值 $L_{\max}$。均匀性和不均匀性的定义如下。

对于均匀性：

$$\mathcal{U} = 100\% \frac{L_{\min}}{L_{\max}} \tag{8-1}$$

对于不均匀性：

$$\mathcal{N} = 100\% \frac{L_{\max} - L_{\min}}{L_{\max}} = 100\% \left(1 - \frac{L_{\min}}{L_{\max}}\right) \tag{8-2}$$

颜色均匀性是指屏幕表面的颜色保持不变的程度。相反，颜色不均匀性是指屏幕表面色差的程度。颜色不均匀性可用屏幕上任意两点间的最大色差（根据一些特定的色差度量方法）表示。推荐使用 $\Delta u'v'$ 表征色差，这里有

$$\Delta u'v' = \sqrt{(u'_1 - u'_2)^2 + (v'_1 - v'_2)^2} \tag{8-3}$$

式中，(u'_1, v'_1) 和 (u'_2, v'_2) 是任意两点的色坐标，且 (x, y) 色坐标和 (u', v') 色坐标的关系为

$$u' = \frac{4x}{3 + 12y - 2x}, \quad v' = \frac{9y}{3 + 12y - 2x} \tag{8-4}$$

当$\Delta u'v' \geqslant 0.004$时，人眼就能看出两个相邻色块的色差；但对于不相邻的两个点，通常需要$\Delta u'v' \geqslant 0.04$人眼才能观察到颜色的变化（见附录B.1）。

采样点均匀性和面均匀性：均匀性指标至少有两种——采样点均匀性和面均匀性。采样点均匀性是指比较屏幕上的多个离散点，并快速检查均匀性。面均匀性需要使用扫描式或阵列式LMD来获得整个显示的均匀性。

有如下多种计算采样点亮度均匀性的方法。①找出与平均值偏离最大的数值，如果$L_{ave}-L_{min} > L_{max} - L_{ave}$，那么使用$\Delta L = L_{min} - L_{ave}$；否则使用$\Delta L = L_{max} - L_{ave}$（这是极限值，它将保留最大偏离的正/负号）。继而可定义不均匀性为$100\% \Delta L/L_{ave} \equiv 100\% \max|L_i - L_{ave}|/L_{ave}$。②以平均值为基准计算不均匀性，可表示为$100\%(L_{max}-L_{min})/L_{ave}$。③用标准差表示为$100\% \sigma_L/L_{ave}$，这里$\sigma_L$为$L_i(i=1,2,\cdots)$的标准差。④以中心点测量值为基准计算不均匀性，可表示为$100\% \max|L_c - L_i|/L_c$。⑤以偏离最大值的距离为基准计算不均匀性，可表示为$100\% (L_{max}-L_{min})/L_{max}$，这种采样点不均匀性计算方法最能体现采样点均匀性的本质。当使用采样点均匀性评估显示屏时，建议采用最后这种方法，并选取5个抽样点。

对于颜色，必须找出色彩空间中相距最远的两个采样点的坐标，并计算$\Delta u'v'$。如果能够绘制(u',v')色坐标图，并能很容易地从图中找出距离最远的两个采样点，那么就不必计算所有采样点两两之间的色差了。对于明显能观察到间距最大的一对点，它们之间的$\Delta u'v'$为最大色差。如果不容易识别间距最大的两点，那么绘图至少能够帮助选出最有可能的各对点，否则就只能计算各点两两之间的间距$\Delta u'v'$，然后确定最大值。

加权采样点均匀性：由于某些原因，可能需要对采样点均匀性测量方法进行加权，以便凸显屏幕中心位置的重要性。这种变更只有在利益相关方一致同意修订后才可使用。在这种情况下，定义每个采样点i的权重为$w_i \leqslant 1$。例如，在每个采样点位置，亮度测量值为L_i，所有亮度值的平均值为L_{ave}（或可使用中心值），按照公式计算加权后的亮度值为$L_i' = L_{ave} + w_i(L_i - L_{ave})$。然后根据加权后的亮度值确定屏幕的不均匀性或均匀性。对于某些特定的显示屏，我们主要关心屏幕中心区域的均匀性，而不关心边缘处的均匀性，此时就可用上述方案。无论使用何种加权方案，必须得到所有利益相关方的一致认可，并且在报告文档中明确说明加权算法。

其他采样方案：这里列举一个使用5点或9点对称采样的例子。建议在不同显示屏之间做比较时，依据最大亮度下的9点采样均匀性数据。这只是一个建议，由于某些重要原因，也可以使用其他方案，如5点、25点、3×3矩形栅格中心，如图8-1所示。只有在利益相关方一致同意且在报告文档中明确说明时，才可使用其他采样方案。例如，一种方案是沿着对角线将屏幕分割为多个小方块，其中屏幕中心有一个方块，屏幕每个拐角处各有一个方块。在均匀性测量中，使用最亮的、最暗的及测量中心的采样点——3点采样均匀性测量。只要对每个测量点都使用相同的测量步骤，这种做法没有任何问题，见标准ISO 13406。

组合方案：可以将采样点不均匀性测量与其他测量组合起来使用。例如，关注不同视角下的均匀性，这就意味着要对每个均匀性采样点位置做视角测量。这种组合就直接运用了本书中的两种测量方法。

优势点、观察点或设计观察方向：图8-1中的优势点（又称观察点或设计观察点）模拟了一个位于双眼之间的观察点。在本书的许多测量方法中，以垂直于平面显示屏表面的观察方向作为测量方向。对于特殊显示屏和特殊项目，这种均匀性测量方式并不一定适用。从无限远处观察一个显示屏，其均匀性可能非常好（所有观察方向都垂直于屏幕，如同远距离观察者使用望远镜观察屏幕），但在距离屏幕中心 30~50cm，即电脑显示屏的典型阅读距离，或诸如电视机的影音观赏距离上，均匀性却不尽相同。因此，如果通过优势点测量显示屏亮度，这样的采样点均匀性或面均匀性指标可能会更有意义。也就是说，要合理设计亮度计和显示屏的位置，以便使亮度计始终从屏幕前的特定法线方向夹角、特定距离、同一点测量显示屏。图 8-2 比较了 LMD 垂直屏幕测量和优势点测量两种方式。

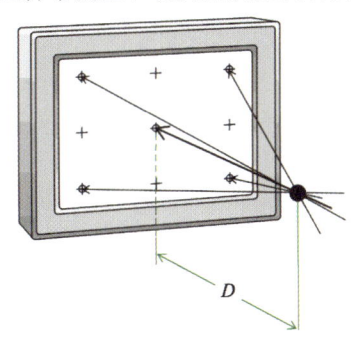

图 8-1　5 点测量的优势点距离 D 和测量方向

使用瞄点式亮度计（仅能对一个点位进行测量的亮度计）进行优势点测量的缺点是要如图 8-2（b）所示的那样，始终通过空间同一点进行测量，将会非常麻烦。在多数情况下，除非有特别昂贵的定位仪器，否则就只能将瞄点式亮度计安装于三角架上，架设在屏幕中心前方适当距离上，以保证通过优势点恰好能够测量屏幕中心，然后调节三角架，使其对准所需的测量点位（见图 8-3）。这和要求始终通过优势点进行测量不同［注意比较图 8-3 和图 8-2（b）］。尽管瞄点式亮度计在优势点位置测量了屏幕中心点，但是其他方向的测量并不在优势点位置。除非移动并重新定位三角架，否则仅仅旋转三角架头无法使瞄点式亮度计移动到优势点位置。这不是说绝对不可以用三角架，而是想让读者注意图 8-2（b）所示的理想优势点测量与图 8-3 所示的简易三角架测量有多大的区别。在某些情况下，这两种方法的测量结果可能不同，那么建议使用图 8-2（b）中更加合理的配置进行优势点测量。

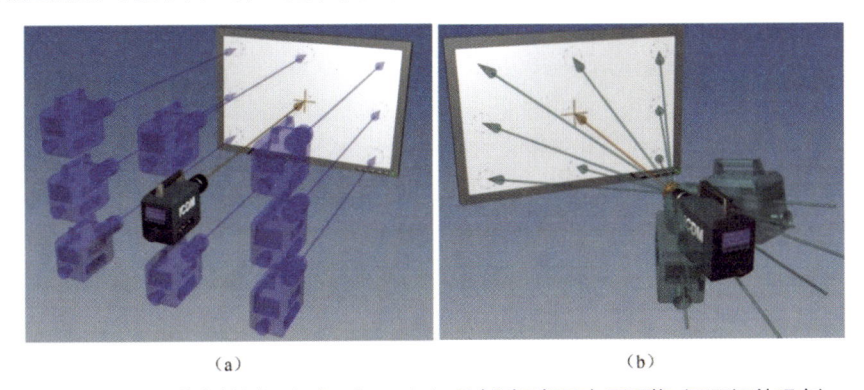

图 8-2　两种 9 点均匀性测量方式示意：（a）所有测量都垂直于屏幕（无限远处观察）；（b）所有测量都通过优势点（为确保图像清晰，并未显示所有 LMD 的位置），LMD 镜头前端的橙色球表示优势点

测量距离： 当进行优势点测量或使用成像色度计测量（它实际上是个高分辨率的优势点测量）时，必须选定测量距离，因为测量结果可能因测量距离的不同而不同。500mm 的标准测量距离并不一定适合所有情况。如果使用非 500mm 的其他距离，那么必须向所有利益相关方报告。显示屏有各种类型，从移动手机到大屏幕电视机，再到投影系统，设计的观察距离各不相同。或者，也可以选择一个与显示屏种类无关的通用测量距离，只考虑人眼平均视觉敏锐度的极限，即 48px/°[1]（对于清晰的明亮目标，也可以使用 60px/°[2]）。用公式 $D = 48P/\tan(1°) = 2750P$ 可根据分辨率极限计算观察距离 D，其中 P 为像素尺寸（假定像素为方块）（对于 60px/°，$D = 60P/\tan(1°) = 3437P$）。例如，一个高清显示屏的分辨率为 1920px×1080px，使用 2750P 的距离则意味着测量距离约为屏幕高度 V 的 2.5 倍，$D = (2750/1080)V$，这是电视机的典型工作距离（60 px/° 对应的测量距离约为屏幕高度的 3.18 倍）。

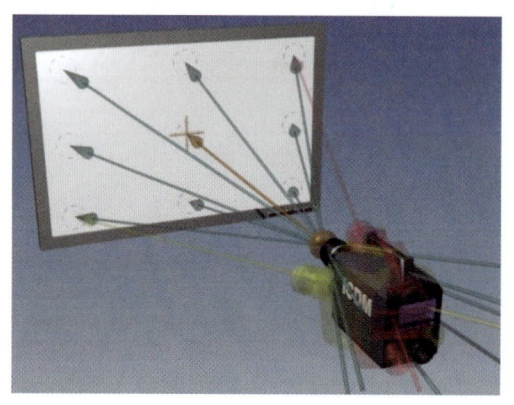

图 8-3 将瞄点式亮度计安装在三脚架上做优势点测量

平均值： 平均值是所获数据的平均。有一种很常见的情况，即对平均值做计算的结果和对每个采样值做计算的结果取平均的值并不相等。例如，对每个点计算对比度值，再做平均，即 $[\Sigma(L_{Wi}/L_{Ki})]/N$ 一般不等于各点亮度取平均再算出的对比度值，即 $(\Sigma L_{Wi}/N)/(\Sigma L_{Ki}/N)$。因此应当注意，在我们的例子当中，列平均值不能直接横向关联到各行值。在确定每个采样点色温 T_i 的色坐标值 (x_i, y_i) 时，一般来说，(x, y) 的平均值 (x_{ave}, y_{ave}) 对应的色温值并不等于各采样点色温值的平均数。由 (x, y) 确定色温的方法见附录 D。

面均匀性： 使用阵列式探测器或高质量照相机能够获得显示屏整个表面的图像，如图 8-4 所示。这种探测器的镜头和仪器设置必须经平面场校正（可能要考虑的因素包括焦距、光圈值、曝光时间、被照面积相对于感光阵列尺寸的大小及采用的可影响平面场校正的滤波器——更多对成像系统的讨论见附录 A.9）。这种阵列式探测器的优点是它们不仅可用于优势点测量，而且提供了整个显示面的具体位置标定，可用于多种显示瑕疵的分析。

---

[1] 此处原书参考资料：Olzak, L. A., & Thomas, J. P. （1986）. Seeing spatial patterns. In K. R. Boff, L. Kaufman & J. P. Thomas（Eds.）, Handbook of perception and human performance （Vol. 1, pp. 7.1-7.56）. New York: Wiley.

[2] 此处原书参考资料：The Encyclopaedia of Medical Imaging, H. Pettersson, Ed., pp. 199. Taylor & Francis, UK, 1998.

图 8-4 抓拍显示屏整个表面的图像的阵列式探测器

土办法搞测量

8.1 采样点均匀性

描述： 当显示屏显示全屏图案，如白色、黑色、灰色、或其他颜色时，在各采样点测量亮度和色坐标，并以此判定显示屏的整体均匀性。**单位：** 无。**符号：** 均匀性为 $\mathcal{U}$，不均匀性为 $\mathcal{N}$。

设置： 应用如图 8-5 所示的标准设置。

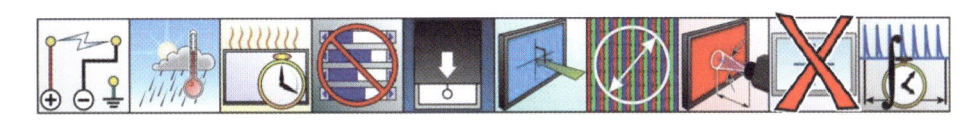

图 8-5 标准设置

其他设置条件： 对待测全屏图案测量屏幕上的 5 个点或 9 个点。待测量点以"X"形或 3×3 阵列排列，边缘点距屏幕边缘的距离为屏幕竖直方向或水平方向尺寸的 1/10，中间点位于边缘之间的中心（见图 8-6）。例如，如果屏幕为 100cm 宽、80cm 高，那么边缘点位于左、右两侧边缘向内 10cm 处，上、下两侧边缘向内 8cm 处。所有点都必须使用垂直于屏幕的 LMD 测量，所以，LMD 必须从一个测量点平移到另一个测量点。测量点按照从左到右和从上到下的顺序排列编号。

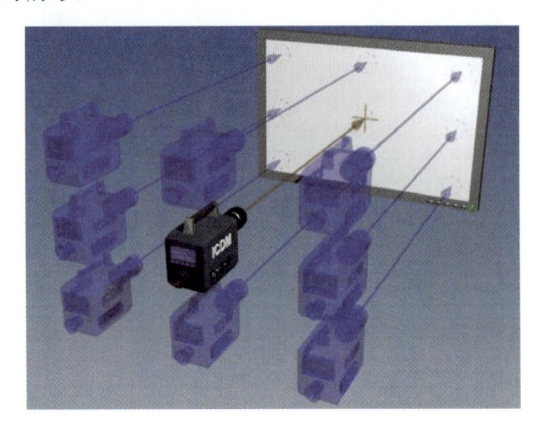

图 8-6　垂直（z点）均匀性测量

步骤：测量全屏图案 5 个点或 9 个点相应位置的亮度及色坐标，如图 8-7 所示。确保测量每个点时 LMD 都垂直于屏幕。

分析：

（1）对于每个全屏图案，找出测量的 5 个点或 9 个点中的最小亮度值 L_{min} 和最大亮度值 L_{max}。

（2）计算全屏图案的不均匀性：

$$\mathcal{N} = 100\% \left(1 - \frac{L_{min}}{L_{max}}\right) \tag{8-5}$$

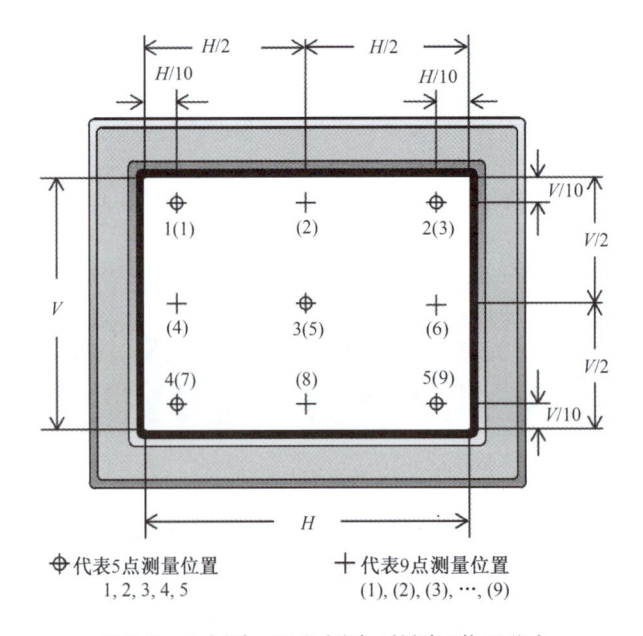

图 8-7　5 点测量和 9 点测量的测量位置分布

（3）为了计算每个亮度等级的颜色均匀性，找出每个测量点的色坐标（u',v'）。通过式（8-6）比较所有 10 种或 36 种点对组合点的色差大小，找出最大值，以此确定 $u'v'$ 图上间距最大的两个点。也可将（u',v'）绘制成图，肉眼观察确定哪组点间距更大，然后计算 $\Delta u'v'$。

$$\Delta u'v' = \sqrt{(u'_1 - u'_2)^2 + (v'_1 - v'_2)^2} \tag{8-6}$$

报告：报告采样点为 5 个点还是 9 个点。报告每个亮度等级的不均匀性，以百分比表示，并且不超过 3 位有效数字。报告每个亮度等级的最大色差，不确定度不小于±0.001，如表 8-1 所示。

注释：对于某些类型的显示屏，如动态背光显示屏，这些亮度等级可能需要调整。例如，黑色均匀性可能无任何意义，但可采集到更多的低亮度等级数据。谨记灰阶与对应的灰阶亮度的不同。例如，256 灰阶中的第 127 灰阶对应的亮度并不是全白场亮度的 50%！

表 8-1　9 点测量的亮度和色度不均匀性（常规视角）报告示例

亮度	不均匀性 $\mathcal{N}$	$\Delta u'v'$
白色（100%）	30%	0.005
灰色（20%）	35%	0.008
暗灰色（5%）	55%	0.011
用户自定义（3%）	45%	0.009
黑色（0%）	40%	0.007

8.1.1　采样对比度均匀性

描述：对全白场和全黑场，用之前 5 点测量或 9 点测量的数据计算各点的对比度。单位：对比度无量纲，对比度均匀性为百分比。符号：$\mathcal{N}_C$。

设置：无。

步骤：

（1）收集之前所测量的全白场和全黑场的 5 个点或 9 个点的数据。

（2）对于 5 个点或 9 个点中的每个点，计算对比度 C_i：

$$C_i = \frac{L_{Wi}}{L_{Ki}} \tag{8-7}$$

分析：

（1）找出测量点中对比度的最大值与最小值，即 $C_{min} = \min(C_i)$，$C_{max} = \max(C_i)$，$i = 1, 2, \cdots$。

（2）计算不均匀性：

$$\mathcal{N}_C = 100\%\left(1 - \frac{C_{min}}{C_{max}}\right) \tag{8-8}$$

表 8-2　9 点测量的对比度不均匀性（法向测量点）报告示例

最大值 C_{max}	800
最小值 C_{min}	600
不均匀性 $\mathcal{N}_C$	25%

报告：报告采样点数。报告 C_{min}、C_{max} 和对比度不均匀性（百分比形式），且不超过 3 位有效数字，如表 8-2 所示。

注释：无。

8.1.2 优势点采样均匀性

描述：测量全白场、全黑场、全屏灰色中 5 个点或 9 个点的亮度和色坐标。亮度不均匀性以偏离测量的最大值的百分比表示。最大色差表示为 $\Delta u'v'$。这种测量是从相同位置观察屏幕各采样点（与人眼观察方式相同）的亮度均匀性的。**单位**：亮度不均匀性为百分比，色差 $\Delta u'v'$ 无量纲。**符号**：无。

设置：应用如图 8-8 所示的标准设置。

图 8-8 标准设置

其他设置条件：全白场测试图案（100%亮度），全屏灰色测试图案（20%亮度），全屏暗灰色测试图案（5%亮度），全黑场测试图案（0%亮度）。在 5 个点或 9 个点处测量亮度，如图 8-7 所示。被测点以"X"形或 3×3 阵列方式排列，以从左到右和从上到下的方式编号。边缘点离屏幕边缘的距离为屏幕竖直或水平方向尺寸的 1/10，中间点位于屏幕边缘之间的中心位置。例如，如果屏幕为 100cm 宽、80cm 高，那么边缘点位于左/右边缘内侧 10cm、上/下边缘内侧 8cm 处。对于所有点的测量，都应使 LMD 的指向通过空间某一假想点，且 LMD 与显示屏保持正确的距离。距离的设置有以下两种选择。

（1）近场——宽视角。本书中的标准距离为 50 cm。有些人倾向于使用更短的观察距离以提供大的测量角度和在观测不同点位时更严苛的均匀性评判。在近距离测量时，瞄点式亮度计需要旋转探头，使其指向大视角的测量点位，而成像式 LMD 则需要广角镜头来测量这样大的视角。

（2）远场——窄视角。使测量距离近似等于用户的观察距离。在本方法中，LMD 与屏幕之间的距离为 2750 乘以屏幕像素尺寸 P（$P = V/N_V$）：

$$D = 2750\, V/N_V = 2750\, P \tag{8-9}$$

式中，P 是像素间距（假定为方块像素），V 是屏幕竖直高度，N_V 是竖直方向的像素数。使用这个距离可使测量边角点位时的视角更加缓和，而且测量点之间的差异更小。关于确定 D 的更多信息见 3.2.8 节。

步骤：

（1）选择上面给出的两种观察距离中的一种，在距中心点恰当的距离处放置 LMD。

（2）测量屏幕 5 个点或 9 个点的亮度及色坐标。LMD 必须保持与屏幕近似相同的距离，并在旋转指向进行测量时，保证每次指向都通过同一个假想点 D。如果 LMD 为成像色度计，那么所有 5 个点或 9 个点可同时在该假想点处测量。

分析：

（1）对于每个亮度等级，找出所测量 5 个点或 9 个点数据中的最小亮度值与最大亮度值。

（2）计算相应亮度等级的不均匀性：

$$\mathcal{N} = 100\% \left(1 - \frac{L_{\min}}{L_{\max}}\right) \tag{8-10}$$

（3）为了计算每个亮度等级的色度均匀性，找出每个测量点的 u' 及 v'。通过式（8-11）比较所有 10 种或 36 种点对组合点之间的色差大小，找出最大值，以此确定 $u'v'$ 图上间距最大的两个点。也可将（u',v'）绘制成图，肉眼观察确定哪组点间距最大，并以同样的方法计算色差 $\Delta u'v'$。

$$\Delta u'v' = \sqrt{(u'_1 - u'_2)^2 + (v'_1 - v'_2)^2} \tag{8-11}$$

报告： 报告测量中使用的是 5 个点还是 9 个点。报告每个亮度等级的不均匀性，不超过 3 位有效数字。报告每个亮度等级的最大色差，不确定度不小于±0.001，如表 8-3 所示。

表 8-3　9 点测量的亮度和色度不均匀性（优势点）报告示例

亮度	不均匀性 $\mathcal{N}$	$\Delta u'v'$
白色（100%）	30%	0.005
灰色（20%）	35%	0.008
暗灰色（5%）	55%	0.011
用户自定义（3%）	45%	0.009
黑色（0%）	40%	0.007

注释： ①动态背光。对于一些显示屏，如动态背光显示屏，可能需要调整亮度等级。例如，黑色均匀性可能无意义，但可以采集更多的低亮度等级数据。②亮度和灰阶数值。谨记灰阶与对应灰阶亮度的区别。例如，256 灰阶中的第 127 灰阶对应的亮度并不是全白场亮度的 50%。

8.1.3　优势点采样对比度均匀性

描述： 计算 8.1.2 节所测量的 5 个点或 9 个点中每个点的对比度，如图 8-9 所示。**单位：** 对比度无量纲，对比度均匀性为百分比。**符号：** C_U。

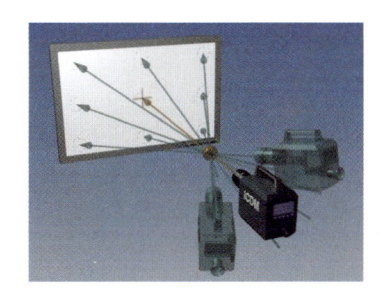

图 8-9　优势点（9 点）均匀性测量

设置：无。本计算使用 8.1.2 节的数据。

步骤：

（1）收集 8.1.2 节所获得的全白场和全黑场的 5 个点或 9 个点的亮度数据。

（2）对于 5 个点或 9 个点中的每个点，按照式（8-12）计算对比度。

$$C_U = \frac{L_W}{L_B} \tag{8-12}$$

分析：

（1）找出被测量点的最小及最大对比度（C_{min} 及 C_{max}）。

（2）使用式（8-13）计算不均匀性：

$$\mathcal{N} = 100\%\left(1 - \frac{C_{min}}{C_{max}}\right) \tag{8-13}$$

表 8-4　9 点测量的对比度不均匀性（优势点）报告示例

最大值 C_{max}	800
最小值 C_{min}	600
不均匀性 $\mathcal{N}$	25%

报告：报告采样点的数量。报告 C_{min} 和 C_{max}。以百分比形式报告不均匀性，不超过 3 位有效数字，如表 8-4 所示。报告最大色差，不确定度不小于±0.001。

注释：无。

8.2　面均匀性

描述：用成像色度计测量全白场、全黑场、全屏灰色中成千上万个点的亮度和色坐标，如图 8-10 所示。测量数据用于构建图像，以便应用图像分析技术定位并量化局部小区域的不均匀性（有时可称为云纹）。数据的相关分析将在 8.2.2 节与 8.2.3 节中介绍。单位：无。

符号：无。

图 8-10　成像色度计测量面均匀性

应用：适用于所有显示屏。

设置：应用如图 8-11 所示的标准设置。

图 8-11　标准设置

其他设置条件：全白场测试图案（100%亮度）、全屏灰色测试图案（20%亮度）、全屏暗灰色测试图案（5%亮度）和全黑场测试图案（0%亮度）。在垂直于屏幕中心，且距离屏幕为显示屏像素尺寸的 2750 倍处的优势点处测量。本测量最简单的方法是使用成像色度计。如果使用成像色度计，那么其分辨率至少是屏幕分辨率的 50%。也可使用瞄点式亮度计进行本测量，在这种情况下，各方向上测量点的数量必须至少为显示屏点数的一半，且测量点不能重叠。测量结果是由数千或数百万个像素点的亮度及色度数据组成的图像。例如，如果屏幕为 1280px×800px，那么本测量的结果应为一幅分辨率至少为 640px×400px 的图像。

步骤：

（1）为了找出 LMD 与屏幕之间的恰当距离，先找出屏幕像素尺寸 $P = V/N_V$，并乘以 2750：

$$D = 2750\ V/N_V = 2750\ P \tag{8-14}$$

式中，P 是像素间距（假定为方块像素）；V 是屏幕竖直高度；N_V 是竖直方向的像素数量。

（2）将 LMD 按照这个距离摆放于屏幕前。如果使用成像色度计，那么使其拍摄范围稍大于整个显示屏，以确保捕捉到屏幕边缘的缺陷。如果使用瞄点式亮度计，切记务必旋转瞄点式亮度计使其朝向每个被测点，而不要平移它（如同进行优势点测量一样）。

（3）设置屏幕为全屏测试图案的一种。测量上面条件所确定的合适分辨率的点阵。

（4）切换其他测试图案，重复第（3）步。

（5）如果有需要，那么屏幕可被旋转至其他角度，并以相同方法测量，以鉴定其他类型的缺陷，但 LMD 距屏幕中心的距离仍保持不变。

分析：

（1）如果显示屏的图像在照相机的视场范围内旋转了，那么通过图像处理技术旋转显示屏的图像，使其与照相机的像素排列对齐。

（2）修剪图像以去除超出显示屏边缘的边界像素。

（3）如果图像出现莫尔条纹（见图 8-12），那么必须在使用图像进行缺陷检测之前去除莫尔条纹，如图 8-13 所示。通过使成像色度计轻微散焦、使用光学低通滤波器、从图像的二维傅里叶变换谱中选择性删除特定的尖峰，或者通过绕成像色度计与屏幕中心之间的连线轻微旋转显示屏来去除莫尔条纹。此步骤必须谨慎，避免从图像中去除实际存在的屏幕不均匀性。对图像的分析示例如图 8-14～图 8-16 所示。

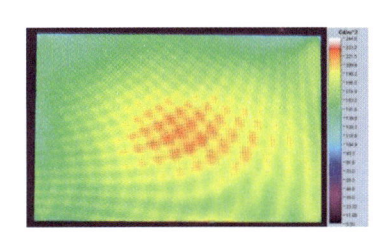

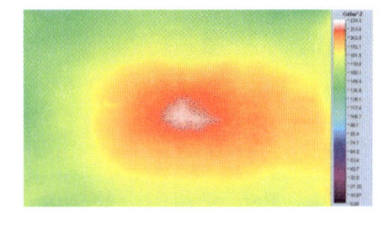

图 8-12　莫尔条纹　　　　图 8-13　去除莫尔条纹后的图案

报告：并不直接报告使用上述方法获得的数据，而是使用 8.2.2 节中的技术，以人眼可察觉的方式展示不均匀性。

注释：如果阵列式探测器位于优势点，那么它可以用于前述的优势点测量。

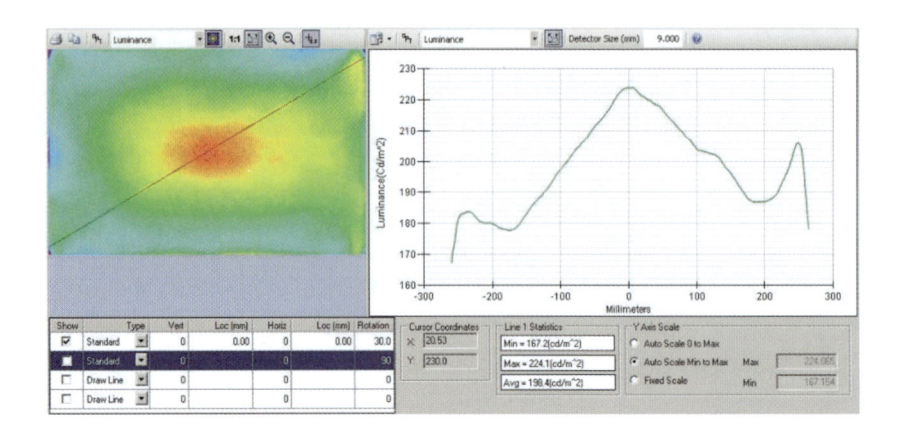

图 8-14　面均匀性分析实例

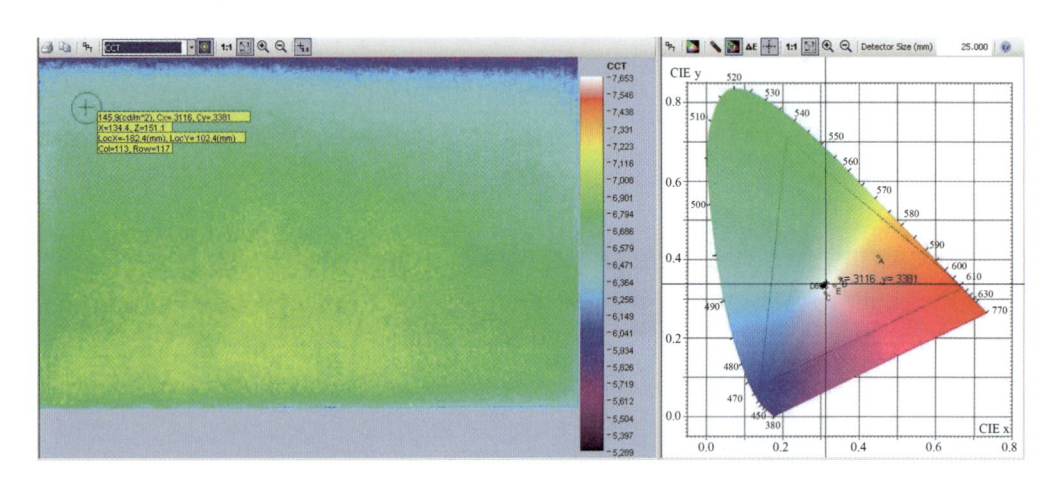

图 8-15　图案上的采样点数据分析示例

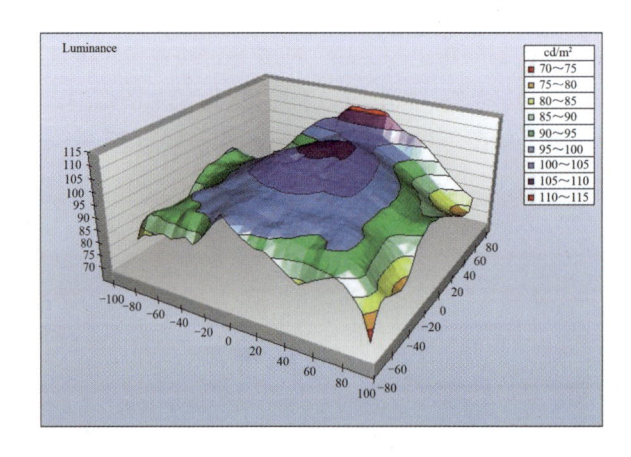

图 8-16　面亮度均匀性三维轮廓

8.2.1 面对比度均匀性

描述：计算测量的每个像素位置的对比度。**单位**：对比度无量纲，对比度均匀性为百分比。**符号**：C_U。

设置：无。本计算使用之前所得的数据。

步骤：

（1）收集本节之前所用全白场和全黑场的亮度数据。

（2）确保全白场和全黑场的像素数目相同，且图像中的像素与屏幕中的像素位置相对应。

（3）对于每个像素，按照式（8-15）计算对比度。

$$C_U = \frac{L_W}{L_K} \tag{8-15}$$

（4）在每个像素位置按对比度结果绘制图像，如图8-17所示。

分析：见8.2.2节及8.2.3节。

报告：本测量获取的数据可使用6.4节的技术进行分析。本测量无报告。

注释：无。

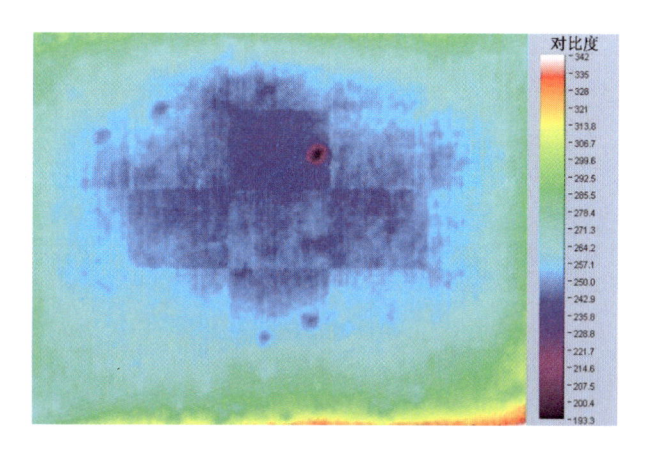

图8-17 面对比度均匀性示意

8.2.2 面均匀性统计分析

描述：本测量是对本节之前所得数据的统计评估。**单位**：亮度为cd/m^2，偏差为百分比。**符号**：L_{RMS}。

应用：所有显示屏。

设置：无。本测量使用本节之前所收集的数据。

分析：

（1）收集本节之前所得的亮度测量数据。

（2）对于每个图像，采用式（8-16）计算屏幕的均方根（RMS）亮度。

$$L_{\text{RMS}} = \sqrt{\frac{1}{n}\sum_{i=1}^{n} L_i^2} \quad (8\text{-}16)$$

（3）对于每个图像，找出像素的最大亮度值与最小亮度值。

（4）计算最大偏差，以百分比表示：

$$\Delta L_{\max} = 100\% \left(1 - \frac{L_{\min}}{L_{\max}}\right) \quad (8\text{-}17)$$

（5）对于每个图像，计算均方根亮度与最大亮度的差值、均方根亮度与最小亮度的差值，报告较大的那个差值为偏离平均值的最大偏差。

（6）对 8.2.1 节的面对比度均匀性图像，重复第（2）～（5）步。

报告： 对于每个图像，报告屏幕的均方根亮度值、最大亮度值与最小亮度值、最大偏差、偏离平均值的最大偏差。亮度值不超过 3 位有效数字，百分比值不超过 2 位有效数字，如表 8-5 所示。

表 8-5　面均匀性统计分析报告示例

项目	均方根亮度 L_{RMS}/（cd/m²）	最大亮度/（cd/m²）	最小亮度/（cd/m²）	偏离平均值的最大偏差/（cd/m²）	最大偏差/%
白色（100%）	100	151	50.0	51.0	66
灰色（20%）	20.7	30.1	10.5	10.6	65
暗灰色（5%）	4.95	7.99	2.95	3.04	63
黑色（0%）	1.43	3.00	0.5	1.57	83
对比度	69.9	130	47	59.9	64

注释： 无。

8.2.3　云纹分析

描述： 使用之前所得的数据，通过应用对比度敏感函数找出标准人眼可见的缺陷（称为云纹）。

设置： 无。本测量使用之前所收集的数据。

分析：

（1）收集之前的测量数据。注意避免原始图像中出现莫尔条纹。

（2）将图像转换为相对亮度图像。例如，图 8-18 中包含了对比度增强后的图像。可以在屏幕中间附近看到一些云纹，同样在上部边界附近可以看到暗色。本测试图像尺寸为 900px×1200px。本例中，假定观察距离对应的视觉分辨率为 48 px/°。这与 2750 倍的图像像素的观察距离对应。

(a)实际图像　　　　　　　　(b)对比度增强后的图像

图 8-18　DUT 图像

（3）预滤波并降低图像采样点数以减少噪声和后面的计算量。在本例中，使用高斯预滤波器（Gaussian Pre-filter），其核心可写为

$$G(i,j) = \exp\left(-\pi \frac{i^2 + j^2}{s^2 r^2}\right) \quad (8\text{-}18)$$

式中，i 和 j 分别为行像素指数和列像素指数；s 为高斯尺度（以°表示）；r 为视觉分辨率（以 px/°表示）。高斯尺度为落入 $e^{-\pi}$ 的距离。这里，使用 1/8°的高斯尺度，且 $r=48$ px/°。高斯核必须足够大以涵盖大多数非零部分，本例中为 $2s$ 或 12 像素，因此 i 与 j 的取值为 $-6\sim 5$，结果如图 8-19 所示。

图 8-19　用高斯核作为预滤波器

（4）在每个单元内，使用整数 k 来减少图像像素的采样数目。本例中，$k=4$，且新图像有 224×300 个单元，如图 8-20（a）所示。

（5）使用低通滤波器对缩减采样后的图像进行滤波，以建立一个参考图像。滤波器的频率必须足够低，以去除这些图像中的云纹。本例中，使用尺度为 2°的高斯滤波器。结果如图 8-20（b）所示。

（6）去除缩减采样后的测试图像和参考图像，通过除以两幅图像的平均值将图像转换为对比度图像。

（7）（可选）边界附近的云纹可能会被边界遮盖。这可通过边界掩盖图像实现。本例中，它被定义为

$$B(i,j) = 1 - b_{\text{gain}} \exp\left[-\pi\left(\frac{k}{rb_{\text{scale}}}\min\left((i-1),(j-1),(I-1),(J-1)\right)\right)^2\right] \quad (8\text{-}19)$$

式中，I 与 J 为以像素表示的图像高度与宽度；b_{gain} 与 b_{scale} 分别为值是 1 与 0.5 的参数。用边界掩盖图像乘以对比度差分图像（Contrast Difference Image），就削弱了边界附近的对比度。图 8-21 给出了一个边界掩盖图像。

(a) 测试图像　　　　　　(b) 参考图像

图 8-20　缩减采样后的测试图像和参考图像

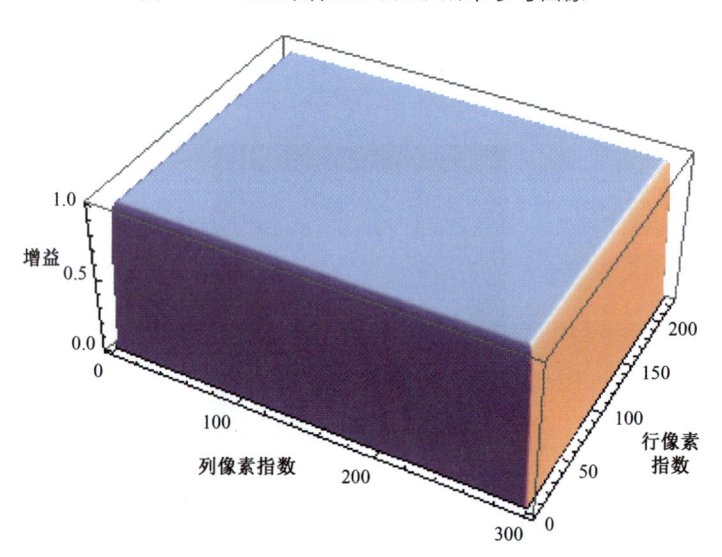

图 8-21　边界掩盖图像，以 3D 表面方式显示

（8）创建一个对比度敏感函数（Contrast-Sensitivity Function，CSF）滤波器。本例中，它是不同尺度的双曲正割函数之差：

$$S_{\text{CSF}}(u) = g\left\{\text{sech}\left[\left(\frac{u}{f_0}\right)^p\right] - a\text{sech}\left(\frac{u}{f_1}\right)\right\} \quad (8\text{-}20)$$

式中，u 为以 cycles/° 为单位表示的径向频率，且 g、a、p、f_0 及 f_1 为参数。本例中，使用参数 $g = 373.083$，$f_0 = 4.1726$，$f_1 = 1.3625$，$a = 0.8493$，$p = 0.7786$。本滤波器在离散傅里叶变换（Discrete-Fourier-Transform，DFT）域中有定义，且可以方便地构造图像尺寸方程。本例

中，有

$$u = \frac{r}{k}\sqrt{\left(\frac{i}{w}\right)^2 + \left(\frac{j}{h}\right)^2} \qquad (8\text{-}21)$$

式中，i 与 j 分别为列像素指数与行像素指数；w 与 h 分别为以像素表示的图像高度与宽度。CSF 综合考虑了观察距离，这决定了视觉分辨率 r。这里假定 $r = 48$ px/°，即假定观察距离为 2750 倍的屏幕像素。其他数值可用于特殊应用或各利益相关方一致同意的应用。这些数值必须列在报告中。CSF 的傅里叶频谱如图 8-22 所示。

图 8-22　CSF 的傅里叶频谱

（9）将差分图像与 CSF 卷积以产生滤波差分图像。如果滤波器在 DFT 域中已经建立，那么通过对差分图像进行 DFT，再在 DFT 域中进行相乘，最后进行反向 DFT 得到卷积。

（10）构建一个孔径函数来表示固定点周围的敏感性。本例中使用尺度为 2° 的高斯滤波器，如图 8-23 所示。

图 8-23　孔径函数，此图像宽为 2°

（11）由下式计算得到刚辨差（JND）图像：

$$J_{\text{mura}(i,j)} = \left[\left(\frac{k}{r}\right)^2 W(i,j) * |F(i,j)|^\beta\right]^{\frac{1}{\beta}}$$

式中，F 为滤波后的差分图像；W 为孔径函数；β 的值为2.4；$*$ 表示卷积。图 8-24 给出了一个例子，其中，J_{mura} 的最大值为 1.7，亮区域表示可察觉云纹的位置（J_{mura} 值大于 1 时可察觉）。图 8-24 中同样给出了一个彩色阈值图、一个伪彩图和一个 3D 曲面图。JND 图像是一个很好的表示图像中云纹位置的方法。

（12）计算最大值 $J_{\text{mura-max}}$，本例中为 1.7。

（13）另一个能够反映 DUT 的云纹分布情况的量为 $J_{\text{mura-total}}$，可按照下式计算：

$$J_{\text{mura-total}} = \left[\left(\frac{k}{r}\right)^2 \sum_i^{N_i} \sum_j^{N_j} J_{\text{mura}}^{\psi}(i,j)\right]^{1/\psi}$$

式中，ψ 为参数，本例中其值为4。本例结果为 $J_{\text{mura-total}} = 2.94$。

（14）为了分析大范围的不均匀性，进行步骤（1）～步骤（8），省略步骤（9）～步骤（11）所描述的孔径与扫描，且设置合适的 CSF 参数，就可以得到 $J_{\text{mura-single}}$。

（15）彩色不均匀性可通过对彩色数据应用适当的 CSF 并计算相同的缺陷来测量。

(a) $J_{\text{mura-total}}$ 为 0.5～2 的 JND 图像

(b) 彩色阈像 JND 图像：绿色表示 $J_{\text{mura-total}} > 1$，红色表示 $J_{\text{mura-total}} > 1.5$

(c) 伪彩 JND 图像

(d) 3D 曲面 JND 图像

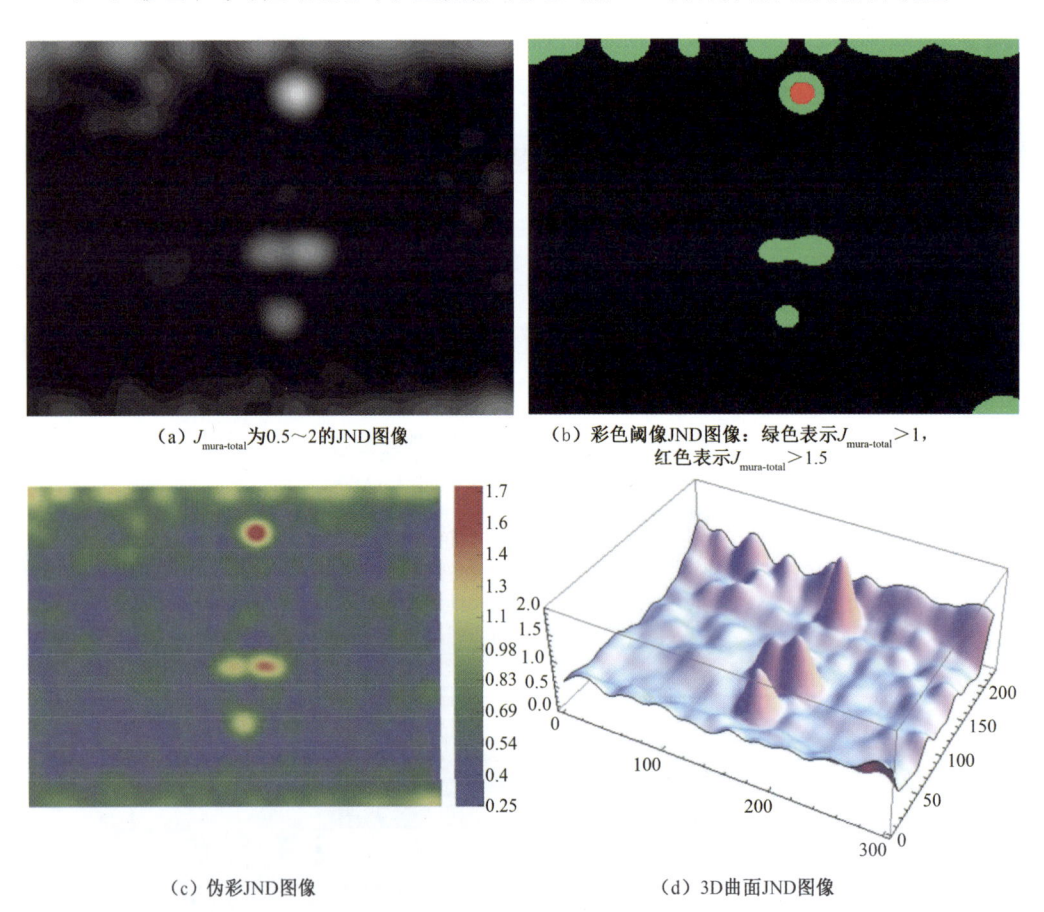

图 8-24　DUT 的 JND 图像

报告：报告 $J_{\text{mura-total}}$，以及有无孔径函数时的 $J_{\text{mura-total}}$。如果使用了可应用于彩色数据的 CSF，也报告彩色数据的 $J_{\text{mura-total}}$。面均匀性的云纹分析报告（一个低分辨率的 JND 图像报告）示例，如表 8-6 所示。

表 8-6 面均匀性的云纹分析报告示例

屏幕设置	白色（100%）
$J_{\text{mura-max}}$	1.7
$J_{\text{mura-single}}$	3.5
$J_{\text{mura-total}}$	2.94
彩色 $J_{\text{mura-max}}$	2.8
单色 $J_{\text{mura-total}}$	3.3
彩色 $J_{\text{mura-total}}$	1.9
水平像素间距	1/48°
竖直像素间距	1/48°

注释：①对比度敏感函数。上述步骤需要进行高度复杂的图像处理，因此，根据所使用方法的不同，报告结果可能差异很大。一个可应用于执行上述步骤的可行方法是使用 NASA 发展起来的标准空间观测仪[1]。②云纹分类（Mura Categorization）。一旦发现云纹缺陷，即可基于它们的尺寸、形状、位置和亮度对它们进行分类。一般来说，分类特别依赖采用的具体显示技术，甚至是显示屏的制造技术，所以，本书中不涉及分类。

---

[1] 此处原书参考资料：Spatial Standard Observer：A human vision model for display inspection SID Symposium Digest of Technical Papers, 37, 1312-1315. Watson, A. B.（2010）. US Patent No. 7783130 B2.

第 9 章

视角测量

本章我们将测量随观察方向变化的显示屏的显示特性，主要目的是评价因观察方向不同而引起的物理参数、感知属性及整体画面质量的变化。测试的观察方向从几个方向（两个、四个或八个方向）到多个方向（数个观察方向，可以沿着水平方向、竖直方向及斜方向分布，或者分布在整个角度的观测空间）不等，如图 9-1 所示，而测试方法和数据分析依据可执行的标准而定。

在暗室中一组给定的观察方向下，测量一个或多个全屏颜色图案，如 W、K、R、G、B、C、M、Y 或其他彩色或灰色图案的亮度和色坐标。也可以计算 CCT 或其他类似的物理量（如灰阶反转或相对色域面积），相关内容会在本章介绍。

这些视角测量标准适用于采用任何技术的、直接观察类型的显示屏。对于反射式显示屏，需要注意周围的环境照度，详见第 11 章。前向投影仪取决于屏幕，屏幕需要考虑的相关因素见第 16 章。

注意：视角测量的延伸如下所述。

（1）非法线方向的视角方向。对所有的视角测量都进行这样的规定：参考方向沿显示屏表面的法线方向，即 z 轴($\theta=0°$)。然而当所有利益相关方一致同意或测量标准描述中有明确规定时，也可以用设计的视角方向(θ_{vd}, ϕ_{vd})作为参考方向，并且所有的测量都是相对于这个设计的视角方向的，而不是相对于法线方向的。

（2）方块图案测量。所有的视角测量均采用全屏图案。如果用中心方块图案进行测量，那么必须经所有利益相关方同意，并且在报告中明确指出采用的是中心方块图案，而不是全屏图案。

图 9-1 视角测量示例

（3）视角均匀性。本章描述的所有与视角方向相关的参数也可以通过测量屏幕上的几个点进行评估，以便评估参数的横向变化。这部分内容在第 8 章中有介绍。

（4）视角灰阶等级。也可以根据第 6 章中的描述，把灰阶等级当作视角的函数来分析。

（5）颜色。许多测量方法涉及测量全黑场、全白场或全屏灰色。在很多情况下，这些测量方法也适用于全屏彩色的测量。

测量仪器的种类：为了测量视角，需要获得光度（亮度等）、色度及光谱数据。此外，所获数据的详细角度分辨率取决于所使用的仪器。

（1）瞄点式探测器。手动将探测器移向预设的视角位置，并记录数据。通过将探测器安装在测角仪上或将显示屏安装在可旋转的平台上来获得数据会更方便。然而，大部分与视角方向相关的测量都包含大量的单次测量，使用自动化设备将会更方便。

（2）自动测角仪：用自动测角仪移动探测器，并记录数据。

（3）视场阵列式探测器：采用一个合适的探测器透镜组（见附录 B.24）或投射式排列的广角镜头。一个阵列式探测器可在一幅图像中捕获一系列宽范围的视角。测量中，测量仪器距离显示屏很近（但不接触）。

角度准确性：通过使用旋转盘或独立的角度规等角度定位装置来保证光学测量设备和显示屏法线之间精确的角度对准（±1°或更少）。

数据类别：这里有以下几类数据。

（1）离散角数据：仅在少数几个观察方向上采集的视角数据，这些观察方向涉及倾斜角θ和旋转角ϕ，这些角度在 3.6 节中有定义。

（2）角度轮廓数据：在一个锥角范围内采集的视角数据，这些数据可沿一条线（曲线或直线）、一个确定的方向或其他圆形的轨迹点绘制一个轮廓。

（3）角度场或图数据：二维区域的角度数据，是采集于整个区域的视角信息。

（4）四点视角数据：来自 4 个非法线观察方向，且角度最大增量为 5°；向右角度$\theta_H=\theta_R$（$\phi=0°$），向上角度$\theta_V=\theta_U$（$\phi=90°$），向左角度$\theta_H=-\theta_L$（$\phi=180°$），向下角度$\theta_V=-\theta_D$（$\phi=270°$）。

（5）广义的视角数据：来自 8 个非法线观察方向，即右侧方向（$\phi=0°$）、斜右上角方向（$\phi=45°$）、上方（$\phi=90°$）、斜左下角方向（$\phi=135°$）、左侧方向（$\phi=180°$）、斜左下角方向（$\phi=225°$）、下方（$\phi=270°$）及斜右下角方向（$\phi=315°$），角度最大增量为 5°。

（6）优势点视角数据：通常测量 5 个点，中心点为 3 号，角点从左上到右下为 1、2、4 和 5 号，如果测量位置距离屏幕中心 30cm（位置 3），其他测量位置如图 9-2 所示，那么可以推导出测量的观察方向。

（7）视场极坐标数据：以最大间隔 5°的倾斜角θ和最大间隔 10°的旋转角ϕ获取视角数据，绘制 360°极坐标图，在图上标识关注的光学量。360°极坐标图（也称雷达图）以二维图形描绘显示屏前半球的光学特性。极径是球面坐标系中的θ，顺时针方向的角度是球面坐标系中偏离 x 轴旋转的角度ϕ。要将测量角坐标或观察角坐标正确地转换为球面坐标，可参阅第 3 章中坐标变换相关的内容。

数据分析和报告：视角数据的分析有以下几种方法。

（1）基于阈值的分析。在所有视角方向上，对所得的数据进行分析，以确定满足某个特定阈值标准（如对比度不小于 10）的视角（译者注：我们称之为阈值视角）。将所有观察方向上的阈值视角数据制成表格，且有效数字不超过 3 位。所述阈值视角还可以用极坐标图来表示。

（2）基于变量的分析。分析所得的视角数据，确定每个方向测量的光学特性相对于法线方向光学特性的变化，如亮度变化和色彩变化。偏离法线方向测量的光学特性变化可以用二维图呈现。阈值也包含在这些二维图中，将每个观察方向上的阈值视角数据制成表格。

（3）基于标准的分析。分析测量数据，确定在测量视角方向上达到某一特定标准的数值，如灰阶反转。每个视角方向上的数值都需要列表。

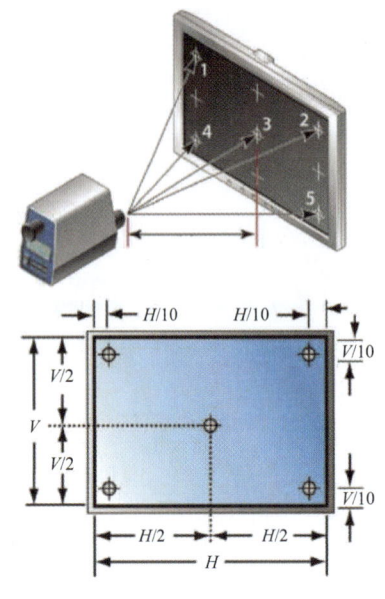

图 9-2 优势点视角测量点位置

讨论：①最佳视角方向。最佳的或设计视角方向，不一定限于水平平面和竖直平面内，也可以是视场内的任何位置，这取决于技术和应用场合。尽管需要大量的测量数据，但从视场极坐标数据中得到的视角极坐标仍可能很有价值。或者，对于视角要求特殊的情况，使用广义的视角数据集。②视角与对应的视角方向。根据 3.6 节的定义，视角方向是由角度 (θ, ϕ) 唯一确定的。在规格书中，视角方向通常限于水平平面（ϕ 为 0° 和 180°）和竖直平面（ϕ 为 90° 和 270°），视角方向通常是由这些平面上单个角度 θ 定义的。言外之意，观察方向值通常被当作视角。此外，"方向"常用于一般意义（北方、南方、上方、下方等），而"角"往往涉及角度或弧度的测量。

9.1 四点视角

描述： 在显示屏的中心和 4 个位于法线两侧方向的观察位置（上、下两个竖直角度方向；左、右两个水平角度方向）测量光学量（见图 9-3），任何产品包含显示屏的公司或显示屏制造商都会在产品说明书里对这些位置进行说明。可将得出的光学量和制造商说明书中的光学量进行对比。

例如，制造商经常用 4 个角度的数据描述全屏对比度。本方法可用于确认制造商所提供的说明书中的数据。除了对比度，白色亮度、黑色亮度、色坐标，以及相对于屏幕中心垂直测量的色差、色温等都可以用 4 点数据评价，并且可以和制造商相应的数据进行对比。

设置： 应用如图 9-4 所示的标准设置。

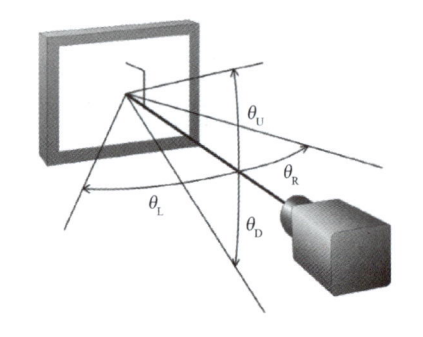

图 9-3 四点视角

图 9-4 标准设置

其他设置条件：全屏模式的颜色 Q 为 W、K、R、G、B、S 或其他需要的颜色。

步骤：

（1）采用 LMD 沿屏幕中心的法线方向测量所需的光学量。

（2）使用角度定位装置，如旋转盘或独立的角度规，以确保 LMD 与屏幕法线之间的（夹角）角度的对准精度（±1°或更小），目的是使 LMD 与屏幕法线之间构成的 4 个观测角较精准。这 4 个观测角为制造商规定的非法线方向的 4 个角度：竖直向上角度 $\theta_V=\theta_U$，竖直向下角度 $\theta_V=-\theta_D$，水平向右角度 $\theta_H=\theta_R$，水平向左角度 $\theta_H=-\theta_L$。

分析：对 4 个观察方向进行所需要的计算（如对比度、色度等）。

报告：报告测量或计算的光学量。在本例中，我们将给出各种各样的测量数据，如全白场和全黑场的亮度、色坐标、色温与对比度，以及三基色的色坐标和亮度，如表 9-1 所示。

表 9-1 四点视角数据分析与报告示例

方向	角度	白色				黑色			C
		L_W	x_W	y_W	CCT	L_K	x_K	y_K	
上:θ_U	15°	85.6	0.298	0.322	7478	1.59	0.271	0.292	52.9
下:θ_D	10°	111	0.322	0.348	5967	3.79	0.269	0.285	29.2
右:θ_R	30°	39.4	0.323	0.346	5903	0.553	0.268	0.290	71.2
左:θ_L	30°	39.9	0.323	0.345	5920	0.609	0.270	0.297	65.4

方向	角度	红			绿			蓝		
		L_{red}	x_{red}	y_{red}	L_{grn}	x_{grn}	y_{grn}	L_{blu}	x_{blu}	y_{blu}
上:θ_U	15°	25.9	0.521	0.350	50.2	0.296	0.521	16.1	0.157	0.140
下:θ_D	10°	35.4	0.520	0.349	63.5	0.305	0.518	20.3	0.166	0.165
右:θ_R	30°	12.1	0.550	0.354	22.5	0.307	0.541	6.23	0.158	0.150
左:θ_L	30°	12.3	0.548	0.353	22.7	0.306	0.540	6.34	0.158	0.150

注释：这个测量一般用于验证制造商说明书中的内容，即在水平或竖直视角方向对说明书中的光学特性进行验证。制造商必须详细说明这些角度，以及在这些角度上测量的光学特性值。

9.2 基于阈值的视角

描述：测量基于全屏亮度、对比度、色差等阈值的上、下、左、右视角。

水平视角和竖直视角是这样规定的：当某观察方向的亮度值为垂直于屏幕方向（法线方向）亮度的 50% 或其他商定的阈值时，该视角即相应的水平视角和竖直视角。视角定义为当全白场和全黑场中心亮度之比达到阈值对比度（$C_T = L_W/L_K$）10∶1（也可以是其他阈值对比度）时的角度。也可以通过其他对比度确定视角，如对于全屏画面，观察方向上的对比度降为法线方向上的 50%。同样，视角可以用随着观察角度偏离法线方向，黑色画面的亮度逐渐增加的绝对亮度值定义，如用亮度增加为白色画面亮度的 5%定义视角。水平和竖直视角定义为观察方向上颜色相对于屏幕法线方向的值变化 $\Delta E = 5$ 或任意商定的色差对应的角度。基于阈值的视角来自对比度数据的线性插值，对比度数据是以角度为自变量的函数，且上、下、左、右 4 个方向相对于屏幕法线方向的角度增量不大于 5°。图 9-5 所示为沿着水平视角的全屏对比度示例。**单位**：无。**符号**：视角阈值对比度为 C_T。

设置：应用如图 9-6 所示的标准设置。

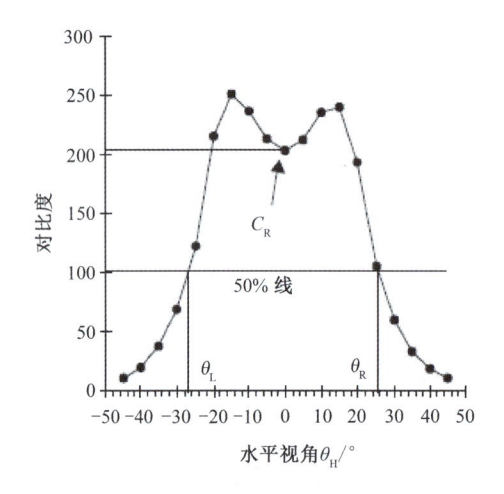

图 9-5　沿着水平视角的全屏对比度示例

图 9-6　标准设置

其他设置条件：全白场和全黑场交替（可选三基色）。

步骤：使用角度定位装置，如旋转盘或独立的角度规，以确保亮度计与屏幕法线之间的（夹角）角度对准精度（±1°）。沿偏离法线的观察方向（上、下、左、右 4 个方向）逐步增大亮度计与法线方向的夹角，最大增量为 5°。将亮度计放置在每个偏离法线的竖直、水平观察角度上，测量全白场、全黑场的中心亮度。也可以测量和记录全白场、全黑场、全屏三基色的 CIE 色坐标及全白场的色温。

分析：根据每组全白场和全黑场的亮度测量数据，计算对比度。以法线观察方向为基准，计算全白场每个 CIE 色坐标的色差，以 $\Delta u'v'$ 或 ΔE 为单位。用线性插值法计算 4 个视角（上为 θ_U、下为 θ_D、右为 θ_R、左为 θ_L）和对应的阈值：①亮度，如为法线方向的 50%；②对比度，如 C_T=10（或其他值，如 20、50 或商定的值）；③色差，如 $\Delta u'v'$=0.01 或 ΔE=5。

报告：报告上、下、左、右的视角数据，亮度、对比度、色差等阈值数据都不超过 3 位有效数字。也可以根据计算的对比度,以及测量的亮度值、全白场色坐标(或 CCT),沿水平轴和竖直轴,以计算的 $\Delta u'v'$ 或 ΔE 值为单位,制图并给出报告,如表 9-2 所示。

注释:本测量可用于验证制造商说明书上水平视角和竖直视角的对比度。50%的对比度降幅类似于电子学中测量点的 3dB 降幅。由于观察方向受限于沿垂直于显示屏 y 轴的竖直方向的倾斜范围,以及沿垂直于显示屏 x 轴的水平方向的倾斜范围,显示屏的最大对比度可不必通过此测量方法确定。关于显示对观察方向依赖性的更完整的评价,参见本章中的其他测量方法。由于色度计(滤波色度计、分光仪及分光辐射亮度计)的灵敏度有限,低亮度全黑场的色差测量可能会有问题。精确测量暗颜色需要较长的测量时间,可能导致有些测量与实际不符。

表 9-2 基于阈值对比度的视角报告示例

方向	角度	
	C_T= 100	C_T= 50
上: θ_U	11.2°	15.0°
下: θ_D	3.81°	7.12°
右: θ_R	25.3°	34.1°
左: θ_L	27.1°	33.2°

9.3 广义的基于阈值的视角

描述:在对比度下降、亮度降低、色差偏移达到某个阈值时,测量 ϕ 为 0°、45°、90°、135°、180°、225°、270° 和 315° 8 个方位的视角,且这些方位角距离法线的倾斜角度增量不超过 5°。

设置:应用如图 9-7 所示的标准设置。

图 9-7 标准设置

其他设置条件:全白场和全黑场交替(可选择三基色)。必须列出相关的阈值。

步骤:使用角度定位装置,如旋转盘或独立的角度规,以确保亮度计与屏幕法线之间的(夹角)角度对准精度(±1°)。从法线方向(垂直于屏幕)开始逐步增加偏离法线方向的夹角,使 ϕ 为 0°、45°、90°、135°、180°、225°、270° 及 315°,共 8 个非法线观察方向,增量不超过 5°。

用固定在法线方向的亮度计测量每个非法线的水平视角和竖直视角对应的全白场及全黑场的亮度。也可以测量和记录每个位置的全白场、全黑场、全屏三基色的 CIE 色坐标和全白场的色温。

分析:测量全白场和全黑场的亮度,计算对比度。以法线方向为参考,对测量的每个全白场 CIE 色坐标,以 $\Delta u'v'$ 或 ΔE 为单位计算色差。使用线性插值法计算所选择的阈值水平对应的视角值。例如,可选阈值:①亮度,如法线方向的 50%;②对比度,如 C_T=10(或其他值,如 20、50 或更大值,或者预先商定的值);③色差,如 $\Delta u'v'$=0.01 或 ΔE=5 或其他有意义的且经利益相关方一致同意的阈值。

报告：对每个亮度、对比度和色差阈值，出具测量或插值计算得到的视角数据报告，且不超过 3 位有效数字，如表 9-3 所示。也可以将计算的对比度、测量的亮度值和全白场的色坐标（或色温），以及沿着水平轴和竖直轴的、以 $\Delta u'v'$ 或 ΔE 为单位的计算值制图。对于 ϕ 为 0°、45°、90°、135°、180°、225°、270° 和 315°，分别用右、右上、上、左上、左、左下、下和右下表示。

注释：和基于阈值的视角测量方法相比，这种广义的方法最适用于当视角具有立体角特性，即显示屏高度不对称或偏离轴，或者用户的兴趣点不在常规的水平和竖直方向的情况。

表 9-3 基于阈值对比度的视角报告示例

方向	角度	
	$C_T=100$	$C_T=50$
右	23.5°	27.2°
右上	17.2°	22.4°
上	11.2°	15.0°
左上	17.5°	22.2°
左	32.1°	33.2°
左下	25.0°	27.3°
下	3.81°	7.12°
右下	22.1°	24.2°

9.4 视角：亮度变化率

别名：亮度降低率。
描述：测量全屏模式下屏幕中心位置在测量方向上的亮度，并与参考方向的亮度进行对比，得出相对变化率，如图 9-8 所示。建议采用全白场或全屏灰色。**单位：无。符号**：$\Delta L/L_{Q,R}$。
设置：应用如图 9-9 所示的标准设置。

图 9-8 视角：亮度变化率测量

图 9-9 标准设置

其他设置条件：使用全屏颜色 Q 模式，即全白场（Q=W）、全黑场（Q=K）或灰阶画面（Q=S，且 R=G=B）（Q 是一个变量，指所选的全屏颜色）。
步骤：
（1）设置全屏颜色为 Q。
（2）在全屏颜色 Q 的模式下，测量各选定方向的亮度 $L_Q(\theta, \phi)$，得到四点视角数据。有选择地归纳所得到的视角数据或视场极坐标数据。

（3）如果测量方向不是预先选定的方向，那么在参考观察方向(θ_{vd}, ϕ_{vd})上重复上述测量，通常参考方向是法线方向(0, 0)，$L_{Q,R} \equiv L_Q(\theta_{vd}, \phi_{vd})$。

（4）按照式（9-1）计算每个观察方向上的亮度变化率$\Delta L_Q(\theta, \phi)/L_{Q,R}$。

分析：在任一测量方向(θ, ϕ)上得到的亮度变化率$\Delta L_Q(\theta, \phi)/L_{Q,R}$的计算公式如下。

$$\frac{\Delta L}{L_{Q,R}} \equiv \frac{\Delta L_Q(\theta, \phi)}{L_{Q,R}} = \frac{L_{Q,R} - L_Q(\theta, \phi)}{L_{Q,R}} \tag{9-1}$$

$L_{Q,R} \equiv L_Q(\theta_{vd}, \phi_{vd})$指在全屏颜色$Q$模式下参考方向的亮度。

报告：所测量的非法线方向的光学特性可以用二维图表示，也可以在图中标识阈值，如图9-10所示。如果参考方向不是法线方向（z轴），那么必须明确表示出来。如果觉得某个亮度变化率的阈值很重要，那么应将亮度变化率同所使用的阈值一起报告。例如，设定$\Delta L/L_{Q,R}$不大于0.50、0.30，或者用其他商定的阈值。所有观察方向的阈值视角数据可以用不超过3位的有效数字表示，并制成表格，如表9-4所示。

注释：虽然这种测量一般使用的是全白场、全黑场或全屏灰色，但如果所有利益相关方都同意，也可以使用其他全屏颜色模式。

示例数据：以竖直观察方向相对于法线方向的亮度变化率$\Delta L/L_{S=200,R}$为例。

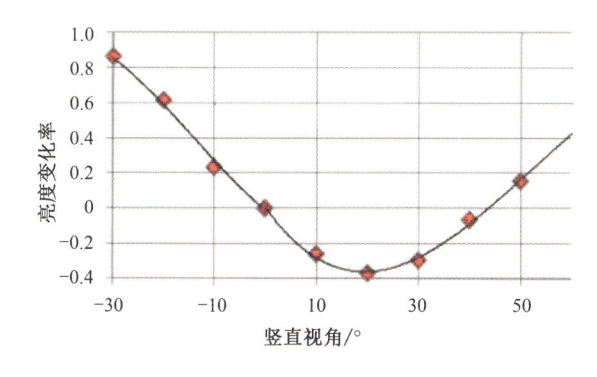

表9-4 视角：亮度变化率分析和报告示例（$\Delta L/L_{S=200,R}$=0.40）

方向	角度
上：θ_U	54°
下：θ_D	14°
右：θ_R	64°
左：θ_L	62°

图9-10 亮度变化率随视角的变化

9.5 视角：视觉感知

描述：本节将使用9.4节和9.6节中的步骤，以确定图像质量随视角的相对变化。该测量基于视觉上的研究，用于为电视显示评估提供标准。**单位**：无。**符号**：ΔQ_I。

设置：应用如图9-11所示的标准设置。

图9-11 标准设置

其他设置条件：针对8位信号，使用全屏灰色（S=R=G=B=200）。

步骤：针对8位信号，使用全屏灰色（S=R=G=B=200）。在选中的测量方向(θ, ϕ)上测

量亮度 L 和色坐标 (u', v')，得到四点视角的数据。有选择性地归纳所得到的视角数据或视场极坐标数据。如果不是选中的测量方向，重复法线方向 $(0,0)$ 上的测量，得到色坐标 (u'_0, v'_0) 和亮度 L_0。根据式（9-1）计算每个测量方向的亮度变化率 $\Delta L(\theta, \phi)/L_0$，其中 $Q=S=200$。根据式（9-2）计算每个测量方向的色差 $\Delta u'v'(\theta, \phi)$，其中 $Q=S=200$。最后计算 $\Delta Q_I(\theta, \phi)$。

$$\Delta u'v'(\theta, \phi) = \sqrt{[u'_Q(\theta, \phi) - u'_{Qref}]^2 + [v'_Q(\theta, \phi) - v'_{Qref}]^2} \qquad (9\text{-}2)$$

分析：每个测量方向的图像质量变化 ΔQ_I 的计算公式如下。

$$\Delta Q_I = 5.13 \Delta L(\theta, \phi)/L_0 + 144 \Delta u'v'(\theta, \phi) \qquad (9\text{-}3)$$

如果应用到电视显示评估上，那么图像质量变化 ΔQ_I 为 3.3 是可以接受的。因此阈值观察方向上有如下公式。

$$\Delta L(\theta, \phi)/L_0 + 28 \Delta u'v'(\theta, \phi) \leqslant 0.64 \qquad (9\text{-}4)$$

报告：把 4 个观察方向的插值视角用表格形式表示出来，如表 9-5 所示。计算结果可以看成水平观察方向 θ 和竖直观察方向 ϕ 的函数。如果参考观察方向不是法线方向，那么在计算 $\Delta L/L_0$ 和 $\Delta u'v'$ 时，请明确标明所采用的参考观察方向。

注释：必须注意推荐的亮度变化率和色差的加权系数，以及相应应用到电视显示中的阈值[1]。对于其他显示应用，亮度变化率、色差和感知图像质量变化的其他加权系数也是适用的。

示例数据：由式（9-4）得出感知测量结果，通过插值法来确定竖直观察方向的视角阈值，如图 9-12 所示。

表 9-5 用图像质量变化阈值定义的视角（$\Delta Q_I < 3.3$）

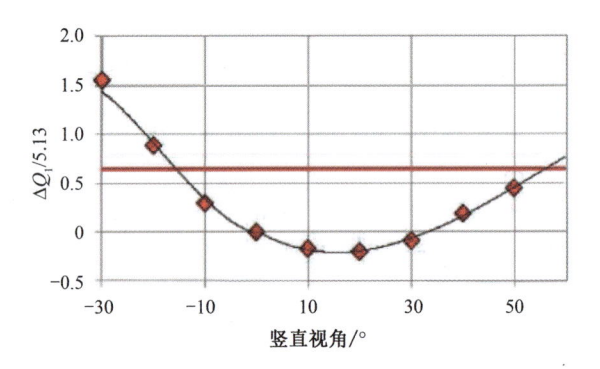

方向	角度
上：θ_U	55°
下：θ_D	16°
右：θ_R	64°
左：θ_L	62°

图 9-12 图像质量变化随视角的变化

9.6 视角：色差

描述：许多色坐标的定义已经标准化，可以直接用来定义测量方向的色差。需要测量 X、Y、Z 刺激值。**单位**：无。**符号**：$\Delta u'v'_Q$。

建议使用 (u', v') 色坐标系统，用 $\Delta u'v'$ 来表示参考观察方向（除非另有规定，否则指法线方向，即 z 轴方向）上的色差。

设置：应用如图 9-13 所示的标准设置。

---

[1] 此处原书参考资料：Teunissen, "Flat Panel Display Characterization: A Perceptual Approach", Delft University of Technology, Delft, the Netherlands, ISBN: 978-90-74445-86-3.

图 9-13 标准设置

其他设置条件： 使用全白场或全屏灰色显示模式。尽管本测量主要用于全白场或全屏灰色的测量，但也可用于其他所需要全屏模式的测量。

步骤：

（1）使用全白场或全屏灰色（以下用 Q 表示）显示模式。

（2）测量 X、Y 和 Z 刺激值，或者每个所选测量方向 (θ, ϕ) 上的坐标 (x, y) 或 (u', v')，得到四点视角数据。通常可以得到广义视角数据或视场极坐标数据。

（3）如果不是选定测量方向上的数据，那么重复参考观察方向上的测量，得到 u'_{Qref} 和 v'_{Qref}。如果参考观察方向是屏幕法线方向（沿 z 轴方向），那么 $u'_{Qref}=u'_{Qref}(0,0)$，$v'_{Qref}=v'_{Qref}(0,0)$；否则，$u'_{Qref}=u'_{Qref}(\theta_{ref}, \phi_{ref})$，$v'_{Qref}=v'_{Qref}(\theta_{ref}, \phi_{ref})$。

（4）如果有需要，那么计算每个测量方向上 $u'_Q(\theta, \phi)$ 和 $v'_Q(\theta, \phi)$。

（5）计算 $\Delta u'v'_Q(\theta, \phi)$。

分析： 色差计算公式如式（9-2）所示。

报告： 所测光学特性的非法线方向的变化可用二维图呈现，阈值也可以呈现在这些图中，如图 9-14 所示。如果参考观察方向不是法线方向（z 轴方向），那么必须明确说明。如果色差的阈值比较重要，那么该色差应当同使用的阈值一起报告，如设定 $\Delta u'v'_Q(\theta, \phi)$ 不大于 0.010、0.015、0.020，或者用其他商定的阈值。所有参考观察方向上的视角阈值可以通过列表给出，且不超过 3 位有效数字。

注释： 注意，给出的阈值要大于屏幕上色差的衡量阈值（如屏幕颜色均匀性测量测量的阈值，约为 0.04）。事实上，在观察方向上进行测量或主观评价时，无法同时得到观察方向上的数值和参考方向上的数值。

数据样本： 图 9-14 是竖直观察方向相对于法线方向的色差 $\Delta u'v'_{S=200}$。表 9-6 是 $\Delta u'v'_{S=200}=0.010$ 对应的角度。

表 9-6 视角：色差分析和报告示例

($\Delta u'v'_{S=200}= 0.010$)

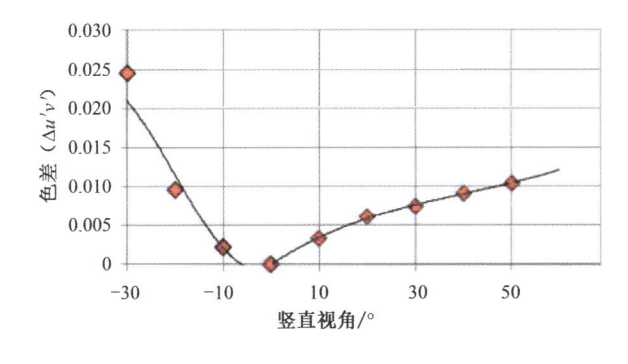

方向	角度
上：θ_U	50°
下：θ_D	20°
右：θ_R	64°
左：θ_L	62°

图 9-14 色差随视角的变化

9.7 灰阶反转

别名：视角灰阶反转、灰阶等级反转。

描述：当灰阶或灰阶等级发生反转时，对于一个给定的测量方向，测量显示屏的灰阶是否单调增加。例如，灰阶反转可以发生在视场的某些位置，在一定的灰阶范围内，当亮度降低时，灰阶增加。尽管灰阶反转与对比度反转可能同时存在，但不应该将灰阶反转与所谓的对比度反转现象（当 $C<1$ 时，黑色阴影会比白色阴影更亮）相混淆。

通过测量显示屏的灰阶或 EOTF，在任何测量方向都可以很容易地得到灰阶反转的程度。阴影图案颜色越灰，得到的灰阶反转参数越准确。在下面的讨论中，灰阶或灰阶等级描述的是一种命令，该命令作用于每个颜色通道，以实现给定显示屏的全屏灰阶模式。**单位**：无。**符号**：$G_{SL,M}$。

设置：应用如图 9-15 所示的标准设置。

图 9-15 标准设置

其他设置条件：使用全屏灰阶模式。

步骤：对于 M 个灰阶等级 V_i（$i=1,2,\cdots,M$，是从 N 个等级中取出来的），对每个全屏灰阶模式进行视角测量。对于一个 8 位显示屏，$V_1=0$，$V_M=255$。通常我们会选择 M 为 9、17、33 或 62（如有需要，参考附录 A.12）。灰阶等级越多越好。但是，灰阶等级太多可能会引入噪声问题（灰阶的亮度变化并没有足够快到可以和灰阶的变化达到一致，这可能发生在最边缘的两个灰阶上），而且发生灰阶反转时可能导致判断错误。对于一般的通用显示屏，17～33 个灰阶等级已经够了。本测量采用两种方法：①每个灰阶等级 V_i 对应一个全屏灰阶亮度 L_i，L_i 在测量所有重要角度(θ,ϕ)后得出；②每个角度(θ,ϕ)的灰阶等级 V_i 可通过一系列的 $L_i(\theta,\phi)$ 循环得到，其中 $i=1,2,\cdots,M$。在以上两种情况下，测量每个角度的所有灰阶等级亮度，就可以得到一个关于亮度的数据集 $L_i(\theta,\phi)$。为了确定测量时的 M，可参考 $G_{SL,M}$ 的最终数值。

分析：对于每个重要的角度(θ,ϕ)，按照以下步骤进行操作，并计算灰阶反转值。首先将亮度数据转换成视亮度数据，然后在每个角度上通过检查亮度数据曲线找到灰阶反转值（在出现灰阶反转时，曲线的单调性不再维持）。对于每个被测量的角度(θ,ϕ)，进行如下操作。

（1）将每个角度(θ,ϕ)重新排序，使 $j=1$ 代表屏幕呈现黑色（最小亮度），$j=M$ 代表屏幕呈现白色（最大亮度）。

（2）将亮度 $L_i(\theta,\phi)$（$i=1,2,\cdots,M$）转换成视亮度 $L_i^*(\theta,\phi)$，其中，$L_M(\theta,\phi)$ 表示屏幕呈现白色。

$$L_i^*(\theta,\phi) = \begin{cases} 116\left[\dfrac{L_i(\theta,\phi)}{L_M(\theta,\phi)}\right]^{1/3} - 16, & \dfrac{L_i(\theta,\phi)}{L_M(\theta,\phi)} > \left(\dfrac{6}{29}\right)^3 \\ \dfrac{29^3}{3^3}\dfrac{L_i(\theta,\phi)}{L_M(\theta,\phi)}, & \text{其他条件} \end{cases}$$

（3）计算：$G_{SI}(j;\theta,\phi) = L_{j-1}^*(\theta,\phi) - L_j^*(\theta,\phi)$，其中，$j=2,\cdots,M$。如果出现 $G_{SI}(j;\theta,\phi) > 0$ 的情况，那么就对应灰阶反转。

（4）计算最大值：$G_{SImax} = \max[G_{SI}(2;\theta,\phi), G_{SI}(3;\theta,\phi), \cdots, G_{SI}(M;\theta,\phi)]$。

（5）最糟糕的情况如下：

$$G_{SI,M}(\theta,\phi) = \begin{cases} G_{SImax}, & G_{SImax} > 0 \\ 0, & G_{SImax} < 0 \end{cases}$$

如果不出现反转，那么 $G_{SI,M}(\theta,\phi)$ 的值为 0。

为了使过程更清晰，以上计算方法可以简单地用下面的代码表示，以便找到灰阶反转的最大值。

```
For each angular position
  GSI =0
  LstarMin=Lstar(1) %A large number, the white L* should be OK
  For Each i (From 2 to M)
    If Lstar(i) >LstarMin Then
      LstarMin=Lstar(i)
    Else
      If (LstarMin-Lstar(i)) > GSI
        Then
          GSI =LstarMin-Lstar(i)
      End
    End
  Next
Next
```

报告：记录观察方向 (θ,ϕ) 上发生的灰阶反转 $G_{SI,M}(\theta,\phi)$（或无灰阶反转）；确定在水平或竖直平面上可能会发生灰阶反转的倾斜角；如图 9-16 所示，用等高线图记录全视场的灰阶反转极限。

分析：①灰阶反转强度。尽管通常我们无法接受任何程度的灰阶反转，但在特定情况下，还是可以接受一些灰阶反转的。从图 9-16 中可以看出哪些观察方向或倾斜角发生的灰阶反转可以被接受。同时该图也可以用来评价灰阶反转强度。②使用明度来表示的原因。明度比亮度更适合评估灰阶。在评估灰阶反转时，必须考虑以下情形，即显示灰阶的显示屏从某个方向观测或测量时，显示屏会同时出现白色和灰色区域。在这种情况下，参考亮度就是白色的亮度。③与伽马失真测量的联系。伽马失真测量所需的项目与灰阶反转分析所需的项目是相似的，它们可以从同一数据集获取数据。

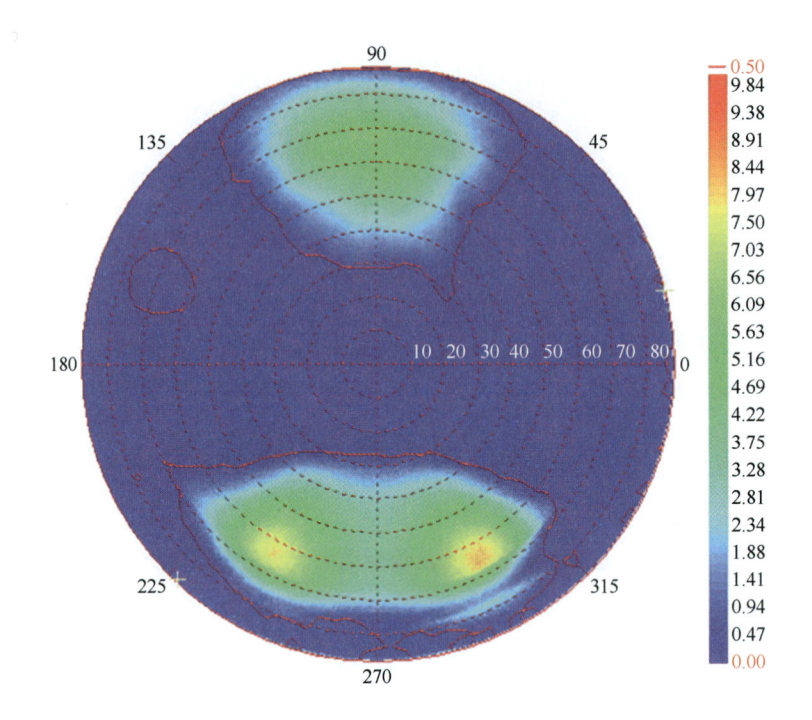

图 9-16　标识灰阶反转极限（红色实线）的等高线

9.8　视角：相对色域覆盖率

别名：彩色三角形。

描述：测量三基色的色域和色域面积，它是视角的函数。色域面积通常是通过计算给定色彩空间内的三角形的面积获得的。此处建议使用 CIE 1976 u', v' 色彩空间。所计算的面积可以与其他各种相关数值进行比较，如流行的颜色系统规定的面积或整个色彩空间中单色轨迹线围绕区域的总面积。**单位**：无。**符号**：A_{RCG}。

设置：应用如图 9-17 所示的标准设置。

图 9-17　标准设置

其他设置条件：使用全屏 R、G、B 显示模式。也可进一步测量全白场显示模式，以便同时测量白平衡点的位置。

步骤：

（1）使用第一个全屏显示模式（R、G 或 B）。

（2）测量每个选定观察方向的 X、Y 和 Z 刺激值或色坐标 (x, y) 或 (u', v')。这些可以是离散的位置，也可以是连续的位置，依选定的观察方向而定。

(3) 使用第二个全屏显示模式（G、B 或 R）并重复步骤（2）。

(4) 使用第三个全屏显示模式（B、R 或 G）并重复步骤（2）。

(5) 可选择全白场显示模式，并重复步骤（2）。

分析：比较每个视角方向三基色的色坐标(u', v')。图 9-18 中每个视角(θ, ϕ)下(u', v')的相对色域覆盖率 A_{RCG} 由下式计算。

$$A_{\mathrm{RCG}}(\theta, \phi) = \frac{100\%}{2A_{u'v'}} \left| \det \begin{pmatrix} u'_\mathrm{G} - u'_\mathrm{B} & u'_\mathrm{R} - u'_\mathrm{B} \\ v'_\mathrm{G} - v'_\mathrm{B} & v'_\mathrm{R} - v'_\mathrm{B} \end{pmatrix} \right|_{(\theta, \phi)}$$
$$= (256.1\%) \left| (u'_\mathrm{R} - u'_\mathrm{B})(v'_\mathrm{G} - v'_\mathrm{B}) - (u'_\mathrm{G} - u'_\mathrm{B})(v'_\mathrm{R} - v'_\mathrm{B}) \right|_{(\theta, \phi)} \tag{9-5}$$

式中，$A_{u'v'}=0.1952$，是 CIE 1976 u', v' 色彩空间中光谱轨迹和紫色线组成的区域的面积。

注意，如果没有绝对值，那么该区域可以成为研究色彩反转的一个表面，请参考 9.9 节的内容。

报告：在 3D 图上，以等高线形式绘制相对色域覆盖率随观察角(θ, ϕ)变化的分布图，或者绘制相对色域覆盖率随视角变化的完整 2D 图，如图 9-18 所示。

注释：请参考 5.18 节以获得更多相关的测量细节。

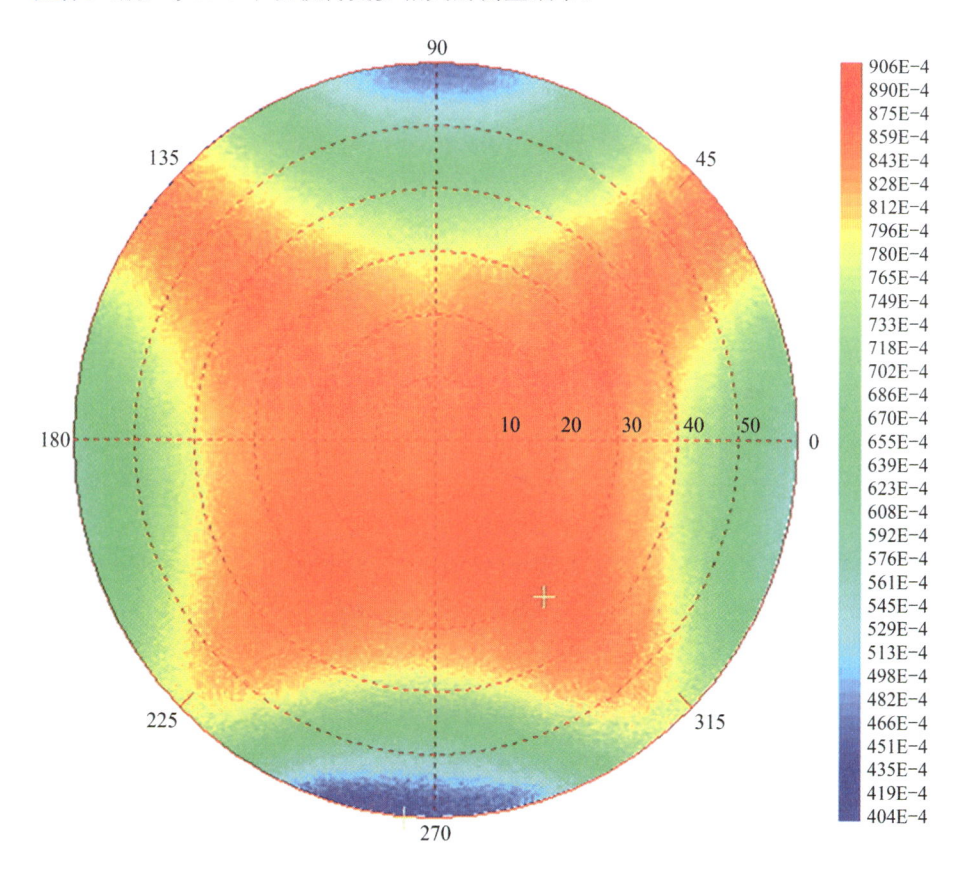

图 9-18 视角：相对色域覆盖率的对应图

9.9 视角：色彩反转

描述：检测色彩反转发生时的测量方向，可基于 9.8 节描述的相对色域覆盖率的测量而定。事实上，当 A_{RCG} 为负时，它可用于定量表示色彩反转的情况。单位：无。符号：无。

应用：请参考通用测量描述。

设置：应用如图 9-19 所示的标准设置。

图 9-19　标准设置

其他设置条件：使用全屏 R、G、B 显示模式。

步骤：使用 9.8 节中提到的方法进行测量。

分析：由式（9-6）计算 $S_{RCG}(\theta, \phi)$（A_{RCG} 不取绝对值）。

$$S_{RCG}(\theta, \phi) = \frac{100\%}{2A_{u'v'}} \det \begin{pmatrix} u'_G - u'_B & u'_R - u'_B \\ v'_G - v'_B & v'_R - v'_B \end{pmatrix}_{(\theta, \phi)} \quad (9-6)$$
$$= (256.1\%)\left[(u'_R - u'_B)(v'_G - v'_B) - (u'_G - u'_B)(v'_R - v'_B)\right]_{(\theta, \phi)}$$

式中，$A_{u'v'}$=0.1952，是 CIE 1976 u'、v'色彩空间中光谱轨迹和临界线（在色域图的马蹄形区域的直线部分）组成的区域的面积。如果 $S_{RCG}(\theta, \phi)$ 的符号改变，那么表示有色彩反转发生。

报告：一旦在视角 (θ, ϕ) 上发生色彩反转，就必须报告。可以绘制类似图 9-18 的图。

注释：无。

9.10 视角：相关色温

描述：测量全白场或全屏灰色的相关色温，它是一组视角的函数。单位：K。符号：CCT。

设置：应用如图 9-20 所示的标准设置。

图 9-20　标准设置

其他设置条件：使用全白场或全屏灰色（R=G=B）。

步骤：对于给定的视角和全白场或全屏灰色，测量所有选定角度(θ, ϕ)的三刺激值或屏幕中心的色坐标。

分析：由式（9-7）计算 CCT（请参考 5.19 节和附录 B.1.2 以获得更多信息）。

$$T(\theta,\phi) = 437n^3 + 3601n^2 + 6861n + 5517 \tag{9-7}$$

式中，

$$n = (x_W - 0.3320)/(0.1858 - y_W) \tag{9-8}$$

式中，x_W、y_W 来自测量角度位置的色坐标(x, y)。

报告：相关色温值可以用表格形式（参考 9.1 节）、阈值（参考 9.2 节）或极坐标图（见图 9-21）表示。

注释：该方法主要用来检测某一白点的色温，只对白色或灰色有效，应避免用于其他颜色（如 R、G、B 或其他颜色）。

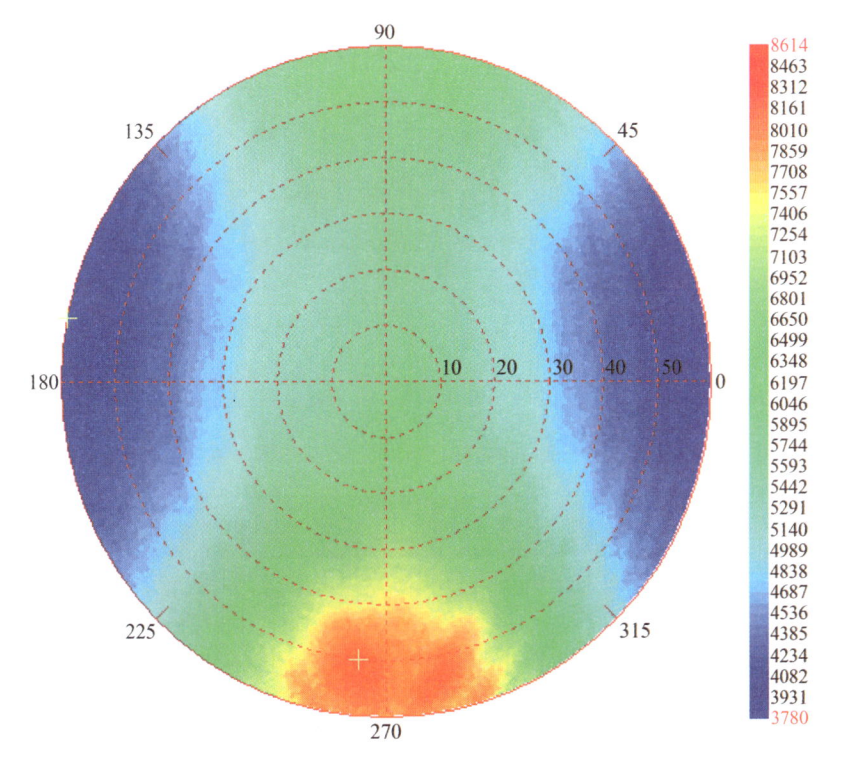

图 9-21　相关色温图

9.11　光通量

别名：光输出、白光输出。

描述：通过全白场前多个角度采集的照度值确定光通量（该方法将测量角的照度转换为光通量，见图 9-22）。**单位**：lm。**符号**：Φ。

应用：发射型显示屏；这种方法不适用于前向投影显示屏，有特定的方法来测量前向投影显示屏的光通量，详情见第 17 章。

设置：使用一个经过余弦校正的照度计，以固定半径 r 测量一个全白场的照度，将它作为法线附近测量角的函数。如果要使数据有效，那么半径 r 至少要大于或等于屏幕的竖直宽度（V）或水平宽度（H）的 10 倍，即 $r \geq 10\max(H,V)$。因为当 $r<10\max(H,V)$ 时，对大部分设备来说，这种测量都是无效的。

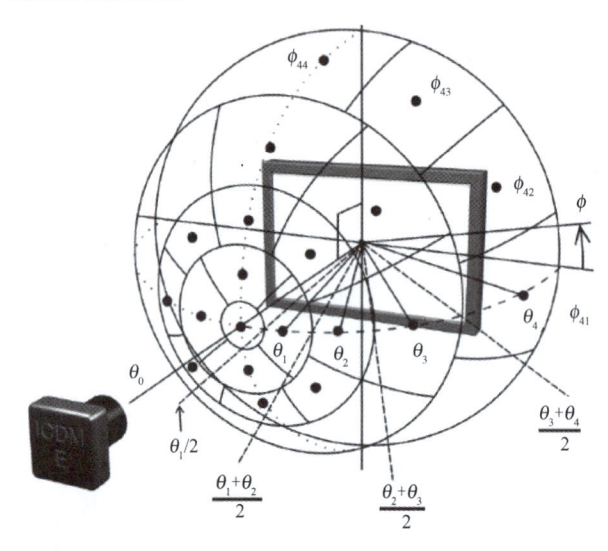

图 9-22 光通量测量

注意：在使用照度计测量时，不能被设备的部件，如挡板、安装支架、定位装置的反射或房间墙壁及其他物品的反射影响——就算是来自屏幕后方物体的反射也必须控制。

设置：应用如图 9-23 所示的标准设置。

图 9-23 标准设置

其他设置条件：使用全白场。注意，由于屏幕要由受过训练的观察者判断，因此屏幕必须调整到可以使用的情况。

步骤：

测量角的确定：确定角度 θ_i，其中，$i=0,1,2,\cdots,n$；令 $i=0$，得到法线角 $\theta_0=0$。θ_i 不必均匀分布在 0~90°。对每个 θ_i，从 x 轴开始，逆时针等角度间隔进行 m_i 次测量，间隔角度为 $\phi_{ij}=j2\pi/m_i$（$j=0,1,2,\cdots,m_i-1$）。定义法线方向为 $m_0=1$（其中 $j=0$），$\phi_{00}=0$。注意，ϕ_{ij} 是绕着圆形均匀分布的角，而 θ_i 不是等距的。对每个 θ_i，m_i 并不一定相同。于是增量 $\Delta\phi=2\pi/m_i$。

照度测量：使用余弦照度计，以 r 为半径，在屏幕每个位置 (θ_i,ϕ_{ij}) 处测量照度 $E_{ij}=E(\theta_i,\phi_{ij})$，其中，假设 $r \geq 10\max(H,V)$。

计算：根据下面的分析计算光通量。

分析：对每个测量角 θ_i（其中 $i>0$），在半球表面关联形成一个环形圈，在垂直于屏幕

位置（$\theta_0 = 0$）形成一个球冠。光通量为

$$\Phi = r^2 \sum_{i=0}^{n} \sum_{j=0}^{m_i-1} E_{ij}(\theta, \phi_{ij}) \Omega_{ij} \tag{9-9}$$

式中，Ω_{ij}是ϕ方向上每个增量$\Delta\phi$（$\Delta\phi = 2\pi/m_i$，其中当$\Delta\phi = 2\pi$时，$i=0$，$m_0 = 1$）和θ_i（并不需要等间隔）限定的立体角。

$$\Omega_{ij} = \begin{cases} 2\pi\left[1 - \cos\left(\dfrac{\theta_1}{2}\right)\right], & \theta_0 = 0\,(\text{球冠},\ i = 0) \\ \dfrac{2\pi}{m_i}\left[\cos\left(\dfrac{\theta_{i-1} + \theta_i}{2}\right) - \cos\left(\dfrac{\theta_i + \theta_{i+1}}{2}\right)\right], & 0 < i < n,\ j\text{为任意值} \\ \dfrac{2\pi}{m_n}\cos\left(\dfrac{\theta_{n-1} + \theta_n}{2}\right), & i = n,\ j\text{为任意值} \end{cases} \tag{9-10}$$

利用ϕ方向上所有增量都相等这一前提条件，可由式（9-11）得光通量。

$$\Phi = r^2 \sum_{i=0}^{n} E_i(\theta_i) \Omega_i \tag{9-11}$$

式中，

$$E_i = \sum_{j=0}^{m_i-1} E_{ij}(\theta_i, \phi_{ij}) \tag{9-12}$$

是围绕每个环的照度的总和（E_0是$\theta_0 = 0$时的照度），每个环的立体角为

$$\Omega_i = \begin{cases} 2\pi\left[1 - \cos\left(\dfrac{\theta_1}{2}\right)\right], & \theta_0 = 0\,(\text{球冠},\ i = 0) \\ 2\pi\left[\cos\left(\dfrac{\theta_{i-1} + \theta_i}{2}\right) - \cos\left(\dfrac{\theta_i + \theta_{i+1}}{2}\right)\right], & 0 < i < n \\ 2\pi\cos\left(\dfrac{\theta_{n-1} + \theta_n}{2}\right), & i = n \end{cases} \tag{9-13}$$

报告：用不超过 3 位的有效数字表示光通量Φ，如表 9-7 所示。

表 9-7 报告示例

光通量 Φ	1570	lm

注释：①显示屏尺寸和测量半径要求。从显示屏中心测量的照度计的半径应足够大，以减少显示屏有限尺寸引起的误差。从不同的距离到显示屏的不同位置都会存在这样的误差。②样球。如果无法获得大的测角半径，那么可以采用样球校准光通量，此时其测量端口被移动了，平均光通量是按 9 点或 25 点采样计算出来的。③照度测量。如果以上两点都无法实现，那么下面提供了近似测量光通量的方法。

注意：近似测量光通量的方法是测量屏幕的中心亮度。由于屏幕的不均匀性，所获得的近似光通量具有不确定性。然而，大多数人都认为，由于方便，这样的估算是可取的。而且，使用以上方法测量时，并不需要将照度计放在离屏幕中心很远的地方。只是现在测量的是屏幕的中心亮度（以一个合理的半径）而不是照度。

修改后的步骤：角度(θ_i, ϕ_{ij})处的照度可通过以这个角度测量的屏幕中心的亮度$L_{ij}(\theta_i, \phi_{ij})$

进行估算，即 $E_{ij}=E(\theta_i,\phi_{ij})=L_{ij}(\theta_i,\phi_{ij})(A/r^2)\cos\theta_i$，其中，$r^2$ 最后会在计算光通量的式（9-14）中消掉。

$$\Phi = \sum_{i=0}^{n}\sum_{j=0}^{m_i-1} L_{ij}(\theta_i,\phi_{ij})A\cos\theta_i\Omega_{ij} \qquad (9\text{-}14)$$

其他条件与前面光通量的测量条件一样。

9.12 彩色信号白光的光通量

别名：彩色输出、彩色光输出。

描述：对于网格三序列模式（而不是全白场模式）下的主动发射型显示屏，用 9.11 节的方法测量光通量。**单位**：lm。**符号**：Φ_{CSW}。

应用：通常，该测量方法适用于所有输入信号符合一组标准的 RGB 电压或数值，这些彩色信号基色的叠加性已经经过确认，详情请参考 5.4 节。

设置：应用如图 9-24 所示的标准设置。

图 9-24 标准设置

其他设置条件：如图 9-25 所示，使用瓷砖式三序列模式（如 NTSR*.PNG）。

图 9-25 瓷砖式三序列模式（分别为 NTSR、NTSG、NTSB 模式）
测量每个模式的光通量 Φ_R、Φ_G、Φ_B，求和得到三基色的光通量 Φ_{CSW}

步骤：步骤与 9.11 节一样，但使用瓷砖式三序列模式（所有三种情形），并对每个模式的光通量求和，即

$$\Phi_{\text{CSW}} = \Phi_R + \Phi_G + \Phi_B \qquad (9\text{-}15)$$

注意，如果全黑场的光通量不可忽略，那么使用更精确的计算：

$$\Phi_{\text{CSW}} = \Phi_R + \Phi_G + \Phi_B - 2\Phi_K \qquad (9\text{-}16)$$

式中，Φ_K 是全黑场的光通量。式（9-16）有助于解释为什么顺序对比度小于 100:1 时，需要对黑色子像素进行额外的测量。

分析：同 9.11 节。

报告：同 9.11 节。

注释：①同 9.11 节。注意，如果使用 9.11 节提到的近似测量光通量的方法，并且使用瓷砖式三序列模式,那么只需要测量一次。②显示屏模式。如同本书中提到的其他各种测量,该测量容易受显示屏的设置模式影响,参见 2.1 节和 3.2 节。

9.13 水平可视角对比度

别名:平均归一后的水平可视角对比度。

描述:在水平面上,测量法线方向($\theta=0°$)和 θ 为±15°、±30°与±45°的对比度 C_θ(见图 9-26),然后求它们的平均值,再除以法线方向的对比度,最后乘以 100%。单位:无。

符号:C_V。

该方法可测量典型观看角度范围的视角特性,可应用于在客厅观看电视的家庭。它提供了一个衡量对比度随视角增加而降低的程度的指标。

设置:应用如图 9-27 所示的标准设置。

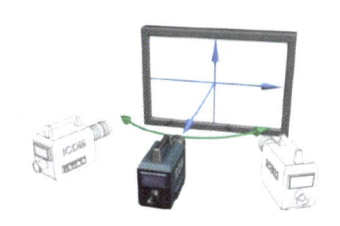

图 9-26 水平可视角测量　　图 9-27 标准设置

其他设置条件:调节亮度计,从特定角度对全白场和全黑场进行测量。

步骤:

(1) 在法线方向测量全白场和全黑场的亮度:L_{W0}、L_{K0}。

(2) 在 θ 为±15°、±30°和±45°的方向测量全白场与全黑场的亮度:L_{W+15}、L_{K+15}、L_{W-15}、L_{K-15}、…、L_{W-45}、L_{K-45}。除法线方向外共 12 个值。

分析:

(1) 计算每个角度的对比度:$C_0=L_{W0}/L_{K0}$,$C_1=C_{+15}=L_{W+15}/L_{K+15}$,$C_2=C_{-15}=L_{W-15}/L_{K-15}$,…,$C_6=C_{-45}=L_{W-45}/L_{K-45}$。

(2) 计算总和,并求平均值 C_{ave}:

$$C_{ave} = \frac{1}{7}\sum_{i=0}^{6} C_i$$

(3) 用该平均值除以法线方向的对比度 C_0,再乘以 100%,得到水平可视角对比度:

$$C_V = \frac{C_{ave}}{C_0} \times 100\%$$

表 9-8 所示为一个分析示例。

表 9-8 分析示例

角度	L_W/(cd/m²)	L_K/(cd/m²)	对比度
0	347.2	0.487	712.9
+15°	297.2	0.642	462.9
-15°	285.8	0.598	477.9
+30°	220.1	0.973	226.2
-30°	206.4	0.982	210.2
+45°	145.2	1.234	117.7
-45°	136.9	1.334	102.6
C_{ave}			330
C_V			46%

报告：按照要求，得到法线方向的对比度 C_0、平均对比度 C_{ave} 及水平可视角对比度 C_V。用不超过 3 位的有效数字表示法线方向的对比度和平均对比度，用不超过 2 位的有效数字表示水平可视角对比度，如表 9-9 所示。

注释：对于对比度非常高的情况，如果全黑场亮度小于 L_{limK}（$3.18 \times 10^{-3} cd/m^2$），那么用 L_{limK} 作为最小亮度（见 5.1 节）。

表 9-9 报告示例

C_0	713
C_{ave}	330
C_V	46%

下面介绍扩展水平可视角对比度

描述：在水平面上，测量法线方向（$\theta=0°$），以及 θ 为 $\pm15°$、$\pm30°$、$\pm45°$、$\pm60°$ 和 $\pm75°$ 的对比度 C_θ，然后求它们的平均值，再除以法线方向的对比度，最后乘以 100%。单位：无。

符号：C_{EV}。

该方法可测量更大观看角度范围的视角特性，可应用于休息室、机场等。它提供了一个衡量对比度随视角增加而降低的程度的指标。

设置：应用如图 9-28 所示的标准设置。

图 9-28 标准设置

其他设置条件：调节亮度计，从特定角度对全白场和全黑场进行测量。

步骤：

（1）在法线方向测量全白场和全黑场的亮度：L_{W0}、L_{K0}。

（2）在 $\theta=\pm15°$、$\pm30°$、$\pm45°$、$\pm60°$ 和 $\pm75°$ 方向测量全白场与全黑场的亮度：L_{W+15}、L_{K+15}、L_{W-15}、L_{K-15}、…、L_{W-75}、L_{K-75}。除法线方向外共 20 个值。

分析：

（1）计算每个角度的对比度：$C_0=L_{W0}/L_{K0}$，$C_1=C_{+15}=L_{W+15}/L_{K+15}$，$C_2=C_{-15}=L_{W-15}/L_{K-15}$，…，$C_{10}=C_{-75}=L_{W-75}/L_{K-75}$。

（2）计算总和，并求平均值 C_{ave}：

$$C_{ave} = \frac{1}{11}\sum_{i=0}^{10} C_i$$

（3）用该平均值除以法线方向的对比度 C_0，再乘以 100%，得到扩展水平可视角对比度：

$$C_{EV} = \frac{C_{ave}}{C_0} \times 100\%$$

表 9-10 所示为一个分析示例。

表 9-10 分析示例

角度	L_W/(cd/m²)	L_K/(cd/m²)	对比度
0°	347.2	0.487	712.9
+15°	297.2	0.642	462.9
−15°	285.8	0.598	477.9
+30°	220.1	0.973	226.2
−30°	206.4	0.982	210.2
+45°	145.2	1.234	117.7
−45°	136.9	1.334	102.6
+60°	124.1	1.442	86.1
−60°	122.5	1.478	82.9
+75°	98.72	1.534	64.4
−75°	94.51	1.622	58.3
C_{ave}			236.5
C_{EV}			33%

报告：按照要求，得到法线方向的对比度 C_0、平均对比度 C_{ave} 及扩展水平可视角对比度 C_{EV}。用不超过 3 位的有效数字表示法线方向的对比度和平均对比度，用不超过 2 位的有效数字表示扩展水平可视角对比度，如表 9-11 所示。

注释：高对比度。如果全黑场亮度小于 L_{limK}（3.18×10^{-3} cd/m²），那么使用 L_{limK}（见 5.1 节）。

表 9-11 报告示例

C_0	713
C_{ave}	237
C_{EV}	33%

第 10 章

时间特性测量

时间特性测量会记录显示性能随时间的变化。测量的时间可以很短,如抖动;也可以较长,如响应时间和闪烁时间;还可以是一个相当长的时间,如预热时间和残留影像。由于响应时间的测量方法和动态模糊的测量方法有部分内容重叠,因此我们尝试在瞬时性能测量中采用"静止"的测试图案,以便与相应的运动伪像测量方法相对应。

10.1 预热时间

别名:从启动到亮度稳定所用的时间。

描述:用全白场中心测量法,测量当亮度达到幅度变化小于±1%(5%峰值)的稳定亮度所需要的时间。

设置:应用如图 10-1 所示的标准设置。

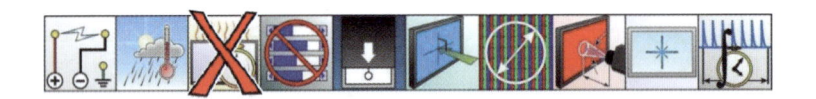

图 10-1 标准设置

其他设置条件:测量前禁止对 DUT 进行预热。预先设置好全白场,当屏幕显示全白场时,立即测量屏幕中心的亮度。如果显示屏之前已经处于工作状态,必须关闭显示屏并至少等待 3 个小时方可进行预热时间的测量。

步骤:开启显示屏,记录时间 t_0。当显示全白场时,立即记录时间 t_1 和亮度 L_1。继续测量亮度 L_i,时间间隔为 10min 或更少(测量次数应尽量多,时间间隔不必完全一样),每次测量开始的时间为 t_i。每次记录数据的时间在 10s 以内。

分析:随着亮度趋于至一个稳定值,找出 1 小时(Δt)内亮度变化不大于最终值±5%的最短时间 t_s,即 t_s 是在时间 t 至 $t+\Delta t$ 内亮度 L_i 满足 $L-\Delta L \leq L_i \leq L+\Delta L$ 对应的最短时间,其中

L 是 t 到 $t+\Delta t$ 内亮度的最终值,且 $\Delta L = 0.05L$（5%的平均值）。

报告：报告预热时间,单位为 min,不超过 2 位有效数字。如果预热时间测量少于 2min,报告预热时间,允许以 s 为单位。

注释：在测量之前,让显示屏有足够的时间达到稳定的运行状态,这一点非常重要。如果没有这个步骤,某些性能表现的变化会归因于显示屏的缺陷,而不会归因于预热时间的不足。通常,默认的 20min 的预热时间是足够的,很少需要验证。然而,存在需要进行预热时间测量的情况,如严重依赖显示屏稳定性的关键特性评估,如图 10-2 所示。

实际上,由于长期稳定性与显示屏的寿命相关,因此绝对稳定的亮度是不可能达到的。在使用中,显示屏的亮度通常会衰变。某些情况下,在显示屏退化前,其亮度实际上有可能增加。在长期使用中,显示屏的亮度变化很小,预热时可以忽略不计。

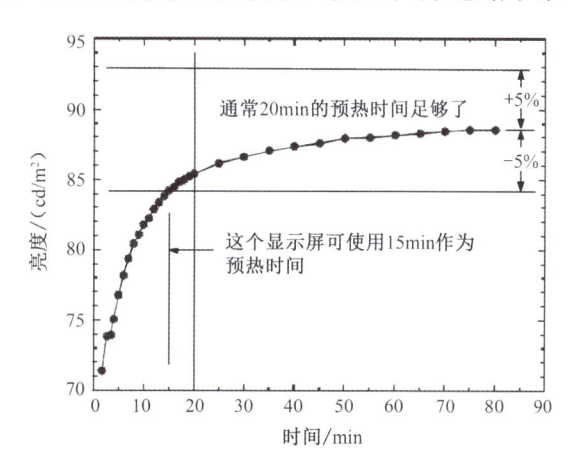

图 10-2 预热时间测量示例

10.2 响应时间测量

响应时间衡量显示屏从一个灰阶转换到另一个灰阶的速度快慢。缓慢的响应时间对动画或动态视频的显示,以及移动光标的及时显示能力有很大影响。

本节首先概述响应时间的测量步骤；然后介绍瞬时阶跃响应和简单阶跃响应的具体测量过程；最后介绍基于测试模式选择及阶跃响应分析的具体测量过程。首先讨论总响应时间。总响应时间的测量是一个常规测量。总响应时间是指显示屏由黑变白,再由白变黑的时间之和。然后讨论灰阶响应时间。由于液晶显示屏的灰阶响应时间比黑白响应时间长,因此,灰阶响应时间很重要。最后讨论高斯响应时间。它采用一种不同的分析技术来改善测量的重复性,是灰阶响应时间的一种变形。

测量响应时间的基本步骤是：给 DUT 一个时变测试图案（瞬时性的）,然后用高速 LMD 测量显示屏亮度相对于时间的变化。获得的数据即显示屏的阶跃响应。必要时对阶跃响应数据进行滤波,然后分析确定响应时间。该响应时间通常参考显示屏亮度从 10% 到 90% 所用的时间,如图 10-3 所示。

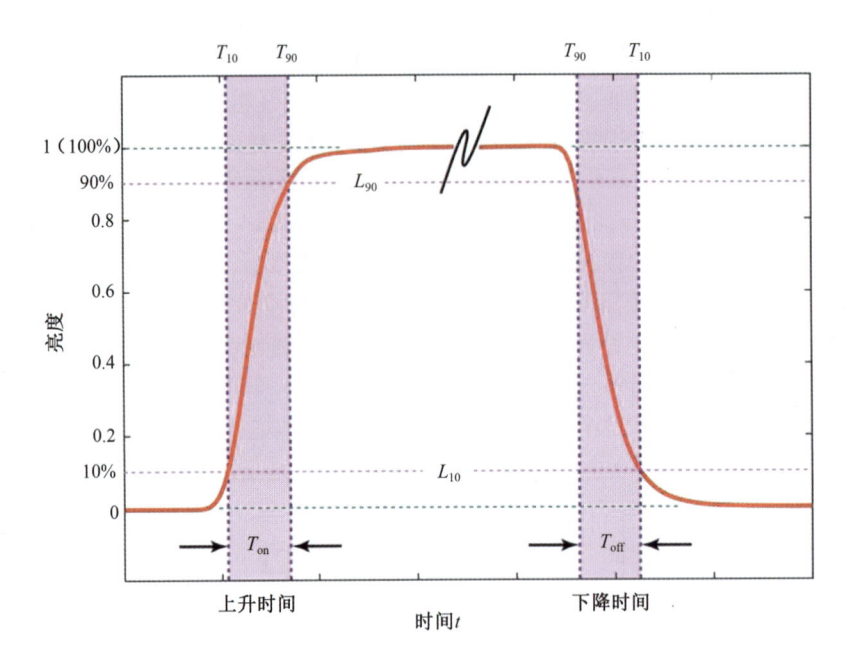

图 10-3 响应时间测量示例

注意：响应时间是显示器的电光特性，并不一定与动态模糊相关。在比较显示屏的动态模糊时，请考虑使用运动边缘模糊和模糊边缘时间进行衡量。

10.2.1 瞬时阶跃响应

描述：本节介绍由于像素开启-关闭作用引起的阶跃响应时间的测量方法，它是后面其他响应时间测量的基础。图 10-4 所示为响应时间测量的典型仪器配置。

注意，瞬时阶跃响应不包括上升和下降的响应时间，仅对单个阶跃进行测量和分析。它适用于本书的一些测量方法。

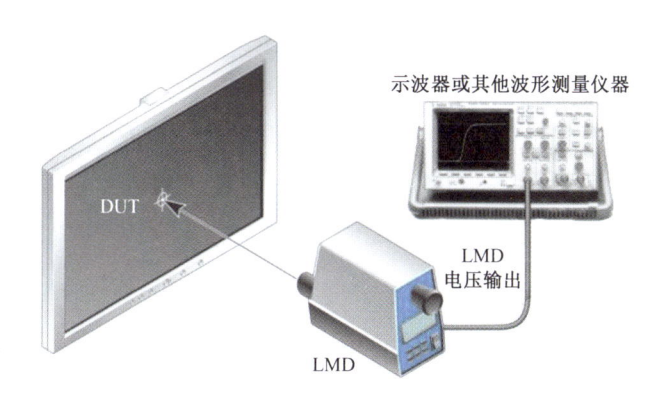

图 10-4 响应时间测量的典型仪器配置

设置：应用如图 10-5 所示的标准设置。

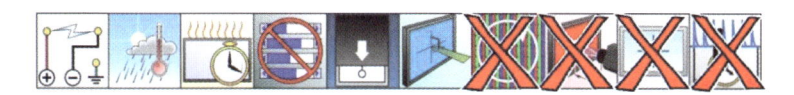

图 10-5 标准设置

其他设置条件：测试图案和 LMD 应该满足以下要求。

测试图像：响应时间测量用专门的闪烁测试图案，这种标准测试图案在两个全屏灰阶 V_{start} 和 V_{end} 之间闪烁。

一个合适的测试图案的形状、位置、颜色、强度和闪烁速率取决于所采用的显示技术，它们应满足以下要求。

（1）测试图案的闪烁速率应该足够慢，以确保显示屏能够达到与灰阶 V_{start} 和 V_{end} 相对应的稳定的亮度状态，如图 10-6 所示。如果不满足这个条件，只要 V_{start} 和 V_{end} 在测量期间不发生明显的漂移，分开测量灰阶 V_{start} 和 V_{end} 相对应的亮度也可以。

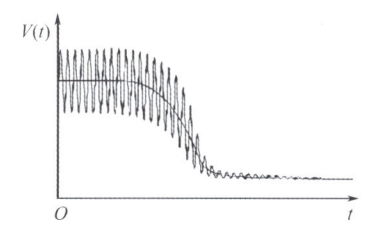

图 10-6 LMD 电压输出波形

（2）如果背景亮度（滤波后）保持不变，那么测试图案应小于探测器的探测图像区域（测试图案不能覆盖探测图像区域）。对于变化的背景，可能要通过图像处理技术将其删除。

（3）当在一个光栅类显示系统上显示多像素测试图案，并在两个或多个显示刷新周期内更新测试图案时，图案可能会出现割裂现象（称为撕裂效应）。当撕裂无法消除（利用帧-同步调色板切换等技术）时，应尽可能减少测试图案占用的行数或减小 LMD 的测量区域。在测量中，应该舍弃因撕裂造成的异常大的响应时间。

（4）即使在一个显示刷新周期内，对测试图案的点进行寻址，使其从开启状态切换到关闭状态，也需要时间。测试图案更新时间 T_{TPU} 是指 LMD 的测量视场从第一个像素更新到最后一个像素所用的时间。选择测试图案的大小和形状，以及 LMD 的测量视场，以保证 $T_{TPU} < 0.1T_f$，其中，T_f 指刷新时间。T_{TPU} 可以用显示屏的水平行时间乘以 LMD 的测量场行数估算。注意，对于双扫描显示屏或拼接显示屏，测试图案不跨越拼接缝，否则将导致 T_{TPU} 等于 T_f。

LMD：LMD 应能对快速变化的亮度产生线性响应。LMD 的响应时间 T_{LMD} 和采样时间应小于最小转换时间的 1/10，即 $T_{LMD} < 0.1 \min(T_{on}, T_{off})$。LMD 既不需要暗场校正又不需要明场校正，除非测试图案由 L_W（全白）变 L_K（全黑）时色彩发生显著变化。

步骤：当显示屏从灰阶 V_{start} 转到 V_{end} 时，LMD 采样测量的亮度为

$$L_n = L(t_n), \quad n = 1, 2, \cdots, N \tag{10-1}$$

L_n 是时间的函数，它是当在采样时间间隔 Δt 内出现撕裂现象时，用如计算机或存储示波器收集、存储、处理和显示的一系列数据。更多内容参见附录 A.3.3 和 A.8。确保有足够的时间记录初始和结束的灰阶亮度，以表征显示屏稳定状态的性能。

分析：LMD 的输出中可能含有大量的噪声。这些噪声包括 LMD 内部的随机噪声和显示屏背光调制或显示刷新引起的波动。即使波动在一定程度上不是真正的噪声，但它仍是显示亮度输出的一部分，不是响应时间测量的期望部分，并且它影响了响应时间测量的可重复性。减少波动影响的常用方法有两种：①用脉冲滤波器如调谐移动窗口平均滤波器；②把数据拟合到如高斯累积函数曲线或指数衰减函数曲线中，如图 10-7 所示（参见 10.2.4 节）。

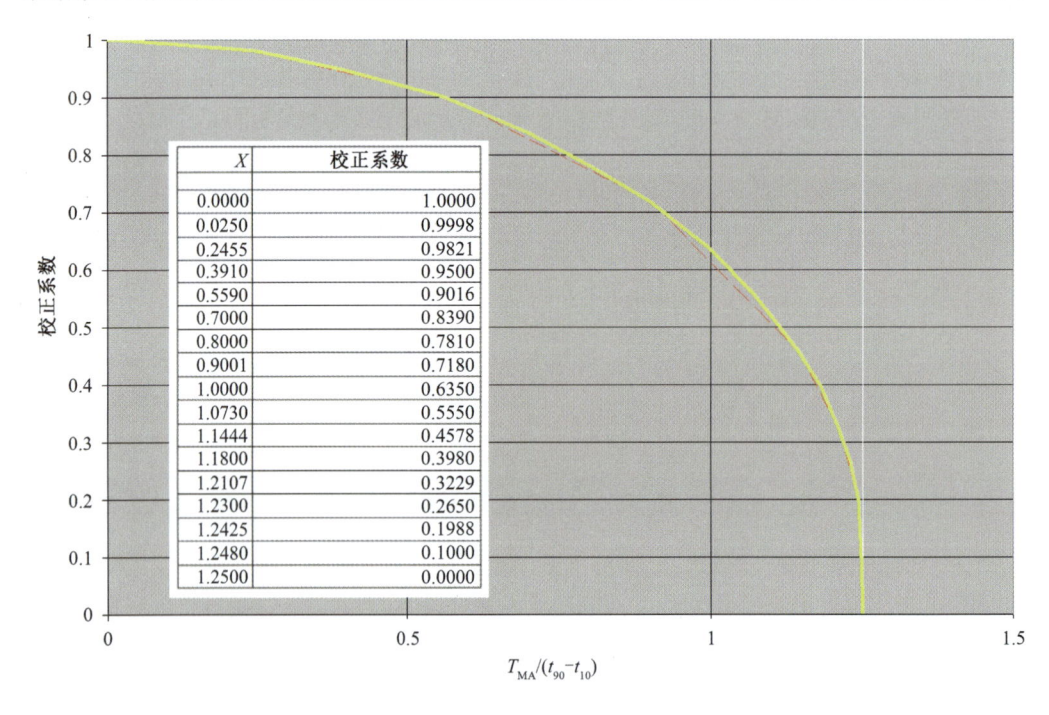

X	校正系数
0.0000	1.0000
0.0250	0.9998
0.2455	0.9821
0.3910	0.9500
0.5590	0.9016
0.7000	0.8390
0.8000	0.7810
0.9001	0.7180
1.0000	0.6350
1.0730	0.5550
1.1444	0.4578
1.1800	0.3980
1.2107	0.3229
1.2300	0.2650
1.2425	0.1988
1.2480	0.1000
1.2500	0.0000

图 10-7　数据拟合曲线示例

构建一个调谐移动窗口平均滤波器（假设 LMD 是数字化输出）：把波动周期设为 τ，

LMD 的采样率为 s（每秒采样数），采样周期为 $\Delta t = 1/s$，测量的亮度为 L_n，在波动期间采集的亮度数据的数量为 ΔN，$\Delta N = \tau s$，调谐移动窗口平均滤波信号 S_i 由下式给出。

$$S_i = \frac{1}{\Delta N} \sum_{n=i}^{n=i+\Delta N-1} L_n$$

更多信息参见附录 B.18。注意，调谐移动窗口平均滤波器的滤波效果等同于把阶跃响应信号与脉宽为 ΔN 的脉冲相卷积。如果滤波器的带宽与一个视频帧相等，那么滤波后的波形与运动边缘时域轮廓相同（见 12.3.4 节）。

调谐移动窗口平均滤波会使响应时间失真或增加响应时间。用校正系数 f_c 乘以滤波后的响应时间，可以对失真进行校正。

校正系数的选择基于调谐移动窗口平均滤波器的带宽与测得的（滤波后）响应时间之比 $[(t_{90}-t_{10}):x=T_{MA}/(t_{90}-t_{10})$，其中，$T_{MA}=\Delta N/s=\tau]$。

步骤：
（1）改变测试图案的灰阶，从 V_i 到 V_j。
（2）放置好 LMD 并调整测量视场，在能够获取测量信号的前提下，尽可能使测量视场覆盖的显示区域最小。
（3）将示波器或数据采集卡连接至计算机，获得显示屏随时间变化的亮度，这就是阶跃响应曲线。阶跃响应曲线应当包含稳态参考亮度 L_0 和 L_{100}（分别代表灰阶 V_i 和 V_j 的亮度）。如果获得的数据可以通过电子触发信号准确地与显示转换同步，那么可以获得多个数据，并采用平均波形以减少阶跃响应的随机噪声。

分析：参考对阶跃响应测量结果的分析和评价。

报告：报告所用的测试图案（位置、大小、颜色和闪烁速率）、LMD 的采样率、所用的滤波器（如果使用），以及使用的平滑滤波曲线和平滑转换曲线。

10.2.2 响应时间

别名：总响应时间、成像时间。
描述：测量显示屏从黑变白再变黑的时间。把显示屏全开和全关所用的时间加一起就是总响应时间，其测量仪器配置如图 10-8 所示。

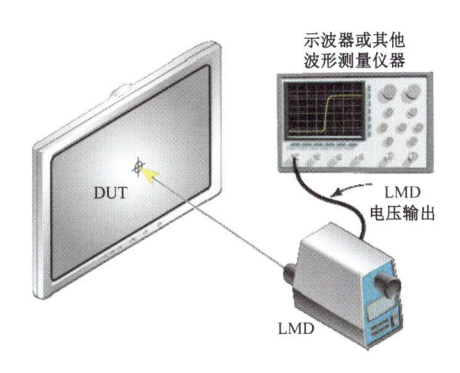

图 10-8 响应时间测量仪器配置

应用：适用于大多数成熟及正在发展中的显示屏，普遍适用于液晶显示屏。
设置：应用如图 10-9 所示的标准设置。

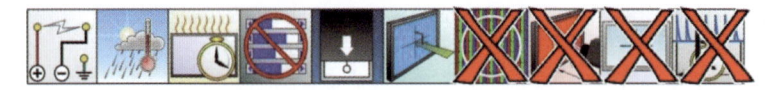

图 10-9　标准设置

其他设置条件：LMD 的采样时间应为最短的响应时间的 1/10 或更小，以便有足够的时间分解响应时间。该 LMD 必须有亮度-电压输出以捕捉阶跃响应的波形。用 LMD 捕捉亮度的上升时间或下降时间，分析上升或下降的持续时间。例如，将 LMD 输出的亮度-电压数据连接到示波器。使用模拟/数字转换器（用于捕捉数字波形）再现亮度的上升/下降特性曲线。通常，这样产生的波形可以作为时间分析的一部分。

步骤：

（1）使用一个全黑场（关闭状态），然后在一个帧速内把它转换到全白场（开启状态）。确保开关时间足够慢，以便使显示屏转变到全屏状态。

（2）使用黑色和白色测试图案：V_K=黑，V_W=白。测量黑白转换的光学特性，并确定亮度从 10%达到 90%所用的时间（上升时间）。

（3）根据 10.2.1 节的方法获得阶跃响应特性。

分析：必要时采用脉冲滤波器。计算以下值：$L_{range}=L_W-L_K$，$L_{10}=0.1L_{range}+L_K$，$L_{90}=0.9L_{range}+L_K$。找出亮度 L_{10}、L_{90} 对应的阶跃响应时间 T_{10}、T_{90}（在边界数据点之间采用线性插值法），并记录上升时间（$T_{rise}=T_{90}-T_{10}$）。以此类推，测量并记录下降时间（$T_{fall}=T_{10}-T_{90}$）。计算响应时间（$T_{response}=T_{rise}+T_{fall}$），如图 10-10 所示。

报告：报告上升时间 T_{rise}、下降时间 T_{fall} 和响应时间 $T_{response}$，如表 10-1 所示。

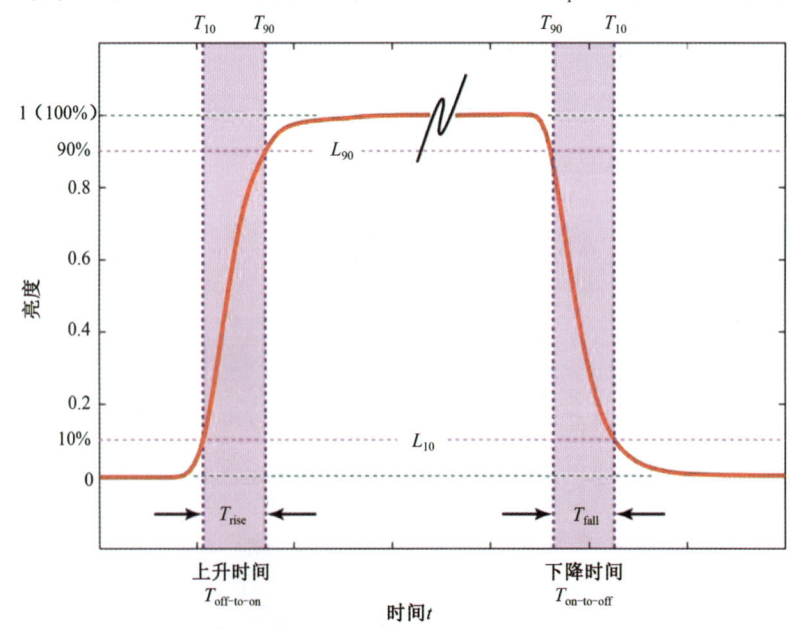

图 10-10　响应时间测试示例

注释：

（1）图案条件（一）。如果没有亮度加载图案，那么使用全黑场和全白场。对显示屏而言，亮度加载图案保证了白色部分的亮度是最大亮度。

（2）图案条件（二）。可以对黑白转换或白黑转换进行单独测量，或者将黑、白图案以较慢的速度保持连续切换（例如，切换时间为响应时间的 10 倍），上升时间和下降时间可能呈现在同一个示波器波形中。上述方法都会产生相同的结果。

表 10-1 报告示例

T_{rise}	2.2 ms
T_{fall}	12.5 ms
$T_{response}$	14.7 ms

（3）调制。如果有调制（或噪声）明显干扰 10% 和 90% 处亮度的获取，请参考 10.2.1 节的处理。

10.2.3 灰阶响应时间

别名：灰度之间的响应时间、G-G 响应时间。

描述： 对于一些显示技术，尤其是液晶显示，灰阶响应时间远大于黑白响应时间。对各种灰阶转换（包括黑白转换）引起的瞬时阶跃响应的上升时间或下降时间进行测量，并报告测量的最小值、最大值和平均值。这里的响应时间是指一个单独的灰阶到灰阶的转换时间（上升时间或下降时间）。**单位：**s，ms。图 10-11 所示为灰阶响应数据的三维图示例。

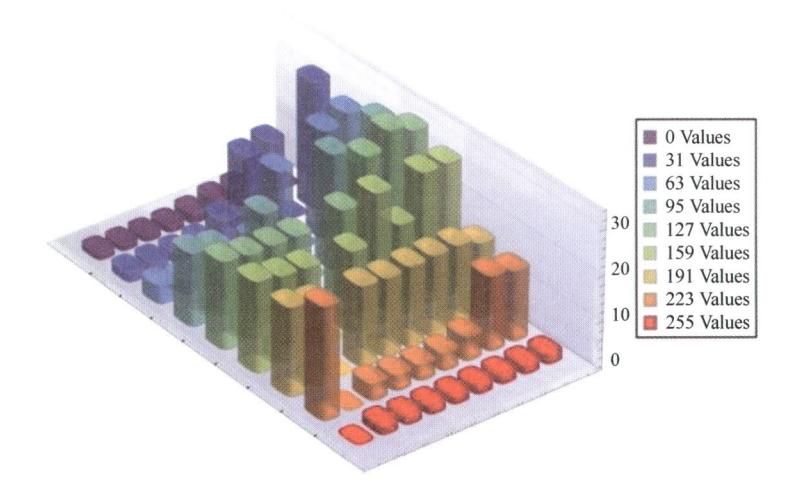

图 10-11 9×9 个灰阶响应数据的三维图示例

设置： 应用如图 10-12 所示的标准设置。

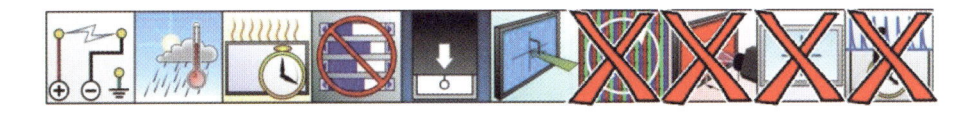

图 10-12 标准设置

步骤：

（1）阶跃响应时间的测量设置参见 10.2.1 节。

（2）选择灰阶集。从 V_K 到 V_W 选择 M 个灰阶等级组成集合。这个灰阶集可以包含所有的灰阶等级，也可以在灰度、亮度和视亮度方面等间隔选取（见附录 B.26）。例如，一个等间隔亮度的灰度集 V = {0, 31, 63, 95, 127, 159, 191, 223, 255}。图 10-11 代表一个 9×8=72 的非零变换矩阵，如表 10-2 所示。

表 10-2 变换矩阵示例（黄色部分单位为 ms）

		结束灰阶等级							
		0	31	63	95	127	159	191	223	255
初始灰阶等级	0	0	1.86	1.67	1.69	1.69	1.76	1.78	1.94	2.0
	31	24.44	0	3.45	3.21	3.22	3.66	5.08	16.31	15.3
	63	19.20	18.0	0	17.52	17.15	17.63	17.88	18.02	16.4
	95	19.85	18.86	18.51	0	18.04	28.65	19.76	29.13	29.1
	127	19.26	18.57	18.58	18.55	0	20.13	30.05	33.63	31.7
	159	16.21	15.14	5.98	18.69	6.55	0	25.7	21.85	29.2
	191	4.04	3.32	3.04	3.16	5.92	19.22	0	24.26	26.3
	223	2.1	2.27	2.33	2.74	5.53	18.03	19.11	0	28.5
	255	1.32	1.30	1.31	1.48	2.28	3.40	3.79	5.28	0

（3）获取每个灰阶之间的阶跃响应数据。

分析：如果有必要，对每个阶跃响应曲线，采用脉动滤波来减少噪声或波动，以免干扰上升时间或下降时间的计算。计算以下值：$L_{range}=L_W-L_K$，$L_{10\%}=0.1L_{range}+L_0$，$L_{90\%}=0.9L_{range}+L_0$。找出阶跃响应中亮度为 $L_{10\%}$、$L_{90\%}$ 时所对应的时间点 T_{10}、T_{90}（在边界数据点之间采用线性插值法），记录上升时间（$T_{rise}=T_{90}-T_{10}$）。以此类推，测量并记录下降时间（$T_{fall}=T_{10}-T_{90}$）。

每个转换都可以单独测量，或者如果测试图案介于两个灰阶之间，那么可在一次测量中获取两个灰阶之间的转换时间（上升时间和下降时间）。上升时间记录在表中对角线的一边，下降时间记录在表中对角线的另一边。

报告：

报告灰阶数 M、灰阶的间隔、所用的测试图案（位置、大小、颜色和闪烁速率）、LMD 的采样率、所用的滤波器（如果使用）。按灰阶从初始到结束的顺序把上升时间和下降时间记录于表中，这有助于绘制如图 10-11 所示的数据的三维图。报告灰阶响应时间的最小值、最大值和平均值，如表 10-3 所示。注意，报告中的平均值不包括表中对角线处的无效数据。

表 10-3 灰阶响应时间的报告示例

t_{min}	1.303ms
t_{max}	33.63ms
$t_{average}$	13.3ms
灰阶数 M	9

注释：如果没有亮度加载图案，那么使用全屏灰色。如果显示屏有亮度加载图案（或动态背光），那么使用一个在屏幕的小矩形区域闪烁的测试图案。

滤波：在测量灰阶响应时间时，噪声是个严重的问题。亮度的噪声和显示的亮度波动往往大于被测的灰阶转换的亮度变化。对此，调谐移动窗口平均滤波器非常有效，尤其是当将它和其他技术结合以消除响应时间失真时（参见 10.2.1 节）；曲线拟合技术也很有效（参见 10.2.4 节）。

10.2.4 响应时间拟合

描述：响应时间测量是对瞬时阶跃响应（TSR）中亮度为 10%和 90%的点直接进行测量，会受到 TSR 波形异常的影响而导致测量的重复性差。通过将数据拟合到一个适当的函数模型，可以使结果的重复性更好。常用的两个简单函数模型是高斯累积函数和指数衰减函数。也可以使用其他更复杂的数学模型，如液晶瞬时行为模型。

步骤：
（1）测量某一灰阶范围的阶跃响应的设置参照 10.2.3 节。
（2）用非线性最小二乘法将获取的波形拟合到合适的函数模型中。
（3）在函数模型中计算转换时间（上升时间或下降时间），以 ms 为单位。

10.2.4.1 高斯响应时间

别名：灰阶响应时间、响应时间拟合。

描述：通过将高斯累积函数拟合到阶跃响应中来测量灰阶响应时间。从估算的高斯标准差推导出高斯响应时间（GRT）。高斯响应时间类似于上升时间或下降时间的期望值，但它更可靠。它没有对波形随意滤波，也没有用波形中亮度为 10%和 90%的点进行插值估算（这种方法有缺点）。

设置：应用如图 10-13 所示的标准设置。

图 10-13　标准设置

步骤：
（1）测量某一灰阶范围的阶跃响应，设置参照 10.2.3 节。
（2）用非线性最小二乘法如 Levenberg-Marquardt 法，把获取的波形拟合至高斯累积函数，该函数形式：

$$\begin{aligned} G(t) &= R_{start} + (R_{end} - R_{start}) \int_{-\infty}^{t} \frac{1}{\sigma\sqrt{2\pi^2}} \exp\left[\frac{-(x-\mu)^2}{2\sigma^2}\right] dx \\ &= R_{start} + \frac{(R_{start} - R_{end})}{2} \mathrm{erfc}\left(\frac{t-\mu}{\sigma\sqrt{2}}\right) \end{aligned} \quad (10\text{-}2)$$

式中，R_{start} 和 R_{end} 是初始和结束的亮度值；t 的单位为 ms；μ 是边缘转换的中点位置；σ 是拟合高斯累积函数的标准差；erfc 是引入的误差函数。

(3)（此步骤可选）截取 $\mu\pm4\sigma$ 范围内的波形，再次拟合。这样降低了噪声影响和实际边缘的漂移。

(4) 使用公式 $t_{\text{transition}}=2.563\sigma$ 计算转换时间（上升时间或下降时间），以 ms 为单位。

(5) 测量并记录每对灰阶的上升时间或下降时间。可以单独测量每个转换，也可以通过使用测试图案在两个灰阶之间的闪烁切换来得到两个灰阶之间的转换（包括上升时和下降时）。上升时间记录在表中对角线的一边，下降时间记录在表中对角线的另一边。

报告：报告灰阶数 M、灰阶的间隔、所用的测试图案（位置、大小、颜色和闪烁速率）、LMD 的采样率。按灰阶从初始到结束的顺序，把上升时间或下降时间记录在表中，这有助于绘制数据的三维图。报告高斯响应时间的最小值、最大值和平均值，如表 10-4 所示。注意，报告中的平均值不包括表中对角线处的无效数据。

注释：①图案条件。如果没有亮度加载图案，那么使用全屏灰色。如果显示屏有亮度加载图案（或动态背光），那么使用一个在屏幕的小矩形区域闪烁的测试图案。②拟合。把测量值拟合到高斯累积函数，高斯累积函数拟合既有滤波效果，又可以用于估算转换时间。在很多情况下，高斯累积函数拟合并非一个完美的拟合，其顶部和底部转角是对称的，如图 10-14 所示。而实际上，在很多情况下，阶跃响应并非如此，如图 10-15 所示。不管怎样，高斯累积函数拟合仍然可用于对上升时间或下降时间的可靠估算。为了使曲线拟合收敛到一个解，需要合理估算 R_{start}、R_{end} 和 μ 的值。

表 10-4 高斯响应时间的报告示例

t_{min}	9.4 ms
t_{max}	29 ms
t_{average}	17.2 ms
灰阶数 M	7

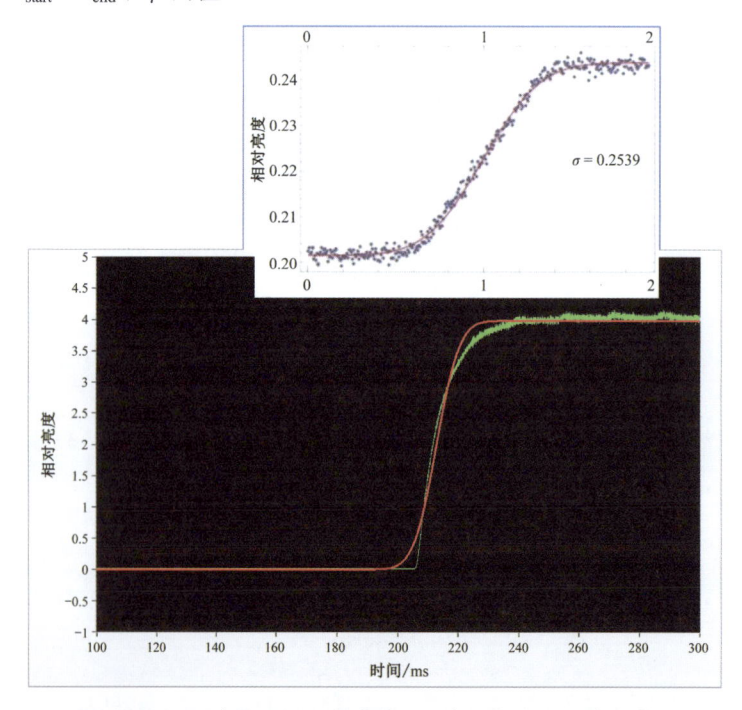

图 10-14 用高斯累积函数曲线（红色）拟合阶跃响应曲线
（上图的蓝色部分，下图的绿色部分）以估算上升时间的示例

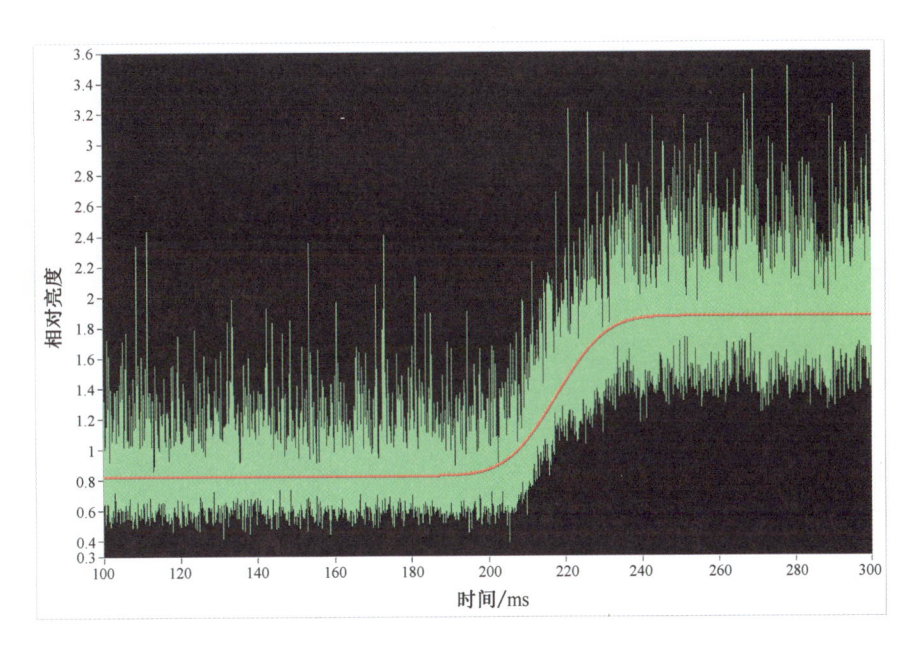

图 10-15 用高斯累积函数曲线（红线）拟合有噪声的响应曲线
（绿线）以估算上升时间的示例

你的规格说300000小时的背光寿命？你用了什么测量方法？

嗯……我们在一小时后测量一次亮度，在两小时后再测量一次，并推断亮度为零时所耗的时间。

10.2.4.2 指数响应时间

别名：灰阶响应时间、响应时间拟合。

描述：通过把一个指数衰减函数拟合至阶跃响应来测量灰阶响应时间，如图 10-16 所示。可从指数的时间常量中得到指数响应时间（ERT）。指数响应时间类似于上升时间或下降时间的期望值，但它更可靠。它没有对波形随意滤波，也没有用波形中亮度为 10%和 90%的点进行插值估算（这种方法有缺点）。

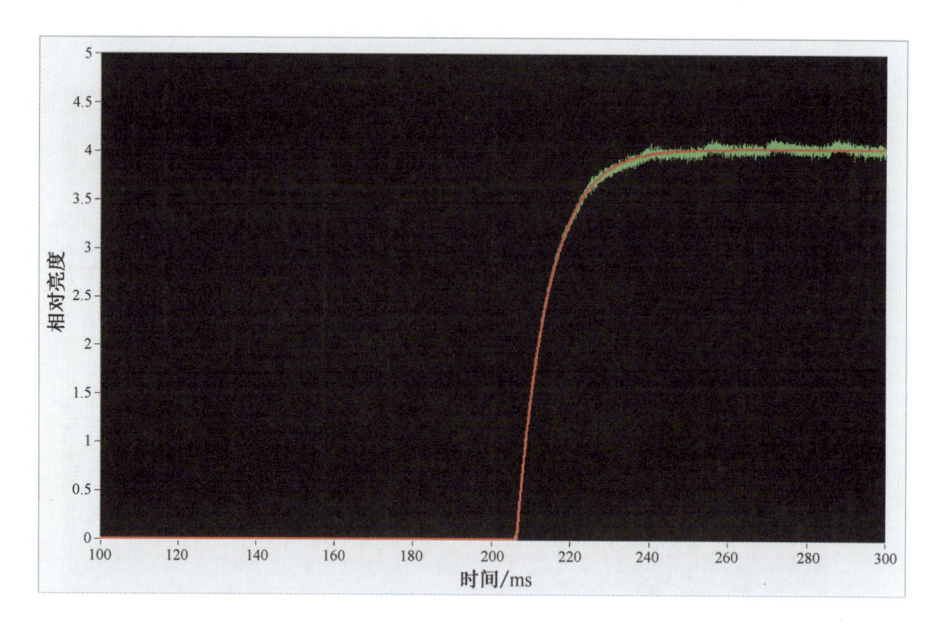

图 10-16　用指数衰减函数曲线（红线）拟合阶跃响应曲线（绿线）以估算上升时间的示例

设置：应用如图 10-17 所示的标准设置。

图 10-17　标准设置

步骤：

（1）测量某一灰阶范围的阶跃响应，设置参照 10.2.3 节。

（2）用非线性最小二乘法如 Levenberg-Marquardt 法，将获取的波形拟合至指数衰减函数，该函数形式：

$$G(t) = R_{start}, \quad t \leqslant t_0 \quad (10\text{-}3)$$

$$G(t) = R_{end} + (R_{start} - R_{end})e^{-\lambda(t-t_0)}, \quad t > t_0 \quad (10\text{-}4)$$

式中，R_{start} 和 R_{end} 是初始和结束的相对亮度值；t 的单位为 ms；λ 是指数衰减函数的时间常量；t_0 是转换的开始时间。用下列公式计算转换时间（上升时间或下降时间，单位为 ms）：

$$t_{transition} = (\ln 0.9 - \ln 0.1)/\lambda = 2.197/\lambda$$

（3）测量并记录每对灰阶的上升时间或下降时间。可以单独测量每个转换，也可以通过使用测试图案在两个灰阶之间的闪烁切换来得到两个灰阶之间的转换（包括上升时和下降时）。上升时间记录在表中对角线的一边，下降时间记录在表中对角线的另一边。

报告：报告灰阶数 M、灰阶的间隔、所用的测试图案（位置、大小、颜色和闪烁速率）、LMD 的采样率。按灰阶从初始到结束的顺序，把上升时间或下降时间记录在表中，这有助于绘制数据的三维图。报告指数响应时间的最小值、最大值和平均值，如表 10-5 所示。注意，报告中的平均值不包括表中对角线处的无效数据。

表 10-5　指数响应时间的报告示例

t_{min}	9.4 ms
t_{max}	29 ms
$t_{average}$	17.2 ms
灰阶数 M	7

注释：

①图案条件。如果没有亮度加载图案，使用全屏灰色。如果显示屏有亮度加载图案（或动态背光），那么用一个在屏幕的小矩形区域闪烁的测试图案。

②拟合。把测量值拟合到指数衰减函数，指数衰减函数拟合既有滤波效果，又可以用于估算转换时间。在一些情况下，由于指数衰减函数顶部和底部转角不对称，其拟合效果比高斯累积函数拟合更好。为了使曲线拟合收敛到一个解，需要合理估算 R_{start}、R_{end} 和 t_0 的值。

10.3　视频延时

别名： 输入延时、处理延时、延时。

描述： 测量显示屏对输入信号的响应时间，即从打开显示屏到显示屏发光的时间，包括各种处理导致的延时。测量从打开显示屏到屏幕中心亮度达到最大亮度 50% 的时间。多次测量，取平均值，记为视频延时。图 10-18 所示为视频延时测量仪器配置。

应用： 与所采用的显示技术无关，主要应用于由外部电源驱动的全封闭显示系统。视频延时包括所有处理导致的延时，这些延时会改变显示内容。

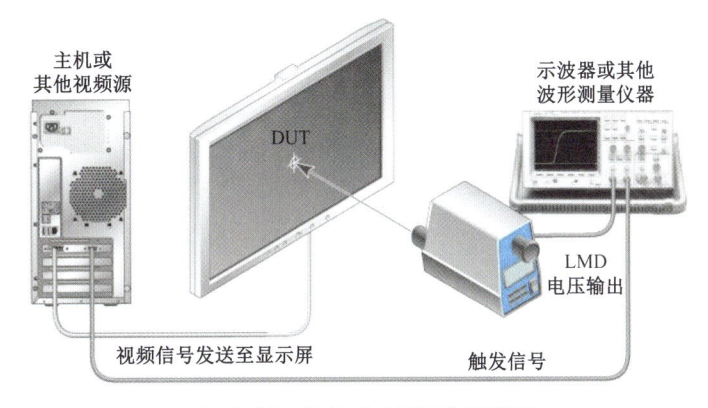

图 10-18　视频延时测量仪器配置

设置： 应用如图 10-19 所示的标准设置。

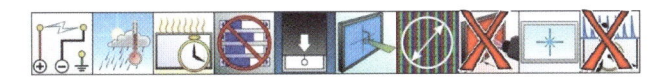

图 10-19　标准设置

其他设置条件： 当开关触发时，显示一个由黑变白的图案。如果没有亮度加载图案，那么使用全黑场和全白场。对于有亮度加载图案的显示屏，应保证白色部分的最大尺寸以达到最大亮度，且白色部分应位于显示屏中心。

步骤：

（1）建立一个触发点（主机系统中显示状态由黑变白的初始时间点）。该触发点为 $t=0$。

（2）用 LMD 测量屏幕中心亮度随时间的变化。

（3）用示波器或数据采集卡记录 LMD 输出的时变电压信号。

（4）使显示图案由黑变白，测量电压随时间的变化。

（5）重复多次测量。

分析： 显示状态为黑色时，把 LMD 输出的电压记为 0。控制显示屏输出全白场。根据命令采集显示屏的开启数据。记录从开启数据采集至达到全白场的时间，将全白场时 LMD 的输出电压记为 100%，如图 10-20 所示。

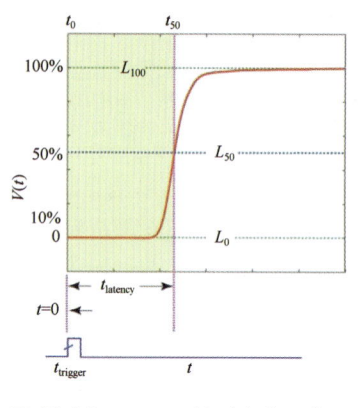

图 10-20　显示屏的时变电压信号

报告： 报告从显示屏开启到亮度达到全白场亮度 50% 的时间。

$$t_{latency} = t_{50} - t_0 \qquad (10\text{-}5)$$

多次测量延时，并记录最小延时、最大延时和平均延时，如表 10-6 所示。

表 10-6　延时数据报告示例

$t_{latency}(t_{trigger}-t_{50})_{min}$	12.2ms
$t_{latency}(t_{trigger}-t_{50})_{max}$	28.9ms
$t_{latency}(t_{trigger}-t_{50})_{average}$	20.6ms

注释：

（1）滤波。不使用任何影响上升时间或下降时间的振幅的平滑滤镜和滤波。

（2）触发。为了获得触发信号，可能需要给显示屏或视频源输入相应的电信号，应根据应用特性选择适当的信号。不能使用光触发器，因为那意味着以屏幕发光作为触发信号。

（3）测量位置。延时主要取决于 LMD 在显示屏表面的位置。因为大多数显示屏是从上到下快速刷新的，所以，对显示屏顶部和底部的测量延迟几乎有 1 帧。建议测量显示屏中心；然而，对于某些应用，可能更想要测量其他位置，如显示屏的第一行。测量位置如果不在显示屏中心，应当在报告中指出。

10.4　残影

别名： 潜影、烧机、图像残留、图像残影。

描述： 注意，这个测量可能会对显示屏产生无法修复的损害。测量一个高对比度棋盘格的残影。**单位：** 无量纲，结果是对比度。**符号：** 白色残影系数是 R_W，黑色残影系数是 R_B。

本节将介绍一个长时间显示的静态图像如何影响屏幕。我们将看到一个长时间显示的静态 5×5 棋盘格是如何影响全白场和全黑场的。首先，测量全白场和全黑场的 3 个位置，以说明显示屏测量位置的亮度非均匀性；其次，烧录棋盘格；最后，检查全白场和全黑场是否有图像残留。

设置： 应用如图 10-21 所示的标准设置。

图 10-21 标准设置

其他设置条件：图 10-22 给出了全白场、全黑场和 5×5 棋盘格图案。测量显示屏的 3 个点：中心左侧且与中心距离为棋盘格一个小框格宽度的点、中心点、中心右侧且与中心距离为一个小框格宽度的点。在整个测量过程中可能需要精确测量相同的 3 个位置，这将决定屏幕的均匀性程度。要求 LMD 相对于屏幕的位置可重复设置。需要显示全白场、全黑场、5×5 棋盘格图案（黑色框格位于中心，每个框格的尺寸是屏幕尺寸的 1/5）。

步骤：

（1）初始测量。显示全白场，测量中心亮度 L_{WC} 和中心两侧的亮度 L_{WR}（右侧）及 L_{WL}（左侧），两侧与中心的距离是屏幕水平宽度 H 的 20%（$H/5$）。同样，显示全黑场，在相同的 3 个位置测量亮度 L_{BC}、L_{BR}、L_{BL}。

图 10-22 残影测试

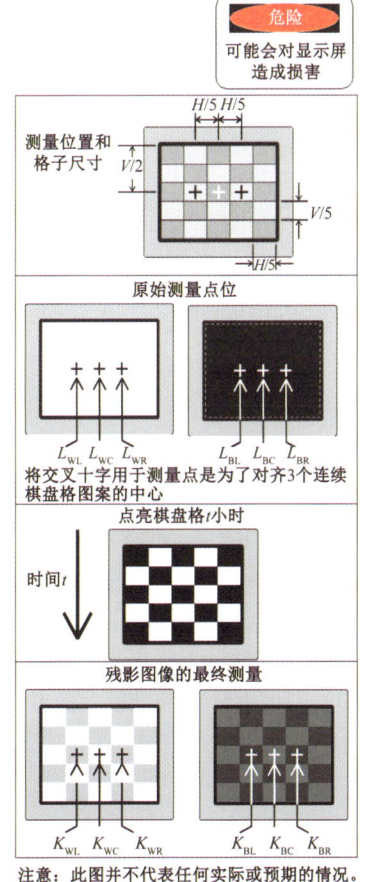

（2）烧机。持续显示棋盘格图案 t 小时，t 由所有利益相关方商定（报告时间 t 的值）。在时间 t 即将结束时，在相同的 3 个位置用 LMD 进行测量。

（3）最终测量。在时间 t 结束后，将显示屏从棋盘格图案直接切换至全白场，在所有利益相关方商定的时间间隔 t_R 后（或尽快）测量 3 个位置（中心、右侧、左侧）的亮度 K_{WC}、K_{WR}、K_{WL}。然后切换显示为全黑场，测量 3 个位置（中心、右侧、左侧）的亮度 K_{BC}、K_{BR}、K_{BL}。测量这些亮度的时间应该越短越好。

（4）恢复。没有办法从残影恢复。从长时间显示全白场开始，到显示其他一系列画面，再到显示与产生残影的图像完全相反的画面，显示屏一直处于恢复状态。制造商应给出任何可能恢复的技术。

分析：下面使用测得的亮度值计算对比度。

使用比值计算，消除显示屏长时间预热或老化导致的整体亮度降低的影响。此外，需要考虑三点测量法中屏幕固有的非均匀性。残影系数定义如下：

$$R_W = \frac{\max\left[(K_{WR}+K_{WL})L_{WC},(L_{WL}+L_{WR})K_{WC}\right]}{\min\left[(K_{WR}+K_{WL})L_{WC},(L_{WL}+L_{WR})K_{WC}\right]}$$

$$R_B = \frac{\max\left[(K_{BR}+K_{BL})L_{BC},(L_{BL}+L_{BR})K_{BC}\right]}{\min\left[(K_{BR}+K_{BL})L_{BC},(L_{BL}+L_{BR})K_{BC}\right]}$$

上述公式包含了由于采用三点测量全黑场和全白场而对屏幕固有非均匀性的补偿。R_W 是全白场画面的残影对比度，R_B 是全黑场画面的残影对比度（详细解释见下面的注释）。表 10-7 所示为分析示例。

报告：报告烧机时间 t（约定的时间间隔，以 5h 为例进行说明）、烧机后的测量时间（t_R），以及计算的全白场和全黑场的残影系数，不超过 3 位有效数字，如表 10-8 所示。

注释：该测量不考虑残影颜色或灰阶的灵敏度。确保使用一个足够小的测量孔径，以便使其完全包含在一个棋盘格范围内。建议测量区域应该比测量孔径区域每边至少大 20%。全白场和全黑场中心及中心两侧的亮度必须在同一时间帧内（几分钟内）测量。不能在烧机时间结束前进行测量。残影系数在整个显示区域内可能是不一样的，应对残影中最显著的区域进行评估。如果残影系数在整个显示区域内大致相同，那么首选测量屏幕中心和相邻的框格。

注意，烧机亮度变化的代数符号对残影测量无影响。如果情况不是这样，那么测量方法就会因所采用的技术而不同。如果代数符号对残影测量有影响，那么可能会使 FPD 与 CRT 不同，进而阻碍 FPD 和 CRT 在同一个水平上比较。

假设有一个理想的、均匀的屏幕，L_W 是无残影的全白场的亮度，$L_{WR}=L_{WL}=L_{WC}=L_W$；L_B 是无残影的全黑场的亮度，$L_{BR}=L_{BL}=L_{BC}=L_B$；K_W 是全白场中心以外的烧机亮度，$K_{WR}=K_{WL}=K_W$；K_B 是全黑场中心以外的烧机亮度，$K_{BL}=K_{BR}=K_B$，那么 R_W 和 R_B 的计算公式将更加明晰，变为 $R_W=\max(K_W$,

表 10-7 分析示例

变量	数值
L_{WC}	132.1
L_{WR}	124.5
L_{WL}	123.2
L_{BC}	0.967
L_{BR}	0.923
L_{BL}	0.932
t	5h
t_R	尽量小
K_{WC}	105.9
K_{WR}	88.8
K_{WL}	89.4
K_{BC}	0.953
K_{BR}	0.796
K_{BL}	0.772
R_W	1.1143
R_B	1.1659

$K_{WC})/\min(K_W, K_{WC})$，$R_B=\max(K_B, K_{BC})/\min(K_B, K_{BC})$，残影系数可视为每一对全黑场和全白场的最大残影亮度与最小残影亮度之比（>1）。

备注：如果所有利益相关方认可，那么所做的任何修改都要在所有报告文件中明确说明。例如，可以使用其他图案；可以使用屏幕中心之外的其他测量点；对特定应用，其他颜色也许比黑色和白色更重要。

表 10-8　残影报告示例

烧机时间 t	5h
R_W	1.11
R_B	1.17
t_R	尽量小

10.5　闪烁

别名：EIAJ 闪烁水平、ISO 闪烁。

描述：测量以时间为自变量的闪烁强度函数，然后用傅里叶分析计算以频率为自变量的闪烁强度函数，最后计算闪烁等级，报告闪烁峰值频率和闪烁等级。**单位**：Hz，dB。

在一些显示技术中，即使显示一个恒定的测试图案，一定的视角、测试图案、颜色或驱动强度也可能使显示屏出现闪烁。关于闪烁的讨论和预热期间可能进行的主观闪烁测试见 4.5 节。

设置：应用如图 10-23 所示的标准设置。

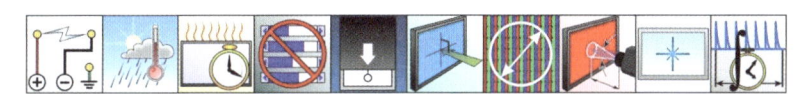

图 10-23　标准设置

其他设置条件：标准测试图案是一个处于最大驱动电压下的恒定的全白场。如果使用其他经验或分析得出的最差的测试图案，那么应在报告中列出改变的颜色、驱动电压水平、测试图案或视角。

对于一些显示屏，使用多帧刷新显示灰阶。使用 DUT 设计文档来计算 $F_{\text{repetition}}$，即灰阶图像重现频率（通常用画面刷新率除以某个整数）。$F_{\text{repetition}}$ 也可通过手动或自动检查闪烁强度波形得到。

使用 10.2.1 节中所用的 LMD 测量闪烁强度，闪烁强度是时间的函数，需要满足下列要求（如果能得到相同的结果，那么也可以使用其他设备）：

（1）LMD 必须进行暗场（零）校正。

（2）LMD 必须进行感光校正，除非已确切知道闪烁不会引起色差。

（3）LMD 的输出应该是低通滤波，允许通过的带宽为 0~150Hz（±3dB），且在 1/2 采样频率处的带宽为−60dB。

滤波可以在 LMD 内进行，也可以通过一些外部模拟滤波器进行。为了满足奈奎斯特准则，必须限制信号的带宽。

可以通过傅里叶分析计算闪烁强度，它是频率的函数。下面的测量步骤是针对在计算机上采用快速傅里叶变换（FFT）进行分析而设定的，如果能获得相同的结果，那么也可以使用其他分析程序。采样频率 F_{sample} 应调整至使 $N_{samples}$（$F_{sample}/F_{repetition}$）至少为 64 或 2 的其他幂次方（64，128，256，…）。如果不能调整 F_{sample}，那么应重新采集闪烁强度，以便达到相同的效果。确保 F_{sample} 的分谐波在两个 FFT 频率范围 "桶" 内不分裂，这种采样频率限制有助于精确计算闪烁峰值频率。只要能得到相同的结果，也可以使用其他技术。

步骤：

（1）显示选定的测试图案并等待测试图案稳定。

（2）收集采样频率 F_{sample} 对应的闪烁强度数据样本数组 $f_{raw}[0 \cdots N_{samples}-1]$。

（3）计算 FFT 系数和相应的闪烁等级。对于每个 FFT 频率，将生成的系数用（乘以）表 10-9 中相应的缩放系数进行加权。该加权用于调整测量的闪烁等级，以便近似匹配人眼的瞬时闪烁灵敏度。闪烁灵敏度随闪烁频率的增加而降低，如图 10-24 所示。

表 10-9 闪烁权重系数

频率/Hz	缩放/dB	缩放系数
20	0	1.00
30	-3	0.708
40	-6	0.501
50	-12	0.251
60 及以上	-40	0.010

注：在列出的频率之间使用线性插值法。"缩放/dB" 相当于 "缩放系数"。

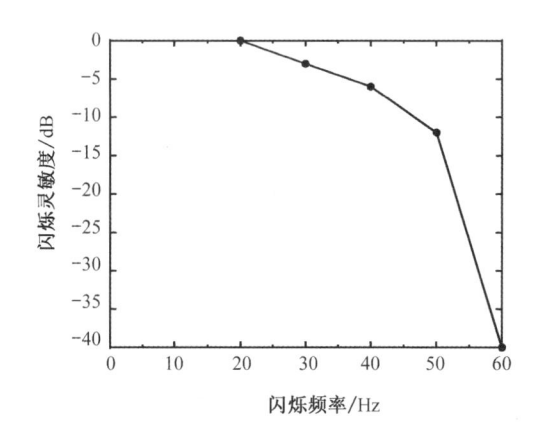

图 10-24 闪烁灵敏度随闪烁频率的变化示例

分析：

（1）根据下面注释中提到的步骤验证 FFT 算法。

（2）使用 $f_{raw}[\ ]$ 计算 $f_{fftc}[0 \cdots (N_{samples}/2)-1]$、FFT 数组的系数、一定频率范围的闪烁强度。注意，$f_{fftc}[n]=nF_{sample}/N_{samples}$，它的中心频率 $f_{fftc}[0]$ 是平均闪烁强度。

（3）根据表 10-9 中的权重系数等比例确定数组 $f_{fftc}[\ ]$，在列出的值之间使用线性插值法，得到 FFT 系数的数组 $f_{sfftc}[\ ]$。

（4）对于 $f_{sfftc}[\ ]$ 中的每个元素，计算闪烁等级：闪烁等级(dB)=20lg(2$f_{sfftc}[n]/f_{sfftc}[0]$)。这是用已经验证过的 FFT 系数直接计算的。如果用功率谱式的 FFT 系数计算闪烁等级，由于其中的每个系数已经经过平方，因此把每个系数取平方根以得到验证表（见表 10-10），或者使用闪烁等级的变换方程，即闪烁等级(dB)=10lg(power[n]/power[0])。这里计算的是和平均亮度相关的每个频率处的加权闪烁等级。

报告：报告标准设置、测试图案、$F_{repetition}$、F_{sample}、闪烁最明显的频率和等级值，也可以报告所有闪烁等级。

表 10-10 验证性数据

序号	f_{fftc}	频率/Hz	权重	f_{sfftc}	闪烁等级/dB
0	75	DC	1	75	—
1	22.5	15	1	22.5	-4.4
2	15.94	30	0.708	11.29	-10.4
3	7.54	45	0.376	2.84	-22.4

注释：这种测量方法与 EIAJ ED-2522 中的 5.13 节一致。如果 LMD 已经进行过光学校正或校准，那么数组 f_{fftc}[ ] 等同于 ISO 13406-2 "B.2.2 傅里叶系数"部分的数组 FFT(v)。注意，对于 EIAJ 文件中的闪烁加权系数，也可以使用其他加权系数，只要所有利益相关方同意且在所有文档中明确报告更改的加权系数即可。警告：显示屏的闪烁可能会使一些人不适、呕吐，甚至使某些敏感人群抽搐[1]。在频率接近 10Hz 时，情况会变得更糟，因为其有更大的调制深度、更大的闪烁角度和偏红的光。此外，现在认为，光敏性癫痫发作影响的人群是光敏性癫痫患者的 30 倍。在一个日本动漫展的 4s 全屏频闪后，685 个观察者被送往医院去治疗癫痫症状[2]，虽然这样的闪烁是由视频内容而非显示屏本身的动态显示引起的。Nomura 等人发现，可以通过在显示屏前加一个自适应滤波器来抑制这种闪烁。总之，如果显示屏有接近 10Hz 的大幅度闪烁成分，那么就需要小心。

FFT 运算应返回未进行归一化的结果，第一项为采样值的平均值。FFT 算法可以通过以下步骤验证。

（1）设定 $N_{samples}$=64；f_{raw}[0⋯47] = 100；f_{raw}[48⋯63] = 0。

（2）进行 FFT 计算。

（3）f_{fftc}[ ] 的前 4 个结果应该是 {75.00，22.50，15.94，7.54}，或者是这些值与一常数的乘积。不符合要求的 FFT 算法可以通过用采样值的平均值代替第一项或用两个系数缩放剩余的项进行校正。

（4）例子：使用表 10-9 中的原始数据，$F_{repetition}$=15 Hz [这可能代表了一些刷新率为 60Hz 的双位、使用四帧编码（1,1,1,0）表示 75%的全白场的显示]。这个假设显示的最大闪烁等级在 15Hz 处为-4.4 dB。

10.6 闪烁可视程度

描述：这个测量的目的是测量显示屏在输出周期性光时的闪烁可视程度。通过一个快速线性 LMD 在几帧图像上测得的亮度是随时间变化的函数。从所得波形可得到基频分量的对比度。这个对比度乘以基频的理论时间对比度敏感函数（TCSF）就得到了闪烁可视程度。

---

[1] 此处原书参考资料：P. Wolf and R. Goosses, Relation of photosensitivity to epileptic syndromes, J. Neurol., Neurosurg., and Psychiat. 49, 1386-1391（1986）。

[2] 此处原书参考资料：M. Nomura and T. Tahahashi, SID 99 Digest, pp. 338-345; M. Nomura, Neural Networks 12（1999），347-354。

设置：应用如图 10-25 所示的标准设置。

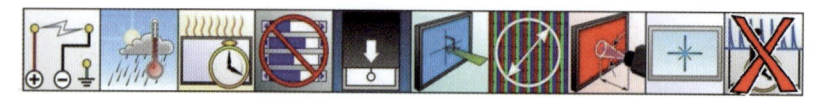

图 10-25　标准设置

其他设置条件：

（1）LMD 对亮度必须是线性响应的，而且进行了零点校正。

（2）LMD 的采样率至少为 $100R$，其中，R 是显示屏的帧率。LMD 的频率响应至少为 1 kHz。

（3）LMD 必须进行光学校正。

（4）测试图案必须是全白场，对应最大驱动电压（V_w）。点亮显示的小区域，只要能够占满 LMD 视场即可。

步骤：

（1）显示测试图案。

（2）设置 LMD 的采样率为 w_s。

（3）确定要采集的帧数 N_f，它应该是一个正整数，其值越大，结果越精确。

（4）确定采集的样本数，$N_s = N_f w_s / R_{samples}$。

（5）采集亮度样本序列 K_i，$i = 0, \cdots, N_s - 1$。

（6）计算序列 K_i 的离散傅里叶变换的绝对值，再除以样本数的平方根，所得记为 $\left|\tilde{K}_i\right|$。它是长度为 N_s 的实数序列。

（7）查找数值 $\left|\tilde{K}_{N_f}\right|$。

（8）计算亮度的时间平均值 $\bar{K}$。其可以由序列 K_i 的平均值或对 $\left|\tilde{K}_0\right|$ 项的离散余弦变换（DCT）得到。

（9）计算基频亮度对比度：

$$C_R = 2\left|\tilde{K}_{N_f}\right|/\bar{K}$$

（10）使用数值 $w = w_s$ 计算人眼时间对比度敏感函数的估算值：

$$S = \left|\xi\left[(1 + 2\mathrm{i}\pi w\tau)^{-n_1} - \zeta(1 + 2\mathrm{i}\pi w\kappa\tau)^{-n_2}\right]\right|$$

式中，$\mathrm{i} = \sqrt{-1}$。

（11）人眼时间对比度敏感函数的参数值在表 10-11 中给出了。这个函数曲线可以用来检查计算值，如图 10-26 所示。

表 10-11　人眼时间对比度敏感函数的参数值

参　　数	符　号	数　值
增益	ξ	148.7
时间常数/s	τ	0.00267
时间常量	κ	1.834
闪烁瞬态值	ζ	0.882
激发阶段的数目	n_1	15
抑制阶段的数目	n_2	16

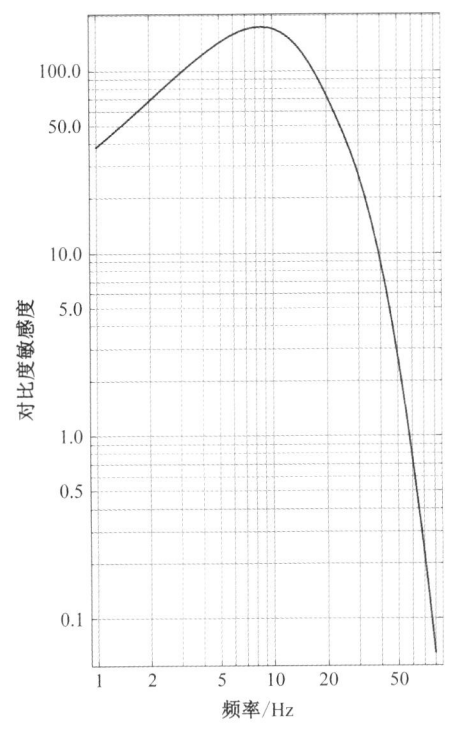

图 10-26 具有标准参数的人眼时间对比度敏感函数

（12）计算闪烁可视程度，$J_{flicker} = SC_R$。

报告：记录帧率 R 和闪烁可视程度 $J_{flicker}$，要求报告 3 位有效数字。

示例：在这个例子中，$N_f = 4$ 帧，$w_s = 6kHz$，$R = 60Hz$，$N_s = 400$。波形样本是由一个 60Hz 的方波与时间常数为 0.002s 的指数函数卷积得到的，平均值是 $100cd/m^2$，对比度是 0.9。采样波形 K_i 在图 10-27 中给出了。

图 10-27 中右侧的图表示频谱 $|\tilde{K}_i|$。频率为 0 Hz 时对应的亮度值是 $100 cd/m^2$，4 周期/序数（$i = N_f + 1 = 5$）位置处的亮度值是 $48.506 cd/m^2$。人眼时间对比度敏感函数在 $R = 50Hz$ 时的值是 2.714。因此，基频亮度对比是 $2 \times 48.506/100 = 0.9701$。

因此，闪烁可视程度的数值是 $0.9701 \times 2.714 = 2.633$，如表 10-12 所示。

表 10-12 报告示例

帧率 R	50Hz
闪烁可视程度 $J_{flicker}$	2.63

注释：

（1）人眼时间对比度敏感函数是根据 De Lange 所测量的数据得到的，这些数据是他观察的均匀背景上一个 2°圆盘的平均亮度数据[1]。视网膜照度为 1000 Td，这大约是一个 30 岁的人在观察一个亮度为 $31.5cd/m^2$ 的照明体时得到的照度。应该认识到，多种因素能够影响闪烁可视程度。例如，对于大区域和高平均亮度，闪烁可视程度更高。在所有利益相关方同

---

[1] 此处原书参考资料：Watson, A. B.（1986）. "Temporal Sensitivity," in K. Boff, L. Kaufman & J. Thomas（Eds.）*Handbook of Perception and Human Performance*, New York, Wiley.

意的情况下，也可以使用其他的时间对比度敏感函数曲线。

（2）这个测量方法假定只有显示亮度调制的基频傅里叶分量是可视的，因为更高的谐波将在更高的频率处，且能量更低，所以，可视程度更小。对于低帧率或外来调制波形，这种假设可能是不正确的。

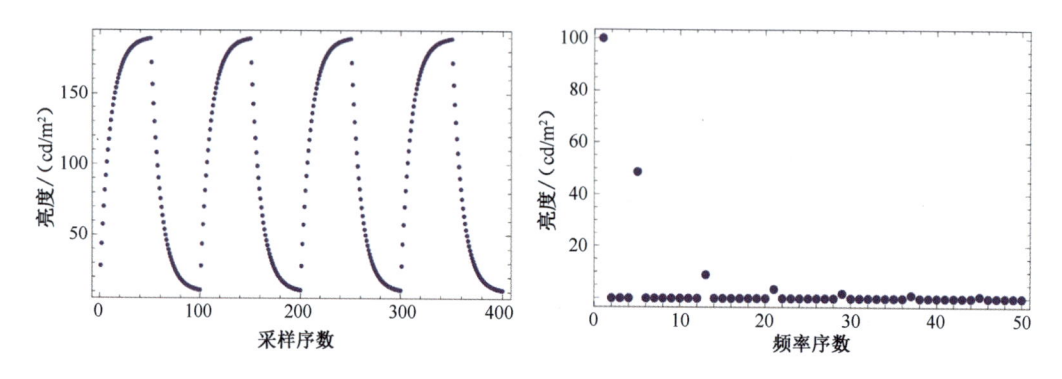

图 10-27　示例的波形 K_i（左侧）和频谱 $|\tilde{K}_i|$（右侧）

（3）这个测量方法适合帧率 R 不小于 10Hz 的显示屏。在亮度变化的一个周期内，傅里叶成分将由基频 $f=R$ 及高次谐波 $2f$、$3f$、$4f$ 等组成。通常，基频振幅最大。如果 f 不小于 10Hz，那么高次谐波（$2f>20$Hz，$3f>30$Hz 等）不太可能是可视的或导致闪烁可视，因为其振幅较小，且人眼视觉灵敏度在高频范围内快速下降，这是测量只考虑基频的原因。

（4）人眼时间对比度敏感函数的数学模型是由 Watson 推导和解释的[1]。

（5）为了验证 DCT，输入 $\{1, 0, 0, 0\}$，输出应该是 $\{0.5, 0.5, 0.5, 0.5\}$。

10.7　空间抖动

别名：抖动。

描述：测量显示图像上像素位置变化的振幅和频率，这些像素位置不是固定在某一位置上的。本节将量化可察觉的、随时间变化的失真，即抖动（Jitter）、偏离（Swim）、漂移（Drift）。图像位置可察觉的变化取决于电子或外部磁场（如 CRT）的控制不精确引起的运动的振幅和频率。**单位**：mm。**符号**：无。

设置：应用如图 10-28 所示的标准设置。

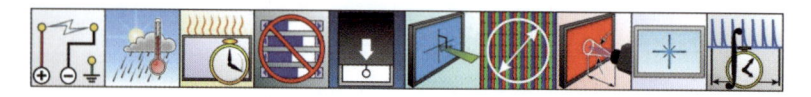

图 10-28　标准设置

---

[1] 此处原书参考资料：De Lange, H.（1958）."Research into the dynamic nature of the human fovea-cortex systems with intermittent and modulated light. I. Attenuation characteristics with white and colored light." *Journal of the Optical Society of America*, Vol. 48, 777-784.

其他设置条件：使用由竖直线和水平线组成的三线格图案（见图10-29），线的宽度为一个像素，灰阶与白色亮度 L_W 对应（例如，8位显示屏的灰阶为255）。测试图案的线必须位于顶部、底部和可寻址屏幕的边缘，且水平线和竖直线的线宽必须是一个像素。显示屏和LMD需要放置在减振铝板测试台上，且该测试台的运动应为抖动运动的1/10或更小。

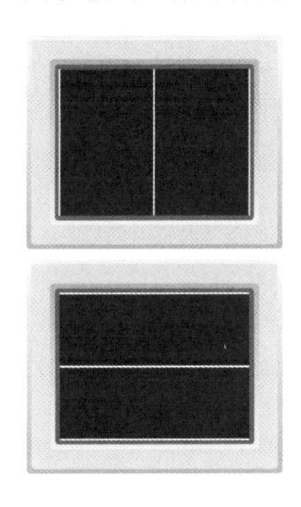

图 10-29 三线格图案

使用已经经过空间（以 mm 为单位）校准的相机在工作距离上进行测量。相机帧率应足够大，以便捕获抖动（近似一个显示帧或更少）。

步骤：在显示屏的每个待测位置（如中心和四个角附近、边缘线的中心）测量线的中心位置随时间的变化，测量间隔Δt应等于隔行显示的一个场周期或逐行扫描显示的帧周期。将使用竖直线图案、以时间为自变量的水平运动函数 $x(t)$ 制表。对于光栅扫描显示屏，如CRT显示屏，边角通常比中心抖动更频繁。将使用水平线图案、以时间为自变量的竖直运动函数 $y(t)$ 制表。在所有待测量位置测量 $x(t)$ 和 $y(t)$，时间间隔为 $\Delta t_T=150s$（2.5 min）。

分析：用 i 表示测量位置，起始位置 $t=0$，$i=0$，每个测量位置的时间间隔为 Δt（$t=i\Delta t$），$i=0,1,2,\cdots,N$，每条线上每个位置的测量总数是 $N+1$，其中 $N=\Delta t_T/\Delta t$。对于每个测量位置，确定水平和竖直运动方向上的漂移量。

$$\delta x_i = x_{i+1} - x_i, \quad \delta y_i = y_{i+1} - y_i, \quad i=0,1,2,\cdots,N$$

定义 Δx_k 和 Δy_k：

$$\Delta x_k = \frac{1}{N-k}\sum_{n=0}^{N-k}\frac{|\delta x_n + \delta x_{n+1} + \cdots + \delta x_{n+k}|}{k+1}, \quad \Delta y_k = \frac{1}{N-k}\sum_{n=0}^{N-k}\frac{|\delta y_n + \delta y_{n+1} + \cdots + \delta y_{n+k}|}{k+1}$$

它们表示在 k 个 Δt 间隔内运动的平均值，$k=0,1,2,\cdots,\Delta t_T/\Delta t$。这些窗口的间隔时间（$\Delta t_k=k\Delta t$）是运行窗口平均值的行进步长（严谨讨论见附录B.18）。为了确定抖动、偏离、漂移，首先给出 3 个瞬时窗口的间隔时间：对于抖动，$0.01s \leqslant \Delta t_k < 2s$；对于偏离，$2s \leqslant \Delta t_k < 60s$；对于漂移，$\Delta t_k \geqslant 60s$。抖动、偏离和漂移对应以下窗口间隔时间的最大平均运动位移。

水平抖动是间隔时间 $0.01s \leqslant \Delta t_k < 2s$ 或 $(0.01s)/\Delta t \leqslant k < (2s)/\Delta t$ 内 Δx_k 的最大值。

水平偏离是间隔时间 $2s \leqslant \Delta t_k < 60s$ 或 $(2s)/\Delta t \leqslant k < (60s)/\Delta t$ 内 Δx_k 的最大值。

水平漂移是间隔时间 $60s \leqslant \Delta t_k$ 或 $(60s)/\Delta t \leqslant k$ 内 Δx_k 的最大值。

竖直抖动是间隔时间 $0.01s \leq \Delta t_k < 2s$ 或$(0.01s)/\Delta t \leq k <(2\ s)/\Delta t$ 内Δy_k 的最大值。

竖直偏离是间隔时间 $2s \leq \Delta t_k < 60s$ 或$(2s)/\Delta t \leq k <(60s)/\Delta t$ 内Δy_k 的最大值。

竖直漂移是间隔时间 $60s \leq \Delta t_k$ 或$(60s)/\Delta t \leq k$ 内Δy_k 的最大值。

以每个观察位置的运动平均值（Δx_k 和Δy_k）为纵坐标，以与窗口间隔时间有关的 k 为横从标，创建柱状图。也可以测量多个同步显示屏在特定扫描速率范围内的抖动。例如，一些 CRT 显示屏沿竖直方向扫描（而非隔线扫描）的抖动更明显。也可以用显示屏帧周期的整数倍定义抖动、偏离和漂移的时间周期，如表 10-13 所示。例如，通过观察安装在显示屏顶部的伦奇刻线或照明锋面，测量仪器的位移并记录。可能需要将 LMD 和显示屏安装在减振台上以减少振动。

表 10-13　一定帧数内抖动、偏离、漂移的次数

帧率	抖动/次	偏离/次	漂移/次
60Hz	2	120	3600
72Hz	3	144	4320
80Hz	3	160	4800

报告：报告测量的最大抖动/偏离/漂移，如表 10-14 所示。

注释：频率在 5Hz 以下的运动最易被察觉，频率高于 25Hz 的运动被感知的程度降低。这种测量中所需测量的位置可以协商为多于 5 个（中心和角落）。

表 10-14　报告示例

屏幕位置	竖直运动			水平运动		
	抖动	偏离	漂移	抖动	偏离	漂移
中心	0.089	0.097	0.102	0.030	0.033	0.033
右上	0.127	0.140	0.157	0.104	0.124	0.124
右下	0.130	0.160	0.163	0.203	0.244	0.251
左上	0.109	0.127	0.137	0.147	0.191	0.191
左下	0.107	0.114	0.117	0.130	0.150	0.150

注：测量黑色背景上白色线最大亮度的位移（单位 mm），时间范围为 $0.01s \leq$ 抖动$<2s \leq$ 偏离$<60s \leq$ 漂移，仪器位移小于 0.003 mm，衡量标准为位移不大于 0.251mm。

第 11 章

反射测量

本章提供了很多介绍性的材料，反射特性也将在附录 B.17 中进一步介绍。本章讨论如何将反射参数测量与其他照度等级相结合并划分等级。本章简要介绍了不具备测量结果重复性的测量类型，还进一步介绍了描述光源和测量的各种方法。

11.1 简介

由于反射测量的复杂性，我们需要给出适用于本章的详细的介绍性注释。表 11-1 简要给出了本章所用到的反射参数（更多信息请参阅附录 B.17）。必须注意，一般来说，环境光和反射使反射式显示屏能够显示图像，但它们对于主动发射型显示屏构成了干扰。

表 11-1 用于量化反射特性的反射参数

参数	定义	一般形式	注释
反射因数[1]	$R = \dfrac{\Phi_{\text{material}}}{\Phi_{\text{perfect diffuser}}}\bigg\|_{\substack{\text{cone \&}\\ \text{apparatus}\\ \text{configuration}}}$	$R = \dfrac{\pi L}{E}$，$R(\lambda) = \dfrac{\pi L(\lambda)}{E(\lambda)}$	不仅指定了仪器几何布局，还指定了探测器测量区域及接收区域的锥角
光亮度因数或辐射因数[2]	$\beta = \dfrac{L_{\text{material}}}{L_{\text{perfect diffuser}}}\bigg\|_{\substack{\text{apparatus}\\ \text{configuration}}}$	$R = \dfrac{\pi L}{E}$，$\beta(\lambda) = \dfrac{\pi L(\lambda)}{E(\lambda)}$	必须指定仪器的几何布局，但假定亮度测量仪的圆锥角并不重要
漫反射比	$\rho = \dfrac{\Phi_{\text{diffuse}}}{\Phi_i}\bigg\|_{\substack{\text{apparatus}\\ \text{configuration}}}$	$\rho_{\theta/d} = \beta_{d/\theta}$ $\rho(\lambda)_{\theta/d} = \beta(\lambda)_{d/\theta}$	使用均匀漫反射半球探测器，但光亮度因数与均匀漫反射照明的漫反射比相等：$\rho_{\theta/d} = \beta_{d/\theta}$
镜面反射率[3]	$\zeta = \dfrac{\Phi_{\text{specular}}}{\Phi_i}\bigg\|_{\substack{\text{apparatus}\\ \text{configuration}}}$	$\zeta = \dfrac{L}{L_s}$ $\zeta(\lambda) = \dfrac{L(\lambda)}{L_s(\lambda)}$	这是反射净亮度 L 与镜面反射方向的光源亮度 L_s 的比值

注：首选反射因数作为测量参数，因为它要求完全指定所有测量仪器的配置，包括光源、几何布局及探测器。通常，多数光学测量依赖探测器-显示屏-光源的几何布局。在这种情况下使用反射因数，能够记录所有重要参数。然而，出于简化目的，本章使用光亮度因数。

[1] 为避免与辐射反射因数混淆，往往使用亮光反射因数作为光学术语。
[2] 辐射度测量中与光亮度因数对应的是辐射因数 $\beta(\lambda)$。
[3] CIE 使用 ρ_r 代表常规反射或镜面反射（仅涉及镜面反射，不包含漫反射）。我们将经常使用镜面配置，并沿镜面反射方向测量（这可能包含了漫反射光线）反射亮度。

可通过在参数 R、β 和 ρ 符号下方标注光源/探测器角标来追踪仪器的几何布局。因此，$\beta_{d/8}$ 指均匀漫反射光源及偏离目标物法线 8° 的探测器的光亮度因数；$\rho_{8/d}$ 指位于偏离目标物法线 8° 处的光源及使用漫反射式探测器（将目标物包含在积分球中）测量反射光的漫反射比。漫反射测量的进一步规范可以是"di"（包含镜面反射的漫反射）和"de"（不包含镜面反射的漫反射）。

11.1.1 线性叠加和缩放

显示屏经常工作在一定类型的环境照明条件下。对从显示屏反射至眼睛的环境光强度的量化依赖光源、探测器的布局及显示屏的反射特性。因此，需要描述显示屏的反射特性，以便确定特定照明条件下显示屏的显示特性。一旦确定特定照明条件下显示屏的显示特性，那么显示屏的反射特性可与其自身载有信息的发射特性（针对主动发射型显示屏）结合，或与其自身载有信息的反射特性（针对反射式显示屏）结合，以便计算其他重要特性，如环境光照明下的对比度和环境光照明下的色域。

在多数情况下，从显示屏反射的光线可认为是线性响应系统（具有明显光致发光特性的显示屏不在本章讨论范围）。这种特性使我们能够进行强度缩放和线性叠加。由于在给定布局条件下显示屏反射光的多少与入射照明呈比例，因此在给定照明等级条件下，可测量一次显示屏的反射，然后将其用于预测其他任何照明等级条件下反射光的多少。此外，通过单独测量各种光源照射下显示屏的反射特性，可以预测（通过线性叠加）所有光源共同作用时总的效果。例如，显示屏的反射特性可以通过天空光的半球照明及太阳光的直接照明来描述。可将这两种方法结合起来确定日光照明的净影响[1]。本章利用已经测量的反射因数的缩放和线性叠加特性来计算环境光照明条件下显示屏的显示特性。在极少数特殊情况下，如果显示系统在建议的环境条件下呈非线性，那么不能使用本方法。例如，航空座舱显示屏在太阳光照射下可能会遭受高强度的光照，在此条件下，主动有源矩阵 LCD 的热和漏光可能改变显示系统的光学特性。这些影响在低照度条件下可能不明显。本章使用的测量方法的功能流程如图 11-1。

首先，确定显示屏的应用环境。这包含相对于探测器观察方向的显示屏的位置、光源类型和位置，以及显示的图案和颜色。然后，在环境控制良好的实验室中，根据本章列出的最佳测量方案模拟每个单独的光源布局。每个测量结果将代表显示屏对应的照明-探测布局响应的反射因数。这种光源布局对所探测信号的相对贡献可通过缩放对应光源的照度等级的反射光来决定。总的环境亮度（或光谱辐射）是所有光源的反射光和其他从显示屏自身发出的光的总和。一旦计算出所应用的光环境下的总亮度，就可计算各种光环境下的性能指标。有必要重复测量和计算针对其他颜色的总亮度，以便完成反射测量的计算。

总亮度 L_{amb} 通过用一个探测器在给定方向上观察显示屏来测量，表达式如式（11-1）所示。

$$L_{amb}=L_Q+ L_{dif}+L_{spec} \qquad (11\text{-}1)$$

其中，L_Q 为给定显示颜色 Q 的暗室亮度，Q 可取 R, G, B, C, M, Y, K, W, S, off 等（S 为灰

---

[1] 此处原书参考资料：E. F. Kelley, M. Lindfors, and J. Penczek, Display daylight ambient contrast measurement methods and daylight readability, J. Soc. Information Display, V 14, p. 1019-1030（2006）。

色，显示屏关闭状态的反射特性与点亮时呈黑色的反射特性不同）；L_{dif} 为漫反射产生的亮度；L_{spec} 为镜面反射方向的镜面反射产生的亮度。术语"规则的反射"或"镜面反射"是指类似遵循几何光学定律的镜面反射，如同一面镜子的反射一样。

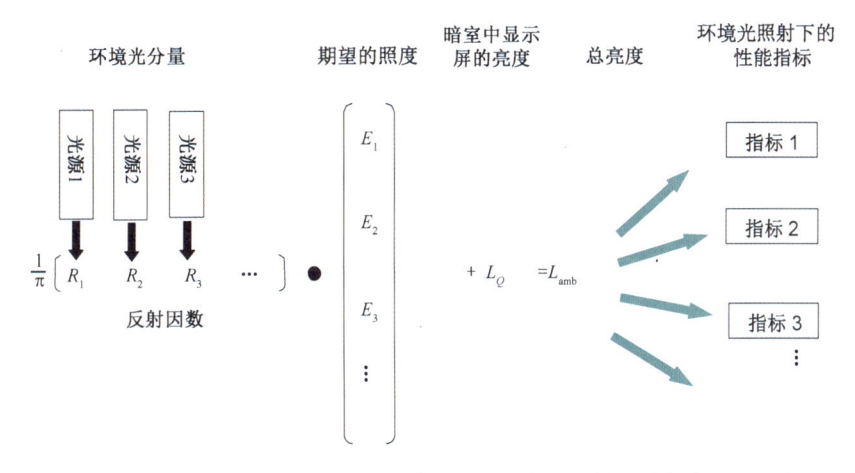

图 11-1 本章使用的测量方法的功能流程。其中，Q 是屏幕显示的一种颜色，Q 可取 R, G, B, C, M, Y, K, W, S, off 等。对于发射型显示屏，暗室亮度 L_Q（某种程度上即反射因数 R_n）取决于所显示的颜色 Q；对于反射式显示屏，L_Q 为零，只有反射因数 R_n 取决于所显示的颜色 Q

在镜面反射方向观察镜面反射占反射主要成分的显示屏，会发现其对所反射的物体会产生明显的虚像。漫反射是由散射出（或偏离）镜面反射方向的光产生的。一般情况下，一个显示屏可以同时呈现镜面反射特性和漫反射特性，如图 11-2 所示。注意在反射式显示屏中，L_Q 为零，针对每种显示颜色的 L_{dif} 和 L_{spec} 必须分开测量。

对于漫反射严重的显示屏，在镜面反射方向测量亮度时往往既包含漫反射又包含镜面反射。当在给定探测器观察方向上出现两种类型的反射时，称之为混合型反射。漫反射与镜面反射的相对贡献往往可以通过检测给定光源条件下显示屏面内双向反射分布函数（BRDF）的轮廓来很好地理解。原则上，BRDF 的轮廓可通过测量图 11-2 中沿着红色虚线的亮度分布来确定。在另一种方案中，探测器可以固定于某一角度，且光源在显示屏面内一定的倾角范围内移动。图 11-3 给出了这种测量方法的布局，并给出了一个显示屏面内反射分布轮廓。

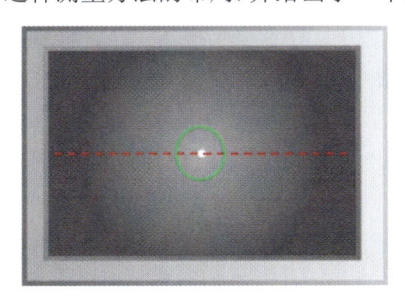

图 11-2 一个具有漫反射（朗伯反射和雾面反射）和镜面反射特性的显示屏示意。中间亮点是在镜面反射方向观察到的明显的小光源虚像。亮点周围模糊的灰色圆球是雾面反射引起的，背景灰色是朗伯反射引起的。镜面反射方向典型的亮度测量区域将包含一个围绕白色亮点的测量区域（由探测器决定），区域用绿色圆圈表示

信息显示测量标准

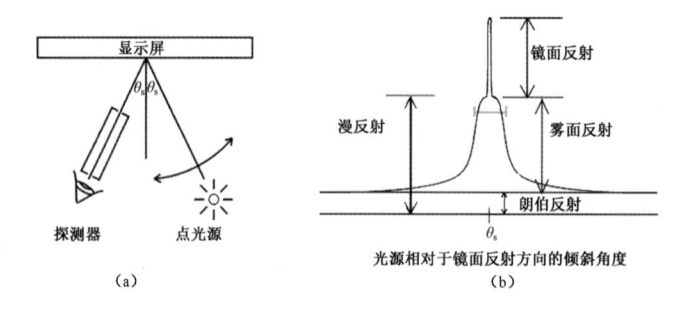

图 11-3　一个假想的显示屏反射分布轮廓的测量方法（a）和结果（b），这是通过观察显示屏反射的一个小光源窄光束得到的。一个尖的镜面反射峰在镜面反射方向的中心，且在宽的漫反射轮廓顶部之上。绿线可与探测器的测量区域相对应，且与图 11-2 中的圆圈相当

图 11-3（b）表明漫反射由朗伯反射和雾面反射组成，朗伯反射是个恒定值，不随光源照射的倾斜角的变化而改变，雾面反射以镜面反射方向为中心。有防眩表面的显示屏可以有很强的雾面反射，雾面反射可以完全盖过镜面反射。图 11-3（b）表明，探测器测量场的角度会影响探测到的反射强弱，并改变照明-探测布局的反射因数的大小。除非测量的 BRDF 反射特性的分辨率足够高，否则很难辨别各种反射成分。将式（11-1）中的总亮度重新表示为显示屏前面半球内、对探测器给定观察方向（镜面反射方向）有光线贡献的所有光源的亮度总和：

$$L_{amb}=L_Q+L_d+L_{1,dir}+L_{2,dir}+\cdots \quad (11\text{-}2)$$

式中，L_d 为均匀半球照明产生的亮度；$L_{1,dir}$ 和 $L_{2,dir}$ 为离散定向光源反射的亮度贡献。反射半球照明的亮度可以在镜面反射方向（包含 $L_{hemi:si}$ 或不包含 $L_{hemi:se}$）测量：

$$L_{amb}=L_Q+L_{hemi:si}+L_{1,dir}+L_{2,dir}+\cdots \text{（包含镜面反射方向的半球）} \quad (11\text{-}3)$$

$$L_{amb}=L_Q+L_{hemi:se}+L_{dir:se}+L_{1,dir}+L_{2,dir}+\cdots \text{（不包含镜面反射方向的半球）} \quad (11\text{-}4)$$

这两个式子表示存在一个来自半球照明的、对总亮度产生贡献的光源，且允许一个光源代表镜面反射方向。式（11-3）将两种贡献综合为一个因数，因为这种情况可以用一个反射因数表示。式（11-3）或（11-4）的使用依赖显示屏的应用范围。例如，如果显示屏在户外使用，且在镜面反射方向观察天空（$L_{hemi:si}$），太阳偏离镜面反射方向（$L_{1,dir}$），那么式（11-3）可能最合适。然而，如果显示屏倾斜，以至于在镜面反射方向可观察到使用者的身体，那么式（11-4）可能最适合。在这种情况下，在半球测量的 $L_{hemi:se}$ 中，用于去除镜面反射光的孔必须使用镜面光源（$L_{dir:se}$，从使用者身体反射来的光线）填充，以形成完整的照明。在任何一种情况下，上面式子中的照明项都可用它们的反射因数表示。注意，对于反射式显示屏，L_Q 为零，且所有反射因数都必须针对每种颜色进行测量。

主要通过两种反射指标来表征显示屏的反射特性，即辐射度或光度反射比和辐射亮度因数或光亮度因数（尽管推荐使用反射因数）。反射比是反射的辐射通量或光通量与入射通量之比。而光亮度因数是亮度与照度（或辐射度与辐照度）之比的 π 倍。光亮度因数和反射比都严重依赖测量的几何布局。必须报告这些测量结果，并描述光照和探测的几何条件。更多关于反射比和反射因数的详细讨论请参阅附录 B.17。

11.1.2 光度测量和光谱测量

可以通过对人眼的光谱亮视效率函数 $V(\lambda)$ 进行光谱或光度加权来测量显示屏的反射参数。如果有一个分光辐射亮度计和一个经光谱校准的标准白板，那么建议测量显示屏的光谱反射比、辐射亮度因数或光谱反射因数。只有在知道这些光谱变量的情况下，用户才能使用线性叠加来计算在相同照明-探测布局、任意光源光谱或照明等级等照明环境下显示屏的性能（如环境对比度和环境显示颜色）。这使得用光源（如 CIE A 类照明体）进行光谱测量成为可能，环境对比度可用 CIE D65 照明体进行测量。因此，光谱测量极大地放宽了对光源的光谱限制，而且有效地拓展了对显示屏性能的分析能力。相反，如果使用亮度计测量（光）反射、光亮度因数或反射因数，那么相应的环境性能测量方法只对具有相同光谱分布的光源有效。

光度测量方法所显示的不确定性程度依赖显示屏的颜色及照明的颜色。在使用宽的光谱照明来检测灰色（黑色、白色、关断）时，尽管太阳光（16500K）与卤钨灯光（2856K）有明显的不同，但所得的光亮度因数（$\beta=\pi L/E$）中的偏离相对较小。光亮度因数的最大偏离可以小于蓝色天空光源与卤钨灯光源之差的 6%。这表明如果这种约 6%的不确定度可以接受，那么大多数宽光谱光源的光将将不会严重影响反射参数的光度测量。当显示屏显示很深的颜色时，此时，照明光源不再是宽光谱，或者对测量的精度需求很高，最好进行光谱相关的测量。

为了说明光度相关的和光谱相关的反射因数测量方法之间的关系，下面给出一个环形光照明时的分析案例。式（11-5）定义了反射因数 R_Q。

$$R_Q = R_{std} \frac{L_{Q,Ring} - L_Q}{L_{std}} \tag{11-5}$$

式中，L_Q 为暗室中环形光熄灭时，显示屏显示的彩色图案中心位置的亮度；$L_{Q,Ring}$ 为环形光点亮时显示屏的亮度；L_{std} 为环形光点亮时，显示屏位置处的标准白板的亮度；R_{std} 为在相同光谱和布局照明条件下，已知的标准白板的反射因数，它不是在漫反射照明条件下获得的数值。式（11-5）对应的光谱反射因数 $R_Q(\lambda)$ 如下：

$$R_Q(\lambda) = R_{std}(\lambda) \frac{L_{Q,Ring}(\lambda) - L_Q(\lambda)}{L_{std}(\lambda)} \tag{11-6}$$

式中，$L_Q(\lambda)$ 为暗室中显示色彩图案中心处的光谱辐射度（对于反射式显示屏，L_Q 为零）；$L_{Q,Ring}(\lambda)$ 为环形光点亮时的光谱辐射亮度；$L_{std}(\lambda)$ 为显示屏位置处的标准白板在环形光点亮时的光谱辐射亮度；$R_{std}(\lambda)$ 为在相同光谱和布局照明条件下，已知的标准白板的光谱反射因数，它不是在漫反射照明条件下获得的数值。如式（11-5）和式（11-6）所示，两式的形式相同，但式（11-5）中的光度学参数被式（11-6）中的光谱参数替代。这对所有反射测量都适用。因此，为了简化，对于每个特定的反射测量，下面只给出光度学形式。

如果已进行了光谱反射测量，那么可以用光谱反射比或反射因数 $R_Q(\lambda)$ 来计算任意照明 $E(\lambda)$ 的光度反射比或反射因数 R_Q：

$$R_Q = \frac{\int_\lambda R_Q(\lambda) E(\lambda) V(\lambda) \mathrm{d}\lambda}{\int_\lambda E(\lambda) V(\lambda) \mathrm{d}\lambda} \tag{11-7}$$

式中，$V(\lambda)$ 为明视觉的光谱光视效率函数。对于给定 CCT 的日光照明体的光谱分布，可依据 CIE 15 色度测定方法中使用的式子计算，如式（11-8）所示。

$$E(\lambda) = E_0(\lambda) + M_1 E_1(\lambda) + M_2 E_2(\lambda) \tag{11-8}$$

其中，特征函数 E_0、E_1 和 E_2 在 CIE 15 中以表格形式给出，且 M_1 和 M_2 为针对照明体 D50 和 D65 的特征值（见表 11-2）。其他标准光源的光谱分布也在 CIE 15 中以表的形式给出了。

表 11-2　CIE15 中给出的日光照明体的特征值

相关色温	特征值 M_1	特征值 M_2
5000K	−1.0401	0.36666
6500K	−0.29634	−0.68832
7500K	0.14358	−0.75993

11.1.3　光源测量和特性

在所有反射测量中，必须通过几何布局和照明数量指定照明光源。根据所要测量的反射参数，可通过测量区域的照度或光源的亮度指定一个光源照明。同样，需要指定光源的均匀性和/或其照明的均匀性，以便确保测量结果的可重复性。多种类型的光源均可用于反射测量：①积分球；②离散的或定向照射的均匀光源和环形光；③准直光源和聚焦光源。

1. 用于模拟均匀漫反射环境的积分球光源

在使用一个积分球来获得一个均匀漫反射照明环境时，需要知道测量区域的照度。照度必须在有显示屏的情况下测量。不能先测量显示屏的亮度，然后去掉显示屏并使用反射样品替代显示屏来测量照度。必须在测量显示屏的同时测量样品的照度，且应不改变积分球内的任何东西。对于大积分球中的小尺寸显示屏，可以将标准白板放置在测量区域附近。下面介绍几种测量照度的方法。

（1）薄目标板。在一个不透明的黑色或金属色薄板（背景）上放置一个薄的白色或灰色的、粗糙的、经光谱校准过的目标板，其亮度 L_trg 可用来计算照度，如图 11-4（a）所示。照度由式（11-9）给出。

$$E = \pi L_\mathrm{trg} / \rho_\mathrm{trg} \tag{11-9}$$

式中，ρ_trg 为目标板的反射比。使用薄目标板的优点是当显示屏置于积分球的球心时，可以将薄目标板放置于测量区域附近，或者当显示屏位于积分球的端口时，可以搭配薄目标板一起使用。由于薄，因此薄目标板几乎很少阻碍光线到达测量区域，且它可以放置于与 DUT 表面基本相同的平面内。将薄目标板放置于一个已知反射比为 ρ_std 的标准白板旁边，二者共同放在积分球中心处或积分球的端口处，可对薄目标板进行校准，如图 11-5 所示。目标板的反射比由式（11-10）给出。

$$\rho_\mathrm{trg} = \rho_\mathrm{std} L_\mathrm{trg} / L_\mathrm{std} \tag{11-10}$$

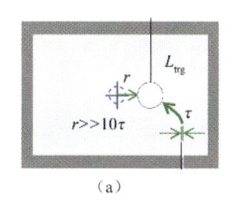

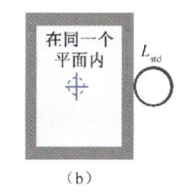

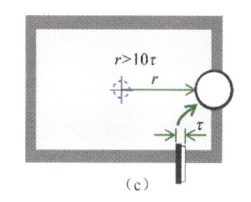

图 11-4 在积分球内（均匀漫反射照明条件）的照度测量中，显示屏附近的标准白板或白色（灰色）目标板的放置（蓝色虚线圆圈表示测量区域）：（a）一个经校准的、有不透明背景的白色磨砂薄目标板（用于大尺寸显示屏）用一个薄棒、金属丝或线固定；（b）标准白板置于小显示屏旁边，并且与显示屏表面在同一平面内；（c）标准白板置于显示屏前面（最不推荐的情况）

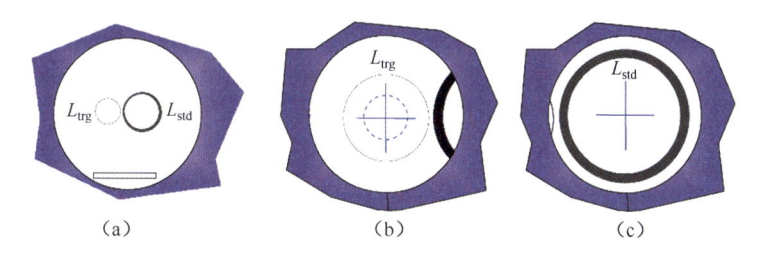

图 11-5 在积分球内用有不透明背景的标准白板校准白色薄目标板。透过测量窗口（出口）观察：（a）透过测量窗口观察，白色薄目标板与标准白板并排放置于积分球中心；（b）测量白色目标板的亮度；（c）测量标准白板的亮度。有虚线圆圈的"+"表示亮度测量区域

注意，反射比 ρ_{std} 和目标板反射比 ρ_{trg} 仅适用于积分球的均匀漫反射半球照明。这些反射比不适用于定向光源、准直光源或离散光源。

（2）标准白板。测量区域附近的标准白板如图 11-4（b）和图 11-4（c）所示。这对在中心处包含整个显示屏的积分球很有用。这种积分球的尺寸必须远大于显示屏的尺寸，以便提供均匀照明（按照经验，积分球的直径必须为显示屏最大尺寸的 4~7 倍）。照度由式（11-11）给出。

$$E = \pi L_{std} / \rho_{std} \tag{11-11}$$

式中，ρ_{std} 为标准白板的漫反射比；L_{std} 为其亮度。最好使标准白板表面与显示屏表面在同一平面内，如图 11-4（b）所示。图 11-4（c）中将标准白板放置于显示屏前不是明智之举，因为它们在不同的平面内，而且标准白板的阴影可能会阻挡光线到达测量区域。

（3）光敏二极管。在积分球内经常使用一个检测照度的光敏二极管。这种探测器存在光响应与测量显示屏的亮度计不同步的问题。在显示较强烈的颜色时，光学滤波会产生严重的误差。对于较强烈的颜色，使用标准白板或白色薄目标板来测量光谱更合适。

（4）积分球。在图 11-6 中，用一个特殊设计的积分球，透过测量窗口观察球内壁（见 11.3.2 节）。亮度 L_{wall} 可用来计算样品窗口处的照度。内壁的漫反射比由式（11-12）给出。

$$\rho_{wall} = \rho_{std} L_{wall} / L_{std} \tag{11-12}$$

样品窗口处的照度由式（11-13）给出。

$$E = \pi L_{wall} / \rho_{wall} \tag{11-13}$$

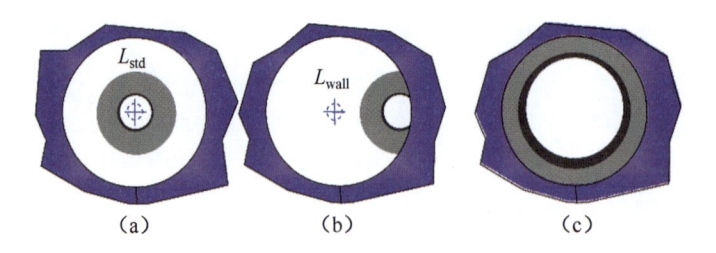

图 11-6 在使用积分球时，用标准白板对球内壁反射进行校准。球内标准白板的表面平行于球内壁上的取样窗口平面。（a）测量标准白板的亮度；（b）在不改变标准白板位置的情况下测量球内壁的亮度。亮度计从一侧移动至另一侧，始终保持测量区域在中心位置。本图中，出于示意考虑，将子图（a）和子图（b）中的测量窗口绘制得非常大。实际上，亮度计可能会向后移动，远离测量窗口，这样可只观察取样窗口，而非取样窗口周围的白色，如子图（c）所示

2. 离散或定向的均匀光源和环形光源

在很多测量方法中，使用如图 11-7 所示的离散均匀光源（环形光源的使用见 11.5 节）。如何将这些光源均匀化是很难描述的。在进行只有镜面分量显示屏的镜面测量中，均匀光源中心的亮度非常关键。但是，当包含更多复杂的反射特性时，如雾面反射或矩阵散射，光源的均匀性是一个重要的影响因素。

图 11-7 均匀光源不均匀性的九点测量法。蓝色有虚线圆圈的部分代表亮度测量区域

典型的均匀光源规格为具有 1% 的不均匀性。我们认为，一般情况下要求不均匀性至少达到 1%，此为基本要求。确定不均匀性的方法：测量均匀光源中心及其他 8 个位置（上、下、左、右和对角线），位于出光窗口中心至边缘距离（半径）的 75%～80% 处，如图 11-7 所示。确定 9 个点的亮度 L_i 的平均值 μ 和标准差 σ，并定义不均匀性：

$$n = \sigma/\mu \tag{11-14}$$

不均匀性必须小于 1%，即 $n < 0.01$。

照度测量和薄目标板校准：在使用这种光源照明时，必须谨记标准白板和任何校准过的白色（或灰色）薄目标板都不是朗伯面，即在这种材料的亮度表达式 $L = \beta E/\pi$ 中，光亮度因数 β 不像朗伯面那样是一个与照明方向无关的常数。这些标准白板一般情况下仅用于漫反射照明条件下的均匀性校准。如果将它们用于任何其他类型的照明，那么必须对这种照明

布局进行校准。将一种良好的照明测量仪（或辐照测量仪）放置于显示屏表面所在的平面（显示屏不在测量位置处）并沿显示屏法线方向布局，这可能是最好的替代方法。对于一些紧靠显示屏的光源，显示屏发出的光线会影响光源的亮度和照度。用来说明这种情况的方法如图 11-8 所示。

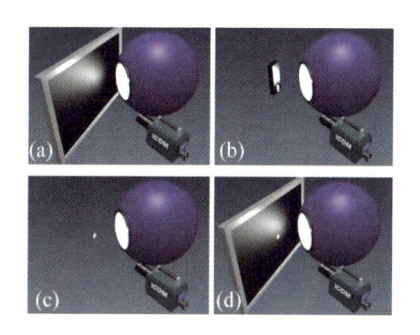

图 11-8　通过标定一个表面粗糙的白色（或灰色）薄目标板来测量给定位置处的照度

图 11-8（a）所示为光源-显示屏-探测器布局。在图 11-8（b）中，移除显示屏，并在该显示屏的同一平面内放置一个经余弦校准后的照度计，以获得照度 E_{cal}。在光源内部安装一个有监控功能的光敏二极管来独立监控光源内部，使它输出光电流 J_{cal}。在图 11-8（c）中，移除照度计，并用一个小的白色薄目标板（背部不透光、白色或灰色、表面粗糙）代替，将它放置于测量点上（也在显示屏平面内）。测量其亮度 L_{trg} 并记录监控光电流 J_{trg}（可能与 J_{cal} 相等）。然后，按照式（11-15）得到这种特定布局下白色薄目标板的光亮度因数 β_{trg}。

$$\beta_{trg} = \frac{\pi L_{trg} J_{cal}}{E_{cal} J_{trg}} \tag{11-15}$$

在许多情况下，$J_{cal}/J_{trg}=1$。在图 11-8（d）中，在显示屏表面放置一个小的白色薄目标板，使显示屏显示黑色或处于关断状态，通过测量薄目标板亮度 L_{off} 来计算照度 E_{off} [见式（11-16）]，并记录光电流 J_{off}。

$$E_{off} = \frac{\pi L_{off}}{\beta_{trg}} = \chi_{cal} J_{off} , \quad \chi_{cal} = \frac{\pi L_{off}}{\beta_{trg} J_{off}} \tag{11-16}$$

式中，χ_{cal} 为光敏二极管的校准，它使我们可以通过光敏二极管的电流来确定照度，而不必用小薄目标板测量照度。在测量显示屏亮度时，移除薄目标板。薄目标板应足够小以不影响测量结果。注意这种白色薄目标板的校准仅对这种特定的光源-显示屏-探测器布局有效。对于辐射度测量，不透明薄目标板的光谱曲线需要非常平整。

环形光源：由于环形光不会受显示屏上物体的影响，所以可以去除显示屏，并使用经余弦校准的照度计来确定来自环形光源的照度 E_{ring}。如果需要进行不移除显示屏的照度测量，那么可在显示屏表面放置一个经校准的白色薄目标板，用图 11-8（c）中的亮度 $L_{trg-ring}$ 对应图 11-8（b）中的照度 $E_{trg-ring}$ 来测量[见式（11-17）]，这样足够校准白色目标板。

$$\beta_{trg-ring} = \pi L_{trg-ring} / E_{trg-ring} \tag{11-17}$$

该测量条件下的照度 E_{ring} 将通过显示屏表面的目标板的亮度 L_{trg} 给出：

$$E_{ring} = \pi L_{trg} / \beta_{trg-ring} \tag{11-18}$$

3. 准直光源

准直光源提供一束横截面相对固定的光。注意，这些光非常亮，需要佩戴眼睛保护装置。与均匀漫反射光源类似，这种光束照明的照度和不均匀性可使用一个与图11-7所示的测量区域尺寸相近的照度计来测量，照度计的尺寸与光束直径接近。标准白板和其他表面粗糙的薄目标板不能用于照明校准，除非它们针对所用的测量仪器布局已经用准直光源校准过。准直光源的覆盖范围必须大于测量仪器的测量区域。

使用准直光源相对于漫反射光源（如积分球）的优点：准直光源有一个照射均匀的横截面，而漫反射光源的光在偏离显示屏法线方向、沿显示屏表面测量区域具有一种平方反比不均匀性；准直光源的光线局限在一束光内，而漫反射光源趋向于在更广范围内分散照明。准直光源的准直光束较好地模拟了太阳或月亮，与其光束宽度无关（对光束的具体尺寸不作要求，只要它能够均匀覆盖测量区域，不均匀性最好为1%或更小）。

准直光源使用石英卤钨灯可能会产生太多的热量，损坏显示屏，除非使用吸热滤片来阻止光源发射IR。白色LED灯也可用在准直光源中。长焦投影仪和太阳光模拟器也是有用的准直光源。

4. 汇聚光源

汇聚光源经常在BRDF测量和基材散射检测中使用。注意，这些光非常亮，需要佩戴眼睛保护装置。在此情况下，经常采用相对测量，且不需要对探测器进行校准。不能使用标准白板和其他表面粗糙的目标板进行照明校准，除非它们针对所用测量仪器布局已经用会聚光源校准过。如果光源太亮而无法使用开放式系统（Unfolded System）进行校准，那么可使用一个经校准的黑色玻璃来校准。

11.1.4 注意事项

（1）例外。这些测量方法并不是针对特殊的或奇怪的反射特性，如基材散射、光致发光或反光的详细测量。对于有窄带或强的颜色反射的显示屏，可用光谱反射或光谱反射因数来描述。一些光谱反射特性和表面特性在ASTM Standards on Color and Appearance[1]中有更多论述。

（2）光谱或光度测量。我们将遵循惯例，即光谱测量对波长有明显的依赖，如光谱辐射$L(\lambda)$，而光度测量没有，如亮度L。对于光度测量，需要仔细选择光源光谱以模拟典型的应用环境，进而达到1%的精度要求。光谱测量必须使用一个最大带宽为10nm的分光辐射亮度计进行辐射亮度测量，除非出现相当数量的窄带照明（这种情况下最好使用5nm或更小的带宽）。辐射亮度测量必须使用一个最大带宽为10nm的光谱辐射亮度测量仪。

（3）显示屏的方向。如果亮度很高，那么视角相关特性或显示图案会使环境特性矩阵受到显示屏方向（如旋转）的影响。因此，显示屏的暗室测量和反射测量必须在针对使用场景的方向和图案条件下进行。

---

[1] 此处原书参考资料：ASTM Standards on Color and Appearance Measwrement, 8th edition(2008).

（4）显示颜色。本章假定显示屏在最小灰度等级（黑色）或最大灰度等级（白色）的状态时，有不同的反射因数。因此，每种颜色状态都需要进行独立的反射测量。如果可以证明反射因数与显示屏的颜色无关，那么只需要对最小灰度等级（黑色）进行反射测量。

（5）照明-探测布局。反射参数的测量结果非常容易受照明光源和显示屏的布局的影响。本章详细说明了各种推荐的布局。应该基于显示屏的使用场景选择照明布局或环境。室外和室内的应用都可以有半球漫反射与直接照明组分。光源的入射角度和探测器的观察角度也必须模拟预期的使用情况。

（6）黑色和白色。在接下来的一些方法中会提到黑色和白色。在显示屏没有"黑色"和"白色"的情况下，允许用最小灰度等级指代黑色，用最大灰度等级指代白色。

（7）朗伯反射和漫反射。术语"漫反射"指偏离镜面反射方向的散射。术语"朗伯反射"指一种均匀扩散，是扩散的一种类型（参见附录 B.17）。漫反射不是朗伯反射。

（8）规范的反射术语。更多详细信息请参阅附录 B.17。

（9）太阳光、天空光和日光。为了定义本书中的术语（如环境对比度和可读性），在描述环境条件时，遵循下面的定义。

① 太阳光。太阳光直接照射到显示屏的表面。假定照度 $E_{sun} \approx 100000$ lx 以偏离法线方向 θ 照射，以至于屏幕上的照度为 $E_{sun}\cos\theta$。我们经常使用的角度值为 $\theta=45°$。

② 天空光。天空光来自天空、云层、地面等，而非直接来自太阳。我们假定 E_{sky} 为 10000～15000 lx。

③ 日光。这是天空光与直接照射的太阳光的综合：$E_{day}=E_{sky}+E_{sun}\cos\theta$。

因此，要声称日光环境对比度或日光可读性，必须用一个均匀光源模拟天空光，并用一个平行光或小的直接照射光源（最好为平行光）模拟太阳光来进行反射参数的测量，然后按照比例获得对应此照度等级的反射亮度。

（10）测量一致性。请特别注意，本章中任何使用单独仪器进行的个体测量，由于系统、与使用者经验相关的因素等，都不足以完整描述反射特性。一般情况下，为了完整描述反射特性，必须将这些反射测量方法结合或与其他测量方法一起使用。

11.1.5 反射参数

反射因数、光亮度因数、反射比和光谱分辨率：在所有反射测量案例中，必须指定仪器的布局。本章的反射测量使用了很多布局。在一些案例中，可以报告不同的反射参数，如反射因数、光亮度因数、反射比（及它们对应的光谱部分，如光谱反射因数、辐射亮度因数、光谱反射比）。在报告反射因数时，往往有必要报告探测器的接收锥角及其位置和测量区域。在报告光亮度因数时，则假定接收锥角（或孔径角）尺寸和测量区域尺寸在所获得的测量结果中并不重要（例如，在半球反射测量中经常如此）。对于均匀半球照明，光亮度因数与漫反射比相同（根据 Helmholtz 互异原理）。如果没有进行光谱分辨率测量，那么在不同实验室与不同光源之间的不确定度很少能到10%，除非光源光谱在每个实验室都相同。因为报告的参数往往不同，所以，测量经常使用一般术语"反射"，而非具体的反射参数术语。

考虑图 11-9 中的例子，其中显示屏无镜面反射和朗伯反射，只有雾面反射。在所有报告反射参数的案例中，必须报告仪器布局。这里，探测器位于法线左侧30°，光源位于法线右侧45°。光源中心距离屏幕中心150mm，光源为朗伯反射，出光口径为150mm，不均匀性为1%。探测器透镜直径为35mm，且镜头表面距屏幕中心400mm，因此，称探测器距离为400mm，并假定进入直径为35mm的透镜的所有光线都能被测量，以使探测器接收区域（入瞳）的直径为35mm（这往往不是一个好的假设，但在制造商未提供更多信息的情况下，这是最好的做法）。

图 11-9 用来表明可测量不同反射参数的一个测量反射的例子

那么该例子可以测量哪些反射参数呢？我们不能测量漫反射，因为不能收集所有被散射的光线。可以测量镜面反射（至少名称是这样的），因为光源足够大，以至于被镜面反射的、从探测器发出的镜面反射线将终止于光源面。但是，镜面反射测量可能会因为雾面反射的存在而很不确定。也可以测量光亮度因数（辐射因数）和反射因数（光谱反射因数）。

将测量的亮度 L 与光源的亮度 L_s 的比值（$\rho_s = L/L_s$）作为"光谱反射因数"（并不正确，但在某些情况下很有用），并进行记录。光亮度因数和反射因数由 $\pi L/E$ 给出，其中，L 为测量的亮度；E 为测量的照度。反射比与光亮度因数的区别使我们必须为反射因数指定测量锥角，这就要求除了知道所有光亮度因数所需指定的其他布局配置参数，还要知道透镜的接收区域的直径和测量区域的尺寸，如表 11-3 所示。注意，对于这种仪器布局，可使用一个小且经过校准的白色目标板来确定照度。

表 11-3 反射因数与光亮度因数或镜面反射比的比较

反射因数					光亮度因数或镜面反射比				
探测器几何布局	距屏幕中心的距离	c_d	400	mm	探测器几何布局	距屏幕中心的距离	c_d	400	mm
	偏离法线的角度	θ_d	-30	°		偏离法线的角度	θ_d	-30	°
	测量区域尺寸	m	17	mm		距屏幕中心的距离	c_s	150	mm
	感光区域直径	D_d	35	mm		偏离法线的角度	θ_s	45	°
光源几何布局	距屏幕中心的距离	c_s	150	mm	光源几何布局	光源直径	D_s	150	mm
	偏离法线的角度	θ_s	45	°		颜色	Q	K	—
	光源直径	D_s	150	mm		来自光源的照度	E	2360	lx
	颜色	Q	K	—		样品亮度	L	31.7	cd/m²
	来自光源的照度	E	2360	lx		光亮度因数（$\beta = \pi L/E$）	β_K	0.0422	—
	样品亮度	L	31.7	cd/m²		光源亮度	L_s	9432	cd/m²
	反射因数（$R_K = \pi L/E$）	R_K	0.0422	—		镜面反射比	ρ_s	0.0382	—

11.2　包含镜面反射的半球面反射

描述：在由一个积分球提供的均匀漫反射照明条件下，当显示屏显示一种选定的颜色 Q（Q 可取 W、R、G、B、C、M、Y、K、S 等）、探测器倾角为 8°~10° 时，测量显示屏的一个合适的反射参数（反射因数、光亮度因数、漫反射比和对应的光谱参数）。单位：无。符号：$R_{di/8}$、$\rho_{8/di} = \beta_{di/8}$、$R(\lambda)_{di/8}$、$\beta(\lambda)_{di/8}$ 等。

设置：应用如图 11-10 所示的标准设置。

图 11-10　标准设置

其他设置条件：将显示屏竖直地放置于积分球中心。要注明显示屏的方向（如正面或侧面）。半球的灯必须足够稳定。探测器通过球面的一个孔、以偏离显示屏表面法线（显示屏可以在球内旋转）方向 θ_d（8°~10°）的角度观察显示屏。探测器聚焦于显示屏表面，如图 11-11 所示。照度测量的更多技巧参见 11.1.3 节。

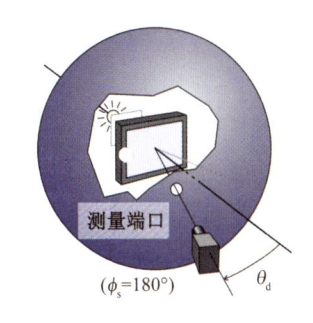

图 11-11　包含镜面反射的积分球

步骤：显示屏显示需要的颜色 Q。

（1）使灯照亮球内部（周围亮），测量显示屏中心亮度 $L_{Q\text{on}}$。

（2）将探测器对准标准白板中心，并测量其亮度 $L_{\text{std}Q\text{on}}$（也可选择记录照度 $E_{Q\text{on}}$），开启积分球，使灯照亮积分球内部。

（3）关灯以使其不照亮球内部（周围暗），这可以通过关断光源实现。如果再次开启光源，那么需要有一定的预热时间。如果通过便携光源（如光线束）输入光，那么可通过断开光源来关断光，以使球内部条件和性能不改变。反射式显示屏不需要这一步骤。

（4）测量灯关断时的标准白板亮度 $L_{\text{std}Q\text{off}}$（也可选择记录照度 $E_{Q\text{off}}$）。这个亮度对于反射式显示屏为零。

（5）将探测器对准显示屏中心，并测量其亮度 $L_{Q\text{off}}$。对于反射式显示屏，此值为零。

分析：通过式（11-19）计算反射比 $\rho_{8/di}$ 和光亮度因数 $\beta_{di/8}$（两者都包含镜面反射组分）。

$$\rho_{Q8/di} = \beta_{Qdi/8} = \rho_{\text{std}} \frac{L_{Q\text{on}} - L_{Q\text{off}}}{L_{\text{std}Q\text{on}} - L_{\text{std}Q\text{off}}} = \pi \frac{L_{Q\text{on}} - L_{Q\text{off}}}{E_{Q\text{on}} - E_{Q\text{off}}} \qquad (11\text{-}19)$$

式中，$E_{Q\text{on}}$ 和 $E_{Q\text{off}}$ 为用照度计测量的照度。对于反射式显示屏，$L_{Q\text{off}}$、$L_{\text{std}Q\text{off}}$ 和 $E_{Q\text{off}}$ 为零。表 11-4 所示为一个相应的分析示例。

表 11-4 分析示例

周围环境光照明的显示屏亮度 $L_{Q\text{on}}/(\text{cd/m}^2)$	447
无周围环境光照明的显示屏亮度 $L_{Q\text{off}}/(\text{cd/m}^2)$	254
周围环境光照明的标准白板亮度 $L_{\text{std}Q\text{on}}/(\text{cd/m}^2)$	2166
无周围环境光照明的标准白板亮度 $L_{\text{std}Q\text{off}}/(\text{cd/m}^2)$	4.5
ρ_{std}	0.97
$\rho_{8/\text{di}}=\beta_{\text{di}/8}$	0.0866

报告：报告积分球的尺寸、探测器的倾斜角度 θ_d、显示屏的方向、光源的 CCT 和计算所得的显示屏的反射比或光亮度因数（$\rho_{8/\text{di}}=\beta_{\text{di}/8}$，或要求的其他合适的反射参数）。

注释：①其他配置。有很多其他配置可以替代积分球，如半球或积分球。这些案例将在后续介绍。②环境亮度均匀性。球内壁镜面反射方向附近（±30°）的亮度相对均匀分布非常重要。③球直径。球直径不应小于显示屏外形最大尺寸的 4～7 倍，建议取 4 倍。对于大尺寸显示屏，考虑使用积分球。④测量端口直径。测量端口直径必须大于探测器镜头直径的 20%～30%——探测器入瞳和测量区域必须小于测量端口直径。⑤探测器直径。探测器必须向远离测量端口方向移动，以确保球内部光亮不直接照射探测器（如果在探测器的物镜内可观察到球内部或亮的显示屏边框，那么亮度测量可能受遮幕眩光影响）。⑥稳固性。如果完全不知道显示屏的反射特性，那么包含镜面反射的半球反射测量不失为最普遍和稳固的测量。⑦辐射度测量。对于精度和灵活性要求较高的测量，推荐进行光谱测量，并计算光谱反射参数（见本章开头的介绍）。⑧光源。需要使用一个有连续光谱能量分布的宽带光源。推荐使用一个稳定的石英卤钨（QTH）灯。为了避免加热球内部（和显示屏），推荐灯安装在球外部，其内室进行风冷。特别是如果进行光谱测量，可能要使用一个额外的红外线滤光片（如 KG-3 玻璃滤光片）来减少红外辐射进入球内，同样可减少光谱的红色部分。如果在主动发射型显示屏上进行反射测量，那么灯的光通量需要足够高，以使反射光信号容易大于主动发射型显示屏的光信号，进而容易被测量。

11.2.1 大角度测量的实现方法

描述：在包含镜面反射的均匀漫反射半球照明下，探测器相对于屏幕法线方向的倾角为 8°（偏差不超过 2°），而且选择屏幕颜色为 Q（Q 可取 W, R, G, B, C, M, Y, K, S 等），测量一个合适的反射参数（反射因数、光亮度因数、漫反射比及对应的光谱参数）。单位：无。

符号：$R_{\text{di}/\theta}$ $\rho_{\theta\text{di}}=\beta_{\text{di}/\theta}$ $R(\lambda)_{\text{di}/\theta}$ 等。

补充设置：除了本节之前所描述的设置条件，还要求探测器透过照明球的一个孔观察显示屏的屏幕中心，并以与显示屏表面法线呈 θ_d 的角度（或者倾斜球中的显示屏）放置。其中，8°≤θ_d≤85°。

照明环境：对于各种探测器的倾角 θ_d，可使用一个确定的测量端口上的平面狭缝来实现。但是，为了减小半球照明的不均匀性，必须遮盖端口开孔之后的狭缝区域，而且其反射率与球内其余侧壁部分的反射率相同。

步骤：同本节之前所述的"步骤"部分。

分析：同本节之前所述的"分析"部分

报告：同本节之前所述的"报告"部分。

11.2.2 积分球测量的实现方法

描述：在均匀半球照明条件下（包含镜面组分），测量显示屏的一个合适的反射参数（反射因数、光亮度因数、漫反射比及对应的光谱参数），探测器相对于屏幕法线方向的倾角为 8°，而且选择屏幕颜色为 Q（Q 可取 W, R, G, B, C, M, Y, K, S 等）。

对于无法放入积分球内的大尺寸显示屏，可通过积分球得到均匀半球漫反射照明。**单位**：无。**符号**：$R_{di/8}$、$\rho_{8/di} = \beta_{di/8}$、$R(\lambda)_{di/8}$ 等。

补充设置：除了本节之前所描述的设置条件，对于半球照明的这种特殊实现，还要求探测器以偏离显示屏表面法线方向 θ_d（8°~10°）的角度放置，并通过照明球的一个孔观察显示屏的屏幕中心。

照明环境：显示屏表面须尽量靠近球内部的白色表面。如果显示屏的发光面相对于显示屏前表面明显内嵌，那么球的取样端口尺寸非常重要，即对于 1% 的引用误差，取样端口直径 D_{sp} 与内陷深度 h 的比须为 $D_{sp}/h = 8$；对于 0.1% 的引用误差，$D_{sp}/h = 16$。必须小心，避免对显示屏表面施加过大压力。测量时，使用一个有漫反射板的小端口和探测器有助于监控光源的稳定性。确保探测器远离测量端口，以使测量结果不受取样端口周围亮光的影响。确保测量区域位于测量端口中心，如图 11-12 和图 11-13 所示。在测量过程中，避免圆形取样端口处因其厚度产生任何阴影。

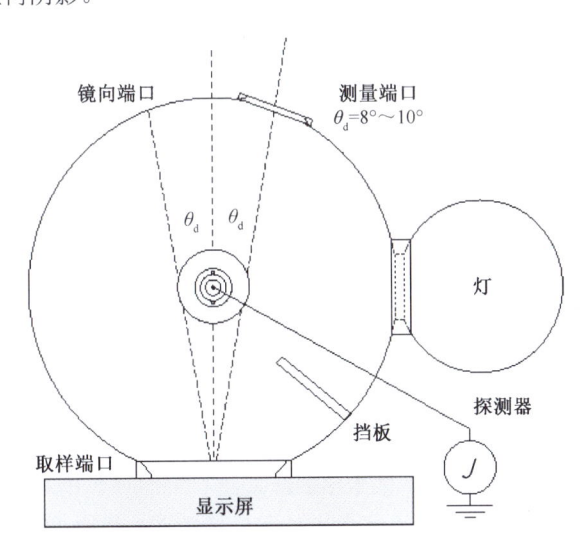

图 11-12　包含镜面反射的积分球配置。用一个有光电流的探测器 J 监控积分球内部的照度。
此图仅为示意，并不意味着此仪器的真实尺寸或配置

照度测量：显示屏上的照度（或光谱辐射度）可通过测量取样端口附近球内部侧壁来确定。将标准白板放置于取样端口处，内部侧壁位置的侧壁反射比 ρ_{wall} 可用侧壁亮度 L_{wall}（或光谱辐射）来确定，即 $\rho_{wall}=\rho_{std}L_{wall}/L_{std}$。其中，$L_{std}$ 为取样端口平面内所测的标准白板的亮度。同样的关系也可用于光谱测量。也可使用光敏二极管测量照度。下面给出的是侧壁亮度的测量方法。更多关于照度测量的信息请参阅 11.1.3 节。

步骤（光度测量）：

（1）打开显示屏，显示待测的颜色画面，并将其沿探测器所需的方向放置于积分球取样端口开口的对面。开启积分球的灯，并让灯和显示屏稳定发光。

（2）在半球内照亮的情况下，在显示屏彩色图案中心测量亮度 L_{Qon}。

（3）将探测器对准积分球内部经校准的、紧靠取样端口的墙壁位置，并测量球内壁的亮度 $L_{wallQon}$。

（4）关断积分球的半球照明，这可能要同时关断光源。如果使用便携式光源（如一束光纤）输入光，那么可通过断开光源来关断光，以使球的内部条件和性能不变。对于反射式显示屏，不需要这一步。

（5）在关断半球照明且显示屏显示颜色画面的情况下，测量标准白板的亮度 $L_{wallQoff}$。对于反射式显示屏，此值为零。

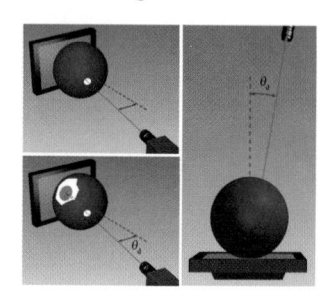

图 11-13 积分球示意图。蓝色虚线为显示屏法线

（6）将探测器对准显示屏中心，并测量其亮度 L_{Qoff}。对于反射式显示屏，此值为零。

分析：与本节之前所述的"分析"部分相同，除了在式（11-19）中，使用 ρ_{wall} 替代 ρ_{std}，使用 L_{wall} 替代 L_{std}。

报告：与本节之前所述的"报告"部分相同。

如果你把啤酒冷却器用作积分球，你可能是个"乡巴佬"。
真实的测量方法

11.2.3 半球照明测量的实现方法

描述：在均匀漫反射半球照明下，测量显示屏在选定屏幕颜色 Q（Q 可取 W, R, G, B, C, M, Y, K, S 等）时的一个合适的反射参数（反射因数、光亮度因数、漫反射比及对应的光谱参数），包括镜面反射。半球照明可使用一个半球来实现。单位：无。符号：$\rho_{\theta/di}$、$\beta_{di/\theta}$等。

补充设置：本节开头部分关于积分球的相关内容同样适用于这一小节。除前面描述的设置条件外，实现这种特殊的半球照明，还要求显示屏表面须放置于半球中心，且探测器与显示屏表面法线方向呈固定倾角 θ_d（8°~10°）或呈变化倾角 8°≤θ_d≤85°，以便通过半球上的一个孔来观察显示屏的屏幕中心，如图 11-14 所示。

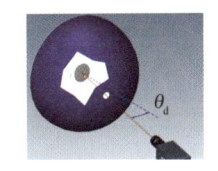

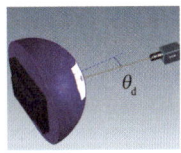

图 11-14 包含镜面反射方向的半球配置。蓝色虚线为显示屏表面法线

照明环境：这种半球照度的均匀性一般不如积分球。使用对称漫反射照明来改善显示屏上半球照明的均匀性很重要。镜面反射方向±30°范围内半球内壁上的照明均匀性也很重要。

照度测量：更多关于照度测量的信息参见 11.1.3 节。如果使用一个标准白板或目标板来进行照度测量，那么整个显示屏或标准白板（目标板）表面的照明均匀性就非常关键。下面假定标准白板、目标板或半球内壁的漫反射比为 ρ_{std}。

步骤（光度测量）：对于底部开口的半球，其测量步骤与本节开头所述的"步骤"部分相同。对于底部封闭的半球，采用下面的步骤。

（1）打开显示屏，显示待测的颜色画面，并将显示屏放置于半球的几何中心，且显示屏相对于探测器的方向要合适。打开半球的灯，并使灯和显示屏稳定发光。

（2）测量半球照明开启时显示屏彩色图案中心的亮度 L_{Qon}。

（3）将探测器对准半球内经校准的、临近取样端口的内壁位置，并测量内壁的亮度 L_{stdQon}。

（4）关断半球照明，这可以通过关断光源实现。如果使用便携式光源（如一束光纤）输入光，那么可通过断开光源来关断光，并使球的内部条件和性能不变。对于反射式显示屏，不需要此步骤。

（5）在半球照明关断和显示屏显示颜色画面的条件下，测量标准白板的亮度 $L_{stdQoff}$。对于反射式显示屏，此值为零。

（6）将探测器对准显示屏中心，并测量其亮度 L_{Qoff}。对于反射式显示屏，此值为零。

分析：如果半球底部有开口，那么分析与 11.2.2 节中用积分球测量后的分析相同。如果半球底部是封闭的且用底部壁的照度作为球内部的照度，那么分析与本节开头所述的"分析"部分相同，除了在式（11-19）中，用 ρ_{wall} 代替 ρ_{std}，用 L_{wall} 代替 L_{std}。

报告：与本节开头所述的"报告"部分相同。

11.3 去除镜面反射的半球面反射

注意：本测量非常容易受显示屏的反射特性和用于去除镜面反射的端口孔尺寸的影响，

特别是当存在不可忽略的矩阵散射或雾面反射时。注意确保显示屏的摆放位置恰当，如显示屏法线等分探测器端口与镜面反射端口的夹角。

描述：在均匀漫反射半球照明和确定显示颜色 Q（Q 可取 W, R, G, B, C, M, Y, K, S 等）的条件下，去除显示屏的镜面反射，探测器的倾角为 8°，测量一个合适的反射参数（反射因数、光亮度因数、漫反射比及对应的光谱参数），如图 11-15 所示。单位：无。**符号**：$\rho_{\theta/de} = \beta_{de/\theta}$ 等。

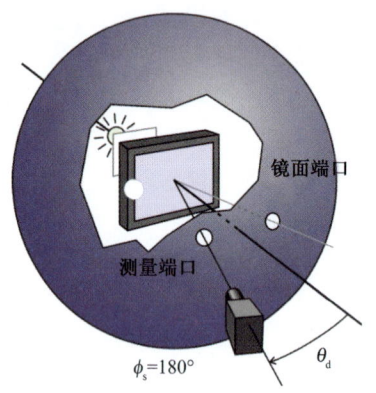

图 11-15　去除镜面反射的积分球配置

设置：应用如图 11-16 所示的标准设置。

图 11-16　标准设置

其他设置条件：需要用均匀半球的漫反射光照射屏幕上除镜面反射方向以外的所有位置。显示屏按照需求方向放置于球中心。探测器以与显示屏表面法线成 θ_d（8°~10°）的角度放置（或倾斜球内的显示屏），并通过半球内的孔观察显示屏的屏幕中心。如果无镜面图像（无镜面反射），那么探测器聚焦于显示屏表面；如果可明显观察到用于去除镜面反射的端口的虚像，那么探测器聚焦于用于去除镜面反射的端口的虚像上。

周围环境：积分球可作为测量半球漫反射的最佳配置，也可使用一些其他配置，如一个半球或积分球。这些案例将在后续内容中给出。在所有这些案例中，显示屏表面法线附近（±30°）的照明应均匀分布，这特别重要。球直径不应小于显示屏外形最大尺寸的 4~7 倍（4 倍更合适）。对于大尺寸显示屏，考虑使用积分球。测量端口直径必须大于探测器镜头直径的 20%~30%。探测器必须向远离测量端口的方向移动，以使探测器只可观察到屏幕的一小部分，避免来自球内部的、明亮部分的杂散光。

镜面反射光陷阱：如果用于去除镜面反射的端口不在暗室中，那么可能需要一个光陷阱来提供一个黑色的、去除镜面反射的端口，且其不会反射任何来自用于去除镜面反射的端口外部的光线。这可通过使用一个表面光滑的陷阱实现，见附录 A.13。用于去除镜面反射的端口与显示屏中心所成的角必须不大于 8°，且端口直径必须小于球直径的 20%。

测量结果容易受显示屏的反射特性影响。对于有不可忽略的类似镜子的镜面反射的显示屏，必须采用去除镜面反射的几何布局。但是，对于有明显雾面反射或矩阵散射的显示屏，它容易受用于去除镜面反射的端口尺寸和其到端口的距离的影响。从图 11-17 可知，与镜面反射不同，对于有明显雾面反射的显示屏，用于去除镜面反射的端口所成的像非常模糊。因此，很难将探测器对准镜面反射方向，且测量结果容易受测量区域尺寸及仪器和设备相互间对准情况的影响。此外，来自用于去除镜面反射的端口边缘的光线会对探测器内部的遮幕眩光有贡献。鉴于以上这些问题，必须避免对有明显雾面反射的显示屏进行去除镜面反射的测量。

图 11-17 探测器在镜面反射方向上的镜面反射端口内观察有雾面反射的样品。
虚线圆圈代表可测量区域

照度测量：通常，使用一个标准白板来测量照度，而且做下面的假设。也可使用一个白色校正目标板。关于照度测量的信息请参阅 11.1.3 节。

灯：必须使用一个有连续光谱能量分布的宽光谱光源。推荐使用运转一小时不稳定度小于 1% 的高强度的石英卤钨（QTH）灯。如果在主动发射型显示屏上进行反射测量，那么灯的强度必须足够大，以使反射光亮度远大于显示屏的暗室亮度。在使用 QTH 灯时，注意避免加热显示屏。当光线投射到球内时，一个冷却的红外线滤光片可以减少光谱中的红色部分，进而明显地减少热效应。也可使用白色 LED 作为灯光光源。

步骤：
（1）将显示屏以需求方向放置于球中心。在积分球内点亮显示屏，显示需要的颜色画面。开启积分球，并使灯和显示屏稳定发光。

（2）仔细将探测器按照需要的观察方向（θ_d）对准，以便使测量区域位于用于去除镜面反射的端口所成镜面像的中心。如果无明显成像，那么可临时在显示屏表面放置一个薄反射镜或薄膜，用于探测器对准。必须用对准标记或辅助设备来记录此探测器的位置，因为探测器需要在显示屏的镜面反射方向和标准白板之间来回切换测量。

（3）在半球照明开启的状态下，测量显示屏彩色图案中心的亮度 $L_{Q\text{on}}$。

（4）将探测器对准标准白板中心，并在半球照明和显示屏开启的状态下，测量标准白板的亮度 $L_{\text{std}Q\text{on}}$。

（5）关断半球照明。这可通过关断光源实现。如果使用便携式光源（如一束光纤）输入光，那么可通过断开光源来关断光，同时不改变球的内部条件和性能。对于反射式显示屏，不需要此步骤。

（6）在半球照明关断且显示屏显示要求的颜色画面的情况下，测量标准白板的亮度 $L_{\text{std}Q\text{off}}$。对于反射式显示屏，这个值为零。

（7）将探测器对准显示屏中心，并测量其亮度 $L_{Q\text{off}}$。对于反射式显示屏，这个值为零。

分析：去除镜面反射的反射比 $\rho_{\text{de}/\theta}$ 与去除镜面反射的光亮度因数 $\beta_{\text{de}/\theta}$ 相同，使用在相同的光谱、照明几何布局和探测条件下确定的标准白板的未知漫反射比 ρ_{std} 进行计算［见式（11-20）］，计算结果如表 11-5 所示。

$$\rho_{Q\theta/\text{de}} = \beta_{Q\text{de}/\theta} = \rho_{\text{std}} \frac{L_{Q\text{on}} - L_{Q\text{off}}}{L_{\text{std}Q\text{on}} - L_{\text{std}Q\text{off}}} \tag{11-20}$$

对于反射式显示屏，$L_{Q\text{off}}$ 和 $L_{\text{std}Q\text{off}}$ 为零。

表 11-5 分析示例

周围环境光照明的显示屏亮度 $L/(\text{cd/m}^2)$	439
无周围环境光照明的显示屏亮度 $L_{Q\text{off}}/(\text{cd/m}^2)$	253
周围环境光照明的标准白板亮度 $L_{\text{std}Q\text{on}}/(\text{cd/m}^2)$	2155
无周围环境光照明的标准白板亮度 $L_{\text{std}Q\text{off}}/(\text{cd/m}^2)$	4.48
ρ_{std}	0.965
$\beta_{\text{de}/8}$	0.0834

光谱测量：辐射亮度因数 $\beta_{\text{de}/\theta}(\lambda)$ 的分析与 11.1.2 节中的类似。这种情况下，光谱测量可通过使用一个给定照度/探测配置的、光谱绝对平滑的宽光谱光源实现，且可以在要求的光源光谱位置计算显示屏的反射因数。

报告：报告光源-探测器几何布局的详细信息及所测量的反射参数。如果已经测得反射因数，那么一定要报告探测器的详细几何锥形视域。

注释：当要确定去除镜面反射的测量是否合适时，可以评估显示屏的反射特性。如果在镜面反射方向，观察者拿着显示屏可以明显看到远离显示屏表面的虚像，那么这种去除镜面反射的测量可能有价值。但是，如果虚像完全模糊不清，那么这种测量无意义，可以不进行。此外，如果显示屏的反射特性受显示屏图案尺寸（例如，全屏或中心方块）的影响，那么这种反射测量须针对待测图案进行。为了确保测量的完整性，半球漫反射照明的反射亮度须远大于显示屏的亮度，如 $L_{Q\text{on}}(\lambda) \geqslant L_{Q\text{off}}(\lambda)$，如果可能，那么亮度比可为 2:1 或更大。

11.3.1 大角度测量的实现方法（去除镜面反射）

描述：在均匀漫反射半球照明和确定的显示颜色 Q（Q 可取 W、R、G、B、C、M、Y、K、S 等）的条件下，去除显示屏的镜面反射，探测器的倾角大于 8°，测量一个合适的反射参数（反射因数、光亮度因数、漫反射比及对应的光谱参数）。**单位**：无。**符号**：$\rho_{\theta/\text{de}} = \beta_{\text{de}/\theta}$ 等。

补充设置：对于这种半球照明的实现，除了前面描述的设置条件，还要求探测器通过照明球上的一个孔，以与显示屏表面法线方向呈 θ_{d} 的角度（或倾斜球内的显示屏）来观察显示屏的屏幕中心。其中，8°≤θ_d≤85°。用于去除镜面反射的端口将位于法线的另一侧，并与法线方向呈θ_d的角度。

镜面反射光陷阱：对于探测器的倾斜角度θ_d，可使用一个经过明确测量的面内狭缝和打开的、用于去除镜面反射的端口来实现。但是，为了减小积分球内照明的不均匀性，端口开口外侧的狭缝区域必须用与半球内壁反射比相同的材料填充。

步骤：与 11.3 节开头的"步骤"部分相同。

分析：与 11.3 节开头的"分析"部分相同。

报告：与 11.3 节开头的"报告"部分相同。

11.3.2 积分球装置（去除镜面反射）

描述：在均匀漫反射半球照明和确定的显示颜色 Q（Q 可取 W, R, G, B, C, M, Y, K, S 等）的条件下，去除显示屏的镜面反射，探测器的倾角θ_d为 8°~10°，测量一个合适的反射参数（反射因数、光亮度因数、漫反射比和对应的光谱参数）。**单位**：无。**符号**：$\rho_{\theta/de} = \beta_{de/\theta}$等。

当大尺寸显示屏无法放置于积分球内部时，可使用积分球，但需要在均匀半球漫反射照明的情况下。

补充设置：对于半球照明的这种特殊实现，除了前面描述的设置条件，还要求探测器通过照明球的一个孔，以与显示屏表面法线方向呈θ_d（8°~10°）的角度观察显示屏的屏幕中心。用于去除镜面反射的端口位于法线另一侧，并与法线方向呈θ_d的角度，如图 11-18 所示。

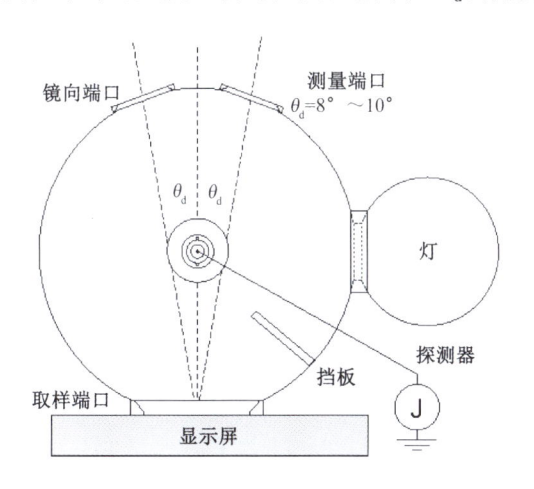

图 11-18 包含用于去除镜面反射的端口的积分球配置

周围环境：显示屏表面必须尽量靠近球内部的白色表面。如果显示屏的发光面相对于显示屏前表面显著内嵌，那么球的取样端口尺寸非常重要，即对于 1%的引用误差，取样端口直径 D_{sp} 与内陷深度 h 的比必须为 $D_{sp}/h = 8$；对于 0.1%的引用误差，$D_{sp}/h = 16$。必须注意避免对显示屏表面施加过大压力。测量时，使用一个有漫反射板的端口和探测器有助于监控光源的稳定性。确保探测器远离测量端口，以使测量结果不受取样端口周围亮光的影响。确保测量区域位于取样端口中心。在测量过程中，避免圆形取样端口处因其厚度产生任何晕影。

照度测量： 显示屏上的照度（或光谱辐射度）可以通过测量取样端口附近的球内侧壁来确定。内部侧壁位置处的侧壁反射比 ρ_{wall} 可通过侧壁亮度（或光谱辐射度）L_{wall} 与取样端口处的标准白板的亮度确定，即 $\rho_{wall} = \rho_{std} L_{wall}/L_{std}$。其中，$L_{std}$ 为取样端口平面内所测量的标准白板的亮度。同样的关系也可用于光谱测量。也可使用光敏二极管测量照度。下面假定进行侧壁亮度的测量。更多有关照度测量的信息请参阅 11.1.3 节。

步骤（光度分析）：

（1）打开显示屏，显示待测的颜色画面，并将其沿探测器所需方向放置于积分球端口对面。打开积分球的灯，并使灯和显示屏稳定发光。

（2）将探测器仔细对准预设的观察方向（θ_d），使测量区域在用于去除镜面反射的端口的镜面像之内。如果观察不到明显的镜面成像，那么可临时在显示屏表面放置一个薄反射镜或薄膜，用于探测器的对准。必须使用对准标记或辅助设备来记录此探测器的位置，因为探测器需要在显示屏的镜面反射方向和标准白板之间来回切换测量。

（3）在半球照明开启的条件下，测量显示彩色图案中心的亮度 L_{Qon}。

（4）将探测器对准积分球内部靠近取样端口位置处的内部侧壁，并测量积分球侧壁的亮度 L_{stdQon}。

（5）关断半球照明，这可通过关断光源实现。如果使用便携式光源（如一束光纤）输入光，那么可通过断开光源来关断光，同时不改变积分球的内部条件和性能。对于反射式显示屏，不需要此步骤。

（6）在半球照明关断、显示屏开启并显示相应颜色的条件下，测量标准白板的亮度 $L_{stdQoff}$。对于反射式显示屏，此值为零。

（7）将探测器对准显示屏中心，并测量其亮度 L_{Qoff}。对于反射式显示屏，此值为零。

分析： 在式（11-19）中，使用 ρ_{wall} 代替 ρ_{std}，用 L_{wall} 代替 L_{std}。其他与本节开头的"分析"部分相同。

报告： 与本节开头的"报告"部分相同。

图 11-19 所示为用于去除镜面反射的端口打开的积分球。

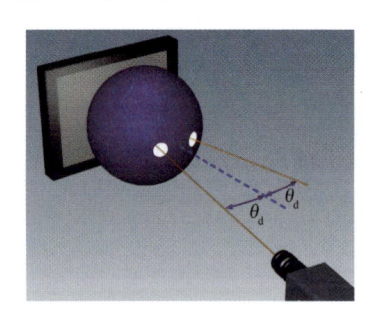

图 11-19 用于去除镜面反射的端口打开的积分球

11.3.3 半球照明测量的实现方法（去除镜面反射）

描述： 在均匀漫反射半球照明和确定的显示颜色 Q（Q 可取 W, R, G, B, C, M, Y, K, S

等）的条件下，去除显示屏的镜面反射，探测器的倾角 θ_d 为 8°~10°，测量一个合适的反射参数（反射因数、光亮度因数、漫反射比及对应的光谱参数）。**单位**：无。**符号**：$\rho_{\theta/de}=\beta_{de/\theta}$ 等。

补充设置：对于这种半球照明的实现，除了之前描述的设置条件，还要求显示屏表面须放置于半球中心，探测器通过照明球上的一个孔，以与显示屏表面法线方向成固定角度 θ_d（8°~10°）或呈变化倾角（8°≤θ_d≤80°）来观察显示屏的屏幕中心。用于去除镜面反射的端口位于法线的另一侧，并与法线方向呈 θ_d 的角度，如图 11-20 所示。

周围环境：一般情况下，半球照明的均匀性比积分球照明的均匀性差。使用对称漫反射照明来改善显示屏上半球照明的均匀性非常重要。

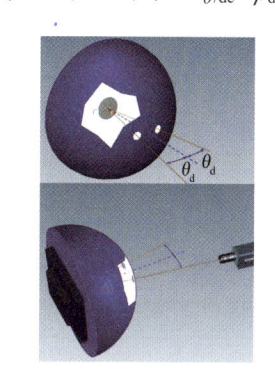

图 11-20　去除镜面反射的半球配置

照度测量：更多有关照度测量的信息请参阅 11.1.3 节。如果使用一个标准白板或薄目标板来进行照度测量，那么整个显示屏表面和标准白板（或薄目标板）上的照度均匀性非常关键。对于标准白板、薄目标板或球侧壁，假定其反射比的测量值为 ρ_{std}。

步骤：对于底部开口的半球，其测量步骤与 11.2 节的测量步骤相同。对于底部封闭的半球，使用下面的步骤。

（1）开启显示屏，显示待测的颜色画面，并将其放置于半球的几何中心。

（2）将探测器对准预设的观察方向（θ_d），使测量区域位于用于去除镜面反射的端口的镜面像内。如果观察不到明显的镜面成像，那么可临时在显示屏表面放置一个薄反射镜或薄膜，用于探测器的对准。须使用对准标记或辅助设备来记录探测器的位置，因为探测器需要在显示屏的镜面反射方向和标准白板之间来回切换测量。

（3）在半球照明开启的条件下，测量显示彩色图案中心的亮度 L_{Qon}。

（4）将探测器对准积分球内部靠近取样端口位置处的内部侧壁，并测量积分球侧壁的亮度 L_{stdQon}。

（5）关断半球照明，这可通过关断光源实现。如果使用便携式光源（如一束光纤）输入光，那么可通过断开光源来关断光，同时不改变积分球的内部条件和性能。对于反射式显示屏，不需要此步骤。

（6）在半球照明关断且显示屏显示相应的颜色的条件下，测量标准白板的亮度 $L_{stdQoff}$。对于反射式显示屏，此值为零。

（7）将探测器对准显示屏的中心，并测量其亮度 L_{Qoff}。对于反射式显示屏，此值为零。

分析：如果半球底部有开口，那么其分析与 11.2.2 节中的积分球测量后的分析相同。如果半球底部封闭且用底部壁的照度作为球内部的照度，那么分析与本节开头的"分析"部分相同，除了在式（11-19）中，用 ρ_{wall} 代替 ρ_{std}，用 L_{wall} 代替 L_{std}。

报告：与本节开头的"报告"部分相同。

11.4 包含镜面反射的圆锥状光源照射的反射

注意：光源照度的不均匀性不可忽略，且测量结果非常容易受显示屏的反射特性及全部仪器的几何布局的影响。

描述：在圆锥状照明和显示屏显示确定的颜色 Q（Q 可取 W, R, G, B, C, M, Y, K, S 等）的条件下，去除显示屏的镜面反射。圆锥状照明几何布局只是半球照明几何布局的一种近似，这种近似只局限在 DUT 上方一定范围内，而不是在整个 180° 的范围内都适用。单位：无。

符号：$\beta_{\text{con-si}/\theta}$、$R_{\text{con-si}/\theta}$。

应用：所有主动发射型显示屏或反射式直视显示屏。这种类型的反射测量对于汽车或飞行器的仪表板中内嵌的显示屏可能有用。

设置：应用如图 11-21 所示的标准设置。

图 11-21　标准设置

其他设置条件：用一个大尺寸、圆形边缘与显示屏距离为 c_s 的球形帽照明作为半球照明的近似。显示屏表面必须平行于球形帽的圆形边缘，显示屏法线位于球形帽的中心（见图 11-22）。圆锥状照明的一个替代实现是距显示屏表面距离为 c_s 的一个积分球照明（见图 11-23）。在任何一种情况下，都应使探测器通过照明球上的一个孔，以与显示屏表面法线方向呈 θ_d（$8° \leq \theta_d \leq \theta_c/2$）的角度观察显示屏表面。其中，$\theta_c$ 为球形帽的弦角。探测器应聚焦于显示屏表面。

周围环境：用球形帽照明或积分球照明能否足够近似半球照明取决于光源的弦角 θ_c、照明均匀性及显示屏的 BRDF 轮廓。例如，如果显示屏在镜面反射方向±30°的范围内有明显的雾面反射，那么光源弦角应为 $\theta_c > 2(\theta_d + 30°)$。在整个照明角度范围内（在此范围内，显示屏有明显的雾面反射），环境照明的照度分布应相对均匀，这点非常重要。一般情况下，如果显示屏的 BRDF 未知，那么推荐光源的弦角为 $\theta_c \geq 130°$。但是，如果显示屏有一个对半球照明敏感的、不可忽略的朗伯反射，那么建议使用半球照明。

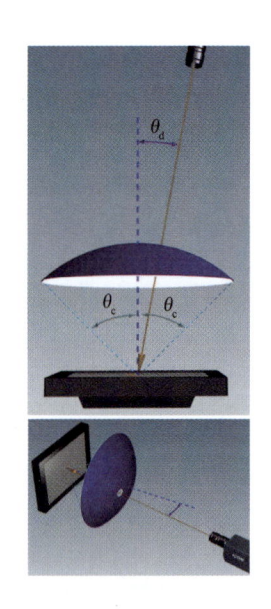

图 11-22　包含镜面反射的球形帽照明配置

测量端口直径须大于探测器镜头直径的 20%～30%。探测器须向远离测量端口的方向移动，以使探测器只能观察到屏幕的一小部分。对于各种探测器的倾角 θ_d，可用一个经过明确测量的面内狭缝和打开的用于去除镜面反射的端口来实现。但是，为了减小照明的不均匀性，端口开口外侧的狭缝区域须用与光源内壁反射比相同的材料填充。

照度测量：显示屏上的照度 E 可以用经余弦校准后的照度计进行测量。在进行本测量时，显示屏须用光谱辐射度测量仪或照度计替换，测量仪的有效区应位于与显示屏相同的测量平面的中心。更多有关照度测量的信息请参阅 11.1.3 节。

灯：必须使用一个有连续光谱能量分布的宽光谱光源。可以使用运转一小时不稳定性小于 1% 的 QTH 灯。如果在主动发射型显示屏上进行反射测量，那么灯的发光强度必须足够大，以使反射光亮度远大于显示屏的暗室亮度。在使用 QTH 灯时，注意避免加热显示屏。当光线投射到球内时，可以使用一个冷却的红外线滤光片来减少光谱中的红色部分，进而明显地减少热效应。也可使用白色 LED 作为灯光光源。

步骤：这个步骤用来说明来自显示屏的光线如何影响来自光源的照度。光源必须经过预热且稳定。可使用一个针对这种几何布局配置校准过的（用光敏二极管）、白色薄目标板或光源侧壁进行照度测量。

（1）在光源开启的状态下，测量显示屏的亮度 $L_{Q\text{con-si}}$。使用白色目标板亮度 $L_{\text{trg}Q\text{on}}$ 或其他可替代方法确定显示屏上的照度 $E_{Q\text{on}}$。

（2）在暗室中光源关断（或遮蔽光源）的条件下，测量显示屏显示给定彩色图案的亮度 $L_{Q\text{off}}$。记录照度 $E_{Q\text{off}}$ 或目标板亮度 $L_{\text{trg}Q\text{off}}$。

分析：使用目标板亮度或测量亮度计算包含镜面反射的光亮度因数 $\beta_{\text{con-si}/\theta}$，如式（11-21）所示。

$$\beta_{Q\text{con-si}/\theta} = \beta_{\text{std}} \frac{L_{Q\text{con-si}} - L_{Q\text{off}}}{L_{\text{std}Q\text{on}} - L_{\text{std}Q\text{off}}} = \pi \frac{L_{Q\text{con-si}} - L_{Q\text{off}}}{E_{Q\text{on}} - E_{Q\text{off}}} \tag{11-21}$$

式中，分子为来自显示屏的净反射亮度。对于反射式显示屏，L_Q 为零。β_{std} 为本照明几何布局中标准白板（切记，这些标准白板并非朗伯型）的光亮度因数。

报告：报告探测器的倾斜角度 θ_d、显示屏的位置、用于照明的光源类型及光源 CCT、光源距显示屏的距离 c_s、显示屏上的照度 $E_{Q\text{on}}$、计算出的给定颜色下显示屏的光亮度因数 $\beta_{\text{con-si}/\theta}$ 及计算中所使用的光源 CCT。

注释：如果显示屏的反射特性受显示屏图案尺寸（如全屏或中心方块）的影响较大，那么反射测量须针对要求的图案进行。如果可行，为了确保测量的完整性，漫反射照明的反射亮度须远大于显示屏的亮度（如 $L_{Q\text{con-si}} \geq L_{Q\text{off}}$）。本测量并未指定具体的光源距离及弦角。为了比较设备或监控内部制造过程，设备参数必须与测量参数一致。

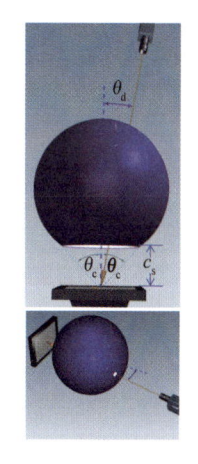

图 11-23 作为替代的包含镜面反射的积分球照明配置

下面介绍去除镜面反射的圆锥状光源照射的光亮度因数的测量方法。

注意：本测量的照明非常不均匀，而且非常容易受显示屏的反射特性的影响。不推荐对存在雾面反射或矩阵散射的显示屏进行本测量。如果照明均匀性好，那么对于有朗伯反射与/或镜面反射的显示屏，其光亮度因数的测量结果应该较好。

描述：在圆锥状照明、去除镜面反射、显示屏显示给定屏幕颜色 Q（Q 可取 W, R, G, B, C, M, Y, K, S 等）的条件下，测量显示屏的光亮度因数。单位：无。符号：$\beta_{\text{con-se}/\theta°}$。

补充设置：在法线另一侧、与法线方向呈 θ_d 的角度处提供一个用于去除镜面反射的端口，如图 11-24 所示。如果无明显用于去除镜面反射的端口的虚像，那么将探测器聚焦于显示屏表面；否则，聚焦于明显的端口虚像上。

步骤：在光源开启的状态下，除了用照明条件下测得的显示屏亮度 $L_{Q\text{con-se}}$ 替代 $L_{Q\text{con-si}}$，其他步骤与本节前面所述的"步骤"部分相同。

分析：除了用光亮度因数 $\beta_{\text{con-se}/\theta}$ 替代 $\beta_{\text{con-si}/\theta}$，其他部分与本节前面所述的"分析"部分相同。

$$\beta_{Q\text{con-se}/\theta} = \beta_{\text{std}} \frac{L_{Q\text{con-se}} - L_{Q\text{off}}}{L_{\text{std}Q\text{on}} - L_{\text{std}Q\text{off}}} = \pi \frac{L_{Q\text{con-se}} - L_{Q\text{off}}}{E_{Q\text{on}} - E_{Q\text{off}}} \quad (11\text{-}22)$$

式中，β_{std} 为本照明几何布局中使用的标准白板（切记，这些标准白板不是朗伯型）的光亮度因数。

报告：除了报告本节前面所述"报告"部分的内容，还应报告用于去除镜面反射的端口的直径和弦角，以及探测器在显示屏上的测量区域。

注释：当要确定去除镜面反射的测量是否恰当时，可以评估显示屏的反射特性。如果持有显示屏的观察者在镜面反射方向可明显观察到远离显示屏表面的虚像，那么这种测量恰当。如果虚像很模糊，那么没必要进行这种测量，且必须避免使用或谨慎使用。

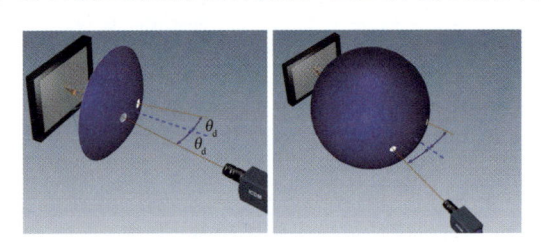

图 11-24　去除镜面反射的球形帽照明配置（左图）。右图为作为替代的积分球配置

11.5　环形光源照射的反射

描述：测量在环形光源照射下，显示给定颜色的显示屏的光亮度因数或反射因数。发光的环形光源的反射因数可由光谱测量结果计算得到，或直接用光度测量获得。单位：无。**符号**：$\beta_{45/0}$、$R_{45/0}$。

设置：应用如图 11-25 所示的标准设置。

图 11-25　标准设置

其他设置条件：环形光照明必须以给定倾角 θ_r 在整个方位角内、在显示屏上提供均匀的定向照明。它也必须在整个探测器的测量区域内提供均匀照明。环形光源的发光表面须平行于显示屏表面，而且关于显示屏中心法线对称。必须调节环形光源与显示屏表面的距离，以便使倾角 $\theta_r>30°$ 且环形弦角小于 $0.5°$。推荐使用倾角 $\theta_r=45°$。应使探测器能观察到显示屏的中心，并垂直于显示屏表面。探测器聚焦于显示屏表面。探测器的光轴位于环形光源孔径的中心（见图 11-26）。必须避免使用小尺寸的环形光源。建议环形光源与显示屏的距离须远大于显示屏被测量区域的尺寸，如图 11-27 所示。

照度测量：对于这种给定的照明几何布局，建议通过一个经余弦校准的照度计或一个经校准的、光亮度因数为 $\beta_{std-ring}$ 的标准白板来确定照度 E_{ring}，即标准白板必须针对这种几何布局进行校准。在使用照度计或标准白板进行测量时，其必须替换显示屏并放置在与显示屏相同的测量平面内。更多有关照度测量的信息请参阅 11.1.3 节。

图 11-26 环形光源的照明配置

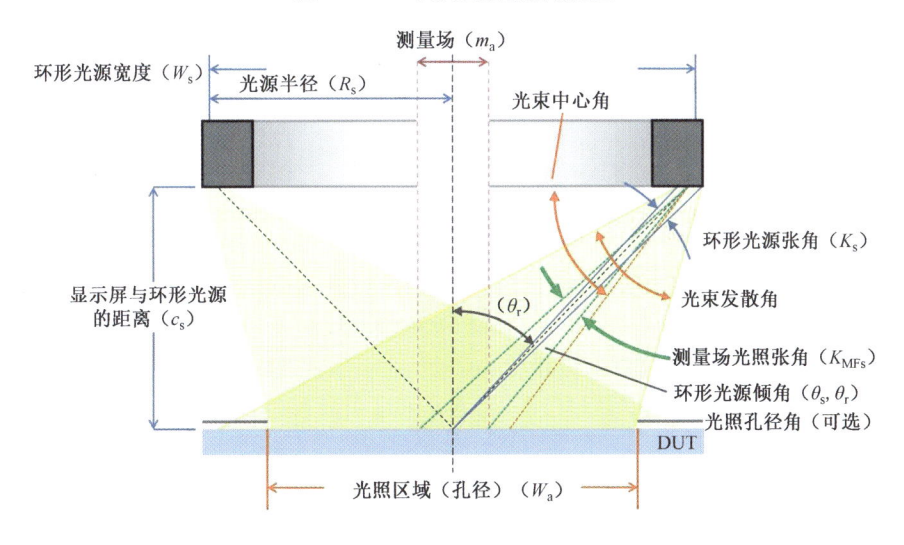

图 11-27 环形光源的详细配置（侧视图）

灯：通常使用运转一小时不稳定性小于 1% 的 QTH 灯作为光源，并用光纤耦合器将 QTH 灯发出的光引入环形光腔内。多数光纤耦合器使用能够减少光谱中红色部分的红外线滤光片来提供一个稍显绿色的照明。如果在主动发射型显示屏上进行反射测量，那么环形光强度需要足够大，以使反射光亮度远大于显示屏的暗室亮度。也可使用白色 LED 作为灯光光源。

步骤：

（1）在环形光源关断（可通过断开连接光源的光纤或使用遮蔽灯实现）的条件下，测量显示屏彩色图案中心的亮度 L_Q。

（2）在环形光源开启，并且显示屏显示待测颜色画面的条件下，测量显示屏的亮度 L_{Qring}。

（3）在相同测量位置，用标准白板或照度计替换显示屏。测量来自环形光照明的标准白板的亮度 $L_{std-ring}$，或者用照度计测量照度 E_{ring}。

分析： 环形光源的光亮度因数 $\beta_{Q45/0}$ 的定义如式（11-23）所示。

$$\beta_{Q45/0} = \beta_{std-ring} \frac{L_{Qring} - L_Q}{L_{std-ring}} = \frac{\pi(L_{Qring} - L_Q)}{E_{ring}} \quad (11\text{-}23)$$

对于反射式显示屏，L_Q 为零。分析示例如表 11-6 所示。

表 11-6 分析示例

显示屏亮度 L_Q /（cd/m²）	250
环形光源照射下的显示屏亮度 L_{Qring}/（cd/m²）	330
标准白板亮度 $L_{std-ring}$/（cd/m²）	9263
已知的 β_{std}	0.97
计算值 $\beta_{Q45/0}$	0.00838

报告： 报告计算所得的、给定显示颜色的显示屏光亮度因数 $\beta_{Q45/0}$ 和测量中所用的环形光源的 CCT。

注释： 无。

11.6 小尺寸光源照射的反射

注意： 本测量的结果非常容易受雾面反射或矩阵散射的影响，特别是在小角度（<20°）的情况下。而且，如果光源虚像不清楚（主要是由于雾面反射或漫反射），那么仪器和设备的对准误差、布局及探测器测量区域的尺寸对结果影响很大。

描述： 在小尺寸定向光源照明条件下，测量显示给定颜色的显示屏的光亮度因数或反射因数，如图 11-28 所示。**单位：** 无。**符号：** $\beta_{\theta_s/\theta_d}$、$R_{\theta_s/\theta_d}$。

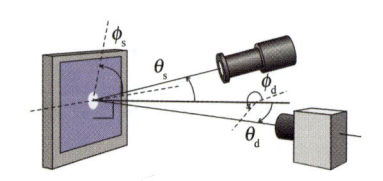

图 11-28 一个小尺寸光源照明配置的通用几何布局示意（经准直后的照明）

设置： 应用如图 11-29 所示的标准设置。

图 11-29　标准设置

其他设置条件：一个定向光源（准直光源或离散光源）必须在显示屏表面以给定的光源倾角 θ_s 和方位角 ϕ_s 提供定向照明。无论显示屏是否有较大的雾面反射，对于所有测量，建议光源与探测器之间的角度不小于 30°。使探测器以倾角 θ_d 和方位角 ϕ_d 观察显示屏中心。探测器聚焦于显示屏表面。使用准直光源的一个优点是它能够提供一个均匀的横截面，而离散光源在远离显示屏法线时，在显示屏表面的测量区域内呈现平方反比不均匀性。准直光源能够很好地模拟太阳照射特性（平行光光束）。如果使用离散光源，那么其弦角必须为 $\psi \leqslant 5°$。光源弦角在测量布局中靠近镜面反射方向时必须迅速减小。为了模拟类似太阳或月亮的光源，建议光源与显示屏之间的距离为 $c_s \geqslant 1$ m，弦角为 $\psi = 0.5°$。光源在其出射端口处的均匀性必须为 1%。可使用有一个小出射端口的积分球或一束光纤作为离散光源（必须特别注意照度分布的不均匀性，瞄准很重要）。在多数情况下，探测器必须垂直于显示屏表面，孔径角不大于 5°，且测量区域的张角不大于 2°。

照度测量：对于这种给定的照明几何布局，建议通过一个经余弦校准的照度计或一个经校准的、光亮度因数为 $\beta_{\text{std-direct}}$ 的标准白板来确定照度 E_{direct}，即标准白板必须针对此布局进行校准。在使用照度计或标准白板进行测量时，其必须替换显示屏并放置在与显示屏相同的测量平面内。更多有关照度测量的信息请参阅 11.1.3 节。

灯：如果在主动发射型显示屏上进行反射测量，那么照度需要足够大，以便使反射光亮度远大于显示屏的暗室亮度。也可使用白色 LED 作为灯光光源。准直光源中使用的灯在每小时的亮度漂移为 ±1%。如果使用 QTH 灯为准直光源，那么必须使用红外线滤光片，以确保光源不会加热显示屏。

步骤：
（1）在所有光源关断或被遮蔽的状态下，测量显示屏彩色图案中心的亮度 L_Q。
（2）在定向光源开启的状态下，测量显示屏的亮度 $L_{Q\text{direct}}$。
（3）在相同的测量位置，用标准白板或照度计替换显示屏。测量来自定向光源照明的标准白板的亮度 $L_{\text{std-direct}}$，或者用照度计测量照度 E_{direct}。

分析：光亮度因数 $\beta_{Q\theta_s/\theta_d}$ 的计算如式（11-24）所示。

$$\beta_{Q\theta_s/\theta_d} = \beta_{\text{std-direct}} \frac{L_{Q\text{direct}} - L_Q}{L_{\text{std-direct}}} = \frac{\pi(L_{Q\text{direct}} - L_Q)}{E_{\text{direct}}} \quad (11-24)$$

对于反射式显示屏，L_Q 为零。

报告：报告计算得到的、显示给定颜色的显示屏的光亮度因数 $\beta_{Q\theta_s/\theta_d}$（见表 11-7）和测量中使用的光源 CCT。本测量中的几何布局对测量结果影响较大。因此，必须明确说明照明条件和测量几何布局。必须报告 θ_s、ϕ_s、c_s、光源弦角、光源类型、θ_d、ϕ_d、探测器与显示

屏之间的距离 c_d、测量区域张角、孔径角及探测器类型。

注释： 无。

表 11-7 分析示例

显示屏亮度 $L_Q/(\text{cd/m}^2)$	250
定向光源照射下的显示屏亮度 $L_{Q\text{direct}}/(\text{cd/m}^2)$	330
标准白板亮度 $L_{\text{std-direct}}/(\text{cd/m}^2)$	9263
已知的 $\beta_{\text{std-direct}}$	0.97
计算值 $\beta_{Q\theta_s/\theta_d}$	0.00838

11.6.1 准直光源照射下的最大对比度

注意： 进行本测量必须非常谨慎。本测量的目的是模拟在太阳光直射下如何操作可手持的反射式或半透半反式显示屏以获得最佳的可读性。本测量的可重复性因受显示屏反射特性的复杂性及光源-探测器几何布局的影响而变差。但是，由于不测量反射参数，只测量对比度，因此测量可行。

描述： 测量在准直光源照明下的、可手持的反射式或半透半反式显示屏的最大对比度，如图 11-30 所示。**单位：** 无。**符号：** C_{DSMC}。

应用： 本测量方法特别适用于可手持的反射式和半透半反式显示屏，其中，显示屏位置按照用户对阳光和观察方向的需求调整。

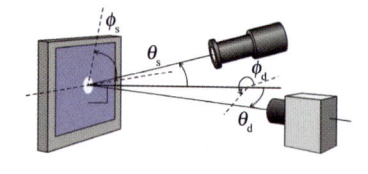

图 11-30 准直光源照射的最大对比度测量布局

设置： 应用如图 11-31 所示的标准设置。

图 11-31 标准设置

其他设置条件： 使用一个准直光源来模拟太阳光照明。如果无准直光源，那么可使用一个弦角 ψ 不大于 5° 的小光源，放置距离 c_s 大于 1 m，这个效果非常好。光源与探测器可绕显示屏中心转动，以便获得可读显示屏的最大对比度。如果显示屏存在镜面反射，而且使用了准直光源，那么必须避免光源和探测器之间呈镜面放置。

步骤： 通常，本测量最容易的实现方法是使用机电转动位置调节器，通过移动光源和显示屏或探测器进行测量。

（1）在将光源绕显示屏中心转动时，通过眼睛观察显示屏上的文本，得到最佳对比度和可读性，以及光源和探测器之间角度的估计值。同样，可以通过将显示屏放置于太阳光或强光下来估计这些角度。一旦确定这些角度，仪器就按照这些角度摆放。

（2）绕显示屏白色画面中心转动光源和探测器，通过在各位置测量全白场亮度 L_{Wi} 和全黑场亮度 L_{Ki} 计算对比度：$C_i = L_{Wi}/L_{Ki}$。

（3）在测量的对比度值 C_i 中，确定最大对比度 $C_{DSMC}=\max(C_i)$ 对应的角度。

分析：计算对比度并确定最大对比度。

报告：以不多于 3 位的有效数字报告准直光源照射下的最大对比度及对应的角度，如表 11-8 所示。测量结果必须以准直光源照射下的最大对比度来报告，以避免与其他对比度测量结果混淆。

表 11-8 分析示例

θ_s	12°	…
ϕ_s	45°	…
θ_d	0	…
ϕ_d	0	…
C_{DSMC}	3.42	

注释：注意，对比度必须合适，以确保显示的文本容易识别。当然也存在对比度大，但白色亮度不够大而导致文本不易识别的情况。一般情况下，从法线方向观察显示屏。

11.6.2 小尺寸光源的镜面反射

注意：除非非常小心，否则避免进行本测量。本测量的结果非常容易受雾面反射或矩阵散射的影响。特别是当无法获得清晰的光源虚像（反射主要是雾面反射或漫反射）时，测量仪器和设备的对准误差、布局及探测器测量区域对测量结果的影响较大，此时不可使用这种方法。

描述：使用一个小的定向光源，选定屏幕颜色 Q（Q 可取 W, R, G, B, C, M, Y, K, S 等），在镜面反射方向测量显示屏的光谱反射比。如果显示屏存在明显的雾面反射，那么应避免进行本测量。**单位**：无。**符号**：ζ_{sss}、R_{sss}、$\zeta(\lambda)_{sss}$、$R(\lambda)_{sss}$。

设置：与本节开头所述的"设置"部分类似，且 $\theta_d = \theta_s$，$\phi_d = \phi_s + 180°$。此外，探测器的测量区域包含在光源清晰的虚像内，且探测器聚焦于清晰虚像上，这非常重要。如果无清晰虚像，那么不推荐进行本测量。

步骤：为了测量光源亮度，需要拆除光源和探测器，用探测器直接观察光源，此时二者之间的距离为 $c_s + c_d$。

（1）在光源关断或被遮蔽的条件下，测量显示屏彩色图案中心的亮度 L_Q。

（2）在光源开启的条件下，测量亮度 L_{Qsss}。

（3）展开光源-探测器布局，去除显示屏，测量光源亮度 L_s。

分析：计算镜面反射比，即 $\zeta_{sss} = (L_{Qsss} - L_Q)/L_s$。对于反射式显示屏，$L_Q$ 为零。

报告：报告 ζ_{sss}、光源尺寸、光源与显示屏的距离 c_s、探测器与显示屏的距离 c_d 及镜面

反射方向角度 θ_d。

卡通循环利用

11.7　大尺寸光源照射的反射

描述：在大尺寸定向光源照明、显示屏显示给定颜色 Q 的条件下，测量光亮度因数或反射因数，如图 11-32 所示。镜面反射会单独在另一种测量方法中讨论。单位：无。符号：$\beta_{Q\theta_s/\theta_d}$、$R_{\theta_s/\theta_d}$。

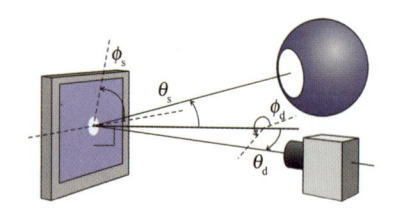

图 11-32　一般大尺寸光源照明布局

设置：应用如图 11-33 所示的标准设置。

图 11-33　标准设置

其他设置条件：一个与屏幕中心距离为 c_s 的大尺寸定向光源以给定的倾斜角度 θ_s 和轴角 ϕ_s 照射在显示屏表面中心。探测器以倾斜角度 θ_d 和轴角 ϕ_d 放置于距显示屏距离 c_d 处。探测器聚焦于显示屏上。定向光源通常有 5°～30° 的弦角，且至少距显示屏中心 0.5 m。无论是否有不可忽略的雾面反射或矩阵散射，对于稳定的测量，建议光源与探测器之间分开的角度不小于 20°。光源在其整个出射端口上的不均匀性须在 1%范围内。可使用一个有明确出射端口的积分球作为定向光源。

照度测量：对于这种确定的照明几何布局，建议使用一个经余弦校准的照度计或一个经校准的、光亮度因数为 $\beta_{\text{std-direct}}$ 的标准白板来确定照度 E_{ring}，即标准白板必须针对这种几何布局进行校准。在使用照度计或标准白板替换显示屏进行测量时，其必须放置在与显示屏相同的测量平面内。更多有关照度测量的信息请参阅 11.1.3 节。

灯：QTH 灯每小时的亮度漂移在±1%以内。如果在主动发射型显示屏上进行反射测量，那么照度需要足够大，以便使反射光亮度远大于显示屏的暗室亮度。也可使用白色 LED 作为灯光光源。

步骤：假设显示屏的亮度不会影响光源的照度。

（1）在光源关断（或被遮蔽）的条件下，测量显示屏上彩色图案中心的亮度 L_Q。

（2）开启定向光源，测量显示屏中心的亮度 $L_{Q\text{direct}}$。

（3）用一个经余弦校准的照度计直接测量光源的照度 $E_{Q\text{direct}}$，或者在相同测量位置用一个标准白板测量定向光源照明的亮度 $L_{\text{std-direct}}$。

分析：光亮度因数 $\beta_{Q\theta_s/\theta_d}$ 由式（11-25）给出。

$$\beta_{Q\theta_s/\theta_d} = \beta_{\text{std-direct}} \frac{L_{Q\text{direct}} - L_Q}{L_{\text{std-direct}}} = \frac{\pi(L_{Q\text{direct}} - L_Q)}{E_{\text{direct}}} \quad (11\text{-}25)$$

对于反射式显示屏，L_Q 为零。

报告：报告显示屏在给定颜色 Q 下的光亮度因数 $\beta_{Q\theta_s/\theta_d}$ 的计算值（见表 11-9）、测量中光源的 CCT。本测量非常容易受测量仪器布局的影响。因此，光源和探测器的布局必须明确给出，即要报告光源角度（θ_s、ϕ_s）、光源与显示屏的距离 c_s、光源弦角 ψ_s、光源类型及探测器角度（θ_d、ϕ_d）。如果记录了光亮度因数 $\beta_{Q\theta_s/\theta_d}$，那么报告必须包含测量区域张角、孔径角及探测器类型。

表 11-9　分析示例

显示屏亮度 L_Q/(cd/m²)	250
定向光源照射下的显示屏亮度 $L_{Q\text{direct}}$/(cd/m²)	330
标准白板的亮度 $L_{\text{std-direct}}$/(cd/m²)	9263
已知的 $\beta_{\text{std-direct}}$	0.97
计算值 $\beta_{Q\theta_s/\theta_d}$	0.00838

11.7.1 大尺寸光源侧向照射的反射

注意：如果显示屏有不可忽略的雾面反射，那么本测量非常容易受仪器和设备的对准误差的影响。必须小心避免杂散光和背景环境光引起的误差。如果显示屏存在明显的雾面反射，除非非常仔细，否则不推荐本测量方法。

描述：测量显示屏的光亮度因数，此时单个定向光源在水平面内，探测器在法线方向（见图11-34），显示屏显示颜色 Q（Q 可取 W, R, G, B, C, M, Y, K, S 等）。单位：无。符号：β_{QLSS}、R_{QLSS}、$\beta(\lambda)_{QLSS}$、$R(\lambda)_{QLSS}$。

当雾面反射不可忽略时，不推荐进行本测量，因为光源在测量区域的照度并不均匀，而且雾面反射会使测量结果非常容易受仪器和设备的对准情况的影响。

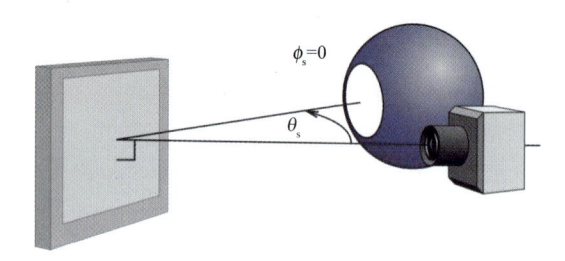

图 11-34 大尺寸光源放置于探测器旁边

设置：使用与11.7节开头"设置"部分相同的设置条件，探测器对准显示屏法线（$\theta_d=0$，$\phi_d=0$），且光源倾角 $\theta_s \geq 30°$，光源弦角 $\psi_s \geq 15°$。

步骤：与11.7节开头的"步骤"部分相同。

分析：与11.7节开头的"分析"部分相同。

报告：与11.7节开头的"报告"部分相同。

注释：当 $\psi_s = 15°$ 时，本测量预期与 ISO 9241-305 中的测量兼容。

11.7.2 双大尺寸光源照射的反射

注意：如果显示屏有不可忽略的雾面反射，那么本测量非常容易受仪器和设备的对准误差的影响。必须小心避免杂散光和背景环境光引起的误差。

描述：测量显示屏的光亮度因数，此时两个定向光源在水平面内对称放置，且与显示屏法线分别呈±30°，探测器对准显示屏法线（见图11-35），显示屏显示颜色 Q（Q 可取 W, R, G, B, C, M, Y, K, S 等）。光源与显示屏的距离为 $c_s \geq 500$ mm，且每个光源的弦角必须为 $\psi_s=15°$。推荐探测器与显示屏的距离为 $c_d \geq 500$ mm。单位：无。符号：β_{QDLS}、R_{QDLS}、$\beta(\lambda)_{QDLS}$、$R(\lambda)_{QDLS}$。

设置：这里的光源数量是前面所使用光源数量的两倍，这样可在显示屏中心的整个测量区域内提供比之前方法更加均匀的照度分布。这里，探测器位于法线方向（$\theta_d=0$，$\phi_d=0$），且光源位于 $\theta_s=\pm30°$、$\phi_d=0$ 处。光源和探测器到显示屏中心的距离都为 500 mm 或更远（$c_s \geq 500$mm，$c_d \geq 500$mm），且光源的弦角必须为 $\psi_s=15°$。

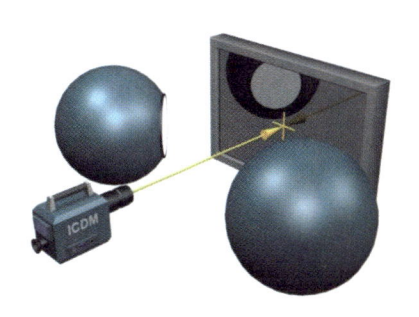

图 11-35 双大尺寸光源照射的反射测量(非等比例绘制)

步骤:与 11.7 节开头的"步骤"部分相同。

分析:与 11.7 节开头的"分析"部分相同。

报告:与 11.7 节开头的"报告"部分相同,但须包含两个光源的详细规格。

注释:当 ψ_s=15° 时,本测量预期与 ISO 9241-305 中的测量兼容。

11.7.3 大尺寸光源照射的镜面反射

注意:显示屏的反射特性可明显增加本测量的不确定性,特别是反射中有不可忽略的雾面反射、明显的朗伯反射或矩阵散射时。本测量常用在反射中存在大量镜面反射的显示屏上,即可呈现光源清晰虚像的显示屏上。

描述:在大尺寸定向光源照明、显示屏显示颜色 Q(Q 可取 W, R, G, B, C, M, Y, K, S 等)的条件下,测量显示屏的镜面反射比,如图 11-36 所示。**单位**:无。**符号**:ζ_{QLSS}。

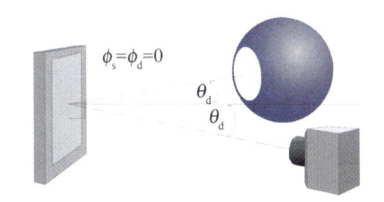

图 11-36 大尺寸光源照射的镜面反射测量(θ_d=15°)

设置:与 11.7 节开头的"设置"部分相同,但光源与探测器关于显示屏法线呈±15°对称放置。对于光源,θ_s= +15°,ϕ_s=0;对于探测器,θ_d=−15°,ϕ_d=0。光源与显示屏的距离 c_s⩾500 mm,探测器与显示屏的距离 c_d⩾500 mm,光源弦角 ψ_s=15°。

步骤:假设光源的照度不受显示屏开启和关断影响。探测器必须聚焦于光源所成的虚像上。

(1)在光源关断(或被遮蔽)的条件下,测量显示屏彩色图案中心的亮度 L_Q。

(2)开启定向光源,测量显示屏中心的亮度 L_{QLSS}。

(3)为了测量光源的中心亮度 L_s,可以拆除系统并去掉显示屏,使探测器和光源之间的距离与未拆除系统时二者到显示屏的距离之和相同;或者在显示屏表面放置一个镜面反射比为 ζ_m 的、经校准的镜面或黑色玻璃,并测量反射的光源亮度 L_m,然后经换算给出光源的亮度:$L_s=L_m/\zeta_m$。将探测器聚焦于光源的发光面上。

分析：镜面反射比由式（11-26）给出。

$$\zeta_{QLSS} = (L_{QLSS} - L_Q)/L_s \tag{11-26}$$

对于反射式显示屏，L_Q 为零。

报告：报告探测器-光源-显示屏的布局，以及镜面反射比 ζ_{QLSS}。

注释：敏感性。本测量方法的测量结果中包括朗伯反射、雾面反射和矩阵散射的影响。如果显示屏有不可忽略的雾面反射，那么本测量将非常容易受仪器配置和探测器特性的影响。

下面介绍如何从镜面反射结果中去除朗伯反射。

注意：如果在 11.7.3 节中测量的镜面反射包含不可忽略的雾面反射成分，那么去除朗伯反射分量仍然无法去除雾面反射成分的贡献。因此，当存在不可忽略的雾面反射成分时，这种方法可能无法很好地估计真实的镜面反射比。

描述：对于显示颜色 Q（Q 可取 W, R, G, B, C, M, Y, K, S 等）的显示屏，当可以从镜面反射中去除朗伯反射时，就可从前面镜面反射测量所得的数据中计算真正的镜面反射比。

单位：无。**符号**：ζ_Q。

应用：本测量仅适用于反射中的雾面反射不严重或矩阵散射不严重的显示屏。

分析：综合 ζ_{QLSS} 和 11.5 节的结果 $\beta_{Q45/0}$，去除朗伯反射的镜面反射比 ζ_Q 由式（11-27）给出。

$$\zeta_Q = \zeta_{QLSS} - \beta_{Q45/0} R_s^2 \left(c_d^2 + R_s^2\right) \tag{11-27}$$

式中，c_d 为大尺寸光源到显示屏的距离；R_s 为大尺寸光源的半径。

报告：报告镜面反射比 ζ_Q。

11.7.4 近光源照射的反射

描述：在大尺寸定向光源紧靠显示屏的照明条件下，显示屏显示颜色 Q（Q 可取 W, R, G, B, C, M, Y, K, S 等），此时测量显示屏的光亮度因数，如图 11-37 所示。光源直径足够大并放置在 $\theta_s=45°$ 的位置，探测器放置在 $\theta_d=30°$ 的位置，镜面反射线在 $\theta_c=\theta_d$ 方向并与光源表面相交。**单位**：无。**符号**：β_{QPS}。

应用：本测量特别适用于实验室装置不易实现的显示屏，如嵌入汽车仪表板的显示屏。

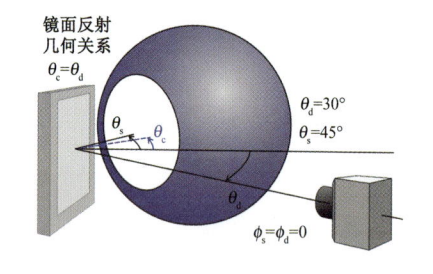

图 11-37 近光源照射的镜面反射测量

设置：对于光源，$\theta_s=+45°$，$\phi_s=0$；对于探测器，$\theta_d=-30°$，$\phi_d=0$；光源与显示屏的距离 $c_s \geqslant 500$ mm，探测器距离 c_d 越小越好，光源弦角应足够大，以使从探测器出发至光源的镜面反射线能很好地落在光源的出光端口平面内。

照度测量：由于显示屏可影响来自光源的照度，因此必须在不改变仪器几何布局的情况下测量照度。在显示屏中心放置一个校准过的白色或灰色薄目标板，且在显示屏表面（或紧贴）针对这种几何布局进行校准，光亮度因数为 β_{trgPS}。

步骤：由于光源紧靠显示屏，因此，必须假设显示屏发出的光线会影响光源在显示屏上的照度。

（1）在光源关断（或被遮蔽）的状态下，测量显示屏彩色图案中心的亮度 $L_{Q\text{off}}$。同时使用校准过的、中心亮度为 $L_{\text{trg}Q\text{off}}$ 的白色薄目标板测量照度 $E_{Q\text{off}}$。

（2）在定向光源开启的状态下，测量显示屏的中心亮度 $L_{Q\text{on}}$。同时通过一个亮度为 $L_{\text{trg}Q\text{on}}$ 的白色薄目标板测量照度 $E_{Q\text{on}}$。

分析：光亮度因数可通过式（11-28）得到。

$$\beta_{\text{QPS}} = \beta_{\text{trgPS}} \frac{L_{Q\text{on}} - L_{Q\text{off}}}{L_{\text{trg}Q\text{on}} - L_{\text{trg}Q\text{off}}} = \pi \frac{L_{Q\text{on}} - L_{Q\text{off}}}{E_{Q\text{on}} - E_{Q\text{off}}} \tag{11-28}$$

报告：报告详细布局和 β_{QPS}。

注释：本测量方法是对 SAE J1757-1 中车载显示屏的光学特性标准测量方法的重复。①对于反射式显示屏（只有反射），任意照度下的对比度为 $C_{\text{reflective}} = \beta_{\text{WPS}}/\beta_{\text{KPS}}$。②对于主动发射型显示屏，需要获知暗室中的白色亮度 L_W 和黑色亮度 L_K；此时，若光源照度为 E_s，则对比度为 $C_{\text{emissive}} = (L_W + \beta_{\text{WPS}} E_s)/(L_K + \beta_{\text{KPS}} E_s)$。

11.8 出光孔径可变的光源的镜面反射

描述：对于孔径相对较大的光源，测量以孔径可变的光源的弦角或立体角为变量的镜面反射比（$\zeta = L/L_s$），如图 11-38 所示。单位：无。符号：ζ。

设置：应用如图 11-39 所示的标准设置。

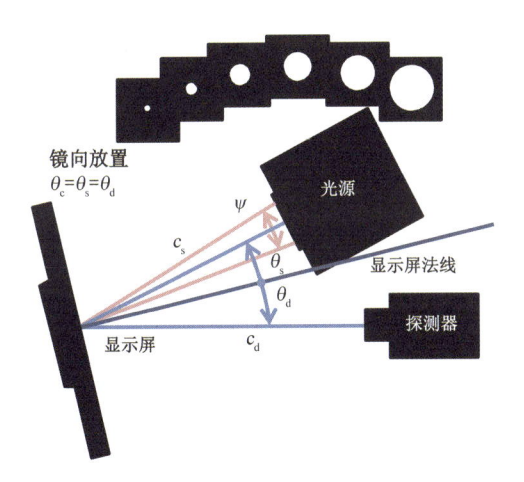

图 11-38 针对光源半径较大且出光孔径可变的镜面反射测量装置

其他设置条件：探测器对准显示屏中心，在水平面内以等于入射光线的倾角放置（镜向放置，如 $\theta_c = \theta_s = \theta_d = 15°$，也可以是其他角度）。光源必须预热至稳定状态，且每小时的亮度漂移不大于 1%。光源所有孔径用 9 点测量法测得的不均匀性必须不大于 1%。孔径尺寸必须能提供 2°～15° 或更大的光源弦角 ψ_i，$i = 1, 2, \cdots, n$。探测器的测量区域须尽量小，且如果反射中存在明显的光源虚像，那么探测器必须聚焦于虚像上。光源与显示屏中心的距离为 c_s（建议 $c_s \geq 500$ mm），探测器与显示屏中心的距离为 c_d（建议 $c_d \geq 500$ mm）。

图 11-39　标准设置

步骤： 对于选定直径 D_i（$i=1,2,\cdots,n$）的光源，在镜面反射方向测量光源所有出光孔径的亮度。

分析： 绘制函数图，将亮度作为光源弦角的函数（也可以作为光源立体角的函数）。基于轮廓，尝试用一个函数来拟合数据可能非常有用。图 11-40 给出了一个有矩阵散射的镜面显示屏的镜面反射比的拟合曲线。

报告： 需要时进行报告。

注释： 在给出报告时，要说明这项测量可能对研究（记录矩阵散射的影响）或调查（记录各种制程过程中的缺陷）有帮助。

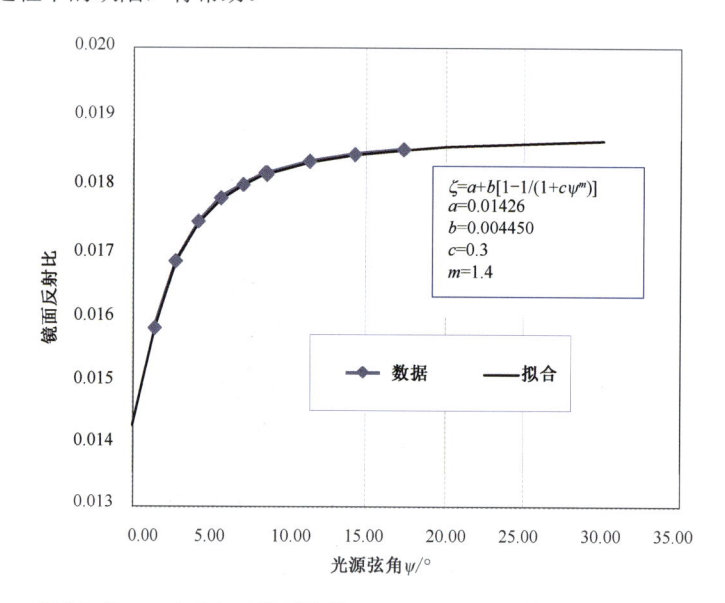

图中公式：
$\zeta = a + b[1-1/(1+c\psi^m)]$
$a = 0.01426$
$b = 0.004450$
$c = 0.3$
$m = 1.4$

图 11-40　一个有矩阵散射的镜面显示屏的镜面反射比的拟合曲线

11.9　环境光照明条件下的对比度

描述： 本测量的目的是在给定室内、日光或其他照明条件下，使用显示屏反射的光亮度因数和暗室亮度确定显示屏的对比度。（对于反射式显示屏，暗室亮度为零。）本方法用于计算环境对比度，它综合了半球漫反射照明和准直照明两种情况，在固定位置以倾角 θ_d 观察显示屏。通常，对比度定义为白色亮度与黑色亮度的比值。在进行反射测量时，不管显示哪种图案（全屏、高亮或方块），分析都相同。单位：无。符号：C_A。

设置： 使用与 11.8 节中相同的设置条件。环境对比度通过确定针对特定光源-探测器几何布局的显示屏黑色亮度 L_{ambK} 和白色亮度 L_{ambW} 得到。由于图案和照明条件可显著影响对比度，因此，需要仔细确定它们的数值。

显示图案：对于全屏环境对比度、白色亮度、黑色亮度及相应的光亮度因数，须在全白场和全黑场条件下进行测量。（请按照第 5 章的方法选择合适的显示图案）对于峰值环境对比度，黑色亮度和相应的光亮度因数须在全黑场条件下进行测量。但是，白色亮度和相应的光亮度因数须在黑色背景中心有一个白色矩形块的条件下进行。通常中心白色矩形块的面积为有效显示区域面积的 4%。

照明条件：光源-探测器的几何布局须模拟显示屏使用的典型照明环境。表 11-10 给出了显示屏可能暴露的各种环境中典型照明条件。如果测量了辐射亮度因数，那么同样可计算针对宽光谱光源的环境对比度。

表 11-10　各种环境的典型照明条件

环境条件描述	符号	标准入射方向上的典型照度	照射角度	典型光谱
夜视（无月亮，清晰）	E_{hemi}	0.001 lx	半球	CIE 光源 A
夜视（满月，清晰）	E_{dir}	0.1 lx	$\theta_s=45°$	CIE 光源 A
住宅区街道照明	E_{dir}	0.5～3 lx	$\theta_s=35°$	CIE 光源 A
电视机打开的房间（漫反射照明）	E_{hemi}	60 lx	半球	CIE 光源 A、D65 和荧光灯 FL1
电视机打开的房间（准直照明）	E_{dir}	40 lx	$\theta_s=35°$	CIE 光源 A、D65 和荧光灯 FL1
办公室（漫反射照明）	E_{hemi}	200～500 lx	半球	CIE 光源 A、D65 和荧光灯 FL1
办公室（准直照明）	E_{dir}	200 lx	$\theta_s=35°$	CIE 光源 A、D65 和荧光灯 FL1
户外（漫反射照明）	E_{hemi}	10000～15000 lx	半球	CIE 光源 A、D65、D75 和高 CCT
户外（准直照明）	E_{dir}	50000～100000 lx	$\theta_s=45°$	CIE 光源 D50 和 D55

步骤：确定使用的每个光源的所有反射参数。

分析：在多数应用中，显示屏将同时暴露在半球漫反射照明和准直照明中。在户外应用案例中，漫反射光线将代表 CCT 非常高的（平均 16000K）蓝色半球天空，且准直光线将来自 CCT 为 5500K 的太阳。对于室内应用，漫反射光线可来自墙壁/地面，且准直光线可来自一个或多个照明设备。因为显示屏以线性方式反射入射光，所以来自显示屏表面的、可观察到的所有光线是反射的光源光线和显示屏自身发射的光线的线性叠加。如果使用一个照度为 E_{hemi} 的半球漫反射光源和一个照度为 E_{dir} 的准直光源，那么环境对比度可使用式 (11-29) 计算得到。

$$C_A = \frac{\pi L_W + \rho_W E_{hemi} + \beta_{Wdir} E_{dir} \cos\theta_s}{\pi L_K + \rho_K E_{hemi} + \beta_{Kdir} E_{dir} \cos\theta_s} \quad (11-29)$$

式中，θ_s 为准直照明的入射角度；ρ_W 为在包含镜面反射的半球照明条件下，显示屏显示给定的白色图案时的反射比；β_{Wdir} 为准直光源的光亮度因数。这个对比度包含镜面反射和半球照明漫反射的影响，式 (11-29) 假定镜面反射的照度贡献与半球照明其他方向的照度贡献相同。这等同于在户外蓝天下、在镜面反射方向观察显示屏。然而，如果倾斜显示屏，使得在镜面反射方向能观察到用户身体所成的像，那么这种照明与半球照明非常不同。对于这种情况，去除镜面反射的半球照明可能更加合适，其计算如式（11-30）所示。

$$C_A = \frac{\pi L_W + \rho_{Wse} E_{hemi} + \beta_{Wspec} E_{spec} \cos\theta_s + \beta_{Wdir} E_{dir} \cos\theta_s}{\pi L_K + \rho_{Kse} E_{hemi} + \beta_{Kspec} E_{spec} \cos\theta_s + \beta_{Kdir} E_{dir} \cos\theta_s} \quad (11\text{-}30)$$

除了使用准直光源光亮度因数 β_{Wspec}，式（11-30）还使用了去除镜面反射的半球照明条件下的反射比 ρ_{Wse}，它代表了来自镜面反射方向照明 E_{spec} 的反射贡献。在镜面反射比一致的情况下，可以用镜面反射比 $\zeta_W(\theta_C)$、$\zeta_K(\theta_C)$ 和镜面反射方向 θ_C 的亮度 L_{spec} 来改写式（11-30）：

$$C_A = \frac{\pi L_W + \rho_{Wse} E_{hemi} + \xi_W(\theta_C) L_{spec} + \beta_{Wdir} E_{dir} \cos\theta_s}{\pi L_K + \rho_{Kse} E_{hemi} + \xi_K(\theta_C) L_{spec} + \beta_{Kdir} E_{dir} \cos\theta_s} \quad (11\text{-}31)$$

如果使用多个准直光源，且它们的反射比已经确定，那么式中可增加更多与直接照明反射相关的项。分析示例如表 11-11 所示。对于反射式显示屏，$L_W = L_K = 0$。

表 11-11　分析示例

暗室白色亮度 L_W/（cd/m²）	250
暗室黑色亮度 L_K/（cd/m²）	0.1
半球照明条件下，显示屏显示白色画面时的反射比 ρ_W	0.17
半球照明条件下，显示屏显示黑色画面时的反射比 ρ_K	0.087
半球漫反射照度 E_{hemi}/lx	15000
准直光源照明条件下，显示屏显示白色画面时的光亮度因数 β_{Wdir}	0.0040
准直光源照明条件下，显示屏显示黑色画面时的光亮度因数 β_{Kdir}	0.0021
准直光源的照度 E_{dir}/lx	65000
准直光源的照射角度 θ_s	45°
环境对比度 C_A	2.5

报告：除环境对比度之外，报告式（11-30）或式（11-31）中使用的所有数值。同时报告光源-探测器几何布局、所使用的显示图案及光源的 CCT。

注释：

（1）几何布局。对于给定环境对比度的计算，须仔细确保暗室亮度测量和反射因数测量使用一致的照明-探测几何布局及显示图案。去除镜面反射的半球照明布局非常容易受显示屏反射特性和仪器与设备间的对准误差的影响。如果显示屏有显著的雾面反射或矩阵散射，那么推荐使用包含镜面反射的半球照明。

（2）日光、太阳光和天空光条件的模拟与比例缩放。具体见 11.1.4 节。

下面介绍环境光照射下的对比度估算方法。

注意：光源的调节可能会使本方法容易受颜色和照度漂移的影响。本环境对比度测量方法只适用于以下这种特殊的光源-探测器几何布局和照度。

描述：这里将给出一个针对确定光源-探测器几何布局的、确定亮度的、用于评估显示屏环境对比度的直接测量方法。本方法的目的是使用照明装置快速测量得到对比度，其不可推广到其他亮度。**单位**：无。**符号**：C_A。

设置：确定适合于测量任务的环境照度条件，可通过使用恰当照明来模拟它们。

步骤：

（1）充分预热显示屏，并依次显示全白场和全黑场（全屏或中心方块均可）。

(2) 调节半球照明的照度 E_{hemi}，且对于 i（$i=1,2,\cdots,n$）个定向光源，将每个定向光源调节至要求的照度 E_i。使所有光源有充分的稳定时间，并检测其亮度。（更多进行照度测量的信息请参阅 11.1.3 节）。须使用一个经过余弦校准的照度计进行照度测量。可通过使用一个不透光的黑色卡遮蔽每个光源来调节和检测定向光源。应避免用户的身体对照度测量产生影响。

(3) 如步骤（1），仅在要求的环境照度条件下，测量全白场和全黑场，获得 L_{ambW} 和 L_{ambK}。确保改变屏幕显示图案时照度不改变，假设显示屏从白色转变为黑色时不影响光源在显示屏上的照度。

分析：这种特殊照明条件下的环境对比度由式（11-32）给出。

$$C_A = \frac{L_{\text{ambW}}}{L_{\text{ambK}}} \tag{11-32}$$

报告：报告使用的光源-探测器几何布局、光源光谱的描述、显示屏位置、所使用的白色显示图案（全屏或中心方块）、环境对比度、白色亮度与黑色亮度、白色图案的照度与黑色图案的照度及标准白板的照度。报告须描述用于获得显示屏照度的方法。

注释：针对这种测量方法，一般推荐使用半球照明（包含镜面反射），因为这种方法最可靠。建议仔细测量反射参数，并基于测量所得数据非常仔细地确定环境对比度。

11.10 环境光照明下的颜色

描述：本方法的目的是在给定照明条件下，使用显示屏的光谱反射因数和暗室中的辐射亮度来确定显示屏在环境光照明条件下的颜色（对于反射式显示屏，暗室的辐射亮度和亮度为零）。本方法用于在半球照明及准直光源组合的情况下，从给定探测器倾角 θ_d 方向观察给定方向的显示屏的颜色。显示颜色通常在全屏画面下测量。但是，对于主动发射型显示屏，环境照明条件下显示屏的颜色取决于暗室中显示屏的辐射亮度相对于环境光的大小，所显示的颜色可能是图案尺寸的函数。不管在反射测量中使用何种显示图案（全屏、高亮、矩形块），分析方法都相同。单位：无。符号：CIE 1931（x，y）色坐标。

设置和步骤：在环境光照明条件下，用暗室中显示屏最高颜色等级的辐射亮度 $L_{Q\theta_d}(\lambda)$、本章测量的特定颜色 Q 的光谱反射因数计算显示屏颜色。显示屏显示全屏或中心纯色矩形块图案，探测器倾角为 θ_d。分光辐射亮度计的光谱带宽为 10 nm。如果光源光谱分布复杂，那么推荐使用具有更小光谱带宽（如 5 nm）的光源。

显示图案：对于全屏画面下的显示屏颜色，须在给定颜色的全屏画面下测量光谱反射因数（见第 5 章）。对于高亮环境光照明条件下的显示屏颜色，须使用在全黑场背景上有一个小尺寸的颜色矩形块的图案测量光谱反射因数（见第 5 章）。

照明条件：使用反射因数就可在相同照明-探测几何布局下、任何期望照明等级下计算显示颜色。表 11-11 给出了显示屏可能暴露的各种环境的典型照明条件。在获得半球光谱反射因数 [$R_{Q\text{di}/\theta_d}(\lambda)$ 或 $R_{Q\text{de}/\theta_d}(\lambda)$] 和准直光源光谱反射因数 $R_{Q\theta_s/\theta_d}(\lambda)$ 后，计算光源光谱有较大变化时环境光照明下显示屏的颜色。给定探测器倾角 θ_d、光源倾角 θ_s 和方位角 ϕ_s，光谱反射因数的详细测量步骤在本章前几节已介绍。对于反射式显示器，暗室中的辐射亮度 $L_{Q\theta_d}=0$。

分析：在环境光照明条件下的显示屏，其显示颜色由显示屏自身发出的光线和反射的环境光综合决定。在大多数应用中，显示屏将同时处在半球照明和准直照明条件下。在室外应用中，半球照明来自蓝色天空光，准直照明来自太阳。对于室内应用，半球照明来自墙壁/走廊，准直照明来自一个或多个光源。由于多数显示屏以线性方式反射入射光，因此观察到的来自显示屏表面的光线为光源反射光和显示屏出射光的线性叠加。

包含镜面反射的半球照明：如果使用一个照度为 E_{hemi} 的半球照明光源（包含镜面反射光）和一个照度为 E_{dir} 的准直光源，那么在这种环境照明条件下，以倾角 θ_d 观察给定显示颜色 Q 的显示屏，总的辐射亮度可使用式（11-33）计算。

$$L_{Q\text{amb}\theta_d}(\lambda) = L_{Q\theta_d}(\lambda) + \frac{R_{Q\text{di}/\theta_d} E_{\text{hemi}}(\lambda)}{\pi} + \frac{R_{Q\theta_s/\theta_d} E_{\text{dir}}(\lambda)\cos\theta_s}{\pi} \tag{11-33}$$

式中，θ_s 为准直光源的入射角；$R_{Q\text{di}/\theta_d}$ 为给定显示颜色图案下的、包含镜面反射的半球照明光谱反射因数；$R_{Q\theta_s/\theta_d}$ 为准直光源照明的光谱反射因数。

去除镜面反射的半球照明：如果使用一个去除镜面反射的半球照明几何布局，那么来自显示屏的总的辐射亮度可使用式（11-34）计算。

$$L_{Q\text{amb}\theta_d}(\lambda) = L_{Q\theta_d}(\lambda) + \frac{R_{Q\text{de}/\theta_d} E_{\text{hemi}}(\lambda)}{\pi} + \frac{R_{Q\theta_d/\theta_d} E_{\text{spec}}(\lambda)\cos\theta_s}{\pi} + \frac{R_{Q\theta_s/\theta_d} E_{\text{dir}}(\lambda)\cos\theta_s}{\pi} \tag{11-34}$$

式中，$R_{Q\text{de}/\theta_d}(\lambda)$ 为去除镜面反射的、半球照明的光谱反射因数。使用光谱反射因数 $R_{Q\text{de}/\theta_d}(\lambda)$ 和光谱辐照度 $E_{\text{spec}}(\lambda)$ 来模拟镜面反射方向的光源的贡献。

上面所有项都使用完全相同的几何布局，这一点非常关键。对于反射式显示屏，$L_Q(\lambda)=0$。给定 CCT 的日光照明体的相对光谱辐射分布可通过式（11-8）和表 11-2 获得。

表 11-12 分析示例

暗室全屏蓝画面亮度 $L_B/(\text{cd/m}^2)$	32
暗室全屏蓝画面 CIE1931 色坐标	$x=0.150$ $y=0.132$
半球漫反射光照射下全屏蓝画面的反射因数 $R_{Q\text{di}/\theta_d}$	0.17
半球漫反射照度的 CCT/K	7500
半球漫反射照度 E_{hemi}/lx	15000
准直光源照射下全屏蓝画面的反射因数 $R_{Q\theta_s/\theta_d}$	0.0040
准直光源的 CCT/K	5000
法线方向准直光源的照度 E_{dir}/lx	65000
准直光源的照射倾角 θ_s	45°
环境光照射下，全屏蓝画面时显示屏的 CIE1931 色坐标	$x=0.329$ $y=0.341$

在给定照明条件、给定颜色（如 Q=白色、黑色、红色、绿色或蓝色）下的显示屏的色坐标由其等效三刺激值决定。这些数值可由式（11-33）或式（11-34）所决定的总辐射亮度使用式（11-35）～式（11-37）计算得到。

$$X_{Q\text{amb}} = 683\int_\lambda L_{Q\text{amb}}(\lambda)\overline{x}(\lambda)d\lambda \tag{11-35}$$

$$Y_{Q\text{amb}} = 683\int_\lambda L_{Q\text{amb}}(\lambda)\overline{y}(\lambda)d\lambda \tag{11-36}$$

$$Z_{Q\text{amb}} = 683\int_\lambda L_{Q\text{amb}}(\lambda)\overline{z}(\lambda)d\lambda \tag{11-37}$$

式中，$\bar{x}(\lambda)$、$\bar{y}(\lambda)$ 和 $\bar{z}(\lambda)$ 为颜色匹配函数（见 CIE 15）。在给定照明条件下，主动发射型显示屏的 CIE 1931 (x,y) 色坐标由式（11-38）和式（11-39）给出。

$$x = \frac{X_{Q\text{amb}}}{X_{Q\text{amb}} + Y_{Q\text{amb}} + Z_{Q\text{amb}}} \tag{11-38}$$

$$y = \frac{Y_{Q\text{amb}}}{X_{Q\text{amb}} + Y_{Q\text{amb}} + Z_{Q\text{amb}}} \tag{11-39}$$

使用在 CIE 15 中定义的转换方式，1931 CIE 色坐标也可转换为 1976 CIE 色坐标。

报告：除了报告环境光照明条件下显示屏显示颜色的色坐标，还须报告暗室辐射亮度和色坐标、光谱反射因数、半球漫反射照明与准直光源的照度和 CCT。也须报告显示图案、位置、所使用的光源-探测器几何布局。

注释：须确保暗室辐射亮度测量和反射因数测量使用的光源-探测器几何布局与显示图案不变，以及确保用于给定环境光照明条件下显示屏显示颜色计算的正确性。环境光照明条件下显示颜色的色域可通过确定主波长得到。不包含镜面反射的半球照明布局很容易受显示屏反射特性及几何布局误差的影响。如果显示屏有明显的雾面反射或矩阵散射，那么推荐使用包含镜面反射的半球照明。

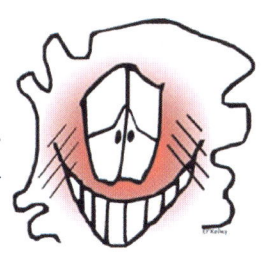

下面介绍环境光照射下的灰阶测量方法。

描述：本方法的目的是在确定的室内、日光或其他照明条件下，使用显示屏的光谱反射因数和暗室辐射亮度来确定显示屏的环境照明灰阶[包括针对每个基色（通常为 R、G、B）的灰阶数据]。本方法计算在半球照明与准直光源组合的情况下，从给定探测器倾角 θ_d 方向观察的给定位置的显示屏的灰阶。显示屏灰阶通常在全屏画面下测量。但是，灰阶可能受显示图案（因为存在亮度加载或自动亮度调节功能）影响。不管在反射测量中使用哪种显示图案（全屏、高亮、矩形块），分析都相同。**单位**：cd/m^2。**符号**：L 或 Y，以及 CIE 1931 (x,y) 色坐标。

补充设置和步骤：对于每个灰阶，在环境光照明下，具有某种颜色 Q 和图案尺寸的显示屏的显示性能可用光谱反射因数和相应灰阶的暗室辐射亮度 $L_Q(\lambda)$ 计算。

显示图案：环境光照明下，显示屏灰阶测量将至少需要 9 个等级的灰阶（从白色至黑色或从某种颜色至黑色）。显示屏须显示待测图案（全屏或黑色背景下的中心矩形块，见第 5 章），且在显示屏中心位置测量相应灰阶的辐射亮度。测量须使用等间隔灰阶等级（如从白色至黑色）。以 32 为间隔的 9 个灰阶等级为 0、31、63、95、127、159、191、223 和 255。对于反射式显示屏，暗室辐射亮度为零。

分析：与环境光照明条件下的显示颜色的分析相同。计算每个灰阶等级的总辐射亮度、亮度及色坐标。如果显示屏的反射特性随灰阶等级改变，那么每个灰阶的反射因数须合适。

报告：对于每个环境光照明下的灰阶，报告每个灰阶等级相应的亮度和色坐标。此外，对于每个灰阶等级，报告暗室辐射亮度、色坐标、光谱反射因数、半球漫反射与准直光源的照度及CCT。报告光源-探测器的几何布局和所用的显示图案，如表11-13所示。

表11-13 报告示例

灰阶等级	暗室测量			E_{hemi}	E_{dir}	CCT（hemi）=5000K		
				400 lx	200 lx	CCT（dir）=5000K		
						环境光照明下的灰阶计算		
	$Y/(cd/m^2)$	x	y	R_{Qdi/θ_d}	$R_{Q\theta_g/\theta_d}$	$Y/(cd/m^2)$	x	y
白色（9级），255	197.5	0.314	0.330	0.08	0.03	209.6	0.318	0.328
8级	144.5	0.320	0.337	0.08	0.03	156.6	0.320	0.329
7级	104.2	0.316	0.332	0.08	0.03	116.3	0.321	0.329
6级	71.3	0.318	0.338	0.08	0.03	83.4	0.322	0.330
5级	46.9	0.316	0.334	0.08	0.03	59.0	0.324	0.331
4级	27.4	0.318	0.337	0.08	0.03	39.5	0.326	0.333
3级	13.5	0.321	0.333	0.08	0.03	25.6	0.331	0.337
2级	4.1	0.322	0.335	0.08	0.03	16.2	0.338	0.343
黑色（1级），0	0.3	0.315	0.333	0.08	0.03	12.4	0.345	0.358

注意：有些人可能会用在第6章中给出的方法分析这些灰阶数据，这些方法没有减去零数值输入等级的亮度等级，因为这些"黑色等级"亮度在环境光照明条件下可以很亮。

注释：对于给定环境光照明条件下显示屏显示灰阶的计算，须确保暗室测量和反射因数测量使用相同的光源-探测器几何布局、灰阶等级及显示图案。

11.11 环境光照明下的字符对比度

描述：在均匀漫反射环境光照明条件下，测量显示屏上显示的字符对比度，如图11-41所示。测量考虑了经常影响测量结果可靠性的遮幕眩光的贡献。**单位**：无。**符号**：C_{CA}。

设置：应用如图11-42所示的标准设置。

其他设置条件：

（1）通常使用一个有高放大倍率（推荐显示屏每个像素对应10~20个探测器像素）、长镜头的阵列式探测器，也可使用一个测量区域角度很小的亮度计，如图11-41所示。

（2）给积分球配备一个反射比为ρ_{std}的标准白板。在屏幕中心左侧放置一个大写字母"I"。

（3）如图11-41所示，在屏幕中心右侧放置一个与左侧字母"I"相同尺寸的黑色粗糙材料作为复制遮光板。

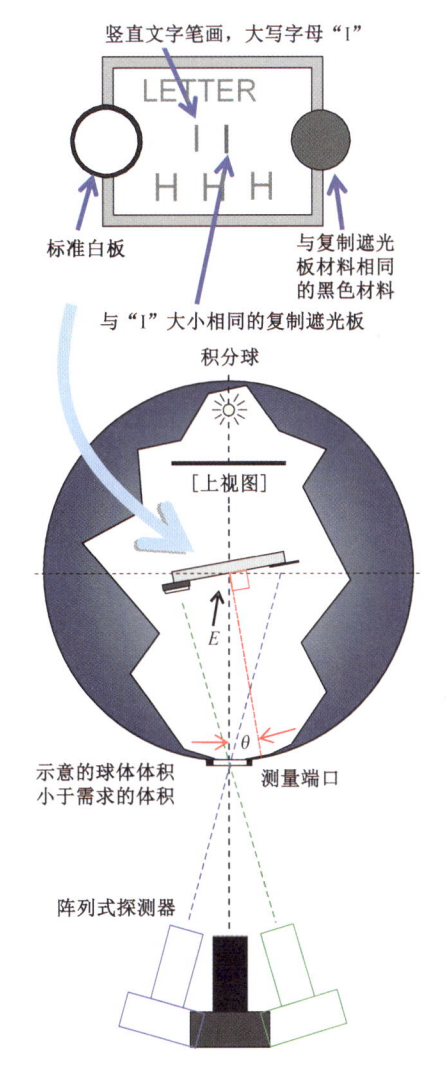

图 11-41　在均匀漫反射环境光照明条件下进行小区域亮度或字符对比度测量
（用一个阵列式探测器）

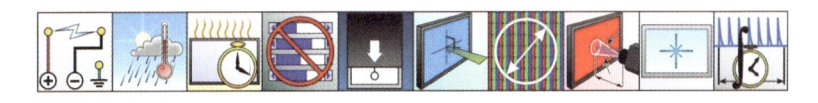

图 11-42　标准设置

（4）在屏幕右侧放置一个黑色粗糙材料。必须设置测量端口、黑色材料样品的尺寸、探测器距离，使在测量黑色材料反射比时，只能观察到黑色材料，而看不到任何破坏测量的亮表面，如图 11-43 所示。

步骤：在进行下面测量时，应避免在测量端口图案附近或之上进行测量，如图 11-44 和图 11-45 所示。

（1）测量标准白板的亮度 L_{std}。
（2）测量复制遮光板的亮度 L_M。

（3）测量字符"I"的亮度 L_d。
（4）测量字符"I"旁边白色区域的亮度 L_h。
（5）测量复制字符的亮度 L_R。

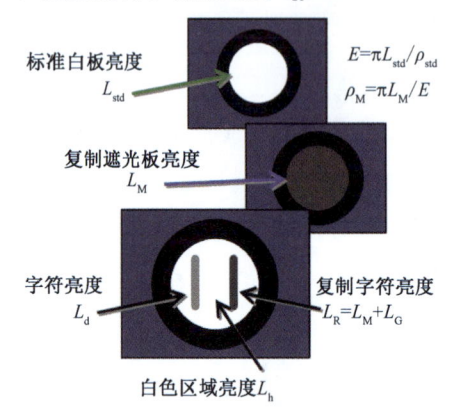

图 11-43　阵列式探测器排列示意

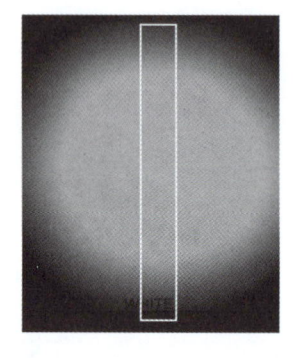

图 11-44　测量端口的边缘模糊

如果显示屏为反射式显示屏，那么跳到下面的"分析"部分。如果显示屏为主动发射型显示屏，那么需要在暗室中测量其亮度。如图 11-46 所示，如果确实难以裁剪出一个合适的复制遮光板，可以使用一个薄且逐渐变窄的复制遮光板作为上述测量中的复制遮光板。

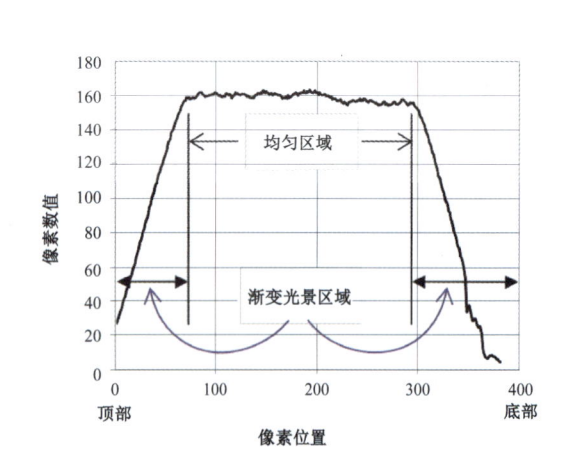

图 11-45　渐变光景区域内的均匀区域

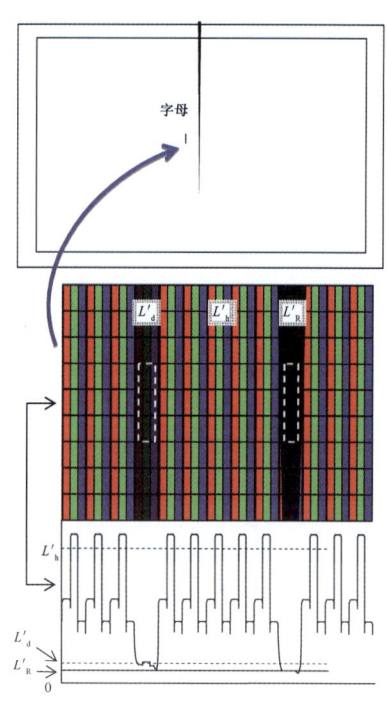

图 11-46　宽度渐变窄的复制遮光板在暗室测量中的用法

（6）参考图 11-45。在暗室中，测量亮度 L'_h、L'_d 和 L'_R（对于反射式显示屏，这些值都为零）。对于暗图像，应避免测量暗图像的边缘区域。

分析：［如果测量一个反射式显示屏，那么 L'_h、L'_d 和 L'_R 为零；否则，使用上面步骤（6）中的测量值。］照度由式（11-40）给出。

$$E = \pi L_{std} / \rho_{std} \tag{11-40}$$

眩光校准为

$$L_G = L_R - L_M \tag{11-41}$$

白色与黑色的反射比分别为

$$\rho_W = \frac{\pi(L_h - L'_h)}{E}$$

$$\rho_K = \frac{\pi[L_d - L_G - (L'_d - L'_R)]}{E} \tag{11-42}$$

对于任何照度 E_0，该环境下的字符对比度为

$$C_{CA} = \frac{L'_h + \rho_W E_0 / \pi}{L'_d + \rho_K E_0 / \pi} \tag{11-43}$$

报告： 以不多于 3 位的有效数字报告 C_{CA} 和 E_0。

注释： 对于白色亮度，按照式（11-42）从 L_h 和 L'_h 中对应减去眩光 L_G 和 L'_R 可能校准过头了，因为这些复制字符的亮度依赖复制字符的尺寸，这些不会影响白色亮度值。如果通过使用测量区域外的黑色区域可获得大面积遮幕眩光 L''_G 和 L''_R 的估计值，那么可使用式（11-44）校准白色反射比。

$$\rho_W = \frac{\pi[L_h - L''_G - (L'_h - L''_R)]}{E} \tag{11-44}$$

注意： 上面所有针对遮幕眩光的校准[式（11-40）～式（11-44）]在显示屏对比度增加时更加重要。相对于不针对探测器中的遮幕眩光进行校准的对比度值，它们能提供更准确的对比度近似值。

11.12 半球均匀性评价

在显示屏的半球漫反射反射因数测量中，积分球或半球的照明均匀性很重要。显示屏和标准白板上的照度必须尽量相近，以获得正确的反射因数。一个评价积分球或半球内部照度分布的方法是测量其内部侧壁的亮度分布。如果侧壁是朗伯反射，而且其亮度均匀，那么不管在哪个位置，积分球或半球内部的照度均匀。因此，显示屏所对的整个半球内部的亮度的相对偏差可作为评价积分球或半球好坏的指标。一个潜在的测量侧壁亮度分布的方法是使用类似镜面的积分球或半球来观察内部侧壁。

将一个抛光半球放置在显示屏中心所在的位置。用一个简单的数码相机拍摄球内壁在抛光半球面上形成的虚像的光度。例如，可从商店购买一个抛光的不锈钢长柄勺，截去手柄部分并将其安装在积分球中心附近。图 11-47 给出了勺的图像及勺图像的水平/垂直十字交叉。勺图像中的圆形环为大尺寸积分球的两个半球的分界。因为支撑台在球内部，所以当观察方向沿侧壁向支撑台移动时，会发现球内部侧壁存在一个不均匀的暗区。在垂直轮廓中，底部暗色部分为样品运动支撑架及直接支撑抛光半球（见插图）的半球支架。水平亮度均匀性看起来很好。两个谷内的像素数的相对标准差可用来评价亮度分布的均匀性。

为了检查抛光半球的镜面反射比，可使用一个放在远处的、有大尺寸出射端口的均匀光源。例如，图 11-48 中，一个具有尺寸为 150mm 的出光端口的均匀光源放置在距出光半球 1m 远处，抛光半球围绕其轴顺时针旋转约 20°，光源与抛光半球轴呈 45°。用不确定度约为 1%（当测量小面积上光源照明条件下的反射率时）的 16 位阵列式探测器（CCD）采集数据。从图 11-48 中的数据可知，可通过使抛光半球绕其轴顺时针旋转 0°～90° 得到抛光半球前方的亮度分布。有趣的是，抛光半球使得在半球后面进行测量成为可能，而且可获取其周围几乎全部的亮度分布，尽管数据存在偏差。这种小器件能快速给出积分球或其他类型的半球中内部侧壁的亮度均匀性分布。通过图示来解释，图 11-49 给出了积分球前半球均匀性随放置在抛光半球背后的方形黑色卡片尺寸的变化。当方形卡片边缘尺寸达到约 15cm 且增加时，在积分球前半球上可观察到与方形卡片尺寸相应的增大的暗区。用于经验判断的待测物尺寸须小于积分球直径的 1/7（若球直径为 91cm，则待测物尺寸为 13cm），以便不影响均匀性。因为抛光面的反射比不均匀，所以小方块的数据在中间有所增大。对抛光半球更精确的使用将涉及镜面的不均匀性和阵列式探测器的平场校准等内容。

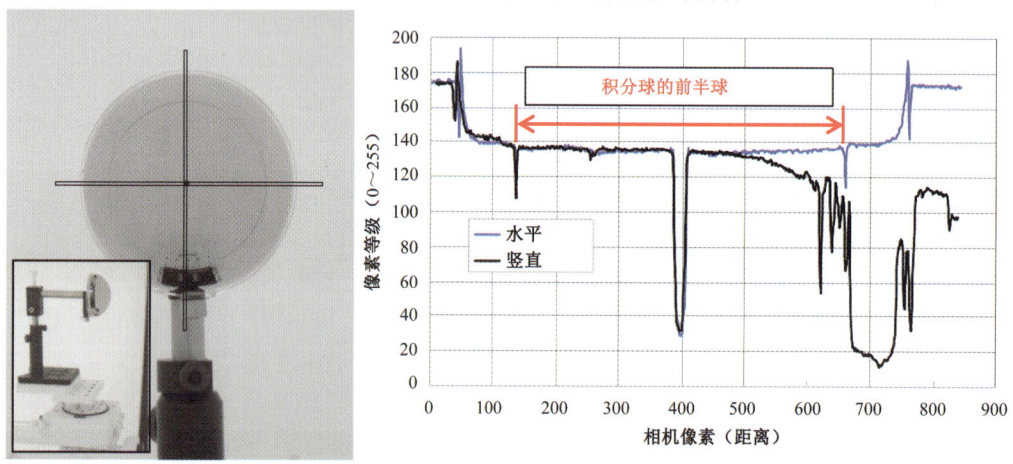

图 11-47　安装于积分球中心附近的长柄勺示意，勺图像代表球的内部结构和侧壁亮度。右侧曲线中的窄矩形代表测量区域

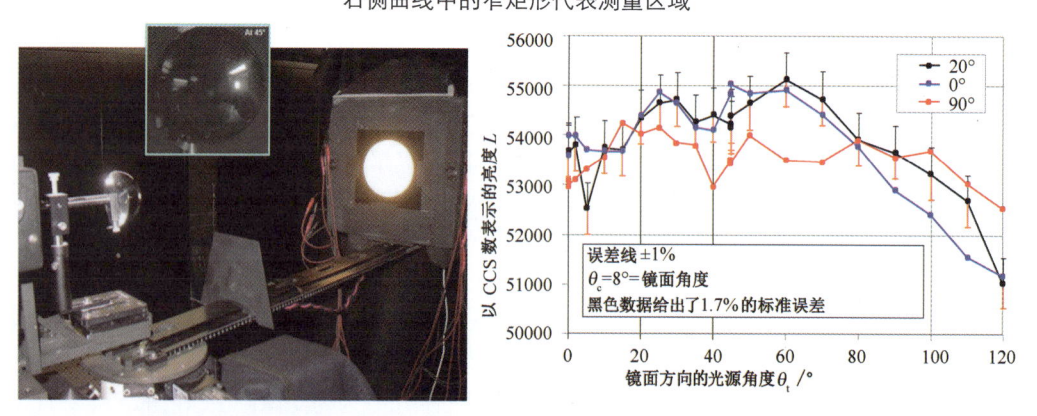

图 11-48　在镜面反射角度 θ_c 为 θ_d（8°）的位置用阵列式探测器测量抛光半球（长柄勺状）的镜面反射比。左图插图中光源与抛光半球轴的夹角为 45°（开启室内灯光以看清楚长柄），抛光半球顺时针旋转 20°。右图给出了绕其对称轴旋转的抛光半球三个位置的测量结果

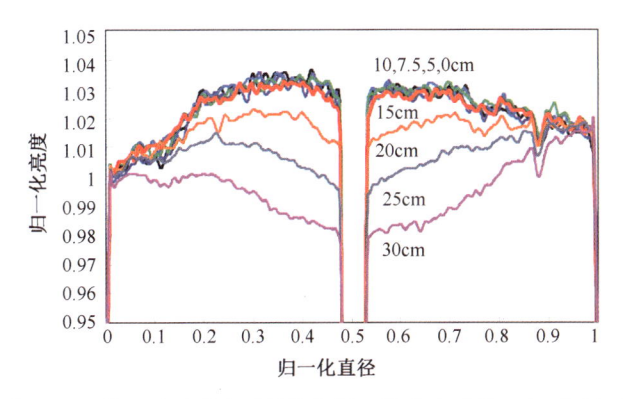

图 11-49　直径为 91cm 的积分球前半球的均匀性是抛光半球背面方形黑色卡片尺寸的函数

11.13　双向反射系统的验证

双向反射分布函数（BRDF）测量能提供关于显示屏反射特性的大量信息。理论上，如果已知显示屏的 BRDF 数据，那么可以确定针对任意光源-探测器几何布局的任意显示屏的反射比。但是，BRDF 数据巨大的实用性被测量的困难性阻碍。由于探测器的特性差异及对测量配置的敏感性，不同 BRDF 系统之间的内部比较一般非常困难。鉴于这种原因，在确定的光源-探测器几何布局条件下，直接用反射测量的相关性来确定系统的合理性。在各种评价显示屏反射特性的测量方法中，积分球因高稳定性和重复性而成为半球漫反射测量中光源的最佳选择。

作为一个实例，可使用阵列式 LED 作为光源来构建一个高分辨率的面内 BRDF 测量设备，用一个有滤光片（V_λ滤光片）的光电二极管（PD）作为探测器，采用两个旋转平台，一个用于摆放样品，另一个用于摆放光源。图 11-50 给出了 BRDF 测量设备示意。来自 LED 的光通过了一个确定尺寸（如 1mm）的圆形小孔。使用一个长焦距镜头将光线以适当直径（如经过测试样品反射后为 5mm）聚焦于探测器小孔上。光源小孔的镜面反射图像的直径略小于探测器小孔的直径。一个截锥体遮光罩位于准直透镜与 LED 光源之间，以便阻止不希望的杂散光进入准直透镜，且整个光源预先用黑色毛毡包裹，以减少周围的杂散光。在暗室中得到光学量的测量结果，暗室中仪器附近的所有表面都涂为黑色或用黑色毛毡覆盖。角度分辨率用反射样品中心与探测器小孔中心的距离来确定。例如，如果距离为 150cm，那么对应 5mm 的探测器小孔直径的角度分辨率为 0.19°。探测器的光电流与进入探测器小孔的反射光的光通量呈比例关系。为了确定反射样品上的入射光通量的大小，在样品位置放置一个黑色参考玻璃，光源和探测器呈镜面对称摆放，光源倾角 θ_s 与探测器倾角 θ_d 相等，并测量相应的光电流 J。来自光源的光通量可通过准直器内部和准直透镜附近额外添加的 PD 来监控。在 BRDF 测量中，监控器 PD 的光电流的任何改变都允许在入射光通量中进行校准。

BRDF 用样品的亮度和样品上的照度的比值定义。因为它是一个比值，所以它可以用光电流表示：

$$B(\theta_s) = \frac{L_v}{E_v} = \frac{\zeta_b J_s}{J_b \Omega_d \cos\theta_d} \tag{11-45}$$

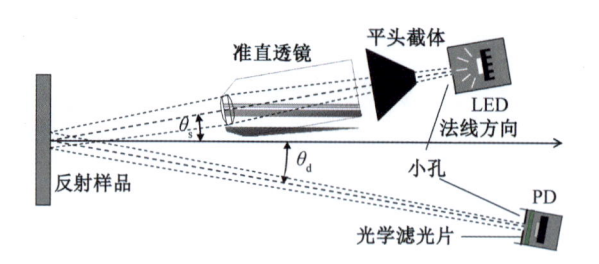

图 11-50　BRDF 测量设备示意

式中，B 为以 sr^{-1} 为单位表示的 BRDF；L_v 为样品的亮度；E_v 为样品上的照度；ζ_b 为黑色参考玻璃的镜面反射比；J_b 为与黑色参考玻璃的亮度成正比的光电流；J_s 为与样品的亮度成正比的光电流；Ω_d 为从样品中心到探测器小孔的立体角；θ_s 为光源倾角；θ_d 为探测器倾角。BRDF 并不直接依赖 θ_s。它通过 J_s 依赖 θ_s。对于测量，探测器倾角 θ_d 可设置为 5°，在测量光电流 J_s 时，改变光源倾角 θ_s。移动光源而保持探测器固定不动的效果与移动探测器而保持光源不动的效果完全相同。保持光源固定并移动探测器有优势，因为此时照明区域保持相同的尺寸，且偏离法线的大角度可被探测器检测到。通常，起始角度使用 6° 的镜面反射角度，但如果受限于光源和探测器的物理尺寸，可能需要大的角度。

图 11-51 给出了三种不同类型的反射样品的典型 BRDF 轮廓。S 样品是一块普通的黑色玻璃，主要为镜面反射；H 样品主要为雾面反射；SHL 样品同时有镜面反射、雾面反射和朗伯反射。在用测试样品代替黑色参考玻璃时，可能需要进行角度微调，以使镜面反射光束指向探测器小孔内。对于样品 H，由于无明显的镜面反射，因此很难找出镜面反射方向。因此，在替换样品时须特别小心，以便不改变黑色参考玻璃测量的光电流所指向的角度。样品 S 在镜面反射方向有强烈的峰值和相对平滑的朗伯反射。BRDF 的波动在 13° 后因低的信噪比而出现。另外两种样品因为相对于样品 S 有很大的漫反射，所以在整个入射角度内呈现非常稳定的 BRDF 轮廓。样品 S 所呈现的漫反射可能是由样品内部的不理想性（细微的擦痕和凹陷）及光源内部的散射引起的。

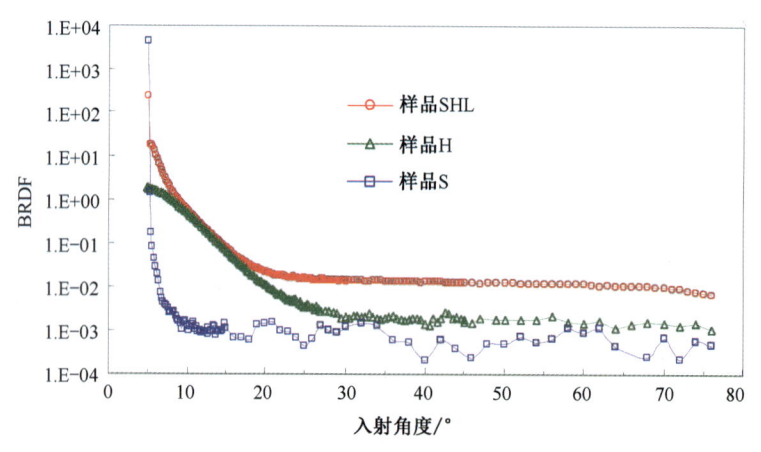

图 11-51　三种反射样品的 BRDF 轮廓

假定样品位于球的中心，且球侧壁亮度均匀，那么半球照明的反射因数由式（11-46）给出。

$$R = \frac{\pi L}{E} = \zeta_s + 2\pi \int_0^{\pi/2} B_d(\theta) \sin\theta \cos\theta \mathrm{d}\theta \tag{11-46}$$

式中，ζ_s 为样品的镜面反射比；$B_d(\theta)$ 为无镜面反射的 BRDF 的漫反射部分。在 5°（镜面反射方向）处测量的 BRDF 被用作 $B_d(\theta=0)$，同样在角度 θ_s 处测量的 BRDF 被用作 $B_d(\theta=\theta_s-5°)$。将 90° 处的 BRDF 作为零点，通过合适的插值法，如样条插值法可得到间隔为 0.1° 或 0.2° 的 BRDF 数据，然后使用这些数据进行数值积分。

表 11-14 所示为使用积分球测量的 BRDF 数据及计算的半球照明反射因数。考虑到直接用积分球测量的方法在 95%的可信度等级内的相对不确定度估计值为 1%，计算值与测量值吻合得非常好。除了用积分球测量的半球照明反射因数的不确定度，BRDF 测量设备的角度未对准、数值求和误差、所使用的积分球和探测器光学响应的差异也会引起计算值和测量值之间的差异。光源光谱差异也可影响测量结果，但这些影响可忽略，因为样品光谱是平滑的。

表 11-14 使用积分球测量的 BRDF 数据及计算的半球照明反射因数

样品	BRDF 镜面反射	BRDF 漫反射	BRDF 总和	计算值	偏差/%
S	0.0400	0.0023	0.0423	0.0422	0.42
H	0.0000	0.0485	0.0485	0.0479	1.2
SHL	0.0018	0.1132	0.1151	0.1154	-0.28

表 11-14 表明，对于样品 S 和 SHL，计算值与测量值的偏差小于 0.5%，而样品 H 的偏差大于 1%。对样品 H 相对大的偏差可以这样解释：在探测器小孔位置无镜面反射成像，因此在用黑色参考玻璃替换样品 H 时，可能会产生轻微的角度未对准；角度未对准对于其他两个样品来说，可以进行重新调整，因为它们存在镜面反射成像，但对于样品 H 来说，角度未对准的影响可通过改变起始角度测量 BRDF 来估计。结果表明，0.1° 的角度未对准可造成反射因数的计算值改变 3%，如图 11-52 所示。因此，在对去除镜面反射的样品进行 BRDF 测量时，样品精确的对准非常关键。

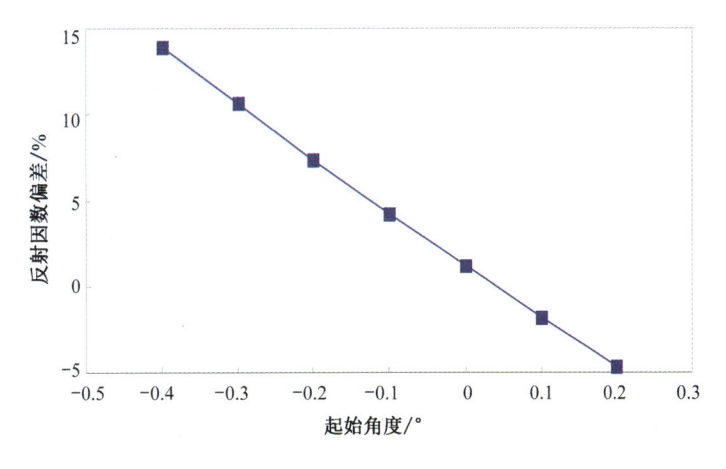

图 11-52 样品 H 的反射因数偏差是起始角度的函数

误差同样可由数据积分规则引入。有四种不同的、可靠的数值积分方法：Trapezoidal、Simpson's、Simpson's 3/8 和 Bode's。对于样品 H 和 SHL，其最大反射因数和最小反射因数的偏差可小于 0.2%，而对于样品 S 则可达 0.8%。在图 11-51 中，作为角度的函数，样品 S 的 BRDF 轮廓远比另外两个样品的 BRDF 轮廓变化快，因此其数值积分更容易受不同数值积分规则的影响。

另一个可能引起数值积分误差的是 BRDF 数据在最终测量角和 90°之间的插值角度 θ。最糟糕的情况是将此范围内的所有数值都设置为零，且仅在截至最终测量角范围内对 BRDF 进行数值积分。在这种情况下，对于样品 S、H 和 SHL，所计算的反射因数各自分别减去 0.25%、0.83%和 1.3%。从图 11-51 中可明显观察到，对于 BRDF 中有很高朗伯反射的样品，这个减去的值非常大。因此，可以预测，不同插值法所引起的不确定性对反射因数的影响远远小于 0.5%

这种比较给出了用可靠的直接反射测量检测 BRDF 系统的方法。

真实的测量方法

第 12 章

运动图像伪像测量

现代电子显示屏经常会被用于显示动态图像,如视频和动画图形。一般而言,它们通过显示一系列的静态图片(称为帧)形成动态显示。动态显示的目标通常是呈现一种与现实世界中运动物体形态相像的、具有明显的空间分辨率和色彩保真度、平滑地运动的动态图像。本章不局限于任何特定的显示技术。

能否实现这个目标很大程度上依赖显示屏的时间特性。什么是帧速率?显示元素如何快速地从一个灰阶等级或颜色转换到其他灰阶等级或颜色?背光调节如何呈现?帧速率是对空间分辨率的时间模拟,转换时间是对一个空间像素的形状和大小的模拟。

本章介绍对显示屏的显示基本运动特性的测量。因为显示的运动特性测量在现代显示屏中具有重要意义,所以,本章更多地考虑运动模糊测量。当眼睛追踪一个运动图像,同时显示屏持续显示非常短暂的一个个帧图像时,就会发生运动模糊。这样,在帧图像显示期间,图像会在视眼中逐渐滑过。运动模糊测量通常是指测量运动边缘的模糊程度,本章给出几种用于测量和量化运动边缘模糊程度的方法。运动模糊也可以根据运动线或光栅的对比度下降程度进行测量,本章也会给出这些技术的测量方法。

此外,当显示屏的几种基色表现出不同的运动模糊时,或者各种基色的模糊依赖转换的幅度时,颜色失真就会出现在运动边缘附近。本章给出一种计算运动边缘颜色失真程度的方法。

颜色分离(CBU)是运动图像伪像的一种重要类型。它发生在场序彩色(FSC)显示屏上,这种显示屏通过快速显示一系列基色(通常是红色、绿色和蓝色)场并通过人眼将这些色场进行混色来产生单个彩色帧图像。当眼睛的快速运动(扫视)导致连续色场在空间上无法在眼中有效成像时,就会发生颜色分离。颜色分离的程度取决于色场的速率、所选择的基色数量、每个色场中显示的内容。CBU 测量的目的是针对这种现象给出相关的标准测量方法。

动态失真轮廓(DFC)与光在一个帧周期内的时间分布有关。一些显示技术在一个帧周期内产生几个特定持续时间的短光脉冲(称为经加权的子帧),其中,发光强度是通过激活一个或多个子帧进行控制的。通常，子帧在一个帧周期内的顺序是固定的，它们是否激活取决于所要显示的内容。对于（彩色的）运动物体，光线沿物体的运动轨迹在视网膜上进行时间积分。新的颜色可能出现失真轮廓，这取决于内容、运动速度和子帧的分布情况。本章给出了一个试图量化这种现象的指标。

运动图像的几何失真可能更明显，因为一个完整的帧可能不会立刻出现（例如，它可能会从顶部扫描到底部）。还有一种运动图像伪像称为线帧闪烁，它是由窄运动线的时空混淆导致的。本章也给出了这些运动图像伪像的度量指标。

运动图像的一些问题可能是先于显示面板的图像处理导致的。虽然它们具有不同的特性，但在现代集成显示屏上是普遍存在的，所以，如果能够定义有用的测量方法，那么就可以解决这些问题，如抖动、帧撕裂、重复帧和丢帧。

附录中有一些内容和本章相关。这些内容有助于计算灰阶和色调，以及理解运动图案的抖动和模糊。相关内容可参考附录 B.26、附录 B.27、附录 A.9。为了清晰起见，下面简要汇总本章中使用的符号。我们尽可能使它们与本书的其余部分保持一致。

f：显示帧测量中的时间；

t：时间（单位为 s）；

Δt：采样时间间隔（单位为 s）；

v：边缘运动速度（单位为 px/frame）；

p：水平位置的显示像素；

x：水平位置的视角度；

Δx：采样视角度之间的距离（见 12.4.3 节）；

c：水平位置的相机像素；

m：相机放大倍率（单位为相机像素/显示屏像素）；

w：显示屏的帧速率（单位为 Hz 或 frame/s）；

w_x：空间频率（单位为 cycles/°）；

T：帧周期（单位为 s，等于 $1/w$），即 Δt；

R：相对亮度；

M：用于开始或结束的模糊响应的灰阶数量；

C_{start}, C_{end}：边缘开始和结束的颜色；

V_{start}, V_{end}：边缘开始和结束的灰阶；

r：显示屏的视觉分辨率（单位为 frame/°）；

τ：采样间隔时间（单位为帧）；

$S(f)$：在帧中作为时间阶跃响应函数；

$R(f)$：运动边缘时域剖面轮廓（f 的单位为帧）；

$R(p)$：运动边缘空间剖面（p 的单位为显示屏像素）。

下面介绍一些正在发展的、可能的候选衡量指标。

1. 动态图案的抖动

这是动态图案的一种与运动相关的瞬时不稳定性，可能会出现停滞、不平滑或其他平滑动态内容的中断，而不是平滑的变化。

2．线条状分割

在某些情况下，一些显示屏会因眼睛扫视动作或外部运动干扰（如透过运动的、手指展开的手进行观察）而产生一种视觉闪烁现象。

3．运动线的对比度降低和涂抹

这是一种对比度降低，是因一条一定灰阶的线在不同的灰阶背景上从左向右水平运动引起的（也称为线涂抹，假设人眼平滑追踪线）。通过比较静态线（相同灰阶）和运动线来确定线相对于背景的对比度降低。当线开始运动时，静态线对比度会涂抹一定的距离。线的宽度是一个像素（如果所有利益相关方都同意，那么也可使用其他宽度的线）。注意，线运动的速度必须是 1 px/frame 或更大，建议最小为 4 px/frame。如果速度过慢，就需要考虑线帧闪烁的情况（见 12.6 节）。之后介绍的运动图像的动态对比度就是针对基于图像的、用于确定运动线对比度降低的情况的。

4．灰阶失真

这是在运动图像边缘模糊区域内发生的运动图像伪像（假设人眼平滑追踪运动图案）。

边缘模糊被看作一种灰阶的简单图案和其所在的另一种灰阶背景之间的一个平滑过渡。然而，该平滑过渡的模糊区域内存在产生变亮或变暗的波动，这可能是由过冲、负冲、波纹或其他伪像造成的。这种衡量标准的基础是亮度测量，可以从平滑的模糊区域中分辨模糊区域的变化。

5．动态伪轮廓的产生

这是一个与几何学上运动物体相关的畸变，这种畸变与本章中已经讨论的模糊和其他伪像不同。

这个衡量标准与本节中的模糊和其他衡量标准不同。它是指可以生成的、与人类视觉系统无关的特征，如条带、边角拉伸、压痕、发光、新的微结构和周边结构的可视性。

6．反向边缘伪像

这是一种运动图像伪像，是因诸如空间或时间抖动的位增强技术而在某些运动图案的像素边界上发生的现象。

7．运动图像的动态对比度

这是在假设人眼平滑追踪的条件下的运动图像的动态对比度。可以使用多种类型的图像。

运动图像的动态对比度基于它们的静态形式。通常只处理屏幕的一小块区域。假设有一个矩形静态图像，其水平宽度为 N_x，竖直高度为 N_y。在 x, y 方向上，静态图像像素的相对位置分别为 n_h 和 n_v，其中，$h = 1, 2, \cdots, N_x$；$v = 1, 2, \cdots, N_y$。静态图像在 (h, v) 位置的像素亮度为 S_{hv}。设图像的运动速度为 u（单位为 px/s）[如果 u 为速率，那么这里速率会被定义为 (u_x, u_y)]。假设人眼平滑追踪，能够以相同的相对坐标 (n_h, n_v) 精确地识别运动图像的位置，使运动图像的每个像素的亮度为 M_{hv}（这个过程相当于用静态图像表示运动图像）。运动图像的动态对比度（基于迈克耳孙对比度的定义）如下：

$$C_d = \frac{1}{N_x N_y} \sum_{h=1}^{N_x} \sum_{v=1}^{N_y} \left(1 - \frac{|M_{hv} - S_{hv}|}{M_{hv} + S_{hv}}\right)$$

使用一个边长为 100 px 的方框和在同一种灰阶背景上的一条不同灰阶的单像素运动线图像。动态对比度范围为 0~1，一个理想的运动图像与一个动态对比度为 1 的静态图像类似。

12.1 运动边缘模糊简介

许多现代显示技术都会遇到运动模糊问题。当眼睛追踪一个运动画面，同时显示屏在相应的或更长时间里持续呈现帧图像时，就会发生运动模糊。结果，在帧图像显示期间，图像会在视眼中逐渐滑过。尽管运动模糊可能出现在任何运动图像上，但运动边缘是一个被广泛使用的测试图案。基于这种图案的测量方法称为运动边缘模糊方法。本节讨论运动边缘模糊的测量、分析或量化方法。本节首先对基本测试图案和测试原则进行介绍，然后介绍完整测量和分析运动边缘模糊的一般步骤，最后介绍一些具体的测量和分析技术。

1. 测试图案

虽然接下来将讨论测试图案的变种，但标准的运动边缘模糊测试图案是一个将灰阶分别为 V_{start} 和 V_{end} 的两个区域分割开的竖直边缘。图案以速度 v（单位为 px/frame，取整）水平滚动，行进方向为边缘处的灰阶随时间推移由 V_{start} 变为 V_{end} 的方向。在如图 12-1 所示的情况下，边缘从左向右运动。实际上，边缘可向其中任意一个方向运动，但总是将 V_{start} 定义为起始灰阶而将 V_{end} 定义为结束灰阶。图 12-1 的右侧给出了人眼对测试图案的一种可能的观察效果，其边缘模糊。下面将解释和量化这种模糊。

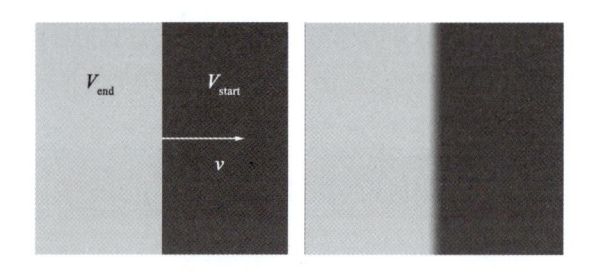

图 12-1 运动边缘模糊测试图案（左边）和当眼睛跟踪运动边缘时可能出现的视觉现象（右边）

2. 运动边缘模糊的起因及本质

尽管运动模糊表现为空间伪像（模糊），但它本质上是显示屏的一个时间性行为。因此，首先考虑显示屏的瞬时阶跃响应（TSR）。这个特性描述灰阶变化后显示屏相对亮度的变化（请参阅 10.2.1 节）。图 12-2 所示为一个灰阶从 $V_{start}=0$ 变为 $V_{end}=255$ 的液晶显示屏的瞬时阶跃响应的例子。在这种情况下，相对亮度的改变持续了不止一帧。正如我们看到的那样，这种瞬时阶跃响应和显示的保持时间一起决定了运动模糊的程度。

第 12 章　运动图像伪像测量

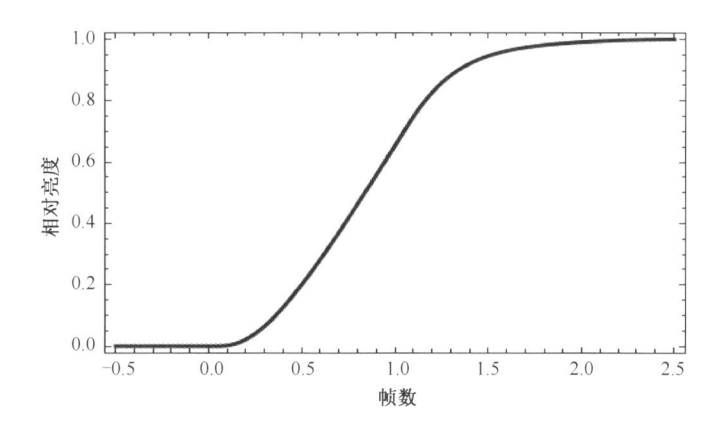

图 12-2　一个特定液晶显示屏的瞬时阶跃响应

在分析运动模糊时，绝对亮度往往不重要，重要的是亮度随时间和空间的变化方式。因此，使用术语"相对亮度"表示一个与亮度呈比例关系的量。除非另有说明，本节所指的测量都是假设在相对亮度下进行的。

现在考虑一个边缘以 2 px/frame 的速度运动的特定情况。考虑这种运动图像，首先注意竖直方向上无变化，这样只需要关注一个像素的水平线和一个帧序列。图 12-3 所示为沿着这条线的边缘附近像素、经过九个帧的相对亮度分布。如果从下至上检查单个像素随时间的变化，会发现它开始是暗的，某个时候逐渐变亮。实际上，转变过程的形状恰如图 12-2 所示。

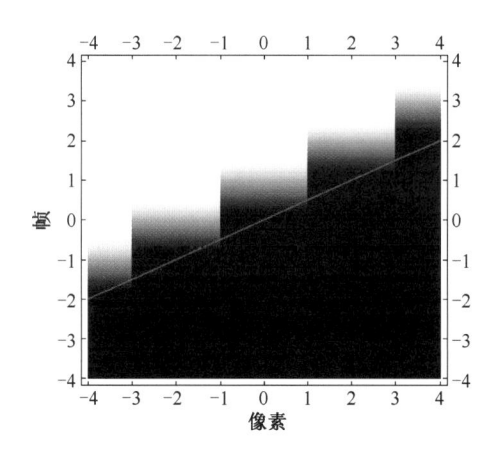

图 12-3　该图描述相邻运动边缘的相对亮度，它是以水平位置和时间为变量的函数

虽然图 12-3 表明运动边缘是离散的，并且每帧发生两个像素的跳跃，但这一运动对于人眼来说是光滑的（如果像素足够小且帧画面足够简单）。如果观察者追踪明显的边缘运动，他们看到的也是平滑的。图 12-3 中的红线代表眼睛追踪明显的边缘运动时的路径。

在眼睛观察路径已知的情况下，可以将图 12-3 中的坐标进行转换，呈现一幅与人眼而非屏幕相关的相对亮度分布图。因此，通过下面的式子将屏幕坐标 p（px）变换成眼睛坐标 p_r：

$$p_r = p - vf$$

式中，f 为时间（单位：帧）；v 为速度（单位：px/frame）。变换结果如图 12-4 所示。

281

如果考查任意固定水平观察位置的相对亮度（图 12-4 给出了一个固定的水平坐标），可发现它在一个帧周期内有波动。这是因为当边缘以跳跃形式（逐步地）运动时，眼睛也平滑地运动。然而，如果帧周期足够短，那么对于人眼来说，这种波动将随时间不可见，人眼只会看到每帧的平均亮度。这种平均的结果称为运动边缘空间轮廓（MESP），如图 12-5 所示。它表示人眼在明显的模糊边缘看到的一幅横截面图像，如图 12-1 右侧图所示。

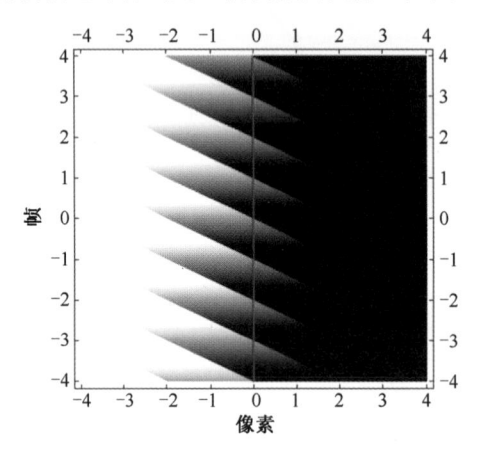

图 12-4　该图描述相邻运动边缘的相对亮度，它是以人眼水平位置和时间为变量的函数

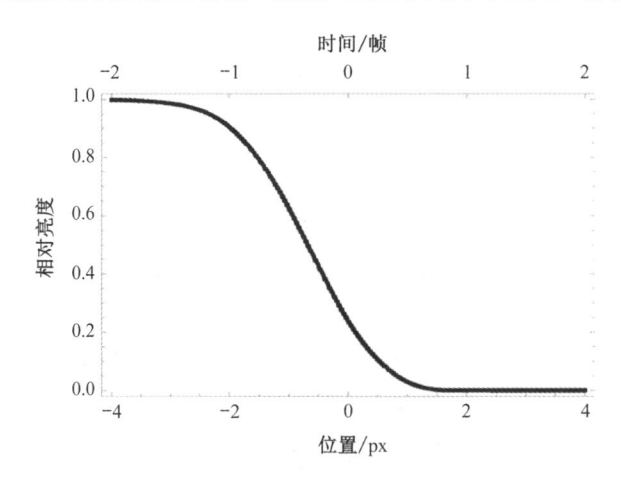

图 12-5　一个边缘运动速度为 2 px/frame 的特定液晶显示屏的运动边缘空间轮廓。
运动边缘时域轮廓与此曲线相同，但水平轴与图 12-4 的水平轴相同

前面例子中用到的边缘运动速度为 2 px/frame。如果换一个不同的运动速度，观察到的模糊将相同，但横向模糊范围与速度呈比例关系。因此，需要指定一种与速度无关的运动边缘模糊测量方法，这可通过用像素坐标除以一个以 px/frame 为单位的速度以获得一个帧坐标来实现。这个坐标的转换结果称为运动边缘时域轮廓（METP），如图 12-5 所示。METP 在数学上能用一个脉宽等于保持时间（通常为一个帧）的脉冲与瞬时阶跃响应函数（见图 12-2）的卷积表示，如图 12-6 所示。

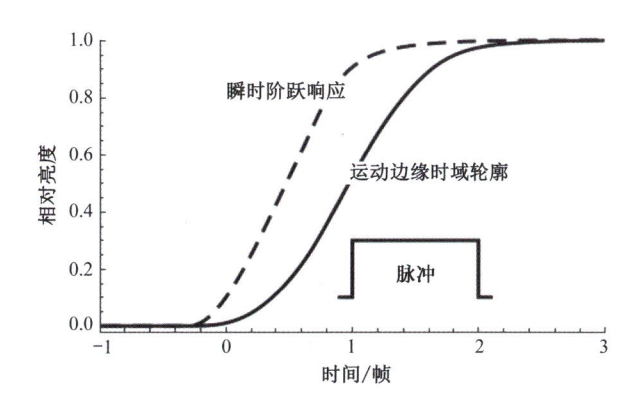

图 12-6　METP。它是瞬时阶跃响应函数和一个帧周期内脉冲的卷积

3. METP 分析

METP 可用于衡量运动边缘模糊程度，但它是一个由一大串的数字表示的波形。在许多情况下，更倾向于使用一个数的衡量指标来描述模糊的严重性。大致上，这种严重程度反映了模糊的宽度。因此，大部分 METP 分析和它派生出来的数据衡量指标本质上是测量 METP 的宽度。其中一种方法是确定 METP 的最小值和最大值，并确定相对亮度 10% 和 90% 的位置。如图 12-7 所示，这些点之间的时间间隔（以帧表示）被定义为边缘模糊时间帧（BETF）。BETF 经常被转换为边缘模糊时间（BET），并以 ms 为单位。

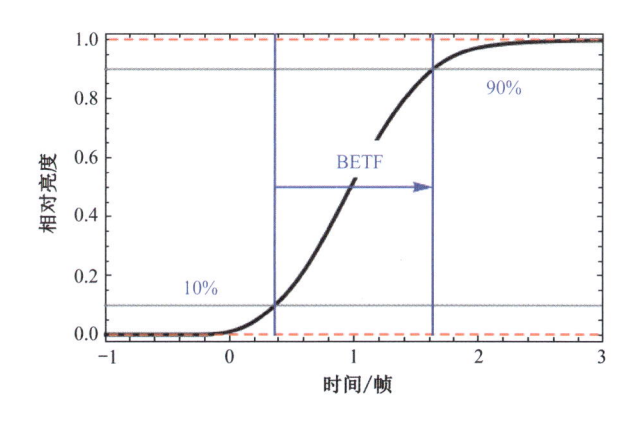

图 12-7　分析 METP 来获得 BETF

BET 是 METP 的几种派生衡量指标中的一种，其他的包括使用高斯拟合的、更加可靠地评估模糊宽度的高斯边缘时间（GET），以及使用人眼视觉对比度敏感函数（CSF）过滤边缘的感知边缘模糊时间（PBET）。其他衡量指标也会在后面讨论。

4. JND 分析

上面讨论的所有分析方法有一个局限，就是它们没有将结果表示为与伪像感知大小相符的单位。感知边缘模糊时间确实包含了人眼视觉对比度敏感函数，但结果仍然以 ms 为单位，而不是与 JND 相关的物理量。为了计算与 JND 相关的物理量，需要一个针对空间图案的视觉敏感度模型。这个模型必须包含空间对比度敏感函数、边缘图像的过滤、掩蔽模糊伪像的边缘本身，以及对边缘范围空间的积分。下面介绍的一个衡量指标包括了这种分析形式。

多重灰阶：因为显示屏的转变速度可能依赖于所使用的具体灰阶对，所以，普遍使用一个有 $M(M–1)$ 个灰阶等级的集合。对每个灰阶进行重复测量和分析，将产生相应数量的衡量指标值。图 12-8 所示为这种结果的示意。通常，对这些多重衡量指标值进行综合，如进行平均，以得到一个衡量指标。

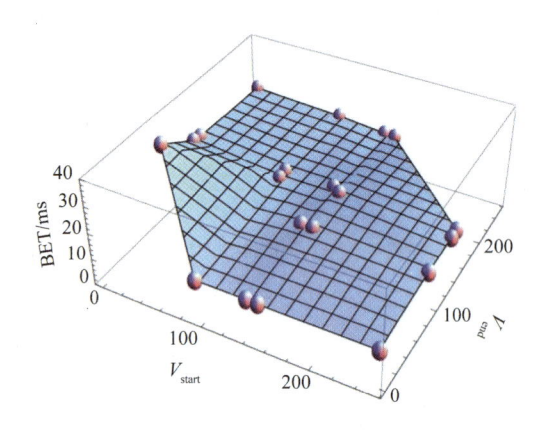

图 12-8　图中的球表示由 20 个 V_{start} 和 V_{end} 组合的 BET 的数值。
注意，在此种情况下，$\{V_{start}, V_{end}\}=\{0,91\}$的数值急剧增加

测试图案变化：可以使用多种不同的测试图案。例如，灰阶为 V_{start} 的背景上有一个灰阶为 V_{end} 的条，如图 12-9 左侧所示。这使在一个测试图案上测量两个灰阶的转换成为可能。然而，必须确保条足够宽，从而使两个转换不重叠。此外，条在高度上无须占满整个显示屏，可以使用一个矩形块（见图 12-9 右侧），只要测量矩形块的上下边界内的区域即可。矩形块的优点是减少了显示屏的显示内容，这对一些技术可能是重要的。更灵巧的设计是将不同灰阶转变的多个边缘包含在一个测试图案内，从而加快测量速度。一般来说，测试图案可以有很多变化，只要在后续分析中可以提取用于区分 V_{start} 和 V_{end} 转换的单个 METP 即可。

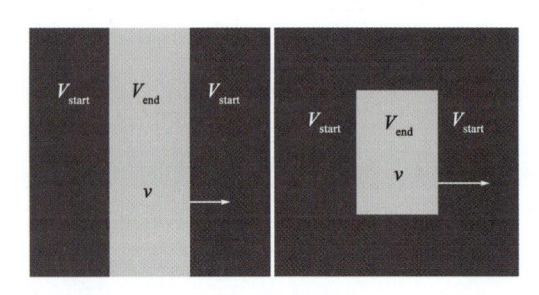

图 12-9　交替的运动边缘模糊测试图案：条（左）和方块（右）

运动彩色边缘模糊：如果显示屏的基色呈现相同的运动模糊，而且这种模糊不依赖于转变幅度的大小，那么当两种颜色（C_{start} 和 C_{end}）之间的边缘运动时，将出现模糊，但没有颜色失真。在色彩空间中，两种颜色之间会有一个沿直线的渐变，而不是突变。屏幕上的所

有颜色是 C_{start} 和 C_{end} 两种颜色的线性组合。但是，如果不满足上述任何一个要求，那么在边缘附近就会出现颜色失真。为了测量这些失真，可用三刺激值替代亮度，用上面的方法进行测量。对任意一对特定颜色 C_{start} 和 C_{end}，将产生一套共三个 METP。

目前，没有将这三个波形（METP）转换成一个衡量指标的步骤，也没有提出采用何种颜色配对的建议。当一个 5×5 或 7×7 的阵列灰阶对能满足亮度测量时，考虑 5×5×5×5×5×5 的阵列或更大的尺寸可能是不实际的。还应该注意的是，如果初选颜色有相同的时间属性，那么可以直接用灰阶运动模糊估算颜色失真。

运动线模糊和运动光栅模糊：运动线模糊和运动光栅模糊是两个与运动边缘模糊密切相关的测量，所以，这里对它们进行简要介绍。

（1）运动线模糊。如果图 12-9（左侧）的条足够窄，那么两个边缘部分的 METP 或 MESP 重叠，称这个结果为运动线模糊。通常模糊会导致运动线的对比度下降，对这种下降进行适当的量化，就可以测量运动模糊。运动线模糊可以使用上述任何技术进行测量（追踪相机、数字追踪，或者瞬时阶跃）。

（2）运动光栅模糊。如果用一个光栅作为运动测试图案，那么动态模糊将对不同空间频率以不同程度来降低对比度。这样就可以根据调制传递函数（MTF）来测量模糊。一般步骤是，以一定的速度横向移动垂直光栅，并记录追踪图案的水平截面（空间轮廓）。可以使用 12.3 节介绍的任何影像记录方法进行记录。如果测试图案是一个正弦亮度的光栅，在追踪期间，亮度轮廓也将是正弦形状的，可通过它与输入光栅的振幅比得到 MTF（12.5.2 节）。理论上，这个量化也可以由 MESP 获得。

标准测量条件：下面每种测量方法中都给出了测量的具体条件，这里介绍一些通用的条件。如果可能，应该在显示屏本身的物理分辨率和帧速率下进行测量。在使用一个条或一个矩形块时，其高度要足够高，以确保占满探测器的整个测量孔；其宽度要足够宽，以避免相应前端和后沿之间有重叠。可以对一系列连续帧进行时间积分来降低噪声，只要这种积分本身不会改变 MESP 的形状。

获取运动模糊数据的方法：下面简要介绍几种可以获得运动模糊数据的方法，更详细的介绍参见 12.3 节。

（1）追踪相机。理论上，最简单的测量运动边缘模糊的方法是使用追踪相机平滑追踪运动边缘。"平滑"是指相机注视点以一个恒定的速度 v（单位为 px/frame）聚焦于边缘。这可以通过在一个线性运动平台上安装相机实现，或者通过旋转相机实现，或者通过相对于一个固定相机移动显示屏实现，也可以使用其他方法。在任何情况下，相机都在模拟眼睛平滑追踪明显边缘位置的运动。对时间取平均的结果是得到一幅边缘模糊的图像。对垂直维度（正交运动）取平均后，可以获得一个代表边缘模糊的横截面的一维波形。这就是 MESP。METP 可以通过以边缘运动的速度缩放 MESP 获得。对追踪相机系统的介绍见 12.3.1 节。

（2）时间延迟积分相机。这种方法使用一种被称为时间延迟积分相机（TDI）的特殊固定相机，它可通过捕捉图像阵列电荷来模拟追踪相机的运动，详情见 12.3.2 节。

（3）快速数码追踪相机。这种方法使用快门速度远小于帧周期的固定相机。用足够高的快门速度捕获一系列帧，通过适当地移位和添加，可以模拟眼睛的运动，从而产生 MESP 的记录，也可得到 METP。使用固定相机避免了使用追踪相机的机械难度。这种方法称为"数码追踪"。对数码追踪相机系统的介绍见 12.3.3 节。

（4）瞬时阶跃。这种方法使用了一个测量灰阶转换的、瞬时阶跃响应（见图 12-2）固定的非成像探测器，如专用光电二极管或光电倍增管（PMT）。将这个瞬时阶跃响应和一个脉宽等于保持时间（通常为一个帧）的脉冲进行卷积，以获得 METP 的估算值。这种方法已在图 12-6 中说明。这种方法依赖于一个假设，即所有像素是空间独立的。在许多情况下，它已被证实是正确的，但当出现运动过程不独立时，可能会出现错误。关于如何从瞬时阶跃响应获得 METP 的介绍见 12.3.4 节。

12.2 运动边缘模糊测量的一般方法

描述：测量一个以恒定速度水平运动的垂直灰阶边缘的明显模糊（见图 12-10）。这个测量用于估算眼睛以恒速追踪边缘所看到的边缘形貌。测量结果是一个以相对亮度为纵坐标、以时间为横坐标的一维波形，即 METP。通过分析波形可提取确定模糊程度的参数。
单位：时间的单位为帧或 ms，帧速率的单位为 Hz，图像坐标的单位为 px。**符号**：w 为帧速率（Hz），v 为边缘运动速度（px/frame），p 为显示屏上的采样位置（显示屏像素），f 为采样时间（帧），τ 为采样间隔时间，V 为灰阶集，M 为灰阶的数量，V_{start} 为起始灰阶，V_{end} 为结束灰阶，$R(f)$ 为 METP 内、采样时间为 f（帧）时的相对亮度。

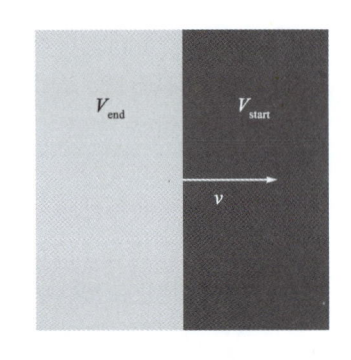

图 12-10 运动边缘模糊测试图案

设置：应用如图 12-11 所示的标准设置。

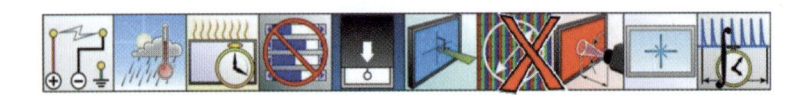

图 12-11 标准设置

步骤：运动边缘模糊测量一般包含两个步骤——捕捉 METP 和分析 METP，从而提取有用的衡量指标。

（1）选择灰阶集。选择一个包含 M 个灰阶的集合 V（范围从 V_K 到 V_W）。这些可能是等距的灰阶或亮度（见附录 B.26）。一个等亮度间隔的灰阶集 V = {0, 56, 91, 139, 170, 212, 255}，另一个可能的集合 V = {0, 63, 127, 191, 255}。如果 M=2，那么 V={V_K, V_W}，典型值为{0, 255}。灰阶集用于创建一个灰阶-灰阶转换数组，从 V_{start} 到 V_{end}，这两个灰阶取自灰阶集 V。在图 12-12 所示的例子中，将产生一个包含 $M(M-1)$ = 7×6=42 个元素的非零转换数组。

（2）选择速度。选择边缘运动速度 v，其单位为 px/frame（取整数）。边缘运动速度应该足够快，以便能够测试运动模糊，但也不能太快，以便测量仪器能够追踪。速度的精度通常不关键，因为大多数衡量指标对速度都进行了修正。推荐速度为 8 px/frame。

V_{start} \ V_{end}	0	56	91	139	170	212	255
0							
56							
91							
139							
170							
212							
255							

图 12-12　一组可能的起始灰阶和结束灰阶集合。空单元格，如左侧第一列和第一行的空单元格表示起始灰阶和结束灰阶的可能组合

（3）创建一个运动边缘。从上面的阵列中选择一对灰阶 V_{start} 和 V_{end}，创建一个以速度 v（px/frame）水平滚动的、在灰阶 V_{start} 和 V_{end} 之间过渡的竖直边缘。运动方向应该为从 V_{start} 转变为 V_{end} 的方向（见图 12-10）。

（4）捕捉 METP。12.3 节中介绍了几种常见的获得 METP 的方法。在使用追踪相机的情况下，相机以恒定速度 v 追踪边缘。相机的快门时间设置为帧的整数倍。得到的结果是边缘的追踪图像。对每行的追踪图像取平均值，以得到一个波形，用这个波形估算眼睛以恒定速度 v 运动时看到的模糊亮度边缘的横向空间轮廓（MESP）。MESP 的横坐标应该以显示屏的像素 p 表示，如果可行，可使用相机放大倍率将相机的采样像素坐标转换为显示屏的像素坐标。然后，通过下面的式子将每个空间的采样位置 p（单位为 px）转换为时间 f（单位为帧），进而将这个轮廓在水平方向重新缩放。

$$f = p / v$$

这会产生一系列与时间序列点上的相对亮度对应的 $R(f)$。通常，这些点是均匀分布的，其采样间隔时间为 τ（单位为帧）。将按此转换后的运动边缘轮廓称为 METP。

（5）如上所述，也可使用其他方法获得 METP（见 12.3 节）。无论使用哪种方法，应该保证采样间隔时间 $\tau \leqslant 0.05$ 帧。

（6）在每个 $\{V_{start}, V_{end}\}$ 转换之间重复测量。将产生一个 $M(M-1)$ 大小的波形阵列。这个阵列包括上升转换和下降转换。

分析： 通常，分析的目的是将每个 METP 转换为一个表征模糊程度的数字（一个衡量指标）。有几个衡量指标已经在使用或已经被提出。大多数衡量指标是对模糊宽度的测量。BET 就是一个例子，它包括波形中相对亮度为 10%～90%的、以 ms 为单位的时间部分。另一个例子是 GET，它是一个与 BET 类似但更加可靠的衡量指标。下列这些衡量指标会在后续章节中讨论。

- BET：边缘模糊时间。
- EBET：延伸的边缘模糊时间。
- PBET：可感知的边缘模糊时间。
- BEW：边缘模糊宽度。

- BED：边缘模糊程度。
- EBEW：延伸的边缘模糊宽度。
- GET：高斯边缘时间。
- MTB：运动时域带宽。
- MSB：运动空域带宽。
- JND：刚辨差。

无论选择哪种衡量指标，都要计算 $M(M-1)$ 个不同灰阶-灰阶的转换。图 12-13 给出了一个示例，结果以表面上的点表示。

分析的最后一步是总结从 $M(M-1)$ 个不同灰阶-灰阶的转换中获得的测量值。这个总结应包括平均值和标准差。也可能会报告最大值和最小值。

报告：报告灰阶集 V、边缘运动速度 v（单位为 px/frame）、帧速率 w（单位为 Hz）、采样间隔时间 τ（单位为帧）、METP 和/或衍生衡量指标，如对每个 V_{start}-V_{end} 转换的 B_{BET} 或 B_{GET}（见后续章节），如表 12-1 所示。如果使用灰阶对的数组，那么除了以图形方式报告，可能还要报告衡量指标值数组或这些数值的总结统计图（见图 12-13）。METP 应该以表格或图形形式报告，或者两种方式都使用。

注释：用于 METP 数据采集的方法和分析的方法是相互独立的。因此，任何一种数据采集方法都可以使用任何一种分析方法进行分析。

表 12-1　报告示例

V_{start}	0
V_{end}	255
τ	0.05 帧
w	60 Hz
v	8 px/frame
B_{GET}	10.7 ms
METP	$R(1)$	131.5	相对亮度
METP	$R(2)$	131.5	
METP	$R(3)$	131.6	
METP	…	…	…

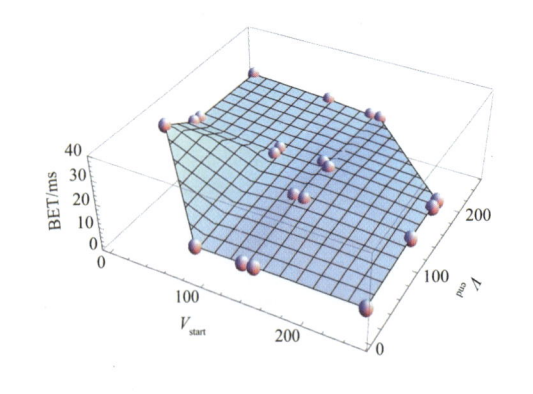

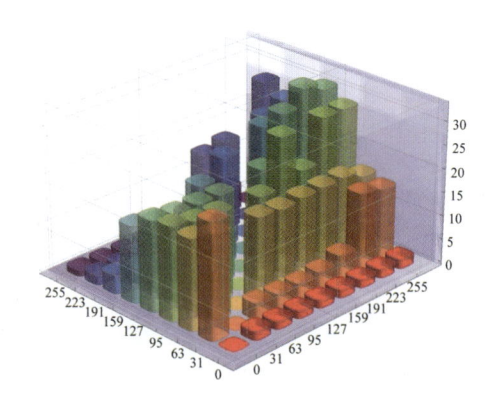

图 12-13　一个根据起始灰阶和结束灰阶绘制的采样显示屏的 BET 示例

12.3　运动边缘模糊测量

METP 可用于衡量运动边缘模糊程度，它是一个波形，因而它难以报告为单个数字或对其进行排序。因此，可使用一个或几个简单指标来概括 METP，每个指标都是波形分析的一种类型，分析的结果通常是一个数值。使用这种简单的数值指标，在收集了几个灰阶-灰阶转换的波形后，每个波形都会有一个简单的数值。本书给出了一个综合多个此类结果的方法，并且给出了概括运动边缘的三刺激时域轮廓（METTP）的方法。12.3.1 节和 12.3.2 节给出了确定 METP 的两种方式。

12.3.1 用追踪相机测量运动边缘模糊

描述：使用追踪相机测量运动边缘模糊。相机的运动可以通过旋转或线性平移来实现。运动边缘在屏幕上穿行时，用相机视场定位来追踪运动边缘——相机可旋转，可以旋转反射镜，以便给相机一个沿镜头光轴方向的旋转视场；相机可进行线性运动，以便追踪边缘的运动（见图 12-14）。如果选择旋转追踪，那么，当运动图像最靠近相机时，应当拍照（在相机镜头光轴垂直于屏幕的位置）获得运动边缘的时域积分图像或一系列图像。这些追踪图像用来模拟人眼追踪运动边缘时，运动边缘在视网膜上所成的图像。如果使用图像序列，那么图像应是多帧和多行的平均，以便获得 MESP 的估计。空间坐标（px）除以边缘运动速度（px/frame）可获得 METP。相机的曝光（快门速度）应该与显示屏的帧周期呈比例增加。追踪相机的配置可以很简单，可通过试错法（反复试验）捕获合适的图像。该装置也可以是精密的、自动化的。

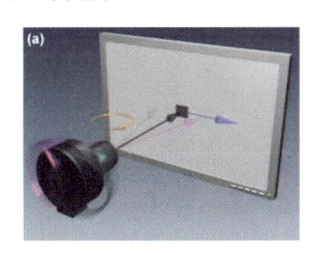

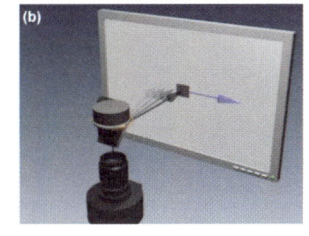

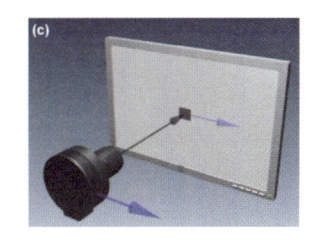

图 12-14　追踪相机的配置：　（a）旋转相机（此图给出一种优势点配置方式，在这个点，相机总是通过同一点进行观察）；　（b）固定的、具有旋转镜的相机；　（c）线性追踪

图 12-15 所示为一个相当复杂的自动测量系统的示例，该示例仅用于说明自动化系统的基本组成。对这种设备的详细介绍并不说明其用于运动模糊测量的合适性或必要性。这种系统可能已有专利。①视频信号发生器。它生成显示屏的测试图案。视频信号发生器可用于选择测试图案、启动/停止测量程序。视频信号发生器的输出接口适合连接到 DUT（如 LVDS、DVI 或 HDMI），它还包括一个用于启动数据采集过程的触发信号。在某些情况下，可用一个高质量的计算机视频卡产生图像。②触发信号。可以使用一个数据采集板来检测视频信号发生器的数字触发信号，或者使用一个用于检测运动图像的光学触发器。③运动控制板。运动控制板可以通过位置反馈和控制信号来控制电机的运动。④成像式（像素阵列式）相机和旋转镜。对于一个具有旋转镜的、固定的像素阵列式相机，旋转镜用于偏转 DUT 所成的像，以便使运动边缘的成像相对于相机静止。相机和旋转镜的操作来自控制系统的命令同步，以便追踪和获取 DUT 上显示的运动图像。另外，也可以以类似方式使用旋转相机或线性运动

相机。⑤图像采集卡或图像下载器。所产生的图像通过相机的接口（可能是专业的计算机板）下载并传送至计算机，以便进一步处理。⑥快门速度（曝光）、相机光圈、对焦和追踪速度。将相机的快门速度（曝光，单位为 s）设置为显示屏帧周期的整数倍。将相机的光圈数设置能够覆盖显示屏亮度范围的数值，以便使相机对显示屏图像所呈现的亮度的响应为线性响应。对相机镜头调焦，使显示屏表面在相机中成清晰的像；对于旋转相机或旋转镜，焦点应该在旋转的正交位置。相机的追踪速度必须与运动图像的滚动速度相同。

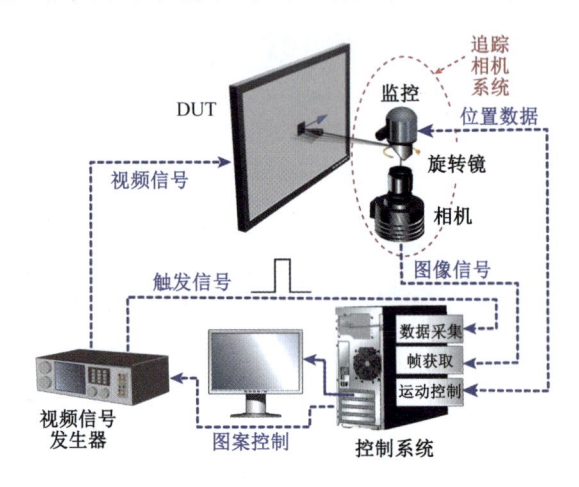

图 12-15　使用旋转镜的自动测量系统的示例

步骤： 下面是在暗室使用一种经特殊设计的追踪相机的典型步骤，这只是一个例子，也有其他同样有效的设备和方法。本测量应在暗室中进行。ICDM 官网也给出了一些计算示例。确保使一个显示屏像素对应多个相机像素（10~20 个或更多）以避免出现莫尔条纹。

（1）使用 12.2 节介绍的测量运动边缘模糊的一般步骤。

（2）选择灰阶等级 V_{start} 和 V_{end}。

（3）选择边缘运动速度 v（整数，单位为 px/frame）。推荐值为 8 px/frame。

（4）在显示屏上的 V_{start} 和 V_{end} 之间产生一个以速度 v 运动的边缘。

（5）将相机的快门速度设置为帧周期的整数倍。典型值为 4 帧。

（6）调整摄像头的光圈并对焦。

（7）调整相机的追踪速度，使其与显示屏上图像的运动速度相同（见后面的分析）。

（8）在 DUT 上显示来自视频信号发生器（或计算机视频卡）的运动测试图案，控制系统等待输入触发信号。

（9）当收到触发信号时，运动控制板开始工作，电机开始旋转以追踪 DUT 上运动的测试图案。

（10）当运动边缘到达 DUT 的中心时，捕获图像 $S(c_{col}, c_{row})$。其中，c_{col} 表示相机图像的列，c_{row} 表示相机图像的行。

（11）如果使用的系统的所有相机设置和背景未经过平场校正（FFC），那么必须通过将显示屏设置为白色并拍摄图像来获得 $F(c_{col}, c_{row})$ 的平场显示图像。如果显示均匀，那么需要使用一个统一的、均匀的视频源来获得 FFC。在这种情况下，调节驱动源以得到与显示屏一致的亮度，并用与拍摄显示屏相同的相机设置拍照。

（12）如果相机系统并未提供背景（暗场曝光），那么通过用镜头盖盖住相机的镜头并进行暗场曝光来得到暗场图像 $D(c_{col}, c_{row})$。只有当显示内容为纯黑色时，才可以使用显示的黑色来得到一个暗场。如果显示内容不够黑，那么该黑色的亮度就可能是相机拍摄照片上图像模糊的一部分，此时需要用透镜盖遮盖方法得到一个单独的暗场。

（13）追踪图像时的相机透镜需要进行平场校正和暗场校正。追踪图像 $P(c_{col}, c_{row})$ 可通过校正相机特性由 $S(c_{col}, c_{row})$ 获得。

$$P(c_{col}, c_{row}) = \frac{S(c_{col}, c_{row}) - D(c_{col}, c_{row})}{F(c_{col}, c_{row}) - D(c_{col}, c_{row})} \tag{12-1}$$

（14）通过对追踪图像的合适数量（N）的行取平均值得到相机像素（列）的空间轮廓 $R(c_{col})$：

$$R(c_{col}) = \frac{1}{N} \sum_{r=1}^{N} P(c_{col}, c_{row}) \tag{12-2}$$

（15）通过相机的放大倍率 m（相机像素/显示屏像素，cpx/px）将空间坐标 c_{col}（相机像素，cpx）变换为 p（显示屏像素，px）：$p = c_{col}/m$（单位：显示屏像素，px），从而计算 MESP $R(p)$。

（16）用水平像素坐标 p 除以边缘运动速度 v，即 $f = p/v$（用帧表示的测量时间，单位为帧），得到 METP $R(f)$。

报告： 有必要以秒为单位和以帧为单位报告曝光时间（也称为快门时间）。也有必要报告显示屏的像素尺寸、相机的像素尺寸和它们的比值。

分析： 以下几种检查追踪相机系统性能的分析方法都非常有用。这些都不是必须的，但它们可以帮助确定是否存在问题。

（1）从狭缝观察追踪的平滑性。可在一个均匀光源上放置一个竖直狭缝来替代显示屏，以检查相机追踪的平滑性（见图 12-16）。如果追踪平滑，所得到的图像也将平滑，无不规律现象存在。

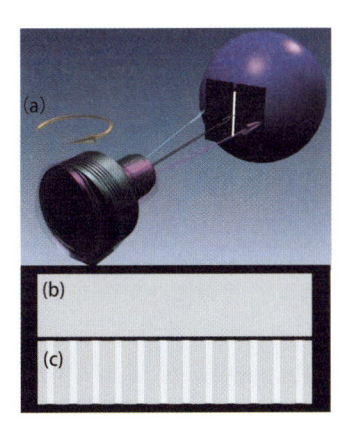

图 12-16　在均匀光源上放置一个狭缝来测试追踪的平滑性（a），后两个图给出了在上部进行平滑追踪（b）和在下部进行不平滑追踪（c）的图像

（2）最小模糊速度匹配。如果相机的追踪速度可以逐渐改变，那么可以以不同的追踪速度（从最小至最大）、使用相同的曝光设置获得多幅图像。所拍摄的一系列图像将呈现不同的模糊宽度。最恰当的追踪速度将在图像中产生最小尺寸的模糊。这种分析可用于对追踪相机速度正确性的检查。这种采用追踪相机的系统不能精确地记录相机随运动图像的线性运动或旋转运动，它只对不太复杂的系统有用。

12.3.2 用时间延迟积分相机测量运动边缘模糊

描述：时间延迟积分（TDI）相机提供了获得分析运动图像伪像用的追踪图像的另一种手段。在这种测量方法中，相机和显示屏在测量期间保持静止。DUT 上显示滚动图像，调整 TDI 相机，使用电气手段观测运动图像移动时在 CCD 上积累的电荷。CCD 上的电荷运动可以模拟追踪相机的运动，而不需要机械运动（见图 12-17）。在曝光结束后，从相机读取追踪图像并对其进行处理，获得 METP。

其他设置条件：有两种 TDI 相机可供使用，即全帧 TDI 相机（TDI 线扫描相机）和部分帧 TDI 相机。全帧 TDI 相机对镜头放大倍率有限制，以便使相机像素是显示屏像素的整数倍。部分帧 TDI 相机没有该限制。

步骤：

（1）将相机的快门速度 Δt 设置为 DUT 帧周期 T 的整数倍（例如，Δt 为 T、$2T$ 或 $3T$ 等），并调整相机光圈至良好的动态范围。如果图像过于暗淡，那么将快门速度调节为帧周期的下一个更大的倍数。

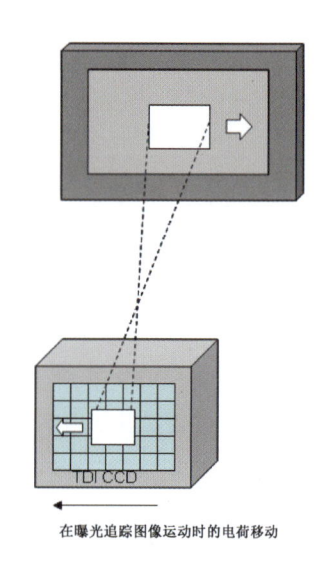

图 12-17 时间延迟积分相机

（2）设置好相机位置；调节工作距离并对焦以获得所需要的放大倍率。

（3）调整相机的旋转角度，使得 TDI 相机在图像的运动方向上扫描。

（4）显示一幅尺寸已知的静态测试图案（条状或矩形块状的测试图案），并在非 TDI 模式（正常相机成像模式）下对测试图案拍照。将所获图像中相机的像素数 N_c 与原始条状图案所显示的像素数 N_d 的比值作为相机的放大倍率 m：$m = N_c/N_d$。

（5）对于运动图像，将 TDI 变化频率 f_{TDI} 设置为每秒的像素数，以便与显示屏上图像的运动速度 v（单位：px/frame）匹配。假设帧速率为 w（单位：Hz），放大倍率为 m，则

$$f_{TDI} = vwm$$

例如，$v = 16$ px/frame，$w = 60$ Hz，$m = 4$，则 $f_{TDI} = 16$ px/frame × 60 Hz × 4 = 3840 Hz。

注意：快门速度不能在 TDI 相机的全部帧范围内进行独立控制；必须调整放大倍率和 TDI 扫描频率，以获得所需的有效快门速度。必须调节相机的放大倍率，使得在 CCD 图像上的 TDI 尺寸是显示跳跃区域的整数倍。这满足步骤（1）中对快门速度的要求。例如，DUT 上图像的滚动速率为 $v = 16$ px/frame，TDI 相机宽度为 64 px，放大倍率应设置为 1、2、3 或

4。在这种情况下，放大倍率不能大于 4，因为整个转变区可能并未全部成像至 CCD 上。部分帧 TDI 相机没有这个限制，允许单独设置放大倍率和快门速度。

由 TDI 相机获得的图像是一个追踪图像，可以使用与用机械追踪相机得到的图像相同的分析和处理方法进行分析和处理。部分帧 TDI 相机所获图像的边缘将部分曝光，应在进一步分析之前对这部分边缘进行裁切。可通过以下方法将追踪图像转换为 METP：对行取平均，将相机像素转换为显示屏像素，并通过除以速率（单位：px/frame）将像素转换为帧。

12.3.3 用数码追踪相机测量运动边缘模糊

描述：通过使用快速静态数码相机测量运动模糊来模拟追踪相机。在数码相机追踪过程中，可获得运动目标足够数量的图片，这种运动被认为是目标位置的运动。通过分析亮度轮廓的静态图像，可知计算结果与眼睛追踪结果相同，然后可得到 MESP，它可以转换为其他表征运动边缘模糊的衡量指标。

特别的设置条件：已知有两种相机类型，即高速相机和触发延时相机。这两种相机的灵敏度都必须足够高，能以非常快的快门速度拍摄图像。因为要在一个子周期内完成对显示屏亮度的采集，所以，这个周期必须足够短，以捕获过冲、负冲、波纹或其他现象。相机可以使用外部触发信号（来自视频信号发生器或光学触发装置的垂直场同步信号）进行同步（可选），如图 12-18 所示。

高速相机和触发延时相机都可拍摄 N 张照片，快门速度为 $t_{sh}=T/N$，因此，这些图像在时间上将覆盖全部帧周期 T。高速相机可捕获一个帧周期内的 N 张图像（见图 12-19），而触发延时相机在不同的帧周期内捕获 N 张图像（见图 12-20）。

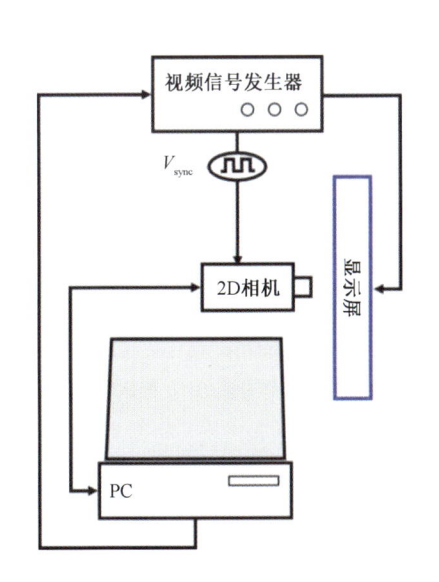

图 12-18 具有可选同步功能的相机装置 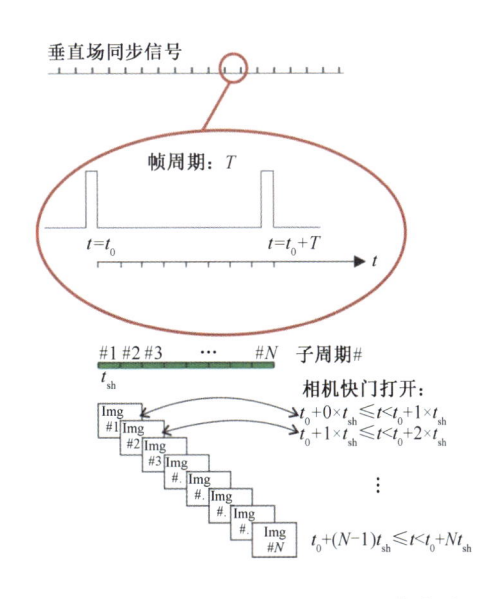　　图 12-19 一个高速相机获得的图像序列

目标可以有多个边缘，但主目标是一个以恒定速度 v（单位：px/frame）运动的运动边缘。用快速快门测量可能会得到一个信噪比大的信号。信号的信噪比可以通过重复测量进行改善。对于触发延时相机，必须重复目标的运动，因为触发延时相机必须在显示屏的相同位置捕获目标。可通过规定重复固定帧的数目来限制目标的运动。

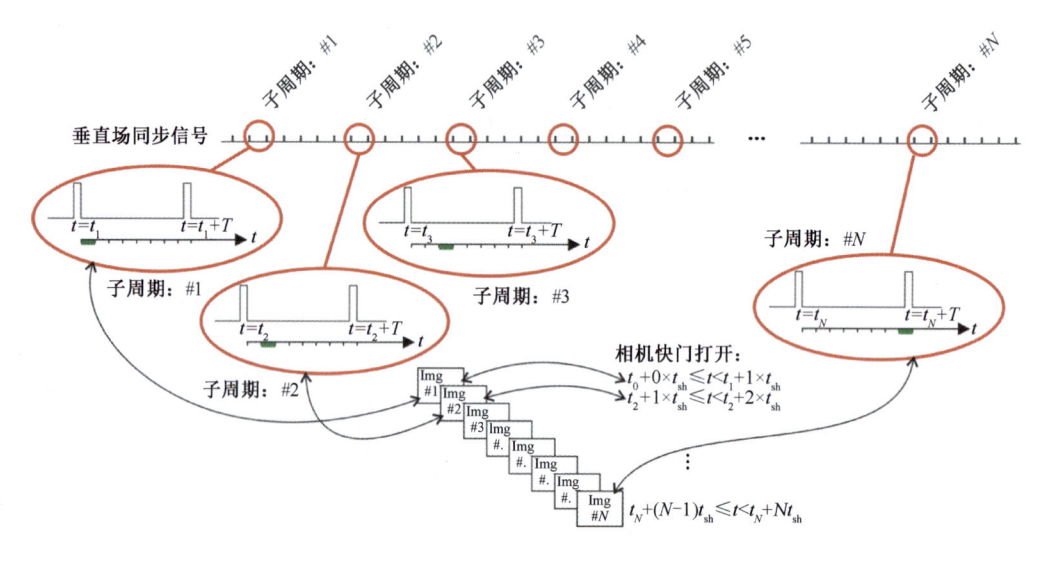

图 12-20 一个触发延时相机获得的图像序列

步骤：如果有一个专门进行这种测量的系统，那么按照其使用手册中的说明进行测量。这将包括以下步骤。

（1）选择运动边缘的灰阶。
（2）对显示运动目标的发生器进行设置。
（3）选择能够覆盖单个帧周期的图像数量（N）。
（4）获得 N 幅图像。

分析：$n = 1, 2,\cdots, N$ 中的每幅图像都具有一个帧周期内 $1/N$ 的亮度信息。将 N 幅图像的像素叠加，将得到一幅用快门速度（曝光）T（帧周期，单位为 s）拍摄的图像。

假定人眼在平滑追踪过程中，眼睛的注视点以与速度 v 相对应的恒定速度运动，$n=1, 2,\cdots, N$ 的每张图像中眼睛的运动速度为 v/N (px/frame)。在图 12-21 中，图中的蓝色虚线代表眼睛的追踪位置。N 幅图像中像素的运动速度为 mv/N (px/frame)，其中，第一幅图像的 m 为 0，下一幅图像为 1，以此类推，最后一幅图像为 N-1，眼睛的追踪位置对准所有图像。逐个叠加 N 幅移动图像的像素，可得到追踪图像。对此图像按行取平均，将得到 MESP。通过除以速度（单位：px/frame）将空间坐标转换为以帧表示的时间，将得到 METP。

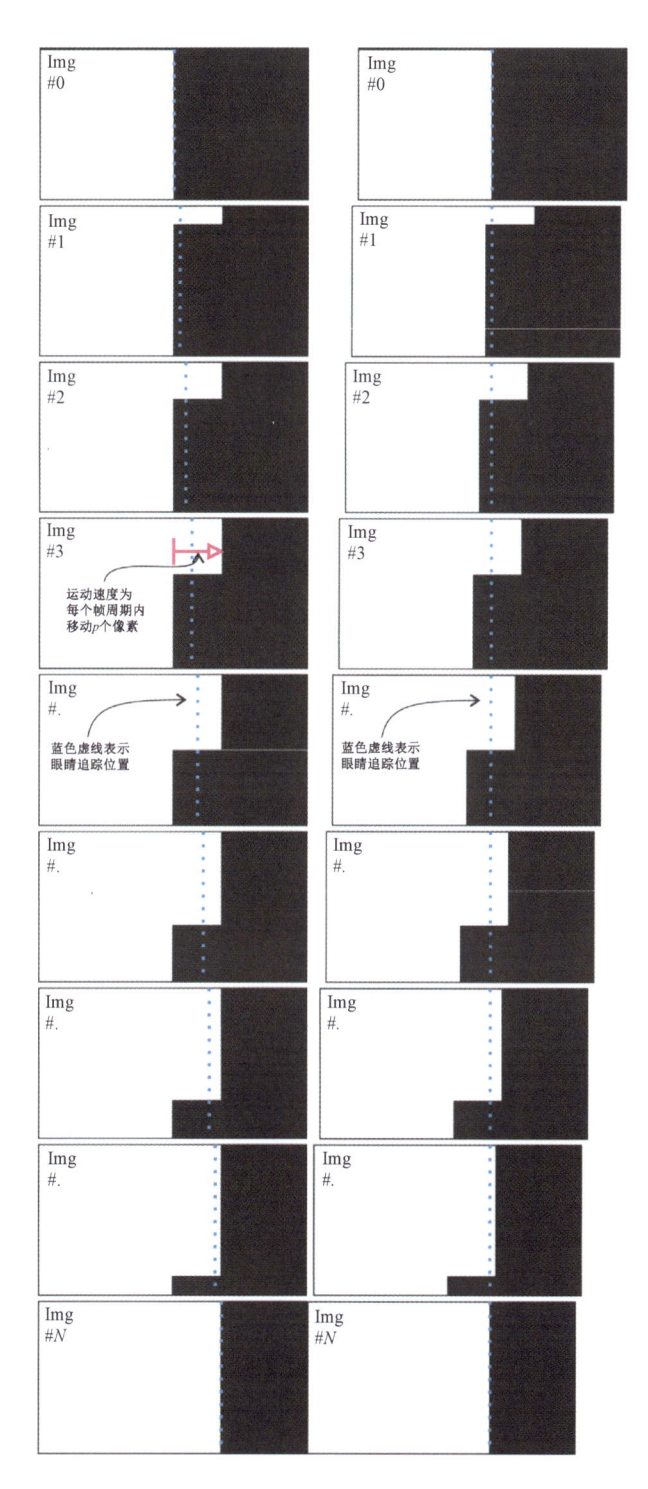

图 12-21 运动之前（左侧）和运动之后（右侧）的用于表示眼睛追踪运动的图像序列

12.3.4 用瞬时阶跃响应测量运动边缘模糊

描述：根据显示屏的瞬时阶跃响应（TSR）估算 METP。将 TSR 与一个帧宽度的脉冲进行卷积以获得 METP。**符号**：$R(f)$。

步骤：

符号说明：f 是以帧为单位的采样时间，τ 是采样间隔时间，v 是速度（单位：px/frame），Π 是单位脉冲函数，$*$ 是卷积。

（1）选择起始灰阶 V_{start} 和结束灰阶 V_{end}，并设置帧内采样间隔时间 τ 。

（2）测量显示屏从 V_{start} 到 V_{end} 转变的 TSR（见 10.2.1 节）。该测量结果可以是 τ 处的相对亮度值序列 $S(f)$（将时间转换为帧，见下面"注释"中的第 2 条）。

（3）将 TSR 序列与时域孔径函数进行卷积，这是帧周期内的开启时间。卷积的结果是 METP。图 12-22 是这个过程的示例。为了保留相对亮度值的大小，应采用一个持续时间为一帧的脉冲。METP 由下式给出：

$$R(f) = S(f) * \Pi(f) \text{ 或 } R(f) = \int_0^f S(f)\Pi(f-g)\mathrm{d}g$$

式中，R 是 METP，$S(f)$ 是 TSR，$\Pi(f)$ 是单位脉冲函数，$*$ 是卷积，f 是以帧为单位的时间。

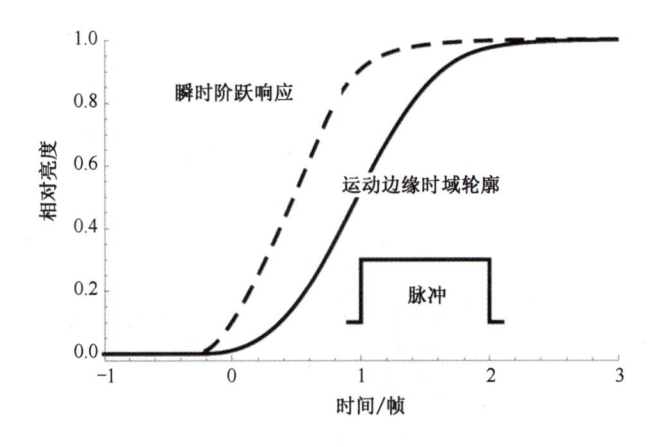

图 12-22 由 TSR 得到 METP 的示意

（4）（可选）通过将每个坐标乘以速度 v（px/frame），把图 12-22 中的水平坐标由帧转换为像素，进而计算得到运动边缘速度为 v 的 MESP。

注释：①保持时间。如果显示的保持时间小于一帧，那么脉冲宽度应等于保持时间。②根据瞬间响应进行转换。通过 10.2.1 节的测量和对测量结果的平滑处理，得到了在持续时间 Δt（$1/s$，单次采样所需的时间）内的 N 个相对亮度的测量结果 L_i（$i = 1, 2, \cdots, N$），其中，s 是探测器的采样速率（每秒的采样次数）。为了进行上述分析，必须将这个时间轮廓 L_i 转换为以帧表示的序列 $S(f)$，而不是用时间表示。要实现转换就需要用到帧速率 w（单位：frame/s 或 Hz）。那么，$\tau = \Delta t w$（每次采样内的帧数）。上述起始序列 $S(f)$ 可以表示为 $S_i = S(f_i) = \{L_i\}$，其中，$i = 1, 2, \cdots, N$，$f_i = i\tau$

METP 的计算如下：

$$R_i = R(f_i) = \sum_{g=f_1}^{f_i} S(g) \Pi(f_i - g)$$

12.3.5 彩色运动边缘模糊

描述：通过测量两种颜色 C_{start} 和 C_{end} 之间的运动边缘模糊来测量彩色运动边缘中的颜色失真，这两种颜色用三刺激三原色 X、Y 和 Z 表示，即 $C_{start} = (X_{start}, Y_{start}, Z_{start})$，$C_{end} = (X_{end}, Y_{end}, Z_{end})$。$X$、$Y$ 和 Z 是在三刺激色彩空间中的三个基本数值。这些测量结果被记录为用 X、Y 和 Z 表示的 METP。三个三刺激 METP 共同组成运动边缘时域三刺激轮廓（METTP），它可以用于衡量彩色运动边缘模糊。

如果一个显示屏的几个主色呈现相同的运动模糊，并且如果这个模糊与过渡的幅度不相关，那么当两个颜色（C_{start} 和 C_{end}）之间的边缘运动时，将出现模糊，但没有颜色失真。与两种颜色之间的快速过渡不同，其在色彩空间中会有一个沿直线的逐渐过渡。屏幕上所有的颜色都是 C_{start} 和 C_{end} 这两种颜色的线性组合。但是，如果这些要求中的任何一条未满足，就会在边缘附近出现颜色失真。图 12-23 给出了一个边缘过渡区内点的色坐标轨迹，图中两种颜色之间的轨迹偏离了直线。

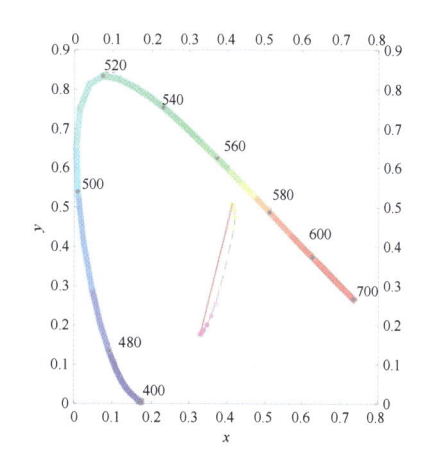

图 12-23 颜色过渡点的色坐标轨迹。注意，偏离连接两端点的直线的轨迹代表颜色失真

设置：应用如图 12-24 所示的标准设置。

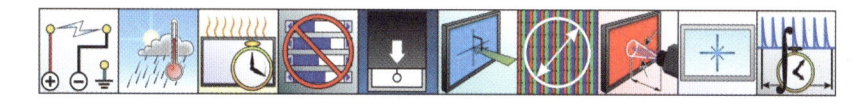

图 12-24 标准设置

其他设置条件：一般设置条件与 12.3.2 节的相同。所使用的 LMD 必须能对 X，Y 和 Z 进行测量。测量目标是一个在两种选定颜色 C_{start} 和 C_{end} 之间以恒定速度 v（px/frame）运动的竖直边缘（见图 12-25）。

步骤：针对每个三刺激值 X、Y 和 Z，用一个适当的方法来获得 METP。这三个波形是 METTP。图 12-26 给出一个 METTP 示例，其中有三个不同形状的三刺激波形，所以会产生失真。我们用获得的三刺激轮廓定义颜色过渡 $C_i = (X_i, Y_i, Z_i)$（$i = 1, 2, 3, \cdots, N$），其中，$i=1$ 为 C_{start}，$i=N$ 为 C_{end}。

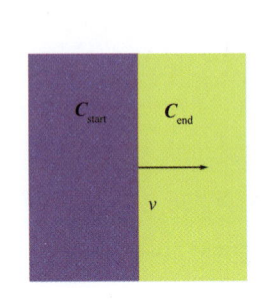

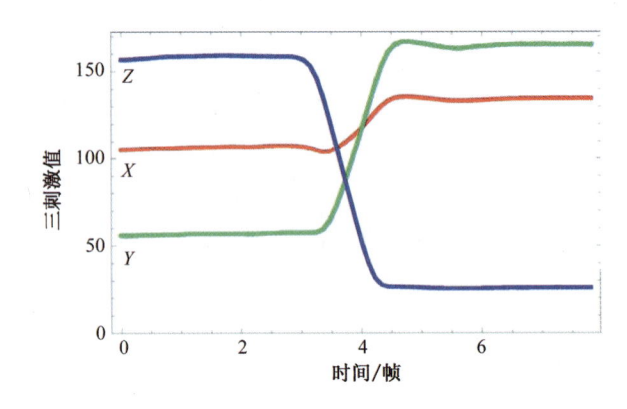

图 12-25 彩色运动边缘测试图案

图 12-26 METTP 示例

报告：对于测试的每个边缘，报告两个 RGB 等级（颜色）（C_start 和 C_end）、数据的采样间隔时间 τ（单位为帧）、速度 v（单位为 px/frame）、帧速率 w（单位为 Hz）和用于描述 METTP 曲线的三刺激值（X_i, Y_i, Z_i），如表 12-2 所示。如果无法用表格完整报告三刺激值，那么报告 METTP 曲线（见图 12-26）。

注释：对于应该采用哪种颜色对没有明确的建议。一种选择是使用辅助色（主颜色对的合成色），因为这可以使所有问题都显露出来。为了方便，有些人可能会使用 RGB 轮廓而非三刺激轮廓。

表 12-2 报告示例

C_start	255	255	0	适用于 RGB
C_end	255	0	255	适用于 RGB
τ		0.05		帧
w		60		Hz
v		8		px/frame

12.4 运动边缘模糊衡量指标

前面讨论的 METP 是运动边缘模糊的一个有用的衡量指标，但因为它是一个波形，所以难以报告或进行排序。因此，下面用一个或几个衡量指标来概括 METP，这是有用的。每个衡量指标都是对波形的一类分析，通常会是一个数值。在收集了多个灰阶-灰阶转换的波形后，每个波形将有一个衡量指标。我们也给出了综合这些结果的一个方法和一个用来概括 METTP 的衡量指标。

12.4.1 模糊边缘时间

描述：通过估算 METP 上、转变区间内 10% 和 90% 之间的时间间隔来测量运动模糊。有很多衡量指标可作为测量结果。**单位**：时间为 ms，时域频率为 Hz（帧速率）。**符号**：v 为速度（单位：px/frame），w 为帧速率（Hz 或 frame/s），r 为显示屏的视觉分辨率（单位：px/°），τ 为 METP 采样间隔时间（单位：帧）。

步骤：

（1）这些衡量指标以使用适当的设备捕获的 METP 为起始数据（见 12.2 节和 12.3 节）。这个标准波形由采样间隔时间为 τ 的一系列相对亮度值组成。它是由起始灰阶 V_{start} 和结束灰阶 V_{end} 之间的、边缘运动速度为 v（单位：px/frame）的边缘运动产生的。图 12-27 中红色的点为由设备采集的以采样点表示的 METP 示例（这个设备的噪声很大）。

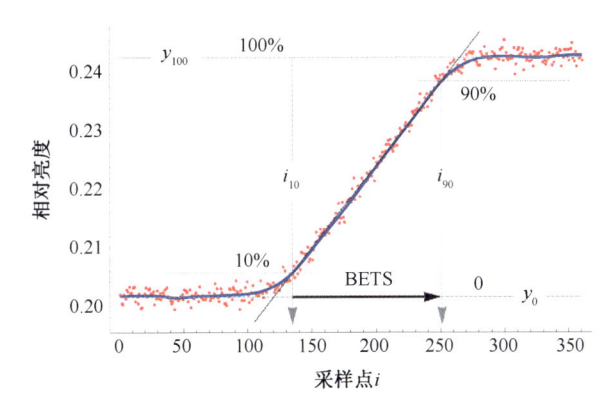

图 12-27 采样点的模糊边缘时间的估算（BETS）

（2）对波形进行过滤以消除噪声。图 12-27 中的蓝色曲线为这种滤波结果的示例。这是通过将 METP 与高斯核函数卷积得到的，高斯核函数是 8 个数据点的标准差，如图 12-28 所示。可根据 τ 的值和噪声的性质选取恰当的核函数。

（3）确定经过滤波的波形 0 和 100%的位置（最小值和最大值，或者相对亮度等级的 y_0 和 y_{100}）（见图 12-27）。

（4）在经过滤波的波形中插入线条来定位 i_{10} 和 i_{90}，进而找出 10%和 90%对应的 y_{10} 和 y_{90}（见图 12-27）。

（5）曲线的数个采样点中的模糊边缘时间对应 i_{10} 和 i_{90} 之间的间隔部分（见图 12-27）。

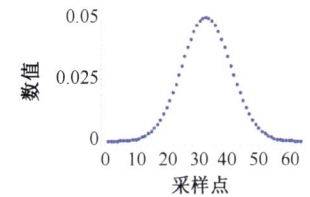

图 12-28 高斯核函数，用于对 METP 滤波

（6）以帧表示的模糊边缘时间（BETF）的值由下式给出：

$$B_{BETF} = \tau |i_{90} - i_{10}|$$

式中，τ 是以帧数表示的运动边缘时域轮廓采样点之间的时间；i_{90} 和 i_{10} 是 10%和 90%两点之间的采样点数量。

（7）以毫秒表示的模糊边缘时间（BET）的值由下式给出：

$$B_{BET} = \frac{1000 B_{BETF}}{w}$$

式中，w 是帧速率，单位为 Hz（或 frame/s）。

（8）（可选）由下式计算扩展模糊边缘时间（EBET）的值：

$$B_{EBET} = 1.25 B_{BET}$$

B_{EBET} 是点 $[i_{90}, R(i_{10})]$ 和点 $[i_{90}, R(i_{90})]$ 连线的延长线与 0 线和 100%线相交的区间（见图 12-27），称为截距。

（9）（可选）由下式计算以像素表示的模糊边缘宽度（BEW）的值：
$$B_{BEW} = vB_{BETF}$$
式中，v 是边缘运动速度（单位：px/frame）。

（10）（可选）由下式计算以度为单位的模糊边缘角度（BED）的值：
$$B_{BED} = \frac{B_{BEW}}{r}$$
式中，r 是显示屏的视觉分辨率（单位：px/°）。因此，B_{BED} 取决于观看距离。

注释：①滤波。高斯核应设计为对称的，且其数值的和为 1。②过冲和负冲。模糊边缘时间的计算并不能反映过冲或负冲。可使用特殊的规则调整模糊边缘时间，使其能够反映过冲和负冲。过冲和负冲的传统规则示例如图 12-29 所示，下面以此对 VESA FPDM2 更新文件中的运动模糊规则进行简要说明。为过冲定义一个一般模糊的边缘变量 B_O，定义负冲为 B_U，定义同时有过冲和负冲为 B_{OU}，其中 B 可以是上述任何衡量指标。下面给出一些可清楚辨别过冲和负冲的常用规则的实例，也可以使用其他规则。

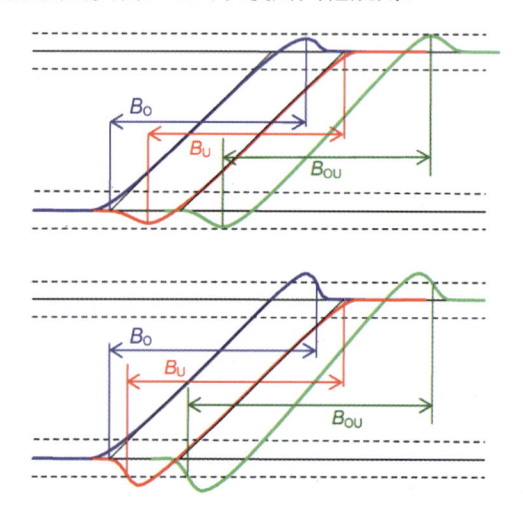

图 12-29 过冲和负冲的传统规则示例：顶部小于或等于 $y_0 \sim y_{100}$ 过渡区域的 ±10%，底部大于 $y_0 \sim y_{100}$ 过渡区域的 ±10%。水平实线代表 $y_0 \sim y_{100}$ 的过渡区域，水平虚线代表 10%～90% 及 110% 的过冲和 -10% 的负冲标准线（选择的颜色仅用于示意区分，与 RGB 无关。）

- 过冲不超过 10%：如果过冲的相对亮度小于或等于 $y_0 \sim y_{100}$ 过渡区域不模糊部分相对亮度的 10%，那么测量过冲峰值至 0 截点之间的过冲模糊 B_O。
- 负冲不超过 -10%：如果负冲的相对亮度小于或等于 $y_0 \sim y_{100}$ 过渡区域不模糊部分相对亮度的 10%，那么测量 100% 截点至负冲谷值之间的负冲模糊 B_U。
- 过冲和负冲都不超过 ±10%：如果过冲和负冲的相对亮度都小于或等于 $y_0 \sim y_{100}$ 过渡区域不模糊部分相对亮度的 10%，那么测量过冲峰值至负冲谷值之间的模糊 B_{OU}。
- 过冲超过 110%：如果过冲的相对亮度超过 $y_0 \sim y_{100}$ 过渡区域不模糊部分相对亮度的 110%，那么测量 110% 截点（$y_0 \sim y_{100}$ 过渡区域一侧相对亮度的最大值）至 0 截点的模糊 B_O。

- 负冲超过-10%：如果负冲的相对亮度超过 $y_0 \sim y_{100}$ 过渡区域不模糊部分相对亮度的 10%，那么测量 100%截点至-10%截点（$y_0 \sim y_{100}$ 过渡区域一侧相对亮度的最小值）的模糊 B_U。
- 过冲超过 110%和负冲超过-10%：如果过冲和负冲的相对亮度分别超过 $y_0 \sim y_{100}$ 过渡区域不模糊部分相对亮度的 110%和-10%，那么测量 110%截点（$y_0 \sim y_{100}$ 过渡区域一侧相对亮度的最大值）至-10%截点（$y_0 \sim y_{100}$ 过渡区域一侧相对亮度的最小值）的模糊 B_{OU}。

12.4.2 高斯边缘时间

描述：通过将累积高斯函数应用于 METP 测量运动模糊。根据对高斯标准差的估计得到高斯边缘时间（GET）。

高斯边缘时间与模糊边缘时间的期望值类似，但它是一种可靠的测量。它与波形的滤波器或与波形在 10%~90%的节点评估的方法（这种方法有其固有的问题）无关。相关的衡量指标——运动时域带宽（MTB）和运动空间带宽（MSB）是对运动模糊的时间和空间调制传递函数的测量。**单位**：时间为 ms，时域频率为 Hz。**符号**：高斯边缘为 B_G，时间帧为 f，起始相对亮度为 R_{start}，结束相对亮度为 R_{end}，标准差为 σ，高斯平均值为 μ，速度为 v（单位：px/frame），帧速率为 w（单位：Hz），显示屏视觉分辨率为 r（px/°）。

步骤：

（1）本测量以 12.2 节中定义的 METP 开始。METP 可用适当的设备和方法得到。这个标准波形由采样间隔时间为 τ 的一系列相对亮度值组成。它由边缘的运动引起，运动在起始灰阶 V_{start} 和结束灰阶 V_{end} 之间，边缘运动速度为 v（px/frame）。图 12-30 中的蓝色点是 METP 的一个示例。这个例子中有相当大的噪声。

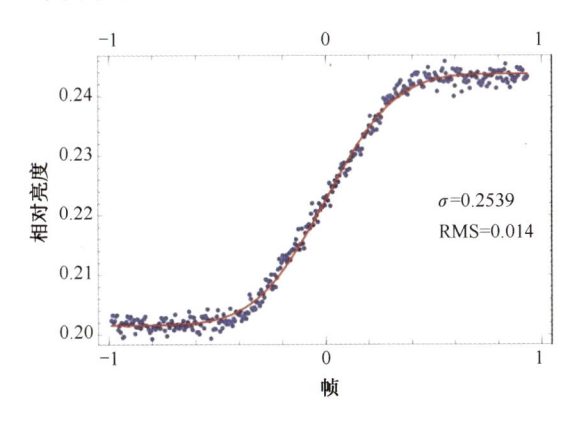

图 12-30　用高斯曲线（红色）拟合 METP（蓝色点），从而估计高斯边缘时间

（2）使用最小二乘法将累积高斯函数应用于波形。该函数的形式为

$$G(f) = R_{start} + (R_{end} - R_{start}) \int_{-\infty}^{f} \frac{1}{\sigma\sqrt{2\pi}} \exp\left[\frac{-(t-u)^2}{2\sigma^2}\right] dt$$
$$= R_{end} + \frac{R_{start} - R_{end}}{2} \mathrm{erfc}\left(\frac{f-u}{\sigma\sqrt{2}}\right) \tag{12-3}$$

式中，R_{start} 和 R_{end} 是起始和结束的相对亮度值，f 是时间（单位：帧），μ 是平均值，σ 是高斯标准差（单位：帧），erfc() 是余误差函数。

（3）（可选）在 $\mu \pm 4\sigma$ 位置截断波形，再重新拟合。这降低了噪声并减小了实际边缘漂移的影响。图 12-30 给出了一个波形示例。采样点（蓝色点）表示相对亮度随时间（单位：帧）的变化。红色曲线为拟合用的高斯曲线。图中所得估计值为 σ=0.2539。

（4）根据式（12-4）由 σ 计算高斯边缘时间（单位：ms）。

$$B_G = \frac{2563\sigma}{w} \tag{12-4}$$

式中，w 为帧速率（单位：Hz）。

图 12-30 中，B_G =10.846 ms。

（5）（可选）根据式（12-5）计算运动时域带宽。

$$W_{MTB} = \frac{w\sqrt{2\ln 2}}{2\pi\sigma} \tag{12-5}$$

式中，σ 的单位为帧，运动时域带宽的单位为 Hz。该带宽是运动施加的调制传递函数的半幅频率带宽。在示例中，W_{MTB} = 44.283 Hz。

（6）（可选）根据式（12-6）计算运动空间带宽。

$$W_{MSB} = \frac{r\sqrt{2\ln 2}}{2\pi\sigma v} = \frac{r}{vw} W_{MTB} \tag{12-6}$$

式中，r 是显示屏的视觉分辨率（单位：px/°），v 是速度（单位：px/frame），w 是帧速率（单位：Hz）。这是运动施加的调制传递函数的半幅空间频率带宽（单位：cycles/°）。在示例中，如果 w = 60 Hz，v = 8 px/frame，r = 48 px/°，那么 W_{MSB} = 4.428 cycles/°。

注释：运动时域带宽和运动空间带宽推导的前提是，将运动模糊用一个有高斯脉冲响应和调制传递函数的线性滤波过程处理。打开和关闭显示屏的阶跃响应所出现的非线性伽马函数及不对称性可能会使这些测量与直接测量的带宽不同，如采用 12.5 节所描述的方法。

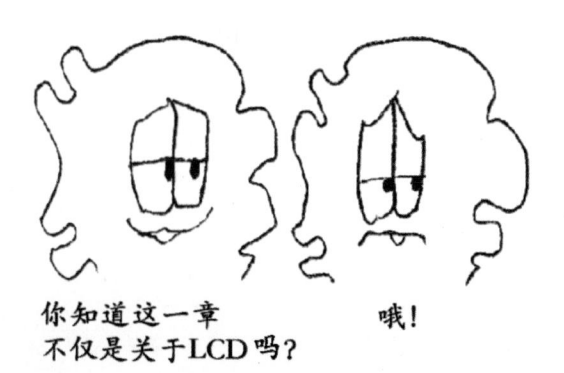

12.4.3 可视的运动模糊

描述：可视的运动模糊（VMB）这一衡量指标将 METP 转换为对运动模糊可见性的测量。METP 是一系列相对亮度的离散值，这里写成 $R(k)$，其中 k 是一个整数采样系数，采样点之间的间隔时间是 τ（单位：帧）。这个波形是运动模糊的一个标准物理测量，可以通过多种方式获得（见 12.1 节）。它描述了一个运动边缘模糊的轮廓。图 12-31 给出了 METP 的一个示例。

符号：τ 为采样间隔时间（单位：帧），Δx 为采样点之间的距离（单位：°，观察的角度），$R(k)$ 为 METP，v 为速度（单位：px/frame），r 为显示屏的视觉分辨率（单位：px/°），J_{mb} 为可视的运动模糊。

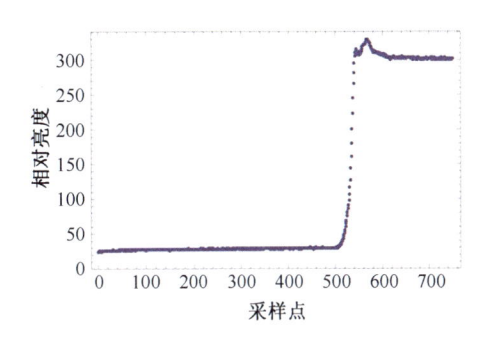

图 12-31 METP 示例

步骤：

（1）根据式（12-7）确定采样点之间的间隔 Δx：

$$\Delta x = \tau v / r \tag{12-7}$$

式中，v 是边缘运动速度（单位：px/frame）；r 是显示屏的视觉分辨率（单位：px/°）。如果在空间中以角度为横坐标进行绘图，那么对应的相对亮度的序列值就是运动边缘空间分布。

（2）序列 $R(k)$ 是由起始相对亮度和结束相对亮度（R_{start} 和 R_{end}）之间的过渡组成的。截取序列长度，使其位于过渡区中间位置并加、减 N_σ（不小于 8），再乘以过渡区半峰值带宽。一种较为方便的方法是采用 12.4.3 节中的累积高斯拟合，并将其修整为平均值加、减 N_σ。这也提供了相对亮度 R_{start} 和 R_{end} 的估算方法。将序列的长度修整为偶数 K 较为方便。

（3）创建三个卷积核——$H_c(k)$、$H_s(k)$ 和 $H_m(k)$。每个核都是由一系列离散点上的核函数获得的一个离散序列。这三个序列如下：

$$H_c(k) = \frac{1}{s_c} \text{sech}\left(\pi \frac{k\Delta x}{s_c}\right), \quad k = -\frac{K}{2}, \cdots, \frac{K}{2} - 1 \tag{12-8}$$

$$H_s(k) = \frac{1}{s_s} \exp\left[-\pi\left(\frac{k\Delta x}{s_s}\right)^2\right], \quad k = -\frac{K}{2}, \cdots, \frac{K}{2} - 1 \tag{12-9}$$

$$H_m(k) = \frac{1}{s_m} \exp\left[-\pi\left(\frac{k\Delta x}{s_m}\right)^2\right], \quad k = -\frac{K}{2}, \cdots, \frac{K}{2} - 1 \tag{12-10}$$

它们分别称为中心内核、周边内核和遮蔽内核（见图 12-32）。这些内核都有各自的、以°（观察角度）为单位的比例系数，即 s_c、s_s 和 s_m。将它们进行归一化处理。式（12-8）和式（12-9）模拟眼睛中心和周边视网膜神经细胞的亮度响应过程。中心部分包括因视觉光学系统导致的模糊，有可能是更早的神经池化，而周边部分计算的是局部亮度的平均值，并用于将亮度转换为局部对比度。

（4）根据相对亮度波形和卷积核计算局部对比度 $C(k)$：

$$C(k)=\frac{H_c(k)*R(k)}{\kappa H_s(k)*R(k)+(1-\kappa)\overline{r}}-1 \qquad (12\text{-}11)$$

式中，*代表离散卷积；κ 是一个参数（适应加权）；$\overline{r}$ 是平均相对亮度，可估计为 r_0 和 r_1 的平均值。

（5）根据局部对比度和遮蔽内核 H_m 计算遮蔽的局部对比度 $M(k)$：

$$M(k)=\frac{C(k)}{\sqrt{1+H_m(k)*\left[C(k)/T\right]^2}} \qquad (12\text{-}12)$$

式中，T 是一个参数（遮蔽阈值），单位为对比度。

（6）根据式（12-13）计算可视的运动模糊 J_{mb}：

$$J_{mb}=S\left[\Delta x\sum_k\left|M_1(k)-M_2(k)\right|^\beta\right]^{1/\beta} \qquad (12\text{-}13)$$

式中，S 和 β 为参数。M_1 和 M_2 是式（12-12）中 M 的不同形式，它们是由输入端 R_1 和 R_2 产生的，其中 R_1 是实际的模糊边缘，R_2 是在同一起始相对亮度和结束相对亮度下的理想阶跃边缘。理想的边缘位置必须进行调整，以便找到 J_{mb} 的最小值，如图 12-33（f）所示。推荐的参数列于表 12-3。

图 12-32　卷积核

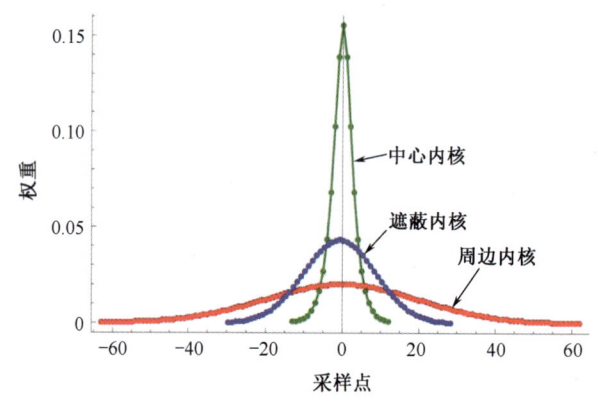

表 12-3　可视的运动模糊参数

符号	定义	单位	示例数值
s_c	中心比例系数	°	2.77/60
s_s	周边比例系数	°	21.6/60
s_m	遮蔽比例系数	°	10/60
κ	权重系数	无量纲	0.772
T	遮蔽阈值	对比度	0.3
S	灵敏度	无量纲	217.6
β	汇集指数	无量纲	2

报告：除了报告 J_{mb}，还要报告使用的所有参数。

注释：①插图。可视的运动模糊的计算步骤如图 12-33 所示。②光幕照明。在适当情况下，波形中必须包含模糊亮度。③专利。这个衡量指标的实现方法是 NASA 申请的一个专利。

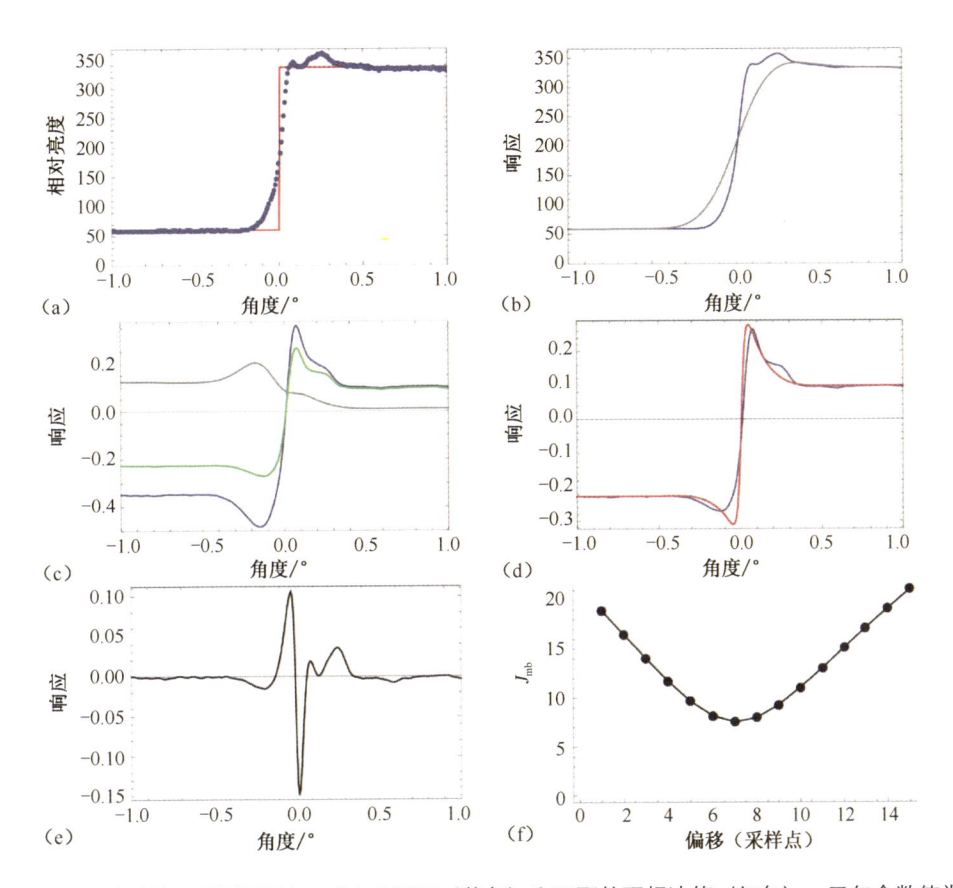

图 12-33 可视的运动模糊算法。（a）MESP（蓝色）和匹配的理想边缘（红色），已包含数值为 50 的模糊相对亮度；（b）MESP 与中心内核（蓝色）和周边内核（灰色）进行卷积；（c）MESP 局部对比度（蓝色）、局部对比能量（灰色）和遮蔽局部对比度（绿色）；（d）遮蔽局部对比度 MESP（蓝色）和理想边缘（红色）；（e）遮蔽局部对比度之差；（f）一个理想的边缘移位造成的可视的运动模糊。J_{mb} 的最终数值是这条曲线的最小值，即 7.54。本例中，速度 v=16 px/frame，视觉分辨率 r=64 px/°，取样间隔时间 t=0.02867 帧，模糊的相对亮度为 50

12.4.4 组合模糊边缘时间

别名：MPRT。

描述：当对多个灰阶-灰阶转换进行运动边缘模糊测量时，存在如何将它们合并成一个衡量指标的问题。有多种可能的组合，下面只列举其中一个。它可用模糊边缘时间（BET）B_{BET} 的组合来描述，也可用其他运动模糊衡量指标的组合来描述。**单位**：ms。

步骤：对于每个可能的步骤，假设有多个测量，即 $B_{\text{BET}ij}$，$I=1,\cdots,N$；$j=1,\cdots,N$，且 $i\neq j$。以下以 $[B_{\text{BET}}]_{\text{ave}}$ 为例，该测量使用以下规则组合。

$$[B_{\text{BET}}]_{\text{ave}} = \frac{1}{N(N-1)}\sum_{i=1}^{N}\sum_{\substack{j=1\\j\neq i}}^{N}B_{\text{BET}ij}$$

其他可用的量有：

$$[B_{\text{BET}}]_{\max}=\max(B_{\text{BET}ij})，i=1,\cdots,N;\ j=1,\cdots,N，且 j\neq i$$

$$[B_{\text{BET}}]_{\min}=\min(B_{\text{BET}ij})，i=1,\cdots,N;\ j=1,\cdots,N，且 j\neq i$$

报告：报告以下参数，如表 12-4 所示。
（1）边缘运动速度 v。
（2）帧速率 w。
（3）平均值 $[B_{\text{BET}}]_{\text{ave}}$。
（4）最小值 $[B_{\text{BET}}]_{\min}$。
（5）最大值 $[B_{\text{BET}}]_{\max}$。
（6）灰阶数量（M）。
（7）起始灰阶 V_{start} 和结束灰阶 V_{end}。

表 12-4 报告示例

边缘运动速度 v(px/frame)	8
帧速率 w (frame/s)	60
$[B_{\text{BET}}]_{\text{ave}}$ (ms)	x.x
$[B_{\text{BET}}]_{\min}$ (ms)	x.x
$[B_{\text{BET}}]_{\max}$ (ms)	x.x
灰阶数量（M）	9
起始灰阶 V_{start}	0
结束灰阶 V_{end}	255

注意：如果报告任何其他衡量指标的组合，那么必须对其进行明确的标示和规定，以使它们不被误用作上述平均值、最小值和最大值的替代指标。

注释：目前最合适的组合规则正在评估中。"MPRT"最初代表"运动画面响应时间"，但后来改为"动态画面响应时间"或"运动图案响应时间"，相当于 $[B_{\text{BET}}]_{\text{ave}}$。

12.4.5 由 METTP 积分获得 △E

描述：这个衡量指标将之前得到的数据失真量化为起始颜色 C_{start} 和结束颜色 C_{end} 之间的、随时间或空间累积的、偏离一条直线的偏离量 ΔE。**符号**：$\mathcal{J}$、$\mathcal{J}_{\text{deg}}$。**单位**：分别为 s 和 °。

这个衡量指标可衡量运动造成的各种色偏。

步骤：使用之前的测量方法所收集的数据（见 12.3.5 节），以及另外对白色测量所收集的数据。
（1）获取白色：$C_{\text{W}}=(X_{\text{W}},Y_{\text{W}},Z_{\text{W}})$。
（2）获取用之前的测量方法得到的数据，起始颜色 $C_{\text{start}}=(X_{\text{start}},Y_{\text{start}},Z_{\text{start}})$，结束颜色 $C_{\text{end}}=(X_{\text{end}},Y_{\text{end}},Z_{\text{end}})$，过渡颜色 $C_i=(X_i,Y_i,Z_i)$，其中 $i=1,2,3,\cdots,N$。当 $i=1$ 时，$C_1=C_{\text{start}}$；当 $i=N$ 时，$C_N=C_{\text{end}}$。数据点之间的时间间隔用 Δt 表示。

分析：（1）在 C_{start} 和 C_{end} 之间、线 $F=C_{\text{end}}-C_{\text{start}}$ 上最接近数据点 C_i 的点的颜色坐标 $T_i=(X'_i,Y'_i,Z'_i)$ 由式（12-14）给出。

$$T_i = C_{\text{start}} + [(C_i - C_{\text{start}})\cdot e]e \qquad (12\text{-}14)$$

式中，e 是从 C_{start} 到 C_{end} 方向的单位向量，由式（12-15）给出。

$$e = F/|F| = (C_{\text{end}} - C_{\text{start}})/|C_{\text{end}} - C_{\text{start}}| \qquad (12\text{-}15)$$

在上述式子中，符号"•"表示两个向量的点乘，可得到一个向量在另一个向量上的投影，绝对值"|⋯|"表示新向量的大小。根据三刺激值得到

$$e = (e_X, e_Y, e_Z) = \mathbf{F}/|\mathbf{F}| = \left(\frac{X_{end} - X_{start}}{F}, \frac{Y_{end} - Y_{start}}{F}, \frac{Z_{end} - Z_{start}}{F}\right) \quad (12\text{-}16)$$

式中，F 是 C_{start} 和 C_{end} 之间的向量 $\mathbf{F}$ 的幅度：

$$F = \sqrt{(X_{end} - X_{start})^2 + (Y_{end} - Y_{start})^2 + (Z_{end} - Z_{start})^2} \quad (12\text{-}17)$$

从 C_{start} 到 C_{end} 方向的、最接近测量颜色 $C_i = (X_i, Y_i, Z_i)$ 的刺激向量 $T_i = (X'_i, Y'_i, Z'_i)$ 由下面的三刺激值给出：

$$\mathbf{T}_i^T = \begin{pmatrix} X'_i \\ Y'_i \\ Z'_i \end{pmatrix} = \begin{pmatrix} X_{start} + (X_i - X_{start})(X_{end} - X_{start})/F \\ Y_{start} + (Y_i - Y_{start})(Y_{end} - Y_{start})/F \\ Z_{start} + (Z_i - Z_{start})(Z_{end} - Z_{start})/F \end{pmatrix} \quad (12\text{-}18)$$

现有一组过渡颜色 C_i 和与理想过渡线最近的刺激向量 T_i，如图 12-34 所示。

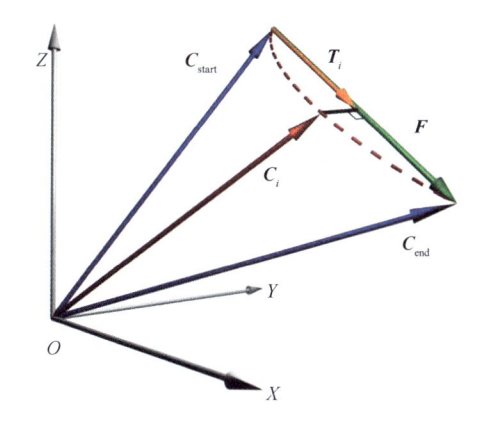

图 12-34 三基色空间中的颜色向量，虚线表示边缘模糊上观察到的颜色过渡

（2）将这些三刺激值转换为 CIE LUV 色彩空间中心坐标，以获得的新颜色表示集合，$C_i = (L_i^*, u_i^*, v_i^*)$，$T_i = (L_i^{*'}, u_i^{*'}, v_i^{*'})$。注意，为了进行 CIE LUV 色彩空间中坐标的转换，必须测量一个白平衡点，$C_W = (X_W, Y_W, Z_W)$。图 12-35 给出一个 CIE LUV 色彩空间中的灰阶转换示例。色度转换内容见附录 B.1.2，请注意，$L^* = 116f(Y/Y_W) - 16$，对于 $Y/Y_W > (6/29)^3$，有 $f(Y/Y_W) = (Y/Y_W)^{1/3}$，对于 $Y/Y_W \leq (6/29)^3$，有 $f(Y/Y_W) = (841/108)Y/Y_W + 4/29$；$u^* = 13L^*(u' - u'_W)$；$v^* = 13L^*(v' - v'_W)$。其中，$u' = 4X/(X + 15Y + 3Z)$，$v' = 9Y/(X + 15Y + 3Z)$。

（3）两组（$i = 1, 2, 3, \cdots, N$）之间的色差为

$$\Delta E = \sqrt{(L_i^* - L_i^{*'})^2 + (u_i^* - u_i^{*'})^2 + (v_i^* - v_i^{*'})^2} \quad (12\text{-}19)$$

（4）最后的结果是这些值的和乘以以秒为单位的样本之间的间隔时间：

$$\mathbf{\mathcal{J}} = \Delta t \sum_{i=1}^{N} \Delta E_i \quad (12\text{-}20)$$

这是偏差的时间积分的近似。数据点 i 之间的间隔时间为 Δt，$\mathbf{\mathcal{J}}$ 的单位为 s。

（5）将上述结果与速度 v（单位：px/frame）和帧速率 w（frame/s）相乘，再除以显示屏的视觉分辨率 r（单位：px/°），从而转换成以°为单位的空间测量：

$$\mathcal{J}_{\deg} = \frac{vw}{r}\mathcal{J} \tag{12-21}$$

$\mathcal{J}_{\deg}$ 的单位是°。对于图 12-36 和 12.3.5 节的示例：$\mathcal{J}_{\deg} = 0.344$ s。假设速度 $v = 8$ px/frame，帧速率 $w = 60$ Hz（或 60 frame/s），视觉分辨率 $r = 32$ px/°，可得 $\mathcal{J}_{\deg} = 5.16°$。

报告：对于每个边缘测试，报告采样间隔时间 τ、帧速率 w、起始颜色和结束颜色的 RGB 值、速度 v(px/frame)，以及视觉分辨率 r(px/°)。对于每个样本（$i = 1, 2, 3, \cdots, N$），报告 X，Y, Z, L^*, u^*, v^* 及 ΔE_i，最后报告 $\mathcal{J}$，如表 12-5 所示。

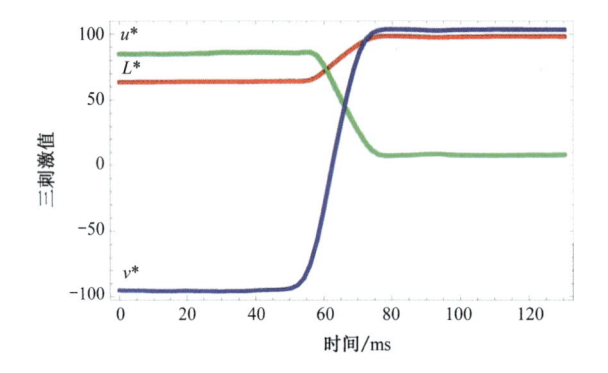

图 12-35　METTP 示例（已转换为 L^*、u^*、v^*）

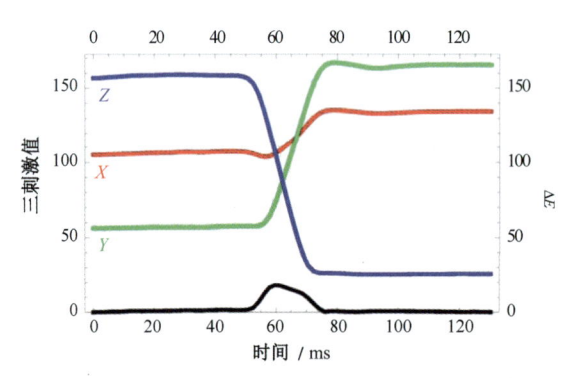

图 12-36　12.3.5 节图例中 METTP 示例。水平轴的单位已被转换为 ms。黑色曲线给出了边缘过渡期间 ΔE 的时间过程。此函数的积分为 $\mathcal{J}$

表 12-5　报告示例

τ		0.005		帧		v（速度）		8	px/frame
w		60		frame/s		r（视觉分辨率）		32	px/°
Δt		83.33		μs		T（刷新周期）		16.66	ms (=1/w)
初始值	R	G	B	X	Y	Z	L^*	u^*	v^*
白色	255	255	255	160.9	174.2	183.3	100.0	0.00	0.00
起始颜色	255	0	255	104.9	56.12	156.7	63.52	84.81	-95.13
结束颜色	255	255	0	134.5	165.3	25.81	97.99	7.996	103.25

续表

轮廓数据									
样本 #	时间/ms	X	Y	Z	L^*	u^*	v^*	ΔE	
1	0	104.9	56.12	156.7	63.52	84.81	−95.13	0	
...									
34	10.85	105.7	72.97	107.0	70.79	77.57	−36.82	18.15	
...									
73	130.2	134.5	165.3	25.81	97.99	7.996	103.25	0	
$\mathcal{J}$								0.344	s
$\mathcal{J}_{\text{deg}}$								5.16	°

注释：该衡量指标可用于衡量灰阶失真、颜色失真和色差。

12.5 动态分辨率测量

使用追踪相机或类似设备检测正弦光栅在显示屏上做穿越运动时振幅的减少量，用这种方法也可以测量运动模糊，如图 12-37 所示。因为这种测量可得到不同速度的空间调制传递函数，所以有时被称为动态调制传递函数（DMTF）。因为运动边缘模糊和 DMTF 都来自相同的过程（追踪眼睛的运动和一幅固定的图像），所以二者之间存在关系，12.5.2 节将对其进行介绍。本节给出两种测量动态分辨率的方法。

12.5.1 动态图像分辨率

描述：用追踪相机捕捉显示屏上滚动的图像，进而确定极限分辨率。用一组具有一定空间频率的四个循环正弦脉冲图案作为测试图。极限分辨率对应最大的空间频率，其调制传递函数值大于或等于 5%，四条线形状稳定，没有严重移位。

设置：应用如图 12-38 所示的标准设置。

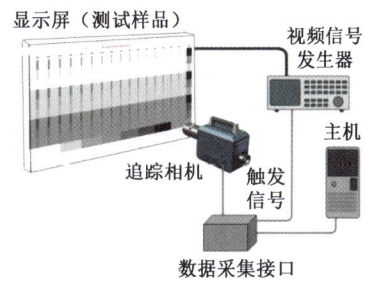

图 12-37 动态图像分辨率测量系统

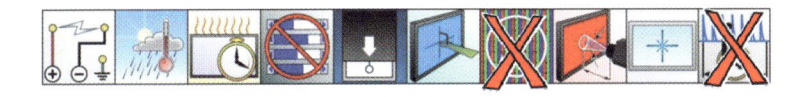

图 12-38 标准设置

其他设置条件：测试图包括四个循环的正弦脉冲图案，其空间频率为显示屏能够显示的空间频率范围。在本例中，采样频率为 300~1080 TV 线（5/18 到 1/2 周期/像素），如图 12-39 所示。为了进行有效可信的测量，建议 1080 i/p（隔行或逐行）格式的测量步长设置为显示屏物理分辨率的 50 线或显示屏物理分辨率的 5%。

每个测试图包含三个不同灰阶的目标线和三种不同灰阶的背景，如图 12-39 和图 12-40 所示。在本例中，背景的灰阶为 255、192、128（从上到下）。每个背景上，在不调节伽马值的情况下，目标线的灰阶约为背景灰阶的 0、50% 和 75%，即对于 8 位灰阶的显示屏为 0、128、192，0、96、144 和 0、64、96。

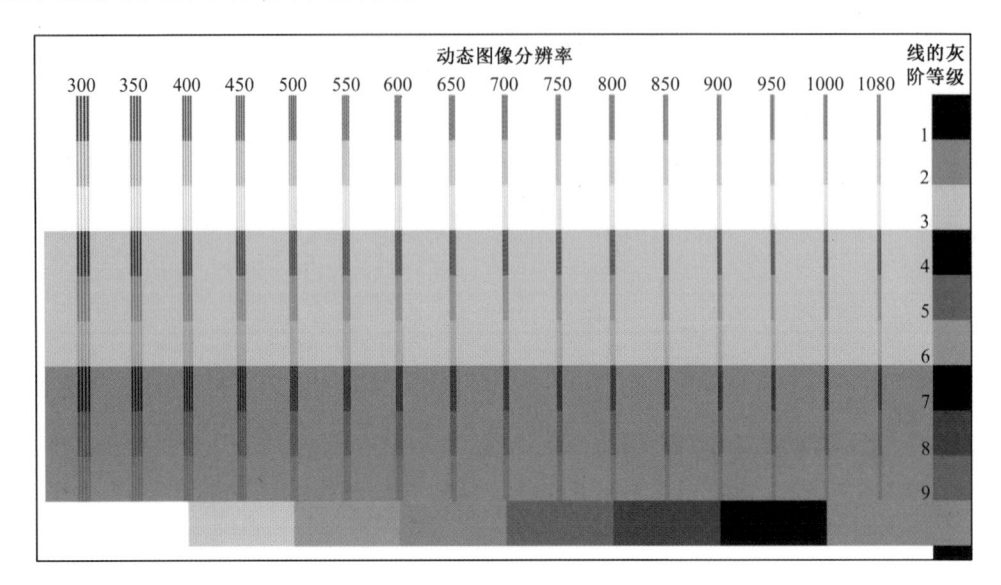

图 12-39　测试图

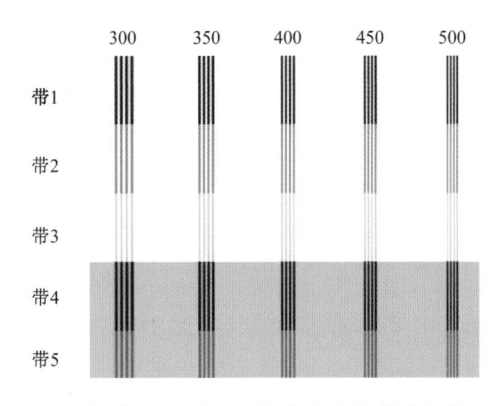

图 12-40　图 12-39 左上角的放大细节

视频信号发生器需要一个子采样功能，这是通过交替输出两个帧缓冲器的内容，并移动每两帧的像素位置来实现的。

必须禁用逐点扫描或"逐点"扫描设置，即显示像素与信号像素必须一一对应。抖动和帧率控制（FRC）来是常见的两种产生灰阶的驱动方案，主要通过调整几个帧周期内像素的开启和关断来实现。为了平均显示屏所采用的 FRC 和抖动可能产生的影响，通常使用的快门速度为 1/15s。对于 60Hz 的系统，这意味着四帧的平均。这个时间足够长，进而可以忽略 FRC。应确保曝光（快门速度）的帧数为整数。

步骤：

（1）用一个适当的速度滚动显示图 12-39 所示的测试图。

（2）将追踪相机的运动与图案的运动同步，并捕获正弦图案的每个部分。

（3）对每个正弦图案行的振幅取平均，产生一个一维波形。

（4）确定每个正弦图案的调制振幅。调制振幅是由一维波形的傅里叶变换中基波分量的振幅决定的。调制传递函数可用来表示振幅随频率的变化。

（5）分析调制传递函数以确定每个频带的极限分辨率，其大于或等于振幅的5%。可在采样频率之间进行插值。

（6）对三种不同灰阶的目标线和三种不同灰阶的背景重复此过程。

（7）对不同滚动速度的图像重复上述步骤。

分析：对每个滚动速度的图案，可能需要将9个极限分辨率进行不同组合。默认是9个值的平均。

报告：报告每个频带的极限分辨率，并计算所有频带的平均值。报告每个图像滚动速度的极限分辨率，如图12-41所示。报告背景的灰阶和目标线的灰阶。

注释：①根据波形失真的程度，对波形的畸变和相移进行评估。上面的介绍通常是对典型 LCD 或 PDP 判断的基本过程。然而，为了处理响应不规律的显示屏和提高稳定性，建议进行一些波形检查，如对称性检查、相移检查等。②FPD 的响应通常与灰阶相关（取决于起始线的灰阶和目标线的灰阶）。至少要检测3种灰阶背景和3种灰阶目标线组成的9个组合。③图案的灰阶（而不是亮度）是正弦变化的，因此依赖于伽马值，所捕获的波形可能不是正弦的。然而，这种失真是可接受的。

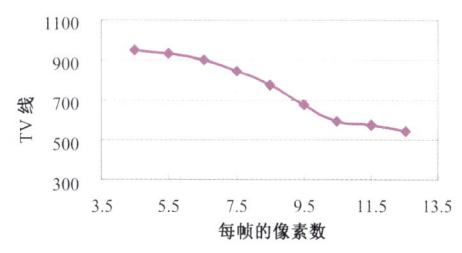

图 12-41　示例数据

12.5.2　动态调制传递函数

别名：空间与时间的对比度下降。

描述：用时域调制后的全屏图案测量显示屏的瞬时响应，并使用一个时间的和空间的融合模型来模拟人眼视网膜上眼睛的平滑追踪和光线收集。用这些数据确定 DMTF，当使

信息显示测量标准

用以一定速度运动的、具有不同空间频率成分的图案时,这个函数用来描述显示屏对比度的衰减,如图 12-42 所示。**单位:** 无。**符号:** M_{DMTF}。

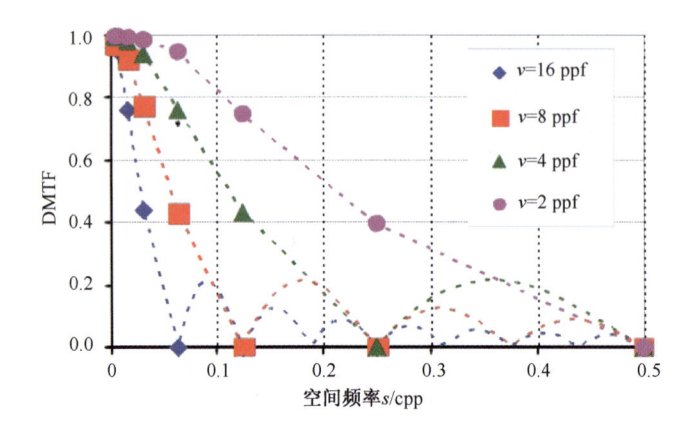

图 12-42　测量的不同运动速度的 DMTF

考虑在显示屏上显示一个静态正弦亮度图案的情况。假设该图案在显示屏表面以一定速度从左向右运动,同时,眼睛平滑地追踪这个运动。图案将以静止图像投影在视网膜上,但因为模糊,其幅度可能会降低。瞬时显示特性就是测量振幅的相对变化,以 M_{DMTF} 表示。然而,这种测量方法模拟的人眼光滑追踪是通过测量与时域调节后的全屏图案一致的一组瞬态响应实现的。

选用不同空间频率下以一定速度运动的图案,模拟显示屏对比度的衰减情况,具体如下:DMTF 的计算基于对特定全屏输入编码序列的瞬时亮度变化的捕获,它代表了一个正弦图案以一定速度运动时发生的灰阶转换。需要生成一系列特定的全屏灰阶序列,以便用一个快速响应亮度传感器捕获瞬时显示特性。在特定的人眼追踪条件下,记录这些瞬时特性将转换为空间效果。假设人眼对物体的追踪是平滑的,人眼视网膜对光线的响应是瞬时的,可得到空间-时间转换。通过等效模拟显示屏上运动正弦图案的可见性,以及计算对比度的衰减程度,得到 DMTF 特性。

设置: 应用如图 12-43 所示的标准设置。

图 12-43　标准设置

其他设置条件: 被测量的显示区域应尽可能小,这可以通过将快速响应的亮度探测器尽量靠近显示屏来实现。亮度探测器的信号采样率应为每个帧周期内至少 100 次。

步骤: 注意,显示屏的帧速率为 w(单位为 Hz 或 frame/s)。

(1) 参考图案的定义。选择一个平均亮度 L_{in}、一个亮度调制幅度 A_{in} 和一个空间频率 s[单位:cycles/px(cpp)];参见图 12-44 左图,它是一个 p 位置的归一化亮度 $L_d(p)$ 的示例,其空间频率为 $s=1/16$ cpp,与这些亮度值对应的灰阶值为 $V(p)$。因为波形周期性,这个空间频率图案重复多个周期,图 12-44 右图所示例子的周期为 $1/s$。从灰阶为 $V(p)$ 的数值中选出用于测量的灰阶序列。

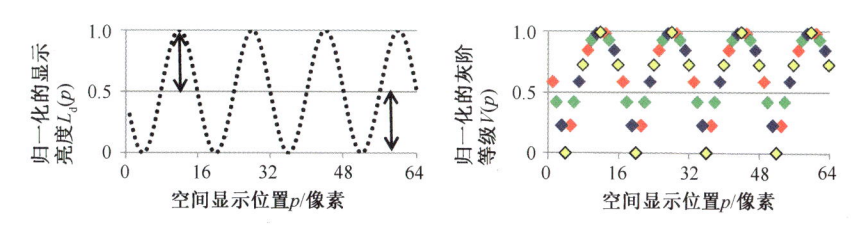

图 12-44 用于创建测试序列的参考图案：$s=1/16$ cpp 的目标正弦亮度图案（左图）及其对应的灰阶数值（右图），其中，不同测试图案序列的像素根据运动速度进行归类。本图中假设 $v=4$ppf

（2）运动速度的定义。假设参考图案 $V(p)$ 以速度 v [单位：px/frame（ppf）] 在屏幕上水平运动，使得每个序列为 $1/(vs)$ 帧（数字为整数）。在理想的情况下，v 为人眼平滑追踪的速度，这将使人视网膜上感知的图像为静止图像。

（3）定义用于测量的经时域调制后的灰阶序列。根据 $V(p)$ 创建一组 $N=v$（N 在数值上等于 v，但没有单位）的离散灰阶序列 $V_i(f)$，其中 f 是帧序号，$f=1,2,\cdots,1/(vs)$，帧序号是指静止的正弦亮度图案 $V(p)$ 中特定的位置 p。$V_i(f)$ 为全屏灰阶序列，$i=1,2,\cdots,N$ 是序号，这个序号允许有空间频率 s 相同、相位稍不同的 N 个不同图案。每个序列 $V_i(f)$ 都包含 $1/(vs)$ 个全屏灰阶，这与像素位置 p 有关，且由序号 i 和运动方向决定（从左到右或从右到左）。对于图 12-44 中的右图，一个周期内（$s=1/16$ cpp）有 16 个像素。当图案以速度 $v=4$ ppf 从左向右运动时，只有 $N=4$ 的离散灰阶过渡序列被测量，以捕获显示引起的时域变化：黄、蓝、绿和红。这些显示在图 12-45 的左图中。可以看到 $i=1,2,3,4$ 灰阶的输入序列的相位存在差异。因为该运动是从左向右的，所以，序列中灰阶的相应序号是从右向左的。由于周期性，原则上，每个序列 $V_i(f)$ 只能测量四个过渡。然而，出于计算的目的，该序列 $V_i(f)$ 可扩展至包括多个周期。图 12-44 的右图选择了 4 个周期。

（4）时间响应的测量。使用快速响应亮度探测器，测量瞬时亮度波形 $L_i(t)$，其由每个全屏灰阶序列 $V_i(f)$ 产生，$i=1,2,\cdots,N$；以图 12-45 中的右图为例，$v=4$ ppf 且 $s=1/16$ cpp。

（5）空域-时域转换。将运动正弦亮度图案的时域亮度变化转换为感知图像的空间变化（假设人眼平滑追踪）。所得感知的亮度分布轮廓 $L_r(p)$ 可以通过式（12-22）计算，如图 12-46 所示，其中 p 代表位置序号。

（6）DMTF 值的计算。根据图 12-46 或式（12-22）确定视网膜亮度轮廓的振幅 A_r。用式（12-23）计算 M_{DMTF}。

（7）对各种速度 v 重复步骤（2）～（6）。

（8）对各种空间频率 s 重复步骤（1）～（7）。

分析：假设眼睛平滑追踪与视网膜上的瞬间光线收集等效，那么用 p 表示的等效视网膜上的亮度为

$$L_r(p) = w \sum_{i=1}^{N} \int_{(p-i)/(wN)}^{(p-i+1)/(wN)} L_i(-t) dt \tag{12-22}$$

根据式（12-22）绘图就得到了振幅，$A_r=[\max(L_r)-\min(L_r)]/2$。对运动速度 v 和空间频率 s 的每个组合，视网膜上亮度的振幅 A_r 和输入亮度的振幅 A_{in} 之间的比值定义为

$$M_{\text{DMTF}} = A_{\text{r}} / A_{\text{in}} \tag{12-23}$$

即动态调制传递函数，表示空间频率响应，它给出显示屏在显示以一定速度运动的画面时，空间信息的分辨能力。表 12-6 和图 12-42 给出了测量结果的示例。

报告：通常情况下，正弦亮度图案的平均亮度 L_{in} 和振幅 A_{in} 是显示屏相应峰值的一半。空间频率（s）应为 0～0.5 cpp，而运动速度 v 应为 2 ppf、4 ppf、8 ppf 和 16 ppf。对于所有测量条件，以不少于 3 位的有效数字报告 M_{DMTF}。此外，M_{DMTF} 可以以二维图像给出。在 $s = 0$ 处，定义 $M_{\text{DMTF}} = 1$。

注释：所需要的输入灰阶序列的确定。如图 12-44 所示，考虑亮度域中的一个一维正弦图案 $L_{\text{d}}(p)$，对于这种图案，$V_i(f)$ 表示像素 p 对应的灰阶，其中 $p \in \{1, 2, \cdots, N_{\text{H}}\}$，$N_{\text{H}}$ 是显示屏的水平像素数；i 是正弦图案不同相位可能的序号。正弦测试图案的亮度振幅记为 A_{in}。

假设正弦图案在屏幕上从左向右滚动，每个像素内只有一小部分有亮度过渡（这取决于图案的空间频率和运动速度）。例如，考虑一个滚动的正弦图案，如图 12-44 所示，其空间频率为 $s=1/16$ cpp，速度为 $v=4$ ppf，因为周期的关系，必须对只有四个离散输入的代码序列 $V_i(f)$ 进行测量，以捕获这个运动过程中发生的不同亮度转变。图 12-45（a）是用四种不同颜色表示的这些序列，图 12-45（b）是相应的瞬时亮度转变。所记录的瞬时亮度转变作为式（12-22）的输入。

表 12-6 分析示例

图案输入的参数				被测量的参数	
L_{in}/(cd/m^2)	A_{in}/(cd/m^2)	w/cpp	v/ppf	A_{r}/(cd/m^2)	DMTF
100	100	0.03125	2	98	0.98
			4	94	0.94
			8	77	0.77
			16	44	0.44
100	100	0.0625	2	95	0.95
			4	76	0.76
			8	43	0.43
			16	0	0.0
100	100	0.125	2	75	0.75
			4	43	0.43
			8	0	0
			16	0	0
100	100	0.25	2	40	0.40
			4	0	0
			8	0	0
			16	0	0

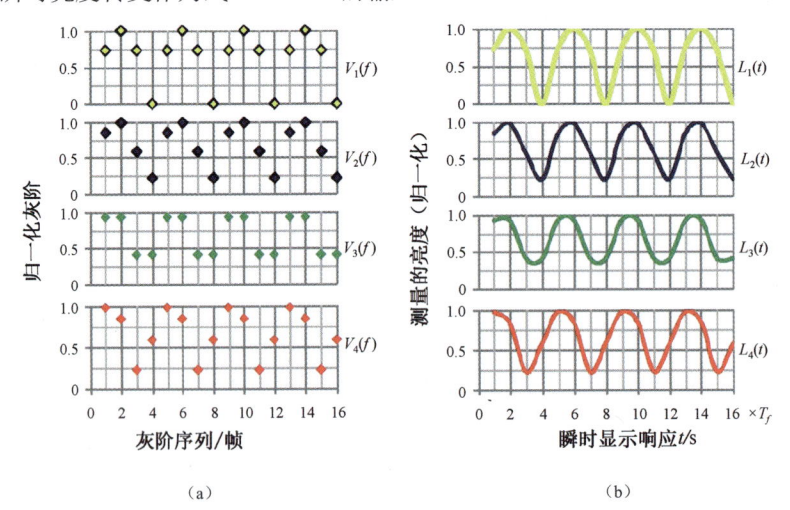

图 12-45 (a)：用于瞬时响应测量的灰阶序列，表示图像以速度 $v=4$ ppf 从左向右运动。(b)：一个对应的瞬时亮度转变的测量示例。(a) 中用归一化的灰阶表示每个连续帧，(b) 中用随时间变化的亮度测量值（归一化）表示对输入序列的响应。对于 (b)，x 轴上的数字与输入序列的帧数一一对应，因此，x 轴上的数字乘以帧时间（$T_f = 1/w$）就是帧数

更多关于 DMTF 的理论信息可以参考其他文献[1]。

12.6 线帧闪烁测量

描述：当竖直细条纹在 LCD 上缓慢运动时，将会有亮暗像素。如果上升（亮）响应比下降（暗）响应慢，屏幕的整体亮度就会有亮度波动，就可观察到闪烁现象。

用一个慢速滚动的竖直条纹图案测量线帧闪烁（WFF）。测量以时间为函数的发光强度，然后用傅里叶分析计算以频率为变量的闪烁强度函数（见图 12-46），其中，频率经 EIAJ 闪烁敏感度加权。计算出闪烁等级后，报告闪烁峰值的频率和闪烁等级。**单位：Hz、dB**。

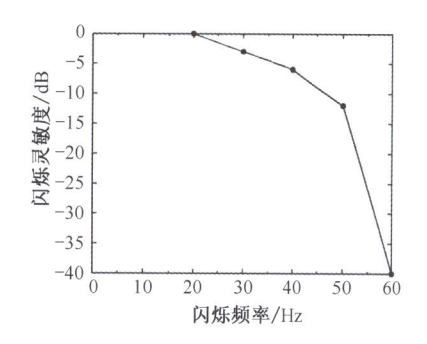

图 12-46 闪烁灵敏度和闪烁频率的关系

设置：应用如图 12-47 所示的标准设置。

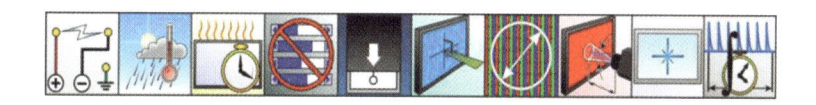

图 12-47 标准设置

其他设置条件：设备包括一个用于产生慢速运动的交替竖直线的视频发生器、一个用于测量随时间变化的亮度的 LMD、一个用于记录和显示输出信号的示波器。LMD 在亮度轮廓的峰值位置处不得有饱和现象（可以通过去除滤片直接观察 LMD 的输出来检验）。

测试图案：使用滚动竖直条纹图案来测量图 12-48 所示的线帧闪烁。所有竖直线宽度都为一个像素。当图案在水平方向缓慢运动时（速度小于 1ppf），亮线变暗，同时暗线变亮。$1/m$ ppf 的速度意味着图案运动 1 个像素后，图案会停留 m 帧。m 是一个整数，且应大于 1。因此，$1/m$ ppf 并不表示一个平滑的运动。可以通过以 $1/m$ ppf 的速度移动竖直条纹图案来测量 LCD 上的亮度波动。

步骤：

（1）确定闪烁图案的灰阶。选择灰阶等级以产生亮像素和暗像素，然后选择图案运动 1 个像素后停留 m 帧时间的帧率。

（2）用 LMD 收集图案滚动时的发光强度数据。

（3）根据数据计算快速傅里叶变换（FFT）系数和对应的闪烁等级。FFT 函数按照式（12-24）定义。

---

[1] 此处原书参考资料：Yuning Zhang, Kees Teunissen, Wen Song, and Xiaohua Li, "Dynamic modulation transfer function: a method to characterize the temporal performance of liquid-crystal displays," March 15, 2008, Vol. 33, No. 6, Optics Letters, pp. 533-535.

$$X(k) = \sum_{n=0}^{N-1} x(n) \exp\left(-j2\pi \frac{k}{N} n\right), \quad k = 0, 1, \cdots, N-1 \qquad (12\text{-}24)$$

式中，N 是数据点的数量；$x(n)$ 是在时域测量的数据；$X(k)$ 是频域中的 FFT 系数。FFT 的一个频率步长等于取样频率（f_s）除以 N。

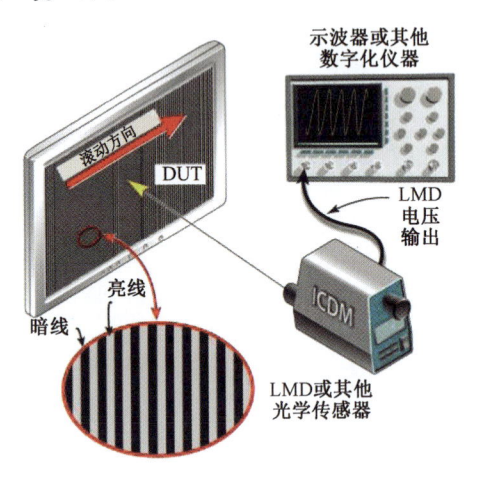

图 12-48　包含测量用的竖直条纹图案细节的测量设置示意

（4）在频域绘制 FFT 系数。对于从特定峰值频率找到的 FFT 系数，根据表 12-7 中与频率对应的缩放因子对其进行加权（乘以）。这个加权用于调整所测量的闪烁等级，使其与人眼的瞬时闪烁敏感度相近，其中，闪烁敏感度随闪烁频率的增加而降低。

表 12-7　闪烁加权因子

频率/Hz	缩放/dB	缩放因子
≤20	0	1.0
30	−3	0.708
40	−6	0.501
50	−12	0.251
≥60	−40	0.010

注：在所列的频率之间使用线性插值，"缩放/dB" 等同于 "缩放因子"。

分析：

（1）计算 FFT 系数。注意，0 Hz（f_0）的 FFT 系数为 DC 或平均值。

（2）根据特定峰值的频率找到 FFT 系数。根据表 12-7 中与频率对应的缩放因子对所得的 FFT 系数进行加权（乘以）。如果表 12-7 中无对应的缩放因子，那么在所列的数值之间使用线性插值。经缩放的 FFT 系数阵列可通过人眼视觉灵敏度系数获得。

（3）对于缩放后的 FFT 系数阵列中的每个元素，用式（12-25）计算闪烁等级。

$$闪烁等级(\text{dB}) = 20 \log_{10} \left\{ 2 \times \left[\frac{加权系数(f_p) \times \text{FFT}(f_p)}{加权系数(f_0) \times \text{FFT}(f_0)} \right] \right\} \qquad (12\text{-}25)$$

式中，f_R 是显示屏的刷新率；f_0 是 FFT 在 0Hz 的 DC 值；f_p 是主要的傅里叶成分（基频成分），$f_p = f_R / m$。因此，基频 f_p 由图案滚动速度和显示屏的刷新率决定。可直接从有效的 FFT 系数计算闪烁等级。如果闪烁等级是从功率谱 FFT 系数计算得到的，每个系数都被平方，那么任取每个系数的平方根就可得到有效数值，或者使用替代公式：闪烁等级（dB）=$10\log_{10}$(功率$[n]$/功率$[0]$)。这里计算的是与平均亮度相关的每个频率处的、经加权后的闪烁等级。

报告：报告标准设置/测试模式的偏离情况、$F_{repetition}$、F_{sample}、最大闪烁等级的频率和数值。也可选择报告所有闪烁等级，如表 12-8 所示。

注释：这个测量与 EIAJ ED-2522 的 5.13 节一致。注意，闪烁加权因子来自 EIAJ 文档。也可使用其他加权因子，只要所有利益相关方同意，且备用因子在所有文档中明确报告。

表 12-8 数据示例

滚动速率/ppf	幅值 DC	幅值 AC_{main}	FFT 基频/f_p	加权系数	闪烁等级
1/2	745.80	80.39	30.27	0.708	−16.32
1/3	825.45	72.67	20.51	1.000	−15.09
1/4	870.89	90.68	14.65	1.000	−13.63
1/5	898.57	64.24	11.72	1.000	−16.89

线帧闪烁的起因是上升（或变亮）和下降（或变暗）响应的非对称特性。因此，同时会出现像素的变亮和变暗。亮度的波动应该是周期性的，以简化测量和分析。

第 13 章

物理尺寸和机械尺寸测量

显示屏的机械和物理特性包括显示面的大小、显示的总体尺寸、安装规格、质量（或重量）及强度。

13.1 显示屏尺寸

在固定像素的显示屏面世之前，CRT 显示屏占据主导地位。CRT 显示屏的扫描光栅可以根据扫描电子束的电和/或磁处理来改变位置和大小。像素的数量还可以随每个扫描行调制电子束的速率而改变。因此，光栅扫描技术中的这种可变性使光栅尺寸出现显著的可变性。当对一个尺寸变化很大的 CRT 光栅建立一个对角线值时，可能会对 CRT 显示屏的真实对角线尺寸产生疑惑。对于固定像素显示屏，像素真实存在于显像基板上，并且永远不会改变尺寸、位置或数量。这使得建立指导原则成为可能，从而确保无显著误差地表示固定像素显示屏的对角线尺寸。如果能够建立和遵循这些合适的原则，那么对角线值可以成为一个有意义和明确的评价显示屏尺寸的指标。对角线尺寸与实际像素阵列对角线之间的误差很小。例如，精确尺寸的误差是由于舍入或由于没有寻址所有像素造成的。

在平板显示屏（FPD）的测量中，有一些与尺寸有关的变量。表 13-1 给出了这一节涉及的所有变量的列表。许多显示屏的像素为方形，表中对于方形和非方形像素均给出了计算公式。表 13-2 归纳总结了这些变量之间的关系。

表 13-1 与尺寸相关的变量

变量	说明
P_H、P_V、P	水平和竖直方向的像素间距，对方形像素有 $P_H = P_V = P$，用单位像素数的距离表示（单位为 nm/px、mm/px 等）
N_H、N_V	水平和竖直方向的像素数目（无单位）
S_H、S_V、S	水平和竖直方向的像素空间频率，对方形像素（$S=1/P$），用单位距离的像素数表示（单位为 px/mm、px/cm 等）

续表

变量	说明
D	屏幕的对角线尺寸，用长度单位（mm、cm、m 等）表示
H, V	屏幕可显像面积（所有可寻址像素的总面积）的水平和竖直尺寸，用距离表示（单位为 mm、cm、m 等）
α	屏幕宽高比，$\alpha=H/V$（无单位）
A	可视显示面积（$A=HV$）
a	分配给各像素的矩形面积（$a=P_H P_V$）

表 13-2　尺寸变量间关系的一些有用总结

表达式	适用对象说明	N_H	N_V	N_T	H	V	A	P_H	P_V	P_T	S_H	S_V	S_T	a	D	α	备注
$A=HV$					*	*	*										精确
$H=N_H P_H$		*			*			*									非常小的误差
$H=\dfrac{D}{\sqrt{\left(\dfrac{N_V}{N_H}\right)^2+1}}$	方形像素	*	*		*										*		
$H=\dfrac{\alpha D}{\sqrt{\alpha^2+1}}$	方形像素				*										*	*	宽高比可能由于舍入而不能准确知道
$V=N_V P_V$			*			*			*								非常小的误差
$V=\dfrac{D}{\sqrt{\left(\dfrac{N_H}{N_V}\right)^2+1}}$	方形像素	*	*			*									*		
$V=\dfrac{D}{\sqrt{\alpha^2+1}}$	方形像素					*									*	*	宽高比可能由于舍入而不能准确知道
$a=P_H P_V$								*	*					*			
$a=P^2$	方形像素									*				*			
$a=A/N_T$				*			*							*			精确
$D=\sqrt{H^2+V^2}$					*	*									*		精确
$D=\sqrt{(P_H N_H)^2+(P_V N_V)^2}$		*	*					*	*						*		
$D=\sqrt{P^2\left(N_H^2+H_V^2\right)}$	方形像素	*	*					*							*		
$D=\sqrt{\left(\dfrac{N_H}{S_H}\right)^2+\left(\dfrac{N_V}{S_V}\right)^2}$		*	*								*	*			*		
$D=\sqrt{N_H^2+H_V^2}/S$	方形像素	*	*										*		*		
$P=\dfrac{D}{\sqrt{N_H^2+H_V^2}}$	方形像素	*	*						*						*		
$\alpha=H/V$					*	*										*	
$\alpha=N_H/N_V$	方形像素	*	*													*	

注：部分公式仅适用于方形像素。变量定义见表 13-5。

13.1.1 可视区域尺寸

接下来假设一个用于显示信息的固定像素阵列。可视区域尺寸仅包括显示面上的、在正常工作条件下能被用户看到的部分。任何在边框后面的像素都不包括在内。任何不显示信息的边界像素也不包括在可视区域内。因此，可视区域是构成显示屏的、能被控制的像素的集合（见图 13-1）。对于大部分显示屏，可以知道水平像素（或列）的数量 N_H 和竖直像素的数量 N_V。

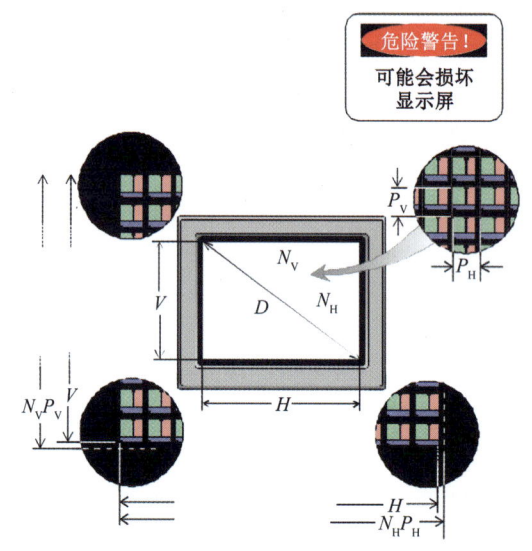

图 13-1 任意像素排列的固定像素阵列显示屏尺寸测量示意

接下来的引用会涉及几个测量尺寸。如果想测量这些尺寸中的任意一个，那么就必须谨慎。在显示屏上放置尺子有可能会损坏显示屏表面。而且，许多廉价的尺子可能精度不足。例如，一些廉价尺子在 30 mm 的长度内就会产生 ±1 mm 的误差。当使用尺子时，会存在视觉误差，这是由于尺子放置的表面和像素表面是分离的，因为后者通常还覆盖了一层玻璃或塑料。除非人眼小心地处于测量点上方垂直于像素表面的方向，否则，人眼的位置可能会引起误差。移动显微镜或类似的仪器最适合用于这类测量。

像素格式（$N_H \times N_V$）：被测设备的显示面包括一个矩形像素阵列，由水平方向的像素数 N_H（列数）和竖直方向的像素数 N_V（排或行数）表示。水平像素数与竖直像素数的乘积是被测设备的像素总数量 N_T。

$$N_T = N_H \times N_V \tag{13-1}$$

水平尺寸、竖直尺寸和面积（H, V, A）：水平尺寸 H 是从任何一行左边有源像素的最左部分到同一行右边有源像素的最右部分的距离。可视区域的尺寸（见图 13-1）表示为

$$A = HV \tag{13-2}$$

像素间距和空间频率（P_H, P_V, P, S_H, S_V, S）：从水平像素的一个点到下一个水平像素的相似位置点之间的水平距离是水平像素间距 P_H；同样，竖直像素间距 P_V 是两个相邻竖直像素的相似位置点之间的竖直距离。在图 13-1 中，右上角的插图表示一个任意的 RGB 矩形

子像素结构，像素间距被描述为从绿色子像素的左上角到相邻绿色子像素的左上角的距离。对于方形像素，像素间距为

$$P_H = P_V = P \qquad (13\text{-}3)$$

与像素间距紧密联系的是像素的空间频率，经常被冠以"每厘米像素数"等单位。空间频率与像素间距成反比：

$$S_H = 1/P_H, \quad S_V = 1/P_V \qquad (13\text{-}4a)$$
$$S = 1/P \quad （仅适用于方形像素） \qquad (13\text{-}4b)$$

部分人用术语"每……点数"来指"每……像素数"，然而，点通常指的是子像素，这样的用法稍显草率，而且当使用术语"点"来解释空间频率的含义时应当特别谨慎。

考虑到显示屏有水平像素（或栏）数 N_H 和竖直像素（排或行）数 N_V，我们可能会简单地认为显示屏水平或竖直尺寸只是像素数和其方向上的像素间距的乘积。严格地说，这并不准确，但由于误差通常很小，以至于可以忽略，其差别在 100μm 量级以内——对于典型的台式计算机或笔记本电脑的显示屏。图 13-1 底部的两个插图表示实际显示屏的水平尺寸和竖直尺寸是如何略小于像素数与像素间距的乘积。如果像素的填充率为 100%，那么式（13-5）是精确的。（图 13-1 中描述的像素的填充率为 52%。）

$$H \approx N_H P_H, \quad V \approx N_V P_V \quad （适用于所有像素） \qquad (13\text{-}5a)$$
$$H \approx N_H P, \quad V \approx N_V P \quad （仅适用于方形像素） \qquad (13\text{-}5b)$$

注意：后面会将这些近似式作为严格的等式来书写和对待，但如果误差不可忽略，那么要告知利益相关方其中的细微差异。

一个矩形像素占据的面积（a）：像素的矩形矩阵有一个与每个像素对应的特定区域。每个像素占据的面积 a 就是水平像素间距和竖直像素间距的乘积。

$$a = P_H P_V \quad （适用于所有像素） \qquad (13\text{-}6a)$$
$$a = P^2 \quad （仅适用于方形像素） \qquad (13\text{-}6b)$$

要确定 a 中作为像素的部分，参见 7.4 节的像素填充率测量。

对角线尺寸：对于描述显示面的尺寸，对角线尺寸是目前最常用的、体现显示屏的可视尺寸的指标。对角线尺寸的测量应当仅针对显示面上能够控制的、用于信息显示的可见像素的部分。

$$D = \sqrt{H^2 + V^2} \qquad (13\text{-}7)$$

根据能获得的信息内容，可以采用多种方式来表示或计算对角线尺寸。如果像素间距和像素数是最可靠的信息，那么有

$$D = \sqrt{(P_H N_H)^2 + (P_V N_V)^2} \quad （适用于所有像素） \qquad (13\text{-}8a)$$
$$D = \sqrt{P^2(N_H^2 + N_V^2)} \quad （仅适用于方形像素） \qquad (13\text{-}8b)$$

如果准确地知道像素的空间频率，那么可以用式（13-9）计算。

$$D = \sqrt{\left(\frac{N_H}{S_H}\right)^2 + \left(\frac{N_V}{S_V}\right)^2} \quad （适用于所有像素） \qquad (13\text{-}9a)$$
$$D = \sqrt{N_H^2 + N_V^2}/S \quad （仅适用于方形像素） \qquad (13\text{-}9b)$$

必须特别注意评估空间频率的不确定性。在一般的工业应用中，空间频率经常被约成

整数，因此可能没有被准确报告。

在对角线测量的报告中，建议将误差控制在真实值的±0.5%内（这里考虑了所有的测量误差，包括舍入误差）。例如，对在办公室或移动环境下使用的显示屏，建议对角线尺寸的表示精度最少要达到1.3mm（±0.5mm）。若从计算的角度考虑，则需要更精确的对角线测量结果。注意：尽管精度不低于±0.5%是推荐的做法，但人们更倾向于更精确的对角线尺寸。用低于±0.5%的精度表示对角线尺寸是不可接受的。表13-3给出了一些最差的误差示例。

表13-3 最差的误差示例

实际对角线	报告对角线	误差
306.045mm	304.8mm	1.245mm
306.072mm	307.34mm	1.268mm

在表13-4中，我们就怎样表示和报告对角线尺寸给出了一些示例。

表13-4 表示和报告对角线尺寸的示例

真实对角线	推荐	可接受	不可接受
13.7931in	13.8in	13.79in	14in
12.0942in	12.1in	12.09in	12in
12.1253in	12.1in	12.13in	12in

宽高比：13.1.2节会详细介绍宽高比。简单地说，宽高比α是水平尺寸与竖直尺寸的比。

$$\alpha = H/V$$

可能会在计算中用到宽高比。然而要注意，有时宽高比并不是一个精确已知的数，而是经常为了方便而取的整数比，如4/3、16/9等。

13.1.2 宽高比和显像格式

这一节介绍多种计算和报告显示屏宽高比的方法。一般来说，通常不认为宽高比是一种精确衡量显示屏的指标，但可作为一种对实际宽度与高度比例的近似，用于指示显示面的形状。如果显示面不是方形的，根据朝向，显示屏放置有两种方式。如果长边是水平放置的，我们称之为横向放置；如果长边是竖直放置的，我们称之为纵向放置。表 13-5 是这一小节中用到的变量。

表 13-5 变量列表

P_H, P_V, P	水平像素间距、竖直像素间距，对于方形像素，$P_H = P_V = P$
N_H, N_V	水平方向和竖直方向的像素数量
D	屏幕对角线尺寸
H, V	屏幕水平尺寸和竖直尺寸
α	宽高比

宽高比被定义为屏幕可视区域的宽度与高度之比，如图 13-2 所示。

$$\alpha = H/V$$

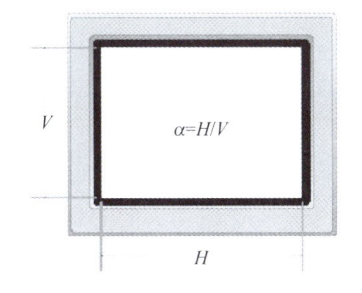

图 13-2 宽高比定义

注意，可视区域是指屏幕的有效显示区域，即可观看的屏幕中可见的和用于显示信息的部分。尽管宽高比可以用小数来表示，但更常见的是用一个比值 $H:V$，如 4∶3、16∶9 等来表示，且水平尺寸放在比号的左边。实际上，宽高比通常用一个小的整数比表示。例如，一个横向显示屏的水平尺寸是 300mm，竖直尺寸是 200mm，那么其宽高比如下。

横向放置： $\alpha = H/V = 300/200 = 3/2 = 1.5$，或用比值 3∶2 表示。

纵向放置： $\alpha = H/V = 200/300 = 2/3 = 0.6667$，或用比值 2∶3 表示。

在上面的例子中，分子与分母的最大公约数是 100，容易得到一个整数比值。但是，假设有一个显示屏，其有源可寻址图像区域的水平尺寸为 $H = 311$mm，竖直尺寸为 $V = 203$ mm。其宽高比的小数值应为 $\alpha = 1.53202\cdots$，水平尺寸和竖直尺寸间并没有最大公约数，但为了简洁起见，该显示屏被标为具有 3∶2 的宽高比，如图 13-3 所示。这就是为什么当以整数比的形式出现时，宽高比不能用来严格指实际的宽度与高度的比值。在公式和计算中，应避免使用宽高比，除非能够确保该参数是精确的 H/V 值，在这种情况下该参数经常以小数值表示。

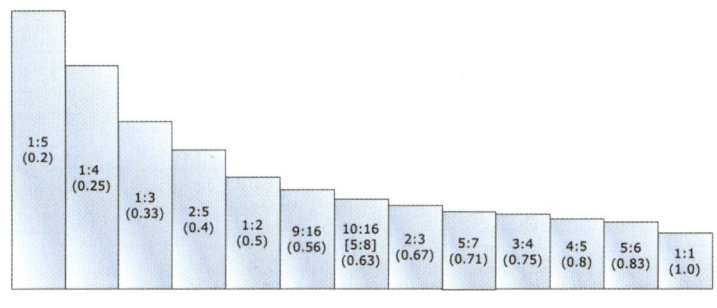

图 13-3 宽高比取值，方位：纵向放置对应左侧，横向放置对应右侧

宽高比转换表：如果根据水平尺寸和竖直尺寸来计算宽高比，且没有一个最大公约数能将宽高比化为一个简单整数比，那么表 13-6 可用来确定最接近的宽高比，表中都以不大于 20 的整数比表示宽高比。首先确定小数形式的宽高比，接着在表 13-6 中寻找最接近的小数宽高比，最后用整数比值作为简化的宽高比。应合理使用该转换表，如宽高比 12∶11(1.0909) 非常接近 11∶10（1.1），此时最好采用 11∶10；17∶13（1.3077）足够接近 4∶3（1.3333），采用 4∶3 更合理。多数时候人们采用 10 以下的整数组成的简单比值。但是，HDTV 使用的 16∶9 的标准格式使情况变得复杂，因此所有采用小于 20 的整数的分数宽高比都列于表 13-6 以供查验。本表假设显示屏为横向放置。若是纵向放置，仅需将小数比值取倒数（$1/\alpha$），然后在表中查找合适的整数比值，将该比值取倒数即可。

表 13-6 宽高比转换

小数宽高比	整数宽高比	小数宽高比	整数宽高比	小数宽高比	整数宽高比	小数宽高比	整数宽高比
1	1:1	1.2727…	14:11	1.7143…	12:7	2.6	13:5
1.0526…	20:19	1.2857…	9:7	1.7273…	19:11	2.6667…	8:3
1.0556…	19:18	1.3	13:10	1.75	7:4	2.7143…	19:7
1.0588…	18:17	1.3077…	17:13	1.7778…	16:9	2.75	11:4
1.0625…	17:16	1.3333…	4:3 (8:6)	1.8	9:5(18:10)	2.8	14:5
1.0667…	16:15	1.3571…	19:14	1.8182…	20:11	2.8333…	17:6
1.0714…	15:14	1.3636…	15:11	1.8333…	11:6	2.8571…	20:7
1.0769…	14:13	1.375	11:8	1.8571…	13:7	3	3:1
1.0833…	13:12	1.3846…	18:13	1.875	15:8	3.1667…	19:6
1.0909…	12:11	1.4	7:5(14:10)	1.8889…	17:9(34:18)	3.2	16:5
1.1	11:10	1.4167…	17:12	1.9	19:10 (9.5:5)	3.25	13:4
1.1111…	10:9	1.4286…	10:7	2	2:1(20:10)	3.3333…	10:3
1.1176…	19:17	1.4444…	13:9 (26:18)	2.1111…	19:9	3.4	17:5
1.1333…	17:15	1.4545…	16:11	2.125	17:8	3.5	7:2
1.1429…	8:7	1.4615…	19:13	2.1429…	15:7	3.6	18:5
1.1538…	15:13	1.5	3:2 (6:4)	2.1667…	13:6	3.6667…	11:3
1.1667…	7:6	1.5385…	20:13	2.2	11:5	3.75	15:4
1.1765…	20:17	1.5455…	17:11	2.2222…	20:9	3.8	19:5
1.1818…	13:11	1.5556…	14:9 (28:18)	2.25	9:4	4	4:1
1.1875…	19:16	1.5714…	11:7	2.2857…	16:7	4.25	17:4
1.2	6:5(12:10)	1.5833…	19:12	2.3333…	7:3	4.3333…	13:3
1.2143…	17:14	1.6	8:5(16:10)	2.375	19:8	4.5	9:2
1.2222…	11:9(22: 18)	1.625	13:8	2.4286…	17:7	4.6667…	14:3
1.2308…	16:13	1.6364…	18:11	2.4	12:5	4.75	19:4
1.25	5:4 (10,8)	1.6667…	5:3	2.5	5:2	5	5:1
1.2667…	19:15	1.7	17:10 (8.5:5)	2.5714…	18:7		

注：本表将小于 5:1 的小数宽高比转换成用 20 以内的整数构成的分数宽高比；括号中的比例是工业中有时会用到的一些相近的宽高比。

基于数值可进行宽高比计算，表13-7列出多个计算小数宽高比的公式。参见表13-4，可得不同变量间的有用关系的完整表格。表13-8给出了工业应用中的一些像素阵列格式。

表 13-7 小数宽高比计算公式

非方形像素	方形或非方形像素	方形像素
$\alpha = \dfrac{H}{V} = \dfrac{N_H P_H}{N_V P_V}$	$\alpha = \dfrac{H}{V}$	$\alpha = \dfrac{H}{V} = \dfrac{N_H}{N_V}$
	$V = \dfrac{D}{\sqrt{\alpha^2 + 1}}$	
	$H = \dfrac{\alpha D}{\sqrt{\alpha^2 + 1}}$	

表 13-8 工业中的一些像素阵列格式

分类	代码	名称	α	α（数值）	N_H	N_V	N_T	(*)	应用
210 kpx			1:1	1.000	60	60	3600	*	
			3:2	1.500	96	64	6144	*	
			~3:2	1.477	96	65	6240	*	
			1:1	1.000	80	80	6400	*	
			~4:3	1.350	108	80	8640		
10 kpx			1:1	1.000	120	120	14400	*	
			~1:1	1.067	128	120	15360		
			~1:1	1.100	132	120	15840	*	
			1:1	1.000	128	128	16384		
			1:1	1.000	128	128	16384	*	
			1:1	1.000	132	132	17424	*	
		1/4VGA	4:3	1.333	160	120	19200	*	
			5:4	1.250	160	128	20480	*	
			2:1	2.000	208	104	21632		
			4:3	1.333	176	132	23232	*	
			1:1	1.000	160	160	25600	*	
	qCIF	1/4CIF	11:9	1.222	176	144	25344	*	
			1:1	1.000	160	160	25600		
			~4:3	1.309	216	165	35640		
			~6:5	1.182	208	176	36608	*	
			13:11	1.182	208	176	36608	*	
			3:2	1.500	240	160	38400		
			5:4	1.250	220	176	38720		
			4:3	1.333	240	180	43200	*	
			1:1	1.000	240	240	57600		
			16:9	1.778	320	180	57600	*	
			~3:2	1.481	308	208	64064		
		1/4 K	1:1	1.000	256	256	65536	*	

续表

分类	代码	名称	α	α（数值）	N_H	N_V	N_T	(*)	应用
10 kpx			20:13	1.538	320	208	66560		
	qVGA	1/4 VGA	4:3	1.333	320	240	76800	*	
			3:1	3.000	480	160	76800	*	
			~3:2	1.467	352	240	84480		
			8:5	1.600	384	240	92160	*	
			5:3	1.667	400	240	96000	*	
100 kpx	CIF	通用图像格式	11:9	1.222	352	288	101376	*	
			1:1	1.000	320	320	102400	*	
			~11:10	1.063	340	320	108800	*	
			16:5	3.200	640	200	128000	*	
			~16:9	1.765	480	272	130560		
			~7:5	1.363	432	317	136944	*	
	hVGA	1/2 VGA	(16:6) 8:3	2.667	640	240	153600		便携/手持式设备
	HVGA		3:2	1.500	480	320	153600	*	
			16:10 (8:5)	1.600	512	320	163840	*	
			4:3	1.333	480	360	172800	*	
200 kpx			2:1	2.000	640	320	204800	*	
			1:1	1.000	480	480	230400		
	nHD		16:9	1.778	640	360	230400		
		1/2K	1:1	1.000	512	512	262144	*	
			~3:2	1.509	640	424	271360		
			25:11	2.273	800	352	281600		
300 kpx	VGA	视频图形阵列	4:3	1.333	640	480	307200	*	
		MPEG2 格式	3:2	1.500	720	480	345600		MPEG2
			1:1	1.000	600	600	360000		
			16:9	1.778	800	450	360000		
			16:10 (8:5)	1.600	768	480	368640	*	
			5:3	1.667	800	480	384000		
			3:2	1.500	768	512	393216		
400 kpx			~17:10	1.767	848	480	407040	*	
			~16:9	1.775	852	480	408960	*	
			~16:9	1.777	853	480	409440	*	
	WVGA		18:10 (9:5)	1.800	864	480	414720		
			2:1	2.000	960	480	460800		
	SVGA	超级 VGA	4:3	1.333	800	600	480000	*	
	UWVGA		32:15	2.133	1024	480	491520		
500 kpx			1:1	1.000	720	720	518400		
	qHD	1/4 HD	16:9	1.778	960	540	518400		

第 13 章 物理尺寸和机械尺寸测量

续表

分类	代码	名称	a	a（数值）	N_H	N_V	N_T	(*)	应用
			16:9	1.778	1024	576	589824	*	
			16:10 (8:5)	1.600	1024	640	655360	*	
			3:2	1.500	960	640	614400		便携/手持式设备
500 kpx	XGA	扩展 VGA	4:3	1.333	1024	768	786432	*	
	WXGA		3:2	1.500	1152	768	884736		
	HDTV	HDTV(HDTV2)	16:9	1.778	1280	720	921600	*	
	WXGA+	宽 XGA+	5:3	1.667	1280	768	983040	*	
			4:3	1.333	1152	864	995328	*	
1Mpx		太阳微系统	1.28:1	1.280	1152	900	1036800		
			~16:9	1.771	1360	768	1044480	*	
		1K	1.1	1.000	1024	1024	1048576	*	无线交通控制
			~16:9	1.779	1366	768	1049088		
			~1:1	1.055	1080	1024	1105920	*	
			16:10 (8:5)	1.600	1280	800	1024000		
			16:9	1.778	1440	810	1166400		
	QVGA	四分之一 VGA	4:3	1.333	1280	960	1228800	*	
	WXGA+	宽 XGA+	16:10 (8:5)	1.600	1440	900	1296000		
	SXGA	超宽 XGA	5:4	1.250	1280	1024	1310720	*	
			16:9	1.778	1600	900	1440000		
	SXGA+	延伸 SXGA	4:3	1.333	1400	1050	1470000	*	
	WSXGA		25:16	1.563	1600	1024	1638400	*	
			5:4	1.250	1440	1152	1658880		
			16:10 (8:5)	1.600	1638	1024	1677312	*	
	WSXGA+	宽 SXGA+	16:10 (8:5)	1.600	1680	1050	1764000	*	
	UXGA	超宽 XGA	4:3	1.333	1600	1200	1920000	*	
2Mpx	HDTV / FHD	高清 TV/全 HD	16:9	1.778	1920	1080	2073600	*	HDTV
			~19:10	1.896	2048	1080	2211840	*	
	WUXGA	宽屏 UXGA	16:10 (8:5)	1.600	1920	1200	2304000	*	
	WDXGA		16:9	1.778	2048	1152	2359296	*	
			~4:3	1.294	1760	1360	2393600	*	
			4:3	1.333	1920	1440	2764800		
			21:9 (7:3)	2.370	2560	1080	2764800		宽银幕电影
3Mpx	QXGA	四倍 XGA	4:3	1.333	2048	1536	3145728	*	
			5:4	1.250	2000	1600	3200000	*	
			16:9	1.778	2560	1440	3686400		
			3:2	1.500	2400	1600	3840000		数码相机

327

续表

分类	代码	名称	α	α（数值）	N_H	N_V	N_T	(*)	应用
4Mpx	WQXGA	宽 XXGA	16:10 (8:5)	1.600	2560	1600	4096000	*	
		2K	1:1	1.000	2048	2048	4194304	*	
			16:9	1.776	2784	1568	4365312		数码相机
			4:3	1.333	2560	1920	4915200		数码相机
5Mpx			4:3	1.333	2592	1944	5038848		数码相机
			16:9	1.782	3008	1688	5077504		数码相机
	QWXGA+	四倍宽 XGA+	16:10 (8:5)	1.600	2880	1800	5184000		
	QSXGA	四倍 SXGA	5:4	1.250	2560	2048	5242880	*	
			~4.5:1	4.548	4912	1080	5304960		3D 全景
6Mpx			3:2	1.500	3072	2048	6291456		
	WQSXGA	宽四倍 SXGA	15.6:10	1.563	3200	2048	6553600		
7Mpx			16:9	1.776	3552	2000	7104000		数字影院
	QUXGA	四倍 UXGA	4:3	1.333	3200	2400	7680000	*	
			~6.6:1	6.622	7152	1080	7724160		3D 全景
			4:3	1.333	3264	2448	7990272		数字影院
8Mpx	Q-HDTV	四倍 HDTV, 四倍 HD, 4K TV	16:9	1.778	3840	2160	8294400	*	HDTV
			3:2	1.500	3600	2400	8640000		数字影院
		4K×2K	~2:1	1.896	4096	2160	8847360		数字影院
9 Mpx	WQUXGA	宽 QUXGA	16:10 (8:5)	1.600	3840	2400	9216000	*	
10 Mpx			16:9	1.767	4240	2400	10176000		数码相机
			16:9	1.776	4320	2432	10506240		数码相机
			~2:1	1.873	4496	2400	10790400		数字影院
			~2.5:1	2.563	5536	2160	11957760		全景
		4K×3K	4:3	1.333	4000	3000	12000000		数字影院
			~4:3	1.291	4096	3172	12992512	*	
			~4.4:1	4.414	8192	1856	15204352		全景
			3:2	1.500	4800	3200	15360000		数码相机
		4K×4K	1:1	1.000	4096	4096	16777216	*	
20 Mpx			3:2	1.500	5520	3680	20313600		数码相机
			16:9	1.777	6000	3376	20256000		数码相机
			~6.7:1	6.690	12416	1856	23044096		全景
			3:2	1.500	6000	4000	24000000		数码相机
			~3:2	1.506	6144	4080	25067520		数码相机
	WHSXGA		~8:5	1.563	6400	4096	26214400		
30 Mpx			~5:4	1.251	6144	4912	30179328		数码相机
	HUXGA		4:3	1.333	6400	4800	30720000		
	Q-QHDTV,UHDTV	超 HDTV, 四倍 HDTV, 8K TV	16:9	1.778	7680	4320	33177600		HDTV
			~3:2	1.498	7360	4912	36152320		数码相机
	WHUXGA		16:10 (8:5)	1.600	7680	4800	36864000		数码相机

*位图的文件集合支持的。

13.1.3 图像尺寸校准

描述：通过测量显示屏在不同平均亮度下的图像高度和宽度的变化，估算有显示内容的图像的尺寸。

这种测量在 CRT 显示屏领域已有一定的历史，对分析以显示图像为自变量的高电压供给的稳定性十分重要。由于更高的亮度需要更大的电流，如果电源供给小于最佳校准所需，那么加速电压可能会降低，因此光栅的尺寸随图像亮度的提高而增大。

单位：图像尺寸的百分比。**符号**：无。

应用：采用光栅扫描的显示屏，如 CRT 显示屏。

设置：应用如图 13-4 所示的标准设置。

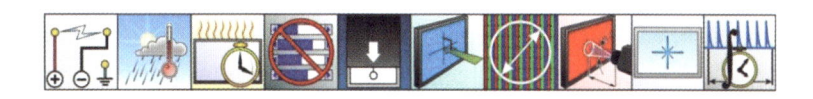

图 13-4 标准设置

其他设置条件：沿像素阵列的所有外边缘（外围）显示一条单像素宽的线，并放置一台空间分辨亮度计来测量屏幕长轴和短轴两端的各条亮线轮廓中心的位置（见图 13-5），即外框各边缘的中心位置。对于大部分用途，线性定位器的位置不确定度必须在整个屏幕范围内小于半个像素的宽度。应保持垂直的观测方向。

对于光学测量，采用一个被可见边缘或线环绕的大面积框图案（内框），如图 13-5 所示。该实线框应扩大至与环绕白线相距不大于 5 个像素。为了能最大装载且边缘线能被明分分辨，隔开白色内框和环绕白边缘线的黑色空隙应当越窄越好。（较小尺寸的白色目标和较大的上下部环绕白线间的黑色空隙可能揭示了竖直扫描的、刷新频率为典型的 60~180 Hz 的光栅扫描 CRT 显示屏的低质量高频校准。）

步骤：使用阵列式探测器和位移台在显示面的长轴与短轴的交叉点定位各线轮廓的中心。当内框显示的灰度分别设置为 0%（黑）、25%、50%、75%和100%（白）（对于 8 位显示，这些级别分别对应 255 级灰阶的 0、63、127、191 和 255）时，测量单像素线外围的左右线中心点位置的水平间隔或宽度 w。类似地，测量单像素线外围的上下边缘的线位置（图 13-5 中未显示）的竖直间隔或高度 h。如果图像尺寸已经过良好的校准，那么边界线的位置随图像内容的变化将是微不足道的。

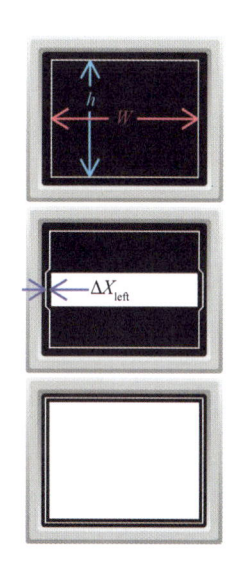

图 13-5 设置示意

分析：图像尺寸校准是测得的最大线间距离和最小线间距离之差占最小线间距离的百分比，即 $100\% \times (\max-\min)/\min$。

报告：以全屏线性尺寸的百分比报告光栅尺寸的最大变化，不超过三位有效数字，如表 13-9 所示。

注释：为了测量光栅失真度，位移台的精度应当优于显示屏线性尺寸的 0.1%。

13.2 强度

值得注意的是，本节这些步骤对显示面的结构进行施压，可能对显示面或其电子基础结构造成不可恢复的损害。

表 13-9　图像尺寸和内框亮度分析及报告示例

项目		宽度 w/mm	高度 h/mm
内框显示的灰度值	100%	384.175	286.842
	75%	384.099	286.791
	50%	383.870	286.715
	25%	383.837	286.650
	0%（黑）	383.819	286.588
最小值		383.819	286.588
最大值		384.175	286.842
最大值-最小值		0.356	0.254
图形尺寸校准		0.093%	0.089%

13.2.1 抗扭强度

别名：静态扭转加载、机械扭转、机械形变、机械强度、形变试验、弯曲试验、变形试验。

描述：测量显示面板、模块或显示系统（被测设备）的机械强度，从而确保在固定 3 个角并在第 4 个角上施加一定的形变力作用的强度测试中不会引起任何损害。

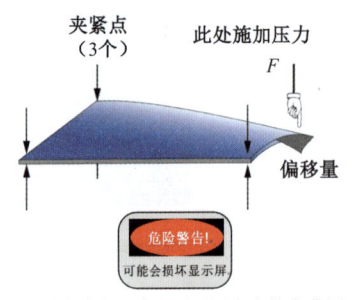

显示屏或监视器的抗扭强度指的是其承受不均匀力或压力的能力。例如，当其一处或多处部位固定，另一部位进行形变时承受压力的能力，如图 13-6 所示。这是一个针对被测设备强度的安全（非定性）试验，用来验证在施加上述压力时被测设备能否抵抗形变或压力。尽管被测设备的抗扭性能的验证跟位移的幅度有关，但这不是力或位移测试，也不是硬度或弹性测试。换句话说，我们不会特意给显示屏施加使其破裂或损坏的力以寻找其强度极限，也不会尝试测量随施加外力的不同其形变位移的变化。这是一个结果只显示合格或不合格的测试。

注：图中给出一个硬显示屏夸张的弯曲图，只为了突出效果。

图 13-6　抗扭强度测试示意

测试方法如下。用不损坏显示屏的方式夹紧被测设备的 3 个角。钳夹的长度必须在被测设备每边长度 2% 的范围内。在被测设备的 3 个角被固定的条件下，逐渐施加一个力 F 至自由的边角上，直到完全达到指定的力 F_L。在该力作用下，被测设备的自由边角会产生一个位移 p，位移 p 不能超过规定的最大位移 p_L。如果显示屏能够承受满额的力，且经过一段规定的时间后产生不超过 p 的位移，那么该显示屏满足了规定的抗扭强度。

注意，该测试结果由参与单位自行判断，这可作为一个极限测试去测试最大强度（对力的最大承受能力）和挠度极限。

应用：被测设备可以是显示面板、模组或显示系统，其 3 个角被固定且第 4 个角发生形变，用于测试抗扭强度；该测量方法也可以应用于显示屏的子部件，如玻璃或中间结构。

该测试针对非工作状态设计，但如果有关人员，如显示屏集成商或生产商为了判断需要，也可以在工作状态下进行该测试。然而，如果在非工作状态测试，应在测试前后点亮显示屏，确定其是否通过测试，这一步很关键，因为有些损坏可能只有点亮显示屏才能确定。

设置：不需要标准的设置条件。然而，温度和湿度条件包括施加的时间可由参与单位确定[1]。应当牢固支撑显示屏组件的任意 3 个角且力施加在第 4 个角上。钳夹装置的接触面积不应超过有效显示区域面积的水平尺寸（H）和垂直尺寸（V）的 5%。换句话说，所有接触面积应不大于任意屏幕有源面积线性尺寸的 5%。钳夹设计应当在测试之前，并经过参与单位同意。测试可根据需要在显示屏的工作或非工作状态下进行。

压力参数如下。

（1）工作状态的压力。对一个接受测试的工作中的显示屏，力 $F_L = F_1$ 可根据显示屏集成商和制造商的约定而定；这个测试是可选的。

（2）非工作状态的压力。对一个处于非工作状态的显示屏，力 $F_L = F_2$ 可根据显示屏集成商和制造商的约定而定。

（3）施加方向。施加方向应为垂直于被测设备平面的两个方向。

（4）测试周期。压力将会从每个方向重复 n 次施加在显示屏的每个边角上。对于工作和非工作状态下的测试，共 $m = 2 \times 4 \times n$ 个周期——2 个方向、4 个角、n 次作用力。

（5）动态。作用力最短持续时间 $t_L = 5s$。

（6）钳夹力（可选）。如果被测设备安装在遮光板中，那么在测量受压角的形变 p 时，可能需要规定一个钳夹力 F_c，因为遮光板被压缩时也会产生一定的形变。如果被测设备没有遮光板，可以将支架固定到固态电路板上（或类似物），此时不需要指定该力。

（7）单位。力的单位可以是 N（牛顿，一般不使用）、千克力（一千克物质受到的重力，译者注：1 千克力=0.0098065N）或任何经过所有利益相关方同意的单位。

面板对作用力的反应：对显示屏施加最大压力，施加时显示屏的边角会弯曲但不超过指定的最大形变位移 p_L。准备测量施加的力 F 和引起的屏幕形变位移 p。也可以选最大形变位移而不是最大压力来作为测量项目。

（1）承受。显示屏的每个被测试的边角能够承受每个方向的力作用 n 次，每个时间周期 t_L 的最大压力为 F_L。

（2）形变。在最大压力的作用下，显示屏的每个测试边角在力作用方向上的形变位移必须不能超过最大形变位移 p_L。

步骤：牢牢地夹紧被测设备的 3 个角。注意边角没有受力时的初始位置 z_0。缓慢施加力到自由边角上，直到达到满压力 F_L。将该作用力维持一段时间 t_L，测量边角的新位置 z，并根据施加作用力之前的边角位置计算形变位移，$p = z - z_0$。接着缓慢去掉作用力。重复施加和去除作用力 n 次。使作用力取相反方向，并重复以上步骤。对被测设备的每个边角重复以上步骤。

分析：在测量的过程中计算形变位移，$p = z - z_0$。确定每个方向的每次作用力下的每个边角的最大形变位移 p_{max}。

---

[1] 如果已知被测设备一部分的关联结构的材料对正常测试范围内的湿度或温度敏感，那么应该采用标准化测试和施加力的条件。这可能适用于聚合物基的基板或元件。

报告：报告所有的测量条件和结果，如表13-10所示。

注释：测量的参数由所有利益相关方（如显示屏集成商和制造商）确定，如表13-11所示。

警告：该测量有可能具有破坏性，可能永久改变或毁坏显示屏。显示屏的破裂有可能引起对人体有害物质的泄漏。

表13-10 报告示例

参数	数值			单位
压力 F_L	10			千克力
工作/非工作	非工作			
周期数 n	10			
施加力时间 t_L	20			s
最大形变位移 p_L	7			mm
边角	左上角	右上角	左下角	右下角
最大形变位移 p_{max}	7	7	7	7
测试所有边角	是	是	是	是
损坏	否	否	否	否

表13-11 抗扭强度测量涉及的变量列表

F	垂直作用在显示屏一个边角上的力
F_L	一次性作用在一个边角上的满压力
$F_L=F_1$	显示屏工作时对角的作用力(可选)
$F_L=F_2$	显示屏不工作时对角的作用力
t_L	最大压力 F_L 下的最小持续时间
n	从每个方向上施加力的次数
m	力 F_L 作用的总次数，$m=2\times4\times n$
p_L	对于力 F_L 规定的最大形变
p_{max}	每个边角测得的最大形变位移
p	力 F_L 作用下的形变位移
z_0	施加力前边角的初始位置
z	力 F_L 作用下边角的终点位置

13.2.2 屏幕正面强度

别名：点压力测试

描述：通过在屏幕中心施加一个特定的力来测量屏幕的强度，使用一个压力物模拟手指来确定显示屏是否受到损害，如图13-7所示。这是一个结果只显示通过或没通过的测试。

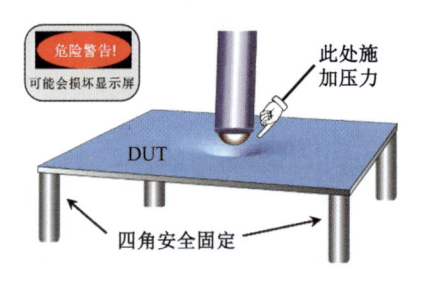

图13-7 点压力测试示意

注意：测试结果由参与单位自行判断，这可作为一个极限测试去测试最大强度（对力的最大承受能力）和挠度极限。

应用：被测设备可以是显示面板、模组或显示系统，其4个角被固定，使得屏幕中央在施加力的作用下发生形变，用于测试抗扭强度；该测量方法也可以应用于显示屏的子部件，如玻璃或中间结构。

另一种用于显示系统（显示屏成品）的测量方法，是用一个测力仪或类似物垂直作用于显示屏中央。

该测试可在非工作状态或工作状态下进行。然而,如果在非工作状态下测试,应在测试前后点亮显示屏,确定其是否通过测试,这一步很关键,因为有些损坏可能只有点亮显示屏才能确定。

设置:不需要标准的设置条件。温度、湿度条件和施加时间由参与单位确定。

除非另有规定,应当牢固支撑被测设备的 4 个角,且覆盖范围不能超过被测设备水平尺寸和竖直尺寸的 5%。显示图案应当是稳定的,还要有视频内容,施加到屏幕中心的力越大,画面变化越明显。施加的力应当位于屏幕中心且不超过屏幕对角线尺寸的±3%。

施加参数如下。

(1)施加物接触面面积:a=10 mm±1 mm(直径)。

(2)施加物接触材料:肖氏硬度为 60A ±10 的弹性体。

(3)施加力:用手指模拟施加到屏幕中心的满压力 F_L;在 0.5~10 s 的时间内将力缓慢增加到 F_L,维持一段时间 t_L,接着在 0.5~10 s 的时间内去掉作用力。

(4)作用角度:垂直于显示面。

(5)探头外形:半球。

(6)施加压力时间:被测设备承受最大压力 F_L 所持续的时间 t_L。

(7)动态:单次施加力 F_L 经历的时间 t_L。

(8)单位:力的单位可以是 N(牛顿,一般不使用)、千克力或任何经过所有利益相关方同意的单位。

显示屏对作用力的反应:由所有利益相关方确定不可接受的损坏或劣化类型。损坏的类型包括破裂、图像变色或作用力造成的永久残留现象。

(1)合格性能:去除作用力和经过恢复时间后具体的显示性能。在撤去对显示屏前表面施加的压力后,损坏或显示图像劣化的可接受程度必须由所有利益相关方协商确定。

(2)恢复时间:在外力移除后,显示屏恢复可接受性能的时间为恢复时间 t_R。

步骤:在屏幕中心施加力 F_L,经过时间 t_L 后移除外力(见上述"设置"部分的细节)。经过恢复时间 t_R 后,检查屏幕性能可否接受。

分析:除了在力被移除后观察屏幕,无其他内容。

报告:报告所有测量条件和结果,如表 13-12 所示。

注释:该测量有可能具有破坏性,可能会永久改变或损坏显示屏。显示屏的破裂可能会引起对人体有害物质的泄漏。屏幕正面强度测量涉及的变量列表如表 13-13 所示。

表 13-12 报告示例

参数	数值	单位
满载压力 F_L	3	千克力
工作/非工作	非工作	
作用时间 t_L	5	s
指定恢复时间 t_R	10	s
满足中心强度?	是	

表 13-13 屏幕正面强度测量涉及的变量列表

F_L	一次作用在一个边角上的最大压力
t_L	最大压力 F_L 的最小作用时间
t_R	施加压力 F_L 后的最大恢复时间

13.2.3 摇摆度

别名：监视器稳定性，机械稳定性，显示屏稳定性，显示屏摇摆。

描述：装在高度可调的底座上的监视器和其他显示屏在被调到接近其高度上限时会变得不稳定。随着显示屏被调得更高，其摇摆的可能性增加，从而使显示屏先从左向右倾斜，再反方向运动。显示屏可能会一直摇晃和振荡直到机械力量使它稳定。

不稳定引起的摇摆有两个方向，即前后和左右。本测量中我们处理左右摇摆的问题，如图 13-8 中的箭头所示。

应用：在高度可调底座和其他底座上的显示屏可能会不稳定，发生摇摆。这个问题在高度可调底座上的大显示屏和宽幅显示屏被调到最大高度时尤为严重。

设置：不需要标准的设置条件。

所需设备：①摄像机；②水平或竖直设备；③尺子；④2 千克力和一个合适的探头。如果被测试的显示屏不适合 2 千克力，可换其他大小的力。

其他设置条件：调高显示屏至支座所支持的最大高度。评估显示屏达到最大机械不稳定性的高度。确保显示屏垂直于底座平面，顶部平行于底座平面。

可选：保证底座稳定。确定力施加到合适边缘上。如果显示屏有旋转功能，那么力应该作用于显示屏的上边缘，与显示屏旋转方向相反。例如，图 13-8 中给出了顺时针（CW）方向的绕轴转动。显示屏左边向上倾斜以实现旋转功能。在这种情况下，每次测量不稳定性所施加的力应该确保可在逆时针（CCW）方向测量摇摆，或者使显示屏的左上角向下运动。本节的其他例子中，显示屏的旋转为顺时针方向。

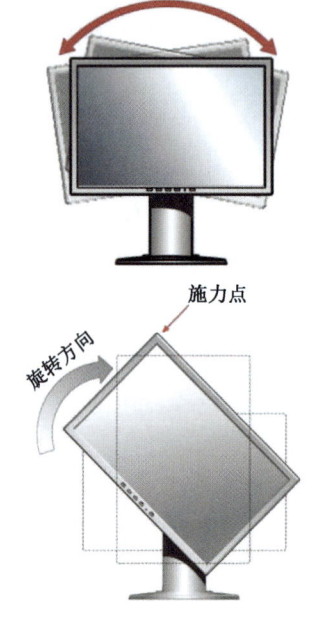

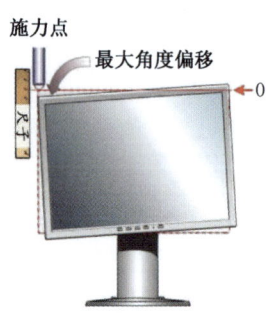

图 13-8 摇摆度测试示意

（1）水平。确保显示屏的顶部是水平的。

（2）尺子。确保尺子处于显示屏顶部表面附近并水平放置，确定尺子上的参考点。当显示屏被向下压住和释放时，尺子保持稳定，并且在视频记录中能够看出其移动的距离。

（3）摄像机。将摄像机牢固地固定在一个位置，使其能够记录显示屏的竖直运动和清晰地看到尺子。

（4）施加力使显示屏震动。将力作用于显示屏的边角使之震动。注意位移量，因为此时（$t \neq 0$）是位移的最大值。

（5）记录运动。随着显示屏因施加的力而稳定地振荡，记录显示屏一角相对于尺子的竖直运动。快速去掉力，使显示屏进入摇摆状态，持续记录直至显示屏完全稳定。

（6）分析记录。使用专门的视频编辑软件，通过分析记录的视频来确定位移的幅度和显示屏的上下摆动周期。

步骤：根据与时间相关的两个参数确定稳定性或摇摆度，即相对于稳定状态的位移（距离）幅度和显示屏稳定前经过的周期数。

（1）在显示屏顶部的2%长度范围内的一角施加2千克力，使之向下摆动。探头应该是某种模拟的手指，如肖氏硬度为60A±10的弹性体。

（2）施加的力应该使显示屏移动而不会推翻显示屏。测试者应该选择稳固的底座，在这种情况下，力的作用能引起显示屏最大的角位移。

（3）测量显示屏顶部角落到水平线的位移。$t=0$ 时的位移记为0。由于显示屏的一角被压下，因此位移是负数。在报告表中把该负位移作为点1，同时记录时间（对于第一个静态点是0）。

（4）确保尺子沿力施加方向固定于显示屏边缘。

（5）用合适的摄像机记录整个过程，去掉2千克力。

（6）记录显示屏的运动，直到其不再运动而稳定下来。

（7）分析视频以确定位移、位移方向和时间。寻找最大位移点和其方向、时间，直到显示屏停止摇摆。

（8）做表记录位移点、位移方向、大小和时间，如表13-14所示。

（9）根据数据绘图，如图13-9所示。

（10）绘制顶点和谷点的曲线，直到归于0（见图13-10）。这能给出摇摆时间的包络或衰减曲线。

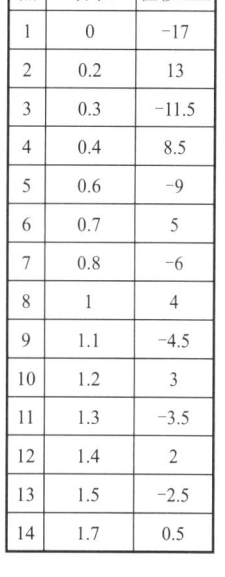

表13-14 报告示例

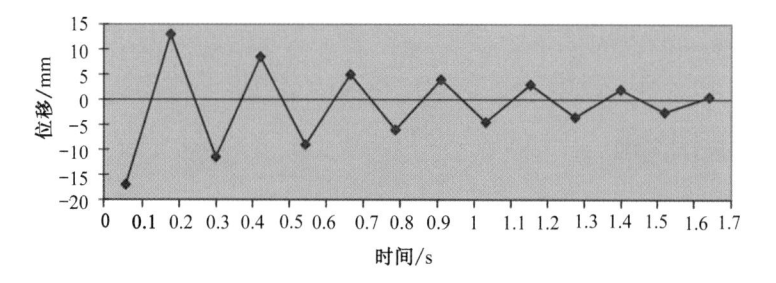

点	时间/s	位移/mm
1	0	-17
2	0.2	13
3	0.3	-11.5
4	0.4	8.5
5	0.6	-9
6	0.7	5
7	0.8	-6
8	1	4
9	1.1	-4.5
10	1.2	3
11	1.3	-3.5
12	1.4	2
13	1.5	-2.5
14	1.7	0.5

图13-9 摇摆位移-时间图

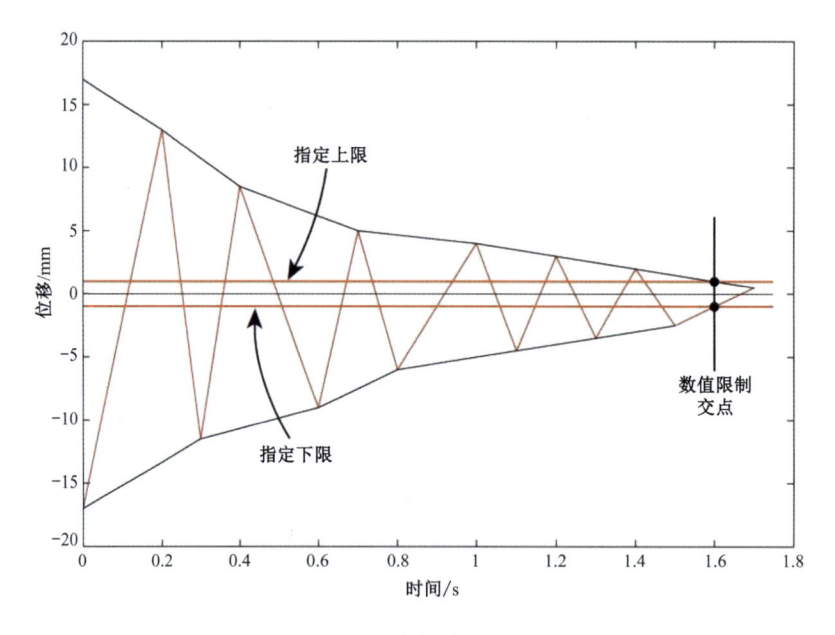

图 13-10　摇摆衰减曲线

报告：报告以下特性。
（1）显示屏被调节到最大高度时，底座平面到显示屏的高度。
（2）稳定时间（从 $T=0$ 开始直到达到稳定的衰减时间）。
（3）实现稳定所需的周期数。
（4）最大位移（静态下受到 2 千克力的作用）。
（5）达到指定界限的时间（如果给出的话）。
参与单位可能就以下参数给出具体说明。
（1）压力。
（2）最大静态位移。
（3）摆动周期数。
（4）显示屏稳定所需的时间。
（5）稳定的含义。

注释：我们假设稳定（非摇摆）状态的显示屏是水平的，或者与铅垂线垂直。一条沿着显示屏顶部的想象的线对应于 0。如果显示屏不是水平的，那么在摇摆度测量中必须加上或减去其与水平线的偏移量。

13.3　几何形变

所呈现图像的几何形变有多种产生机制，当观察者和生成图像的显示屏之间存在透镜时，几何形变便产生了。存在这种现象的有头盔显示屏（HMD）、近眼显示屏（NED）、前投影显示屏、背投显示屏和平视显示屏（HUD）等。扫描式显示屏如飞点扫描仪或 CRT 显示屏也有可能表现出几何失真。目前本书提供以下类型的测量。

13.3.1 色收敛度

描述：测量彩色显示屏的基色之间的分离或色收敛度。色收敛度根据屏幕上的 9（或 25）个特定的点来测量（见图 13-11），用任意两个基色之间的最大距离来报告。**单位**：mm 或 px。**符号**：无。

缺乏合适的收敛度（色收敛度误差）会影响图像中的真实彩色特征，导致显示屏分辨率损失。色收敛可能是由多束扫描器（例如，CRT 显示屏、飞点扫描仪）或投影系统的校准不当引起的。投影系统也可能由于投影透镜的消色差和彩色光源图像平面存在对准误差而表现出色收敛。

应用：任何会使图像受到透镜或光栅扫描干扰的显示屏。

设置：应用如图 13-12 所示的标准设置。

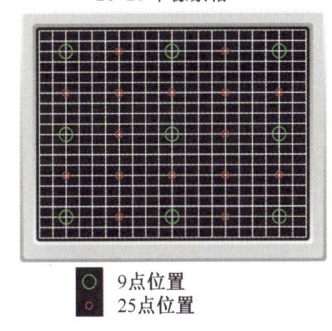

图 13-11 色收敛度测量点位置 　　图 13-12 标准设置

其他设置条件：显示全屏影线测试图案，用一个亮度计测量 9（或 25）点位置的线亮度，如图 13-11 所示。靠边的点位于从显示面的边缘算起、1/10 的屏幕高度和 1/10 的屏幕宽度处。位置不确定性必须在±0.1 px 内，务必在法线方向测量。

对于目视检查，检测色收敛的影线图案最少包含竖直线和水平线各 20 条，每条线 1 个像素宽度，线间距离不超过屏幕宽/高的 5%。对于图中所示的标准测试位置进行光学测量，使用竖直栅格和水平栅格视频图像（见图 13-13），其由 1～5 个像素宽的竖直线和水平线组成。使用大于 1 或 2 个像素宽的线增加线的亮度，从而改善 CRT 显示屏的测量重复性。

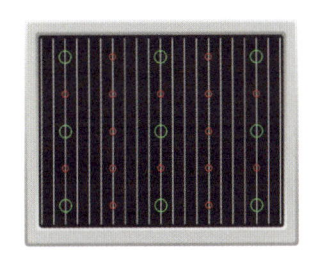

（a）竖直栅格　　（b）水平栅格

图 13-13 亮线轮廓设置

步骤：目视检查影线图案以确定整体色收敛度。记录屏幕上出现明显色收敛的位置的测量结果，这些测量位置不是在标准 9 点或 25 点屏幕测试位置。对各种基色，如 R、G、B，使用由 1～5 个像素宽的线组成的水平和竖直栅格测试图，分别测量在 9 点屏幕测试点（可选 25 点屏幕测试点）的竖直和水平色收敛度。使用一个阵列式探测器，测量各位置的亮线，确定各水平亮线和竖直亮线中点的水平位置 x_R、x_G、x_B 与竖直位置 y_R、y_G、y_B，各测量点表示为 $(x_R,y_R)_i$、$(x_G,y_G)_i$、$(x_B,y_B)_i$，其中 $i=1,2,\cdots,9$（或 25），单位为 mm 或 px。有时测量多个亮线再取平均值对得到更有重复性的线中心测量结果是有帮助的。

分析：根据收集的线心数据确定在各测量点 $i=1,2,\cdots,9$（或 25）的蓝线中心和红线中心的偏差 $(\Delta x_{BR}, \Delta y_{BR})_i$ [可选择确定绿线中心相对于红线中心的偏差 $(\Delta x_{GR}, \Delta y_{GR})_i$]，其中

$$\left(\Delta x_{BR} = x_B - x_R\right)_i, \left(\Delta y_{BR} = y_B - y_R\right)_i \tag{13-10}$$

也可用下式替代：

$$\left(\Delta x_{GR} = x_G - x_R\right)_i, \left(\Delta y_{GR} = y_G - y_R\right)_i \tag{13-11}$$

确定蓝线相对于红线的最大水平偏差和最大竖直偏差，也可选绿线相对于红线的。

报告：报告采样点数和其平均值。报告对于所有测量点 $i=1, 2,\cdots,9$（或 25）的 $(\Delta x_{BR}, \Delta y_{BR})_i$，不超过 3 位有效数字。将最大线偏差作为色收敛度并报告，以 mm 或 px 为单位，如表 13-15 所示。如果采用多条亮线的平均值得到中心值，那么也应当报告采用的线数。

表 13-15 分析和报告示例

测量点数 9 点	水平偏差/mm $\Delta x_{BR}= x_B- x_R$	竖直偏差/ mm $\Delta y_{BR}= y_B- y_R$
1	−0.343	0.142
2	0.038	0.089
3	−0.086	0.287
4	−0.089	0.201
5	−0.061	0.109
6	−0.13	0.213
7	−0.371	0.229
8	−0.003	0.201
9	−0.231	0.170
最大值	−0.371	0.287
单测点的平均采样数		7

注释：对于彩色 CRT 显示屏，探测器采样或电子束和荫罩之间的混叠会导致中心点测量存在较大的误差。在略微不同的屏幕位置重复测量亮线，如果可能，那么以子像素进行偏移，从而使对亮线的采样随机化。确保采样数量足够多。采样数最少为 7 个。每个采样点从指定的像素位置偏移±1，±2 和±3 个像素，采样包括起点在内的 7 个测量点。报告色收敛度测量是顺序进行的，还是同时进行的。在 CRT 显示屏中，电子束之间的空间电荷排斥力能够显著影响屏幕中电子束的收敛度。

13.3.2 线性度

描述：通过测量像素实际的测量位置与预期位置的关系来定量化线性度。

线性度被认为是像素密度的变化。扫描式显示屏（如投影仪、飞点扫描仪或 CRT 显示屏）差的线性度会使显示屏上图像的缩放比例不一致。**单位**：图像尺寸的百分比。**符号**：无。

应用：使图像受到透镜或光栅扫描干扰的任何显示屏。

设置：应用如图 13-12 所示的标准设置。

其他设置条件：显示以不大于所测屏幕 5%尺寸的长度为间距的竖直线或水平线，并且用亮度计测量各亮线的中心位置，如图 13-14 所示。位置不确定度必须在±0.1px 内；务必在法线方向测量。

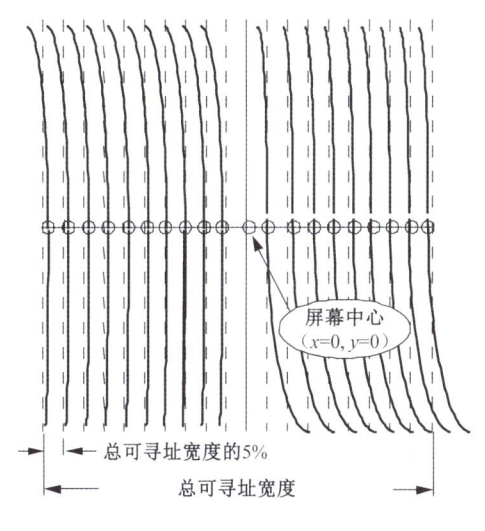

图 13-14 线性度测量

对图 13-14 中所示的多条线的位置进行光学测量，应采用竖直栅格和水平栅格图案，这些图案由 1 个像素宽（像素单位）的竖直线和水平线组成，线的间隔均匀，距离不超过被测屏幕尺寸的 5%。

步骤：用一个阵列式探测器定位线的中心位置，并用一个 (x,y) 位移台测量交叉点的 x、y 坐标值，这些交叉点为图案的竖直线与屏幕水平中心线的交叉点及图案的水平线与屏幕竖直中心线的交叉点。将这些均匀间隔的线在屏幕主轴（水平或最长的中心线）和副轴（竖直或最短的中心线）上点位置的坐标值 (x,y) 制成表格，单位为 mm 或 px。

分析：线性度表示为每对相邻线间的间距与所有线间距平均值的差，与所有线间距平均值的百分比。

如果两个扫描方向是线性的，那么相邻线的距离是常数。若偏离这个距离，则两个扫描方向是非线性的。水平扫描的线性度由测得的 x 位置确定，x_i（$i=0,1,2,\cdots,10$）是屏幕上以像素计的、均匀间隔的竖直线。竖直扫描的线性度类似地由测得的 y 位置确定，y_i（$i=0,1,2,\cdots,10$）是屏幕上以像素计的、均匀间隔的水平线。对于 $i=0,1,2,\cdots,9$ 的竖直线，相邻线的间距为 x 位置的差值，$\Delta x = x_{i+1} - x_i$。线间的间距用来确定水平线性度。类似地，对于 $i=0,1$，

2,⋯, 9 的水平线，相邻线的间距为 y 位置的差值，$\Delta y = y_{i+1} - y_i$，从而可确定竖直线性度。对于每对相邻线，计算和绘制线性度值，如图 13-15 所示。

水平线性度 = 100%×$(\Delta x_i - \Delta x_{avg})/\Delta x_{avg}$，$i = 0,1,2,\cdots,10$。

竖直线性度 = 100%×$(\Delta y_i - \Delta y_{avg})/\Delta y_{avg}$，$i = 0,1,2,\cdots,10$。

如果选择平均线间距作为参照，像素位置误差也可以根据测量线的位置计算和绘制。可构建一个线性参考网格(x_{iref}, y_{iref})，$i = 0,1,2,\cdots, 10$。然后将测得的线位置与参考网格进行比较。将实际测量线的位置与该线对应的参考位置的差值表示为对应方向上全屏幕尺寸的百分比，从而可得到像素位置误差，如图 13-16 所示。

水平像素位置误差 = 100%×$(x_i - x_{iref})/H$，$i = 0,1,2,\cdots,10$。

竖直像素位置误差 = 100%×$(y_i - y_{iref})/V$，$i = 0,1,2,\cdots,10$。

报告：报告屏幕的顶部、底部、左边和右边的四个最大线性度。可选择报告屏幕的顶部、底部、左边和右边的四个最大像素位置误差。

注释：对光栅失真（线性度、波纹）测量，(x,y) 位移台的精度必须大于屏幕线性尺寸的 0.1%，并以不超过 3 位的有效数字表示，如表 13-16 所示。

表 13-16 分析和报告示例

测量点	竖直线的 x 位置/mm		水平线的 y 位置/mm	
i	左边	右边	顶部	底部
10	−190.8	193.1	143.0	−143.1
9	−172.1	173.3	128.3	−129.0
8	−153.0	153.5	114.1	−114.7
7	−133.7	133.7	99.9	−100.4
6	−114.2	113.9	85.6	−86.1
5	−94.8	94.5	71.3	−71.7
4	−75.5	75.4	57.1	−57.4
3	−56.5	56.3	42.8	−43.0
2	−37.6	37.5	28.5	−28.6
1	−18.8	18.8	14.3	−14.3
0	0.0	0.0	0.0	0.0
最大线性度				
	2.10%	2.81%	2.35%	0.98%
最大像素位置误差				
	0.33%	0.38%	0.15%	0.11%

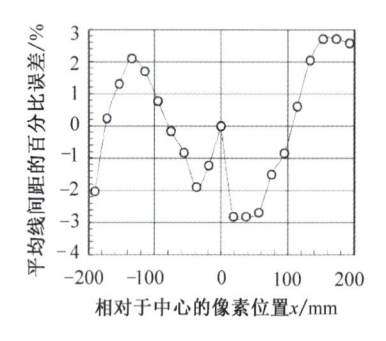

图 13-15 水平线性度

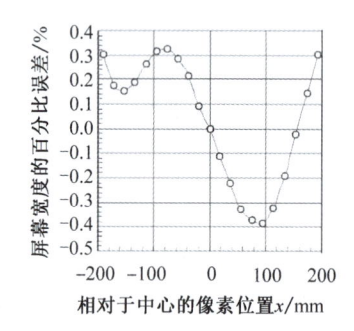

图 13-16 水平像素位置误差

13.3.3 波纹

别名：asdf。

描述：测量显示目标上的像素位置，以描绘扭曲了的、本应是直线的失真现象。

在图像、字母和符号的本应是直线的小面积区域内，可能存在显示失真。本测量显示对直线的偏离程度。**单位**：图像尺寸的百分比。**符号**：无。

应用：使图像受到透镜或光栅扫描干扰的任何显示屏。
设置：应用如图 13-17 所示的标准设置。

图 13-17 标准设置

其他设置条件：沿着可寻址屏幕的顶部、底部和边缘显示竖直线、水平线、竖直中心线和水平中心线（主轴和副轴）（见图 13-18），并放置一台用于测量各条亮线中心位置的亮度计。

对于如图 13-18 所示的标准测试位置上的光学测量，采用各为 1 个像素宽的竖直线和水平线。测试图案中的线都是 100%灰阶（白色），并位于可寻址屏幕的顶部、底部和边缘，包括竖直中心线和水平中心线（主轴和副轴）。允许采用绿线代替白线以提高测量的重复性，并避免大的收敛误差可能带来的复杂干扰。

步骤：采用阵列式探测器瞄准线的中心位置，并用一个（x, y）位移台测量图案竖直线和水平线上屏幕点的坐标(x, y)。沿每条线以均匀的间隔（通常以可寻址屏幕尺寸的 5%为间距）采集（x, y）（单位为 mm）。此外，测量要包括每条线的两个端点的（x, y）坐标，如图 13-19 所示。

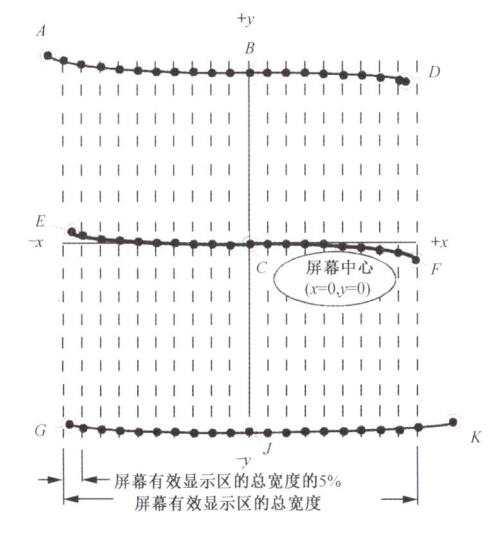

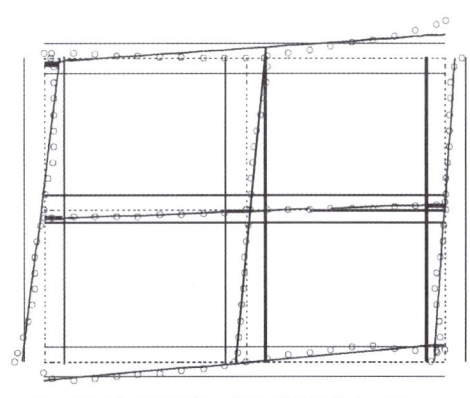

图 13-18 波纹测量

图 13-19 波纹测量位置

注：为了效果更明显，波纹误差被放大 50 倍。
误差为屏幕尺寸的±0.1%。

分析：用线性回归法对测得的每条线的坐标数据进行线性拟合。对于在顶部、中心和底部的水平线 H_T、H_C 和 H_B，x 轴被认为是独立的轴，在 x_i 位置采集数据，竖直位置的数据（因变量）根据 $y=mx+s$ 拟合。对于在左边、中心和右边的竖直线 V_L、V_C 和 V_R，y 轴被认为是独立的轴，在 y_i 位置采集数据，水平位置的数据（因变量）根据 $x=my+s$ 拟合。对所有 6 条线

341

可得到：

顶部：y_{Ti} 拟合 H_T，$y_{Ti}=m_T x_i + s_T$　　　左边：x_{Li} 拟合 V_L，$x_{Li}=m_L y_i + s_L$

中心：y_{Ci} 拟合 H_C，$y_{Ci}=m_{CH} x_i + s_{CH}$　　中心：x_{Ci} 拟合 V_C，$x_{Ci}=m_{CV} y_i + s_{CV}$

底部：y_{Bi} 拟合 H_B，$y_{Bi}=m_B x_i + s_B$　　　右边：x_{Ri} 拟合 V_R，$x_{Ri}=m_R y_i + s_R$

每条线的波纹值都可以通过拟合直线上的点坐标的峰间值（Peak-To-Peak，PTP）在水平线的竖直方向或竖直线的水平方向上的偏差来计算。对于竖直线，波纹误差表示为相对于采用的竖直线间的平均水平宽度 H 的百分比。相似地，对于水平线，波纹误差被表示为相对于采用的水平线间的平均竖直高度 V 的百分比。

水平线的竖直波纹：　　　　　　　　　　　竖直线的水平波纹：

$V = y_{Ti} - y_{Bi}$　　　　　　　　　　　　　　$H = x_{Ri} - x_{Li}$

顶部 H_T：$e = [\max(y_i - y_{Ti}) - \min(y_i - y_{Ti})]/V$　　左边 V_L：$e = [\max(x_i - x_{Li}) - \min(x_i - x_{Li})]/H$

中心 H_C：$e = [\max(y_i - y_{Ci}) - \min(y_i - y_{Ci})]/V$　　中心 V_C：$e = [\max(x_i - x_{Ci}) - \min(x_i - x_{Ci})]/H$

底部 H_B：$e = [\max(y_i - y_{Bi}) - \min(y_i - y_{Bi})]/V$　　右边 V_R：$e = [\max(x_i - x_{Ri}) - \min(x_i - x_{Ri})]/H$

下面的例子仅给出了竖直线的水平波纹的数据，如表 13-17 所示。

表 13-17　分析和报告示例

竖直线的水平波纹				0.08%				
$H=(x_{Ri}-x_{Li})$ 的平均值				381.91mm				
左边				中心		右边		
PTP 误差 e		0.29mm		PTP 误差 e	0.11mm	PTP 误差 e		0.2mm
波纹		0.08%		波纹	0.03%	波纹		0.05%
偏移 (s_L)		−190.31		偏移 (s_{CV})	0.0096	偏移 (s_R)		191.60
斜率 (m_L)		0.0024		斜率 (m_{CV})	0.0019	斜率 (m_R)		0.0014
x	y	x_{Li}	误差	x	y	x_{Ci}	误差	x	y	x_{Ri}	误差
−190.12	145.67	−189.95	−0.17	0.28	145.52	0.29	−0.01	191.92	146.25	191.80	0.12
−190.07	137.16	−189.97	−0.09	0.33	137.16	0.28	0.05	191.80	137.16	191.79	0.00
−190.07	121.92	−190.01	−0.06	0.30	121.92	0.25	0.06	191.72	121.92	191.77	−0.05
−190.07	106.68	−190.05	−0.02	0.25	106.68	0.22	0.04	191.72	106.68	191.75	−0.03
−190.07	91.44	−190.09	0.02	0.20	91.44	0.19	0.02	191.69	91.44	191.73	−0.03
−190.07	76.20	−190.12	0.05	0.13	76.20	0.16	−0.03	191.69	76.20	191.71	−0.01
−190.07	60.96	−190.16	0.09	0.08	60.96	0.13	−0.05	191.69	60.96	191.68	0.01
−190.09	45.72	−190.20	0.10	0.05	45.72	0.10	−0.05	191.67	45.72	191.66	0.01
−190.17	30.48	−190.23	0.06	0.03	30.48	0.07	−0.04	191.62	30.48	191.64	−0.02
−190.22	15.24	−190.27	0.05	0.03	15.24	0.04	−0.01	191.62	15.24	191.62	0.00
−190.25	0.00	−190.31	0.06	0.00	0.00	0.01	−0.01	191.62	0.00	191.60	0.02
−190.32	−15.24	−190.35	0.02	−0.03	−15.24	−0.02	−0.01	191.59	−15.24	191.58	0.02
−190.40	−30.48	−190.38	−0.02	−0.08	−30.48	−0.05	−0.03	191.57	−30.48	191.55	0.01
−190.42	−45.72	−190.42	0.00	−0.10	−45.72	−0.08	−0.02	191.52	−45.72	191.53	−0.02
−190.42	−60.96	−190.46	0.03	−0.10	−60.96	−0.11	0.01	191.44	−60.96	191.51	−0.07
−190.42	−76.20	−190.49	0.07	−0.13	−76.20	−0.14	0.01	191.41	−76.20	191.49	−0.07

续表

x	y	x_{Li}	误差	x	y	x_{Ci}	误差	x	y	x_{Ri}	误差
−190.47	−91.44	−190.53	0.06	−0.15	−91.44	−0.17	0.02	191.44	−91.44	191.47	−0.03
−190.55	−106.68	−190.57	0.02	−0.18	−106.68	−0.20	0.02	191.49	−106.68	191.45	0.05
−190.65	−121.92	−190.61	−0.05	−0.20	−121.92	−0.23	0.02	191.52	−121.92	191.42	0.09
−190.75	−137.16	−190.64	−0.11	−0.23	−137.16	−0.26	0.03	191.47	−137.16	191.40	0.06
−190.80	−146.15	−190.67	−0.14	−0.28	−145.95	−0.27	−0.01	191.34	−145.69	191.39	−0.05

报告：报告峰间值相对于线性屏幕尺寸的百分比。报告大面积失真，不超过 3 位有效数字。

注释：(x, y) 位移台的精度应高于屏幕线性尺寸的 0.1%。上述精确方法也可用于四周边界不明显的显示屏（如失去焦点或四周存在虚光的情况）。

13.3.4 大面积形变

描述：对显示目标测量的像素位置计算梯形（楔形）、旋转、正交和枕形形变。注意，计算用的数据是 13.3.3 节中的数据。**单位**：尺寸形变的单位是相对于图像尺寸的百分比；旋转形变的单位是°。**符号**：δ_{TH}、δ_{TV}、θ_{RH}、θ_{RV}、δ_O、δ_{PT}、δ_{PB}、δ_{PL}、δ_{PR}。

应用：会使图像受到透镜或光栅扫描干扰的任何显示屏。

设置：应用如图 13-20 所示的标准设置。

图 13-20 标准设置

其他设置条件：同 13.3.3 节。

步骤：与 13.3.3 节相同。

分析：有两种类型的大面积形变，即线性形变（包括梯形形变、旋转形变和正交形变）和被称为枕形（或桶形）形变的二次方形变。

线性形变：采用 13.3.3 节的计算结果建立如图 13-21 所示的各基点 p 的坐标位置，其中 p 可以是基点 A、B、D、E、F、G、J 和 K，是线性拟合直线的各交点 (x_p, y_p)，表示为

$$x_p = \frac{m_h m_v + s_h}{1 - m_h m_v}, \quad y_p = \frac{m_v s_h + m_v}{1 - m_h m_v}$$

式中，对于 p 的水平线(h)和竖直线(v)的下标说明如表 13-18 所示。

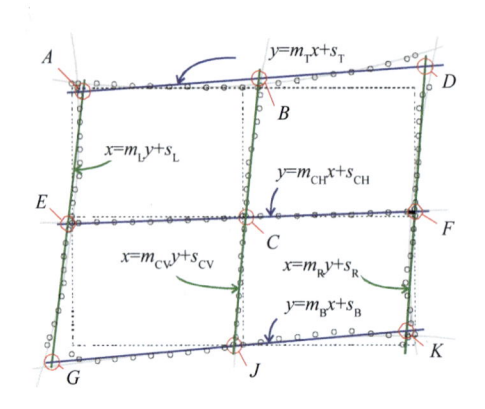

图 13-21　各基点 p 的坐标位置

表 13-18　下标说明

p	A	B	D	E	C	F	G	J	K
h	T	T	T	CH	CH	CH	B	B	B
v	L	CV	R	L	CV	R	L	CV	R

注：T=顶部，C=中心，B=底部，L=左边，R=右边。

梯形形变、旋转形变和正交形变测量均基于对数据的线性拟合。

梯形形变：水平梯形度 δ_{TH} 表征水平方向上任何线性图案的高度改变；竖直梯形度 δ_{TV} 表征竖直方向上任何线性图案的宽度改变。

$$\delta_{TH} = 2\frac{\left(\overline{AG}-\overline{DK}\right)}{\left(\overline{AG}+\overline{DK}\right)}\times 100\%$$

式中，

$$\overline{AG} = \sqrt{\left(x_A-x_G\right)^2+\left(y_A-y_G\right)^2}$$

并且有

$$\overline{DK} = \sqrt{\left(x_D-x_K\right)^2+\left(y_D-y_K\right)^2}$$

$$\delta_{TV} = 2\frac{\left(\overline{AD}-\overline{GK}\right)}{\left(\overline{AD}+\overline{GK}\right)}\times 100\%$$

式中，

$$\overline{AD} = \sqrt{\left(x_A-x_D\right)^2+\left(y_A-y_D\right)^2}$$

并且有

$$\overline{GK} = \sqrt{\left(x_G-x_K\right)^2+\left(y_G-y_K\right)^2}$$

旋转形变：主轴和副轴可能在水平和竖直方向上有不同的旋转角度，水平轴（横向显示屏的主轴）的旋转形变 θ_{RH} 和竖直轴（横向显示屏的副轴）的旋转形变 θ_{RV} 分别为

$$\theta_{\mathrm{RH}} = \arctan\left(\frac{y_F - y_E}{x_F - x_E}\right), \quad \theta_{\mathrm{RV}} = \arctan\left(\frac{y_B - y_J}{x_B - x_J}\right)$$

正交形变：衡量屏幕多大程度上接近平行四边形的量是正交度，表示为

$$\delta_{\mathrm{O}} = 2\frac{\left(\overline{AK} - \overline{DG}\right)}{\left(\overline{AK} + \overline{DG}\right)} \times 100\%$$

式中，

$$\overline{AK} = \sqrt{\left(x_A - x_K\right)^2 + \left(y_A - y_K\right)^2}$$
$$\overline{DG} = \sqrt{\left(x_D - x_G\right)^2 + \left(y_D - y_G\right)^2}$$

枕形（二次方）形变：用二次多项式曲线分别拟合 6 条线，其中包括 3 条竖直线和 3 条水平线。确定与二次拟合曲线的交点有关的所有基点 A'、B'、D'、E'、C'、F'、G'、J' 和 K' 的位置，如图 13-22 所示。交点 (x_p, y_p) 的闭合解是复杂烦琐的四阶多项式的根。通常采用数值解而不会尝试写满整页纸来推演解析解。（可能最简单的求交点的方法是采用试算表：选择水平线上接近一个交点的 x_H 值，根据水平线 $y=a_\mathrm{H}x_\mathrm{H}^2+b_\mathrm{H}x_\mathrm{H}+c_\mathrm{H}$ 确定相应的 y 值，接着将这个 y 代入竖直交线式中求出 $x_\mathrm{V}=a_\mathrm{V}y^2+b_\mathrm{V}y+c_\mathrm{V}$。寻找使 x_H 与 x_V 相等的值，那么 $x_p=x_\mathrm{H}=x_\mathrm{V}$ 且 $y_p=y$。）

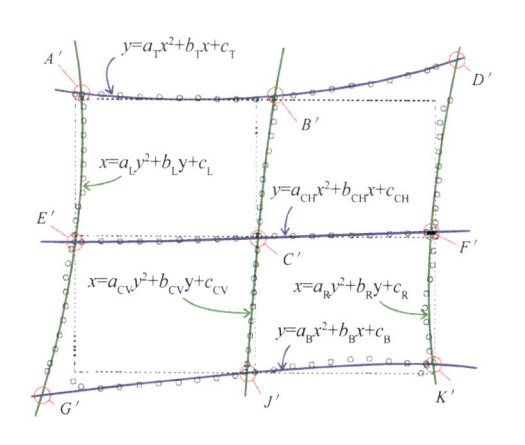

图 13-22 枕形形变

$$\delta_{\mathrm{PT}} = 2\frac{(y_A + y_D) - y_B}{\left(\overline{A'G'} + \overline{D'K'}\right)} \times 100\%$$

$$\delta_{\mathrm{PB}} = 2\frac{(y_G + y_K) - y_J}{\left(\overline{A'G'} + \overline{D'K'}\right)} \times 100\%$$

$$\delta_{\mathrm{PL}} = 2\frac{(x_A + x_G) - x_E}{\left(\overline{A'D'} + \overline{G'K'}\right)} \times 100\%$$

$$\delta_{\mathrm{Pr}} = 2\frac{(x_D + x_K) - x_F}{\left(\overline{A'D'} + \overline{G'K'}\right)} \times 100\%$$

式中，

$$\overline{A'G'} = \sqrt{\left(x_{A'} - x_{G'}\right)^2 + \left(y_{A'} - y_{G'}\right)^2}$$
$$\overline{D'K'} = \sqrt{\left(x_{D'} - x_{K'}\right)^2 + \left(y_{D'} - y_{K'}\right)^2}$$
$$\overline{A'D'} = \sqrt{\left(x_{A'} - x_{D'}\right)^2 + \left(y_{A'} - y_{D'}\right)^2}$$

并且有

$$\overline{G'K'} = \sqrt{(x_{G'} - x_{K'})^2 + (y_{G'} - y_{K'})^2}$$

报告：如表 13-19 所示，报告大面积形变，且不超过 3 位有效数字。

注释：对于光栅形变（线性度、波纹），(x, y) 位移台的精度应高于屏幕线性尺寸的 0.1%。如果能获得准确的栅格（覆盖在直视显示屏上的透明掩模或投影显示屏上的栅格），那么使用栅格可以通过直接测量得到基点的位置，而不必采用定位系统。这尤其适用于形变较小的、表现良好的显示屏。在这些情况下，基点位置的确定可以用图案实现，这些图案用单像素白线标记中心线（或接近中心），且边角或单个白像素可以放置在基点位置。

表 13-19 大面积形变报告示例

多项式拟合得到的枕形形变/mm					
A_x	A_y	E_x	E_y	B_x	B_y
−190.1	145.7	0.3	145.6	191.8	146.2
H_x	H_y	CTR_x	CTR_y	F_x	F_y
−190.2	−0.2	0.0	0.0	191.6	0.1
D_x	D_y	G_x	G_y	C_x	C_y
−190.8	−146.2	−0.2	−145.9	191.4	−145.6
AD + BC	583.66				
AB + CD	764.09	顶部形变	0.125%		
AD−BC	0.15	底部形变	0.012%		
AB−CD	−0.29	右边形变	0.011%		
AC	479.94	左边形变	0.050%		
BD	481.57				
线性拟合得到梯形形变、旋转形变和正交形变/mm					
A_x	A_y	E_x	E_y	B_x	B_y
−190.0	145.4	0.3	145.7	191.8	146.0
H_x	H_y	CTR_x	CTR_y	F_x	F_y
−190.3	−0.2	0.0	0.0	191.6	0.1
D_x	D_y	G_x	G_y	C_x	C_y
−190.7	−146.2	−0.3	−145.9	191.4	−145.5
AD + BC	583.20	水平梯形形变	0.049%		
AB + CD	763.81	竖直梯形形变	−0.078%		
AD−BC	0.14	主轴旋转形变	4.05°		
AB−CD	−0.30	副轴旋转形变	−11.1°		
AC	479.68	正交形变	−0.341%		

第14章

电气测量

关于电气测量有两方面的问题：①能耗和供电特性；②相关的光效率。因此，我们将本章分成两个主要部分。

电功耗测量：对显示屏进行电功耗测量，假设其驱动电路的功耗可单独测量，或者显示屏是由一个独立于显示屏的驱动源驱动的。在多数情况下，DUT 可能有一个集成电源，所以不适合测量，如一个笔记本电脑。在这种情况下，很多人会犹豫，不愿拆除外壳来给显示屏接电源线。此时，厂商的规格书可能是该 DUT 功耗的唯一信息来源。注意，如果进行 14.2 节所述的任何测量，一定要测量全白场的功耗，而非其他显示画面。

效率：术语"发光效率"（Luminous Efficiency）的 CIE 定义是每个辐射的光功耗的流明数。术语"光视效能"（Luminous Efficacy）在 CIE 中表征每瓦输入电能的光通量（lm/W）。"效率"更为常用。一般来说，效率描述显示屏将电功耗转化为可见光的程度。需要注意的是，14.2.1 节使用的术语是"亮度"而不是"视亮度"。由于一些显示屏发出的光线相当一部分远离法线方向，这部分光线大部分都没有可用信息，因此，我们认为正面发光效率是一个合理的指标，并加以引入。这或许是一个比光视效能（效率）更恰当的、用于表征显示性能的指标。另外，光视效能（效率）是一种功耗比，它描述各方面可察觉的"功耗"输出与输入电功耗之比（光通量，也称为"光瓦"）。使用正面发光效率的一个明显的优点是，在功耗测量或功耗表征都可行的情况下，测量不需要昂贵的设备。

2010 年，我们引入了一个新的指标"效率"，其与正面发光效率非常相似，有人称之为"能源效率"。它已作为某些国家的评估标准，但在技术上最合理的名称是"正面光强效率"（见 14.2.3 节）。

信息显示测量标准

14.1 供电和能耗测量

一些要求或因素可能需要确认显示屏的功耗：笔记本电脑或手持式设备的电池需要进行低功耗供电，空调需要处理来自其装配的显示屏的热量等。除非能够接入电源线，否则无法进行这些测量。在这种情况下，制造商的规格书可能是唯一的信息来源。某些显示屏需要背光，制造商希望将液晶盒及其附带电路的功耗要求与背光的功耗要求进行分离。如果显示屏必须有背光，那么背光的功耗应包括在显示运行所需的总功耗内。在复杂的情况下，所有利益相关方必须就如何解决异议达成一致。

另外，需要关注显示屏正常运行时可接受的电源供电范围，对供电精度的选择需要考虑成本。出于这个原因，本节给出一个用于验证DUT工作范围的测量方法。

14.1.1 功耗

别名：功耗消耗、总功耗。

描述：测量被测设备的功耗。单位：W。符号：P。过高的电压可能会损坏显示屏，在由外部电源（可控）给显示屏供电之前，调节电源电压，以便满足制造商的规定。如果不注意施加了过高电压，那么可能会损坏显示屏。

功耗是DUT运行的总功耗。测试时应该使用给定电压条件下电流最大的图案。外加电压应该非常稳定且电流可调，以便在显示屏电流改变时功耗不变，如图14-1所示。

许多LCD有为背光系统供电的逆变器，而且背光功耗是显示屏总功耗的一部分（因为背光未工作之前，DUT无法完全工作），显示功耗是否可以单独测量参见表14-1。逆变器将直流（DC）电压转换为交流（AC）电压来驱动荧光灯管，以便点亮LCD。这个过程会产生转换损失，并引起额外功耗，这部分功耗并不是显示功耗的一部分。具有背光的LCD的真实功耗必须包括逆变器的输出端的总功耗。逆变器功耗的测量与所显示的视频没有关系，因为逆变器的功耗是与视频无关的。本书不建议测量逆变器的输出功率（背光输入）。

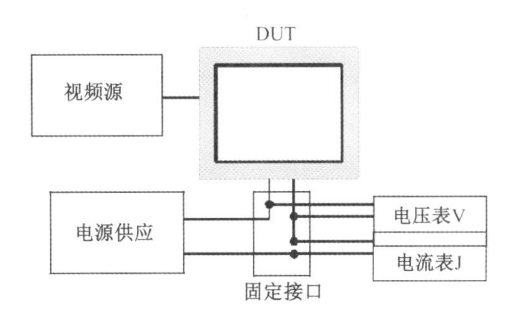

图 14-1　功耗测量框图

表 14-1　功耗显示条件

条件	案例 1	案例 2（优先）	案例 3	案例 4
	嵌入式显示	独立式光电和光机引擎	FP 监视器和投影系统	带附加电路的 FP 监视器
能否测量功耗	否[1]	是[2]	是	可能（用户任选项）

1 嵌入式显示系统如一个封闭的笔记本电脑。对于显示功耗可测量的例外情况，见下文。
2 第 2 种情况是检测的首选方法，并应尽可能使用。

总功耗是显示屏（或其他的背光/投影照明）的功耗与逆变器的功耗（如果适用）之和，某些情况下可以包括与显示不相关的功耗。例如，监视器中的显示屏电源也给其他电路供电，如 USB、1394 接口、音频或非显示的视频电路。此外，一些显示屏有交流电压输入，需要交流/直流转换器（见表 14-2），这会因为转换损耗而产生额外功耗。LCD 或照明系统的背光的功耗用于产生反射式显示屏或投影式显示屏所需的光（见表 14-3），这个功耗必须包含在总功耗中。

表 14-2　电源替代方案

条件	案例 1	案例 2	案例 3	案例 4	注解
	嵌入式显示	独立式光电和光机引擎	FP 监视器和投影系统	带附加电路的 FP 监视器[3]	
交流电源	—	否	可能[1]	可能[2]	转换为均方根
直流电源	—	是	是	可能[4]	
多个直流电源	—	是	是	可能[5]	所有电源总和

1,2 带交流输入的监视器的测量将包括交流/直流转换过程导致的与显示不相关的功耗，前提是假设任何 DUT 的输入都是直流的。这不是显示功耗的一部分，由用户自行决定是否包括。
3～5 带附加电路（与视频无关的）的 FP 监视器可能会有案例 3 中所示的输入功耗测量情况，但总功耗的有效性必须由用户决定。
注：如果供电线路被中断，并且测量的电流与电源串联，那么可能需要一个特殊的接口测量电流。

表 14-3　背光（或其他光源）选项

条件	案例 1 嵌入式显示	案例 2 独立式光电和光机引擎	案例 3 FP 监视器和投影系统	案例 4 带附加电路的 FP 监视器	注解
背光 1	—	可能	可能	可能	背光电源计入总电源

1 可能有多种类型的背光或外部光源，包括荧光管背光灯，以及其他类型的背光源，如 LED、EL 或后部的灯、反射灯，如用于投影仪的应用程序。

功耗具有可叠加性，因此，总功耗是所有单个功耗的总和，包括逆变器（若适用）的背光源、显示屏或面板，以及其他附加电路的监视器的功耗（如 USB、1394 接口等）。

注释：功耗 P 是电压 V 和电流 J 相乘的结果。

$$P=VJ$$

式中，P 为功率，单位为瓦特（W）；V 为电压，单位为伏特（V）；J 为电流，单位为安培（A）。对于交流电，式中的电压和电流将是均方根值。如果用直接读数型功耗测量仪测量功耗，那么直接使用测得的数字，而不需要测量电压和电流或计算。

案例 1：DUT 集成在系统中，该系统对 DUT 供电，无直接对 DUT 供电的接口，如笔记本电脑。在这种情况下，无法确定显示电源，而且无法测量显示屏的功耗。（注：在特殊情况下，可以测量嵌入式系统中 DUT 的功耗。这可能需要完全拆解系统，使得能够对 DUT 和逆变器进行供电，或者从总的显示功耗中减去系统功耗。由用户确定这种测量是否符合其条件。）

案例 2：标准显示屏（一个逆变器驱动多个 LCD 显示屏）。如果 DUT 有逆变器，那么总功耗为 $P_{display}$ 或 $P_{display}+P_{inv}$*。注意，如果显示屏供电有多种电压，如+5V 和+12V，那么将所有独立电源的功耗相加，$P_{display}=(P_{5V}+P_{12V}+P_{inv})$。案例 2 是测试的首选方法，并应尽可能地使用。

案例 3a：一个不包括其他电路（或许包含逆变器），而且由交流供电（线电压）的平板监视器。DUT 的总功耗是交流输入端的功耗，如 $P_{display}=P_{ac}$。

案例 3b：一个不包括其他电路（或许包含逆变器），而且由直流供电（线电压）的平板监视器。DUT 的总功耗是直流输入端的功耗，如 $P_{display}=P_{dc}$。如果有一个以上的直流电源，那么对每个电源的功耗求和，如 $P_{display}=P_{dc1}+P_{dc2}+\cdots+P_{dcn}+P_{inv}^*$。

案例 4：一个不包括与视频显示无关的电路，如 USB、1394 接口、音频放大器等的功耗的监视器。监视器的总功耗是所有独立功耗的总和。例如，总功耗 $P_{total}=P_{display}+P_{inv}^*+P_a+P_b+\cdots+P_n$，其中，$P_a,P_b,\cdots,P_n$ 是各与视频显示无关的功耗，如 USB、1394 接口、音频放大器的功耗等。

注意，对于案例 4，必须确定测量监视器系统中的 DUT 和其他电路的总功耗是否是评估特定功耗最有用的信息，因为其他功耗实际上不是显示功耗的一部分。

---

* 这可能是针对逆变器或其他显示照明功耗的。如果 DUT 无逆变器（或将其设置为 "0"）或照明驱动电路，那么去除 P_{inv}。

设置：

1. 设备

备选 1：一个交流供电的显示屏（仅交流供电），如在案例 3 和案例 4 中用到的。

- 对于交流电源测量设备，可以直接读取交流功耗 P。
- 对于可直接测量电压的均方根(RMS)值和电流的 RMS 值的测量设备，$P=V_{RMS}J_{RMS}$。
- 对于可分别测量电压峰峰（P-P）值和电流峰峰值的设备，$P = \dfrac{V_{P-P}}{2\sqrt{2}} \dfrac{J_{P-P}}{2\sqrt{2}}$。
- 当采用交流供电时，也应记录交流电压的频率。

备选 2：一个独立的显示屏*，其驱动电源不属于系统，并采用外部供电（通常为直流）。例如，案例 2 和案例 1 中显示器的局部拆解或针对案例 3。

- 直流电压表。
- 直流电流表（必要时，中断供电，并把电流表串联在电源中）。注意：可能需要一个特殊的固定接口来实现此目的。
- 使显示屏外部供电电压波动在其额定电压的±1%的范围。
- 功耗测量（V_i 和 J_i 是直流数值，下角标"inv"表示逆变器）：$P=V_aJ_a+V_bJ_b+\cdots+V_iJ_i+\cdots+V_{inv}J_{inv}$**。

注释： 根据显示屏的情况，可能涉及一个或多个显示屏的供电电源，以及一个或多个背光逆变器。总功耗等于每个单独的功耗之和。方案 2 将提供最精确的读数，只要可能，它是首选的电气设置方案。

2. 设置步骤

（1）对显示屏、逆变器，以及其他与显示有关的电路进行供电。尽可能准确地将电压设置为额定值（目标值为小于±0.5%）。

（2）显示可使显示屏产生最大功耗的视频图案。

如果用户预先不知道显示屏产生最大功耗的视频图案，那么需要在显示各种图案的同时检测显示屏消耗的电流。注意，如果要确定正面发光效率 ε（见 14.2.1 节），那么除了测量可能使用的其他图案的功耗，还需要测量全白场的功耗。

（3）测量每个电源的功耗，并按照下式计算显示功耗：

$$P_{total}=V_1J_1+V_2J_2+\cdots+V_nJ_n+V_{inv}J_{inv}=P_1+P_2+\cdots+P_n+P_{inv}$$

式中，$V_1, V_2,\cdots, V_n$ 为显示屏的所有供电电压；$J_1, J_2,\cdots, J_n$ 为显示屏的所有电流；V_{inv}, J_{inv} 为背光逆变器的电压和电流。

对于无逆变器的显示屏，忽略逆变器功耗的测量（设置为 0），并将显示功耗作为总功耗。

对于有多个供电电压（仅针对显示）的显示屏，必须确定每个供电的功耗并求和，以确定显示屏的总功耗。如果显示屏的供电电源不同，视频图案的功耗不同，那么测试者应该挑选并测量一个图案的所有功耗。注意，如果要测量正面发光效率 ε，那么除了需要测量可能

---

* 也适用于带背光的情况，如 LCD，因为背光功耗也属于显示屏总功耗的一部分。

** 如果无逆变器，那么去除下标为"inv"的项。

使用的图案的功耗,还需要测量全白场的功耗。

当只有输入线可以测量时,可以使用交流功耗测量设备,或者测量实际电压和电流并将它们相乘来确定功耗,最终的功耗值应该为均方根值。

对于装入系统的显示屏,如笔记本电脑或有额外内部电路的显示屏,系统中的电源除了对显示屏供电,还对其他电路供电,无法将显示屏供电电源分离出来进行测量,此时可能很难确定功耗。在这种情况下,用户可能不希望进行功耗测量。

步骤:

(1)将输入电压调整为额定值,误差为在±1%以内(目标是小于±0.5%)。

(2)将电压和电流测量装置(或功耗测量设备)接入输入端。

(3)在屏幕上显示所需的图案:

① 功耗最大的图案:如像素交替变化的图案。

② 全白场图案:显示最大亮度的全白场图案(见5.3节)。

(4)逆变器(针对用逆变器给背光供电的显示屏):

注意:对于LCD逆变器功耗的测量,功耗与所显示的视频内容无关。

① 将输入电压设置为额定值,误差在±1%以内(目标是小于±0.5%),记为V_{inv}。

② 如果可以,使逆变器的输出最大(最大亮度)。

③ 测量逆变器的输入电流,记为J_{inv}。

④ 背光(或逆变器)功耗为$V_{inv}J_{inv}$。

(5)视频图案:如果亮度很重要,那么用标准测量方法(见5.3节)测量屏幕正前方的亮度。如果要确定正面发光效率,那么除了选用其他图案,还必须使用全白场;如果不需要确定正面发光效率,那么可以使用功耗最大的视频图案。

分析: 进行必要的计算,并填入表14-4中。

报告: 在报表上填写视频图案、输入电压(所有)、输入电流(所有)、输入功率(所有)和总功耗,如表14-4所示。

表14-4 功耗报告示例

使用的图案	逐行交替的像素图案			
输入电源	电压 V/V	电流 J/A	功耗 P/W	
面板	5.2	0.4	2.08	$P_{pan}=V_{pan}J_{pan}$
逆变器电源[2]	12.05	0.502	6.05	$P_{inv}=V_{inv}J_{inv}$
合计[1]	—	—	8.13	$P=P_{pan}+P_{inv}$

1 总功耗=$P_{display}+P_{inv}+P_{other}$。

2 如果使用了逆变器,那么要记录逆变器的功耗。

注:(1)其他电源的电压值和对应的电流值也要在报告中记录;

(2)如果使用交流电压,那么要报告该电压的频率。

注释: 与本书中的许多方法类似,本测量容易受显示图案的设置的影响,有关图案设置和记录的详细信息见2.1节和3.2节。

下面介绍彩色信号白光的功耗。

别名：RGB 白光的功耗。

描述：使用瓷砖式三序列图案测量 DUT 的功耗。**单位**：cd/m^2/W。**符号**：P_{CSW}。

应用：用于彩色画面测试,其输入的测试信号为一组标准的 RGB 电压或数字值,而且确定了彩色信号基色的可叠加性。详细信息见 5.4 节。

设置和步骤：

(1) 依次在整个屏幕上显示图 14-2 所示的 3 种图案,这些图案称为瓷砖式三序列图案,它们由 3×3 的饱和的 RGB 矩形组成,覆盖整个屏幕。

(2) 测量每种图案的功耗：P_{NTSR}、P_{NTSG}、P_{NTSB}。

分析：计算彩色信号白光的功耗 P_{CSW},这里考虑下面两种情况。

情况 1：对于由外部光源决定显示光输出和功耗(如投影仪、LCD)的显示屏,功耗在很大程度上与所显示的图案无关。功耗的计算方法如式(14-1)所示。

$$P_{CSW} = (P_{NTSR} + P_{NTSG} + P_{NTSB})/3 \tag{14-1}$$

情况 2：对于显示光输出和功耗由发光元件决定的自发光显示屏(如有机发光二极管、等离子显示屏、阴极射线管),功耗直接与所显示图像的发光像素的数目成正比。功耗按照式(14-2)计算。

$$P_{CSW} = P_{NTSR} + P_{NTSG} + P_{NTSB} \tag{14-2}$$

报告：以不多于 3 位的有效数字报告彩色信号白光的功耗。

注释：与本书中的其他测量方法类似,本测量容易受显示图案的设置的影响,更多关于图案设置和记录的详细信息见 2.1 节和 3.2 节。

图 14-2　瓷砖式三序列图案(从左至右分别为 NTSR、NTSG、NTSB)

14.1.2　电源供电范围检验

描述：本节对在额定工作电压范围内测量显示屏提供操作指导。其只适用于对具有独立的显示屏供电或对集成于系统内部的显示屏供电进行功耗测量,如图 14-3 所示。假设显示屏的供电电源可独立供电,而且可不依赖于任何与显示不相关的电路进行显示屏功耗测量。如果所测量的电源也给其他电路供电,那么测量的显示功耗可能毫无价值。

本测量适用于直流电源供电。一些技术可能会有交流输入,可能需要测量包括交流电源的显示屏的总功耗。这取决于用户的选择,详细的信息超出了本书的讨论范围。

无论本测量在所有其他测量之前还是之后,都要求不改变显示屏的设置。显示控制的调节需要对设置条件进行更新,这可能会使设置条件难以准确重复。

注意：必须小心施加电压。施加过大的电压可能会损坏面板。

信息显示测量标准

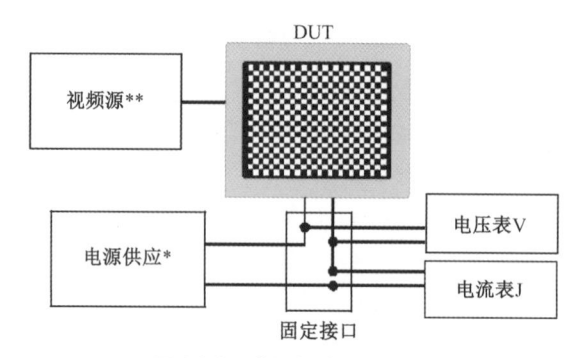

图 14-3　电源供电范围检测

* 在对面板施加电压之前，调节并测量电压，以免因电压过大而造成损坏。

** 如果有必要，必须小心遵守与显示相关的任何上电时序的问题，如上电和视频的时序。

执行本测试的条件：

（1）使用可调的外部电源（除非内部电源可以在规定的工作范围进行调整）。

（2）电源仅对显示屏和相关电路供电（例如，逆变器）。

（3）具有一个用于施加外部电压和测量电流的接口。

设置、步骤和分析：使用一个用于施加电压和测量电流的适当的接口，执行下列步骤。

（1）对显示屏施加可控制的电压。

（2）确保用于确定电压、电流或功耗的合适的测量设备。

（3）显示视频内容（这个视频内容可以产生最大功耗），通过检测视频改变后供电电流的变化来确定功耗（注意，逆变器功耗与视频内容无关）。

（4）将电压设置为偏高、精确和偏低三种状态，测量输入电压、电流，并计算输入功耗。将所有分功耗求和得到最终的总功耗。

报告：在报表上报告输入电压（总）、输入电流（总）、输入功耗（总）、总功耗、显示的视频内容（如果可行的话）（见表 14-5）。

注释：无。

表 14-5　供电范围报告

视频内容（使用图案）			2 像素×2 像素棋盘格	
输入电源	电压 V/V	电流 J/A		功耗 P/W[1]
面板	偏高　5.5	0.5	2.75	$P_{panhigh}=V_{high}J_{high}$
	精确　5.0	0.5	2.5	$P_{pan}=VJ$
	偏低　4.5	0.5	2.25	$P_{panlow}=V_{low}J_{low}$
逆变器电源[3]	偏高　12.5	0.6	7.5	$P_{invhigh}=V_{high}J_{high}$
	精确　12	0.6	7.2	$P_{inv}=VJ$
	偏低　11.5	0.6	6.9	$P_{invlow}=V_{low}J_{low}$
总功耗[2]		偏高[1]	10.25	$P=P_{panhigh}+P_{invhigh}$
		精确[1]	9.7	$P=P_{pan}+P_{inv}$
		偏低[1]	9.15	$P=P_{panlow}+P_{invlow}$

1 功耗=$V×J$。

2 总功耗=$P_{display}+P_{inv}+P_{other}$。

3 如果使用逆变器，那么要记录逆变器的功耗。

注：其他电源的电压值和对应的电流值也要在报告中记录。

14.2 效率

显示屏的发光效率（效率）是整个显示屏的输出光通量与其输入电能的比值，这个比值更恰当的名称应为光视效能。发光效率在显示屏评估中已经使用了很多年，尤其是针对近似朗伯光输出，如 CRT 显示屏（CIE 保留用术语"发光效率"来表示以流明为单位的光通量与辐射的光功率之比）。但是，一些平板显示技术的亮度分布并不是朗伯形式。有些显示屏在某些方向上并不显示信息，但在这些方向上发出过多的光。有些显示屏是防偷窥显示屏，其在沿法线方向（或其他方向）上的一个狭窄的立体角范围内显示信息，而在与法线夹角更大的范围内的光线不含任何信息。由于这些原因，一些人认为，在电能转换为光的过程中，发光效率并不是一个好的评价显示屏优劣的指标。针对这种情况，需要一个能够迅速评估有多少能量用于产生用户可见的光的指标。这个指标就是正面发光效率。

某些国家也采用"能源效率"作为评价标准，其在技术上最合理的名称是"正面光强效率"。

反射式显示屏：反射式显示屏的发光效率应在特定环境照度等级（如在第 11 章规定的照度）和全白场下进行测量。

14.2.1 正面发光效率

别名：亮度与功耗之比、亮度效率（不是发光效率，不是光视效能）。

描述：正面发光效率是 DUT 的亮度与其驱动功耗的比值。它是基于其他两个测量值，即使显示屏显示全白场的电功耗和显示全白场的亮度进行的简单计算。**单位**：$(cd/m^2)/W$。

符号：ε。

正面发光效率是对显示系统将输入电能转换为法线方向上的输出亮度的效率评估。它本身并不是一个效率，但概念类似。

设置：无，这是一个计算。

步骤：步骤见 14.1.1 节，其中必须使用全白场来得到功耗测量结果 P，以及使用亮度为 L_W 的全白场。

分析：正面发光效率 ε 由测量的输入功耗 P 和测量的全白场的亮度 L_W 通过下式计算得到。

$$\varepsilon = L_W / P$$

报告：在报告中以不超过 3 位的有效数字报告输入电压、输入电流、输入功耗、输出亮度和正面发光效率，如表 14-6 所示。

注释：正面发光效率通常考虑了所有的系统损耗，可以提供一个用于衡量显示屏优劣的单个定量数值。基于正面发光效率在提供一定的输入时会输出直观有用的信息这个事实，它可能是显示技术变量效率相关性或显示技术之间比较的所有测量参数中最有用的一个。它也可以是用于理解一个显示系统的缺陷位置，以及决定哪些地方可以改进的非常有用的工具。例如，背光 LCD 的正面发光效率可能会受驱动背光的逆变器效率的影响。提高逆变器的效率能相应地提高显示屏的整体效率。

表 14-6 正面发光效率报告示例

	使用的图案	全白场			
输入	输入电源	电压 V/V	电流 J/A	功耗 P/W	计算公式
	面板电源	3.32	1.36	4.50	$P_{pan}=VJ$
	逆变器电源 [1]	5.18	1.35	7.02	$P_{inv}=VJ$
	总功耗 [2]			11.5	$P=P_{pan}+P_{inv}$
输出	亮度 $L/(cd/m^2)$	73.4			
结果	$\varepsilon /(cd/m^2/W)$	6.37			$\varepsilon =L/P$

[1] 如果使用了逆变器。
[2] 总功耗为面板电源、逆变器电源（如果使用）和其他电源的功耗总和。

有一些显示器件的正面发光效率可能不是一个有价值的性能指标，如电子纸显示屏或反射式显示屏。将这些显示屏与由电能产生光输出的显示屏统一关联，这不在本节的讨论范围。但是，如果想建立一种反射式显示屏对应的衡量指标，那么就需要基于一般应用条件评估反射式显示屏。可能要基于应用环境的照度衡量反射式显示屏的亮度。

下面介绍彩色信号白光的正面发光效率ε_{CSW}。

描述：根据 5.4 节中彩色信号白光的亮度测量值 L_{CSW} 和 14.1.1 节中彩色信号白光的功耗 P_{CSW} 计算显示屏正面发光效率。**单位**：$(cd/m^2)/W$。**符号**：ε_{CSW}。

应用：适用于输入信号符合一组标准的 RGB 电压或数字值的、与彩色信号白光的偏离值已确定的彩色显示屏。具体应用细节见 5.4 节和 14.1.1 节。

设置：无，这是一个计算。

步骤：功耗 P_{CSW} 由 14.1.1 节得到，亮度 L_{CSW} 由 5.4 节得到。

分析：用下式计算彩色信号白光的正面发光效率ε_{CSW}。

$$\varepsilon_{CSW} = L_{CSW} / P_{CSW}$$

报告：以不超过 3 位的有效数字报告彩色信号白光的正面发光效率。

注释：如果无法恰当测量电源功耗，也无法保证足够的精度，那么就无法确定彩色信号白光的正面发光效率。解释见 5.4 节和 14.1.1 节。

14.2.2　光源能效

别名：光源发光能效。

描述：根据 9.11 节中的光通量 Φ 和 14.1.1 节中的功耗 P 的测量值计算全白场的光源能效。单位：lm/W。符号：η。

当应用于某些非全视角的 FPD 技术时，光源能效可能会产生误导。

应用：主动发射型显示屏。

设置：无，这是一个计算。

步骤：在 14.1.1 节中，必须使用全白场，以便得到这里的功耗测量值 P 和 9.11 节中的光通量测量值 Φ。

分析：用下式由输入功耗 P 和光通量 Φ 计算光源能效。

$$\eta = \Phi/P$$

报告：以不超过 3 位的有效数字报告光源能效。如果光通量和功耗没有在其他地方报告过，那么也要报告光通量和功耗。

注释：如果无法恰当测量电源功耗，也无法保证足够的精度，那么就无法确定光源能效。

下面介绍彩色信号白光的光源能效 η_{CSW}。

别名：RGB 白光的发光能效。

描述：根据 9.12 节中的光通量 Φ_{CSW} 和 14.1.1 节中的功耗 P_{CSW} 的测量值计算全白场的光源能效。单位：lm/W。符号：η_{CSW}。

当应用于某些非全视角的 FPD 技术时，光源能效可能会产生些误导。

应用：主动发射型显示屏。

设置：无，这是一个计算。

步骤：步骤同 14.1.1 节和 9.12 节的步骤。

分析：用下式由输入功耗 P_{CSW} 和光通量 Φ_{CSW} 计算光源能效。

$$\eta_{\text{CSW}} = \Phi_{\text{CSW}}/P_{\text{CSW}}$$

报告：以不超过 3 位的有效数字报告光源能效。如果光通量和功耗在其他地方没有报告过，那么也要报告光通量和功耗。

注释：如果无法恰当测量电源功耗，也无法保证足够的精度，那么就无法确定光源能效。

14.2.3　正面光强效率

别名：中国的能源效率。

描述：正面光强效率是法线方向测量的发光强度 I 与功耗 P 的比值，有人称之为"能源效率"。这种发光强度是一个近似值，它被定义为全白场的正面亮度 L_W 和屏幕面积 S 的乘积，即 $I=LS$。图 14-4 所示为测试示意。单位：cd/W。符号：ξ。

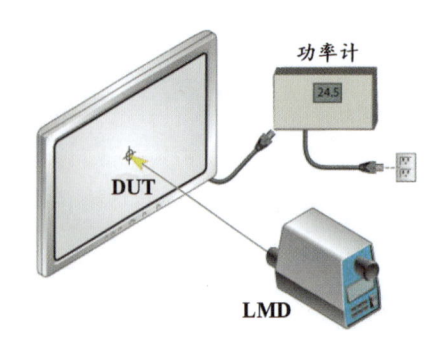

图 14-4 测试示意

设置：应用如图 14-5 所示的标准设置。

图 14-5 标准设置

步骤：

（1）确定显示屏的面积（以合适的单位），如果亮度的测量单位为 cd/m²，那么面积的单位应为 m²。

① 由测试人员确定显示区域。对于固定像素阵列的显示屏，面积计算如下：已知对角线尺寸 D_{in}（单位为 in）或 D_m（单位为 m），以及像素阵列 $N_H \times N_V$，且有 $D_m = D_{in} \times 0.0254$ m/in，则面积为

$$S = \sqrt{\frac{D_m^2 N_H^2}{N_H^2 + N_V^2}} \times \sqrt{\frac{D_m^2 N_V^2}{N_H^2 + N_V^2}}$$

② 对于像素阵列不固定的显示屏（例如，栅格可变的显示屏，如 CRT 显示屏），根据背板的内部边缘（背板边缘的 1% 以内）和显示屏的宽高比计算面积。

（2）测量全白场的亮度，或者无亮度载入现象时的最大亮度 L_W。

（3）在步骤（2）最大亮度的条件下，测量显示屏的功耗 P。功耗测量必须在亮度测量后 1 分钟内完成。

分析：显示屏正面光强效率为

$$\xi = L_W S / P$$

表 14-7 所示为分析示例。

表 14-7 分析示例

变量	符号	数值	单位
面积	S	0.140	m²
亮度	L_W	214	cd/m²
功耗	P	24.5	W
效率	ξ	1.29	cd/W

报告：在报告中以不超过 3 位的有效数字报告显示屏的面积、输出亮度、功耗和效率。

注释：①图案条件。如果没有亮度载入，那么使用全白场的亮度。对于有亮度载入的显示屏，确保白色画面的亮度为最大亮度。②相似之处。该指标与正面发光效率非常相似，不同之处在于它是基于显示区域进行度量的。

下面介绍正面彩色信号白光的光强效率 ξ_{CSW}。

描述：根据 5.4 节中彩色信号白光的亮度测量值 L_{CSW}、14.1.1 节中测量的功耗 P_{CSW} 和显示屏面积 S 计算全白场的正面光强效率。**单位**：cd//W。**符号**：ξ_{CSW}。

应用：适用于输入信号符合一组标准的 RGB 电压或数字值的、与彩色信号白光的偏离值已确定的彩色显示屏。具体应用细节见 5.4 节和 14.1.1 节。

设置：无，这是一个计算。

步骤：①功耗 P_{CSW} 由 14.1.1 节得到；②亮度 L_{CSW} 由 9.12 节得到；③采用上述正面光强效率的计算方法计算。

分析：用下式计算彩色信号白光的正面光强效率 ξ_{CSW}。

$$\xi_{CSW} = L_{CSW} S / P_{CSW}$$

报告：以不超过 3 位的有效数字报告彩色信号白光的正面光强效率。

注释：如果无法恰当测量电源功耗，也无法保证足够的精度，那么就无法确定彩色信号白光的这项指标。解释见 5.4 节和 14.1.1 节。

第 15 章

前向投影仪测量

本章讨论前向投影仪与前向投影仪屏幕的测量问题。在这些投影仪上通常进行照度测量。虽然可以考虑用辐照度测量作为代替（原理相同），但本章始终讨论照度测量。照度计不确定度性能与不确定度要求可参考附录 A.1。本章补充了一些关于投影仪测量的基本内容。注意，和本书中的很多测量方法类似，本章的测量非常容易受投影仪的模式设置的影响，更多关于模式设置和记录的信息见 2.1 节和 3.2 节。

15.1 投影测量中的杂散光

杂散光对前向投影仪的影响比预计的要更加严重。有些用户将黑色屏幕置于暗室中以减少杂散光，这是个好主意。然而，在暗室中测量棋盘格对比度时，受来自室内墙壁的杂散光的影响（即使是黑色屏幕与黑色墙壁），黑色方格测量仍有百分之几十的误差。此外，当采用手持式照度计时，必须注意测量者的衣服与持照度计的手不会将光反射至照度计表面。

15.1.1 暗室要求

对于前向投影仪的测量，不引入最小照度。即使使用黑色墙壁、黑色屏幕，并且小心控制每种仪器的光线（包括计算机），放映室仍然不是完全黑暗的。屏幕（即使是黑色的）的反射光将会经过墙壁和仪器再反射，从而影响投影仪投射到屏幕上的照度。最好一直使用暗室和黑色屏幕，但这并非一直都可行。因此，必要时可以进行杂散光校正，而不是严格要求杂散光的照度小于某个值。对黑色屏幕进行杂散光校正后，甚至允许使用具有白色墙壁的放映室。因此，最好是测量杂散光的影响并进行校正，而不是通过改善室内条件来消除杂散光。

15.1.2 投影仪放置

在制造商的规格书中，应该详细说明投影仪相对于屏幕的位置。通常投影仪的镜头轴线应该垂直于屏幕中央的竖直线，而且在屏幕底部或顶部附近的水平面上。像平面通常是竖直的，平行于 x-y 平面。投影仪通常放置于或固定于一个平行于 x-z 平面的水平面上，如图 15-1 所示。值得注意的是，前向投影仪镜头出射的相对光通量受投影仪的焦距与变焦的影响。可能存在一个投影仪离屏幕的最佳距离，以使光通量最大。规格书应该提供关于该最佳距离和变焦的指导信息。

图 15-1 投影仪放置

15.1.3 虚拟屏幕

虚拟屏幕是空间的一个竖直平面，如果一个真实投影仪屏幕放在该空间，那么平面投影图像将会在此聚焦。用于测量光的仪器通常放置于框架之内或背后，因此，探测器输入在图像平面内，如图 15-2 所示。

一种提供虚拟屏幕的方法是构建一个黑色框架，并用框架后面的黑色材料减少光线向室内的散射。框架的表面作为虚拟屏幕的表面。毫米栅格可精确地放置在框架的角落，这使进行投影图像角位置的精确测量成为可能。基于这种方式，用放置栅格确定的投影图像的理想精度是投影图像水平和竖直尺寸最小值的 0.2% 或更小。对于 1.333m×1m 的投影面积，需要 2mm 或更小的栅格放置精度。

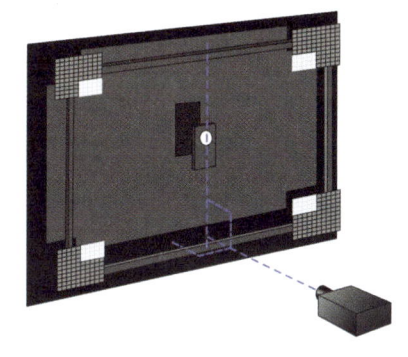

图 15-2 采用黑色背景的虚拟屏幕

15.1.4 投影遮光板

在暗室中进行投影测量时，投影遮光板能确定杂散光的影响。投影遮光板是一个黑色不光滑的薄圆盘，直径为探测器接收区域直径的 1.5~3 倍。投影遮光板用于遮蔽从投影仪到探测器的直射光线，它置于探测器前面 30~60cm 处（投影遮光板越大，距离探测器越远）。在适当位置放置投影遮光板，则探测器的输出即对室内杂散光的测量，并且对于显示的不同图案，测量结果不同。首选黑色屏幕，如果没有黑色屏幕，暗室也满足使用要求（见图 15-3）。然而，投影遮光板在明亮的室内，如明亮的会议室内效果不是特别好。

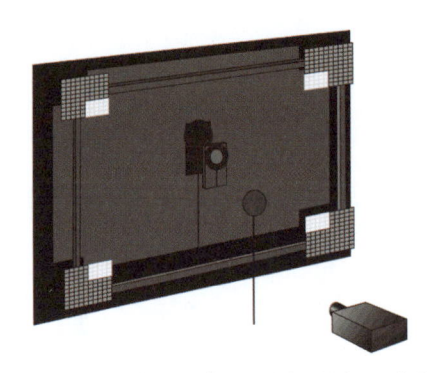

图 15-3 暗室中用于杂散光测量的投影遮光板

15.1.5 杂散光消除管

杂散光消除管（Stray-Light-Elimination Tube，SLET）可消除杂散光的影响，进而使测量投影照度成为可能，该测量甚至可在明亮的室内进行，如图 15-4 所示。SLET 对于在明亮的室内进行前向投影仪的测量非常有用。使用 SLET 测量的缺点是 SLET 必须对准投影仪，并且当照射不垂直于屏幕时，必须对照度测量结果进行余弦修正。

一种 SLET 是由 5 个截锥体构成的，其中 4 个背靠背成对放置，另 1 个放置在末尾，用于防止照度计的散射光反射回照度计而对测量产生影响。入口截锥体的内径稍微小于后面 3 个的内径，以便尽量避免投影仪的光线照亮第二组平截头体的内径。SLET 的内部和截锥体都是光滑黑色的。这是为了通过多次反射控制杂散光，以使其近乎消失，而不是以漫射方式将其吸收。为了清晰易懂，图 15-4 的下方给出了 SLET 的内部结构。

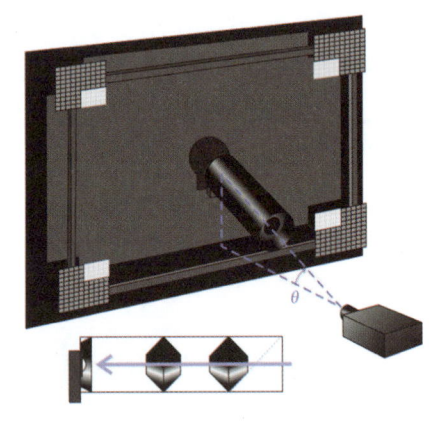

图 15-4 由 5 个内部截锥体构成的 SLET。下方是 SLET 的剖视图，照度计位于 SLET 的左边，投影仪的入射光线自右向左（浅蓝色箭头）

如果 SLET 使照度计不得不相对于投影仪方向倾斜，以便使照度计的光接收面与 SLET 的尾部端面平行，那么必须对测量结果 E_{SLET} 进行角度修正，假设平行于像平面的照度为 E，那么有

$$E = E_{SLET} \cos\theta \tag{15-1}$$

式中，θ 为偏离像平面法线的角度。更简单的 SLET 只有 3 个甚至 2 个内部截锥体，相应的杂散光也可能增多。眼睛从照度计位置瞄准 SLET，有可能能够检查进入 SLET 的杂散光。合理地放置截锥体几乎能够消除来自室内的杂散光。

15.1.6 投影线遮光板

一种确定前向投影仪线对比度的方法是使用一条能够产生与投影黑线线宽相同黑影的黑线。落入阴影区域的光线总量是对白线亮度和黑线亮度进行修正的数值。该方法如图 15-5 所示。

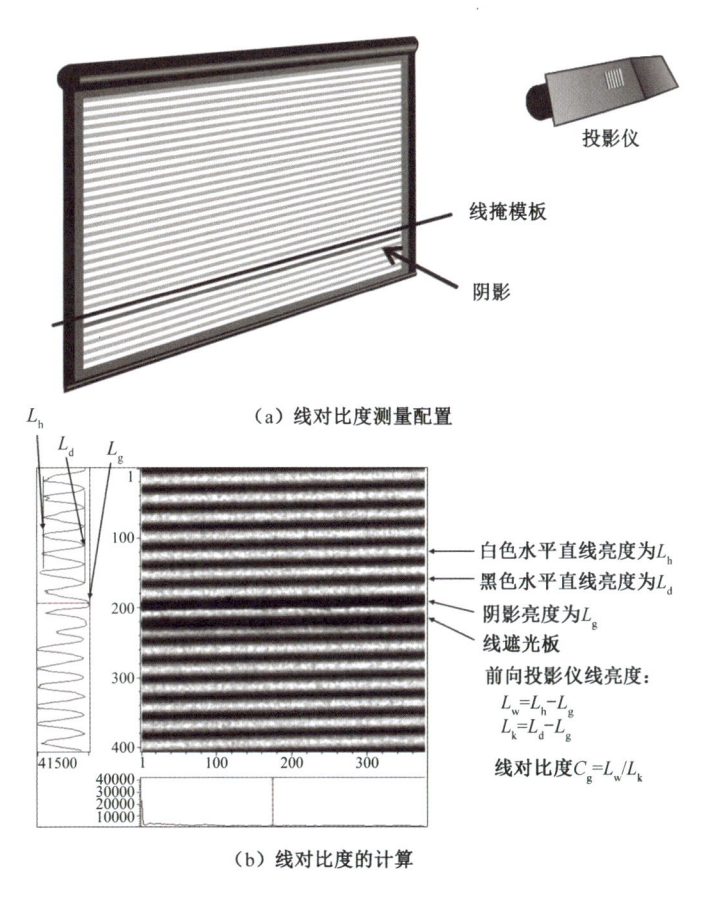

（a）线对比度测量配置

白色水平直线亮度为 L_h
黑色水平直线亮度为 L_d
阴影亮度为 L_g
线遮光板
前向投影仪线亮度：
$L_w = L_h - L_g$
$L_k = L_d - L_g$
线对比度 $C_g = L_w / L_k$

（b）线对比度的计算

图 15-5 用投影线遮光板测量线对比度

15.1.7 投影狭缝照度计

一种测量投影线亮度的方法是使用一个狭缝照度计。将两个黑色的梯形刀片固定在照度计的探头前面。将狭缝宽度调节为稍小于待测线宽，这样可避免出现微小的错位问题。如果仅需要测量对比度，那么不需要校准探测器。为了消除杂散光，需要使用 SLET。如果测量环境是暗室，那么一个简单的 SLET 也能得到很好的效果。这使得对白线和黑线可以直接进行相对测量，而无须进行杂散光修正。如果需要绝对校准，那么可将狭缝照度计的测量结果与对屏幕上无黑色线的白色区域测量的常规照度结果进行对比，如图 15-6 所示。

对于大的 SLET，如果照度计相对于屏幕表面必须倾斜 θ 角度，那么要对测量结果 E_{SLET} 进行角度修正（$E=E_{SLET}\cos\theta$），照度 E 平行于成像平面。

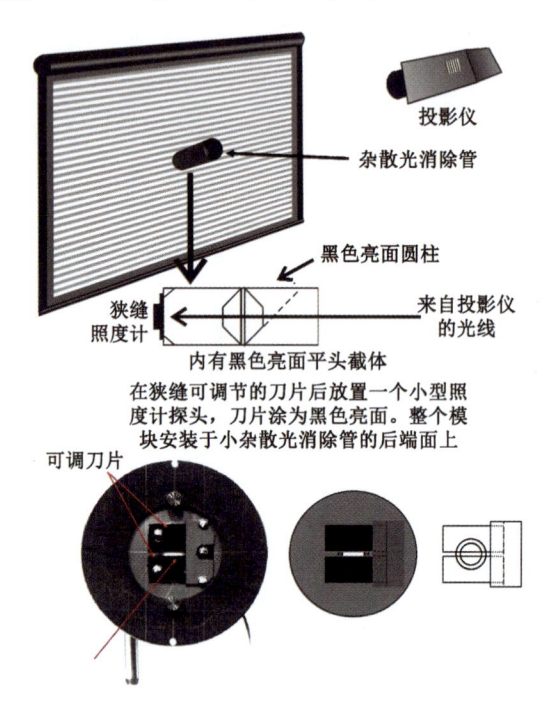

图 15-6 具有小 SLET 的狭缝照度计

15.1.8 标准白板的照度

用标准白板推算照度的装置如图 15-7 所示。标准白板（这里称为圆盘）通常是用烧结粉末材料制成的圆盘。通常其半球漫反射比 ρ 取值从 0.98 至超过 0.99。有些测量者将这种圆盘放置于像平面位置，测量亮度 L，并按照式（15-2）确定照度 E，而非采用照度计直接测量。

$$E = \frac{\pi L}{\rho} \tag{15-2}$$

严格来讲，这种方式并不能得到准确的照度值。式（15-2）中的漫反射比数值（如 $\rho=0.99$）仅适用于均匀半球照明。通常，对于偏离圆盘法线不同角度的亮度计与投影仪，上述公式是不适用的。这些圆盘并非理想的朗伯反射体，式（15-2）的前提是半球反射。

为了用圆盘确定照度，圆盘必须在其使用的几何装置中校准。对于投影系统，需要使用反射因数 $R(\theta_s, \phi_s, \theta_d, \phi_d)$，其中光源（投影仪）相对于圆盘法线的角度坐标为（$\theta_s, \phi_s$），探测器（亮度计）相对于圆盘法线的角度坐标为（$\theta_d, \phi_d$），如图 15-7 所示。改变任何一个角

度都可能会明显地改变反射因数的值。因此，正确的关系应该为

$$E(\theta_s,\phi_s) = \frac{\pi L(\theta_s,\phi_s,\theta_d,\phi_d)}{R(\theta_s,\phi_s,\theta_d,\phi_d)} \qquad (15\text{-}3)$$

其中，反射因数的校准完全取决于使用的光源和探测器的角度。依据使用的角度，式（15-2）中的误差可能达到 10%或更大。

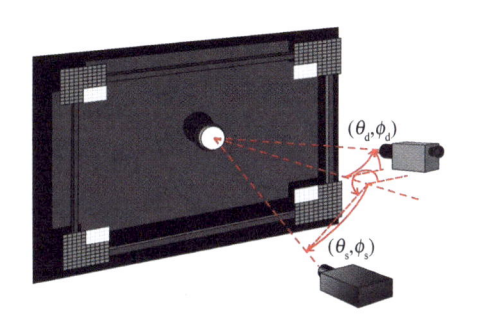

图 15-7 用于推算照度的圆盘

圆盘适用于全屏对比度的测量，但仅适用于每次测量时，亮度计、投影仪及圆盘位置不变的情况。在这种全屏对比度测量条件下，对比度计算公式为

$$C = \frac{L_W}{L_K} \qquad (15\text{-}4)$$

式中，L_W 与 L_K 是将圆盘放置于屏幕中心位置时测量的亮度值。本测量的前提是假设室内的杂散光仅来源于屏幕照明的反射光，而不考虑其他来源的杂散光，如所使用仪器的光和计算机屏幕的光。另外，要假设测试图案为全白场或全黑场，这样探测器才不会有杂散光的问题。

15.2 前向投影仪屏幕图像的面积

描述：测量前向投影仪在投影仪屏幕上显示白色图案时的矩形面积或其他四边形面积，如图 15-8 所示。单位：m²。符号：A。

应用：前向投影仪。

设置：应用如图 15-9 所示的标准设置。

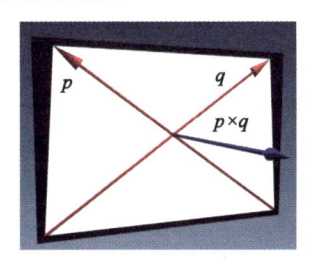

图 15-8 平面凸四边形对角线，其对角线叉乘（蓝色箭头）由平面指向外

图 15-9　标准设置

其他设置条件：①对所使用的前向投影仪屏幕（虚拟或真实），必须有一种方法确定投影图像的角位置，其距离在水平或竖直投影图像尺寸最小值的 0.2%以内。②需要使用分辨率无变化的全白场。③投影图像的面积最好不小于 1m^2。④有些投影仪能够进行梯形校准，然而图像并非必须为理想矩形才能确定其面积。强烈推荐使用一台高质量的视频信号发生器。

步骤：该步骤依赖于投影图像是否为矩形。

矩形图像：如果投影的白色图像四个角确定一个矩形，那么直接测量图像的水平尺寸 H 与竖直尺寸 V。

非矩形图像：如果投影的白色图像不完全是矩形，那么确定投影白色图像对角线的水平分量（p_x, q_x）与竖直分量（p_y, q_y）（见图 15-8），即 $\boldsymbol{p}=p_x\boldsymbol{e_x}+p_y\boldsymbol{e_y}$，$\boldsymbol{q}=q_x\boldsymbol{e_x}+q_y\boldsymbol{e_y}$。其中，$\boldsymbol{e_x}$ 和 $\boldsymbol{e_y}$ 分别是水平和竖直方向的单位向量。这种测量需要使用精确的栅格，以便定位投影图像四个角（如果使用虚拟屏幕，那么栅格平板必须准确地安装于框架的四角上）。确定投影图像四角的（x,y）坐标：左下为（x_{LL}, y_{LL}），右下为（x_{LR}, y_{LR}），左上为（x_{UL}, y_{UL}），右上为（x_{UR}, y_{UR}）。

分析：如果投影白色图像为矩形，那么屏幕的面积可由式（15-5）给出。

$$A = HV \tag{15-5}$$

如果投影白色图像不是矩形，那么对角线的分量分别为

$$p_x = x_{UR} - x_{LL},\ p_y = y_{UR} - y_{LL}$$
$$q_x = x_{UL} - x_{LR},\ q_y = y_{UL} - y_{LR} \tag{15-6}$$

注意，在图 15-8 中，q_x 为负。面积为

$$A = \frac{1}{2}|\boldsymbol{p} \times \boldsymbol{q}| = \frac{1}{2}|p_x q_y - p_y q_x| \tag{15-7}$$

报告：报告面积，单位为 m^2，如表 15-1 所示。

注释：这种方法假设投影图像的边为直线。桶形形变和枕形形变的测量见 13.3.4 节。

表 15-1　非矩形图像的分析与报告示例

测量位置	x	y
LL	−11mm	5mm
UR	1321mm	1000mm
LR	1307mm	13mm
UL	−18mm	997mm
(p_x, p_y)	1.332 m	0.995 m
(q_x, q_y)	−1.325 m	0.984 m
A	1.315 m^2	

注：虚拟屏幕栅格原点位于左下角。

15.3　白色图案的抽样光通量

别名：光通量输出。

描述：用全白场的抽样照度测量结果和投影图像面积计算前向投影仪的光通量。**单位：**流明（lm）。**符号：**W。

应用：前向投影仪。

设置：应用如图 15-10 所示的标准设置。

其他设置条件：照度测量必须在杂散光可忽略或可做修正的室内进行。图案要求如下。①SET01S50 图案（见图 15-11）；②测量点位于 AT02P 图案中 3×3 个矩形的中心（见图 15-12）；③全白场。强烈推荐使用一台分辨率与投影仪的分辨率相同的视频信号发生器。

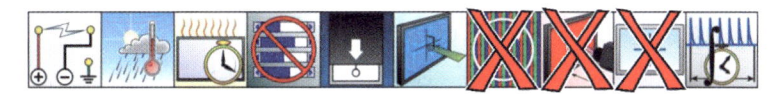

图 15-10　标准设置

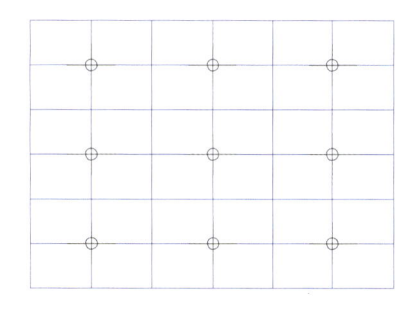

图 15-11　用于设置前向投影仪的图案（SET01S50）　　图 15-12　确定探测器位置的图案（AT02P）

步骤：选择待测投影仪的显示画面，对于每个选定的画面，按照以下步骤操作。

（1）根据 15.2 节测量投影图像的面积 A。

（2）如果可行，调整投影仪设置，保证可分辨 SET01S50（见图 15-11）中所有中心位置的暗灰阶和亮灰阶的等级。报告不符合的情况。

（3）确保照度是在 3×3 均等（±2px）矩形的 9 个中心位置进行测量的，测量半径小于屏幕高度或宽度最小值的 2.5%，这即测量栅格。使用如图 15-12 所示的图案有助于确定正确的测量位置。

（4）测量并记录全白场投影图像在测量栅格上 9 个位置处的照度。

分析：采用矩阵符号 (i,j) 来确定测量栅格的位置。其中，$ij=11$ 表示左上，$ij=33$ 表示右下；i 表示行，j 表示列。光通量 Φ_W 由投影面积与平均照度的乘积给出，如式（15-8）所示。

$$\Phi_W = AE_{ave} = \frac{A}{9}\sum_{i,j=1}^{3}E_{ij} \qquad (15-8)$$

表 15-2 所示为一个分析示例。

表 15-2　分析示例

每个位置的照度/lx	E_{11}	1732
	E_{12}	1828.4
	E_{13}	1670.7
	E_{21}	1868
	E_{22}	1972.6
	E_{23}	1792.2

续表

每个位置的照度/lx	E_{31}	1902.4
	E_{32}	2022.2
	E_{33}	1840.1
平均照度/lx	E_{ave}	1847.6
面积/m²	A	1.116
光通量/lm	Φ_W	2061.9

报告：除非通过不确定度分析可确定更多位有效数字，否则以不超过 3 位的有效数字报告光通量 Φ_W，如表 15-3 所示。

表 15-3 报告示例

光通量 Φ_W	2.06×10³	lm

注释：这种测量方法是由国际电工委员会的文件 Measurement and documentation of keyperformance criteria 改编而来的。

15.4 彩色信号白光的抽样光通量

别名：彩色输出、彩色光输出。
描述：通过对瓷砖式三序列图案的 RGB 三基色的照度采样测量，计算前向投影仪的光通量。**单位**：流明（lm）。**符号**：Φ_{CSW}。
应用：适用于输入信号符合标准 RGB 电压值或数字值的、与彩色信号白光的偏离值已确定的彩色前向投影仪。详细请见 5.4 节。
设置：应用如图 15-13 所示的标准设置。
其他设置条件：照度测量必须在杂散光可忽略或可进行修正的室内进行。所需图案如下。①SET01S50 图案（见图 15-14）；②用于定位 3×3 均等矩形阵列（定义测量栅格）中心的 AT02P（见图 15-15）；③由 3 个独立的 RGB 3×3 阵列图案组成的瓷砖式三序列图案（NTSR、NTSG、NTSB）（见图 15-16）。强烈推荐使用一台分辨率与投影仪的瓷砖式三序列图案分辨率相同的视频信号发生器。

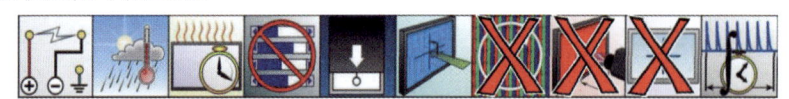

图 15-13 标准设置

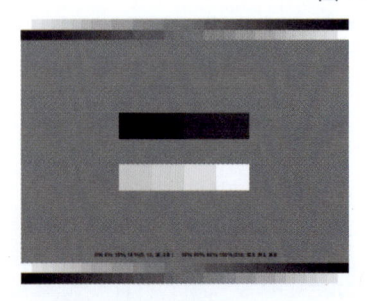

图 15-14 设置前向投影仪的图案（SET01S50）   图 15-15 确定探测器位置的图案（AT02P）

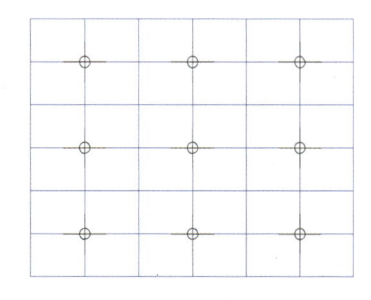

图 15-16　瓷砖式三序列图案（从左至右分别为 NTSR、NTSG、NTSB）

步骤：选择待测投影仪的显示画面，对于每个选择的画面按照以下步骤操作。

（1）根据 15.2 节测量投影图像的面积 A。

（2）如果可行，调整投影仪的设置，保证可分辨图案 SET01S50（见图 15-14）中所有中心位置的暗灰阶和亮灰阶的等级。报告不符合的情况。

（3）确保照度测量是在 3×3 均等（±2px）矩形的 9 个中心位置进行的，测量半径小于屏幕高度或宽度最小值的 2.5%，这即测量栅格。使用如图 15-13 所示的图案有助于确定正确的测量位置。

（4）测量并记录测量栅格上 9 个位置处 3 个瓷砖式三序列图案（见图 15-16）的照度。

分析：采用矩阵符号 (i,j) 来确定测量栅格的位置，其中 $ij=11$ 表示左上，$ij=33$ 表示右下，如图 15-17 所示；i 表示行，j 表示列。任意一个位置的照度 E_{ij} 由该位置处每个三序列图案的照度叠加给出，如式（15-9）所示。

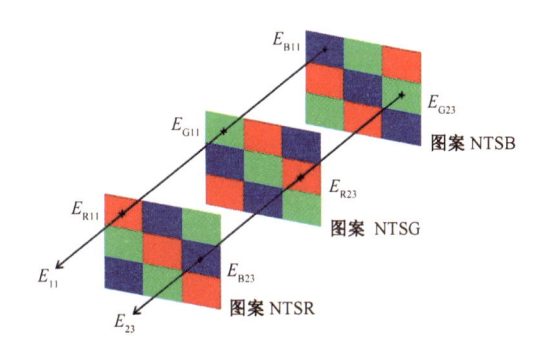

图 15-17　瓷砖式三序列图案的照度测量

$$E_{ij} = E_{Rij} + E_{Gij} + E_{Bij} \tag{15-9}$$

光通量 Φ_{CSW} 为投影面积与平均照度的乘积：

$$\Phi_{\text{CSW}} = AE_{\text{ave}} = \frac{A}{9}\sum_{i,j=1}^{3} E_{ij} \tag{15-10}$$

表 15-4 所示为一个分析示例。

报告：除非通过不确定度分析可确定更多位的有效数字，否则以不超过 4 位的有效数字报告光通量 Φ_{CSW}，如表 15-5 所示。

注释：无。

表 15-4　分析示例

图案	照度 E/lx		照度 E/lx		照度 E/lx	
NTSR	$E_{R11}=$	260.1	$E_{B12}=$	67.0	$E_{G13}=$	1319.6
	$E_{G21}=$	1521.9	$E_{R22}=$	323.6	$E_{B23}=$	65.8
	$E_{B31}=$	70.8	$E_{G32}=$	1618.2	$E_{R33}=$	320.7
NTSG	$E_{G11}=$	1409.0	$E_{R12}=$	301.5	$E_{B13}=$	61.9
	$E_{B21}=$	67.6	$E_{G22}=$	1578.3	$E_{R23}=$	318.7
	$E_{R31}=$	287.7	$E_{B32}=$	70.4	$E_{G33}=$	1455.8
NTSB	$E_{B11}=$	63.0	$E_{G12}=$	1459.9	$E_{R13}=$	289.2
	$E_{R21}=$	278.5	$E_{B22}=$	70.7	$E_{G23}=$	1407.6
	$E_{G31}=$	1543.9	$E_{R32}=$	333.5	$E_{B33}=$	63.6
每个位置的照度/lx	$E_{11}=$	1732.0	$E_{12}=$	1828.4	$E_{13}=$	1670.7
	$E_{21}=$	1868.0	$E_{22}=$	1972.6	$E_{23}=$	1792.2
	$E_{31}=$	1902.4	$E_{32}=$	2022.2	$E_{33}=$	1840.1
照度平均值/lx	$E_{ave}=$	1847.6	面积 A =	1.116	m²（见15.2节）	
光通量 Φ_{CSW}	2061.9	lm				

表 15-5　报告示例

光通量 Φ_{CSW}	2062	lm

15.5　序列对比率

别名：对比度、帧间对比度。
描述：测量投影显示的动态范围，该测试与平板显示屏的动态范围测试相似，只是将亮度计更换为照度计。**符号**：C_{seq}。
应用：所有前向投影仪。
设置：应用如图 15-18 所示的标准设置。

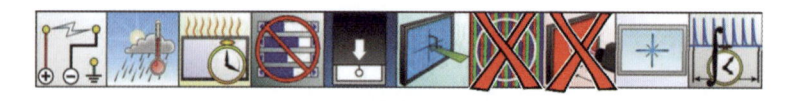

图 15-18　标准设置

其他设置条件：如果投影仪镜头具有缩放控制与补偿（或切换 shift）控制，那么将缩放控制设置为"广角"，补偿（或切换 shift）设置在零补偿与最大值之间一半的位置。照度计安装在投影仪轴线上。测试图案为全白场与全黑场，如图 15-19 所示。

图 15-19　全白场测试图案与全黑场测试图案

步骤：
（1）测量全白场的峰值照度 E_W。
（2）不改变任何控制，测量全黑场的照度 E_K。

分析： 序列对比率为

$$C_{\text{seq}} = E_W / E_K \qquad (15\text{-}11)$$

报告： 根据上述计算，报告序列对比率，如表 15-6 所示。

表 15-6　报告示例

中心处白色照度	中心处黑色照度	序列对比率
102.6 lx	0.09 lx	1140

注释： 在进行全黑场的照度测量时，注意杂散光。

15.6　棋盘格对比率

别名： ANSI 对比度、帧间对比度。
描述： 测量棋盘格图案的对比率，该测量类似于平板显示屏的测量，只是将亮度计替换为照度计。**符号：** C_{CB}。
应用： 所有前向投影仪。
设置： 应用如图 15-20 所示的标准设置。
其他设置条件： 使得投影仪镜头的缩放控制与补偿控制适中。在投影仪轴线上放置一块覆盖投影区域的黑布。测试图案为 $N \times M$ 棋盘格图案，其由数目相等且交替排列的实心黑白矩形组成。在黑布上标记每个测试图案矩形的中心位置。

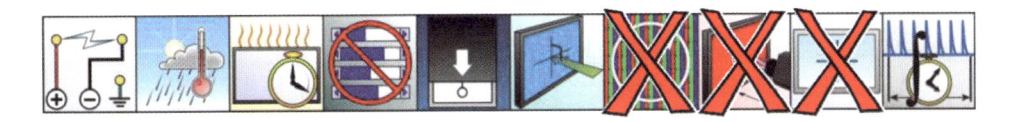

图 15-20　标准设置

表 15-7　报告示例（4×4 图案）

16 点处的屏幕照度/lx			
0.066	16.12	0.078	15.99
15.42	0.068	21.21	0.075
0.069	22.95	0.081	22.89
19.65	0.075	25.63	0.072
照度（白）求和/lx			53.42
照度（黑）求和/lx			0.198
棋盘格对比率			270

步骤： 测量测试图案每个矩形中心的照度。
分析： 棋盘格对比率为

$$C_{\text{CB}} = \sum_{ij} C_W \Big/ \sum_{ij} C_K$$

报告： 报告采用的测试图案与计算的棋盘格对比率，如表 15-7 所示。
注释： 由于存在来自室内的杂散光与反射，即使使用黑色屏幕，黑色区域的照度也非常难测量，因此，在测量黑色区域的照度时，应使用杂散光消除管或投影遮光板，这非常重要。

15.7　白平衡点和相关色温

别名：色温。
描述：测量投影仪的标称白色输出的色坐标和相关色温（Correlated Color Temperature，CCT）。该测量与平板显示屏的相应测量类似。**符号**：x, y；T_C。
应用：所有前向投影仪。
设置：应用如图 15-21 所示的标准设置。

图 15-21　标准设置

其他设置条件：在投影仪轴线上接近投影图像中心的位置放置一块标准白板。测试图案为全白场。
步骤：测量标准白板反射光的 CIE 1931-x, y 色坐标。
分析：如果色度计不能提供 CCT，那么可采用 McCamy 的色坐标 x, y 近似计算 CCT[1]，即

$$\mathrm{CCT} = 437n^3 + 3601n^2 + 6861n + 5517$$

式中，$n = (x - 0.3320)/(0.1858 - y)$。

在 2000～10000K 的范围内，上述近似值足够接近。
注意：CCT 只对于接近普朗克黑体轨迹的 y 值具有意义。
报告：报告 CIE 1931 色坐标与相关色温，如表 15-8 所示。

表 15-8　分析示例

x	y	T_C
0.298	0.319	7503

15.8　RGB 三基色

别名：红色（Red）、绿色（Green）、蓝色（Blue）。
描述：测量前向投影仪三基色的色坐标，该测量与平板显示屏的测量类似。
应用：所有前向投影仪。
设置：应用如图 15-22 所示的标准设置（见 3.2 节）。

图 15-22　标准设置

---

[1] 此处原书参考资料：C.S. McCamy, *Color Res Appl.* 17（1992），pp 1542-144（with crratum in *Color Res. Appl.* 18 （1993），p150.

其他设置条件：清除投影显示中的任何颜色管理设置。在投影仪轴线上靠近投影图像中心的位置放置一块标准白板。测试图案为全屏红色、全屏绿色和全屏蓝色。

步骤：对每种颜色的测试图案，测量标准白板反射光的CIE 1931 色坐标。

报告：报告红、绿、蓝色的色坐标，如表15-9 所示。

表 15-9 报告示例

基色	x	y
红色	0.632	0.340
绿色	0.295	0.610
蓝色	0.141	0.057

15.9 灰阶照度与色度

描述：测量前向投影显示的照度与色坐标，作为灰阶等级（视频信号等级）的函数。这些测量可用于计算投影显示的伽马值。该测量与平板显示屏相应的测量类似（见第 7 章）。

符号：x，y；E。

应用：所有前向投影仪。

设置：应用如图 15-23 所示的标准设置。

其他设置条件：对于照度测量，在前向投影仪轴线上放置一个照度计。对于色度测量，在投影仪轴线上放置一块标准白板。测试图案为多种数字视频等级的全屏灰阶图案。

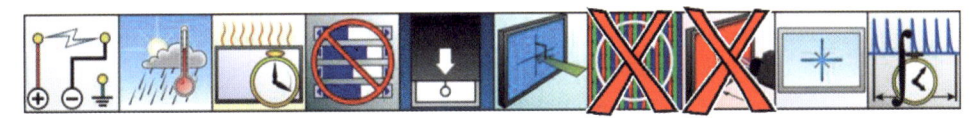

图 15-23 标准设置

步骤：
（1）测量每个灰阶等级的照度。
（2）测量标准白板反射光的 CIE 1931 色坐标。

报告：报告如表 15-10 所示，也可使用图形描述。

注释：由于存在杂散光，难以测量低灰阶等级的照度。因此，在测量低灰阶等级的照度时，建议使用 SLET。表 15-10 中显示了 8 个灰度等级，然而根据需要，可测量任何数目的灰阶等级。更多信息见第 7 章，其他测量也可使用这些数据。

表 15-10 报告示例

灰阶等级	照度 E/lx	x	y
0	0.09	0.313	0.329
36	1.76	0.310	0.330
72	6.48	0.311	0.328
109	15.29	0.314	0.330
145	28.32	0.312	0.331
182	46.78	0.311	0.333
218	70.11	0.310	0.330
255	99.10	0.312	0.328

15.10 分辨率与调制对比度

别名：有效分辨率、像素尺寸形变。

描述：在对比度测量中，根据投影仪对黑白单像素与双像素线的呈现，测量投影仪的有效分辨率和像素尺寸劣化程度。单位：px。符号：ΔP，表示像素尺寸劣化程度；$N'\times M'$，表示有效分辨率。

应用：所有前向投影仪。

设置：应用如图 15-24 所示的标准设置。

图 15-24 标准设置

其他设置条件：测试图案为 1 个像素开、1 个像素关的水平线和竖直线，以及 2 个像素开、2 个像素关的水平线和竖直线。测量设备为成像亮度计。阵列式探测器应有足够高的分辨率，以便覆盖一系列投影像素线（建议 10 条或更多），对其进行设置，以便使测试图案的每条线覆盖探测器的 10 个或更多像素。

步骤：

（1）抓取竖直线与水平线的 1×1 线状测试图案的成像图像。

（2）抓取竖直线与水平线的 2×2 线状测试图案的成像图像。

分析：对每个抓取的图像，测量平均最大亮度（L_W）与平均最小亮度（L_K），并对一定数量的投影像素进行平均，从而获得一条光滑的曲线。调制对比度（迈克耳孙对比度）由下式给出：

$$C_m = (L_W - L_K)/(L_W + L_K)$$

文本或图表的分辨率定义为 C_m 降低到 50% 的像素间隔。如果 2×2 图案的调制对比度 C_{m2} 大于 50% 且 1×1 图案的调制对比度 C_{m1} 小于 50%，那么可以通过 1 个与 2 个像素数据的线性插值寻找 C_m 等于 50% 的像素数目，从而计算有效分辨率（像素的有效尺寸大于一个像素）：

$$\Delta P = (C_{m2} - 2C_{m1} + 0.5)/(C_{m2} - C_{m1}) > 1$$

投影仪从标称分辨率 N×M 降至有效分辨率 N'×M'：

$$N' \times M' = [N/\Delta P_H] \times [M/\Delta P_V]$$

其中，ΔP_H 与 ΔP_V 分别是从竖直线与水平线分析获得的水平方向与竖直方向的有效像素尺寸（竖直线的模糊表示分辨率在水平方向降低，水平线的模糊表示分辨率在竖直方向降低）。如果 C_{m1}>50%，报告 ΔP=1 的有效像素尺寸；如果 C_{m2}<50%，则参考以下注释。

报告：报告投影显示的有效分辨率，如表 15-11 所示。

注释：①迈克耳孙对比度。这里定义的对比度因为遗留的术语称为调制对比度，也称为迈克耳孙对比度。②更差的分辨率。使用现代投影仪，不太可能需要采用超过 1 像素或 2 像素的线。如果 C_{m2}<50%，对 3×3 图案重复以上测量，在 2×2 与 3×3 图案的调制对比度之间插值，方法与上述方法类似。更多信息请见 8.9 节。

表 15-11　分析与报告示例

间距	竖直线			水平线		
	L_W	L_K	C_m	L_W	L_K	C_m
1×1	30	15	0.33	31	16	0.32
2×2	39	6	0.73	38	5	0.77
降级	P_H=	1.42		P_V=	1.40	
标称分辨率	1024×768			有效分辨率	904×513	

③延伸。虽然以上测量是在屏幕中心进行的，但实际上很容易扩展到屏幕的任何位置。

15.11　全白场的亮度均匀性

别名：不均匀性、均匀性。

描述：测量前向投影仪显示屏幕照度的不均匀性。注意，虽然称之为均匀性测量，但实际上是测量不均匀性。

应用：所有前向投影仪。

设置：应用如图 15-25 所示的标准设置。

图 15-25　标准设置

其他设置条件：探测器为照度计（方法 1），也可使用成像亮度计或成像色度计（方法 2）。对于方法 1，使用照度计，测量点按照"X"形状或 3×3 阵列排列，边界测量点距离屏幕边界分别为屏幕竖直尺寸或水平尺寸的 1/10，中心测量点位于边界点中间（见图 15-26）。测量图案为全白场。

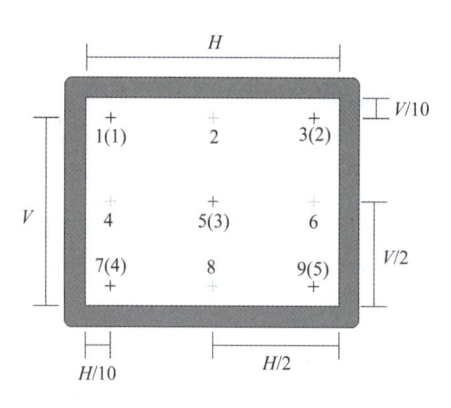

图 15-26　5 点/9 点测量示意

步骤：

方法 1：测量投影仪在 5 点或 9 点处的照度，如图 15-26 所示。移动照度计至不同位置，测量每个点的照度。记录所有照度值中的最大值 E_{max} 与最小值 E_{min}。

方法 2：使用成像亮度计或成像色度计抓取屏幕图像，仪器已针对这种测量进行了适当配置，屏幕也进行了校准。测量待测位置的亮度，记录亮度最大值 L_{max} 与最小值 L_{min}。

分析：

方法 1：不均匀性=100%[（$E_{max}-E_{min}$）/E_{max}]。

方法 2：根据 9.7 节所述分析数据。

报告： 报告不均匀性，保留两位有效数字。报告使用的测量方法、测量点数（5 或 9），以及是垂直于屏幕测量还是从优势点位置进行测量（如方法 2）。对于方法 2，按照 8.2 节所述报告结果（见表 15-12）。

注释： ①均匀性。按前述公式计算不均匀性。均匀性=100%（E_{min}/E_{max}）。②光源的光谱组成。光源的详细光谱可能不会严重影响测量结果，但对于高精度测量，需要进行光谱分辨率测量。③覆盖范围。如果照度计覆盖范围少于 500px，那么应向周围移动照度计并对测量结果取平均。

表 15-12　分析示例

9 点照度/lx		
81.1	80.2	79.8
82.3	80.7	78.1
84.0	81.4	80.3
E_{max}	E_{min}	不均匀性
84.0	78.1	7.0 %

15.12　全屏暗灰色的亮度均匀性

别名： 全屏暗灰色不均匀性、全屏暗灰色均匀性。

描述： 测量前向投影显示的暗画面的不均匀性。

应用：所有前向投影仪。

设置：应用如图 15-27 所示的标准设置。

其他设置条件：探测器为照度计（方法 1），也可使用成像亮度计或成像色度计（方法 2）。对于方法 1，使用照度计，测量点位置按"X"形状或 3×3 阵列排列，边界测量点距离屏幕边界分别为屏幕的竖直尺寸或水平尺寸的 1/10，中心测量点位于边界点中间（见图 15-28）。测量图案为灰度等级为 5%～15%白色等级的全屏暗灰色。

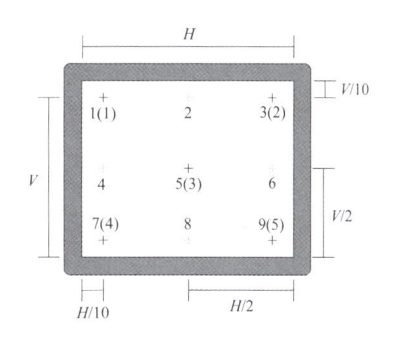

图 15-27　标准设置　　　　图 15-28　5 点/9 点测量示意

步骤：

方法 1：测量投影仪在 5 点或 9 点处的照度，如图 15-28 所示。移动照度计至不同位置，测量每个点的照度，记录照度值中的最大值 E_{max} 与最小值 E_{min}。

方法 2：使用成像亮度计或成像色度计抓取屏幕图像，仪器已针对这种测量进行了适当配置，屏幕也进行了校准。测量待测位置的亮度，记录亮度最大值 L_{max} 与最小值 L_{min}。

分析：

方法 1：不均匀性=100%[（E_{max}–E_{min}）/E_{max}]。

方法 2：根据 9.7 节所述分析数据。

报告：报告不均匀性，保留两位有效数字。报告暗灰色等级、使用的测量方法、测量点数（5 或 9），以及是垂直于屏幕测量还是从优势点位置进行测量（如方法 2）。对于方法 2，按照 8.2 节所述报告结果，如表 15-13 所示。

表 15-13　分析与报告示例

9 点照度/lx		
0.21	0.20	0.19
0.22	0.20	0.18
0.24	0.21	0.20
E_{max}	E_{min}	不均匀性
0.24	0.18	25%

注释：①均匀性。按前述公式计算不均匀性。均匀性=100%（E_{min}/E_{max}）。②光源的光谱组成。光源的详细光谱可能不会严重影响测量结果，但对于高精度测量，应进行光谱分辨率测量。③覆盖范围。如果照度计覆盖范围少于 500px，那么应向周围移动照度计并对测量结果取平均。

第 16 章

前向投影仪屏幕测量

任何前向投影仪都需要搭配一个屏幕才能使用，即使它用墙壁来显示图像。相应地，屏幕也会影响投影系统的性能，这种屏幕为漫反射器。镜面不能作为有效屏幕，有效屏幕需要是表面粗糙白色、表面粗糙灰色或表面粗糙银色。本章描述如何进行测量以表征前向投影仪屏幕的性能。测量不需要在整个屏幕上进行，可以对屏幕材料的部分区域进行测量。

在测量开始前，需要对投影仪做相应的调整；在数据采集期间，不能对投影仪做任何调整。前向投影仪屏幕不是发光体，而是只对照射在它上面的光进行反射。所以，所有测量都是相对于该照度的测量。例如，屏幕不存在固有颜色，但可以改变照射在屏幕上光的颜色。屏幕亮度与朗伯反射器反射光的亮度之比称为增益。

表征前向投影仪屏幕的重要参数如下：
（1）颜色偏差；
（2）颜色均匀性；
（3）对比度增强；
（4）增益；
（5）增益方向性；
（6）增益均匀性。

对比度增强屏幕是一种可增强投影图像对比度的灰色屏幕，在墙壁为浅色的室内使用。这类屏幕通常用于家庭影院，而不用于配有深色墙壁的专业演播室或影院。

其他因素，如屏幕平整度、屏幕光洁度，以及其如何影响屏幕分辨率、屏幕的保持偏振能力（偏振投影仪）在本书中不做讨论。

屏幕的增益测量是使用具有近似朗伯反射方向性的参照物实现的。虽然一个典型的朗伯反射参照物具有 99%左右的综合反射比，但对垂直入射的增益与反射比通常没有定义。垂直入射的增益一般稍大于 1.0。在选择的测量步骤中，使用相同的光源和探测器的几何布局校准标准白板的增益，这一点很重要。这种校准可以使用亮度计和照度计。

16.1　屏幕颜色偏差

别名：屏幕颜色。

描述：测量屏幕在反射入射光时产生的颜色偏差。该测量不需要在全屏幕上进行，可在屏幕材料的部分区域上进行，如图 16-1 所示。**单位**：无量纲。**符号**：$\Delta u'v'$、u'_{ref}、v'_{ref}、u'_{screen}、v'_{screen}。

应用：前向投影仪屏幕。

设置：应用如图 16-2 所示的标准设置。

图 16-1　屏幕颜色偏差测量示意　　图 16-2　标准设置

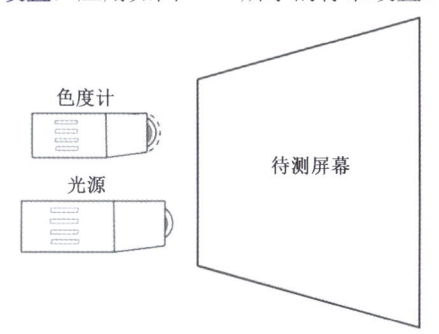

其他设置条件：探测器为色度计或分光辐射亮度计。光源为稳定的宽光谱光源，如屏幕将要使用的光源。参考标准白板为光谱中性和近似朗伯体。探测器与光源应该对称置于屏幕法线的两侧，并且总夹角不超过 5°。

步骤：应相对于参考标准白板测量屏幕的颜色偏差。

测量法线与屏幕交点处参考标准白板的色坐标（u'_{ref}，v'_{ref}）和相关色温（T_{target}）。

测量与参考标准白板相同位置处的屏幕的色坐标（u'_{screen}，v'_{screen}）和相关色温（T_{screen}）。

分析：

（1）颜色偏差 $=\Delta u'v' = \sqrt{(u'_{ref} - u'_{screen}) + (v'_{ref} - v'_{screen})}$。

（2）CCT 偏差 $= T_{screen} - T_{target}$。

报告：报告屏幕颜色偏差的幅度，保留 3 位小数；可选择报告 CCT 的偏差，保留 3 位有效数字，如表 16-1 所示。

注释：注意，屏幕本身并没有任何颜色，但能改变投影图像的颜色。如果将要使用的屏幕配备的光源不是宽光谱光源，如激光光源，那么应使用计划使用的光源而非宽光谱光源来测量颜色偏差。

表 16-1　分析示例

u'_{ref}	v'_{ref}	T_{target}	u'_{screen}	v'_{screen}	T_{screen}	$\Delta u'v'$	CCT 偏移
0.197	0.469	6533	0.195	0.465	6671	0.005	138

16.2 屏幕颜色均匀性

别名：颜色不均匀性、色差。

描述：当屏幕反射入射光时，测量屏幕的颜色均匀性，如图 16-3 所示。该测量不需要在全屏幕上进行，可在屏幕材料的部分区域上进行。单位：无量纲。符号：u'_{mean}、v'_{mean}、$\Delta u'v'$。

应用：前向投影仪屏幕。

设置：应用如图 16-4 所示的标准设置。

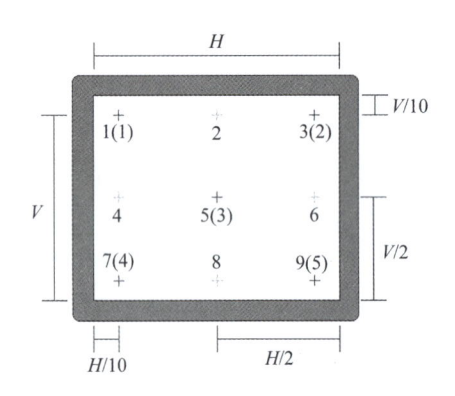

图 16-3　5 点/9 点测量示意

图 16-4　标准设置

其他设置条件：最小屏幕采样尺寸是 1 m²。探测器为色度计或分光辐射亮度计或成像色度计。光源为稳定的宽光谱光源，如投影仪屏幕将要使用的光源。探测器与光源应对称放置于屏幕法线的两侧，并且总夹角不超过 5°，或者设置一台垂直于屏幕的成像色度计。

测量点位置排列为 3×3 阵列，边界测量点距离屏幕边界分别为屏幕竖直尺寸或水平尺寸的 1/10，中心测量点位于边界测量点的中间（见图 16-3）。所有测量点应在垂直于屏幕的方向或在一个优势点位置进行测量。

步骤：选择下列其中一个测量步骤。

（1）使用色度计或分光辐射亮度计测量屏幕的色坐标（u', v'）。重复测量好如图 16-3 所示的 9 点位置处的色坐标。保持屏幕固定，移动光源与探测器，或者保持光源与探测器固定，移动屏幕以测量上述 9 个位置点。记录每个点处的色坐标（u', v'）。

（2）使用成像色度计抓取屏幕图像。计算屏幕图像每个点的色坐标（u', v'）。

分析：

（1）计算屏幕的平均色坐标 u'_{mean}、v'_{mean}；

（2）计算每个点相对平均值的色差：$\Delta u'v' = \sqrt{(u'_i - u'_{mean}) + (v'_i - v'_{mean})}$；

（3）确定最大色差值 $\Delta u'v'_{max}$。

报告：报告屏幕的最大色差值、使用的测量方法、测量点数，以及是在垂直于屏幕的方向上测量的，还是在优势点位置测量的，如表 16-2 所示。

注释：如果计划使用的屏幕配备的光源不是宽光谱光源，如激光光源，那么应使用计划使用的光源而非宽光谱光源测量颜色偏差。

表 16-2　分析示例

位置	u'	v'	$\Delta u'v'$
左上	0.197	0.469	0.0014
左中	0.197	0.469	0.0014
左下	0.200	0.468	0.0020
上中	0.198	0.469	0.0004
中心	0.198	0.470	0.0009
下中	0.200	0.468	0.0020
右上	0.198	0.469	0.0004
右中	0.198	0.471	0.0018
右下	0.200	0.470	0.0018
平均值	0.1984	0.4692	
最大色差值 $\Delta u'v'_{\max}$			0.0020

16.3　屏幕对比度增强

别名：灰屏、屏幕的非暗室对比度、有效对比度。

描述：在使用灯饰的室内，测量增益的有效性和增强图像对比度时投影仪屏幕材料的方向性。通过减少由墙壁反射至屏幕图像的光线，可对屏幕材料进行这项测量，如图 16-5 所示。这种测量不需要在全屏幕上进行，可在屏幕材料的部分区域上进行。这种测量不是为配备专业屏幕的短焦投影仪设计的，而是为使用长焦投影仪的独立屏幕材料设计的。**单位**：无量纲。

符号：ε_C。

应用：家用前向投影仪屏幕。

设置：应用如图 16-6 所示的标准设置。

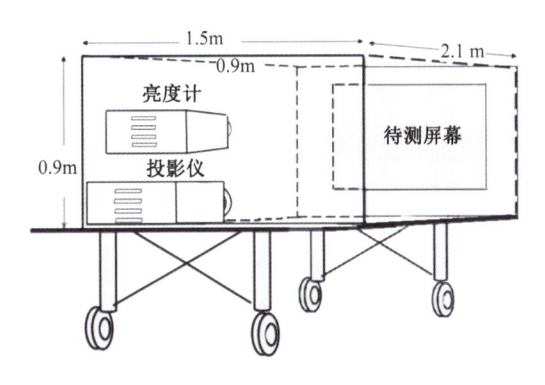

图 16-5　屏幕对比度增强测量

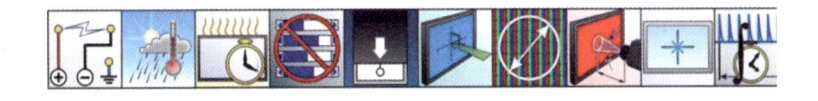

图 16-6　标准设置

其他设置条件：屏幕样品约 1m 宽、0.56m 高。探测器为 2° 或更小的瞄点式亮度计。光源为具有稳定宽光谱且色坐标接近 D65 $(x, y) = (0.313, 0.329)$ 的投影仪。探测器与光源应对称置于屏幕法线的两侧，并且总夹角不超过 5°。测试图案为 4×4 棋盘格图案。测量室为积分球或矩形盒子，其长为 2.1m，宽为 1.5m，高为 0.9m。内部装饰为如注释所描述的表面粗糙白漆。

步骤：按照以下两个条件分别测量 4×4 棋盘格测试图案中的 8 个黑白方格的亮度 L_{Ki}、L_{Wi}（$i=1,2,\cdots,8$）。

条件 1：投影仪与屏幕材料样品放置于一间大的暗室内，测量很小墙壁反射条件下投影仪与屏幕的对比率。

条件 2：屏幕材料样品放置于白色测试室内，测量墙壁反射情况下投影仪与屏幕的对比率。

分析：计算上述两个条件下棋盘格的对比度。对比度定义为白色亮度之和除以黑色亮度之和。

$$C = \left(\sum_{i=1}^{8} L_{Wi}\right)\left(\sum_{i=1}^{8} L_{Ki}\right)^{-1}$$

在大暗室内测量的棋盘格对比度为 C_D，在测试室内测量的棋盘格对比度为 C_T。有效对比度 ε_C 定义为

$$\varepsilon_C = C_D C_T / (C_T - C_D)$$

分析示例如表 16-3 所示。

表 16-3 分析示例

16 点屏幕亮度/（cd/m²）			
0.66	16.12	0.78	15.99
15.42	0.68	21.21	0.75
0.69	22.95	0.81	22.89
19.65	0.75	25.63	0.72
白色亮度求和			53.42
黑色亮度求和			1.98
棋盘格图案对比度			27.0

报告：报告屏幕材料的有效对比度 ε_C，报告测量所使用的测试室的尺寸，如表 16-4 所示。

表 16-4 报告示例

暗室对比度	测试室对比度	有效对比度 ε_C
104	26.8	36
测试室尺寸		
长	宽	高
2.1m	1.5m	0.9m

注释：在典型的影院或放映室内，墙壁和天花板都是黑色的，只有少量的光反射回屏幕来降低图像的对比度。在这种情况下，通常使用白色屏幕。然而，家庭影院的墙壁和天花板的颜色较浅，甚至是白色的，大量来自屏幕的光反射回屏幕，从而降低了图像的对比度。研究发现，灰色与有显著方向性的屏幕能够有效减小这种对比度降低的程度。

该过程测量测试室对图像投影在屏幕材料样品上的对比度的影响，这项测量很大程度上依赖于测试室的几何结构与表面光洁度。测试室需要标准化且具有重复性。这样的标准测试室可以是具有白色朗伯反射内表面的样品球，但这样的测试室并不是典型的最终应用。它可能会加重屏幕的方向性，并且与实际家庭影院的效果不同。具有实际家庭影院尺寸模型的测试室将会更加逼真地加重上述两个参数，应采用缩放 1/3 的模型。给出的测试室长 2.1m、宽 1.5m、高 0.9m。屏幕材料样品宽 1m、高 0.56m。

测试室的内部装饰也很重要，为简单起见，墙壁、天花板和地板应采用相同的装饰处理。装饰材料应为反射比 $\rho \geq 0.90$ 的表面粗糙白漆，应用一层面漆控制测试室内部的表面粗糙特性。

16.4 屏幕增益

别名：反射比、反射因数、增益。

描述：测量前向投影仪屏幕法线方向的增益，如图 16-7 所示。这个增益为屏幕上图像的亮度与理想漫反射器的亮度之比。该测量不需要在全屏幕上进行，可在屏幕材料的部分区域上进行。**单位**：无。**符号**：G。

应用：前向投影仪屏幕。主要用于距离为几米远的实验室测量，也可用于影院测量，此时光源离屏幕的距离较远。

设置：应用如图 16-8 所示的标准设置。

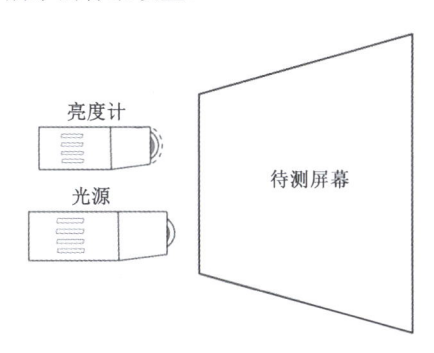

图 16-7　屏幕增益测量

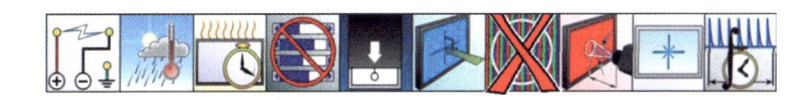

图 16-8　标准设置

其他设置条件：探测器为亮度计或照度计，或者已知增益 G_{std}（见下面"注释"）的近似朗伯反射型参考标准白板（针对所使用的光源-探测器几何布局）。光源为稳定的宽光谱光源，如一个有漫射板和蓝色滤光片的 A 类照明体光源，它的色坐标接近 D65(x, y)=（0.313，0.329）。探测器与光源应对称放置于屏幕法线的两侧，并且总夹角不超过 5°。在实验室内，光源与探测器同屏幕的距离近似相等，但在影院中，探测器距离屏幕比光源距离屏幕近。

步骤：选择下列其中一个测量步骤。

方法 1：使用照度计测量屏幕与法线相交处的入射光通量（E）；在相同位置使用亮度计测量屏幕与法线相交处的反射光亮度（L_0）。

方法 2：将参考标准白板放置在与屏幕相同的位置，确认亮度计的视场；在参考标准白板内测量参考标准白板的亮度（L_{std}）；将参考标准白板换为屏幕，测量屏幕的亮度（L_0）。

分析：根据上述步骤，按下述公式计算增益。

方法 1 的增益：$G=\pi L_0/E$。

方法 2 的增益：$G=G_{std}L_0/L_{std}$。

分析示例见表 16-5。

报告：报告屏幕增益和使用的测量方法。

注释：①参考标准白板（标准白板）。典型的朗伯反射型参考标准白板对均匀漫射半球内照明的反射比约为 99%。然而，因为这些参考标

表 16-5　分析示例

照度 E	屏幕亮度 L_0	屏幕增益 $\pi L/E$
130.2	40.4	0.975

标准白板亮度 L_{std}	屏幕亮度 L_0	标准白板增益 G	屏幕增益 $G_{std}L_0/L_{std}$
45.5	40.4	1.1	0.975

准白板并非理想的朗伯反射器，所以，在任何照明条件下，反射比都不会达到 0.99。在光源与探测器接近其法线时，屏幕增益通常稍大于 1.0。关于该测量重要的一点是，对应于选择的测量步骤，按照使用的相同光源和探测器的几何布局校准参考标准白板的增益。该校准可使用上述的亮度计和照度计进行。②光谱分辨率测量。光源的特定光谱可能不会显著地影响测量结果，但对于高精度测量，应该使用光谱分辨率测量。③照度计覆盖范围。如果照度计的覆盖范围少于 500px，那么应该向周围移动照度计，并对测量结果取平均值。④灵敏度。注意，亮度计和照度计的精确性对方法 1 影响明显，而参考标准白板校准的准确性对方法 2 影响明显。

16.5 屏幕增益方向性

别名：反射比方向性、反射因数方向性、角度增益测量、增益的角度分布。

描述：测量前向投影仪屏幕增益的方向性，如图 16-9 所示。该测量不需要在全屏幕上进行，可在屏幕材料的部分区域上进行。**单位**：无量纲。**符号**：Θ。

应用：前向投影仪屏幕。其主要目标是满足距离为几米远的实验室测量，也可用于影院测量，此时光源离屏幕的距离较远。大部分屏幕是各向同性的，在这种情况下，只需要对 θ 轴进行测量。但是，有些屏幕是各向异性的，在这种情况下，需要对 θ 轴与 φ 轴进行测量。

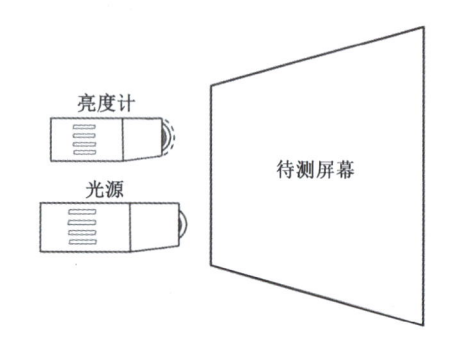

图 16-9 屏幕增益方向性测量

设置：应用如图 16-10 所示的标准设置。

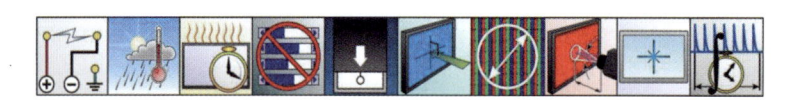

图 16-10 标准设置

其他设置条件：探测器为亮度计或照度计，或者已知增益 G_{std}（见下页"注释"）的近似朗伯反射型参考标准白板。光源为稳定的宽光谱光源，如一个有漫射板和蓝色滤光片的 A 类照明体光源，它的色坐标接近 D65(x, y)=(0.313, 0.329)。探测器与光源应对称置于屏幕法线的两侧，且总夹角不超过 5°。在实验室内，光源与探测器与屏幕的距离近似相等，但在影院中，探测器距离屏幕比光源距离屏幕近。

步骤：

（1）BRDF 测量：这是最全面的测量，能获得所有希望得到的特性。

（2）选择 1（为了评估对大量观众显示的屏幕）：使用 16.4 节描述的方法测量屏幕法线方向的增益 G；测量垂直于屏幕表面的亮度 L_0 和希望测量角度的亮度 L_θ。

（3）选择 2（为了评估对单个观众显示的屏幕）：保持光源和探测器固定，将屏幕沿着垂直轴转动。

（4）选择3（为了评估环境光）：保持探测器和屏幕固定，移动光源。

分析：

（1）角度 θ 的增益：$G=\pi L_0/E$ 或 $G=G_{std}L_0/L_{std}$。

（2）观察角度：确定垂直于屏幕测量时的增益降至50%时的角度 θ_1 与 θ_2，观察角度 Θ 由公式 $\Theta=(\theta_1-\theta_2)/2$ 给出；如果增益一直不低于垂直测量时的增益的50%，那么报告观察角度为90°时的增益值。

分析示例如表16-6所示。

表16-6 分析示例

到法线的水平角	照度 E/lx	屏幕亮度 L_0/(cd/m²)		屏幕增益 $\pi L_0/E$
−15°	130.2	40.4		0.975
到法线的竖直角	标准白板亮度 L_{std}/(cd/m²)	屏幕亮度 L_0/(cd/m²)	标准白板增益 G_{std}	屏幕增益 $G_{std}L_0/L_{std}$
+15°	45.5	40.4	1.1	0.975

报告：用表格报告屏幕增益与到法线的角度，以及使用的测量方法。报告屏幕的观测角度，如表16-7所示。

表16-7 报告示例

方向	到法线的角度/°	屏幕增益
水平	−30	0.719
	−22	0.733
	−15	0.740
	0	0.797
	15	0.725
	22	0.711
	30	0.705
竖直	−15	0.740
	0	0.797
	15	0.725

注释：①参考标准白板。典型的朗伯反射型参考标准白板对均匀漫射半球内照明的反射比约为0.99。然而，因为这些参考标准白板并非理想的朗伯反射器，所以，在任何照明条件下，其反射比都达不到0.99。在光源与探测器接近法线时，屏幕增益通常稍大于1.0。关于该测量重要的一点是，对应于选择的测量步骤，应按照光源-样品的几何布局校准参考标准白板的增益。该校准可使用上述的亮度计和照度计进行。②光谱分辨率测量。光源的特定光谱可能不会显著影响测量结果，但对于高精度测量，应该使用光谱分辨率测量。③照度计覆盖范围。如果照度计覆盖范围少于500px，那么应向周围移动照度计，并对测量结果取平均

值。④灵敏度。注意，亮度计和照度计的精确性对步骤（2）影响明显，而参考标准白板校准的准确性对步骤（3）影响明显。

16.6 屏幕增益均匀性

别名： 增益不均匀性。

描述： 测量前向投影仪屏幕增益的均匀性（不均匀性），如图 16-11 所示。该测量不需要在全屏幕上进行，可在屏幕材料的部分区域上进行。**单位：** 无量纲。**符号：** U_G，N_G。

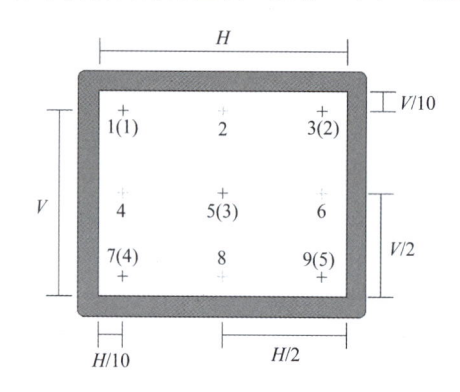

图 16-11 屏幕增益均匀性测量

应用： 前向投影仪屏幕。其主要目标是满足距离为几米远的实验室测量，也可用于影院测量，此时光源离屏幕较远。

设置： 应用如图 16-12 所示的标准设置。

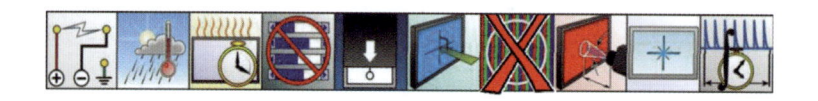

图 16-12 标准设置

其他设置条件： 探测器与光源应对称置于屏幕法线的两侧，并且总夹角不超过 5°。在实验室内，光源与探测器到屏幕的距离近似相等，但在影院中，探测器到屏幕比光源到屏幕近。反射标准白板为光谱中性，而且是近似朗伯反射器。光源为稳定的宽光谱光源，如一个有漫射板和蓝色滤光片的 A 类照明体光源，它的色坐标接近 D65(x,y)=(0.313, 0.329)。测量点位置排列为 3×3 阵列，边界测量点距离屏幕边界分别为屏幕竖直尺寸或水平尺寸的 1/10，中心测量点位于边界测量点中间（见图 16-11）。应在垂直于屏幕方向或在一个优势点位置测量所有点。

方法 1： 探测器为亮度计和照度计，或者已知增益的近似朗伯反射型参考标准白板（见下面"注释"）。

方法 2： 探测器为成像亮度计或成像色度计。成像亮度计或成像色度计垂直于屏幕放置。

步骤： 在下列测量步骤中选择一个进行测量。

(1) 采用 16.4 节的方法测量屏幕增益。在图 16-2 显示的矩形框中 5 点或 9 点处重复前述测量。沿着屏幕移动光源与探测器，或者保持光源与探测器固定，移动屏幕以测量不同位置。记录增益最大值 G_{max} 与最小值 G_{min}。

(2) 使用成像亮度计或成像色度计抓取屏幕上的图像。测量屏幕上任意位置的照度或参考标准白板的亮度。计算屏幕上每个位置的屏幕增益。记录增益最大值 G_{max} 与最小值 G_{min}。

分析：

(1) 增益均匀性：$U_G=100\%\times G_{min}/G_{max}$。

增益不均匀性：$N_G=[(G_{max}-G_{min})/G_{max}]\times 100\%$。

(2) 对于步骤（2），根据 8.2 节所述分析数据。

分析示例见表 16-8。

报告： 报告屏幕增益的不均匀性，保留 2 位有效数字。报告使用的测量方法、测量点数（5 或 9），以及是垂直于屏幕测量的还是从一个优势点位置测量的。对于步骤（2），根据 8.2 节所述报告结果。

表 16-8 分析示例

屏幕 9 点的亮度/（cd/m²）		
81.1	80.2	79.8
82.3	80.7	78.1
84.0	81.4	80.3
G_{max}	G_{min}	不均匀性
84.0	78.1	7.0%

注释： ①参考标准白板。典型的朗伯反射型参考标准白板对均匀漫射半球内照明的反射比约为 0.99。然而，由于这些参考标准白板并非理想的朗伯反射器，因此在任何照明条件下，其反射比都达不到 0.99。在光源与探测器接近法线时，屏幕增益通常稍大于 1.0。关于该测量重要的一点是，对应于选择的测量步骤，应按照光源-样品的几何布局校准参考标准白板的增益。该校准可使用上述的亮度计与照度计进行。②光谱分辨率测量。光源的特定光谱可能不会显著影响测量结果，但对于高精度测量，应该使用光谱分辨率测量。③照度计覆盖范围。如果照度计覆盖范围小于 500px，那么应向周围移动照度计，并将测量结果取平均值。④灵敏度。注意，亮度计和照度计的精确性对步骤（1）影响明显，而参考标准白板校准的准确性对步骤（2）影响明显。

第 17 章

3D 显示屏和立体显示屏

本章介绍 3D 显示屏的测量技术，侧重于立体显示屏的测量。本章主要针对直接观察的显示屏，但大多数技术也可应用于投影于屏幕上的 3D 显示屏。本章讨论测量显示性能的方法和步骤。有多种产生 3D 显示的技术，用户需要针对不同的技术选择不同的测量方法。因此，本章的目的是建立一套通用的方法，让用户决定哪种方法最适用于其技术。图 17-1 说明了 3D 显示技术分类的复杂性，本书不对其进行详细研究，也不会测量图中所有的显示类型。

本章仅讨论 4 种立体显示，如表 17-1 所示。因为不同类型的 3D 显示有其独特的问题，所以我们将所有相关资料放在本章引言部分叙述，就像第 16 章一样。

与这些类型的显示相关，本章一个重要的特征是为 3D 显示建立了一套准确的专业术语。因此，本章引言部分在介绍性内容之后是涉及 3D 显示的定义。其中，有些想法非常复杂，而且难以理解，所以，本部分旨在建立数学框架，以便深入定义这些术语。

17.6.1 节有很多用于立体显示的视觉测试、测量和检测的图案示例。

在本章的讨论与测量中，使用下述符号：$L_{\mathcal{L}QQ}$、$L_{\mathcal{R}QQ}$。其中，$\mathcal{L}$ 表示左眼观测；$\mathcal{R}$ 表示右眼观测；下角标第 1 个 Q 表示左眼通道选取的颜色；第 2 个 Q 表示右眼通道选取的颜色。Q=R, G, B, W, C, M, Y, K, S（灰色），或者任意需要的 RGB 颜色。例如，$L_{\mathcal{L}\text{WK}}$ 表示左眼观测的亮度，其中左眼通道为白色，右眼通道为黑色。

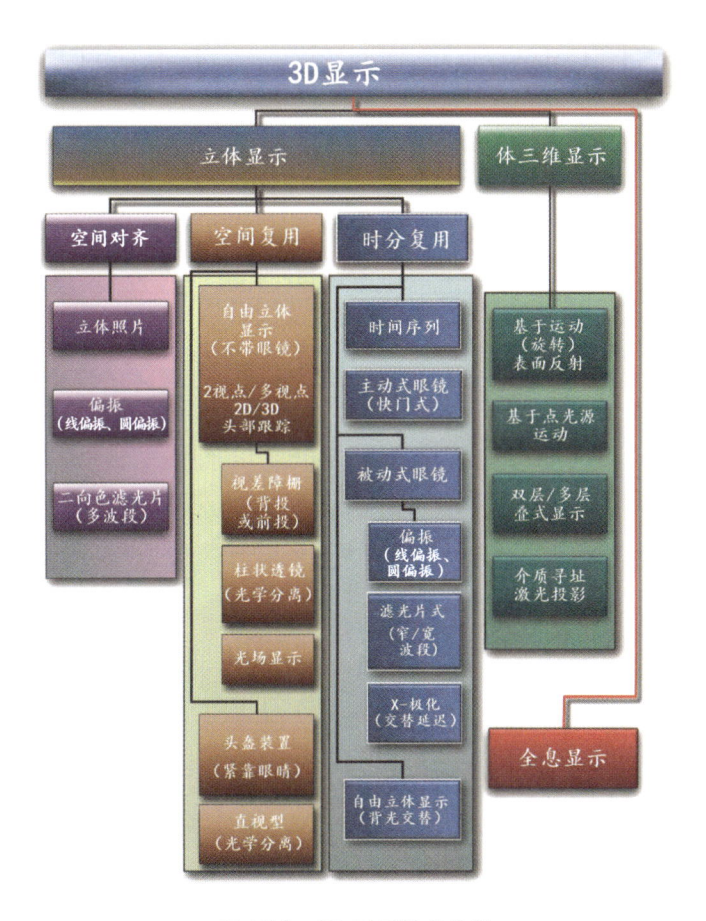

图 17-1　3D 显示技术分类

表 17-1 所示为本章介绍的立体显示与测量技术。

表 17-1　本章介绍的立体显示与测量技术

3D 显示测量类型	显示类型	观测或测量条件
17.2　眼镜式 立体显示屏 （被动与主动）	视差图像法	宽带分色滤光片眼镜
	二向色滤光片	二向色滤光（窄带）眼镜
	图案延迟	圆偏振眼镜
	线偏振滤光片	线偏振眼镜
	投影	圆/线偏振眼镜
	时间序列（时分复用）	快门式眼镜
	时间序列（时分复用）	圆/线偏振眼镜（被动）
17.3　双视点自由 立体显示屏	视差障栅	单个头部最佳 3D 观看位置
	柱状透镜	单个头部最佳 3D 观看位置
	2D/3D 转换（视差障栅或柱状透镜）	单个头部最佳 3D 观看位置
	头部跟踪（视差障栅）	测试过程中应消除跟踪设置

续表

3D 显示测量类型	显示类型	观测或测量条件
17.4 多视点自由立体显示屏	视差障栅	多个头部最佳 3D 观看位置
	柱状透镜	多个头部最佳 3D 观看位置
	2D/3D 转换（视差障栅或柱状透镜）	多个头部最佳 3D 观看位置
17.5 自由立体光场显示屏	光场显示屏	空间连续区域可观看 3D 图像

1. 3D 显示类型

3D 显示：一种能为每只眼睛提供不同的视觉信息，从而产生三维视图的显示，包括立体显示、体三维显示和全息显示。

立体显示（Stereoscopic Display, Stereo Display）：一种通过二维平板显示对相应单眼图像引入横向偏移而产生的具有三维物体与景物视觉的 3D 显示。

自由立体显示（Autostereoscopic Display）：无须佩戴专用眼镜即可观看 3D 效果的立体显示。

全息显示（Holographic Display）：一种允许观察者感知 3D 物体的立体显示，因为观察者的眼睛可从不同角度观察景物（当观察者的头部横向运动时，除双目视差之外，还可提供运动视差）；通过干涉技术将照明光束（如物体反射光束）与参考光束（不由物体反射）进行干涉，然后记录于记录介质中；当原始参考光束照明全息图时，观察者可观察到 3D 原始物体。

图案延迟显示（Patterned-retarder Display）：一种每行具有交替圆偏振的立体显示，观察者佩戴左右眼具有不同圆偏振滤光片的被动式眼镜，以区分左/右视图，从而实现 3D 视觉观看。

空间复用立体显示（Spatially Multiplexed Stereo Displays）：空间上交替显示双眼视图的立体显示（如并排式）。

时分复用立体显示（Temporally Multiplexed Stereo Displays）：时间上交替显示双眼视图的立体显示。

体三维显示（Volumetric Display）：一种通过控制物理坐标系统（x,y,z）中的照明，在三维体积内产生物体视觉的显示。

2. 术语

3D 亮度：左、右眼单目亮度的平均值，与双目亮度相同。

3D 对比度：双眼视觉的平均对比度。

视差图像法：通过使用滤光片眼镜将传递至双眼的信息分离的一种立体滤光技术，通常眼镜中的透镜颜色为红和绿或红和蓝，彩色滤光片的带宽仅可为传递至一只眼睛给定带宽内的波长。

平均立体亮度（Average Stereo Luminance）：左、右眼通道亮度的平均值。

双目的（Binocular）：关于双眼的。

双目亮度（Binocular Luminance）：左、右眼单目亮度的综合，左眼单目亮度与右眼单目亮度的平均值，包括任何串扰亮度。

双目像差（Binocular Disparity）：两眼中相应的单目图像之间的横向偏移。

双目视差（Binocular Parallax）：双眼观察景物或物体的在视角上的差异（产生双目像差）。

双目竞争（Binocular Rivalry）：由于双眼观察到不同的图像而引起双眼间的抑制作用，从而造成一只眼睛或双眼看到的图像视觉压缩（如可见度损失）。

通道（Channel）：用于产生单眼（左眼或右眼）视图的显示系统硬件与软件。

通道亮度（Channel Luminance）：显示系统一个通道产生的亮度，不包含串扰亮度，也称为净亮度或预期亮度。

彩色立体视觉（Chromostereopsis）：人眼色差和不同波长对色彩的折射差异造成的微小立体景深效果；不同颜色在双眼视网膜上的成像位置具有微小差异，导致物体的双眼图像产生一个额外的微小固定视差（例如，多达几个弧分）。

串扰（Crosstalk）：一只眼睛的视觉信息泄漏至另一只眼睛，产生双眼噪声或两眼之间的噪声，从而降低立体显示效果；会引起暗影现象。

串扰亮度（Crosstalk Luminance）：一只眼睛泄漏至另一只眼睛的亮度，也称为非预期亮度。

特征（Cue）：能够给视觉系统与大脑提供关于物体或场景性质信息的一幅图像的特征（如颜色、形状、明暗等）。

指定观察位置（Design Eye Point）：显示屏中心与两眼瞳孔中间点之间的距离，指定在这个位置观察显示屏。

瞳孔间距（Interpupillary Distance）：两眼瞳孔中心之间的距离，通常为 65 mm。

单目的（Monocular）：单眼（左眼或右眼）观察的，不是两眼同时观察的。

单目亮度（Monocular Luminance）：一只眼睛观察到的 3D 显示屏的亮度，它由通道亮度与串扰亮度组成（也称有效亮度）。

最佳观看距离（Optimal Viewing Distance）：消光比最佳（最大值）位置或一只眼睛观看图像时泄露给另一只眼睛的光最少的位置，记作 z_{OVD}。

最佳观看位置（Optimal Viewing Position）：自由立体显示屏前面消光比达到最佳（最大值）的观看位置；可能存在一个或多个位置（分别对应双视点与多视点），该位置有时也称为最佳观察点。

视差（Parallax）：由不同角度观察获得的视觉差异；如果是两眼观察，则称为双目视差（Binocular Parallax）；如果是在两个不同的连续位置观看，则称为运动视差（Motion Parallax）。

立体影像（Stereopsis）：在双目视差的作用下，双眼同时观察到的三维物体。

立体感（Stereoscopic）：是关于立体影像的。

观看自由度（Viewing Freedom）：消光比降至预先定义的最低可接受值时对应的观察者的横向运动范围；当观测距离已知时，可以测量观看自由度，并以长度单位或角度单位为单位。

观看自由度差（Viewing Freedom Offset）：显示屏最佳观看方向与标准观看方向之间的角度。

17.1 3D 亮度、对比度和系统衡量指标

为理解 3D 显示的复杂性与相关必要的术语，有必要讨论不同的亮度、有用对比度的种类，以及一些系统特性。

1. 3D 亮度

通常一个显示屏的亮度由一台光测量仪器（LMD）直接测量确定。然而，对于一个立体 3D 显示屏，每只眼睛通过一系列系统装置观察一个独立的通道，系统装置可能包括眼镜或用于限制单目视觉的自由立体显示屏的阻挡层（Barrier Layers）。因此，需要考虑多种定义，我们将使用下标 $\mathcal{L}$ 表示左通道（左眼视觉），使用下标 $\mathcal{R}$ 表示右通道（右眼视觉），如图 17-2 所示。下面将集中讨论左眼视觉。

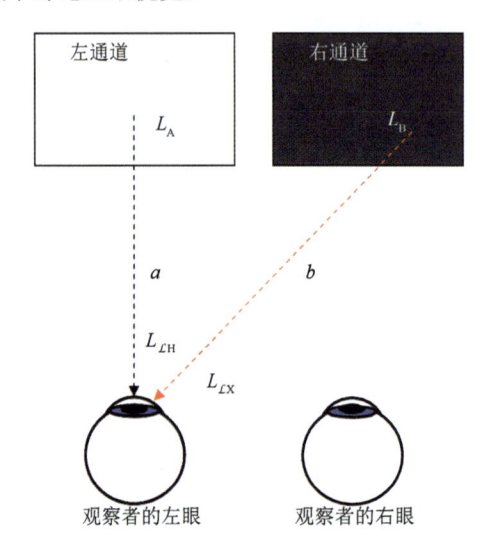

图 17-2 立体显示装置，每只眼睛观察对应通道产生的通道亮度（预期）$L_{\mathcal{L}H}$ 和另一个通道产生的串扰亮度（非预期）$L_{\mathcal{L}X}$

（1）通道亮度是在无串扰亮度的情况下，单眼观察到的预期亮度（表现为下标"H"），记为 $L_{\mathcal{L}H}$，$L_{\mathcal{R}H}$。每只眼睛的通道亮度在设计阶段是一个重要的测量参数，但对最终产品的特性来说并不是非常重要的。通道亮度不能直接测量，除非不存在串扰或左右通道信息混合。可用附加下标来表示通道的颜色（只需要一个下标，因为其他通道的颜色不影响通道亮度）。

（2）串扰亮度表示由其中一只眼睛通道泄漏至另一只眼睛通道的干扰亮度，有时称为非预期亮度（表现为下标"X"），记为 $L_{\mathcal{L}X}$，$L_{\mathcal{R}X}$。串扰亮度也不能直接测量，除非测量的是黑屏亮度（为 0）。可用附加下标表示另一只眼睛通道的颜色（只需要一个下标，因为主通道的颜色不会影响串扰亮度）。

（3）单目亮度表示由观察者的一只眼睛观测到的亮度，它包括通道亮度和串扰亮度。对于左眼，有

$$L_{\mathcal{L}} = L_{\mathcal{L}H} + L_{\mathcal{L}X} \tag{17-1}$$

对于右眼，有

$$L_{\mathcal{R}} = L_{\mathcal{R}H} + L_{\mathcal{R}X} \tag{17-2}$$

单目亮度是观察左眼或右眼通道时使用探测器测量的亮度。

（4）双目亮度是两个单目亮度的算术平均值，是立体亮度 L_{ave} 的主要衡量指标。在考虑双目亮度时，有时倾向于使用几何平均值，而非算术平均值或简单平均值。

几何平均值：

$$L_{gmean} = \sqrt{L_{\mathcal{L}} L_{\mathcal{R}}} \tag{17-3}$$

在本书中，将使用算术平均值计算双目亮度：

$$L_{ave} = \frac{L_{\mathcal{L}} + L_{\mathcal{R}}}{2} \tag{17-4}$$

式中，$L_{\mathcal{L}}$ 是左眼的单目亮度；$L_{\mathcal{R}}$ 是右眼的单目亮度。几何平均值和算术平均值差别并不大，例如，$L_{\mathcal{L}}$=100 cd/m²，$L_{\mathcal{R}}$= 150 cd/m²，得到算术平均值是 125 cd/m²，而几何平均值是 122.5 cd/m²。

在立体显示中，每只眼睛看到的单目亮度是每只眼睛通道的通道亮度（预期，$L_{\mathcal{L}H}$ 或 $L_{\mathcal{R}H}$）加上另一通道的串扰亮度（非预期，$L_{\mathcal{L}X}$ 或 $L_{\mathcal{R}X}$）。预期亮度与非预期亮度共同影响给定眼睛的单目亮度。下面讨论这几个亮度之间的关系，在讨论中，我们介绍没有应用任何衰减（如眼镜或其他系统衰减因素）的理想的左眼通道亮度 L_A 与右眼通道亮度 L_B 的概念。这些理想的亮度不是实际测量值。下面是使用的符号（见图 17-2）：

L_A——不经过任何眼镜、滤光片等衰减的、理想的左眼通道亮度。

a——经眼镜衰减的、左通道的系统透过率。

L_B——理想的右眼通道亮度。

b——右眼通道的系统或部分亮度泄漏至左眼通道产生的串扰，即当使用眼镜或其他器件时，L_B 的部分亮度进入左眼的比例。

假设 a 与少量串扰 b 对所有灰阶和色阶均为常数，并且左通道与右通道的对比度是相似的。

当左、右通道都为白色时（用下标"WW"表示），左眼单目亮度 $L_{\mathcal{L}WW}$ 为通道（预期）亮度 aL_{AW} 加上来自右通道的串扰（非预期）亮度 bL_{BW}：

$$L_{\mathcal{L}WW} = aL_{AW} + bL_{BW} \tag{17-5}$$

对于白色-白色设置，通道亮度为

$$L_{\mathcal{L}HW} = aL_{AW} \tag{17-6}$$

串扰亮度为

$$L_{\mathcal{L}XW} = bL_{BW} \tag{17-7}$$

这里，通道亮度与串扰亮度只需要一个下标"W"，因为其值仅依赖于单个左通道或右通道。

类似地，当左、右通道都为黑色（用下标"KK"表示）时，左眼的单目亮度为

$$L_{\mathcal{L}KK} = aL_{AK} + bL_{BK} \tag{17-8}$$

通道亮度为

$$L_{\mathcal{L}HK} = aL_{AK} \qquad (17\text{-}9)$$

串扰亮度为

$$L_{\mathcal{L}XK} = bL_{BK} \qquad (17\text{-}10)$$

此处，只需要一个下标"K"表示通道亮度和串扰亮度。

2. 3D 显示对比度

每只眼睛的单目对比度定义为两个通道为白色时的亮度与两个通道为黑色时的亮度之比。左眼单目对比度定义为

$$C_{\mathcal{L}} = L_{\mathcal{L}WW} / L_{\mathcal{L}KK} \qquad (17\text{-}11)$$

右眼单目对比度定义为

$$C_{\mathcal{R}} = L_{RWW} / L_{RKK} \qquad (17\text{-}12)$$

对于高质量的深度知觉，上述对比度值应该非常接近。因此，定义立体显示对比度（Stereo Contrast）或 3D 显示对比度为两眼单目对比度的平均值：

$$C = \frac{C_{\mathcal{L}} + C_{\mathcal{R}}}{2} \qquad (17\text{-}13)$$

3. 3D 系统的衡量指标

我们希望用一种指标来表征两个通道之间亮度泄漏产生的系统串扰。考虑左眼，最严重的泄漏或串扰应该是在左通道为黑色、右通道为白色时产生的。将串扰亮度 $L_{\mathcal{L}XW}$ 与白通道亮度 $L_{\mathcal{L}HW}$（通常不能直接测量）求比值，这将是有用的。根据理想通道亮度与透过率，左眼系统串扰 $X_{\mathcal{L}}$ 为

$$X_{\mathcal{L}} \equiv L_{\mathcal{L}XW} / L_{\mathcal{L}HW} = bL_{BW} / aL_{AW} \qquad (17\text{-}14)$$

对于性能好的立体显示屏，我们期望系统的串扰很小。左眼系统串扰的倒数即左眼的系统对比度 $C_{\text{sys}\mathcal{L}}$：

$$C_{\text{sys}\mathcal{L}} \equiv L_{\mathcal{L}HW} / L_{\mathcal{L}XW} = aL_{AW} / bL_{BW} \qquad (17\text{-}15)$$

我们希望对该系统对比度进行估算，为此使用立体对比度 C 并假设单目对比度与立体对比度相等：

$$C = C_{\mathcal{L}} = C_{\mathcal{R}} \qquad (17\text{-}16)$$

基于这个假设，根据理想通道白色亮度，可给出理想通道黑色亮度：

$$L_{AK} = L_{AW} / C, \quad L_{BK} = L_{BW} / C \qquad (17\text{-}17)$$

现在可以仅根据白色理想通道亮度得到单目亮度：

$$L_{\mathcal{L}WK} = aL_{AW} + b(L_{BW} / C) \qquad (17\text{-}18)$$

$$L_{\mathcal{L}KW} = a(L_{AW} / C) + bL_{BW} \qquad (17\text{-}19)$$

$$L_{\mathcal{L}KK} = a(L_{AW} / C) + b(L_{BW} / C) \qquad (17\text{-}20)$$

将式（17-5）代入式（17-19）得到

$$L_{\mathcal{L}WW} - L_{\mathcal{L}KW} = aL_{AW}(1 - 1/C) \qquad (17\text{-}21)$$

将式（17-18）代入式（17-20）得到

$$L_{\mathcal{L}WK} - L_{\mathcal{L}KK} = aL_{AW}(1 - 1/C) \qquad (17\text{-}22)$$

与式（17-5）减去式（17-18）相同：
$$L_{\mathcal{L}WW} - L_{\mathcal{L}WK} = bL_{BW}(1-1/C) \tag{17-23}$$
由式（17-19）减去式（17-20）得到：
$$L_{\mathcal{L}KW} - L_{\mathcal{L}KK} = bL_{BW}(1-1/C) \tag{17-24}$$
式（17-21）除以式（17-24）得到式（17-15）所示的左眼系统对比度：
$$C_{\text{sys}\mathcal{L}} \approx (L_{\mathcal{L}WW} - L_{\mathcal{L}KW})/(L_{\mathcal{L}KW} - L_{\mathcal{L}KK}) \tag{17-25}$$
相似地，式（17-22）除以式（17-24），得到式（17-15）所示的左眼系统对比度的另一个表达式：
$$C_{\text{sys}\mathcal{L}} \approx (L_{\mathcal{L}WK} - L_{\mathcal{L}KK})/(L_{\mathcal{L}KW} - L_{\mathcal{L}KK}) \tag{17-26}$$

物理量 C_{sys}（系统对比度）也称为系统消光比或消光比，请勿与眼镜对应的消光比相混淆。由于式（17-25）和式（17-26）类似，在测量步骤中将使用式（17-26）。系统对比度的值大于 1，典型范围为 5～500。对应的系统串扰为式（17-26）的倒数：
$$X_{\mathcal{L}} \approx (L_{\mathcal{L}KW} - L_{\mathcal{L}KK})/(L_{\mathcal{L}WK} - L_{\mathcal{L}KK}) \tag{17-27}$$

典型的系统串扰值为 0.2 %～20 %。注意式（17-26）和式（17-27）中的系统对比度与系统串扰包含可测量的单目亮度。因此，基于两个单目对比度相同的假设，可得到系统对比度和系统串扰的近似公式。对于大多数显示屏，这是很好的近似公式。

继续使用这个近似公式，对比式（17-6）与式（17-21）的通道亮度公式。假设对比度很大，两公式之间的差异很小（$1/C \ll 1$），可获得通道亮度的近似表达式：
$$L_{\mathcal{L}HW} \approx L_{\mathcal{L}WW} - L_{\mathcal{L}KW} \tag{17-28}$$
再次假设对比度很大，比较式（17-5）与式（17-23），可获得串扰亮度的近似表达式：
$$L_{\mathcal{L}XW} \approx L_{\mathcal{L}KW} - L_{\mathcal{L}KK} \tag{17-29}$$
此外，这些通道亮度与串扰亮度的表达式包含了可测量的单目亮度。

更进一步地，对于高质量的立体显示屏，可以假设理想通道亮度都是相同的，$L_{AW} = L_{BW}$。如果这正确无误，检查式（17-15），可得系统对比度的另一个近似表达式：
$$C_{\text{sys}\mathcal{L}} \approx a/b \tag{17-30}$$
系统对比度 $C_{\text{sys}\mathcal{L}}$（此情况下为左眼）是衡量串扰程度的一个指标。在相同的近似情况下，系统串扰是系统对比度的倒数：
$$X_{\mathcal{L}} \approx b/a \tag{17-31}$$
在这种情况下，人们将 $X_{\mathcal{L}}$ 作为左眼的鬼影因子或串扰因子。

在该分析中，仅考虑了左眼，但整个公式也适用于右眼。如果重复右眼的讨论，可得出相似的结论：
$$C_{\text{sys}\mathcal{R}} \approx (L_{\mathcal{R}KW} - L_{\mathcal{R}KK})/(L_{\mathcal{R}WK} - L_{\mathcal{R}KK}) \tag{17-32}$$
$$X_{\mathcal{R}} \approx (L_{\mathcal{R}WK} - L_{\mathcal{R}KK})/(L_{\mathcal{R}KW} - L_{\mathcal{R}KK}) \tag{17-33}$$
$$L_{\mathcal{R}HW} \approx L_{\mathcal{R}WW} - L_{\mathcal{R}WK} \tag{17-34}$$
$$L_{\mathcal{R}XW} \approx L_{\mathcal{R}WK} - L_{\mathcal{R}KK} \tag{17-35}$$
对于好的立体显示屏，认为左眼性能与右眼性能差别不会太大。因此，可将上述物理量的简单平均值定义为最终的衡量指标。

(1) 平均系统对比度（衡量串扰程度的指标）：
$$C_{sys} = (C_{sys\mathcal{L}} - C_{sys\mathcal{R}})/2 \tag{17-36}$$

(2) 平均系统串扰（串扰的平均值）：
$$X = (X_{\mathcal{L}} - X_{\mathcal{R}})/2 \tag{17-37}$$

(3) 平均通道亮度：
$$L_{HW} = (L_{\mathcal{L}HW} + L_{\mathcal{R}HW})/2 \tag{17-38}$$

(4) 平均串扰亮度：
$$L_{XW} = (L_{\mathcal{L}XW} + L_{\mathcal{R}XW})/2 \tag{17-39}$$

上述所有物理量都基于一些简化的假设，这些假设对于高质量立体显示屏是有效的。另外，上述物理量也基于每只眼睛观测的简单单目亮度测量（其中，假设左、右通道的对比度相同）。

17.2 眼镜式立体显示屏

本节讨论观察者需要佩戴眼镜才能产生立体效果的立体显示屏，眼镜类型有偏振片式、滤光片式和快门式。在进行测量之前，需要确保用于系统的眼镜能够实现相应的功能。立体显示屏使用的眼镜主要有两大类型：被动式与主动式。被动式眼镜又分为两类：偏振片式（线偏振片式或圆偏振片式）与滤光片式（包括采用视差图像法和针对单眼的三色或多色窄带带通滤波法）。主动式眼镜也称为快门式眼镜，它能与显示屏的输出信号瞬时同步。在所有测试中，需要将与 3D 眼镜同类型的滤光片放置于 LMD 的前面。本节主要讨论以下使用眼镜的特殊 3D 显示屏的相关测试方法。

(1) 眼镜镜片测试。
(2) 立体消光比和串扰。
(3) 立体对比度。
(4) 立体亮度和亮度差异。
(5) 立体亮度采样均匀性。
(6) 立体颜色均匀性。
(7) 立体灰阶平均串扰。
(8) 立体伽马偏差。
(9) 立体视角性能。
(10) 头部倾斜。

本书其他章节包含的许多测试方法也可用于立体显示屏，并可做相应的改进。

图 17-3 所示为眼镜式立体显示屏的三种测量方法。在图 17-3（a）中，LMD 固定于显示屏中心的法线位置，移动眼镜以使 LMD 通过眼镜的左、右镜片进行测量。在图 17-3（b）中，固定眼镜，LMD 在左、右镜片后方移动，因此，LMD 垂直测量两处分开的位置。在图 17-3（c）中，眼镜放置于设计的眼睛观看位置（如果制造商说明该距离），沿着显示屏中心旋转 LMD，使其通过眼镜的左、右镜片测量显示屏的中心点（两眼之间的距离为典型值 65mm）。图 17-3（c）显示了两眼是如何观看显示屏的，但在很多情况下，三种方法存在很小的差异。图 17-3（a）可能最容易实现，图 17-3（a）也提供了在 LMD 前面安装合适的光学偏振片或滤光片以实现单目测量的简便性。

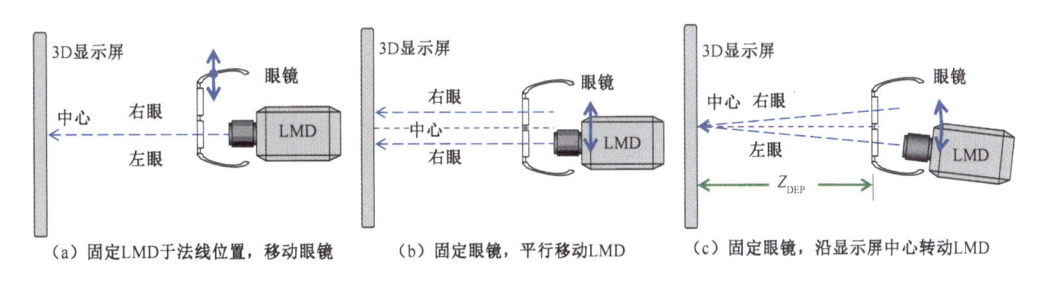

图 17-3 眼镜式立体显示屏的设置示例（俯视图）

（1）建议使用固定 LMD 且具有固定眼镜的附加装置，从而使测试设备在测量过程中保持稳定，并降低噪声。如果可行，那么避免使用手持式设备。

（2）建议在眼镜和 LMD 周围使用黑色遮光罩，以便减少经探测器装置反射至显示屏表面的杂散光，如图 17-4 所示。为眼镜开口的黑盒是一个好的选择。如果光度计距离眼镜很远，那么在眼镜后方为左、右眼添加隔离物，增加左、右通道之间的遮光，有利于阻止杂散光进入探测器。这种类型的装置在测量串扰时尤为重要。所有配备眼镜的测量都应将 3D 眼镜对应的左、右镜片放置于 LMD 前面。使用合适的图案以确定显示屏的设置为对左眼显示左眼信息，对右眼显示右眼信息。

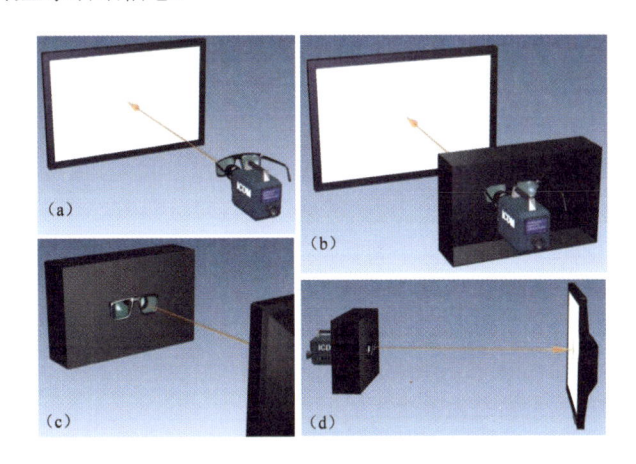

图 17-4 采用黑盒减少探测器及其他设备反射的立体测量：
(a) 不使用黑盒；(b) ～ (d) 使用黑盒

（3）确定眼镜透镜（左、右镜片）完全覆盖（最好是更大些）LMD 镜头的区域。

（4）确保眼镜恰好对准并保持水平（避免倾斜）。

（5）当 LMD 由一个镜片后方移到另一个镜片后方时，3D 眼镜应该保持固定。

（6）在对观察者位置不敏感的系统中，眼镜与 LMD 都可固定。例如，在使用线偏振片的系统中，旋转偏振片可放置于镜头前面，在测量另一只眼睛通道时，将其旋转 90º。

17.2.1 眼镜镜片测试

在将眼镜用于立体显示系统之前，对其进行测试很重要。本节给出两种基本测试方法：①通过对比高质量眼镜或高质量滤光片进行目测检查；②光学测试或瞬时测试。

两种基本类型的眼镜：①被动式眼镜（如线偏振片式或圆偏振片式；滤光片式）；②主动式眼镜（如快门式眼镜）。在进行测试时，必须保持眼镜、光源与 LMD 等仪器严格固定，不能采用手持式设备进行测量。

1. 被动式眼镜——简单测试

被动式眼镜的目测检查应该通过与高质量眼镜（适用于 DUT）对比进行（或者在使用偏振片式眼镜时，将待测眼镜与高质量偏振滤光片对比）。将待测眼镜放置在高质量眼镜后面，并使它们方向相同（待测眼镜与参考眼镜重叠，见图 17-5）。如果双眼透过重叠区域能观察到光透过，那么待测眼镜可用于对应的 3D 显示屏。

图 17-5　两个镜片的重叠区域

2. 主动式眼镜——简单测试

主动式眼镜的目测检查应该通过与高质量眼镜（适用于 3D 显示屏）对比进行。将待测眼镜置于高质量眼镜后面，确定两个眼镜的传感器可以看见发出红外线信号的显示屏。光从重叠区域穿过，表明测试的眼镜适用于 3D 显示屏。

3. 眼镜的光学测试

用光学方法替代上述方式测量眼镜能够提供更准确的质量指标。但是，如果确定要使用线偏振片，那么首先需要检查被测量光的偏振特性对 LMD 是否有影响。图 17-6 所示为使用均匀光源与线偏振片检测 LMD 线偏振敏感性的简易装置。以大于 180° 的角度旋转偏振片，观察 LMD 读数的变化。圆偏振光不大可能对 LMD 造成影响，但以防万一，也有必要对圆偏振片进行相同的测试。请勿将偏振片放置在靠近均匀光源的任何位置，以便使均匀光源的亮度不会因偏振片靠近光出射口而改变。

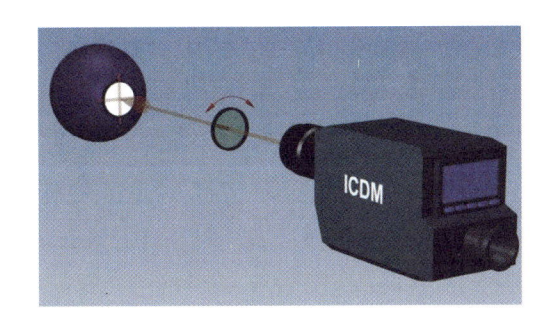

图 17-6 使用均匀光源与线偏振片检测 LMD 线偏振敏感性的简易装置

4. 目测检查

选用一个高质量的偏振片,靠近眼睛,让它与待测眼镜交叉,然后检查眼镜偏振片的质量。可能会观察到不均匀的区域,这说明待测眼镜可以使用。

5. 线偏振片式眼镜

图 17-7 所示为使用均匀光源与高质量线偏振片测试眼镜的偏振质量的装置,应确认均匀光源在使用之前进行了预热。测量步骤如下。

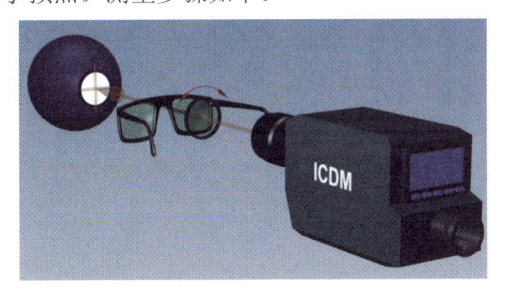

图 17-7 使用均匀光源与高质量线偏振片测试眼镜的偏振质量的装置

（1）使高质量线偏振片与眼镜偏振片对齐,以便获得最大透过亮度,测量该亮度 $L_{aligned}$。
（2）使两偏振片交叉,以便获得最小亮度,并测量该亮度 $L_{crossed}$。
（3）计算消光比（Extinction Ratio）。

$$C_{glasses} = L_{aligned} / L_{crossed} \quad (17\text{-}40)$$

注意：如果测量光的偏振特性对 LMD 有影响,那么使高质量线偏振片与 LMD 的镜头最近,并转动眼镜。

（4）对每个眼镜镜片重复上述测量,质量良好的偏振片的消光比近似为 1000∶1。

6. 圆偏振片式眼镜

仅对于高质量的圆偏振片,可采用如图 17-7 所示的装置。圆偏振片有两种类型：左旋和右旋。需要使用上述两种类型的圆偏振片测试 3D 眼镜。每个镜片需要使用相同的一个圆偏振片以使光的透过率最大,而偏振方向相反的圆偏振片可使光的透过率最小。如果透过率随圆偏振片的转动急剧变化,那么换个方向；圆偏振片组合要么阻挡光线,要么透过光线,这和线偏振片不同。对于线偏振片,如果位置正确,那么在转动过程中可观察到颜色的变化和亮度的轻微改变。测量步骤如下。

（1）测量眼镜与圆偏振片组合透过率最大时的亮度 L_{same}。

（2）测量眼镜与圆偏振片组合透过率最小时的亮度 $L_{opposite}$。

（3）计算消光比：$X = L_{same} / L_{opposite}$。

（4）对眼镜的每个镜片重复上述测量。

在旋转圆偏振片组合时，观察到的颜色可能会由淡红色变明亮，再变为淡蓝色。这是因为在可见光范围内，1/4 波片对透过的光波长有影响，1/4 波片有可能是针对绿光设计的。圆偏振片通常是由多片线偏振片和夹在其间的 1/4 波片构成的。

7．滤光片式眼镜

对于使用多色眼镜的情况（采用视差图像法或多色窄带带通滤波法），就必须使用宽光谱光源，LMD 必须为分光辐射亮度计，其设置与图 17-7 相似，但没有偏振片。测量步骤如下。

（1）不把眼镜放置于待测量位置，测量光源的光谱辐射亮度 $L_s(\lambda)$。

（2）将眼镜放置于分光辐射亮度计前面（不是在均匀光源前面，尽量远离光源的光出射端口），测量通过滤光片的光源辐射亮度 $L(\lambda)$。

（3）滤光片的光谱透过率为 $\tau(\lambda) = L(\lambda)/L_s(\lambda)$。

（4）对每个镜片进行上述测试，然后与制造商提供的规格书进行对比。

8．快门式眼镜

对于采用时分复用的 3D 显示屏，快门式眼镜的功能类似于快门，它通过同步信号（如无线信号或硬件连线信号）与显示屏实现同步。测量方法如下。

（1）确定主动式眼镜已经被触发（打开）。

（2）对于使用红外线信号的情况，确定快门式眼镜的红外线传感器与显示屏发射器之间无障碍物。

（3）在眼镜后方使用一台响应速度足够快的探测器，通过将其输出连接到示波器来监测透过眼镜的光，这是很有指导意义的。将一台均匀积分球光源放置于立体显示屏前方，观察亮度信号随时间的变化，验证其周期匹配显示屏的速度（例如，对于频率为 120Hz 的显示屏，其打开时间为 8.3ms，关闭时间为 8.3ms），如图 17-8 所示。

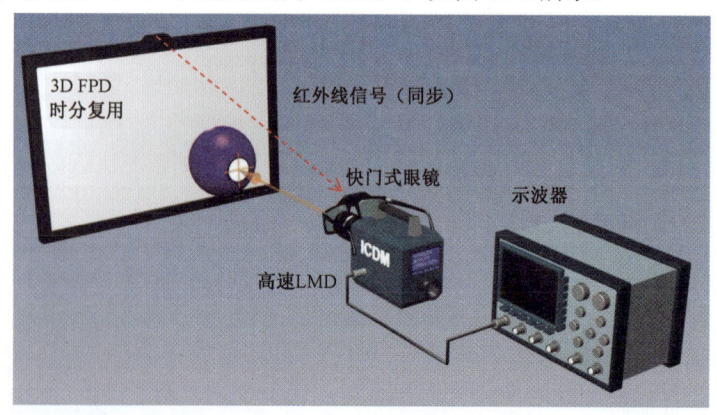

图 17-8 使用均匀光源测试快门式眼镜时间性能的通用测试布局

（4）使用被动式眼镜的投影系统。在这种情况下，使用的眼镜是被动式的，但在投影系统前面或部件内有一个主动式光学元件。必须确保该光学元件与上述快门式眼镜的作用相同：①光学开关以正确的频率运行；②与投影图像同步；③显示的左、右图像具有正确的顺序。

17.2.2 立体消光比和串扰

描述：测量使用眼镜的立体显示屏的立体消光比（左、右图像通道之间的串扰）。**单位**：无量纲。**符号**：X_L，X_R。

应用：这种测量可应用于需要使用眼镜（圆偏振片式或线偏振片式眼镜、快门式眼镜或滤光片式眼镜）的透射式或主动发射型立体显示屏。

设置：应用如图 17-9 所示的标准设置。

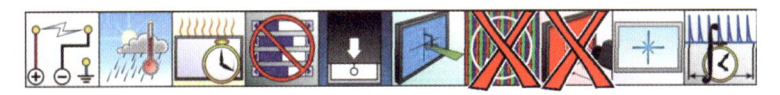

图 17-9　标准设置

其他设置条件：①测量的像素数目。通常，实际上测量少于 500 个没有坏点的像素。②孔径角。孔径角必须小于或等于 1°，以便使 LMD 的镜头能够更好地模拟眼睛的尺寸。③校准图形。在屏幕中心显示合适的测试图案。④测试图案。为测试提供合适的图案，如左眼白色、右眼黑色或左眼黑色、右眼白色，如图 17-10 所示。⑤LMD 位置。如果存在获得最佳 3D 体验效果的位置，那么将 LMD 放置于该指定或设计观看位置。⑥滤光片或眼镜。在 LMD 镜头前放置一个滤光片，这个滤光片与观看显示屏所用眼镜的左/右滤光片相匹配。滤光片可以是具有不同线偏振或圆偏振的两个偏振片，也可以是与显示的左、右图像同步的两个快门式镜片，还可以是两个不同的彩色滤光片（例如，采用以红色/蓝色表示的视差图像法的滤光片，或以分色表示的不同窄带带通滤光片）。

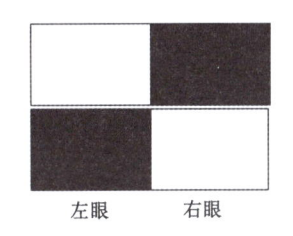

图 17-10　测试图案

步骤：$\mathcal{L}$ 表示左眼；$\mathcal{R}$ 表示右眼。

左眼亮度：

（1）将左眼滤光片或左边镜片放置于 LMD 镜头前方。

（2）将 LMD 放置于指定观看位置（Designated Eye Position，DEP）。

（3）使用左眼白色、右眼黑色的测试图案。

（4）测量显示屏中心的亮度（$L_{\mathcal{L}\text{WK}}$）。

（5）使用左眼黑色、右眼白色的测试图案。

（6）测量显示屏中心的亮度（$L_{\mathcal{L}\text{KW}}$）。

（7）使用双眼都是黑色的图案。

（8）测量显示屏中心的亮度（$L_{\mathcal{L}\text{KK}}$）。

右眼亮度：

（1）将右眼滤光片或右边镜片放置于 LMD 镜头前方。

（2）将 LMD 放置于指定观看位置。

（3）使用左眼黑色、右眼白色的测试图案。

（4）测量显示屏中心的亮度（$L_{\mathcal{R}\text{KW}}$）。

（5）使用左眼白色、右眼黑色的测试图案。

（6）测量显示屏中心的亮度（$L_{\mathcal{R}\text{KW}}$）。

（7）使用两眼都是黑色的图案。

（8）测量显示屏中心的亮度（$L_{\mathcal{L}\text{KK}}$）。

表 17-2 分析示例

$L_{\mathcal{L}\text{WK}}$ / (cd/m²)	241
$L_{\mathcal{L}\text{KW}}$ / (cd/m²)	0.58
$L_{\mathcal{L}\text{KK}}$ / (cd/m²)	0.09
$L_{\mathcal{R}\text{KW}}$ / (cd/m²)	272
$L_{\mathcal{R}\text{WK}}$ / (cd/m²)	0.66
$L_{\mathcal{R}\text{KK}}$ / (cd/m²)	0.08

分析：

分析示例见表 17-2，计算左眼和右眼观测的显示屏中心的消光比：

$$C_{\text{sys}\mathcal{L}} = \frac{L_{\mathcal{L}\text{WK}} - L_{\mathcal{L}\text{KK}}}{L_{\mathcal{L}\text{KW}} - L_{\mathcal{L}\text{KK}}}, \quad C_{\text{sys}\mathcal{R}} = \frac{L_{\mathcal{R}\text{KW}} - L_{\mathcal{R}\text{KK}}}{L_{\mathcal{R}\text{WK}} - L_{\mathcal{R}\text{KK}}} \quad (17\text{-}41)$$

计算左眼和右眼观测的显示屏中心的串扰：

$$X_{\mathcal{L}} = \frac{L_{\mathcal{L}\text{KW}} - L_{\mathcal{L}\text{KK}}}{L_{\mathcal{L}\text{WK}} - L_{\mathcal{L}\text{KK}}}, \quad X_{\mathcal{R}} = \frac{L_{\mathcal{R}\text{WK}} - L_{\mathcal{R}\text{KK}}}{L_{\mathcal{R}\text{KW}} - L_{\mathcal{R}\text{KK}}} \quad (17\text{-}42)$$

报告： 报告消光比与串扰，以小数或百分比表示，不超过 3 位有效数字，如表 17-3 所示。

注释： 这个测量中包含了左、右通道之间的光泄漏，这个测量结果提供了串扰特性或所谓的鬼影特性。

表 17-3 报告示例

$C_{\text{sys}\mathcal{L}}$	492
$C_{\text{sys}\mathcal{R}}$	469
$X_{\mathcal{L}}$	0.20 %
$X_{\mathcal{R}}$	0.21 %

17.2.3 立体对比度

描述： 测量眼镜式立体显示屏的立体对比度。**单位：** 无量纲。**符号：** $C_{\mathcal{L}}$，$C_{\mathcal{R}}$。

应用： 这项测量可应用于需要配备眼镜（圆偏振片式眼镜或线偏振片式眼镜、快门式眼镜或多色窄带带通滤波式眼镜）的透射式或主动发射型立体显示屏。

设置： 应用如图 17-11 所示的标准设置。

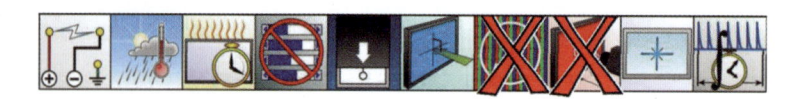

图 17-11 标准设置

其他设置条件： ①测量的像素数目。通常，实际上测量少于 500 个没有坏点的像素。②孔径角。孔径角必须小于或等于 1°，以便使 LMD 的镜头能够更好地模拟眼睛的尺寸。③校准图形。在屏幕中心显示合适的测试图案。④测试图案。为测试提供合适的图案，如左眼白色、右眼黑色或左眼黑色、右眼白色，如图 17-10 所示。⑤LMD 位置。如果存在获得最佳 3D 体验效果的位置，那么将 LMD 放置于该指定或设计观看位置。⑥滤光片或眼镜。在 LMD 镜头前放置一个滤光片，这个滤光片与观看显示屏所用眼镜的左/右滤光片相匹配。滤光片可以是具有不同线偏振或圆偏振的两个偏振片，也可以是与显示的左、右图像同步的两个快门式镜片，还可以是两个不同的彩色滤光片。

步骤：$\mathcal{L}$ 表示左眼；$\mathcal{R}$ 表示右眼。

左眼亮度：

（1）将左眼滤光片或左边镜片放置于 LMD 镜头前方。

（2）将 LMD 放置于指定观看位置。

（3）使用左、右眼为白色的测试图案。

（4）测量显示屏中心的亮度（$L_{\mathcal{L}WW}$）。

（5）使用左、右眼为黑色的测试图案。

（6）测量显示屏中心的亮度（$L_{\mathcal{L}KK}$）。

右眼亮度：

（1）将右眼滤光片或右边镜片放置于 LMD 镜头前方。

（2）将 LMD 放置于指定观看位置。

（3）使用左、右眼为白色的测试图案。

（4）测量显示屏中心的亮度（$L_{\mathcal{R}WW}$）。

（5）使用左、右眼为黑色的测试图案。

（6）测量显示屏中心的亮度（$L_{\mathcal{R}KK}$）。

分析：分析示例见表 17-4，计算左眼与右眼测量的立体显示屏中心的对比度（C_i，$i = \mathcal{L}, \mathcal{R}$）：

$$C_\mathcal{L} = \frac{L_{\mathcal{L}WW}}{L_{\mathcal{L}KK}} \tag{17-43}$$

$$C_\mathcal{R} = \frac{L_{\mathcal{R}WW}}{L_{\mathcal{R}KK}} \tag{17-44}$$

表 17-4 分析示例

$L_{\mathcal{L}WW}/(cd/m^2)$	274.4
$L_{\mathcal{L}KK}/(cd/m^2)$	0.52
$L_{\mathcal{R}WW}/(cd/m^2)$	240
$L_{\mathcal{R}KK}/(cd/m^2)$	0.35

报告：报告每个通道（左/右眼）的立体对比度的值，如表 17-5 所示。

表 17-5 报告示例

$C_\mathcal{L}$	524
$C_\mathcal{R}$	685

注释：这个测量中包含了左、右通道之间的光泄漏，这个测量结果提供了串扰特性或所谓的鬼影特性。

17.2.4 立体亮度和亮度差异

描述：测量眼镜式立体显示屏的平均立体亮度、两眼（通道）之间的亮度差异。单位：cd/m^2。**符号**：L_i，L_{ave}，L_{gmean}，ΔL。

应用：这项测量可应用于需要配备眼镜（圆偏振片式或线偏振片式眼镜、快门式眼镜或多色窄带带通滤波式眼镜）的透射式或主动发射型立体显示屏。

设置：应用如图 17-12 所示的标准设置。

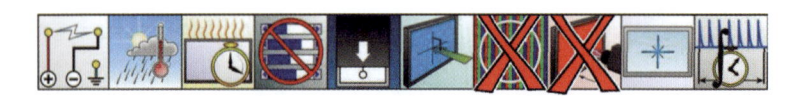

图 17-12 标准设置

其他设置条件： ①测量的像素数目。通常，实际上测量少于 500 个没有坏点的像素。②孔径角。孔径角必须小于或等于 1°，以便使 LMD 的镜头能够更好地模拟眼睛的尺寸。③校准图形。在屏幕中心显示合适的测试图案。④测试图案。为测试提供合适的图案，如左眼黑色、右眼白色，或左眼白色、右眼黑色，如图 17-13 所示。⑤LMD 位置。如果存在获得最佳 3D 体验效果的位置，那么将 LMD 置于该指定或设计观看位置。⑥滤光片或眼镜。在 LMD 镜头前放置一个滤光片，这个滤光片与观看显示屏所用眼镜的左/右滤光片相匹配。滤光片可以是具有不同线偏振或圆偏振的两个偏振片，也可以是与显示的左、右图像同步的两个快门式镜片，还可以是两个不同的彩色滤光片。

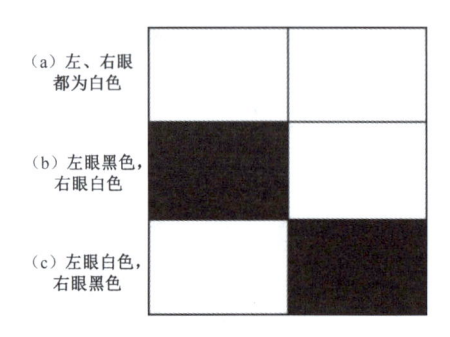

(a) 左、右眼都为白色

(b) 左眼黑色，右眼白色

(c) 左眼白色，右眼黑色

图 17-13 测试图案

步骤： $\mathcal{L}$ 表示左眼；$\mathcal{R}$ 表示右眼。

左眼亮度：

(1) 将左眼滤光片或左边镜片放置于 LMD 镜头前方。

(2) 将 LMD 放置于指定观看位置。

(3) 使用左、右眼均为白色的测试图案。

(4) 测量显示屏中心的亮度（$L_{\mathcal{L}WW}$）。

(5) 使用左眼黑色、右眼白色的测试图案。

(6) 测量显示屏中心的亮度（$L_{\mathcal{L}KW}$）。

右眼亮度：

(1) 将右眼滤光片或右边镜片放置于 LMD 镜头前方。

(2) 将 LMD 放置于指定观看位置。

(3) 使用左、右眼均为白色的测试图案。

(4) 测量显示屏中心的亮度（$L_{\mathcal{R}WW}$）。

(5) 使用左眼白色、右眼黑色的测试图案。

(6) 测量显示屏中心的亮度（$L_{\mathcal{R}WK}$）。

分析： 测量分析示例见表 17-6，计算如下数值。

(1) 计算左/右通道的通道亮度（下标为 H）：

表 17-6 分析示例

$L_{\mathcal{L}WW}$/(cd/m²)	240
$L_{\mathcal{L}KW}$/(cd/m²)	0.49
$L_{\mathcal{R}WW}$/(cd/m²)	274.4
$L_{\mathcal{R}WK}$/(cd/m²)	0.58

$$L_{\mathcal{L}HW} = L_{\mathcal{L}WW} - L_{\mathcal{L}KW}, \quad L_{RHW} = L_{RWW} - L_{RWK} \tag{17-45}$$

（2）计算平均立体亮度（L_{ave}）与立体亮度的几何平均值：

$$L_{ave} = \frac{L_{\mathcal{L}HW} + L_{RHW}}{2}, \quad L_{gmean} = \sqrt{L_{\mathcal{L}HW} L_{RHW}} \tag{17-46}$$

（3）计算两通道（左、右眼）之间的亮度差异（ΔL）：

$$\Delta L = \frac{|L_{\mathcal{L}HW} - L_{RHW}|}{\min(L_{\mathcal{L}HW}, L_{RHW})} \tag{17-47}$$

报告：报告通道亮度、平均立体亮度与亮度差异，不超过 3 位或 4 位有效数字。亮度差异可用小数或百分比表示，如表 17-7 所示。

注释：无。

表 17-7 报告示例

$L_{\mathcal{L}HW}$/（cd/m²）	239.5
L_{RHW}/（cd/m²）	273.8
L_{ave}/（cd/m²）	256.7
L_{gmean}/（cd/m²）	256.1
ΔL/%	14.3

17.2.5 立体亮度采样均匀性

别名：采样亮度均匀性、采样亮度不均匀性。

描述：测量眼镜式立体显示屏的立体亮度采样均匀性。采样点为覆盖整个屏幕的 3×3 矩阵方块的中心。**单位**：%。**符号**：U。

应用：这项测量可应用于需要配备眼镜（圆偏振片式或线偏振片式眼镜、快门式眼镜或多色窄带带通滤波式眼镜）的透射式或主动发射型立体显示屏。

设置：应用如图 17-14 所示的标准设置。

图 17-14 标准设置

其他设置条件：①测量的像素数目。通常，实际上测量不少于 500 个没有坏点的像素。②孔径角。孔径角必须小于或等于 1°，以便使 LMD 的镜头能够更好地模拟眼睛的尺寸。③校准图形。在屏幕中心显示合适的测试图案，确定左、右通道，选择 n 个取样点（$n=5$ 或 $n=9$），如图 17-15 所示。④测试图案。未被测量的通道（视点）应为全黑场图案。为测试提供合适的全屏图案（左/右用不同的图案），左眼为 WK、KK、RK、GK、BK；右眼为 KW、KK、KR、KG、KB，如图 17-16 所示。⑤LMD 位置。如果存在获得最佳 3D 体验效果的位置，那么将 LMD 放置于该指定或设计观看位置，从而可以旋转 LMD，使其能够测量所有位置。⑥滤光片或眼镜。在 LMD 镜头前放置一个滤光片，这个滤光片与观看显示屏所用眼镜的左/右滤光片相

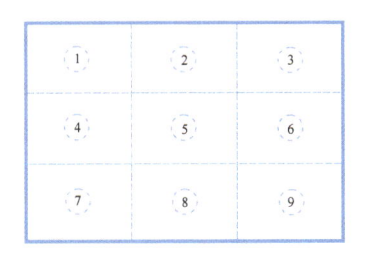

图 17-15 校准图形

图 17-16 测试图案

匹配。滤光片可以是具有不同线偏振或圆偏振的两个偏振片，也可以是与显示的左、右图像同步的两个快门式镜片，还可以是两个不同的彩色滤光片。

步骤： 右眼通道设置为黑色，测量左眼通道全屏显示颜色 Q 为 W, K, R, G, B 时的单目亮度 L_{LQi}（并且测量每个颜色对应的色坐标，这将会在下一小节中提到）；测量 $i=1,2,\cdots,n$（$n=5$）的四角与中心位（1, 3, 5, 7, 9 点）或 $n=9$ 时的所有 9 点。对右眼通道 L_{RQi} 进行类似的测量，将左眼通道设置为黑色。

分析： 以下内容使用符号 ε（$\varepsilon = \mathcal{L}, \mathcal{R}$）表示左/右眼观测，$Q$ 表示待测的通道全屏图案的颜色，Q = W, K, R, G, B（白，黑，红，绿，蓝），另一个通道显示为黑色。

（1）确定每种全屏颜色（Q = W, K, R, G, B）的最大亮度与最小亮度：

$$L_{\varepsilon Q\max} = \max(L_{\varepsilon Qi}), \quad L_{\varepsilon Q\min} = \min(L_{\varepsilon Qi}), \quad i=1,2,\cdots,n \quad (17\text{-}48)$$

（2）计算每个显示图案的均匀性 $\mathcal{U}_{\varepsilon Q}$：

$$\mathcal{U}_{\varepsilon Q} = L_{\varepsilon Q\min} / L_{\varepsilon Q\max} \quad (17\text{-}49)$$

（3）对于 Q = W, K, R, G, B，计算两眼的平均均匀性：

$$\mathcal{U}_Q = (\mathcal{U}_{\mathcal{L}Q} + \mathcal{U}_{\mathcal{R}Q})/2 \quad (17\text{-}50)$$

（4）不均匀性为

$$\mathcal{N} = 1 - L_{\varepsilon Q\min} / L_{\varepsilon Q\max} \quad (17\text{-}51)$$

分析示例见表 17-8。

报告： 报告在每种颜色（白、黑、红、绿、蓝）下左、右眼的立体亮度均匀性、不均匀性和两眼的平均均匀性，以小数或百分比表示。

表 17-8 分析示例（Q = W）

$\mathcal{U}_{\mathcal{L}W}$	80%
$\mathcal{U}_{\mathcal{R}W}$	86%
$\mathcal{U}_W$	83%

注释： 这个测量类似于非立体显示屏的标准均匀性测量。在测量其中一个通道时，另一个通道设置为黑色，因此，通道之间的光泄漏被降低到最小，从而确定了每个通道的均匀性，并有助于判断某个通道的非均匀性是否过大。两眼均匀性的平均值就是最终的均匀性值（对每种颜色）。

17.2.6 立体颜色均匀性

描述： 测量眼镜式立体显示屏的立体颜色一致性。**单位：** 无。**符号：** $\Delta u'v'$。

应用： 这项测量可应用于需要配备眼镜（圆偏振片式或线偏振片式眼镜、快门式眼镜或多色窄带带通滤波式眼镜）的透射式或主动发射型立体显示屏。

设置： 应用如图 17-17 所示的标准设置。

图 17-17 标准设置

其他设置条件： ①孔径角。孔径角必须小于或等于 1°，以便使 LMD 镜头能够更好地模拟眼睛的尺寸。②校准图形。在屏幕中心显示合适的测试图案，确定左、右通道，选择 n

个取样点（$n=5$ 或 $n=9$）的位置，如图 17-15 所示。③测试图案。未被测量的通道（视点）应为全黑场图案。为测试提供合适的全屏图案（左/右用不同的图案），左眼为 WK、KK、RK、GK、BK；右眼为 KW、KK、KR、KG、KB，如图 17-16 所示。④LMD 位置。如果存在获得最佳 3D 体验效果的位置，那么将 LMD 放置于该指定或设计观看位置。⑤滤光片或眼镜。在 LMD 镜头前放置一个滤光片，这个滤光片与观看显示屏所用眼镜的左/右滤光片相匹配。滤光片可以是具有不同线偏振或圆偏振的两个偏振片，也可以是与显示的左、右图像同步的两个快门式镜片，还可以是两个不同的彩色滤光片。

步骤： 右眼通道设置为黑色，测量全屏颜色（$Q=$ W, K, R, G, B）的左眼通道的色坐标（CIE-x、CIE-y，或 CIE-u'、CIE-v'），测量 $i=1, 2,\cdots, n$（$n=5$）时的四角与中心点（1, 3, 5, 7, 9 点），或者 $n=9$ 时所有 9 点，如表 17-9 所示。对左眼通道的每个图案进行上述测量。将左眼通道设置为黑色，对右眼通道的每个图案颜色 Q 进行类似的测量。

表 17-9　数据示例（白色、左通道）

9 点	5 点	亮度 L_1/（cd/m²）	x	y	u'	v'
1	1	373.0	0.3031	0.3269	0.1919	0.4658
2		466.1	0.3047	0.3296	0.1921	0.4675
3	3	477.3	0.3036	0.3284	0.1917	0.4667
4		415.7	0.3063	0.3324	0.1922	0.4692
5	5	553.4	0.3063	0.3323	0.1922	0.4691
6		493.8	0.3073	0.3344	0.1921	0.4704
7	7	412.6	0.3004	0.3241	0.1911	0.4639
8		496.9	0.3038	0.3301	0.1913	0.4676
9	9	492.1	0.3029	0.3288	0.1911	0.4668

分析： 以下内容使用符号 ε（$\varepsilon=\mathcal{L}, \mathcal{R}$）表示左/右眼观测，$Q$ 表示全屏图案的颜色，$Q=$ W, K, R, G, B（白，黑，红，绿，蓝）。测量一个通道时，另一个通道为黑色。对每个左通道全屏颜色 $Q=$ W, K, R, G, B，如下计算测量的 5 点或 9 点任意两对数据 [$i=1, 2, \cdots, n$ 与 $j=1, 2, \cdots, n$（$i\neq j$）] 之间的欧几里得（Euclidean）距离 $\Delta u'v'$。

$$\Delta u'v'_{LQij} = \sqrt{(u'_{LQi}-u'_{LQj})^2 + (v'_{LQi}-v'_{LQj})^2} \quad (17\text{-}52)$$

对右眼通道重复上述计算：

$$\Delta u'v'_{RQij} = \sqrt{(u'_{RQi}-u'_{RQj})^2 + (v'_{RQi}-v'_{RQj})^2} \quad (17\text{-}53)$$

确定左/右眼通道每种颜色 Q 的 $\Delta u'v'$ 的最大值：

$$\Delta u'v'_{LQ\max} = \max(\Delta u'v'_{LQij}), \quad \Delta u'v'_{RQ\max} = \max(\Delta u'v'_{RQij}) \quad (17\text{-}54)$$

报告： 报告左/右眼通道在每种颜色 Q 下的 $\Delta u'v'$ 的最大值，如表 17-10 所示。

表 17-10　报告示例（白色、左通道）

$\Delta u'v'_{LQ\max}$	0.007

注释： 因为在测量其中一个通道时，另一个通道设置为黑色，因此，通道之间的光泄漏被降低到最小。通过测量每个通道的色坐标值就可以检验通道的色度均匀性。在左、右眼通道之间采用黑色盒子遮光，可减少杂散光。低亮度等级的黑色均匀性的测量太困难，因此不做要求。

17.2.7 立体灰阶平均串扰

别名：鬼影（Ghost Imaging）、立体灰阶-灰阶串扰。
描述：测量立体显示屏左、右眼通道对应一组灰阶组合时，左、右眼通道之间的串扰。
单位：无量纲。**符号**：$\mathcal{X}_L$，$\mathcal{X}_R$。
应用：这项测量可应用于需要配备眼镜（圆偏振片式或线偏振片式眼镜、快门式眼镜或多色窄带带通滤波式眼镜）的透射式或主动发射型立体显示屏。
设置：应用如图 17-18 所示的标准设置。

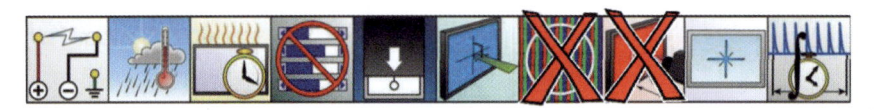

图 17-18 标准设置

其他设置条件：①测量的像素数目。通常，在实际中测量少于 500 个没有坏点的像素。②孔径角。孔径角必须小于或等于 1°，以便 LMD 的镜头能够更好地模拟眼睛的尺寸。③校准图形。在屏幕中心显示合适的测试图案，并确定左、右通道。④测试图案。对于测试图案，每只眼睛观测某一灰阶的全屏灰阶图（$V_\mathcal{L}$，$V_\mathcal{R}$，其中 $\mathcal{L}$ 对应左眼，$\mathcal{R}$ 对应右眼），灰阶等级依据需要可选择黑至白之间的 9 个或 5 个，即 $n = 9$（V_i = 0, 31, 63, 95, 127, 159, 191, 223, 255；i = 1, 2,…, 9），或者 $n = 5$（V_i = 0, 63, 127, 191, 255；i = 1, 2, …, 5），如图 17-19 所示。如果 5 个灰阶等级或 9 个灰阶等级无法满足测量需求，请参照第 6 章以选择合适的灰阶等级。对于任意 n 个灰阶等级的组合，测量每对等级 V_{Li} 与 V_{Rj} 的亮度（i = 1, 2,…, n；j = 1, 2,…, n）。⑤LMD 位置。如果存在获得最佳 3D 体验效果的位置，那么将 LMD 放置于该指定或设计观看位置。⑥滤光片或眼镜。在 LMD 镜头前放置一片滤光片，这个滤光片与观看显示屏所用眼镜的左/右滤光片相匹配。滤光片可以是具有不同线偏振或圆偏振的两个偏振片，也可以是与显示的左、右图像同步的两个快门式镜片，还可以是两个不同的彩色滤光片。

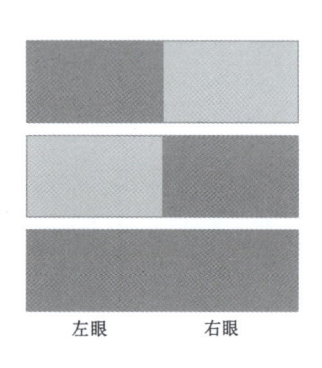

图 17-19 测试图案

步骤：

（1）将适合左眼通道的滤光片放置于 LMD 镜头前。

（2）在所有灰阶等级（V_{Li}，V_{Lj}）处，测量每只眼睛通道的显示屏中心亮度 $L_{\mathcal{L}ij}$（i = 1, 2,…, n；j = 1, 2,…, n；包括 $i = j$）。

（3）将适合右眼通道的滤光片放置于 LMD 镜头前。

（4）在所有灰阶等级（V_{Ri}，V_{Rj}）处，测量每只眼睛通道的显示屏中心亮度 $L_{\mathcal{L}ij}$（i = 1, 2,…, n；j = 1, 2,…, n；包括 $i = j$）。

数据示例如表 17-11 所示。

表 17-11　数据示例——左眼亮度 L_{ij}（n = 5）

单位：cd/m²

V_{Li}	V_{Lj}				
	0	63	127	191	255
0	0.0264	0.0511	0.197	0.536	0.871
63	2.71	4.01	4.68	5.25	5.41
127	18.0	19.3	21.3	22.5	23.7
191	46.7	48.1	48.4	51.2	52.1
255	67.0	75.2	78.0	79.7	81.4

分析：在任意两灰阶等级 V_{Li} 与 V_{Lj}（$i \neq j$）处，计算左眼通道的显示屏中心的立体灰阶串扰 X_{Lij}。在任意两灰阶等级 V_{Ri} 和 V_{Rj}（$i \neq j$）处，计算右眼通道的显示屏中心的立体灰阶串扰 X_{Rij}。

$$X_{Lij} = \left|(L_{Lij} - L_{Lii})/(L_{Lji} - L_{Lii})\right|, \quad i \neq j \tag{17-55}$$

$$X_{Rij} = \left|(L_{Rij} - L_{Rii})/(L_{Rji} - L_{Rii})\right|, \quad i \neq j \tag{17-56}$$

计算所有左眼串扰值 X_{Lij} 和右眼串扰值 X_{Rij} 的平均值、标准差与最大值：X_{Lave}，σ_{X_L}，X_{Lmax}，X_{Rave}，σ_{X_R}，X_R，X_{Rmax}，如表 17-12 所示。

表 17-12　左眼立体灰阶分析示例

V_{Li}	V_{Lj}				
	0	63	127	191	255
0	0	0.92%	0.95%	1.09%	1.26%
63	32.82%	0	4.38%	2.81%	1.97%
127	15.39%	11.89%	0	4.05%	4.31%
191	8.96%	6.68%	9.64%	0	3.23%
255	17.91%	8.13%	5.86%	5.87%	0
平均值 X_{Lave}	7.41%	标准差 σ_{X_L}	7.65%	最大值 X_{Lmax}	32.82%

报告：报告两眼通道串扰的平均值、标准差与最大值，不超过 3 位有效数字，使用小数或百分数表示，如表 17-13 所示。

表 17-13　左眼通道报告示例

平均值 X_{Lave}	7.41%	标准差 σ_{X_L}	7.65%	最大值 X_{Lmax}	32.8%

注释：当使用 n 个灰阶等级时，每个通道的串扰评价数目为 $n(n-1)$。

17.2.8　立体伽马偏差

描述：测量使用眼镜的立体显示屏在 5 个或 9 个灰阶等级时左/右图像通道（眼睛）的灰阶值（电-光转换函数或伽马曲线）。**单位**：无。**符号**：γ_L，γ_R，g_L，g_R。

这是第 6 章中讨论的伽马失真测量在双目系统的应用。立体伽马偏差测量可确定一个通道的灰阶等级如何受另一个通道的影响，并将左、右眼通道的最差情况报告为伽马偏差。

应用：这项测量可应用于需要配备眼镜（圆偏振片式或线偏振片式眼镜、快门式眼镜或多色窄带带通滤波式眼镜）的透射式或主动发射型立体显示屏。

设置：应用如图 17-20 所示的标准设置。

图 17-20 标准设置

其他设置条件：①测量像素数目。通常，实际上测量少于 500 个没有坏点的像素。②孔径角。孔径角必须小于或等于 1°，以便使 LMD 的镜头能够更好地模拟眼睛的尺寸。③校准图形。在屏幕中心显示合适的测试图案，并确定左、右通道。④测试图案。对于测试图案，每只眼睛观测某一灰阶的全屏灰阶图（V_L，V_R，其中 L 对应左眼，R 对应右眼）。根据测量需求，可选择黑至白之间的 9 个或 5 个灰阶等级，即 $n=9$（$V_i=0, 31, 63, 95, 127, 159, 191, 223, 255$；$i=1, 2, \cdots, 9$），或者 $n=5$（$V_i=0, 63, 127, 191, 255$；$i=1, 2, \cdots, 5$）。如果 5 个灰阶等级或 9 个灰阶等级无法满足需求，请参照第 6 章选择合适的灰阶等级。如果使用 9 个灰阶等级，每个眼睛通道需要进行 81 次测量；如果使用 5 个灰阶等级，每个眼睛通道需要进行 25 次测量。⑤LMD 位置。如果存在获得最佳 3D 体验效果的位置，那么将 LMD 放置于该指定或设计观看位置。⑥滤光片或眼镜。在 LMD 镜头前放置一个滤光片，这个滤光片与观看显示屏所用眼镜的左/右滤光片相匹配。滤光片可以是具有不同线偏振或圆偏振的两个偏振片，也可以是与显示的左右图像同步的两个快门式镜片，还可以是两个不同的彩色滤光片。

步骤：

（1）将左眼通道的滤光片放置于 LMD 镜头前。

（2）当左眼通道全屏图案的灰阶等级为 V_i（$i=1, 2, \cdots, 9$）、右眼通道全屏图案的灰阶等级为 V_j（$j=1, 2, \cdots, 9$）时，测量显示屏中心位置的亮度 L_{Lij}，其中，i 为左眼通道的灰阶等级参数，j 为右眼通道的灰阶等级参数。对于 $n=9$，需要测量 81 次亮度，如图 17-21 所示。

（3）将右眼通道的滤光片放置于 LMD 镜头前。

（4）当右眼通道全屏图案的灰阶等级为 V_i（$i=1, 2, \cdots, 9$）、左眼通道全屏图案的灰阶等级为 V_j（$j=1, 2, \cdots, 9$）时，显示屏中心位置的亮度 L_{Rij}，其中，i 为右眼通道的灰阶等级参数，j 为左眼通道的灰阶等级参数。对于 $n=9$，需要测量 81 次亮度。

分析：根据式（17-57）所示的模型进行 log-log 直线拟合，计算左/右眼通道的伽马值。

$$L(V_i) = a(V_i - V_K)^\gamma + L_K \tag{17-57}$$

通常 $V_K=0$，详细请见 6.3 节。采用式（17-58）对灰度数据进行拟合。

$$\log[L(V_i) - L_K] = \gamma \log(V_i - V_K) + \log(a) \tag{17-58}$$

对于 $i=1, 2, \cdots, n$，从拟合结果可得 γ 和 b [$b= \log(a)$]。

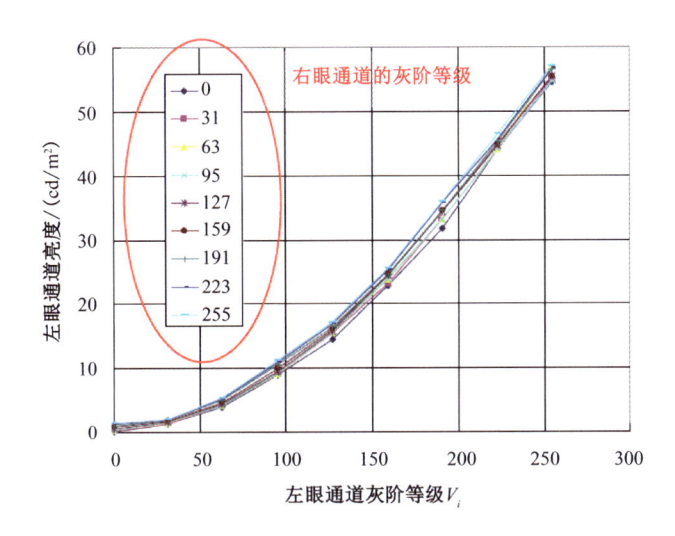

图 17-21　左眼通道亮度随灰阶等级的变化

左眼通道伽马：对于每个右眼通道灰阶等级 $V_{Rj}(j=1,2,\cdots,n)$，通过左眼灰阶等级 V_{Li} $(i=1,2,\cdots,n)$ 的 log-log 拟合公式［见式（17-58）］确定 γ_{Lj} 和 b_{Lj}，并记录 γ_{Lj}。

右眼通道伽马：对于每个左眼通道灰阶等级 $V_{Li}(i=1,2,\cdots,n)$，通过右眼灰阶等级 V_{Rj} $(j=1,2,\cdots,n)$ 的 log-log 拟合公式［见式（17-58）］确定 γ_{Rj} 和 b_{Rj}，并记录 γ_{Ri}。

伽马偏差：左眼伽马偏差 g_L 与右眼伽马偏差 g_R 可通过每个通道的最大值和最小值的差值来定义。

$$g_L = \max(\gamma_{Lj}) - \min(\gamma_{Lj}) \quad (17\text{-}59)$$

$$g_R = \max(\gamma_{Ri}) - \min(\gamma_{Ri}) \quad (17\text{-}60)$$

报告：报告左/右眼通道的立体伽马偏差，不超过 3 位有效数字，如表 17-14 所示。

表 17-14　左眼通道立体伽马偏差分析示例

V_{Lj}	\multicolumn{9}{c}{V_{Lj}}
	0	31	63	95	127	159	191	223	255
0	0.02125	0.1858	0.2594	0.3239	0.4558	0.7568	1.042	1.228	1.421
31	1.298	1.338	1.48	1.572	1.608	1.841	1.957	1.992	2.001
63	3.826	4.124	4.211	4.24	4.395	4.539	5.033	5.203	5.343
95	8.911	9.038	9.045	9.268	9.377	9.788	10.44	10.76	11.17
127	14.33	15.42	15.48	15.57	15.65	15.95	16.33	16.79	17.15
159	22.79	23.13	23.84	23.88	24.4	24.57	24.64	25.2	25.56
191	31.64	33.11	33.13	33.23	34.32	34.37	34.44	35.71	35.87
223	43.94	44.01	44.04	44.19	44.71	44.8	45.35	45.59	46.35
255	54.51	54.95	56.94	54.63	55.52	55.29	56.46	56.65	57.01
伽马值	1.81	1.85	1.84	1.82	1.86	1.89	1.94	2.02	2.13
立体伽马偏差	\multicolumn{9}{c}{0.32}

注释：如果需要，采用更多灰阶等级（更小的间隔）可能会得到更好的结果。

17.2.9 立体视角性能

别名：视角性能。
描述：立体显示性能与角度的关系。
前述所有测量（亮度、串扰、亮度采样均匀性与颜色均匀性）应在制造商规定的有效范围内对不同角度进行重复测量。
设置：应用如图 17-22 所示的标准设置。

图 17-22 标准设置

步骤：当 LMD 放置在放映系统有效角度范围内的指定观看位置时（大多在水平平面，但也有一些在竖直方向），重复上述所有的测量。
分析：重复之前的所有分析。
报告：报告所有选择的指定观看位置处的亮度、串扰、亮度采样均匀性与颜色均匀性。在所有情况下，报告相对于屏幕法线的角度。
注释：由于将其他通道选为黑色，这个测量中通道之间的光泄漏被降至最小。在这种方法中，每种颜色的测量验证了每个通道的颜色均匀性。

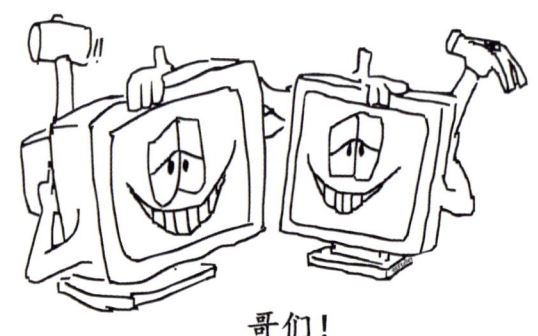

17.2.10 头部倾斜

描述：立体显示性能是眼镜相对于观察方向（z 轴）倾斜角度的函数，这是非常重要的。当戴着线偏振片式眼镜，头部从一侧倾斜至另一侧（与水平方向的转动角为 v）时，这项测试非常重要，如图 17-23 所示。
亮度、串扰、亮度采样均匀性与颜色均匀性都应在制造商规定的有效范围内，将带有滤光片的眼镜偏斜一定角度进行重复测量。这项测量对于使用线偏光片式眼镜的 3D 显示屏至关重要，可用于所有使用眼镜的 3D 显示屏。

设置：应用如图 17-24 所示的标准设置。

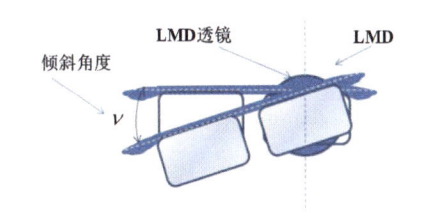

图 17-23　倾斜角度示意（从显示屏位置观察 LMD）　　　图 17-24　标准设置

步骤：把 LMD 放置于指定观看位置，将眼镜相对于法线方向倾斜一定角度（如沿显示屏 z 轴旋转，如图 17-25 中的 v），重复测量亮度、串扰、亮度采样均匀性与颜色均匀性。

更加重要的测量：①串扰随倾斜角的变化，如图 17-26 和表 17-15 所示；②亮度随倾斜角的变化。

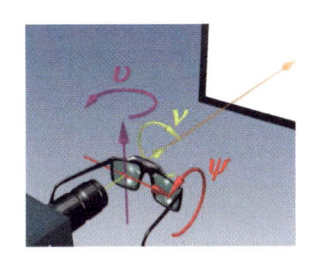

图 17-25　旋转轴平行于显示屏坐标轴（x,y,z），旋转方向依据右手螺旋定则

分析：重复之前章节的分析内容。

报告：报告在眼镜处于多个倾斜角度下得到的串扰、亮度、亮度采样均匀性与颜色均匀性（可选项）。

注释：这些测量主要是针对使用线偏振片式眼镜的 3D 显示屏进行的。使用 5°～15° 的倾斜角度是合理的。除减小立体消光比效应的影响之外，由于从水平视差（用于立体观测）向竖直视差转换，眼镜的倾斜也会造成亮度降低与失真。在一段时间后，这会引起不适与眼睛疲劳。以下是眼镜几种倾斜角度的示例数据。

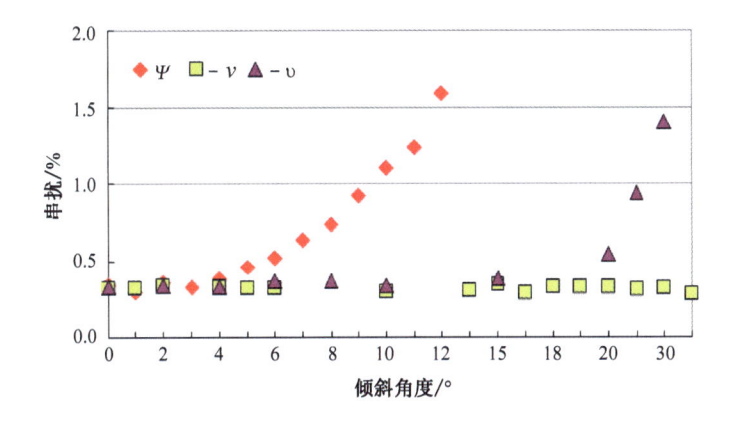

图 17-26　眼镜三个独立转动的示例数据（仅为示例，横坐标非均匀取值）

表 17-15　参数表格

倾斜角度	ψ	-v	-υ
0°	0.344	0.320	0.326
1°	0.298	0.320	
2°	0.360	0.339	0.336
3°	0.330		
4°	0.382	0.330	0.332
5°	0.459	0.316	
6°	0.516	0.319	0.363
7°	0.639		
8°	0.736		0.366
9°	0.927		
10°	1.107	0.296	0.341
11°	1.239		
12°	1.593		
13°		0.304	
15°		0.347	0.384
17°		0.294	
18°		0.334	
19°		0.325	
20°		0.327	0.538
25°		0.309	0.943
30°		0.318	1.407
35°		0.285	

17.3　双视点自由立体显示屏

自由立体显示屏无须通过眼镜来提供三维（3D）视觉体验。但是，观察者位于特定位置，每只眼睛看到两幅图像中的一幅，从而合并产生立体效果。

自由立体显示屏可以是下列类型中的一种。①双视点显示屏：观察者位于特定位置（最佳观看位置），一个视点对应一只眼睛，两个视点（设计的观看点）对应两只眼睛。②多个位置可观测的双视点显示屏：它是一个能够产生多个双视点的显示屏，可在多个最佳观看位置产生 3D 视觉。③光场显示屏：它可在几乎连续的观看位置（最佳观看位置）产生多个视点，详细信息见 17.5 节。

每对视点可由下列其中一种光学方法产生。

（1）视差阻隔线。它对一只眼睛显示特定像素，对另一只眼睛隐藏这些像素。视差阻隔线通常以特定的间隔放置于显示屏前方，但也可以放置于显示屏后方，以便控制进入每只眼睛（见图 17-27）的背光照明（用于 LCD）。

（2）柱状透镜。其将特定像素的光线汇聚于一只眼睛，将其他像素的光线汇聚于另一只眼睛（见图 17-28）。

（3）2D/3D 可转换视差阻隔线。显示屏前面的视差阻隔线由独立的 LCD 表面制成。对于两只眼睛，奇数或偶数条竖直阻隔线产生相互独立的 3D 立体视觉，或者转换为二维模式（类似于图 17-29，其中阻隔层为 LCD 表面）。

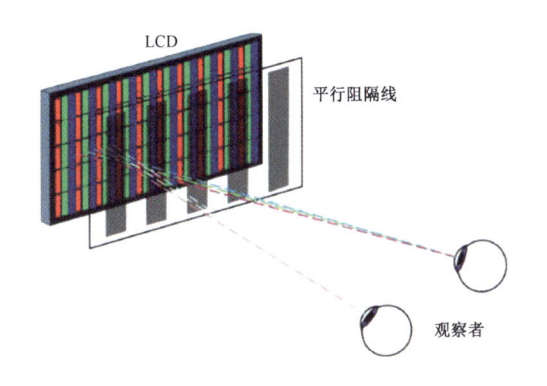

图 17-27　采用前视差阻隔的自由立体显示屏；图中为了图解，视差阻隔显示为半透明，实际情况下是不透明的

（4）特殊的柱状透镜。采用其他方法代替传统（弧形的）透镜得到特殊的柱状透镜，这些方法包括采用局部驱动 LC 单元、渐变折射率材料，或者其他有类似于柱状透镜光学效果的光学方法。运用局部驱动 LC 单元技术可实现 2D/3D 转换。

（5）瞬时背光。LCD 背光照明瞬时可变，在显示每帧画面时，将光线指向两个观察眼位的其中一个，这恰好和两只眼睛的观察位置重合。

（6）光场显示屏。这类显示屏是采用微透镜或微柱状透镜技术实现的，将在后续内容中解释。

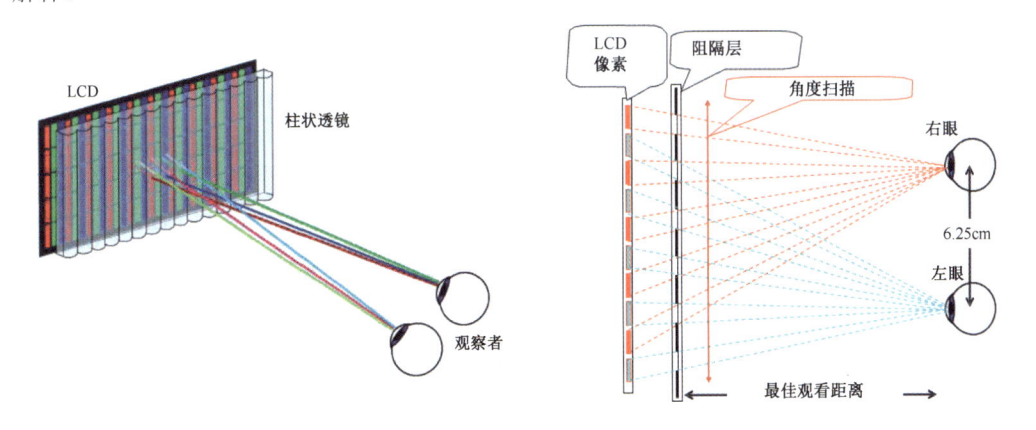

图 17-28　采用柱状透镜的自由立体显示屏　　图 17-29　像素前面具有阻隔层的自由立体显示屏

前阻隔层结构的示例说明如图 17-29 所示（并非立体照片）。在最佳观看距离与合适的观看位置处，红色像素被右眼看到（假设），蓝色像素被左眼看到（假设）。这种情况下的最佳观看位置有时称为最佳观察点。左、右眼之间的间隔称为瞳孔间距（Interpupillary Distance，IPD），成年人瞳孔间距的典型值为 6.25 cm（有些使用 6.5 cm）。阻隔层前面亮

度的角度扫描给出了来自显示屏的光束特性。典型角度扫描见图 17-30,当红色像素透过时,我们观察到了对左眼有效的红色线的亮度;当蓝色像素透过时,我们观察到了蓝色线的亮度。左、右眼的最佳观察点见图 17-30 底部指示,这个最佳观看位置(最佳观察点)是两眼之间的平均位置,即观察者前额的中心。对于某些显示屏,最佳观看位置并非完全垂直于显示屏,而是存在一定的倾斜角度的,如图 17-30 虚线所示。可在图 17-31 上寻找双视点立体显示屏的最佳观看位置。

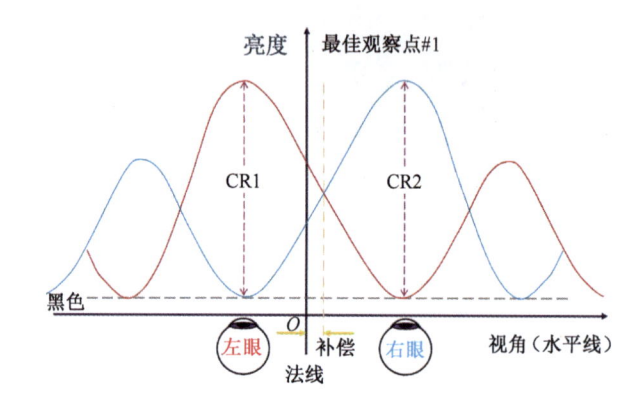

图 17-30 自由立体显示屏视觉扫描显示最佳观看位置的补偿

透过阻隔层的光线被限制在一定范围内,它们可用来确定观看自由度,即眼睛由最佳观看位置向左或向右移动多远的距离还可以保持最佳景深。当观察者由最佳观看距离靠近或远离显示屏时,观看自由度将变小,如图 17-31 中菱形阴影区域所示。该范围的最前与最后极限点用来确定观看范围。

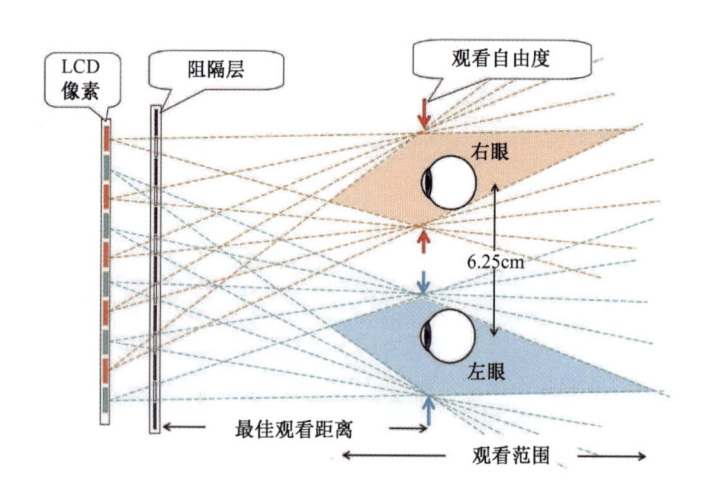

图 17-31 观看范围与观看自由度

上述观看自由度的描述适用于双视点的情况,也可以扩展至多视点的情况,因此,我们可以在空间中得到每个最佳观看位置(最佳观察点)对应的菱形阴影区域。

为了确定自由立体显示屏的最佳观看位置和在这个位置周围移动的自由度(或多视点时的

多个位置），测量其角度性能。这项测量可通过选择下列工具中的一种来进行。

- 使用一台固定于旋转扫描台上的小孔径 LMD，旋转轴应在 DUT 的中心，并将 LMD 聚焦于显示屏。LMD 的孔径角应当至少小于扫描旋转步长的 1/5，这取决于扫描台的长度。
- 使用聚焦于显示屏的锥光相机，并且其角分辨率至少小于待测角度步长的 1/5。

关于仪器的要求将在后面的测试步骤中更详细地说明，尤其是在与角度测量相关的测试中。

本节讨论观察者位于指定观看位置、无须使用眼镜的立体显示屏。所有测量都是在指定观看位置进行的，这个位置是为获得最佳立体图像质量而设计的位置，通常接近显示屏。测量距离应该接近最佳观看距离。LMD 前面无须配置任何附加设备，LMD 的镜头应聚焦于显示屏表面。由于测量视场角（Measurement-Field Angle，MFA）的尺寸可能对测试影响较大，建议 MFA≤0.25°，最好不大于 0.2°。

17.3.1 双视点自由立体系统串扰

别名：鬼影、立体串扰。

描述：测量双视点自由立体显示屏屏幕中心的立体系统串扰（采用或不采用眼睛运动跟踪）。**单位**：无量纲。**符号**：X_L，X_R。

设置：应用如图 17-32 所示的标准设置。

图 17-32 标准设置

其他设置条件：使用测量视场角不大于 0.25°（最好不大于 0.2°）的 LMD。

使用为左/右眼设计的以下任意一种双视点测试图案：①黑/黑；②黑/白；③白/白；④白/黑。

步骤：指定观看位置（DEP）为 z_{DEP}，瞳孔间距（IPD）为 Δx_{IPD}，如图 17-33 所示。在屏幕中心进行测量。对于具有眼睛运动跟踪功能的显示屏，必须关闭这个功能。

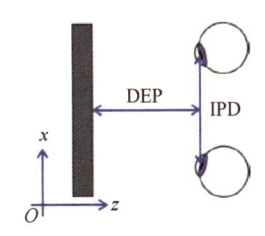

图 17-33 指定观看位置与瞳孔间距

（1）将 LMD 放置在左眼位置：$x = -\Delta x_{IPD}/2$，$y = 0$，$z = z_{DEP}$。

(2) 测量如图 17-34 所示的左眼测试图案的亮度：（a）黑/白，亮度为 $L_{\mathcal{L}KW}$；（b）白/黑，亮度为 $L_{\mathcal{L}WK}$；（c）黑/黑，亮度为 $L_{\mathcal{L}KK}$。

(3) 将 LMD 放置于右眼位置：$x = +\Delta x_{IPD}/2$，$y = 0$，$z = z_{DEP}$。

(4) 测量如图 17-35 所示的右眼测试图案的亮度：（a）黑/白，亮度为 $L_{\mathcal{R}KW}$；（b）白/黑，亮度为 $L_{\mathcal{R}WK}$；（c）黑/黑，亮度为 $L_{\mathcal{R}KK}$。

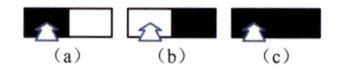

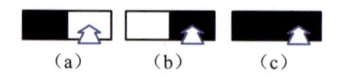

图 17-34 测试图案（左眼）

图 17-35 测试图案（右眼）

分析：使用以下公式计算串扰 $X_{\mathcal{L}}$ 与 $X_{\mathcal{R}}$ 的值。

$$X_{\mathcal{L}} = \frac{L_{\mathcal{L}KW} - L_{\mathcal{L}KK}}{L_{\mathcal{L}WK} - L_{\mathcal{L}KK}} \tag{17-61}$$

$$X_{\mathcal{R}} = \frac{L_{\mathcal{R}WK} - L_{\mathcal{R}KK}}{L_{\mathcal{R}KW} - L_{\mathcal{R}KK}} \tag{17-62}$$

也可以采用左、右眼的亮度最大值，根据以下公式计算双视点自由立体显示屏的系统对比度 $C_{\text{sys}\mathcal{L}}$ 与 $C_{\text{sys}\mathcal{R}}$。

$$C_{\text{sys}\mathcal{L}} = \frac{L_{\mathcal{L}WK} - L_{\mathcal{L}KK}}{L_{\mathcal{L}KW} - L_{\mathcal{L}KK}} \tag{17-63}$$

$$C_{\text{sys}\mathcal{R}} = \frac{L_{\mathcal{R}WK} - L_{\mathcal{R}KK}}{L_{\mathcal{R}KW} - L_{\mathcal{R}KK}} \tag{17-64}$$

注意，它们与串扰成倒数关系。分析示例如表 17-16 和表 17-17 所示。

表 17-16 分析示例（一）

$L_{\mathcal{L}KW}/(\text{cd/m}^2)$	3.9
$L_{\mathcal{L}WK}/(\text{cd/m}^2)$	161.1
$L_{\mathcal{L}KK}/(\text{cd/m}^2)$	0.23
$L_{\mathcal{R}WK}/(\text{cd/m}^2)$	4.9
$L_{\mathcal{R}KW}/(\text{cd/m}^2)$	154.9
$L_{\mathcal{R}KK}/(\text{cd/m}^2)$	0.13

表 17-17 分析示例（二）

$X_{\mathcal{L}}$	2.3%
$X_{\mathcal{R}}$	3.1%

报告：报告左、右眼对应的立体系统串扰 $X_{\mathcal{L}}$ 与 $X_{\mathcal{R}}$。

注释：这项测量包含双视点显示之间的光泄漏。

17.3.2 双视点自由立体对比度

描述：测量双视点自由立体显示屏的中心立体对比度（采用或不采用眼睛运动追踪）。

单位：无。**符号**：$C_{\mathcal{L}}$，$C_{\mathcal{R}}$。

设置：应用如图 17-36 所示的标准设置。

图 17-36　标准设置

其他设置条件：使用测量视场角不大于 0.25°（最好不大于 0.2°）的 LMD。

使用下列测试图案：（a）双视点黑图案（黑/黑，K/K）；（b）双视点白图案（白/白，W/W）。

步骤：指定观看位置为 z_{DEP}，瞳孔间距为 Δx_{IPD}。在屏幕中心进行测量。

（1）将 LMD 放置于左眼位置：$x = -\Delta x_{IPD}/2$，$y = 0$，$z = z_{DEP}$。

（2）测量显示白/白图案时的左眼亮度 $L_{\mathcal{L}WW}$，如图 17-37 所示。

（3）测量显示黑/黑图案时的左眼亮度 $L_{\mathcal{L}KK}$，如图 17-38 所示。

（4）将 LMD 放置于右眼位置：$x = +\Delta x_{IPD}/2$，$y = 0$，$z = z_{DEP}$。

（5）测量显示白/白图案时的右眼亮度 $L_{\mathcal{R}WW}$，如图 17-39 所示。

（6）测量显示黑/黑图案时的右眼亮度 $L_{\mathcal{R}KK}$，如图 17-40 所示。

图 17-37　白/白图案（左眼）　　图 17-38　黑/黑图案（左眼）　　图 17-39　白/白图案（右眼）　　图 17-40　黑/黑图案（右眼）

分析：计算在指定观看位置处左、右眼通道观测的显示屏中心的立体对比度（$C_{\mathcal{L}}$, $C_{\mathcal{R}}$）。

$$C_{\mathcal{L}} = \frac{L_{\mathcal{L}WW}}{L_{\mathcal{L}KK}} \tag{17-65}$$

$$C_{\mathcal{R}} = \frac{L_{\mathcal{R}WW}}{L_{\mathcal{R}KK}} \tag{17-66}$$

分析示例如表 17-18 和表 17-19 所示。

表 17-18　分析示例（一）

$L_{\mathcal{L}WW}$/(cd/m²)	169.3
$L_{\mathcal{L}KK}$/(cd/m²)	0.23
$L_{\mathcal{R}WW}$/(cd/m²)	156.4
$L_{\mathcal{R}KK}$/(cd/m²)	0.13

表 17-19　分析示例（二）

$C_{\mathcal{L}}$	736
$C_{\mathcal{R}}$	1203

报告：报告左、右眼对应的立体对比度 $C_{\mathcal{L}}$ 与 $C_{\mathcal{R}}$。

注释：这项测量包含双视点显示之间的光泄漏。

17.3.3　双视点自由立体亮度

描述：测量双视点自由立体显示屏中心的平均亮度。**单位**：cd/m²。**符号**：$L_{\mathcal{L}}$, $L_{\mathcal{R}}$。

设置：应用如图 17-41 所示的标准设置。

图 17-41 标准设置

其他设置条件：使用测量视场角不大于 0.25°（最好不大于 0.2°）的 LMD。

使用的测试图案是为左、右眼指定的双视点测试图案：（a）黑/黑；（b）白/白。

步骤：指定观看位置为 z_{DEP}，瞳孔间距为 Δx_{IPD}，如图 7-42 所示。在屏幕中心进行测量。

（1）将 LMD 放置在左眼位置：$x = -\Delta x_{IPD}/2$，$y = 0$，$z = z_{DEP}$。

（2）测量显示白/白图案时的左眼亮度 $L_{\mathcal{L}WW}$，如图 17-43 所示。

（3）将 LMD 放置于右眼位置：$x = +\Delta x_{IPD}/2$，$y = 0$，$z = z_{DEP}$。

（4）测量显示白/白图案时的右眼亮度 $L_{\mathcal{R}WW}$，如图 17-44 所示。

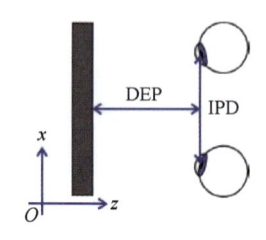

图 17-42 指定观察位置与瞳孔间距

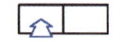

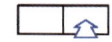

图 17-43 白/白图案　　图 17-44 白/白图案

分析：如下计算平均亮度 L_{ave}。

$$L_{ave} = \frac{L_{\mathcal{L}WW} + L_{\mathcal{R}WW}}{2} \quad (17-67)$$

分析示例如表 17-20 所示。

表 17-20 分析示例

$L_{\mathcal{L}WW}$	169.3	cd/m²
$L_{\mathcal{R}WW}$	156.4	cd/m²

表 17-21 报告示例

L_{ave}	162.8	cd/m²

报告：报告平均亮度值，如表 17-21 所示。

注释：这项测量包含双视点显示之间的光泄漏。式（17-67）所得为显示屏系统双视点亮度的线性平均值，不包括感觉因素，不要将它称为视亮度（Brightness）。这项测量得到的是亮度，而非视亮度。

17.3.4　双视点自由立体采样点的亮度均匀性

描述：测量双视点自由立体显示屏在显示屏 9 个特定点处的立体亮度均匀性。单位：%。

符号：$\mathcal{U}_{\mathcal{L}}$，$\mathcal{U}_{\mathcal{R}}$。

设置：应用如图 17-45 所示的标准设置。

图 17-45 标准设置

其他设置条件：使用测量视场角不大于 0.25°（最好不大于 0.2°）的 LMD。测量显示屏上的 3×3 矩形块中心位置的 9 个点（见图 17-46）。使用的测试图案是为左/右眼指定的双视点白/白图像。

步骤：指定观看位置为 z_{DEP}，瞳孔间距为 Δx_{IPD}，如图 17-47 所示。对于具有眼睛运动追踪功能的显示屏，必须关闭这个功能。

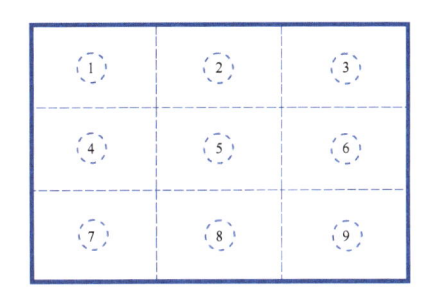

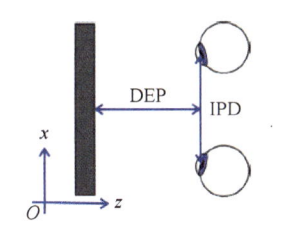

图 17-46　测量点位置；位置 5 位于显示屏中心　　图 17-47　指定观看位置与瞳孔间距

（1）将 LMD 放置于左眼位置：$x = -\Delta x_{IPD}/2$，$y = 0$，$z = z_{DEP}$。LMD 镜头前面的中心必须围绕此点旋转以观测所有 9 个位置，因此，左眼视点在空间保持固定。

（2）使用白/白图案，测量屏幕上的 9 点位置的亮度 $L_{\mathcal{L}WW}(i)$，$I = 1, 2, \cdots, 9$。

（3）将 LMD 放置于右眼位置：$x = +\Delta x_{IPD}/2$，$y = 0$，$z = z_{DEP}$。LMD 镜头前面的中心必须围绕此点旋转以观测所有 9 个位置，因此，右眼视点保持固定。

（4）使用白/白图案，测量屏幕上的 9 点位置的亮度 $L_{\mathcal{R}WW}(i)$，$i = 1, 2, \cdots, 9$。

分析：确定左、右眼通道的最小亮度值与最大亮度值，并用式（17-68）和式（17-69）计算此双视点显示屏的立体亮度均匀性 $\mathcal{U}_L, \mathcal{U}_R$。

$$\mathcal{U}_L = \frac{\min[L_{\mathcal{L}WW}(i)]}{\max[L_{\mathcal{L}WW}(j)]}; \quad i, j = 1, 2, \cdots, 9 \quad (17\text{-}68)$$

$$\mathcal{U}_R = \frac{\min[L_{\mathcal{R}WW}(i)]}{\max[L_{\mathcal{R}WW}(j)]}; \quad i, j = 1, 2, \cdots, 9 \quad (17\text{-}69)$$

式中，最小函数（min）与最大函数（max）得到的分别是测量结果中的最小值与最大值，如表 17-22 所示。

表 17-22　分析示例

位置	$L_{\mathcal{L}WW}$/（cd/m²）	$L_{\mathcal{R}WW}$/（cd/m²）
1	153.0	151.3
2	151.2	151.3
3	147.8	150.3
4	156.1	154.2
5	169.3	156.4
6	157.4	155.6

续表

位置	$L_{\mathcal{L}WW}/(cd/m^2)$	$L_{\mathcal{R}WW}/(cd/m^2)$
7	146.3	146.6
8	131.5	131.0
9	141.4	142.6
最小值	131.5	131.0
最大值	169.3	156.4

报告：报告左、右眼的3D亮度均匀性值 $\mathcal{U}_{\mathcal{L}}$ 和 $\mathcal{U}_{\mathcal{R}}$，用小数或分数表示，不超过 3 位有效数字，如表 17-23 所示。

表 17-23 报告示例

$\mathcal{U}_{\mathcal{L}}$	77.6 %
$\mathcal{U}_{\mathcal{R}}$	83.7 %

注释：这项测量中包含双视点显示之间的光泄漏。此外，此测量是在指定观看位置对显示屏的 9 个指定点进行测量的，以便评价显示屏上不同位置到达观察者眼睛的亮度。因此，立体亮度均匀性的测量方法不同于传统 2D 亮度均匀性的测量方法（所有测量都是垂直于显示屏进行的）。

17.3.5 双视点自由立体视角

别名：自由立体水平视角。

描述：在双视点自由立体显示屏中心，测量立体系统串扰随水平视角变化的分布曲线。使用此分布曲线确定系统串扰超过所选阈值对应的角度。单位：度（°）。符号：$X_{\mathcal{L}}(\theta)$、$X_{\mathcal{R}}(\theta)$、$\theta_{\mathcal{L}}$、$\theta_{\mathcal{R}}$。

设置：应用如图 17-48 所示的标准设置。

图 17-48 标准设置

其他设置条件：使用测量视场角不大于 0.25°（最好不大于 0.2°）的 LMD。LMD 放置于显示屏中心法线上的指定观看位置，距离显示屏中心为 r_{DEP}，使用位置旋转设备（角分辨率 $\Delta\theta \leqslant$ 0.5°，最好为 0.2°）将 LMD 以 r_{DEP} 为半径绕显示屏中心旋转，如图 17-49 所示。

使用的测试图案是指定的双视点左/右通道图像：(a) 黑/黑； (b) 黑/白； (c) 白/黑。

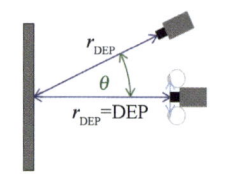

图 17-49 LMD 绕指定观看位置、以固定半径对亮度进行角度扫描

步骤：在指定观看位置测量左/右视图的亮度分布曲线，左/右视图分别设定为黑/黑、黑/白、白/黑。亮度分布结果为 $L_{KK}(\theta)$、$L_{KW}(\theta)$、$L_{WK}(\theta)$。使用的水平视角范围应该由制造商说明（如 DUT 的有效角度为 $-\theta_h \sim +\theta_h$）。在下列步骤中，从垂直位置（$\theta = 0$）开始，然后

转向其他方向进行测量。对于具有眼睛运动追踪功能的显示屏，必须关闭这个功能。

（1）将 LMD 放置于中心位置：$x = 0$，$y = 0$，$z = z_{\text{DEP}}$。

（2）测量亮度 $L_{\text{KK}}(0)$、$L_{\text{KW}}(0)$、$L_{\text{WK}}(0)$，测试图案如图 17-50 所示。

（3）使 LMD 以 r_{DEP} 为半径、以 $\Delta\theta$（不大于 0.5°，0.2° 更佳）的角度步幅，在 $-\theta_{\text{h}} \sim +\theta_{\text{h}}$ 角度范围内测量亮度。

图 17-50　测试图案

分析：亮度分布（见图 17-51）可用于计算串扰分布。

（1）由图 17-51 所示的亮度分布 $L_{\text{KK}}(\theta)$、$L_{\text{KW}}(\theta)$ 与 $L_{\text{WK}}(\theta)$ 计算左、右通道的立体系统串扰分布 $X_{\mathcal{L}}(\theta)$ 和 $X_{\mathcal{R}}(\theta)$，以小数或百分数格式报告，如表 17-24 所示。

$$X_{\mathcal{L}}(\theta) = \frac{L_{\text{KW}}(\theta) - L_{\text{KK}}(\theta)}{L_{\text{WK}}(\theta) - L_{\text{KK}}(\theta)} \tag{17-70}$$

$$X_{\mathcal{R}}(\theta) = \frac{L_{\text{WK}}(\theta) - L_{\text{KK}}(\theta)}{L_{\text{KW}}(\theta) - L_{\text{KK}}(\theta)} \tag{17-71}$$

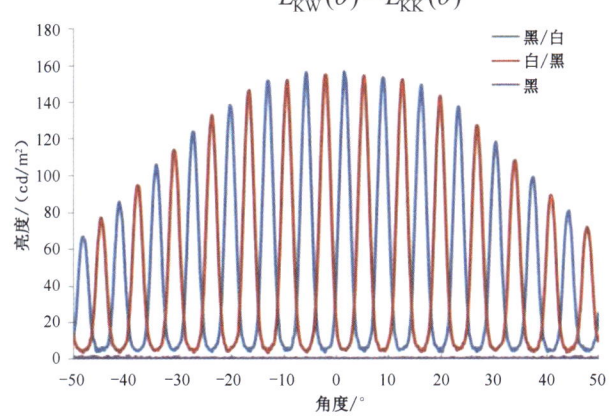

图 17-51　亮度分布 $L_{\text{WK}}(\theta)$（红线表示左眼观看结果）、$L_{\text{KW}}(\theta)$（蓝线表示右眼观看结果）、$L_{\text{KK}}(\theta)$（表示背景黑色等级）示例

（2）由式（17-70）和式（17-71），可得到系统串扰分布曲线，如图 17-52 所示。

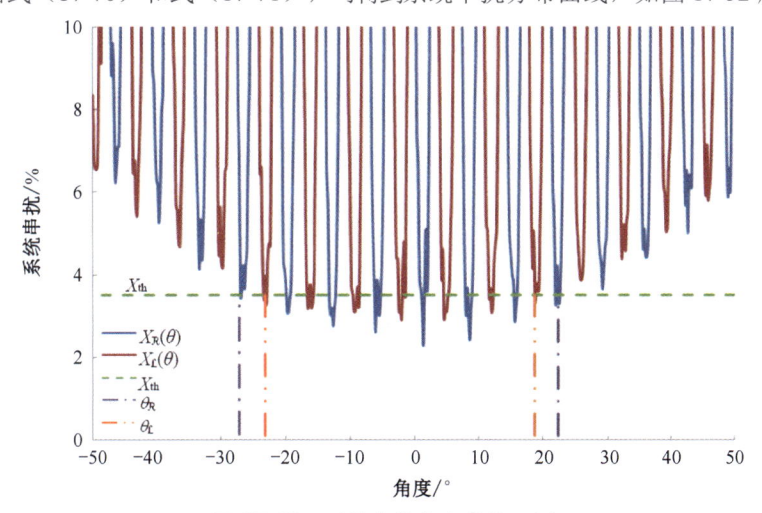

图 17-52　系统串扰分布曲线示例

(3) 使用阈值。立体视角取决于观察者对立体系统串扰的接受程度。在一个可接受的立体系统串扰阈值 X_{th} 被各利益相关方确定之后，立体视角 θ_L 与 θ_R 可通过串扰分布最小值低于阈值位置的最大角度范围来确定。

(4) 视角 θ_L 由左眼系统串扰阈值 X_{th} 截取的 $X_L(\theta)$ 最外侧的两个谷值确定；视角 θ_R 由右眼系统串扰阈值 X_{th} 截取的 $X_L(\theta)$ 最外侧的两个谷值确定。

表 17-24　分析示例

$X_L(-49.6°)$	6.7%
$X_R(-46.4°)$	6.4%
…	…
$X_L(-29.8°)$	4.2%
$X_R(-26.8°)$	3.5%
$X_L(-23.4°)$	3.4%
…	…
$X_L(18.8°)$	3.4%
$X_R(22.4°)$	3.4%
$X_L(25.8°)$	3.9%
$X_L(29.2°)$	3.7%
…	…

表 17-25　报告示例

L_{ave}	162.8 cd/m²
θ_L	42.2°
θ_R	49.2°

报告：报告串扰分布图。如果已经选取阈值，那么报告左、右眼的立体视角 θ_L 和 θ_R，如表 17-25 所示。

注释：虽然本节叙述的方法是用于双视点自由立体显示屏的，但此方法也能用于多视点自由立体显示屏，但必须区分奇、偶视图。

17.3.6　双视点自由立体最佳观看距离

描述：确定双视点自由立体显示屏的 3D 图像最佳观看距离。单位：mm。符号：z_{OVD}。

当观察者的眼睛处于最佳观看距离（OVD）时，观察者将会从如图 17-53 所示屏幕的点 4 与点 6 观看到最小的串扰。使用一只眼睛观看到的点 4 与点 6 的最小串扰角度（θ_{P4} 与 θ_{P6}）可计算最佳观看距离。图 17-54 所示为最佳观看距离的几何关系。

设置：应用如图 17-55 所示的标准设置。

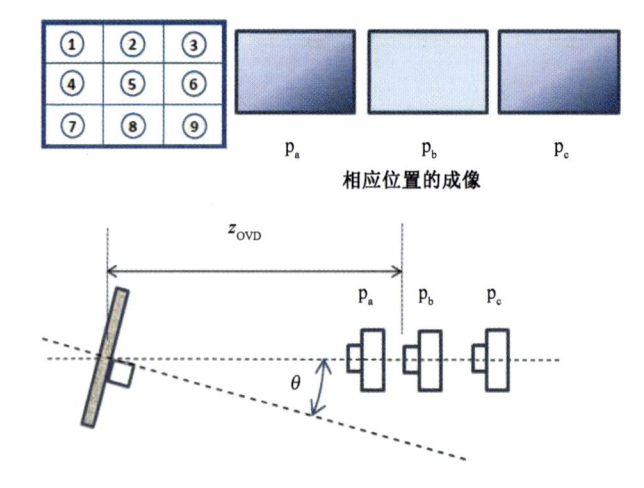

图 17-53　不同观看距离的效果与最佳观看距离；测量位置在显示屏左上方

其他设置条件：使用测量视场角不大于 0.25°（最好不大于 0.2°）的 LMD。LMD 绕显示屏中心、以 r_{DEP} 为半径在水平角度 $-\theta_h \sim +\theta_h$ 内旋转（这个范围超出了制造商通过一个最佳视点确定的视角）。将 LMD 固定在角度分辨率不大于 0.5°（最好不大于 0.2°）的旋转定位设备上。每个视点都有相应的测试图案：两个视点的测试图案都为黑色；或者一个视点的测试图案为白色，另一个为黑色。对于具有眼睛运动追踪功能的显示屏，必须关闭这个功能。

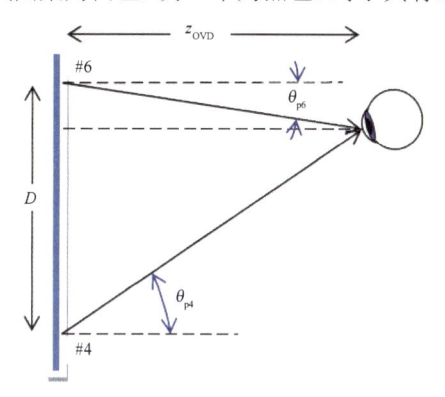

图 17-54　最佳观看距离的几何关系（左眼）　　图 17-55　标准设置

步骤和分析：

（1）当所有视点的测试图案为黑色时，测量显示屏的亮度分布 $L_K(\theta)$。

（2）测量每个视点的亮度分布 $L_i(\theta), i = 1, 2, \cdots, n$，视点 i 的测试图案为白色，其他视点的测试图像为黑色。每个视点的亮度总和应该近似等于所有视点测试图案为白色时测量的立体亮度［与 17.4.1 节的式（17-75）进行比较］。

（3）计算每个视点 i 的立体串扰分布 $X_i(\theta)$，$i = 1, 2, \cdots, n$，并确定串扰最小时的角度 θ_i，$i = 1, 2, \cdots, n$，参照 17.4.1 节的式（17-76）。

（4）从不同的显示屏位置对相同视点重复测量立体串扰（注意：所有点必须位于显示屏的同一行，例如，从 9 点均匀性图中选择点 4 与点 6 进行测量）。

（5）确定立体串扰分布图中最小值对应的角度 θ_i。

（6）测量两个屏幕位置之间的距离 D。这是能将图像最优分离的位置（最佳观察点）。

（7）通过分析测量视点的最小串扰角度的结果来确定最佳观看距离。式（17-72）假设使用的是 9 点均匀性图中的点 4 与点 6：

$$z_{\text{OVD}} = \frac{D}{\tan\theta_{p4} - \tan\theta_{p6}} \quad (17\text{-}72)$$

表 17-26　报告示例

z_{OVD}	600 mm

报告：报告最佳观看距离 z_{OVD}，单位为 mm，如表 17-26 所示。

注释：无。

17.3.7　双视点自由立体观看范围

描述：确定双视点自由立体显示屏（具有眼睛运动追踪或非眼睛运动追踪功能的显示屏）的可用水平观看范围。此范围由最小（或可用的极限）消光比与角度的函数关系确定。**单位**：mm。**符号**：z_{OVR}。

当观察者的眼睛处于最佳观看范围（Optimum Viewing Range，OVR）时，观察者将会在如图 17-56 所示 9 点中的点 4 与点 6 观看到最小串扰。使用左眼（或右眼）观看点 4 或点 6 的最小串扰角度（θ_{P4} 或 θ_{P6}），可计算最佳观看范围。图 17-57 所示为最佳观看范围的几何关系。

设置： 应用如图 17-58 所示的标准设置。

其他设置条件： 使用测量视场角不大于 0.25°（最好不大于 0.2°）的 LMD。LMD 绕显示屏中心、以 r_{DEP} 为半径在水平角度 $-\theta_h \sim +\theta_h$ 范围内转动（此范围超出了制造商通过一个最佳视点确定的视角）。将 LMD 固定在角度分辨率不大于 0.5°（最好不大于 0.2°）的旋转定位设备上。每个视点都有相应的测试图案：两个视点的测试图案为黑色；或者一个视点的测试图案为白色，另一个为黑色。对于具有眼睛运动追踪功能的显示屏，必须关闭该功能。

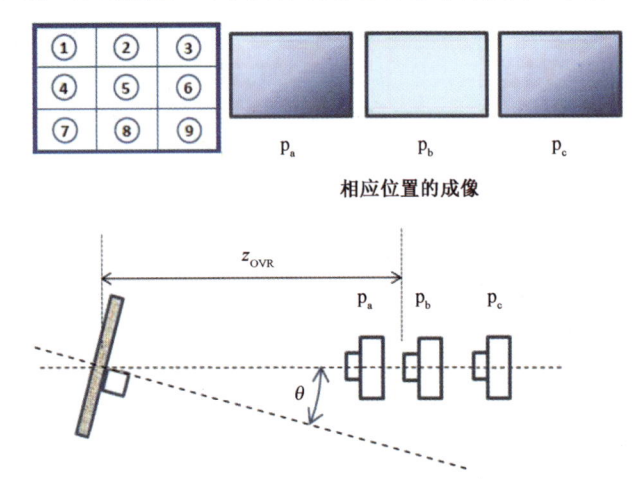

图 17-56　不同观看距离的效果与最佳观看范围；测量位置在显示屏左上方

图 17-57　最佳观看范围的几何关系　　　图 17-58　标准设置

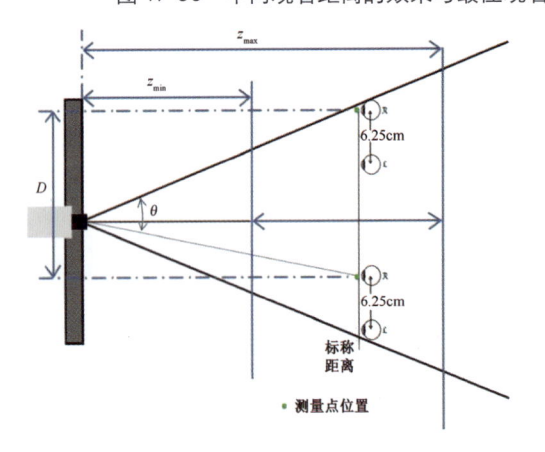

步骤和分析：

（1）当所有视点的测试图案为黑色时，测量显示屏亮度分布 $L_K(\theta)$，如图 17-59 所示。

（2）测量每个视点的亮度分布 $L_i(\theta)$，$i=1, 2, \cdots, n$，视点 i 的测试图案设置为白色，其他视点的测试图像为黑色。单个视点亮度的总和应该近似等于所有视点测试图案为白色时的立体亮度［与17.4.1节式（17-75）进行比较］。

（3）计算每个视点 i 的立体串扰分布 $X_i(\theta)$，$i = 1, 2, \cdots, n$，并确定串扰最小对应的角度 θ_i，$i =1, 2, \cdots, n$，参照17.4.1节式（17-76）。

（4）从不同的显示位置对相同视点的立体串扰进行重复测量（注意：所有点必须位于显示屏的同一行，例如，从9点均匀性图中选择点4与点6，以及附加的点2与点8）。

（5）从立体串扰分布图中确定最小值对应的角度 θ_i。

（6）测量两个屏幕位置之间的距离 D。这是能将图像最优分离的位置（最佳观察点）。

（7）最佳观看范围可通过分析所测视点的最小串扰角度来确定。式（17-74）假设使用的是9点均匀性图中的点4与点6。

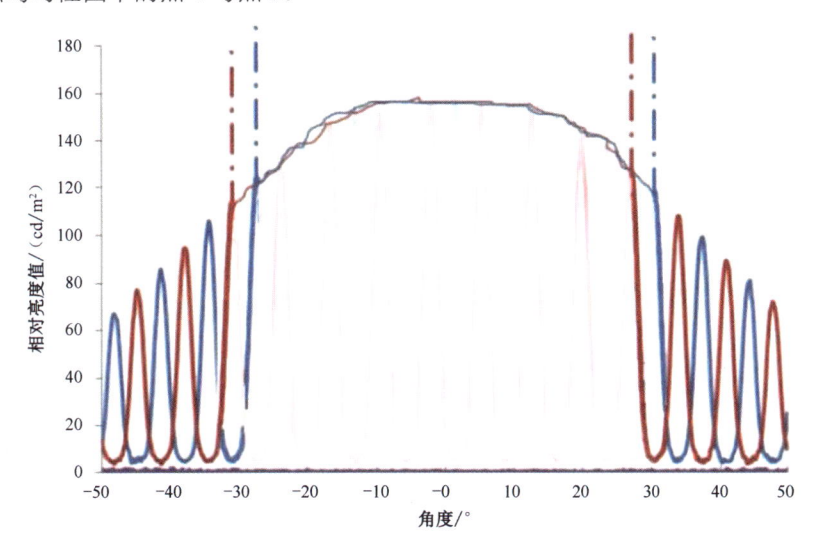

图 17-59　图案亮度分布 $L_{WK}(\theta)$（红线表示左眼观看结果）、$L_{KW}(\theta)$（蓝线表示右眼观看结果）、$L_{KK}(\theta)$（表示背景黑色等级）示例

$$z_{OVR} = z_{max} - z_{min} \tag{17-73}$$

$$z_{max} = \frac{D_{min}}{\tan\theta_{p4} - \tan\theta_{p6}} \tag{17-74}$$

报告：报告最佳观看范围 z_{OVR}，单位为 mm，如表17-27所示。

注释：我们通常使用中间点点4与点6检查观看范围，也可以使用图17-56中的任意一对水平点，如点1与点3，或者点7与点9。

表 17-27　分析示例

z_{OVR}	600 mm

17.4　多视点自由立体显示屏

本节主要讨论多视点自由立体显示屏，对于这种显示屏，观察者可在不佩戴眼镜的情况下在多个位置观察到清晰的图像。可参考17.3节的相关描述，并与本节内容对比。

本节测量包括采用微小角度增量的角度扫描，以便找到最佳观看位置，得到最小串扰角度（最佳观察点）和其性能。这种扫描测量可通过安装于转动台（角度测量装置）上的点亮度计（LMD）或具有高分辨率的锥光相机实现。如果使用 LMD，那么其光学焦距应与观测距离相匹配。由于测量结果容易受测量视场角尺寸的影响，建议测量视场角不大于 0.25°（最好不大于 0.2°）。如果使用锥光相机，那么测量距离应与设备的工作距离匹配。

图 17-60 所示为多视点显示屏的图例，这个例子中，显示屏有 5 个视点。在双视点显示屏中，因为只有左、右眼视点，所以，可使用红-蓝符号表示亮度分布或串扰分布。在多视点情况下，一个视点被认为是左眼视点还是右眼视点取决于观察者在显示屏前的位置。只要右眼视点的数目大于左眼视点的数目，即可观察到立体图像。例如，左眼看到视点 1、右眼看到视点 4，可产生立体图像；而左眼看到视点 4、右眼看到视点 2，则会产生伪立体图像。尤其是对于视点数目较多的显示屏，有可能当左眼看到视点 1、右眼看到视点 4 时，产生立体图像；当左眼看到视点 1、右眼看到视点 7 时，产生的也是立体图像。因此，不可能为右眼分配特定视点，而为左眼分配其他视点。

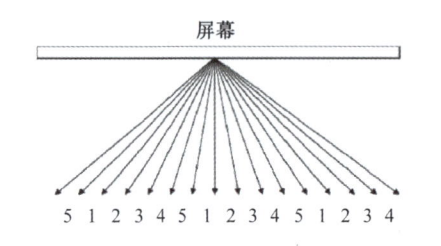

图 17-60 多视点自由立体 5 视点显示屏，显示了最佳观看方向与重复性能

某个视点的测试图案为白色时的角度扫描能给出最佳角度（最佳观察点）的亮度，然后该视点会变暗直至相同数目的下一个视点（见图 17-60）。当一个视点的信号最大时，其他视点的信号很小（但不为 0），这将有助于测定串扰。图 17-61 所示为多视点（7 视点）显示屏的典型扫描图，其中，每个单独扫描用不同颜色线表示（01w, 02w,⋯, 07w）。所有视点的测试图案为白色时的扫描标记为 W，所有视点的测试图案为黑色时的扫描标记为 K。

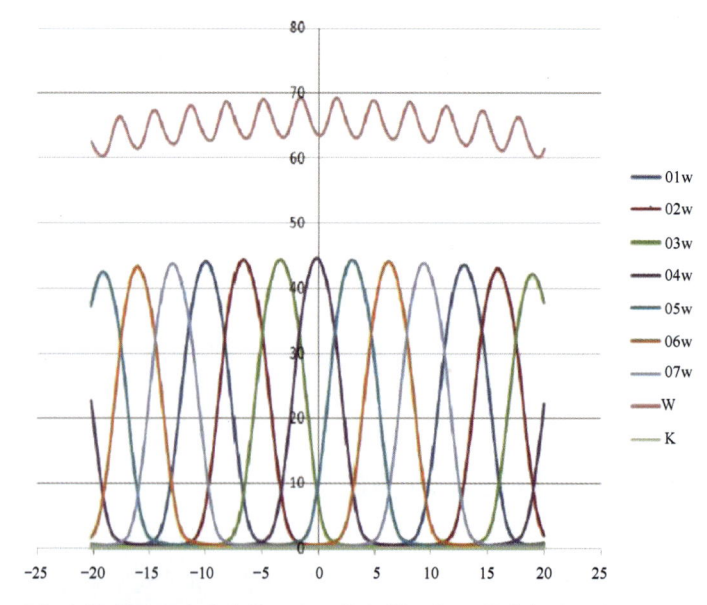

图 17-61 7 视点视差阻隔自由立体显示屏的扫描示例。横坐标表示与法线之间的角度，单位为°；纵坐标表示亮度，单位为 cd/m^2

17.4.1 多视点自由立体串扰

别名：重影、3D 串扰、3D 消光比。
描述：测量多视点自由立体显示屏的立体串扰与消光比。**单位**：%。**符号**：X_{MVave}。
设置：应用如图 17-62 所示的标准设置。

图 17-62 标准设置

其他设置条件：使用测量视场角不大于 0.25°（最好不大于 0.2°）的 LMD。LMD 绕显示屏中心、以 r_{DEP} 为半径，在水平角度 $-\theta_h \sim +\theta_h$ 内转动（这个范围超出了制造商通过一个最佳视点确定的视角），如图 17-63 所示。将 LMD 固定在角度分辨率 $\Delta\theta$ 不大于 0.5°（不大于 0.2°更好）的旋转定位设备上。每个视点都有相应的测试图案：所有视点的测试图案都为白色；所有视点的测试图案都为黑色；一个视点的测试图案为白色，其他为黑色。

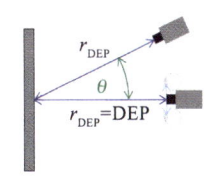

图 17-63 LMD 绕显示屏中心、以与指定观察位置的距离为半径进行亮度-角度扫描

步骤：
考虑一个有 n 个视点的多视点自由立体显示屏，在特定水平角度范围内，以指定观看位置为中心，以 r_{DEP} 为半径，进行如下测量。
（1）当所有视点的测试图案为白色时，测量显示屏的亮度分布 $L_W(\theta)$。
（2）当所有视点的测试图案为黑色时，测量显示屏的亮度分布 $L_K(\theta)$。
（3）设置视点 i 的测试图案为白色，其他视点为黑色，测量每个视点的亮度分布 $L_i(\theta)$，$i = 1, 2, \cdots, n$。所有单个视点亮度的总和应近似等于所有视点的测试图案为白色时的立体亮度：

$$L_W(\theta) \approx \sum_{i=1}^{n} L_i(\theta) \tag{17-75}$$

分析：对每个视点 i，计算总立体串扰 $X_i(\theta)$，$i = 1, 2, \cdots, n$。对每个独立视点 $L_i(\theta)$，从中减去黑色亮度分量 $L_K(\theta)$，然后将所有视点（系数 j）的亮度求和，这个总和因为去除了黑色分量，所以会略小于 $L_W(\theta)$。所有视点总和为式（17-76）中大括号部分。接着将上述求和减去视点 i 的净亮度分量 $[L_i(\theta) - L_K(\theta)]$，从而得到一个描述其他视点对视点 i 贡献的光线总量，然后将其除以视点 i 的净亮度：

$$X_i(\theta) = \frac{\left\{\sum_{j=1}^{n}[L_j(\theta) - L_K(\theta)]\right\} - [L_i(\theta) - L_K(\theta)]}{L_i(\theta) - L_K(\theta)} = \frac{\sum_{j=1}^{n}[L_j(\theta) - L_K(\theta)]}{L_i(\theta) - L_K(\theta)} - 1 \tag{17-76}$$

根据立体串扰曲线找出局部最小值对应的角度 θ_j。用式（17-77）计算平均串扰。

$$X_{\text{MVave}} = \frac{1}{n}\sum_{j=1}^{n} X_j(\theta_j) \tag{17-77}$$

分析示例如表 17-28 所示。

报告：以小数或百分比形式报告平均串扰 X_{MVave}，如表 17-29 所示。

注释：无。

表 17-28　分析示例

X_1	63 %
X_2	61 %
...	...
X_n	45 %

表 17-29　报告示例

中心	X_{MVave}	62%

17.4.2　多视点自由立体亮度

描述：测量多视点自由立体显示屏的平均立体亮度。单位：cd/m^2。符号：L_{MVave}。

在合适角度范围（超过制造商规定的范围，即超出最佳观看位置或最佳观察点）内测量亮度分布（以角度为自变量的函数）。检查串扰分布并确定串扰为最小值时的角度，然后对这些角度的亮度取平均值。

设置：应用如图 17-64 所示的标准设置。

图 17-64　标准设置

其他设置条件：使用测量视场角不大于 0.25°（最好不大于 0.2°）的 LMD。LMD 绕显示屏中心、以 r_{DEP} 为半径在水平角度 $-\theta_h \sim +\theta_h$ 内转动（这个范围超出了制造商通过某一最佳视点确定的角度），如图 17-65 所示。将 LMD 固定在角度分辨率 $\Delta\theta$ 不大于 0.5°（不大于 0.2° 更好）的旋转定位设备上。每个视点都有相应的测试图案：所有视点的测试图案为白色；所有视点的测试图案为黑色；一个视点的测试图案为白色，其他为黑色。

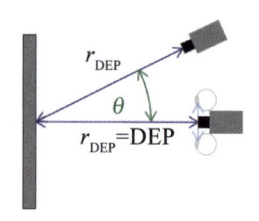

图 17-65　LMD 绕指定观看位置、以固定半径对亮度进行角度扫描

步骤：考虑一台具有 n 视点的多视点自由立体显示屏。在特定水平角度范围，以 r_{DEP} 为半径，按下述步骤测量亮度分布。

(1) 当所有视点的测试图案为白色时，测量显示屏的亮度分布 $L_W(\theta)$。

(2) 当所有视点的测试图案为黑色时，测量显示屏的亮度分布 $L_K(\theta)$。

(3) 设置视点 i 的测试图案为白色，其他视点为黑色，测量每个视点的亮度分布 $L_i(\theta)$，$i=1,2,\cdots,n$。所有单个视点亮度的总和应近似等于所有视点测试图案为白色时的亮度［见 17.4.1 节的式（17-75）］。

分析：对每个视点 i 计算立体串扰分布 $X_i(\theta)$，$i=1,2,\cdots,n$，并确定串扰最小时的角度 θ_i，$i=1,2,\cdots,n$。计算这些角度处的亮度平均值：

$$L_{MVave} = \frac{1}{n}\sum_{i=1}^{n} L_W(\theta_i) \quad (17\text{-}78)$$

表 17-30 分析示例

L_1	220
L_2	212
...	...
L_n	158

分析示例如表 17-30 所示。

报告：报告平均亮度 L_{MVave}，如表 17-31 所示。

注释：无。

表 17-31 报告示例

中心	L_{MVave}	192	cd/m²

17.4.3 多视点自由立体亮度均匀性

别名：条纹、3D 莫尔条纹。

描述：确定多视点自由立体显示屏的立体亮度均匀性（当转动 DUT 时，确定亮度闪烁变化的幅度）。单位：%；符号：U_{MV3D}。

在合适角度范围（超出制造商通过最佳观看位置或最佳观察点确定的角度）内测量亮度分布（以角度为自变量的函数）。这个角度范围内最小亮度与最大亮度之比称为立体亮度均匀性。

设置：应用如图 17-66 所示的标准设置。

图 17-66 标准设置

其他设置条件：使用测量视场角不大于 0.25°（最好不大于 0.2°）的 LMD。LMD 绕显示屏中心、以 r_{DEP} 为半径在水平角度 $-\theta_h \sim +\theta_h$ 内转动（这个范围超出了制造商通过某一最佳视点确定的角度），如图 17-67 所示。将 LMD 固定在角度分辨率 $\Delta\theta$ 不大于 0.5°（不大于 0.2°更好）的旋转定位设备上。每个视点都有相应的测试图案：所有视点的测试图案为白色；所有视点的测试图案为黑色；一个视点的测试图案为白色，其他为黑色。

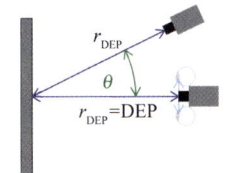

图 17-67 LMD 绕指定观看位置、以固定半径对亮度进行角度扫描

步骤：考虑具有 n 个视点的多视点自由立体显示屏。在特定水平角度范围内，以 r_DEP 为半径，按下述步骤测量亮度分布。

（1）当所有视点的测试图案为白色时，测量显示屏的亮度分布 $L_\text{W}(\theta)$。

（2）当所有视点的测试图案为黑色时，测量显示屏的亮度分布 $L_\text{K}(\theta)$。

（3）设置视点 i 的测试图案为白色，其他视点为黑色，测量每个视点的亮度分布 $L_i(\theta)$，$i=1,2,\cdots,n$。所有单个视点的亮度总和应近似等于所有视点的测试图案为白色时的亮度［见 17.4.1 节的式（17-75）］，如图 17-68 所示。

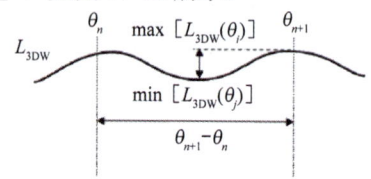

图 17-68　LMD 绕指定观看位置、以固定半径对亮度进行角度扫描得到的亮度变化

分析：对每个视点 i 计算立体串扰分布 $X_i(\theta)$，$i=1,2,\cdots,n$，并确定最小串扰对应的角度 θ_i，$i=1,2,\cdots,n$，见 17.4.1 节的式（17-76）。通过角度 θ_i 确定最小亮度对应的角度 θ_j，见图 17-68。多视点自由立体显示屏的立体亮度均匀性为

$$U_\text{MV3D} = \frac{\max[L_\text{W}(\theta_i)] - \min[L_\text{W}(\theta_j)]}{\max[L_\text{W}(\theta_i)]} \qquad (17\text{-}79)$$

报告：以小数或百分数形式报告立体亮度均匀性 U_MV3D，如表 17-32 所示。

表 17-32　报告示例

中心	U_MV3D	80%

注释：专门评估也许是评价 3D 莫尔条纹存在性的切实可行的方法。

17.4.4　多视点自由立体对比度

描述：确定多视点自由立体显示屏的立体对比度。与立体亮度类似，立体对比度由最小串扰对应的角度 θ_i 来确定。如果已经测得串扰与亮度，则通过下述计算即可得所需结果，C_MV3D 为所有 $C_\text{MV3D}(\theta_i)$ 的平均值。**单位**：无量纲。**符号**：C_MV3D。

设置和步骤：无，使用 17.4.3 节的数据。

分析：采用式（17-80）计算每个最佳视角 θ_i（$i=1,2,\cdots,n$）的立体对比度 $C_\text{MV3D}(\theta_i)$：

$$C_\text{MV3D}(\theta_i) = \frac{L_\text{WW}(\theta_i)}{L_\text{KK}(\theta_i)} \qquad (17\text{-}80)$$

上述各值的平均值为立体对比度：

$$C_\text{MV3D} = \frac{1}{n}\sum_{i=1}^{n}\frac{L_\text{WW}(\theta_i)}{L_\text{KK}(\theta_i)} \qquad (17\text{-}81)$$

报告：报告 C_MV3D，如表 17-33 所示。

注释：无。

表 17-33　报告示例

中心	C_MV3D	250

17.4.5 多视点自由立体最佳观看距离

描述：确定多视点自由立体显示屏的 3D 图像最佳观看距离。单位：mm。符号：z_{OVD}。

当观察者的眼睛位于最佳观看距离处时，观察者将会在图 17-69 中的点 4 与点 6 观看到最小串扰。根据一只眼睛观看点 4 与点 6 的最小串扰角度（θ_{p4} 或 θ_{p6}）可计算最佳观看距离。图 17-70 所示为最佳观看距离的几何关系。

设置：应用如图 17-71 所示的标准设置。

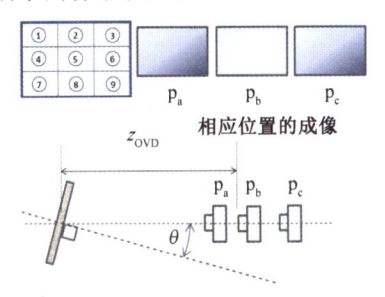

图 17-69 不同观看距离的效果与最佳观看距离。测量位置在显示屏的左上方

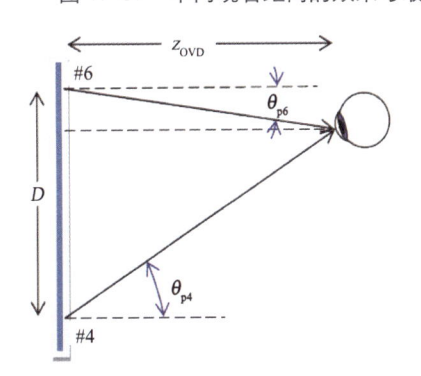

图 17-70 最佳观看距离的几何关系（左眼）　　图 17-71 标准设置

其他设置条件：使用一台测量视场角不大于 0.25°（最好不大于 0.2°）的 LMD。LMD 绕显示屏中心、以 r_DEP 为半径在水平角度 $-\theta_\text{h} \sim +\theta_\text{h}$ 内转动（这个范围超出了由制造商通过某个最佳视点确定的角度）。将 LMD 固定在一个角度分辨率 $\Delta\theta$ 不大于 0.5°（最好不大于 0.2°）的旋转定位设备上。每个视点都有相应的测试图案：所有视点的测试图案为黑色；一个视点的测试图案为白色，其他为黑色。

步骤和分析：

（1）当所有视点的测试图案为黑色时，测量显示屏亮度分布 $L_\text{K}(\theta)$。

（2）测量单个视点的亮度分布 $L_i(\theta)$，$i = 1, 2, \cdots, n$，此时待测视点 i 的测试图案设置为白色，其他设置为黑色。单个视点的亮度求和应近似等于所有视点的测试图案为白色的亮度[见 17.4.1 节的式（17-75）]。

（3）计算每个视点 i 的立体串扰分布 $X_i(\theta)$，$i = 1, 2, \cdots, n$，并确定串扰最小对应的角度 θ_i，$i = 1, 2, \cdots, n$。

（4）从不同的显示屏位置对相同视点的立体串扰进行重复测量（注意：不同点必须位于显示屏的同一行，例如，从 9 点均匀性图中选择点 4 与点 6 位置进行测量）。

（5）根据立体串扰分布最小值确定 θ_i。

（6）测量屏幕上两个位置之间的距离 D。这是图像分离的最佳位置（最佳观察点）。

（7）最佳观看距离可通过分析测量视点的最小串扰角度来确定。式（17-82）假设采用了 9 点均匀性图中的点 4 与点 6：

$$z_\text{OVD} = \frac{D}{\tan\theta_\text{p4} - \tan\theta_\text{p6}} \tag{17-82}$$

报告：报告最佳观看距离 z_OVD，单位为 mm，如表 17-34 所示。

注释：无。

表 17-34　报告示例

z_OVD	600 mm

17.4.6　多视点自由立体视角

别名：自由立体水平视角。

描述：在多视点自由立体显示屏中心，测量以水平视角为自变量的立体系统串扰分布函数。使用此分布函数确定系统串扰超过所选阈值对应的角度。单位：°。符号：$X_L(\theta)$，$X_R(\theta)$，θ_L，θ_R。

设置：应用如图 17-72 所示的标准设置。

图 17-72　标准设置

其他设置条件：使用一台测量视场角不大于 0.25°（最好不大于 0.2°）的 LMD。LMD 放置于显示屏法线上的指定观看位置（距离显示屏中心为 r_DEP），并置于角度分辨率 $\Delta\theta$ 不大于 0.5°（最好不大于 0.2°）的旋转定位设备上，将 LMD 以 r_{DEP} 为半径绕显示屏中心旋转，如图 17-73 所示。使用的测试图案是指定的多视点左、右通道图像（见图 17-74）：①黑/黑；②黑/白；③白/黑。

步骤：在指定观看位置以半径 r_{DEP} 测量左、右视图的亮度分布曲线 $L_{KK}(\theta)$、$L_{KW}(\theta)$、$L_{WK}(\theta)$，如图 17-75 所示。可观看的水平角度范围应该由制造商说明（例如，DUT 有效角度为 $-\theta_h \sim +\theta_h$）。在下列步骤中，先从垂直位置（$\theta=0$）开始测量，然后转向其他方向进行测量。

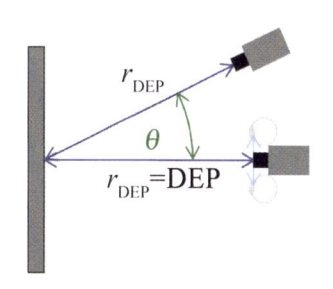

图 17-73 LMD 绕指定观看位置、以固定半径对亮度进行角度扫描

（1）将 LMD 放置于中心位置：$x=0$，$y=0$，$z=z_{DEP}$。

（2）测量要求的亮度：$L_{KK}(0)$、$L_{KW}(0)$、$L_{WK}(0)$。

（3）使 LMD 以 r_{DEP} 为半径，以 $\Delta\theta$（不大于 0.5°，不大于 0.2° 更佳）为角度步幅，在 $-\theta_h \sim +\theta_h$ 内移动以测量亮度。

(a) 黑/黑　(b) 黑/白　(c) 白/黑

图 17-74 测试图案

分析：用亮度分布计算串扰分布，如图 17-76 所示。

（1）根据图 17-75 所示的亮度分布 $L_{KK}(\theta)$、$L_{KW}(\theta)$ 与 $L_{WK}(\theta)$，分别计算左、右通道的立体系统串扰分布 $X_\mathcal{L}(\theta)$，$X_\mathcal{R}(\theta)$：

$$X_\mathcal{L}(\theta) = \frac{L_{KW}(\theta) - L_{KK}(\theta)}{L_{WK}(\theta) - L_{KK}(\theta)} \quad (17\text{-}83)$$

$$X_\mathcal{R}(\theta) = \frac{L_{WK}(\theta) - L_{KK}(\theta)}{L_{KW}(\theta) - L_{KK}(\theta)} \quad (17\text{-}84)$$

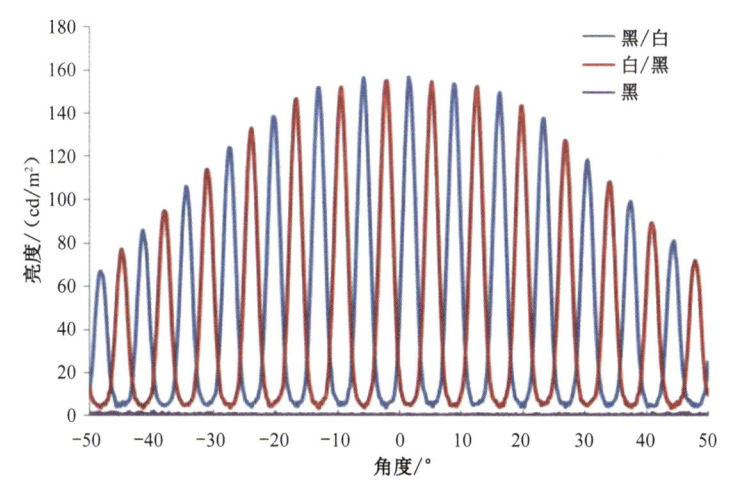

图 17-75 亮度分布 $L_{WK}(\theta)$（红线表示左眼观看结果）、$L_{KW}(\theta)$（蓝线表示右眼观看结果）、$L_{KK}(\theta)$（背景黑色亮度）示例

（2）由式（17-83）、式（17-84），绘制每个通道的系统串扰分布 $X_\mathcal{L}(\theta)$ 与 $X_\mathcal{R}(\theta)$，如图 17-76 所示。

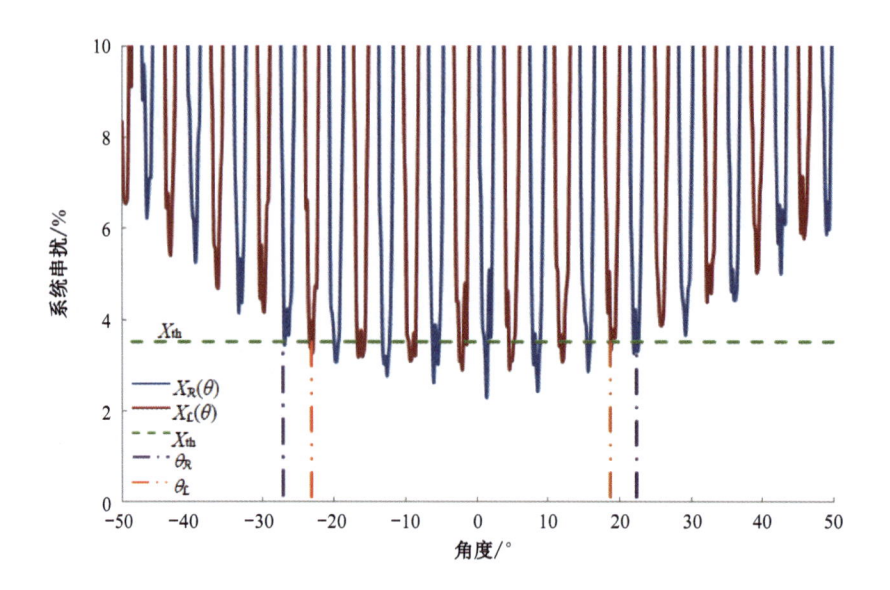

图 17-76　系统串扰分布示例

(3) 使用阈值。立体视角依赖于观察者对立体系统串扰的接受程度。在一个可接受的立体系统串扰阈值 X_{th} 被所有利益相关方确定之后，立体视角 θ_L 与 θ_R 可通过串扰分布最小值低于阈值位置的最大角度范围来确定。

(4) 左眼通道视角 θ_L 由系统串扰阈值 X_{th} 截取的 $X_L(\theta)$ 最外侧的两个谷值确定；右眼通道视角 θ_R 由系统串扰阈值 X_{th} 截取的 $X_R(\theta)$ 最外侧的两个谷值确定。结果可用小数或百分数列于表格中。

分析示例见表 17-35。

报告：报告系统串扰分布图。如果阈值已经选取，报告左、右眼的立体视角 θ_L、θ_R，如表 17-36 所示。

注释：本节介绍的方法可用于双视点自由立体显示屏，也可用于多视点自由立体显示屏，但此时必须区分奇、偶视图。

表 17-35　分析示例

X_L（-49.6°）	6.7%
X_R（-46.4°）	6.4%
...	...
X_L（-29.8°）	4.2%
X_R（-26.8°）	3.5%
X_L（-23.4°）	3.4%
...	...
X_L（18.8°）	3.4%
X_R（22.4°）	3.4%
X_L（25.8°）	3.9%
X_L（29.2°）	3.7%
...	...

表 17-36　报告示例

L_{ave}	162.8
θ_L	42.2°
θ_R	49.2°

17.5　自由立体光场显示屏

本节讨论可使观察者在视区内任意位置无须佩戴眼镜（自由立体）即可观看 3D 效果的立体显示屏。这类立体显示屏称为光场显示屏或积分成像（照相）显示屏，其能在真实空间产生光线。很难区分光场显示屏和连续多视点显示屏，一些文献分几个方面探讨这些问题[1]。

本节测量方法以小角度增量来扫描，从而寻找最佳观看位置（最佳观察点）及邻近的性能。

这个扫描测量可采用一台安装于转动台上的点光度计（LMD）或高分辨率锥光相机进行。扫描也是寻找每个最佳观看位置（最佳观察点）周围的观看自由度的依据。当采用 LMD 时，其光学焦距应该与观看距离匹配；锥光相机的工作距离应该与系统焦距匹配。由于测量视场角的大小可能对测量结果有影响，因此，建议测量视场角不大于 0.25°（最好不大于 0.2°）。

光场显示屏以光学原理为基础，光场显示屏发射的光束为平行光线，而非在给定距离将图像孤立地聚焦于每只眼睛，因此，眼睛仅能在迎着光线直射的方向观看。光束的选择取决于两眼之间的距离，即瞳孔间距，如图 17-77 所示[2]。图 17-77 所示的两种方式都采用了柱状透镜。该原理可延伸至多透镜及 3D 显示中的类似性能。对于自由立体成像，2D 柱状透镜足以满足使用要求。

对于光场显示屏（见图 17-78），当观察者移动时，相同的像素将会对其中一只眼睛显示。这需要满足的条件是，眼睛的瞳孔间距保持不变并和像素间距匹配。因此，在这种情况下（在多视点情况下也是），采用具有足够像素及像素间距的高分辨率显示屏很重要。

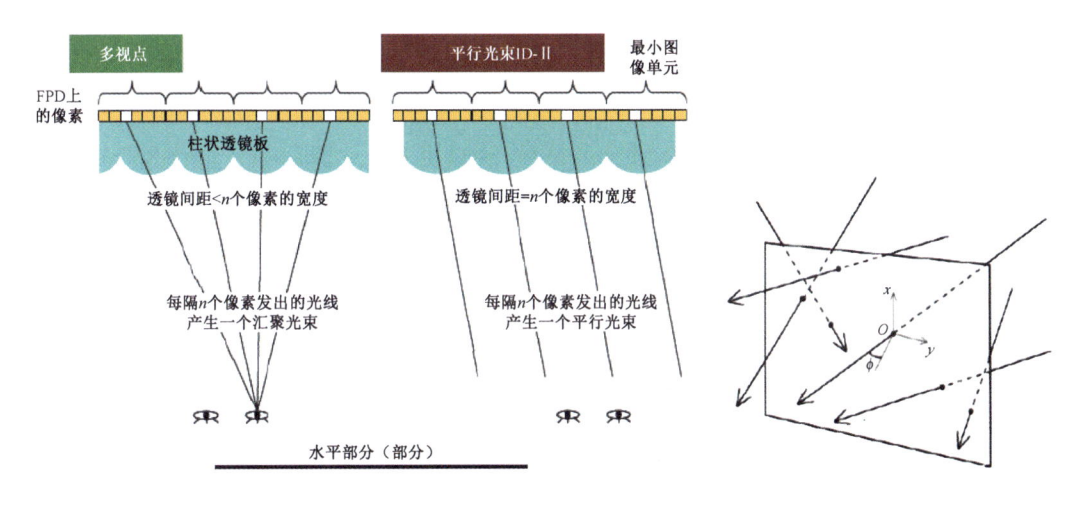

图 17-77　多视点显示屏与光场显示屏对比

图 17-78　光场（Light Field）

---

[1] 此处原书参考资料：

[1] Hoshino *et al.*, "Analysis of resolution limitation of integral photography", J. Opt. Soc. Am. A, Vol.15, No. 8, pp. 2059-2065, 1998.

[2] T. Saishu and K. Taira, "Resolution analysis of lenticular-sheet 3D display system", Proc. of SPIE, Vol. 6778, 67780E1-8, 2007.

[3] T. Saishu, "Resolution Measurement of Autostereoscopic 3-D Displays with Lenticular Sheet", Proc. of IDRC, P.32, pp.233-236, 2008.

[2] 此处原书参考资料：T. Saishu and K. Taira, "Resolution analysis of lenticular-sheet 3D display system", Proc. of SPIE, Vol. 6778, 67780E1-8, 2007.

背景：

光场提供 3D 信息的综合呈现，它将 3D 景物看作由 3D 景物中的点发射或反射的许多光线的总和。基于 Michael Faraday 于 1846 年发表的光通量讲义《光束振动的思考》，"光场"一词最早由 Levoy 等[1]（*Thoughts on Ray Vibrations*）用来描述 3D 信息，其中，光被描述为射线或场，并于 1874 年由麦克斯韦方程组具体化描述。Levoy 提供了对上述文献中的光场成像理论与实践的调研[2]。

表面光场是一个 4 维函数——$f(x, y, \theta, \varphi)$，它能够完全定义物体表面上的任意一点在任意观测方向的出射辐射亮度。该函数的第一组参量 (x, y) 描述的是表面位置，第二组参量 (θ, φ) 描述的是观测方向[3]。

根据参照平面（假想平面，即显示屏屏幕），使用光束与平面的交点和投射角度对可见光束进行描述。交点为平面上的一个位置点，方向为偏离屏幕法线的角度（两个参数），用 4 个参数对光线进行描述。

在显示特性上，3D 光场的呈现是理想的，因为显示 3D 图像的目的是重建来自场景的可见光束，在真实空间中重现与人眼视觉处理的参数相同的光束，如图 17-79 所示。这些参数为方向、位置、强度与颜色。偏振与相位、3D 技术的特性对人眼感觉的影响不大，可用于重建看起来自然的光场。

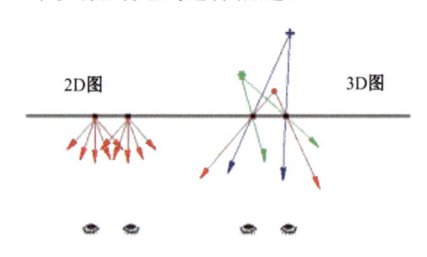

图 17-79 选择方向的光发射

选择性的光发射方向是由屏幕组成的 3D 系统的常见特性，它对于体三维系统的外表面依然成立，甚至适用于那些具有特殊设计的系统。对其最一般的描述是定义输出特性，这个输出特性与光学效应、设备或显示技术无关。以一定的控制方式，使每个点能够向多个方向辐射多种强度和颜色的光束，这样的光发射点组成的一个平面即理想的 3D 显示屏。

对于本节讨论的 3D 显示屏，观察者可位于视区内任何位置，并且无须佩戴眼镜。相比于 2D 显示屏，对 3D 显示屏的评价需要考虑角度。

显示屏上与每个点发射的光束有关的光发射特性是空间重建的关键参数，它间接地提供了测量 3D 显示屏特性的基础。

（1）光发射锥体如图 17-80（a）所示，其角度确定了视场（Field-Of-View，FOV），如图 17-80（c）所示。

（2）在角分辨率范围内，独立光束的数目确定了景深（Field-Of-Depth，FOD），如图 17-80（b）所示。

光场重建作为一种分布式图像组织方法，能提供连续的 3D 视点，从而使光场系统不同于有限离散视点的多视点系统（尽管具有无数视点的多视点系统与光场系统的性能相似）。光场显示屏并不重建视点，而是专注于处理空间点，每个观察者都能在相同物理位置观看 3D 物体，从而形成一个客观的、独立于观察者的视点。除双目视差之外，光场显示屏提供

---

[1] 此处原书参考资料：Marc Levoy, "Light Fields and Computational Imaging", IEEE Computer magazine, August, 2006.

[2] 此处原书参考资料：M. Levoy, and P. Hanrahan, "Light Field Rendering", Proc. ACM SIGGRAPH, pp. 31-42, August 1996.

[3] 此处原书参考资料：Wei-Chao Chen, Jean-Yves Bouguet, M. H. Chu, R. Grzeszczuk, "Light Field Mapping: Efficient Representation and Hardware Rendering of Surface Light Fields", Proc. ACM SIGGRAPH, 2002.

额外的深度信号，如连续（运动）视差，这是自然 3D 视觉中最重要的因素，如图 17-81 所示。

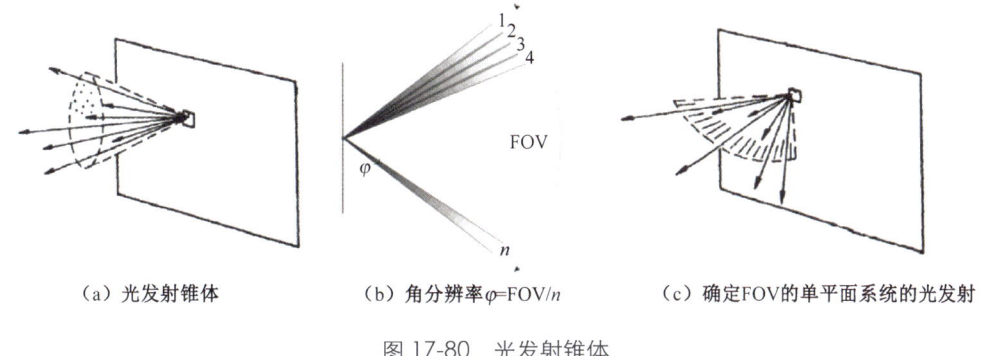

（a）光发射锥体　　（b）角分辨率 φ=FOV/n　　（c）确定FOV的单平面系统的光发射

图 17-80　光发射锥体

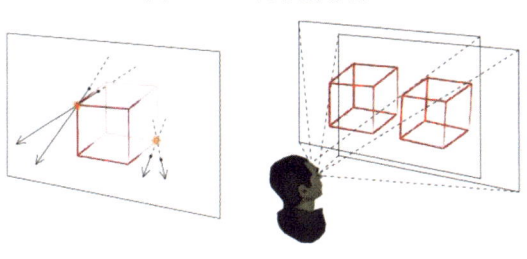

图 17-81　客观和主观显示

光场显示屏可通过全息显示、基于投影的系统与积分成像的某些特定设计来实现[1]。

显示特性，如亮度、对比度、分辨率、刷新率、颜色、均匀性等的测量，本质上算是对传统 2D 显示屏的测量；对于 3D 显示屏，角度性能是基本的。因此，除上述特性之外，对 3D 显示屏，应该关注亮度差/色差、几何失真、3D 分辨率、FOV、深度测算等性能。

17.5.1　角分辨率

别名：景深范围、景深。

描述：在光场显示屏中心，测量以水平视角为自变量的角分辨率函数。使用这个分布函数确定最大显示深度。单位：°，m。符号：$\Delta\theta$，D_{OF}。

应用：此测量方法可应用于光场显示屏和多视点自由立体显示屏。

设置：应用如图 17-82 所示的标准设置。

图 17-82　标准设置

其他设置条件：使用一台测量视场角不大于 0.25°（最好不大于 0.2°）的 LMD。LMD 放置于显示屏中心法线上的指定观看位置（距离显示屏中心为 r_{DEP}），使用角分辨率 $\Delta\theta$ 不大于

---

[1] 此处原书参考资料：Tibor Balogh，"The HoloVizio system"，Proc. SPIE 6055, 60550U（2006）; doi:10.1117/ 12.650907.

0.5°（不大于 0.2°更佳）的旋转定位设备，将 LMD 以半径 r_{DEP} 绕显示屏中心旋转，如图 17-83 所示。使用的测试图案是指定的双视点左、右通道图像：①黑/白；②白/黑；③白/黑。

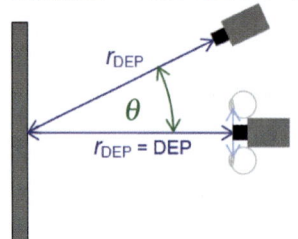

图 17-83 LMD 绕指定观看位置、以固定半径对亮度进行角度扫描

步骤：

（1）测量自由立体视角（见 17.3.5 节）。左/右侧值分别为 θ_L、θ_R。

（2）当所有视点测试图案为白色时，测量显示屏的亮度分布 L_W。

（3）当所有视点测试图案为黑色时，测量显示屏的亮度分布 L_K。

（4）将待测视点 i 的测试图案设置为白色，其他视点设置为黑色，测量单个视点的亮度分布 L_i，$i=1,2,\cdots,n$。单个视点的亮度总和应近似等于所有视点的测试图案设置为白色时测量的立体亮度。

表 17-37 分析示例

L_{KW}（-49.6°）	63
L_{WK}（-46.4°）	75
…	…
L_{KW}（-29.8°）	120
L_{WK}（-26.8°）	130
L_{KW}（-23.4°）	138
…	…
L_{KW}（18.8°）	144
L_{WK}（22.4°）	140
L_{KW}（25.8°）	135
L_{WK}（29.2°）	125
…	…

分析：

（1）在黑/白测试图案的自由立体视角内，统计局部亮度峰的数目，结果记为 N_{KW}。

（2）在白/黑测试图案的自由立体视角内，统计局部亮度峰的数目，结果记为 N_{WK}。

分析示例如表 17-37 所示。

报告： 报告角分辨率 $\Delta\theta$。角分辨率 $\Delta\theta$ 定义为 θ_L 与 θ_R 之和除以局部亮度峰数目之和。

$$\Delta\theta = \frac{\theta_L + \theta_R}{N_{WK} + N_{KW} - 1} \tag{17-85}$$

最大显示深度（或景深，D_{OF}）与角分辨率紧密相关，它可由像素尺寸 P_{ix} 与角分辨率 $\Delta\theta$ 计算获得。超过 D_{OF} 范围，可能出现图像混叠失真（或其他伪立体图形，取决于显示屏的类型）。D_{OF} 可通过将显示屏（LCD，PDP 或投影图像）的像素尺寸 P_{ix} 除以角分辨率的正切值计算得到：

表 17-38 报告示例

$\Delta\theta$	1.3°
D_{OF}	0.5m

$$D_{OF} = \frac{P_{ix}}{\tan(\Delta\theta)} \tag{17-86}$$

报告示例如表 17-38 所示。

17.5.2 有效视区

别名： 视场、观看自由度。

描述：使用定量或定性的方法表征或测量视场及视场内的有效视区。定性测量方法可采用小角度增量扫描，以确定任意一对视点之间正确视差的有效视区。这种扫描可采用点光度计（LMD）或安装于移动平台且覆盖预测 FOV 区域的高分辨率锥光相机。单位：%。符号：V_{VA}。

应用：这种测量可应用于光场显示屏与多视点自由立体显示屏。

设置：应用如图 17-84 所示的标准设置。

图 17-84 标准设置

其他设置条件：使用一台测量视场角不大于 0.25°（最好不大于 0.2°）的 LMD。LMD 放置于显示屏中心法线上距离显示屏中心为 r_{DEP} 的指定观看位置。对于多视点显示屏，指定观看位置应匹配光发射范围的共同区域。采用一台角分辨率 $\Delta\theta$ 不大于 0.5°（最好不大于 0.2°）的旋转定位设备，将 LMD 以半径 r_{DEP} 绕显示屏中心旋转，如图 17-85 所示。

这种测量需要两台平行的、距离为标准瞳孔间距（对于成年人，典型值为 6.25cm，有时使用 6.5cm）的 LMD。两台 LMD 对准显示屏中心，或者一台 LMD 可在间隔 6.5cm 的两个位置使用。测量全白场对应的亮度分布。

在非连续视点情况下，需要确定有效视区（正确视差），如图 17-86 所示。使用多个等级亮度的图案。在这种情况下，使用单色视图，每个视图使用 0~255 的线性等级亮度。亮度等级数由 255 除以视点数目计算得到。图案亮度的 0 级应位于最左侧，255 级应位于最右侧。

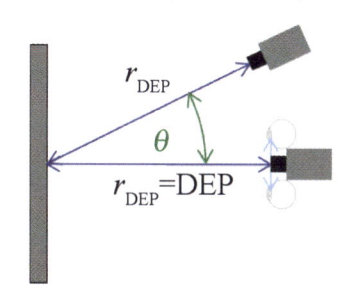

图 17-85 LMD 绕指定观看位置、以固定半径进行角度扫描

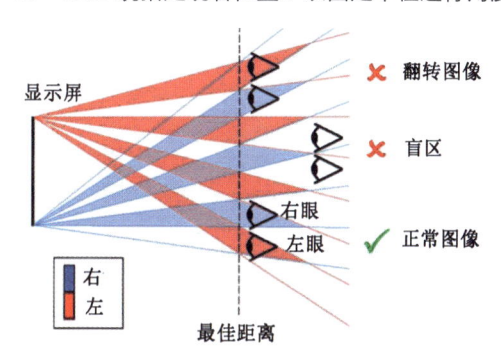

图 17-86 有效视区与无效视区示例

对于光场显示屏，确认有效视区（正确视差）的方法如下：使用角度单调递增的灰阶图案（如由 0 至 255）扫描正确视差的有效区域。边界位于扫描方向测得的强度值的第一个拐点处。第一个图案的 0 级在左边，255 级在右边。

步骤： 执行下述测量步骤以测量有效视区。

（1）测量自由立体视角，θ_L、θ_R 分别表示左、右侧通道的值。进一步测量必须在 $\theta_L \sim \theta_R$ 范围内进行。

（2）当所有视点的测试图案为白色时，测量显示屏的亮度分布 $L_W(\theta)$。

（3）当显示灰阶测试图案时，测量显示屏左、右通道的亮度分布 $L_{GL}(\theta)$ 与 $L_{GR}(\theta)$。示例测量结果如图 17-87 所示。

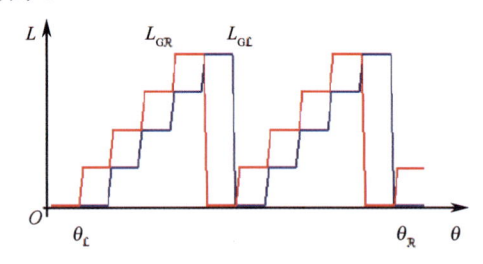

图 17-87 显示灰阶测试图案时的亮度分布示例

分析：

（1）采用全白场亮度数据对测量的灰阶亮度数据进行归一化。

（2）计算右边探测器亮度数据与左边探测器亮度数据的差值：

$$L_{\text{Diff}}(\theta) = \frac{L_{GR}(\theta) - L_{GL}(\theta)}{L_W(\theta)} \tag{17-87}$$

（3）图 17-88 显示了有效视区与无效视区。较大的负值表示无效视区，其他 θ 值表示有效视区。阈值应选一个较小的负值，如 −0.25。

$$\theta - L_{\text{Diff}}(\theta) > -0.25 \tag{17-88}$$

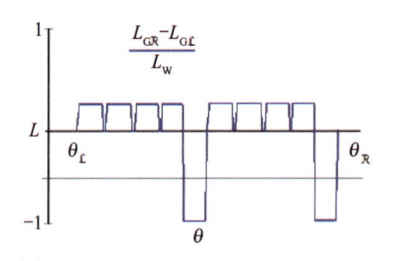

图 17-88 确定有效视区示例

报告： 报告视区 A_{VA}，其为有效视角与自由立体视角的比值，可用小数或百分数表示，如表 17-39 所示。

$$A_{VA} = \frac{\theta_{\text{Valid}}}{\theta_L + \theta_R} \tag{17-89}$$

根据定性特征确定视场是连续的（无间断区域，即整个 FOV 区域都为有效点）还是不连续的，或是有效点和无效区域同时存在。

所得结果为有效视区图，该区域能提供未串扰的 3D 视图，用于描述 FOV 的形状与尺寸，如图 17-89 所示。

表 17-39 报告示例

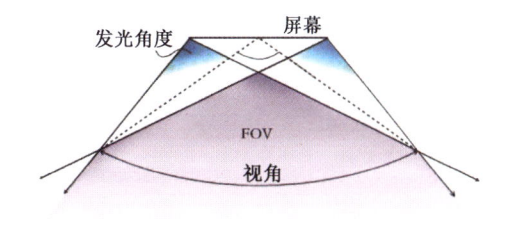

A_{VA}	80%

图 17-89 有效视区的形状和尺寸示例

注释：无。

17.5.3　3D 几何失真

描述：为了测量 3D 场景重建的质量、正确重建 3D 几何结构的能力、显示稳定 3D 影像的能力（如果观察者移动，参考物体不会移动并完全保持在它看上去应该在的位置，即 3D 物体的位置不依赖于观察者的位置），对相应参考物体的性能进行测量。**单位**：%。**符号**：D_{ist}。

应用：本测量可应用于光场显示屏与多视点自由立体显示屏。

设置：应用如图 17-90 所示的标准设置。

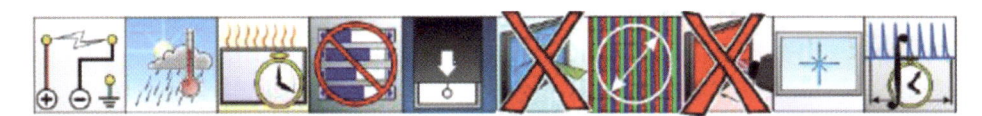

图 17-90　标准设置

其他设置条件：采用一台测量视场角不大于 0.25°（最好不大于 0.2°）的高分辨率锥光相机或离散 LMD，将其安装于移动轨迹为圆形的平台上，以 r_{DEP} 为半径，指向屏幕中心进行扫描。旋转定位设备的角分辨率 $\Delta\theta \leqslant 0.5°$，如图 17-91 所示。

测试图案：在屏幕前方距离屏幕为屏幕宽度 1/10 处的黑色背景上显示 3 个像素宽度的白色竖条。

参考物体：用一个 3 个像素宽的白色竖条将黑色薄板一分为二，黑色薄板的尺寸与屏幕尺寸相同，白色竖条与显示屏的距离为 1/10 的屏幕宽度，如图 17-92 所示。

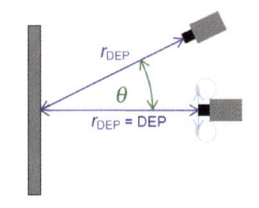

图 17-91　LMD 绕指定观看位置、以固定半径进行角度扫描

信息显示测量标准

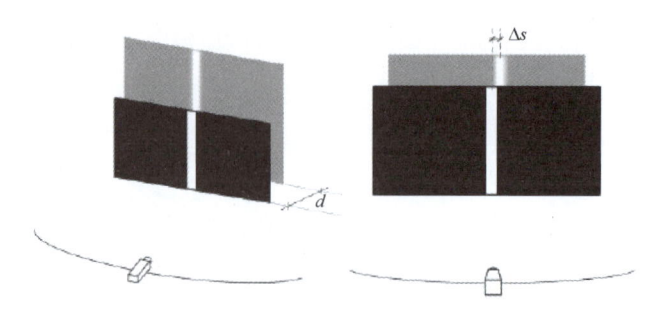

图 17-92 表征 3D 失真的测量方法

步骤：

测量测试图案中心与参考物体中心之间的位移 Δs，Δs 为测量方向 θ 的函数。测量范围在自由立体视角 θ_L 与 θ_R 之间。样品位移测量如图 17-93 所示。测量示例如表 17-40 所示。

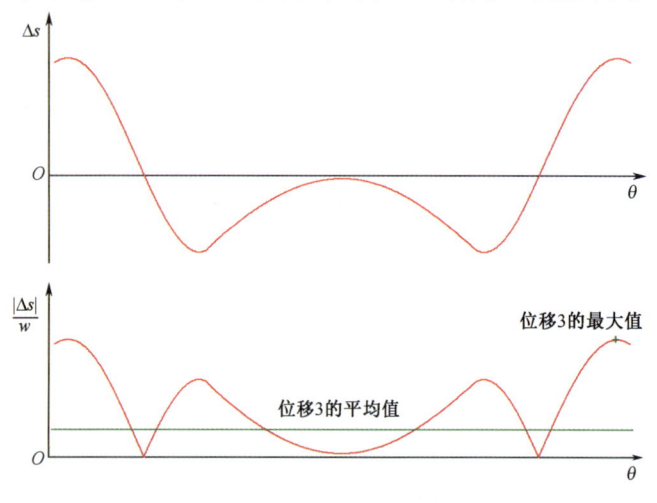

图 17-93 样品位移测量

表 17-40 测量示例

θ_i	Δs
42°	5.6 mm
41°	5.9 mm
40°	5.2 mm
39°	5.0 mm
38°	4.3 mm
...	...
-41°	6.0 mm
-42°	5.4 mm

分析： 用屏幕水平尺寸 w 对 Δs 的绝对值进行归一化，从而计算随角度变化的 3D 失真 D_{ist}（相机位于离轴位置）。

$$D_{ist}(\theta_i) = \frac{|\Delta s(\theta_i)|}{w}$$

报告：

平均失真等级 $D_{\text{ist-avg}}$（FOV 范围内位移）为

$$D_{\text{ist-avg}} = \frac{1}{n}\sum_{i=1}^{n} D_{\text{ist}}(\theta_i)$$

其中，n 为测量点的数目。

测量的最大失真等级 $D_{\text{ist-max}}$（FOV 范围内位移）作为 $\Delta s(\theta_i)/w$ 的最大值。

报告示例如表 17-41 所示。

表 17-41 报告示例

$D_{\text{ist-avg}}$	3.1%
$D_{\text{ist-max}}$	9.5%

17.5.4 光场自由立体图像分辨率[1]

别名：2D 等效分辨率。

描述：通过可控制光束/像素的总数对显示屏进行定量描述。测量自由立体显示屏的单位深度的分辨率性能。**单位**：cycle/mm、px。**符号**：R_{total}、β_{3D}、β_{2D}。

应用：这种测量可应用于光场显示屏或光发射积分型自由立体显示屏。

设置：应用如图 17-94 所示的标准设置。

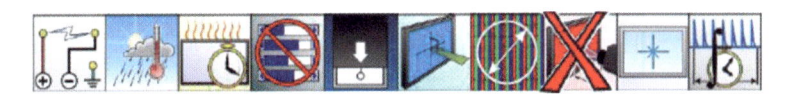

图 17-94 标准设置

其他设置条件：

1) 固定测量条件

相机（如 CCD）应具备以下性能：

- 高分辨率（分辨率大于显示屏光学元件分辨率的 2 倍）。
- 低几何失真（5%以内）或具有相机几何校准（与校正）功能。
- 相机的伽马应进行校准（$\gamma=2.2$）。
- 相机的景深应大于评估的景深范围。
- 相机的焦距应为 3D 图像的深度。如果可能，相机的景深应位于显示屏表面与显示的 3D 图像最大深度之间（这意味着相同的焦距应能测量全部数据）。

2) 配置的测量条件

测试图案：具有深度的正弦图案（立体图像），如图 17-95 所示。（通常，测试图案由显示面板供应商提供。如果知道显示面板与光学系统之间的关系，那么就可根据下面的

---

[1] 此处原书参考资料：

[1] Hoshino et al., "Analysis of resolution limitation of integral photography", J. Opt. Soc. Am. A, Vol.15, No. 8, pp. 2059-2065, 1998.

[2] T. Saishu and K. Taira, "Resolution analysis of lenticular-sheet 3D display system", Proc. of SPIE, Vol. 6778, 67780E1-8, 2007.

[3] T. Saishu, "Resolution Measurement of Autostereoscopic 3-D Displays with Lenticular Sheet", Proc. of IDRC, P.32, pp.233-236, 2008.

公式创建测试图案。）

根据下式计算正弦图案：

$I=A\sin(\omega x)$，其中，A 为常数；ω 为以弧度为单位的频率；x 为位置。

3）测量位置

相机位置：指定观看位置（DEP）（如果存在）。

相机方向：与主要用法相同（通常情况下为竖直方向）。

捕捉区域：整个显示区域。

图 17-95　正弦图案示例

步骤：

（1）显示一幅具有深度的正弦图案。

（2）使用经校准的高分辨率相机捕捉图像。

（3）重复显示一组测试图案。

（4）重复测量水平与竖直测试图案。

分析：

（1）存在没有指定观看位置/最佳观看距离的光场显示屏，且其技术并非基于透镜。

（2）这意味着应使用像素替代第 2 面透镜。如果 DUT 基于透镜技术，那么应把透镜的尺寸作为像素尺寸。

（3）如果没有最佳（标准）观看位置，那么以 cycle/rad 为单位测量图像分辨率没有意义。

（4）使用最佳观看距离 L，如 z/L 作为归一化因子也没有意义。使用显示屏的对角线尺寸 D 更加有用。用 D 替代 L 不会改变任何曲线的形状。

（5）建议在深度 z 处使用水平/竖直分辨率，以 cycle/mm 或 px×px 为单位进行测量。

（6）对捕捉到的正弦图案图像在竖直方向进行平均（见图 17-96）。

（7）通过与参考图案对比，计算图案的对比度（见图 17-97）。该步骤等价于在每个深度位置进行 MTF（调制传递函数）测量。

（8）绘制对比度-深度曲线。该曲线对应于评估分辨率的分辨率极限-深度曲线（见图 17-98）。

分析示例如表 17-42 所示。

报告： 报告的相对频率值 β_{3D} 为深度 z 处的 2D 图像分辨率，是来自图 17-98 的值。报告的 2D 等效分辨率为 β_{2D}。

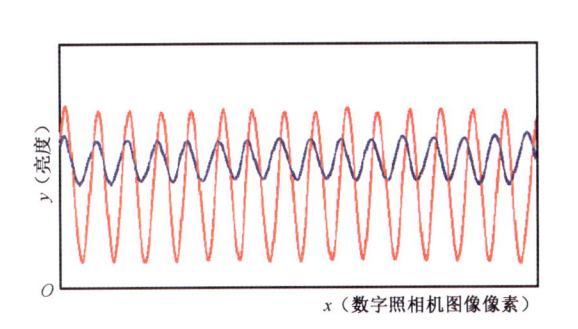

图 17-96 显示的正弦图案拟合曲线示例，红线与蓝线分别为正弦图案在 z=0 与 z=0.03D 处的亮度

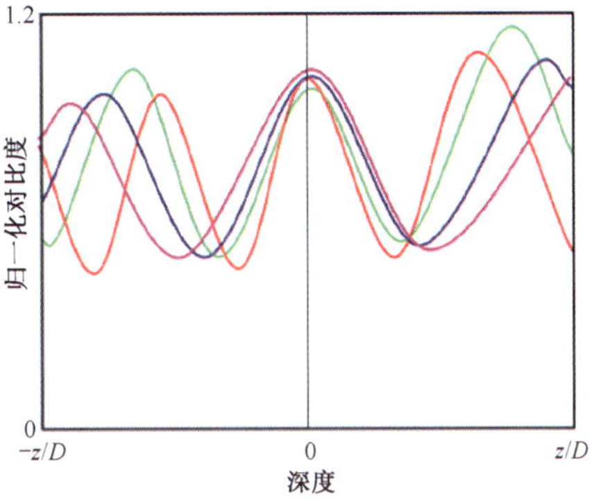

图 17-97 归一化的对比度曲线示例

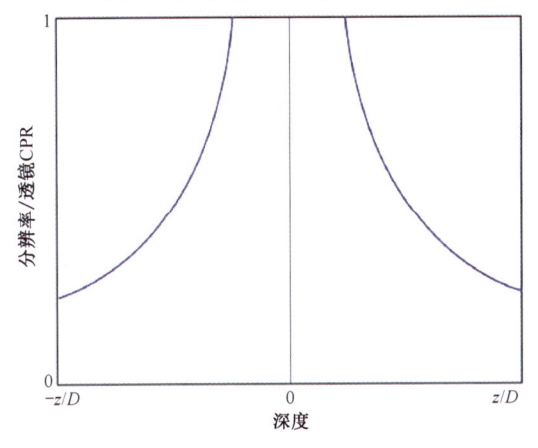

图 17-98 分辨率极限-深度曲线示例

表 17-42 分析示例

β_{3D}	1

在水平方向：

$$\beta_{2D\text{-}H} = \beta_{3D}(z=0) \times \frac{w}{P_{ix}}$$

在竖直方向：

$$\beta_{2D\text{-}V} = \beta_{3D}(z=0) \times \frac{h}{P_{ix}}$$

其中，w 为显示屏宽度；h 为显示屏高度；P_{ix} 为像素尺寸。

在基于平板显示屏的系统中，总分辨率 R_{total} 等于平板显示屏能够控制的像素数目。在基于投影的光场显示屏中，光束总数等于每个投影引擎发射的光束总和，即

$$R_{total} = R_x \times R_y \times N_{projs}$$

其中，R_{total} 为总分辨率；R_x 为水平方向的分辨率；R_y 为竖直方向的分辨率；N_{projs} 为投影数目。报告示例如表 17-43 所示。

表 17-43 报告示例

	0.4 z/D	0.2
	0.2 z/D	0.3
	0.1 z/D	0.5
	0.05 z/D	0.8
β_{3D}	0 z/D (z=0)	1
	-0.05 z/D	0.8
	...	...
β_{2D}		1280px×720px
R_{total}		70Mpx

17.6 测试图案

17.6.1 立体显示屏图案

立体显示屏基于双目视差的原理，立体影像的关键来自人眼在水平方向上分开一定距离的事实。两眼的间隔意味着在观看物体时，左、右眼看到的物体有轻微的差别（称为双目视差），从而使左、右眼视网膜上的成像产生横向偏移（双目差异）。因此，在测试显示屏时，必须模拟自然的情况，使每只眼睛产生独立的图像。下述基本测试图案集包括左眼图案与右眼图案。对于每种技术，当将图案应用于显示屏产生双目视差时，图案必须经过修正。例如，在有些自由立体显示屏中，双目视图分别由阻隔显示屏上的奇/偶列提供；在时分复用显示屏中，双目视图由时序帧图像提供；在空间复用显示屏中，使用反射镜，双目视图由两个分开匹配的显示屏提供。针对每种情况，下面讨论的测试方法旨在帮助确认以下特性的差异：对比度、亮度、色度及漏光或串扰（光线由一个视图进入另一个视图产生重影图像）。例如，如果将左眼视图设置为白色图案，右眼视图设置为黑色图案，交替关闭左眼和右眼的视图，找出有多少光从一只眼睛泄漏至另一只眼睛。尽管左眼/右眼的图案有关联，然而每个图案具有独立的左、右眼部分（分别为左边和右边）。图案集可从 ICDM 官网下载。

在进行严格测试之前，强烈建议使用上述讨论的图案（或你选择的类似图案）进行目测。目测可很容易地识别未对准、通道的信号缺失、错误颜色驱动问题或其他类似问题（这些问题只有花时间测试才能发现）。注意：小部分人看不到立体效果，应该检查他们的视力以了解这一点。

1. 用于校准与放大的图案

在进行全面测试之前，用于校准与放大的图案（见图 17-99～图 17-101）具有以下用处：校准两个通道（左/右眼）、检验左/右眼的放大倍率是否相同、确认左/右眼的合适取向。应校正栅格线条之间的未对准，直到它们与显示屏系统的分辨率或观察者的视觉灵敏度重叠。水平直线的校准（竖直方向校准）尤其重要。在测试之前，应由显示屏供应者或测试者进行校准。标记 LEFT 的方格应对左眼可见。如果这些图案不能满足以上要求，应检查系统的线缆连接或安装设置是否正常。

图 17-99 双眼栅格图案，用于校准与检测放大倍率

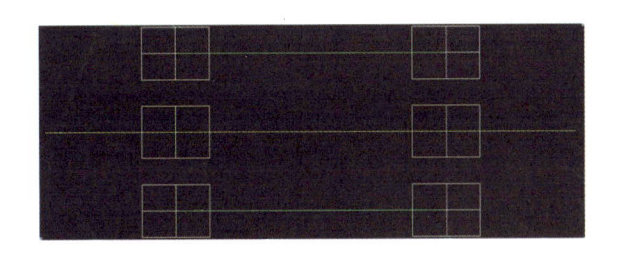

图 17-100　双眼方格与水平线，用于校准

图 17-101　具有标记的矩形，帮助确认左眼观看左边的方块

2. 用于目测的图案

颜色图案用于帮助检查所有颜色编码与连接是否正常，并且是否存在显著色偏的光学效应。在图 17-102～图 17-108 中，应能观察到左、右边，以及类似的水平颜色条。这些图应不存在深度效应（无双目差异）。模糊的边界意味着系统中可能存在显著串扰（鬼影）。

图 17-102　颜色图，对左、右眼的显示应相似

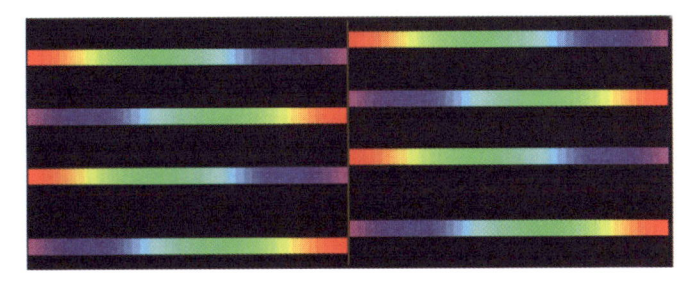

图 17-103　水平颜色图案，每对颜色看起来应相似

图 17-104　立体图像，用于目测（一）

图 17-105　立体图像，用于目测（二）

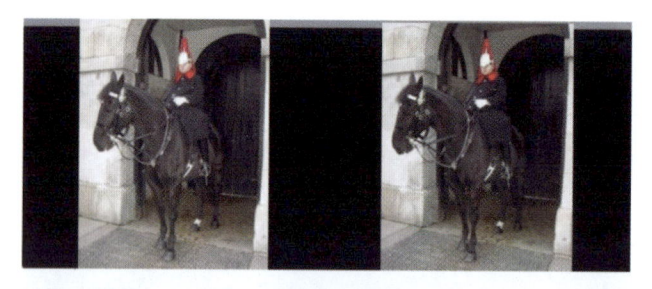

图 17-106　立体图像，用于目测（三）

图 17-107　立体图像，用于目测（四）

图 17-108　立体图像，用于目测（五）

3. 用于目测串扰的图案

为了避免双目竞争，两眼不能同时观看图 17-109~图 17-118 所示的图案。仅用一只眼睛观看不带灰度条的黑白渐变图；如果能在黑白渐变图上观察到灰度条的微弱图像，那么表明存在串扰问题。以相似的方式，能够给出头部倾斜与头部位置对串扰的影响。

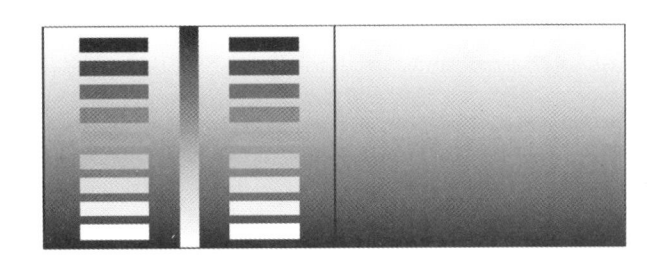

图 17-109　仅用右眼观察串扰的图案（一）

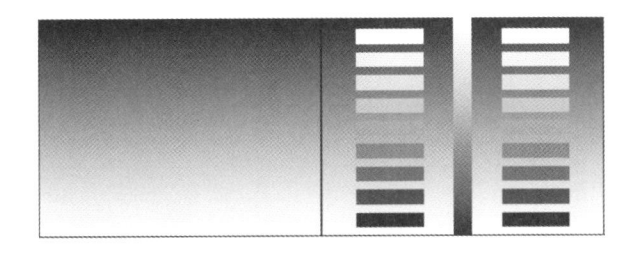

图 17-110　仅用左眼观察串扰的图案（一）

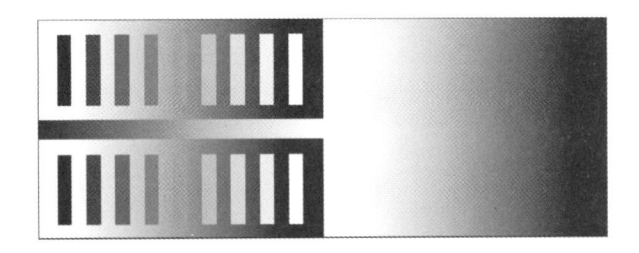

图 17-111　仅用右眼观察串扰的图案（二）

图 17-112　仅用左眼观察串扰的图案（二）

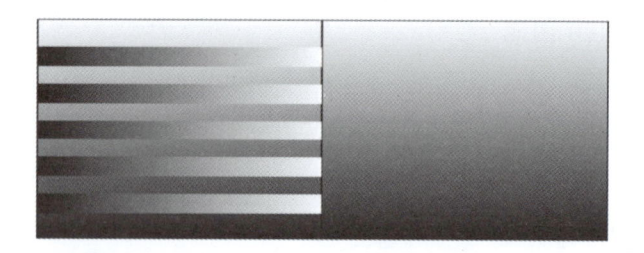

图 17-113　仅用右眼观察串扰的图案（三）

图 17-114　仅用左眼观察串扰的图案（三）

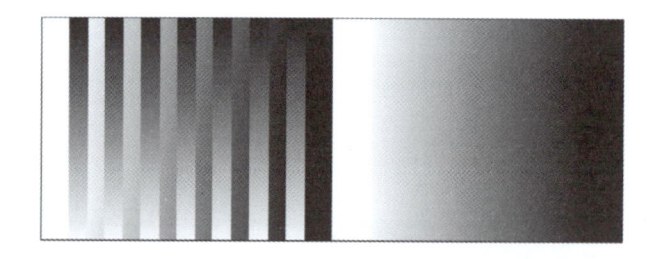

图 17-115　仅用右眼观察串扰的图案（四）

图 17-116　仅用左眼观察串扰的图案（四）

图 17-117　仅用右眼观察串扰的图案（五）

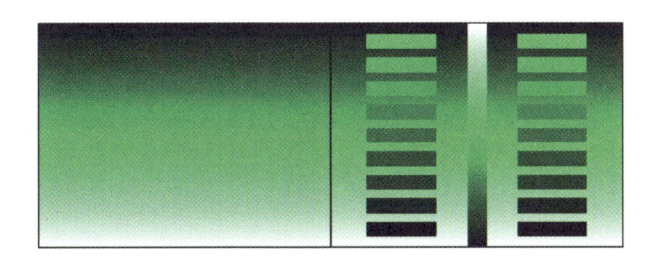

图 17-118　仅用左眼观察串扰的图案（五）

与图 17-117 和图 17-118 类似，也可用红色或蓝色的图案。

17.6.2　用于测量的图案

图 17-119～图 17-128 所示的图案可用于立体对比度、串扰（鬼影）、亮度与颜色的测量。对左、右眼具有不同颜色的图案，双眼不能同时观看，否则会发生双目竞争。

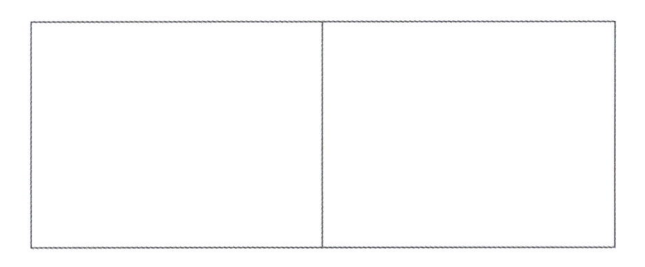

图 17-119　白色/白色图案（W/W）

图 17-120　黑色/黑色图案（K/K）

图 17-121　黑色/白色图案（K/W）

图 17-122　白色/黑色图案（W/K）

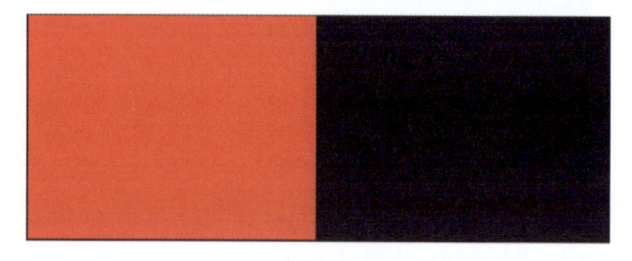

图 17-123　红色/黑色图案（R/K）

图 17-124　黑色/红色图案（K/R）

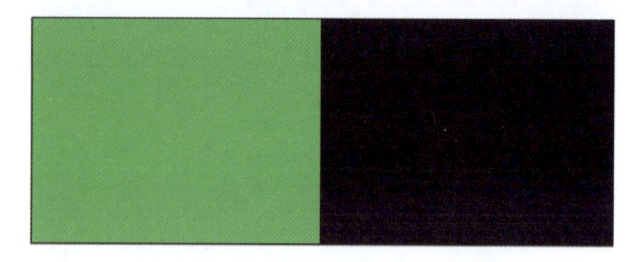

图 17-125　绿色/黑色图案（G/K）

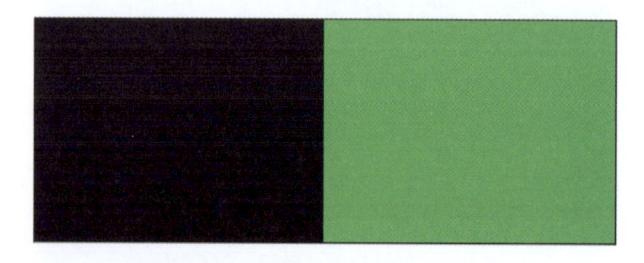

图 17-126　黑色/绿色图案（K/G）

第 17 章 3D 显示屏和立体显示屏

图 17-127 蓝色/黑色图案（B/K）

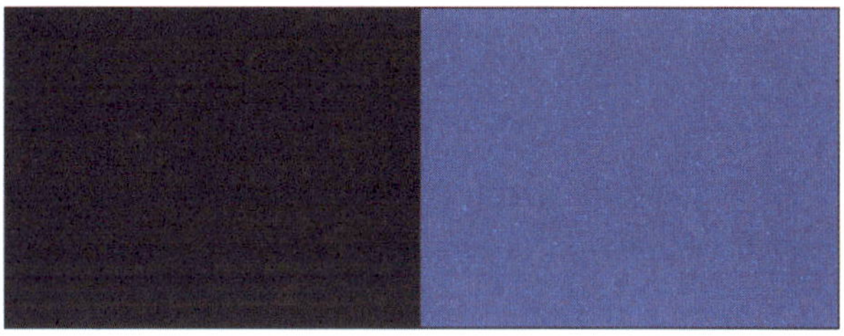

图 17-128 黑色/蓝色图案（K/B）

第 18 章

触摸屏与表面显示屏

本章的测试可用于验证大多数触摸屏的功能与性能,无论其采用手指输入还是触控笔输入。注意:许多建议的测量项目和方法是刚出现的,而且还在研究中。触摸屏与表面显示屏技术正在发展中,相应的测试方法也会随其发展更加完善且重复性更好。

本章所建议的一些测试与可视化技术正在发展中,将它们用于触摸屏源于制造业的需要(不包括随时间变化的重复性与可靠性测试)。如果显示屏制造商建议使用保护膜,那么应该在有和没有保护膜时都对 DUT 进行测试(如果可能),从而确定任意情况下的显示性能。

本章介绍的大部分测试可用于任何类型的触摸屏与表面显示屏。有些测试可能适用于特定类型,而其他的可能不适用于特定的类型或技术。采用这些方法的典型触摸屏有电容式、电阻式、红外式、表面声波(SAW)式及基于视觉式的显示屏。以下给出了对一些基本类型的显示屏的简要描述。更多信息可参阅 *Touchscreen Tutorial*[1]。

(1)电容式:这类显示屏由镀有透明导层的绝缘体(如 ITO)构成。由于人体是良导体,一次触摸被认为是对屏幕静电场的扰动,可通过电容的改变测量触摸位置。

优点:耐用,光学透过率高,触摸与拖曳灵敏度高,不受表面污染物影响。

缺点:仅能通过手指或导体触控笔输入,易受 EMI 影响,环境改变影响性能,需要定期校准。

(2)电阻式。这类显示屏可由多层膜组成,触摸反应来自两个导电层(通常用一个窄的缝隙分开)的相互作用。当两个导电层接触时,屏幕就形成了一个分压器,因此,可确定触摸位置。

---

[1] 来自 SID 2007 显示应用会议的触摸屏部分,作者为 Geoff Walker(首席顾问,Walker Mobile)、Frank Lung(产品经理,Elo Touch Systems)、James Roney(触摸屏开发经理,Elo Touch Systems)、Ken Miller(全球技术服务经理,3M Touch Systems)和 Bruce DeVisser(产品市场经理,Fujitsu Components)。

优点：可制成多种尺寸，可通过任意类型的设备触控，防水，功耗低。
缺点：不耐用，多层膜导致透过率低且光学质量差，需要定期校准。

（3）红外式：这类显示屏在屏幕边缘使用了红外 LED 阵列和光探测器，当一次触控发生时，由 LED 光束形成的 *X-Y* 图案会产生扰动，从而给出触摸位置。

优点：能探测大多数输入，如通过手指、戴手套的手指、触控笔或普通笔输入，无须在玻璃上制造图案，透过率高且耐用。

缺点：相比其他技术，分辨率更低且价格更高，遮光板大且笨重。

（4）表面声波式：超声波通过这类显示屏的表面，当发生一次触控时，一部分声波被吸收，通过这种方式即可探测触摸位置。

优点：尺寸可达 60 寸（1 寸约为 3.33 厘米），透过率高且耐用，可通过手指、戴手套的手指、软的触控笔输入，不易损坏。

缺点：容易被外部物件损坏，表面的污染物会影响其功能。

（5）基于视觉式：这类显示屏将两个或更多图像传感器巧妙地放置在显示屏表面边缘或下方，红外光照射触摸表面，因此，一次触控操作可被看作物体的阴影或反射。

优点：可用任意输入设备（甚至物体）实现触控，透过率高且耐用，多点触摸功能准确，可识别表面上的物体。

缺点：不能获得小尺寸显示屏，大且笨重，含有红外线的环境光易引起错误的触控操作。

18.1 触摸性能

别名：触摸准确性、线性准确性。

描述：对触摸屏的基本功能进行测试，如触摸和移动，本节描述的触摸测试用于大多数触摸屏或表面显示屏的触摸性能测试。

设置：应用如图 18-1 所示的标准设置。

图 18-1 标准设置

其他设置条件：使用数字化输出数据设备或人机接口设备（Human Interface Device，HID），通过适当的软件确定触摸位置或通过定制软件输入识别位置。完整的系统响应包括计算机数字化与触摸期间的响应时间。准确度可通过使用自动测试设备如机器人得到。可为使用触控笔输入的触摸屏设计定制模板。对于自动化测试，可用特定直径的橡胶柱（直径约 6mm 或 8mm）或铜制插头作为重复触摸工具。

18.1.1 触摸位置准确性

1. 触摸准确性

DUT 的数字化输出数据应该为触摸位置的坐标。触摸测试位置应位于显示屏中心及距边缘等距离的位置，如图 18-2 所示。

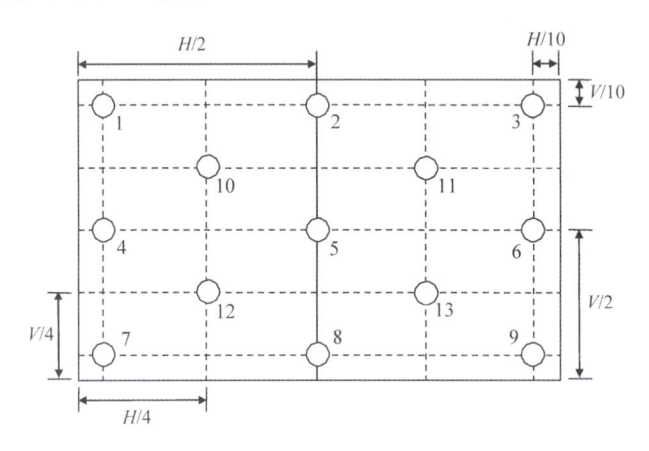

图 18-2 触摸准确性测试的位置

如果制造商提供的软件可将 DUT 触摸位置显示出来，那么可以判定触摸位置是否准确，如图 18-3 所示。如果使用自动测试设备，那么测试物体的位置应该可知且能与数字转换器的输出进行对比。

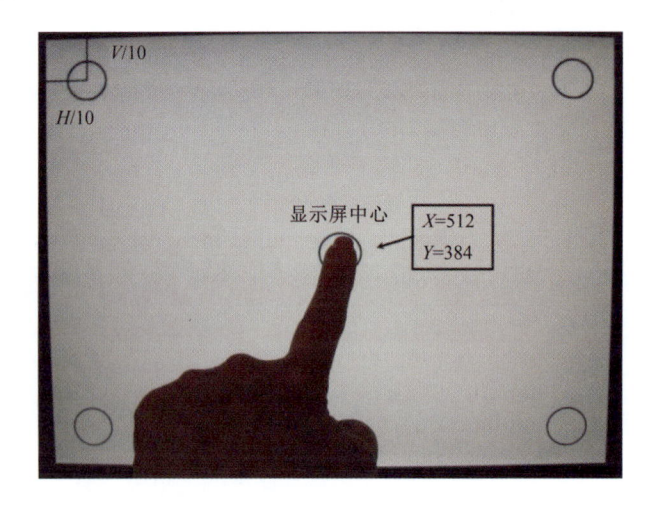

图 18-3 软件识别触摸位置示例

2. 对输入的正确响应

该测试可以采用眼睛观察或自动化测试，后者应该具有更精确的、可重复的测试结果。自动化测试设备应该采用典型的触摸材料，提供恰当的触摸力度，且与 DUT 的接触面积合理。以触碰材料是橡胶或铜为例，当使用橡胶时，应当记录橡胶硬度，因为它可能会影响触摸响应；而铜制材料可能更耐用。触摸位置应该显示为一个圆，其直径是测试工具的直径。触摸力度应为 0.49～4.9N［译者补充：针对原英文中的单位"克重（gw）"，译者经过查询资料，发现应该是"千克力（gf）"，但使用这种单位的人很少，建议统一转化为"牛顿（N）"标准单位。1gf=0.0098065N］。典型手指触摸力度为 1.96～3.92N。

3. 多点触摸响应（如果适用）

如果触摸屏是一款多点触摸屏，那么测试性能时应进行每次多于一个触摸点的测试。可同时测量多个位置以判定 DUT 是否能够准确读取两个输入位置。其他触摸位置可能也需要进行测试，如位于一行或一列中的两点，以确定 DUT 能否在同一时间判定这些位置受到触摸。

分析：DUT 的准确度应列在表格中，包括特定位置与测试位置。自动化测试报告示例如表 18-1 所示。

报告：触摸屏的准确度可能依赖于使用的输入装置的类型，准确度可能因不同的输入而不同。报告应该包括测试参数、自动测试设备的所有设置，以及特定位置与测试位置的坐标。触摸屏面板信息也应该包含在报告中，其他观测如手势识别和多点触摸功能也应该包含在报告中。

表 18-1　报告示例

触控材料	铜
直径	8mm
力度	2.45N
特定位置坐标	测试位置坐标
位置 #1	(X_1, Y_1)	(X_1', Y_1')
位置 #2	(X_2, Y_2)	(X_2', Y_2')
位置 #3	(X_3, Y_3)	(X_3', Y_3')
位置 #4	(X_4, Y_4)	(X_4', Y_4')
位置 #5	(X_5, Y_5)	(X_5', Y_5')
位置 #6	(X_6, Y_6)	(X_6', Y_6')
位置 #7	(X_7, Y_7)	(X_7', Y_7')
位置 #8	(X_8, Y_8)	(X_8', Y_8')
位置 #9	(X_9, Y_9)	(X_9', Y_9')
位置 #10	(X_{10}, Y_{10})	(X_{10}', Y_{10}')
位置 #11	(X_{11}, Y_{11})	(X_{11}', Y_{11}')
位置 #12	(X_{12}, Y_{12})	(X_{12}', Y_{12}')
位置 #13	(X_{13}, Y_{13})	(X_{13}', Y_{13}')

18.1.2　线性度

步骤：DUT 的数字化输出数据应该给出多条线的坐标。一种用于测试线性度的测试位置如图 18-4 所示。软件应该能记录输入设备以特定速度描绘的直线的坐标。

分析：不同输入设备将会产生不同的线性度。典型的移动速度范围为 30～200 mm/s。所绘直线应该延伸至整个显示屏，不包括显示屏边缘的无效部分，如图 18-5 所示。图 18-6 中的红线是根据报告位置数据所绘的，红线与蓝线可根据下述定义的最大偏差与平均偏差来描述。为了识别报告中线条的偏移,可以用一条相同斜率的趋势直线作为评价直线,如图 18-7 所示。最小均方根法可用于确定报告点与趋势直线的距离,线和点之间的距离定义为平均偏差。

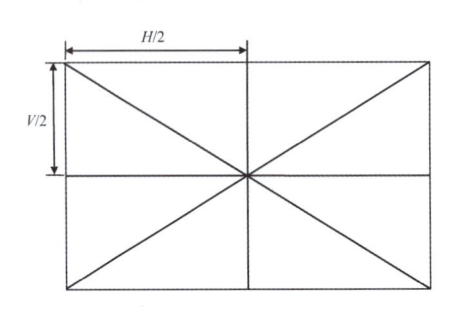

图 18-4 线性度测试位置

最大偏差:报告点(红线上的点)与评价直线(蓝线)之间的最大距离。

平均偏差:红线上的点与评价直线(蓝线)之间的距离。

报告:报告应包括测试参数、自动测试设备的所有设置、评价直线和测试直线的坐标、最大偏差和平均偏差。触摸屏的信息也应当包含在报告中,如表 18-2 所示。

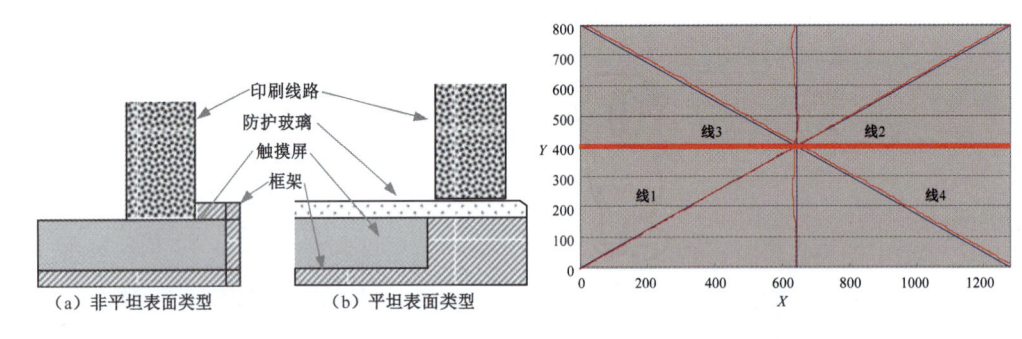

图 18-5 线性度测试的横截面位置

图 18-6 线性度报告

表 18-2 报告示例

触摸材料	铜	
直径	8mm	
力度	2.45N	
速度	70mm/s	
评价直线	最大偏差	平均偏差
线 1		
线 2		
线 3		
线 4		

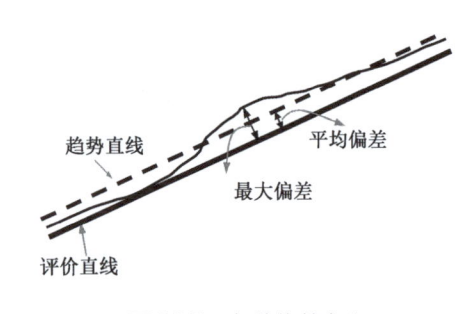

图 18-7 各种偏差定义

18.2 响应时间

别名：延迟、滞后时间。

描述：触摸屏对用户输入应该有一个合理的响应时间。如果总的系统响应时间大于 100ms，用户通常会感觉到触摸与反应之间的延迟或滞后时间。为了获得最佳响应，某些手势的响应时间应该更短。本节介绍的测试正在研究中，对于现有的个别触摸屏与表面显示屏，可能有其他更加准确的方法。这些测试大多需要制造商或第三方提供定制软件。

设置：应用如图 18-8 所示的标准设置。

图 18-8 标准设置

其他设置条件：使用数字化输出数据设备或人机接口设备，通过合适的软件确定触摸输入的响应时间。本节描述的替代方法并非是最准确的，但它简便快速，并且不需要借助昂贵设备，如机器人或定制软件。使用一台帧速率至少为 30fps 的快速机器视觉照相机或摄像机来确定 DUT 的响应时间。可以将自定义模板设计为使用笔或手写笔作为输入工具的触摸屏。

注释：多种类型的响应时间将在下面介绍。

18.2.1 响应时间：单次触摸的延迟

步骤：如果可读取数字化输出数据，那么可用它确定单次触摸的延迟 t_{STR}。应该测量触摸动作与显示屏响应之间的时间，而不只是测量触摸设备本身的响应。记录触摸序列，并确定实际触摸与显示屏对该触摸的最终响应之间的时间 t_{STR}。如果不能获得数字化输出数据，那么可用一台具有缩放功能，或者具有近摄镜的机器视觉照相机或摄像机来抓取触摸过程中的图像序列，然后就可从图像序列中确定响应时间，但这会受到探测设备帧频 f 的限制。例如，一台 $f=30$ fps 的相机的捕捉速率 $t_c = 1/f = 33.3$ ms/frame，因此，总的响应时间为该时间间隔的整数倍。如图 18-9 所示的图像是使用一台帧频为 30fps 的摄像机获得的。可使用多种常用软件工具将视频转换为单个帧图像。照相机应使用变焦镜头或放置在合适位置，以便能从多帧捕捉图像中轻易地分开触摸动作与触摸响应的帧。这种方法并不是最准确的，因为观察者的演示可能会存在 1 帧的误差。

注释：对于更准确、重复性更好的特殊类型的触摸技术，很多新工具正在研究之中。很明显，需要一种标准的触摸启动装置，这种装置正在研究中，但对每种技术最好都使用最常用的输入设备进行测试，如手指、触控笔或导电装置。自动化测试设备如机器人也能提高测试精度与重复性，但这类设备可能很昂贵且有时不好操作。

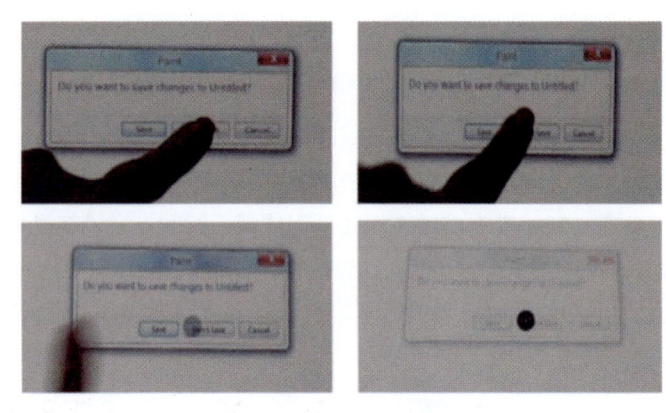

图 18-9　单次触摸发生时捕捉的图像（间隔为 1 帧）

分析：单次触摸延迟可通过分析图像序列，以及确定触摸动作与观察到的响应之间的帧数来计算。这种测量得到的结果受限于记录该序列的设备的帧速率，为设备帧速率的整数倍。计算从触摸发生到反应的帧数 Δn，将其除以帧频 f，可得单次触摸延迟或单次触摸响应时间 t_{STR}：

$$t_{STR} = \frac{\Delta n}{f} \quad (18\text{-}1)$$

表 18-3　报告示例

触摸帧数	15
触摸反应帧数	17
帧数 Δn	2
帧频 f	30 fps
响应时间 t_{STR}	60 ms

报告：报告触摸帧数、触摸反应帧数、从触摸发生到反应的帧数、帧频与响应时间，如表 18-3 所示。

18.2.2　响应时间：横向运动的延迟

步骤：如果可以读取数字化输出数据，那么可用它确定横向运动的延迟。如果 DUT 有绘图路径显示，那么可将它用于记录典型运动序列，并确定输入与系统反应之间的延迟时间（延迟）。如果无法读取数字化输出数据，那么可用一台具有缩放功能，或者具有近摄镜的机器视觉照相机或摄像机来抓取 18.2.1 节所述的横向运动的图像序列。一次没有完成记录的典型横向运动如图 18-10 所示。

分析：横向运动的延迟可通过分析图像序列，以及确定触摸位置与物体被移动到的位置之间的距离及运动速率来计算。这种测量受限于用来记录图像序列的设备帧速率，为设备帧速率的整数倍。

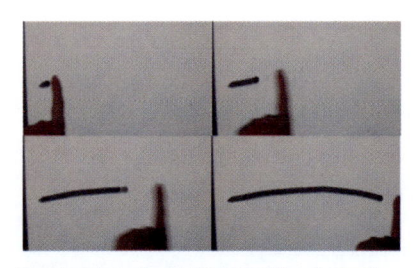

图 18-10　横向运动发生时捕捉的图像（间隔为 10 帧）（一）

通过确定毫米与像素之间的转换关系，或者简单地在靠近显示的运动画面处放置测量设备并确定测量设备上刻度的距离，可以测量触摸位置与目标物体之间的距离 d_{fo}、移动距离 d_{mov}。根据以下公式计算运动速率 V_M 并获得延迟时间 t_L。

$$V_M = \frac{fd_{mov}}{\Delta n} \quad (18\text{-}2)$$

$$t_L = \frac{d_{fo}}{V_M} \quad (18\text{-}3)$$

表 18-4 报告示例

触摸位置与目标物体之间的距离 d_{fo}	90 mm
移动距离 d_{mov}	50 mm
帧频 f	30 fps
运动速率 V_M	60 mm/s
延迟时间 t_L	833 ms

报告：报告触摸位置与目标物体之间的距离、移动距离、帧频、运动速率和延迟时间，如表 18-4 所示。

18.2.3 响应时间：可识别的快速运动

步骤：如果可读取数字化输出数据，那么可用它确定 DUT 可察觉的快速运动。记录 DUT 快速典型运动的触摸序列，并确定初始触摸与横向运动（如快速扫过）最终释放之间的时间间隔。测量移动距离以计算可识别的快速运动。触摸运动的反应应保持在距输入装置合理的距离之内，以使其能够被很好地识别追踪。对特定 DUT，可能需要多次重复测量以确定最佳（最快）运动。如果没有数字化输出数据，那么可用一台具有缩放功能，或者具有近摄镜的机器视觉照相机或摄像机来抓取 18.2.1 节所述的横向运动的图像序列。一次没有完成记录的横向运动如图 18-11 所示。

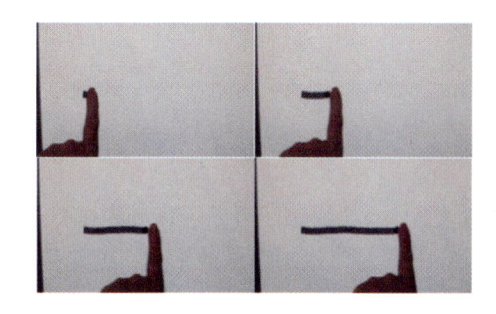

图 18-11 横向运动发生时捕捉的图像（间隔为 10 帧）（二）

分析：横向运动的延迟可通过分析图像序列和确定将一个物体移动特定距离（无显著滞后）所需的帧数 Δn 来计算。注意，该运动必须保持物体与触摸设备在合理的距离内。确定无可察觉滞后的最大运动速率。这种测量受限于记录图像序列的设备帧速率，为设备帧速率的整数倍。确定将物体移动特定距离 d 所需的帧数 Δn。计算无滞后的最大横向运动的最大运动速率 V_{MM}：

$$V_{MM} = \frac{fd}{\Delta n}$$

报告：报告帧数、移动距离、帧频及最大运动速率（以 mm/s 为单位），如表 18-5 所示。

表 18-5　报告示例

帧数 Δn	10
移动距离 d	40 mm
帧频 f	30 fps
最大运动速率 V_{MM}	120 mm/s

18.3　环境光导致的性能下降

描述：由环境光引起的触摸屏或表面显示屏的性能下降可通过使用 11.9 节所述的测试方法确定。然而，大多数触摸屏在一定倾斜角度下使用，所以，需要测量 DUT 在设计的观察角度下的对比度。许多触摸屏与表面显示屏是在很多不同的环境光照明情况下使用的，所以，应该在典型应用环境条件下测试 DUT。如果触摸屏使用时带有保护膜，那么本节所述的测试需要在带保护膜和不带保护膜两种情况下进行（如果可行）。

设置：应用如图 18-12 所示的标准设置。

图 18-12　标准设置

其他设置条件：11.9 节描述的设置可用于测量 DUT 在典型观察角度下的环境对比度。测试文字的可读性和图像质量的下降时，将一台阵列式探测器放置在典型观察角位置，并在常规照明条件下使用一台扩散光源对 DUT 进行照明。用于照明 DUT 的光源应该能产生 DUT 可能经历的所有照明情形。表 11-10 中给出了一系列环境的典型照明条件。不包括镜面反射的半球照明将用于测试文字的可读性和图像质量的下降（见 11.3 节）。这种测量应该考虑眩光对测试结果的影响（请见附录 A.2）。

注释：三种类型的环境光所导致的性能下降描述如下。

步骤：

（1）环境光导致的对比度下降。对于触摸屏或表面显示屏，确定屏幕最可能使用的观察角度与典型照明条件。注意，有些触摸屏与表面显示屏的观察角度和照明环境不止一个。使用 11.9 节所述的方法测量，并记录每种典型使用条件下的环境对比度。

（2）文字可读性下降。使用与前面相同的观察角度和照明条件，使用 7.8 节所述的方法确定迈克耳孙对比度等于 50%时的线分辨率。这提供了良好的文字可读性，并且有助于确定无性能下降情况下可显示的最小字体尺寸。一种改进的方法是采用阵列式探测器，如用平场校准过的机器视觉照相机测量 $n \times n$ 栅格图案。使用一款高质量的变焦镜头，该镜头在最低分辨率时具有最小能测量 10 对 LOLO（Line On/Line Off）图案的视场（黑白交替线）。

（3）图像质量下降。使用与前面相同的观察角度与照明条件，使用 7.8 节所述的方法确定迈克耳孙对比度等于 25%时的线分辨率。这种图像质量下降的测试建议用边界清晰且对比度好的图像。

分析：

（1）应该对每个测试的观察角度和照明条件都进行 11.9 节所述的环境对比度计算。

（2）图 18-13 和图 18-14 所示的图像分别是在典型环境光照明与暗环境情况下、典型观察角度下显示的 1×1、2×2、3×3 和 4×4 栅格图案。使用图像分析软件确定 10 个相邻线轮廓的平均最大值和平均最小值，计算环境光照射下的迈克耳孙对比度 C_{MA}。计算每个图案与每种照明条件下的 C_{MA}。使用 7.8 节所述的方法为每个栅格图案绘制不同观察角度与照明条件下的 C_{MA} 图，确定对比度降至 50%的 n_{text}。这表示这种尺寸的文字在对应观察角度与照明环境下很容易辨认。

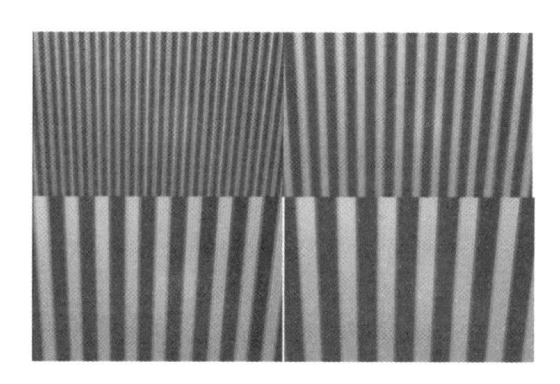

图 18-13　在典型环境光照明（约 250 lx）和典型观察角度（45°）下 DUT 显示的栅格图案

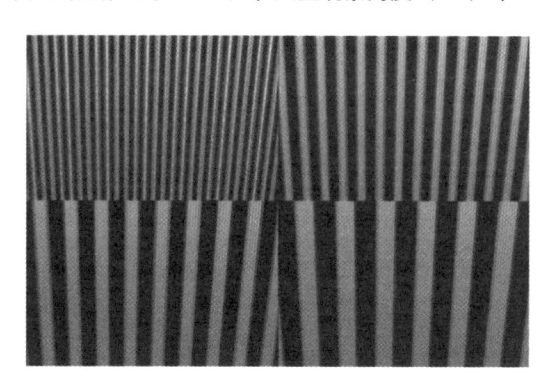

图 18-14　在暗环境和典型观察角度（45°）下 DUT 显示的栅格图案

（3）使用 18.2 节采集的数据，确定在每个观察角度与照明条件下的 n_{image}（此处对比度降低至 25%）。

报告：

（1）报告在测试的每个观察角度与照明条件下，用于确定 C_{MA} 的所有测量值与计算值，如表 18-6 所示。

表 18-6　报告示例

栅格图案	1×1			2×2			3×3			4×4		
测量与计算项	最小值	最大值	C_{MA}	最小值	最大值	C_{MA}	最小值	最大值	C_{MA}	最小值	最大值	C_{MA}
暗环境，45°	123	32	59%	107	8.2	86%	84	8.6	81%	67	7.6	80%
环境光照明，250 lx，45°	100	54	30%	104	48	37%	92	76	9%	91	81	6%

（2）将 n_{text} 与 n_{image} 显示在 C_{MA}-栅格线宽（LOLO 图案）关系图上，如图 18-15 所示。

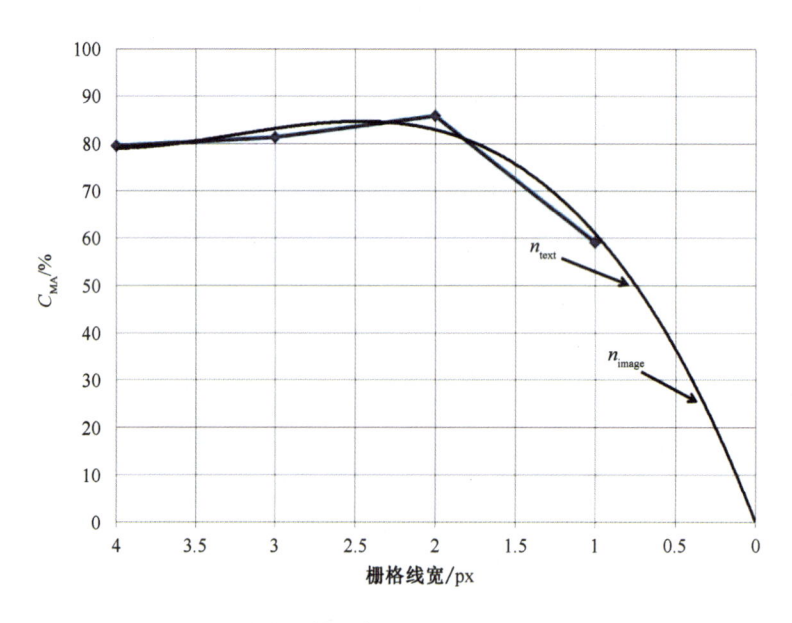

图 18-15　用于确定栅格线宽的 C_{MA} 的插值（暗环境，45°）

18.4　表面污染物影响

别名：指纹、污迹、永久性清洗损害。

描述：触摸屏容易受到指纹、污迹与清洗产生的损害的影响。触摸屏必须非常耐用，甚至在数千次触摸之后，还能保持其功能并具有良好的显示质量。有些触摸屏声称具有防指纹的涂层，应该对这种涂层对触摸功能和显示质量的影响进行评估。下述用于评估 DUT 上指纹或污迹对环境对比度影响的方法正在发展中。

设置：应用如图 18-16 所示的标准设置。

图 18-16　标准设置

其他设置条件：一种正在发展的建议方法是使用 11.9 节描述的设置，测量在典型观察角度条件下，DUT 上存在和不存在指纹或污迹时的环境对比度。测量区域应该包括需要评估的污迹。

步骤：

（1）指纹与污迹对触摸性能的影响。没有固定的步骤来使触摸屏或表面显示屏上产生指纹或污迹。本部分叙述的方法可用于评估 DUT 的触摸性能。使用常用的护手霜，在 DUT 的几个测试点产生指纹与污迹。用这种方式产生的指纹与污迹如图 18-17 所示。18.1 节中提到的触摸位置可用于这个测试。

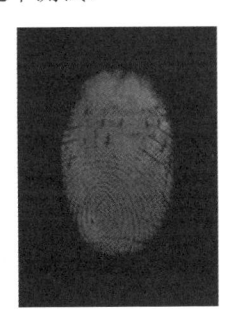

图 18-17　手指上涂护手霜并在屏幕上产生指纹与污迹

（2）指纹与污迹对显示质量的影响。使用 18.1 节描述的方法在显示屏中心产生指纹与污迹。由于大部分指纹和污迹在暗室条件下不明显，因此，使用能突出污迹的环境光照明条件。使用 18.3 节所述的方法测量指纹或污迹引起的对比度下降。

分析：

（1）反复测量 DUT 在指纹与污迹处的触摸性能（见 18.1 节所述）。

（2）测量带指纹与污迹的显示屏的对比度，再去除污迹（根据制造商推荐的方法清洁显示屏），重新测量相同位置的对比度。使用机器视觉照相机与缩放镜头采集暗室和环境光照明（约 1000 lx）条件下屏幕上有指纹及无指纹的数据。图 18-18～图 18-20 所示为 LOLO 图案。图中红线所示为采用数学编程分析数据的区域。用 10 条连续线剖面的平均值、最大值和最小值计算迈克耳孙对比度 C_m。计算的对比度下降示例如表 18-7 所示。

表 18-7　报告示例

图片	最大值	最小值	C_m
LOLO，暗室	193	26	0.76
LOLO，环境光	224	92	0.42
LOLO，环境光，有指纹	243	152	0.23

报告：

（1）报告测试点位置，以及每个位置处触摸总次数、识别的触摸次数和未识别的触摸次数。

（2）报告污迹引起的对比度的改变。

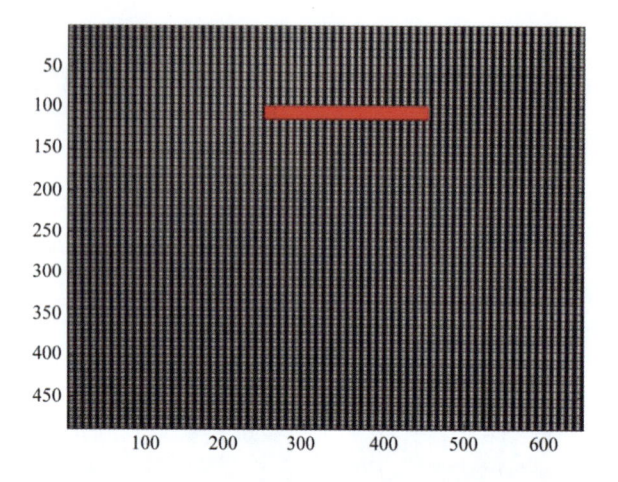

图 18-18 暗室环境下的 LOLO 图案

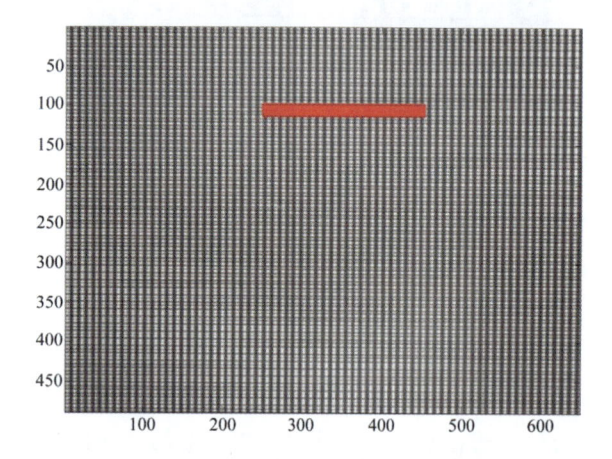

图 18-19 环境光照明（约 1000 lx）下的 LOLO 图案

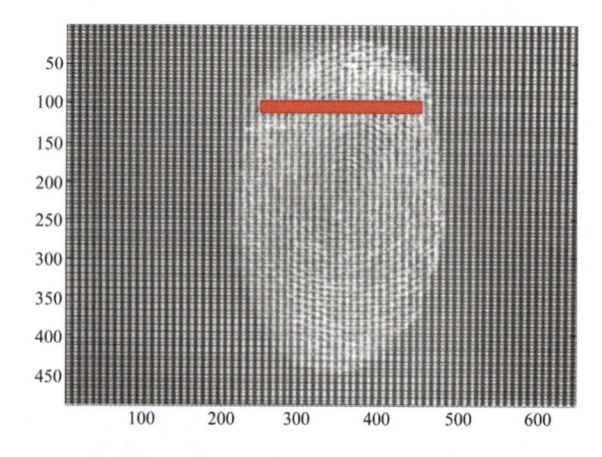

图 18-20 环境光照明（约 1000 lx）下且有指纹的 LOLO 图案

18.5 纹理表面和保护膜

别名：防指纹膜、防污迹膜。

设置：应用如图 18-21 所示的标准设置。

图 18-21　标准设置

其他设置条件：11.9 节所述的设置可用于测量 18.3 节所述的 DUT 在典型观察角度下的环境对比度。如果有可能，在使用与未使用纹理表面或保护膜的情况下都应测量显示屏。确定纹理表面或保护膜影响的一种替代方法是选用 ATSM D5767-95 标准测试方法中的一种来测量图像清晰度（Distinctness of Image，DOI）。

步骤：

（1）纹理表面或保护膜对触摸性能的影响。如果纹理表面未附着在显示屏表面，那么根据 18.1 节所述测试 DUT 在带有和没有纹理或保护膜情况下的触摸性能。如果不能去除这种纹理表面或保护膜，那么可将测量结果与其他类似的无纹理表面或保护膜的显示屏的测量结果进行对比。

（2）纹理表面或保护膜对显示性能的影响。如果纹理表面未附着在显示屏表面，那么根据 18.1 节所述测试 DUT 在带有和没有纹理或保护膜情况下的环境对比度。如果不能去除这种纹理表面或保护膜，那么可将测量结果与其他类似的无纹理表面或保护膜的显示屏的测量结果进行对比。也可以从 ATSM D5767-95 标准测量步骤所述的 3 种方法中选择一种，测量 DUT 在带有和没有（如果可能）纹理表面或保护膜情况下屏幕的 DOI。

（3）清洁原则与限制。具有纹理表面或保护膜的显示屏将配有关于表面清洁的专门指导，以便不损害屏幕或不降低显示质量。

分析：

（1）重复测量带有和没有纹理表面或保护膜的 DUT 的触摸性能。

（2）测量带有或没有纹理表面或保护膜（如果可能）的显示屏的对比度。测量带有或没有纹理表面或保护膜的显示屏的 DOI。

（3）应包括任何关于显示屏纹理表面或保护膜的清洁指导或注意事项。应使用推荐的清洁方法清洁显示屏，然后对 DUT 进行环境对比度和（或）DOI 测量，从而确定屏幕清洁是否降低显示质量。

报告：

（1）报告测试点的位置、触摸的总次数、识别的触摸次数、未识别的触摸次数。

（2）报告纹理表面或保护膜引起的对比度变化。

（3）报告纹理表面或保护膜引起的 DOI 变化。

（4）报告使用制造商指定的清洁步骤对显示屏进行清洁后，纹理表面或保护膜引起的对比度或 DOI 的变化。

18.6 视觉观察

别名：雾面、光滑面、镜面、散斑。
设置：应用如图 18-22 所示的标准设置。

图 18-22 标准设置

步骤：

（1）镜面或雾面处理。触摸屏和表面显示屏有多种类型的表面。有时，选择镜面（表面类似镜子）还是雾面（无光泽、非镜面反射）取决于用户的喜好。观察屏幕在环境光下的反射，确定 DUT 是镜面的还是雾面的。

（2）散斑或散斑对比度。如果纹理表面特征尺寸与 DUT 像素尺寸一致，那么将会出现散斑，并且对某些特定颜色更为明显。当环境光经屏幕表面反射时，散斑看起来在闪烁，如图 18-23 所示。如果有可能，比较有纹理（产生散斑效果）与无纹理的显示屏的表面。下面所述的测量显示屏散斑的方法是一种视觉判定方法：比较无涂层与有涂层的显示屏的图像清晰度[1]，以及与屏幕表面光泽度对比的散斑对比度[2]。

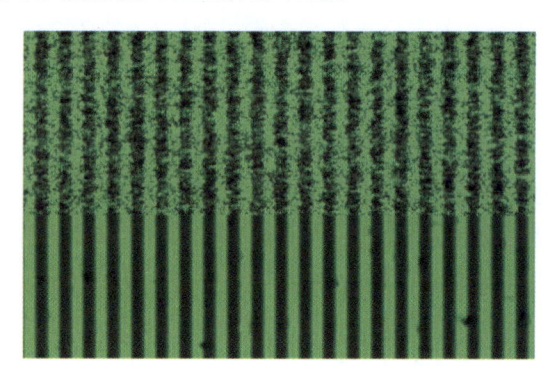

图 18-23 有/无散斑的 LOLO 图案

分析：

（1）确定 DUT 是镜面的还是雾面的。如果雾面处理程度很小，屏幕将会同时具有镜面反射和漫反射。

（2）通过在典型环境光与观察角度条件下观察红、绿、蓝图像，确定 DUT 是否具有散斑。对每种颜色可接受散斑的数目进行评级（等级由 1 至 10，1 表示无散斑，10 表示不可接受的散斑）。

---

[1] 此处原书参考资料：SID 2011 Digest, Paper 70.4: Optical Characterization of Scattering Anti-Glare Layers by Michael E. Becker and Jürgen Neumeier.

[2] 此处原书参考资料：SID 09 Digest article: SID 09 DIGEST • 511; ISSN/009-0966X/09/3901-0511 36.2: Quantifying "Sparkle" of Anti-Glare Surfaces by Darren K. P. Huckaby and Darran R. Cairns.

报告：

（1）显示屏最终的测试报告应包括在典型环境光和典型观察角度条件下观察到的反射类型。

（2）显示屏最终的测量报告应该包括在典型环境光和典型观察角度条件下，每种颜色视觉观察到的散斑数目。散斑评级是一种主观标准，可能会因观察者不同和颜色不同而不同。散斑评级是一种初步评价方法，用来确定触摸屏或表面显示屏是否有影响显示质量的不可接受的散斑。

附录 A

光度测量

下面我们详细讨论光度测量的一般要求和合理使用光测量仪器的方法。大多数人对仪器有太多的期望，经常认为测量仪器在任何条件下都能表现得非常完美。这样做最大的问题是没有意识到仪器内部的杂散光会对测量结果产生严重影响。请仔细阅读附录 A.2。

A.1 光测量仪器（LMD）

下面首先讨论 LMD 的不确定度要求，因为这些要求通常是专家们非常关心的；然后介绍一些用于测量显示屏特性的 LMD。附录 A.2 将讨论与杂散光相关的显著问题。为了让读者回忆亮度计的术语，将 3.7 节的原理图重复如下，如图 A-1 和图 A-2 所示。

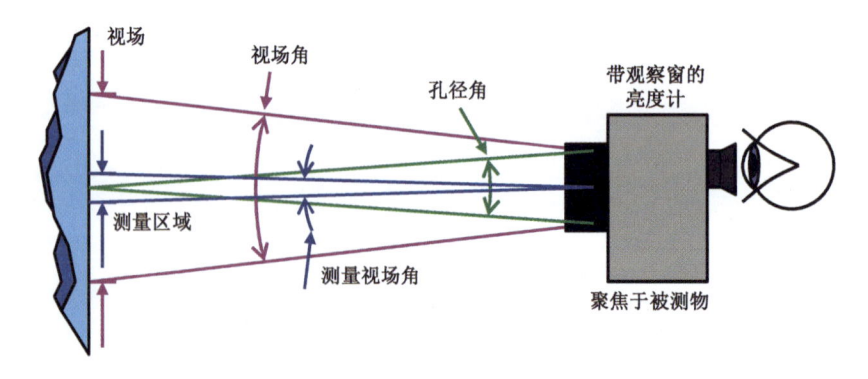

图 A-1 与测量相关的术语（一）

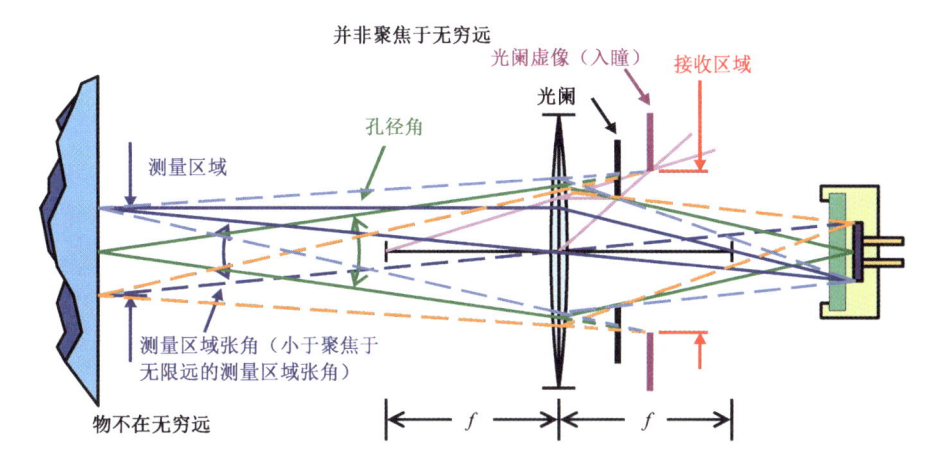

图 A-2　与测量相关的术语（二）

A.1.1　LMD 的一般不确定度要求

存在多种影响测量可信度的因素，可信度是指测量结果反映被测变量真实值的程度。影响测量不确定度的所有因素的完整描述请参阅 CIE 第 69 号出版物《评价照度计和亮度计的方法》。关于误差传递与不确定度估计的讨论请参阅附录 A.10，关于误差和不确定度的标准术语介绍请参阅附录 B.21。任何不确定度值都可用一个含包含因子（$k=2$，较早的术语中称为 2 个标准差或 2 西格玛）的展开不确定度表达，详细请参阅附录 B.21。

我们将人眼的光谱光视效率函数 $V(\lambda)$ 的相对光谱响应的 CIE 标准应用于亮度与照度的测量（请参阅 CIE 第 69 号出版物《评价照度计和亮度计的方法》第 9 页）。假设 $s(\lambda)$ 为光探测器对光谱 $S(\lambda)$（如 A 类照明体，可以是一个色温为 2856 K 的卤钨灯）的响应，误差 f_1' 定义为

$$f_1' = 100\% \frac{\int_0^\infty \left| s^*(\lambda)_{\mathrm{rel}} - V(\lambda) \right|}{\int_0^\infty V(\lambda) \mathrm{d}\lambda} ; \quad s^*(\lambda)_{\mathrm{rel}} = s(\lambda) \frac{\int_0^\infty S(\lambda) V(\lambda) \mathrm{d}\lambda}{\int_0^\infty S(\lambda) s(\lambda) \mathrm{d}\lambda} \quad \text{（A-1）}$$

f_1' 表示相对光谱响应率与 $V(\lambda)$ 函数的偏差。

对于照度测量，使用另一个 CIE 标准来规范照度计的方向性响应，f_2 定义如下：一个小光源在照度计前以恒定半径来回移动，光源与照度计之间的距离至少为光源直径或照度计光接收区域直径最大值的 20 倍，则方向性响应定义为

$$f_2(\theta, \phi) = \left(\frac{E(\theta, \phi)}{E(0, \phi) \cos\theta} - 1 \right) \times 100\% \quad \text{（A-2）}$$

式中，$E(0, \phi) = E(\theta=0)$，为光源位于法线方向时测量的照度（在法线方向时与 ϕ 无关）；θ 为光源偏离法线方向的倾斜角度；ϕ 为光源与 x 轴的夹角。对于轴对称（或假设为轴对称）系统，则有

$$f_2(\theta) = f_2(\theta, \phi) \quad \text{（A-3）}$$

如果方向性响应为单一变量，那么 CIE 定义

$$f_2 = \int_0^{85°} |f_2(\theta)| \sin(2\theta) \mathrm{d}\theta \qquad （A-4）$$

其没有对 0~90°范围进行积分，这样可避免余弦函数导致的无穷大数值（85°=1.48353…rad）。

亮度测量：对于 CIE A 类照明体，要求在 5 分钟内，测量的亮度相对扩展不确定度必须为 $U_{\mathrm{LMD}} \leqslant 4\%$（包含因子为 2），亮度测量的重复精度为 $\sigma_{\mathrm{LMD}} \leqslant 0.4\%$，且相对光谱响应曲线与 $V(\lambda)$ 曲线的偏差必须满足 $f_1' \leqslant 8\%$。

照度测量：对于 CIE A 类照明体，要求在 5 分钟内，测量的照度相对扩展不确定度必须为 $U_{\mathrm{LMD}} \leqslant 4\%$（包含因子为 2），并且照度测量的重复精度为 $\sigma_{\mathrm{LMD}} \leqslant 0.4\%$，且相对光谱响应曲线与 $V(\lambda)$ 曲线的偏差必须满足 $f_1' \leqslant 8\%$，方向性响应必须满足 $f_2 \leqslant 2\%$。

颜色测量：对于 CIE A 类照明体，对于所有测量颜色的设备，在测量（x, y）色坐标时，相对扩展不确定度必须为 $U_{\mathrm{col}} \leqslant 0.005$（包含因子为 2），其重复精度为 $\sigma_{\mathrm{col}} \leqslant 0.002$。

辐射亮度测量：通常用于显示测量的分光辐射亮度计使用一个划线或全息衍射光栅。这种光栅在处于或接近衍射元件（划线或全息光栅）的闪耀波长时最为敏感。闪耀波长是该光栅衍射效率最高的波长。因此，这类仪器的不确定度取决于波长。为了进行亮度、照度和颜色的测量，使用一个波长范围为 380~780nm 的分光辐射亮度计测量一个经标定的 CIE A 类照明体或标准照度，其相对扩展不确定度 U_{LMD}（包含因子为 2）在 400~700nm 应不大于 2%，在 380~400nm 和 700~780nm 应不大于 5%。

阵列式探测器：无论如何使用阵列式探测器，必须满足上述测量要求。此外，使用时需要满足均匀性要求。当以恰当的几何结构（通常由制造商指定）测量 CIE A 类照明体均匀光源的亮度时，将曝光设置为阵列像素饱和度等级的 50%±10%（8 位阵列像素的饱和度等级为 256，16 位阵列像素的饱和度等级为 65536），那么可以得到整个阵列的平均曝光等级 S_{ave}。均匀性要求任意一个 10×10 探测器像素测量区域的平均曝光等级 S_{10} 与整个阵列平均曝光等级 S_{ave} 的差值必须小于 S_{ave} 的 2%，即 $|S_{10}-S_{\mathrm{ave}}|/S_{\mathrm{ave}} \leqslant 0.02$。尽量使用比上述均匀性更好的阵列式探测器。如果用这种探测器分析显示屏像素级别的细节，那么测量区域的最小特征应至少覆盖水平或竖直方向的 10 个探测器像素。关于阵列式探测器在使用过程中可能出现的问题的讨论，请参阅附录 A.9。

A.1.2 LMD 的测量视场角和孔径角

对于成像 LMD，聚焦于无穷远的测量视场角必须不大于 2°。此外，显示屏中心对 LMD 镜头的张角（孔径角）也必须不大于 2°。这个标准与以下规定等同：首先，能对 LMD 测量产生贡献的来自每个像素的所有光线必须落在一个顶角不大于 2°的圆锥内；其次，来自测量像素中心的所有光线与观察方向的夹角必须不大于 2°。如果使用的 LMD 的测量视场角或孔径角大于 2°，那么其适用性必须根据下述测量的 DUT 的类型进行测试。

1. 分析：LMD 孔径角的适用性

孔径角或 LMD 接受区域（如镜头）的张角对于获得良好的测量结果非常重要。如果显示屏呈现视角依赖性，那么 LMD 对应的有限立体角会对测量有影响。LMD 与显示屏的距离应该足够远，或者对于从黑到白的任意灰阶等级或任意颜色，LMD 镜头表面的亮度或色差应该都在 LMD 的复现能力内。注意，有些光学系统结构经过了准直且可能有一个大尺寸的镜头，但其只能收集来自每个像素的小锥角内的光线（请参阅附录 B.19）。也有一些光学系统的镜头紧靠显示屏，以便收集像素前面半球内的大部分光线，这些光学系统适用于本书（请参阅附录 B.24）。

2. 分析：孔径角大于 2° 的 LMD 是否合格

本书建议 LMD（若为阵列式探测器，则是其每个测量元件）的孔径角或对镜头的张角（或入射光瞳）应不大于 2°。假设有一台装有透镜系统（或其他聚光方式）的 LMD，显示屏中心对镜头的张角大于 2°，我们想确认其是否可进行显示屏的测量。假设镜头张角为 θ_L，取法线方向的 10 次测量，并计算平均值 μ 与标准差 σ；将 LMD 转至 $\theta=+\theta_L/2$，再测量 10 次，并计算新的平均值 μ' 与标准差 σ'；再将 LMD 转至 $\theta=-\theta_L/2$ 后测量 10 次，并计算新的平均值 μ'' 与标准差 σ''。如果平均值 μ' 和 μ'' 在 μ 的标准差 σ 以内，那么可以用这台有较大孔径角的 LMD 测量显示屏。如果在各处的标准差不同（σ、σ' 与 σ'' 应该相同，当然在包含因子为 2 的范围内），那么显示屏或 LMD 的性能可能会有漂移（或其他现象），在确认原因之前，测量是不可信的。σ 值应该近似于 LMD 的重复性。为什么要测量 10 次？因为测量 10 次可以 99% 确定测量的平均值位于母体分布的真实平均值的一个标准差内（假设无任何错误，DUT 或 LMD 无漂移，无短暂混淆现象等）。

A.1.3 LMD 的类型

本书主要讨论有观察窗的亮度计和照度计。有些测量仪器设计成紧靠显示屏放置或直接接触显示屏放置。我们想尽量涵盖更多的测量选择。

1. 带观察窗的 LMD

带观察窗的 LMD 显示物体上的一块待测区域，它通过透镜产生物体该区域的像，然后对像的一部分进行采样，从而完成测量。许多这种 LMD 具有一个观察窗或取景器（光学的或视频的），从而使镜头将待测物体的像聚焦在探测光阑上。适当调节仪器，使待测物体的像基本位于测量光阑的平面内，这非常重要。当依靠人眼观察调节仪器聚焦时，很容易误认为已经聚焦好了，而实际上没有。下面是确认聚焦合适的步骤。

首先调节取景器的目镜，以便使测量场内的目标聚焦清晰且看起来舒适（许多人使用无限远作为调焦距离，也有人使用阅读距离作为调焦距离）。在观察待测物体时，如果眼睛做一个很小的横向运动，发现待测物体在取景器中的像相对于测量视场（见图 A-3 中的黑点）运动，那么 LMD 聚焦不当。所谓的眼睛小范围横向运动是指头部前后（左右或上下）移动数毫米，同时从目镜内观察，使像和测量视场中的黑点在观察范围内。调节并聚焦 LMD 的主透镜，直至眼睛微小的横向运动不会出现像相对于测量视场黑点或孔径的相对运动或视差。这种方法称为取景器调焦视差法。

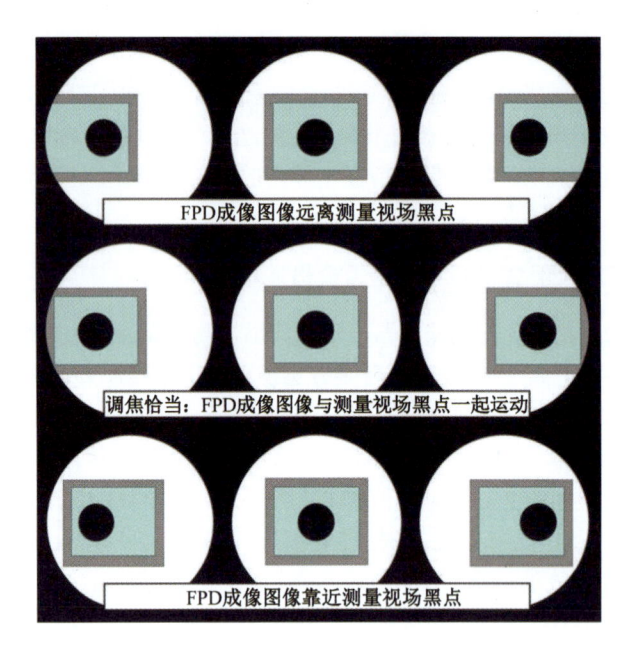

图 A-3　取景器调焦视差法

2. 圆锥镜 LMD

圆锥镜 LMD 使用的镜头需要离显示屏很近,并且可以捕获显示屏前面几乎整个半球内的很多显示特性。在使用这种仪器时,必须小心,避免触碰任何精密的显示屏表面。由于使用的是阵列式光电探测器,其应满足附录 A.1.1 的要求,关于阵列式探测器的进一步复杂的讨论请参阅附录 A.9。更多关于锥光测量仪器如何工作及如何分析的信息,请参阅附录 B.24。

3. 大测量视场角探测器

如果一种显示技术有视角特性(与近似朗伯辐射不同),那么使用测量视场角大于 2°的探测器进行测量时会引入不可接受的误差。如果 DUT 使用 FPD 技术,无视角依赖性,那么有时能够使用大测量视场角探测器。在使用这类探测器时,必须确认获得的测量结果与符合规格(见附录 A.1.1)的 LMD 的测量结果等价。这种仪器有时是通过吸盘与 DUT 固定的,并且会因为机械应力影响显示屏的性能。在使用这种仪器之前,应该对其进行测试以确定其是否适合与 DUT 一起使用。

4. 带准直光学元件的探测器

带准直光学元件的探测器将在附录 B.19 进行说明。这种探测器的镜头可以相当靠近显示屏表面,形成一个很大的张角。然而,如果设计恰当,这种探测器的测量视场角与孔径角都能满足不大于 2°的要求。

5. 显微镜和紧贴显示屏表面的近距离探测器

其他镜头结构为了收集光线也可能具有大立体角。如果使用一个配备相机(阵列式探测器）的显微镜或精细观察镜头，那么由聚光镜头与显示屏表面观察点定义的锥角可能不满足本书中规定的 LMD 镜头的孔径角不大于 2° 的要求。因此，必须检验它们的适用性。紧贴显示屏的仪器会产生额外的污染光，即光从仪器表面反射回显示屏表面，从而影响测量结果。如果使用的相机需要高放大倍率，那么最好使用长焦距（100mm 或更长的焦距）的大透镜和/或带有长焦距透镜的伸缩管。

如果使用镜头系统，那么一定要预估遮幕眩光。有些探测器通过吸盘、柔软织品或三脚架与显示屏接触，必须检验其适用性，并证明其适用于显示屏的测量。有些显示屏对于机械应力很敏感，仪器接触显示屏的力过大产生的机械扰动会导致测量结果完全不可接受。有些紧靠式仪器可能会产生太大的孔径角或测量视场角，测量结果可能会与角度在 2° 以内的仪器所得结果不同。需要将这类仪器与孔径角和测量视场角都不大于 2° 的仪器进行对比，从而检验它们的适用性。

6. 远距离显微镜

远距离显微镜通常能避免将大量的光反射至显示屏，从而避免影响测量结果。但是，为了提供良好的分辨率与收集更多的光，它们经常需要使用大尺寸的镜头，因此，可能不满足本书中规定的 LMD 镜头的孔径角不大于 2° 的要求。因此，必须检验它们的适用性。这些镜头中虽然有些是反射镜系统，但必须预估镜头内的遮幕眩光。

7. 照度计

有多种用于前向投影仪测量的照度计。手持式照度计的测量结果可能会受手持它的测量者的散射光的影响。照度计也可能受室内杂散光的影响，并且可能比人意识到的程度更严重。本书的附录中不包含对这类问题的详细讨论，其包含在第 15 章中，因为这个问题只与第 15 章的测试相关。

8. 时间分辨测量

在进行时间分辨测量，如响应时间测量时，可能不需要光校准。然而，要注意一些非可见光探测器的红外感光度。显示屏辐射的红外线可能与可见光显示的灰阶有很大不同。对红外线的响应可产生一个直流（DC）偏移，这对精确测量或许不重要。要求 LMD 的响应时间通常为测量事件持续时间的 1/10，最好是更短。如果显示屏发射的光被调制为高频，那么要求用于瞬时测量的 LMD 的响应时间小于或等于调制时间周期的 1/10。关于检查 LMD 的响应时间性能的详细信息，请参阅附录 A.8。本测量中的绝对的（重复的）误差来源如下。

（1）探测器的非线性。
（2）探测器的时基误差，如示波器的时间分隔不正确。
（3）阶跃响应函数（SRF）曲线受测量目标影响过大。

由于上述（1）和（2）的误差通常很小，（3）的误差可通过选择合适的目标加以控制，因此如果可以控制下列随机（不重复）的误差来源，那么该测量应该是精确且可重复的。

（1）探测器的噪声。
（2）探测器的漂移。
（3）FPD 亮度的漂移。

(4）阶层状亮度波纹（由于使用高频背光）。
(5）将线性插值法应用于非线性 SRF 曲线。
(6）FPD 开关帧对帧的固有变化。

9. 探测器的饱和度

在测量通过脉冲序列产生光的显示屏，如电子束扫描磷光材料的 CRT 显示屏或激光扫描墙式显示屏时，光脉冲的峰值不应造成 LMD 的探测器饱和，这个非常重要。探测器的饱和特性可通过分析探测器的线性特性来确定（见附录 A.3.3）。如果使用中性密度滤光片（NDF）和不使用 NDF 时测量的光的比率保持不变［与显示屏（白或灰）的亮度设置无关］，那么可以不考虑饱和度。如果灰阶变化会引起脉冲特性变化，那么可在 LMD 与显示屏白画面之间加入第二个 NDF 来调整显示屏的亮度。通过改变第二个 NDF 的透过率可模拟灰阶的变化，而不需要修改脉冲形状。

10. 眼睛与 LMD

人眼具有直径小于 10mm（典型值为 2～4mm，有些是 5mm）的入射光瞳。大多数 LMD 的透镜具有相当大的直径，如 25mm 或更大。需要注意的是，人眼所看的现象与 LMD 测量的可能在某种程度上是不同的。从显示屏表面的任意点观察，眼睛与 LMD 通常都对应非常不同的立体角，特别是当 LMD 靠近显示屏时。有时人眼能看到的细节可能会被 LMD 忽略，LMD 因积分而反映不出来。例如，当检查一个不光滑的表面时，将相机（阵列式探测器）采集的图像与人眼观察的结果对比，这种现象可能会特别显著。人眼能够察觉表面的任何尖锐细节（如散射屏幕后的像素），而相机可能使该表面显得比原本更加光滑，相机采集的图像可能更加柔和。关于该问题并没有太多的应对措施，除了有时可以通过缩小镜头（使 f 值更高，光圈更小）来使 LMD 观察的事物更像眼睛所看到的一样，但这会牺牲灵敏度。

A.2 杂散光管理和遮幕眩光

探测器中的杂散光会影响光学测量结果。这些杂散光可能来源于：透镜之间的反射光（几块玻璃表面间），光传播路径上可产生散射的污垢或灰尘，光圈、光阑及透镜侧边对光的反射，透镜缺陷与气泡，透镜表面的刮痕或沟槽（肉眼很难察觉或不可见），以及透镜探测系统的其他部分。当杂散光不太容易观察或镜头炫光变得类似于条纹、星点、着色的透明圆盘时，这种杂散光的表现被称为遮幕眩光。遮幕眩光通常指杂散光充满了整个图像区域，并且因为其很均匀而难以察觉。当屏幕上同时存在亮区域和暗区域时，如果试图测量显示屏上的暗区域，那么遮幕眩光的影响会非常明显。尽管人眼性能优越，也会有遮幕眩光问题。例如，一辆迎面开来的汽车的亮光导致人眼看不清楚路面（这种问题通常随着年龄增加而更严重，也被称为失能遮幕眩光），或者在欣赏日落时人眼难以看清阴影的细节。遮幕眩光的影响并不限于测量黑色图案周围的白色。在测量亮区域或彩色时，遮幕眩光也有可能引入误差。遮幕眩光的程度非常依赖所使用的光学系统，根据不同情况，实际测量中已经观察到高达几个百分比的误差。因为遮幕眩光的存在，在测量存在白色图案的暗区域时，可能会引入数百甚至上千个百分比的显著误差。

常见的测量主要有两种类型：大面积测量和小面积测量。使用合适的遮光板时，进行准确的大面积亮度测量更简单。而当显示屏上有亮区域时，进行准确的小面积暗区域测量非常困难。下面首先介绍大面积测量，然后提供一些关于小面积测量的遮幕眩光说明。通常会用对比度作为测量区域的度量指标。

A.2.1 避免大面积测量中的遮幕眩光

避免遮幕眩光最简单的方法是遮蔽待测区域以外的光，以便使进入透镜系统的光全部来自被测区域。图 A-4 给出了一个用于测量白屏上的暗绿区域的长方形遮光罩（剪除部分区域是为了露出显示屏）。遮光罩至少比 LMD 的测量孔径大 10%。然而，在使用遮光罩时有一些注意事项。遮光罩不能影响 DUT，即遮光罩不可将光线反射回显示屏表面，从而影响测量结果。可使用各种平坦的长方形遮光罩，如黑纸、黑色亮面塑料、黑色粗糙塑料（在作为紧贴屏幕的平面遮光板使用时，比黑色亮面塑料效果好）、黑色植绒纸（类似薄黑绒毛布料）和黑毡制品。如果显示屏表面足够粗糙，那么可以使用黑色胶带。然而，当遮光罩紧靠或紧贴像素表面时，平面遮光罩更合适。当平面遮光罩必须远离像素表面时，它可能将光反射回显示屏表面，进而影响测量。遮光罩离开显示屏表面可能有以下原因：显示屏表面覆盖了玻璃（像素表面向后退了）、测量系统的限制，或者显示屏样机表面脆弱，不允许遮光罩接触其表面。如果必须使用遮光罩，那么黑毡制品是最好的材料。在显示屏上直接使用平面遮光罩还有一个问题：其可能会影响显示屏的散热性能，导致显示屏变热，相应地会影响显示屏的性能。为避免上述这些问题，下面给出一种使用截锥体遮光罩的方法。

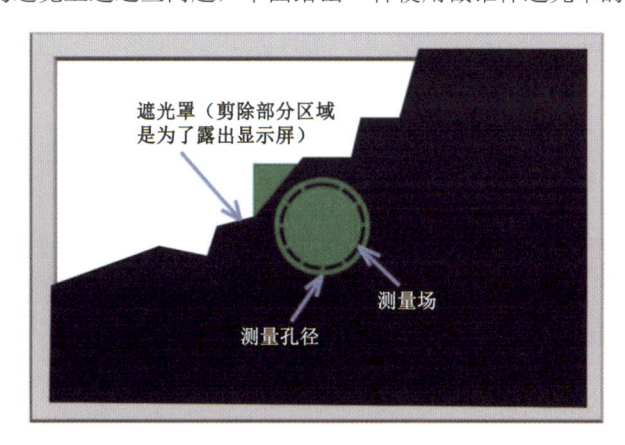

图 A-4 用比测量孔径大 10%的遮光罩来减小遮幕眩光的影响

1. 光滑的黑色截锥体遮光罩

一个光滑的黑色截锥体遮光罩（截取直圆锥体并削除顶点）遮光罩可用于限制杂散光进入 LMD，如图 A-5 和图 A-6 所示。为了避免显示屏上其他区域的光被反射至观测区域，也为了避免显示屏上其他区域的光反射进截锥体遮光罩内部并进入镜头，截锥体遮光罩的顶

信息显示测量标准

角应为 90°（LMD 光轴的每侧为 45°，且截锥体遮光罩为轴对称）。因此，截锥体遮光罩的边缘表面不会使测量区域模糊（产生虚影），截锥体遮光罩必须紧靠显示屏以满足不等式：$z<z_{max}=d(s-u)/(w-u)$，其中，z 为截锥体遮光罩孔径边界至屏幕表面的距离；u 为 LMD 测量的屏幕部分的尺寸；w 为 LMD 镜头孔径宽度（入射光瞳）；d 为 LMD 透镜至显示屏表面的距离；s 为截锥体遮光罩孔径的尺寸。实际上，z 通常比该不等式表示的极限值要小，以便截锥体遮光罩不会在疏忽时遮掩任何观测的区域。事实上，截锥体遮光罩孔径通常尽量靠近显示屏表面。对 z 有这个要求是因为我们需要 LMD 观测区域的所有光线进入 LMD。显示屏上所有亮区域都应该尽可能位于图 A-6 中以 p 标识的区域的外面，其中 $p=[z(s+w)/(d-z)]+s$。

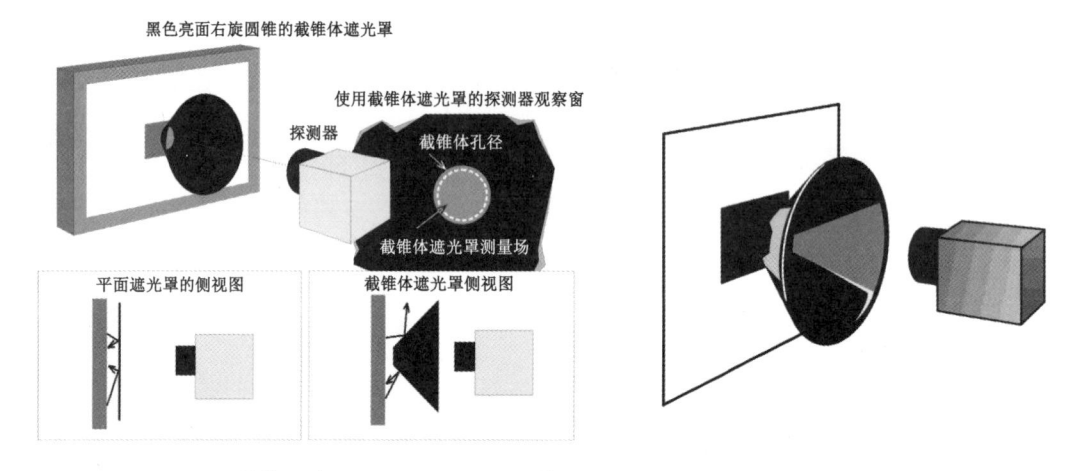

图 A-5 截锥体遮光罩与平面遮光罩的使用对照；注意，通常截锥体遮光罩的最佳位置是接近显示屏表面但不接触它的位置

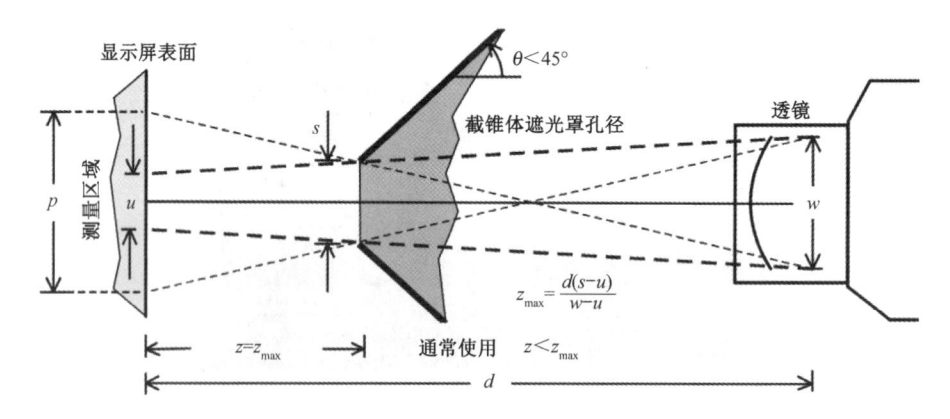

图 A-6 使用黑色亮面截锥体遮光罩遮蔽 LMD 镜头，以阻挡来自显示屏表面亮位置的光线

截锥体遮光罩的外径应该足够大，以避免来自显示屏边缘的光线进入 LMD 的镜头。对于大尺寸显示屏，使用具有足够大外径的单个截锥体遮光罩是不实际的，通常使用第二个截锥体遮光罩或平面遮光罩，其开孔直径大于 LMD 镜头的直径。第二个遮光罩更靠近 LMD，可遮蔽显示屏的大部分区域，但能使观察者清楚观察截锥体遮光罩包围的待测显示区域。无论进行何种测量，都需要考虑反射光对测量结果的影响。测量时也可能使用一端为截锥体

遮光罩的空心管，这种装置将会在后面进一步讨论。

最靠近测量区域一侧的截锥体遮光罩的边缘是不完美的，因此，总有些光线可从边缘散射进 LMD，同时散射至显示屏表面。此外，衍射效应也会产生杂散光，特别是当截锥体遮光罩直径很小时，有些情况下的边缘散射可能相对较大。已有设计良好的截锥体遮光罩被成功使用，其孔径小至 1mm。

2. 截锥体遮光罩效果分析

下面是关于截锥体遮光罩能在多大程度上消除遮幕眩光的分析。这是对截锥体遮光罩使用的更详细的研究，除非你特别感兴趣，否则可以忽略。增加截锥体遮光罩可以改善对比度的测量结果，这可通过观察在均匀光源出光口位置放置的一个黑色亮面圆盘实现，如图 A-7 所示。圆盘的直径约 p (-0%,+20%)。在使用截锥体遮光罩与不使用截锥体遮光罩两种情况下对圆盘亮度进行测量，对比结果可看出镜头遮幕眩光的影响（这与下面提到的 CIE 分析相似）。为了更好地理解截锥体遮光罩在测量中的作用，执行以下步骤：使圆盘几乎接触截锥体遮光罩边缘，测量的亮度 L 为圆盘与截锥体遮光罩边缘距离的函数，即在不改变 LMD 与截锥体遮光罩之间距离的情况下，得到圆盘的亮度 $L(z)$。这有助于更好地理解截锥体遮光罩的作用。当显示屏表面存在亮区域、必须测量其表面的暗区域亮度时，在截锥体遮光罩距离圆盘 z_{sel} 位置所测量的亮度值是使用此截锥体遮光罩装置的 LMD 所测量的亮度最小值的上限。该测量使当显示屏上存在非常靠近的亮区域和暗区域时（例如，亮区域与待测暗区域 u 的距离小于 $p/2$），对系统可测量的极限对比率 C_{limit} 的估计成为可能，$C_{limit} \approx L_{test}/L(z_{sel})$。对于图 A-6 中的几何图形，暗影尺寸 u 与半影尺寸 p 为

$$u = \frac{sd - zw}{d - z}, p = \frac{zw + sd}{d - z}$$

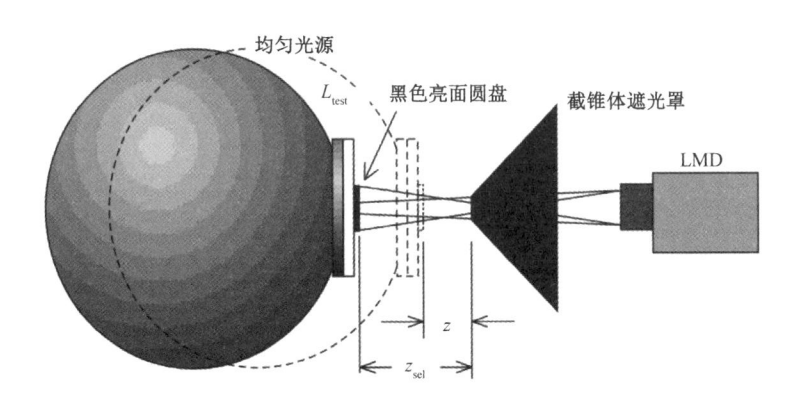

图 A-7 评估杂散光重要性的方法

3. 分析确定 LMD 遮幕眩光的影响

图 A-7 给出一种检查遮幕眩光对测量的影响程度的方法：将一个光滑的黑色亮面截锥体遮光罩紧靠显示屏（如果可行，可在屏幕上放置一个平面黑色粗糙遮光罩），遮光罩的孔径（覆盖测量场）至少比 LMD 的测量场大 10%（如果 10% 不易操作，可尝试使用 20%；遮光罩孔径越大，在遮光罩孔径内越容易进行测量）。分别测量在使用截锥体遮光罩和不使用

截锥体遮光罩时的全白场的亮度，分别记为 L_m 和 L_w。如果取景器指示的区域恰好位于截锥体遮光罩孔的中心，那么以百分比表示的 $(L_w-L_m)/L_m$ 就是这种应用中对 LMD 遮幕眩光的一种度量。其中，L_w 表示没有使用截锥体遮光罩时的全白场的亮度；L_m 表示使用截锥体遮光罩时的全白场的亮度。通常，显示屏的尺寸应该至少为测量场尺寸的 10 倍。如果希望对系统的遮幕眩光进行重复测量，那么不用截锥体遮光罩限制显示屏对 LMD 的曝光，而使用另一种圆孔直径为测量场宽度 10 倍的大直径遮光罩。

为方便地观察遮幕眩光对黑色画面测量的影响程度，CIE 给出了一种与上述方法类似的测量来描述遮幕眩光，该方法需要使用一个直径为测量孔径 10 倍的均匀光源（例如，积分球的出光口）。在光源的中心放置一个直径比测量孔径大 10%的黑色亮面遮光板（见附录 A.13.1），用这种方式不会改变光源的亮度。如果来自实验室和 LMD 的反射不影响该黑色材料的亮度，那么也可以用一块平的黑色不透明材料替代它。在使用和不使用遮光板时，均匀光源的亮度分别为 L_t 和 L_s。遮幕眩光定义为 L_t/L_s，可以用百分数表示（注意：如果使用均匀光源，那么光源的亮度可能会因有无遮光板而改变。如果这种改变不可忽略，那么可能需要调节光源的亮度以进行相应的补偿）。

两种遮幕眩光分析方法的不同之处：前一种方法中测量的亮度和对比的亮度近似相同；而 CIE 方法直接测量遮幕眩光程度，且假设 LMD 能够对更小的亮度进行测量。因此，前一种方法只适用于足够精度的 LMD，从而使 L_w-L_m 有意义。

4. 截锥体遮光罩的结构

可以用薄乙烯基塑料制作表面为亮面的截锥体遮光罩，如图 A-8 所示。使用厚度为 0.25mm（容易使用剪刀或小刀进行切割）的乙烯基塑料可获得好的效果。截锥体遮光罩的孔径为 $d_1=2r_1$，外直径为 $d_2=2r_2$，顶角 β 与余角 ϕ 的关系为 $\phi+\beta/2=\pi/2$ 或 $\beta=\pi-2\phi$，那么如何用一个塑料平薄板切割出合适的形状呢？此时需要知道展开的内圆半径 R_1、展开的外圆半径 R_2 及展开的平面角 θ。各变量之间的关系如下：截锥体遮光罩的斜边长度用展开的半径表示为 $w=R_2-R_1$，也可用折叠后的半径表示为 $w\cos\phi=r_2-r_1$。周长可用两种不同的半径表示：$C_1=2\pi r_1=R_1\theta$，$C_2=2\pi r_2=R_2\theta$。R_1、R_2 与 θ 可表示为

$$R_1=\frac{r_1}{\cos\phi},\ R_2=\frac{r_2}{\cos\phi},\ \theta=2\pi\cos\phi$$

$$\phi=45°,\cos\phi=1/\sqrt{2}$$

$$R_1=\sqrt{2}r_1,\ R_2=\sqrt{2}r_2,\ \theta=\pi\sqrt{2}$$

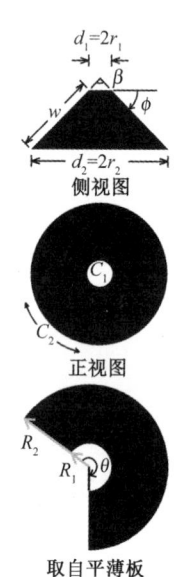

图 A-8 截锥体遮光罩结构参数

折叠后的截锥体遮光罩半径 r_1 与 r_2 是确定的。在切割塑料板时，使用剪刀或小刀确保折叠后的截锥体遮光罩在使用时边缘与显示屏表面的夹角为 45°。

将剪下的直线边缘对接在一起形成截锥体遮光罩。有多种方法可将边缘固定在一起。

其中一种方法是在桌子上将对接的边缘夹在一起（使用夹子将直线边缘的中间位置夹在一起）；在对接的边缘处涂抹少量的快干环氧胶将对接边缘粘在一起；在环氧胶凝固后，取下夹子，在截锥体遮光罩内部用环氧胶沿着对接边缘粘合一个窄塑料片，从而封住所有细小缝隙；用夹子固定窄塑料片，直至环氧胶凝固为止。注意，避免将截锥体遮光罩粘在桌子上（可以使用一个没有黏性的表面，如聚苯乙烯、聚四氟乙烯）。为了得到一个较好的圆孔，可能需要轻微按压（压弯或压扁）截锥体遮光罩。可制作一系列小截锥体遮光罩，d_1 为 5～20mm 或更大，d_2 约 60mm。也可使用更大的截锥体遮光罩，d_1 可以为 50mm，d_2 尽可能大，以遮蔽从显示屏至 LMD 镜头或孔径的光线。可用黑色胶带将小截锥体遮光罩固定在大截锥体遮光罩内部。

5. 杂散光消光管（SLET）

在知道如何制作截锥体遮光罩后，可以用这些截锥体遮光罩或它们的组合来控制杂散光。至少有两种消光管：与带镜头的探测器（如亮度计）一起使用的消光管；与不带镜头的探测器（如照度计或带滤光片的光电二极管）一起使用的消光管。

（1）用于带镜头的探测器的消光管。最简单的用于带镜头的探测器的消光管是一个黑色亚光面管（内部与外部），其一端有一个黑色亮面截锥体遮光罩，截锥体遮光罩的孔几乎与被测区域接触（见图 A-9），管子足够长，以至于显示屏的光线无法直接照射探测器镜头。然而，有时候还需要将管子底端与镜头之间的空隙用黑色毛毡或布包裹起来，以避免杂散光（来自室内）进入探测器镜头，从而影响测量结果。如果不用管子，那么就用一个非常大的截锥体遮光罩，但通常在实验室内难以制作或操作这样的截锥体遮光罩。管子可能会有黑色亮面内壁，此时需要使用一个截锥体遮光罩或多个内部截锥体遮光罩，以便消除内壁反射光对测量结果的影响。探测器有镜头，它在测量区域中对光最敏感。通常不需要考虑黑色亚光表面的少量散射光。然而，如果照射至管子壁上的光很亮，那么其会影响测量结果。在这种情况下，需要在内部增加截锥体遮光罩以避免探测器探测到明亮的杂散光。另一种可以使内壁更加黑暗的方法是使用类似黑色毛毡的黑色织物。

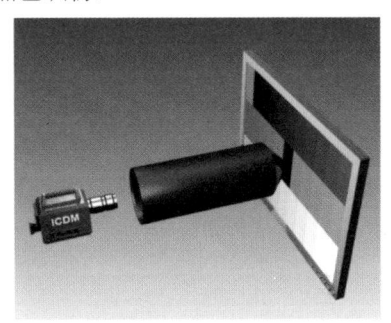

图 A-9 用于带镜头探测器的消光管

若不用黑布包裹镜头与消光管之间的缝隙，可在管子镜头一侧添加一个截锥体遮光罩，以避免镜头或探测器反射的杂散光从显示屏反射进探测器，进而影响测量结果，如图 A-10 和图 A-11 所示。特别是在一个大显示屏上测量全白场上的一个黑色小方块时，即使是很好的暗室，也有相当一部分光会在室内反射，并照亮探测器的前表面与镜头，从而使黑色测量变为测量从 LMD 至显示屏的反射光，而不是显示屏真实的黑色。

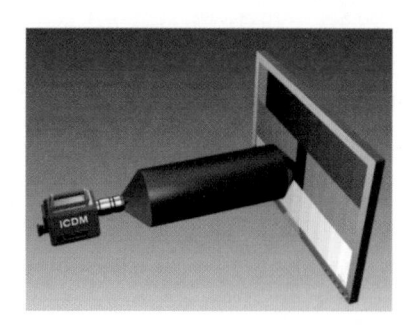

图 A-10　用于带镜头的探测器的消光管，其每个端面均有截锥体遮光罩
（透镜侧的截锥体遮光罩安装于透镜组上）

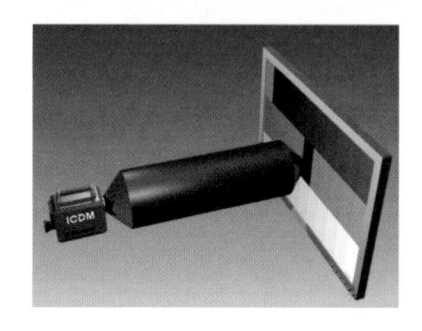

图 A-11　用于不带镜头的探测器的消光管，其每个端面均有截锥体遮光罩
（透镜侧的截锥体遮光罩包裹透镜组）

（2）用于不带镜头的探测器的消光管。照度计和开放式光电二极管或过滤型光电二极管没有镜头，无法将其感光区域聚焦于某个方向上，因此，它们可受到大面积光线的影响。对于照度计，其可收集来自整个半球的光线。当在一个高亮环境的室内测量投影仪上的照度时，有必要限制周围的杂散光，此时需要使用消光管。专为这种测量设计的消光管可由一个内侧呈黑色亮面的管子和置于其中的几个黑色亮面截锥体遮光罩构成，用于避免可能对测量结果产生影响的杂散光。图 A-12 给出了一个用于照度测量的内侧呈黑色亮面的消光管，其中使用了一个圆顶的照明盖子。它有四个主截锥体遮光罩与一个位于探测器端的宽截锥体遮光罩。内部第一个截锥体遮光罩的孔径可以小于靠近探测器的截锥体遮光罩的孔径。消光管的所有内部表面都为光滑的黑色亮面。

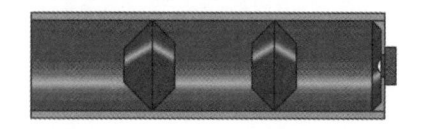

图 A-12　有部件附着并伸出照度计的消光管，其内表面为黑色亮面

图 A-13 给出了一个简化的包含两个截锥体遮光罩的消光管，其可进行特定方向的照度或光通量测量，其中照度探测头隐藏在仪器内部。在这种情况下，正确放置两个截锥体遮光

罩对于防止杂散光进入探测器非常重要。通常，将眼睛定位于探测器的位置，然后在移动截锥体的同时将导管对准亮光（比如一个室内顶灯），以便当眼睛凝视导管内部时，不会看到任何直接的反射。

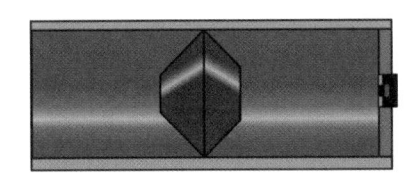

图 A-13 探测部件在照度计内部的消光管，其内表面为黑色亮面

（3）用于与屏幕有一定距离的成像测量仪的消光管。假设有一个带镜头的探测器，用它测量一个黑目标（例如，屏幕亮区域中的一个黑色方块，如图 A-9～图 A-11），我们想在暗目标的测量中考虑周围环境的影响。只要够仔细，就可以使用任意一种消光管进行该测量。图 A-14 给出了一个用于带镜头的探测器的消光管，可用来测量屏幕上受环境光照射的黑色区域。根据环境照度的强弱和其在消光管内部产生的影响，确定消光管的内部是黑色亚光面还是黑色亮面。如果消光管内部是黑色亮面，那么必须使用其他内部截锥体遮光罩来消除杂散光。使用这种消光管的问题在于，靠近显示屏的截锥体遮光罩边界不清晰，会产生虚影。这种模糊的边界不会干扰探测器的测量场，或者任何截锥体遮光罩边界都不会阻碍任何对测量有贡献的光线。测量场必须在截锥体遮光罩边界虚影内的均匀区域中心。在这种情况下，消光管远离显示屏，可能不需要截锥体遮光罩，但在管子的一端放置简易黑色亚光遮光板会达到很好的效果。

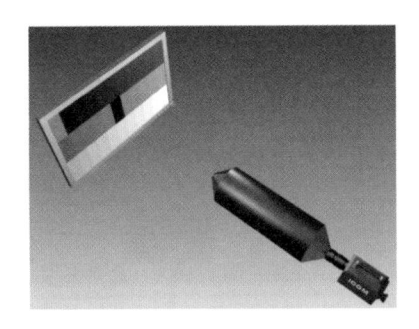

图 A-14 一个用于带镜头的探测器的消光管示例（允许室内环境光影响待测黑色区域），确认消光管的孔的边缘不阻挡任何对测量结果有贡献的光线

6. 使用复制遮光板法校正遮幕眩光

可使用复制遮光板法作为计量探测器中遮幕眩光的近似方法，当然这种方法不是理想的。若想准确无误地描述系统中的遮幕眩光，需要运用卷积-反卷积及探测器点扩散函数的相关知识（一项非常困难的工作）。在光阑或截锥体遮光罩不可用时，可用复制遮光板。

注意：有些显示屏表面是不能触摸的，在放置复制遮光板之前，请确认可以触摸该显示屏。脆弱（不可触摸）显示屏表面的使用请参考附录 B。

（1）坚固耐用型显示屏表面。当不方便使用光阑或截锥体遮光罩时，可使用一块与待测暗区域面积大小相同的黑色不透明遮光板（一块复制遮光板，例如，棋盘格图案中的一块黑色矩形区域，见图 A-15）对遮幕眩光进行校正。需要注意几点：①来自室内的光不可照亮遮光罩；②如果使用黑色亮面材料，仪器上的光线或照亮室内的光线不会从黑色亮面表面反射至探测器，将遮光罩稍微倾斜，从而使遮光罩亮面的反射方向朝向实验室内非常黑暗的区域，这可能会非常有效；③避免显示屏发射的光反射至探测器再反射至复制遮光板，这是很重要的，有可能的话，有必要使用一个长焦距镜头（使用照相机时，加长管子），以使探测器远离复制遮光板；④如果使用黑色亚光材料制作复制遮光板，那么暗室质量必须很高，以便来自暗室、暗室内物体或探测器反射的可测量到的光都不会反射至复制遮光板；⑤避免在复制遮光板的边界附近进行测量，测量要一直在复制遮光板中心区域进行，这可能需要使用一个小的测量视场，有时使用一个阵列式探测器进行这种测量。

假如有一个如图 A-15 所示的棋盘格图案。L_g 为当黑色不透明遮光罩遮蔽待测区域时所测的亮度，L_g 近似等于遮幕眩光影响下的亮度；L_d 表示无遮光罩时所测的亮度；L_h 表示周围白色区域的亮度。那么，白色亮区域测量结果可修正为

$$L_w = L_h - L_g \tag{A-5}$$

通常这是一个很小的修正。暗区域测量结果可修正为

$$L_b = L_d - L_g \tag{A-6}$$

那么真实对比度为

$$C = L_w/L_b = (L_h - L_g)/(L_d - L_g) \tag{A-7}$$

这不是一种非常准确的测量真实的暗像素亮度值的方法，因为局部的遮幕眩光在遮光罩遮蔽的区域内通常是不均匀的，这也是要在复制遮光板中心进行测量的原因。在进行高对比度、大区域测量时，使用截锥体遮光罩能够有效消除杂散光。

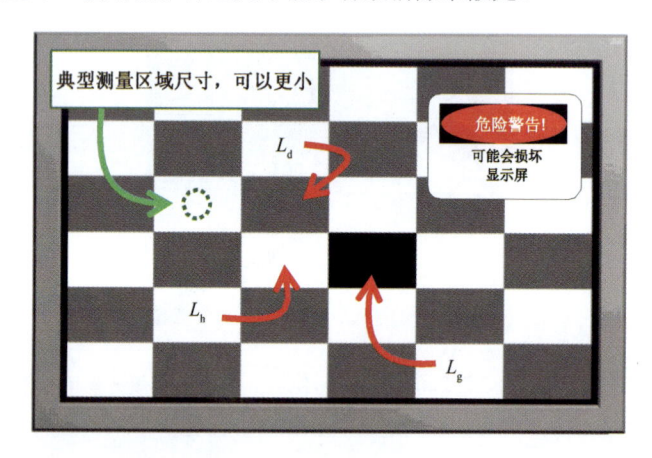

图 A-15　用一个复制遮光板测量棋盘格；待测黑色格子在左上方，相同尺寸的矩形复制遮光板在紧邻的右下方，白色格子在黑色格子的正下方

（2）易损显示屏表面。假如 DUT 表面容易损坏，则不能随意触摸显示屏表面，哪怕是屏幕上很小的一块测量区域。可以尝试在距离显示屏表面几毫米的位置处放置一个复制遮光板，但不能触碰显示屏，可用一束细线把它悬挂起来。这样做的问题是，在使用具有大孔径镜头的阵列式探测器在远处测量时，不能同时对复制遮光板和像素显示屏进行聚焦。如果因为担心损害显示屏表面而不敢使用任何物体靠近显示屏，那么可以使用同样尺寸的、同样

图案的替代显示屏进行测量。此时探测器和替代显示屏的相对位置必须与探测器和 DUT 的相对位置相同。可以对暗区域的测量值进行修正，使其与在 DUT 上测量的值对应。记替代显示屏上围绕遮光罩的白色区域的亮度为 L_h'，遮光罩中心的亮度为 L_g'。那么在 DUT 上的遮幕眩光的亮度（如果可以在其屏幕上放置复制遮光板）为

$$L_g = L_h L_g'/L_h' \tag{A-8}$$

其他分析过程与上述（1）中类似。

A.2.2 小面积测量的遮幕眩光说明

注意：触摸有些显示屏的表面会导致严重损害，在显示屏表面上放置任何物体之前，都应确认显示屏是否可触摸。

对于显示屏上的小面积测量，有时无法使用前面所述的截锥体遮光罩，主要有以下两个原因：①不理想的遮光罩边界会将过多的光线反射至镜头和显示屏（一个圆的周长与面积之比为 $2/r$，其将随着半径的减小而增大）；②对于小孔，衍射足以影响测量结果。不仅亮度测量会受这些因素影响，如果屏幕上有多种颜色，那么它们可能会在某种程度上与遮幕眩光和反射光混合。这将会影响色度测量的准确性。

光学系统内部产生的遮幕眩光不是影响暗场测量的唯一因素（与白色画面类似）。为了测量白色画面上的字或线，往往需要进行像素级别的适度放大。这种光学系统可能需要紧靠显示屏测量区域的镜头和支架。在这种情况下，仪器很可能会将显示屏上白色区域的光反射至显示屏，进而影响黑色区域的测量。避免探测器过于接近显示屏，建议使用长焦距镜头（如有需要，可使用外接镜管），以确保探测器距离屏幕较远。

1. 复制遮光板和分析

图 A-16 给出了一个不透明的黑色复制遮光板和一个用于分析的过滤型复制遮光板，局部放大区域给出了包含三个方块的矩形区域的像素细节。它们可能是相机（阵列式探测器）获得的高放大倍率的图像：下方中心方格是一个 4px×4px 的黑色像素区域——要准确测量的区域；左上方格是一个尺寸 4px×4px 的黑色遮光板——为显示屏表面上黑色像素区域的复制区域；右上方格是一个尺寸为 4px×4px 的复制遮光板，它由灰色透明的 NDF 材料制成，密度为 1.0 或更大（透过率为 1%或更小），该滤光片放置于显示屏的白色区域上。测量的白色像素区域的面积为 S_h，不透明遮光板的面积为 S_g，滤光片的面积为 S_f，黑色像素区域的面积为 S_d。若可能，尝试测量整个像素的增量。当使用一个阵列式探测器时，经验告诉我们，其放大倍率应该足够大，最小的黑色像素区域对应 20 个或更多的探测器像素。本例中，最小的黑色区域宽度为 4px×4px（如果有可能，每个显示屏像素应尽量对应 10~20 个探测器像素）。滤光片在这里起到检查分析的作用。如果无法恰当测量滤光片的衰减程度，那么使用遮光板测量就会有问题。

诚然，有时候很难将不透明遮光板或塑料滤光片切割成与待测像素区域相同的尺寸或形状，特别是当测量区域很小时。但是，必须尽力使复制遮光板和滤光片的尺寸小于黑色像素区域最小线尺寸的 10%。使用复制遮光板的真正目的是让在复制遮光板上测量的任何光

都是由成像系统内的遮幕眩光造成的（理想情况下应为绝对黑色），而不是由其他遮幕眩光造成的。由于复制遮光板的尺寸和形状与待测黑色像素区域相同，那么就可合理地认为复制遮光板上测量的遮幕眩光与黑色像素区域的遮幕眩光相等。需要谨记的是，复制遮光板及滤光片与黑色像素区域应该有一定的距离，以便在改变成像系统的特性时，它们之间不会显著地相互干扰。很难给出准确的相对距离，但其至少应为待测黑色像素区域最小尺寸的 2 倍。

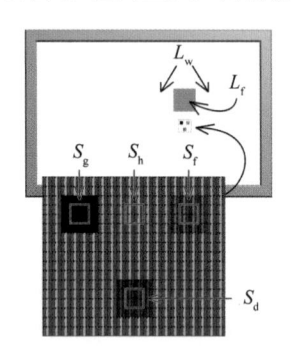

图 A-16　使用塑料滤光片作为分析工具来确定复制遮光板技术是否合适

用于制作复制遮光板的材料非常重要。如果亮面不会将周围的光反射进镜头，那么黑色亮面塑料是很好的选择。由于滤光片也有亮表面，因此，必须尽量控制反射。人眼往往难以看见这些亮面的反射光，但它们可能会使测量的滤光片式复制遮光板的透过率不精确。使用塑料滤光片材料有一个问题，即这种材料大多具有不可忽略的温度系数，因此，必须对滤光片材料针对显示屏的温度进行校准。为了解决该问题，在显示屏上放置一大张滤光片材料，然后使用 LMD 与截锥体遮光罩进行测量。在将滤光片材料加热至显示屏表面温度后，测量滤光片的亮度 L_f，然后测量滤光片两边白色画面的亮度，并取平均值 L_w，则滤光片材料的透过率为 $\tau = L_f/L_w$（也可拿掉滤光片材料，并测量之前滤光片放置位置的亮度 L_w。在这种情况下，需要先测量滤光片置于显示屏上时的亮度，以便使滤光片处于适当的温度）。用于小面积测量的滤光片式复制遮光板的材料透过率为 $\tau' = (L_f - L_g)/(L_h - L_g)$，当其接近 τ（5%以内即可）时，可以继续进行遮幕眩光修正。黑色图案的亮度由 $L_b = L_d - L_g$ 确定，白色画面的亮度为 $L_w = L_h - L_g$，对比度为 $C = L_w/L_b$。这个修正过的对比度应该显著大于未修正时的对比度 L_h/L_d。为了得到黑色画面和白色画面的亮度值，LMD 必须进行亮度测量校准，具体请见附录 A.9。然而，能获得正确的 τ 值并不意味着这就是一种有效的测量方法，特别是当待测黑色画面的亮度在探测器上产生的测量信号非常小（与探测器的噪声相当）时，最终需要扣除噪声信号，而非固执地把这个非常小的信号作为有效信号，进而计算得到错误的 τ 值。在这些情况下，最好是增加曝光以进行相应的补偿，并适当将长时间曝光信号缩放至测量白色画面区域所使用的信号等级。

2. 坚固表面上的线状复制遮光板

这里讨论的遮幕眩光的修正方法只是试图近似解释遮幕眩光的影响，这种采用遮幕眩光修正的方法与无任何修正的方法相比，确实是一种好方法。前面已就一般情况做了讨论分析。下面假设测量单像素线条的亮度。在图 A-17 中，模拟白色背景上黑线条的高放大倍率图像，其中每个像素都清晰可辨。在这种情况下，假设可将一条线状复制遮光板直接置于像素表面上。将一个窗口宽度等于像素间距的黑色不透明的遮光板放置在像素上,其至像素的距离不小于 3 列像素宽度。使用扫描仪或阵列式探测器扫描整数行的像素,从而产生一个亮度剖面图。然后通过移动窗口平均值法(见附录 B.18)对该亮度剖面图求黑线亮度,其中,平均窗口的宽度与亮度剖面中的像素间距相同,或者黑线亮度可通过测量黑线的线或像素的内部区域进行估算。当进行区域测量时,白色像素必须以整数个像素作为整体像素进行测量。测量结果包括白像素亮度的平均值 L_h、黑线亮度的平均值 L_d、黑色不透明遮光板的遮幕眩光的亮度 L_g。修正后的白像素亮度为 $L_w=L_h-L_g$,修正后的黑线亮度为 $L_b=L_d-L_g$。那么,对比度相对精确地用 $C=L_w/L_b$ 进行估计。使用这种方法的一个问题是,无法一直使遮光板与像素表面足够近,阵列式探测器不能对遮光板与像素表面同时聚焦。当像素表面的遮光板较厚时,这种情况就会发生。使用这种方法的另一个问题是,显示屏的表面可能非常脆弱,以至于不能用任何东西触碰它,哪怕是很小的遮光板——这些内容将在下一节讨论。

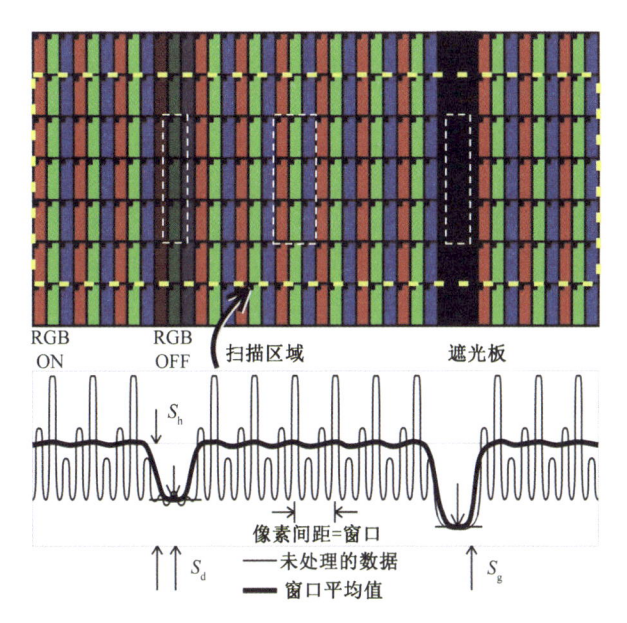

图 A-17　一个白色背景上有一条黑色像素线的高放大倍率的图像,一个理想的黑色不透明遮光板直接置于像素表面上,若扫描图像,则黄色虚线区域为扫描区域;若只进行区域测量,则白色虚框表示选择区域。这是用于示意待做操作的理想情况。除非确保屏幕足够坚固,否则请勿触摸屏幕表面

如果可能,使用一个与不透明遮光板尺寸相同的滤光片并运用前面所述的方法测量其透过率,这对于检验测量结果非常有用。然而,这种做法往往因为像素尺寸小(会比使用的滤光片材料的厚度还要小)而很难实现或无法实现。可以用剪刀以非常小的角度裁剪一小条滤光片进行实验。沿着这个条状滤光片的某些地方,其厚度可能会与像素间距相同。尽量使用足够大的放大倍率,使 20 个或更多个探测器像素对应待测线的宽度。

可以使用剃刀或剪刀裁剪遮光板长边,得到黑色遮光板上厚度与像素间距相同的位置,然后将裁剪后的遮光板沿像素线长度方向放置,直至其宽度与测量位置的像素宽度相同。

使用该方法的一个问题是,遮光板不同位置的遮幕眩光程度不同。在靠近白与黑边缘

位置，遮幕眩光将会增加，黑色区域中心的遮幕眩光最小。然而，尝试过这种方法后，我们会发现遮幕眩光的影响很大（远比想象的要大）。这种修正后的测量结果很大程度上会优于不考虑遮幕眩光的测量结果。例如，假设黑色区域和白色区域的未经修正的亮度测量值（光子 CCD 相机的 CCD 计数）为 L_h=12000 和 L_d=2500，则对比度为 $C=L_h/L_d$=4.8。如果考虑遮幕眩光，那么会发现显示屏本来的亮度测量值应为 L'_h=16000 和 L'_d=1500，遮光板的遮幕眩光亮度修正为 $L_g=L'_d L_h/L'_h$=1125，对比度修正值为 $C'=L_w/L_b$=10875/1375=7.9，它与之前所得的对比度差别较大。眼睛能否分别出对比度的这个差别并非本方法的重点。我们需要做的是提供尽可能准确的测量，以便为有价值的小面积对比度研究提供一个好的测量方法。

3. 易损的不可触摸的显示屏

我们尝试尽量模拟图 A-15 的情况。测量线状复制遮光板的遮幕眩光，并将这个修正应用于 DUT 显示的黑色区域。一种近似的方法是制作一个发光平面（一个模拟显示屏，以下简称模拟屏），使其尺寸大致与将要测量的屏幕尺寸相同。该模拟屏可以用多种方式制作。它可以是一个尺寸与 DUT 相同的坚实耐用的显示屏，也可以是（在显示屏前面放置但不接触显示屏的）一块玻璃、背光大盒子（内部有白光照亮的、侧边开一个与 DUT 屏幕尺寸相同的口）等。用眼睛观察该屏幕，其亮度应该相对均匀。模拟屏的具体大小必须根据所使用的仪器确定。如果模拟屏的尺寸与 DUT 的尺寸相同（误差在±10%以内），那么可能不存在尺寸的问题。另外，如果仪器基本上不会被与光轴角度大于 20° 的光影响，那么模拟屏需要形成顶角为 40° 的锥。一旦模拟屏完成制作，则在显示屏平面上放置一个线状复制遮光板，其宽度为像素间距。实际上，复制遮光板的宽度应该尽可能与像素间距接近。可接受的遮光板材料必须由测量仪器和 DUT 的像素结构共同确定，要注意来自室内与显示屏镜头的反射光。显然，与用于模拟字符的字符状复制遮光板相比，用于模拟一条线的线状复制遮光板更容易加工。用阵列式探测器扫描式测量白色背景上的理想黑线，得到模拟屏的白像素亮度 L_s 和由遮幕眩光造成的黑线亮度 L_g；然后，对 DUT 进行类似的测量，得到白色区域的平均白色亮度 L_h 和黑色区域的亮度 L_d，则真实显示屏的遮幕眩光等价修正后的亮度为 $L_h L_g/L_s$；修正后的白色背景亮度为 $L_w=L_h(1-L_g/L_s)$，修正后的黑色画面亮度为 $L_b=L_d-L_h L_g/L_s$。再次提醒，这是一种对遮幕眩光影响的近似分析。

4. 可触摸的加固型显示屏

注意：在尝试将任何仪器黏附于显示屏表面之前，请确认显示屏表面为坚固耐用型。

显然，上述适合于易损坏显示屏的亮度测量方法也适用于坚固耐用型的显示屏。然而，坚固耐用型显示屏有更多的可能性。临时性地将一个像素间距宽的长条状遮光板黏附于显示屏表面（如果显示屏允许，可以使用黑色胶带），并使其按照图 A-17 所示与一列像素对齐。在 LMD 中观察遮光板与黑线。如果能清晰聚焦于遮光板与像素表面（镜头系统的视场深度足够大，能够覆盖像素表面及黏附其上的遮光板），那么就按照上述的理想情况处理。如果无法同时聚焦于像素表面和遮光板，那么先聚焦于像素表面并得到其亮度值，然后聚焦于遮光板并得到其亮度值。当像素表面聚焦清晰时，可得到黑线周围的白色背景的平均亮度 L_h 和黑线的亮度 L_d，这两个值都未经修正。当遮光板聚焦清晰时，可得到遮幕眩光亮度 L_g 和白色区域的平均亮度 L_s（通过移动窗口平均法获得），而此时背景像素已失焦。现在显示屏的遮幕眩光等价修正后的亮度是 L_hL_g/L_s，修正后的白色区域亮度为 $L_w=L_h(1-L_g/L_s)$，修正后的黑色区域亮度为 $L_b=L_d-L_hL_g/L_s$。那么，此时对比度可近似地表示为 $C=L_w/L_b$。

A.3 低亮度测量

当测量非常低的亮度时，要考虑两个问题：①房间的影响；②测量仪器的能力——它能否精确地测量低亮度。提供两种测量方法来解决这些问题：附录 A.3.1 中介绍了对房间和房间内物品的影响的测定；附录 A.3.2 中给出了对亮度准确测量的量化介绍。

A.3.1 环境亮度补偿

别名：环境亮度校正技术。

描述：预先测量暗室内设备的环境亮度补偿。**符号**：L_{AO}。

应用：原则上，该测定方法可用于测量所有亮度，但更侧重于测量较低亮度。这绝对是检查所使用的暗室质量的好办法。

设置：暗室条件可由以下方法获得。

（1）减少或最好消除室内所有光源（照明仪器、显示屏、控制灯等）的光输出，并且通过遮光隔绝室外光源。

（2）房间所有表面（墙壁、地板和天花板）及室内所有仪器（家具、固定装置和仪器）都必须有漫反射纹理及很暗的颜色，最好是黑色。

（3）应控制部分从被测对象输出的、不属于测量部分的光，使其远离测量区域和测量方向。遮蔽物、缝隙（截锥体遮光罩和消光管之间的）及黑布对于任何暗室都非常有用。

（4）吸收的光总量正比于 $1-\rho_{darkroom}$（$\rho_{darkroom}$ 是暗室的漫反射比）和暗室的表面积（侧壁或/和遮蔽物、天花板和地板），暗室越大越好。

（5）如果室内有一台带显示屏的计算机，且其不容易黑屏或关闭，那么可以考虑在测量过程中用黑布盖住显示屏。

步骤：这个步骤的目的是便于对暗室中影响亮度测量的环境亮度进行修正。这个环境亮度的来源是暗室内仪器的杂散光及显示屏的散射光。在分析中会使用以下术语。

L'_Q 是显示屏上包括环境亮度在内的亮度，其中，Q 表示显示屏的状态：关闭（OFF）、白画面（W）、黑画面（K）等。

L_{stdQ} 是标准白板的亮度，其中，Q 表示显示屏的状态。

L_{AQ} 是希望消除的、真正存在的环境补偿亮度。

L_Q 是 DUT 的真实亮度。

ρ_{std} 是标准白板的漫反射比（8°散射或散射8°）。

$\rho_{display}$ 是显示屏的漫反射比（8°散射或散射8°）。

以下以显示黑画面的显示屏为例，即 Q=K。下面的方法可用于任何颜色的屏幕，以便评估暗室的质量。然而，当屏幕发光时，必须小心，以确保测量的标准白板的亮度不被屏幕的遮幕眩光影响（可以通过使用消光管实现，见附录 A.2.1）。下面将讨论黑场测量。黑场测量之所以重要，是因为任何环境亮度的污染都会极大地影响黑色画面亮度的测量结果。

（1）如果已测量反射比，那么直接跳到第（5）步。

（2）确保显示屏处于关闭状态。

（3）测量显示屏的亮度 L_Aoff（假设模型：$L_\text{Aoff}=\rho_\text{display}E_\text{off}/\pi$）。这是测量的最低亮度，也是最难测量的。

（4）将标准白板放置于显示屏前，并测量其亮度 L_stdoff（假设模型：$L_\text{stdoff}=\rho_\text{std}E_\text{off}/\pi$）。

（5）计算系数：

$$F=\rho_\text{std}/\rho_\text{display}=L_\text{stdoff}/L_\text{Aoff} \quad (A-9)$$

（6）打开显示屏（使用全黑场，并进行适当的预热），测量标准白板的亮度 L_stdK。需要注意的是，如果显示屏是绝对黑色的，则亮度 L_stdK 与 L_stdoff 相同，因为显示屏处于绝对黑色画面时不发射光线。

分析：环境亮度的修正值根据下式计算。

$$L_\text{AK}=L_\text{stdK}/F \quad (A-10)$$

$$L_\text{AK}=L_\text{Aoff}L_\text{stdK}/L_\text{stdoff} \quad (A-11)$$

L_AK 应小于被测亮度的 1%（越小越好）；否则，为了减少环境亮度，需要仔细检查暗室条件。对于所显示的黑色画面，其真正的亮度 L'_K 为

$$L'_\text{K}=L_\text{K}-L_\text{AK} \quad (A-12)$$

其中已经从所测量的黑色亮度中减去了环境亮度。

报告：以至少两位且不超过三位的有效数字报告黑色屏幕的环境亮度 L_AK。

注释：①亮度计的质量。这个测量的值很大程度上依赖于亮度计的质量及它的校准。如果亮度计对所测亮度已校准或已证实其具有足够的线性度，能覆盖所测的亮度范围，那么这样会更好。②暗室质量评价。暗室的质量可用下列数据评价。（a）如果 L_stdoff 较小，说明暗室的环境亮度低。（b）如果 $L_\text{stdK}/L_\text{stdoff}$ 较小，说明暗室有较好的光吸收能力和杂散光控制能力。③扩展到其他颜色 Q。这种分析可应用于从白色（Q =W）到其他任意一种颜色的屏幕，只需要将所选择的颜色 Q 代入并替换上述公式中有下角标"K"的值即可。

A.3.2　低亮度校准、分析和线性度

描述：针对低亮度测量进行 LMD 测试和校准。典型的系统包括一个石英卤钨（QTH）灯、一个 $V(\lambda)$探测器（与 LMD 分开）和一块反射特性已知的标准白板；所有这些物品全都处于暗室环境中。可采用不同方法校准、分析和检查 LMD 的线性度。**单位**：cd/m^2。**符号**：L。

设置：LMD 测试、校准系统的一般结构如图 A-18 所示。光源是一个稳定的、功率为 10 W 的 QTH 灯（或类似光源）。在适当的距离（如 3.5m）放置一个位移台，在位移台上放一个 $V(\lambda)$探测器（用于照度测量）、一块反射特性已知的标准白板及一个准直镜。光轴从灯丝到 $V(\lambda)$探测器或标准白板的中心，所有器件都在对准位置。灯丝应垂直于光轴放置，以

便使支撑灯丝的线不会干扰光的分布。光轴与标准白板的对准必须精确到 0.2°且保持稳定。位移台用于精确改变探测器、标准白板和准直镜的位置。探测器在低照度范围内的响应函数 $V(\lambda)$ 必须灵敏且线性。LMD 以适当的距离相对于标准白板的法线成 45°放置。标准白板的光亮度因数 $\beta_{0/45}$ 必须精确已知。

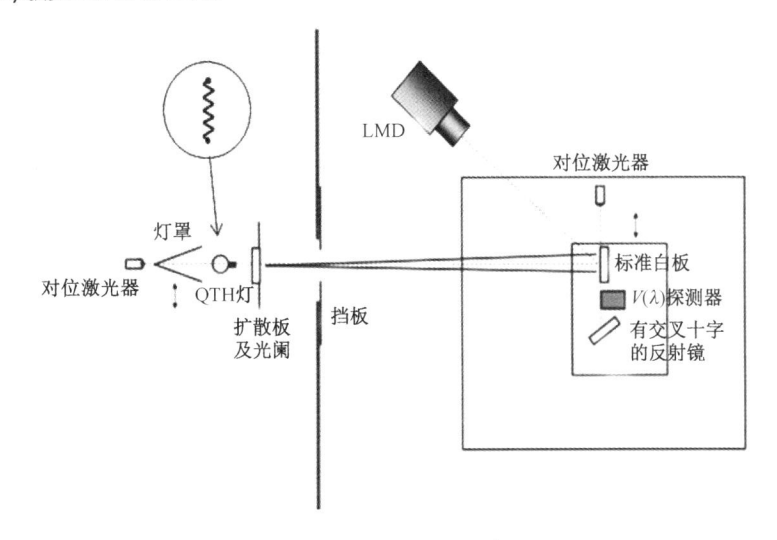

图 A-18 LMD 测试、校准系统

步骤：在光源稳定后，执行以下步骤。

（1）移动位移台使 $V(\lambda)$ 探测器位于系统的光轴上。
（2）移动位移台使准直镜位于系统的光轴上。
（3）将 LMD 以适当的距离放置，且瞄准准直镜中心，以确保它与光轴成 45°。
（4）移动位移台使标准白板在系统的光轴方向。
（5）用 LMD 测量亮度。

分析：标准白板的亮度由式（A-13）计算。

$$L = \frac{\beta E}{\pi} \qquad (A-13)$$

式中，L 为亮度（cd/m²）；$\beta = \beta_{0/45}$ 为标准白板在光源/探测器为 0/45 条件下的光亮度因数；E 是 $V(\lambda)$ 探测器测量的照度。

报告：报告亮度的测量结果和标准白板的亮度，如表 A-1 所示。

注释：$V(\lambda)$ 探测器的响应度和线性度应当预先使用标准步骤（如 CIE-69）进行校准。$V(\lambda)$ 探测器的响应度在低照度范围内必须灵敏且线性。该系统应处于高质量的暗室中。下面给出其他可能的方法。

表 A-1 报告示例

标准白板亮度/（cd/m²）	LMD 亮度/（cd/m²）	亮度误差/（cd/m²）
0.030	0.029	0.001

1. 标准白板和距离的变化

E_1 为 $V(\lambda)$ 探测器在高亮度范围内、将灯移动至 d_1 位置处测得的照度。L_2 为在低亮度范围内、将灯移动至 d_2 位置处测得的亮度，二者之间的关系如图 A-19 所示。

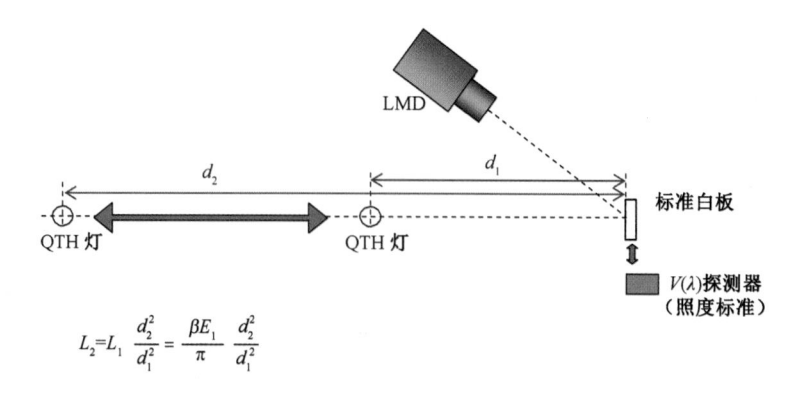

$$L_2 = L_1 \frac{d_2^2}{d_1^2} = \frac{\beta E_1}{\pi} \frac{d_2^2}{d_1^2}$$

图 A-19 LMD 低亮度校准方法（一）

2. 标准白板和 NDF

NDF 的透光率 τ 必须已知且准确。L_1 是在无 NDF 的情况下用亮度计测量的亮度值。L_2 是在低亮度范围内、在灯和标准白板之间放置 NDF 时测得的亮度值，二者之间的关系如图 A-20 所示。

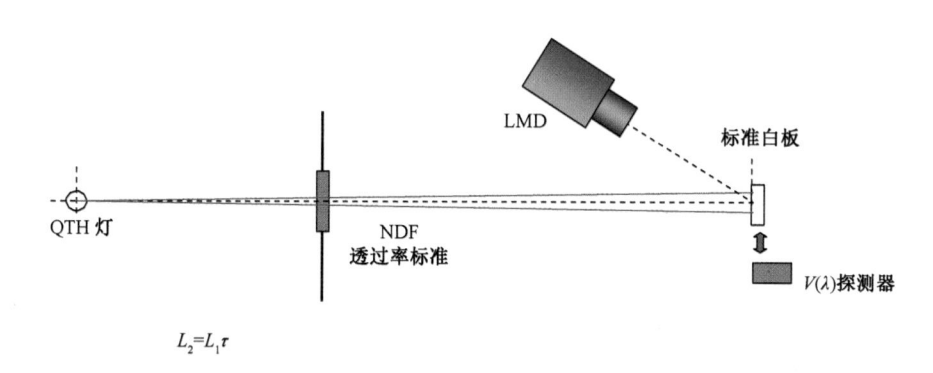

$$L_2 = L_1 \tau$$

图 A-20 LMD 低亮度校准方法（二）

3. 带线性探测器的积分球

L_1 是用一个标准亮度计测量的亮度值，$V(\lambda)$ 探测器校准产生的电流值为 J_1。关闭光源上可调节的缝隙或小孔，得到一个更低的亮度值 L_2 和相应的电流值 J_2。比较 LMD 亮度测量结果与 L_2，二者之间的关系如图 A-21 所示。如果狭缝或孔尺寸的变化不会明显改变光源光谱分布，那么这将有利于测试。

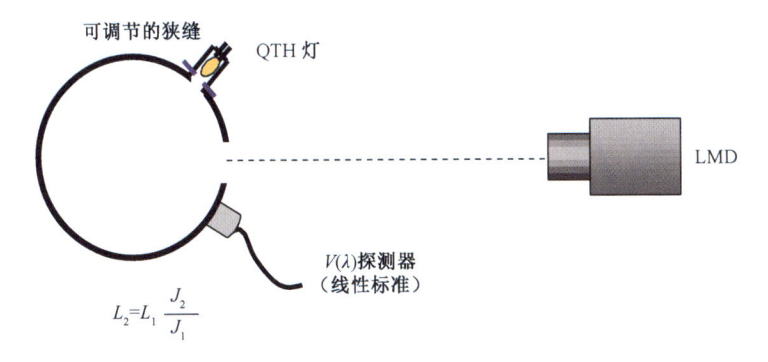

图 A-21 LMD 低亮度校准方法（三）

4. 积分球和距离的变化

L_1 是用一个性能优良的亮度计测量的相对较大的亮度值。L_2 是通过移动灯使其远离积分球所产生的较小的亮度值，二者之间的关系如图 A-22 所示。距离的精确测量是非常关键的。初始距离 d_1 不应该接近球体，并且必须小心控制和消除反射。

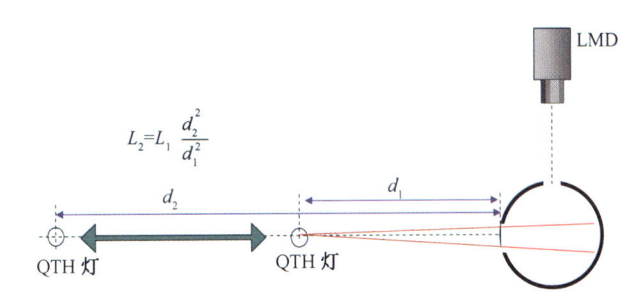

图 A-22 LMD 低亮度校准方法（四）

5. 积分球和 NDF

L_1 是在没有 NDF 的情况下用标准亮度计测量的亮度值，L_2 是在灯和积分球之间放置 NDF 的情况下测量的一个较小的亮度值，二者之间的关系如图 A-23 所示。

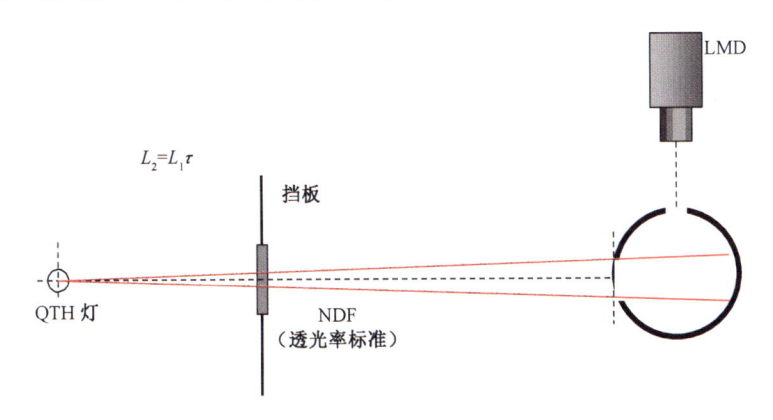

图 A-23 LMD 低亮度校准方法（五）

1) LMD 的低亮度测量分析

准确测量低亮度对于暗室对比度来说很重要,因为低亮度测量结果中的一个小误差会引起对比度的巨大差异。需要测试本节中涉及的 LMD 在低亮度测量方面的精度。在低亮度测量中,LMD 的准确性是通过测量标准低亮度光源来确定的,这个标准低亮度光源基于光度标准和衰减法得到。

2) 光度标准

基于光源和基于探测器的测量方法都是常用的转换标准。基于光源的测量方法使用一个发光强度标准的灯作为标准光源,且光源/探测器的布局为 0/45(光源处于 0°位置,即垂直于样品表面;探测器相对于样品表面法线成 45°),根据平方反比定律的几何转换,得到标准白板上的反射亮度与照度之间关系。根据平方反比定律,光源的发光强度和参考平面上的照度之间的关系为

$$E = \frac{I}{d^2} \quad (A-14)$$

式中,I 是发光强度;E 是照度;d 是光源和参考平面之间的距离。应当避免出现与平方反比定律不相符的情况,这一点非常重要。如图 A-24 所示,$d \gg 2r$,如果不满足该条件,那么式(A-14)无效。例如,标准光源和参考平面之间的距离应至少保持为标准光源尺寸的 10 倍。当在参考平面上放置标准白板时,那么标准白板和参考平面之间的亮度-照度关系由式(A-15)所示。

$$L = \frac{\beta}{\pi} E \quad (A-15)$$

式中,L 是亮度;$\beta = \beta_{0/45}$ 是光亮度因数。亮度与照度之间的关系如图 A-24 所示。

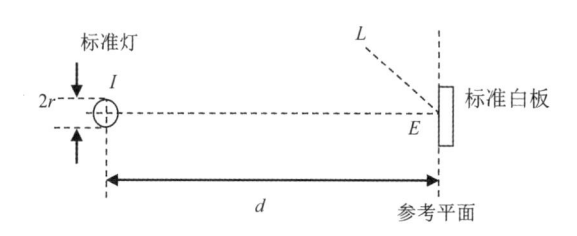

图 A-24 亮度与照度之间的关系

基于探测器的测量方法使用亮度计或照度计作为转换标准。在使用亮度计的情况下,通过衰减法,可以用普通亮度范围(1cd/m² 以上)获得一个扩展的低亮度范围。在用照度计的情况下,标准亮度光源可通过如式(A-15)所示的亮度-照度关系获得,然后,使用衰减法可将亮度扩展至低亮度水平。

3) 衰减法

衰减法可将系统的亮度降低为低亮度,它可以通过积分球、反射型扩散板、透过型扩散板、可变光圈、NDF 或距离来实现。衰减法的衰减系数应为确定值,它提供将亮度扩展为低亮度的标准溯源。衰减系数可以根据探测器的线性度、距离或 NDF 的透过率得到。探测器的线性度可通过光束加成法进行校准,以确定光信号的线性响应范围。采用距离实现衰减

的衰减系数根据平方反比定律得到。可采用透射系统校准 NDF。

例 1 标准白板系统。在该系统中，测光标准是通过一个照度响应度和线性度已校准的 $V(\lambda)$ 探测器实现的。衰减是用传输扩散和距离实现的。该系统是在低光照的环境下由一个稳定的 QTH 灯、一个 $V(\lambda)$ 探测器和标准白板组成的。

该系统如图 A-25 所示。光源是一个稳定的功率为 10 W 的低功率 QTH 灯。在适当的距离（约 3.5m）处放置一个位移台，在其上放置一个 $V(\lambda)$ 探测器、一个标准白板和一个准直镜。光轴从灯丝中心到探测器或标准白板的中心。光轴和标准白板必须准确对位。位移台用于精确改变探测器、标准白板和准直镜的位置。$V(\lambda)$ 探测器的响应度在低亮度范围内必须灵敏且线性。将 LMD 以适当的距离、与标准白板法线成 45°放置。

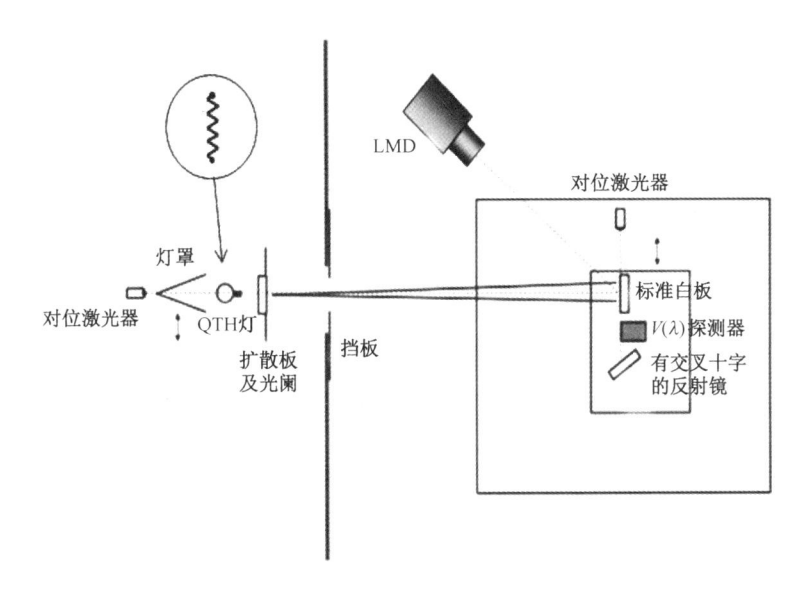

图 A-25 标准白板系统

假设 $V(\lambda)$ 探测器的响应度为 36.7nA/lx，且输出光电流的线性范围为 0.2 nA～0.1mA；0/45 标准白板的反射比为 1.014；这意味着可以使用式（A-15）实现 0.0054～2721lx 的照度和 0.0018～879cd/m^2 的亮度的转换。

例 2 双积分球系统。在这个系统中，测光标准是一个在正常亮度范围内的标准亮度计。衰减系数是用线性度经过校准的 $V(\lambda)$ 探测器测得的。衰减部件为一个积分球。该系统由一个稳定的 QTH 灯、第一个积分球上的 $V(\lambda)$ 探测器和第二个积分球组成。可以通过改变可变孔径(IRIS)的大小来确定第一个积分球输出端口输出的亮度和探测器信号之间的线性关系。将第二个积分球与第一个积分球相连，并将可变孔径调至最大，然后在普通亮度范围内用亮度计测量第二个积分球输出端口的亮度，并同时读取探测器的信号，这样就可通过亮度信号比及线性关系实现低亮度光源，如图 A-26 所示。

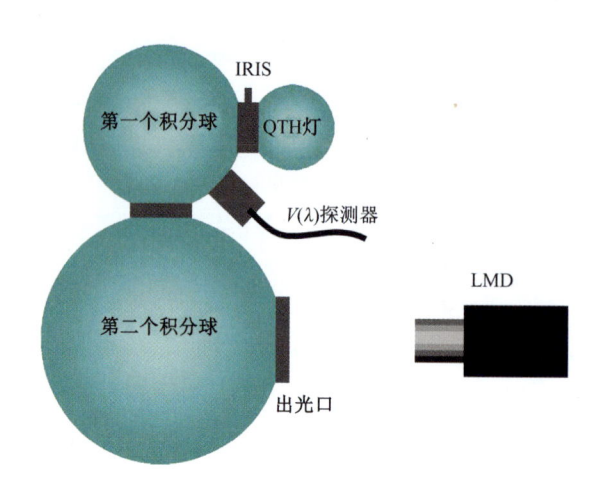

图 A-26　双积分球系统

A.3.3　探测器的线性度分析

应检查本书所有测量步骤中使用的 LMD 的线性度，以确保测量精确。可采用不同方法检查 LMD 的线性度。

下面介绍带光电检测器的可变积分球光源。如图 A-27 所示，一个包含 QTH 灯的小积分球通过一个虹膜（IRIS）安装至一个更大的积分球上。这种结构可产生一个亮度改变时光谱不改变的均匀漫反射光源。对于本节分析，从开始时就不需要使用 NDF。如果光电二极管检测器是线性的（对于简单的处于强光照下的光电二极管而言，这通常是一个很好的假设），那么在虹膜改变亮度时，由 LMD 测得的亮度 L 应与光电二极管的输出电流 J 同步。如果对于所有亮度（在 LMD 的可重复性之内），亮度与光电二极管的电流之比不尽相同，那么 LMD 可能不是线性的且需要进行校正，或者光源中的光电二极管由于受灯照发热而特性改变，或者光电二极管放置位置不当（阻挡不恰当导致其直接遭受灯出光口或光源的照射）。也就是说，如果 LMD 是线性的（并且光电二极管也是线性的），那么

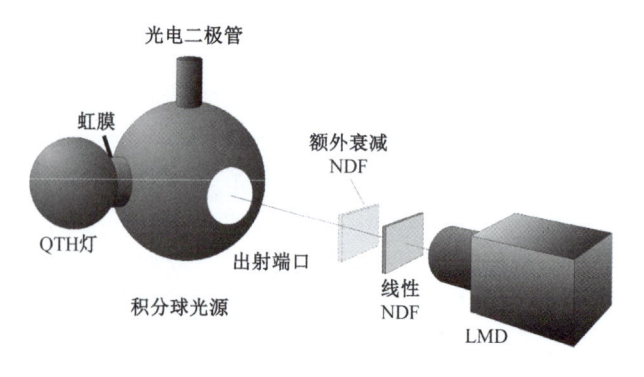

图 A-27　用光电二极管检测亮度和用虹膜控制亮度且不改变颜色的积分球光源

$$L = kJ \tag{A-16}$$

式中，k 是一个常数（单位：cd/m^2/A）。通过阅读资料可以找到在可实现的亮度范围内 k 的大小。如果将一个电阻和光电二极管串联，并且根据 $V=JR$ 得到一个与电流成正比的电压，那么一定要注意 R 不要过大；否则，光电二极管将不能提供足够的功率来适当地驱动电阻，且光电二极管探测器将呈现非线性，因此，不推荐这种方法。最好使用一个电流放大器或一个能够准确测量 nA 量级电流的电流表。

如果想检查 LMD 的低亮度响应性能，那么在 LMD 前面且靠近 LMD 镜头的位置放置一个额外的 NDF。如果 LMD 是线性的，那么它会与光电二极管电流一致，$L = k'J$，其中，k' 也是一个常数。注意，当测量的亮度接近 LMD 测量能力的下限时，舍入误差和数字化误差将会占据主导地位。在这种亮度下，不适合使用 LMD。在使用 NDF 时，注意避免实验室中被光源照明的物品的反射光再次被 NDF 反射进 LMD。当以这种方式使用 NDF 时，尽量将其靠近积分球出光端口。这并不是一个好方法，因为靠近出光端口的任何物品都会显著改变积分球内部的亮度。最好是尽可能将 NDF 紧靠 LMD 镜头。如果不这样做，那么从镜头反射出来的杂散光会经 NDF 反射再进入 LMD。

也可以通过将 NDF 放入和拿出光路检查系统。测量在 LMD 镜头前有线性 NDF 时的亮度 L' 和无 NDF 时的亮度 L。通常，使用光密度为 0.3 或 0.5 的 NDF。如果 LMD 是线性的，则 L/L' 比例应保持恒定。这个方法可以通过添加额外的衰减 NDF，并检测在有 NDF 和无 NDF 时用线性 LMD 测量的亮度的比值是否恒定来测量 LMD 低照度下限。这种方法不依赖于光电二极管，但这种方法将无法发现线性的轻微偏差。图 A-28 给出了这种方法检测亮度的线性度的结果。注意：许多 NDF 在整个可见光谱范围内的衰减一致，特别是那些用灰玻璃制作的 NDF。在玻璃上沉积金属制作的 NDF 在可见光谱上更容易获得均匀的衰减。

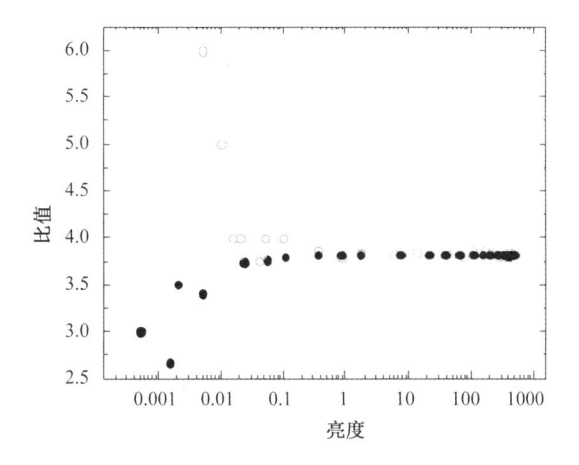

图 A-28 用线性测试方法得到的无 NDF 时的亮度和使用光密度为 0.5 的 NDF 时的亮度的比值。对两种不同的亮度计进行了比较。大的偏离来自与读出数据的有效位数相关的误差

如果尝试通过改变灯的电流来改变光源的亮度，那么可能同时改变了光源的发光光谱。这种情况是不希望发生的，因为它给实验引入了不可控的变化因素。最好的光源是改变亮度时并不改变光谱分布的光源。

A.4 空间不变性与积分时间

对于亮度测量，有两种类型的孔径：一种是由屏幕上的测量场覆盖范围定义的孔径；另一种是在一定时间的"孔径"，相关的测量通常称为测量时间间隔。因为屏幕是由离散的像素点组成的，所以，在屏幕上移动测量区域可以少量改变孔径中的像素点数目，特别是当测量区域非常小时。如果在屏幕上过于频繁地向一个方向移动 LMD 进行测量，可能会在测量的亮度-位置曲线上出现拍频图案，即已确定的测量孔径和离散的像素点导致发生水波纹现象。同样，因为屏幕有一定的刷新频率，期间像素会熄灭一定的时间，所以，如果有限的测量时间间隔与刷新周期不同步，那么在其测量时间间隔内的屏幕刷新次数可能会有误差。

A.4.1 测量的像素数目

一个精确的亮度测量需要包含多少像素呢？这在一定程度上依赖于像素填充率和所使用的 LMD 类型（像素的局部一致性）。当填充率低于 100%时，移动 LMD 可能会使亮度测量产生较大的变化，除非 LMD 覆盖足够数量的像素或其他一些因素减轻了这种像素的不规律现象。在某些情况下，像素之间的亮度（或颜色）不规律较明显。对于简单的 LMD 系统，建议使用下列准则。

- 测量 500 个像素或更多像素。
- LMD 垂直于显示屏表面，且在其上的测量场覆盖范围（图 A-29 中直径为 $2r$ 的圆）应不小于水平方向尺寸的 10%和垂直方向尺寸的 10%，即测量场覆盖范围（$s=\pi r^2$）是屏幕上尺寸为 $0.1\ V \times 0.1\ H$ 的方框。
- LMD 的测量视场角为 2°或更小（聚焦于无限远）。
- LMD 镜头对屏幕中心的张角为 2°或更小——测量视场角应为 2°或更小。

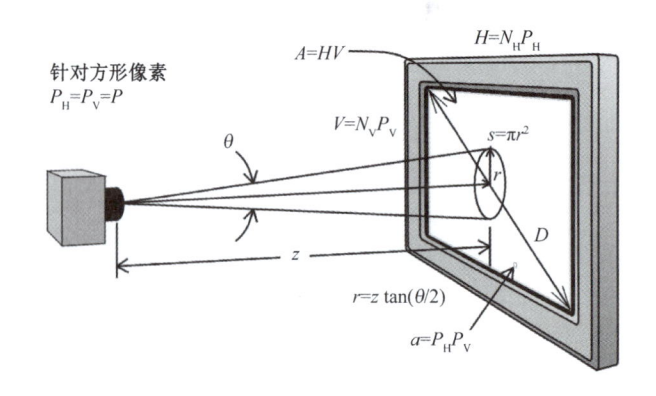

图 A-29 LMD 测量设置

如果需要进行少于 500 个像素的测量，那么有必要证明这种测量不会明显地导致测量误差。类似地，如果有任何其他条件不满足，那么必须证明该测量装置的测量结果与满足这些要求的测量装置的测量结果相同。检验所选定的待测像素数量是否足够的方法见下面的分析。如果被测像素数目超过 500 个,那么没有必要进行这种分析。

1. 所选测量像素数目的适宜性分析

假设需要进行少于 500 个像素的测量,且要测试这种做法的合理性,那么用 LMD 测量全白场屏幕中心附近目标的像素数。在屏幕中心 $0.1V \times 0.1H$ 的范围内,找到像素明显均匀的测量场,以避免可能引入误差的异常像素点。一定要将 LMD 和 DUT 安装牢固,以确保它们的相对位置,且不会因各种原因被移动。注意,在进行一系列显示屏的测量时,这种验证或分析只用于一种类型或种类的显示屏-LMD 组合就足够了,没有必要对所有显示屏都进行验证和分析。换句话说,如果可以证明一种装置对某一类的显示屏能充分满足这些条件,那么少于 500 个像素的测量就已足够。

(1) 在适当预热的 DUT 上进行一系列的测量,且 DUT 和 LMD 保持固定,以便使亮度(或颜色)测量具有可重复性。利用至少 10 次测量值确定平均值 μ 及其标准差 σ(更多信息及测量步骤请参考 5.2 节)。σ 最好比本书要求的测量重复性(σ_{LMD}=0.5%)小,至少要小于其两倍,即 $\sigma \leqslant 2\sigma_{LMD}$=1%——假设所使用的 LMD 的重复性比本书所要求的更小。如果情况不是这样,且重复 10 次的重复测量值并没有改善,那么可能是 LMD、显示屏(也许没有预热或不稳定)的问题,或者两者都有问题(见附录 A.4.2)。

(2) 对亮度(或颜色)进行多次测量,将 LMD 相对于屏幕横向移动,竖直方向上的距离为 y=5px,水平方向上的距离为 x=5px(或反之亦然),以每个像素 5 个增量($\Delta x= P_H/5$,$\Delta y=P_V/5$)进行测量,共测量 50 次(这在装有 LMD 或显示屏的定位系统上很容易做到)。

(3) 确定 50 次测量的平均值 μ' 和标准差 σ',并计算 50 次测量中最小测量值和最大测量值之间的最大偏差 Δ_{max}。

(4) 可接受性的标准:如果 50 次测量值的标准差是要求的 LMD 重复性的两倍或更小($\sigma \leqslant 2\sigma_{LMD}$=1%),且如果最大偏差小于要求的 LMD 重复性的 6 倍($\Delta_{max} \leqslant 6\sigma_{LMD}$= 3%),那么可以使用选定的像素数目进行测量。

2. 计算实例:测量的像素数目和距离

下面提供了多种用于计算圆形测量孔径中所允许的像素测量数目的公式,也给出了一些计算实例,还给出了一个表格(见表 A-2),表格内容包括常用规格的显示屏在距离显示屏 z = 500mm、测量视场角为 2°或 1°时测量的像素数目。此外,下面还讨论了其他测量距离时的情况。

实例 1 假设距屏幕 z=500mm 位置处有一个测量视场角为 θ=1°($2\pi\theta/360°$ rad)的 LMD,屏幕的水平和竖直两个方向的像素间距为 $P_H=P_V$=0.333mm,每个像素的面积为 $a=P_H P_V$=0.111mm²,屏幕上被测圆的半径为 $r=z \tan(\theta/2)$=4.36mm,屏幕上的测量面积(测量场覆盖范围)为 $s= \pi r^2$=59.8mm²,LMD 测量孔径内测量的像素数目为 $N= s/a$ = 549 px。将这些公式汇总,则测量的像素数目为(适用于方形像素)

$$N = \frac{3}{a} N_T \frac{s}{A} = \frac{\pi r^2}{HV} N_T = \frac{\pi r^2}{p^2}$$

$$N = \pi \left[\frac{z\tan(\theta/2)}{D}\right]^2 \left(N_H^2 + N_V^2\right)$$

$$N \approx \frac{\pi}{4} d^2 \frac{(N_H^2 + N_V^2)}{D^2} (z \gg r)$$

式中，A 为屏幕面积（可见区域）；N_H,N_V 为水平和竖直方向的像素数目；P_H,P_V 为水平和竖直方向的像素间距；P 为方形像素间距；$H=N_H P_H=N_H P$（用于方形像素），为屏幕水平尺寸；$V=N_V P_V=N_V P$（用于方形像素），为屏幕竖直尺寸；r 为屏幕上圆形测定区域的半径；$s=\pi r^2$（$s<A/100$），为被测屏幕面积；$d=2r$，为屏幕上圆形测定区域的直径（应小于 H 和 V 的 10%）；$a=P_H P_V=P^2$（用于方形像素），为每个像素的面积；$N_T=N_H N_V$，为屏幕上的总像素数；N 为屏幕上被测像素的数目；z 为屏幕到 LMD 的距离；D 为对角线尺寸（注意，D 是可视显示表面的确切对角线尺寸）；θ 为 LMD 的测量视场角（° 或 rad，°=rad×360/2π）[注意，对于小角度（小于 10°），在 1% 以内，有 $\sin\theta \approx \tan\theta \approx \theta$，其中 $\theta \approx d/z$，且必须为弧度值]。

实例 2 根据实例 1，如果圆形测量视场角为 2°，在 500mm 距离处的测量面积为 239mm（半径为 8.73 mm），像素间距为 0.333mm，那么测量的像素数目为 2000。对于 2° 的测量视场角，在 500mm 距离处测量 500 个像素，则最大方形像素间距为 $P=0.692$ mm（$P^2=s/N$）。

实例 3 假设已知像素在水平方向的间距为 $P_H=0.723$ mm，在竖直方向的间距为 $P_V=0.692$ mm，且 LMD 的测量视场角为 1°。为了满足 $N=500$，距离 z 应为多少？

使用实例 1 中的公式得

$$z = \sqrt{\frac{NP_H P_V}{\pi \tan^2(\theta/2)}}$$

得出距离 $z=1445$mm。

实例 4 如果已知对角线尺寸 $D=361$mm，水平方向的像素数 $N_H=640$，竖直方向的像素数 $N_V=480$，且像素为方形，那么可以通过下式确定 LMD 测量的像素数目（其中，测量距离为 $z=500$mm，测量视场角为 $\theta=1°$，适用于方形像素）：

$$N = \frac{s}{a} = N_T \frac{s}{A} = \frac{\pi r^2}{HV} N_T = \frac{\pi r^2}{P^2}$$

$$N = \pi \left[\frac{z\tan(\theta/2)}{D}\right]^2 \left(N_H^2 + N_V^2\right)$$

根据这些数值可得 $N=294$，而这个数字没有达到建议的 500 个像素（所以 LMD 的距离不得不调整为合适的数值）。如果像素不是方形的，那么需要知道准确的宽高比（$\alpha=H/V=N_H P_H/N_V P_V$），以便计算像素间距和像素面积。对于这种不可能发生的事，有一个通用公式：

$$N = \pi \left[\frac{z\tan(\theta/2)}{D}\right]^2 (1+\alpha^2)/\alpha$$

式中，α 为宽高比；N 为屏幕上测量的像素数目；z 为屏幕到 LMD 的距离；N_H,N_V 为水平和竖直方向的像素数目；D 为对角线尺寸（整个屏幕）；θ 为 LMD 测量视场角。

当像素为方形时，不使用上面的公式。

表 A-2 所示为不同配置下测量的像素数目和屏幕对角线尺寸百分比。

表 A-2　不同配置下测量的像素数目和屏幕对角线尺寸百分比

显示像素		对角线尺寸		z/mm	θ/°	宽高比α		屏幕尺寸				测量区域		像素数目
N_H	N_V	单位为in	单位为mm			小数形式	比值	H/in	V/in	H/mm	V/mm	d=2r/mm	直径占对角线尺寸的百分比	面积占屏幕面积的百分比	N
640	480	10.4	264	500	2	1.333	4：3	8.32	6.24	211	158	17.46	6.6%	0.71%	2195
640	480	21.0	533	500	2	1.333	4：3	16.80	12.60	427	320	17.46	3.3%	0.18%	538
640	480	21.0	533	500	1	1.333	4：3	16.80	12.60	427	320	8.73	1.6%	0.04%	135
640	480	21.0	533	500	2	1.333	4：3	16.80	12.60	427	320	17.46	3.3%	0.18%	538
640	480	5.2	132	500	2	1.333	4：3	4.16	3.12	106	79	17.46	13.2%	2.86%	8779
640	480	5.2	132	500	1	1.333	4：3	4.16	3.12	106	79	8.73	6.6%	0.71%	2194
640	480	32.0	813	500	2	1.333	4：3	25.60	19.20	650	488	17.46	2.1%	0.08%	232
800	600	11.3	287	500	2	1.333	4：3	9.04	6.78	230	172	17.46	6.1%	0.61%	2905
800	600	15.0	381	500	2	1.333	4：3	12.00	9.00	305	229	17.46	4.6%	0.34%	1648
800	600	22.6	574	500	2	1.333	4：3	18.08	13.56	459	344	17.46	3.0%	0.15%	726
1024	768	12.1	307	500	2	1.333	4：3	9.68	7.26	246	184	17.46	5.7%	0.53%	4151
1024	768	15.0	381	500	2	1.333	4：3	12.00	9.00	305	229	17.46	4.6%	0.34%	2701
1024	768	6.4	163	500	2	1.333	4：3	5.12	3.84	130	98	17.46	10.7%	1.89%	14836
1024	768	6.4	163	500	1	1.333	4：3	5.12	3.84	130	98	8.73	5.4%	0.47%	3709
1024	768	21.0	533	500	2	1.333	4：3	16.80	12.60	427	320	17.46	3.3%	0.18%	1378
1280	1024	13.0	330	500	2	1.250	5：4	10.15	8.12	258	206	17.46	5.3%	0.45%	5897
1280	1024	25.0	635	500	2	1.250	5：4	19.52	15.62	496	397	17.46	2.7%	0.12%	1595
1280	1024	17.0	432	500	2	1.250	5：4	13.27	10.62	337	270	17.46	4.0%	0.26%	3449
1280	1024	42.0	1067	500	2	1.250	5：4	32.80	26.24	833	666	17.46	1.6%	0.04%	565
1280	1024	23.0	584	500	1	1.250	5：4	17.96	14.37	456	365	8.73	1.5%	0.04%	471
1280	1024	23.0	584	500	2	1.250	5：4	17.96	14.37	456	365	17.46	3.0%	0.14%	1884
1280	1024	60.0	1524	500	2	1.250	5：4	46.85	37.48	1190	952	17.46	1.1%	0.02%	277
1920	1080	17.0	432	500	2	1.778	16：9	14.82	8.33	376	212	17.46	4.0%	0.30%	6228
1920	1080	42.0	1067	500	2	1.778	16：9	36.61	20.59	930	523	17.46	1.6%	0.05%	1020
1920	1080	12.0	305	500	2	1.778	16：9	10.46	5.88	266	149	17.46	5.7%	0.60%	12500
3072	2240	13.5	343	500	2	1.371	11：8	10.91	7.95	277	202	17.46	5.1%	0.43%	29418

注：灰底部分表示测量像素数且少于 500 且对角线尺寸百分比小于 10%。

其他测量距离：尽管本书中对计算机显示屏的典型测量距离为 500mm，然而根据显示尺寸、用途和目的不同，还有一些其他的测量距离。有些 LMD 的聚焦距离不小于 1m，还有些仪器（如锥光型 LMD）只能在几毫米距离内使用；只要其测量结果与其他使用标准测量距离（500mm）的 LMD 的测量结果相同，那么也可以使用这些 LMD。许多手持式显示屏必须在测量距离为 250～400mm 处测量,许多电视机显示屏(如前向投影仪屏幕)的测量距离更远。因此,不能对所有显示屏设置一个统一的测量距离。

A.4.2 测量时间间隔

LMD 的积分时间不能太短,否则屏幕的刷新频率对亮度测量的影响会使测量不满足 LMD 的测量不确定度和精度的要求。一些 LMD 可以与屏幕的刷新频率同步(如果可行),但即便如此,测量时间间隔对测量的不确定度依然有影响。

1. 亮度的时间调制

一些 LMD 会在一个时间间隔(或几个时间间隔)内对所测量的光线进行积分并给出测量结果。一些显示屏有固有的刷新频率,其亮度有规律地变化,但变化足够快以至于眼睛无法察觉(否则就会看到闪烁),或者可能存在由交流供电的背光源对亮度的调制。当积分时间小于一个调制周期(约小于 200s)时,所测量的亮度可能会显著改变,变化程度与测量时间间隔发生的时间和测量了多少个脉冲或周期有关。例如,图 A-30 中给出的刷新频率为 $R=80\,\text{Hz}$,测量时间间隔为 $\Delta t=0.0925\text{s}$,那么仪器可捕捉到平均 7.4 个刷新周期[刷新周期数 $=R\Delta t=\Delta t/(1/R)$]。但是,对于任何单次测量,捕获的刷新周期数范围为 7～8,其亮度误差范围为 -5.4%～8.1%。

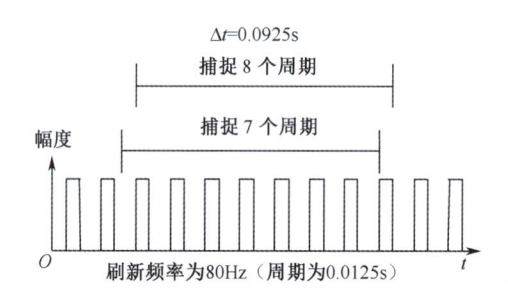

图 A-30 亮度测量的时间间隔与屏幕刷新频率的时域不匹配

2. 对充足的积分时间间隔的分析和验证

可在显示屏被加热后开始检查积分时间间隔的充分性。全白场的测量时间间隔必须足够长,以便使 10 次或更多次的亮度测量结果(测量速度要快)的标准差 σ 不大于本书中允许的亮度计测量重复性 σ_{LMD} 的两倍或 1%($\sigma \leqslant 1\%$,$\sigma_{\text{LMD}}=0.5\%$);如果需要了解恰当进行测量的详细内容,请参阅 5.2 节。如果标准差过大,那么一种解释是积分时间太短。这种问题可以通过使用 NDF、取多次测量的平均值或使 LMD 与显示屏发的光同步(一些 LMD 有这种功能)来解决。

积分时间的延长:可使用经校准的 NDF 和多次测量亮度的标准差延长测量的时间间隔。假设滤光片的光密度为 D,那么滤光片透过率 T 为 $1/10^D$,积分时间由系数 $1/T=10^D$ 延长;典型的滤光片为 $D=0.3$,$1/T=2.00$;$D=0.5$,$1/T=3.16$;$D=1.0$,$1/T=10$。如果积分时间延长后,标准差没有适当减小,那么在 LMD、显示屏或两者中可能存在其他不稳定的问题。在使用

NDF 时要非常谨慎。一些滤光片的透过率与波长相关，可能不适用于光度或颜色测量。在玻璃上进行金属沉积制得的 NDF 波长依赖性小，而灰色玻璃型 NDF 可表现出超出本书允许的、对亮度测量有严重影响的波长依赖性。

对多次测量取平均：如果要使 n 次测量的平均值恰当地反映测量真实值（如亮度），需要测量多少次？假设用正态（或高斯）分布表示被测量的真实值的分布形态，平均值的标准差由式 $\sigma_N = \sigma/\sqrt{n}$ 给出。确保足够的测量次数 n，以便使 σ_N 不大于 LMD 重复性的两倍（$\sigma_N \leqslant 1\%$，$\sigma_{LMD}=0.5\%$）。

A.5　单次测量的充分性

一般来说，任何 LMD 的测量重复性都会比其测量的不确定度小很多。在写本书时，最好的亮度校准和测量的不确定度通常为±0.5%（包含因子为 $k=2$），但这毕竟是国家标准实验室的水平，并不是一个典型亮度计的水平。任何 LMD 的测量重复性可以是其测量精度的 1/10 或更小。

关于需要进行多少次测量才可以得出测量结果的问题的讨论，请参考附录 B.1。在本书中，建议对每个被测量只测量一次。通常人们觉得有必要对每个量进行多次测量，并报告平均值和标准差。当然，本书也允许这样做。进行单次测量的原因如下：亮度计和色度计是非常精密的科学仪器，其短期的不精确性远比上述可察觉的不精确性小，这与坎德拉的确定有关；一旦确定测量的时间间隔不是太小，使得亮度测量不会受到与显示相关的任何刷新频率的影响（见附录 A.4），那么进行多次测量就没有意义了——除非是为了检查结果；在将一个实验室的结果与另一个实验室的结果比较时，±2%或±4%的测量不确定度和所使用的方法是问题所在，而不是测量仪器的重复性（重复测量的不精确性）。为了简单和快速起见，除非对被测量有更高的精度要求，否则不要求进行多次测量。在所有测量中，并不反对进行多次测量和报告平均值。通常，只有为了揭示可能存在的问题时才会建议进行多次测量，但并不要求一定要进行多次测量，因为许多使用本书的人都在许多显示屏上进行过许多次测量，并对他们的仪器的工作性能好坏非常了解。因此，可以进行单次测量，但必须知道结果的可重复性。测量结果必须在 LMD 的重复性内可重现，然后忽略 DUT 的不稳定性，此时可以信任单次测量的结果。如果多次测量读数的变化远大于 LMD 的重复性，那么有可能是测量中 DUT、LMD 不稳定或其他不确定因素造成的。如果未达到单次测量的标准（多次测量在 LMD 的重复性范围内），那么必须将真正的重复性（将标准差翻倍）加入最终的测量不确定度中（见附录 A.10）。

如果在测量中没有大量的孔径或时间间隔引入的误差（见附录 A.4），那么进行多次测量并计算平均值和标准差仅能反映测量仪器的重复性。也许还有一个好方法：不定时地对一些白色画面进行测量，其中 LMD 的位置固定，以确保较小的测量重复性，而且不会有无法预料的问题。然而，坚持对每个亮度值进行多次测量，直到 LMD 的测量不确定度与其不精确性接近，是毫无价值的。如果对如何进行平均值和标准差测量有疑问，请参见 5.2 节。

A.6 偏振影响分析

主动发射型显示屏内的偏振光来源于两个方面：LCD 的背光在传输过程中被极化；显示屏表面的反射光被极化。为了确定 LMD 对偏振光的敏感性，推荐使用下面的步骤。在 LMD 和一个稳定的均匀光源（如积分球光源或其他类似装置）之间放置一个偏光片，将偏光片旋转不同的角度，并测量相应的光源亮度。图 A-31 给出了一个典型的测量配置和结果。注意，偏光片应该靠近 LMD 且远离积分球，以便不影响积分球的光输出。可使用一个简易的偏光片或玻璃偏光滤光片，并将其安装在一个有刻度的旋转架上。至少应该测量两个点：透过率最大的位置和透过率最小的位置。如果光源发出的不是偏振光或探测器对偏振不敏感，那么无偏光片时光源的亮度与有偏光片时光源的亮度的比值对于任何旋转角度都应该是恒定值。对一个性能好的偏光片，该比值应为 40%～45%。图 A-31 给出了 L_ϕ/L_0 随 ϕ 的变化曲线，其中 ϕ 是偏光片的旋转角度；L_ϕ 是当偏光片旋转 ϕ 角度时所测量的光源亮度；L_0 是光源的初始亮度（无偏光片）。该图仅给出了使用旧仪器进行测量的结果，我们并不希望出现这种结果。随着仪器的改良，其对偏振的敏感性通常会减弱。更新型的分光辐射亮度计对偏振敏感性更弱。

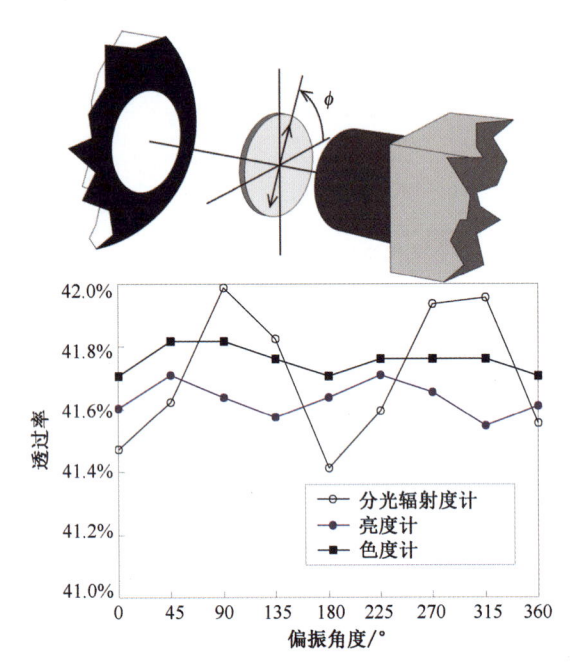

图 A-31 一个典型的测量配置和结果

A.7 颜色测量分析

假设有一个阵列式分光辐射亮度计或一个三色色度计和一个经校准的卤钨灯。用这个 LMD 测量光源，得到亮度 L_w 和色坐标（x_w, y_w）（或使用的任何色彩空间）。然而在观察色度图时，我们会意识到这只是色域中的一个点。在不使用专用的辐射测量校准灯或滤光片情况下，如何合理地确保 LMD 能够正确测量其他颜色呢（即使没有标准的校准光源，如果 LMD 无法进行这些测量，那么也可能表明仪器有问题）？如果测量的光是纯单色光，如一束激光，那么 LMD 得到的色坐标应该非常接近或就在标准色彩空间的光谱轨迹上。类似地，如果测量一个窄带干涉型滤光片，那么测量所得的色坐标也应该接近光谱轨迹。

测量的色坐标与光谱轨迹之间的距离取决于发光体的带宽和 LMD 的误差，如图 A-32 所示。干涉型滤光片能够提供一种廉价且直接的方法，用来确定在测量高度饱和颜色时分光辐射亮度计和色度计的性能。如果仪器能够精确测量光谱轨迹上的几个点（特别是靠近 400nm 和 700nm）和一个已知的白点（例如，来自一个经校准的光源的点），而且 LMD 是线性的，那么操作员应该对 LMD 测量光谱轨迹上任意点颜色的能力感到放心。

用成像光学器类型的分光辐射亮度计或色度计观察干涉型滤光片的中心部分。设置一个孔，确保在测量过程中不会测量到滤光片的边缘（滤光片外径区域可以不均匀）。采用一个用乳白玻璃制成的透光型扩散片提供均匀照明。如果透过的光亮度过高，也可用一个 NDF 降低亮度，或改变光的强度来测试结果的均匀性。光源可以是一个白炽灯或一个积分球光源。

测量装置的简化示意如图 A-33 所示。与测量结构相关的误差至少有三个来源：干涉型滤光片的特性（带宽、温度系数、漂移）、由不平行于干涉型滤光片法线方向的光引起的色散，以及在干涉型滤光片的法线方向的整体误差。即使很小心，这些误差还是会导致数据偏离计算值（色散和对位误差可忽略不计）。任何背景光或仪器内的散射可能是额外的影响因素。最后，仪器处理背景光的方式也是一个影响干涉型滤光片使用的因素。在使用分光辐射亮度计时，如果干涉型滤光片频率中偏离峰值位置出现了大量其他频率的信号，那么可能意味着仪器内有散射。氦氖激光器（如 λ=632.8nm）可用于检查散射。

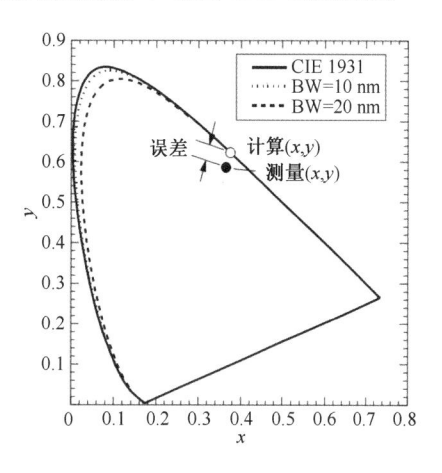

图 A-32　光谱轨迹

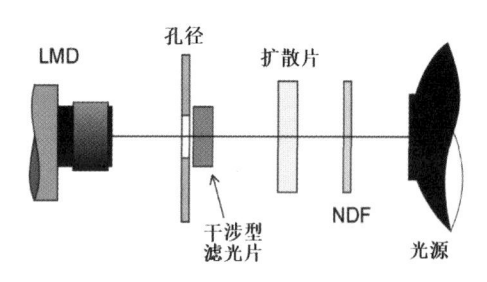

图 A-33　测量装置的简化示意：为了更好地说明，将滤光片、扩散片与光源分离。因为绝对亮度不是很重要，将滤光片放置得尽量靠近出光端口，以便减少杂散光的产生

评价测量结果最严格的方法是在测量前对干涉型滤光片的光谱透射率进行校准，并与所计算的色坐标进行比较。当此方法不可行时，可以使用滤光片制造商所提供的数据。当使用制造商提供的数据时，应该考虑到滤光片的特性受长期漂移和温度依赖性的影响较大。

在一个典型的测量装置中，元件的相对位置如图 A-33 所示。根据仪器的不同，将 LMD 和干涉型滤光片之间的距离设置为 50cm～1m。选用滤光片固定装置来确保所使用的每个滤光片放置在相同的位置。用支架固定干涉型滤光片的位置。利用 LMD 镜头中的反射光进行光学元件对准。一旦对准，固定装置的位置不再改变。用黑色毛毡罩住仪器，以便尽可能地消除背景光（杂散光）。注意避免干涉型滤光片被环境加热。最好将干涉型滤光片高反射的一侧面对光源，以便尽量减少加热。如果使用积分球，那么就没有必要使用扩散片。

步骤：应该记录所选择的干涉型滤光片（带宽小于 10nm）的亮度和色坐标，并在色度图上绘制数据，以便检查其与光谱轨迹的距离。在使用分光辐射亮度计时，也可记录主波长、光谱纯度、辐射透过率和光谱响应。每个滤光片的读数应该足够多，以便了解 LMD 处理饱和颜色的能力。在光谱轨迹上，所测量的色坐标最难到达的位置是可见光谱的两端(400nm 和 700nm)。

误差来源：如上所述，如果 LMD 经标准白点（例如，CIE A 类照明体）的标准颜色适当校准，并且如果干涉型滤光片所测量的颜色落在或靠近光谱轨迹，那么在该色域内的所有其他颜色都能用此装置准确地测量。如果干涉型滤光片的数据点偏离光谱轨迹的距离超过其带宽允许的距离，那么一定确保仔细对位仪器且选用了好的干涉型滤光片。同时，检查杂散光对测量的影响。寻找照射在 LMD 前从干涉型滤光片反射回的杂散光（不是干涉型滤光片发出的光）。干涉型滤光片的带宽可以解释光谱轨迹对色域中心的偏离（见图 A-32）。如果所有这些误差来源都考虑了，那么测量的数据点位置相对于光谱轨迹的距离可以提供一些关于 LMD 性能的信息。

图 A-34 给出了光谱轨迹的一小部分（530nm 附近）和一些数据点。如果测量的数据点不在理想的光谱轨迹上，那么其与"真实"点的位置偏差可以表明可能的误差来源。沿光谱轨迹的偏移可能来源于校准误差或滤光片与三色色度计的不匹配。向白点的偏移可能表明 LMD 内部有光散射，可能是杂散光的泄漏（包括红外光）或是背景信号削减不足。探测器的噪声可能造成数据点落在光谱轨迹的任意一侧。对某些 LMD，从光测量结果

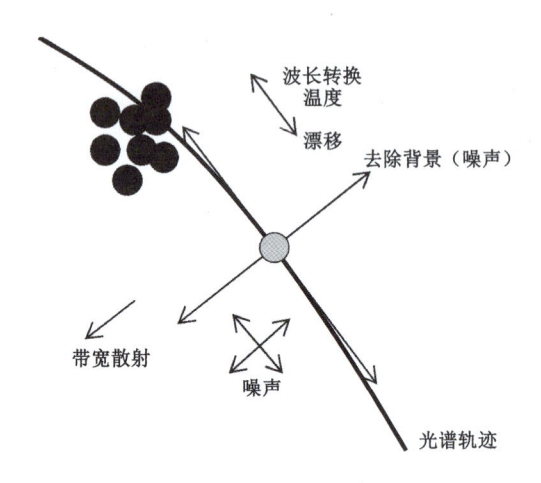

图 A-34 光谱轨迹上理想点到数据点的误差来源

中去除背景光，可能会出现负读数。如果读出负的数据，那么最终的色坐标数据点可能略微向内侧偏移。因此，如果使用良好的滤光片，并且小心设置，那么数据点相对于光谱轨迹的位置可以表明 LMD 的实际测量性能与其规格书中所给出的测量性能之间的差距。

A.8 时间响应分析

应检查本书各测量步骤中使用的 LMD 的时间响应，以确保测量的精确性。本节描述的方法能有效地检查诸如光电二极管和 PMT（光电倍增管）的时间响应性能，这些仪器的输出可以直接测量。LMD 的时间响应性能由测量的 LMD 对一个光脉冲的响应来确定。一个持续时间和上升时间已知的光脉冲可以用一个氦氖激光器和一个光斩波器组合，或者一个脉冲发生器和一个 LED 组合得到。

1. 斩波器和激光器

激光器发出的光束通过斩波器，并进入积分球入光口，积分球出光口正对 LMD（不需

要实验室等级的积分球，基本上任何有白色内壁、有两个端口的机箱都可以）。使用积分球的原因是防止激光束直接照射 LMD，进而损坏 LMD。光脉冲的周期必须提供足够的持续时间以测量 LMD 的响应。使脉冲打开和关闭的时间相等的最佳方法是使用有两个开口（以便使斩波器平衡）的斩波器，这两个开口对应的圆心角为 90°。为确保能够测量 LMD 的响应时间，光脉冲的上升时间要比 LMD 的响应时间短得多。为了获得一个上升时间最短的光脉冲，斩波器应放置在激光束横截面积最小的位置，即尽可能靠近激光器输出口；否则，光束的发散会造成光束扩散，使光脉冲的上升时间更长。光束也应靠近斩波器的边缘（外径）；开口的角速度越快，脉冲的上升时间越短，如图 A-35 所示。

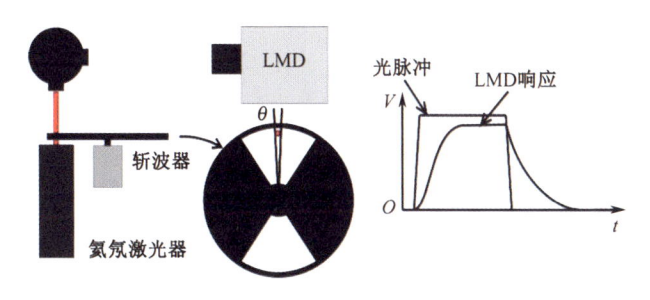

图 A-35 利用斩波器和激光器进行时间响应分析

例如，假设激光束的直径 d=1mm，并从与轮子轴线距离为 x=20mm 的位置通过斩波器。与此宽度的激光束相关的旋转角为 $\theta=d/x$=1mm/20mm=0.05rad。如果假设斩波器的旋转速率为 R=10r/s（转每秒，1r/s=60r/min，r/min 为转每分），那么角速度为 $\dot{\theta}=2\pi R$=63rad/s。因此，光脉冲的上升时间为 θ/ω=790μs；当 R=100 r/s（6000 r/min）时，光脉冲的上升时间是 79μs。

2. LED 和脉冲发生器

另一种测试 LMD 响应时间的方法是驱动一个脉冲良好的快速 LED（见图 A-36）或方波发生器。这对亚微秒量级和纳秒量级的响应时间检测特别重要。目前市场上已经有快速 LED（响应时间为纳秒量级）。可以用快速光电二极管或快速 PMT 进行测试。要注意在连接 LED 和脉冲发生器的传输线

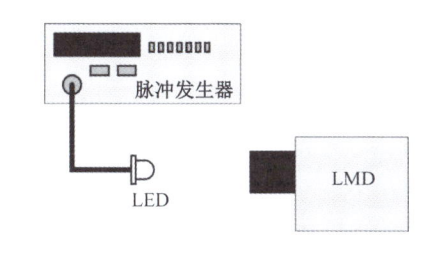

图 A-36 用 LED 和脉冲发生器进行响应时间分析

上加合适的终端器或确保脉冲发生器的阻抗匹配传输线，以防止电缆内信号反射干扰测量——如果在乎亚微秒级测量的精度，那么这一点尤其重要（有些显示技术要求亚微秒量级的响应时间，因此，这种反射会产生问题）。对于亚微秒量级的脉冲，可能需要提供较高电压（>10V）来使 LED 光脉冲足够亮，进而使其能够被观察到或被测量到。

A.9 阵列式探测器测量

除了在附录 A.1 中已经描述的一般要求，还有使用阵列式探测器（如 CCD 和数码

相机）的一些复杂情况。有几种误差来源与阵列式探测器相关。这里讨论的不只是阵列像素本身，而是包括镜头在内的整个成像系统。假设有一个完美的阵列式探测器，其每个阵列像素的响应完全相同。但是，当它被放入带透镜的系统中时，整个成像系统可能会因为透镜性能、反射等因素影响而不再保留这种均匀性。因此，在使用阵列式探测器时，需要考虑如下几个因素。

（1）阵列的非均匀响应。这里指光电探测器中阵列像素和像素之间的非均匀响应，包括对多个像素或多个像素列的响应的非线性与线性的偏离。阵列像素中可能会存在缺陷像素及响应不同于平均响应值的小片区域。许多时候这种问题都可以随时通过一个平场校正解决。

（2）非均匀的成像透镜系统。使用的镜头的特性会导致不均匀，如光晕和快门光晕。在使用机械快门时，阵列式探测器的所有阵列的曝光量不同，导致出现快门光晕——这尤其可能在曝光时间短时造成问题。使用透镜系统还会遇到其他一些问题，如透镜对焦导致的图像亮度的变化。

（3）眩光、遮幕眩光、透镜光晕。透镜系统和与它相关的部件常常会产生杂散光，这些杂散光会产生不均匀的背景照明（取决于所观察的场景和透镜结构，如不同的光圈系数）。

（4）背景消除。需要从所获取的信号中适当地去除背景信号。如果阵列式探测器不是温控型器件，那么需要经常测量背景信号。

（5）平场校正。若要保证测量的精确性，就需要对系统响应的不均匀性进行适当校正。平场校正指对探测器的像素进行逐个调整，使所有的探测器像素对相同光照的响应相同。通常用一个数字阵列乘以经背景消除后的测量数据阵列来校正一个非均匀性系统。这里的关键是要提供一个均匀的光源，用这个光源可以进行均匀性校正。

（6）光度响应。对于亮度测量，需要使用一个光学滤光片，这里我们假设每个探测器像素的光谱响应特性相同（现实情况和假设不一定相同）。

（7）探测器像素与显示屏像素之间的莫尔条纹现象。当显示屏像素的图像空间频率与探测器像素的空间频率相近时，就会出现摩尔条纹现象，并产生一幅响应的图像。对透镜进行离焦或在透镜前面放置一个扩散型滤光片（从相机商店购买或在玻璃板上撒一些发胶）可适当缓解这个现象，但这样的控光方式不易重复。

（8）亮度校准。如果诸如 CCD 的阵列式探测器可以提供计数，而需要的是亮度值，那么必须对阵列式探测器进行校准。用 LMD 阵列和亮度计测量同一个均匀光源——最好在积分球的出光口位置进行测量或使用标准白板。L 为亮度计测量的亮度值，S 为 LMD 阵列的测量值。校正系数为 $c=L/S$，今后用阵列式探测器测量时，可以用系数 c 乘以 LMD 阵列的测量值来得到亮度值。

线性度指每个探测器像素的输出 S_i 与到达探测器像素的光通量的关系，即 $S_i=m_i\Phi+b_i$，其中，m_i 与光通量 Φ 无关（对所有探测器像素而言）。背景消除步骤去除了 b_i，平场校正 k_i 对每个像素产生的响应都相同，或者 $k_im_i=m$，为常数。为了实现探测器像素的均匀响应，对所有阵列式探测器像素 S'_i 都按照 $S'_i=(S_i-b_i)k_i=m\Phi$ 进行校正。只要 m_i 不是 Φ 的函数，这种校正都是非常有效的操作。当然，如果背景的噪声和信号的噪声都很大，那么这种校正的效果并不好。

假设每个探测器像素都可以被校正，以使任何系统和任何结构的 DUT 保持均匀性，但仍需特别注意镜头眩光或杂散光问题。通常，遮幕眩光的程度取决于所使用的透镜和探测器的结构，也取决于光源的大小和测量的位置。可以简单地通过将 DUT 移动得更近来使 DUT 相对于镜头有一个更大的立体角，从而得到不同的遮幕眩光。这意味着，适用于一种配置的平场校正可能并不适用于另一种配置。改变镜头的光圈（孔径）、光源（DUT）的位置、屏幕上的图案等，都将影响阵列式探测器的遮幕眩光程度。但愿所有这些因素在光测量结果中仅产生很小的误差。

　　如何判断测量是否存在问题？理想情况下，如果有一个均匀的光源，其和待测光完全相同，那么可以进行准确的平场校正（FFC）。例如，假设用 CCD 测量整个 DUT 表面的均匀性，并且假设 CCD 是完美的全白场、线性的。如果设置好 DUT，确定了待测全白场屏幕的位置和尺寸，用一个与屏幕形状相同的均匀光源取代 DUT，就可以对该特定配置系统进行平场校正。通常，这种均匀光源是不存在的。

　　如果镜头的遮幕眩光很少，那么可以创建一个平场校正，并将其应用于多种配置。这里有一个用来测试平场校正有效性的步骤示例。假设有合适的图像处理软件可按要求处理图像。使用一个出光口的亮度不均匀性为 1% 或更小的、品质优良的积分球，将其放置于距离阵列式探测器系统一段距离的位置，以便使出光口聚焦清晰（需要将积分球偏离轴线少许，以便出光口聚焦清晰），出光口所成的图像比阵列式探测器的像素区域稍大——目的是使出光口所成的图像尽可能占满探测器的像素。调整光源，以便使得到的亮度值远大于背景的亮度值，但不要使阵列式探测器饱和。例如，如果每个 CCD 像素的饱和值是 16384 个计数，那么可以使用计数为 10000 个左右的亮度。

　　用镜头盖（或其他类似物品）盖住镜头拍摄一幅背景图像 $B(x,y)$（如果关闭快门时拍摄的背景图像与用镜头盖盖住镜头时拍摄的背景图像有区别，那么仅关闭快门拍摄背景图像是不够的，最好盖上镜头盖来拍摄黑暗背景图像）。先得到出光口的原始图像 $R(x,y)$，再去除背景图像以获得净图像 $N(x,y)$。用式（A-17）得到所有像素的净图像的平均（共有 n 个探测器像素）。

$$\mu = \frac{1}{n} \sum_{\text{图像}} N(x,y) \qquad \text{（A-17）}$$

　　平场校正由 $F(x,y)=N(x,y)/\mu$ 给出，且对所有经过平场校正的像素值，其约等于 1。这样一来，将来的所有图像都可以用背景图像和平场校正进行校正，其中，校正过的图像为

$$C(x,y) = \left[R(x,y) - B(x,y)\right] / F(x,y) \qquad \text{（A-18）}$$

　　如果要检验这个平场校正是否可用于其他情况，可以改变积分球的位置，将它分别移动至靠近和远离镜头位置，以得到每个位置的 RAW 格式的原始图像。注意要确保焦点总是在积分球的出光口上。要有一幅出光口距离阵列式探测器足够远时得到的图像，此时图像仅占满阵列式探测器的一半。如果测量系统允许，那么也可以改变光圈大小。获得积分球在所有不同位置上的校正图像 $C_i(x,y)$，并检查所有图像中出光口的均匀性。一旦在出光口图像上观察到了不均匀性，说明平场校正有效性的上限快到了。如果发现距离较远的校正图像中出光口有 5% 的不均匀性或近焦图像中有 10% 的不均匀性，那么该平场校正就不可用于精确测量了。此外，应对每种显示屏设置都做一次平场校正。很难得到一个与 DUT 尺寸相同、

位置相同的均匀亮面，但能够找到一个用于显示屏图像的、不均匀性小于 2%的平场校正，显示屏图像的尺寸大致与创建的平场校正所用的图像的尺寸相同。

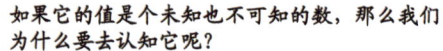

A.10 不确定度评估

在本书中，我们对误差的传递进行了总结，并将其应用于多个具体的测量中。对于误差声明中正确使用术语的讨论，请参见附录 B.21。

通常，实验中所测量的每个物理量 Q 都是其他变量或参数的函数，所以，可以写成 $Q=Q(p_1,p_2,p_3,\cdots,p_n)$。每个参数 p_i 都有其不确定度 Δp_i。如果想知道参数 p_i 的微小变化怎样影响 Q，那么可以进行一个实验，即通过估计每个参数的不确定度（在正或负方向）来评估参数本身，并重新测量 Q。Q 的变化可以用其偏导数来表示：

$$\Delta Q = \sum_{i=1}^{n} \frac{\partial Q}{\partial p_i} \Delta p \tag{A-19}$$

式中，Δp_i 是参数的变化量，ΔQ 是 Q 的变化量。因为变化可以是负数或正数，所以，ΔQ 的 N 次平均值通常为零。一个更好的测量误差的方法是计算 ΔQ 的均方根。所以，对 $k=1,2,\cdots N$ 次实验，ΔQ 的平均不确定度表示为

$$\begin{aligned}(\Delta Q)^2 &= \frac{1}{N}\sum_{k=1}^{N}\left(\sum_{i=1}^{n}\frac{\partial Q}{\partial p_i}\Delta p_i\right)_k^2 \\ &= \frac{1}{N}\sum_{k=1}^{N}\left(\sum_{i=1}^{n}\left(\frac{\partial Q}{\partial p_i}\Delta p_i\right)^2\right)_k + \frac{1}{N}\sum_{k=1}^{N}\left(\sum_{i=1,j=1,i\neq j}^{n}\left(\frac{\partial Q}{\partial p_i}\frac{\partial Q}{\partial p_j}\Delta p_i\Delta p_j\right)\right)_k\end{aligned} \tag{A-20}$$

如果参数相互独立，那么在大量的此类实验中，因为参数的变化可正可负，所以，式（A-20）第二个等号右边的第二项（交叉项）最终的平均值为零，且参数的不确定度是彼此独立的。当所有参数都按照预期的不确定度变化时，将得到 Q 的预期变化的估计值。由于

式（A-20）第二个等号右边第一项中参数的变化被平方了，因此它们各自的符号并不重要。省略交叉项，式（A-20）简化为

$$(\Delta Q)^2 = \sum_{i=1}^{n}\left(\frac{\partial Q}{\partial p_i}\Delta p_i\right)^2 \qquad (A-21)$$

另一个有用的表达式是关于相对不确定度的，可由式（A-21）除以 Q^2 得到

$$\left(\frac{\Delta Q}{Q}\right)^2 = \sum_{i=1}^{n}\left(\frac{1}{Q}\frac{\partial Q}{\partial p_i}\Delta p_i\right)^2 \qquad (A-22)$$

这通常会得到一个不确定度的简化代数表达式。不确定度 ΔQ 或相对不确定度 $\Delta Q/Q$ 是上述相应公式等号右侧值的平方根。

式（A-21）给出了独立参数的误差传递对测量结果的影响。如果其中任何一个参数 p 依赖于其他变量 r_j，那么可用类似式（A-21）的表达式，用不确定度 Δr_j 和偏微分 $\partial p/\partial r_j$ 来估计 Δp 的预期误差。Δp 值将被用于 ΔQ 的表达式。在某些情况下，式（A-21）会更简单。假设 Q 依赖于参数值（正或负）幂次方的乘积，如 $Q = \prod_{i=1}^{n} p_i^{s_i}$，其中，$s_i$ 是正或负的实数，如 $Q=A^n B^m C^r D^s$。如果用式（A-21）计算 ΔQ，并除以 Q^2，则可得到 Q 的相对不确定度，简单表示为

$$对于 Q = \prod_{i=1}^{n} p_i^{s_i}, \quad \left(\frac{\Delta Q}{Q}\right)^2 = \sum_{i=1}^{n}\left(s_i \frac{\Delta p_i}{p_i}\right)^2 \qquad (A-23)$$

例如，对于 $Q = A^n B^m C^r D^s$，有

$$\left(\frac{\Delta Q}{Q}\right)^2 = \left(n\frac{\Delta A}{A}\right)^2 + \left(m\frac{\Delta B}{B}\right)^2 + \left(r\frac{\Delta C}{C}\right)^2 + \left(s\frac{\Delta D}{D}\right)^2 \qquad (A-24)$$

式中，n、m、r、s 可以是任意正或负的实数。

另一种值得考虑的情况是 Q 为其他参数的总和，即 $Q=p_1+p_2+p_3+\cdots+p_n$，且式（A-21）成立。当得到这个和之后，p_i 值往往相近，$p_i=p$，有几乎相同的不确定度 Δp。这种情况下我们可进行以下简化。

$$(\Delta Q)^2 = \sum_{i=1}^{n}(\Delta p_i)^2 \approx n\Delta p^2, \quad 且 Q \approx np$$

可估算得

$$\left(\frac{\Delta Q}{Q}\right)^2 \approx \frac{1}{n}\left(\frac{\Delta p}{p}\right)^2 \quad 或 \quad \left|\frac{\Delta Q}{Q}\right| \approx \frac{1}{\sqrt{n}}\left|\frac{\Delta p}{p}\right| \qquad (A-25)$$

如此一来，总和的相对不确定度与总和中的项数的平方根成反比。

当购买测量仪器（如亮度计）时，制造商将给出不确定度 U_m，该不确定度通常是包含因子 $k=2$ 的扩展不确定度——必须与制造商核实这一点。相关的合成不确定度为 $u_m=U_m/2$，它是校准不确定度的和的平方根（标准由相关国家计量机构制定），校准不确定度包括传递的不确定度 u_c 和传递的这些不确定度的测量重复性 s_m，以及各种其他因素，如漂移、温度效应、聚焦、距离等的不确定度。对于亮度计，由于其重复性通常比不确定度小得多，制造商可能会引述仪器的重复性 s_m，让用户觉得仪器在短时间内能够进行较好的相对测量。这种不

确定度及其相关的重复性往往针对一个特定的 CIE 标准照明体，如 A 类光源。而该仪器对其他色温和光源的测量能力并未说明。此外，仪器宣称的不确定度可能仅适用于高于某个阈值的亮度。因此，如果没有从制造商那里得到明确的规格，则亮度计宣称的不确定度可能并不适用于低亮度的测量。

A.10.1　亮度测量的不确定度

制造商告诉我们其仪器的相对不确定度为 $U_m/L=4\%$，相对重复性为 $s_m/L=0.2\%$。我们假设 U_m 是包含因子 $k=2$ 的扩展不确定度。当进行单次测量时，测量结果的不确定度为 U_m，即假设重复性已被包括在不确定度中。如果在很短的时间内多次测量绝对稳定的光源，那么可能期望该组结果的标准差近似等于重复性 s_m。

假设进行了多次亮度测量，得到 L_i，$i=1,2,3,\cdots,n$，确定了平均值 L_{ave} 和这组测量结果的标准差 s_L，但发现标准差明显大于仪器的重复性（$s_L>s_m$）。那么不确定度到底应该是多少呢？很明显，有一些不确定因素。如果不能对仪器进行改进，消除不确定度的增加，那么就必须将这些不确定度因素纳入用于评估测量能力的不确定度估计。合成不确定度是各组成分量的不确定度之和的平方根（见附录 B.21）。假设 LMD 的不确定度的包含因子 $k=2$，我们不能直接将 U_m 作为仪器的不确定度，而是用 $U_m/k=U_m/2°\equiv u_m$ 作为该仪器的不确定度。亮度测量的合成不确定度应为

$$u_L = \sqrt{\left(\frac{U_m}{k}\right)^2 + s_L^2} = \sqrt{\left(\frac{U_m}{4}\right)^2 + s_L^2} \tag{A-26}$$

根据合成不确定度与扩展不确定度之间的关系可以得到 $U_L=2u_L$，我们称之为包含因子为 $k=2$ 的扩展不确定度。在后面的亮度测量中最终将用扩展不确定度 U_L。

在前面的 $U_m=4\%$ 的例子中，假设制造商在建立 LMD 的测量不确定度时使用了 $k=2$ 的包含因子。另外，假设关于平均值 L_{ave} 的多个测量值的相对标准差为 $s_L/L_{ave}=1.2\%$。使用式（A-26）可以得到 $u_L/L_{ave}=2.3\%$，包含因子 $k=2$ 的相对扩展不确定度为 $U_L/L_{ave}=4.6\%$。

A.10.2　色坐标测量的不确定度

色度测量存在与上述亮度测量类似的情况，然而色度测量的重复性不一定比仪器的测量不确定度小得多。对于单次测量，我们一般会相信制造商宣称的不确定度 U_m。因此，在进行单次测试时，与亮度测量中的不确定度增加的程度相比，必须要注意随机效应可能导致的不确定度增加（类型 A，见附录 B.21）。

设 c 为任意色坐标值。假设仪器测量的不确定度为 $U_m=0.0024$，重复性为 $s_m=0.0005$。此外，假设已经针对一些光源做了一系列的色坐标测量，并且得到这些测量的标准差 $s_c=0.0015$。因为这些测量数据的标准差超过了重复性，所以，我们可以用不确定度来解释。假设制造商的不确定度估计 U_m 是包含因子 $k=2$ 的扩展不确定度，那么任何色度测量的合成不确定度为

$$u_{c}=\sqrt{\left(\frac{U_{m}}{k}\right)^{2}+s_{c}^{2}}=\sqrt{\left(\frac{U_{m}}{4}\right)^{2}+s_{c}^{2}} \qquad (\text{A-27})$$

或者 u_c=0.0014。我们取包含因子 k=2 的扩展不确定度 U_c=2u_c=0.0028。

A.10.3 对比度测量的不确定度

当使用两个亮度计时，对比度 $C=L_w/L_b$ 的误差是基于白色画面的测量亮度 L_w 和黑色画面的测量亮度 L_b 的。如果测量白色画面亮度的亮度计与测量黑色画面亮度的亮度计不同，那么对比度测量的相对不确定度可按照式（A-24）得到，具体如下。

$$\left(\frac{u_{c}}{C}\right)^{2}=\left(\frac{\Delta C}{C}\right)^{2}=\left(\frac{\Delta L_{w}}{L_{w}}\right)^{2}+\left(\frac{\Delta L_{b}}{L_{b}}\right)^{2}=\left(\frac{u_{w}}{L_{w}}\right)^{2}+\left(\frac{u_{b}}{L_{b}}\right)^{2} \qquad (\text{A-28})$$

式中，u_c、u_w、u_b 分别为与对比度测量、白色画面亮度测量和黑色画面亮度测量相关的合成不确定度。这里白色画面亮度测量和黑色画面亮度测量用的是两个亮度。例如，仪器制造商给出的报告是对一个亮度 L 为 100cd/m² 的 CIE A 类光源测量的相对不确定度，$R_m=U_m/L$=4%，假设其是包含因子 k=2 的扩展不确定度。制造商认为在该亮度水平的相对重复性为 $r_m=s_m/L$=0.1%。同时假设仪器可测量的最小值为 0.01cd/m²，并且可根据相关不确定度的最后一位数得到其读出误差大致为 ΔL=0.01cd/m²。假设白色画面亮度为 L_w=130cd/m²，黑色画面亮度为 L_b=0.51 cd/m²，对比度为 L_w/L_b=255，那么对比度测量中的不确定度是多少？

如果只测量了白色画面亮度，那么不确定度就是 R_mL_w，即 L_w 的 4%。但是，在测量对比度时，要将白色画面测量的不确定度和黑色画面测量的不确定度结合起来。对于这种计算，白色画面亮度测量中的合成不确定度为 $u_w=(R_m/2)L_w$=2.6cd/m²，其中，系数 2 来自除去包含因子 k=2 的作用（一旦计算出对比度的合成不确定度，接下来就会用包含因子 k=2 获得对比度的最终扩展不确定度）。对于白色画面测量，读出误差可以忽略不计。

坦白地说，黑色画面测量的不确定度来自与仪器校准相关的不确定度的分量 R_mL_b 和与读出数据相关的不确定度的分量 ΔL=0.01 cd/m²，这对于黑色画面测量不可忽略不计。如果情况属实——对于低亮度水平测量的相对不确定度 R_m 保持不变——那么，黑色画面亮度测量的标准不确定度由式（A-29）给出。

$$u_{b}=\sqrt{\left(\frac{R_{m}}{2}L_{b}\right)+(\delta L)^{2}} \qquad (\text{A-29})$$

或者 u_b=0.014cd/m²。在这一过程中，假设重复性不再是单独关注的因素，即假设 u_b 就是重复性。现在，根据式（A-28），在对比度测量中，相对合成不确定度（u_c/C）为

$$\left(\frac{u_{c}}{C}\right)^{2}=\left(\frac{\Delta C}{C}\right)^{2}=\left(\frac{u_{w}}{L_{w}}\right)^{2}+\left(\frac{u_{b}}{L_{b}}\right)^{2}=(0.020)^{2}+(0.027)^{2} \text{ 或 } u_c/C=3.4\% \qquad (\text{A-30})$$

应该使用包含因子 k=2，以便使对比度测量中的相对扩展不确定度为 $R_c=U_c/C$=6.8%。这种计算看起来可能已经足够了，但事实可能并非如此。原因如下：这种简单计算基于这样一个假设，即该仪器测量的相对不确定度为 R_m=4%，黑色画面亮度测量的相对重复性与白色画

面亮度测量的相对重复性相同，都为 0.1%。这未必是真的，事实上，它可能是不正确的。除非制造商能保证这个事实或提供关于低亮度的不确定度的详细信息，否则需要针对低亮度条件进行亮度计测量能力的验证。例如，假设探测器零信号时的噪声为 s_n=0.1cd/m²，但任何仪器输出的任何负值通常都被截止为零。对于 100cd/m² 及以上的亮度测量，如规格说明，允许相对重复性为 0.1%。白色画面亮度测量的不确定度不会受这种噪声影响，但黑色画面亮度测量一定会受到影响。必须由黑色画面亮度测量的合成不确定度和其他因素来解释这种噪声亮度 s_n。这等同于将黑色画面亮度测量的重复性作为测量结果不确定度的一个组成部分：

$$u_b = \sqrt{\left(\frac{R_m}{2}L_b\right)^2 + (\Delta L)^2 + s_n^2} \quad (A\text{-}31)$$

或者 u_b=0.10cd/m²，并且它对对比度不确定度的相对贡献是 u_b/L_b=0.20。黑色画面亮度测量中的噪声现在成了对比度测量不确定度的主要来源。白色画面亮度测量的不确定度与其自身相比（u_b/L_w=0.020）可忽略不计，对比度测量中的所有不确定度基本上都来自黑色画面亮度测量；包含因子 k=2，对比度测量结果中的相对扩展不确定度变为 40%。这表明了解仪器的黑色画面亮度测量能力的重要性。但是，还有问题。在评估式（A-31）时，假定相对不确定度 R_m 不随亮度降低而改变。通常，仪器的不确定度随被测亮度的降低而下降——除了低亮度测量时遇到读出误差（ΔL）。因此，在对比度测量的不确定度可以评估之前，必须提供或确定仪器的低亮度测量性能。关于低亮度测量能力检验的一些方法见附录 A.6。

当使用一个亮度计时，不确定度公式依赖于测量的独立性。如果使用一个亮度计测量白色画面和黑色画面，那么测量结果彼此之间不再完全相互独立。试想一下，假设亮度计的校准与它理想情况相差非常远，假设低于 25%，即 L_w=100cd/m² 的亮度测量值将为 L'_w=75cd/m²。此时白色画面和黑色画面的亮度测量值都将乘以相同的系数（α=0.75）且不相互独立，以便使对比度测量中两者的比值更准确。式（A-28）的合成不确定度将为 35%。但是，直觉告诉我们，如果 $L'_w=\alpha L_w$ 且 $L'_K=\alpha L_K$，那么比值 $C=L_w/L_K=L'_w/L'_K$ 保持不变。

A.11 信号、颜色和图像生成

为了使本书内容尽可能适用于多种显示技术，针对信号的产生本书只做笼统评价。像素对驱动激励进行响应。驱动激励具有电压和时序的特征，这对于显示屏的性能非常重要。根据不同的显示技术，驱动激励可以为一个模拟电压（例如，驱动 RGB CRT 显示屏），也可以为用于驱动数字显示屏每个像素的比特等级。对于所有显示技术，使用者无法针对所有显示方式都提供详细的标准控制显示屏上生成图像的驱动激励。例如，获得一台笔记本电脑显示屏的信号驱动可能是困难的。若最终可以得到这些信号，仍然有测量问题：测量系统阻抗的负载可能会改变信号的特性并影响显示的图像。可以肯定地说，如果某种类型的信号发生器能驱动显示屏，并不能说明这种信号发生器所产生的信号能够适用于本书的所有测量。用户可控的驱动激励不应对本书的测量方法造成负面影响。例如，考虑一个模拟信号发生器，其电压必须足够精确，以便不影响像素的亮度。另外，电压之间的转换时间必须足够快，以便测量不到任何两个相邻像素之间的、由信号发生器导致的亮度变化。因此，当使用本书测量方法的读者被要求提供显示屏的驱动激励时，驱动激励的适当性由读者确定。任何报告都应包括使用的外部信号发生器的规格和性能。

A.12 测量步骤中使用的图像和图案

我们提供了一些显示测试使用的图案代码。这些图案可从 ICDM 官网下载。

A.12.1 图靶构建和命名

如果制造商未提供相关规格的图像或发现制造商指定的设置并不适用于显示屏，那么可以利用图靶（图靶可以是一个图形或图像）来设置显示屏。如果显示屏可以进行对比度调整，那么调整的目的是在保持显示自然的同时，使在白色画面和黑色画面之间可见的灰阶数量达到最大。普遍认为如果在测量中可以使用人脸图像，那么人脸图像能够提供更精确的调整。在某些场景和人脸情况下，屏幕的底部和顶部有一个 32 级灰阶条，且条的两端边缘各有一个灰阶方框。

1. 渲染灰阶和色阶

（1）软件中的数量化等级。当提及一个 8 位的数字显示屏时，我们知道对于每个主色共有 2^8= 256 级色阶或该像素可以设置 256 级灰阶。N=256 是一个序数，其中，256 指白色画面（像素或子像素打开至最大值或全开），1 指黑色画面（像素或子像素打开至最小值）。然而，在提及软件或硬件的实际位数时，常说 0 为黑色画面，255 为白色画面或主色全开。级别数（序数或指数）从 1 到 256，但与这些设计的级别数相关的位数的值是从 0 到 255 的。因此，黑色画面是第一级（位），在软件中的值为零。白色画面或主色全开是第 256 级，在软件中的值为 255。因此，级的数值标签或序数与软件中使用的实际位数或命令级别不同。当提及"等级""灰阶""色阶""红色等级"等时，指的是软件中的命令级别或位数。当我们说"一级""第一级""第 n 级"等时，指的是级别数。

测试显示屏时，通常不测量所有可达到的等级，但往往会选择间隔大致均匀的级别，这些等间距的级别是完整级别的子集。因此，在讨论级别时要小心，其指的是级别的序号或位数（或命令）值。例如，如果从 256 级中选择 9 个级别，那么要考虑序数，即对事物进行命名的数字。第一个级别是黑色，对应于第零位或第零命令级别。级别 9 是白色（主色全开），在 8 位例子中对应于第 255 位。有时会将级别值与序数混淆。下面是从一组 N 个可用的级别中选择一个有 M 个级别的子集的具体步骤。

N 是可达到的灰阶或色阶。例如，对于一个 8 位显示屏，$N=2^8=256$；对于一个 10 位显示屏，其有 1024 级灰阶；对于一个 12 位显示屏，其有 4096 级灰阶。

$n=1, 2, \cdots, N$ 是全灰阶或色阶中某一特定灰阶或色阶的一个序数。灰阶 $n=N$ 指的是白色画面或主色全开，灰阶 $n=1$ 指黑色画面。

因此，$L_1=L_K$ 是黑色画面亮度，$L_N=L_W$ 是白色画面亮度。

$w=N-1$ 是白色画面或主色全开对应的位或命令级别。对于 8 位显示屏，w=255；黑色画面对应 0 位。

M 是从完整的 N 个级别中抽取的级别数。常用 9 级、17 级、33 级等（过去常用 8 级、16 级、32 级）。

$j=1, 2, \cdots, M$，为抽取的级别序数，如 1 级、6 级等。

ΔV 为抽取的各级之间的平均间距，$\Delta V=(N-1)/(M-1)=w/(M-1)$，可以不为整数。

$V_j=\mathrm{int}[(j-1)\Delta V]=0$，$\mathrm{int}(\Delta V)$, $\mathrm{int}(2\Delta V), \cdots, w$ 为抽取的 M 个位数。对于 8 位显示屏，对于白色画面或主色全开，$V_M=255 V_W=w$；对于黑色画面，$V_K=V_1=0$。

$\Delta V_j=V_j-V_{j-1}$, $j=2, 3, \cdots, M$，为抽取的各级之间的间距，且通常对于所有 j 不一定相同。

总结如下：

　　黑色：$V_1 \equiv V_K \equiv 0$（对 8 位显示屏，通常为 0），产生黑色画面，$L_1 \equiv L_K$。

　　白色：$V_M \equiv V_W \equiv w$（对 8 位显示屏，为 255），产生白色画面，$L_M \equiv L_W$。

表 A-3 给出了 8 位显示屏的一些抽取级别。可以看出，M 为 9、17、33 和 65 的组比 M 为 8、16、32 和 64 的组间隔更均匀。从表 A-3 中的颜色编码不难发现，9、17 和 33 组中的级别在 $M=65$ 组中以相同颜色重复出现。这种重复不会在 8、16、32 和 64 组的分类中发生。这是因为一些 33 级的灰阶或色阶图案可以用于 17 级和 9 级测量。

（2）模拟信号级别。对于模拟信号，如果 V_W 是白色画面或主色全开信号，V_K 是黑色画面信号，那么对于 M 个均匀间隔的级别，信号步长为 $\Delta V=(V_W-V_K)/M$，所选择的信号级别是 $V_j=V_K+(j-1)\Delta V$, $j=1, 2, \cdots, M$。

表 A-3　从 $N=256$ 级中抽取 M 级

$M=8$ $\Delta V=36.4$		$M=9$ $\Delta V=31.9$		$M=16$ $\Delta V=17$		$M=17$ $\Delta V=15.9$		$M=32$ $\Delta V=8.23$		$M=33$ $\Delta V=7.97$		$M=64$ $\Delta V=4.05$		$M=65$ $\Delta V=3.98$	
j	V_j ΔV_j	j	V_j ΔV_j	j	V_j ΔV_j	j	V_j ΔV_j	j	V_j ΔV_j	j	V_j ΔV_j	j	V_j ΔV_j	j	V_j ΔV_j
1	0	1	0	1	0	1	0	1	0	1	0	1	0	1	0
2	36 36	2	31 31	2	17 17	2	15 15	2	8 8	2	7 7	2	4 4	2	3 3
3	72 36	3	63 32	3	34 17	3	31 16	3	16 8	3	15 8	3	8 4	3	7 4
4	109 37	4	95 32	4	51 17	4	47 16	4	24 8	4	23 8	4	12 4	4	11 4
5	145 36	5	127 32	5	68 17	5	63 16	5	32 8	5	31 8	5	16 4	5	15 4
6	182 37	6	159 32	6	85 17	6	79 16	6	41 9	6	39 8	6	20 4	6	19 4
7	218 36	7	191 32	7	102 17	7	95 16	7	49 8	7	47 8	7	24 4	7	23 4
8	255 37	8	223 32	8	119 17	8	111 16	8	57 8	8	55 8	8	28 4	8	27 4
		9	255 32	9	136 17	9	127 16	9	65 8	9	63 8	9	32 4	9	31 4
				10	153 17	10	143 16	10	16 9	10	71 8	10	36 4	10	35 4
				11	170 17	11	159 16	11	16 9	11	79 8	11	40 4	11	39 4
				12	187 17	12	175 16	12	16 9	12	87 8	12	44 4	12	43 4
$M=6$ $\Delta V=51$		$M=10$ $\Delta V=28.3$		13	204 17	13	191 16	13	16 9	13	95 8	13	48 4	13	47 4
j	V_j ΔV_j	j	V_j ΔV_j	14	221 17	14	207 16	14	106 9	14	103 8	14	52 4	14	51 4
1	0	1	0	15	238 17	15	223 16	15	115 9	15	111 8	15	56 4	15	55 4
				16	255 17	16	239 16	16	123 9	16	119 8	16	60 4	16	59 4

附录 A 光度测量

续表

j	V_j	ΔV_j	j	V_j	ΔV_j	j	V_j	ΔV_j	j	V_j	ΔV_j	j	V_j	ΔV_j	j	V_j	ΔV_j	j	V_j	ΔV_j	j	V_j	ΔV_j
\multicolumn{3}{c}{$M=6$, $\Delta V=51$}	\multicolumn{3}{c}{$M=10$, $\Delta V=28.3$}	\multicolumn{3}{c}{$M=6$, $\Delta V=51$}	\multicolumn{3}{c}{$M=10$, $\Delta V=28.3$}	\multicolumn{3}{c}{$M=6$, $\Delta V=51$}	\multicolumn{3}{c}{$M=10$, $\Delta V=28.3$}	\multicolumn{3}{c}{$M=64$, $\Delta V=4.05$}	\multicolumn{3}{c}{$M=65$, $\Delta V=3.98$}
2	51	51	2	28	17				17	255	17	17	131	8	17	127	8	17	64	4	17	63	4
3	102	51	3	56	28							18	139	8	18	135	8	18	68	4	18	67	4
4	153	51	4	85	29							19	148	9	19	143	8	19	72	4	19	71	4
5	204	51	5	113	28	\multicolumn{3}{c}{$M=13$, $\Delta V=21.3$}				20	156	8	20	151	8	20	76	4	20	75	4
6	255	51	6	141	28				\multicolumn{3}{c}{$M=15$, $\Delta V=18.2$}	21	164	8	21	159	8	21	80	4	21	79	4
			7	170	29	j	V_j	ΔV_j				22	172	8	22	167	8	22	85	5	22	83	4
			8	198	28	1	0		j	V_j	ΔV_j	23	180	8	23	175	8	23	89	4	23	87	4
			9	226	28	2	21	21	1	0		24	189	9	24	183	8	24	93	4	24	91	4
\multicolumn{3}{c}{$M=5$, $\Delta V=63.8$}	10	255	29	3	42	21	2	18	18	25	197	8	25	191	8	25	97	4	25	95	4
						4	63	21	3	36	18	26	205	8	26	199	8	26	101	4	26	99	4
j	V_j	ΔV_j				5	85	22	4	54	18	27	213	8	27	207	8	27	105	4	27	103	4
1	0		\multicolumn{3}{c}{$M=11$, $\Delta V=25.5$}	6	106	21	5	72	18	28	222	9	28	215	8	28	109	4	28	107	4
2	63	63				7	127	21	6	91	19	29	230	8	29	223	8	29	113	4	29	111	4
3	127	64	j	V_j	ΔV_j	8	148	21	7	109	18	30	238	8	30	231	8	30	117	4	30	115	4
4	191	64	1	0		9	170	22	8	127	18	31	246	8	31	239	8	31	121	4	31	119	4
5	255	64	2	25	25	10	191	21	9	145	18	32	255	9	32	247	8	32	125	4	32	123	4
			3	51	26	11	212	21	10	163	18				33	255	8	33	129	4	33	127	4
			4	76	25	12	233	21	11	182	19							34	133	4	34	131	4
			5	102	26	13	255	22	12	200	18							35	137	4	35	135	4
\multicolumn{3}{c}{$M=4$, $\Delta V=85$}	6	127	25				13	218	18							36	141	4	36	139	4
			7	153	26				14	236	18	\multicolumn{3}{c}{$M=24$, $\Delta V=11.1$}	\multicolumn{3}{c}{$M=25$, $\Delta V=10.6$}	37	145	4	37	143	4
j	V_j	ΔV_j	8	178	25				15	255	19							38	149	4	38	147	4
1	0		9	204	26	\multicolumn{3}{c}{$M=14$, $\Delta V=19.6$}				j	V_j	ΔV_j	J	V_j	ΔV_j	39	153	4	39	151	4
2	85	85	10	229	25							1	0		1	0		40	157	4	40	155	4
3	170	85	11	255	26	j	V_j	ΔV_j				2	11	11	2	10	10	41	161	4	41	159	4
4	255	85				1	0		\multicolumn{3}{c}{$M=18$, $\Delta V=15$}	3	22	11	3	21	11	42	165	4	42	163	4
						2	19	19				4	33	11	4	31	10	43	170	5	43	167	4
						3	39	20	j	V_j	ΔV_j	5	44	11	5	42	11	44	174	4	44	171	4
			\multicolumn{3}{c}{$M=12$, $\Delta V=23.2$}	4	58	19	1	0		6	55	11	6	53	11	45	178	4	45	175	4
\multicolumn{3}{c}{$M=3$, $\Delta V=128$}				5	78	20	2	15	15	7	66	11	7	63	10	46	182	4	46	179	4
			j	V_j	ΔV_j	6	98	20	3	30	15	8	77	11	8	74	11	47	186	4	47	183	4
j	V_j	ΔV_j	1	0		7	117	19	4	45	15	9	88	11	9	85	11	48	190	4	48	187	4
1	0		2	23	23	8	137	20	5	60	15	10	99	11	10	95	10	49	194	4	49	191	4
2	127		3	46	23	9	156	19	6	75	15	11	110	11	11	106	11	50	198	4	50	195	4
3	255		4	69	23	10	176	20	7	90	15	12	121	11	12	116	10	51	202	4	51	199	4
			5	92	23	11	196	20	8	105	15	13	133	12	13	127	11	52	206	4	52	203	4
			6	115	23	12	215	19	9	120	15	14	144	11	14	138	11	53	210	4	53	207	4
			7	139	24	13	235	20	10	135	15	15	155	11	15	148	11	54	214	4	54	211	4
			8	162	23	14	255	20	11	150	15	16	166	11	16	159	11	55	218	4	55	215	4
			9	185	23				12	165	15	17	177	11	17	170	11	56	222	4	56	219	4

续表

$M=6$ $\Delta V=51$			$M=10$ $\Delta V=28.3$			$M=6$ $\Delta V=51$			$M=10$ $\Delta V=28.3$			$M=6$ $\Delta V=51$			$M=10$ $\Delta V=28.3$			$M=64$ $\Delta V=4.05$			$M=65$ $\Delta V=3.98$		
			10	208	23				13	180	15	18	188	11	18	180	10	57	226	4	57	223	4
			11	231	23				14	195	15	19	199	11	19	191	11	58	230	4	58	227	4
			12	255	24				15	210	15	20	210	11	20	201	10	59	234	4	59	231	4
									16	225	15	21	221	11	21	212	11	60	238	4	60	235	4
									17	240	15	22	232	11	22	223	11	61	242	4	61	239	4
									18	255	15	23	243	11	23	233	10	62	246	4	62	243	4
												24	255	12	24	244	11	63	250	4	63	247	4
															25	255	11	64	255	5	64	251	4
																					65	255	4

2. 以白色画面的百分比表示的灰阶

在显示屏的设置中，一些图案和一些灰阶或色阶是指相对于白色画面或饱和颜色的百分比。这种等级（有时也称为命令等级）来源于模拟信号领域，在模拟信号领域，等级划分利用了模拟信号的灰阶，这种灰阶用基于白色画面信号等级与黑色画面信号等级之间的差值的百分比表示。无法得到白色画面的百分比灰阶和 256 级灰阶之间的精确对应关系，因此不能完美匹配图案中所需的百分比。因此，提出以下规则以获得与 $w=N-1$ 定义的白色画面和 0 定义的黑色画面近似的 256 级灰阶：与百分比 p 相关的位 V 表示为 $V=\text{int}(wp)=\text{int}(255×百分比/100\%)$。这无异于对所有分数值四舍五入。图案中使用的各种等级见表 A-4。

表 A-4　白色画面的百分比与灰阶的对应

百分比	灰阶	百分比	灰阶	百分比	灰阶
0	0	40	102	75	191
5	13	48	122	80	204
10	25	50	127	85	216
15	38	51	130	90	229
20	51	53	135	95	242
25	63	60	153	100	255
30	76	70	178		

3. 图靶配置和文件命名约定

表 A-5 所示为图靶的位置和大小，给出了详细例子，包括用于设置的简单图案的创建。表 A-6 所示为文件和图案编号约定，给出了命名使用的图案的方法。

表 A-5　主要图靶的位置和大小

阵列像素	640×480	800×600	1024×768	1280×1024	1600×1200	1920×1200
阵列名称	VGA	SVGA	XGA	SXGA	UGA	UXGA
对角线尺寸 D	800	1000	1280	1639.2	2000	2264.2
H	640	800	1024	1280	1600	1920
V	480	600	768	1024	1200	1200
N_T/px^2	307200	480000	786432	1310720	1920000	1.6
为了通过 $2\text{int}(x/2)$ 反映偶数而经常需要调整的数值						
3%d(r)	24（12）	30（14）	38（18）	48（24）	60（30）	66（32）
5%d(r)	40（20）	50（24）	64（32）	80（40）	100（50）	112（56）
20%（1/5）方块/px^2	110	138	177	228	277	303
左上位置处，中心尺寸为 20%（1/5）的方块	(256,192)	(320,240)	(410,308)	(512,410)	(640,480)	(768,480)

续表

角落位置处的亮方块（30 px²）		(304,224)	(380,280)	(487,359)	(608,480)	(760,560)	(912,552)
方块	面积百分比	获得的面积（在左上位置处，括号中的数值）					
5%	0.25%	32 × 24	40 × 30	50 × 38	64 × 50	80 × 60	96 × 60
		(304,228)	(380,286)	(488,366)	(608,488)	(760,570)	(912,570)
10%	1.00%	64 × 48	80 × 60	102 × 76	128 × 102	160×120	192×120
		(288,216)	(360,270)	(462,346)	(576,462)	(720,540)	(864,540)
15%	2.25%	96 × 72	120 × 90	152 × 114	192 × 152	240×180	288×180
		(272,204)	(340,256)	(436,328)	(544,436)	(680,510)	(816,510)
20%	4.00%	128 × 96	160 × 120	204 × 152	256 × 204	320 × 240	384 × 240
		(256,192)	(320,240)	(410,308)	(512,410)	(640,480)	(768,480)
25%	6.25%	160 × 120	200 × 150	256 × 192	320 × 256	400 × 300	480 × 300
		(240,180)	(300,226)	(384,288)	(480,384)	(600,450)	(720,450)
30%	9.00%	192 × 144	240 × 180	306 × 230	384 × 306	480 × 360	576 × 360
		(224,168)	(280,210)	(360,270)	(448,360)	(560,420)	(672,420)
40%	16.00%	256 × 192	320 × 240	408 × 306	512 × 408	640 × 480	768 × 480
		(192,144)	(240,180)	(308,232)	(384,308)	(480,360)	(576,360)
50%	25.00%	320 × 240	400 × 300	512 × 384	640 × 512	800 × 600	960 × 600
		(160,120)	(200,150)	(256,192)	(320,256)	(400,300)	(480,300)
60%	36.00%	384 × 288	480 × 360	614 × 460	768 × 614	960 × 720	1152 × 720
		(128,96)	(160,120)	(206,154)	(256,206)	(320,240)	(384,240)
70%	49.00%	448 × 336	560 × 420	716 × 536	896 × 716	1120 × 840	1344 × 840
		(96, 72)	(120,90)	(154,116)	(192,154)	(240,180)	(288,180)
80%	64.00%	512 × 384	640 × 480	818 × 614	1024 × 818	1280 × 960	1536 × 960
		(64, 48)	(80, 60)	(104,78)	(128,104)	(160,120)	(192,120)
90%	81.00%	576 × 432	720 × 540	920 × 690	1152 × 920	1440 × 1080	1728 × 1080
		(32, 24)	(40, 30)	(52, 40)	(64, 52)	(80, 60)	(96, 60)

表 A-6 文件和图案编号约定

图案####x####.TYP	
编号约定（用于指定图案的颜色和灰度）	
#-# ##-##	用连接号分隔的两个数字：第一个数字指在图案中使用的级别数目或图案序列，如 8、9、16、17、33；第二个数字指图案的级别。例如，FS33-15 指在全屏图案 33 级序列中的第 15 级全屏灰阶，全屏灰阶等级为 111（参考表 A-3）
##p	以小写字母"p"结尾的两位数字指以最高亮度百分比表示的等级（例如，FS25p 指全屏灰阶为 25%；FG50p 指全屏绿色为 50%）
###	三位数（例如，123）指 8 位显示屏的 255 个可用级别中的###级，例如，FS127 指 127 级全屏灰色；FB205 指 205 级全屏蓝色
###-###-###	由连接号分隔的三个三位数字指一个 24 位 RGB 设置（例如，F123-050-012 是一个 R=123、G=50、B=12 的全屏铁锈色，总位数为 255）。若位深度比 8 大或小，每种颜色的位深度可以通过使用下划线和数量足够的字符来表示最大的数字，例如，红色 8 位、绿色 10 位、蓝色 6 位可使用###_8-####_10-##_6 表示
####-####-####-N	对于未来的显示屏，N 为 10 位、12 位和更高的数字。如果将来能够看到 16 位显示屏，那么用十六进制表示法，指定 N 为"16h"，其中####从 0 到 FFFF

续表

文本阵列像素规格	
_####x####	（下划线分隔符）水平像素数× 竖直像素数（$H×V$），每个像素数至少使用四个数字表示，如 FW_1920x1080.PNG、PNGorFK_0640x0480.PNG
文件类型约定	
PDF	Adobe Portable Document Format®
PNG	Portable Network Graphics
PPT	Microsoft PowerPoint®
说明约定	
（1）当说一个方块的尺寸是对角线的百分比时，如 20%，这意味着方块的宽高比与屏幕的宽高比相同。例如，$0.20H × 0.20V$，这是以像素为单位能产生的最好的效果。	
（2）在提及周长的 10%时，意思是虚线方块与屏幕外边缘的距离为 $0.10H$ 和 $0.10V$。通常这个方块用于将测量点放置于屏幕中心。在 9 个测量点的情况下，测量点将在方块中心位置处，以及在角上距离边缘 10%的方块的中心。25 个测量点的情况是在 9 个测量点的基础上，再在方块间隔的对称位置之间放置一个 5×5 的对称矩阵方块	
图案命名约定	
$n×n?\cdots$	棋盘格，在左上角指定颜色（K 或 W 表示黑白棋盘格）。如果没有指定颜色，那么将是一个黑白棋盘格，左上角为白色格子。C 指定所有矩形的测量定位圈，C#（#<n）指对称放置，但不是所有矩形都放置定位圈
3×3K	3×3 棋盘格，左上角为黑色方块
4×4GM	4×4 棋盘格，左上角为绿色方块，绿色方块与洋红色方块交替出现
2×2WC	2×2 棋盘格，左上角为白色方块，所有矩形方块中心都放置测量定位圈
5×5KC9	5×5 棋盘格，在中心位置、角落位置和边缘中心位置有9个定位圈
AT$\cdots$,P,N	对准目标：用于辨别显示屏表面上主要点的位置，并以正片（P，白底上的暗线）或负片（N，黑底上的亮线）形式出现
AT01P,N	对准目标#01 正（负）的形式：在距离显示屏边缘 10%的 9 个点位置放置尺寸为屏幕对角线尺寸的 5%和 3%的同心圆，尺寸为对角线尺寸 3%的圆放置于 25 个点的位置。在十字线图案上和周边放置尺寸为屏幕对角线尺寸 5%的方块。对角线连接角落的测量点
AT02P	对准目标#02 正的形式：在 3×3 的矩阵中心放置十字线和圆
CAT$\cdots$	居中和对齐目标：以位图形式提供，其中心是一个直径一定且不随图案尺寸变化的圆圈
CAT01A	这是 CAT01 的非位图版本（见下文），其中心定位圈替换为十字线
CBV, CBH$\cdots$	竖彩条、水平彩条：如果未使用数字指定灰阶（##），那么假设灰阶为 100%
CBV50	50%灰阶的彩条
CBV-32SH01	32 灰阶的、100%色彩饱和度的竖彩条，图案为#01
CHRT$\cdots$	多个彩色矩形的彩色图表
CHRT01-1,$\cdots$, 5	选用不同的颜色序列
CINV$\cdots$	色彩反转目标
CINV01	色彩反转目标#01，在 50%灰阶的（127/255）背景上放置 8 个饼图（与背景的灰阶不同）。每个饼图都是由灰色背景上叠加 36 位逐级变化的红色、绿色、蓝色部分组成的——除了白色饼图。主饼图的尺寸经过缩小并重现于 9 个测量点。该图案可以用于色彩反转和灰阶反转的测量点的确定[1]

续表

CS,CSS,CCPL,…		色阶
CSSR##, G,B		色阶从最大的红色（或绿色或蓝色等）到黑色，##颜色均匀间隔
CSGRAD01		通过饱和主色和辅助色由白色至黑色渐变（还有两个肤色）
CSD01		通过饱和主色和辅助色生成的从白色到黑色的不连续色阶
CCPLR,B, G##,（#）		固定图案亮度的色阶：33（和9）级固定图案亮度的色阶系列，中心方块与所有其他颜色的方块交替变化。本图案最初用于带自动图案亮度控制的全局调光显示屏；测量中心方块，用截锥体遮光罩以避免探测器中的遮幕眩光。CCPL##右下角标有星号（*）的图案为一个17级子集的图案；标有双匕首的图案（‡）是9级子集的图案
…CX…		同心方块
RCXK256		从黑色中心到红色边缘、过渡步长为256的红色同心方块
RCXR256		从红色中心到黑色边缘、过渡步长为256的红色同心方块
QCXQ256		从RGBW中心到黑色边缘、过渡步长为256的四色同心方块
QCXK256		从黑色中心到RGBW边缘、过渡步长为256的四色同心方块
DCXS256		灰阶过渡步长为256的双色同心方块
DCXR256		红色过渡步长为256的双色同心方块
D…		双图案由两个通常彼此相反的部分组成（参考"…CX…"）
F…		全屏颜色图案。 ① W=白色，K=黑色，R=红色，G=绿色，B=蓝色，C=青绿色，M=洋红色，Y=黄色。 ② S=灰阶。因为图案FS…可能在左下角写有灰阶等级，所以FS0文件大小与FK稍有不同，FS9-9与FW稍有不同，等等，但这样写真正的原因是为了通过图案中出现的文件名方便地识别对应的灰阶等级。因为在使用全屏图案时，往往无法迅速精确识别所显示的灰阶等级。 ③ AC#（例如，#=5、9、25）：#指有定位圈，并对称放置在矩形中心，就像有一个棋盘格存在（例如，如果#=9，那么就像有一个3×3棋盘格；如果#=25，那么就像有一个5×5棋盘格）。其后添加的"L10"表示距离周边10%（不是想象的棋盘格的中心位置）。任何其他定位圈的分布（如相对中心位置距离的加权）都会有唯一的名称。 ④ SH##为统一的灰度，针对##所有等级
FW, FK, FG,FY		全屏的白色、黑色、绿色、黄色图案
F###-###-###		全屏RGB颜色图案
F123-207-035		全屏RGB颜色图案：R=123/255、G=207/255、B=35/255
FG3		灰阶（色阶）为8级中的第3位（73/255）的全屏绿色图案
FM-13		灰阶（色阶）为16级中的第13位（204/255）的全屏洋红色图案
FWC9		一个假想的3×3棋盘格中心有9个对准定位圈的全白场图案
FWC9L10		9个对准定位圈放置在中心、其余8个放置在距边缘10%（H和V）的全白场图案
FS5		灰阶（色阶）为8级中的第5位（182/255）的全屏灰色图案
FS50		灰阶（色阶）为50%（127/255）的全屏灰色图案，等同于FS127和F127-127-127
FSH33-07		灰阶为33级中的第7位的全屏灰色图案
FS067		全屏灰色（级别或预想颜色），级别为67/255
Face…		面孔：计算机模拟不同肤色的面孔。根据面孔在Faces图案和FacesCS图案中的位置，用矩阵标注区分面部，11是左上，24是右下方
FaceCC##		面部##图案在黑色背景的中心和边角上

信息显示测量标准

续表

FaceCS##	面部##图案，包含分辨率对象、色彩饱和度渐变条图和百分比灰阶	
FaceFull##	两侧为50%灰阶（127/255）的全面孔	
FaceFullCS##	两侧为RGB色彩饱和度渐变条图、上下为灰阶渐变条图的全面孔	
FaceFullGS##	两侧和上下都为灰阶渐变条图的全面孔	
FaceMX##	覆盖整个屏幕的、相同面孔的矩阵	
Faces	所有面孔都在50%灰阶背景上	
FacesCS	所有面孔都在RGBCMY渐变条图和灰阶渐变条图上	
FigsAll	相对于背景，所有人物都手持一个球	
FacesSL	在黑色背景上，所有面孔的侧面都被强光照亮	
G…	几何图案，往往是线条图案。在名称末尾加上"M"，用于区分包括中心点在内的多个测量点。通常，当图案较复杂时，总能识别中心。在名称末尾加上"H"表示使用较粗的线。对于与这些图案等效的、由像素组成的图案，参考 P#L$n \times m$	
G#X#WK	矩形#×#网格，水平和竖直方向上、从一个边缘到另一个边缘、黑色（或其他颜色）背景上的白色（或其他颜色）线条	
G11X11WKM	11×11网格，黑色背景上带标记的白色线条	
GV##WKH	##黑色背景上的竖直粗白线，从一边到另一边（左到右）	
GH##WK	##黑色背景上的水平白线，从一边到另一边（上到下）	
H##	光晕图案，白色背景的中心有黑色矩形块。##指以对角线百分比表示的矩形的尺寸。H20是一个在白色背景上的20%的黑色矩形，速记为图案X20KW	
H05	白色背景的中心有 $0.05H \times 0.05V$ 黑色矩块的光晕图案	
INTRO	带用于创建灰阶的具体描述的介绍图片和标题页	
I…	图片，各对象的位图	
IHF01	人脸图案#01	
INS01	自然景象图案 #01	
IHFCB01	人脸和彩条图案#01	
L##	加载图案，黑色背景中心的白色矩形块。##指以对角线百分比表示的矩形的尺寸。L20 为黑色背景中心20%的白色矩形块，速记为图案X20WK	
L60	加载图案，黑色背景中心 $0.60H \times 0.60V$ 的白色矩形块	
P…	像素图案：无法保证点和线总间隔均匀且在线和点的中心，因为阵列像素是不连续的。通常，这些类型的图案无法用幻灯片软件恰当地再现。 PG 表示像素网格图案在水平或竖直方向上，$n \times m$ 限定一个 n 像素×m 像素网格，n 行上的像素用一种颜色，m 列上的像素用另一种颜色。在 $n \times m$ 描述符号后指定颜色。未指定颜色时默认使用白色和黑色像素，白色从左侧或顶部位置开始。指定两条以上的线。 P$n \times n$（没有"G"）表示一个像素的棋盘格有 n 像素×n 像素。如果未指定颜色，那么默认是左上角为白色的黑白棋盘格。否则，符号后指定的第一种颜色在左上角。 PL$n \times m$、P2L$n \times m$、P#L$n \times m$…表示一个 $n \times m$ 图案中两侧边缘之间，从上到下的一个、两个和#个像素宽线的网格。通常为单像素线或双像素线。除非在 $n \times m$ 后指定背景上的线的颜色，否则默认为黑色背景上的白线 PD、P2D、…表示在 $n \times m$ 网格图案的水平和竖直方向上的一个、两个等像素点（例如，方块簇）。除非在 $n \times m$ 后指定背景上的线的颜色，否则默认为黑色背景上的白线。通常这些点是一个或两个像素	
PGV2X3GR	竖直2×3像素格，2个绿色像素乘以3个红色像素	
PGH3X3	水平3×3像素格，3个白色像素（在上）乘以3个黑色像素	
PGV1X1	竖直1×1像素格，白色（在左侧）和黑色像素	
PGH3X2X1GKW	像素水平格，3个绿色像素乘以2个黑色像素再乘以1个白色像素	

续表

PL11X11	一个 11×11 网格图案中黑色背景上的单像素白线
PL11X11KW	一个 11×11 网格图案中白色背景上的单像素黑线
PD11X11GK	一个 11×11 矩阵图案中黑色背景上的单像素绿色点
P2L11X11G	一个 11×11 网格图案中黑色背景上的双像素绿色线
P1X1, K	左上角为白色（黑色）像素的单像素棋盘格。P1X1 和 P1X1W 相同
P3X3YM	由黄色和洋红色像素组成的、以左上角黄色开始的 3×3 像素棋盘格
Q…	使用 RGBW 的四色图案（参考 "…CX…"）
QCXQ256	四色同心方块，从中心的 RGBW 逐渐向外，一直到黑色外框，共 256 个等级
QCXK256	四色同心方块，从中心的黑色逐渐向外，一直到 RGBW 外框，共 256 个等级
RT…	反射目标：目标#01 和#02 是根据 ISO 9241 系列给出的图形对称的反射图案，建议其中白色部分或黑色部分占总面积的 80%[2]
RT01AP	反射目标#01-A 正片（白色背景上有黑色矩形方块）
RT02BN	反射目标#02-B 正片（黑色背景上有白色矩形方块）
S, SCPL, SE, SCX, SR…,SS…,etc.	灰阶阴影图案：S 指灰阶图案，SE 指灰阶终点，SCX 指同心方块，SS 指蛇形图案。使用 "S" 表示灰阶中的等级或阴影，以避免与绿色混淆
SEB01	方块的灰阶以 10% 的步长逐渐增加，从 0 到 30% 和从 70% 到 100%，在其左右两侧用中等灰阶的文字标明灰阶等级，在上下两侧用窄的灰阶等级为 32 级的文字标明灰阶等级
SET01S###	在灰阶等级为###/255 的背景上显示灰阶逐渐过渡的图案#01。图案#01 的顶部和底部有两个窄的水平灰阶条，靠近中心位置有四个紧邻的白色灰阶方块和四个紧邻的黑色灰阶方块，灰阶等级分别为 100%、95%、90%、85%和 0、5%、10%、15%
SET01W	白色背景上的灰阶渐变条状图案#01
SET01K	黑色背景上的灰阶渐变条状图案#01
SET02S50	与 SET01S50 相同，顶部和底部增加同心方块（32 级灰阶渐变）
SET03S50	与 SET02S50 相同，左边和右边增加同心方块（32 级灰阶渐变）
SET04S50	与 SET03S50 相同，增加彩色渐变条、32 级灰阶渐变条和中心位置的白色方块
SECX01K	黑色背景上，中心同心方块中有灰阶渐变条，每个灰阶渐变有六个渐变等级，图案#01
SECX01W	白色背景上，中心同心方块中有灰阶渐变条，每个灰阶渐变有六个渐变等级，图案#01
SRAND01	256 级随机灰阶、相同尺寸的方块
SVP32S01	有 32 级灰阶的、"V"形排列的灰阶渐变条，包含 32 级灰阶的最大和最小两个灰阶，以及中间四个灰阶的同心方块
SXP32S01	有 32 级灰阶的、"X"形排列的灰阶渐变条，包含 32 级灰阶的最大和最小两个灰阶，以及中间四个灰阶的同心方块
SCXK64	64 级灰阶的、中心黑色、边缘白色的同心方块
SCXW64	64 级灰阶的、中心白色、边缘黑色的同心方块
SCXKW64	64 级灰阶的、左半边黑色、右半边白色的同心方块
SCX32KX	32 级灰阶同心方块，中心有 1/5 的黑色方块（也可以是 33 级阴影，且可以是 1/6 的方块）。中心的黑色方块的边角用蓝色断线标注
SSW64	64 级灰阶条从左上侧白色开始至右下侧黑色蛇形迂回前行
SSW256	256 级灰阶条从左上侧白色开始至右下侧黑色蛇形迂回前行
SSKE	终点为黑色的、灰阶从 0 到 31 的 32 个方块蛇形迂回前行
SSWE	终点为白色的、灰阶从 255 到 244 的 32 个方块蛇形迂回前行
SCPL## （SCPL#）	33（和 9）级的、每个方块的灰阶固定的图案系列，其中中间方块与所有其他方块依次交换位置。这个侧视图最初用于带自动图像亮度控制的全局调光显示屏：使用截锥体遮光罩测量中间方块，以避免探测器的杂散光。右下角标有星号（*）的 SCPL ##图案是用于其 17 级子集的测量图案；标有双匕首（‡）的图案是用于其 9 级子集的测量图案

525

续表

TXT···, P, N	文本：提供了各种正片（白底黑色文本）或负片（黑底白色文本）格式的文本
TXT01P	正片文本图案#01
X##??	尺寸为对角线尺寸的##%的中心方块，指定了方块的颜色和背景颜色，如果有必要，那么可以使用下划线分隔，以便更明显（?_?）
X20WB	蓝色背景中心的、尺寸为对角线尺寸 20%的白色方块
X05B213R117	红色（117/255）背景中心的、尺寸为对角线尺寸 5%的蓝色（213/255）方块
X05KW	白色背景中心的、尺寸为对角线尺寸 5%的黑色方块
特殊位图（参考附录 A.12.3）	
BUSY01	特定的像素组合图案：不同栅格、棋盘格和灰色方块
BUSY01R	与 BUSY01 相同，但只有红色
BUSY01G	与 BUSY01 相同，但只有绿色
BUSY01B	与 BUSY01 相同，但只有蓝色
CAT01	居中和对齐目标，红色箭头指向中心，且中心有一个直径为 60px 的、边界（在像素圆圈外）为红色的圆圈
HICON01	用于高亮对比度测量的、处于黑色屏幕中心的、边长为 30px 的正方形白色方块
VSMPTE133a	适用于 VESA 的 SMPTERP133，增加了单像素棋盘格
VSMPTE133b	适用于 VESA 的 SMPTERP133，增加了单像素棋盘格、噪声补偿和不同对比度的文本

注：色彩反转 CINV01 被称为 Brill-Kelley 图标，由 Michael H.Brill 首次以标题 *LCD Color Reversal at a Glance* 发表于 *Information Display*，其中该图案的初稿是在不经意间出版的。修正后的图案（如本书所示）在 *Information Display* 第 16 卷第 10 期的勘误中有说明。

1. 参见国际标准化组织（ISO）于 1997 年发布的《办公用视觉显示终端的人机工程学要求（VDTs）》的第 7 部分。
2. 图案 SET01W 是 ANSI/PIMAIT7.227-1998 和 ANSI/NAPM IT7.228-1997 使用的一个图案的变体。图案 SET01S50 和 SET01K 是普林斯顿的 National Information Display Laboratory of the Sarnoff Corporation, N.J.向 PIMA 提出的图案的变体，经许可后使用。我们已经在顶部和底部添加了完整的 32 级灰阶条。

A.12.2 图案集中的图案设置

目前创建的各种设置图案可用于显示设置、示例说明和显示屏的简单测试，包括一个人的面部图案和一些人的面部与一些自然场景的合成图案。当存在对比度和亮度等调节时，灰阶图案和色阶图案都能满足显示屏的设置要求。然而，一个面部图案通常会比单独的灰阶图案或色阶图案更好地限制设置条件的容许范围。在观看灰阶图案和色阶图案甚至自然场景图案时，一些显示屏可以容忍相当大的调节，不会影响观察效果；但人脸的面部图案通常不会允许设置如此多的调节（注：如果需要将图案缩放为另一个高宽比，如在 PowerPoint®中，那么在页面设置中选择或根据需要定义一个新的显示格式）。

1. ICDMtp-AC01.*——对齐和色彩图案

用于寻找中心和对齐的图案：

附录 A 　光度测量

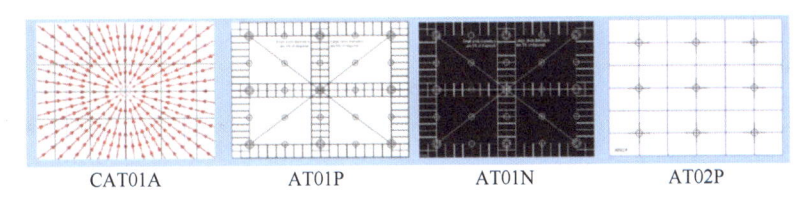

　　　　CAT01A　　　　　AT01P　　　　　AT01N　　　　　　AT02P

全屏的白色、黑色、特殊灰色、主色和合成色图案：

| FW | FK | FS127 | FS066 | FR | FG | FB | FC | FM | FY |

8 级全屏灰阶图案：

| FS8-8=FW | FS8-7 | FS8-6 | FS8-5 | FS8-4 | FS8-3 | FS8-2 | FS8-1=FK |

色彩反转图案、彩条图案：

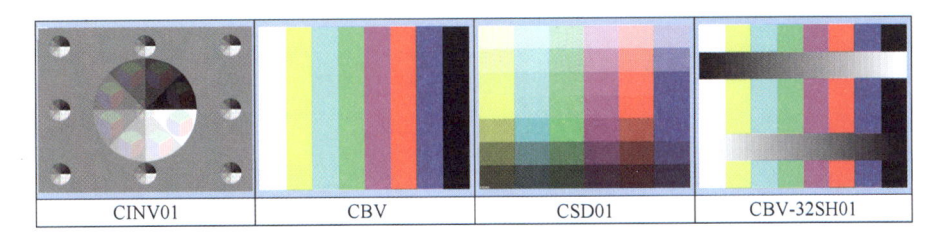

| CINV01 | CBV | CSD01 | CBV-32SH01 |

特殊颜色的不同组合：

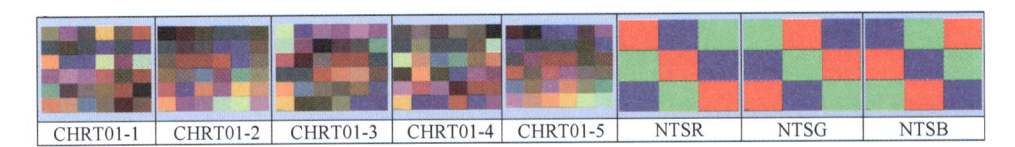

| CHRT01-1 | CHRT01-2 | CHRT01-3 | CHRT01-4 | CHRT01-5 | NTSR | NTSG | NTSB |

2. ICDMtp-HL01.*——光晕和加载图案

用于光晕测量的图案（周围亮区域对暗区域的光污染，可使用截锥体遮光罩）：

| H05 | H10 | H20 | H30 | H40 | H50 | H60 | H70 | H80 | H90 | FK |

用于加载测量的图案（随白色区域的尺寸而改变亮度）：

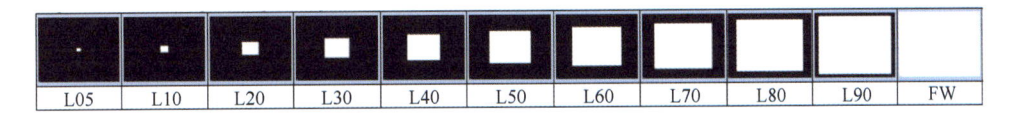

| L05 | L10 | L20 | L30 | L40 | L50 | L60 | L70 | L80 | L90 | FW |

3. ICDMtp-CB01.*——棋盘格图案

棋盘格图案如下：

527

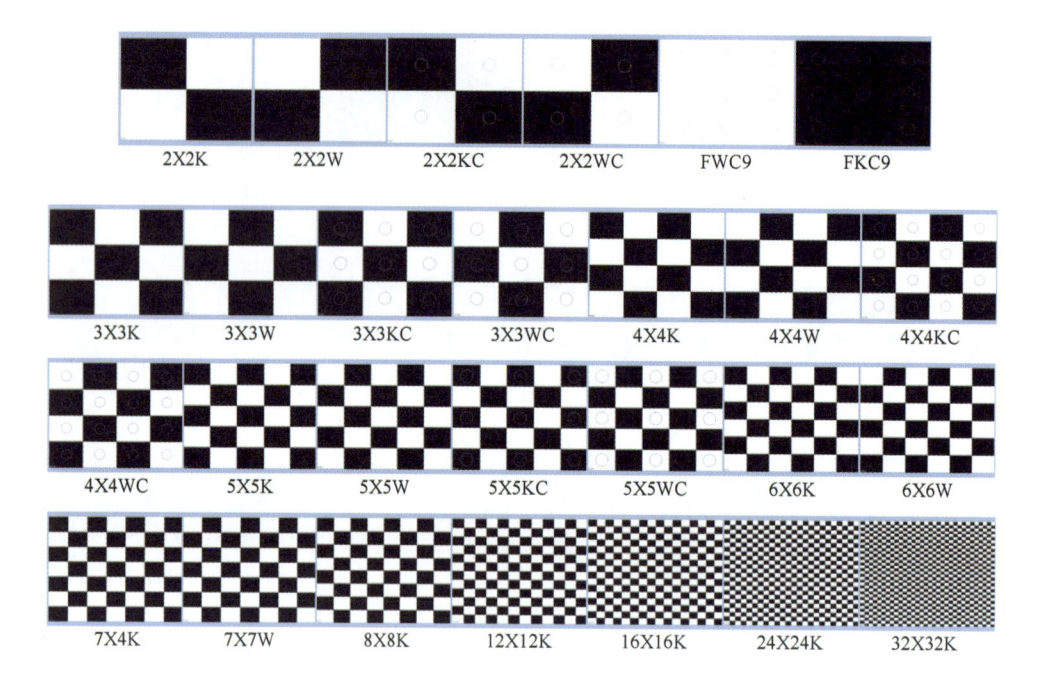

2X2K	2X2W	2X2KC	2X2WC	FWC9	FKC9

3X3K	3X3W	3X3KC	3X3WC	4X4K	4X4W	4X4KC

4X4WC	5X5K	5X5W	5X5KC	5X5WC	6X6K	6X6W

7X4K	7X7W	8X8K	12X12K	16X16K	24X24K	32X32K

4. ICDMtp-GC01.*——灰度和色阶图案

灰度和色阶图案如下：

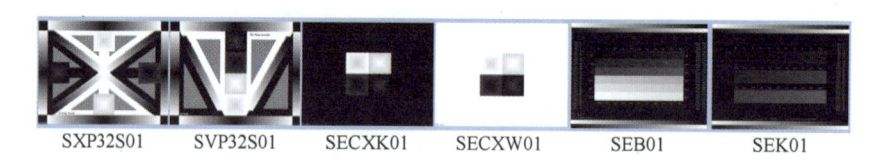

SXP32S01	SVP32S01	SECXK01	SECXW01	SEB01	SEK01

32、64、128 和 256 级灰阶蛇形迂回图案：

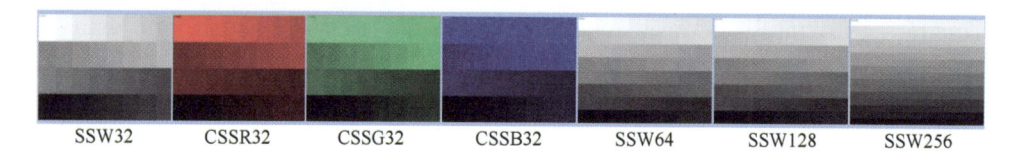

SSW32	CSSR32	CSSG32	CSSB32	SSW64	SSW128	SSW256

随机 256 灰阶图案、同心方块、椭圆形渐变图案、渐变条：

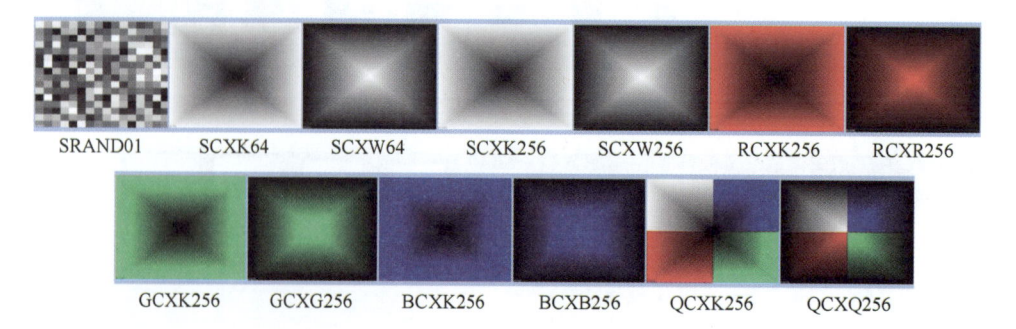

SRAND01	SCXK64	SCXW64	SCXK256	SCXW256	RCXK256	RCXR256

GCXK256	GCXG256	BCXK256	BCXB256	QCXK256	QCXQ256

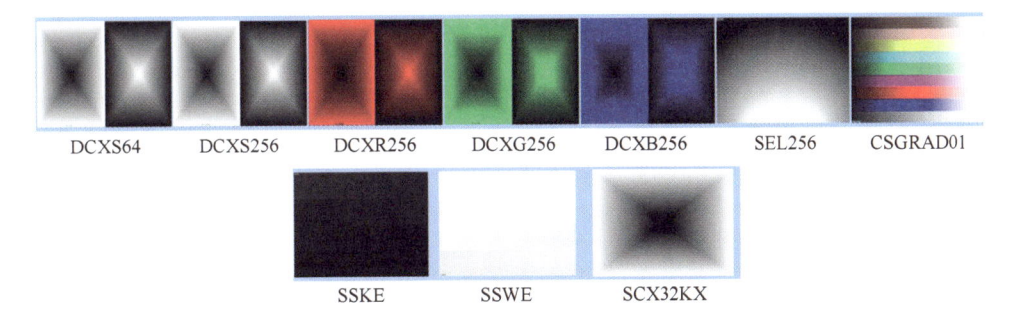

DCXS64　　DCXS256　　DCXR256　　DCXG256　　DCXB256　　SEL256　　CSGRAD01

SSKE　　SSWE　　SCX32KX

5. ICDMtp-HG01.*——均匀灰阶图案（33 级）

该图案最初用于全局调光及局部调光显示屏：①用截锥体遮光罩测量中间方块，以避免探测器中的杂散光；②右下角标有星号（*）的图案为用于 17 级子集的图案；③右下角标有双匕首（‡）的图案是用于 9 级子集的图案。这里未给出这些图案的主色图 CCPLR##、CCPLG##、CCPLB##。

具体图案如下：

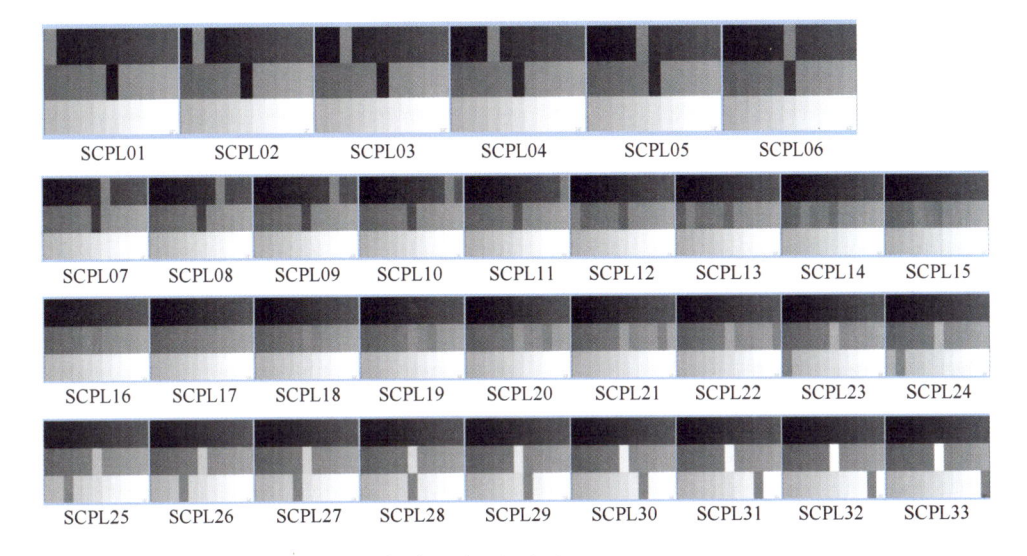

SCPL01　SCPL02　SCPL03　SCPL04　SCPL05　SCPL06

SCPL07　SCPL08　SCPL09　SCPL10　SCPL11　SCPL12　SCPL13　SCPL14　SCPL15

SCPL16　SCPL17　SCPL18　SCPL19　SCPL20　SCPL21　SCPL22　SCPL23　SCPL24

SCPL25　SCPL26　SCPL27　SCPL28　SCPL29　SCPL30　SCPL31　SCPL32　SCPL33

6. ICDMtp-HG02.*——均匀灰阶图案（9 级）

该图案最初用于全局调光显示屏。用截锥体遮光罩测量中间方块，以避免探测器中的杂散光。这里未给出这些图案的主色图 CCPLR#、CCPLG#、CCPLB#。

具体图案如下：

所选等级　　SCPL1　　SCPL2　　SCPL3　　SCPL4

信息显示测量标准

| SCPL5 | SCPL6 | SCPL7 | SCPL8 | SCPL9 |

7. ICDMtp-RP01.*——反射图案

反射图案如下:

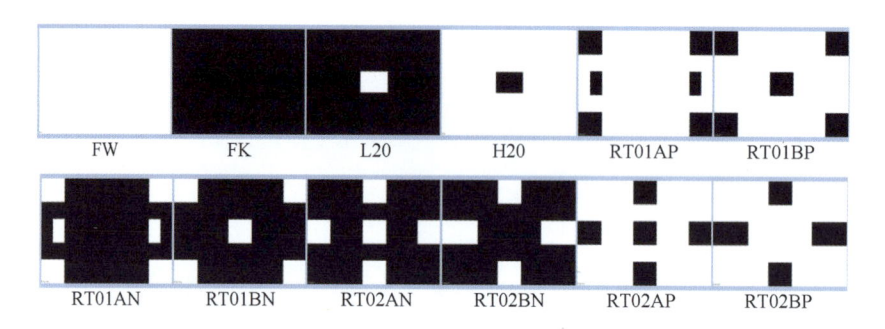

FW　　FK　　L20　　H20　　RT01AP　　RT01BP

RT01AN　　RT01BN　　RT02AN　　RT02BN　　RT02AP　　RT02BP

8. ICDM-PP01.*——投影图案

投影图案如下:

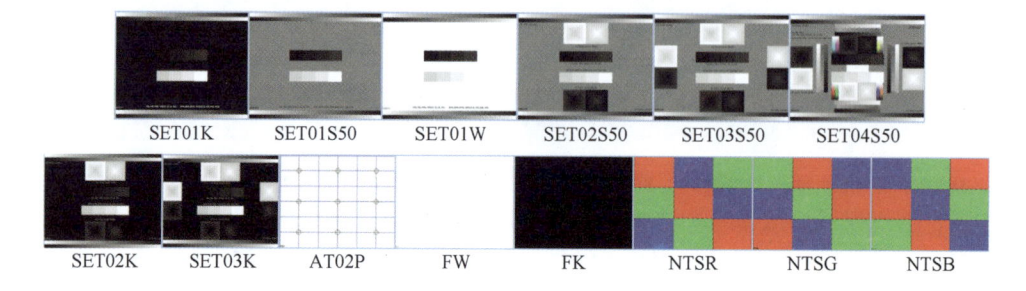

SET01K　　SET01S50　　SET01W　　SET02S50　　SET03S50　　SET04S50

SET02K　　SET03K　　AT02P　　FW　　FK　　NTSR　　NTSG　　NTSB

9. ICDM-LT01.*——线条和文本图案

线条和文本图案如下:

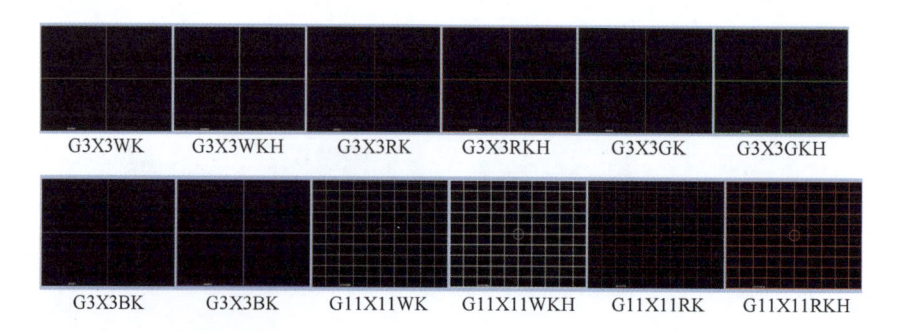

G3X3WK　　G3X3WKH　　G3X3RK　　G3X3RKH　　G3X3GK　　G3X3GKH

G3X3BK　　G3X3BK　　G11X11WK　　G11X11WKH　　G11X11RK　　G11X11RKH

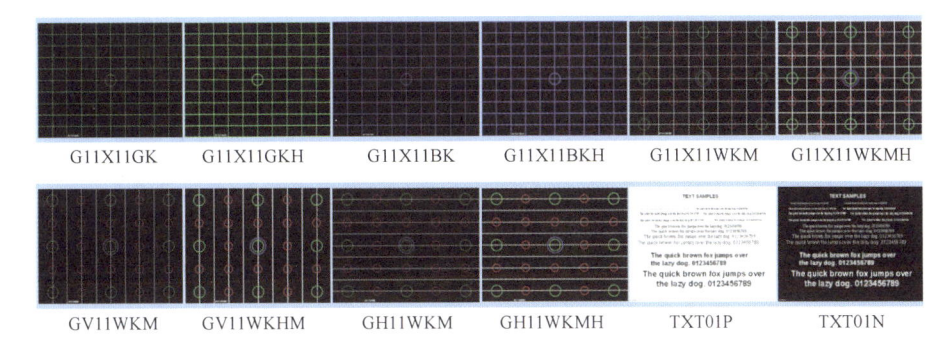

附录 A 光度测量

G11X11GK	G11X11GKH	G11X11BK	G11X11BKH	G11X11WKM	G11X11WKMH

GV11WKM	GV11WKHM	GH11WKM	GH11WKMH	TXT01P	TXT01N

10. ICDM-FP01.*——面部图案

该图案仅包括少数几个图案，以保持文件的大小合理。在位图效果中，有更多可用的面部图案，包括计算机生成的人脸模型图案。

具体图案如下：

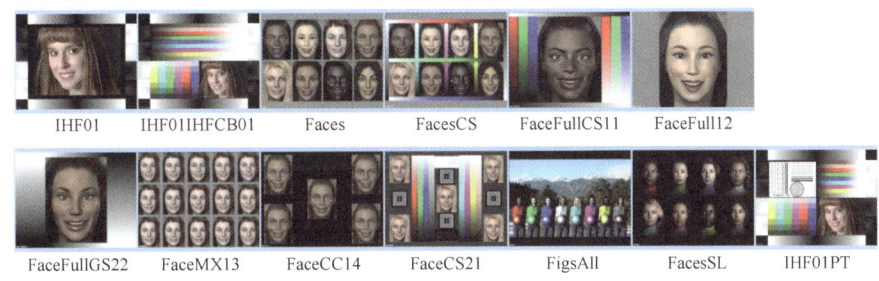

IHF01	IHF01IHFCB01	Faces	FacesCS	FaceFullCS11	FaceFull12

FaceFullGS22	FaceMX13	FaceCC14	FaceCS21	FigsAll	FacesSL	IHF01PT

11. ICDM-IP01.*——图片图案

一些可用的图案如下：

INS01	INS02	INS03	INS04	INS05	INS06

INS07	INS08	INS09	INS10	INS11	INS12	INS13

A.12.3 位图图案

（1）栅格图案（放大是为了演示）。除非另有说明，否则这些图案都以白色从左侧或顶部开始。具体图案如下：

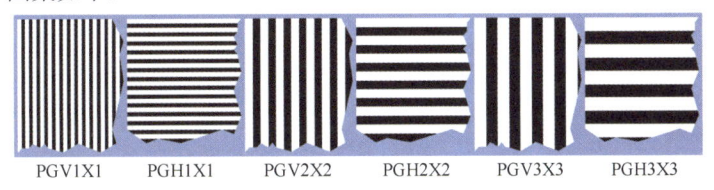

PGV1X1	PGH1X1	PGV2X2	PGH2X2	PGV3X3	PGH3X3

（2）基于像素的棋盘格（放大是为了演示）。除非另有说明，否则这些图案都以白色从左上角开始。具体图案如下：

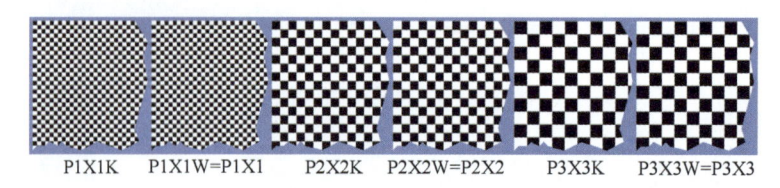

P1X1K　P1X1W=P1X1　P2X2K　P2X2W=P2X2　P3X3K　P3X3W=P3X3

（3）繁杂的图案（BUSY01）。繁杂的图案用于以多种方法测试显示屏的性能，其中有各图样区块——栅格、单像素和双像素棋盘格、对角线、噪声块、黑白方块和文本样本。最大的区块是边长为72px的正方形，最小的区块是边长为36px的正方形。其使用了256级灰阶中5个灰阶，即0、63、127、191和255，用于2×2栅格和文本样本。噪声块是由随机生成的、覆盖0~255灰阶的单个像素组成的。具体图案如下：

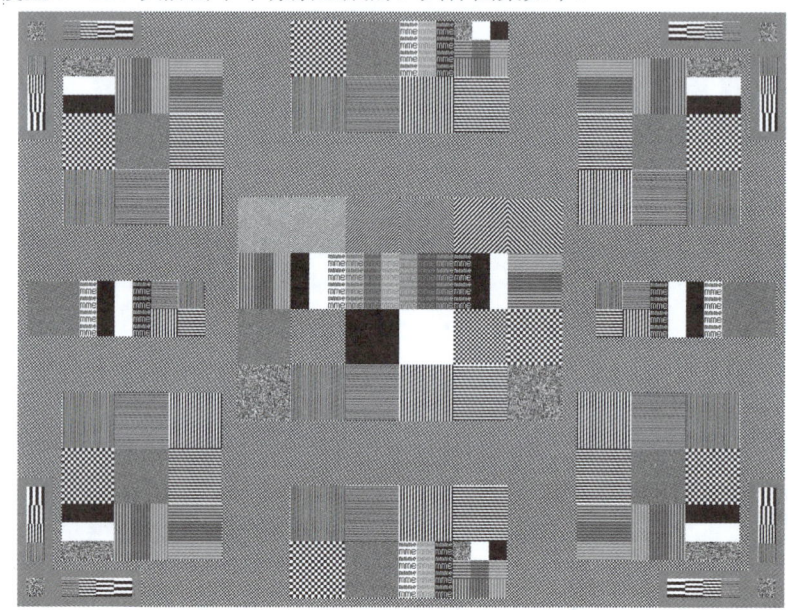

BUSY01

（4）居中和对齐图案（CAT01）。其使用了一个直径为60px的、黑色圆。这个图案可以帮助具有窄的测量视场角的探测器迅速找到屏幕中心。

（5）高亮对比度图案（HICON01）。该图案在黑色背景中心有一个白色的、边长为30px的正方形。

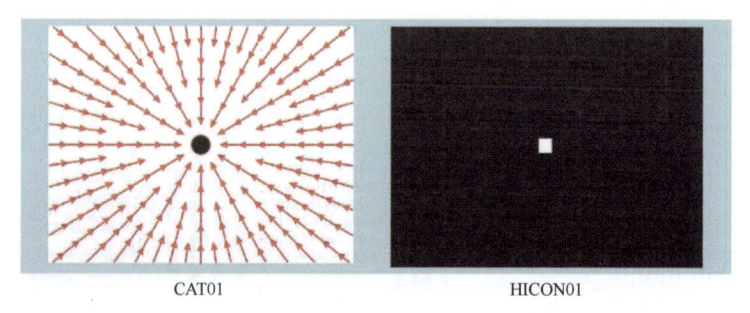

CAT01　　　　HICON01

（6）基于 SMPTE 的图案。其包括一个基于 SMPTE RP 133-1991（参考文章 *SMPTE Recommended Practice：Specifications for Medical Diagnostic Imaging Test Pattern for Television Monitors and Hard-Copy Recording Cameras*）的位图图案。这个图案必须是一个位图图像。它在标准的 SMPTE 图案的基础上加入了黑白相间的、灰阶分别为 53% 和 48%（分别为 135 位和 122 位）的单像素与双像素棋盘格，还加入了一些不同对比度的文本，修改信息如表 A-7 和表 A-8 所示。这里提供了多个屏幕分辨率下两个版本的图案（只对原 SMPTE 图案添加棋盘格的 vsmpte133a_####x####，以及添加噪声块和文本的 vsmpte133b_####x####，其中 ####x#### 为 640×480、1024×768、1280×1024 和 1600×1200 等）。具体图案展示如下：

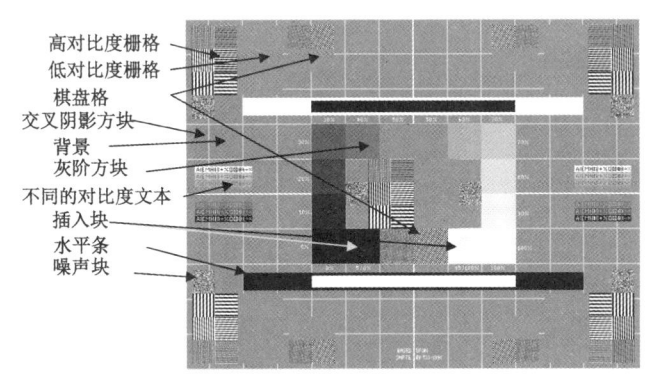

基于 SMPTE 的图案

表 A-7 几何形状配置修改后的 SMPTE RP133 图案

高对比度栅格	水平方向和竖直方向的黑白线：1×1、2×2、3×3。放置在距图案边界（顶部和底部）$N_V/4$ 的位置处。正方形，G	低对比度栅格	2×2 栅格上的灰阶等级： 最低对比度：130、127（51%、50%）； 中间对比度：130、122（51%、48%）； 最高对比度：135、122（53%、48%）； 放置在高对比度栅格旁
棋盘格	1×1 和 2×2，都是黑白相间，且灰阶等级为 135 和 122（53% 和 48%）。放置在距栅格 $N_V/4$ 的位置处		
交叉阴影方块	中心至中心尺寸为 $N_V/10×N_V/10$，内部尺寸为 $(N_V/10)-2$。 线宽：2px。竖直和水平方向白色中心线的灰阶等级为 255（100%）。 其他线的灰阶等级为 191（75%）。顶部和底部允许 1px 宽	不同对比度的文本	122、135（48%、53%）； 102、153（40%、60%）； 76、178（30%、70%）
水平条	大（上侧黑底白色条）：高为 $B/2=N_V/20$，宽为 $10B$； 小（上例白底黑色条）：高为 $B/3=N_V/30$，宽为 $6B$	噪声块	与测试目标块尺寸相同；$G/4$
插入块	居中的 5% 和 95%（13 和 242）的方块。尺寸：$B/2=N_V/20$	背景	127（50% 灰阶）

注：1. 假设屏幕 $N_H \geq N_V$，$B=\text{int}(N_V/10)$，$G=\text{int}(2B/3)$。

2. 灰阶方块尺寸：$B=N_V/10$。边缘线宽为 2px。

表 A-8　几何形状配置修改后的 SMPTE RP133 阵列像素图案示例

N_H	N_V	$N_V/10$	B	插入块		栅格	栅格边界	水平条			
				int($B/2$)	int($B/3$)	G	int($G/4$)	大		小	边界
								10B	2int($B/4$)	6B	约 $B/3$	int($B/4$)
640	480	48	48	24	16	32	8	480	24	288	16	12
800	600	60	60	30	20	40	10	600	30	360	20	15
1024	768	76.8	76	38	25	50	12	760	38	456	24	19
1152	864	86.4	86	43	28	57	14	860	42	516	28	21
1280	1024	102.4	102	51	34	68	17	1020	50	612	34	25
1600	1200	120	120	60	40	80	20	1200	60	720	40	30

注：B=int($N_V/10$)，G = int(2$B/3$)，$B/3$ =2int($B/6$)。

A.12.4　色阶反转和灰阶反转图案

LCD 上图案的显示效果可根据观看角度而变化。为了评估亮度和颜色随视角的变化，使用一种便于检测这种变化的测试图案 CINV01。如图 A-37 所示，这个图案用于大面积测试和屏幕均匀性测试。对于大面积测试，最大的圆包含了基本图案；对于屏幕均匀性测试，该图案重复（尺寸缩小）出现在九个位置，包括屏幕的角落、边缘和中心。由于背景是灰色的，它也可以用于灰阶反转的快速检查，并因此增加了其他的测量步骤。

大圆由多个不同灰阶的扇形组成，每个扇形里又有一个小圆。小圆包含红色、绿色和蓝色三种颜色（R、G、B 逆时针排布）的扇形，这些颜色的扇形对所嵌入的相应灰阶的大扇形形成叠加效果。这种从 R 到 G 再到 B 的逆时针方向的顺序是一种光谱排序，并在色度空间中以逆时针排列顺序显示。当其中某个小圆圈里的颜色出现对调时，该区域标记为 r、g 和 b，所得的色度在色度空间中不再是逆时针的。顺序可能为顺时针顺序（例如，R→C[洋青色]、G→M[洋红色]、B→Y[黄]）。

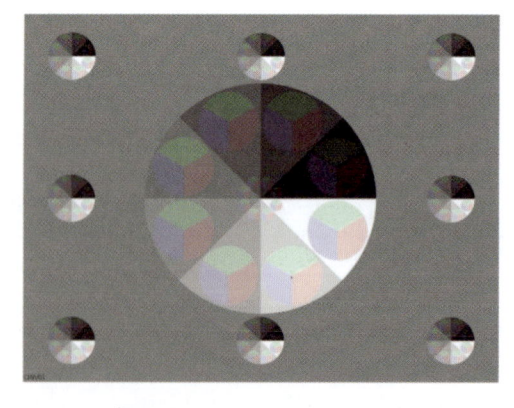

图 A-37　CINV01 测试图案

这个图案背后的理论：视觉系统对灰阶和颜色的变化不敏感，但对灰阶和光谱顺序的变化高度敏感。当排序变化极大时，就如同我们突然看到的是负片而不是正片。从色度空间中三种颜色的顺时针（CW）排列顺序和逆时针（CCW）排列顺序的变化可以得到一个量化色彩反转的数字。例如，FM100 孟塞尔色觉测试中的标准色盲测试给出了正常个体识别和创建这种排序的视觉能力[1]。

图案的参数如下：选择一组主要灰阶（与用于 8 级灰阶反转的测量相同），将三种颜色（红色=R、绿色= G、蓝色=B）中每种颜色的灰阶数值设置为相同的数值 n。对于给定灰阶等级 g_n（其中，g_0=0、g_1=36、g_2=73、g_3=109、g_4=146、g_5=182、g_6=219、g_7=255），按照如下所述，测量在（R、G、B）主灰阶扇形内三个相邻色块的色度，其中每个色块的（R、G、B）值遵循以下规律：测量淡红色（g_{n+1}、g_n、g_n）的色度（x_R, y_R）；淡绿色（g_n、g_{n+1}、g_n）的色度（x_G, y_G）；淡蓝色（g_n、g_n、g_{n+1}）的色度（x_B, y_B）。对于 g_7=255，使用与 g_6=219 相同的颜色。步长近似为 36，以便在大多数情况下很容易区分彼此不同的颜色。这三种颜色的小块彼此相接，并在屏幕上有一个汇聚点。

当从不同的视角（通常在竖直方向上最敏感）观察图案时，可以看到以下多种反转。

（1）当绕大圆圈进行逆时针观察时，有些灰阶可能会减小。

（2）一些小圆圈的光谱顺序可能会突然反转。例如，红色、绿色和蓝色可能会变成它们的补充色：青色、洋红色和黄色（也是逆时针顺序）。如果这种色彩反转的视角与其所在的背景的灰阶反转的视角相同，那么很有可能是因为三个主色在相同的视角处都反转了。

（3）一些小圆圈内会出现颜色融合的情况。例如，红色和绿色的扇形可以融合成一个圆心角为 240 度的黄色扇形。尽管在这种情况下，彩色扇形不能按照光谱顺序明确命名为顺时针方向或逆时针方向。然而，这仍应视为屏幕存在问题。

有时可能仅会看到整个图案的亮度降低或出现色偏。这种现象仍应视为存在问题，但并非像以上所列的逆转那么能明显察觉到。如果在任何灰阶或视角都看不到反转，那么可以认为该显示屏"无反转"；否则，可根据反转位置的角度确定各方向的视角。

A.12.5　检测目标的视觉等概率性

检测目标的视觉等概率性（EPD）灰阶函数可确保输入驱动灰阶的连续增加能够产生一个等步长增加的视觉亮度（与 DICOM 类似，见附录 B.25），但低灰阶的亮度步长增加稍大，以便增强图像中周围亮区域包围的暗待测区中、低对比度目标的可视性。在执行任何测试前都需要校准，无论如何进行校准，都有必要进行快速目视检查，以确保进行了校准，并对校准的好坏给出一个粗略的估计。基于这个目的的 Watson Visual EPD 图案（见图 A-38）由多个快速参考测试图案组成，并用于评估 EPD 校准的质量。这是一个位图图案，命名为 WatsonVEPD.bmp，可从 ICDM 官网下载。Watson Visual EPD 图案的三个主要区域如下：

（1）角落上的 ONOFF 正方形。图案上有四个用于快速检测的正方形，允许使用者评估显示屏是否被校准至 EPD（"ON"或"OFF"变成可见），以及白色是否饱和（当没有饱和时，白色区域能够显示"OK"）或黑色是否截止（当没有截止时，黑色区域能够显示"OK"）。

---

[1] 此处原书参考资料：M.H.Brill and H.Hemmendinger "Illuminant dependence of object-color ordering" *DieFarbe*32/33（1985/6），p. 35.

信息显示测量标准

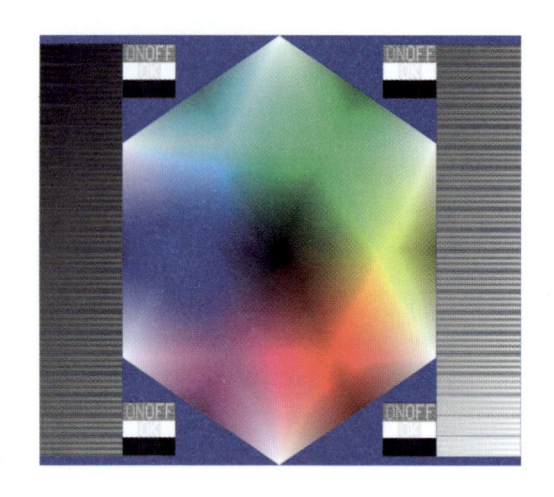

图 A-38　用于检测目标视觉等概率性的图案（WatsonVEPD.bmp）

ON/OFF 校准检查是通过空间抖动实现的。使 1px 宽的黑色水平线和白色水平线交替出现，当从足够远的距离观看时，它们会融合成一条平均亮度的灰色线。与这个平均亮度对应的驱动级别依赖于伽马曲线的形状。根据这个想法，可识别任何两个明显不同的校准状态之间的过渡状态。对于 Watson Visual EPD 图案，当显示屏的伽马响应接近伽马值 2.2 时，"ON"融入背景；当显示屏的伽马响应接近 EPD 时，"OFF"融入背景。如果伽马值随视角有漂移，那么四个图案之中的一个或多个的 ON/OFF 校准检查会明显不同。因此，四个图案的位置能够粗略评估伽马响应和视角之间的关系。当出现空间抖动无效的情况时，也可用这种快速检查判断显示屏和显卡组合是否对图案进行了一定的竖直缩放（例如，显示器并未以其固有分辨率显示）。

白色饱和检查是通过在白色矩形内绘制一个浅灰色矩形进行的。字母"OK"是白色的，写在浅灰色的矩形内。白色和浅灰色之间的差距决定了饱和度的目视检测最小值（Watson Visual EPD 图案以 255 灰阶等级为白色，以 241 灰阶等级为浅灰色，但这可以改变，以便匹配任何所希望的阈值）。黑色截止检查以同样的方式确定黑色和暗灰色的矩形。但是，这时字母"OK"是黑色的（Watson Visual EPD 图案以 0 灰阶等级为黑色，以 13 灰阶等级为暗灰色）。

（2）中心图案。中心图案为一个六边形，中心为黑色，往外渐变为主色和第二主色（从右边开始顺时针依次为黄色、红色、洋红色、蓝色、洋青色和绿色），然后从主色/第二主色渐变为白色。每个像素代表一个唯一的、独立的灰阶等级。尽管没有包含一个 8 位显示屏的整个颜色空间，但这个图案实现了颜色之间的过渡，包括了黑色和白色。

使用这个图案的主要目的是对所呈现信息的位数进行视觉判断。一个每个颜色通道都能显示 8 位的显示屏能实现所有颜色之间的平滑过渡。当校准查找表（LUT）或显示屏控制的量化导致信息丢失时，色楔之间会出现阶梯或轮廓。不管显示屏的伽马曲线如何（不限于 EPD），都可以进行这种视觉评估。

这个图案的一个次要但很重要的用途是测试屏幕显示控制。在观察图案时，通过调节亮度、对比度、RGB 增益等，可确定控制的有效范围（在出现饱和、截止或量化前）。

（3）灰色柱。两个灰色柱向下延伸到测试图案的任一边，从左上方接近黑色矩形到右下方接近白色矩形。这可用于校准质量的视觉评估。对于沿任何校准曲线的一个具体的驱动灰阶，可以使用一对高驱动和低驱动灰阶的线条通过空间抖动得到相同的亮度（例如，如果驱动等级 10 的亮度为 L_0，那么用驱动等级为 0 和 20 的交替水平线可以产生相同的平均亮度 L_0，这取决于显示屏的伽马曲线）。如果该空间抖动图案放在一个灰度楔旁边，则在一个点处的灰度楔亮度和空间抖动的亮度相等。对于 6 线空间抖动，使用 6 线灰度楔（为了更容易看到亮度相等的点，灰度楔的每个驱动等级为 5px 宽）。请参阅图 A-39。

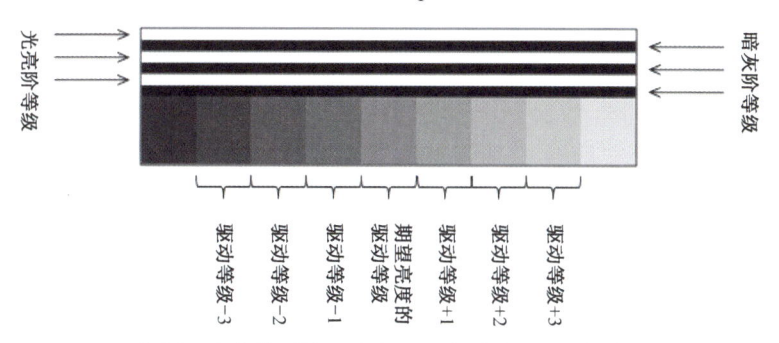

图 A-39　灰色柱对比（注意，图中对比的程度被夸大）

根据这个概念，沿 EPD 校准曲线等间距采样 40 个驱动等级，这些驱动等级与空间抖动线对相匹配，抖动线使线对之间的亮度差异最大化［一对空间抖动线的理想驱动等级为 0 或 255，但为了与所希望的驱动等级的最佳亮度匹配，偶尔也会使用 1 或 2 的驱动等级（而非 0）代表暗灰度；对亮灰度也可进行类似修正］。测试图案的宽度取决于想在图案上直观看到的灰度响应的变化量。对于 Watson Visual EPD 图案，灰度楔包括期望的驱动等级±20 驱动等级。用于空间抖动和对应的灰度楔的线对重复出现，直到它形成一个足够大的块，造成有一条线贯穿该块中心的视觉错觉。在每 20 个块之间留一排像素，形成两个沿测试团左右两侧的列，以便更容易地看到哪些抖动图案在一起。当正确校准到 EPD 时，Watson Visual EPD 图案将会出现一条贯穿每列中心的视觉错觉线。

但是，应当注意的是，显示屏或图片浏览器的任意竖直缩放，将使测试图案的这部分功能失效。此外，如果校准导致了灰阶的显著量化，那么将无法分辨视觉错觉线。

根据 DICOM 曲线而非 EPD，可以创建类似的测试图案。此时需要知道驱动等级 0 和 255 对应的亮度值，以及在这两个点之间的曲线形状。注意：因为 DICOM 曲线的形状依赖于黑色等级和白色等级，所以，对于确定的黑色亮度和白色亮度，DICOM 的测试图案是确定的。

A.13　实验室辅助仪器

除了本书中提到的用于色度测量的 LMD、信号发生器、示波器和其他电子仪器，还有一些被提及且有用的物件和工具。

1. 均匀光源

（1）积分球光源。积分球光源有以下多重用途。①它可以提供一个亮度经校准的光源（假设光源已经被正确校准）。②它可以提供一个出光口均匀的亮度光源。传统观点认为如果在积分球内部喷涂反射率为96%或更高的白色漫反射材料，出光口直径为球体直径的1/3或更小，那么在整个出光口上会有±1%～±2%的非均匀性。这个光源对许多分析来说是非常方便的。如果对光源进行对焦，那么一定要对焦于积分球的出光口。如果设计得很好，其可以长时间很稳定，并且其他光源无法复制它的均匀性。其使用起来也很便利。

（2）聚苯乙烯盒子光源。可以用干净的、白色的、封闭的聚苯乙烯泡沫盒子（用于运输中冷冻保存食品或医疗用品）制作一个相对均匀的大直径光源（直径为150mm），下面会用大致相同的办法做一个盒子光源。有些人曾用野餐冷却器来制作光源和相对均匀的光照环境。

（3）盒子光源。可用一个内部涂有可在五金店买到的、最亮的亚光白漆的大盒子（立方体）作为大直径光源，也可选用一个内表面无须喷涂油漆的、大的聚苯乙烯盒子作为光源。它的外表通常是亚光黑色的。在其中一个面的中心打一个孔，孔后面放置一个大的圆形荧光灯，或者在孔两侧各放置一个短直的荧光灯。除非荧光灯通高频交流电（如许多LCD背光源），否则可能有一个影响短时间测量的功率的因素——频率振荡。类似地，也可以使用直流电源驱动的、被适当阻挡的卤钨灯。灯可以放置在打孔面的每个内角。灯应安装在远离油漆表面的位置，因为灯会过热。将一个长方形的白平挡板（例如，用聚苯乙烯泡沫制作的挡板）放在灯的前方，以使灯不会直接照射与孔相对的盒子内表面，如图A-40所示。注意，不要把挡板太靠近热的灯。一定要在靠近灯的下面及灯上方提供通风孔。

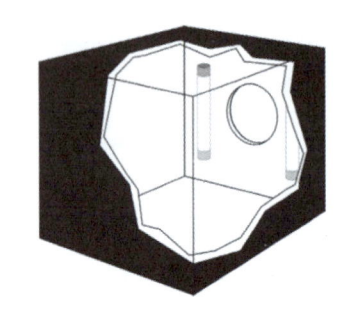

图A-40 盒子光源

2. 朗奇（RONCHI）刻线

朗奇刻线是指一个玻璃基板上有许多黑色不透明（或铬）的线，并且线与线之间的间距相等。它被用于：①空间可分辨的、高对比度亮度测量能力的充分性试验；②为阵列式光电探测器提供空间校准。

3. 中性灰度滤镜

中性灰度滤镜用于降低高强度光，以防止LMD过载或饱和，同时延长LMD测量的积分时间，以避免受显示屏刷新的干扰。滤镜通常有两种类型：一种是由半透明的玻璃制成的；另一种是由蒸发的金属制成的。金属沉积型的比一些半透明玻璃型的对透射光的光谱改变更小，但它们有时候会有针孔，并且如果没有涂保护涂层会很容易划伤。如果用于准确的光度或色度测量，一定要注意光谱的变化，因为滤镜的密度会随照明的光谱变化而改变。透射镜率($T=L_{NDF}/L_0$)与光密度D的关系：$T=10^{-D}$，$D=\log T \equiv \log_{10} T$。

4. 标准白板

标准白板可由反射比为98%或更高的材料获得。如果一些材料的表面变脏或被污染，那么可以通过仔细砂磨（一些需要水来砂磨）或清洗使其表面恢复到最大反射比。仅当用其几何布局来确定标准白板的光亮度因子β时，这种标准白板可用于确定照度（$E=\pi L_{std}/\beta_{std}$）。如果反射比（或半球漫反射比）与标准白板有关——正如数值98%或99%通常指反射比——

那么该值仅可用于均匀的半球照明。如果在某些角度上使用了一个独立光源，那么没有理由认为 99%更接近该几何布局的光亮度因子的合理值。当放置于如发射型显示屏之类的光源前面时，这些标准白板必须是不透明的。当需要一个薄的材料时，可以用一个薄的白色卡片替代，但该卡片必须是不透明的，而且必须针对所应用的光源——探测器几何布局进行过专门校准，这样的卡片也不可以是朗伯反射型材料。

5. 锥光阱

可用薄的黑色亮面塑料制作锥光阱。它们可提供用于确定任何仪器零点漂移的深黑色的暗环境。其最好是圆锥体（见图 A-41），但也可用方形锥体。为了获得最佳性能，其顶点最好没有反射光线的凹坑。对于塑料，可以将其顶点挤压至平坦，然后弯折以避免出现凹坑。

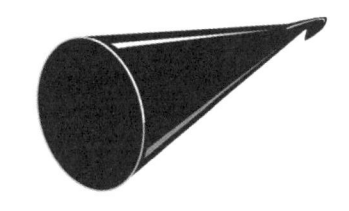

图 A-41　锥光阱

6. 黑色亮面塑料

黑色亮面塑料可用于制造锥形遮光罩、平面遮光罩、复制遮光罩、光陷阱。这些物件在分析遮幕眩光和光学系统中的其他问题时很有用。这种黑色物件可作为参考黑色，前提是它们不能将房间里的照明光线反射进 LMD。这物件也可用于遮盖反射面。厚度为 0.25 mm 的聚苯乙烯塑料容易成形、弯曲，并可用剪刀或小刀切割。厚度为 0.75 mm 的聚苯乙烯塑料较硬，最适合用作不易弯曲的平面。可对市场上的塑料供应商进行考察以获得塑料薄板。

7. 黑色粗糙塑料

黑色粗糙塑料用于制造遮光罩和黑色目标板，这些遮光罩和黑色目标板用来分析遮幕眩光，或者其他亮面黑色目标板不适用、反射太多光线进入镜头的问题，如当透镜非常靠近目标板时。这些材料也可用于遮盖反射面。厚度为 0.25mm 的聚苯乙烯塑料容易成形、弯曲，并可用剪刀或小刀切割。厚度为 0.75 mm 的聚苯乙烯塑料较硬，最适合用作不易弯曲的平面。可对市场上的塑料供应商进行考察以获得塑料薄板。

图 A-42　斩波器

8. 斩波器

斩波器（见图 A-42）与稳定的激光配合使用，可用于测量光探测器的响应。此外，可以安装一个透明塑料盘来代替缺口盘，用于减少激光束的相干性（例如，减少反射光的散斑）。将盘上喷上可在艺术用品店买到的、效果好的固定剂（也可用定型发胶），外径部分需要喷更多。激光束在某一半径位置（此时反射光分布中散斑最少，但保留了足够窄且有用的波束）通过旋转盘。斩波器可从光学仪器公司购买。注意，这不是一个单镜头相机中使用的快门；斩波器和快门是不同的东西。

9. 偏光片

偏光片用于分析光探测器对偏振的灵敏度。其有好几种类型，从偏振塑料膜到普通摄像头用的偏光滤光片，再到高品质的偏光棱镜。对本书的大多数测量而言，那种能在相机店买到的便宜偏光片足以满足分析需要。如果只有塑料膜类偏光片，那么要确保它们不是显著的琥珀色或褐色。偏光片可以从光学仪器公司或相机店买到。圆偏光片已成功用于激光束的去极化。

10. 激光器

简单且容易得到的氦氖红色激光（632.8 nm）光学系统和仪器的准直非常有用，其配合斩波器可用于分析光探测器的时间响应。如果将激光器用于光学测量（如 BRDF 测量或时间响应测量），那么它应该是稳定的，这类激光器当然比非稳定的激光器昂贵得多（BRDF 测量可能要求非偏振光，且用某种方法使光束相干）。便宜的氦氖激光器通常不稳定。如果将激光用于测量，还应注意激光束的偏振状态。最好使用随机偏振的激光器，以避免偏振的问题。非偏振激光束可以通过使用从相机店购买的便宜的偏光片进行偏振化。这些材料可以从光学仪器公司购买。激光指示器可用于对准。

11. LED 和脉冲发生器

快速的 LED 和快速的脉冲发生器可以创建具有快速上升时间的脉冲，可用这种光脉冲来测试 LMD（如光电二极管或光电倍增管）的时间响应。LED 有各种颜色可选，但请确保所使用的 LED 是快速的——高速 LED 的上升时间可为 10 ns 或更少。LED 的速度取决于显示技术。脉冲发生器可从电子零件供应商和仪器制造商处购买。LED 通常可从电子零件供应商处购买。

12. 黑毡

黑毡是一种织物，通常比大多数其他黑色的、平整的漆物或材料更黑。然而，它的纤维比较容易掉落，所以，使用时必须小心，要清洁表面。其可以从光学仪器公司或织物公司购买。

13. 黑色植绒纸

黑色植绒纸比大多黑色的、平整的漆物更黑，但不如黑毡黑。它的表面有点像柔软的天鹅绒，可以从光学仪器公司购买。有时候要把一个黑色金属或塑料管放在一些光学结构入口的周围，以限制周围的杂散光。把黑色植绒纸放在管内侧可进一步帮助控制杂散光。

14. 黑色胶带

有各种黑色胶带可以选用。无论选择哪种，需要知道其对于哪个波段是黑色的。一些黑色胶带对红外波段的透射或反射较大。例如，使用黑色遮光胶带可能比黑色电工胶带更好，因为电工胶带对红外波段是半透明的。光学仪器公司或美术用品商店都会卖黑色遮光胶带。胶带的质量差异很大，有些两面都是黑色的，有些在带黏性的一面不是很黑。如果使用遮光胶带，一定要尝试找带黏性的一面也为黑色的胶带。此外，注意不要过长时间在某个物体上使用某些遮光胶带，因为在清理时会留下痕迹。黑色胶带很难去除干净。

15. 分辨率目标

分辨率目标 NIST 1010a 和 Air Force 可用于检查高放大倍率的光学系统中杂散光的影响，也可用于确定一个成像系统的放大倍数（每毫米图像对应的探测器像素数目）。其可以从光学仪器公司购买。

16. 黑色玻璃

可以使用黑色玻璃（例如，RG-1000）或一个度数很高的中性密度吸收滤光片（密度为 4 或更大）来测量光源的亮度（假设已经正确测量了镜面反射特性）。这种反射器的作用像一个前表面镜，其镜面反射比通常为 4%～5%。其可以在以下情况下发挥作用：在只能用反射镜观察光源时，或者当要以相同的反射测量量级测量亮度，而非直接测量光源时。需要注意的是，表面清洁度及使用的镜面角将影响镜面反射率的值，所以，必须对每个配置进行校准，以获得最佳结果。另外，由于玻璃可能被大气中的污染物质破坏，例行的校准也是必需的。

A.14 恶劣环境测试

在本书中，如果进行超出湿度、温度和压力默认范围的显示屏测试，那么使用者需要自己确定其测量仪器是否适合于所应用的恶劣环境。本节列出了一些在这些测量中可能会发生的困难，并将讨论测量仪器与显示屏的多种配置。可以通过移动测量仪器或移动显示屏来进行角度的测量。通常，有一个腔室可提供显示测试所需的环境。检查腔室对测量有没有影响最简单的方法是在暗室、无腔室的情况下测量显示屏，然后在与暗室的温度、湿度和压力相同的腔室内再次测量显示屏。透过玻璃可观察到反射或测量的问题，并可对读数进行校准。这样做需要假设在恶劣的环境中，显示屏的性能不会发生明显变化；如果显示屏的性能变化很大，那么通过有无腔室进行校准可能并不完全合适。这里，不管有无腔室，都要求进行直接测试并给出测量系统的性能。

如果发现内壁或玻璃窗口的反射光会影响测量结果，那么可以采取以下步骤来减少反射：在内表面涂抹上平整的黑色涂料或在内表面使用黑毡（如果这不会影响环境腔室的性能）。黑毡有优势是它通常比平整的黑色涂料更暗，并且可以被移除。这些预防措施可以减少光的反射量，进而不影响测量结果。

1. 腔室内的所有仪器

测量仪器和显示屏都可能在一个腔室内。在这种情况下，测量仪器需要能够在所处的环境中在规定的范围正常运行。如果测量仪器性能随环境的变化而改变，那么必须对相应测量进行校准。如果制造商未提供这种校准，那么使用者需要通过实验和测试获得校准（如果需要的话）。一个积分球光源和合适的涂料有助于此类测试，虽然温度可能影响这类光源的性能。必须谨慎使用玻璃滤光片，因为它们的透过率往往对绝对温度很敏感。光纤光源可能更适用于测试，因为其传输特性不受温度影响或可针对不同的温度进行校正。

2. 腔室外的测量仪器

如果用外仪器在腔室外进行测量，那么必须有一个用来进行测试的窗口。同样，检测窗口对测量的影响程度最好的方法是在有、无腔室的两种情况下，在显示屏上做相同的测量（周围环境设置相同）。亮度可能会因玻璃把光反射回腔室而减小，所以，需要进行校准。还可能有一种影响：显示屏发出的偏振光和窗口的相互作用与非偏振光不同。偏光片和均匀光源可以用于分析通过窗口的、不同角度的偏振导致的亮度误差。

3. 腔室内的显示屏和测角器

测量仪器在腔室外，但显示屏与测角器在腔室内，以便使显示屏可转动。如果显示屏在水平平面内旋转（绕竖直轴），那么显示性能通常不会改变；当显示屏在竖直平面内旋转时，使用者必须确保显示屏的性能不会因为重力方向的变化而改变。在极端温度且真空下操作时，应当使定位仪器（测角器）满足使用要求。

4. 腔室内的显示屏

显示屏在腔室内，测量仪器在腔室外，从而进行角度测量。对于以某一角度透过玻璃进行的测量，可能会遇到偏振影响问题和复杂的反射问题。通过比较在相同湿度、温度和压力条件下有、无腔室进行测量的结果，可对异常情况进行校正。

A.15 垂直线的确立

有多种方法来确立屏幕表面的中心法线（垂直线）。为了比较实验室之间的测量结果，良好的对位很重要。很多异议的产生就是因为对位不准和显示屏的法线确立不准。

A.15.1 有镜面反射的显示屏

有些显示屏表面的反射有镜面反射的成分（类似镜子一样产生清晰的影像）。在这种情况下，可以在黑色画面的屏幕表面看到 LMD 镜头的影像，如图 A-43 所示。如果不容易看到镜头的反射影像，可以把切除底部的聚苯乙烯泡沫塑料杯放在镜头上，使镜头的反射影像更清晰可见。一定要对 LMD 影像进行聚焦，而非对屏幕表面聚焦（只适用于这个测量，通常都是对屏幕聚焦）。用这种方法可以很容易使垂直于屏幕的误差限制在 0.1° 以内。也可以使用与测量仪器中心对准的激光或激光指示器来与镜面屏幕表面对齐（见附录 A.15.4）。

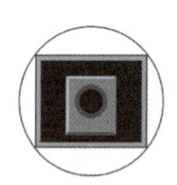

图 A-43　LMD 观察窗口中心的、可见的 LMD 的虚像

A.15.2 显示屏表面悬挂镜子或玻璃

危险：这种方法会接触屏幕表面。触摸表面之前确保屏幕能够这样直接触摸。如果显示屏的反射中无镜面反射成分，那么可以尝试使用下面的方法来提供一个镜面反射成分：在 DUT 前放置一个薄镜子或薄玻璃片，这样可在显示屏表面看到 LMD 镜头成的虚像，转动显

示屏直至镜头的虚像在取景器的中心。不管是将镜子靠近显示屏表面还是紧贴在显示屏表面，要避免损坏显示屏的表面。一些显示屏表面会轻微弯曲，镜子会使显示屏表面变形，使得用固定器或手指将镜子按压在屏幕表面上的方法不适合。有些人会将一个薄镜子（厚度为 0.7 mm）固定在一个棒上，然后小心地将它靠近屏幕表面。还有些人会在镜子上黏接两根线，并通过将其绑定在显示屏的外框上来将镜子悬挂在显示屏前，使其轻轻接触显示屏表面，然后小心确保镜子平贴表面。也有人在镜子背面贴双面胶，然后将非常薄的镜子或玻璃片粘在显示屏表面（用薄镜子的原因是它可避免使显示屏表面发生形变）。在放置好镜子或玻璃片后，使用附录 A.15.1 的方法对显示屏进行对准。

A.15.3 机械对准

危险：这种方法会接触屏幕表面。触摸表面之前确保屏幕能够这样直接触摸。这里需要使用一个良好的水平仪，以确保屏幕是竖直的、光学平台是水平的。如果允许水平仪接触（或悬挂）屏幕，那么可直接将水平仪放在屏幕表面。如果它不能接触屏幕，那么也许可以信任周围的边框与屏幕表面是平行的，但这是一个危险的假设。如果 LMD 带有水平仪，那么仔细调节可将误差控制在 0.3°以内。这里的问题是只能用水平仪得到竖直方向的对准。必须小心测量从屏幕左侧和右侧到光轨中心点或代表测量系统轴的光学平台的水平距离。这可能是最不准确的方法，因此，需要用其他方法来进行检验。

A.15.4 光学导轨对准

如果 LMD 在朝向显示屏的光学导轨上，那么很重要的一点是导轨要垂直于屏幕表面。这样，LMD 可沿着导轨前后移动而不改变显示屏上观测点的位置。这种对位可以使用激光束来完成。一个并不昂贵的氦氖激光器就可以做到。如图 A-44 所示，利用光束转向装置、反射镜 A 和 B（可从光学仪器公司购买，未给出安装架）使激光束在 LMD 镜头位置所在的高度。在两个目标板的中心打两个小孔。每个目标板都装于环内（未显示）并安装在一个托架上（在导轨上，未显示），可用螺丝调整位置。最靠近光束转向装置（B）的激光束的位置应与目标板中心孔的高度相同。使目标板（a）移动并靠近光束转向装置，调节最靠近激光束的反射镜（A），以便使激光束穿过第一个目标板（a）的孔。调节第二个反射镜（B），以便使激光束穿过第二个目标板（b）的孔。也可以只调节一个目标板。当目标板靠近光束转向装置时，调节反射镜（B）使其远离目标板或靠近反射镜（A）。当目标板靠近导轨、远离光束转向装置时，调节反射镜（B）使其靠近目标板或远离激光。通过来回移动，可将激光束准确地瞄准目标板上的孔，并与导轨严格平行。此时的激光束可作为指向屏幕中心的一个指示。如果反射中存在镜面反射成分，那么反射的激光束将沿光轨反射。当激光束通过导轨上靠近显示屏一端的目标板时，反射光束将到达前面的目标板（面向显示屏的表面），此时显示屏的法线接近反射光束的方向。当反射光与入射光重叠时，显示屏表面完全垂直于导轨（为了更好地说明，图 A-44 中反射光束的位置比孔的位置稍高）。现在可调节 LMD，使其平行于导轨。将 LMD 聚焦于目标板的中心孔。调整 LMD 的位置和旋转角度，直到目标板沿导轨前后移动时，LMD 总聚焦于目标板中心。

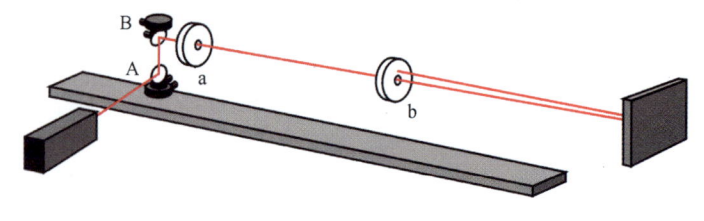

图 A-44　光学导轨对准示意

A.15.5　无镜面反射的、坚固的显示屏

危险：这种方法会有物体或液体接触屏幕。触摸表面之前确保屏幕能够这样直接触摸。对于无镜面反射的、表面足够坚固且允许接触其表面的显示屏，可以通过一些临时补偿措施进行调整，进而进行光学对准。一种替代使用反射镜的方案是使用光滑的塑料包装材料（可在杂货店购买）。这种塑料可以粘到显示屏的表面，对显示屏的损坏程度最低。可以通过覆盖光滑塑料的方法观察 LMD 镜头的反射。如果难以看清楚，那么可以在透镜中心前方放置一个白色小板或在镜头周围覆盖一个白色罩。如果显示屏表面非常坚固且可以水洗，那么可以尝试在透明塑料和屏幕表面之间填充一些发胶或甘油，然后用柔软有弹性的刮刀来平滑表面[一叠纸（不是硬纸板）的一个边可能有效]。如果屏幕表面坚固且不易弯曲，那么也可使用显微镜载玻片或将玻璃盖片与发胶一起使用，做出一个能够清晰成像的镜面。所使用的发胶或液体应可以用水清除。清洗时，如果条件允许，使用蒸馏水和软布（用于清洁光学表面）或擦镜布。纸巾、面巾纸等可能会对屏幕表面造成小划痕，要小心。再次提醒，这些方法仅适用于表面可进行这种粗暴处理的显示屏。

A.15.6　无镜面反射的、易碎的显示屏

如果显示屏表面的反射中无镜面反射，且显示屏表面的任何部分都不可以以任何方式接触，那么就很难确定显示屏什么时候准确垂直于 LMD 的光轴。

如果显示屏表面的反射中确实存在漫反射成分（不是成一个清晰的虚像，但在镜面反射方向明显很亮），那么可能会看到聚苯乙烯泡沫塑料杯的模糊虚像（去除聚苯乙烯泡沫塑料杯的底部，套在镜头上，以便在反射成像中容易看清），如图 A-45 所示。另一个窍门是将一个如手电筒灯泡的点光源放置于 LMD 镜头的中心，用一个小的、不透明的遮光罩遮蔽，以防止光线直接进入镜头。然后尝试找到在显示屏上反射形成的模糊虚像点，并调节显示屏的对位，使模糊虚像点在 LMD 取景器的中心（在测量孔径的中心）。如果 LMD 在导轨上，那么可以通过移动使其靠近显示屏，且使 LMD 平行于导轨。在测量中，LMD 和点光源靠近显示屏比远离显示屏更容易实现上述操作。或者，也可以直接将灯泡放在 LMD 透镜的下方（或左侧或右侧），并直接对准模糊虚像点的正上方（或左侧或右侧）。

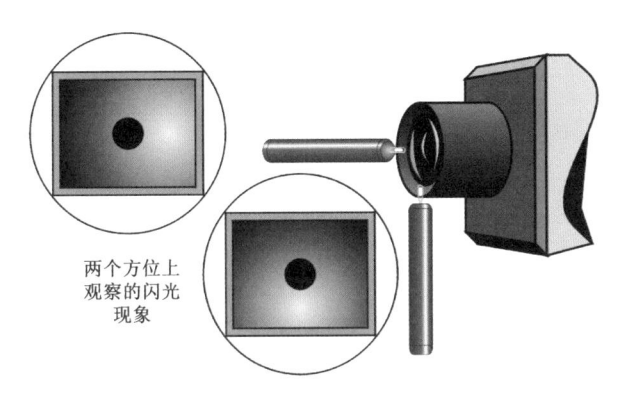

图 A-45　漫反射引起的模糊虚像

两个方位上观察的闪光现象

度量学

不仅是测量步骤，更是一种态度，一种质疑的态度。

（……甚至是一种愤世嫉俗的态度！）
（……或许是妄想症？）

附录 B

指南和讨论

本附录对光度测量、光度测量的计算进行全面的说明，以帮助读者熟悉经常使用的一些单位（cd、lx、lm 等）和光学分析方法。许多人需要正确地使用光学测量术语，希望这部分内容会对其有所帮助。本附录给出了很多有待研究的问题，这些问题需要对书中提供的材料进行仔细分析和计算。

B.1 辐射度学、光度学和色度学

辐射测量是测量全光谱电磁辐射的一门科学。它的定义编入国际制（SI）单位。在 SI 单位中，总的电磁功率定义的单位为瓦特（W），辐射照度（通量密度）定义为从一个半球的各方向入射到包围该半球的平面上单位面积的功率（W/m²）。辐射强度定义为单位立体角内的功率（W/sr）。这里，立体角以辐射源或探测器上的一个点为参考，单位立体角定义为半径为 1 的球体所对的单位面积。辐射亮度是单位立体角内、单位投影面积上的功率 [W/（sr·m²）]。所有这些物理量有对应的谱密度，谱密度以波长为基础，其中所有单位都已修订，以便重新命名（单位中包含 nm）。频谱变量作为密度意味着如果要实现从波长 λ 到频率 ν 的变换，相应的密度要乘以 $|d\lambda/d\nu|$，以便保留完整的积分。光与视觉的研究依赖上述辐射的定义（注意，在 UV 和 IR 范围内用"辐射"一词而非"光照"。光是可见的，但 UV 和 IR 辐射多数情况下是不可见的）。

光度测量是基于平均人眼观察响应的、测量可见光的科学。在光度测量中，使用的可见光功率（光通量）的主要单位是流明（lm）。1W 555 nm 的辐射通量相当于 683 lm 的光通量。光通量（流明）定义为由 CIE 1931 标准观察者函数加权的辐射通量，且可以由式（B-1）计算。

$$\Phi = k \int_{360}^{830} \Phi(\lambda) V(\lambda) d\lambda \qquad (B-1)$$

式中，$\Phi(\lambda)$ 为绝对光谱辐射通量（W/nm）；$V(\lambda)$ 为明视觉光谱光视效率函数，它基于 CIE 1931

标准观察者人眼视觉模型，该模型具有测量视场角为 2° 的光谱响应 $V(\lambda)$；$k=683$ lm/W，为在 $V(\lambda)$ 峰值位置从光功率到光通量的转换系数；$d\lambda$ 为波长增量（nm）。

如式（B-1）所示，可以用匹配明视觉光谱光视效率函数 $V(\lambda)$ 的滤光器/探测器组合在可见光范围内进行光测量并得到光测量值。这是亮度计和照度计的基本原理。也可以使用分光辐射亮度计测量光谱辐射通量，并对光谱辐射通量和 $V(\lambda)$ 进行积分，得到光测量值。根据类似公式，可从所给的辐照度 $E(\lambda)$（$W \cdot m^{-2} \cdot nm^{-1}$）及相应的绝对光谱辐射通量 $S(\lambda)$ 得到照度 E（lx），也可从所给的光谱辐射亮度 $L(\lambda)$（$W \cdot sr^{-1} \cdot m^{-2} \cdot nm^{-1}$）及相应的绝对光谱辐射通量 $S(\lambda)$ 得到亮度 L（cd/m^2）。

有一种倾向是将亮度与视亮度联系在一起，但这种关联是一种误导。"视亮度（Brightness）"曾经被用作亮度，但现在已不这样使用。视亮度值对应人眼的视觉感受，人眼对光的响应是非线性的（见附录 B.9），而亮度是线性的（亮度计的响应是线性的）。更值得注意的是，高色纯度（高单色性）的光比同等亮度的白光看起来更亮。函数 $V(\lambda)$（已经在 1924 年被 CIE 标准化）的主要实验基础不是亮度匹配，而是闪烁的灵敏度。视觉系统对亮度相同、交替亮暗的光很不敏感。交替点亮两个单色灯，并改变其中一个灯的强度，将对闪烁最不敏感（例如，视觉系统无法观察到闪烁的最低频率）时的状态定义为相同亮度。空间灵敏度和类似定义（例如，打印清晰度）原则上也是由亮度决定的[1]。鉴于亮度在闪烁灵敏度和空间灵敏度中的决定性作用，亮度毫无疑问是一个基本视觉通道，且亮度是光的一个重要方面（除了下面介绍的 $V(\lambda)$ 的色度作用）。

B.1.1 光度学

光度学中使用的最重要的 3 个术语分别为亮度、照度和发光强度。虽然选择流明作为光度学测量的基本单位合乎逻辑，但由于传统原因，仍选坎德拉（cd）作为发光强度的单位。坎德拉定义为处于铂凝固温度（2045K）的黑体的 $1/60 cm^2$ 表面在垂直方向上的发光强度，这个定义现在不再采用。从 1979 年起，坎德拉定义为频率为 540×10^{12} Hz 的单色辐射光源在给定方向上的发光强度，该方向上的辐射强度为（1/683）W/sr。根据流明定义的坎德拉为

$$1cd=1lm/sr$$

1lm 是发光强度为 1cd 的各向同性光源在单位立体角内发射的光通量。大多数制造的光源都是以输出总流明数规定的。立体角的单位是球面度（sr），1sr 等于半径为 r 的球的球心对应球面上 r^2 的面积所张开的立体角。因为球的表面积为 $4\pi r^2$，所以，球的立体角是 4π sr。

亮度是最常测量的光学量，当人们需要定量地表征人眼观察的一个物体有多么明亮时，就需要测量物体的发光强度。亮度定义为光源表面在给定方向上、单位立体角内、单位有效面积内发射的光通量，也就是单位有效面积的发光强度。在 SI 单位制中，亮度的单位是坎/平方米（cd/m^2）（该单位曾经被称为"nit"，但现在它被认为不合适，nit 是一个弃用的单位）。在英制单位中，亮度单位是英尺朗伯（footLambert，fL）。

---

[1] 此处原书参考资料：P. Lennie, J'Pokorny, and V.C. Smith, Luminance, J.Opt. Soc.Am. A, Vol.10 (1993), pp. 1283-1293.

$$1 \text{cd/m}^2 = 1 \text{lm/(sr·m}^2)$$
$$1 \text{ fL} = (1/\pi) \text{lm/(sr·ft}^2)$$

转换系数：
$$1 \text{cd/m}^2 = 0.2919 \text{ fL } (0.2918635 \pi \text{ft}^2/\text{m}^2)$$
$$1 \text{fL} = 3.4263 \text{ cd/m}^2 (3.426259 \text{ m}^2/\pi \text{ft}^2)$$

照度是测量物体表面单位面积所入射的光通量的术语，单位是 lm/m^2。当有必要知道有多少光入射到一个表面时，如照亮投影屏幕时，就需要测量照度。照度的 SI 单位是勒克斯（lux, lx），英制单位是英尺烛光（footcandle, fc）。

$$1 \text{lux} \equiv 1 \text{ lx} \equiv 1 \text{lm/ m}^2$$
$$1 \text{footcandle} \equiv 1 \text{ fc} \equiv 1 \text{lm/ ft}^2$$

转换系数：
$$1 \text{lx} = 0.0929 \text{ fc } (0.09290304 \text{ ft}^2/\text{m}^2)$$
$$1 \text{ fc} = 10.76 \text{ lx } (10.76391 \text{ m}^2/\text{ft}^2)$$

发光强度（或"烛光量"，这是已废弃术语）是点光源在单位立体角内发射（或反射）的光通量，它是描述光源在特定方向的强度的量。由于运用了点光源假设，因此，只有当光源尺寸相对于测量距离可忽略时，该发光强度才可被测量与使用。LED 通常被假设为点光源，且可以使用发光强度描述。发光强度的单位是 lm/sr，即 cd。表 B-1 列出了重要的辐射度学的物理量和单位，以及光度学中对应的物理量。

表 B-1 光度学与辐射度学中的术语和单位

辐射度学术语	辐射度学单位	光度学术语	SI 单位	英制单位
辐射通量	W	光通量	lm	lm
辐射强度	W/sr	发光强度	cd=lm/sr	cd=lm/sr
辐射亮度	W/(sr·m^2)	亮度	cd/m^2	fL
辐射照度	W/m^2	照度	lx=lm/m^2	fc

有时，进行屏幕照度测量值与理想标准白板亮度值之间的等效转换非常重要，即在同等环境光（用照度计测量）条件下，用亮度计测量一个理想标准白板（100%朗伯反射面）的亮度，这个亮度值与 VDU 屏幕的亮度值相等，用这个亮度值估算屏幕的照度值（照度计面的法线垂直于 VDU 屏幕）。如果屏幕是反射类型为 100%的朗伯反射体，并且无光吸收面，那么每个照度单位都有一个等价的亮度（符号"↔"指"产生"或"由……产生"）：

$$1 \text{lx} \leftrightarrow (1/\pi) \text{ cd/m}^2 \text{（仅适用于理想朗伯反射面）}$$

以英制单位表示可避免系数 $1/\pi$，这种便利性使得至今仍有人使用英制单位，但在本书中不推荐使用。

$$1 \text{ fc} \leftrightarrow 1 \text{ fL （仅适用于理想朗伯反射面）}$$

为避免系数 $1/\pi$ 的出现，人们（过去）直接使用等价于 1 lx 的一个单位，称为阿普熙提（Apostilb），但它不是一个 SI 单位，除历史因素之外，应该避免使用。更多关于转换系数和光度学测量的其他单位，请参考 G.Wyszecki 和 W. S. Stiles 于 1982 年所著的 *Color Science* 一书。

不要将照度与亮度混淆。亮度与照度可简单通过公式 $L=\rho E/\pi$ 联系起来,但这仅适用于朗伯反射材料。实际上,真正意义上的朗伯反射材料并不存在,只有近似朗伯反射材料。更多讨论请见附录 B.6。

光度学单位的转换:假设需要将亮度以 cd/m^2 表示,但数据是以 fL 为单位给出的,虽然有表 B-2,但不知如何使用它。这里有一种简单的方法,即乘以一个量,其分母上有想消除的单位,而分子上有想使用的单位。因此,如果屏幕亮度为 37.5 fL,要用 SI 单位表示它,那么换算过程如下:

$$37.5 \text{fL} \times 1 = 37.5 \times 3.4263 \frac{\text{cd/m}^2}{\text{fL}} = 128 \text{cd/m}^2$$

类似地,若照度为 24.9 fc,则以 lx 为单位的照度应该为多少?

$$24.9 \text{ fc} = 24.9 \text{fc} \times 1 = 24.9 \times 10.76 \frac{\text{lx}}{\text{fc}} = 268 \text{lx}$$

表 B-2 　SI 单位与英制单位转换表

	cd/m^2	fL	lx	fc
1 cd/m^2=1 lm/(sr·m^2)	1	0.2919		
1fL=(1/π)lm/(sr·ft^2)	3.4263	1		
1 lx =1 lm/m^2			1	0.09290
1fc =1lm/ft^2			10.76	1

注:1. 转换系数:$m^2/(\pi \cdot ft^2)$ = 3.426259···$\pi ft^2/m^2$= 0.2918635···m^2/ft^2= 10.76391···ft^2/m^2=0.09290304···。

2. $1=3.4263 \frac{\text{cd/m}^2}{\text{fL}} = 0.2919 \frac{\text{fL}}{\text{cd/m}^2} = 10.76 \frac{\text{lx}}{\text{fc}} = 0.09290 \frac{\text{fc}}{\text{lx}}$。

B.1.2　色度学

色度学是对色彩的科学量化和测量。CIE 三刺激值色度学是量化显示屏色彩最常用的系统,它基于以下假设:任何颜色都可由三基色适当混合匹配获得,三基色一般为红、绿、蓝三种颜色。一旦三基色的单位被定量,那么匹配一种特定颜色所需的三基色量的倍率就称为光的三刺激值。

对于匹配实验中的任何原色组合,单色光的三刺激值描绘了三个函数——颜色匹配函数(见图 B-1)。来自人类颜色匹配的观察线性遵循:原色光源的变化相当于原色组的颜色匹配函数的简单线性变换。CIE 1931 给出了一组函数,其不再依靠一个特定匹配实验中使用的原色,而是由许多实验归纳总结的。该系统中光的三刺激值被记为 X、Y、Z,由被测光的光谱功率分布 $S(\lambda)$ 对波长的积分并乘以一个常数 k 计算获得,$S(\lambda)$ 由三个视觉灵敏度 $\bar{x}(\lambda)$、$\bar{y}(\lambda)$、$\bar{z}(\lambda)$ 加权。常数 k 可以将辐射度的单位瓦特变换为流明,或它可用于将三刺激值归一化到 100(无单位,有的已归一化到 1)。

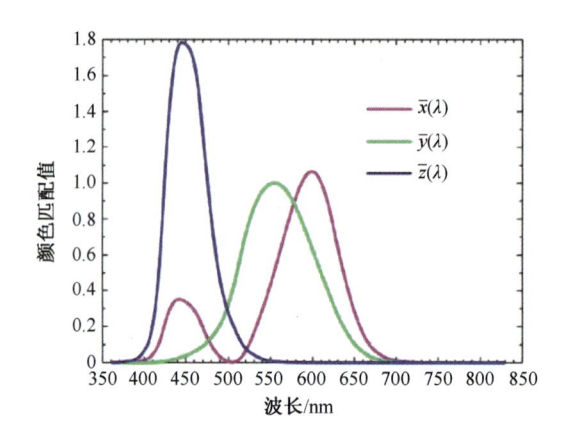

图 B-1 颜色匹配函数

三刺激值中的 Y 是唯一可以与光度量相关联的值，见表 B-3。$Y = k\int_{360}^{830} S(\lambda)\overline{y}(\lambda)\mathrm{d}\lambda$，式中，$k$=683lm/W；$S(\lambda)$是光谱功率分布。

表 B-3 光度值 Y（只有 Y 是光度值）

$S(\lambda)$单位	Y 单位
辐射通量/(W/nm)	光通量/lm
辐射强度/[W/(nm·sr)]	发光强度/cd
辐射亮度/(W·nm^{-1}·sr^{-1}·m^{-2})	亮度/[lm/(sr·m^2)= cd/m^2]
辐射照度/[W/(nm·m^2)]	照度/(lm/m^2=lx)

在没有归一化的一般情况下，三刺激值定义如下：

$$X = k\int_{360}^{830} S(\lambda)\overline{x}(\lambda)\mathrm{d}\lambda, \quad Y = k\int_{360}^{830} S(\lambda)\overline{y}(\lambda)\mathrm{d}\lambda, \quad Z = k\int_{360}^{830} S(\lambda)\overline{z}(\lambda)\mathrm{d}\lambda$$

式中，$S(\lambda)$是光谱功率分布，单位为 nm^{-1}；k 是任意常数，如 k=1。

对于基于白色点的归一化三刺激值（归一化到 100，也能使用任何其他的归一化常数），在反射和透射情况下，其定义如下：

$$X = k\int_{360}^{830} \beta(\lambda)S(\lambda)\overline{x}(\lambda)\mathrm{d}\lambda, \quad Y = k\int_{360}^{830} \beta(\lambda)S(\lambda)\overline{y}(\lambda)\mathrm{d}\lambda$$

$$Z = k\int_{360}^{830} \beta(\lambda)S(\lambda)\overline{z}(\lambda)\mathrm{d}\lambda$$

式中，$\beta(\lambda)$是相对反射或透射的光谱功率分布；$S(\lambda)$是光谱功率分布，可以是任意单位；X、Y、Z 是没有单位的，Y 的最大值是 100；$k = 100\left[\int_{360}^{830} S(\lambda)\overline{y}(\lambda)\mathrm{d}\lambda\right]^{-1}$。

对于发射型显示屏：

$$X = k\int_{360}^{830} C(\lambda)\overline{x}(\lambda)\mathrm{d}\lambda, \quad Y = k\int_{360}^{830} C(\lambda)\overline{y}(\lambda)\mathrm{d}\lambda, \quad Z = k\int_{360}^{830} C(\lambda)\overline{z}(\lambda)\mathrm{d}\lambda$$

式中，$S(\lambda)$是显示屏的白色光谱功率分布，$C(\lambda)$是显示的其他颜色的光谱功率分布，$S(\lambda)$ 和 $C(\lambda)$ 可以是任意相同的单位；X、Y、Z 是没有单位的，Y 的最大值是 100；$k = 100\left[\int_{360}^{830} S(\lambda)\overline{y}(\lambda)\mathrm{d}\lambda\right]^{-1}$。

根据 CIE 1931，任何两个有相同 X、Y、Z 值的光定义为匹配（是相同的颜色）。另外，函数 $\overline{y}(\lambda)$ 等于 1924 年为光度测量定义的函数 $V(\lambda)$。[参考 CIE 第 15.2 号出版物获得更多信息。关于 1931 年 CIE 系统历史的详细信息及预先设定的光度 $V(\lambda)$ 如何合并，见 H.Fairman、M.Brill 和 H.Hemmendinger 于 1997 年发表在期刊 *Color Res. Appl.* 第 22 期第 11~23 页上的文章]

多年来，CIE 标准化了一些源于 CIE 1931 的色彩空间，但在色彩空间中的不同位置，距离相同的两个点所表达的知觉差异近似相同。这些色彩空间被称为均匀色彩空间，对评估色域和色度误差的大小特别有用。

下面是用于评价显示屏的各种 CIE 色彩空间的总结。对于包括色彩匹配功能表的详细信息，请参阅 *Color Science: Concepts and Methods, Quantitative Data and Formulae* 一书[1]。

CIE 1931 (x,y) 色坐标值。 这些值是从 X、Y、Z 三刺激值推导出的二维笛卡儿坐标系的值，按照这样计算，相对光谱相同而强度不同的光具有相同的 (x, y) 坐标值。因此，色度值表示光的色度特性，与强度无关。色坐标值被指定为 x、y、z，它们是三刺激值 X、Y 和 Z 相对于三者总和的比例。

$$x = \frac{X}{X+Y+Z}, \quad y = \frac{Y}{X+Y+Z}, \quad z = \frac{Z}{X+Y+Z} \quad (x+y+z=1)$$

相反地，

$$X = \frac{x}{y}Y, \quad Z = \frac{z}{y}Y$$

这里，Y 可以是任何光度学量，如光通量、发光强度、亮度等。因为在色度描述中，z 是多余的，为了更好地绘制二维 (x, y) 坐标，通常取消 z。

在 CIE1931 标准色度系统（见图 B-2）中，在光谱轨迹内绘制的曲线为普朗克轨迹，曲线上的点达数千开。光谱轨迹以 50nm 的波长增量进行标记。这是当一个（理想的）发射器的温度升高到一个无限的温度时的白色的颜色。这个观察产生了色温的概念，其是表示白色"等级"的一种方法。

CIE1960——均匀色彩空间。 一个几乎均匀的色彩空间，它的缺点是只有两个维度。这个空间由 X、Y、Z 的线性组合得出正确的色彩空间，现在仅用于计算相关色温（CCT）。

$$u = u', \quad v = 2v'/3 \quad (u', v' \text{是 1976 UCS 值})$$

CIE1976——均匀色彩空间。 它是从 X、Y、Z 的线性组合得出的特有的色彩空间。$\Delta u'v'$ 有时被用作想要忽略强度变化时的颜色漂移量。在图 B-3 中，光谱轨迹内的弯曲线表示温度为几千开的普朗克轨迹。光谱轨迹以 50nm 的波长增量进行标记。

$$u' = \frac{4X}{X+15Y+3Z} \left(= \frac{4x}{3+12y-2x}\right), \quad x = \frac{9u'}{6u'-16v'+12}$$

$$v' = \frac{9Y}{X+15Y+3Z} \left(= \frac{9y}{3+12y-2x}\right), \quad y = \frac{4v'}{6u'-16v'+12}$$

$$\Delta u'v' = \sqrt{(u'_1-u'_2)^2 + (v'_1-v'_2)^2}$$

---

[1] 此处原书参考资料：*Color Science: Concepts and Methods, Quantitative Data and Formulae* Gunter Wyszeckiand W.S.Stiles, 2nd Edition (1982, John Wiley and Sons).

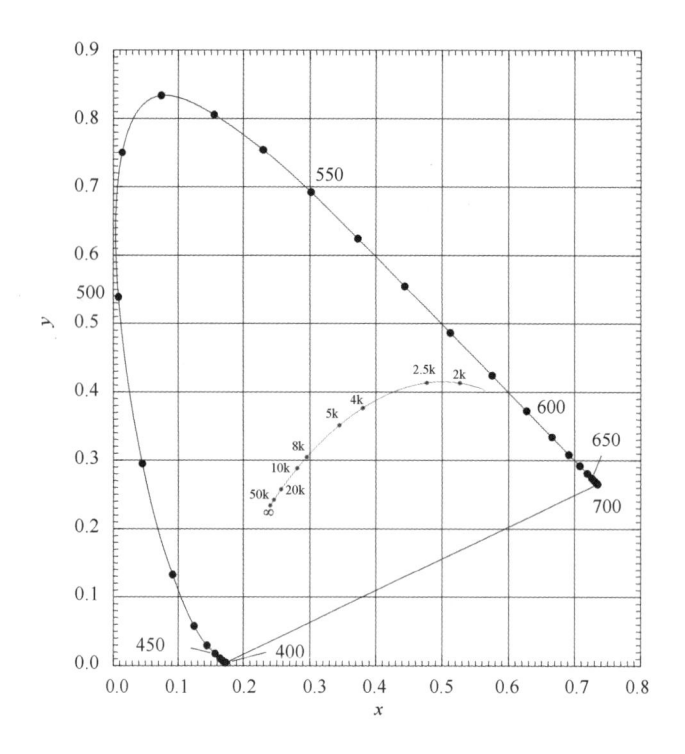

图 B-2　CIE1931 标准色度系统

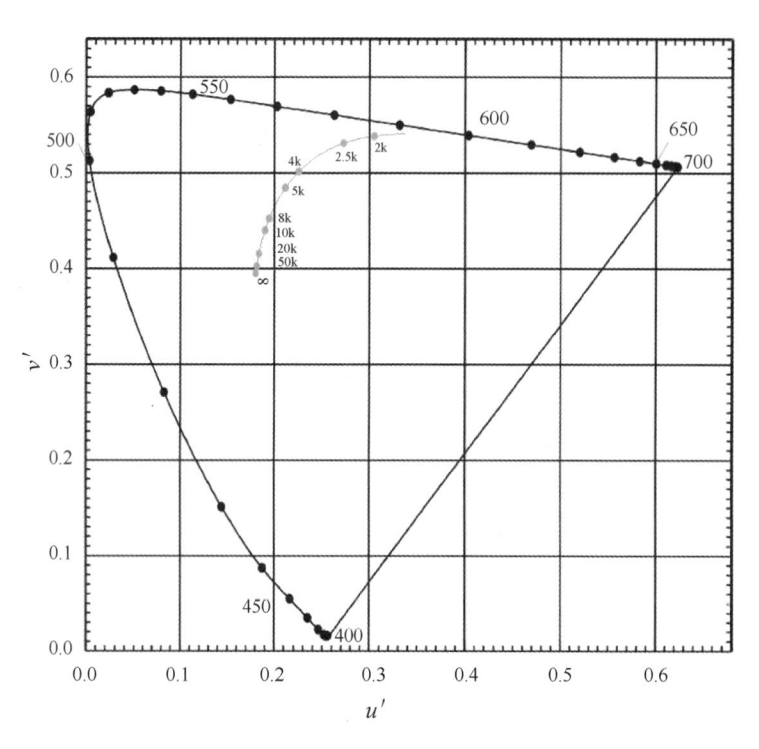

图 B-3　CIE1976 标准色度系统

CIE 1976 LUV——目前标准化的三维均匀色彩空间。该空间中隐含了一个人眼的非线性模型，并且是对光（特别是 D65 或显示白点）的色度适应模型，如图 B-4 所示。由如下所示的下标为"n"的值表征，亮度定义为

$$L^* = 116 f(Y/Y_n) - 16$$

式中，

$$f(Y/Y_n) = (841/108)Y/Y_n + 4/29, \quad Y/Y_n \leq (6/29)^3 \quad (Y/Y_n)^{1/3}, \quad Y/Y_n > (6/29)^3$$

色坐标和色差为

$$u^* = 13L^*(u' - u'_n)$$

$$v^* = 13L^*(v' - v'_n)$$

$$\Delta E^*_{uv} = \sqrt{(\Delta L^*)^2 + (\Delta u^*)^2 + (\Delta u^*)^2}$$

$$\Delta L^* = L^*_1 - L^*_2, \quad \Delta u^* = u^*_1 - u^*_2, \quad \Delta v^* = v^*_1 - v^*_2$$

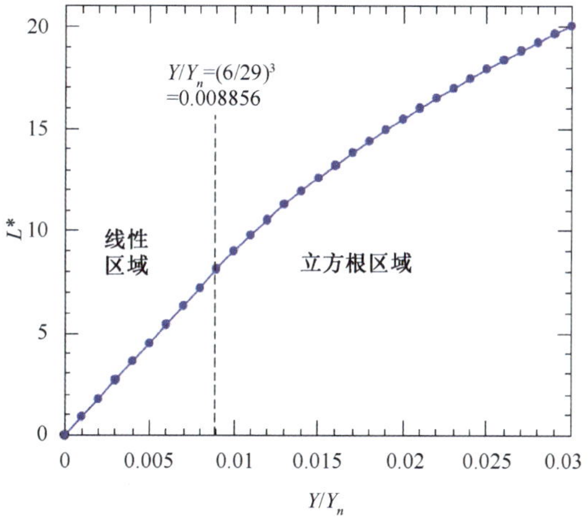

图 B-4　CIE1976 标准色度系统中的线性区域和非线性区域

CIE 1976 LAB——目前标准化的三维均匀色彩空间。该空间中隐含了一个人眼的非线性模型，并且也是对光（特别是 D65 或显示白点）的色度适应模型，由如下所示的下标为"n"的值表征，亮度定义为

$$L^* = 116 f(Y/Y_n) - 16$$

色坐标为

$$a^* = 500[f(X/X_n) - f(Y/Y_n)]$$

$$b^* = 200[f(Y/Y_n) - f(Z/Z_n)]$$

其中，函数 $f()$ 作用于任何变量 q，定义为

$$f(q) = (841/108)Y/Y_n + 4/29, \quad q \leq (6/29)^3 \quad q^{1/3}, \quad q > (6/29)^3$$

色差定义为

$$\Delta E^*_{ab} = \sqrt{(\Delta L^*)^2 + (\Delta a^*)^2 + (\Delta b^*)^2}$$

$$\Delta L^* = L_1^* - L_2^*, \quad \Delta a^* = a_1^* - a_2^*, \quad \Delta b^* = b_1^* - b_2^*$$

CIE LAB 和 CIE LUV 色彩空间同时被采用，而后被 CIE 保留为同等的推荐标准。然而，显示技术人员优选 CIE LUV。这种偏好是基于以下事实：CIE LUV 有一个特有的色度空间（坐标为 u^*/L^*、v^*/L^*），其中两束光的任意混合都会显示在空间中这两束光之间的线段上。这使得对诸如自发光类显示屏中的色彩组成的描绘更加便捷，而 CIE LAB 并不具有这个特点。诚然，CIE LAB 空间最近已经被一些显示技术专家选择，因为相比于较小的颜色差异，其更接近均匀。然而，CIE LUV 仍然是一个被证明过的 CIE 空间，且因为它的便利性和历史先例而具有吸引力。本书并不认为 CIE LUV 比 CIE LAB 或其他色差公式更好，但在示例计算中使用 CIE LUV 作为足够的色彩空间来测量。

下面对 ΔE 和 $\Delta u'v'$ 的用途做个说明。ΔE 为两个给定三刺激值的显示颜色之间刚好能察觉的差异。事实上，ΔE 是在给定的色彩空间的欧几里得度量（CIE LAB 或 CIE LUV 建议将测量的距离作为感知量）。虽然两种颜色的辨别力取决于观看条件，且 CIE LAB 或 CIE LUV 的实验基础使用了特殊的观看条件，但 ΔE 可解释为一般用途的色彩度量。在显示技术中，当量化屏幕上位置和 L^* 观察方向的颜色依赖关系时，会使用 ΔE。但是，ΔE 不用于描述出现在显示屏上的、具有不同白点的两种颜色之间的距离。在比较每种颜色产生的 ΔE 值时，默认指定用相同的 (X_n, Y_n, Z_n)（通常为相同观察者适应状态）。

$\Delta u'v'$ 不如 ΔE 那么容易解释，但当想要设定亮度和色度独立公差时，它是有用的。（还有一种方法能够适应任意色彩空间，但还没有被广泛使用[1]。）

如果两个色块相交，颜色偏移 $\Delta u'v'=0.004$ 在两个单独的显示屏上是可辨别的。假如在屏幕上的亮度均匀性具有相当宽松的公差（因为人的视觉对低空间频率的亮度变化不敏感），如果相对于 u^* 和 v^* 设置了一个严格的色度公差（以反映对低空间频率的色度变化的高灵敏度），那么公差将被任意色度的亮度变化影响，而非白点。这将对亮度均匀性要求更加严格。但是，如果对 u' 和 v' 设置一个严格的色度公差（就如同 $\Delta u'v'$），视觉对低空间频率等亮度色差的灵敏度是能适应的，不必对亮度均匀性施加限制。

关于 L^* 的注释，在 CIE LUV 和 CIE LAB 中是一样的。图 B-5 给出了 L^* 如何依赖亮度 Y 与白色亮度 Y_w 的比值。直线部分 [从 $Y/Y_w=0$ 到 $Y/Y_w=(6/29)^3$] 平滑匹配立方根部分 [一阶导数是跨越 $Y/Y_w=(6/29)^3$ 连续的]，顶部图表示关于线性部分的区域，底部图表示 $Y/Y_w \leq 1$ 的整个范围。关于底部图的讨论见附录 B.9。

下面介绍相关色温。

厂商和用户往往想要显示屏的光源或颜色的单一描述。因为许多天然的光源与黑体辐射体类似，所以，色温成为与黑体辐射体温度颜色最接近的光源（或显示屏）衡量指标。相关色温（CCT）定义为在 CIE1960 均匀色彩空间中测量的、与某一光线（例如，来自显示屏）的色度最相近的黑体辐射体的温度（单位为开尔文）。尽管 CIE1960 色彩空间已经被其他的均匀色彩空间取代，但早期色彩空间中定义的 CCT 继续用作光源描述的指标。

---

[1] 此处原书参考资料：M.H.Brilland L.D.Silverstein, "Iso luminous color difference metric for application to displays", *Society for Information Display International Symposium* (May2002), *Digest of Technical Papers*, Vol. 38, No. 2,pp. 809-811.

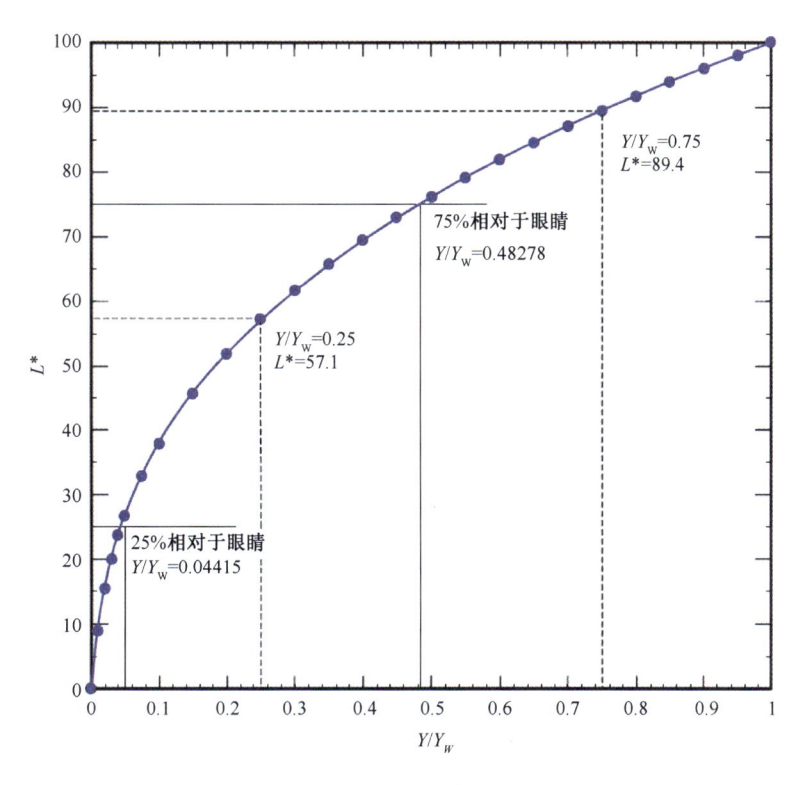

图 B-5　CIE LUV 和 CIE LAB 中 L^* 随 Y/Y_W 的变化

G.Wyszecki 和 W.S.Stiles 于 1982 年所著的 *Color Science* 中对根据 CIE 1931(x, y) 坐标或 CIE 1960(u, v) 坐标进行 CCT 计算已有论述，其中给出了一个诺模图。另外，一个成功的数值近似来自 C.S. McCamy。已知 CIE 1931(x, y) 坐标，那么 McCamy 的近似值是

$$CCT = 473n^3 + 3601n^2 + 6861n + 5517$$

式中，

$$n = (x - 0.3320)/(0.1858 - y)$$

这种近似对 2000~10000 K 实际应用的精度已经足够了。

在 CIE 1960 均匀色彩空间中，人们一致认为色温的概念在偏离普朗克轨迹的距离超过 0.01 就没有意义了，其中距离为 $\Delta uv = \sqrt{(u_1 - u_2)^2 + (v_1 - v_2)^2}$。然而，工业应用将 CCT 定义为从普朗克轨迹 0.0175(u, v)单位以上到该轨迹 0.014 (u,v)单位以下。

除了用 CIE 1960 均匀色彩空间中的色坐标(u, v)偏离普朗克轨迹曲线上的点表示这个距离，也经常用另一个单位量化从给定光线的色坐标到普朗克轨迹的距离，这就是最小可察觉的色差（MPCD），它定义为 0.004(u,v) 距离单位。数值 0.004 是在彩色电视的初期引入的，为条件不太严格的情况下(u, v)中的最小可察觉的差异[1]。这个数字经常在照明行业被引述，现在也用于 CIE 1976 均匀色彩空间中色坐标(u',v')与普朗克轨迹曲线上点的距离 $\Delta u'v' = \sqrt{(u_1' - u_2')^2 + (v_1' - v_2')^2}$。如果颜色有差异，如在一个房间内的不同位置、不同屏幕上显示颜色，那么两个点之间的色

---

[1] 此处原书参考资料：W.N.Sproson, *Colour Science in Television and Display Systems*, Adam-Hilger, 1983, p. 42.

坐标(u', v')差异不小于 0.04，这个差异能够被察觉，而 0.04 是阈值距离，指同一屏幕上、相邻的两个颜色区域的色坐标在 CIE 1976 均匀色彩空间中的距离。

尽管具有上述历史，CCT 作为色差度量仍有以下问题。

（1）CCT 有时被称为"色温"，但后者并不是针对光的定义，除非该光源的色度在色彩空间中的一个特定曲线上——黑体轨迹上。

（2）CCT 并不能给出色差的真正原因，等温线上的任何色偏（见 Wyszecki 和 Stiles 于 1982 年所著的 *Color Science* 一书）在指标中无误差。

（3）在视觉效果上，相关色温是高度非线性的。例如，在$(x, y) = (0.24, 0.235)$附近的点的 CCT 值会以数百万（甚至十亿）开的幅度变化，因为该区域包含无穷大的色温。

一些实验表明，在视觉效果中，色温的倒数大致是均匀的，但由于上述原因（1）和（2），$\Delta(1/T)$ 不是一个好的衡量指标。视觉上更加均匀的误差指标是 $\Delta u'v'$。

B.2 点光源、坎德拉、立体角、$I(\theta, \phi)$ 和 $E(r)$

假设一个发射光线或光能量各向均匀的点光源，再假设以点光源为中心的、半径为 r 的球上的一小块面积 A，因为光沿直线传播，所以，穿过面积 A 的光线束会将该面积区域投影到更大半径的球面上。对于以光源为顶点、张角对应面积为 A 的圆锥而言，无论在多远的距离观察，该圆锥内包含的光线不变，如图 B-6 所示。我们可以用立体角说明锥体的展开程度，它是球面上的面积 A 与半径平方之比：

$$\omega = A/r^2 \tag{B-2}$$

立体角没有单位，但我们可以为其设定一个单位：球面度（steradian，sr）。例如，整个球面的立体角是 4π sr。

对于初次了解这个定义的读者，或许会觉得这是一个不太舒服的定义，但需要注意它与弧度类似，因此，可以认为它是一个三维的角度。在平面内，半径为 r、长度为 l 的圆弧对应的张角为 $\theta = l/r$，其中，θ 的单位为弧度，缩写是 rad。整个圆周的弧度为 $\theta = 2\pi$，通常省略单位 rad，这也容易理解，可以说 $\theta = 2\pi$ rad。如果要将弧度换算为度（°），那么 $\theta = 360°/2\pi$。将这个概念扩展到类似的三维情况，立体角表示为 $\omega = A/r^2$，它衡量球面一个区域对球心的张开程度，与表达平面内的圆弧对圆心的张角（$\theta = l/r$）类似。立体角 ω 是球面区域面积 A 所对的三维角度锥（单位为 sr），就像圆弧长度对应的二维角度（单位为 rad）。

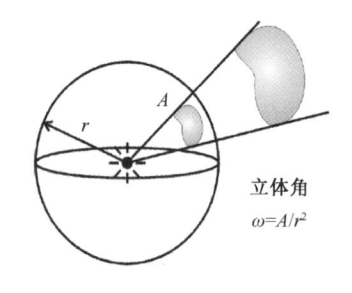

图 B-6 立体角

需要注意的是，用于确定立体角的面积 A 是球的表面，而不是平面区域。但是，当径向距离远大于平面区域的宽度时，该平面面积也可用于计算立体角，误差很小。在对应球面直径相同的情况下，一个圆盘的面积与球冠的面积有什么区别呢？考虑一个球心位于球面坐标系原点的、半径为 r 的球，球冠中心位于极轴上。假设 θ 是极轴与球冠对应的外径所张开的夹角，那么球冠的面积可表示为

$$A = 2\pi r^2(1-\cos\theta) \tag{B-3}$$

与该球冠相关的是由球冠的直径所确定的圆盘。圆盘的半径为 $y=r\sin\theta$，圆盘的面积为 $S=\pi r^2\sin^2\theta$。当 θ 很小时，$\sin\theta\approx\theta$ 是可接受的近似，此时圆盘和球冠的面积相等（可通过展开 cos 函数证明），如图 B-7 所示。

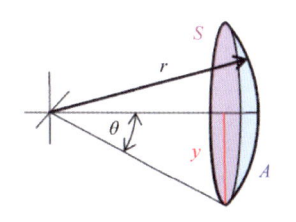

图 B-7 球冠参数

如何确定一个点光源的强度？一种方法是测量点光源发射的光通量 Φ（单位为 lm），这是对点光源在各方向所发射的光的总量进行的测量。光通量在一定程度上类似于"可见光的功率"，它正比于发射电磁波在可见光部分的功率。另一种方法是计算通过面积 A 的光通量 Φ_A（lm）与对应立体角 $\Omega=A/r^2$（sr）的比值。这个比值称为发光强度：

$$I = \Phi_A / \Omega = \Phi_A r^2 / A \tag{B-4}$$

其单位为 lm/sr，也称为坎德拉，符号为 cd。通常情况下，发光强度是光源发射方向的函数，$I=I(\theta,\phi)$，但为了简单起见，假设它是一个常数。对于一个在各方向都发射均匀光线的点光源，其发光强度是多少呢？将总光通量 Φ 除以整个球面的立体角 4π，即可得到 $I=\Phi/4\pi$，为常数（单位为 cd）。再考虑发射光通过的面积 A，经过面积 A 的光通量为 $\Phi_A=I\Omega$。光通量 Φ_A 均匀照射在整个面积 A 上，这就需要另一个光的衡量指标 E，照度 E 为照射到单位面积上的光通量，单位为 lm/m²，称为勒克斯，符号为 lx。在这种情况下，照度定义为光通量 Φ_A 与照射面积 A 之比：

$$E = \Phi_A / A = I\omega / A = I / r^2 (\text{lm}/\text{m}^2) \tag{B-5}$$

虽然发光强度的单位为 lm/sr，但经常在公式中把 sr 省略以显示正确的单位或提醒读者采用正确的单位，我们会将单位表示在公式后面的括号内以表达清楚。有些人也会在公式中增加一个量 $\Omega_0=1\text{sr}$，从而使球面度单位表达清楚。例如，$I=\Phi/4\pi\Omega_0$、$\Omega=\Omega_0 A/r^2$、$E=\Omega_0 I/r^2$ 等。对于发光强度、坎德拉、照度及其他类似量和单位，初学者很容易弄混（甚至非初学者也是如此）。避免表达混淆的最好方式是采用最基本的光度学单位表示光学测量物理量，如 lx=lm/m²、cd=lm/sr 等，并且明白公式中出现的量及基本单位。将这些光学量的名称与单位结合在一起考虑会使理解变得更简单。

问题：假设已知一个点光源的光通量为 $\Phi=10000\text{lm}$，发光各向均匀，有一块面积 $A=0.01\text{m}^2$（100mm×100 mm）的卡片置于距离光源 $d=0.5\text{ m}$ 的位置，那么点光源的发光强度、卡片上的照度和入射到卡片上的光通量分别是多少呢？

假设 d 远大于卡片尺寸（在本例中符合），进而可假设面积 A 为卡片在半径为 d 的球面上投影的面积。因此我们可以使用上述推导公式（否则，必须对面积 A 进行积分运算）。卡片的立体角为 $\Omega=A/d^2=0.040\text{sr}$，点光源的发光强度为 $I=\Phi/4\pi=795.8\text{cd}$。入射至面积 A 上的光通量 $\Phi_A=I\Omega=31.83\text{lm}$，因此，$A$ 的照度为 $E=\Phi_A/A=I\Omega/A=I/d^2=3183\text{lx}$。注意：将总光通量 Φ 乘以面积 A 在球（半径为 d）表面积所占的比例，所得结果与上述结果完全相同，即 $\Phi_A=\Phi A/4\pi d^2$。具体推导过程为 $\Phi_A=EA=(I/r^2)A=(\Phi/4\pi r^2)A=\Phi A/4\pi r^2$，其中，$r=d$。

B.3　均匀区域的亮度 $L(z)$

问题：随着屏幕远离被均匀照亮的墙面，计算屏幕亮度（为距离的函数），并证明屏幕的亮度与距离无关。

考虑 n 个点光源，每个光源的发光强度为 I_k（单位为 cd），均匀分布在区域 A 内。假设光源的数目足够多，以至于人眼无法分辨单个光源，因此，屏幕表面看起来是均匀的。区域 A 发射的发光强度为

$$I = \sum_{k=1}^{n} I_k \tag{B-6}$$

该区域内填充的点光源越多，看起来越亮。单位面积内这些光源的数目称为亮度，单位是 cd/m^2（$lm \cdot sr^{-1} m^{-2}$）。这个单位曾被称为 nit，但该用法现在认为是不合适的，同时，提及亮度时应避免使用"视亮度"（Brightness）一词，亮度是一个可测量的量，即一个数值量，而视亮度是主观的。有些东西可能在晚上认为很亮，但在白天看起来不是那么亮，如月亮。对于一个亮度恒定的光源，视亮度的感觉根据环境条件的变化而改变，但这个光源的亮度是保持不变的（假设环境不会影响光源的光输出）。

另一种定义亮度的方法是使用微小面积元。考虑垂直于视线的一小块面积 dA，它的发光强度为 dI。发光强度 dI 与面积元 dA 的比值定义为亮度：

$$L = dI/dA \quad (A \text{ 垂直于视线}) \tag{B-7}$$

这就意味着当讨论的发光区域 A（面积为 A）远离观察点时（$A \ll r^2$），近似有

$$L = \frac{I}{A} \text{ 或 } I = LA \quad (\text{远距离近似}，A \text{ 垂直于视线}) \tag{B-8}$$

如果面积 A 相对于观察视线（或测量视线）的倾斜角度为 θ，那么面积变成 $A\cos\theta$（见附录 B.4），可得

$$I = LA\cos\theta \quad (\text{远距离近似}) \tag{B-9}$$

或以面积元 dA 表示：

$$dI = LdA\cos\theta \tag{B-10}$$

式（B-9）和式（B-10）所表达的关系在一般情况下是成立的，即使对于非朗伯反射材料也是如此。对于非朗伯反射材料，定义观察方向的角度需要加入方位角：$I(\theta, \phi) = L(\theta, \phi)A\cos\theta$。下面讨论眼睛所观察的情况，即物体的亮度如何随距离改变。

假设与眼睛观察距离为 r 的区域 A（面积为 A）（见图 B-8）的亮度为 L，并且 r 远大于发光区域的尺寸（$r^2 \gg A$）。眼睛的晶状体将区域 A 成像至视网膜的 A'区域（面积为 A'）。假设在该结构下，视网膜上的照度为 E。视网膜上像的区域 A'取决于眼睛与发光区域 A 的距离。假设 A_e 是眼睛的孔径区域（面积为 A_e），并假设眼睛的晶状体与视网膜的距离为 d。有多少光通量进入眼睛呢？在远距离情况下，区域 A 的发光强度为 $I=LA$，那么进入眼睛的光通量为 $\Phi=I\Omega$，其中，ω 表示眼睛孔径对应的立体角（$\Omega=A_e/r^2$ 或 $\Phi=LAA_e/r^2$）。该光通量分布于像区域 A'，因此，视网膜上的照度为 $E=\Phi/A'$。从简单的几何学考虑，成像区域的尺寸与距离的平方呈比例，$A'=Ad^2/r^2$。应确定视网膜上的照度，即单位面积内的光通量，正是该照度让人产生亮度的感觉。将上述这些公式放在一起，会发现 $E=LA_e/d^2$，它与眼睛距发光区域的距离 r 无关。这可以简单地解释为，视网膜上像的尺寸正比于 $1/r^2$，而进入眼睛的总光通

量也正比于 $1/r^2$，二者的比值为一个常数，因此，亮度与距离无关。

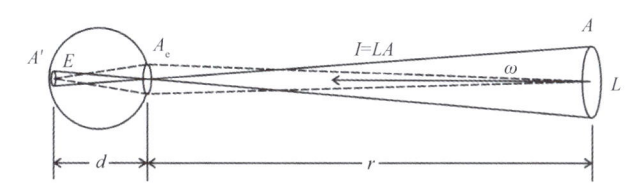

图 B-8　屏幕亮度与其距光源的距离的关系示意

有人将亮度称为对主观视亮度的客观测量。在比较相同的颜色时，某种程度上其或许是正确的，但在通常情况下，其并不正确，这很容易理解。在一个显示屏上显示 3 个基色条，如 R、G、B，调节 3 个基色条的亮度，使它们看起来具有相同的视亮度，但它们的亮度是不同的：绿色条的亮度要比红色和蓝色的大。现在，在每个基色条中放置一个相同的黑色字母，并调节基色条的亮度，使每个单词都清晰可辨——可能需要从屏幕前退后一段距离，以便看清楚。当测量亮度时，会发现每种基色的亮度几乎相同。如果将亮度调节为相同，那么与蓝色和红色相比，绿色将显得非常暗。

B.4　聚光灯随角度的变化

图 B-9 给出了聚光灯照射到一个表面时，表面照度随 $\cos\theta$ 的变化，其中，θ 是光源与表面法线的角度，光源是类似聚光灯的远光源。

考虑一个聚光灯，其平行光束的宽度为 w，横截面面积为 A，光通量 Φ 的单位为流明（lm）。光束垂直于表面时，在表面上的照度为 $E=\Phi/A$（单位为 lx）。如果聚光灯方向相对于垂直方向改变一个角度 θ，则被照的表面面积 A' 随角度的增加变得更细长（当光束在表面内、$\theta=90°$ 时，面积变为无穷大）。光束投影到与光束法线正交的平面上的尺寸仍为 w，但因角度倾斜，在原表面上光束的尺寸变为 $w/\cos\theta$，如图 B-9 所示。面积关系为 $A'=A/\cos\theta$。等量的光（光通量）Φ 被散布在一个更大的面积上，因此照度变小：$E'=\Phi/A'=E\cos\theta$。因此，光束的照度与光束偏离法线的角度的余弦值有关。

B.5　萤火虫和探测器

已知一个发光强度为 $I(\theta,\phi)$ 的非均匀光源（例如，一个萤火虫，见图 B-10），发光强度是与光源位置相关的函数，给出放置在光源周围半径为 r 的、灵敏度（单位为 A/lm）为 k 的探测器的总输出光与输出电流关系的表达式。假设在光源的正上方的最大发光强度为 $I_0=0.85$ cd，探测器的灵敏度为 $k=12$ mA/lm，放置距离为 $r=0.5$ m，检测面积为 $A=1$ cm^2，那么探测器获得的最大电流是多少？

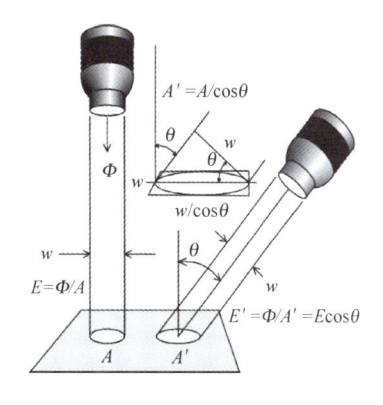

图 B-9　表面照度随 $\cos\theta$ 的变化

假设萤火虫向各方向发光,用以光源周围方位为参数的发光强度函数 $I(\theta, \phi)$ 描述光,总的输出光(总光通量)为发光强度对球面立体角的积分:

$$\Phi_T = \iint I(\theta,\phi)\sin\theta d\theta d\phi \quad (B\text{-}11)$$

不知道 I 的确切形式,无法进行积分。这里,$d\omega = \sin\theta d\theta d\phi$ 是球面坐标中的立体角。射入该探测器的光取决于探测器的面积 A,以及其与光源的距离 r。假设探测器总是面向光源放置的。如果探测器没有面向光源,就需要用余弦系数 $\cos\beta$ 来校正偏移,其中,β 是该探测器的轴(探测器表面的法线)和探测器表面中心位置半径矢量之间的夹角。针对这个问题,假设 $\beta=0$,即探测器总是面向光源的,探测器对光源所呈的立体角为 $\omega=A/r^2$,那么进入探测器的光通量为

$$\Phi(\theta,\phi) = I\omega = I(\theta,\phi)A/r^2 \quad (B\text{-}12)$$

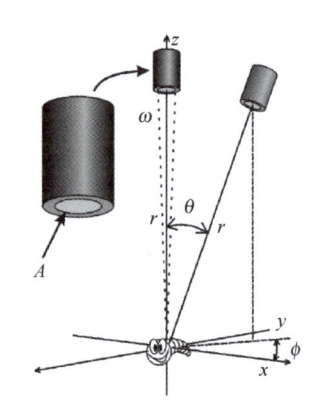

图 B-10 探测器测量萤火虫发光示意

这部分光被探测器根据关系式 $J=k\Phi$ 转换成电流 J。探测器输出的电流为

$$J(\theta,\phi) = k\Phi(\theta,\phi) = kI(\theta,\phi)A/r^2 \quad (B\text{-}13)$$

因此,在 $\theta=0$ 的位置处,$I(0,0)=I_0=0.85$ cd。已知 $k=12$ mA/lm,探测器面积 $A=1$ cm^2=0.0001 m^2,距离 $r=0.5$ m(立体角 $\omega=0.0004$ sr),那么进入探测器的光通量为 $\Phi=I_0\Omega=I_0A/r^2=3.4\times10^{-4}$ lm,探测器的输出电流为 $J=k\Phi=4.1$ μA。

B.6 朗伯反射表面的性质

无论从什么角度观察,朗伯反射表面都具有相同的亮度。许多表面近似朗伯反射表面,如扁平(雾面)画、复印纸等。观察延伸表面上的一小块面积,获得所需结果的一个简单方法如下:如果表面对任何角度都具有相同的亮度,那么当观察相同立体角内的扩展或投影面积时,随着相对于法线的观察角的增加,面积以 $1/\cos\theta$ 的趋势增加。如果任何角度的亮度都相同,那么,面积随相对于法线角度的增大而增加,发光强度以 $\cos\theta$ 的速度减小或 $I=I_0\cos\theta$,其中,I_0 是法线方向的发光强度。

如果这令人困惑,下面看看更详细的、更复杂的情况(见图 B-11)。保持相同的观察角度意味着眼睛观察的面积所对应的立体角不变。也就是说,如果在各方向上眼睛观察到的指标都相同,这通常意味着在一个固定的立体角内眼睛观察到的指标相同。因此 $\Omega=A'/r^2$,为常数。其中,A' 为与观察方向角 θ 垂直的面积(投影面积),它与实际面积的关系为 $A=A'/\cos\theta$。当 $\theta=0$ 时,即在法线方向,面积 A 与投影面积 A' 相同。亮度与发光强度的关系为 $I=LA\cos\theta=LA'$,或者亮度为 $L=I/A'$,为常数(这是一个长距离近似,见附录 B.3)。用常数面积 A' 表示面积 A,发光强度为 $I=LA'=LA\cos\theta$。但是,注意 LA 是 $\theta=0$ 时的发光强度或 $I_0=LA$。综上所述,用表面法线方向的发光强度 I_0 表示的朗伯反射的经典发光强度的表达式为

$$I = I_0\cos\theta \quad (B\text{-}14)$$

如图 B-12 所示，可用另一种方式定义亮度：亮度 L 为发光面积元 $\mathrm{d}A$ 在给定方向上投影面积的（与给定方向垂直的、单位面积内的）发光强度 $\mathrm{d}I$，由式 $L=\mathrm{d}I/(\mathrm{d}A\cos\theta)$ 给出，其中，θ 是观察方向的角度。$\cos\theta$ 意味着以角度 θ 观察同一面积元，其面积会因系数 $\cos\theta$ 而看起来更小。假设发光面发光各向均匀，那么发光强度 $\mathrm{d}I$ 随 $\mathrm{d}A$ 的增加而增加，但亮度 L 为常数，与 $\mathrm{d}A$ 无关。另外，如果表面是朗伯反射表面，那么因为系数 $\cos\theta$，发光强度 I 会随观察角度的增大而减小，但亮度 L 是常数，与观察角度无关。

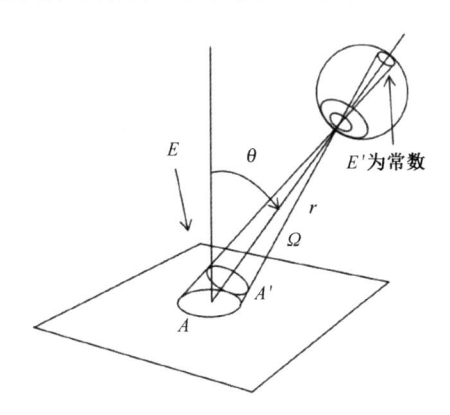

图 B-11　观察角度与发光强度的关系 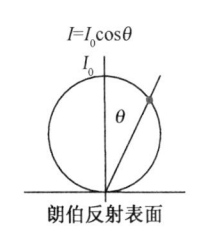　　　　图 B-12　朗伯反射的发光强度

考虑一个漫反射面（不是发光面），其面积为 A。假设表面反射的光为 ρ，称为反射比（一般下标 "d" 表示漫反射）。已知表面照度为 E，下面确定表面的亮度。到达表面的光通量为 $\Phi=EA$，离开表面的光通量为 $\Phi'=\rho\Phi=\rho EA$，而这必须等于包围面积 A 的半球内、发光强度的积分：

$$\Phi' = \rho\Phi = \rho EA = \iint I(\theta)\mathrm{d}\Omega = I_0 \int_0^{2\pi}\mathrm{d}\phi \int_0^{\pi/2}\mathrm{d}\theta\cos\theta\sin\theta = 2\pi LA\int_0^1 u\mathrm{d}u = \pi LA \quad (\text{B-15})$$

式中，$\mathrm{d}\Omega=\sin\theta\,\mathrm{d}\theta\,\mathrm{d}\phi$ 为单位立体角。为了求得亮度，可以得到朗伯反射的亮度和照度的关系：

$$L = \frac{\rho}{\pi}E = qE \quad (\text{B-16})$$

式中，$q=\rho/\pi$，称为光亮度系数。

图 B-13 所示为朗伯反射中亮度与照度关系的计算示意。

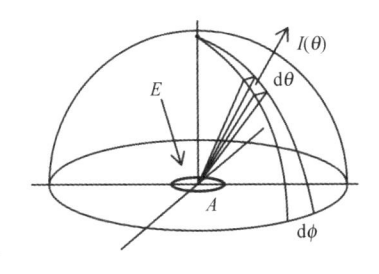

图 B-13　朗伯反射中亮度与照度关系的计算示意

B.7 均匀平行入射的手电筒

特制手电筒发出直径为 $D=50$ mm 的均匀平行光束，照亮直径为 $d=20$ mm、反射比为 $\rho=0.95$ 的漫反射圆盘，如图 B-14 所示。手电筒的输出光通量为 $\Phi=100$ lm，光束包含了所有光线。手电筒的光出射度 M 是多少？圆盘的照度 E 是多少？圆盘反射的发光强度（假设与观察距离相比，圆盘很小）是多少？已知一个直径为 $d=5$ mm、灵敏度为 $k=6$ A/lm 的光电探测器，探测器面对圆盘（轴线穿过圆盘的中心）且与圆盘的距离 $r=300$ mm，则探测器偏离法线方向 θ 时的输出电流 J（单位为 A）是多少？计算 $\theta=30°$ 时探测器的输出电流。当探测器从直接面对圆盘状态变为倾斜角 $\phi=60°$ 时，探测器的输出电流会如何变化？

光出射度 M 是光通量（$\Phi=100$ lm）与面积 A 的比值：

$$M = \frac{\Phi}{A} = \frac{4\Phi}{\pi D^2} = 50930 \ (\text{lm/m}^2) \quad (\text{B-17})$$

面积 A 由下式计算：

$$A = \pi D^2 / 4 = 0.00196 (\text{m}^2) \quad (\text{B-18})$$

式中，$D=0.05$ m，为手电筒的直径。

因为光束为平行光，所以，光学路径上直径相同（在现实中很难或不可能做到，但对某些聚光灯来说相当接近）、横截面相同。因此，在白色圆盘上的照度与光出射度相同：

$$E = \Phi / A = 50930 \ (\text{lx}) \quad (\text{B-19})$$

照度为 E 的朗伯反射体的亮度 L 为

$$L = qE = \frac{\rho}{\pi} E = 15400 \ (\text{cd/m}^2) \quad (\text{B-20})$$

亮度为 L、面积为 $a=\pi d^2/4 = 3.14\times 10^{-4}$ m^2 的朗伯反射体的发光强度 I 为

$$I = I(\theta) = I_0 \cos\theta = aL\cos\theta \quad (\text{B-21})$$

式（B-21）假设距离 r（与 I 相关）远大于圆盘直径 d（$r \gg d$）（关于朗伯反射体的照度的详细计算见附录 B.10）。沿圆盘法线的最大发光强度为 $I_0 = La = 4.838$ cd。

这些光线进入放置在 r 远处的探测器孔中（直径为 $\delta=0.005$ m，面积为 $\alpha=\pi\delta^2/4=1.963\times 10^{-5}$ m^2）。由于探测器的输出（$J=kF$，$k=6$ A/lm）取决于进入孔的光通量（称为 F），为避免与 Φ 混淆，用发光强度 I 来确定 F。从圆盘的中心观察，探测器的立体角为

$$\omega = \frac{\alpha}{r^2} = \frac{\pi\delta^2}{4r^2} = 2.182\times 10^{-4} \ (\text{sr}) \quad (\text{B-22})$$

进入探测器的光通量为发光强度和立体角的乘积：

$$F = I(\theta)\omega = La\omega\cos\theta = \frac{\rho}{\pi}\Phi\frac{d^2}{D^2}\alpha\frac{\cos\theta}{r^2} = F_0\cos\theta \quad (\text{B-23})$$

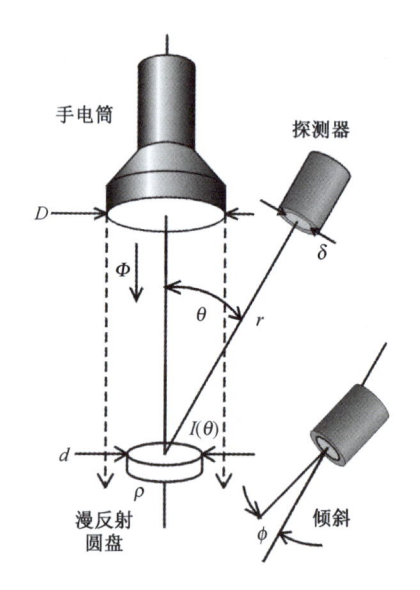

图 B-14 用探测器测量漫反射圆盘的光学参数

式中，$F_0=I_0\omega=1.056\times10^{-3}$ lm，是法线位置的最大光通量（如果探测器可以放置在不干扰圆盘照明的位置）。探测器的输出电流为

$$J = kF = J_0\cos\theta \tag{B-24}$$

其中，这种配置的限制电流为 $J_0=6.33$ mA。对于 $\theta=30°$，有 $F=9.141\times1^{-4}$ lm 和 $J=5.48$ mA。

转动探测器，以便使探测器表面法线与圆盘中心到探测器中心的连线呈 $\phi=60°$ 的夹角，则输出信号为

$$J = J_0\cos\theta\cos\phi = 2.74 \quad (\text{mA}) \tag{B-25}$$

式中，$\theta=30°$，$\phi=60°$。

B.8　前照灯（均匀发散的手电筒）

如图 B-15 所示，已知一个前照灯（均匀发散的手电筒）的光通量为 $\Phi=250$ lm，直径为 $D=100$ mm，光以与表面法线呈 $\theta=2°$ 的发散角向各方向发散，计算照度值（照度值为前照灯到墙的距离 z 的函数），然后推导出亮度表达式（为前照灯到墙壁距离的函数，墙壁为白色朗伯反射表面，反射比为 0.91，当前照灯接触墙壁时，$z=0$）。另外，假设在夜间骑摩托车，在距离 $z_1=100$ m 处只能看到一个白色的标志（如墙壁）。有广告称，如果一个新的前照灯的亮度是这个摩托车的前照灯亮度的两倍，那么这个新的前照灯能够使人看清楚的距离为现在这个摩托车前照灯能够使人看清楚的距离的两倍，这种说法适用于正常的明视觉（见附录 B.9）吗？

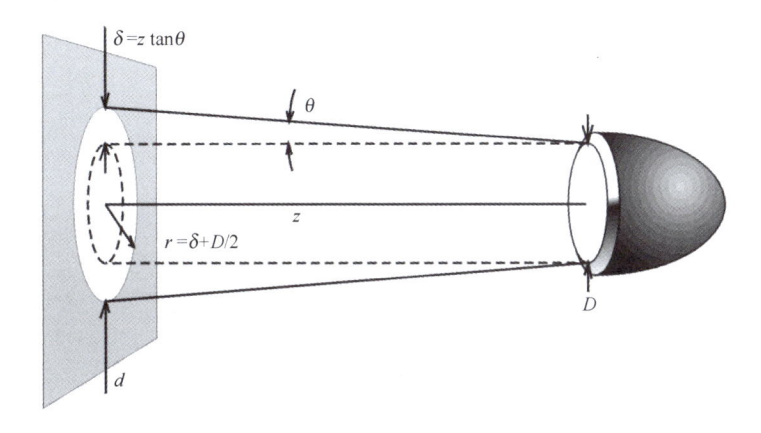

图 B-15　前照灯在一定距离处的照度计算示意

光均匀分散在 $a=\pi r^2$ 的墙面上，其中 $r=\delta+D/2$，而 $\delta=z\tan\theta$ 是光束半径从原始半径（$D/2$）沿着 z 的延伸。墙壁上的光束点的面积为

$$a = \pi\left(\frac{D}{2} + z\tan\theta\right)^2 \tag{B-26}$$

照度是光通量在墙壁的光束点上的分布：

$$E = \frac{\Phi}{a} = \frac{4\Phi}{\pi(D+2z\tan\theta)^2} \tag{B-27}$$

因为墙面为朗伯反射表面，亮度如下：

$$L = \frac{\rho}{\pi}E = \frac{4\rho\Phi}{\pi^2(D+2z\tan\theta)^2} \quad \text{（B-28）}$$

如果前照灯对着墙壁放置，此时 z=0，则照度最大值为

$$E_{\max} = \frac{\Phi}{\pi(D/2)^2} = 3183\text{lx} = M \quad (z=0) \quad \text{（B-29）}$$

前照灯的光出射度为 M，相应的最大亮度为

$$L_{\max} = \frac{\rho\Phi}{\pi^2(D/2)^2} = 9220\,\text{cd/m}^2 \quad (z=0) \quad \text{（B-30）}$$

可以根据亮度的精确表达式来求解 z：

$$z = \frac{1}{\tan\theta}\left(\sqrt{\frac{\rho\Phi}{\pi^2 L}} - \frac{D}{2}\right) \quad \text{（B-31）}$$

可以以此来确定与前照灯改进后的新距离。

为了检验前述广告的说法，可以使用式（B-27）和式（B-31），但必须注意，对于长距离（z>>D），用公式的近似即可：

$$L \approx \frac{\rho\Phi}{(\pi z\tan\theta)^2}, \quad z \approx \frac{1}{\pi\tan\theta}\sqrt{\frac{\rho\Phi}{L}}, \quad \text{当 } z>>D \text{ 时} \quad \text{（B-32）}$$

注意亮度中的 $1/z^2$ 的特性。对于 z_1=100 m，白色物体（如墙壁）的亮度为 L_1=1.89cd/m²。我们想要确认在新距离 z_2 位置处前照灯输出光通量为 Φ_2=2 Φ_1=500 lm，且亮度保持不变，即 $L_2=L_1$。使用式（B-33），发现 z_2=141 m。因此，广告所述不正确，这里假设使用了眼睛响应的非线性区域中的正常白昼视觉——假设是否够好不是此处讨论的目的。两倍的输出似乎只能使可视距离增加 41%——至少这个计算对此类广告提出了质疑。利用比例计算式（B-33），可以非常容易得出这个结论。

$$\frac{L_2}{L_1} = \frac{\Phi_1 z_1^2}{\Phi_2 z_2^2}, \quad \frac{z_2}{z_1} = \sqrt{\frac{\Phi_1 L_1}{\Phi_2 L_2}} \quad \text{（B-33）}$$

利用 $L_1=L_2$ 和 $\Phi_2=2\Phi_1$，得 $z_2/z_1=\sqrt{2}$，与上面所得一致。

上述讨论假设了明视觉的非线性视觉特性。用前照灯观察时，需要站立在前照灯前进行远场照明测试，进而才能确认这种照明条件下是否会出现非线性视觉特性。这并不是说所有与驾驶车辆有关的视觉都是非线性的。事实上，有一个简单的测试视觉系统的线性特性的方法：白天，深色车窗不会使车外显得更暗，但到了晚上，透过相同的车窗，几乎看不到车的后面。该变化的原因是，在夜间低光照情形下，相比观察被前车灯照亮的区域，当观察车后方时，眼睛处在一个更加线性的视觉状态。

B.9 眼睛非线性响应

人的视觉系统是高度非线性的，这种非线性涉及光刺激的时空属性、眼睛适应水平及色度依赖性，如图 B-16 所示。然而，标准组织和显示技术人员采用以下经验法则（称为立方根法则）："粗略地说，感觉到的光是亮度的立方根。"这项法则出现在均匀色彩空间中，

如 CIE LUV 和 CIE LAB。

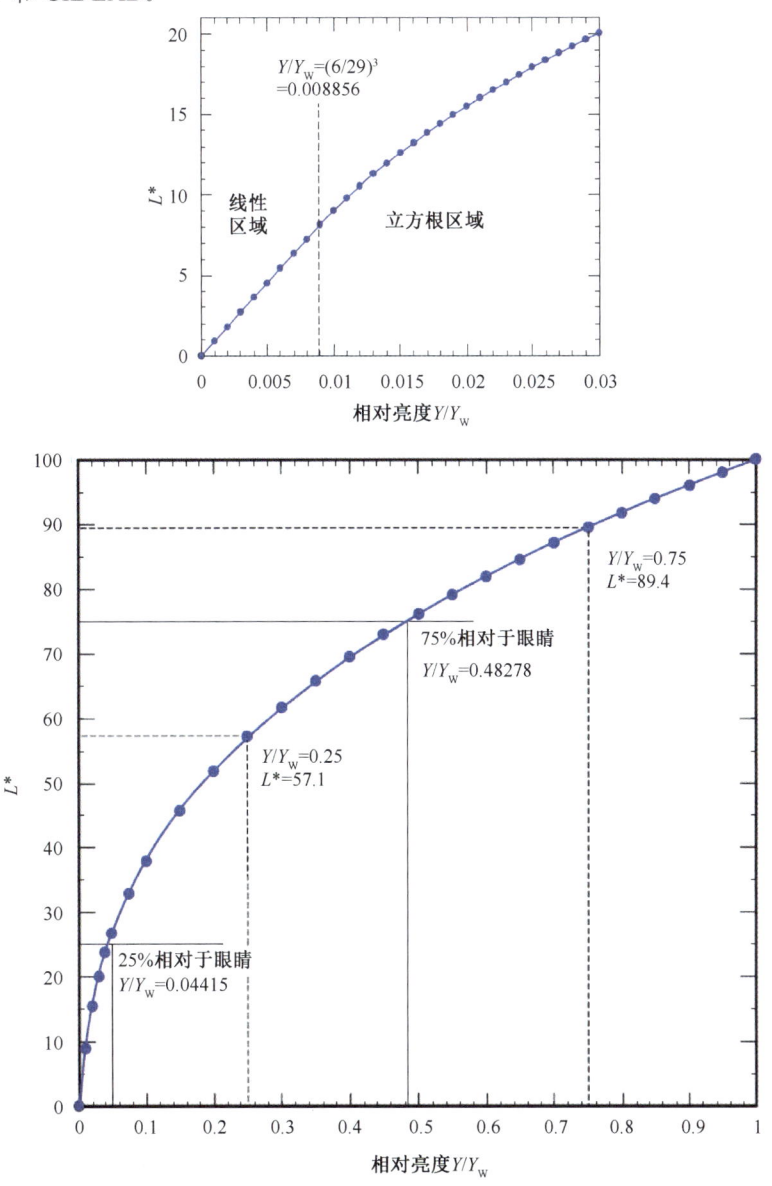

图 B-16 眼睛的非线性响应

立方根法则是基于如下实验得出的结果：给观察者一个黑色和一个白色的薄片，要求其选择一个亮度介于二者之间的灰色薄片（在一个特定的背景上和一个给定的照明体照明下）；然后，要求观察者用相同的步骤按照黑、灰、白、黑、灰、白……顺序等间隔排列薄片。不断重复这个步骤，会产生一系列主观上等亮度间隔的薄片。测量这些薄片的亮度可得到亮度-视亮度关系曲线。这个曲线有点像幂函数曲线，与立方根函数曲线的主要特征类似。这意味着，如果眼睛观察到一个物体的视亮度 L'_1 是另一个物体视亮度 L'_2 的一半，那么它们的亮度比约 1:8，即 $\sqrt[3]{L_2/L_1}=2$，所以 $L_2/L_1=8$。因此，如果有一个亮度为 100cd/m² 的计算机显示屏,希望显示视亮度变为两倍,那么就需要亮度为 800cd/m² 的新显示屏。

许多现代显示屏能够显示从黑到白的几乎连续的亮度范围,且低亮度值是现成的、可观察到的。因此,基于眼睛模型表示的整个显示屏的亮度范围的量就是 CIE LUV 和 CIE LAB 色彩空间中的 L^*(L^*对两个空间一样),详见附录 B.1。已知亮度 Y 和白色亮度 Y_W,L^* 与 Y/Y_W 的关系为(使用较旧的 L^* 数值的表达式)

$$L^* = \begin{cases} 116\left(\dfrac{Y}{Y_W}\right)^{1/3} - 16, & \dfrac{Y}{Y_W} \geqslant 0.008856 \\ 903.3\dfrac{Y}{Y_W}, & \dfrac{Y}{Y_W} < 0.008856 \end{cases}$$

$$\dfrac{Y}{Y_W} = \begin{cases} \left(\dfrac{L^* + 16}{116}\right)^3, & L^* \geqslant 8 \\ \dfrac{L^*}{903.3}, & L^* < 8 \end{cases}$$

不要把线性亮度范围与以 L^* 为特征的眼睛的非线性响应相混淆。例如,如果一个像素的亮度总是大于白色像素亮度的 75%,那么这个像素为常亮像素;如果其亮度总是小于白色像素亮度的 25%,那么其为常暗像素。不要将这个与眼睛看到的情况混淆。眼睛观察到的 25%亮度的白色像素与 57%亮度的白色像素视亮度相同;眼睛观察到的 75%亮度的白色像素与 89%亮度的白色像素视亮度相同。如果想根据白色像素的阈值 25%和 75%判断像素,那么使用的白色视亮度的标准应该为 4.415%和 48.28%。

B.10 积分球光出射端口的 $E(z)$

如图 B-17 所示,已知均匀亮度为 L=5000 cd/m²、光出射端口直径为 D=50 mm 的积分球,照度为沿着轴线的、距光出射端口距离的函数——$E(z)$。那么距离为多少时,光出射端口才可以被视为误差小于 1%的点光源呢?

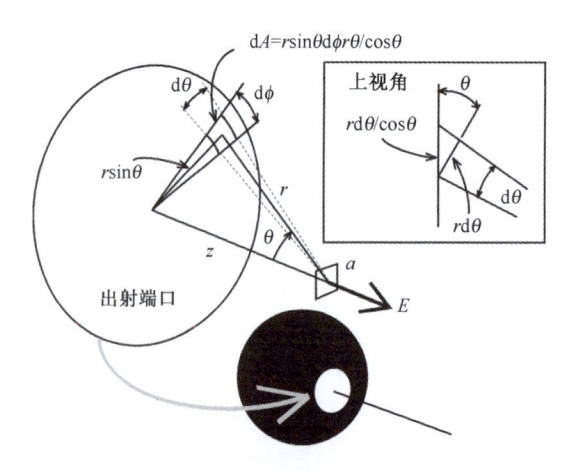

图 B-17 光出射端口的照度计算

计算光出射端口平面处面积元 dA 对整个照度的贡献 dE。考虑在距离光出射端口中心 z 处的一个面积 a。dA 的发光强度为

$$dI = LdA\cos\theta \tag{B-34}$$

假设朗伯反射表面的亮度为 L，且在所有方向都是定值（见附录 B.3）。面积 a 对观察点面积元 dA 所张开的立体角为

$$\Omega = (a/r^2)\cos\theta \tag{B-35}$$

这里的余弦项来自面积 a 的法线相对于 dA 和 a 连线的倾斜角度。不仅从 dA 发射的光因余弦项而减小，而且光的透过量 a 也因余弦项而减小，因为 a 没有正对面积元 dA（表面法线没有指向 dA）。面积元 dA 是来自 dϕ 的弧度（dϕ 乘以光出射端口平面内的半径 $r\sin\theta$）和 dθ 的弧度（因为被限制在光出射端口平面内，径向弧长度 $rd\theta$ 必须扩展到 $rd\theta/\cos\theta$）：

$$dA = r^2(\sin\theta/\cos\theta)d\theta d\phi \tag{B-36}$$

来自 dA 且通过 a 的光通量 dΦ 为

$$d\Phi = \Omega dI = LdA\frac{a}{r^2}\cos^2\theta \tag{B-37}$$

照度贡献为

$$dE = \frac{d\Phi}{a} L\sin\theta\cos\theta d\theta d\phi \tag{B-38}$$

式中使用了面积元 dA 的表达式。将这个公式沿光出射端口进行积分，得到照度为距离 z 的函数。注意 ϕ 从 0 到 2π，θ 从 0 到 θ_{max}，其中，θ_{max} 满足

$$\sin\theta_{max} = \frac{R}{\sqrt{R^2+z^2}} \tag{B-39}$$

式中，R 是光出射端口的半径，$R=D/2=25$ mm。照度为

$$E(z) = \int_0^{2\pi}d\phi\int_0^{\theta_{max}} L\sin\theta\cos\theta d\theta = 2\pi L\int_0^{\sin\theta_{max}} udu = 2\pi L(\sin^2\theta_{max})/2 \tag{B-40}$$

或

$$E(z) = \frac{\pi R^2 L}{z^2+R^2} = \frac{AL}{z^2+R^2} = \frac{\pi L}{1+(z/R)^2} = \pi L\sin^2\theta_{max} \tag{B-41}$$

检验 $z=0$ 和 $z \gg R$ 时的值并进行比较：

$$E(z) = \begin{cases} \pi L & （对于 z=0） \\ \dfrac{LA}{z^2} = \begin{cases} = I_0/z^2, \text{其中 } I_0 = LA \\ = L\Omega, \text{其中 } \Omega = A/z^2 = \pi R^2/z^2 \end{cases} & （对于 z \gg R） \\ \dfrac{LA}{z^2+R^2} = \pi L\sin^2\theta_{max} & （对于所有 z 和 R） \end{cases} \tag{B-42}$$

式中，A 为光出射端口的总面积；Ω 为在 z 位置观察光出射端口的立体角。$z=0$ 的结果是在附录 B.15 得出的，其中推导了一个积分球壁的照度和亮度之间的关系。对于大的 z 值，将光出射端口视为按照 $1/z^2$ 变化的点光源。比较照度的确切表达式 [式（B-41）] 和 z 值大时得到的表达式 [式（B-42）]，等于需要比较 R^2/z^2 与 $R^2/(R^2+z^2)$。当 $z=10R=5D$ 时，两个函数相差小于 1%。因此，当与光源的距离超过光出射端口直径的 5 倍且误差在 1% 内时，对于朗伯反射可以使用式（B-42）。尽管式（B-42）的最后一个表达式适用于所有 z 和所有 R，

但实际上，当距离积分球为 z<2D 或更远时，积分球内部的非线性可能会影响结果。

获取式（B-41）的更简单的方法如下：考虑一个光出射端口所确定的球冠，球冠延伸至积分球内，球冠上每个面积元 dA（发光强度为 dI=LdA/r^2）的法线都指向 z 处的观察点，照度元 dE=LdΩ 的积分为 $E(z)=\pi L\sin^2\theta$。

B.11 光出射端口的墙面照度

已知均匀亮度 L=5000 cd/m²、光出射端口直径为 D=50mm 的积分球，反射比为 ρ=0.75 的朗伯墙面的亮度径向分布是其与光出射端口距离 z 的函数（针对 z 远大于光出射端口直径的情况，即 z>5D）。假设光出射端口表面与墙面平行。如果 z=1 m，墙面的最大亮度是多少？如果把积分球换成发光强度为 I，且关于中心径向均匀的灯泡，结果将如何变化？从本质上来说，这些需要计算墙面上的亮度 $L(z, r)$。

因为距离 z 很大，可以用前一节的结果，并把光出射端口近似为一个点光源，其发光强度为 I=$LA\cos\theta$，其中，A 为光出射端口面积，$A=\pi D^2/4$=0.00196 m²。考虑到光出射端口法线和墙面交点距离为 R 的一个小面积 a。光出射端口与 a 的距离为 $r=\sqrt{z^2+R^2}=z/\cos\theta$，其中，半径矢量与光出射端口法线的夹角为 θ=arctan(R/z) 或 tanθ=R/z，如图 B-18 所示。面积 a 相对于光出射端口中心所呈的立体角为 $\Omega=(a/r^2)\cos\theta$，其中，余弦系数来自 a 相对于半径矢量的倾斜角。通过 a 的光通量为

$$\Phi = I\Omega = LA\frac{a}{r^2}\cos^2\theta = aLA\frac{\cos^4\theta}{z^2} \tag{B-43}$$

式中，$r=z/\cos\theta$。墙面照度为 $E=\Phi/a$，朗伯墙面亮度为 $L_w=\rho E/\pi$，如下：

$$E = LA\frac{\cos^4\theta}{z^2} = LA\frac{z^2}{(R^2+z^2)^2} \tag{B-44}$$

$$L_w = \frac{\rho}{\pi}LA\frac{\cos^4\theta}{z^2} = \frac{\rho}{\pi}LA\frac{z^2}{(R^2+z^2)^2} \tag{B-45}$$

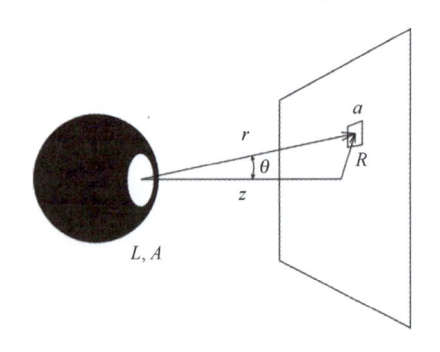

图 B-18 光出射端口在墙面上的照度计算

余弦的四次方将在附录 B.13 中一个非常相似的推导中再次出现。它被称为 cos⁴ 照度规则或 cos⁴ 衰减。最大亮度出现在 R=0 处。距离 z=1m 位置处的最大亮度为 $L_{max}=\rho LA/\pi z^2$=2.34cd/m²。对于这个问题，仿佛该设备是在一个非常大的房间，其中有不反射任何光线的黑色墙

面（一种不可能的情况）。如果尝试这个实验并测量物体，如白盘（而不是墙面）的亮度，会发现在理论计算的亮度的基础上，圆盘实测亮度中有多少是来自附近物体（甚至是黑色物体）的反射的（见附录 B.16）。

现在假设有一个光强 I 均匀分布的灯管。a 上的光通量为 $\Phi=I\Omega$，如前所述，$\Omega=(a/r^2)\cos\theta=(a/z^2)\cos^3\theta$，照度为 $E=\Phi/a=(I/z^2)\cos^3\theta$。注意，由 a 倾斜造成的余弦项已包含在立体角 Ω 中。如果理想灯管在整个球面区域（4π sr）的光通量输出为 Φ_0，那么 $I=\Phi_0/4\pi$。使用积分球和使用灯管的差别：积分球光出射端口的发光强度不是常数，是随 $\cos\theta$ 变化而变化的，因此，引入了另一个余弦系数。

B.12 积分球内部——L 和 E

如图 B-19 所示，已知一个直径为 $D=150$mm 的积分球，它的光出射端口直径为 $d=50$ mm，假设积分球内有一个光源可均匀地照亮积分球的内部，光源的光通量为 $\Phi_0=100$ lm。当内壁反射比 $\rho=0.98$ 时，确定光出射端口处的亮度 L。

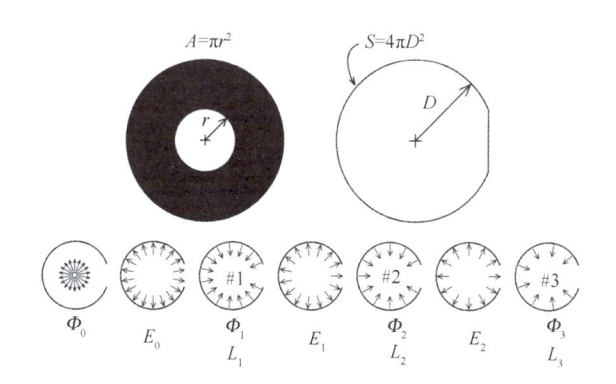

图 B-19 积分球光出射端口位置处的亮度计算

设包括光出射端口的整个积分球的面积为
$$S = 4\pi D^2 / 4 = 0.0707(\text{m}^2) \quad \text{（B-46）}$$

光出射端口的面积为
$$A = \pi d^2 / 4 = 0.00196(\text{m}^2) \quad \text{（B-47）}$$

光线在积分球内部发生多次反射。假设光通量为 Φ_0 的光源理想地置于积分球内部（如同在靠近球心的位置具有一个极小的灯泡）。最初入射到积分球内壁的光通量产生 $E_0=\Phi_0/S$ 的第一次反射，对亮度的第一次贡献为 $L_1=\rho E_0/\pi=\rho\Phi_0/\pi S$。在第一次反射后，反射回来的光通量将再次被反射 Φ_1，但它受反射系数 ρ 和光出射端口的影响而损失一部分光，减小为 $\Phi_1=\rho\Phi_0(S-A)/S$。由于历史原因，系数 $(S-A)/S$ 被写作 $(1-f)$，其中，
$$f = A/S \quad \text{（B-48）}$$
表示积分球的光出射端口面积与整个球的面积之比。因此，$\Phi_1=\Phi_0\rho(1-f)$ 对照度的贡献为 $E_1=\Phi_1/S$，并且第二次反射对亮度的贡献为 $L_2=\rho E_1/\pi=\rho\Phi_1/\pi S=(\rho\Phi_0/\pi S)\rho(1-f)$。这种反

射将会继续进行无穷多次：$\Phi_2=\Phi_1\rho(1-f)=(\rho\Phi_0/\pi S)\rho^2(1-f)^2$，$E_2=\Phi_2/S$，$L_3=\rho E_2/\pi=\rho\Phi_2/\pi S=(\rho\Phi_0/\pi S)\rho^2(1-f)^2$，…。总项数如下（$n$ 从 0 至 ∞）：

$$\Phi_n = \Phi_0\rho^n(1-f)^n$$
$$L_{n+1} = \frac{\rho\Phi_0}{\pi S}\rho^n(1-f)^n$$
（B-49）

在计算各项贡献总和时，注意到当 $x<1$ 时，$1+x+x^2+x^3+\cdots=1/(1-x)$。总光通量与总亮度为

$$\Phi = \Phi_0 + \Phi_1 + \Phi_2 + \cdots = \frac{\Phi_0}{1-\rho(1-f)}$$
$$L = L_1 + L_2 + L_3 + \cdots = \frac{\Phi_0}{\pi S}\frac{\rho}{1-\rho(1-f)}$$
（B-50）

如果仅计算积分球内部的总光通量，可直接写出亮度：

$$L = \frac{\rho}{\pi}E = \frac{\rho\Phi}{\pi S}$$
（B-51）

式中采用了 $E=\Phi/S$。其中，Φ 在式（B-50）中给出。对于 $f=0.02778$ 的情况，积分球内部的光通量 $\Phi=2118$ lm（而光源入射的光通量 $\Phi_0=100$ lm），亮度 $L=9345$ cd/m²。

B.13 透镜的 $\cos^4\theta$ 晕影

镜头通常不能在广视角范围内提供均匀的照度。当通过镜头观察一个无限大、亮度（L）均匀的平面时，光通量经过一组透镜（或孔径或针孔）后，离轴光通量随 θ 的增大按 $\cos^4\theta$ 衰减。

已知两个相互平行的平面，其中一个为物体平面（简称物面，如无限大的墙），另一个为像平面（简称像面，如胶片），如图 B-20 所示。物面（面积为 A）上的任意一个区域通过面积为 S 且距离物面为 z 的透镜在像面（面积为 a）对应的区域成像。假设物面为朗伯辐射体，因此，与光轴（垂直于物面和像面）成 θ 角的面积 A 在镜头方向产生的发光强度为 $I=LA\cos\theta$。镜头与面积 A 之间的距离为 $r=z/\cos\theta$。来自面积 A 的光线以角度 θ 投射至镜头，因此，面积 A 对应的立体角为 $\Omega=S\cos\theta/r^2=(S/z^2)\cos^3\theta$。透过镜头的光通量为 $\Phi=I\Omega=(LAS/z^2)\cos^4\theta$，这是投射至像面 a（物面 A 的像）上的光。另一个余弦项没有进入像面的最终照度（$E=\Phi/a$）；换言之，来自 A 的所有光线透过镜头投射至像面 a [这与以下情况不同：一束某一直径的光束以某种角度照射到表面上，以至于光斑的直径随角度的增加而增大（光斑变为一个更加离心的椭圆），在这种

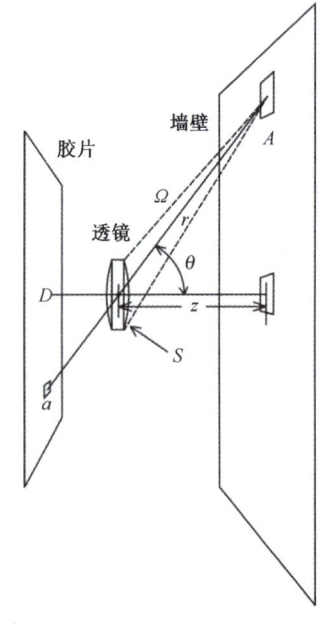

图 B-20 透镜的 $\cos^4\theta$ 光通量衰减

情况下，光线覆盖更大的面积，照度却因余弦项系数而减小]。因此，两个余弦项会因为面积 A 相对于观察方向倾斜，镜头也类似（一个余弦项来自朗伯发射，另一个余弦项来自透镜的倾斜），还有两个余弦项来自照度的 $1/r^2$ 特性。另一种解释：三个余弦项来自透镜的立体角（$1/r^2$ 特性、镜头相对于沿 r 观察方向的倾斜），还有一个余弦项来自发射表面的朗伯特性。虽然此处讨论的是镜头，但对于光阑与针孔具有相同的结果。

B.14 从亮度到照度

一个直径为 D 的亮度均匀的光源以一个任意角度 θ 照射在目标表面上，比较目标视图与视图，即比较目标如何被光源照射，以及光源如何为目标提供一个发光强度。

在思考这些问题时，可用两种方法来看待一个遥远的光源：从光源的角度看，或者从目标的角度看。考虑一个面积为 A 的朗伯发射体，其亮度为 L，与目标的距离为 r，与目标法线的角度为 θ，目标面积为 a，如图 B-21 所示。假设 $r >> \sqrt{A}$ 且 $r >> \sqrt{a}$，这样就可以使用附录 B.10 中积分球光出射端口上的照度 $E(z)$ 的近似，其中把远处的光源看成点光源。假设光源圆盘对着目标（圆盘中心法线与目标圆盘中心相交）。

光源视角：在光源视角中，来自光源的发光强度 $I=LA$ 指向倾斜角度为 θ 的圆盘。从光源角度来看，我们关注目标的立体角。目标立体角为 $\omega=a\cos\theta/r^2$，到达目标的光通量为 $\Phi=I\omega$，照度为 $E=\Phi/a$ 或 $E=LA\cos\theta/r^2$。注意，A/r^2 是从探测器角度来看光源的立体角，$\Omega=A/r^2$。因此，照度也可以写成 $E=L\Omega\cos\theta$，其中，余弦项来自目标相对于光源法线的倾斜。

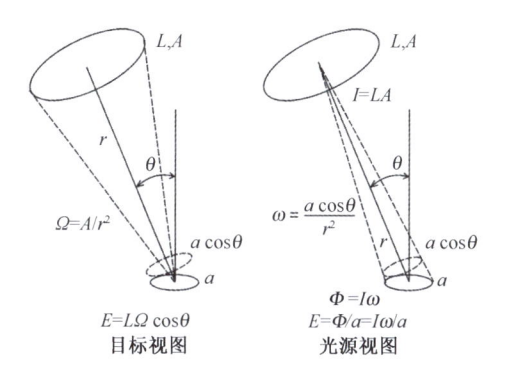

图 B-21 亮度与照度计算

目标视角：式 $E=L\Omega\cos\theta$ 看起来像光源提供了来自亮度 L 的入射照度 $E_0=L\Omega$。余弦项来自 a 在偏离光源法线位置的投影。从目标的角度来看，我们所关心的是从目标观察的光源的立体角。

B.15 积分球内的照度

已知有一个直径为 D=150 mm、无光出射端口的积分球，假设有一个光源（与积分球的高漫反射率的内表面匹配）均匀地照射积分球的内部，使得积分球的表面亮度值 L 为 2000 cd/m²。那么积分球内壁上的照度是多少？放置在积分球中心的微小表面的照度是多少？

考虑在理想积分球中心位置的一个表面亮度为 L 的圆盘。假设积分球内壁表面为朗伯型，且反射率为 ρ。内壁照度 E_s 与亮度的关系为 $L=\rho E_s/\pi$ 或 $E_s=\pi L/\rho$。内壁上对圆盘表面照度有贡献的区域是圆盘上方的半球。定义一个球坐标系 (θ, ϕ)，极轴与圆盘法线对齐（并且在球的中心），如图 B-22 所示。一个亮度为 L 的面积元引起的照度为 $dE=Ld\Omega\cos\theta$，其中，$d\Omega=\sin\theta d\theta d\phi$ 是面积元对球中心所成的立体角，余弦项来自相对于圆盘的离轴位置。圆盘上的总照度由照度面积元积分得到：

$$E = \int dE = \int_0^{2\pi} d\phi \int_0^{\pi/2} \cos\theta \sin\theta d\theta = 2\pi L \int_0^1 u du = \pi L \qquad (\text{B-52})$$

其中使用了 $u=\sin\theta$ 的替换。积分球中心表面的照度为 $E=\pi L$，其中，内壁表面上的照度 $E_s=\pi L/\rho$ 因反射率倒数变大而变大。为什么会有这种差别？这是因为球内壁上的照度包括了光源的直接照射，而样品并未受到照射。如果要测量用挡板遮挡的球内壁某一区域的照度 E 和亮度 L，那么会得到 $E=\pi L$。

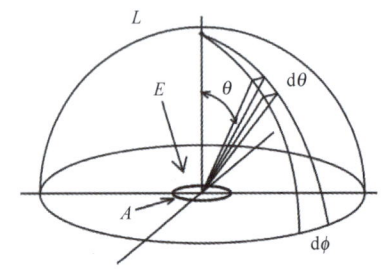

图 B-22　积分球内的照度

B.16　房屋墙壁在屏幕上的反射

在一间暗室中，当穿着白色衬衫且不恰当地站在屏幕附近时，会对测量产生什么影响？如图 B-23 所示，假设显示屏表面积为 $A=300\text{mm}\times225\text{ mm}$，并且亮度为 $L=100\text{cd/m}^2$，光照均匀。一张面积为 $A'=300\text{ mm}\times300\text{ mm}=0.09\text{ m}^2$、亮度系数为 $\rho_d=0.90$ 的卡片放置于显示屏前方 $z=1.2\text{ m}$ 的位置。卡片反射到显示屏上的光的照度大概是多少？如果屏幕表面的镜面反射比为 $\rho_s=0.11$，那么置于白色屏幕上的一块黑色小方格对亮度产生怎样的影响？假设房间的墙壁为球形，显示屏放置在房间中心，房间半径为 $r=3\text{m}$，平均反射比为 $\rho_d=0.18$，则反射回显示屏的照度是多少？这些问题可用于评估由屏幕产生并反射回屏幕上的环境杂散光的影响。典型风景场景大约反射 18% 的入射光。

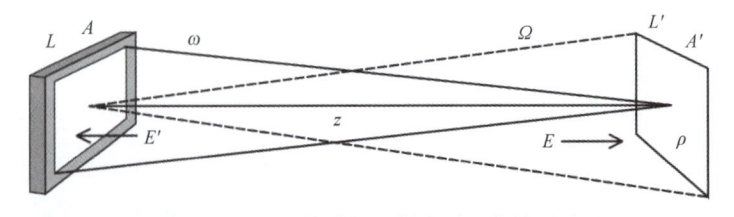

图 B-23　房屋墙壁的反射光对屏幕的影响

我们做一个估算，用于确定一个穿着白色衬衫并站在屏幕附近的人对小黑色区域测量的影响程度。由于在开始时就需要对问题进行数值估算，使用附录 B.10 中的长距离近似值以避免复杂积分。来自显示屏的发光强度 $I=LA\cos\theta$，其中，θ 表示测试人员与屏幕法线的夹角，如图 B-24 所示。

由于假设卡片位于显示屏中心并与显示屏法线垂直，可使用公式 $I=LA$，$A=6.750\times10^{-2}$ m²，那么 $I=6.75$ cd。投射至卡片上的光通量为 $\Phi=I\Omega=0.4219$ lm，其中，$\Omega=A'/z^2=0.0625$ sr，是从显示屏处观察卡片所呈的立体角。卡片上的照度为 $E=\Phi/A'=LA/z^2=4.69$ lx。注意，如果从照度 $E=L\omega=LA/z^2$（$\omega=A/z^2$ 为从卡片处观察显示屏所呈的立体角，见附录 B.14）考虑亮度，也会得到上述表示。假设卡片为朗伯反射体，卡片的亮度为 $L'=\rho_d E/\pi=1.34$ cd/m²。

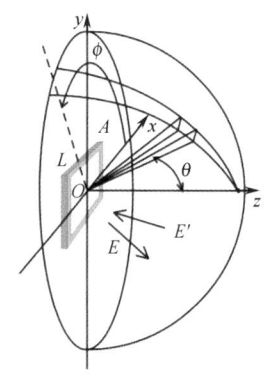

图 B-24 测试人员的白色衬衫对屏幕上黑色区域测量影响的估算示意

考虑此结构下的镜面反射系数 $\rho_s=0.11$。对于镜面反射，使用反射亮度与反射物体的 ρ_s（为常数）呈比例的模型。卡片反射的光使显示屏黑画面额外增加的亮度为 $L_c=\rho_s L'=0.148$ cd/m²。这个量看起来很小，但假设有一台对比度为 300:1 的显示屏，显示屏黑画面（即使面积很小）的亮度为 $L_K=0.333$ cd/m²。L_c 相对于 L_K 将会产生 44% 的误差，因此，测量的黑画面亮度为 $L_m=L_K+L_c=0.481$ cd/m²，对比度降为 207:1。当然，这是假设测量全白场上的一个黑色小方块。如果操作不小心，那么仪器透镜系统的遮幕眩光可能会产生 3% 或更多的白光亮度（见附录 A.2）。此时，3% 的遮幕眩光误差 $L_g=3$ cd/m² 会造成亮度误差，这远大于任何反射误差，它将会使测量的对比度降至 33:1，这是一个严重的误差。遮幕眩光是一个超过人们想象的问题。假设有一个遮幕眩光为 0.1% 的非常好的透镜，那么遮幕眩光对黑色画面亮度的贡献为 0.1 cd/m²，与反射引起的亮度量级相同。此时，测量的黑画面亮度（包括来自反射与遮幕眩光的亮度贡献）将为 0.581 cd/m²，对比度将为 172:1。

现在考虑球形房间，估算房间内显示屏产生的光线有多少反射到显示屏上。显示屏的发光强度为 $I=LA\cos\theta$。考虑球心在显示屏法线上、极轴与法线重合的半球上的面积元 $dA=r^2d\Omega=r^2\sin\theta d\theta d\phi$，其中，$d\Omega=\sin\theta d\theta d\phi$ 是面积元对显示屏中心所呈的立体角。入射至 dA 上的光通量为 $d\Phi=Id\Omega$，面积元上的照度为 $E=d\Phi/dA=I/r^2=LA\cos\theta/r^2$，亮度为 $L'=\rho_d E/\pi=\rho_d LA\cos\theta/\pi r^2$（假设为朗伯体），而最大亮度为 $L'_{max}=\rho_d LA/\pi r^2=0.0430$ cd/m²（如果球面为理想白色，那么 $L'_白=LA/\pi r^2=0.239$ cd/m²）。为获得反射回显示屏的照度 E'，使用由面积元亮度计算的照度——$dE'=L'd\omega\cos\theta$，沿半球内积分：

$$E'=\frac{\rho_d LA}{\pi r^2}\int_0^{2\pi}d\phi\int_0^{\pi/2}\cos^2\theta\sin\theta d\theta=\frac{2\rho_d LA}{r^2}\left.\frac{-u^3}{3}\right|_1^0=\frac{2\rho_d LA}{3r^2} \tag{B-53}$$

其中，$u=\cos\theta$。对于前面所给的参数，$E'=2\rho_d LA/3r^2=0.090$ lx（对于理想的白色房间，它将为 0.50 lx）。一块照度为 E' 的理想标准漫射白板的亮度为 $L_{std}=E'/\pi=0.0286$ cd/m²（对于理想的白色房间，它将为 0.159 cd/m²）。

B.17 反射模型和术语

下面首先讨论如何对反射参数进行分类,然后讨论一种称为双向反射分布函数(BRDF)的特殊类型的反射测量。

B.17.1 典型反射参数术语[1]

术语"反射"容易使人误解。为了在讨论反射时更加谨慎,应该用一个标准术语替代反射。最常见的术语是反射因数 R,它又分为两种特殊的情况,分别称为反射比 ρ(镜面反射比或漫反射比)和光亮度因数 β。在确定条件下,可通过 Helmholtz 互换定律将 ρ 与 β 联系起来。

反射因数 R:反射因数 R 是特定测量锥角内材料反射的光通量与相同照明条件下的理想(反射的)漫反射体(理想的朗伯反射表面)所反射的光通量的比值。

$$R = \left.\frac{\Phi_{材料}}{\Phi_{理想漫反射体}}\right|_{\substack{测量锥角和\\仪器几何布局}} \quad (\text{B-54})$$

注意:必须明确光的测量锥角。为了获得精确且可重复的反射材料的测量结果,必须明确所使用的所有设备、探测器、光源、结构等的几何布局,如图 B-25 所示。要使用反射因数就需要明确上述规定。

有以下两种特殊情况。

(1)当把测量锥角缩小到 0 时,将得到光亮度系数 β:

$$\Omega \to 0, R \to \beta \quad (\text{B-55})$$

光亮度系数本质上假设探测器的测量锥角的尺寸不重要,如探测器镜头的尺寸不会影响测量结果(但它确实会影响)。

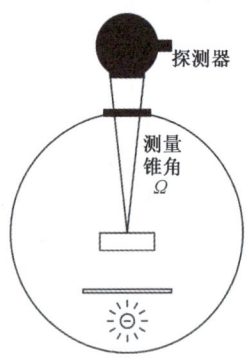

图 B-25 采用漫射照明进行反射因数测量时,确定测量锥角的示例

(2)当将测量锥角扩展为半球时,则得到反射比 ρ:

---

[1] 本节原书参考资料:

[1] *Absolute Methods for Reflection Measurement*, CIE Publication No.44, 1990.

[2] *A Review of Publicationson Properties and reflection Values of Material Reflection Standards*, CIE Publication No.46, 1979.

$$\Omega \to 2\pi, R \to \rho \quad \text{(B-56)}$$

因此，必须小心使用术语"反射"，它是一个特殊类型的反射属性。

符号：因为光源与探测器的定义相当明确，所以，反射参数 R、ρ 或 β 可以通过标注下角标来表示用于测量的几何布局。下角标符号格式为光源/探测器，其中，数值表示光源或探测器偏离法线的角度，"d"表示用作光源或探测器的半球（见图 B-26）。例如，$\rho_{d/45}$ 是指使用探测器在 45° 方向上测得的漫反射比；$\rho_{45/d}$ 是指光源放置在 45° 方向上、使用探测器（如积分球）测量反射光所得到的漫反射比。

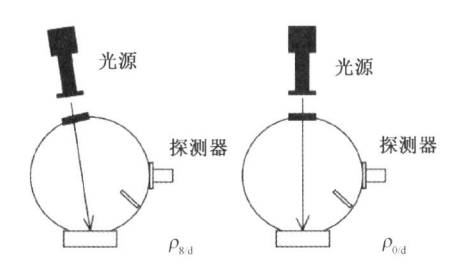

图 B-26 反射比测量示例

反射比 ρ：对于给定的布局，反射光通量 Φ_r 与入射光通量 Φ_i 之比为

$$\rho = \left.\frac{\Phi_r}{\Phi_i}\right|_{\text{仪器的几何布局}} \quad \text{(B-57)}$$

有以下两种类型的反射比。

（1）漫反射比 ρ_d（经常使用无下角标的 ρ）：在式（B-57）中，反射光通量是指在 $\Omega = 2\pi$ 的半球上收集的漫反射光通量；漫反射是指除镜面反射以外的杂散反射。

（2）镜面反射比 ρ_r（为避免复杂的下标，使用 ζ 表示）：在式（B-57）中，反射光通量是指在镜面反射方向收集的镜面反射光，不包含漫反射光；镜面反射方向类似于由几何光学规则确定的平面镜的反射方向。

光亮度因数 β 与光亮度系数 q：光亮度系数 β 定义为在给定布局下（见图 B-27），物体的亮度与理想标准白板（理想白色朗伯反射材料）的亮度之比，即

$$\beta = \left.\frac{\pi L}{E}\right|_{\text{仪器的几何布局}} \quad \text{(B-58)}$$

光亮度系数正比于光亮度因数：

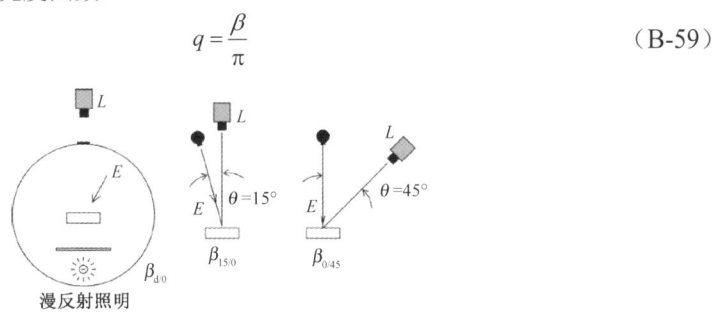

$$q = \frac{\beta}{\pi} \quad \text{(B-59)}$$

图 B-27 光亮度因数测量示例与光源/探测器标示

上述定义了4个关于反射的术语。

注意：有些人仍然使用其他系统的单位而不是SI单位（见表B-4）。这个问题会带来一点困惑。上述内容都使用SI单位。然而，如果使用英制单位，反射参数公式会有所不同，因为在式（B-58）中，π在测量单位中被抵消，详见表B-4。关于cd/m^2与fL、lx与fc的转换见表B-2。

表 B-4　亮度、照度、光亮度因数在不同单位下的比较

物理量	SI 单位	英制单位
亮度 L	cd/m^2	fL
照度 E	lx	fc
光亮度因数 β	$\beta=\dfrac{\pi L}{E}$	$\beta=\dfrac{L}{E}$

Helmholtz互换定律：该定律声明光源/探测器几何布局d/θ的光亮度因数与光源/探测器几何布局θ/d的漫反射比相等，即

$$\beta_{d/\theta} = \rho_{\theta/d} \qquad (B-60)$$

假设购买了一个反射比为$\rho_{std}=0.99$的标准白板。这个值是通过图B-28（b）中的布局获得的，其中$\theta=0$，也就是$\rho_{std}=\rho_{0/d}=0.99$。可以将标准白板置于一个被照亮的积分球内部，如图B-28（a）所示，并使用光亮度因数$\beta_{d/0}=0.99$。不要在其他布局中使用这样的设置，除非对其他布局的标定相当有把握。几何布局通常是非常重要的。

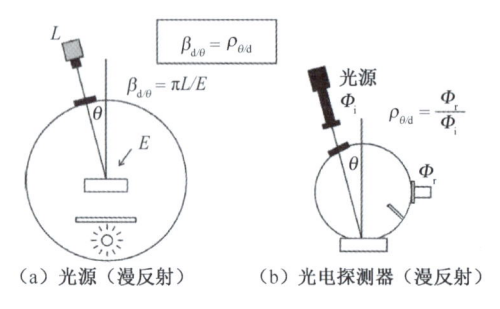

（a）光源（漫反射）　　（b）光电探测器（漫反射）

图 B-28　Helmholtz 互换定律图解

B.17.2　双向反射分布函数模型和反射类型

本节将介绍双向反射分布函数（BRDF）模型，并讨论三种反射类型：镜面反射（像镜子一样产生清晰的图像）和两种类型的漫反射（分别是朗伯反射和雾面反射）。本节也会讨论被称为矩阵散射的第四种反射类型。

注释：反射特性仍然在研究中。太过简单的模型并不适用于描述现代显示屏的反射特性。本书中没有详细指定BRDF或BRDF的参数化表达的测量方法。当能够描述反射特性参数的测量方法足够简单时，我们会在后续版本中介绍。到那时，我们会介绍更加精准的反射模型。BRDF模型适用于朗伯反射、雾面反射和镜面反射。但是，如果显示屏的前表面是镜面的话，它并不适用于矩阵分布；测量结果非常容易受仪器布局的影响，这使得测量的可重复性非常差。但是，如果显示屏的前表面存在散射，矩阵散射表现为复杂的雾面反射，则可以使用BRDF模型进行测量。

BRDF模型是基于BRDF建立的[1]。如图B-29

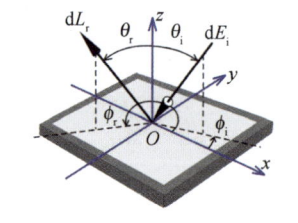

图 B-29　BRDF 配置，描述了入射光和反射光在球坐标中的方向

---

[1] 此处原书参考资料：F. E. Nicodemus, J. C. Richmond, J.J.Hsia, I.W. Ginsberg, andT. Limperis, *Geometrical Considerations and Nomenclature for Reflectance*, NBS Monograph 160, October 1977.

所示，忽略波长和偏振的相关性，在球坐标中，BRDF 是两个方向的函数，这两个方向包括入射光方向(θ_i, ϕ_i)和在球坐标系中观察反射光的方向(θ_r, ϕ_r)。BRDF 描述的是从任意方向(θ_i, ϕ_i)入射的光照度 dE_i 对方向(θ_r, ϕ_r)反射的光照度 dL_r 的贡献：

$$dL_r(\theta_r, \phi_r) = B(\theta_i, \phi_i, \theta_r, \phi_r)dE_i(\theta_i, \phi_i) \tag{B-61}$$

式中，$B(\theta_i, \phi_i, \theta_r, \phi_r)$就是 BRDF（在相关文献中，BRDF 经常表示为 f_r，这里用 B 表示是为了避免因复杂的下角标表示而与显示行业内其他以"f"表示的概念相混淆）。将空间中各方向的入射光积分，任何一个方向(θ_r, ϕ_r)的反射光亮度 $L_r(\theta_r, \phi_r)$表示为

$$L_r(\theta_r, \phi_r) = \int_0^{2\pi} \int_0^{\pi/2} B(\theta_i, \phi_i, \theta_r, \phi_r)dE_i(\theta_i, \phi_i) \tag{B-62}$$

照度的贡献 dE_i 来自房间里面的光源。对于距离屏幕为 r_i 处的光源 $L_i(\theta_i, \phi_i)$，在每个立体角 $d\Omega = dA_i/r_i^2 = \sin\theta_i d\theta_i d\phi_i$ 内产生的照度为

$$dE_i(\theta_i, \phi_i) = L_i(\theta_i, \phi_i)\cos\theta_i d\Omega = L_i(\theta_i, \phi_i)\cos\theta_i \sin\theta_i d\theta_i d\phi_i \tag{B-63}$$

式中，余弦部分表示的是当倾斜角增大时，照亮的面积也随之变大。

对于具有朗伯反射表面的漫反射模型，反射亮度和总的照度的关系为

$$L = qE \quad (q = \rho/\pi) \tag{B-64a}$$

式中，q 是光亮度系数，而 ρ 是漫反射比。镜面反射是用光源的亮度 L_s 和镜面反射比 ζ 来表征的，所以，其反射亮度表示为

$$L = \zeta L_s \tag{B-64b}$$

这是像镜子一样清晰成像的镜面反射[1]。在这些情况下，术语"镜面"或"规则镜面"指没有偏离反射方向。如式（B-64b）所示，在本书中，镜面反射被用于表示产生不含漫反射的清晰镜面成像的反射成分。

由于术语"漫反射"用于描述光能量偏离发射方向，在式（B-64a）中定义"朗伯反射"来表示近似朗伯反射，同时将其当作朗伯反射。朗伯反射模型和镜面反射模型都不能够很好地表征所有显示屏的反射。还有第三种反射类型，称为"漫反射-雾面反射"或"雾面反射"，更合适的术语表达请参阅（ASTM E 284 和 D 4449）[2]。现代显示屏的四种反射类型示意如图 B-30 所示。

现在很多屏幕有能将平行光散射到其他方向的表面，这个过程称为漫反射。引起漫反射的物体称为光学扩散器。根据图 B-30，将一个点光源（例如，一个闪光灯灯泡）置于距离屏幕 200～500mm 处，如果在反射方向能清楚地看到光源的像，那么说明该表面有不可忽略的镜面反射成分，这个镜面反射成分能产生一个清晰的虚像。如果在屏幕上看到一个相

---

[1] 此处原书参考资料：

[1] ASTM Standards on Color and Appearance Measurement, 5th edition, E 284-95a, "Standard Terminology of Appearance", definition of haze, pp. 243,1996.

[2] ASTM Standards on Color and Appearance Measurement, 5th edition, E 179-91a, "Standard Guide for Selection of Geometric Conditions for Measurement of Reflectionand Transmission Properties of Materials", pp. 210-215, 1996.

[2] 此处原书参考资料：

[1] ASTM Standards on Color and Appearance Measurement, 5th edition, E 284-95a, "Standard Terminology of Appearance", definition of haze, pp. 243,1996.

[2] ASTM Standards on Color and AppearanceMeasurement, 5th edition, D4449-90 (Reapproved 1995), "Standard Test Method for Visual Evaluation of Gloss Differences Between Surfaces of Similar Appearance", pp. 178-182, 1996.

对均匀的、深灰色的背景，那么屏幕有不可忽略的朗伯反射成分。如果灯泡的虚像周围（或镜面反射方向）为一个模糊的弥散斑，那么屏幕也有雾面反射成分。事实上，人们一直在研究如何从一个点光源反射分布的测量中得到 BRDF，但这种测量非常困难，因为使用的透镜系统会产生遮幕眩光。如果在镜面反射方向的虚像中可看到一个星状图案，那么存在矩阵散射；通常能够看到不同的颜色，这是由于衍射图案生成了矩阵散射。图 B-30 中用绿色激光说明矩阵散射，然而，在背投显示屏或粗糙玻璃上（或白色卡片上）也可以看到矩阵散射。如图 B-30（h）所示，显示屏的光滑前表面产生了一个镜面反射方向清晰的虚像，这个虚像比周围的矩阵散射更明亮。

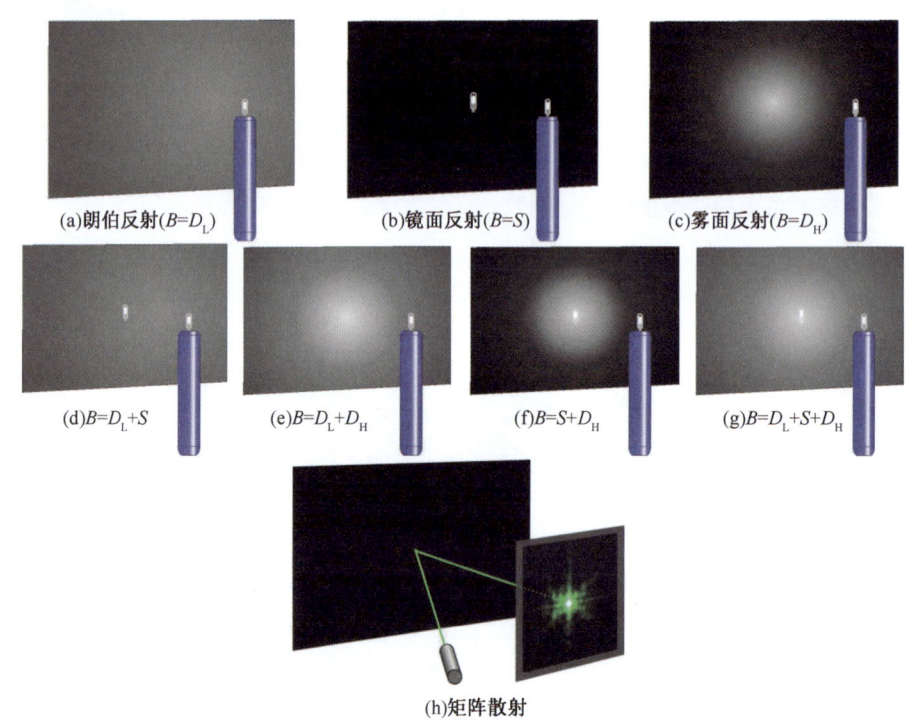

(a)朗伯反射($B=D_L$)　　(b)镜面反射($B=S$)　　(c)雾面反射($B=D_H$)

(d)$B=D_L+S$　　(e)$B=D_L+D_H$　　(f)$B=S+D_H$　　(g)$B=D_L+S+D_H$

(h)矩阵散射

图 B-30　现代显示屏的四种反射类型示意。B 指 BRDF，包括朗伯漫反射成分 D_L，能够直接成像的、类镜面反射成分 S 和雾面反射成分 D_H。图（h）给出的第四种反射类型为矩阵散射，这种散射有非常强的镜面反射成分。反射必然为四种类型中的某一种。朗伯反射、雾面反射和镜面反射有四种组合，见子图(d)~子图(g)。如果在漫反射前表面之后出现矩阵散射，那么可以把它作为一种可通过 BRDF 模型进行测量的复杂的雾面。任何或所有的反射类型都能够同时存在，或者其中一种类型占支配地位，其他类型对反射的贡献较小

不是所有的反射类型都同时可见，但对于任何有表面或保护层的显示屏，至少存在一种反射类型。有些屏幕有完全的近似朗伯反射表面［如图 B-30（a）所示的白色复印纸，即屏幕］，有些显示屏无镜面反射，而只有雾面反射和微乎其微的朗伯反射［见图 B-30（c），仅相当于镜面反射方向雾面反射峰值的 10^{-4} 或更少，许多台式计算机显示屏仅呈现不可忽略的雾面反射］。当显示屏中的一个点光源的反射光仅有雾面反射时，在镜面反射方向只能

观测到一个模糊的光斑，看不到光源的像。有些显示屏［见图 B-30（b）］没有雾面反射，只有镜面反射和近似朗伯反射，其中一些显示屏还有矩阵散射。在以上所有示例中，都可以在显示屏的前表面镀上防反射膜层，以减少反射，这样可以让显示屏表面看起来更暗。在图 B-30（b）、（c）、（f）所示的没有朗伯反射或其可以忽略不计的情况下，这种方法更有效。另一种能够测量 BRDF 的方法如图 B-30（h）所示，在暗室中，将窄激光束直接照射到屏幕上，然后观察与屏幕相对放置的一个大白卡片上的反射光。白卡片上的光分布就是 BRDF 在平面上的投影。

用 BRDF 模型可以精确获得用三个变量表示的三种反射类型（镜面反射、朗伯反射和雾面反射），反射中的漫反射部分是朗伯反射 D_L 和雾面反射 D_H 的组合：

$$D = D_L + D_H \tag{B-65}$$

由漫反射与镜面反射 S 可得到 BRDF：

$$B = S + D_L + D_H \tag{B-66}$$

式中，各反射的定义如下。

$$\begin{aligned} S &= 2\zeta\delta(\sin^2\theta_r - \sin^2\theta_i)\delta(\phi_r - \phi_i \pm \pi) \\ D_L &= q = \rho/\pi \\ D_H &= H(\theta_i, \phi_i, \theta_r, \phi_r) \end{aligned} \tag{B-67}$$

式中，ζ 是镜面反射比；ρ 是半球漫反射比。镜面反射变量中的 $\delta()$ 用于归一化，近似为选择积分中的一个函数值：

$$f(a) = \int_{-\infty}^{+\infty} f(x)\delta(x-a)\mathrm{d}x \tag{B-68}$$

这些公式仅保证镜面反射部分只来源于镜面反射方向上（法线另一侧相同角度方向）的光线。它们能够使在反射方向观察时，可以产生与镜子成像类似的、清晰的光源的虚像。结合式（B-64）~式（B-67），在所有入射光照射方向上，综合 BRDF，可得到反射亮度：

$$L_r(\theta_r, \phi_r) = qE + \zeta L_s(\theta_r, \phi_r \pm \pi) + \int_0^{2\pi}\int_0^{\pi/2} H(\theta_i, \phi_i, \theta_r, \phi_r) L_i(\theta_i, \phi_i)\cos(\theta_i)\mathrm{d}\Omega \tag{B-69}$$

式中，第一项表示朗伯反射，其中，E 为来自各方向的总照度，光亮度系数 q 与反射比 ρ 的关系为 $q = \rho/\pi$；第二项表示镜面反射，乘以镜面反射比 ζ 即镜面反射部分，$(\theta_r, \phi_r \pm \pi)$ 用于选取那些关于法线（z 轴）对称的、来自观察方向 (θ_r, ϕ_r) 的光，如与观察方向相关的镜面反射方向；最后一项表示雾面反射。

因为完整的 BRDF 是一个四维函数（事实上是六维的，这里忽略了偏振和波长这两个维度），完整的测量需要大量数据，而且测量仪器非常昂贵。但是，在使用显示屏时，经常能够进行一些简化，减少需要的数据量，以便使这种函数处理方式可行。首先，大多数显示屏是从屏幕法线方向观察的，而且从法线方向观察整个显示屏的角度通常为±30°或更小。对于电子显示屏（见图 B-31），BRDF 的形状在这个范围内往往没有明显的变化。所以，对于很多显示屏的反射特性，使用简化的 BRDF，即 $B(\theta_i, \phi_i) \equiv B(\theta_i, \phi_i, 0, 0)$ 就足够了。在下面的内容中，表示入射照度的下角标"i"将从球坐标中省略。从现在开始，将认为简化的 BRDF 足够描述显示屏：$B(\theta, \phi) \equiv B(\theta_i, \phi_i, 0, 0)$。

如果 BRDF 关于镜面反射方向对称，则 BRDF 与 ϕ 不相关，即 $B(\theta, \phi) = B(\theta)$。当屏幕上观察到点光源的反射具有旋转对称的 BRDF 时，雾面反射将为理想的圆形，无任何毛刺。

对于这种情况，获得一个恰当的 BRDF 相当于得到一个平面内的 BRDF，在这个平面内，探测器放置于屏幕法线位置，光源在水平面内绕法线旋转。但是，因为显示屏前表面后存在微结构，这种最简化的方式有时无法实现。例如，BRDF 不关于法线旋转对称，如图 B-32 所示。对于这种屏幕，BRDF 不再是一个能测量的简易函数了。当漫反射表面后面存在矩阵散射时往往就是这种情况，此时会产生关于法线旋转不对称的雾面反射，且存在各种毛刺。

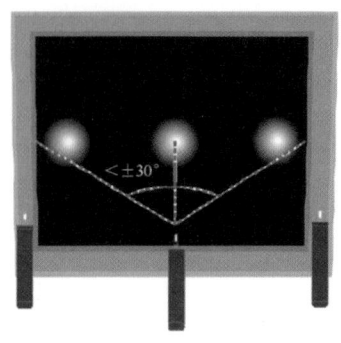

图 B-31　对于一些显示屏，BRDF 在整个屏幕上的形状就像从法线附近单独观察的一样

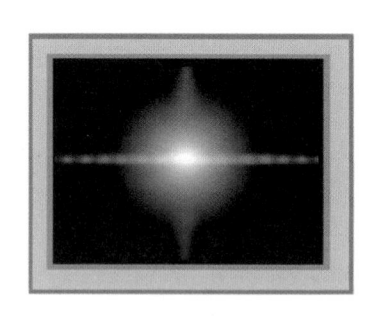

图 B-32　没有旋转对称性的 BRDF

一些文献中介绍了多种获得 BRDF 的方法[1]，这里就不再重复。当存在镜面反射和雾面反射时，须使用精密仪器小心地测量 BRDF，仪器的校准（通过测量诸如理想镜面或黑色玻璃的 BRDF 进行校准）可帮助更好地理解测量的结果。与同时存在镜面反射和雾面反射的 BRDF 测量相比，只存在雾面反射的 BRDF 测量更简单。图 B-33 给出了显示屏模拟样品的 BRDF，这个样品有如图 B-30（g）所示的三种反射成分：镜面反射成分表现为尖峰；雾面反射成分的轮廓具有一个峰值和一定的宽度；朗伯反射成分表现为近似常数的背景。朗伯反射在对数坐标系中为一个常数，但在线性坐标系中为一条斜线。为了获得雾面反射峰上与 δ 函数类似的镜面反射，测量设备的分辨率要为 0.2°或更小。设备分辨率的降低（增加其接收面积或孔径角）会使镜面反射的尖峰变模糊，直至其无法被识别为一个独立的尖峰，并与雾面反射的轮廓混合。设备的分辨率取决于探测器和光源。镜面反射的峰值大概是雾面反射峰值的 10 倍，大概是朗伯反射的 100 倍。在大多数存在这三种反射的显示屏上都能发现上述数量级关系。图 B-33 中 60°角之外的回落可能是由入射余角方向表面的反射引起的，在大角度入射下即便是磨砂面，入射余角方向也可以呈现镜面反射。朗伯反射就是所示的平滑区域。

为了更好地理解这三种反射之间的关系，考虑一个极小的均匀圆盘状光源，光源相对

---

[1] 此处原书参考资料：

　　[1] ASTM Standards on Color and Appearance Measurement, 5th edition, E 1392-90,"Standard Practice for Angle Resolved Optical Scatter Measurementson Specular or Diffuse Surfaces", pp. 439-444, 1996.

　　[2] ASTM Standards on Color and Appearance Measurement, 5th edition, E 167-91,"Standard Practice for Goniophotometry of Objectsand Materials", pp.206-209, 1996.

　　[3] M. E. Becker,"Evaluation and Characterization of Display Reflectance", Societyfor Information Display International Symposium, Boston Massachusetts, May12-15, 1997, pp 827-830.

　　[4] J. C. Stover, *Optical Scattering, Measurement andAnalysis*, SPIE Optical EngineeringPress, Bellingham, Wash., USA, 1995.

于屏幕中心所成的立体角为 Ω, 亮度为 L_s。假设从小圆盘的镜面反射方向观察, 并测量反射图像中心的亮度 L, 如图 B-34 所示。让雾面反射轮廓峰 H 在镜面反射方向上的高度为 h。由于尺寸非常小, 式（B-69）中的积分将简化为 $hL_s\Omega=hE_s$, 式中, $E_s=L_s\Omega$ 是光源照射到屏幕上的照度。因此, 式（B-69）简化为

$$L = (q + h)E_s + \zeta L_s \tag{B-70}$$

因此, 将雾面反射看作与朗伯反射类似, 这是因为它依赖于照度的强度, 但因其在镜面反射方向存在反射峰值, 其也与镜面反射相似。当将光源靠近（或远离）屏幕时, 与照度成正比的项将递增（或递减）, 但镜面反射项保持不变, 与距离无关。这就是眼睛看到的三种反射成分独立的原因, 因为它们对光源的反射方式不同。事实上, 镜面反射和朗伯反射是雾面反射轮廓的两个极端状态。雾面反射轮廓（或 BRDF）的一种极端形状是水平线（常数）, 它是角度的函数, 即朗伯反射。雾面反射轮廓的另一种极端形状为 δ 函数, 即理想的镜面反射（当然, δ 函数为实际情况的一个数学抽象, 但它是一个使 BRDF 参数化描述的、恰当的数学构造, 并且如果已知屏幕的反射特性, 能够更好地从亮度分布计算反射）。

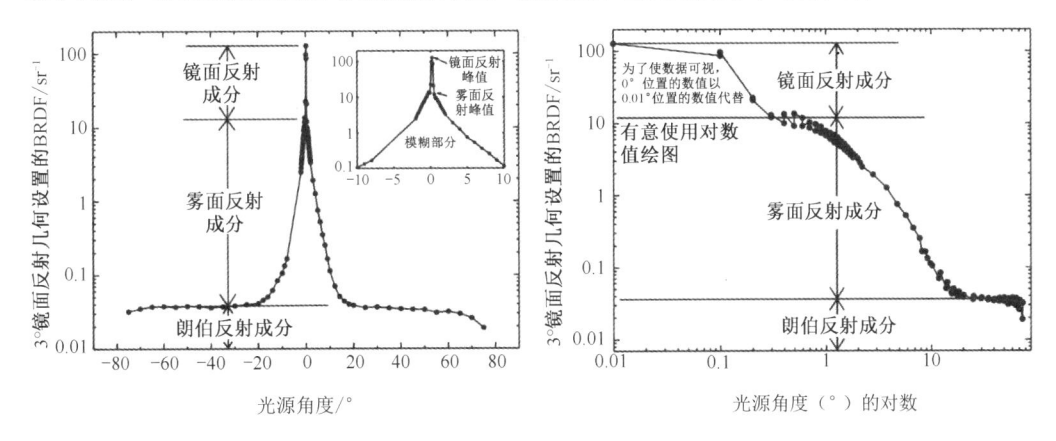

图 B-33 存在明显的朗伯反射的 BRDF。插图展示峰的细节。BRDF 的分辨率是 0.2°, 点光源被用来获得 BRDF。图中给出了同一组数据的两种不同的结果, 对数横坐标能够更好地展示峰的细节

沿着这种思路, 可将镜面反射峰从雾面反射峰中分离出来, 前提是假设两种反射成分都存在且明显（这将成为一种测量方法, 称为半径可变光源法, 用于分离和提取镜面反射峰与雾面反射峰）。光源有 1° 或更小张角的孔径。当孔径半径接近 0 时, 如图 B-34 所示, 照度也接近 0, 但镜面反射的亮度依然与光源亮度呈比例。当然, 要求 LMD 必须可以测量小光源, 且测量视场角必须小于 1 角分。用光源参数精确描述照度：

$$L = \zeta L_s + \left[(q + h)\frac{\pi L_s \cos\theta_s}{d^2} \right] r^2 \tag{B-71}$$

式中, d 为光源到屏幕的距离, r 为光源的半径。此式明确给出照度与 r 的关系。一般来说, 对于一个漫反射比 q 为 0.05 或更小、雾面反射峰值 h 为 10 sr^{-1} 的显示屏（此处可以忽略朗伯反射）, 式（B-71）式可以简化为

$$L = c + ar^2 \tag{B-72}$$

式中, $\zeta=c/L_s$, $h=ad^2/(\pi L_s \cos\theta_s)$。所以, 如果采用一个对称的六阶多项式对数据进行拟合：

$$L(r) = c + ar^2 + fr^4 + gr^6 \qquad (B\text{-}73)$$

可以得到 c 和 a 的值，从而能够提取镜面反射和雾面反射。采用六阶多项式代替二阶多项式的原因是式（B-71）仅适用于半径非常小的光源。图 B-35 所示为用六阶多项式拟合数据的示例。

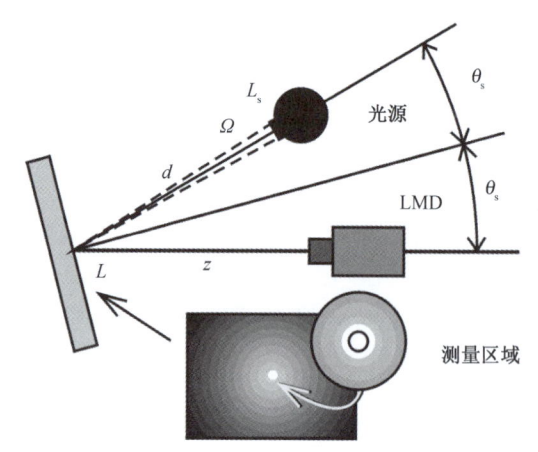

图 B-34　利用足够小且均匀的光源展示三种反射类型的贡献

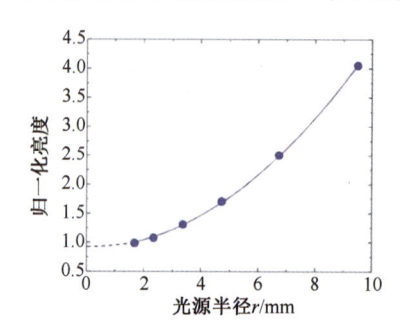

图 B-35　亮度与光源半径的关系，呈现了雾面反射峰值和镜面反射成分

当显示屏表面靠像素表面足够近时，如距离为 1 mm，背景朗伯反射成分可忽略不计的雾面反射将完全掩盖镜面反射。当显示屏表面无法足够靠近像素表面时，将不能使用有强烈漫反射的前表面，因为它会使像素细节模糊。例如，将蜡纸或磨砂玻璃置于报纸上方 10mm 处阅读，与直接将蜡纸或磨砂玻璃放在报纸上面阅读进行比较，很容易就可看出区别。

一些测量方法通过不同的途径表征反射。任何时候，当雾面反射或矩阵散射占主导地位时，都将降低测量的重复性。这时，测量结果将对设备的相对位置和其详细结构非常敏感。

B.18　数字移动窗口平均滤波器

本节将介绍通过数字移动窗口平均滤波器（MWAF）实现低通滤波和带阻滤波的简单方法，还将介绍这种方法的好处和局限性。

10.2.2 节中的测量先获得了一段时间内的多个离散亮度值，然后检测亮度随时间变化的波形特征（如最大值和最小值）。这种特征分析的不确定性和重复性通常可以通过滤除采样点之间的噪声（低通滤波）或滤除叠加的周期性纹波（带阻滤波）进行改善。

注意：在任何关于数字滤波器的书籍上，都能找到更好的低通滤波器和带阻滤波器，所以，本节无意排斥使用这些滤波器。使用 MWAF 的原因如下。

（1）MWAF 是最简单的一种数字滤波器，因此容易实现，特别是在诸如电子表格的编程有限的环境中。

（2）MWAF 的简单性也意味着数字滤波器的突然中断造成测量停滞的风险较小，因为 MWAF 相对容易通过手动进行验证。

（3）MWAF 是一种滤波器，经常能够在诸如数字存储示波器这类设备中看到。

（4）当在一些约束条件下使用 MWAF 时，得出的结果和使用更复杂的滤波器得出的结果是非常接近的。

（5）与更复杂的滤波器相比，在最大值处和最小值处，MWAF 经常能够得出更光滑的波形，使得基于最大值和最小值的测量更容易且重复性更好。

（6）当作为一个脉冲滤波器使用时，MWAF 能够过滤掉任何周期性脉冲波形，包括锯齿波形和其他更复杂的 FPD 刷新的波形。

1. 定义

SampleRate 为采样频率，单位为采样次数/秒；

SampleCount 为采样的次数；

RawData[0…SampleCount-1]为输入的原始数据阵列；

FilteredData[0…SampleCount-1]为输出的过滤后的样本数据；

FilterPeriod 为过滤掉的周期性纹波（参见下面的讨论）。

2. MWAF

为了清楚地了解如何实现 MWAF，下面给出实现 MWAF 的计算机代码。

```
FilterCount =NearestInteger(FilterPeriod /SampleRate)
FC2 =FloorInteger(FilterCount/2)
ForI = FC2 TO SampleCount-(Filtercount-FC2)
{
    Sum= 0
    for J = (I - FC2)TO (I - FC2 + FilterCount-1)
        Sum= Sum+ RawData[J]
        FilteredData[I]= Sum/ FilterCount
}
```

FilteredData 输出矩阵中的任何一个元素都设置为 RawData 输入矩阵中 FilterCount 元素的平均值，RawData 输入矩阵为当前系数（I）的中心值。注意，当 FilterCount 为偶数时，相对于原位置，FilteredData 时间偏移了 SampleRate/2。当 FilterCount 为奇数时没有这种时间偏移。

当移动的平均窗口超出 RawData 矩阵时，并不计算过滤的平均数，这会减少在

FilteredData 起始和结尾处的过滤（这在纹波滤波器中会出现问题，因为 FilteredData 起始和结尾处的纹波并没有完全消除）。如果想要进行计算，通过分别给起始和结尾处的数据赋值来提取 FilteredData 起始和结尾处未计算的元素。

3. 噪声滤波器

MWAF 可以用作采样点之间的噪声滤波器（或低通滤波器）。在这种应用中，FilterPeriod 应为测量数值的一小部分（通常不大于10%）。例如，当测量 20.0ms 的上升时间时，FilterPeriod 应为 2.0ms 或更少，以避免过度平滑被测量的波形。

4. 纹波滤波器

MWAF 也可以用作一个粗略的带阻滤波器，滤掉叠加在关注的波形上面的循环周期性波形（纹波）。例如，一个周期为 16.6ms 的 LCD 帧刷新波形可能叠加到周期为 120.0ms 的开启波形上。在这种应用中，FilterPeriod 应该设置为纹波周期。当应用恰当时，这种滤波器能够大大减少叠加的纹波。可多次应用这种滤波器以滤除多种不同周期的纹波。

5. MWAF 的局限性

FilterPeriod 应该尽可能准确地等于纹波周期。

FilterCount 应该越大越好（至少为 10，最好大于 20）。这可以通过增加 SampleRate 或将 FilterPeriod 设置为纹波周期的整数倍实现（但只适用于在得到 FilterPeriod 时，纹波振幅变化不大的情况）。另一种方法是重新进行数字采样以产生一个更大的 SampleRate。

当 FilterPeriod 与测量数值相似时，关注的波形能被充分过滤，从而改变测量的数量。例如，当过滤一个叠加在周期为 25.0ms 的开启波形上的、周期为 16.6ms 的波形时，开启波形可能足够平滑，以至于测量的开启时间增加到 30.0ms。这种误差也许能够接受，特别是当开启时间因大的叠加纹波而难以测量时。也可以采用更加精密的陷波滤波器。

B.19　准直光学系统

下面将介绍一种不对光源成像的 LMD。这类仪器将探测器放置在透镜的焦距处（不是在像的焦点处）。探测器的大小和透镜的焦距决定了对测量有贡献的光的角度。因此，LMD 应尽可能靠近显示屏表面，防止大视场角度的光进入。

一个典型的点光度计使用成像光学，光聚焦到位于透镜系统焦点后面的、像平面的传感器上，在透镜系统焦点后成像。若应用准直光学，则没有任何成像，并且传感器位于透镜的焦点上（在这种情况下，光纤连接 LMD），如图 B-36 所示。采用这种方法，准直光学系统

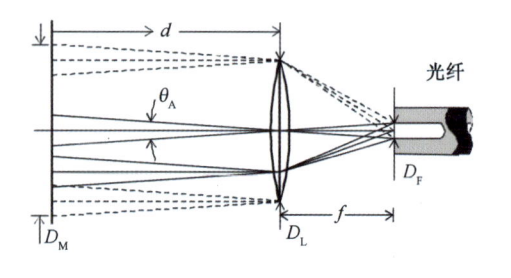

图 B-36　准直光学系统的典型光路

能够进行大面积、近距离扫描，并且使得所有测量的光线都在与光轴成±θ_A 的角度范围内。

在成像光学中，测量区域（D_M）的直径由视场角或孔径角 θ_A 和测量距离 d 决定，关系为 $D_M=2d\tan(\theta_A/2)$。例如，如果 $d=500$ mm 且 $\theta_A=2°$，那么 $D_M=17.4$ mm（注意，对于小角度，有 $\theta_A \approx \tan\theta_A$，$\theta_A$ 的单位为弧度）。

在准直光学系统中，采用光纤在焦点位置收集光线。由于光纤直径不等于零，所以，系统存在非零的发散角度 θ_A，与图 B-36 中平行于光轴的虚线所表示的理想"探照灯"光束相反。这种发散角度（与成像系统中的视场角或孔径角或张角等同）是由准直光学透镜的几何位置和光纤直径决定的。

在准直光学系统中，测量区域的直径由透镜直径 D_L、孔径角 θ_A、焦距 f、光纤直径 D_F 和测量距离 d 决定，关系为 $\theta_A=2\arctan(D_F/2f)$，$D_M=D_L+2d\tan(\theta_A/2)$。例如，如果 $D_L=12.5$ mm、$d=100$ mm，$\theta_A=1°$，那么 $D_M=14.2$ mm。

由于准直光学系统不需要聚焦，因此，它离显示屏可近（如测角仪）可远（有利于反射率的测量），只要待测量区域恰当即可。

B.20 对比度测量——栅格和调制传递函数[1]

保真度（从输入图案的对比度转为屏幕上被测光的对比度）取决于图案的空间变化。这种保真度通常使用以下两套输入周期性图案中的一套进行测量：不同空间频率的黑白方波和不同空间频率的、被充分调制的正弦波。对于任意一套图案中的任意一幅图案，最后都是测量同一个数值，等价于迈克耳孙对比度$(L_{max}-L_{min})/(L_{max}+L_{min})$的数值。在阵列像素屏幕上更容易产生和测量方波。如果从输入到输出的转换是线性且平移不变的，那么输入正弦波的优势就在于它总会输出正弦波。本节将介绍基于以上两套不同调制传递函数的分析方法。

1. 动机和综述

一个光学系统并不能精确地再现所有入射到它上面的空间频率，特别是存在一个称为截止频率的最大空间频率时，比这个频率更大的任何输入都对应零输出。对于数字显示屏来说，存在一个固有的空间频率谱上限，这个限制由像素间距决定。那些空间频率间隔小于像素间距的信息都无法显示。眼睛和显示屏之间的距离会限制显示图像上能够被区分的细节。如果眼睛离显示屏足够近，以至于能够分清单个像素元素，那么很明显像素间距将决定分辨率的极限。如果眼睛离显示屏太远，以至于无法分清单个像素元素，那么限制显示图像上能

---

[1] 本节原书参考资料：

[1] R.N.Bracewell(1978),The Fourier Transform and its Applications. Second Ed. New York：Mc Graw-Hill.

[2] J. W. Cooley and J.W. Tukey (1965), Math. Comput. 19, 297-301.

[3] T. Corn sweet(1970),Visual Perception, Academic Press, pp. 312-330.

[4] Electronic Industries Association (EIA, 1990). MTF Test Method for Monochrome CRT Display Systems, TEPAC Publication TEP 105-17.

[5] B. A. Wandell (1995), Foundations of Vision. Sunderl and, MA：Sinauer; Chapter 2.

[6] R. M. Boynton (1966), Vision, in Sidowski, J.B. (Ed.), Experimental Methods and Instrumentation in Psychology. McGraw-Hill, 1966.

够被区分的细节的因素就是眼睛。本节的讨论中将只考虑显示屏的影响,将不考虑眼睛的影响。

如何量化数字显示系统的对比度表现?一个明智的选择是测量光学传递函数(OTF),其长期以来被证明是一个能够很好地表征高质量光学系统的方法。OTF 用于测量目标物的对比度是如何通过光学系统传递给图像的,如从显示屏到视网膜。基本方法是将输入目标与输出图像(线性,二维)分解为不同空间频率的正弦波和余弦波的傅里叶变换。假设目标通过光学系统到成像的变换是线性变换(详细的讨论会在下面第三部分展开),目标所有频率成分通过光学系统是分开的、不相关的,最后组合(叠加)形成输出图像。虽然 OTF 是一个复数函数,存在实部和虚部,但在大多数平板显示屏的分析中,它的模数才是最重要的。当由于光学产生的模糊对称时(通常是这样的),OTF 的相位部分可以忽略不计。OTF 的系数通常被认为是调制传递函数(MTF)。

可以依据 MTF 分析计算机显示屏,就像纯粹的光学系统一样。但是,必须清楚地意识到传统的光学概念和那些在数字显示屏中经常使用的概念之间存在很多差异。一个明显的差异是显示屏并不是纯粹的光学系统,其将输入图像的电信号转换为输出的光信号。假设已经做了点非线性补偿(如 CRT 中的伽马射线),则该事实的主要结论是,来自光学系统的光是一个连续(模拟)场,而来自计算机(平板的)显示屏的光是离散的(数字的)图像元素。因此,正弦波并不是数字图像的本征代表,即使在使用 MTF 时其更便于操作。因此,在使用 MTF 时有另一种选择,就是用方波取代正弦波。这种方法被称为栅格方法。本书不认为 MTF 方法或栅格方法更能正确地评估显示屏对比度与空间频率之间的关系,本章对这两种方法都将进行讨论。

MTF 方法和栅格方法都采用了空间频率的概念。前者通过每毫米的周期数来表达一维正弦波图案的空间频率,后者则通过每毫米线对(lp/mm)的数量来表达,这里线对是由紧挨在一起的亮线和暗线(具有相同的宽度)组成的。在任何一种表达中,空间频率光谱都是连续的,并且近似从直流到频率为每毫米几千线对(或周期)。当频率增加时,MTF 方法和栅格方法得出的对比度会下降;由光学系统引起的模糊对精细图像的影响比对粗糙图像的影响更大。为了更好地介绍 MTF 方法和栅格方法的通用性,下面首先回顾一下栅格方法,然后对 MTF 方法的细节进行讨论。

2. 量化对比度的栅格方法

栅格方法采用几个不同细度的输入图案(栅格)对显示屏进行测量,每个栅格在一维中是均匀的,在正交坐标系中是方波。这种结构可以被描述为周期性的一系列明暗线,这些线通常是等宽的。细度(空间频率)通常定义为"每毫米的线对"或"每度的线对"[1]。这类似于时间频率(赫兹),除了用时间代替距离或角度。对于计算机显示屏,完全由一个灰度表示的屏幕的空间频率为零[2]。当屏幕同时存在一系列约 25 mm 宽的黑白格子时,空间频率

---

[1] 这两种测量本质上是一样的。选择哪一种方法取决于具体情况。如果在一个显示屏上测量空间频率,采用每毫米的线对可能更方便测量周期性图案。另外,如果对着目标看,那么眼睛和目标之间的距离将会影响空间频率,测量每度的线对可能更精确。

[2] 严格地讲,这样的一个显示屏的宽或高将会导致空间频率为零或"dc"。

为 0.04 线/mm 或 0.02lp/mm。如果在 25mm 中大概有 25 对黑白线,那么空间频率为 1lp/mm。

对于输入方波的每个空间频率,在代表输出波形对比度的输出图案(不是方波)上测量一个单独的数据。这个数据就是迈克耳孙对比度,其定义为

$$C_m = \frac{L_{\max} - L_{\min}}{L_{\max} + L_{\min}} \quad \text{(B-74)}$$

式中,$L_{\max}$ 是图像最亮位置对应的最大的亮度,$L_{\min}$ 是图像最暗淡位置对应的最小的亮度。迈克耳孙对比度取值范围为 0~1。假设对输入栅格的每个空间频率都测量一个迈克耳孙对比度,每个这样的数被称为栅格对比度,一系列这样的数被称为栅格对比度函数,与 MTF 类似。

但是,与 MTF 不同的是,栅格对比度并不能传达所有从输入到输出的栅格的形变信息。

另一种与 C_m 性能类似的表征指标为对比度 C,其定义为

$$C = \frac{L_{\max}}{L_{\min}} \quad \text{(B-75)}$$

C 的取值可以非常大(相当于 7.2 节中的 C_G 或 5.10 节中的 C_{seq}),因为对于一个处于暗室的优秀显示屏,表达式的分母取值可以非常小。迈克耳孙对比度和对比度之间的关系为

$$C_m = \frac{C-1}{C+1}, \quad C = \frac{1+C_m}{1-C_m} \quad \text{(B-76)}$$

C_m 通常用来表征 CRT 显示屏,所以,使用 C_m 能比较 FPD 和 CRT 显示屏。但是,C_m 对涉及高对比度的比较并不那么敏感。如果环境光被反射或散射到使用者那儿,那么 $L_{\min}$ 将不为零,迈克耳孙对比度将永远达不到 1。当然,在暗室中,基本上不存在其他光源,所以,迈克耳孙对比度将会无限接近 1。

以上介绍了一种与迈克耳孙对比度等价的对比度。但是,迈克耳孙对比度与等价的对比度还是有显著的区别的,因为它在 MTF 分析评估中是精确的(即使输入图案不同)。这将在下面讨论。

3. MTF

接下来将概括性地介绍 MTF;CRT 显示屏测量环境下的 MTF 的应用在 EIA (1990)中有更加详细的讨论,并且能够直接应用于平板显示屏。

1)通过卷积表征线性系统

为了对一个线性系统定义 MTF,首先它必须是平移不变的,如给定输入对应的输出与输入传递的空间或时间是不相关的。此外,线性意味着:①如果输入 I 产生输出 I',那么输入 kI 将产生输出 kI';②如果输入 I_1 产生输出 I'_1,同时输入 I_2 产生输出 I'_2,那么输入 I_1+I_2 将产生输出 $I'_1+I'_2$。这些性质意味着通过一个线性系统,输入和输出将呈现卷积的关系。

对于二维空间有

$$I'(x,y) = \int_{-\infty}^{+\infty}\int_{-\infty}^{+\infty} T(x',y')I(x-x',y-y')dx'dy' \equiv T(x,y)*I(x,y) \quad \text{(B-77)}$$

式中,$T(x,y)$ 表示系统的点扩散函数;星号表示卷积。即使 $T(x,y)$ 表征了系统输入和输出的不相关性,但还是能通过采用一个单位点作为输入(狄拉克公式,即除了空间某一个点,其他点的值都为零,它在 x-y 空间的积分为 1),以及记录所有时间点的输出 $I'(x,y)$ 来得到

$T(x,y)$，因此将其命名为点扩散函数。

对于一维空间有

$$I'(x) = \int_{-\infty}^{+\infty} T(x')I(x-x')\mathrm{d}x' \equiv T(x) * I(x) \qquad (\text{B-78})$$

式中，$T(x)$是系统的线扩散函数。尽管 $T(x)$表征了系统的输入和输出的独立性，但还是能够通过采用空间的一个单位线脉冲作为输入（狄拉克公式，即除了空间某一个点，其他点的值为 0，并且对 x 的积分为 1），以及记录所有时间点的输出 $I'(x)$来得到 $T(x)$。因此，将其命名为线扩散函数。假设在屏幕上，y 或 y 的平均值跟 I 和 I'不相关。如果系统是各向同性的（也就是说线的方向无关紧要），那么允许使用一维测试图案，如一条线来刻画二维的光学系统。

术语"调制传递函数"应用于一维空间系统中［如式（B-78）］，或对于各向同性的二维系统通过与方向无关的线扩散函数进行刻画。但是，它并不能用于完整的二维空间系统［如式（B-77）］。所以，本书仅使用式（B-78）进行讨论。

2）通过傅里叶变换定义 MTF

当一个余弦波输入一个平移不变的空间系统中时，将会产生平移的且等比例（衰减的）复制输入的输出。对于一个具有对称的线扩散函数的系统（如大多数的光学系统），空间平移为零，并且 MTF 定义为输入波空间频率的衰减与 dc（零频率时）的衰减的比值。

对于一维空间，一个单位振幅的、频率为 f（周期/度或周期/厘米）的余弦波为

$$\begin{aligned} I'_c(x) &= \int_{-\infty}^{+\infty} T(x')\cos[2\pi f(x-x')]\mathrm{d}x' \\ &= \cos(2\pi fx)\int_{-\infty}^{+\infty} T(x')\cos(2\pi fx')\mathrm{d}x' + \sin(2\pi fx)\int_{-\infty}^{+\infty} T(x')\sin(2\pi fx')\mathrm{d}x' \\ &\equiv A(f)\cos(2\pi fx) - B(f)\sin(2\pi fx) \\ &\equiv |M(f)|\cos(2\pi fx - \phi) \end{aligned} \qquad (\text{B-79})$$

在式（B-79）的第三行中，

$$A(f) = \int_{-\infty}^{\infty} T(x')\cos(2\pi fx')\mathrm{d}x' \qquad (\text{B-80})$$

$$B(f) = -\int_{-\infty}^{\infty} T(x')\sin(2\pi fx')\mathrm{d}x' \qquad (\text{B-81})$$

它们是傅里叶变换函数 $T(x)$的实部和虚部。完整的傅里叶变换为

$$\begin{aligned} M(f) &= A(f) + \mathrm{j}B(f) \\ &= \int_{-\infty}^{\infty} T(x')\exp(-\mathrm{j}2\pi fx')\mathrm{d}x' \end{aligned} \qquad (\text{B-82})$$

式中，$\mathrm{j}=\sqrt{-1}$。在式（B-79）的第四行中，

$$|M(f)| = \left[A(f)^2 + B(f)^2\right]^{1/2} \qquad (\text{B-83})$$

是 $M(f)$的系数，且

$$\phi = \arctan[B(f)/A(f)] \qquad (\text{B-84})$$

是傅里叶变换的相位。

式（B-79）~式（B-84）给出了平移不变系统对输入余弦波（或正弦波）产生的一个非常简单的变换：输出是衰减的、相位平移的输入的复制。衰减系数由$|M(f)|$决定，相位平移（角度）由 ϕ 决定。

通常，$M(f)$称为光学传递函数，其系统的线扩散函数为$T(x)$。但是，如果$T(x)$是对称的[即对于所有x，$T(x) = T(-x)$]，那么$B(f) = 0$，$M(f) = A(f)$是实部，并且$M(f)/M(0)$称为空间系统的MTF。这种特定用法——对于光学领域，特别是用于表征透镜和人类视觉敏感性——被Cornsweet和Wandell记录。应当肯定的是，对于平板显示屏，$T(x)$是对称性很好的假设，这种约束没有阻碍MTF的使用。

当注意到光的强度不能为负时，术语"调制传递函数"的起源在光学环境中变得清晰了，因此，实际上可以采用一个完全调制的余弦波$1+\cos(2\pi fx)$而非简单的$\cos(2\pi fx)$来测量光学系统。波形输出为$M(0)[1+m\cos(2\pi fx)]$，式中，m是与频率相关的波形调制深度。系数m实际上是频率为f的MTF [$M(f)/M(0)$]。

3) MTF的有用属性

从上述内容可以看到，在具有对称的线扩散函数的一维空间中，MTF是线扩散函数的归一化的傅里叶变换（实部），由于进行了归一化，因此dc的值为1。在傅里叶变换中，根据卷积理论，式（B-77）和式（B-78）变得特别简单：

$$\text{如果 } I'(t) = T(t) * I(t)，\text{那么 } I'(f) = T(f)I(f) \tag{B-85}$$

式中，$I(f)$、$T(f)$和$I'(f)$分别是$I(t)$、$T(t)$和$I'(t)$的傅里叶变换。因此，在傅里叶变换中，两个公式间的卷积表现为简单的频率和频率相乘。在执行平移不变系统（光学的或电学的）的数字模拟时，卷积理论变得非常有用，原因如下：①存在进行多重卷积的理由，多重卷积的计算代价非常大；②存在一种有效地执行傅里叶变换的方法——快速傅里叶变换，其由Cooley和Tukey于1965年提出。

这些相当正式的注意事项与比栅格对比度函数更有信息优势的MTF密切相关。为了了解这种优势，首先应该清楚地认识到，MTF和栅格对比度函数是用相同的方法对不同的输入图案测量得到的：MTF的每个点是一个迈克耳孙对比度，被测时间点采用完全调制的正弦波输入而不是方波输入。为了理解这一点，想象一个完全调制的输入正弦波：

$$I(x) = A[1 + \cos(2\pi fx)] \tag{B-86}$$

利用正弦波是由具有对称的线扩散函数的线性、平移不变系统等比例得来的，对于输出正弦波，可以写出如下的表达式：

$$I(x) = A[a + b\cos(2\pi fx)] \tag{B-87}$$

输出函数的迈克耳孙对比度为$(L_{max} - L_{min})/(L_{max} + L_{min})$，在这种情况下，有

$$C_m = 2b/(2a) = b/a \tag{B-88}$$

但是，系统的MTF是式（B-87）在频率为f时的傅里叶变换除以式（B-87）在频率为0时的傅里叶变换得到的。分子是$Ab/2$，并且分母是$L(x)$的平均，简记为Aa。分子和分母的比值为$b/(2a) = C_m/2$。可以看出，MTF是由一系列完全调制正弦波输入产生的迈克耳孙对比度测量值组成的。

4. 栅格对比度函数和MTF的相对适用性

尽管MTF和栅格对比度函数有很多相似的地方，但它们之间仍有很多差异，这使得MTF具有信息优势。给定输入正弦波的空间频率和输出波形的迈克耳孙对比度，就可以知道输出波形的形状（是另一个正弦波）。只要满足MTF的相关假设，不同空间频率下的一

系列的这种对比度函数测量足够对任意输入的响应做出预测。但是，方波输入图案的栅格对比度函数并不能传达关于任意输入图案的所有输出失真。

相对于栅格对比度函数，MTF 所具有的表面上的信息优势在真实世界的应用中很大程度上是一种错觉，因为平移不变性的假设，甚至是线性的假设并不适用于真实的显示屏。例如，一条输入线的空间输出的延伸在显示屏上从一点到另一点是变化的，这与平移不变性的假设是相反的。因为从输入到输出的延伸的主要影响发生在高空间频率处，我们认为可以用正弦波去测量屏幕上特定的地方，得出一系列局部的 MTF 性质，从而完整地预测任意图案的对比损失。但是，这样依然存在问题，即输出线型（如 CRT 线型）在峰值输入处是高度非线性的（如 CRT 电子束电流）。这是非常不同于伽马非线性的，伽马非线性是假设对输入做了补偿。因为输入正弦波有很大的动态范围（从黑到白），所以，对于 MTF，不希望实现近似的线性化。

考虑到现实世界的限制，栅格对比度函数要比 MTF 更有优势：容易测量且可重复性高。因为栅格对比度测量显示了在最高空间频率处的对比度损失（在这种情况下，正弦波近似为方波），栅格对比度函数可能被粗略地想象成近似于 MTF。但是，这种粗略的类推不应该让人忽略被测量系统的非线性的本质。

总的来说，对于显示屏测量，栅格对比度函数比 MTF 更适合，因为它的测量更容易且可重复进行，而且不用赋予它那些它本没有的线性系统的概念。

5．观察环境对对比度函数的影响

暗室中显示图像的对比度经常比有环境光的环境下显示图像的对比度更高，这是因为环境光对光幕反射引起的最小光强的增加比最大光强的增加大得多。因此，环境光将会减少 MTF（对栅格对比度函数也如此）在非零空间频率处的组成部分。

另外，如果显示屏本身存在内部反射，那么在暗室中明亮的屏幕图像的迈克耳孙对比度可能达不到 1。例如，明亮像素的光将会被显示屏内部的某一界面反射，并且反射光可能会照亮邻近的像素，从而降低对比度。最坏的情况发生在光照充足的区域或户外。在这些情况下，不发光的像素点将会非常亮。不仅内部反射会降低对比度，而且 LCD 层或来自内部其他层的散射光也会降低操作环境中的可用的最大对比度。对比度是空间频率的函数，更高的空间频率很可能受影响更大。

6．通过像素几何尺寸进行二维一般化

在典型的数字平板显示屏中，无论 MTF 还是栅格对比度函数，在不同的方向上可能不同。如果像素不是方形的，那么这些函数在水平方向和竖直方向是不一样的。当空间频率矢量平行于图像对角线（即使像素是方形的）时，将会测量得到一个不同的对比度函数。因此，想要刻画平板显示屏的全部特性，需要完整的二维对比度函数。

B.21　不确定度分析

下面尝试用一些词汇让读者了解在测量结果中对不确定度的评估。

假设购买一款亮度计,其规格书给出的准确度为±2%,精度为±0.1%。这些术语是什么意思呢?是否还有更好的表达不确定度的方法?许多术语可用于描述测量结果的不确定度:准确度、不准确度、精度、不精确度、重复性、再现性、可变性、误差、系统误差、随机误差和不确定度等。所有这些术语都有各自不同的用法,需要用一种精确的术语来描述测量结果的不确定度。这里我们用光度测量作为例子,回顾一下目前被接受的描述不确定度的方法。关于不确定的完整论述,可以参考 Barry N.Taylor 和 Chris E. Kuyatt 编写的著作 *Guidelines for Evaluating and Expressing the Uncertainty of NIST Measurement Results*,也可参考另一本由 ANSI 出版的图书 *Guide to the Expression of Uncertainty in Measurement*。

考虑一个亮度均匀的圆形孔光源(例如,一个大体积、性能好的积分球,其光出射端口是半径小的圆形,球内反射系数为99%),那些感兴趣的测量目标称为被测物理量,这里指的是光源的亮度。假设光源的亮度正好是 L_0,或者说亮度的理想值为 L_0。理想值是被测物理量的值,然而这个理想值通常是不知道且不可知的。理想情况下——被测物理量能被精确确定,而且可以用理想仪器进行测量(很明显这样的仪器并不存在),测量的结果就是被测物理量的值。实际情况是,要利用现有的实验仪器获得与被测物理量值尽可能接近的测量结果,并且得到结果的可信度,这就是不确定度分析的目的。

需要注意的是,测量中的误差和测量的不确定度是有差异的。在进行测量时,存在与测量有关的未知和不可知的误差及不确定度。误差代表了被测物理量值与测量结果的接近程度,而被测物理量的真实值是永远都不可知的。不确定度指的是测量结果的不确定程度。所以,可能会出现测量误差很小而不确定度很大的情况。如何确定不确定度?接下来我们使用绝对量和相对量举例——就像不确定度和相对不确定度一样。如果说 1m 测量尺的不确定度是 1 mm,那么我们可以将这种不确定度表达为相对不确定度是 0.1%,"相对"指的是物理量的比值,常用百分比表示。

在亮度计的例子中,设备制造商声称其准确度为±2%,同时精度为±0.1%。如何正确地解释这种说法呢?这种声明最可能的意思:亮度计在超过24h后,在某个置信等级(如95%)的测量相对不确定度是 2%,同时相对可重复性是 0.1%。可重复性表明了在不同测量情形下,如测量间隔了几个小时、由不同的操作员进行测量、在不同的温度下测量等测量结果之间的一致程度。如果制造商解释说 0.1%的可重复性适用于在保持其他条件不变的情况下,经过短时间间隔后进行的重复测量,那么这个声明应该变更为亮度计在 10 分钟后的相对可重复性为 0.1%。对于不确定度,通常存在一个有效期,如一个月、六个月、一年等,为了便于解释,我们暂时忽略这种情况。制造商的设备测量报告的不确定度(准确度)应该已经包含了可重复性。

在本节的讨论中,假设被测物理量的测量结果存在一个概率密度函数,其具有只能通过无数的测量结果才能获得的平均值和标准差。并不能直接知晓概率密度函数的平均值和标准差,只能通过重复的测量结果进行预估。所以,当讨论测量结果的平均值或标准差时,通常指的是估计的概率密度函数的平均值和标准差。通常情况下,概率密度函数是正态分布(或者称为高斯分布),但这并不是唯一形式。

任何测量结果都会影响不确定度。不确定度 i 的每个元素都可以通过标准不确定度 u_i 的标准差(等于评估方差的平方根)进行评估。不确定度评估可以分为两类:A 类不确定度评估指通过统计平均来评估；B类不确定度评估指通过其他方法来评估。A类不确定度评估是一系列重复的观测结果平均值的标准方差，但并不受限于这种评估。B类不确定度评估是对所有可用的相关信息做的科学判断，包括制造商的规格、仪器校准的不确定度、仪器使用的经验等。

也许有人认为这些术语存在的必要性可能并不明显。接下来让我们先来一起回顾一下过去是如何讨论不确定度的：过去认为有两种不同类型的测量不确定度，相对于笼统地称它们为源于随机效应产生的不确定度（体现为测量结果的小波动）和由系统产生的不确定度（如仪器核准的不确定度），我们简称它们为"随机不确定度"和"系统不确定度"。在上面列举的亮度计的例子中，"随机不确定度"可以通过做重复性测量并对这些结果计算标准差得出，现在将其称为重复性。

本书将介绍术语"随机不确定度"和"系统不确定度"的不足。假设测量的显示屏亮度为电压或灰阶等级的函数，并且使用模型 $L=L_b+aV^\gamma$ 确定 γ 的最佳值。可以通过非线性最小二乘法获得 γ 和标准差 σ_γ。然而这既不是"随机不确定度"，也不是"系统不确定度"，而是 A 类不确定度，因为它是通过分析测量值的一个统计平均得到的。在之前的一个测量光源亮度的例子中，A 类不确定度是重复观测值的随机波动（这个在过去称为"随机不确定度"）所引起的不确定度的组成部分。在同样的例子中，B 类不确定度的组成部分来自仪器 2%的精度（这在过去称为"系统不确定度"）。但是，A 类和 B 类并不等同于"随机的"和"系统的"。

总标准不确定度定义为 A 类或 B 类的所有不确定度成分的"平方和的开方"（平方和的平方根或 RSS），$u = \sqrt{\sum u_i^2}$。最终，扩展不确定度定义为包含因子 k 乘以总标准不确定度，即 $U=ku$。因为包含因子增加了对不确定度的评估，评估表现出了更高的可能性，即被测物理量的未知值位于测量结果加/减扩展不确定度之间。在过去，通常会使用 $k=2$，并且说测量具有"2δ"不确定度。现在会说测量具有包含因子 $k=2$ 的扩展不确定度。包含因子并不仅仅局限于 2，而是根据实验确定的。

现在，考虑上述规格书声明准确度为±2%且精度为±0.1%的亮度计，并且假设精度就是可重复性 u_R。假设我们现在使用该亮度计测量积分球光出射端口的亮度。除非提供更多关于不确定度的详细信息，否则，必须联系制造商以了解如何进行不确定度评估。如果我们假设制造商在设备测量不确定度报告中使用了包含因子 $k=2$，并且假设其置信度为 95% [制造商应该已经提供过这种不确定度评估的信息，例如：仪器的相对扩展不确定度是 2%，包含因子为 2（$k=2$），以 10 分钟为周期的可重复性为 0.1%]。因为不确定度是以百分比表示的，所以，相对扩展不确定度 $U_m/L=2\%$，式中，L 是亮度的测量值。设备测量不确定度是不确定度的一部分，将会包含在对亮度测量不确定度的评估中，它是 B 类不确定度评估。注意，当使用包含不确定度声明的术语时，应已包含±的含义，并不需要在声明中再次提及±。

假设现在获得了 10 组关于光出射端口亮度的测量数据，并且求得平均值为 $L=2314\ cd/m^2$，标准差为 $u_r=15.3\ cd/m^2$（u_r是光出射端口亮度的可重复性，不是仪器的）。u_r是 A 类不确定度评估。如果 u_r只是由仪器的重复性引起的，那么它近似为 2.3 cd/m^2。其他的不确定度可能源于光源或测量方法的不稳定。例如，如果使用手持式亮度计，那么其他的不确定度可能源于测量中对非均匀光出射端口中心位置的粗心（或随机）定位（假设在测量中，不知道任何其他光源的不确定度)。不确定度包含两种：设备测量的不确定度和光出射端口测量可重复性的不确定度。

对于包含因子为 2 的扩展不确定度，可以认为被测物理量值位于测量结果扩展不确定度的 95%置信区间内。光出射端口亮度的可重复性 u_r 是单一标准差，代表置信度为 68%。我们究竟应该使用哪种设备不确定度，是扩展不确定度（95%的置信度），还是从扩展不确定度中移除包含因子后的总标准不确定度 $u_m=U_m/2$（68%的置信度）？这取决于设备的使用经验、设备的稳定程度、设备的校准时间等。新的总标准不确定度是两个成分的 RSS 组合。扩展不确定度等于包含因子乘以总标准不确定度。

表 B-5　光出射端口亮度测量的不确定度评估示例

	设备稳定、可靠、近期经过校准，使用 u_m		设备不稳定、不可靠、近期未经校准，使用 U_m	
L=2314 cd/m²	u=CSU	u/L=相对 CSU	u=CSU	u/L=相对 CSU
u_r=15.3 cd/m²(A)，但 u_R=2.3 cd/m²	$u=\sqrt{u_m^2+u_r^2}$	$\frac{u}{L}=\sqrt{\left(\frac{u_m}{L}\right)^2+\left(\frac{u_r}{L}\right)^2}$	$u=\sqrt{u_m^2+u_r^2}$	$\frac{u}{L}=\sqrt{\left(\frac{u_m}{L}\right)^2+\left(\frac{u_r}{L}\right)^2}$
U_m/L=2% (B)	=27.8 cd/m²	=1.2%	=48.8 cd/m²	=2.1%
U_m=46.3 cd/m²(B) $u_m/L=U_m/2L$=1%(B) u_m=23.1 cd/m²(B)	U=EUCF2 =55.4cd/m²	U/L=相对 EUCF2 =2.4%	U=EUCF2 =97.5 cd/m²	U/L=相对 EUCF2 =4.2%

注：CSU=合成标准不确定度；EUCF2=包含因子为 2 的扩展不确定度（k=2）。对于仪器，u_R=可重复性（0.1%），u_m=总标准不确定度（0.1%），U_m=EUCF2（2%, k=2）。对于测量，u_r=使用装置的测量不确定度；（A）=A 类，（B）=B 类。

无论如何确定测量不确定度，在结果中清晰地给出确定过程很重要。在进行测量的 RSS 合成标准不确定度的计算中，无论是使用制造商的总标准不确定度（$u_m=U_m/2$），还是使用扩展不确定度（U_m），都要尽量简单清晰，让其他人能够很容易理解不确定度的来源。同样，当在做不确定度报告时，通常假设报告的是包含因子 k=2 的扩展不确定度。如果不是这样的，那么应该清楚地说明。

以上对大家很熟悉的东西赋予新的术语，感觉有些多余。但是，这些术语是国际公认并有精确定义的。那些被取代的术语使用上太简略，并且对于各种各样的测量不能给予准确的不确定度分析，有些很复杂，比较难懂，对一些基本常数的测量也很复杂。这种新的术语是在全世界使用的，所以，在谈论不确定度时，每个人都会精确地理解它的含义。

B.22　LED 的亮度

如图 B-37 所示，假设有一个半径 r=3 mm 的理想 LED，当电流为 20mA 时，它的发光强度为 300cd，则当电流 J=20mA 时，它的亮度为多少？

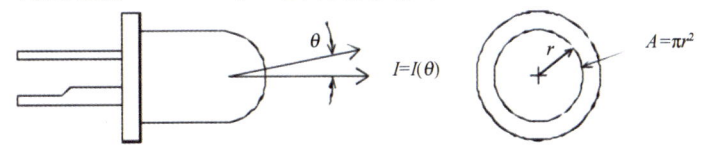

图 B-37　理想 LED 的亮度计算

在这种情况下，对于理想的 LED，当沿着轴向（垂直于底面）观察时，它的亮度分布是均匀的。例如，在面积 $A=\pi r^2=2.827\times 10^{-5} m^2$ 中亮度分布是均匀的（一些 LED 对于眼睛来说是相对均匀的），如图 B-37 所示。对 LED 按照特定电流 J 产生的发光强度 I 进行等级划分：$R=I/J=15$ cd/A。当距离较远时，均匀圆盘的亮度与发光强度相关（见附录 B.3），$I=LA$。亮度 $L=I/A$，当电流为 $J=20$ mA 时，亮度为

$$L = JR/A = 10610 cd/m^2 \qquad (B-89)$$

B.23 朗伯发射型显示屏亮度

如图 B-38 所示，已知一个朗伯发射型显示屏在输入功率 P 下的光通量 Φ 和发光效率 η，求它的亮度表达式。

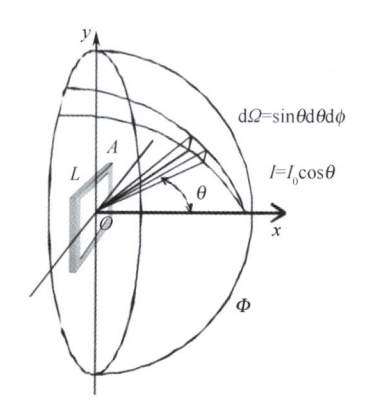

图 B-38 朗伯发射型显示屏的亮度计算示意

发光效率定义为输出光通量 Φ 和输入功率 P 的比值（单位为 lm/W）：

$$\eta = \Phi/P \qquad (B-90)$$

朗伯发射体的发光强度由式（B-91）决定（参见附录 B.6）。

$$I = I_0 \cos\theta \qquad (B-91)$$

式中，θ 为倾斜角；I_0 为法线方向的发光强度，$I_0=LA$，其中，L 为常数，与方向无关。为了得到光通量，对半球发光强度进行积分，单位立体角的通量为 $d\Phi=Id\Omega$，将其代入式（B-91），得到

$$\Phi = \int_{半球} I d\Omega = 2\pi LA \int_0^{\pi/2} \cos\theta \sin\theta d\theta = \pi LA \qquad (B-92)$$

所以，亮度为

$$L = \Phi/\pi A \qquad (B-93)$$

如果知道输入功率 P 和发光效率 η，那么由式（B-90）可以得出亮度：

$$L = \eta P/\pi A \qquad (B-94)$$

例如，显示屏面积为 $A=400mm\times 300mm$ $(H\times V) = 0.12m^2$，如果发光效率为 $\eta=15$ lm/W，并且输入功率为 $P=3W$，那么光通量为 $\Phi=45$ lm，亮度为 $L=119$ cd/m²。

B.24 锥光测量设备

锥光测量设备（CLMD）通过阵列式探测器上的横向曝光解决了定向光测量问题。锥光测量设备的基本原理是将基本平行光束的定向分布转换为横向分布（方向图）。这种转换能够通过任何正透镜实现。方向图能够用来测量焦平面测量场中光线的任意与方向相关的特性。方向图通常由附加的透镜系统捕获且投影在阵列式探测器（如 CCD 相机）上，用于测量和评估。

对于不同的光学成像系统，锥光测量设备也可用于进行显示屏的发射角和传输测量。一个最小工作距离非常短的鱼眼透镜可对显示屏上每个位置发射的每个角度的光进行成像。

锥光仪是用于执行锥光观测和测量的仪器，通常通过用于观测方向图[1]并配置 Bertrand 透镜的偏光显微镜来实现。使用锥光测量评估液晶中间相（如光轴的定向）的光学性质最早可以追溯到 1911 年，那时 Mauging 通过它来研究液晶向列取向和手性液晶向列取向[2]。

注意：在显示计量学中，使用术语"锥光"并不是很正确，因为这个术语与偏光显微镜关系密切，可能是被注册的，并且指一个商业设备。

图 B-39 说明了基于射线追踪原理的锥光测量设备的基本概念：将分布在后焦面的入射光束（红、绿、蓝）由定向分布（或多或少有点弯曲）转换为横向分布（方向图）。入射的基本平行的光束聚焦在透镜的后焦面，从光轴到聚焦点的距离 h 是一个关于光束倾斜角的单调函数［如 $h=f(\tan\theta)$］。在很多光学文件中，图像的聚焦平面经常被称为傅里叶平面。

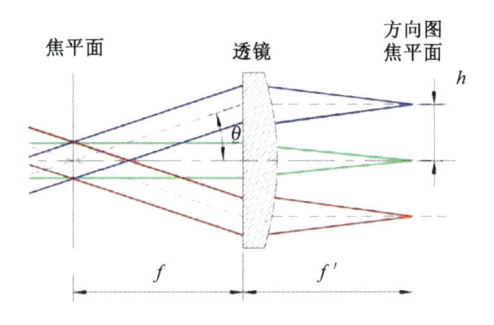

图 B-39 锥光测量设备的基本概念

图 B-40 所示为锥光测量设备的基本光路[3]。锥光测量设备包含的器件及作用如下。

（1）第一个透镜形成光线定向分布像（方向图）。

（2）第二个透镜对可调节孔径上的目标成像（可变光圈）。

（3）第三个透镜在阵列式探测器（如 CCD 或 CMOS 相机）上形成简化的方向图。

---

[1] 此处原书参考资料：

　[1] C.Burri: "Das Polarisation smik roskop", Verlag Birkhäuser Basel, 1950.

　[2] E.Wahlstrom: "Optical Crystallo graphy", 5th Edition, Wiley and Sons, 1979.

[2] 此处原书参考资料：ch.Maugin: "Sur les cristaux liguides de Lehmann", Bull.Soc. Fran. Nin. 34(1911)71.

[3] 此处原书参考资料：T.Leroux, C. Rossignol: "Fast controst vs.viewing angle measurements for LCDs", Proc. EURODISPLAY, 93(1993)447.

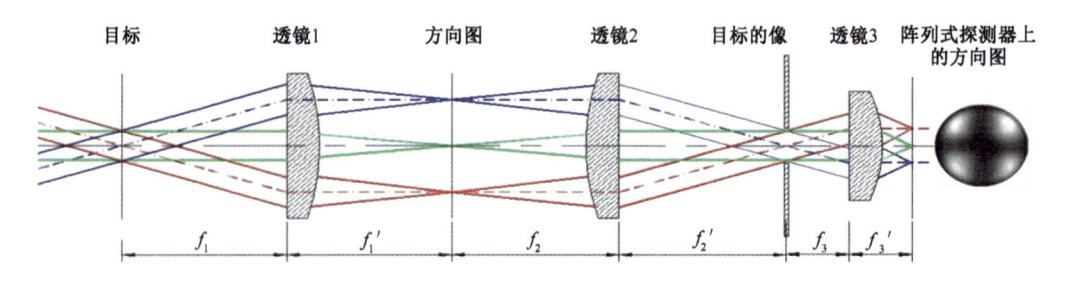

图 B-40　锥光测量设备的基本光路图

透镜 2 和透镜 3 一起组成一个正向望远镜（开普勒望远镜）。基于光学原理，第一个方向图可能是一个实像，也有可能位于（或接近于）物镜上。很明显，一个大的倾斜角需要一个高数值孔径的转换镜头。

1. 目标距离的影响

如果测量设备表面处于透镜前焦面上（如果系统的入射孔径与目标处于同一面上），那么所有聚焦于后焦面并形成方向图的光束来自图 B-39 所示的相同区域（测量场）。

图 B-41 所示为测量设备表面处于前焦面外的光路图——系统的入射孔径处于平面外。具有恒定倾角 θ 的光纤来源于光轴附近的圆形区域（环形）。当测量设备表面足够远时（并且不在前焦面上），不同倾角平行光束来源于不同直径的圆环（圆形的环）。这与使用鱼眼透镜产生锥角图像是一样的[1]。鱼眼透镜图像尺寸随工作距离的增加而增加。当使用鱼眼透镜且倾斜角度为 80° 时，工作距离小到 1 mm，而总的图像尺寸小到 2 cm。当显示屏的像素比较大时，为了避免混淆鱼眼透镜锥光图像，应该保证有比较长的工作距离。

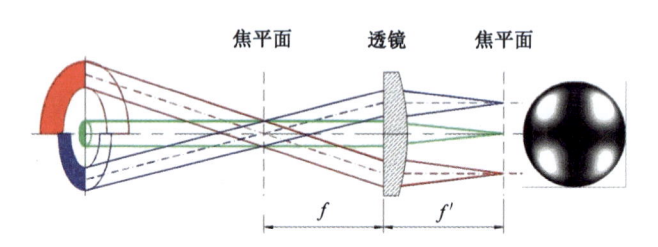

图 B-41　测量设备表面位于前焦平面外的光路图

使用锥光测量设备测量显示屏时必须注意以下情况。

（1）小尺寸显示屏或显示屏上的小尺寸区域。

（2）显示屏存在的横向变化，如许多种类的 3D 显示屏。

（3）大角度时的设备特性，大角度时存在测量的圆形区域超出显示屏尺寸的风险。

---

[1]　此处原书参考资料：

[1] K. Lu, B. E.A. Saleh: "Fast Design Tools for LCD Viewing-Angle Optimization", SID'93 Digest (1993) 630.

[2] B.E.A.Saleh, K.Lu: "The Fourier-Scope, Anoptical instrument for measuring LCD viewing angle characteristics", JSID4/1(1996) 33.

[3] K.A. Fetterly, E. Samei: "A photographic technique for assessing the viewing-angle performance of liquid-crystal displays", JSID 14/10(2006) 867.

2. 反射目标物通过透镜的照度

光源在方向图（主或次）平面上的横向分布，非自发光和无背光的反射样品可以用正透镜系统（L_1）照亮，正透镜系统可以是准直光束或汇聚光束，具体采用哪种照明，依赖焦平面位置上光源的截面分布。

当我们为了修正和补偿而计算锥光透镜系统中照明光源的非预期反射时要非常小心。

图 B-42 所示为通过成像系统测量目标的照度。位于第一（传输）透镜后焦面、具有圆锥形发射光的点光源提供平行照明光束。如果传输透镜后焦面处被若干类似光源全部覆盖，那么测量的目标被传输透镜覆盖的所有光线照亮。

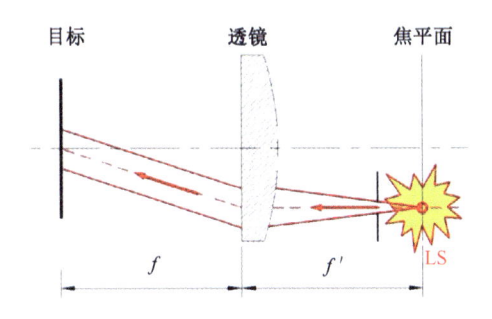

图 B-42 通过成像系统测量目标的照度

3. 测量场与倾斜角

根据锥光测量设备的实现细节，测量场理论上应该随 $1/\cos\theta$ 的增大而增大（就像观察圆锥角的测角计扫描一样），确保有一个稳定的光通量或测量场随光通量的减少而保持一个常量。

4. 系统质量诊断

对锥光测量设备的质量评估与传统的 LMD 一样。事实上，这种仪器可看作一些并行工作的平行光学 LMD（如 B.19 所述）。对附录 A.2、A.3.3、A.6 和 A.7 补充以下内容。

（1）透镜光晕诊断。如同附录 A.2 中的描述，LMD 内部的光学单元（透镜、光圈、挡板等）或设备周围的反射光和扩散光会产生透镜光斑和遮幕眩光，从而破坏测量结果。要注意即使垂直观看时 FPD 非常暗，但其他角度发出的光可能非常亮（如果对整个角度做亮度积分，能达到几十）。在这些情形下，需要考虑环境的杂散光。与传统的 LMD 相比，由于屏幕相似，锥光测量设备看上去只是 FPD 的有限单元，并且受保护，免于环境反射光的影响。但是，透镜光晕依然存在。

（2）最坏透镜光晕检测。检测光晕最好的方法是在设备前面使用特别设计的"目标"。最简单的目标为一个透明衬底上的反射光斑集合。光斑直径 D_1 应该足够大，以便包括所有倾角的测量光斑。如果 D_0 是光斑尺寸，必须满足 $D_1 > D_0 \cos\theta_{\max}$，$D_0$ 应该远比一般点小（例如，$D_0 = 150\mu m$ 和 $D_1 = 1mm$）。然后将这个目标放置于光源前面，并测量这个不透明点的亮度角度分布。对整个立体角进行积分，可以得到样品上"透镜光晕"的通量值，并且能够得出最坏透镜光晕效应。散射光（积分球的输出）和准直光都能用于测量。在第二种情形中，可以检查输入光线方向的影响。通过直接测量光源对测量结果进行归一化处理。这与检测暗室的操作非常相似。

（3）通过准直光进行透镜光晕诊断。锥光测量设备的方向串扰可以利用平行光光源（非偏振）进行检测，这种光源通过调节机械位置，将大范围的入射光照射进光学系统。设备的透镜光晕特性可以使用类似于点传播函数（PSF）的术语来刻画。

（4）眩光补偿。附录 A.2.1 中描述的步骤适用于传统 LMD，也适用于锥光测量设备。

（5）线性分析。附录 A.3.3 应充分应用线性分析，通过收集积分球输出的数据，检测所有角度下的线性度。

（6）偏振分析。附录 A.3.3 应充分应用偏振分析，根据平偏振镜的偏振因子选择入射角度。为了选择这个角度，使用一个偏振准直光源。通过改变入射角度从垂直处到最大入射角度处检测设备。

（7）颜色测量分析。如同附录 A.7 中所解释的，最好的颜色测量诊断是检测单色光的测量不确定度。这是检测颜色坐标系不确定度的最佳方法。如图 B-42 所示，将锥光测量设备置于具有一定波长的杂散单色光源前，然后检测任何确定观察角的系统不确定度（x,y 或 u',v'）。对于每个设备，都建议进行这种测量，或者至少由制造商进行测量。

B.25　医学数字成像和通信灰阶

在显示设置和计量领域，用表格记录亮度差异和可察觉对比度的对应关系。这个表格由美国国家电气制造商协会（NEMA）制定，并且应用于医学数字成像和通信（DICOM）领域。NEMA-DICOM 灰阶表绘制了从数字驱动电压到显示亮度的映射，如此设计是为了使数字驱动电压的等步长和可感知的刚辨差（JND）的等数量保持一致。这个灰阶表基于使用空间正弦波的人类对比探测实验，是建立在人类对比敏感度模型上的。为了使灰阶与显示图案无关，从覆盖所有图案的最敏感的 Barten 模型中选取灰阶。通过这种方式，保证亮度的刚辨差在所有情况下都尽可能小，从而使得量化误差小于 1 个刚辨差的医学图像不会产生可见的量化误差。

NEMA-DICOM 灰阶表（以双倍精度实施）使用的公式：

$$\log_{10} L_j = \frac{a + c\ln j + e(\ln j)^2 + g(\ln j)^3 + m(\ln j)^4}{1 + b\ln j + d(\ln j)^2 + f(\ln j)^3 + h(\ln j)^4 + k(\ln j)^5} \tag{B-95}$$

式中，$\ln(x)$ 和 $\log_{10}(x)$ 分别代表自然对数和以 10 为底的对数；j 表示 JNDs 亮度水平 L_j 的 JND 指数，并且 $a=-1.3011877$，$b=-2.5840191\times10^{-2}$，$c=8.0242636\times10^{-2}$，$d=-1.0320229\times10^{-1}$，$e=1.3646699\times10^{-1}$，$f=2.8745620\times10^{-2}$，$g=-2.5468404\times10^{-2}$，$h=-3.1978977\times10^{-3}$，$k=1.2992634\times10^{-4}$，$m=1.3635334\times10^{-3}$。其相应的反函数如下：

$$j(L) = A + B\log_{10} L + C(\log_{10} L)^2 + D(\log_{10} L)^3 + E(\log_{10} L)^4 + F(\log_{10} L)^5 + G(\log_{10} L)^6 + H(\log_{10} L)^7 + I(\log_{10} L)^8 \tag{B-96}$$

式中，$A=71.498068$，$B=94.593053$，$C=41.912053$，$D=9.8247004$，$E=0.28175407$，$F=-1.1878455$，$G=-0.18014349$，$H=0.14710899$，$I=-0.017046845$。

NEMA-DICOM 灰阶表可应用于显示设置，以提供最佳的亮度和对比度设置。在一幅特殊的灰阶测试图案中，调节两个特定的步长尺寸（接近白色和黑色），直到测试图案中邻近区域的亮度位于各自指定的 JND 范围。同样，在显示测量中，这个灰阶表能够用来评估数字灰度水平分布的感知均匀性。

图 B-43 所示为 NEMA-DICOM 公式曲线，它给出了 JND 序号与亮度的关系。表 B-6 给出了 JND 序号与亮度的关系。

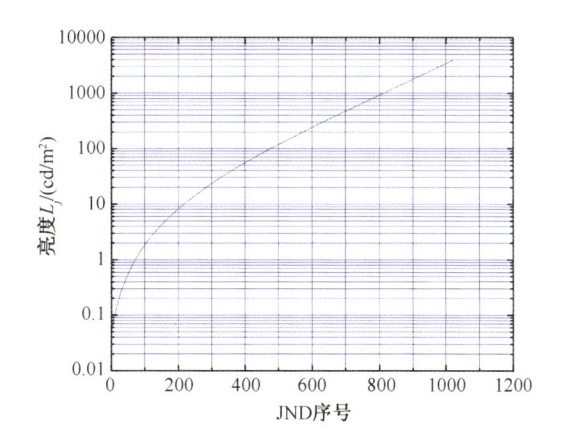

图 B-43　NEMA-DICOM 公式曲线

表 B-6　NEMA-DICOM 灰阶

JND 序号	亮度 $L/(cd/m^2)$	JND 序号	亮度 $L/(cd/m^2)$	JND 序号	亮度 $L/(cd/m^2)$	JND 序号	亮度 $L/(cd/m^2)$	JND 序号	亮度 $L/(cd/m^2)$	JND 序号	亮度 $L/(cd/m^2)$
1	0.04999	172	5.78	343	34.3801	514	131.517	685	431.622	856	1333.56
2	0.05469	173	5.8569	344	34.6788	515	132.475	686	434.531	857	1342.27
3	0.05938	174	5.9345	345	34.9796	516	133.44	687	437.459	858	1351.04
4	0.06435	175	6.0128	346	35.2826	517	134.411	688	440.406	859	1359.87
5	0.06957	176	6.0919	347	35.5878	518	135.388	689	443.372	860	1368.75
6	0.07502	177	6.1716	348	35.8951	519	136.372	690	446.357	861	1377.69
7	0.0807	178	6.2521	349	36.2046	520	137.363	691	449.361	862	1386.68
8	0.08661	179	6.3334	350	36.5164	521	138.36	692	452.385	863	1395.74
9	0.09274	180	6.4153	351	36.8303	522	139.363	693	455.428	864	1404.85
10	0.09909	181	6.4981	352	37.1466	523	140.373	694	458.491	865	1414.02
11	0.10566	182	6.5815	353	37.465	524	141.39	695	461.573	866	1423.25
12	0.11246	183	6.6658	354	37.7857	525	142.414	696	464.675	867	1432.54
13	0.11948	184	6.7508	355	38.1087	526	143.444	697	467.798	868	1441.89
14	0.12673	185	6.8365	356	38.434	527	144.481	698	470.94	869	1451.3
15	0.13421	186	6.9231	357	38.7617	528	145.525	699	474.103	870	1460.77
16	0.14192	187	7.0104	358	39.0916	529	146.576	700	477.286	871	1470.3
17	0.14986	188	7.0985	359	39.4239	530	147.634	701	480.49	872	1479.89

续表

JND序号	亮度 L/(cd/m²)	JND序号	亮度 L/(cd/m²)	JND序号	亮度 L/(cd/m²)	JND序号	亮度 L/(cd/m²)	JND序号	亮度 L/(cd/m²)	JND序号	亮度 L/(cd/m²)
18	0.15804	189	7.1874	360	39.7585	531	148.698	702	483.714	873	1489.54
19	0.16645	190	7.277	361	40.0955	532	149.77	703	486.959	874	1499.26
20	0.17511	191	7.3675	362	40.4349	533	150.849	704	490.225	875	1509.04
21	0.18401	192	7.4588	363	40.7767	534	151.935	705	493.512	876	1518.88
22	0.19315	193	7.5509	364	41.1209	535	153.028	706	496.82	877	1528.79
23	0.20254	194	7.6437	365	41.4675	536	154.128	707	500.15	878	1538.76
24	0.21218	195	7.7375	366	41.8166	537	155.235	708	503.501	879	1548.79
25	0.22207	196	7.832	367	42.1682	538	156.35	709	506.873	880	1558.89
26	0.23221	197	7.9274	368	42.5222	539	157.472	710	510.268	881	1569.05
27	0.24261	198	8.0235	369	42.8787	540	158.602	711	513.684	882	1579.28
28	0.25327	199	8.1206	370	43.2378	541	159.739	712	517.122	883	1589.57
29	0.26418	200	8.2185	371	43.5993	542	160.883	713	520.582	884	1599.93
30	0.27536	201	8.3172	372	43.9634	543	162.035	714	524.065	885	1610.36
31	0.28681	202	8.4168	373	44.3301	544	163.195	715	527.57	886	1620.85
32	0.29852	203	8.5172	374	44.6993	545	164.362	716	531.097	887	1631.41
33	0.31051	204	8.6185	375	45.0711	546	165.536	717	534.648	888	1642.04
34	0.32276	205	8.7207	376	45.4456	547	166.719	718	538.221	889	1652.74
35	0.33529	206	8.8238	377	45.8226	548	167.909	719	541.817	890	1663.51
36	0.34809	207	8.9277	378	46.2023	549	169.107	720	545.436	891	1674.35
37	0.36118	208	9.0326	379	46.5847	550	170.313	721	549.079	892	1685.25
38	0.37454	209	9.1383	380	46.9697	551	171.527	722	552.745	893	1696.23
39	0.38819	210	9.2449	381	47.3575	552	172.749	723	556.435	894	1707.28
40	0.40213	211	9.3525	382	47.7479	553	173.979	724	560.148	895	1718.4
41	0.41635	212	9.4609	383	48.141	554	175.216	725	563.885	896	1729.59
42	0.43086	213	9.5703	384	48.537	555	176.462	726	567.647	897	1740.85
43	0.44567	214	9.6806	385	48.9356	556	177.717	727	571.432	898	1752.19
44	0.46077	215	9.7918	386	49.3371	557	178.979	728	575.242	899	1763.59
45	0.47617	216	9.904	387	49.7413	558	180.25	729	579.077	900	1775.07
46	0.49186	217	10.0171	388	50.1484	559	181.529	730	582.936	901	1786.63
47	0.50786	218	10.1312	389	50.5583	560	182.816	731	586.82	902	1798.26
48	0.52416	219	10.2462	390	50.971	561	184.112	732	590.729	903	1809.97
49	0.54077	220	10.3621	391	51.3866	562	185.416	733	594.663	904	1821.75
50	0.55769	221	10.4791	392	51.8051	563	186.729	734	598.623	905	1833.6
51	0.57492	222	10.597	393	52.2265	564	188.05	735	602.608	906	1845.54
52	0.59247	223	10.7159	394	52.6509	565	189.38	736	606.619	907	1857.55
53	0.61033	224	10.8358	395	53.0781	566	190.719	737	610.655	908	1869.63

续表

JND序号	亮度 $L/(cd/m^2)$	JND序号	亮度 $L/(cd/m^2)$	JND序号	亮度 $L/(cd/m^2)$	JND序号	亮度 $L/(cd/m^2)$	JND序号	亮度 $L/(cd/m^2)$	JND序号	亮度 $L/(cd/m^2)$
54	0.6285	225	10.9566	396	53.5084	567	192.067	738	614.717	909	1881.8
55	0.647	226	11.0785	397	53.9416	568	193.423	739	618.806	910	1894.04
56	0.66582	227	11.2014	398	54.3778	569	194.788	740	622.921	911	1906.36
57	0.68497	228	11.3253	399	54.817	570	196.162	741	627.062	912	1918.77
58	0.70445	229	11.4502	400	55.2593	571	197.545	742	631.23	913	1931.25
59	0.72425	230	11.5761	401	55.7046	572	198.938	743	635.425	914	1943.81
60	0.74439	231	11.7031	402	56.153	573	200.339	744	639.647	915	1956.46
61	0.76486	232	11.8311	403	56.6045	574	201.749	745	643.896	916	1969.18
62	0.78567	233	11.9601	404	57.0591	575	203.169	746	648.172	917	1981.99
63	0.80682	234	12.0902	405	57.5169	576	204.598	747	652.476	918	1994.88
64	0.82832	235	12.2214	406	57.9778	577	206.036	748	656.807	919	2007.85
65	0.85016	236	12.3536	407	58.4419	578	207.484	749	661.167	920	2020.91
66	0.87234	237	12.4869	408	58.9092	579	208.941	750	665.554	921	2034.05
67	0.89488	238	12.6213	409	59.3797	580	210.407	751	669.97	922	2047.27
68	0.91777	239	12.7567	410	59.8534	581	211.883	752	674.414	923	2060.59
69	0.94101	240	12.8933	411	60.3304	582	213.369	753	678.886	924	2073.98
70	0.96461	241	13.031	412	60.8106	583	214.865	754	683.388	925	2087.47
71	0.98857	242	13.1697	413	61.2942	584	216.37	755	687.918	926	2101.04
72	1.0129	243	13.3096	414	61.7811	585	217.885	756	692.478	927	2114.69
73	1.0376	244	13.4506	415	62.2713	586	219.41	757	697.067	928	2128.44
74	1.0626	245	13.5927	416	62.7649	587	220.945	758	701.685	929	2142.27
75	1.0881	246	13.736	417	63.2619	588	222.49	759	706.333	930	2156.2
76	1.1139	247	13.8804	418	63.7623	589	224.045	760	711.011	931	2170.21
77	1.14	248	14.0259	419	64.2661	590	225.61	761	715.719	932	2184.32
78	1.1666	249	14.1727	420	64.7734	591	227.185	762	720.457	933	2198.51
79	1.1935	250	14.3205	421	65.2841	592	228.77	763	725.226	934	2212.8
80	1.2208	251	14.4696	422	65.7983	593	230.366	764	730.025	935	2227.18
81	1.2485	252	14.6198	423	66.3161	594	231.973	765	734.856	936	2241.65
82	1.2766	253	14.7713	424	66.8373	595	233.589	766	739.717	937	2256.22
83	1.3051	254	14.9239	425	67.3622	596	235.217	767	744.61	938	2270.88
84	1.334	255	15.0777	426	67.8906	597	236.854	768	749.534	939	2285.63
85	1.3633	256	15.2327	427	68.4226	598	238.503	769	754.49	940	2300.48
86	1.3929	257	15.389	428	68.9583	599	240.162	770	759.477	941	2315.43
87	1.423	258	15.5465	429	69.4976	600	241.832	771	764.497	942	2330.47
88	1.4535	259	15.7052	430	70.0406	601	243.513	772	769.549	943	2345.61
89	1.4844	260	15.8651	431	70.5873	602	245.205	773	774.633	944	2360.84
90	1.5157	261	16.0264	432	71.1377	603	246.908	774	779.751	945	2376.18
91	1.5474	262	16.1888	433	71.6918	604	248.622	775	784.901	946	2391.61

续表

JND序号	亮度 $L/(cd/m^2)$	JND序号	亮度 $L/(cd/m^2)$	JND序号	亮度 $L/(cd/m^2)$	JND序号	亮度 $L/(cd/m^2)$	JND序号	亮度 $L/(cd/m^2)$	JND序号	亮度 $L/(cd/m^2)$
92	1.5795	263	16.3526	434	72.2498	605	250.347	776	790.084	947	2407.15
93	1.6121	264	16.5176	435	72.8115	606	252.083	777	795.3	948	2422.78
94	1.645	265	16.6839	436	73.377	607	253.83	778	800.55	949	2438.52
95	1.6784	266	16.8515	437	73.9464	608	255.589	779	805.834	950	2454.36
96	1.7123	267	17.0204	438	74.5196	609	257.36	780	811.152	951	2470.3
97	1.7465	268	17.1906	439	75.0968	610	259.142	781	816.504	952	2486.34
98	1.7812	269	17.3621	440	75.6778	611	260.935	782	821.891	953	2502.48
99	1.8163	270	17.5349	441	76.2628	612	262.74	783	827.312	954	2518.74
100	1.8519	271	17.7091	442	76.8518	613	264.557	784	832.767	955	2535.09
101	1.8879	272	17.8846	443	77.4447	614	266.385	785	838.258	956	2551.55
102	1.9243	273	18.0615	444	78.0417	615	268.226	786	843.785	957	2568.12
103	1.9612	274	18.2397	445	78.6427	616	270.078	787	849.347	958	2584.79
104	1.9986	275	18.4193	446	79.2478	617	271.943	788	854.944	959	2601.58
105	2.0364	276	18.6003	447	79.8569	618	273.819	789	860.578	960	2618.47
106	2.0746	277	18.7826	448	80.4702	619	275.708	790	866.248	961	2635.47
107	2.1133	278	18.9664	449	81.0876	620	277.609	791	871.954	962	2652.58
108	2.1525	279	19.1515	450	81.7093	621	279.522	792	877.697	963	2669.8
109	2.1922	280	19.3381	451	82.3351	622	281.448	793	883.477	964	2687.13
110	2.2323	281	19.5261	452	82.9651	623	283.386	794	889.294	965	2704.58
111	2.2729	282	19.7155	453	83.5994	624	285.337	795	895.148	966	2722.13
112	2.3139	283	19.9064	454	84.2379	625	287.301	796	901.04	967	2739.8
113	2.3555	284	20.0987	455	84.8808	626	289.277	797	906.97	968	2757.59
114	2.3975	285	20.2925	456	85.528	627	291.266	798	912.938	969	2775.49
115	2.44	286	20.4877	457	86.1796	628	293.268	799	918.945	970	2793.5
116	2.483	287	20.6845	458	86.8355	629	295.283	800	924.99	971	2811.64
117	2.5265	288	20.8827	459	87.4959	630	297.311	801	931.074	972	2829.89
118	2.5705	289	21.0824	460	88.1607	631	299.352	802	937.197	973	2848.25
119	2.615	290	21.2836	461	88.83	632	301.406	803	943.36	974	2866.74
120	2.66	291	21.4863	462	89.5038	633	303.474	804	949.562	975	2885.35
121	2.7055	292	21.6906	463	90.1822	634	305.555	805	955.804	976	2904.07
122	2.7515	293	21.8964	464	90.8651	635	307.649	806	962.086	977	2922.92
123	2.798	294	22.1037	465	91.5525	636	309.757	807	968.408	978	2941.89
124	2.845	295	22.3126	466	92.2446	637	311.879	808	974.771	979	2960.98
125	2.8926	296	22.5231	467	92.9414	638	314.014	809	981.176	980	2980.2
126	2.9406	297	22.7351	468	93.6428	639	316.164	810	987.621	981	2999.54
127	2.9892	298	22.9487	469	94.3589	640	318.327	811	994.108	982	3019.01
128	3.0384	299	23.1639	470	95.0598	641	320.504	812	1000.64	983	3038.6
129	3.088	300	23.3808	471	95.7754	642	322.695	813	1007.21	984	3058.32

续表

JND序号	亮度 L/(cd/m²)	JND序号	亮度 L/(cd/m²)	JND序号	亮度 L/(cd/m²)	JND序号	亮度 L/(cd/m²)	JND序号	亮度 L/(cd/m²)	JND序号	亮度 L/(cd/m²)
130	3.1382	301	23.5992	472	96.4958	643	324.901	814	1013.82	985	3078.16
131	3.1889	302	23.8193	473	97.2211	644	327.121	815	1020.47	986	3098.14
132	3.2402	303	24.041	474	97.9512	645	329.355	816	1027.17	987	3118.24
133	3.292	304	24.2643	475	98.6862	646	331.603	817	1033.91	988	3138.48
134	3.3444	305	24.4893	476	99.4261	647	333.867	818	1040.7	989	3158.84
135	3.3973	306	24.716	477	100.171	648	336.144	819	1047.53	990	3179.34
136	3.4508	307	24.9444	478	100.921	649	338.437	820	1054.4	991	3199.97
137	3.5049	308	25.1744	479	101.676	650	340.744	821	1061.31	992	3220.73
138	3.5595	309	25.4062	480	102.436	651	343.067	822	1068.27	993	3241.63
139	3.6146	310	25.6396	481	103.201	652	345.404	823	1075.28	994	3262.66
140	3.6704	311	25.8748	482	103.971	653	347.756	824	1082.33	995	3283.83
141	3.7267	312	26.1117	483	104.746	654	350.124	825	1089.43	996	3305.14
142	3.7836	313	26.3504	484	105.526	655	352.507	826	1096.57	997	3326.59
143	3.8411	314	26.5908	485	106.312	656	354.905	827	1103.75	998	3348.17
144	3.8992	315	26.833	486	107.103	657	357.319	828	1110.99	999	3369.89
145	3.9578	316	27.077	487	107.899	658	359.749	829	1118.27	1000	3391.76
146	4.0171	317	27.3228	488	108.701	659	362.194	830	1125.6	1001	3413.76
147	4.077	318	27.5703	489	109.507	660	364.655	831	1132.97	1002	3435.91
148	4.1374	319	27.8197	490	110.32	661	367.132	832	1140.39	1003	3458.21
149	4.1985	320	28.0709	491	111.137	662	369.625	833	1147.86	1004	3480.64
150	4.2602	321	28.3239	492	111.96	663	372.134	834	1155.38	1005	3503.23
151	4.3225	322	28.5788	493	112.789	664	374.659	835	1162.94	1006	3525.95
152	4.3854	323	28.8356	494	113.623	665	377.2	836	1170.56	1007	3548.83
153	4.4489	324	29.0942	495	114.462	666	379.758	837	1178.22	1008	3571.86
154	4.5131	325	29.3547	496	115.307	667	382.333	838	1185.93	1009	3595.03
155	4.5779	326	29.6171	497	116.158	668	384.924	839	1193.7	1010	3618.35
156	4.6433	327	29.8814	498	117.015	669	387.532	840	1201.51	1011	3641.83
157	4.7094	328	30.1476	499	117.877	670	390.156	841	1209.37	1012	3665.46
158	4.7761	329	30.4158	500	118.745	671	392.798	842	1217.28	1013	3689.24
159	4.8434	330	30.6859	501	119.618	672	395.457	843	1225.25	1014	3713.17
160	4.9115	331	30.958	502	120.498	673	398.132	844	1233.26	1015	3737.27
161	4.9801	332	31.232	503	121.383	674	400.825	845	1241.33	1016	3761.51
162	5.0495	333	31.508	504	122.274	675	403.536	846	1249.45	1017	3785.92
163	5.1194	334	31.786	505	123.171	676	406.264	847	1257.62	1018	3810.48
164	5.1901	335	32.0661	506	124.074	677	409.01	848	1265.84	1019	3835.2
165	5.2614	336	32.3481	507	124.983	678	411.773	849	1274.12	1020	3860.08
166	5.3335	337	32.6322	508	125.898	679	414.554	850	1282.45	1021	3885.13

续表

JND序号	亮度 $L/(cd/m^2)$	JND序号	亮度 $L/(cd/m^2)$	JND序号	亮度 $L/(cd/m^2)$	JND序号	亮度 $L/(cd/m^2)$	JND序号	亮度 $L/(cd/m^2)$	JND序号	亮度 $L/(cd/m^2)$
167	5.4062	338	32.9183	509	126.819	680	417.353	851	1290.83	1022	3910.34
168	5.4795	339	33.2065	510	127.747	681	420.17	852	1299.27	1023	3935.71
169	5.5536	340	33.4968	511	128.68	682	423.006	853	1307.76		
170	5.6284	341	33.7891	512	129.619	683	425.859	854	1316.3		
171	5.7038	342	34.0836	513	130.565	684	428.731	855	1324.91		

B.26　可分辨的等间隔灰阶

显示屏的白色亮度为 L_W，黑色亮度为 L_K。我们想要确定从黑到白的、可分辨的等间隔灰阶的 N 个亮度 L_n，根据 CIE1976 LUV 和 LAB 色彩空间的亮度衡量标准，亮度 L^* 为

$$\begin{cases} 当 L^* = 116\left(\dfrac{L}{L_W}\right)^{\frac{1}{3}} - 16 时，\dfrac{L}{L_W} > \left(\dfrac{24}{116}\right)^3 \\ 当 L^* = \left(\dfrac{29^3}{27}\right)\dfrac{L}{L_W} 时，\dfrac{L}{L_W} \leqslant \left(\dfrac{24}{116}\right)^3 \end{cases} \quad (\text{B-97})$$

亮度与白色画面和黑色画面是相关的。当 $L^*_W = 100$ 且 $L = L_K$ 时，根据式（B-97）可得 L^*_K。从黑到白的、N 个可分辨的等间隔亮度（共 $N+1$ 个等级）为

$$L^* = L^*_K + n\left(\dfrac{100 - L^*_K}{N}\right) \quad (\text{B-98})$$

式中，$n = 0, 1, 2, \cdots, N$，共 $N+1$ 等级，包括黑色等级（$n=0$）。例如，如果 $L_K=0$（一个绝对的黑色画面），那么对于 $N=6$ 的间隔的亮度有 $L^*_n=0$，16.7，33.3，50，66.7，83.3，100（单位为 cd/m^2）共 7 个等级。

式（B-98）给出了从黑到白可分辨的、等灰阶间隔的亮度值。当使用如下 L^*_n 值时，相应的显示亮度是式（B-97）的反函数：

$$\begin{cases} L_n = \left(\dfrac{L^*_n - 16}{116}\right)^3 L_W，\dfrac{L_n}{L_W} > \left(\dfrac{24}{116}\right)^3 \\ L_n = \dfrac{L^*_n L_W}{(29^3/27)}，\dfrac{L_n}{L_W} \leqslant \left(\dfrac{24}{116}\right)^3 \end{cases} \quad (\text{B-99})$$

对于绝对黑色画面而言，如果 $L_K=0$ 且 $N=6$，那么式（B-99）中 L_W 的系数为 0，0.0223，0.0769，0.1842，0.3619，0.6279，1；如果白色画面的亮度为 $L_W=100cd/m^2$，那么需要的亮度为 $L_n=0$，2.2，7.7，18.4，36.2，62.8，100（单位为 cd/m^2），这仅限于本示例。

为了获得视觉上均匀的从黑到白的变化，我们必须使得屏幕精准地符合计算出的 L_n 值。屏幕亮度由驱动电压 V（灰阶等级）和电光转换函数（也称为"伽马"）$L(V)$ 共同决定。实际上，一旦确定亮度等级 L_n，就可以调整驱动电压 V 直到得到所期望的屏幕亮度。为了使得调整可分析，必须知道 $L(V)$ 的函数形式及能够将它转换为 $V(L)$，以便得到需要的驱动电

压，$V_n=V(L_n)$。对于离散的驱动电压，选择产生最接近 L_n 亮度的电压 V_m（选择使$|L_m(V_m)-L_n|$ 最小的 m）。

因为几乎没有零亮度（黑色）的显示屏，所以我们不能根据显示屏所需的 N 值给出一张通用的表格。提供视觉上相等的灰阶间隔所使用的灰阶等级（命令等级）取决于黑色亮度和白色亮度的测量值，以及上述电光转换函数的分析。下面举例说明（仅是一个例子，请不要使用这些数值）。每个显示屏都是不同的，需要单独进行测试，从而得出从黑到白的相等的灰阶间隔。

假设显示屏的"伽玛"为 2.5，由电光转换函数（假设黑色的 V 为零）得

$$L = aV^\gamma + L_K \tag{B-100a}$$

式中，

$$a = \frac{L_W - L_K}{V_W^\gamma} \tag{B-100b}$$

通过求其反函数，有

$$V = \left(\frac{L - L_K}{a}\right)^{1/\gamma} \tag{B-101}$$

假设 $L_W=100\text{cd/m}^2$，$L_K=0$，$V_W=255$，则可得 $a=9.6305\times 10^{-5}$，并且灰阶等级取整数为 $V_n=0, 56, 91, 139, 170, 212, 255$。请注意，这些数据只适用于这个理想的例子而已。

B.27 模糊、抖动和平滑眼睛追踪

假设一个无限长、亮度为 L_j 的亮块的垂直边缘从背景亮度为 L_i 的屏幕左边移到右边，其中，$i \neq j$（见图 B-44）。假设对于屏幕的每次刷新，垂直边缘移动（或跳跃）一个像素 Δn（$\Delta n \geq 1$）。每个宽度为 Δn 的区域称为一个跳跃区域。我们将使用尽可能简单的模型来计算观察到的现象。在分析中，假设像素 100%填满，即假设像素是没有具体结构的，并且均匀地填充在表面。

处理运动伪像需要定义许多参数。下面是一些会使用到的变量。

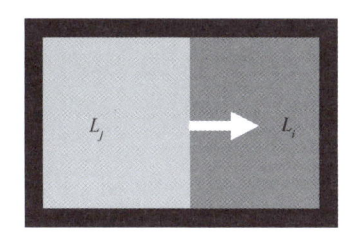

图 B-44　不同亮度之间的移动边缘

f 为刷新频率（对于逐行扫描显示屏是帧率，对于隔行扫描显示屏是场率），单位为 Hz：

$$f = 1/\Delta t \tag{B-102}$$

f 为视频刷新频率，是显示屏上信息改变的频率。这个刷新频率并不是指那些超过信息显示频率的帧率。例如，显示屏可能以 120Hz 工作（因为它以这个频率翻转极性），或以

180Hz 的序列模式工作，但在这两种情况中，视频刷新频率是 60Hz，因为眼睛看到的情景（信息）只能在这么慢的频率下变化。

Δt 为帧（或）场周期间隔，单位为秒（s）：

$$\Delta t = 1/f \tag{B-103}$$

其也被称为视频刷新周期或简单地称为刷新周期。

t 为从边缘开始移动经过的时间，单位为 s。$t=0$ 指的是跳跃区域的前沿处于屏幕的左边，在这一瞬间，前沿进入屏幕区域。对于 $t>0$，垂直边从左侧进入屏幕区域，并且跳跃区域的背景开始变化。$t=0$ 是第一帧的开始。

N_H 为屏幕水平方向上总的像素数量，N_H 为整数。

n 为水平方向上的像素序数，从左侧 $n=1$ 到右侧 $n=N$，n 为整数。

Δn 为单位屏幕刷新频率内边缘前进的像素数，Δn 为整数。

N_R 为横跨屏幕所需的总跳跃数（为整数）：

$$N_R = \text{int}(N_H/\Delta n) \tag{B-104}$$

k 为从左侧到右侧的跳跃区域序号，屏幕最左侧的跳跃区域的序号为 $k=1$，屏幕最右侧的跳跃区域的序号为 $k=N_R$。序号 k 用于区分屏幕上不同的跳跃区域。

t_k 为第 k 个跳跃区域的启动时间，单位为 s：

$$t_k = (k-1)\Delta t \tag{B-105}$$

式中，对于第一个跳跃区域 $k=1$，$t_k=0$。

u 为边缘移动平均速率，单位为 px/s：

$$u = \Delta n/\Delta t \tag{B-106}$$

如果按照速度计量，那么方向指向右侧。

x' 为以像素（不是距离）为单位的、距屏幕左侧的距离，非整数。像素 n 与 x' 的关系为

$$n = \text{int}(x') + 1 \tag{B-107}$$

式中，$0 \leq x' < N_H$，为测量的、用像素表示的连续距离；n 为距离屏幕左侧的像素数，是整数。例如，如果考虑第 12 个像素的中心点，那么有 $x'=12.5$ px 和 $n=12$。对于距屏幕左侧的真实距离 x（单位为 mm 或 m），$x'=x/p$，式中 p 是像素间距。

n_p 为理想转换（无限快）时边缘的像素位置：

$$n_p = n_p(t) = \Delta n \, \text{int}(t/\Delta t) \tag{B-108}$$

这相当于识别跳跃区域内、被设置（打开、激活）为新等级的最远位置（最右边）的像素。

1. 平滑眼睛追踪

现在假设眼睛平滑地追踪移动边的后沿，这相当于屏幕上眼睛关注的焦点按照式（B-109）移动。

$$x'_e = ut = \frac{\Delta n}{\Delta t} t \tag{B-109}$$

眼睛追踪点为一个以 px 为单位的连续变量，它标明了从屏幕左侧开始测量时，眼睛观察的位置。（测量结果 x'_e 就是屏幕上眼睛观察的位置，以 px 为单位。）相对于眼睛追踪点，定义屏幕上的相对视网膜坐标 s（以 px 为单位）为

$$s = x' - x'_e \tag{B-110}$$

这就是屏幕上的边缘距眼睛追踪点的距离（为了说明 s 是什么，假设一个中心永远在眼睛观察点上的小 x-y 坐标系，它随眼睛移动。s 是从小坐标系中心沿着 x 轴或水平方向移动的水平距离。这个分析只与水平方向有关）。结合以上两个公式，可根据相对视网膜坐标和横穿屏幕的时间，确定屏幕上点的位置：

$$x' = s + ut \tag{B-111}$$

然后根据相对视网膜坐标和时间，得到像素数 n：

$$n = \text{int}(s + ut) + 1 \tag{B-112}$$

式中，假设跳跃区域边缘（通常是左侧）的追踪为平滑眼睛追踪，如图 B-45 所示。

2. 理想的转变可视化

这部分内容用于说明平滑眼睛追踪如何引起模糊，尽管屏幕上的图像并不模糊。将注意力集中于移动边缘上。首先，假设两种亮度之间的过渡是理想的，即过渡为瞬时的和理想的。另外，假设显示为连续的，一些人称这类显示屏为持续型显示屏——此时像素的亮度在刷新周期内保持恒定（理想情况）。后续，此模型将引入时间变化。

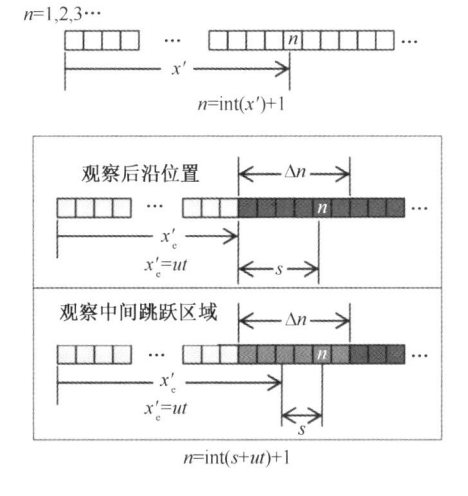

图 B-45 以 px 为单位的连续变量 x'

假设在平滑眼睛追踪模型中，眼睛追踪目标的移动，无抖动（无扫视）。如果眼睛平滑追踪前进区域后沿的位置，那么追踪到的像素位置可用式（B-109）计算：

$$x'_e = ut = t\Delta n / \Delta t \tag{B-113}$$

但是，边缘并不是平滑移动的，而是跳跃移动的：

$$n_p(t) = \Delta n \, \text{int}(t / \Delta t) \tag{B-114}$$

因为眼睛平滑地追踪后沿的平均位置，边缘位置 s_e 由边缘本身的运动坐标系在平滑眼睛追踪点中心上的位置与眼睛所看到的位置的差值给出：

$$s_e(t) = n_p(t) - n_s(t) \tag{B-115}$$

可以用更基本的变量表示：

$$s_e(t) = \Delta n \left[\text{int}(t / \Delta t) - t / \Delta t \right] \tag{B-116}$$

这种追踪会引起边缘相对于眼睛凝视或追踪的锯齿运动，如图 B-46 所示。如果刷新频率过慢，那么能够观察到闪烁，称其为抖动。如果刷新频率过快，那么即使不同亮度之间的过渡是瞬时的，也会出现边缘模糊。注意，本节讨论的模型只适用于持续型显示屏，这种显示屏在刷新周期内像素都是点亮的，并且过渡是理想的（瞬时的）。接下来的讨论将更加普遍，不需要考虑显示屏的过渡是否为理想的或持续型。接下来的讨论也适用于脉冲显示屏（如 CRT 显示屏），当然也适用于持续型显示屏（如 LCD）。

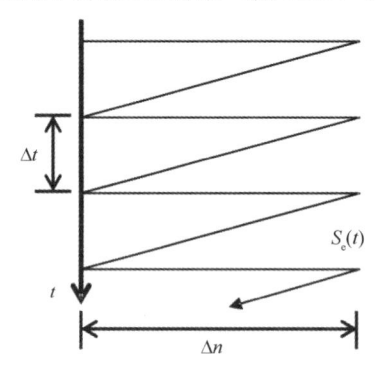

图 B-46　对以像素 Δn 渐增的、横穿屏幕的理想边缘进行平滑眼球追踪所引起的抖动或模糊

3．假设仅存在模糊的平滑眼睛追踪

现在考虑这样一种情况：显示屏的刷新频率足够快，以至于看不到抖动，但可观察到模糊。考虑一行水平像素或一个狭窄水平带像素，并且假设任意列 n 的所有像素都开启且状态相同。这个带（或行）的亮度与像素 n 和时间 t 有关：

$$L_{ij} = L_{ij}(n,t) \tag{B-117}$$

再观察屏幕中心附近的边缘，定义

$$c = \text{int}\left(\frac{N_H}{2\Delta n}\right) \tag{B-118}$$

为中心左边或中心位置跳跃区域开始的序号。由于假设仅存在模糊，因此可以对中心附近的边缘过渡亮度 L_{ij} 在一个刷新周期内进行积分。但是，因为平滑眼睛追踪点不是静止的，而是在跳跃区域内移动的，需要用眼睛追踪坐标表达 n，从而得到用眼睛追踪点自身的相对视网膜坐标 s 表示的 $K_{ij}(s)$：

$$K_{ij}(s) = \frac{1}{\Delta t}\int_{c\Delta t}^{(c+1)\Delta t} L_{ij}(\text{int}(s+ut)+1, t)\text{d}t \tag{B-119}$$

这给出了以连续像素位置为自变量的亮度函数。连续像素位置的含义：平滑眼睛追踪点以速度 u 沿着边缘平移扫过的区间。让一个追踪相机以速度 u 移动，并且对一个刷新周期做积分，将直接获得 $K_{ij}(s)$。捕获整数跳跃区域可能有助于减少噪声。如果有 N 个跳跃区域，那么式（B-119）中的积分将被分为 N 段积分，积分的上限将为$(c+1+N)\Delta t$。

4．移动边缘的屏幕亮度

现在，基于像素由亮度 L_i 变化为新亮度 L_j，确定跳跃区域内、移动边缘的亮度 $L_{ij}(n, t)$ 的表达式。一旦获得 $L_{ij}(n, t)$ 的表达式，就能得到多种测量移动边缘亮度的方法。

在任何跳跃区域，用 $m=1, 2, 3, \cdots, \Delta n$ 序号对像素进行编号（见图 B-47）。对于任何跳跃区域中某行的每个像素 n，假设已知边缘在跳跃区域内移动时的、任何 $i \neq j$ 的过渡亮度变化，将其称为过渡亮度响应 $G_{ij}(m, t')$（见图 B-48）。这里，t' 为在跳跃区域内测量的时间。对于这个过渡亮度响应 $G_{ij}(m, t')$，假设 $t'=0$ 表示过渡的起始时间，并且对于该跳跃区域内的所有像素都相同。现在要做的是根据对跳跃区域变化的理解给出 $L_{ij}(n, t)$ 的表达式。

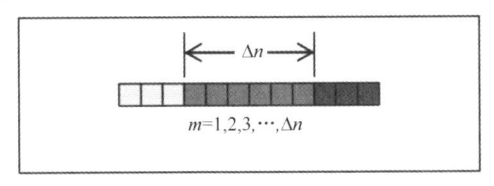

图 B-47　跳跃区域内的像素标记为 m

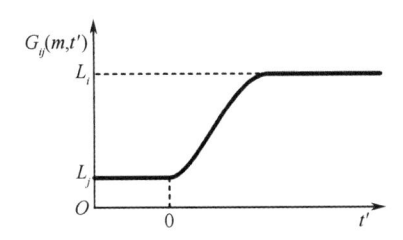

图 B-48　跳跃区域内每 m 个像素的过渡亮度响应曲线

可以根据 $G_{ij}(m, t')$（某种程度上，限制数量 m 和时间 t'，以便正确地描述移动边缘）给出亮度 $L_{ij}(n, t)$。为了实现这个目标，引入排序系数［见式（B-120）］对跳跃区域进行编号。

$$\operatorname{int}\left(\frac{n-1}{\Delta n}\right) \tag{B-120}$$

事实上，跳跃区域序号 k 可定义为

$$k = \operatorname{int}\left(\frac{n-1}{\Delta n}\right) + 1 \tag{B-121}$$

这时，第 k 个跳跃区域的激活时间为

$$t_k = \Delta t \operatorname{int}\left(\frac{n-1}{\Delta n}\right) \tag{B-122}$$

表 B-7 给出这个排序系数对跳跃区域排序的具体方法。本质上，它告诉我们在已知 n 值的情况下，会看到哪个跳跃区域。这个排序系数能够使我们仅使用像素位置 n 控制跳跃区域内的像素开启，而且，这个排序系数使我们能够给出一个相对简单的边缘亮度 $L_{ij}(n, t)$ 的表达式。

现在通过谨慎地定义 m 和 t'，用单个跳跃区域内的过渡亮度响应 $G_{ij}(m, t')$ 给出整个屏幕的边缘亮度 $L_{ij}(n, t)$，从而通过一个响应相同、时间和位置不同的跳跃区域序列使屏幕工作。

表 B-7　跳跃区域序数确定

k	n 的范围	int $[(n-1)/\Delta n]$
1	$1 \leq n \leq \Delta n$	0
2	$\Delta n + 1 \leq n \leq 2\Delta n$	1
3	$2\Delta n + 1 \leq n \leq 3\Delta n$	2
$N_R = \operatorname{int}(N_H/\Delta n)$	$N_R - 1 \leq \Delta n + 1 \leq n \leq N_R \Delta n$	$N_R - 1$

$$L_{ij}(n, t) = G_{ij}(m, t') \tag{B-123}$$

式中，

$$m = n - \Delta n \operatorname{int}\left(\frac{n-1}{\Delta n}\right) \quad \text{（B-124）}$$

$$t' = t - t_k = t - \Delta t \operatorname{int}\left(\frac{n-1}{\Delta n}\right) \quad \text{（B-125）}$$

注意 t_k 的表达式。如果 $t > t_k$，则 t' 小于零。这正是我们需要的、边缘在跳跃区域内移动的、基于时间的运动。跳跃区域逐步激活。将以上内容汇总，得到一个笨拙且让人难以理解的公式：

$$L_{ij}(n, t) = G_{ij}\left[n - \Delta n \operatorname{int}\left(\frac{n-1}{\Delta n}\right),\ t - \Delta t \operatorname{int}\left(\frac{n-1}{\Delta n}\right)\right] \quad \text{（B-126）}$$

每个跳跃区域内循环使用系数 m。所以，无论观察哪一个像素，在任何跳跃区域内，相机都追踪关注的位置。t' 表示在适当的时间激活跳跃区域，以便在每个刷新周期 Δt 内，边缘以 Δn 增量横穿屏幕。当时间 $t' \leq 0$ 时，有 $G_{ij}(m, t') = L_i$；对于长时间，有 $G_{ij}(m, \infty) = L_j$。

实际上，很少直接测量亮度 $G_{ij}(m, t')$。经常测量电压、电流或获得某种数字探测器（如 CCD 相机）上的像素计数。假设实际测量到的量为 g，并假设它来自一个偏移量为 g_0 的线性探测器（见图 B-49）。将 g_W 与白色亮度 L_W 对应，g_K 与黑色亮度 L_K 对应，g_i 与 L_i 对应，g_j 与 L_j 对应等。G 和 g 之间的关系为

$$G_{ij}(m, t') = L_W \frac{g_{ij}(m, t' + t_g) - g_0}{g_W - g_0} \quad \text{（B-127）}$$

这里记录数据 g 的时间尺度平移，以便 $t' = 0$ 时，$G_{ij}(m, t')$ 开始过渡（假设无亮度，$L = 0$，此时有 $G = 0$）。

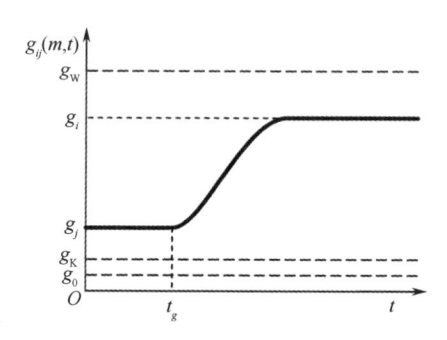

图 B-49 由线性探测器获得的数据，这些数据用于说明跳跃区域中的第 m 个像素的亮度为时间的函数

这个分析表明，如果能够仔细测量跳跃区域随时间的变化，那么就能够给出以时间为变量的整个屏幕的边缘亮度 $L_{ij}(n, t)$。一旦给出 $L_{ij}(n, t)$，那么可以根据式（B-119）得到眼睛所看到的内容 $K_{ij}(s)$（假设为平滑眼睛追踪）。

B.28 透明扩散板—— L 与 E

已知照度为 E=1000 lx 的光照射到散射透过率为 τ=0.3 的透明扩散板背面，如图 B-50 所示，请问另一侧的照度是多少？

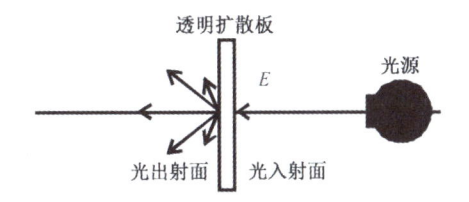

图 B-50 透明扩散板散射透过率测量示意

透过率定义为透过通量与入射通量之比。计算中，假设透明扩散板是一个理想扩散板（朗伯散射体）。通量为 Φ 的入射光照到面积为 A 的透明扩散板背面。照度为

$$E = \phi/A \tag{B-128}$$

另一侧的光出射量 M 为

$$M = \tau E \tag{B-129}$$

则透过的通量为 $\tau\Phi$。对于这样的一个朗伯散射体，亮度 L 为

$$L = M/\pi \tag{B-130}$$

根据入射照度 E 的定义，式（B-130）变为

$$L = \tau E/\pi \tag{B-131}$$

当照度为 E=1000 lx 且通量透过率为 τ=0.3 时，亮度为 L=95cd/m²。假设透明扩散板确实为朗伯散射体，通过测量一侧（上侧）的照度和另一侧（下侧）的亮度，可估计透过率：

$$\tau = \pi L/E \tag{B-132}$$

式（B-132）仅适用于理想扩散板（朗伯散射体）。

如果觉得式（B-130）的跳跃性太大，那么下面给出详细的推导：对于任何面积为 A 的表面，当亮度为 L 时，发光强度为

$$I = LA\cos\theta \tag{B-133}$$

式中，θ 为光线与表面法线之间的夹角。对于一个朗伯散射体，亮度 L 为常数（与角度 θ 无关）：

$$L = L(\theta) = 常数 \tag{B-134}$$

透过的通量 MA 是对式（B-133）中 $I(\theta)$ 的半球积分：

$$MA = LA\int_0^{2\pi}d\phi\int_0^{\pi/2}\cos\theta\sin\theta d\theta = \pi LA \tag{B-135}$$

这个公式简化后就是式（B-130）。

实际上，许多透明扩散板的表面都是光滑的。用砂纸（约 240 目或更高）对光滑的扩散板表面进行打磨，可能会得到一个较好的扩散板（类似于朗伯散射体），但同时可能导致透过率降低且更容易脏。乳白玻璃的扩散表面是玻璃板一侧的表面。对于广告牌所用的乳白色

的塑料，整个介质厚度内都有扩散。可通过研磨表面增强塑料材料的扩散效果。有时，这些乳白色的塑料会产生一个暗淡但很清晰的光源虚像。通过研磨塑料表面，能够消除清晰的图像，从而改善塑料的扩散性能（通常，清晰虚像并不是乳白玻璃的问题）。仅研磨普通光滑玻璃或光滑塑料的表面，并不能得到较好的朗伯散射表面。使用诸如乳白玻璃和乳白色塑料这样的扩散板也会导致透射光变黄（天空是蓝色的，落日是红色的，你明白它们之间的关联吗？）。

下面进行粗略测量。对于一个乳白玻璃样品（未经过研磨），测得的入射照度为 910 lx，另一侧的亮度为 130 cd/m², 根据式（B-132）可以得到 τ=0.45。对于一个两侧都经过研磨的乳白色亚克力薄板，当入射照度为 990 lx 时，另一侧的亮度为 110 cd/m², 根据式（B-132）得到 τ=0.35。注意，式（B-132）假设扩散板为朗伯散射体，实际上可能并不是这样的。

B.29 色域面积和色域的重叠指标

本节讨论三基色发射型显示屏的色域覆盖率。显示屏的色域是色彩空间中显示屏产生的点的集合。一种合理的色域覆盖率是用 CIE 均匀色彩空间中的一个体积表示的，其中相同的距离大致与相同的色差相等。但是，这个体积依赖于显示屏能显示的三基色值和白色值。在进行显示屏校准时，这些量都会发生变化，因此，并不能有效地描述显示屏的特性。其他可用的衡量指标可能还有基色的饱和度，但这种衡量指标因为依赖于显示屏的白色而无使用价值。

大多数发射型显示屏的基色色度足够稳定，因此，可以在衡量指标中使用，特别是当色坐标系统主观感觉上近似均匀时。在显示行业内广泛使用的(u',v')色彩空间为一个均匀色彩空间 CIE LUV[1]。另外，一些 ANSI 标准指定以(u',v')坐标进行色度测量[2]。最后，均匀色彩空间中的面积长期以来被当作一个合理的色域表征指标[3]。所以，这里的衡量指标是坐标为(u',v')的色彩空间内、三基色（R、G、B）围成的三角形的面积。

非常形象地，色域覆盖率是(u',v')空间中整个光谱轨迹覆盖范围所占的百分比（在任何色彩空间系统中，无论系统中有多少种基色，整个光谱轨迹覆盖的面积是最大的。注意：光谱轨迹覆盖的面积是通过计算多边形的面积得到的，多边形的顶点是以 1nm 为间隔的、波长为 380～700nm 的光的色度。这个面积的计算值为 0.1952）。

---

[1] 此处原书参考资料：Commission Internationale de l'Eclairage (CIE), Colorimetry (Second Edition), Publication CIE 15.2, Bureau Central de laCIE, 1986.

[2] 此处原书参考资料：

　　[1] P. J. Alessi, CIE guide lines for coordinated research evaluation of colour appearance models for reflection print and self-luminous display image comparisons, ColorRes. Appl. 19(1994), 48-58.

　　[2] ISO standards 9241-8 (color requirements for CRTs) and 13406-2(measurement requirements for LCDs).

　　[3] ANSI Electronic Projection Standards IT7.227 (Variable Resolution Projectors) and IT7.228 (Fixed Resolution Projectors).

[3] 此处原书参考资料：W. A.Thornton, Color-discrimination index, *J. Opt.Soc. Amer.*, 62(1972) 191-194.

1. 色域覆盖率

如果设备测量的是 CIE (x,y) 值而非 (u',v') 值,那么步骤如下。

(1) 测量每种基色在全开状态(其他基色处于全闭状态)下的 CIE(x,y) 值。将 (x,y) 分别记为 (x_R, y_R)、(x_G, y_G) 和 (x_B, y_B),其中 (x_R, y_R) 表示红基色,(x_G, y_G) 表示绿基色,(x_B, y_B) 表示蓝基色。

(2) 使用下述公式,将 (x,y) 转换至 CIE 1976 (u',v') 坐标系统。

$$u' = 4x/(3+12y-2x)$$
$$v' = 9y/(3+12y-2x)$$
(B-136)

(3) 计算 (u',v') 空间中三角形 rgb 的面积,将其除以 0.1952,并乘以 100%,得到

$$A = 256.1 \left| (u'_R - u'_B)(v'_G - v'_B) - (u'_G - u'_B)(v'_R - v'_B) \right|$$
(B-137)

或者,如果仪器能够直接测量得到坐标 (u',v'),那么跳过步骤(1)和(2),直接进行(3)。

2. 计算示例

下面是一台投影仪的测量坐标值:

红:$u'_R = 0.443$,$v'_R = 0.529$
绿:$u'_G = 0.124$,$v'_G = 0.567$
蓝:$u'_B = 0.186$,$v'_B = 0.120$

根据这些坐标和步骤(3)中的公式计算,得到色域覆盖率为 $A = 36$。这意味着显示屏达到了光谱轨迹覆盖面积的 36%。

3. 色域的重叠指标

在评估色域覆盖率时,关注的不只是色域的大小,我们有时还想知道与参考显示屏(如 NTSC、ITU Rec 709 或其他)相对色域的重叠比例。

在 (u',v') 空间中,假设 A 为显示屏的色域覆盖率(显示屏色域三角形面积占光谱轨迹多边形面积的百分比——适用于基色多于 3 个的显示屏)。类似地,定义 A_0 为参考显示屏的色域覆盖率。对于一个凸多边形,色域覆盖率可按照下述方法计算。选择多边形的中心点 w(可能是白色点)和围绕 w 逆时针分布的点 1、2、3 等;然后计算每个三角形的面积。为了得到色域覆盖率,将面积关于光谱轨迹进行归一化处理。

定义 g 为参考色域面积的一小部分,它同样是被测显示屏的色域多边形的一部分(这里指"重叠部分的色域")。这个重叠的多边形是凸边形,同样遵循上述计算方法。当然,中心点 w 可能要重新选择,以便使其在重叠多边形内。

为了计算 g 的面积,最简单的方法是将多边形简化为三角形进行计算,假设显示屏的色域面积为三角形 P,参考色域面积为三角形 Q,计算 P 和 Q 重叠区域内的 (u',v') 像素数($\Delta u \times \Delta v$ 的小正方形,建议尺寸至少为 0.001)。例如,检测一个像素是否同时在三角形 P 和 Q 内,如果像素通过检测,那么扩大计数区域。也可以分析组成多边形的面积,但由于存在太多可能性,所以,不推荐这么做。

4. 一个可能的、单个数字的概括性指标

若要用单个数字概括色域和色域重叠部分，可以选择指标 H。如果被测色域和参考色域不相交（如 $g=0$），则 H 为零；如果被测色域完全在参考色域内，则 H 为相对面积 A/A_0（不大于1），而且对于落在参考色域外的被测色域要乘以一个系数，可表示为

$$H = g\, A/A_0$$

如果用绝对面积（而非相对面积），那么有 $H=aA'/A_0'^2$，式中，a 为参考色域和被测色域的重叠面积；A' 是被测色域的面积；A_0' 是参考色域的面积。注意，这里不涉及光谱轨迹的覆盖面积。

B.30 视觉健康警告

普遍采用荧光灯作为背光的各种 LCD 引发了许多关于眼睛的健康问题。这些问题对于那些一天超过 8 小时都盯着 LCD 的人更加严峻。其中涉及以下几种眼睛损伤：白内障、由紫外线（UV）辐射引起的雪盲症（波长为 270nm 的紫外光影响最大[1]）、由波长为 430nm 的强蓝光所引起的黄斑退化和视网膜光化学损伤。

在 LCD 中使用的一些滤光片和其他一些前置塑料材料将使很少的 UV 透过，此时第一类伤害可以忽略不计。但是，一些透光材料能够透过 UV，并且荧光灯由于发光光谱过宽也会产生 UV。加剧这一问题的是缺乏 UV 光谱测量设备，因为大多数光谱分析仪中的光学器件是由玻璃构成的，而玻璃很难有效地透光 UV，导致透过的波长在 380nm 以下的光不够强，从而很难被探测到。由于测量的困难性，每个新的 LCD 模组在 UV 发射区域的性能都是未知的。

由蓝光引起的眼睛伤害已经被广泛证实。人们观测到了视网膜的光化学损伤在 430nm 处的敏感度[2]达到峰值，人们还发现，昼夜节律疗法使用的强蓝光会导致黄斑退化损伤呈现增加的趋势。我们必须尽快做好量化标准准备。但是，根据常识我们知道，人眼很难忍受长时间使用高亮度的带有蓝白点的显示屏，特别是老年人和敏感人群。

本书只是给出了一个警示，希望以后有测量标准能够增加与 UV 测量相关的内容。缓解蓝光伤害并不是度量学的任务。但是，本书中有必要给出与显示屏相关的常见警示。

B.31 镜面反射比和光亮度因数

已知一个面积为 A_s、亮度为 L_s 的光源，假设在一个镜面反射几何布局中用它确定显示屏的镜面反射比 ζ，如图 B-51 所示。请问镜面反射比和光亮度因数 β 之间是什么关系

---

[1] 此处原书参考资料：International Non-Ionizing Radiation Committee of the International Radiation Protection Association, Guide lines on limits of exposure to ultraviolet radiation of wavelengths between 180 nm and 400 nm (in coherent optical radiation), *Health Physics* 87 (2), 177-186 (2004).

[2] 此处原书参考资料：American Conference of Governmental Industrial Hygienists (ACGIH) 2020*TLV's, Threshold Limit Valuesand Biological Exposure Indices for 2010*, Cincinnati: ACGIH.

（如果有）？

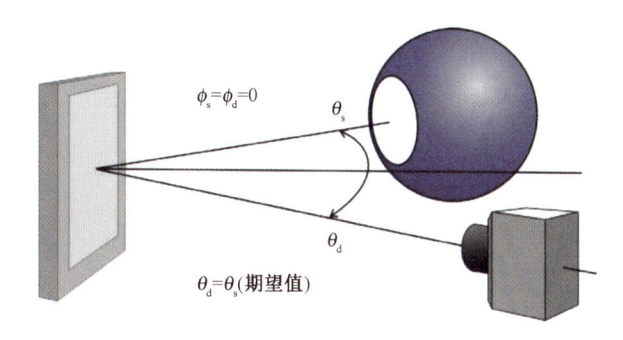

图 B-51　镜面反射比和光亮度因数 β 的关系测量

镜面反射方向测量的亮度为

$$L = \zeta L_s \tag{B-138}$$

假设距离这种光源（见附录 B.14）极远的距离，并在极小的面积上（实际上并不正确，但试试看究竟会发生什么）：

$$E = \frac{L_s A_s \cos\theta_s}{c_s^2} \tag{B-139}$$

如果确定了光亮度因数而非镜面反射比：

$$\beta = \frac{\pi L}{E} \tag{B-140}$$

那么根据镜面反射比和照度的表达式能够得出

$$\beta = \frac{\pi c_s^2}{A_s \cos\theta_s}\zeta \tag{B-141}$$

由此可见，镜面反射比和亮度因数之间有比例关系。

B.32　NEMA-DICOM 灰阶函数和 EPD 灰阶函数

显示屏的亮度响应决定了灰阶阴影的可见性。例如，由 NEMA 为医学界标准化的亮度响应曲线可以用于 DICOM[1]，也可以被美国国家地理空间情报局（NGA）图像质量和实用程序（NIQU）项目[2]用于地理空间情报社区。其都详细说明了输入数字驱动等级和输出显示亮度之间的数学关系。实际上，输入到显示屏的驱动等级被映射为一张查找表（LUT），从表中可以获得想要的输出显示亮度。

NEMA-DICOM 灰阶函数（GSDF）保证每个连续增加的输入灰阶产生一个等价的、步长为最小刚辨差的被测的感知亮度增长[3]。

相关内容参见附录 B.25。

---

[1] 此处原书参考资料：Digital Imagingand Communicationsin Medicine (DICOM) 4: Grayscale Standard Display Function. National Electrical Manufacturers Association (NEMA) Standard PS3.14-1999.

[2] 此处原书参考资料：Softcopy Exploitation Display Hardware Performance Standard Version 3.1, 05 March 2010.

[3] 此处原书参考资料：P.G. J. Barten, Proc.SPIE1666, 57-72 [1992]; Proc. SPIE1913, 2-14 [1993].

注意：因为眼睛对灰阶的敏感性在低亮度和高亮度下是不同的，在校准 GSDF 曲线后，显示亮度必须保持为常数。

灰阶功能检测的等概率性灰阶函数（EPD，符号为 D_{EP}，见附录 A.12）和 GSDF 是不一样的，EPD 提高了低灰阶时的亮度变化幅度，从而增加了人眼对图像中亮度较高的区域所包围的低对比度目标的探测，如图 B-52 所示。EPD 可表示为式（B-142）（单位为 cd/m²）。

$$D_{EP} = \left(0.2 + 8.1206638x - 12.45394x^2 + 96.293375x^3 - 121.85936x^4 + 99.699238x^5\right)/0.2919$$

（B-142）

式中，x 为 0~1 的归一化输入值；输出亮度从 L_{min}=0.343cd/m²（黑色）到 L_{max}=119.9 cd/m²（白色）；多项式被 0.2919 除，完成了单位从 fL 到 cd/m² 的转换。虽然 EPD 表达式在这个亮度范围外还没有被正式确认过，但人们常会将它归一化，平移或缩放后用到其他黑色亮度等级和白色亮度等级。注意：EPD 灰阶函数受限于亮度区域，所以，经过校准后的亮度等级必须保持不变。

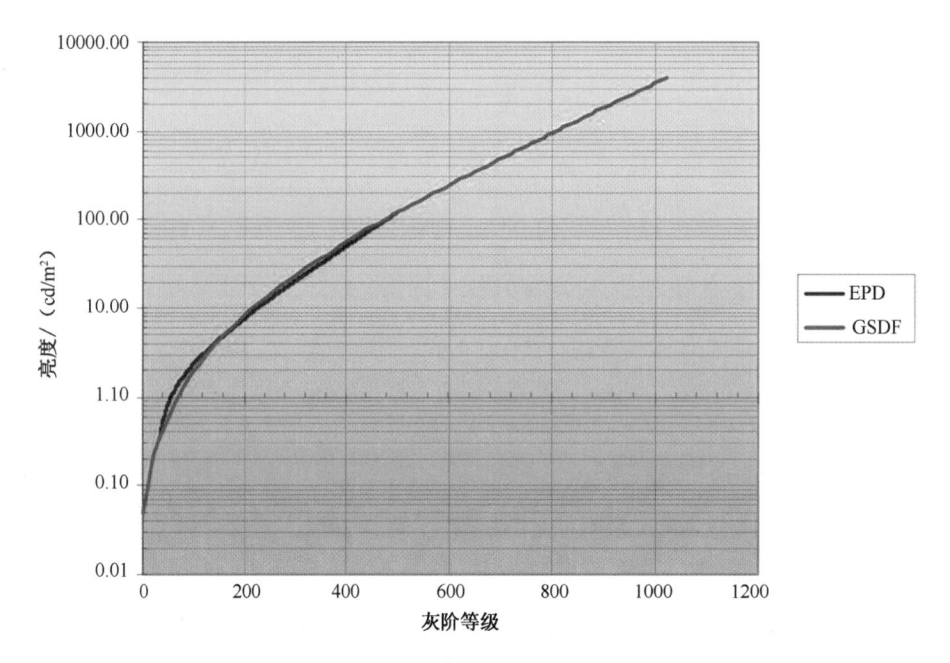

图 B-52 EPD 灰阶函数和 GSDF 曲线对比，GSDF 的灰阶等级从 1 至 1024，而 EPD 灰阶函数的灰阶等级从 35 至 501

附录 C

变量

这里将重复第 3 章的内容并将它们集中在一起，但不是所有出现的变量都将列于此，这只是作为一个快速的参考。

1. 本书出现的变量（部分）

缩写词：LMD 为光测量仪器；MF 为测量场；MFA 为测量视场角；亚像素的下角标 i 表示红、绿、蓝，如（R，G，B）；下角标 j 表示比特数或电压电平值。

α——屏幕宽高比（$\alpha = H/V$），测量视场角；

a——小区域，或者屏幕上的小区域；

A——面积；

B——双向反射分布函数（BRDF），模糊边缘度量；

c_d，c_s——屏幕中心到探测器、光源的距离；

C——对比度（C_m 为迈克耳孙对比度）；

C——RGB 中的颜色或三基色；

D——可视区用于信息显示的矩形的对角线尺寸，也可指密度、直径；

v_H，v_V，ε_H，ε_V——北极和东极测角仪角度；

η——光源的发光效率，北极坐标轴；

ε——正面亮度效率，东极坐标轴；

E，$E(\lambda)$ 或 E_λ——照度（单位为 lx），辐射照度（单位为 $W \cdot m^{-2} \cdot nm^{-1}$）；

f——阈值亮度，开口率，时间单位（帧）；

f_a——屏幕的部分（或百分比）面积，靶，测量场；

Φ，$\Phi(\lambda)$ 或 Φ_λ——光通量（单位为 lm），辐射通量（单位为 W）；

H——屏幕有效区域的水平尺寸；

$\mathcal{H}$——晕光；

h——雾度，高度；

γ——灰阶中的伽马指数；

I，$I(\lambda)$ 或 I_λ——发光强度（单位为 cd），辐射强度（单位为 W·sr^{-1}·nm^{-1}）；

k——整数，单位通量的转换为探测器的电流量；

K，K——黑色（对应正体），亮度（单位为 cd/m^2），辐射率（单位为 W·sr^{-1}·m^{-2}·nm^{-1}），开尔文（正体）；

λ——波长；

L^*——CIE LUV 和 CIE LAB 色彩空间中的亮度；

$\mathcal{L}$——加载；

$\mathcal{L}$——左边（用于 3D 立体的描述）；

m——质量，整数；

M，$M(\lambda)$ 或 M_λ——光出射度（单位为 lx），辐射出射度（单位为 W·m^{-2}·nm^{-1}），调制传递函数；

$\mathcal{N}$——不均匀性；

N_a——小区域 a 覆盖的像素数；

N_T——像素总数（$N_T=N_H\times N_V$）；

N_H——水平方向的像素数；

N_V——竖直方向的像素数；

n——整数；

π——3.141592653⋯=4arctan1；

p——屏幕上以像素为单位的距离；

P——像素间距（像素之间的距离），功率（单位为 W），压强；

P_H——水平方向的像素间距；

P_V——竖直方向的像素间距；

q——光亮度系数；

Q——团簇缺陷分散质量（1/群密度），或者颜色，其中，W 为白色，R 为红色，G 为绿色，B 为蓝色，C 为青色，M 为洋红色，Y 为黄色，K 为黑色，S 为灰色；

R——红色，刷新率，半径，反射率因数；

$\mathcal{R}$——右边（用于 3D 立体的描述）；

r，r_a——半径，屏幕上小区域的圆环半径；

s_i，s——亚像素面积，小面积，距离，方形边界尺寸，圆弧长度；

S——表面积，信号电平或信号数（使用阵列式探测器时），方形的像素空间频率（单位距离的像素，$S=1/P$）；

S_H——水平像素空间频率；

S_V——竖直像素空间频率；

θ，ϕ——球坐标角度；

θ_H，θ_V——水平观察角度和竖直观察角度；

θ_F——LMD 或探测器的测量视场角；

t——运行时间，时间；

T_C——相关色温；

T——透过率；

τ——运动模糊测量中以帧为单位的采样点之间的时间差，透射率；

V, V_j——屏幕有效显示区域的竖直方向的尺寸，电压，灰阶，体积；

W, W——重量，瓦（对应正体），白色（对应正体）；

Ω, ω, Ω——立体角，欧姆（对应正体）；

x, y, z——笛卡儿右手坐标系，z轴垂直于屏幕，x轴水平，y轴竖直，或者为CIE 1931色坐标的x和y；

$\mathcal{U}$, U——均匀性，不确定度；

u', v'——CIE 1976色坐标；

u, v——CIE 1960色坐标（CCT测定）；

$\mathcal{X}$——消光比；

X, Y, Z——CIE 1931三刺激值；

$\bar{x}, \bar{y}, \bar{z}$——CIE 1931配色函数。

2. 本书出现的部分探测器参数

当探测器透过一个观察窗口探测时，其将位于观察窗口中心，并且离窗口足够远，这样可避免其他明亮区域的杂光的影响。不是所有的参数都是独立的。

c_d——屏幕中心到探测器前表面（或透镜）中心的距离（当探测器位于光轴上时，经常用z_d表示）；

θ_d——探测器相对于z轴的倾斜角；

ϕ_d——探测器从x轴开始绕z轴逆时针旋转的旋转角或轴向角；

R_d——探测器入射光瞳的半径；

α——测量视场角；

m_α——测量场直径；

x_t, y_t——探测器指向的位置或x-y平面上探测器指向的目标位置，也能用偏离理想位置的倾斜、转动和偏航角度（υ_d, v_d, ψ_d）描述；

F——探测器聚焦的位置，当聚焦在光源上或显示器上时，它是一个离散的变量，当沿着光程聚焦在一些点上时，它是一个连续的变量；

κ_d——探测器入射孔径的正切角度或孔径角 [$\tan(\kappa_d/2) = R_d/c_d$]；

υ_d, v_d, ψ_d——偏离理想位置的倾斜角度（绕x轴）、转动角度（绕z轴）和偏航角度（绕y轴）（遵从右手螺旋法则），参照（x_t, y_t），这里定义的偏航角度与航天器定义的偏航角度是相反的，因为飞机偏航轴是指向下的，而y轴是指向上的，当ψ没被用来表示偏航角度时，可以当作探测器对边。

3. 光源参数（下标为"f"表示是滤光片的参数）

不是所有的参数都是独立的。

c_s——光源中心与坐标系中心的距离（当光源在z轴上时用z_s表示）；

θ_s——光源偏离z轴的角度；

ϕ_s——光源从x轴开始绕z轴逆时针旋转的旋转角或轴向角；

R_s——光源半径（环形光源外径）；

w_s——环形光源宽度；

θ_r——环形光源外直径与法线的角度或位于显示器附近的光源的外直径边与法线的角度($\tan\theta_r = R_s/c_s$);

κ_s——光源入射角度的正切值[$\tan(\kappa_f/2)=R_s/c_s$]，当ψ没被用来表示偏航角度时，可以用它表示；

x_s, y_s——光源在x-y平面上的目标位置，也能用偏离理想位置的倾斜角度、转动角度和偏航角度（υ_d, v_d, ψ_d）描述；

U_s——光源亮度在整个出光端口上的均匀性；

R_v——观察端口的半径；

d_v——光源出射口到观察位置的距离；

c_v——中心到观察位置的距离；

κ_v——观察端口对屏幕中心张角的正切值[$\tan(\kappa_v/2)=R_v/c_v$]；

θ, ϕ——从光源背面视角做的相关测量；

υ_s, v_s, ψ_s——偏离理想位置的倾斜角度（绕x轴）、转动角度（绕z轴）和偏航角度（绕y轴）（遵从右手螺旋法则），参照（x_t, y_t），这里定义的偏航角度与航天器定义的偏航角度是相反的，因为飞机偏航轴是指向下的，而y轴是指向上的，当ψ没被用来表示偏航角度时，可以当作探测器对边；

θ_v, ϕ_v——漫反射照明测量中，观察端口对出光端口中心或显示屏法线所张的角度。

4. 显示屏参数

适用于显示屏产生的任何给定图案或关闭的显示器。

x_f, y_f, z_f——屏幕中心位置（理想情况下都为0）；

υ_f, v_f, ψ_f——屏幕关于z轴和水平面的倾斜角度、转动角度和偏航角度（理想情况下都为0）。

附录 D

术语表（3D 显示术语请见第 17 章）

$α$——屏幕宽高比，屏幕宽度与高度的比值。详细请见 13.1.2 节。

A——显示屏有效显示面积。

准确度（Accuracy）——测试结果与可接受参考值的一致程度。当为一个物理量赋予一组观测值时，将会有一个随机误差与一个系统误差或偏差。因为在实际中，系统误差与偏差没有办法完全分离，所以报告中的准确度必须用误差和偏差的组合来解释；其他更广泛应用的替代术语，请见附录 B.21。

寻址率（Addressability）——显示屏水平与竖直方向能够实时改变亮度的像素数量，通常表示为水平像素数量乘以竖直像素数量（$N_H×N_V$）；该术语通常用作分辨率的同义词；在大多数应用中，它与像素阵列相同；然而，随着用子像素显示字符，寻址率扩展至子像素级别。

AMLCD，AM-LCD——有源矩阵 LCD，其每个像素（或子像素）由附着在像素上的电路或晶体管驱动。

视场角（Angular Field of View）——探测器（目镜中有取景器）的视场角定义为目镜中心对被测场所成的张角，包括被测场与目镜中可见的其他周围区域。

抗眩光（Anti-Glare，AG）——通过使用显示屏前表面上的微结构对光线的漫反射，使镜面能量不分布在镜面反射方向上，从而控制显示屏表面的眩光反射。

减反射（Anti-Reflection，AR）——通过在显示屏前表面使用涂覆层来大幅减少镜面反射，从而控制显示屏表面的光反射，可以添加在 AG 表面上以进一步减少反射光。

阵列式探测器（Array Detector）——任意一维或二维光探测器：线性二极管阵列、线性 CCD 阵列、CCD 探测器或 CCD 相机（二维阵列）、CMOS 阵列及其他；通常这种设备对红外光很敏感，因此需要采用滤光片来确保亮度测量的准确性。

B——蓝色的缩写。

背景减除（Background Subtraction）——通过此过程将背景信号从被测量的信号中去除；如果激励信号为零而探测器中产生一个信号（例如，来自热噪声），那么该信号即背景信号；当存在激励信号时，该背景信号会加到测量信号上，通过减除背景信号能获得更可靠的测量信号。

偏差（Bias）——测量或测试结果的样本均值与可接受参考值之间的系统差值；其他更广泛应用的替代术语，见附录 B.21。

每种颜色的色深（bits per color）——每个颜色可用的 2 进制位数，如在 RGB 系统中，红色与蓝色可用 5 bits，绿色可用 6 bits，那么该 RGB 系统可写为 "5, 6, 5/RGB" 或 "5R, 6G, 5B"；如果每个颜色可用 8bits，则可写为 8ea RGB，或者简写为 8 each.。

bkg、Bkgnd.、bkgnd——背景（Background）的缩写。

黑色（Black）——显示屏设置条件所能达到的最小亮度，如对于一台 RGB 显示屏，当 3 个子像素都处于最小亮度（最小信号）时，可获得黑色。

黑色光滑光陷阱（Black Gloss Light Trap）——通常是一个窄锥形的光滑黑色表面，用来为待测区域提供参考黑色。

全黑场（Black Screen）——显示屏表面所有像素都施加相同的信号电压，从而在整个屏幕表面区域内显示黑色；此处，黑色指显示屏能显示的最小亮度。

K——黑色（Black）的缩写。

弥散（Blur）——显示屏上光线在预设点、线或区域的空间散布；术语"弥散"用于光学中，表示偏离理想对焦位置的图像清晰度下降，一个点的图像称为弥散圆；术语也应用于显示系统，如果该系统是线性时不变的，那么一个点的弥散在数学上描述为点扩散函数。

BRDF——双向反射分布函数（Bidirectional Reflectance Distribution Function），指每个可能的入射方向的光反射至每个可能的反射方向的比例；确切地讲，是反射方向观测的亮度与来自周围照度的比值。

视亮度（Brightness）——物体看起来的明亮程度（视觉主观量），物体发射并能被人眼感知的可见光的多少；亮度并非视亮度的定量替代；应避免混淆亮度与视亮度：视亮度是主观量，亮度是客观量。

C_A——环境对比度（Ambient Contrast Ratio），即在漫反射光环境照明下，全白场与全黑场中心亮度之比。

C_G——格子对比度（Grille Contrast Ratio），即一系列等间距黑白条纹图案的白色条纹亮度与黑色条纹亮度之比。

C_L——线对比度（Line Contrast Ratio），即在一条白线-一条黑线、一条白线-黑屏，或者一条黑线-白屏情况下的白色亮度与黑色亮度之比。

C——对比度，即白色亮度与黑色亮度之比（L_w/L_b）。

C——青色（Cyan）。

C_m——迈克耳孙对比度（Michelson Contrast），对比度调制，表达式为$(L_w-L_b)/(L_w+L_b)$，其中，L_w是白色亮度，L_b是黑色亮度；这种方法对较大的对比度不敏感。

C_T——阈值对比度（Threshold Contrast Ratio），即一些情况下可接受的最小对比度，见 9.2 节示例。

坎德拉（candela，cd）——发光强度的单位，1cd =1 lm/sr。

CCD——电荷耦合元件（Charge Coupled Device），一维或二维光探测器。

CCT——相关色温（Correlated Color Temperature）；在 CIE 1960 u, v 均匀色彩空间，色

坐标（普朗克轨迹上的一点）接近特定光（例如，来自显示屏的光）的色坐标的黑体辐射体的温度（单位为开尔文）。计算 CCT 的算法如下。

可通过 CIE 1931 x, y 色坐标，或者 CIE 1960 u, v 色坐标的列线图计算。此外，有一个成功的近似数值：给出色坐标(x, y)，McCamy's 近似为 CCT = 437 n^3 + 3601 n^2 + 6861 n + 5517，其中，$n = (x-0.3320)/(0.1858-y)$。此近似（建议 2 阶或 3 阶）在 2000～10000K 足以接近任何实际应用。

屏幕中心——显示屏表面产生图像部分的几何中心。

色坐标（Chromaticity）——仅使用两个数值对光的三刺激值进行的一种表达，不能使用光的绝对强度比值表述；采用这两个数值（称为色坐标）定义色彩空间，其中任意两种光叠加混合后的色度位于两种光的色坐标连线上。

CIE——国际照明委员会（Commission Internationale de l'Eclairage, International Commission on Illumination）；本书中使用 CIE 1931 x, y, z 色坐标，因为该色坐标最为普遍，本书的读者可能更喜欢其他色坐标系统，只要相关利益方一致同意，读者可以使用任何想用的色坐标系统；特别推荐 CIE 1976 u', v' 色彩空间，因为该色彩空间对人眼的颜色灵敏度更加均匀；本书使用的光学符号 Φ、I、L、E、M 分别表示光通量、发光强度、亮度、照度和光出射度；不要将表示亮度的 L 与任何亮度的 CIE 测量混淆。

颜色——此概念实际上无须定义，只是对本书中的白、灰、黑等颜色做一些说明；严格来讲，白色与灰色是颜色，黑色是没有光的情况，但在大多数情况下，黑色实际上是暗灰色；本书中，R 代表红色（Red），G 代表绿色（Green），B 代表蓝色（Blue），W 代表白色（White），C 代表青色（Cyan），M 代表洋红色（Magenta），Y 代表黄色（Yellow），K 代表黑色（Black），S 代表灰度（Gray Shades）；当谈到 R、G、B 时，表示基色，当它们以斜体表示时，则表示 R、G、B 的设置等级。

颜色反转（Color Inversion, Color Reversal）——显示屏上观察到的颜色随视角的改变。

颜色管理系统（Color Management System，CMS）——一种能将一台设备内的颜色数字驱动（如电压）转换为驱动另一台设备产生相同颜色的程序；CMS 的目的是把由设备 1（如 CRT 显示屏）观察的颜色转换为由设备 2（如彩色打印机）产生的视觉上等效的颜色。

颜色序列（Color Sequential）——将不同基色按照时间先后进行排序，进而获得彩色显示的一种方法，而非由每种基色的子像素组成每个像素。

准直（Collimation）——改变光线的光学传播方向，从而使产生或采用的所有光线在近似相同的方向传播。

颜色深度（Color Depth）——每种基色分配的二进制数字位数。

色域（Color Gamut）——一台颜色产生设备（如显示屏）可产生的颜色集合；对于三基色显示屏，色域在色彩空间中表示为三角形 RGB 限定的三角形区域，该三角形的面积称为色域面积，与本书 CIE 1931 x, y 色彩空间或 CIE 1976 u', v' 色彩空间的定义不同（不同的色彩空间，分母不同）；但是，严格来说，色域只是颜色的集合，并没有尺寸度量。

命令（Command）——电压驱动一个 VDU 的子像素、像素或一组像素的数字信号等级；如果一个显示屏在信号产生硬件中可使用 n 个灰阶等级，并且这 n 个灰阶等级可由软件操作，那么将一个子像素命令为等级 m，表示该子像素在 m 等级时被驱动；术语"命令等级"

专门为数字驱动显示而定义；对于模拟显示，存在一个等效的术语"驱动等级"或"驱动电压"，这取决于显示屏如何被驱动；"命令等级"的同义词为"灰阶等级"（考虑到谈及子像素产生颜色的灰阶等级可能会产生误解，因此优先选用"命令"）、"位数等级""驱动等级""命令"（在 8 位显示屏中，命令显示为"255"，表示白色）。

串扰（Crosstalk）——最初，串扰是一个电子学术语，表示相邻电路中，一个元件的信号特性注入电路中另一个元件的一种多余耦合；串扰也被用于表示显示屏图像区域的相互影响，主要表现为三种方式，即阴影（Shadowing）、重影（Ghosting）和拖尾（Streaking）。

$\Delta u'v'$——CIE 1976 色彩空间的色差度量。$\Delta u'v' = \sqrt{(u_1'-u_2')^2 + (v_1'-v_2')^2}$。

D——显示屏对角线（Screen Diagonal）、直径（Diameter）、占空比（Duty Cycle）。

暗场修正（Dark Field Correction）——将背景信号从测量信号中减去；一些探测器（如 CCD）在没有光线时仍有一个背景信号；为获得准确读数，此背景信号必须从测量信号中减去（对于阵列式探测器，从每个像素上的测量信号中减去背景信号）；通常将快门关闭，或者在成像镜头或孔径上覆盖黑色不透明物（甚至具有 IR 功能）以测量背景信号。

暗室（Darkroom，Drkrm）——杂散光被严格控制或消除的房间。

日光特征向量（Daylight Eigenvectors）——基于日光统计观察的光谱，允许由日光不完整数据，如由光的三刺激值估算光谱；日光特征向量从观测的日光光谱能量分布的主要分量分析中获得，它是观测光谱的协方差矩阵的特征向量，按特征值递减顺序排列；使用 n 个输入参数进行光谱估算，应该使用最初的 n 个特征向量。

DHR——定向半球反射（Directed Hemispherical Reflectance）。

漫反射（Diffuse，Diffusion）——漫反射表面，如纸张表面、不光滑涂层等的特性在于，它能将入射光散射向多个方向；朗伯体表面是理想漫反射面，其在各观察方向上的亮度相等；漫反射是将光线由光的传播方向或镜面反射方向散射至其他方向的过程。

设计观看方向、距离、位置（Design Viewing Direction，Distance，Point）——为观看显示屏所设计的观看方向或位置；为简单起见，本书明确法线方向（垂直于显示屏表面的方向）总是测量法线方向；但是，有些显示屏的设计观看方向并不是垂直于显示屏的，并且，在观看显示屏的空间里也存在一个指定观看位置，这种显示屏的一个例子是银行取款机上的隐私显示屏；如果测量这种显示屏，那么任何非法线的设计观看方向或观看位置必须声明，并经利益相关方一致同意；完成此测量的相关步骤留给读者自己做适当的修改，如当测量显示屏均匀性且显示屏有一个设计观看位置时，将亮度计放置在适当位置，使其光学测量轴线经过指定观看位置，并看上去总是在显示屏表面位置上。

直接观看型显示屏（Direct-View Display）——无须采用仪器设备即可观看表面显示的图像或信息的显示屏，如电视机、CRT 显示屏、FPD、笔记本电脑显示屏；能直接观看显示屏的像素表面，而不管采用什么覆盖材料保护像素表面；显示屏不涉及镜头的使用，如头盔式显示屏、平视显示屏或投影显示屏；靠近像素表面的微透镜对直接观看没有帮助，也算是直接观看型显示屏。

显示屏（Display）——以视觉形式呈现信息的电子设备，即能够产生电子图像的设备，如 CRT 显示屏、LCD、等离子体显示屏、电致发光显示屏、场发射显示屏，等等（同义词为电子显示屏、DUT）。

显示屏表面（Display Surface）——显示信息的显示屏物理表面；同义词为屏幕。

抖动（Dithering）——屏幕区域内像素混合的一种方法，此处，给定屏幕区域内的像素为不同亮度或色度，从而产生不能由单个像素获得的亮度或色度。

点（Dot）——图像空间结构的基本单元，由印刷术语改编而来；此术语定义并不明确，因为在谈及全彩像素或子像素时容易混淆；可以确定的是，它通常用于表示由全彩像素或子像素组成的每个独立的基色分量；强烈建议使用术语"子像素"代替它。

DPI——字面意思为"每英寸点数"（Dots Per Inch），也称为"每英寸线数"或"每英寸像素数"，容易混淆；对于方块像素，假设其在水平与竖直方向上相等；虽然"点"有时被考虑为"子像素"，但 DPI 通常指显示屏全彩再现全部像素的能力，即每英寸像素数；强烈建议使用术语"每英寸像素数"（Pixels Per Inch）代替 DPI，以消除任何可能的歧义。

驱动等级（Drive Level）、驱动电压（Drive Voltage）、驱动电流（Drive Current）——模拟信号，能够使显示屏改变像素亮度或颜色的电压或电流；例如，在模拟信号情况下，像素亮度可能是施加电压的函数；通常，使用"驱动"（Drive）一词表示模拟信号，而使用"命令等级"（Command Level）表示数字显示屏中的位数等级。

驱动激源（Driving Stimulus）——能够使显示屏改变像素亮度或颜色的信号、电压、电流或位数；驱动激源是一个模糊的概念，用于并不想明确说明显示屏是数字刺激还是模拟刺激的情况。

DSO——数字存储示波器（Digital Storage Oscilloscope）。

DUT——待测显示器（Display Under Test）。

占空比（Duty Cycle）——上电时间除以上电时间与掉电时间之和，$D = t_{on}/(t_{on} + t_{off})$。

DVM——数字电压表（Digital Volt Meter）。

Dwn.——"下"（Down）的英文缩写。

Eff.——"效率"（Efficiency）的英文缩写。

E——照度，单位为 lx。

EIAJ——日本电子工业协会（Electronics Industries Association of Japan）。

EL——电致发光显示屏，薄膜荧光由交流（ac）或直流（dc）电激发。

入射瞳孔（Entrance Pupil）——仪器聚光孔的直径，如镜头直径。

Φ——光通量，单位为流明（lm）。

FED——场发射显示（Field Emission Display）技术，每个子像素有一个独立的场发射凸起电极，可通过电子轰击激发荧光粉。

场（Field）——见下面的"帧频"。

视场（Field Of View, FOV）——透过 LMD 配置的目镜观测到的区域，包括测量场及测量场周围的可见区域。请参照视场角（Angular Field of View），它表示从 LMD 接收区域中心测量的 FOV 的角度。

填充率（Fill Factor）——此术语有多种定义，最简单地，填充率定义为一个像素内能实际发光的面积的占比，通常以百分比表示；给定一台显示器，其有 N 个水平像素、M 个竖直像素，分布面积为 A 的显示屏上，那么每个像素分配的面积为 $a_p = A/(NM)$，由于支撑结构、掩模等影响，只有部分区域可发光，填充率为 f，可发光面积和填充率之间的关系为 $a_l = fa_p$；

当发光区域相对均匀且几何形状规则时,所有涉及的情况都很简单,但当几何形状不是那么规则时,填充率通常不能用上述公式描述。此时一个像素产生的亮度为一个平均值,即 $L_a = (1/a_p)\iint L(x,y)\mathrm{d}x\mathrm{d}y$,其中积分区域为像素分配面积 a_p。在某个位置(x_0, y_0)处,存在像素的最大亮度 $L_p = L(x_0, y_0)$;填充率为亮度大于指定阈值亮度 L_t 区域的面积与像素分配面积 a_p 之比,即 $f = (1/a_p)\iint U(x,y)\mathrm{d}x\mathrm{d}y$,其中,$U(x,y)$为标准非零函数,当亮度不小于阈值时,$U(x,y)=1$,否则 $U(x,y)=0$;通常阈值取为峰值亮度的一部分,即 $L_t = \xi L_p$。有人选择50%峰值亮度作为阈值,以便使用空间分辨亮度测量系统进行测量;由于人眼是非线性探测器,在亮度降低为20%时,将会察觉到视亮度降低为50%,因此,选择20%或更低值作为阈值更为合理(有些选用10%甚至5%以显示宽度);当彩色子像素组合成单个像素时,每个子像素的亮度相当于峰值亮度,然后对每个子像素的发光面积求和,从而得到整个像素的填充率;相比较所有子像素采用相同的亮度标准而言,这样得到的填充率更高,这个结果被认为是人眼评价填充率最好的方法;例如,虽然蓝色子像素相对于绿色子像素非常暗淡,但10%的蓝光结合10%的绿光与10%的红光产生10%的白光。因此,在此意义上,10%的蓝光与10%的绿光同样重要。

眩光(Flare)——见下面的"遮幕眩光"(Veiling Glare)。

帧频(Frame Rate)——除了显示屏使用隔行扫描的情况,视频信息能够被刷新的最大频率(单位为Hz);对于采用隔行扫描的显示屏,最大频率称为场频(Field Rate),几个场(通常为2个)组成1帧,例如,当场频为60Hz的2个场组成1帧时,帧频为30Hz;帧频或场频指信息能够显示给观众的频率,通常为59~96Hz;有些帧频为60Hz的显示屏可能以120Hz的频率工作,从而颠倒像素的极性,但信息只能以60Hz的频率改变;有些颜色序列显示屏的工作帧频为180Hz,但信息以60Hz的频率刷新。

FWHM——半高全宽(Full-Width Half-Maximum);当考虑钟形曲线(或类似的峰值曲线)时,曲线的半高全宽往往是一个重要的参数。

增益(Gain)——显示屏显示的图像亮度与从特定方向观察的理想漫反射体的亮度之比。

伽马曲线(Gamma Curve)、伽马(Gamma)、电光转移函数(Electro-Optical Transfer Function)、色调响应曲线(Tone-Response Curve)——显示屏的最大亮度与输入的数字驱动信号之间的函数关系;历史上,该函数的模型一直是幂为 γ 的幂函数(因此得名),之后,此模型采用各种增益与补偿进行改进,然后,原始显示函数通过查表方式控制其他函数,如GSDF;然而,伽马仍然用于表示显示屏的一般输入-输出关系;两个隐含假设是伽马曲线概念的基础:同一伽马曲线用于显示屏的所有颜色通道,以及随着数字输入的变化,任何颜色通道的相对光谱保持不变。

色域测量(Gamut-Area Metric)——均匀色彩空间(u', v')内,由加色法显示系统的 R、G、B 三基色组成的三角形面积;色域被定义为三角形面积占(u', v')空间光谱色"马蹄形"面积的比例。

灰阶等级(Gray Level)——产生一定灰度的输入信号,也可表示为设备,如由0~255的256个灰阶的8位显示屏可用命令等级的数目;当谈及像素或子像素在何等级被驱动时,有些人更愿意使用术语"命令等级"、"命令"或简单的"等级"。然而,当谈及灰度时,"灰阶等级"一词或许会被使用,其表示对所有子像素施加相同等级的电压以产生灰色;"灰阶等级"通常表示显示屏的输入电信号,而"灰度"表示屏幕上的显示结果。

灰阶(Grayscale,Gray Scale)——描述输入信号与输出灰度之间关系的电光转移函数;灰阶等级(命令等级或软件位数)与灰度(相对于白色的亮度)之间的关系即灰阶;给定可在屏幕上显示的 n 个灰度,存在 $w=n-1$ 个 0 级以上的等级,0 级表示显示为黑色,$w=n-1$ 等级表示显示为白色;通常希望从 n 个等级的大集合里选取分布尽量均匀的 m 个等级子集,在 w 个等级之间产生 m 个等级的间隔 $\Delta V = w/(m-1)$,其可能不为整数。因此,从中选择的等级为整数值 $V_i = \text{int}[(i-1)\Delta V]$, $i = 1, 2, \cdots, m$,或 $V_i = 0$, $\text{int}(\Delta V)$, $\text{int}(2\Delta V)$, $\text{int}(3\Delta V)$, $\cdots$, $\text{int}[(m-1)\Delta V]$,其中 $\text{int}[(m-1)\Delta V] = w$,表示白色。例如,对于 8 位灰阶,有 $n = 256 = 2^8$ 个灰度,白色灰阶等级为 $w = 255$,假如想选择 $m = 8$ 均匀分布的命令等级,正确间隔为 $\Delta V = 36.4286$,选取的灰阶等级为 0,36,73,109,146,182,219,255;如果想从 256 灰度中选取 $m = 32$ 个等级,使用 $\Delta V = 8.2258$,选取的灰阶等级为 0,8,16,25,33,41,49,58,66,74,82,90,99,107,115,123,132,140,148,156,165,173,181,189,197,206,214,222,230,239,247,255。对于模拟信号,如果 V_w 为白色驱动等级,V_b 为黑色驱动等级,那么对于 m 个灰阶等级,信号步长 $\Delta V=(V_w-V_b)/m$,各灰阶等级为 $V_j = V_b + j\Delta V$。

灰度(Gray Shade)——与给定灰阶等级或命令等级相对应的灰度显示,使用字母"S"表示颜色的灰度。

晕影(Halation)——由于显示屏的材料产生反射或漫反射及显示屏结构或电路中存在交叉耦合,图像亮区域的光泄漏至暗区域,并引起白色区域周围的黑色区域显示质量降低。例如,遮盖材料(如 CRT 显示屏的前玻璃)与沿着显示屏表面(如 CRT 显示屏的荧光表面)或表面以内的光反射。

光晕(Halo)——由显示屏亮区域散射至暗区域的光,通常显示为环绕亮区域的环或轮廓。

雾面反射(Haze)——该反射的特性类似于镜面反射,反射方向与镜面发射方向相同,反射光与入射光照度呈比例,但不能产生照明光源清晰的虚像;见 ASTM E284 中雾面散射与镜面反射的关系,其说明由于偏离镜面反射方向光的漫射,清晰像的对比度降低。

HDTV——高清晰度电视(High Definition Television)。

高度(Height)——能有效产生图像的屏幕的竖直高度。

保持式显示屏(Hold-Type Displays)——显示屏的像素在刷新周期内保持其电平(理想情况下,可无限),直至重新寻址使其改变为另一个状态;很多 LCD 是保持式显示屏。

I——发光强度,单位为坎德拉(cd)。

照度(Illuminance)——入射至(或穿过)表面的光通量,单位为 lm/m^2。

图像(Image)——以真实世界物体的图像或类似呈现方式显示信息,通常具有连续范围的灰阶等级与颜色。

不精确性(Imprecision)——这是一个不精确的术语,用来表示不确定性(Uncertainty)。

脉冲式显示屏(Impulse-type Displays)——显示屏的像素由短脉冲(或脉冲)激发,像素在脉冲施加之后恢复静态;通常,像素的持续时间比显示器的刷新周期要短;很多 CRT 显示屏为脉冲式显示屏。

不准确性(Inaccuracy)——这是一个不精确的术语,用来表示不确定性(Uncertainty)。

int(x)——x 的整数部分；如果 x=3.8，那么 int(x)=3；int(-x)=-int(x)。

积分球（Integrating Sphere）——一个内表面涂有白色高漫反射系数材料的空腔球体（但并不是所有的都这样）；它经常给入射光源留有一个入口，并且有一个出口用于光线射出；如果出口直径是球直径的 1/3 或更小，球内壁反射率不小于 98%，并且灯放置的位置合适，那么通过出口的亮度不均匀性可以近似为 1%。

相关方（Interested Parties）——在电子显示商务中，拥有谈判权力的所有公司和个体，包括消费级显示屏的用户。

IR——红外辐射（Infrared Radiation）的英文缩写。

各向同性（Isotropic）——各方向性质都一样。

JND——刚辨差（Just-Noticeable Difference）的英文缩写，基于对两个不同幅度的激励测量的感知；在图像中，如果观察者可区分两个激励的准确性达到 75%，那么两个激励（例如，一个图形序列和一个比对的参考图像）的差异恰好可被分辨；有一个基于人眼视觉的模型［称为萨诺夫视觉模型（Sarnoff Vision Model）］，它能够预测两个图形序列的差异恰好可被分辨的程度；1 倍刚辨差的差异可被感知的效果很小；3 倍刚辨差的差异能被察觉但不是很强烈；10 倍刚辨差的差异是相当明显的[1]。

K——黑色（Black）的英文缩写；K 也是开尔文的英文缩写，是绝对温度的单位。

L——亮度，单位为 cd/m^2；曾经 cd/m^2 被称为 "nit"，但考虑到 nit 不是很合适的术语，它并没有被使用很长时间；在 CIE 亮度测量中，请别混淆视亮度和亮度。

朗伯反射（Lambertian）——从朗伯反射表面反射回来的光和角度没有关系。

横向（Landscape Orientation）——显示屏水平方向的像素阵列构成最长边。

L_b——黑色亮度。

L_w——白色亮度。

LCD——液晶显示屏，此种显示技术有很多类，如主动矩阵、薄膜晶体管、超扭曲向列等；液晶材料夹在两层电极（通常其中一层电极是透明的）之间，随着电压的变化，反射率或透射率也随之改变。

透镜眩光（Lens Flare）——见下面的"遮幕眩光"（Veilng Glare）。

等级（Level）——控制子像素、像素或像素群产生一个特定输出亮度的信号；参见"灰阶"。

光测量仪器（Light Measurement Device，LMD）——任何用来测量光、亮度、颜色或色温的仪器；基于测量要求，包括亮度计、色度计、分光辐射亮度计、光电二极管、光电倍增管等；可以使用"探测器"替换；LMD 的类型包括点 LMD（如光度计、光电倍增管、激光二极管阵列、光电二极管和光电晶体管）、锥光偏振仪和成像 LMD（如相机中的 CCD 或 CMOS 成像器件）。

---

[1] 此处原书参考资料：

[1] J. Lubin, A visual system discrimination model for imaging system design and evaluation, in E. Peli(ed.), *Visual Models for Target Detection and Recognition*, World Scientific Publishers, 1995.

[2] J. Lubin, M.Brill, and R.Crane, Vision model-based assessment of distortion magnitudes in digital video, presented at the November, 1996 meeting of the International Association of Broadcasters(IAB).

光阱（Light Trap）——测量亮度（或颜色）以提供一个区域内参考黑色的物体。为了获得全黑的实际参考，使用一个具有较窄顶角的光滑黑色圆锥，圆锥的顶角挤在一起，使得光滑黑色圆锥的表面没有一个是向外的；当对黑色参考的要求没有这么苛刻时，可以使用一个光滑黑色表面；使用光滑黑色表面（镜面）的原因是，相比于无光泽的黑色表面，光滑黑色表面使较少的光从周围环境反射到 LMD；同义词为黑色光滑光挡、黑色挡板、黑色光挡、挡光板。

线性回归（Linear Regression）——计算最接近一系列点的直线的方法；已知线性方程 $y=mx+b$，假设有 N 个数据对(x_i, y_i)，想要得到最佳系数 m 和 b 以拟合这些数据（例如，y 是炉子的温度，x 是从开启火炉到现在的时间，可以测量温度随时间的变化，对这些数据进行拟合得到一条直线，从而得到炉温增长速率 m 和初始环境温度 b 的估计值），用线性回归方法或对这些数据拟合可以求出 m 和 b，即

$$b = \frac{1}{\Delta}\left(\sum_{i=1}^{N}x_i^2 \sum_{i=1}^{N}y_i - \sum_{i=1}^{N}x_i \sum_{i=1}^{N}x_i y_i\right); \quad m = \frac{1}{\Delta}\left(N\sum_{i=1}^{N}x_i y_i - \sum_{i=1}^{N}x_i \sum_{i=1}^{N}y_i\right)$$

式中，$\Delta = N\sum_{i=1}^{N}x_i^2 - \left(\sum_{i=1}^{N}x_i\right)^2$。

线性拟合的可信度通过下式给出的相关系数 r 评估：

$$r = \frac{N\sum_{i=1}^{N}x_i y_i - \sum_{i=1}^{N}x_i \sum_{i=1}^{N}y_i}{\left[N\sum_{i=1}^{N}x_i^2 - \left(\sum_{i=1}^{N}x_i\right)^2\right]^{\frac{1}{2}}\left[N\sum_{i=1}^{N}y_i^2 - \left(\sum_{i=1}^{N}y_i\right)^2\right]^{\frac{1}{2}}}$$

r 可能为正也可能为负，但它的绝对值最大为 1，表示拟合完美；r 为 0，则表示数据和拟合直线之间不相关（说明数据是随机的，不是线性的）。

负载效应——负载效应是指显示的效果会随电子器件功耗的变化而变化。例如，CRT 显示屏上显示的白色亮度基于显示的白色区域的大小，白色区域越大，白色亮度越暗；这个图像也会由于负载效应而发生空间失真。

Lum.——"亮度"的英文缩写。

流明（Lumen）——可见光功率的量化单位，英文缩写为 lm。

亮度（Luminance）——表面亮度的通俗专业术语的量化表述，单位为 cd/m^2。

亮度调节范围（Luminance Adjustment Range）——可通过软件或硬件调节的显示屏白画面的亮度范围（同义词为调光范围、亮度变化百分比、调光比、亮度范围等）。

光亮度系数（Luminance Coefficient）——朗伯反射体中亮度和照度之比，即 $q=L/E$，式中，$q=\rho_d/\pi$，ρ_d 为反射比。

光亮度因数（Luminance Factor）——入射光通量在表面反射的部分，通常是指朗伯反射，亮度和照度的关系为 $L=\rho_d E/\pi$。

出射光（Luminous Exitance）——离开表面的光的数量，单位为 lm/m^2（而非 lx）。

lx——照度的单位，为单位面积的流明（$lx = lm/m^2$）。

u_{LMD}，U_{LMD}——分别指 LMD 标准不确定度和 LMD 扩展不确定度（通常使用一个包含因子）。

M——出射光，单位为 lm/m²（而非 lx）。

M——洋红色（Magenta）。

显示屏主轴（Major Axis of Display）——沿着像素阵列的最大尺寸通过屏幕中心的线。对于横向显示屏，即水平中心轴；对于纵向显示屏，即竖直中心轴。

亚光（Matte）——以近似朗伯发射体的方式反射入射光的一种漫反射特性，即从每个方向看，表面都是近似相同的亮度，并且表面没有亮点或明显的光源反射；术语"Diffuse"也经常以这种方式被使用；标准白板和亚光白色都是一种反射，但标准白板通常指一种尽可能接近朗伯反射面的材料。

平均值（Mean）——一系列测量值的算术平均，n 个测量值 x_i 的平均值 μ 为 $\mu = \frac{1}{n}\sum_{i=1}^{n} x_i$。

Meas.——"测量"的英文缩写。

测量场（Measurement Field，MF）——LMD 测量的区域，通常是圆形的。

测量视场角（Measurement Field Angle，MFA）——从 LMD 可接受区域观察的测量场的对角；例如，当购买一个测量视场角为 1°的设备时，这个 1°指的是无穷远处焦点的测量视场角。

迈克耳孙对比度（Michelson Contrast）——由式 $C_m = (L_{max} - L_{min})/(L_{max} + L_{min})$ 得到，式中，L_{min} 是最小亮度，L_{max} 是最大亮度。

显示屏短轴（Minor Axis of Display）——沿着像素阵列上最小尺寸且通过屏幕中心的线，对于横向显示，即竖直中心轴；对于纵向显示，即水平中心轴。

莫尔条纹（Moiré Pattern）——具有空间变化特性的、不期望的可见亮度变化，通常实质上大于像素间距；它通常横穿屏幕大部分并以小的近线性二维亮度波形的方式出现；莫尔条纹是由空间间隔或倾斜角不一样的两组平行线叠加在一起产生的。

移动窗口平均滤波器（Moving-Window-Average Filter）——对一维输入数列做算术平均的线性操作。例如，假设 LMD 的抽样率为 s，以时间间距 $1/s$ 测量的亮度为 L_i，并且定义窗口 ΔN 为光线数据点的总数，那么对于任何数据点 i 的移动窗口平均滤波器的信号 S_i 为

$$S_i = \frac{1}{\Delta N} \sum_{n=i}^{n=i+\Delta N-1} L_n$$

当移动窗口平均滤波器沿着数据 $0, 1, \cdots, i, i+1, i+2, \cdots$ 移动，它将从原始数据产生一系列新数据 S_i。这个过程对窗口带宽之间的高频不规则信号求算术平均值（也称为移动平均）。移动窗口平均是卷积的一个特例，即在卷积计算时用一个加权平均代替上述的算术平均。

单色（Monochrome）——VDU 的一个特性，只用一种颜色显示信息（具有或不具有多种亮度等级）。VDU 也许显示两种颜色，但用来显示信息的对比度仅来自一种颜色，而非背景颜色，如黑-白显示屏和蓝-黄显示屏等。

MPCD——最小可察觉色差（Minimum Perceptible Color Difference）。

云纹（Mura）——一个日语术语，用于表示非均匀性或瑕疵。

国家计量机构（National Metrology Institute，NMI）——每个国家追踪度量衡标准的机构。例如，美国的是 NIST（美国国家标准与技术局，美国国家标准局的前身），其他的一些如 KRISS（韩国）、PTB（德国）、NRC（加拿大）、NPL（英国）、NIM（中国）、INMETRO（巴西）等。

附录 D 术语表（3D 显示术语请见第 17 章）

本征像素阵列（Native Pixel Array）——用于在显示屏上呈现信息的最大像素阵列。这个术语通常指在没有缩放图像的情况下用所有的像素呈现信息，是显示屏能够提供的最高分辨率，此时每个像素点能够显示全部的颜色。"分辨率"指光学设备或眼睛能够看到且不混淆像素阵列的最小细节。然而，术语"分辨率"在显示行业用于描述格式，以至于这里将它仅用作参考。本书更倾向于使用"像素阵列"或"像素格式"。

NEMA DICOM（或 NEMA 或 DICOM）灰阶——从数字驱动等级到显示亮度的一个映射，数字驱动等级中相等的步幅对应亮度中相等的刚辨差。灰阶驱动技术已经发展得很成熟，因此，对于所有情况，亮度的差异尽可能小，以确保医学图像的量化偏差小于规定的刚辨差阈值。

N_H，N_V——水平和竖直方向的像素数量。

NDF——中性密度滤光片（Neutral Density Filter）。

负背景（Negative，Negative Screen，Negative Configuration）——黑色（或暗）屏幕上的白色（或亮）字母。

法线（Normal）——屏幕表面的垂线。测量应从屏幕法线方向进行。任何其他的非法线观看方向的测量应明确说明并经所有相关方一致同意。显示屏非法线观看方向的讨论见"设计观看方向"。法线同义词为屏幕法线、屏幕垂线。

NTSC——国家电视系统委员会（National Television System Committee）。

OEM——原始设备制造商（Original Equipment Manufacturer），俗称代工，通常指那些将零部件整合成最终产品的制造商。

Opt.——"可选的"（Optional）的英文缩写。

调色板（Palette）——在任何使用情况下能够生成的不同颜色的数目。注意，它可以大于那些在任何时间能够显示的颜色总数。

PC——个人计算机（Personal Computer）。

PD、PDP——等离子体显示屏、等离子体显示面板。它是一种通过使惰性气体电离辐射产生紫外光，再用紫外光激发荧光粉，从而产生荧光的面板技术。

PDF——一种电子文档的阅读格式。可使用 Adobe 阅读器阅读，适用于大多数计算机。

PE——聚苯乙烯（Polyethylene）。

P_H，P_V——水平方向和竖直方向的像素数，定义了显示屏的有效区域。

光学测量（Photometry）——测量全部波长的电磁光谱功率分布，并用 CIE 1931$V(\lambda)$函数加权。

光学修正（Photopic，Photopic Response，Photopic Correction）——通过乘以 CIE 1931$V(\lambda)$加权函数，对波长进行积分，并且乘以合适的转换系数（如 683 lm/W），实现从光谱功率测量值到光强的转换。如果从法线方向看光发射体为 1m^2 的朗伯表面，那么光通量数值上等于亮度，单位为 cd/m^2。

像素阵列（Pixel Array）——通常是矩形的，用于展示信息。人们用其代表显示屏分辨率。

PMT——光电倍增管（PhotoMultiplier Tube）。

纵向（Portrait Orientation）——显示屏水平像素阵列的最窄边。

PSF——点扩属函数（Point Spread Function），光学系统中与物平面上点光源相对应的像平面上的光通量密度。

PTFE——聚四氟乙烯（Polytetrafluoroethylene）。

百分比变化（Percent Change）——已知一个数量的初始值为 Q_i，最终值为 Q_f，那么初始值的百分比变化为 $100\%(Q_f - Q_i)/Q_i$，最终值的百分比变化为 $100\%(Q_f - Q_i)/Q_f$。

外围视觉（Peripheral Vision）——偏离眼睛光轴至少 14.5°的视网膜的视觉。在外围视觉中，视杆细胞（对暗光比较敏感）远多于视锥细胞（对亮光比较敏感）。因此，视网膜外围对颜色和空间细节的感知远少于视网膜的中凹。但是，视网膜中凹不可见的暗区能在外围视网膜中可见（特别是在外围的内边缘处，偏离光轴约 20°）。

像素间距（Pitch）——两个相邻像素的中心间距，或者两个相邻像素上相同点的间距。其用距离/像素表示，如 0.2mm/px，或者只用距离 0.2mm 表示。其与每单位距离的像素数互为倒数。

像素（Pixel）——显示屏表面的最小单元，通常像素由子像素或点组成。

像素阵列（Pixel Array）——由有序对像素组成的显示格式，包含水平方向的像素数（N_V）和竖直方向的像素数（N_H），有些指可寻址率或分辨率。本书更倾向于使用术语"像素阵列"，因为显示屏可能使用不同的像素阵列，而非可寻址率。术语"分辨率"指眼睛看见像素的能力，不是显示阵列上固有的像素数。

正片（Positive，Positive Screen，Positive Configuration）——白色（或亮）屏幕上的黑色（或暗）字母（就像白纸黑字一样）。

功率（Power）——能量传输效率，单位为瓦特。在电学中，功率=电压×电流（$P=VI$）。

精密度（Precision）——在指定条件下获得的测试结果的一致性。精密度是精确度的随机组成部分。

三基色（Primary Colors）——子像素的颜色。在 RGB 显示中，三基色分别为红、绿、蓝。在色度图中，三基色位于代表色域的三角形的顶点处，在三角形中则是白点。在三基色系统里，"R"代表红色，"G"代表绿色，"B"代表蓝色，"C"代表青色，"M"代表洋红色，"Y"代表黄色，也用"W"代表白色，"K"代表黑色，"S"代表灰色。一些显示屏包括其他一些子像素颜色，如白色、青色、黄色和紫色，在这种情况下，相对应的几何图形将更加复杂。

px——像素的符号。

pt——点（point）的英文缩写。

q——光亮度系数，和照度的关系为 $L=qE$。通常假设反射是朗伯反射，此时亮度与观看角度不相关。

Q——任意颜色，Q = R、G、B、C、M、Y、K、W、S，也用于表示坏像素点簇的质量。

QTH——石英卤钨灯。

ρ——反射比，通常用小数或百分比表示。

ρ_d——漫反射比，反射比为 ρ_d 的朗伯反射面的亮度 L 与照度 E 的关系为 $L=E\rho_d/\pi$。

ρ_s——镜面反射比，镜面反射的亮度 L 与光源亮度 L_s 的关系为 $L=\rho_s L_s$。如果光源亮度 L_s 的入射角度为 θ（与法线的夹角），则反射角度为 $-\theta$，其中，入射线、反射线和法线位于同一平面内。

R_I——残影（Residual Image）的符号。

辐射线测定（Radiometry）——与电磁辐射相关的任何测量。

RAR——分辨率与可寻址率之比（Resolution-Addressability Ratio），指显示屏像素点尺寸与像素间距的比值。这个比值是用线的 FWHM（定义为分辨率）除以像素间距得到的。注意：这里使用的像素间距与可寻址率是不一样的（见可寻址率的定义），因此，术语 RAR 实际上是用词不当。直接观看型 LCD 的 RAR 小于一个单位，但其他显示屏可能不是这样的，特别是当存在光传播（与投影系统中一样）或电子束传播（与 CRT 显示屏中一样）时。

光路（Ray）——无限窄光束的轨迹。

反射（Reflection）——入射光通量照射到显示屏表面上无衰减或衰减后光通量在显示屏前面半球内重新分布的过程。

刷新频率（Refresh Rate）——显示屏更新屏幕信息的频率。

重复率（Repetition Rate）——一次更新或一个脉冲作用的频率。如果它和刷新频率是同步的或锁相的或锁频的，则它等于刷新频率。

重复性（Repeatability）——对同一个显示屏，在同一个实验环境、同样的测量方法、操作者和测量设备下，在指定的时间内做多次连续测量后结果的相近性。可重复性指标是一系列测量值的标准差。

仿形掩模（Replica Mask）——与屏幕上黑色区域相同大小和形状的黑色掩模，用来当作参考黑色以确定一个对眩光的合适修正。

报告文档（Reporting Document，Reporting Documentation）——任何用于技术性地描述显示屏性能或特征的文档，包括用来区分一个显示屏与其他显示屏的基于测量数据的广告。

残影（Residual Image）——显示内容更新后残留有部分以前内容的图像；屏幕上原始图像删除后残留下来的视频图像。当显示图像长时间不变，或有一个高对比度时，就经常会出现残影。产生残影的图像持续时间和数量及图像恢复依赖显示技术。其同义词为隐像、影像残留。注意：残影测试将导致显示屏永久损伤。

分辨率（Resolution）——一种衡量图像细节的指标，即区分屏幕上邻近两个点的能力。有时分辨率被定义为屏幕上线的半峰全宽。然而，分辨率经常与可寻址率交替使用，本书并没有涉及这方面。如果一个显示屏设计得不好，它可能有较大的可寻址率，但相邻像素或许很难被分辨。

RH——相对湿度（Relative Humidity）。

朗奇刻线（Ronchi Ruling）——干净衬底（如玻璃）上制造出一系列黑色不透明的线，这些不透明线的宽度与衬底的厚度一样。线的旁边有数字刻度。

四舍五入（Rounding）——见下面的"有效数字"。

滑动平均（Running Average）——见"移动窗口平均滤波器"。

σ_{LMD}——本书中用于使 LMD 具有可重复性测量的必备条件。

s——像素空间频率，$s=1/P$。

S——表示灰度。

屏幕（Screen）——显示屏的物理表面，通过电产生图像。一般情况下，它是物理像素区域，在某些情况下，如投影显示，它能够被实际像素区域所取代。对于直接观看、固定格式像素的显示屏，图像区域是像素矩阵。其同义词为显示表面、显示面、显示区域、有效区域、有效观察区域、可视区域。

屏幕高度（Screen Height）——在屏幕中心测量的显示表面的线性高度，即垂直高度 V。

屏幕法线（Screen Normal）——见下面的"屏幕垂线（Screen Perpendicular）"。

屏幕垂线（Screen Perpendicular）——垂直于屏幕表面的线。经常以屏幕中心点为参考点，从这个点出发确定垂线。其同义词为垂线、法线、正交直线、屏幕法线。

屏幕宽度（Screen Width）——在屏幕中心测量的显示表面的线性宽度，即水平宽度 H。

合成色（Secondary Colors）——三基色 R、G、B 中的两两组合。对于 RGB 系统，合成色为青色（B+G）、洋红色（B+R）和黄色（R+G），这里定义"C"代表青色，"M"代表洋红色，"Y"代表黄色。一些显示屏除了 R、G、B，还包含其他基元，如青色或黄色子像素。

阴影（Shadowing）——当显示不同亮度和颜色的图像时，像素寻址体系结构在一定情况下可能发生的交叉耦合或串扰。这将导致某个亮度或颜色水平的图像在本来具有不同亮度或颜色的显示区域产生一个相等或不等的亮度或颜色的阴影。其同义词为串扰、拖尾、交叉耦合、条纹、重影。

光泽（Sheen）——当从切线角（远离屏幕法线的角度）观察物体表面时，光滑或粗糙的表面反射的明显的虚像。

Shad.——"阴影"（Shadowing）的英文缩写。

SI——国际单位制，来自法语"Le Système Internationald'Unités"。

有效数字与四舍五入（Significant Figures & Rounding）——我们应该避免在测量报告中使用太多的精确度位数。当测量或做计算时，记录或保留一些可用的重要（或不是很重要）数字是没有坏处的，但对这些结果进行报告是另外一回事。当报告结果时，必须考虑有效数字的位数，通常需要做一些取舍。一般，报告的有效数字位数应不超过整个计算需要的最少精确数，或不超过测量设备的精确度。取舍规则（公正的取舍）：如果数字大于 5，则进 1；如果小于 5，则舍掉；当数字等于 5 时，如果前面的数字是奇数则进 1，如果前面的数字是偶数则舍掉。例如：

7.03612 保留三位数字为 7.04，因为 612>500；

7.03499 保留三位数字为 7.03，因为 499<500；

7.03501 保留三位数字为 7.04，因为 501>500；

7.03500 保留三位数字为 7.04，因为 5 前面的数字是奇数；7.04500 保留三位数字为 7.04，因为 5 前面的数字是偶数。

SMPTE——电影电视工程师协会（Society of Motion Picture and Television Engineers）（美国）。

立体角（Solid Angle）——球形表面面积与球表面半径之比。

空间频率（Spatial Frequency）——单位距离内像素的数量。例如，两个相邻像素中心之间的距离是 0.2mm，那么对应的空间频率为 $5mm^{-1}$ 或 5 px/mm。

镜面反射（Specular）——没有漫反射的反射，即光通量从显示屏表面法线的一侧以角度 θ 入射，在法线另一侧以同样角度 θ 反射。本书中通常指反射产生一个明显的（像镜子一样的）虚像。请勿将其和雾面反射峰相混淆（如果存在雾面反射）。

欺骗（Specs Man Ship）——制造商或个人为了卖出更多的显示屏或让显示屏看起来更好而人为地夸大显示屏的性能，这是一种欺骗行为。这可以延伸到为了诱导对某一方面无知的人而故意曲解测量方法或设置条件。为了避免这种情况的发生，在第 3 章的第 3.3 节中有详细说明，在测量过程中显示控制不允许改变，并且显示屏的设置必须让不熟练的人也能熟练操作。

镜面反射比（Specular Reflectance）——镜面虚像的亮度和反射的光源亮度之比，$\rho_s = L/L_s$。

光谱轨迹（Spectrum Locus）——来自单色光的所有色度轨迹。它本质上是凸边形，人类光谱轨迹是物体可产生的颜色的边界。

Sqrt——平方根函数 sqrt$(x) = \sqrt{x}$，值为非负数。

标准差（Standard Deviation）——一系列测量数据在其平均值上下波动的程度。如果有 n 个测量值 x_i，则标准差定义为

$$\sigma = \sqrt{\frac{1}{n-1}\sum_{i=1}^{n}(x_i - \mu)^2}$$

Std.，std.，std——"标准"（Standard）的英文缩写，经常与一个已知反射比的标准白板相关。

StDev.——"标准差"（Standard Deviation）的英文缩写。

STN——超扭曲向列（Super-Twisted-Nematic）型液晶显示屏。

条纹（Streaking）——短条纹或短距离阴影，是串扰的一种形式，这种条纹随距离而衰减。

子像素（Subpixel）——组成像素的小分量。例如，RGB 显示屏上每个像素是由 3 个子像素，即红色、绿色、蓝色子像素组成的（有时是由 4 个子像素组成的，其中有两个是绿色子像素）。除了 RGB，还有其他类型的组合配置，并不只局限于 3 个子像素。所以，子像素是组成全彩像素的独立的基色分量。

阳光可读性（Sunlight Readability）——那些足够亮或反射最小（或两者兼有）的自发光显示屏，在阳光直射下（一般应包括环境漫射照明，如天空、云层、草地等）可读。这里要注意镜面反射阳光可读性（直接向着光源反射的像看）和非镜面反射阳光可读性（光源不位于镜面反射方向）的不同之处。没有散射成分的阳光可读性适用于外太空的显示屏。日光可读性可能是一个更好的术语，因为它包括所有的环境因素。对于一些显示屏，周围杂光散射比太阳光直射对对比度的影响更大。

任务（Task）——显示屏被用来实现一个特殊目的的条件，包括显示信息的类型和显示屏与操作者所处的环境。

文本（Text）——字母、数字形式的显示输出，通常具有高对比度或好的彩色对比度，使其尽可能容易被阅读。

TFT——薄膜晶体管（Thin Film Transistor）。

总颜色位数（Total Color Bits）——能显示颜色的总位数（包括灰阶）。对于一个 5, 6, 5/RGB 系统，共有 16 位颜色，而 8 位 RGB 系统共有 24 位颜色。

总颜色数量（Total Number of Colors）——能够显示的不同颜色的数量。若一个显示屏给每个 RGB 分配 8 位，则共 16.78×10^6 个颜色，但如果任何时候只有 256 种颜色允许显示

在显示屏上，那么总颜色数量为 256。如果想要额外说明颜色，则可以说在 $16.78×10^6$ 种颜色中共有 256 种颜色。

三刺激值（Tristimulus Values）——当三基色的光混合在一起时，能够给予观察者一个其想要颜色的光。

UV——"紫外辐射"（Ultra-Violet Radiation）的英文缩写。

u，v——CIE 1960 色坐标。

u'，v'——CIE 1976 色坐标。

Unif.——"均匀性"（Uniformity）的英文缩写。

v——信号等级、位数等级、模拟信号等级。

V——能有效产生图像的可视屏幕的垂直尺寸（高度）（此处假设屏幕是矩形的）。

$V(\lambda)$——人眼明视觉的光谱光视效率函数。

VDU——视频显示单元。

遮幕眩光（Veiling Glare）——对这个术语或"透镜眩光"（Lens Flare）进行精确定义不太可能，但一般地，眩光指从透镜表面反射回来的显著的非均匀杂散光。按照这种定义，眩光通常是可见的（例如，当相机位于阳光下，高照度的阳光打到透镜上时，产生很多可见的光环、线和光斑）。而杂散光通常用于指那些不太明显、比较均匀的杂散光，这些杂散光充满探测器光照的整个区域，使暗区域混入白光或彩色光。透镜系统的反射或透镜系统上的污物或其他物体的散射也会产生杂散光。

视频（Video）——本书中经常指屏幕上静态或动态的图像，通常也指显示屏的输入信号，或表示电子图像产生技术。

晕影（Vignette）——通过一个透镜成像，当远离透镜轴上图像的中心时，观察到的图像变暗，这种变暗的类型称为晕影。这种变亮或变暗的效应通常用在肖像摄影中，以使面部或胸部周围的区域更柔和，并与背景更和谐。当通过透镜成像时，在物体和透镜之间有一个孔，这个孔能够产生一个离焦图像，使物体的像处在孔径的离焦或模糊图像内。这个观察物的模糊像称为晕影。

预热时间（Warm-up，Warmed-up，Warm-up Time）——指显示屏开启后到任何测量开始前的最小时间间隔。预热时间是显示屏被长时间关闭后，再次启动，从与周围温度相等到稳定的亮度需要的时间。注意，对于标准设备，推荐预热时间为 20 分钟。使用者可以验证 20 分钟的预热时间是否足够或使用其他更合适的预热时间。

预热时间测量（Warm-up Time Measurement）——测量指定屏幕，如全白场达到稳定亮度标准需要的时间。

宽（Width）——有效产生图像的可视屏幕的水平尺寸。

窗口平均（Window Average）——见"移动窗口平均滤波器"。

白色（White）——此时可得到显示屏的最大亮度 L_w。例如，对于一个 RGB 显示屏，当三个子像素处于最大亮度（最大信号）时可得到白色。

白点（White Point）——在暗室中，显示屏上所有像素被寻址时在指定方向上看到的发射光的色度 [如坐标值 (x, y) 或 (u', v')]。

全白场（White Screen）——屏幕上所有像素在相同条件下被寻址，从而使整个屏幕的表面显示相同的白色等级，此处白色表示最大亮度。

Wht，wht，W——"白色"（White）的英文缩写。

WWW——"万维网"（World Wide Web）的英文缩写。

x，y，z——CIE 1931 色坐标，源自 CIE 1931 三刺激值 X，Y，Z，关系为 $x = X/(X+Y+Z)$，$y = Y/(X+Y+Z)$；也表示右手笛卡儿坐标系，z 轴垂直于显示屏表面（假设表面是竖直的），y 是纵轴，x 是水平轴。

Y——黄色。

附录 E

首字母缩写词

AMLCD	有源矩阵液晶显示屏
ANSI	美国国家标准协会
ASTM	美国材料试验协会
BIPM	国际度量衡局
BRDF	双向反射分布函数
CIE	国际照明委员会
CSF	对比敏感度函数
DICOM	医学数字成像和通信
DUT	待测显示屏
EBU	欧洲广播电视联盟
FED	场发射显示器
FPDM	平板显示器测量标准
（VESA）HDTV	高清晰度电视
ICDM	国际显示计量委员会
IDMS	信息显示测量标准
IEEE	电气和电子工程师协会（美国）
IEC	国际电工技术委员会
ISO	国际标准组织
IS&T	成像科学和技术协会
ITRI	工业技术研究院（中国台湾）
ITU	国际电信联盟
KRISS	韩国标准和科学研究所
LMD	光测量仪器
LSF	线扩散函数
MTF	调制传递函数
NEMA	美国电气制造商协会

NIDL	国家信息显示实验室（美国，位于美国萨尔诺夫研究中心）
NIST	国家标准技术局（美国）
NPL	国家物理实验室（英国）
NRC	国家研究委员会（加拿大）
NTSC	国家电视系统委员会
OTF	光学传递函数
PIMA	照相和图像制造商联盟
PSF	点扩散函数
PTB	联邦物理技术研究院（德国）
SAE	美国汽车工程师学会
SI	国际单位制
SID	国际信息显示学会
SMPTE	电影电视工程师协会（美国）
SPIE	国际光学工程学会
STN	超扭曲向列（液晶）
TC	技术委员会（中国）
TEPAC	电子管工程小组顾问委员会（EIA）
TFT	薄膜晶体管
VESA	视频电子标准协会（美国）
VDU	视频显示单元
WG	工作组，工作群体

附录 F

致谢

  ICDM 由一些国际显示组织组成，这些组织（自愿利用业余时间）编写了本书。本书是许多作者的工作内容和相关标准（VESA）内容的合集。在编写这本可用于世界范围内任何类型的显示屏的著作时，许多新的测试方法产生了。感谢以下所有参与者和编写者，当然可能存在遗漏。感谢所有为本书做出贡献的人。

  特别感谢：感谢带领完成本书的 ICDM 前主席 Joe Miseli（Oracle），他孜孜不倦的努力可谓不同寻常——穿梭于世界各地召开会议、创建并维持本书的网络版本、鼓励委员会成员撰写稿件、忙碌至深夜，等等，没有 Joe 的领导，本书是不可能完成的；也衷心感谢 Joe 的妻子 Gail，感谢她给予 Joe 大量的时间进行这项工作。

  另一个需要特别感谢的是本书的主要贡献者及本书英文版的首席编辑——Ed Kelley（KELTEK, LLC——原来的 NIST）。Ed 一直是多位作者的顾问与指导，他花费大量时间协助他们进行多次修改。他在编著一本高质量综合性的读物方面的经验反映于本书的最终书稿。没有他对细节的精益求精，本书的整理极其困难。非常感谢 Ed，感谢他在本书中倾注的心血，从而有这样一本严谨的书。我们也非常感谢 Ed 的妻子 Marva，感谢她允许 Ed 花费大量时间编辑这本优秀的测量标准方面的书。

  致谢 SID：感谢 SID 将 ICDM 引入 SID 作为定义和标准委员会的一部分，并允许我们制定标准以解决显示屏产业的需要，从而为测量与描述显示屏特性制定业内一流的标准。在脱离 VESA 加入 SID 之前，ICDM 是一个独立的显示标准组织，感谢委员会给予 ICDM 的支持。本书有助于为业界现有的显示屏测量标准创建一个更为标准化的环境，使工业界的测量更加标准。此外，感谢 SID 执行委员会，感谢其在商业经营问题上的帮助与支持，从而使本书发行。

  致谢 VESA：感谢 VESA 允许我们使用 FPDM2（Flat Panel Display Measurements）文件中的内容。这些早期的 VESA 文件［FPDM 第 1 版与第 2 版（FPDM1 及 FPDM2）］是在 VESA 的支持下完成的，其中这些文件的很多作者也是本书的作者。

附录 F 致谢

本书主要作者、小组委员会主席、贡献者与参与者如下。

序号	章节	主要贡献者、小组委员会主席、主要作者	其他贡献者和参与者
1	简介	Ed Kelley (KELTEK) 和 Joe Miseli (Oracle)	
2	报告模板	Ed Kelley (KELTEK) 和 Joe Miseli (Oracle)	
3	显示屏和仪器设置	Ed Kelley (KELTEK) 和 Joe Miseli (Oracle)	Ray Soneira (DisplayMate), Mike Klein (Photo Research)
4	视觉评价	Joe Miseli (Oracle)	Isao Kawahara (Panasonic), Ed Kelley (KELTEK)
5	基本测量（除感知对比度和立体色彩重现能力）	Ed Kelley (KELTEK)	
5	感知对比度	Jongho Chong (Samsung)	Brian Berkeley (Samsung)
5	立体色彩重现能力	Jongho Chong (Samsung)	Brian Berkeley (Samsung)
6	灰阶与色阶测量	Don Gyou Lee (LG Display)*	Ed Kelley (KELTEK), Joe Miseli (Oracle), Robin Akins (Dolby)
7	空间测量	Ed Kelley	Bao-Jen "Andy" Pong (ITRI), Cheng-Hsien Chen (ITRI), Z.Y. Chung (ITRI), Kuei- Neng "Gilbert" Wu (ITRI), Yuh-der Jiaan (ITRI), Shau-Wei Hsu (ITRI)
8	均匀性测量	Ron Rykowski (Radiant Imaging)*	Eric Gemmer (THX)*, Michael Rudd (Consultant)*, Andrew Watson (NASA)*
9	视角测量	Thierry Leroux (Eldim)*	Kees Teunissen (Phillips)*, Yoshihiko Shibahara (Fuji Film)*, Tim Moggridge (Westboro Photonics)*, Ron Rykowski (Radiant Imaging)*
10	时间特性测量	Mike Wilson (Westar)*	Andrew Watson (NASA)*, Micheal Becker (Display Metrology), Joe Miseli (Oracle), Tongsheng Mou (Zhejiang Univ), Shau-Wei Hsu (ITRI)
11	反射测量（除分析）	John Penczek (NIST)*	Max Lindfors (Nokia)*, Seung Kwan Kim (KRISS), Ken Vassie (formerly NPL, now BAE Systems), Dirk Hertel (E Ink), Ed Kelley (KELTEK)
11	分析	Seung Kwan Kim (KRISS)	
12	运动图像伪像测量	Andrew Watson (NASA)*	Seung-Woo Lee (Kyung Hee University), Yanli Zhang (Intel Corporation), Kees Teunissen (Phillips), Jens Jorgen Jensen (Radiant Imaging), Mike Wilson (Westar), Isao Kawahara (Panasonic), Yoshi Enami (Photal), Tahee Kim (Samsung), Jongsoe Lee (Samsung)
13	物理尺寸和机械尺寸测量	Joe Miseli (Oracle), Mike Grote (Lockheed Martin)	
14	电气测量	Joe Miseli (Oracle)	Ed Kelley (KELTEK)

续表

序号	章节	主要贡献者、小组委员会主席、主要作者	其他贡献者和参与者
15	前向投影仪测量	Michael Rudd (Consultant)*	Don Gyou Lee (LG Display), Dave Schnuelle (Dolby Laboratories), Eric Gemmer (THX), Ron Rykowski (Radiant Imaging), Michael H. Brill (Datacolor), Ed Kelley (KELTEK)
16	前向投影仪屏幕测量	Michael Rudd (Consultant)*	Don Gyou Lee (LG Display), Dave Schnuelle (Dolby Laboratories), Eric Gemmer (THX), Ron Rykowski (Radiant Imaging)
17	3D 显示屏和立体显示屏	Adi Abileah (Planar)*	Kuo-Chung Huang (ITRI), Lang-Chin Lin (ITRI), Marja Salmimaa (Nokia), Toni Järvenpää (Nokia), Takafumi Koike (Hitachi), Kazuki Taira (Toshiba), Hyungki Hong (LG Display), Don Gyou Lee (LG Display), Eric Chao-Yuan Chen (AUO), Kevin JW Chen (AUO), Peter Tamas Kovacs (Holografika), Robert Patterson (Air Force Research Laboratory), Kuen Lee (ITRI), Bao-Jen "Andy" Pong (ITRI), Shin-Ichi Uehara (NEC), John Schultz (3M), Mike Grote (Lockheed Martin), Rene de la Barre (Fraunhofer Institute), Christian Ruether (TUV Rheinland Taiwan), Mike Douglas (TI), Chou-Lin Wu (ITRI), Cheng-Hsien Chen (ITRI), Z.Y. Chung (ITRI), Kuei-Neng "Gilbert" Wu (ITRI), Yuh-der Jiaan (ITRI), Chou-Lin Wu (ITRI)
18	触摸屏与表面显示屏	Peggy Lopez (Orb Optronix)*	Yen-Wen Fang(AUO), Kai Chieh Chang (AUO)
附录A	计量学	Ed Kelley (KELTEK)	Mike Klein (Photo Research)
	统一灰阶图案(9, 17, 33, … 级)与SCPL##系列图案	Don Gyou Lee (LG Display)	
	环境补偿亮度相关内容	Jens Jørgen Jensen (Radiant Imaging)	
	检测目标的视觉均等概率	Owen Watson (Lockheed Martin)	Mike Grote (Lockheed Martin)
	低亮度校准和诊断相关内容	Jens Jørgen Jensen (Radiant Imaging)	Kuei-Neng "Gilbert" Wu (ITRI)
附录B	指南和讨论	Ed Kelley (KELTEK)	Michael H. Brill (Datacolor), Bruce Denning (Microvision), Mike Grote (Lockheed Martin), Art Cobb (National Geospatial-Intelligence Agency)
附录C	变量	Ed Kelley (KELTEK)	
附录D	术语表	Michael H. Brill (Datacolor)	众多贡献者
附录E	首字母缩写词	众多贡献者	
附录F	致谢	Peggy Lopez(Orb Optronix)整理	
附录G	参考文献	众多贡献者	

注：*表示小组委员会成员。

译者：Yu-Ping Lan (ITRI), Yoshi Shibahara (Fujifilm), Don Gyou Lee (LG Displays)。

原版图像艺术家：Dany Galgani (Oracle)，创作了 ICDM LOGO，以及大多数设置图像和本书英文版的封面插图。

评论者：衷心感谢任何自愿评论本书并提供宝贵意见的读者。以下是评论者的名单，可能有所遗漏，我们提前感谢为改进本书而提供帮助与建议的每位读者。

Adi Abileah (Planar)；

Alan C. Brawn (Brawn Consulting)；

Andrew Watson (NASA)；

Bao-Jen "Andy" Pong (ITRI)；

Börje Andrén (Acreo)；

Bruce Denning (Microvision)；

Cary Wang (DRS Tactical System)；

Chris Durell (Labsphere)；

Christian Reuther (TUV Taiwan)；

Darin Perrigo (Sonosite)；

Dirk Hertel (E Ink)；

Don Gyou Lee (LG Display)；

Ed Kelley (KELTEK)；

Friedrich Gierlinger (IRT)；

Greg Jeffreys (Paradigm, guest reviewer)；

Greg Pettitt (TI)；

Hans-Juergen Herrmann (TUV Rheinland)；

Hirotaka Yanagisawa (Seiko Epson Corp., guest reviewer)；

Jens Jørgen Jensen (Radiant ZEMAX)；

Jim Larimer (Imagemetrics)；

Joe Bocchiaro (InfoComm)；

Joe Miseli (Oracle)；

John Meehan (Panasonic Solutions)；

John Penczek (NIST)；

Kai-Chieh Chang (AUO)；

Kees Teunissen (Phillips)；

Konstantin Lindström (Volvo)；

Kuei-Neng "Gilbert" Wu (ITRI)；

Martin Ek (Sony Ericsson)；

Marvin Most (USAF AMFC)；

Max Lindfors (Nokia)；

Michael Becker (Display Metrology & Systems)；

Michael Rudd (ProperSoundAndVision)；

Mike Douglas (TI)；

Mike Grote (Lockheed Martin);
Mike Wilson (Westar);
Nick Lena (Gamma Scientific);
Owen Watson (Lockheed Martin);
Peggy Lopez (Orb Optronix);
Pierre Boher (Eldim);
Robin Atkins (Dolby);
Ron Enstrom (The Colfax Group);
Ron Rykowski (Radiant ZEMAX);
Scott Daly (Dolby);
Silviu Pala (Denso);
Sylvain Tourancheau (Mid Sweden University);
Takashi Matsui (Eizo);
Thierry Laroux (Eldim);
Tim Moggridge (Westboro Photonics);
Tom Fiske (Qualcomm);
Tom Fussy (Cisco);
Tomy Y.E. Chen (Chimei Innolux);
Tongsheng Mou (Sensing);
Wang-Yang Li (Chimei Innolux);
Xiaohua Li (SE University);
Yen-Wen Fang (AUO);
Yoshihiko Shibahara (Fujifilm)。

附录 G

本书英文版参考文献

[1] EIAJ (Electronics Industries Association of Japan), Measuring Methods for Matrix Liquid Crystal Display Modules (Japanese), EIAJ-ED2522, contact via www.eiaj. or.jp.

[2] ISO 13406 Part 2, "Ergonomic Requirements for the Use of Flat Panel Displays," ISO/TC 159/SC 4/WG 2, to be published (becoming a DIS at the time of this writing). See reference [3] for contact information.

[3] ISO 9241 series and the new series ISO 9241-3XX: Ergonomic requirements for office work with visual dispay terminals (VDTs). Contact ISO: www.iso.ch/infoe/guide.html for specific ordering information. Here are the three of interest to display metrologists from the old series (TC 159 / SC 4): Part 3 – Visual display requirements, Part 7- Requirements for display with reflection, Part 8 – Requirements for displayed colours. ISO documents are ordered through the member bodies for each participating country. For example, in the USA people would use ANSI (American National Standards Institute), 11 West 42nd Street, 13th floor, New York, N.Y. 10036, Telephone: + 1 212 642 49 00, Telefax: + 1 212 398 00 23, Internet: info@ansi.org.

[4] NIDL Publication No. 171795-036, Display Monitor Measurement Methods under Discussion by EIA (Electronic Industries Association) Committee JT-20, Part 1: Monochrome CRT Monitor Performance, Draft Version 2.0, July 12, 1995. NIDL Publication No. 171795-037, Display Monitor Measurement Methods under Discussion by EIA (Electronic Industries Association) Committee JT-20, Part 2: Color CRT Monitor Performance, Draft Version 2.0, July 12, 1995. These documents provided some of the ideas employed in this FPDM standard.

[5] SMPTE Standard 170M-1994 "Televisioin – Composite Analog Video Signal – NTSC

for Studio Applications," 595 W. Hartsdale Ave., White Plains, NY 10607-1824 U.S.A, tel: +1 914 761 1100 / fax: +1 914 761 3115, e-mail: smpte@smpte.org.

[6] CIE Publication No. 69, Methods of Characterizing Illuminance and Luminance Meters, Section 3.4.2.4 L "Measurement of the effect of the surrounding field." pp. 16-17.

[7] Günter Wyszecki and W. S. Stiles, Color Science: Concepts and Methods, Quantitative Data and Formulae, 2nd Edition (1982, John Wiley & Sons). This is a classic reference work packed with information.

[8] Peter A. Keller, Electronic Display Measurement: Concepts, Techniques, and Instrumentation (John Wiley & Sons in association with the Society for Information Display, 1997). This book contains a great deal of valuable reference material, tutorial material, numerous references to the literature and existing standards, descriptions of how things work, standards organizations, where to get things, as well as measurement techniques.

[9] Flat-Panel Displays and CRTs (Van Nostrand Reinhold, New York, 1985) Lawrence T. Tannas, Jr., editor,. This book contains tutorial material, many references, comparisons of different technologies and how they work, discussion on the visual system and colorimetry, image quality, etc.

[10] Yoshihiro Ohno, Photometric Calibrations, NIST Special Publication 250-37, U.S. Department of Commerce, National Institute of Standards and Technology, July 1997. This publication contains the details on how calibrations are made in photometry and describes the subtleties in the use of the instrumentation with a complete uncertainty analysis.

[11] International Lighting Vocabulary, CIE Publication 17.4 (1989).

[12] Barry N. Taylor, Guide for the Use of the International System of Units (SI), NIST Special Publication 811, 1995 Edition. Also see ISO's Standards Handbook Quantities and units (International Organization for Standardization, Geneva, Switzerland, 1993).

[13] ASTM Standards on Color and Appearance Measurement, 5th edition, 1996.

[14] C. S. McCamy, H. Marcus, and J. G. Davidson, "A Color Rendition Chart," Journal of Applied Photographic Engineering, Summer Issue, 1976, Vol. 2, No. 3, pp. 95-99.

[15] NIDL Publication 0201099-091 "Request for Evaluation Monitors for the National Imagery & Mapping Agency (NIMA) Integrated Exploitation Capability (IEC)", August 25, 1999.

[16] Digital Imaging and Communications in Medicine (DICOM) 4: Grayscale Standard Display Function. National Electrical Manufacturers Association (NEMA) Standard PS 3.14-1999.

[17] SAE J1757-1: Society for Automotive Engineering, Standard Metrology for Vehicular Displays: SAE J1751-1 Optical Performance, 2007-04.